APERÇU HISTORIQUE

SUR L'ORIGINE ET LE DÉVELOPPEMENT

DES MÉTHODES EN GÉOMÉTRIE,

PARTICULIÈREMENT

DE CELLES QUI SE RAPPORTENT A LA GÉOMÉTRIE MODERNE.

APERÇU HISTORIQUE

SUR L'ORIGINE ET LE DÉVELOPPEMENT

DES MÉTHODES EN GÉOMÉTRIE,

PARTICULIÈREMENT

DE CELLES QUI SE RAPPORTENT A LA GÉOMÉTRIE MODERNE,

SUIVI

D'UN MÉMOIRE DE GÉOMÉTRIE SUR DEUX PRINCIPES GÉNÉRAUX DE LA SCIENCE,

LA DUALITÉ ET L'HOMOGRAPHIE;

Par M. CHASLES,

Membre de l'Institut; Membre de la Société royale de Londres; Membre honoraire de l'Académie royale d'Irlande; Associé étranger des Académies royales de Bruxelles, de Copenhague, de Naples, de Turin, de Stockholm, de la Société italienne des Sciences; Correspondant de l'Académie impériale des Sciences de Saint-Pétersbourg, des Académies royales de Berlin, de Madrid, des Lincei de Rome, de l'Académie des Sciences de l'Institut de Bologne, de l'Institut Vénitien des Sciences, Lettres et Arts, de l'Institut Royal Lombard des Sciences et Lettres de Milan; Membre honoraire de l'Académie royale des Sciences, Lettres et Arts de Modène, de l'Athénée Vénitien des Sciences et Lettres; Associé étranger de l'Académie nationale des États-Unis d'Amérique; Membre honoraire étranger de l'Académie Américaine des Arts et Sciences de Boston.

SECONDE ÉDITION, CONFORME A LA PREMIÈRE.

PARIS,

GAUTHIER-VILLARS, IMPRIMEUR-LIBRAIRE

DU BUREAU DES LONGITUDES, DE L'ÉCOLE POLYTECHNIQUE,

SUCCESSEUR DE MALLET-BACHELIER,

Quai des Augustins, 55.

1875

(Tous droits réservés.)

AVERTISSEMENT.

Cet ouvrage a été conçu à l'occasion d'une question proposée par l'Académie de Bruxelles. Il se réduisait alors aux deux Mémoires qui le terminent, adressés à l'Académie en décembre 1829, et précédés d'une simple introduction très-restreinte. Lorsque l'Académie eut ordonné l'impression de ce travail, je me proposai d'en étendre l'introduction, et d'y joindre même, sous le titre de Notes, quelques résultats de recherches qui rentraient dans le sujet. Mais je différai d'abord de donner suite à ce projet : puis les recherches historiques proprement dites, où se présentaient certaines questions obscures que je n'avais pas prévues, retardèrent l'envoi du manuscrit, que l'Académie, et l'insistance amicale de son illustre et bien regretté Secrétaire perpétuel, M. Ad. Quetelet, me faisaient un devoir de terminer. L'impression commença en 1835, d'abord sans entraves, et assez rapidement, mais fut bientôt ralentie, particulièrement par l'étude des ouvrages indous de Brahmegupta, dont on n'avait pas encore signalé le sujet réel et l'importance spéciale pour la partie géométrique. Enfin le volume parut en 1837.

L'Académie, dans ces derniers temps, a eu la pensée de le reproduire. Ma santé et divers travaux arriérés, dont je retiens même les épreuves depuis des années, ne me permettaient pas de prendre part à cette réimpression. Mais mon ami, M. Catalan, professeur à l'Université de Liége, a eu la bonté de me suppléer dans la révision des épreuves. Je le prie d'en agréer ici mes bien affectueux remerciments.

Une autre objection pouvait se présenter. Depuis 1837, la Géométrie a fait des progrès considérables, qui ont été le sujet d'un des Rapports entrepris sous le ministère et sur la demande de l'honorable M. Duruy. Cette circonstance pouvait rendre fort douteuse l'opportunité d'un travail déjà ancien de près d'une quarantaine d'années. Cependant M. Hayez, imprimeur de l'Académie de Belgique, et M. Gauthier-Villars, qu'il a désiré s'associer, ont bien voulu accomplir la pensée de l'Académie. Qu'ils veuillent bien aussi en agréer mes remerciments.

Paris, 20 mai 1875.

APERÇU HISTORIQUE

SUR L'ORIGINE ET LE DÉVELOPPEMENT

DES MÉTHODES EN GÉOMÉTRIE,

PARTICULIÈREMENT DE CELLES QUI SE RAPPORTENT

A LA GÉOMÉTRIE MODERNE.

Nous nous proposons, dans cet *Aperçu*, de présenter une analyse rapide des principales découvertes qui ont porté la Géométrie pure au degré d'extension où elle est parvenue de nos jours, et particulièrement de celles qui ont préparé les méthodes récentes.

Nous indiquerons ensuite, parmi ces méthodes, celles auxquelles nous paraissent pouvoir se rattacher la plupart des innombrables théorèmes nouveaux dont s'est enrichie la science dans ces derniers temps.

Enfin nous exposerons la nature et le caractère philosophique des deux principes généraux de l'étendue, qui font l'objet principal de ce Mémoire.

Nous avons distingué, dans l'histoire de la Géométrie, cinq Époques principales. On jugera, après la lecture, si les caractères particuliers que nous avons reconnus à chacune de ces cinq Époques peuvent justifier cette division.

1

Plusieurs Notes sont jointes à cet Aperçu. Les unes sont destinées au développement de certains passages que nous avons dû traiter brièvement dans le discours; d'autres présentent quelques détails historiques dont l'étendue ne nous permettait pas de les donner comme annotations marginales, parce qu'elles auraient entravé la lecture. Plusieurs autres enfin seront le fruit de nos propres recherches sur différentes parties des théories géométriques dont nous aurons eu à parler, et présenteront peut-être quelques résultats nouveaux.

Celles-ci ne paraîtraient pas indispensables, si l'on n'envisageait que le but historique de notre travail. Mais nous avons eu en vue surtout, en retraçant la marche de la Géométrie, et en présentant l'état de ses découvertes et de ses doctrines récentes, de montrer, par quelques exemples, que le caractère de ces doctrines est d'apporter, dans toutes les parties de la science de l'étendue, une facilité nouvelle et les moyens d'arriver à une généralisation, jusqu'ici inconnue, de toutes les vérités géométriques; ce qui avait été aussi le caractère propre de l'Analyse, lors de son application à la Géométrie. Aussi conclurons-nous, de notre Aperçu, que les ressources puissantes que la Géométrie a acquises depuis une trentaine d'années sont comparables, sous plusieurs rapports, aux méthodes analytiques, avec lesquelles cette science peut rivaliser désormais, sans désavantage, dans un ordre très-étendu de questions.

Cette idée se trouvera reproduite, puissions-nous dire justifiée! dans plusieurs endroits de cet écrit, parce qu'elle en est l'origine et qu'elle n'a point cessé de présider aux longues recherches qu'ont nécessitées la partie historique, les Notes, et les deux Mémoires qui composent cet ouvrage.

Hâtons-nous de dire, cependant, pour éviter toute interprétation inexacte de notre but et de notre sentiment sur les deux méthodes qui se partagent le domaine des sciences mathématiques, que notre admiration pour l'instrument analytique, si puissant de nos jours, est sans bornes, et que nous n'entendons pas lui mettre en parallèle, sur tous les points, la méthode géométrique. Mais, convaincu qu'on ne saurait avoir trop de moyens d'investigation dans la recherche des vérités mathématiques, qui toutes peuvent devenir également faciles et intuitives quand on a trouvé et suivi la voie étroite qui leur est propre et naturelle, nous avons pensé qu'il ne pouvait qu'être utile de montrer, autant que nos faibles moyens nous le permettaient, que les doctrines de la pure Géométrie offrent souvent, et dans une foule de questions, cette voie simple et naturelle qui, pénétrant jusqu'à l'origine des vérités, met à nu la chaîne mystérieuse qui les unit entre elles, et les fait connaître individuellement, de la manière la plus lumineuse et la plus complète.

CHAPITRE PREMIER.

PREMIÈRE ÉPOQUE.

§ 1. La Géométrie prit naissance chez les Chaldéens et les Égyptiens.

THALÈS,
né 639 et mort 548 ans
avant J.-C.

Thalès qui, né en Phénicie, alla s'instruire en Égypte, et vint ensuite s'établir à Milet, y fonda l'école ionienne, d'où sont sorties les sectes des philosophes de la Grèce, et où commencèrent les premiers progrès de la Géométrie.

PYTHAGORE,
né vers 580 avant J.-C.

Pythagore, né à Samos, disciple de Thalès, qui, comme lui, avait voyagé en Égypte, puis dans les Indes, vint se retirer en Italie, et y fonda son école, beaucoup plus célèbre que celle d'où elle dérivait. Ce fut principalement à Pythagore, qui incorpora la Géométrie dans sa philosophie, et à ses disciples, que cette science dut ses premières découvertes. Les principales furent la théorie de l'*incommensurabilité* de certaines lignes, comme la diagonale du carré comparée au côté; et la théorie des *corps réguliers*. Ces premiers pas dans la science de l'étendue n'offrirent, du reste, que quelques propositions élémentaires, relatives à la ligne droite et au cercle. Les plus remarquables sont le théorème du *carré de l'hypoténuse* d'un triangle rectangle, dont la découverte coûta, dit l'histoire, ou la fable, une hécatombe à Pythagore; et la propriété qu'ont le cercle et la sphère d'être des *maxima* parmi les figures de même périmètre ou de même surface : propositions qui offrent le premier germe de la doctrine des *isopérimètres*.

§ 2. La Géométrie fut ainsi restreinte jusqu'à la fondation de l'école platonicienne, époque de ses grands progrès.

Platon, comme les sages de la Grèce qui l'avaient précédé, alla s'instruire dans les mathématiques chez les prêtres égyptiens; puis en Italie auprès des pythagoriciens.

De retour à Athènes, ce chef du Lycée introduisit dans la Géométrie la *méthode analytique* [1], les *sections coniques*, et la doctrine des *lieux géométriques*. Découvertes mémorables, qui firent de la Géométrie, pour ainsi dire, une science nouvelle, d'un ordre plus élevé que la Géométrie élémentaire cultivée jusque-là, et que les disciples de Platon appelèrent *Géométrie transcendante*.

La doctrine des lieux géométriques [2] fut appliquée, dès ce temps, d'une manière très-savante, aux fameux problèmes de la *duplication du cube*, des *deux moyennes proportionnelles*, et de la *trisection de l'angle*.

Le premier de ces problèmes, célèbre par sa difficulté et par son origine

---

[1] La définition suivante de l'*analyse* et de la *synthèse*, rapportée par Viète, au commencement de son *Isagoge in artem analyticem*, caractérise parfaitement les deux méthodes des Anciens : « Il est en mathématiques une méthode pour la recherche de la vérité, que Platon » passe pour avoir inventée, que Théon a nommée analyse et qu'il a définie ainsi : *Regarder* » *la chose cherchée comme si elle était donnée, et marcher, de conséquences en conséquences,* » *jusqu'à ce que l'on reconnaisse comme vraie la chose cherchée*. Au contraire, la synthèse se » définit: *Partir d'une chose donnée, pour arriver, de conséquences en conséquences, à trouver* » *une chose cherchée*. »

[2] On appelle *lieu*, en Géométrie, une suite de points dont chacun résout une question proposée, ou jouit d'une certaine propriété dont ne jouit aucun autre point pris au dehors de ce *lieu*. Les Anciens distinguèrent les lieux géométriques en diverses classes. Ils nommèrent *lieux plans* la ligne droite et la ligne circulaire, dont la génération a lieu sur un plan; *lieux solides* les sections coniques, parce que l'on concevait leur génération dans le solide; enfin *lieux linéaires* toutes les courbes d'un ordre supérieur, telles que les conchoïdes, les cissoïdes, les spirales et les quadratrices.

On a appelé théorème *local* un théorème où il s'agit de démontrer qu'une suite de points d'une ligne, droite ou courbe, satisfait aux conditions d'une question proposée, et problème *local* celui où il s'agit de trouver une suite de points dont chacun satisfasse à une question proposée.

fabuleuse, avait déjà occupé les géomètres. Hippocrate de Chio, si connu par la quadrature de ses *lunules,* l'avait réduit à la recherche de deux moyennes proportionnelles entre le côté du cube donné et le double de ce côté; ce qui probablement a donné lieu au problème général des deux moyennes proportionnelles.

Celui-ci a été résolu de différentes manières, qui toutes font honneur aux géomètres de l'antiquité. La première solution est due à Platon, qui employa un instrument composé d'une équerre sur l'un des côtés de laquelle glisse une droite qui lui est perpendiculaire, et reste conséquemment parallèle au second côté; premier exemple, sans doute, de la solution *mécanique* d'un problème de Géométrie.

MENECHME.

Menechme, disciple de Platon, se servit des *lieux géométriques,* qui furent deux paraboles, ayant même sommet et leurs axes rectangulaires; ou bien une parabole et une hyperbole entre ses asymptotes.

Eudoxe, autre disciple et ami de Platon, se servait de certaines courbes qu'il avait inventées pour cet objet; malheureusement sa solution ne nous est point parvenue, et nous ne savons quelles étaient ces courbes.

ARCHITAS.

La solution d'Archytas, célèbre pythagoricien dont Platon avait suivi les leçons en Italie, était purement spéculative; mais elle a cela de remarquable qu'elle faisait usage d'une *courbe à double courbure,* qui paraît être la première qui ait été considérée par les géomètres; du moins elle est la plus ancienne de celles qui nous sont parvenues [1].

---

[1] Voici la description de cette courbe : « Que, sur le diamètre de la base d'un cylindre droit circulaire, on conçoive un demi-cercle dont le plan soit perpendiculaire à celui de la base du cylindre; que le diamètre tourne autour d'une de ses extrémités et emporte, dans ce mouvement circulaire, le demi-cercle, toujours situé dans un plan perpendiculaire à celui de la base du cylindre; ce demi-cercle rencontrera, dans chacune de ses positions, la surface cylindrique en un point : la suite de tous ces points formera la courbe à double courbure en question. »

Pour résoudre le problème des deux moyennes proportionnelles, Archytas coupait cette courbe par un cône de révolution autour de l'arête du cylindre, menée par l'extrémité fixe du diamètre du demi-cercle mobile; le point d'intersection donnait la solution cherchée.

Les quatre solutions du problème des deux moyennes proportionnelles, que nous venons de citer, sont, comme on le voit, essentiellement différentes. Ce problème continua, pendant un grand nombre de siècles, d'occuper les géomètres, qui en multiplièrent les solutions. Eutocius, mathématicien du VIᵉ siècle, rapporte, dans son Commentaire sur le second livre *de la sphère et du cylindre* d'Archimède, celles d'Ératosthène, d'Apollonius, de Nicomède, de Héron, de Philon de Byzance, de Pappus, de Dioclès et de Sporus. Nous citons ces mathématiciens suivant l'ordre chronologique.

§ 3. Les savantes méthodes ébauchées par Platon et ses disciples furent cultivées avec ardeur par leurs successeurs, et fournirent la matière à plusieurs ouvrages assez considérables, où sont développées les principales propriétés de ces célèbres courbes, les *sections coniques* qui, deux mille ans après, ont joué un si grand rôle dans le mécanisme de l'univers, lorsque Kepler les reconnut pour les vraies orbites parcourues par les planètes et leurs satellites, et que Newton découvrit dans leurs *foyers* les points mêmes où résident les forces qui animent tous les corps du système du monde.

Le principal de ces ouvrages était d'Aristée; il contenait cinq livres sur les sections coniques; les Anciens en parlent avec beaucoup d'éloges; mais malheureusement ils ne nous sont point parvenus, non plus que cinq livres sur les *lieux solides,* du même géomètre [1].

ARISTÉE, vers 350 avant J.-C.

§ 4. C'est à peu près à cette époque que remonte la découverte de la *quadratrice* de Dinostrate. Cette courbe, dont la principale propriété la rend propre à la division d'un angle en un nombre quelconque de parties proportionnelles à des lignes données, paraît avoir été inventée pour résoudre le problème de la trisection de l'angle, agité dans l'école de Platon. Elle résou-

DINOSTRATE.

[1] Ces cinq livres sur les *lieux solides*, dont parle Pappus dans le 7ᵉ livre de ses *Collections mathématiques*, ont été rétablis, sur cette indication, par Viviani, dans le style pur de la Géométrie ancienne, sous ce titre : *De locis solidis secunda divinatio geometrica in quinque libros injurià temporum amissos Aristæi senioris geometræ auctore Vincentio Viviani,* etc. (In-fol. Florence, 1701). Viviani avait déjà rétabli (en 1659) le 5ᵉ livre des coniques d'Apollonius, dont on n'avait alors que les quatre premiers, et qui a été retrouvé, avec le 6ᵉ et le 7ᵉ, par Borelli, pendant que Viviani terminait son travail.

drait aussi le problème de la *quadrature du cercle*, si l'on savait la construire géométriquement; et c'est cette propriété qui lui a fait donner, chez les Anciens, le nom de *quadratrice*. Il paraît, d'après Pappus, que cette propriété a été découverte par Dinostrate, frère de Menechme. De là, les Modernes ont appelé cette courbe la *quadratrice de Dinostrate.* Cependant il semble résulter, de deux passages de Proclus [1], que Hippias, géomètre et philosophe contemporain de Platon, en est le véritable inventeur, et en avait démontré les propriétés [2].

PERSEUS.   § 5. C'est dans ces premiers temps de la Géométrie que nous parait devoir être placé Perseus, qui mérite quelque célébrité pour l'invention de ses lignes *spiriques*. Ce géomètre formait ces courbes en coupant, par un plan, la surface annulaire, ou tore, que produit la révolution d'un cercle autour d'un axe fixe, mené dans son plan.

Il ne nous reste d'autres renseignements sur ce sujet qu'un passage de Proclus, dans son commentaire sur le 1er livre d'Euclide [3], où il décrit distinctement la génération de ces courbes dans la surface annulaire, et en attribue l'invention à Perseus.

Quelques lignes plus bas, Proclus ajoute que Geminus avait écrit sur ces lignes spiriques. Ce document est précieux, parce qu'il prouve l'antériorité de Perseus sur Geminus, qu'on sait avoir vécu vers le temps d'Hipparque, dans les deux premiers siècles avant l'ère chrétienne.

---

[1] *Voy.* la proposition 9 du livre 3, et le commencement du 4e livre du *Commentaire de Proclus sur le 4e livre d'Euclide.*

[2] Le P. Léotaud, géomètre du XVIIe siècle, très-versé dans la Géométrie ancienne, a écrit sur cette courbe un traité, où il lui découvre une infinité de propriétés curieuses, qui répondent au titre du livre : *Liber in quo mirabiles quadratricis facultates variæ exponuntur.* L'auteur la compare à la spirale d'Archimède et à la parabole; la fait servir à la détermination des centres de gravité; lui reconnaît des branches infinies, etc. Jean Bernouilli a aussi découvert quelques propriétés de cette courbe. (*Voy.* tom. Ier, pag. 447 de ses OEuvres, et tom. II, pag. 176 et 179 du *Commerce épistolaire avec Leibniz.*)

[3] Sur la définition quatrième d'Euclide.

Proclus parle aussi des spiriques dans son Commentaire de la définition septième, et au commencement de son 4e livre, où il dit encore *les spiriques de Perseus.*

Il est à regretter que les écrits de Perseus et ceux de Geminus ne nous soient point parvenus; il serait intéressant de voir leur théorie géométrique de ces spirites, qui sont des courbes du quatrième degré, dont l'étude semble exiger aujourd'hui des équations de surfaces, et un calcul analytique assez profond (*voyez* la Note I).

§ 6. Euclide, le célèbre auteur des *Éléments de Géométrie,* établit le lien entre l'école de Platon, où il avait étudié, et celle d'Alexandrie, qui prenait naissance.

EUCLIDE,
v. 285 avant J.-C.

Beaucoup de géomètres, chez les Grecs, avaient écrit, avant Euclide, sur les éléments de Géométrie; Proclus nous transmet leur noms, et y distingue Hippocrate de Chio; Léon, dont l'ouvrage était plus plein, plus utile que celui de son prédécesseur; Theudius de Magnésie, recommandable pour l'ordre qu'il avait mis dans sa rédaction; Hermotime de Colophon, qui, perfectionnant les découvertes d'Eudoxe et de Thœtète, mit aussi beaucoup du sien dans les éléments. Peu de temps après vint Euclide, « qui,
» ajoute Proclus, rassembla les éléments, mit en ordre beaucoup de choses
» trouvées par Eudoxe, perfectionna ce qui avait été commencé par Thœtète,
» et démontra plus rigoureusement ce qui n'avait encore été que trop mol-
» lement démontré avant lui [1]. »

Euclide introduisit, dans les *Éléments de Géométrie,* la méthode appelée *Réduction à l'absurde,* qui consiste à prouver que toute supposition contraire à une proposition énoncée conduit à quelque contradiction; méthode utile surtout dans les questions où l'infini se présentait sous la forme des irrationnelles, dont Archimède, dans plusieurs de ses ouvrages, et Apollonius, dans son 4e livre des coniques, ont fait un usage heureux, et dont les géomètres, de nos jours encore, ont tiré un grand parti, dans des questions où la science n'était pas encore assez avancée pour procurer des démonstrations directes, les seules qui mettent une vérité dans toute son évidence, et qui éclairent et satisfassent pleinement l'esprit.

[1] Proclus, livre 2, chap. IV, de son Commentaire sur le 1er livre d'Euclide.

Les *Éléments* d'Euclide sont en treize livres. On y joint ordinairement deux autres livres sur les cinq corps réguliers, attribués à Hypsicle, géomètre d'Alexandrie, postérieur à Euclide de 150 ans.

« Pour se former une idée de l'ouvrage entier, on pourrait le considérer comme composé de quatre parties. La première comprendrait les 6 premiers livres, et se diviserait en trois sections, savoir : la démonstration des propriétés des figures planes, traitée d'une manière absolue, et comprise dans les livres 1, 2, 3 et 4; la théorie des proportions des grandeurs en général, objet du 5e livre; et l'application de cette théorie aux figures planes. La seconde partie renfermerait les 7e, 8e et 9e livres, qu'on désigne par l'épithète d'*arithmétiques*, parce qu'ils traitent des propriétés générales des nombres. La troisième partie serait formée du 10e livre seulement, où l'auteur considère en détail les grandeurs incommensurables. La quatrième partie, enfin, se composerait des 3 derniers livres, qui traitent des plans et des solides. De tout ce grand corps de doctrine, on n'a fait passer dans l'enseignement que les 6 premiers livres, le 11e et le 12e [1]. »

§ 7. C'est surtout à ses *Éléments* qu'Euclide doit la célébrité de son nom. Mais ce n'était pas le seul de ses ouvrages qui méritât l'admiration. Ce grand géomètre avait reculé les bornes de la science par divers autres écrits, qui ne lui feraient pas moins d'honneur, s'ils nous étaient parvenus. L'un d'eux seulement, mais le moins important, intitulé les *Données*, nous est connu. C'est une continuation des *Éléments*, destinée à en faciliter les usages et les applications à toutes les questions qui sont du ressort de la Géométrie.

Euclide appelle DONNÉE, ce qui résulte immédiatement, en vertu des propositions comprises dans ses *Éléments*, des conditions d'une question.

Par exemple : « Si, d'un point donné on mène une droite qui touche un

---

[1] Nous empruntons cette analyse des *Éléments* d'Euclide de l'excellente Notice de M. Lacroix, publiée dans la *Biographie universelle*.

cercle donné de position, la droite menée est DONNÉE de position et de grandeur. » (Proposition 91 des *Données* d'Euclide.)

Les propositions des *Données* étaient toujours citées comme celles des *Éléments*, par les géomètres anciens et par ceux du moyen âge, dans toutes leurs recherches géométriques; Newton même en fait usage dans ses *Principes*, ainsi que des coniques d'Apollonius : mais depuis, ces traces de l'antiquité ont disparu des écrits des géomètres, et le livre des *Données* n'est plus guère connu que de ceux qui étudient l'histoire de la science [1].

On peut déduire aisément de quelques propositions du livre des *Données*, la résolution des équations du second degré, qu'on ne trouve, chez les Anciens, que dans Diophante, postérieur de plus de 600 ans à Euclide. Telle est, par exemple, cette proposition : « Si deux droites comprennent un espace donné, dans un angle donné, et si leur somme est donnée, chacune d'elles sera donnée. » (Proposition 85 [2].)

Le 13e livre des *Éléments*, qui traite de l'inscription au cercle et à la sphère des polygones et des polyèdres réguliers, contient, à la suite de la 5e proposition, la définition suivante de l'analyse et de la synthèse : « Ce » que c'est que l'analyse, et ce que c'est que la synthèse.

---

[1] Euclide fait usage, dans ses *Données*, d'une expression embarrassante dans le raisonnement, et dont le sens même est difficile à comprendre dans la définition qu'il en donne. Comme elle se trouve dans Appollonius et dans Pappus, et qu'elle était encore employée dans des ouvrages du dernier siècle, nous croyons utile de faire mention ici de cette expression. Euclide dit que : « Une grandeur est plus grande à l'égard d'une autre *d'une donnée qu'en raison*, quand la grandeur donnée étant retranchée, le reste a, avec l'autre, une raison donnée. » (Définition 11e des *Données*.) Ainsi, soit A plus grand que B d'une donnée qu'en raison; soit c cette donnée, et μ la raison : on aura $\dfrac{A-c}{B} = \mu$.

Euclide a voulu, comme on le voit, énoncer sous forme d'une égalité à deux termes une équation à trois termes.

[2] Cette question renferme la résolution des deux équations $xy = a^2$, $x + y = b$, qui donnent immédiatement l'équation du second degré $x^2 - bx + a^2 = 0$. Ainsi la solution de la question d'Euclide donne les racines de cette équation du second degré.

Une autre proposition (la 87e) résout les deux équations $xy = a^2$, $x^2 - \mu y^2 = b^2$, dont les racines s'obtiennent par une équation du quatrième degré, réductible au second.

» Dans l'analyse, on prend comme accordé ce qui est demandé, parce
» qu'on arrive, de là, à quelque vérité qui est accordée.

» Dans la synthèse, on prend ce qui est accordé, parce qu'on arrive, de
» là, à la conclusion, ou à l'intelligence de ce qui est demandé. »

Plusieurs propositions, à la suite de cette définition, sont traitées par
l'analyse et par la synthèse.

§ 8. Parmi les ouvrages d'Euclide qui ne nous sont point parvenus,
les géomètres regrettent principalement quatre livres sur les *sections coni-*
ques, dont il avait considérablement augmenté la théorie; deux livres sur
les *lieux à la surface* [1]; et enfin, trois livres sur les *porismes.*

D'après la préface du 7e livre des Collections mathématiques de Pappus,
il parait que ce traité des *porismes* brillait d'un génie pénétrant et profond,
et qu'il était éminemment utile pour la résolution des problèmes les plus
compliqués. (*Collectio artificiosissima multarum rerum, quæ spectant ad*
analysin difficiliorum et generalium problematum.) Trente-huit lemmes,
que ce savant commentateur nous a laissés pour l'intelligence de ces *porismes,*
nous prouvent qu'ils formaient un ensemble de propriétés de la ligne droite
et du cercle, de la nature de celles que nous fournit, dans la Géométrie
récente, la théorie des transversales.

Pappus et Proclus sont les seuls géomètres de l'antiquité qui aient fait
mention des *porismes;* mais déjà, au temps du premier, la signification de
ce mot s'était altérée, et les définitions qu'il nous en donne sont obscures.
Celle de Proclus n'est pas propre à éclaircir les premières. Aussi, ç'a été une
grande question, parmi les Modernes, de savoir la nuance précise que les
Anciens avaient établie entre les théorèmes et les problèmes d'une part, et
ce troisième genre de propositions, appelées *porismes,* qui participaient, à
ce qu'il parait, des uns et des autres; et de savoir particulièrement ce qu'étaient
les *porismes* d'Euclide.

---

[1] Nous formerons, dans la Note II, quelques conjectures sur cet ouvrage d'Euclide, qu'on
n'a point encore cherché à rétablir.

Pappus, il est vrai, nous a transmis les énoncés de trente propositions appartenant à ces *porismes;* mais ces énoncés sont si succincts et sont devenus si défectueux par des lacunes et l'absence des figures qui s'y rapportaient, que le célèbre Halley, si profondément versé dans la Géométrie ancienne, a confessé n'y rien comprendre [1], et que, jusque vers le milieu du siècle dernier, bien que des géomètres d'un grand mérite (*voyez* la Note III) aient fait de cette matière l'objet de leurs méditations, aucun énoncé n'avait encore été rétabli.

Ce fut R. Simson qui eut la gloire de découvrir la signification de plusieurs de ces énigmes, ainsi que la forme des énoncés qui était propre à ce genre de propositions.

Voici le sens de la définition que ce géomètre a donnée des *porismes :*

Le porisme est une proposition dans laquelle on annonce pouvoir déterminer, et où l'on détermine effectivement certaines choses ayant une relation indiquée avec des choses fixes et connues, et avec d'autres choses variables à l'infini: celles-ci étant liées entre elles par une ou plusieurs relations connues, qui établissent la loi de variation à laquelle elles sont soumises.

Exemple : Étant donnés deux axes fixes, si de chaque point d'une droite on abaisse des perpendiculaires p, q sur ces deux axes, on pourra trouver une longueur de ligne a, et une raison α, telles que l'on ait entre ces deux perpendiculaires la relation constante $\frac{p-a}{q} = \alpha$.

(Ou, suivant le style ancien, la première perpendiculaire sera plus grande, à l'égard de la seconde, d'une donnée qu'en raison.)

Ici, les choses fixes données sont les deux axes; les choses variables sont les perpendiculaires p, q; la loi commune, à laquelle ces deux choses variables sont assujetties, est que le point variable, d'où ces perpendiculaires sont abaissées, appartient à une droite donnée; enfin, les choses à trouver sont

[1] Note de Halley, à la suite du texte de Pappus sur les porismes, reproduit, avec la préface du 7ᵉ livre des *Collections mathématiques,* au commencement du traité d'Apollonius, *de sectione rationis,* in-4°, 1706.

la ligne *a,* et la raison *α,* qui établiront, entre les choses fixes et les choses variables de la question, la relation prescrite.

Cet exemple suffit pour faire comprendre la nature des porismes, comme l'a conçue R. Simson, dont l'opinion a été généralement adoptée depuis.

Cependant nous devons ajouter que tous les géomètres n'ont pas reconnu, dans l'ouvrage de Simson, la vraie divination de celui d'Euclide. Pour nous, en adoptant le sentiment du célèbre professeur de Glasgow, nous dirons pourtant que nous ne trouvons pas dans son travail la divination complète de la grande énigme des porismes. Cette question, en effet, était complexe, et ses différentes parties exigeaient toutes une solution que l'on cherche en vain dans le traité de Simson.

Ainsi l'on devait se demander :

1° Quelle était la forme des énoncés des porismes;

2° Quelles étaient les propositions qui entraient dans l'ouvrage d'Euclide; notamment celles dont l'indication, très-imparfaite, nous est laissée par Pappus;

3° Quels ont été l'intention et le but philosophique d'Euclide, en composant cet ouvrage dans une forme inusitée;

4° Sous quels rapports il méritait l'éminente distinction qu'en fait Pappus, parmi les autres ouvrages de l'antiquité; car la forme seule de l'énoncé d'un théorème n'en constitue pas le mérite et l'utilité;

5° Quelles sont les méthodes, ou les opérations actuelles, qui se rapprochent le plus, sous une autre forme, des porismes d'Euclide, et qui les suppléent dans la résolution des problèmes; car on ne peut croire qu'une doctrine aussi belle et aussi féconde ait disparu complétement de la science des géomètres;

6° Et enfin, il y aurait à donner une interprétation satisfaisante de différents passages de Pappus sur ces porismes; par exemple, de celui où il dit que les Modernes, ne pouvant tout trouver par eux-mêmes, ou, en quelque sorte, *porismer* complétement, ont changé la signification du mot; car si le porisme n'avait consisté que dans la forme de son énoncé, comme il semble résulter du traité de R. Simson, il aurait toujours été facile de porismer toutes les propositions qui en auraient été susceptibles; et l'on ne voit pas pourquoi les Modernes y auraient trouvé des difficultés qui leur auraient fait changer la signification du mot.

Nous sortirions du cadre de cet écrit en poussant plus loin ces réflexions sur la doctrine des porismes; mais ce sujet nous paraissant offrir beaucoup d'intérêt, à raison surtout de ses rapports avec les théories qui font le domaine de la Géométrie moderne, nous donnerons suite à ce paragraphe dans la Note III, où nous essayerons même de présenter quelques idées nouvelles sur cette grande question des porismes.

§ 9. Peu de temps après Euclide, deux hommes d'une force d'esprit prodigieuse, Archimède et Apollonius, marquèrent la plus grande époque de la Géométrie chez les Anciens, par de nombreuses découvertes qui ont fondé plusieurs théories, des plus importantes aujourd'hui, dans toutes les parties des sciences mathématiques.

ARCHIMÈDE,
287-212 avant J.-C.

La quadrature de la parabole, donnée de deux manières différentes par Archimède, fut le premier exemple de la quadrature rigoureuse d'un espace compris entre une courbe et des lignes droites.

Chacun sait que les *spirales*, la proportion de leur aire avec celle du cercle, et la manière d'en mener les *tangentes*; que le centre de gravité d'un secteur parabolique quelconque; l'expression des volumes des segments des sphéroïdes et des conoïdes paraboliques ou hyperboliques [1]; la proportion de la sphère et du cylindre circonscrit; le rapport de la circonférence au diamètre, etc., sont d'autres découvertes d'Archimède, découvertes à jamais mémorables, par la nouveauté et la difficulté qu'elles présentaient alors, et parce qu'elles sont le germe d'une grande partie de celles qui ont été faites depuis, principalement dans toutes les branches de la Géométrie qui ont pour objet la mesure des dimensions des lignes et des surfaces courbes, et qui exigent la considération de l'infini.

[1] Archimède appelle *sphéroïdes* les solides engendrés par la révolution d'une ellipse tournant sur son grand ou son petit axe; et *conoïdes* les solides engendrés par la révolution d'une parabole ou d'une hyperbole tournant sur son axe.

La question du rapport de la circonférence au diamètre était le premier exemple d'un problème résolu par *approximation*; exemple si utile et si souvent mis à profit dans le calcul algébrique, comme dans les constructions géométriques.

§ 10. Les procédés d'Archimède, pour démontrer des vérités si nouvelles et si difficiles, constituent la méthode d'*exhaustion*, qui consistait à regarder la grandeur cherchée, l'aire d'une courbe, par exemple, comme la limite dont s'approchaient de plus en plus des polygones inscrits et circonscrits dont on multipliait, par la bissection, le nombre des côtés, de manière que la différence devînt plus petite qu'aucune quantité donnée. On *épuisait* ainsi, en quelque sorte, cette différence; d'où est venu le nom de méthode d'*exhaustion*. Ce rapprochement continuel entre les polygones et la courbe donnait, de celle-ci, une idée de plus en plus précise; et, la loi de continuité servant de guide, on parvenait à la connaissance de la propriété cherchée. Ensuite on démontrait, en toute rigueur, le résultat ainsi obtenu, par le raisonnement *ad absurdum*.

On a dit souvent que les Anciens avaient regardé les courbes comme des polygones d'une infinité de côtés. Mais ce principe n'a jamais paru dans leurs écrits; il n'aurait pu convenir à la rigueur de leurs démonstrations; et ce sont les Modernes qui l'ont introduit dans la Géométrie, et ont simplifié par là les anciennes démonstrations. Cette idée heureuse fut le passage de la méthode d'exhaustion aux méthodes infinitésimales.

On a dit aussi que la méthode d'Archimède était embarrassée et difficile à concevoir; et l'on s'appuie du témoignage de Boulliaud, géomètre assez habile du XVIIᵉ siècle, qui dit n'avoir pu bien comprendre les démonstrations du livre des *spirales*. Mais cette opinion est contraire aux sentiments des Anciens, que l'ordre et la clarté admirables qu'Euclide avait introduits dans la Géométrie, rendaient si bons juges dans cette question. Pour la repousser avec la propre opinion des Modernes, il nous suffit de dire qu'elle est contraire aussi au sentiment de Galilée et de Mac-Laurin, qui avaient profondément médité sur les ouvrage d'Archimède. « Il est vrai, ajoute Mac-Laurin, qu'il a cru devoir établir plusieurs propositions pour préparer à la démonstration des principaux théorèmes, et c'est ce qui a fait regarder sa méthode comme ennuyeuse. Mais le nombre de pas n'est pas le plus grand défaut qu'une démonstration puisse avoir : on doit seulement examiner s'ils sont nécessaires pour rendre la démonstration parfaite et concluante. » (*Traité des Fluxions*, introduction.)

M. Peyrard, qui paraît être de nos jours le savant qui a le plus approfondi, dans toutes leurs parties, les ouvrages des quatre grands géomètres de l'Antiquité : Euclide, Archimède, Apollonius et Pappus, qu'il a traduits et commentés, dit formellement : « Archimède n'est véritablement difficile que » pour ceux à qui les méthodes des Anciens ne sont pas familières; il est » clair et facile à suivre pour ceux qui les ont étudiées [1]. »

§ 11. Apollonius fit, sur les sections coniques, un traité en huit livres. Les quatre premiers renfermaient tout ce qu'on avait écrit avant lui sur cette matière, où il avait seulement étendu et généralisé certaines parties; c'est ce qu'on appelait alors les *Éléments des coniques;* les quatre autres comprenaient les inventions propres de ce grand géomètre.

APOLLONIUS, v. 247 avant J.-C.

Ce fut Apollonius qui considéra, le premier, les coniques dans un cône oblique quelconque à base circulaire; jusque-là, on ne les avait conçues que dans le cône droit, ou de révolution; et encore avait-on toujours supposé le plan coupant perpendiculaire à l'une des arêtes du cône; ce qui obligeait à prendre trois cônes, d'ouverture différente, pour former les trois sections coniques. On désignait ces courbes par les mots : *section du cône acutangle, section du cône obtusangle,* et *section du cône rectangle;* elles ne prirent les noms d'*ellipse,* d'*hyperbole* et de *parabole* que dans l'ouvrage d'Apollonius [2].

---

[1] Préface de la traduction des OEuvres d'Archimède.

[2] Cependant les deux mots *ellipse* et *parabole* étaient connus d'Archimède. Le premier se trouve dans le titre de l'un de ses traités (*de la quadrature de la parabole*), quoiqu'il ne s'y rencontre jamais dans le texte; et le second commence à être employé dans la proposition 9ᵉ du livre des *conoïdes* et des *sphéroïdes.*

Tout ce savant traité repose à peu près sur une propriété unique des sections coniques, qui dérive directement de la nature du cône où ces courbes sont formées. Cette propriété, que laissent ignorer la plupart des traités modernes, mérite que nous la fassions connaître ici, comme étant la clef de toute la doctrine des Anciens, et comme étant absolument nécessaire pour l'intelligence de leurs ouvrages.

Concevons un cône oblique à base circulaire : la droite menée de son sommet, au centre du cercle qui lui sert de base, est appelée l'*axe* du cône. Le plan mené par l'axe, perpendiculairement au plan de la base, coupe le cône suivant deux arêtes, et détermine dans le cercle un diamètre : le triangle qui a pour base ce diamètre, et pour côtés les deux arêtes, s'appelle le *triangle par l'axe*. Apollonius suppose, pour former ses sections coniques, le plan coupant perpendiculaire au plan du *triangle par l'axe*. Les points où ce plan rencontre les deux côtés de ce triangle sont les *sommets* de la courbe; et la droite qui joint ces deux points en est un *diamètre*. Apollonius appelle ce diamètre *latus transversum*.

Que, par l'un des deux sommets de la courbe, on élève une perpendiculaire au plan du triangle par l'axe; qu'on lui donne une certaine longueur, déterminée comme nous le dirons ci-après; et que, de l'extrémité de cette perpendiculaire, on mène une droite à l'autre sommet de la courbe. Maintenant que, par un point quelconque du diamètre de la courbe, on élève perpendiculairement une *ordonnée :* le carré de cette ordonnée, comprise entre le diamètre et la courbe, sera égal au rectangle construit sur la partie de l'ordonnée comprise entre le diamètre et la droite, et sur la partie du diamètre comprise entre le premier sommet et le pied de l'ordonnée. Telle est la propriété originaire et caractéristique qu'Apollonius reconnaît à ses sections coniques, et dont il se sert pour en conclure, par des transformations et des déductions très-habiles, presque toutes les autres. Elle joue, comme on le voit, dans ses mains, à peu près le même rôle que l'équation du second degré à deux variables, dans le système de Géométrie analytique de Descartes.

On voit par là que le diamètre de la courbe, et la perpendiculaire élevée à l'une de ses extrémités suffisent pour construire cette courbe. Ce sont là les deux éléments dont se sont servis les Anciens pour établir leur théorie des coniques. La perpendiculaire en question fut appelée, par eux, *latus erectum* : les Modernes ont d'abord changé ce nom en celui de *latus rectum*, qui a été longtemps employé; et ensuite l'ont remplacé par celui de *para-mètre*, qui est resté. Apollonius, et les géomètres qui écrivirent après lui, donnèrent différentes expressions géométriques, prises dans le cône, de la longueur de ce *latus rectum* pour chaque section : mais aucune ne nous a paru aussi simple et aussi élégante que celle de Jacques Bernoulli. La voici : « Que l'on mène un plan parallèle à la base du cône, et situé à la même distance de son sommet que le plan de la section conique proposée : ce plan coupera le cône suivant un cercle, dont le diamètre sera le *latus rectum* de la conique [1]. »

De là on conclut aisément la manière de placer une conique donnée sur un cône aussi donné.

§ 12. Les plus belles propriétés des sections coniques se trouvent dans le traité d'Apollonius. Nous citerons celles des asymptotes, qui font la partie la plus considérable du livre 2; le rapport constant des produits des segments faits, par une conique, sur deux transversales parallèles à deux axes fixes, et menées par un point quelconque (propositions 16 à 23 du livre 3); les propriétés principales des *foyers* de l'ellipse et de l'hyperbole, qu'Apollonius appelle *points d'application* (même livre, propositions 45 à 52) [2]; les deux beaux théorèmes sur les diamètres conjugués (7ᵉ livre, propositions 12 et 22; 30 et 31).

Nous devons citer encore le théorème suivant, qui est devenu d'une si haute importance dans la Géométrie récente, comme étant la base de la théorie des polaires réciproques, et dont La Hire, auparavant, avait déjà fait le fondement de sa théorie des coniques :

« Si, par le point de concours de deux tangentes à une section conique,

---

[1] *Novum theorema pro doctrina sectionum conicarum* (Acta Erud. ann. 1689, pag. 586.)
[2] *Voy.* la Note IV.

» on tire une transversale qui rencontre la courbe en deux points, et la
» corde qui joint les points de contact des deux tangentes en un troisième
» point, ce troisième point, et le point de concours des deux tangentes seront
» conjugués harmoniques par rapport aux deux premiers. » (Livre 3, proposition 37.)

Les 23 premières propositions du livre 4 sont relatives à la division harmonique des lignes droites tirées dans le plan d'une conique. Ce sont, pour
la plupart, divers cas du théorème général que nous venons d'énoncer. Dans
les propositions suivantes, Apollonius considère le système de deux coniques,
et démontre que ces deux courbes ne peuvent se couper qu'en quatre points.
Il examine ce qui arrive quand elles se touchent en un point ou en deux
points, et traite de divers autres cas des positions respectives qu'elles peuvent
présenter.

Le cinquième livre est le monument le plus précieux du génie d'Apollonius. C'est là qu'ont paru pour la première fois les questions de *maxima* et
de *minima*. On y retrouve tout ce que les méthodes analytiques d'aujour-
d'hui nous apprennent sur ce sujet; et l'on y reconnaît le germe de la belle
théorie des *développées*. En effet, Apollonius prouve qu'il existe, de chaque
côté de l'axe d'une conique, une suite de points d'où l'on ne peut mener, à
la partie opposée de la courbe, qu'une normale; il donne la construction de
ces points, et observe que leur continuité sépare deux espaces qui présentent
cette différence remarquable, savoir : de chaque point de l'un on peut mener
deux normales à la courbe ; et, de chaque point de l'autre, on n'en peut
mener aucune. Voilà donc les *centres d'osculation*, et la *développée* d'une
conique parfaitement déterminée.

Apollonius fait usage d'une hyperbole auxiliaire, dont il détermine les
éléments, pour construire les pieds des normales abaissées, d'un point
donné, sur la conique proposée. Toutes ces recherches sont traitées avec une
sagacité admirable.

Ce grand ouvrage avait fait donner à Apollonius le surnom de *géomètre
par excellence*, ainsi que le rapporte Geminus.

Les sept premiers livres seuls nous sont parvenus; les quatre premiers dans leur langue originale, et les trois suivants en arabe. Halley a rétabli le huitième dans sa magnifique édition des *Coniques d'Apollonius*, la seule qui soit complète [1].

§ 13. Apollonius avait laissé d'autres écrits nombreux, qui avaient la plupart pour objet l'*Analyse géométrique*. Mais un seul, le traité *De sectione rationis*, nous est parvenu; d'autres, qui avaient pour titres : *De sectione spatii ; De sectione determinatâ ; De tactionibus ; De inclinationibus ; De Locis planis*, ont été rétablis par divers géomètres, dans les deux siècles derniers, d'après les indications de Pappus.

Apollonius a la gloire aussi d'avoir appliqué la Géométrie à l'astronomie. On lui attribue la théorie des épicycles, qui servaient à expliquer les phénomènes des stations et des rétrogradations des planètes. Ptolémée le cite, à ce sujet, dans son *Almageste*.

§ 14. Parmi les contemporains d'Archimède et d'Apollonius, on distingue Ératosthène, qui naquit 276 ans avant l'ère chrétienne (11 ans après Archimède et 34 ans avant Apollonius). Ce philosophe, profond dans tous les genres de savoir, et qui fut, sous le troisième Ptolémée, directeur de la Bibliothèque d'Alexandrie, avait mérité d'être placé au même rang que les trois célèbres géomètres de l'antiquité, Aristée, Euclide et Apollonius, qui avaient travaillé sur l'Analyse géométrique. Pappus cite de lui un ouvrage en deux livres, qui se rapporte à cette méthode, mais qui ne nous est point parvenu. Il avait pour titre : *De Locis ad Medietates ;* nous ne savons ce qu'étaient ces lieux.

Ératosthène avait inventé, pour la solution des deux moyennes proportion-

[1] *Appollonii Pergæi conicorum libri octo ;* in-fol., Oxoniæ; 1710.

M. Peyrard, dans les préfaces de sa traduction d'Archimède et de sa traduction d'Euclide en trois langues, avait annoncé une traduction française des *Coniques d'Apollonius.* Plusieurs feuilles étaient déjà imprimées quand la mort est venue enlever ce savant laborieux. Il serait à regretter que le fruit de ses travaux fût perdu pour la France. Les fonds destinés à l'encouragement des sciences ne sauraient avoir une application plus utile que la publication de cet ouvrage.

ÉRATOSTHÈNE, né 276 avant J.-C.

nelles, un instrument appelé *mésolabe*, qu'il décrit lui-même dans une lettre adressée au roi Ptolémée, et où il fait l'histoire du problème de la duplication du cube. Cette lettre nous a été conservée par Eutocius, dans son Commentaire sur *la sphère et le cylindre*, d'Archimède. Pappus donne aussi, dans ses *Collections mathématiques*, la construction du mésolabe d'Ératosthène.

§ 15. Les travaux d'Archimède et d'Apollonius ont marqué l'époque la plus brillante de la Géométrie ancienne.

Depuis, on a pu les regarder comme l'origine et le fondement de deux grandes questions qui ont occupé les géomètres à toutes les époques, et auxquelles se rattachent la plupart de leurs travaux, qu'elles divisent en deux classes; de telle sorte qu'elles semblent se partager le domaine de la Géométrie.

La première de ces deux grandes questions est la quadrature des figures curvilignes, qui a donné naissance au calcul de l'infini, imaginé et perfectionné successivement par Kepler, Cavalieri, Fermat, Leibniz et Newton.

La seconde est la théorie des sections coniques, pour laquelle ont été inventées d'abord l'Analyse géométrique des Anciens, puis les méthodes de la perspective et des transversales; qui était le prélude de la théorie des courbes géométriques de tous les degrés, et de cette partie considérable de la Géométrie, qui ne considère, dans les propriétés générales de l'étendue, que les formes et les situations des figures; et se sert seulement d'intersections de lignes ou de surfaces, et de rapports de distances rectilignes.

Ces deux grandes divisions de la Géométrie, qui ont leur caractère particulier, pourraient être désignées par les dénominations de *Géométrie des mesures* et *Géométrie des formes et des situations*, ou Géométrie d'Archimède et Géométrie d'Apollonius.

Ces deux divisions, du reste, sont celles de toutes les sciences mathématiques, qui ont pour but, suivant l'expression de Descartes, la recherche de l'*ordre* et de la *mesure* [1]. Aristote avait déjà émis la même pensée en ces

ARISTOTE,
384-322.

[1] « Tous les rapports qui peuvent exister entre les êtres d'un même genre se réduisent à

termes : « De quoi s'occupent les mathématiciens, si ce n'est de l'*ordre* et de
» la *proportion?* [1] »

Cette définition des sciences mathématiques, et les deux grandes divisions
qu'elle y marque, s'appliquent surtout à la Géométrie. On a donc lieu de
s'étonner que celle-ci soit appelée communément, même dans les meilleurs
traités, la science qui a pour objet la *mesure* de l'étendue. Cette définition,
évidemment incomplète, donne une idée fausse du but et de l'objet de la
Géométrie. Cette observation n'est peut-être pas dépourvue de toute espèce
d'intérêt, et nous lui donnerons suite dans la Note V.

§ 16. Après Archimède et Apollonius, et pendant trois à quatre siècles, quelques géomètres renommés à juste titre, sans égaler ces deux
grands hommes, continuèrent à enrichir la Géométrie de découvertes et de
théories utiles; ensuite vinrent, pendant deux à trois siècles encore, les
commentateurs qui nous ont transmis les ouvrages et les noms des géomètres de l'antiquité; puis enfin les siècles d'ignorance, où la Géométrie a
sommeillé chez les Arabes et chez les Persans, jusqu'à la renaissance des
lettres en Europe.

Nous allons énoncer rapidement les principaux travaux des écrivains les
plus célèbres qui fleurirent dans les deux premières périodes de cet intervalle de dix-sept siècles.

Mais nous devons dire d'abord que l'époque où nous entrons est celle des
grands progrès de l'astronomie. C'est à cette science principalement que se
rapportent les travaux des géomètres que nous allons avoir à citer, et que
ces géomètres, à l'exception de Nicomède, doivent en grande partie leur
célébrité.

Ce changement de direction dans les esprits était une suite nécessaire

deux, l'*ordre* et la *mesure*. » (*Règles pour la direction de l'esprit*; ouvrage posthume de
Descartes, 14ᵉ règle.)

Précédemment Descartes avait déjà dit : « Toutes les sciences qui ont pour but la recherche
de l'*ordre* et de la *mesure* se rapportent aux mathématiques. » (*Ibid.*, 4ᵉ règle.)

[1] 5ᵉ chapitre du 11ᵉ livre de la *Métaphysique d'Aristote*.

des grandes découvertes d'Archimède et d'Apollonius, qui demandaient des siècles d'études et de méditations, avant qu'on pût aller au delà, dans les matières qu'avaient traitées ces deux grands génies.

§ 17. Les ouvrages de Nicomède ne nous sont point parvenus. Ce géomètre ne nous est connu que comme inventeur de la *conchoïde*, dont il fit un usage ingénieux pour résoudre, par un procédé mécanique, le problème des deux moyennes proportionnelles, et celui de la trisection de l'angle.

La conchoïde, déjà célèbre par cette circonstance qu'elle résolvait les deux plus fameux problèmes de l'Antiquité, acquit une importance nouvelle, par la remarque que fit Viète, que tous les problèmes dont la solution dépend d'une équation du troisième degré peuvent se ramener à ces deux-là ; et surtout par l'emploi que Newton fit de cette courbe, dans son *Arithmétique universelle*, pour construire toutes les équations du troisième degré.

§ 18. Hipparque, le plus grand astronome de l'antiquité, le véritable fondateur de l'astronomie mathématique, avait composé un ouvrage en douze livres, où se trouvait la construction des cordes des arcs de cercle [1].

Ses calculs et ses opérations astronomiques exigeaient la trigonométrie rectiligne et la trigonométrie sphérique, dont il avait donné les principes géométriques dans son traité *Des levers et couchers des étoiles*, et dont il paraît certain qu'il fut le premier inventeur [2].

C'est à Hipparque aussi que paraît remonter la découverte des projections stéréographiques, et celle de deux théorèmes célèbres de Géométrie

---

[1] Théon cite ce traité (*Commentaire sur l'Almageste*, liv. 1, ch. IX).

[2] D'une part, Hipparque dit, dans son *Commentaire du poème d'Aratus*, qu'*il a démontré la solution des triangles sphériques qui servent à trouver le point orient de l'écliptique* ; ensuite on ne trouve, avant lui, aucune trace de trigonométrie sphérique, ni même de trigonométrie rectiligne. Archimède, ainsi que le remarque M. Delambre, dans son *Histoire de l'astronomie ancienne* (tom. 1er, pag. 104), pour mesurer le diamètre du soleil, superpose un angle au sommet d'un triangle isocèle, dont les côtés et la base sont donnés : on n'avait pas encore eu l'idée de calculer les cordes des angles. Ainsi la trigonométrie rectiligne était ignorée.

plane et de Géométrie sphérique, que nous citerons en parlant de Ménélaüs et de Ptolémée.

§ 19. On attribue à Geminus, qu'on suppose avoir vécu un peu après Nicomède et Hipparque, un ouvrage sur diverses courbes, entre autres l'hélice décrite sur la surface d'un cylindre droit circulaire, dont il démontrait cette propriété, commune avec la ligne droite et le cercle seulement, d'être partout semblable à elle-même [1]. Un autre ouvrage de Geminus, intitulé *Enarrationes geometricæ*, souvent cité par Proclus, devait être une sorte de développement philosophique des découvertes géométriques. Ces deux ouvrages ne nous sont point parvenus : on prétend que le premier se trouve, manuscrit, dans la bibliothèque du Vatican.

GEMINUS,
v. 100 avant J.-C.

§ 20. Théodose réunit, sous le titre de *Sphériques* (SPHÆRICORUM LIBRI TRES), diverses propriétés des grands cercles tracés sur la sphère, nécessaires pour établir solidement les fondements de l'astronomie et le calcul des triangles sphériques. Ce calcul n'en fait pas partie, le mot triangle n'y est pas même prononcé. Mais, quelque élémentaire que soit cet ouvrage, il a été très-estimé, comme étant méthodique et profond. Aussi a-t-il été commenté par Pappus, puis traduit par plusieurs géomètres modernes d'un grand mérite.

THÉODOSE,
v. 100 avant J.-C.

On a de Théodose deux autres traités, intitulés *De Habitationibus*, et *De Diebus et Noctibus*, ayant pour objet la démonstration des phénomènes que doivent apercevoir les habitants de la Terre, suivant leur position sur le globe, et celle du Soleil dans l'écliptique.

§ 21. Ménélaüs, géomètre et astronome, avait écrit, comme Théodose, sur la Géométrie de la sphère, un traité en trois livres, intitulé *Sphériques*, qui ne nous est parvenu que traduit en arabe et en hébreu : le texte grec a été perdu. Cet ouvrage va au delà de celui de Théodose, car il traite spécialement des propriétés des triangles sphériques, mais non point encore de leur calcul, c'est-à-dire, de la trigonométrie sphérique qui, peut-être, avait fait partie d'un autre écrit de Ménélaüs, en six livres, sur le calcul des cordes, dont parle Théon, et qui a été perdu.

MÉNÉLAÜS,
v. 80 après J.-C.

[1] Proclus, *Commentaire sur le 1er livre d'Euclide*, 4e définition et proposition 5e.

4

La plus importante proposition des *Sphériques* de Ménélaüs est la première du 3e livre, qui fut la base de toute la trigonométrie sphérique des Grecs. C'est une propriété des six segments faits, sur les trois côtés d'un triangle sphérique, par un arc de grand cercle quelconque. Ce théorème fut aussi en grande considération chez les Arabes, qui le commentèrent dans plusieurs écrits, et l'appelèrent *Règle d'intersection*. Son analogue dans la Géométrie plane, que donne aussi Ménélaüs, comme lemme pour la démonstration du premier, et dont nous allons parler ci-dessous à l'article de Ptolémée (parce que c'est dans l'Almageste que généralement on l'a remarqué), a acquis une nouvelle et haute importance dans la Géométrie récente, où l'illustre Carnot l'a introduit, en en faisant la base de sa théorie des transversales.

Nous citerons encore, des *Sphériques* de Ménélaüs, les deux théorèmes suivants, qui paraissent être dus à ce géomètre : 1° l'arc de grand cercle, qui divise en deux également un angle d'un triangle sphérique, fait sur le côté opposé deux segments dont les cordes sont entre elles comme celles des côtés adjacents; et, 2° les trois arcs qui divisent en deux également les trois angles d'un triangle, passent par un même point.

Ménélaüs avait aussi écrit sur la théorie des lignes courbes. Pappus nous apprend qu'une telle ligne, probablement à double courbure, car elle naissait de l'intersection de surfaces courbes, était appelée *admirable* par ce géomètre [1].

PTOLÉMÉE,
v. 125 après J.-C.

§ 22. Ptolémée, astronome et géomètre d'un savoir immense, nous a laissé, dans son Almageste [2], un Traité de trigonométrie rectiligne et de trigonométrie sphérique, le seul qui nous soit parvenu des Grecs, les ouvrages d'Hipparque, sur cette matière, ayant été détruits. On y trouve cette belle propriété du quadrilatère inscrit au cercle, que « le produit des deux diagonales

[1] *Collections mathématiques*, liv. 4, après la proposition 30.
[2] Ptolémée avait donné à son *Traité d'astronomie* le titre de *Composition*, ou *Syntaxe mathématique*. Ses éditeurs ont changé ce titre en celui de *Grande composition;* les traducteurs arabes en ont fait la *Très-grande* (*Almagesti*); et le nom d'Almageste lui est resté.

est égal à la somme des produits des côtés opposés; » elle est donnée comme lemme, pour la construction d'une table des valeurs des cordes inscrites au cercle et répondant à des arcs donnés [1].

Ptolémée fonda sa trigonométrie sur le théorème des six segments, que donne Ménélaüs, et se servit aussi, pour démontrer ce théorème, de son analogue sur le plan. Celui-ci est une relation entre les segments qu'une transversale, menée arbitrairement dans le plan d'un triangle, fait sur les trois côtés, à savoir que *le produit de trois de ces segments, qui n'ont pas d'extrémités communes, est égal au produit des trois autres* [2]. On voit que c'est une généralisation de la proposition fondamentale de la théorie des lignes proportionnelles, savoir que : « une droite, menée parallèlement à la base d'un triangle, divise les côtés en parties proportionnelles. » Cette remarque suffit pour faire entrevoir toute l'utilité dont ce théorème peut être dans la Géométrie. Il sert particulièrement dans les questions où l'on doit démontrer que trois points sont en ligne droite : on imagine un triangle dont les côtés passent par ces trois points, et l'on vérifie si la relation en question a lieu entre les six segments que ces trois points font sur les trois côtés du triangle.

Ce théorème semblait inconnu, quand il reparut, au commencement de ce siècle, dans la *Géométrie de position*, et peu après dans la théorie des transversales, dont il est la base. Mais, à plusieurs époques, il avait déjà porté des fruits, indépendamment de son utilité comme lemme pour les démonstrations sphériques des Grecs. Il mérite, par son importance actuelle, qu'on en fasse l'historique. Nous consacrerons à cet objet la Note VI.

La Géométrie est encore redevable à Ptolémée de la doctrine des *projec-*

---

[1] Livre 1, chap. IX. M. Carnot a montré, dans sa *Géométrie de position*, comment on peut déduire de ce théorème toute la trigonométrie rectiligne; et, depuis, Fergola a repris ce sujet, qu'il a traité complétement sous le titre : *Dal teorema Tolemaico ritraggonsi immediatamente i teoremi delle sezioni angolari di Vieta e di Wallis, e le principale verità proposte nella Trigonometria analitica da moderni* (tom. Ier des *Mémoires de l'Académie des sciences de Naples*, ann. 1819).

[2] Livre 1, chapitre XI, intitulé : *Préliminaires pour les démonstrations sphériques.*

tions, dont il jeta les fondements en l'employant pour la construction des cartes géographiques et la solution des problèmes de gnomonique, dans deux ouvrages curieux, intitulés *De l'Analemme*, et *Du Planisphère*. Mais ce second ouvrage, où se trouve enseignée et pratiquée la projection stéréographique, paraît à M. Delambre être d'Hipparque et non de Ptolémée, comme on l'avait cru jusqu'ici.

Ptolémée avait composé un traité *Des trois dimensions des corps*, dans lequel il parla, le premier, de ces trois axes rectangulaires auxquels la Géométrie moderne rapporte la position d'un point quelconque dans l'espace [1].

Enfin, parmi beaucoup d'autres ouvrages sur des matières diverses, nous citerons l'*Optique* de Ptolémée, où se trouvait résolu ce problème de pure Géométrie, qui a occupé, depuis, plusieurs géomètres du premier rang : « trouver sur un miroir sphérique le point brillant, pour une position » donnée de l'œil et du point lumineux. »

§ 23. Ici se termine la première des trois périodes dans lesquelles nous avons divisé l'intervalle de dix-sept cents ans, qui sépare Archimède et Apollonius de la renaissance des lettres en Europe.

Les grands progrès que l'Antiquité devait faire faire aux sciences mathématiques sont accomplis. Nous n'allons plus trouver d'auteurs originaux; mais seulement de savants et célèbres commentateurs des ouvrages de l'école grecque établie à Alexandrie.

Cependant Pappus, qui se présente à leur tête, mérite d'être placé dans un rang plus élevé, parce que ses ouvrages tiennent encore du génie et de la force productrice des siècles antérieurs.

PAPPUS.

§ 24. Ce géomètre, sur la fin du IVe siècle de l'ère chrétienne, rassembla, dans ses *Collections mathématiques* [2], diverses découvertes éparses des mathématiciens les plus célèbres, et une multitude de propositions curieuses et de lemmes, destinés à faciliter la lecture de leurs ouvrages. Ces *Collections*,

---

[1] Delambre, art. *Ptolémée de la Biographie universelle.*
[2] *Pappi Alexandrini* Mathematicæ collectiones, *a Frederico Commandino in latinum conversæ, et commentariis illustratæ.* Pisanii 1588, in-fol.; item Bononiæ 1660, in-fol.

monument précieux des mathématiques anciennes, dont elles nous représentent à peu près l'état, contiennent aussi diverses inventions de Pappus
lui-même, que Descartes estimait comme l'un des plus excellents géomètres
de l'antiquité [1].

On y trouve la description, sur la sphère, d'une ligne à double courbure
remarquable. C'est une spirale que Pappus décrivait, à l'imitation de celle
d'Archimède, en faisant mouvoir uniformément un point sur un arc de grand
cercle de la sphère, qui tourne lui-même autour de son diamètre (livre 4,
proposition 30). Pappus trouva l'expression de la surface sphérique, comprise entre cette courbe et sa base; premier exemple de la *quadrature d'une
surface courbe.*

Le fameux théorème de Guldin, qui fait usage du centre de gravité pour
la dimension des figures, se trouve dans les *Collections mathématiques,* et
paraît avoir été imaginé par Pappus lui-même [2].

§ 25. A la suite de la proposition 30 du livre 4, un passage, qui sert
d'introduction au problème de la trisection de l'angle, nous apprend que la
science des surfaces courbes, et des lignes *à double courbure* tracées sur ces
surfaces, ou produites par des mouvements composés (comme la spirale sphérique dont nous venons de faire mention), avait été cultivée par les Anciens.
Pappus y parle des *lieux à la surface,* et cite à ce sujet les ouvrages de
Démétrius d'Alexandrie, et de Philon de Tyane. Le premier avait pour titre :
Recherches linéaires; c'est la seule indication qui nous en reste. Le second
traitait des courbes qui naissent de l'intersection de certaines surfaces nommées *plectoïdes.*

---

[1] « Je me persuade que certains germes primitifs des vérités que la nature a déposés dans
» l'intelligence humaine, et que nous étouffons en nous à force de lire et d'entendre tant
» d'erreurs diverses, avaient, dans cette simple et naïve antiquité, tant de vigueur et de
» force, que les hommes éclairés de cette lumière de raison qui leur faisait préférer la vertu
» aux plaisirs, l'honnête à l'utile, encore qu'ils ne sussent pas la raison de cette préférence,
» s'étaient fait des idées vraies et de la philosophie et des mathématiques, quoiqu'ils ne pussent
» pas encore pousser ces sciences jusqu'à la perfection. Or, je crois rencontrer quelques traces
» de ces mathématiques véritables dans Pappus et Diophante..... » (Descartes, *Règles pour la
direction de l'esprit,* 4e règle.)

[2] *Voyez* la fin de la Préface du 7e livre des *Collections mathématiques.*

Montucla observe avec raison qu'il n'est pas facile de deviner, sur une aussi légère indication, quelles étaient ces surfaces et quelles étaient ces courbes. Mais un autre passage de Pappus (livre 4, proposition 29), dont il semble que ce savant historien n'ait pas eu connaissance, nous apprend que la surface de la vis à filet carré est une surface *plectoïde*; ce qui nous fait supposer que ce mot désignait d'une manière générale les surfaces *réglées*, auxquelles il nous paraît convenir à raison de l'*entrelacement* des lignes droites que présentent ces surfaces, ou bien qu'il désignait les surfaces appelées maintenant *conoïdes*, engendrées par une droite mobile qui s'appuie sur. une droite fixe et sur une courbe, en restant toujours parallèle à un même plan; ou bien encore qu'il désignait particulièrement les surfaces *hélicoïdes*, ou seulement la surface *hélicoïde* rampante, c'est-à-dire celle de la vis à filet carré.

Un savant géomètre napolitain, M. Flauti, dans un ouvrage récent, affecte, d'une manière générale, le nom de surfaces *plectoïdes* à toutes les surfaces engendrées par une ligne droite [1].

Commandin, dans son Commentaire de Pappus, avait pensé que le mot *plectoïde* pouvait provenir d'une erreur de copiste, et qu'il devait être remplacé par celui de *cylindrique*. Mais cette supposition est évidemment erronée; car le mot *plectoïde*, dans le passage de Pappus qui donne lieu à l'observation de Commandin [2], s'applique incontestablement à la surface de la vis à filet carré, et non à une surface cylindrique.

§ 26. Pappus, à l'occasion de la *quadratrice de Dinostrate*, fait connaître deux propriétés de la surface hélicoïde rampante, qui méritent d'être remarquées, comme renfermant deux modes de construction de la quadratrice, et surtout comme offrant une des belles spéculations des Anciens sur les surfaces courbes et les lignes à double courbure.

Après avoir donné la génération, qu'il appelle mécanique, de la quadratrice, par l'intersection d'un rayon du cercle qui tourne autour du centre,

[1] *Geometria di sito sul piano e nello spazio ;* Naples 1821.
[2] Livre 4, proposition 29, note F, pag. 92 de l'édition de 1660.

et d'un diamètre qui se meut parallèlement à lui-même (livre 4, proposition 25), Pappus dit que cette courbe peut se former par les *lieux à la surface*, ou bien par la spirale d'Archimède. Voici quels sont ces deux modes
de construction :

Premier moyen, proposition 28. « Soit une hélice décrite sur un cylindre
droit circulaire; de ses points on abaisse des perpendiculaires sur l'axe du
cylindre : ces droites forment la surface hélicoïde rampante;

» Par l'une de ces droites on mène un plan, convenablement incliné sur
le plan de la base du cylindre; ce plan coupe la surface hélicoïde suivant
une courbe dont la projection orthogonale sur la base du cylindre est la
quadratrice. »

Second moyen, *proposition* 29. « Qu'une spirale d'Archimède soit prise
pour la base d'un cylindre droit; que l'on conçoive un cône de révolution
ayant pour axe l'arête du cylindre menée par l'origine de la spirale; ce cône
coupera la surface cylindrique suivant une courbe à double courbure[1];

« Les perpendiculaires abaissées, des différents points de cette courbe, sur
l'arête en question du cylindre, formeront la surface hélicoïde rampante
(que Pappus appelle en cet endroit surface *plectoïde*);

» Un plan mené par une arête de cette surface, et convenablement incliné, la coupera suivant une courbe dont la projection orthogonale sur le
plan de la spirale sera la quadratrice demandée. »

Ces deux constructions consistent, l'une et l'autre, à couper la surface
hélicoïde rampante par un plan mené par une arête, et à projeter la section
sur un plan perpendiculaire à l'axe de la vis.

---

[1] Cette courbe est l'*hélice conique :* elle est l'une des lignes à double courbure que les
Anciens ont connues. Proclus en parle dans son *Commentaire sur la 4ᵉ définition du 1ᵉʳ livre
d'Euclide.* Dans les temps modernes cette courbe a occupé plusieurs géomètres, parmi lesquels
on distingue Pascal (*De la dimension d'un solide formé par le moyen d'une spirale autour d'un
cône;* OEuvres de Pascal, tom. V, pag. 422); et Guido-Grandi (*Epistola ad Th. Cevam;* OEuvres
posthumes d'Huygens, tom. II).

M. Garbinski, professeur à l'Université de Varsovie, a donné, il y a quelques années, une
construction graphique des tangentes à cette hélice conique (voyez *Annales de mathématiques,*
tom. XVI, pag. 167 et 376).

Dans la première solution, on détermine la surface de la vis au moyen d'une hélice, par laquelle on fait passer les génératrices de cette surface; dans la seconde, l'on détermine ces génératrices par le moyen d'une courbe à double courbure : l'intersection d'un cylindre droit qui a pour base une spirale, par un cône de révolution ayant pour axe l'arête du cylindre menée par l'origine de la spirale.

§ 27. Nous remarquerons que ces deux constructions reposent sur les propriétés suivantes de la surface héliçoïde rampante, que Pappus n'énonce pas expressément, mais qui se trouvent démontrées dans ses deux propositions 28 et 29 :

1° Si l'on coupe la surface héliçoïde rampante par un plan mené par une de ses génératrices, la section se projette orthogonalement, sur un plan perpendiculaire à l'axe de la surface, suivant une quadratrice de Dinostrate [1];

2° Un cône de révolution, qui a pour axe celui d'une surface héliçoïde rampante, coupe cette surface suivant une courbe à double courbure, qui se projette orthogonalement, sur un plan perpendiculaire à cet axe, suivant une spirale d'Archimède.

Ce second théorème offre une construction de la spirale par les lieux à la surface, analogue à celle que Pappus donne pour la quadratrice.

§ 28. Ces considérations de surfaces courbes et de lignes à double courbure, pour la construction d'une courbe plane, qui rentrent aujourd'hui dans la Géométrie descriptive et font le caractère principal de l'école de Monge, méritaient, ce me semble, d'être remarquées dans l'ouvrage de Pappus. Elles auraient pu conduire ce géomètre à une construction des tangentes à la spirale et à la quadratrice. Il eût suffi de remarquer que ces tangentes sont les projections des tangentes aux deux courbes tracées

---

[1] Nous avons reconnu que si le plan sécant, au lieu de passer par une génératrice de la surface héliçoïde, est mené d'une manière arbitraire, on obtient alors, en projection, une quadratrice allongée ou accourcie ; ou en d'autres termes, une *conchoïde* de la quadratrice de Dinostrate.

sur la surface hélicoïde, et que la tangente en un point de l'intersection de deux surfaces est l'intersection des plans tangents, en ce point, aux deux surfaces. On parvient ainsi, fort aisément, aux propriétés connues des tangentes de la spirale et de la quadratrice [1]. Mais c'est là tout à fait l'esprit de notre Géométrie descriptive moderne; et il n'est pas probable que les Anciens aient poussé aussi loin leurs spéculations dans la science des surfaces courbes. Il est douteux même que, du temps de Pappus, on eût une idée bien nette du plan tangent en un point de la surface hélicoïde.

§ 29. En réfléchissant sur la nature des deux théorèmes que nous avons énoncés ci-dessus, on est conduit à les regarder comme de simples applications de deux modes généraux de transformation des courbes planes, en d'autres courbes différentes, au moyen de la surface hélicoïde rampante. Et de ces modes de transformation résultent des relations de construction et de propriétés, entre des courbes qui ne paraissaient avoir de commun que la même forme d'équation entre des variables différentes : telles sont quelques spirales et les courbes qui portent le même nom dans le système de coordonnées ordinaires. Je développerai cette idée dans la Note VIII.

§ 30. On remarque, dans les *Collections mathématiques*, plusieurs théorèmes qui appartiennent aujourd'hui à la théorie des transversales, entre autres celui qui en est le fondement : ils font supposer que cette utile et élégante doctrine était employée par les Anciens, principalement dans leurs écrits sur l'Analyse géométrique, auxquels se rapportent ces théorèmes.

Parmi ces propositions, qui appartiennent à la théorie des transversales, et dont plusieurs sont relatives à la proportion *harmonique*, nous citerons les suivantes, qui sont démontrées, dans le 7ᵉ livre, comme *lemmes* destinés à faciliter la lecture des *porismes* d'Euclide.

La 129ᵉ proposition fait voir que, *quand quatre droites sont issues d'un*

---

[1] M. Th. Olivier, habile professeur de Géométrie descriptive à l'École des Arts et Manufactures, a déjà fait usage de ce moyen, pour construire la tangente à la spirale d'Archimède (*Bulletin de la Société philomatique de Paris*, année 1833, pag. 22).

même point, elles forment sur une transversale, menée arbitrairement dans leur plan, quatre segments qui ont entre eux un certain rapport constant, quelle que soit la transversale. Ainsi soient a, b, c, d, les points où les quatre droites sont rencontrées par une transversale quelconque, et ac, ad, bc, bd, les quatre segments : *le rapport* $\frac{ac}{ad} : \frac{bc}{bd}$ *sera constant, quelle que soit la transversale.*

Cette proposition mérite que nous lui consacrions tout ce paragraphe, pour appeler sur elle, dès à présent, l'attention de nos lecteurs.

Les propositions 136, 137, 140, 142 et 145 sont, ou des cas particuliers, ou la réciproque de cette proposition principale.

Répétée sous tant de formes par Pappus, elle paraît avoir été d'une grande utilité dans les porismes d'Euclide. Cependant elle est aujourd'hui sans application.

En recherchant les usages que les Modernes en ont pu faire, nous trouvons que Pascal l'a mise, dans son *Essai pour les coniques*, au nombre des théorèmes principaux dont il se servait dans son *Traité* de ces courbes; que Desargues fit, d'un de ces cas particuliers (qui est précisément la 137ᵉ proposition de Pappus), la base d'une de ses *Pratiques de la perspective* (édition de Bosse, 1648, pag. 336); et que R. Simson l'a démontrée comme lemme de Pappus, et s'en est servi pour la démonstration d'une proposition de son *Traité des Porismes*.

Dans ces derniers temps, M. Brianchon l'a énoncée au commencement de son *Mémoire sur les lignes du deuxième ordre*, et M. Poncelet l'a citée dans son *Traité des propriétés projectives* (pag. 12). Mais ces deux habiles géomètres en ont fait peu d'usage, n'ayant eu à considérer le plus souvent que le cas particulier où les quatre droites forment un faisceau harmonique.

Cette proposition nous paraît donc avoir à peine, jusqu'ici, fixé l'attention des géomètres. Cependant nous la croyons susceptible de nombreuses applications, et nous la regardons comme pouvant devenir l'une des plus utiles et des plus fécondes de la Géométrie.

Cette proposition jouera un rôle important dans nos deux principes de *dualisation* et de *déformation* des figures, comme étant la base de la partie qui concerne leurs relations de grandeur; et nous aurons aussi à en faire usage dans le cours de cette introduction.

Par cette raison, nous éprouvons, dès à présent, le besoin de donner un nom au rapport des quatre segments qu'on y considère. Ce rapport étant dit *harmonique* dans le cas particulier où il est égal à l'unité, nous l'appellerons, dans le cas général, *rapport* ou *fonction anharmonique*.

Ainsi, quand quatre droites, issues d'un même point, seront rencontrées par une transversale en quatre points a, b, c, d, le rapport $\frac{ac}{ad} : \frac{bc}{bd}$ sera dit *fonction anharmonique* des quatres points a, b, c, d.

La proposition de Pappus consiste en ce que *cette fonction a constamment la même valeur, quelle que soit la transversale*, les quatre droites, issues d'un même point, restant les mêmes. C'est là une belle propriété de la fonction *anharmonique* de quatre points, qui la distingue de toute autre fonction qu'on pourrait former avec les segments compris entre les quatre points.

La notion de la fonction anharmonique nous parait de nature à apporter une grande simplification dans plusieurs théories géométriques.

Elle sera bien plus propre que le théorème de Ptolémée à servir de fondement à la théorie des transversales, où elle procure des démonstrations intuitives de toutes les propositions connues sur les systèmes de lignes droites, et donne lieu à beaucoup d'autres propositions nouvelles.

Elle sera utile surtout dans la théorie des coniques, où elle montrera, entre une infinité de propositions isolées, une liaison et des rapports qui les rattachent toutes à un petit nombre de principes généraux.

Nous comptons consacrer un écrit particulier à la théorie du rapport anharmonique. Mais il nous faut en faire connaître dès à présent quelques propositions principales, particulièrement une autre forme algébrique sous laquelle peut s'exprimer la proposition de Pappus; nous renvoyons, pour cet objet, à la Note IX.

§ 31. Revenons à Pappus.

La 130ᵉ proposition est une relation entre six segments formés, sur une transversale, par les quatre côtés et les deux diagonales d'un quadrilatère quelconque. La 127ᵉ et la 128ᵉ en sont des cas particuliers.

Au lieu de regarder la figure du livre de Pappus comme représentant les quatre côtés et les deux diagonales d'un quadrilatère coupé par une transversale, on peut la considérer comme représentant les trois côtés d'un triangle, et trois droites menées par les sommets de ce triangle et concourant en un même point. Ces six droites déterminent sur la transversale six segments, dont chacun est pris entre un côté du triangle et une des deux droites menées par les sommets adjacents à ce côté. La proposition de Pappus est facile alors à énoncer et à retenir; elle consiste en ce que le *produit de trois segments, qui n'ont point d'extrémités communes, est égal au produit des trois autres :* rapport semblable à celui qui constitue le théorème de Ptolémée.

Envisagée ainsi, cette proposition de Pappus pourra servir pour démontrer que trois droites, menées de certaine manière par les sommets d'un triangle, concourent en un même point; de même que celle de Ptolémée sert à démontrer que trois points, placés d'une certaine manière sur les côtés d'un triangle, sont en ligne droite.

La 131ᵉ proposition fait voir que, *dans tout quadrilatère, une diagonale est coupée harmoniquement par la seconde diagonale et par la droite qui joint les points de concours des côtés opposés.*

La 132ᵉ énonce un cas particulier de ce théorème, qui, lui-même, peut être regardé comme une conséquence du théorème général exprimé par la proposition 130.

La 139ᵉ, dont les propositions 134, 138, 141 et 143 sont, ou la réciproque, ou des cas particuliers, prouve que, *quand un hexagone a ses six sommets placés, trois à trois, sur deux droites, les trois points de concours de ses côtés opposés sont en ligne droite.* Théorème remarquable par lui-même, et parce qu'il peut être considéré comme le germe du fameux théorème de Pascal, sur l'hexagone inscrit à une conique. Au système des deux droites, dans lesquelles Pappus inscrivait son hexagone, se trouve substituée, dans le théorème de Pascal, une conique quelconque [1].

La proposition 130e, que nous avons citée plus haut, a reçu une généralisation semblable, que nous ferons connaître en parlant de Desargues.

Pappus énonce dans sa préface, comme généralisation d'un *porisme* d'Euclide, un beau théorème, relatif à la déformation d'un polygone dont tous les côtés passent par des points situés en ligne droite, pendant que ses sommets, moins un, parcourent des droites tracées arbitrairement. Ce théorème a acquis quelque célébrité dans le siècle dernier, par la nouvelle généralisation qu'il a reçue entre les mains de Mac-Laurin et de Braikenridge, et par la rivalité qu'il a excitée entre ces deux illustres géomètres. M. Poncelet a de nouveau traité cette matière avec toute l'étendue et la facilité que comportent les doctrines de son savant *Traité des propriétés projectives des figures.* (Section 4, chap. II et III.)

§ 32. Nous devons faire mention d'une question qui peut se rattacher, comme les précédentes, à la théorie des transversales; c'est le fameux problème *ad tres aut plures lineas*, rapporté par Pappus comme l'écueil des Anciens, et auquel Descartes a donné une nouvelle célébrité, en en faisant la première application de sa *Géométrie*. Il s'agissait, *étant données plusieurs droites, de trouver le lieu géométrique d'un point tel que les perpendiculaires, ou plus généralement les obliques abaissées de ce point sur ces droites, sous*

---

[1] La proposition 139 de Pappus, que nous présentons ici comme exprimant une propriété de l'hexagone inscrit à deux droites, peut être considérée sous un autre point de vue, et donne lieu alors à cet autre théorème remarquable, que Simson a énoncé le premier, comme étant l'un des porismes d'Euclide, celui auquel se rapportent ces mots de Pappus : « QUOD HÆC AD DATUM PUNCTUM VERGIT. » *Étant pris, dans un plan, deux points fixes et un angle qui ait son sommet situé sur la droite qui joint ces points ; si, de chaque point d'une droite donnée, on mène deux droites à ces deux points fixes, elles rencontreront respectivement les deux côtés de l'angle en deux points ; et la droite qui joindra ces deux points passera toujours par un même point* (Simson, *De Porismatibus*, proposition 34).

Nous citons ce théorème, parce qu'il nous sera utile dans la suite. Son analogue dans l'espace, qui n'a point encore été donné, se présentera naturellement comme corollaire de nos principes de transformation des figures.

des angles donnés, satisfissent à la condition que le produit de certaines d'entre elles fût dans un rapport constant avec le produit de toutes les autres.

Cette question, connue sous le nom de *Problème de Pappus*, depuis que Descartes l'a ainsi désignée, avait exercé la sagacité d'Euclide et d'Apollonius, qui ne l'avaient résolue que pour trois ou quatre droites, auquel cas le lieu géométrique demandé est une conique; d'où résulte cette propriété générale des coniques : « Quand un quadrilatère quelconque est inscrit à une conique, le produit des distances de chaque point de la courbe à deux côtés opposés du quadrilatère, est au produit des distances du même point aux deux autres côtés, dans un rapport constant. »

Newton a donné, de ce beau théorème, une démonstration par la Géométrie pure, et s'en est servi utilement dans ses *Principes mathématiques de la Philosophie naturelle*. Les traités des coniques, qui ont paru dans les premiers temps après ce grand ouvrage, lui ont emprunté ce théorème, mais sans en faire tout l'usage auquel il était propre; depuis, il a en quelque sorte disparu de la théorie des coniques [1]. Cependant, nous croyons pouvoir le regarder comme la plus universelle et la plus féconde de toutes les propriétés de ces courbes. Nous citerons particulièrement, comme n'étant que des corollaires de ce théorème unique, le fameux hexagramme mystique de Pascal, le théorème de Desargues sur l'involution de six points, le rapport constant du produit des ordonnées au produit des segments faits sur l'axe, le beau théorème de Newton sur la description organique des coniques, et enfin un autre théorème fondé sur la notion du rapport que nous avons nommé ci-dessus *anharmonique*, et d'où se déduisent une infinité de propriétés diverses des coniques.

[1] La stérilité qu'eut pendant des siècles cette proposition fondamentale, d'où dérivent presque toutes les propriétés des coniques, et le peu d'importance que parurent aussi mériter, jusqu'à ces derniers temps, les beaux théorèmes de Desargues et de Pascal, qui en sont des corollaires naturels, rappellent cette pensée de Bailly, dont la justesse est bien sentie : « Il » semble que les idées aient comme nous une enfance et un premier état de faiblesse; elles ne » produisent point à leur naissance, et elles ne tiennent que de l'âge et du temps leur vertu » féconde. » (*Histoire de l'Astronomie moderne*, tom. II, pag. 60.)

Mais nous dirons, en passant, que ce dernier théorème est lui-même d'une telle généralité, et se démontre *a priori* d'une manière si facile, que c'est celui que nous proposerions pour fondement d'une théorie des coniques. (*Voir* la Note XV.)

§ 33. Ici se présente naturellement une observation qui pourra justifier l'importance que nous avons déjà cherché à donner à la proposition 120 de Pappus, et à la notion du *rapport anharmonique*. C'est que tous les théorèmes que nous venons de tirer du 7ᵉ livre des *Collections mathématiques*, y compris celui sur la déformation d'un polygone et le théorème *ad quatuor lineas*, avec plusieurs autres théorèmes sur l'involution de six points, dont nous allons parler tout à l'heure; théorèmes des plus généraux et des plus utiles dans la Géométrie récente, peuvent dériver tous, comme d'une source commune, de cette seule propriété du *rapport anharmonique* de quatre points. Et cette manière de les présenter sera aussi simple que possible; car elle ne nécessitera pour ainsi dire aucune démonstration.

Après avoir reconnu que la plupart des lemmes de Pappus, qui paraissent se rapporter au 1ᵉʳ livre des *porismes* d'Euclide, peuvent se déduire de la proposition en question, nous avons pensé que cette proposition pourrait bien aussi être la clef de tout ce 1ᵉʳ livre des *porismes*, et conduire à une interprétation des énoncés que Pappus nous a laissés. Car il existe toujours ainsi, dans toute théorie, quelque vérité principale dont toutes les autres dérivent. Et, en effet, en prenant la proposition dont il s'agit pour point de départ dans un essai de divination des *porismes*, nous avons obtenu divers théorèmes qui nous ont paru répondre aux énoncés en question.

§ 34. Nous citons encore, du 7ᵉ livre des *Collections mathématiques*, une quarantaine de lemmes relatifs au traité *De determinatâ sectione* d'Apollonius, et qui rentrent aujourd'hui dans les nouvelles doctrines de la Géométrie. Ce sont des relations entre les segments faits, par plusieurs points, sur une ligne droite.

On n'aperçoit pas, au premier abord, la vraie signification de ces nombreuses propositions, ni les rapports qui peuvent les rattacher ensemble à une même question; et la lecture dans cet état en est pénible. Mais avec quelque attention, on reconnait qu'elles sont toutes relatives à la théorie de l'*involution* de six points, créée par Desargues, et devenue d'un grand usage dans la Géométrie récente. Ce ne sont pas les propriétés de la relation d'involution la plus générale, celle qui a lieu entre six points (il parait même que les Anciens n'ont pas connu les transformations de cette relation générale); mais ce sont des propriétés de plusieurs relations que l'on peut aujourd'hui considérer comme des cas particuliers de cette relation générale.

Ainsi, les propositions 22, 29, 30, 32, 34, 35, 36 et 44 concernent une involution de cinq points. On y considère deux systèmes de deux points *conjugués* [1], et leur point *central*, celui dont le produit des distances aux deux premiers points est égal au produit de ses distances aux deux autres; et l'on déduit de là une autre relation entre les cinq points.

Pour conclure cette relation de la relation générale entre six points, il faut observer que le conjugué du cinquième point, ou point central, est à l'infini.

Les propositions 37 et 38 concernent une involution de quatre points, qui sont deux points conjugués, un point *double* et le point central. D'une relation entre ces quatre points, on en conclut une autre.

Les propositions 39 et 40 sont une même propriété d'une involution de cinq points; on y considère deux systèmes de deux points conjugués, et un point double.

Les propositions 41, 42 et 43 sont une relation entre deux systèmes de deux points conjugués et leur point central; relation nouvelle, d'une forme différente des relations connues de l'involution de six points.

Il en est de même des douze propositions 45, 46, ... et 56, qui sont

---

[1] Il est utile, pour faciliter l'intelligence de ce passage sur les lemmes de Pappus, de lire la Note X, où nous présentons les différentes propriétés de la relation d'involution de six points, c'est-à-dire les diverses transformations et les conséquences de cette relation. Nous y expliquons ce qu'on doit entendre par points *conjugués*, point *central*, et points *doubles*.

une relation générale entre deux systèmes de deux points conjugués, leur point central et un autre point quelconque. Les propositions 41, 42 et 43 ne donnent que des corollaires de cette relation générale.

Enfin, les propositions 61, 62 et 64 expriment une belle propriété de *maximum* et de *minimum*, concernant deux systèmes de points conjugués et un point double: elle consiste en ce que le rapport des produits des distances de ce point double aux points conjugués est un *maximum* ou un *minimum*.

Pappus donne, par une construction élégante, l'expression géométrique de ce rapport; mais il ne fait qu'énoncer la propriété de *maximum* ou *minimum*, qui se trouvait démontrée dans l'ouvrage d'Apollonius. C'est une véritable perte que celle de la démonstration géométrique de ce cas de *maximum* ou *minimum* par les Anciens, quoiqu'elle n'offre aucune difficulté à l'Analyse moderne. Fermat en a fait une des premières applications de sa belle méthode *de maximis et minimis* (*Opera mathematica*, pag. 67).

§ 35. Cette analyse des quarante-trois lemmes de Pappus nous paraît pouvoir en faire saisir l'esprit général et en faciliter la lecture. On y voit que plusieurs propositions expriment un même théorème : c'est que les énoncés de ces propositions s'appliquent à des figures spéciales, et ont entre eux quelques différences provenant de la différence de position des points que l'on y considère. C'est cette différence de position des points donnés et du point cherché qui a fait donner à l'ouvrage d'Apollonius le nom de *Section déterminée;* et les différents cas que présentent les variations de position de ces points, sont ce que ce géomètre, et Pappus d'après lui, ont appelé *Epitagma* [1].

C'est un des grands avantages de la Géométrie moderne sur l'ancienne, de pouvoir, par la considération des quantités positives ou négatives, comprendre, sous un même énoncé, les cas divers que peut présenter un

---

[1] C'est le sentiment de Halley et de R. Simson. Le savant Commandin n'avait point trouvé la signification de ce qu'Apollonius appliquait à une partie de ses propositions (*Collect. math.*, pag. 296 de l'édition de 1660). Le mot *monachi*, qu'on trouve aussi dans Pappus, paraît avoir été affecté par Apollonius aux propositions concernant les *maxima* et les *minima*.

6

même théorème, par la diversité de positions relatives des différentes parties d'une figure. Ainsi, de nos jours, les neuf problèmes principaux et leurs nombreux cas particuliers, qui faisaient l'objet des quatre-vingt-trois théorèmes contenus dans deux livres de la *Section déterminée* d'Apollonius, ne font plus qu'une seule et même question, résolue par une formule unique.

Beaucoup d'auteurs, dans leurs écrits sur l'Analyse géométrique des Anciens, se sont occupés de la *Section déterminée*, et ont cherché, soit à en rétablir complétement les deux livres, soit à en résoudre seulement diverses questions détachées. Nous trouvons, au commencement du XVIIᵉ siècle, Snellius, Alexandre Anderson, Marin Ghetaldi; vers la fin du même siècle, Roger de Vintimille, Hugo de Omérique; puis, R. Simson dans son ouvrage posthume, *Opera reliqua,* anno 1776; et, presque à la même époque, Giannini dans ses *Opuscula mathematica.*

Dans ces derniers temps, J. Leslie a encore consacré plusieurs pages à ce problème, dans son *Analyse géométrique* (livre 2, propositions 10-18). Cette question est liée intimement à la théorie de l'*involution* de six points, et sa solution parait devoir dériver de cette théorie. En effet, une propriété nouvelle de l'involution nous a offert naturellement une construction simple et générale du problème de la section déterminée, qui nous parait différer de toutes celles que l'on a données jusqu'ici. La même théorie offre aussi une démonstration du cas de *maximum* traité par Apollonius. (*Voir* la Note X.)

§ 36. Les lemmes de Pappus, sur les *Lieux plans* d'Apollonius, présentent aussi quelques relations entre les segments faits par des points sur une droite, mais qui sont différentes des précédentes, et ne dérivent point, comme celles-ci, des relations générales d'involution de six points. Cependant, on peut les rattacher aussi à une seule et même proposition, qui exprime une propriété générale de quatre points pris arbitrairement sur une ligne droite, laquelle est le second des théorèmes généraux de Mathieu Stewart [1].

---

[1] *Some general theorems of considerable use in the Higher parts of mathematics.* Édimbourg, 1746, in-8°.

Nous donnerons l'énoncé du théorème en question en parlant de Stewart, dans notre *quatrième Époque.*

Ainsi, les propositions 123 et 124, qui expriment une relation entre quatre points pris arbitrairement sur une droite, et un cinquième déterminé d'après une certaine condition, sont une conséquence facile de ce théorème.

Les propositions 125 et 126 expriment une relation entre quatre points pris arbitrairement en ligne droite; et l'on reconnaît aisément que cette relation n'est qu'une transformation très-simple du même théorème.

Les quatre propositions 119-122, qui, avec les quatre dont nous venons de parler, font les huit lemmes de Pappus, sur les lieux plans d'Apollonius, concernent le triangle. Il est assez remarquable que ces quatre propositions, qui paraissent si différentes des autres et n'avoir aucun rapport avec elles, sont aussi des conséquences du même théorème de Stewart.

§ 37. R. Simson, en rétablissant les porismes d'Euclide, la section déterminée et les lieux plans d'Apollonius, a démontré un à un les nombreux lemmes de Pappus relatifs à ces trois ouvrages. On voit, par ce que nous venons de dire, combien aujourd'hui, en rattachant toutes ces propositions à quelques-unes seulement, on simplifierait ce travail. Mais une telle simplification n'était pas encore dans l'esprit de la Géométrie au temps de R. Simson (il y a près d'un siècle); et, y eût-elle été, elle n'eût point convenu au but de cet habile et profond géomètre, qui était de suivre pas à pas les traces et les indications de Pappus.

§ 38. Les autres lemmes du 7e livre des *Collections mathématiques,* que nous passons sous silence, nous offrent moins d'intérêt que ceux que nous avons cités. Ce sont des propositions isolées, relatives au cercle, au triangle et aux sections coniques, et qui ne présentent pas de difficultés. Ces lemmes s'appliquent au traité *De inclinationibus,* à celui *De tactionibus,* aux huit livres des *Coniques* d'Apollonius; et enfin, aux *Lieux à la surface* d'Euclide.

Nous nous bornerons à remarquer, parmi les lemmes relatifs au traité *De tactionibus,* le problème suivant, qui est résolu très-simplement par Pappus:
« Faire passer, par trois points situés en ligne droite, les trois côtés d'un

triangle qui soit inscrit à un cercle donné. » (Proposition 117°.) Les propositions 105, 107 et 108 sont des cas particuliers de cette question ; on
y suppose l'un des trois points situé à l'infini.

Ce problème, qu'on a généralisé en plaçant les trois points d'une manière
quelconque, est devenu célèbre par la difficulté qu'il présentait, par les
noms des géomètres qui l'ont résolu, et surtout par la solution, aussi générale et aussi simple qu'elle pouvait l'être, donnée par un enfant de seize ans,
Ottaïano, Napolitain (*voir* la Note XI).

Nous citerons enfin la 238° et dernière proposition, qui s'applique
aux *Lieux à la surface*, et qui est la propriété de la *directrice* dans les
trois sections coniques ; savoir : « les distances de chaque point d'une
conique, à un foyer et à la directrice correspondante, sont entre elles dans
un rapport constant. » Ce beau théorème ne se trouve pas dans les coniques
d'Apollonius.

§ 39. Le livre 8° des *Collections* traite principalement des machines
employées dans la mécanique pratique; on y parle aussi de leur usage pour
la description organique des courbes. Diverses propositions de Géométrie se
trouvent encore dans ce livre. Il en est une fort remarquable, sur le centre
de gravité d'un triangle ; nous l'énoncerons ainsi : « Si trois mobiles, placés
aux sommets d'un triangle, partent en même temps et parcourent respectivement les trois côtés, en allant dans le même sens et avec des vitesses
proportionnelles aux longueurs de ces côtés, leur centre de gravité restera
immobile. »

Les géomètres modernes ont étendu ce théorème à un polygone quelconque, plan ou gauche. Montucla, en le démontrant par des considérations
de mécanique, dans les *Récréations mathématiques d'Ozanam*, avait pensé
que la démonstration par la Géométrie pure offrirait des difficultés. Celle
qu'en donne Pappus s'appuie sur le fameux théorème de Ptolémée, concernant les segments faits, sur les côtés d'un triangle, par une transversale.
Pappus, dans le cours de sa démonstration, suppose la connaissance de ce
théorème, dont il donne ensuite la démonstration.

§ 40. La proposition 14 du même livre est une solution très-simple de ce problème : *étant donnés deux diamètres conjugués d'une ellipse, trouver les deux axes principaux, en grandeur et en direction.* Pappus ne fait qu'énoncer sa construction, sans la démontrer. Euler en a rétabli la démonstration, et a donné en même temps plusieurs autres solutions du même problème (*Novi Commentarii*, de Pétersbourg, t. III, ann. 1750-1751). D'autres géomètres l'ont aussi traité à leur manière.

Ayant résolu la question analogue dans l'espace, où il s'agit de trouver, en grandeur et en direction, les trois axes principaux d'un ellipsoïde dont trois diamètres conjugués sont donnés, nous en avons conclu une nouvelle construction des axes de l'ellipse, qui nous paraît enchérir encore sur le degré de simplicité que présentaient déjà plusieurs solutions de ce problème [1].

Et, en effet, c'est une remarque qu'on peut faire souvent dans l'étude de la Géométrie, que les solutions de la Géométrie plane, qui ont leurs analogues dans l'espace, sont toujours les plus générales et les plus simples.

Ce principe donne un moyen d'épreuve, une sorte de *criterium*, pour reconnaître si l'on est parvenu, dans une question, à toute la généralité et à toute la perfection dont elle est susceptible, ou, en d'autres termes, si l'on a rencontré la méthode et la vraie route qui lui sont propres.

§ 41. La préface du 7e livre des *Collections mathématiques* contient une définition nette de l'*Analyse* et de la *Synthèse*, qui ne laisse aucun doute sur le caractère précis des deux méthodes ; et Pappus donne souvent,

---

[1] Soient : *o* le centre de l'ellipse, *oa*, *ob* ses deux demi-diamètres conjugués donnés.

Par le point *a* on mènera une droite perpendiculaire à *ob*, sur laquelle on prendra les segments *ae*, *ae′* égaux à *ob* ;

On tirera les deux droites *oe*, *oe′* :

1° Les axes principaux de l'ellipse divisent en deux également l'angle de ces deux droites et son supplément ;

2° Le grand axe est égal à la somme de ces deux droites, et le petit axe égal à leur différence.

dans le cours de ce 7e livre, des exemples de l'une et de l'autre, appliquées à une même question.

A la suite de cette définition, Pappus donne les titres des ouvrages que les Anciens avaient composés sur ce qu'ils appelaient le *lieu résolu*. Ils comprenaient, sous ce mot, certaines matières dont la connaissance est nécessaire à ceux qui veulent se mettre en état de pouvoir résoudre les problèmes. Ces ouvrages étaient, pour la plupart, des exemples de leur *Analyse géométrique ;* en voici les titres, tels que les rapporte Pappus : un livre d'Euclide, des *Données ;* deux livres d'Apollonius, de *La section de raison ;* deux de *La section de l'espace* et deux des *Attouchements ,* du même ; trois livres d'Euclide, des *Porismes ;* deux livres encore d'Apollonius, des *Inclinaisons ;* deux des *Lieux plans* et huit des *Coniques ;* cinq livres du vieux Aristée, des *Lieux solides ;* deux livres d'Euclide, des *Lieux à la surface ;* et deux livres des *Moyennes raisons ,* par Ératosthène. A ce catalogue il faut ajouter les deux livres d'Apollonius, de la *Section déterminée ,* dont Pappus parle dans la suite.

De tous ces ouvrages, il n'est venu jusqu'à nous que les *Données* d'Euclide, les sept premiers livres des *Coniques* d'Apollonius, et son traité de la *Section de raison.* Mais, sur ce qu'en a dit Pappus, les autres ont été rétablis, au XVIe siècle et au XVIIe, par divers géomètres, dans le style de la Géométrie ancienne.

§ 42. Le goût de cette Géométrie, qui a donné tant d'éclat aux sciences mathématiques jusques il y a près d'un siècle, surtout dans la patrie de Newton, s'est affaibli depuis, et aurait presque disparu, si les géomètres italiens ne lui fussent restés fidèles. On doit, de nos jours, au célèbre Fergola, et à ses disciples, MM. Bruno, Flauti, Scorza, plusieurs écrits importants sur l'Analyse géométrique des Anciens, qui s'y trouve rétablie dans sa pureté originaire.

Les ouvrages que les Anciens avaient composés sur cette matière, et dont nous venons de rapporter les titres que nous a laissés Pappus, formaient un système de *compléments* de Géométrie, qui eussent hâté les

progrès de cette science, s'ils nous eussent été transmis intacts, à la renaissance des lettres.

De tels *compléments* manquent à la Géométrie moderne : car on sent
qu'eu égard à ses progrès et à son état de perfectionnement, ces *compléments*
doivent être faits aujourd'hui sur des bases autres que celles de l'école
grecque. Ils devront être empreints, surtout, de l'esprit de simplicité et
de généralité qui fait le caractère des nouvelles doctrines de la Géométrie.

§ 43. Vers le même temps que Pappus, le géomètre Serenus s'acquit   SERENUS.
quelque célébrité par un ouvrage en deux livres, sur *les sections du cylindre
et du cône* [1], où il démontra, contre le sentiment de la plupart des géomètres de son temps, l'identité des ellipses faites dans ces deux corps, qu'il
suppose à base circulaire et scalènes, c'est-à-dire obliques.

On distingue dans le premier livre les deux problèmes suivants, dont
les solutions sont d'une facilité et d'une élégance qui ne laissent rien à
désirer : « Étant donné un cône oblique, à base circulaire, coupé suivant
une ellipse, faire passer par cette ellipse un cylindre qui ait aussi pour base
un cercle, sur le plan de la base du cône (proposition 20). » Et, réciproquement : « Étant donné un cylindre coupé suivant une ellipse, etc. » (Proposition 21.)

Serenus suppose, comme Apollonius, que le plan coupant, dans le
cône, est perpendiculaire au triangle par l'axe : et c'est ici le lieu de
remarquer, puisque nous n'allons plus trouver, jusques aux temps modernes, d'autre écrivain sur les coniques, qu'il parait que les Anciens
n'ont jamais formé ces courbes que de cette manière particulière; c'est-
à-dire par des plans perpendiculaires au triangle par l'axe; et que la question de savoir quelles courbes donneraient d'autres plans sécants, menés
tout à fait arbitrairement, n'a point été agitée par eux, ou du moins n'a
pas été résolue. Peut-être leur avait-elle présenté des difficultés qu'il était

---

[1] Halley a fait réimprimer en grec et en latin ces deux livres, à la suite de son édition des
Coniques d'Apollonius.

réservé aux Modernes de surmonter. Nous verrons que ce fut Desargues qui eut le mérite de faire, le premier, ce pas important dans la théorie des coniques, où il fut imité immédiatement par Pascal, et ensuite par La Hire.

Nous remarquerons encore ici que le cône à base circulaire, où les Anciens formaient leurs coniques, est resté complétement étranger à leurs spéculations; tellement qu'à l'exception du théorème de la section *sous-contraire*, ils ne nous en ont transmis aucune propriété. C'est seulement dans ces derniers temps qu'on s'est occupé de cette matière, qui offre un nouveau champ de recherches.

DIOCLÈS.

§ 44. Dioclès, inventeur de la *cissoïde*, dont il se servit pour résoudre le problème des deux moyennes proportionnelles, est de près d'un siècle postérieur à Pappus. On lui doit aussi une solution, par l'emploi de deux sections coniques, d'un problème difficile, traité par Archimède, où il s'agit de mener un plan qui divise la sphère en raison donnée, mais dont ce grand géomètre n'a point laissé la construction qu'il avait promise. La question devant dépendre d'une équation du troisième degré, et par conséquent ne pouvant être construite que par une section conique, ou une courbe d'un genre supérieur, il est probable qu'Archimède, qui ne se sert jamais que de la règle et du compas pour la résolution de ses problèmes, n'avait point donné suite à cette question, après en avoir promis la solution [1].

La construction de Dioclès nous a été conservée par Eutocius, dans son Commentaire du second livre du *Traité de la sphère et du cylindre*, d'Archimède.

PROCLUS,
412-485.

§ 45. Vers le milieu du Ve siècle, un philosophe célèbre, Proclus, chef de l'école platonicienne établie à Athènes, y cultiva les mathématiques, et

---

[1] Cette question est la proposition 5e du second livre du *Traité de la sphère et du cylindre*. Elle a donné lieu à une Note très-intéressante de M. Poinsot, imprimée dans le *Commentaire de Peyrard sur les œuvres d'Archimède*, pag. 462, où l'on trouve l'interprétation géométrique des deux racines étrangères à la question de la sphère. Ces racines se rapportent à une question plus générale, qui comprend la sphère et l'hyperboloïde de révolution.

contribua, par ses travaux et ses instructions, à en soutenir l'éclat encore pendant quelque temps. Il nous est resté, de ce géomètre, un commentaire sur le premier livre d'Euclide, qui contient des observations curieuses, concernant l'histoire et la métaphysique de la Géométrie. On y trouve une description de l'ellipse, par le mouvement continu d'un point d'une droite dont les extrémités glissent sur les côtés d'un angle [1].

Parmi les philosophes qui succédèrent à Proclus dans son école, nous citerons, comme ayant rendu quelques services à la Géométrie, Marinus, auteur d'une préface ou introduction aux *Données* d'Euclide, où il explique la nature et le genre d'utilité de ces *Données ;* et Isidore de Milet, très-savant dans la Géométrie, la mécanique et l'architecture, auteur d'un instrument pour décrire la parabole, d'un mouvement continu, et résoudre par là le problème de la duplication du cube ; premier exemple, sans doute, avec celui de la description de l'ellipse indiquée par Proclus, de la description *organique* des coniques, dont les Modernes ont fait une étude spéciale. Cet instrument, dont parle Eutocius, ressemblait à la lettre grecque λ.

Eutocius, disciple d'Isidore, nous a laissé des commentaires sur les coniques d'Apollonius et sur quelques ouvrages d'Archimède. Celui du second livre du *Traité de la sphère et du cylindre* est précieux pour l'histoire de la science, parce qu'il contient plusieurs fragments de Géométrie, des auteurs les plus anciens qui nous soient connus, et dont les ouvrages ne nous sont point parvenus. Ces fragments sont relatifs à la solution du problème de la duplication du cube, ou des deux moyennes proportionnelles. Nous avons nommé, au commencement de cette Époque, d'après cet ouvrage d'Eutocius, les géomètres auxquels ils appartiennent. C'est en exposant la solution de Menechme qu'Eutocius parle de l'instrument dont Isidore se servait pour décrire la parabole, d'un mouvement continu.

§ 46. Les travaux des mathématiciens que nous venons de nommer furent les derniers qui illustrèrent l'école d'Alexandrie. Les arts et les

MARINUS.

ISIDORE DE MILET.

EUTOCIUS,
v. 540.

---

[1] *Commentaire sur la définition 4e du 1er livre d'Euclide.*

sciences s'affaiblissaient déjà, lorsque l'Égypte devint la conquête des Arabes, et que l'embrasement de la fameuse Bibliothèque des Ptolémées, dépôt précieux, depuis dix siècles, de toutes les productions du génie et de l'érudition, fut le signal de la barbarie et des longues ténèbres qui enveloppèrent l'esprit humain.

Cependant, ces mêmes Arabes, après un ou deux siècles, reconnurent leur ignorance, et entreprirent eux-mêmes la restauration des sciences. Ce sont eux qui nous transmirent soit le texte, soit la traduction dans leur langue, des manuscrits qui avaient échappé à leur fureur fanatique. Mais c'est là, à peu près, la seule obligation que nous leur ayons. Car la Géométrie, à l'exception toutefois du calcul des triangles sphériques, resta stationnaire entre leurs mains, leurs travaux se bornant à admirer et à commenter les ouvrages grecs, comme s'ils marquaient le terme le plus élevé et le plus sublime de cette science.

CHAPITRE II.

DEUXIÈME ÉPOQUE.

§ 9. L'état de stagnation où languirent les lettres, chez les Arabes et les autres nations, après la destruction du Musée d'Alexandrie, dura près de mille ans; et ce ne fut que vers le milieu du XVe siècle que la Géométrie, suivant le mouvement général des sciences, reprit faveur.

Ses progrès furent lents d'abord; mais néanmoins les conceptions des géomètres ne tardèrent point à prendre un caractère de généralité et d'abstraction qu'elles n'avaient point encore eu jusqu'alors. Chaque méthode, en effet, ne comportait rien de général, et se bornait à la question particulière qui y avait donné lieu; chaque courbe connue, et le nombre en était très-restreint, avait été étudiée isolément, par des moyens qui lui étaient tout spéciaux, sans que ses propriétés, et les procédés qui y avaient conduit, servissent à découvrir les propriétés d'une autre courbe. Nous citerons, par exemple, le fameux problème des tangentes, qui fut résolu pour quelques courbes, telles que les coniques et la spirale d'Archimède, par des considérations profondes, mais essentiellement différentes entre elles, et qui ne donnaient aucune ouverture pour la solution du même problème appliqué à d'autres courbes.

La méthode d'exhaustion, qui reposait sur une idée mère tout à fait générale, n'ôta point à la Géométrie son caractère d'étroitesse et de spécialité, parce que cette conception y manquant de moyens généraux d'application, devenait, dans chaque cas particulier, une question toute nouvelle, qui ne trouvait de ressources que dans les propriétés individuelles de la figure à laquelle on l'appliquait. Cette méthode néanmoins fait beaucoup d'honneur aux géomètres de l'Antiquité, parce qu'elle est le germe d'une suite de méthodes de *quadratures* qui depuis ont fait, dans tous les temps, l'objet des travaux des plus célèbres mathématiciens, et dont le but final, et nous pouvons dire le triomphe, fut l'invention du calcul infinitésimal.

Ces considérations, qui tendent à faire ressortir la différence du *spécial* au *général*, du *concret* à *l'abstrait*, qui distingue la Géométrie jusqu'au XVᵉ siècle, de la Géométrie postérieure, nous portent à regarder cette première époque comme formant les *préliminaires* de la science.

Le caractère de généralité et d'abstraction, que prit ensuite la Géométrie, s'est prononcé de plus en plus dans les époques suivantes, et établit aujourd'hui une différence immense entre la Géométrie moderne et celle des Anciens.

§ 2. Les principales découvertes de la Géométrie, à sa renaissance, sont dues à Viète et à Kepler, qui sont, à plusieurs titres, les premiers auteurs de notre supériorité sur les Anciens. (*Voir* la Note XII.)

VIÈTE, 1540-1603.

Viète, après avoir complété la *méthode analytique* de Platon, par l'invention de l'*Algèbre*, ou *logistique spécieuse*, destinée à mettre cette méthode en pratique dans la science des nombres, eut encore la gloire d'introduire cet instrument admirable dans la science de l'étendue, et d'initier les géomètres, par une construction graphique des équations du second et du troisième degré, à l'art de représenter géométriquement les résultats de l'Algèbre; premier pas vers une alliance plus intime entre l'Algèbre et la Géométrie, qui devait conduire aux grandes découvertes de Descartes, et devenir la clef universelle des mathématiques.

On doit à Viète la doctrine des sections angulaires, c'est-à-dire la connaissance de la loi suivant laquelle croissent ou décroissent les sinus, ou les cordes des arcs multiples ou sous-multiples. La première idée d'exprimer l'aire d'une courbe par une suite infinie de termes, se trouve aussi dans les ouvrages de ce grand géomètre.

Viète n'était pas moins profond dans la Géométrie pure des Anciens que dans l'Analyse algébrique. On lui doit le traité d'Apollonius *De tactionibus*, qu'il a restitué sous le titre d'*Apollonius Gallus*. C'est là qu'il résolut, le premier, le problème du cercle tangent à trois cercles donnés dans un plan, qui occupait alors les géomètres, et leur présentait des difficultés. Le célèbre Adrianus Romanus le résolvait par l'emploi de deux hyperboles; ce qui était une faute contre les règles d'une bonne méthode, puisque la ligne droite seule devait suffire : aussi a-t-elle été relevée par Viète (*Opera Vietae*, pag. 325, édition de Schooten; 1646). Les plus grands géomètres ont continué, depuis, de s'occuper de ce problème, et en ont donné différentes solutions, parmi lesquelles on distingue celles de Descartes, de Newton [1], de Th. Simpson, de Lambert, d'Euler, de Fuss.

Mais ce problème n'a plus offert aucune difficulté aux méthodes récentes, qui en ont fourni des solutions incomparablement plus élégantes et plus faciles, en théorie et en pratique, que toutes les autres [2], et il ne doit plus aujourd'hui sa célébrité qu'aux grands noms qui brillent dans son histoire [3].

[1] On trouve une solution analytique du problème en question dans l'*Arithmétique universelle* (prob. 47), et une solution purement géométrique dans le 1er livre des *Principes de la philosophie naturelle* (lemme 16). Celle-ci est fondée sur la considération des deux hyperboles d'Adrianus Romanus; mais Newton n'a pas besoin de les construire, pour trouver leur point d'intersection. Il détermine deux droites qui doivent se couper en ce point.

[2] On peut même généraliser la question, en prenant certaines sections coniques au lieu de cercles; et les constructions conservent leur simplicité (*voir* la Note XXVIII, où la question analogue sera traitée pour des sphères, et plus généralement pour des surfaces du second degré).

[3] M. Camerer a publié sur ce problème, il y a une quarantaine d'années, un livre intéressant, à la suite duquel il a reproduit l'*Apollonius Gallus* de Viète; voici le titre de cet ouvrage, qui indique les différentes parties dont il se compose : *Apollonii de Tactionibus quæ supersunt, ac maxime Lemmata Pappi in hos libros græcè, nunc primum edita e codicibus msceptis, cum Vietæ librorum Apollonii restitutione, adjectis observationibus, computationibus, ac problematis Apolloniani historia.* Gothæ, 1795, in-8°.

On remarque surtout, dans les écrits géométriques de Viète, une partie intitulée *Variorum de rebus mathematicis responsorum liber VIII,* divisée en vingt chapitres, dont les principaux traitent de la résolution des triangles sphériques, de la duplication du cube et de la quadrature du cercle. Les tentatives des Anciens, pour résoudre ces deux grands problèmes, sont rapportées dans cet écrit avec une précision et une supériorité de savoir qui font vivement regretter que les autres parties, qui ont dû le précéder, ne nous soient pas parvenues.

La trigonométrie sphérique doit à Viète les plus utiles perfectionnements; entre autres la résolution de quelques cas nouveaux des triangles, qui n'avaient point eu d'application dans l'astronomie; par exemple, celui où il s'agit de trouver un angle par les trois côtés. Ces questions, qui complétaient la doctrine des triangles sphériques, ont conduit Viète à l'invention des deux formules analytiques générales qui comprennent tous les cas de la trigonométrie sphérique. Les deux autres, dont la première était contenue virtuellement dans la trigonométrie des Grecs, sans être énoncée expressément, avaient été découvertes par les Arabes, qui s'étaient beaucoup occupés de trigonométrie.

§ 3. Nous devons surtout remarquer, dans la trigonométrie de Viète, une idée neuve, et infiniment heureuse, qui a un rapport direct avec les nouvelles doctrines de la Géométrie; c'est la *transformation* des triangles sphériques en d'autres, dont les angles et les côtés répondent, d'une certaine manière, aux côtés et aux angles des triangles proposés. « Si des trois sommets d'un triangle sphérique, dit-il, comme pôles, on décrit des arcs » de grands cercles, le triangle nouveau qui en résultera sera *réciproque* » au premier triangle, tant par les angles que par les côtés. » Hâtons-nous de dire que ce triangle *réciproque* n'est pas précisément le triangle *polaire* ou *supplémentaire,* dans lequel les côtés sont les suppléments des angles du triangle primitif, et les angles, les suppléments des côtés: deux des côtés du triangle de Viète sont égaux aux angles du triangle proposé, et le troisième côté est égal au supplément du troisième angle. De cette manière, la parfaite réciprocité des deux triangles supplémentaires, d'où résulte cette *dualité* constante des propriétés des figures sphériques, n'a pas lieu dans les deux triangles de Viète. Mais cette idée féconde, de transformer ainsi les triangles, pour certains cas de la trigonométrie, n'en mérite pas moins d'être signalée, comme étant le premier pas de l'esprit inventeur et le premier germe des méthodes générales de dualisation actuellement en usage.

Les géomètres qui écrivirent, après Viète, sur la Géométrie sphérique, s'emparèrent de cette heureuse innovation et transformèrent aussi les triangles sphériques, mais en conservant le triangle *réciproque* même de Viète. Tels sont Adrien Metius, Magini, Pitiscus, Neper et Cavalieri [1]. Gellibrand, aussi, fit de ces transformations; mais il parait n'avoir pas observé bien exactement les relations qui ont lieu entre les triangles correspondants.

La découverte du véritable triangle *supplémentaire*, qui devait résulter inévitablement de la doctrine de transformation de Viète, est due à Snellius. Ce géomètre, célèbre à plusieurs titres, l'a exposée comme un principe général fort utile, dont il a montré les usages dans son *Traité de Trigonométrie*, qui parut en 1627, après sa mort. (Proposition 8 du livre 3.)

C'est sur ce principe de Snellius, considéré d'une manière abstraite, et non point seulement comme moyen particulier de résoudre quelques cas de la trigonométrie sphérique, que repose la loi de *dualité* de la Géométrie de la sphère, loi qui a été connue depuis lors, mais dont on n'a point aperçu la haute importance; car elle n'a jamais été pratiquée dans toutes ses conséquences, et d'une manière systématique. Aussi la loi générale de *dualité de l'étendue*, c'est-à-dire cette double face que présentent tous les phéno-

---

[1] Il était difficile d'apercevoir, dans la trigonométrie de Viète, les relations exactes qui ont lieu entre ces deux triangles réciproques; mais elles sont présentées d'une manière bien précise, et qui ne laisse aucun doute, par Neper, dans son *Mirifici logarithmorum canonis descriptio* (in-4°, 1614), et par Cavalieri, d'abord dans son *Directorium generale uranometricum* (in-4°, 1632), puis dans son *Traité de Trigonométrie* (in-4°, 1643).

mènes de l'étendue figurée, qu'on aurait pu déduire immédiatement de la dualité des propositions sphériques, comme nous le ferons voir dans le cours de notre cinquième Époque, n'a-t-elle été aperçue que dans ces derniers temps, et par d'autres considérations plus savantes et moins directes.

KEPLER,
1571-1631.

§ 4. Kepler, dans sa *Nouvelle stéréométrie* [1], introduisit, le premier, l'usage de l'*infini* dans la Géométrie; idée profonde, qui fut le second acheminement, après la méthode d'exhaustion, pratiquée si habilement par Archimède, aux méthodes infinitésimales. Il appliqua sa méthode à la recherche des volumes des corps engendrés par la révolution d'une conique autour d'une droite, située dans son plan; généralisation alors importante, et qui offrait de grandes difficultés, des problèmes d'Archimède sur les *conoïdes* et les *sphéroïdes*.

On doit au même géomètre une remarque heureuse, savoir, que l'accroissment d'une variable, de l'ordonnée d'une courbe, par exemple, est nul à une distance infiniment proche du *maximum* ou du *minimum*. Cette remarque contenait le germe de la règle analytique *de maximis et minimis*, qui illustra Fermat vingt ans plus tard.

Nous devons citer encore, de Kepler, sa belle méthode des projections, pour déterminer, par une construction graphique, les circonstances des éclipses de Soleil pour les habitants de différents points de la Terre. C'était, deux cents ans avant l'invention de la Géométrie descriptive, une application ingénieuse de la doctrine des projections, comme on ferait aujourd'hui. Cette méthode a été suivie par les célèbres astronomes et géomètres Cassini, Flamsteed, Wren, Halley, et généralisée par Lagrange dans un Mémoire où il est intéressant de voir avec quelle habileté l'illustre auteur de la *Mécanique analytique* savait aussi se servir des procédés de la Géométrie descriptive, vingt ans avant que cette production du génie de Monge eût vu le jour [2].

[1] *Nova stereometria doliorum, etc. Accessit stereometriæ Archimediæ supplementum*, in-fol., Lincii, 1615.

[2] Le Mémoire de Lagrange a été lu à l'Académie de Berlin en 1778, et imprimé en allemand dans les *Éphémérides de 1784*. Il a paru, en français, dans la *Connaissance des Temps pour 1819*.

Les travaux de Kepler ouvrirent un vaste champ de spéculations nouvelles; et si cette tête philosophique, qui créa l'astronomie moderne, eût appliqué davantage les forces de son génie à la pure Géométrie, cette science lui eût dû certainement des progrès considérables.

§ 5. Quelques années après que ce grand homme eut donné sa méthode pour déterminer les volumes des conoïdes, une autre théorie célèbre, de la même nature et destinée aussi à évaluer les grandeurs géométriques par leurs éléments, la *Géométrie des Indivisibles* de Cavalieri (publiée en 1635), vint enrichir la science, et marquer l'époque des grands progrès qu'elle a faits dans les temps modernes. Cette méthode, propre principalement à la détermination des aires, des volumes, des centres de gravité des corps, et qui a suppléé avec avantage pendant cinquante ans au calcul intégral, n'était, comme l'a fait voir Cavalieri lui-même, qu'une application heureuse, ou plutôt une transformation de la méthode d'*exhaustion*.

CAVALIERI, 1598-1647.

§ 6. Nous devons placer, entre les découvertes de Kepler et de Cavalieri, la fameuse règle de Guldin, qui remonte, comme nous l'avons dit, à Pappus, mais qui était inaperçue, lorsque Guldin la découvrit à son tour, et s'en servit pour résoudre des problèmes difficiles, rebelles aux autres procédés. Mais cette méthode n'était point destinée, comme celles de Kepler et de Cavalieri, à reculer les bornes de la Géométrie.

GULDIN, 1577-1643.

§ 7. Le commencement du second tiers du XVIIe siècle, où nous arrivons, est l'époque des plus sublimes et des plus brillantes découvertes. Presque au même instant parurent Descartes, Fermat et Roberval, qui ouvrirent des voies nouvelles aux spéculations les plus relevées.

Ces trois hommes illustres se partagent la gloire d'avoir résolu, chacun d'une manière différente, un problème qu'aucun geomètre n'avait encore osé aborder dans sa généralité, celui des *tangentes* aux lignes courbes, problème « le plus beau et le plus utile » que Descartes eût désiré savoir; et qui, en effet, était le prélude nécessaire à l'invention du calcul diffé-rentiel.

Les anciens géomètres définissaient la *tangente* à une courbe, une droite

8

qui, ayant un point commun avec la courbe, est telle qu'on ne peut mener par ce point aucune autre droite entre celle-ci et la courbe. C'est par ce principe qu'ils ont déterminé les *tangentes* à quelques-unes des courbes qu'ils ont connues. Mais le peu de ressources qu'offrait ce principe força les géomètres modernes d'envisager les *tangentes* sous d'autres points de vue. Ils les regardèrent comme des sécantes dont les deux points d'intersection sont réunis, ou comme le prolongement des côtés infiniment petits de la courbe considérée comme un polygone d'une infinité de côtés, ou comme la direction du mouvement composé par lequel la courbe peut être décrite.

La première manière fut celle de Descartes et de Fermat, quoique leurs solutions fussent très-différentes l'une de l'autre; la deuxième, qui est la plus usitée maintenant, a été introduite explicitement et définitivement par Barrow, qui simplifia par cette idée la solution de Fermat; enfin la troisième est celle de Roberval [1].

La solution de Descartes repose sur les principes de sa nouvelle Géométrie, dont nous parlerons plus tard, en en faisant l'origine de notre troisième Époque.

Nous allons d'abord jeter un coup d'œil sur les travaux de Roberval, de Fermat et de quelques autres géomètres, leurs contemporains, qui contribuèrent, en même temps qu'eux, aux progrès immenses que fit alors la Géométrie pure des Anciens.

ROBERVAL,
1602-1675.

§ 8. La méthode de Roberval, pour mener les tangentes, est basée sur la doctrine des mouvements composés, que Galilée avait déjà, quelques années auparavant, découverte et introduite dans la mécanique, mais sans en faire d'application à la Géométrie.

Roberval énonce distinctement en ces termes son principe :

« *Règle générale.* Par les propriétés spécifiques de la ligne courbe (qui

---

[1] Depuis lors, Mac-Laurin a repris la définition des Anciens dans son *Traité des Fluxions,* comme étant la plus conforme à la rigueur géométrique qu'il voulait y observer; et Lagrange l'adopta aussi, comme principe de sa belle théorie de l'osculation des courbes, dans son *Traité des fonctions analytiques.*

vous seront données), examinez les divers mouvements qu'a le point qui la
décrit à l'endroit où vous voulez mener la touchante : de tous ces mouvements, composés en un seul, tirez la ligne de direction du mouvement composé; vous aurez la touchante de la ligne courbe. »

Cette méthode présente, quant au principe métaphysique, une analogie
remarquable avec celle des Fluxions, que Newton créa longtemps après.
Mais elle n'eut pas, entre les mains de Roberval, toutes les conséquences dont
elle était susceptible, et dont l'honneur était réservé à Newton, parce que
le secours d'un procédé analytique uniforme, propre à la mettre en pratique, manquait alors. Néanmoins la conception de Roberval, neuve sous
plusieurs rapports, et vraiment philosophique, assure à ce géomètre une
place distinguée dans l'histoire des découvertes mathématiques.

Son principe, en effet, créait une nouvelle manière de considérer les
grandeurs, et d'en découvrir les relations. Dans la Géométrie, jusque-là,
on avait supposé les grandeurs déjà formées, pour les comparer entre elles
ou avec leurs parties. Roberval, remontant à la génération des quantités,
introduisait dans la Géométrie les puissances qui les engendrent; et, des
rapports entre ces puissances, il déduisait ceux qui ont lieu entre les quantités elles-mêmes. La puissance à laquelle il attribuait la formation des grandeurs est le mouvement.

Les Anciens avaient connu la composition des mouvements, ainsi que
nous le voyons dans les questions mécaniques d'Aristote [1] : de plus, ils
l'avaient appliquée à la Géométrie, pour concevoir la génération de certaines
courbes. La manière dont Archimède décrivait sa spirale, par la composition
du mouvement circulaire et du mouvement rectiligne, et la description de la

---

[1] *Patet igitur, quotiescumque aliquid per diametrum duplice vi, in diversa tendente, impel-
latur, illud necessario ferri secundum rationem laterum.* Quæst. mechan., cap. II.

Aristote revient sur ce principe dans sa 23e question, pour montrer que, selon que les
directions des deux mouvements composants font un angle plus grand ou plus petit, la quantité
et la direction du mouvement résultant peuvent devenir très-différentes.

Le célèbre philosophe parle encore assez distinctement du même principe, au chap. VIII du
12e livre de sa *Métaphysique*.

spirale sphérique de Pappus en sont des preuves. Mais ces géomètres n'appliquèrent ces considérations de mouvement qu'à quelques courbes particulières, et n'eurent point l'idée d'en faire, comme Roberval, un principe de
génération de toutes les courbes, et surtout n'en firent point usage pour
découvrir leurs propriétés.

Cette circonstance, que la méthode de Roberval comportait la plus grande
généralité à une époque où la Géométrie se réduisait encore à l'étude particulière de quelques courbes, considérées individuellement, mérite d'être
remarquée. C'est l'un des premiers exemples du passage des idées concrètes
aux idées abstraites dans la science de l'étendue.

On a fait quelques fausses applications de la méthode de Roberval, en
observant mal le principe de la composition des mouvements, comme il est
arrivé aussi quelquefois dans des questions de mécanique. Mais ces faits
d'inattention ne portent aucune atteinte à la méthode, dont la règle est
énoncée par Roberval d'une manière sûre, quoique démontrée d'un style
peu facile : les treize applications qu'en fait l'auteur, à des courbes très-
différentes [1], sont parfaitement exactes.

La conception de Roberval était à la hauteur de celles de Descartes et
de Fermat, auxquelles elle ne le cédait que parce que celles-ci s'étaient
aidées du secours puissant de l'Analyse, sans lequel elles seraient restées
stériles. Roberval avait su apprécier cet avantage, sur la sienne, des méthodes de ses deux illustres rivaux. Le jugement qu'il porta à ce sujet,
dans une lettre adressée à Fermat, nous parait pouvoir être confirmé.
Roberval, après avoir parlé de diverses applications de sa méthode, ajoute :
« Elle n'est pas inventée avec une si subtile et si profonde Géométrie que
» la vôtre, ou celle de M. Descartes, et partant elle parait avec moins

---

[1] La parabole, l'hyperbole, l'ellipse, la conchoïde de Nicomède; diverses autres conchoïdes;
le limaçon de Pascal; la spirale d'Archimède; la quadratrice de Dinostrate; la cissoïde de Dioclès;
la cycloïde, la compagne de la cycloïde, et la parabole de Descartes (courbe du troisième degré,
que Descartes engendrait d'un mouvement continu, et dont il faisait usage dans sa *Géométrie*,
pour la construction des équations du sixième degré).

» d'artifice ; en récompense elle me semble plus simple, plus naturelle et
» plus courte ; de sorte que, pour toutes les touchantes dont j'ai parlé, il
» ne m'a pas même été besoin de mettre la main à la plume. » (*OEuvres
de Fermat,* pag. 165.)

§ 9. Roberval fut encore l'émule de Fermat dans toutes les questions
des dimensions des figures, et de leurs centres de gravité, qui touchaient
de si près au calcul intégral actuel. Il avait imaginé, pour résoudre ces
questions, une méthode analogue à celle de Cavalieri, mais qu'il présentait
sous un point de vue plus conforme à la rigueur géométrique. Il intitula
cette méthode, qu'il avait puisée, dit-il, dans une lecture approfondie des
ouvrages d'Archimède, *Traité des Indivisibles.* Il parait certain qu'il la
possédait avant que Cavalieri eût publié la sienne, qu'il la gardait *in petto,*
dans la vue de se procurer une supériorité flatteuse sur ses rivaux, par la
difficulté des problèmes qu'elle le mettait en état de résoudre. Il en résulta
que tout l'honneur d'une aussi utile découverte resta à Cavalieri [1].

§ 10. La solution de Fermat, pour les tangentes des courbes, repose
sur les mêmes principes que sa belle méthode *De maximis et minimis,* où
il introduisait, pour la première fois, l'infini dans le calcul, comme Kepler
l'avait introduit dans la Géométrie pure. Aussi cette méthode a fait regarder
Fermat comme le premier inventeur du calcul infinitésimal.

FERMAT,
1590 - 1663.

Le passage suivant, extrait du *Calcul des fonctions,* de l'illustre Lagrange,
fait connaître, d'une manière claire et précise, l'esprit et le mécanisme des
procédés de Fermat, et le lien qui les unit aux nouveaux calculs : « Dans
sa méthode *De maximis et minimis,* il égale l'expression de la quantité
dont on recherche le *maximum* ou le *minimum,* à l'expression de la même
quantité dans laquelle l'inconnue est augmentée d'une quantité indéterminée.
Il fait disparaître dans cette équation les radicaux et les fractions, s'il y

---

[1] Le *Traité des Indivisibles* ne parut, ainsi que la plupart des autres ouvrages de Roberval,
que près de vingt ans après sa mort, dans le recueil intitulé: *Divers ouvrages de mathématiques
et de physique, par MM. de l'Académie royale des sciences;* in-fol., 1693; puis en 1750, dans
le tome VI des anciens *Mémoires de l'Académie des sciences.*

en a, et après avoir effacé les termes communs dans les deux membres, il divise tous les autres par la quantité indéterminée qui se trouve les multiplier; ensuite il fait cette quantité nulle, et il a une équation qui sert à déterminer l'inconnue de la question. Or, il est facile de voir au premier coup d'œil que la règle déduite du calcul différentiel, qui consiste à égaler à zéro la différentielle de l'expression qu'on veut rendre un *maximum* ou un *minimum*, prise en faisant varier l'inconnue de cette expression, donne le même résultat, parce que le fond est le même, et que les termes qu'on néglige comme infiniment petits dans le calcul différentiel, sont ceux qu'on doit supprimer comme nuls dans le procédé de Fermat. Sa méthode des tangentes dépend du même principe. Dans l'équation entre l'abscisse et l'ordonnée, qu'il appelle la propriété spécifique de la courbe, il augmente ou diminue l'abscisse d'une quantité indéterminée, et il regarde la nouvelle ordonnée comme appartenant à la fois à la courbe et à la tangente, ce qui fournit une équation qu'il traite comme celle d'un cas de *maximum* ou de *minimum*. On voit encore ici l'analogie de la méthode de Fermat avec celle du calcul différentiel; car la quantité indéterminée dont on augmente l'abscisse, répond à la différentielle de celle-ci, et l'augmentation correspondante de l'ordonnée répond à la différentielle de cette dernière. Il est même remarquable que dans l'écrit qui contient la découverte du calcul différentiel, imprimé dans les Actes de Leipzig du mois d'octobre 1684, sous le titre : *Nova methodus pro maximis et minimis, etc.*, Leibnitz appelle la différentielle de l'ordonnée une ligne qui soit à l'accroissement arbitraire de l'abscisse comme l'ordonnée à la soutangente; ce qui rapproche son analyse de celle de Fermat [1]. »

[1] Dans le jugement qu'il a porté récemment sur cette grande question, M. Poisson n'a pas été tout à fait aussi absolu que Lagrange. L'impartialité que nous devons apporter sur ce point historique, où il s'agit de faire remonter à Fermat l'honneur d'une invention qui a répandu tant de gloire sur l'Angleterre et l'Allemagne, nous a fait un devoir de rapporter ici les paroles de M. Poisson, qui d'ailleurs font connaître, de la manière la plus lumineuse, le principe de la méthode de Fermat, et la nuance précise qui existe entre elle et l'invention de Leibniz.

L'opinion de Lagrange, sur la part qu'on doit donner à Fermat dans l'invention des nouveaux calculs, a été celle aussi de ses illustres confrères Laplace et Fourier; elle avait déjà été émise, dans un temps où l'on n'avait pas encore songé à revendiquer pour Fermat la gloire qui lui est due, par d'Alembert [1], qui a écrit avec tant de profondeur et de sagacité sur la métaphysique de la Géométrie, et même par Buffon [2], traducteur du *Traité des Fluxions,* et admirateur enthousiaste du grand Newton.

§ 11. Fermat fut, avec Pascal, l'inventeur du calcul des probabilités, l'une des plus belles productions du XVIIe siècle.

Il fut sans égal dans la théorie des nombres, où il possédait sans doute

A Fermat l'idée philosophique; à Leibniz l'instrument indispensable pour la mettre en pratique.

« A mesure qu'une grandeur s'approche de son *maximum* ou de son *minimum*, elle varie
» de moins en moins, et sa différentielle s'évanouit lorsqu'elle atteint l'une ou l'autre de ces
» valeurs extrêmes. En partant de ce principe, Fermat eut l'heureuse idée, pour déterminer
» le *maximum* ou le *minimum* d'une quantité, d'attribuer à la variable dont elle dépend,
» un accroissement infiniment petit, et d'égaler à zéro l'accroissement correspondant de cette
» quantité, préalablement réduit au même ordre de grandeur que celui de la variable. C'est
» de cette manière qu'il détermina la route de la lumière au passage d'un milieu dans un
» autre, en supposant, d'après la théorie qu'il avait adoptée, que le temps de ce trajet doit
» être un *minimum.* Lagrange le considère, pour cette raison, comme le premier inventeur
» du calcul différentiel; mais ce calcul consiste dans un ensemble de règles propres à trouver
» immédiatement les différentielles de toutes les fonctions, plutôt que dans l'usage qu'on fera
» de ces variations infiniment petites, pour résoudre telle ou telle espèce de problèmes; et sous
» ce rapport, la création du calcul différentiel ne remonte pas au delà de Leibnitz, auteur de
». l'algorithme et de la notation qui ont généralement prévalu, dès l'origine de ce calcul, et
» auxquels l'analyse infinitésimale est principalement redevable de ses progrès. » (*Mémoire
sur le calcul des variations,* par M. Poisson, lu à l'Académie le 10 novembre 1831, publié dans
le tome XII des *Mémoires de l'Académie des sciences.*)

[1] « On doit à Descartes l'application de l'Algèbre à la Géométrie, sur laquelle le calcul
différentiel est fondé, et à Fermat la première application du calcul aux quantités différentielles, pour trouver les tangentes; la Géométrie nouvelle n'est que cette dernière méthode
généralisée. » (Art. GÉOMÉTRIE de l'*Encyclopédie.*)

[2] « Fermat trouva moyen de calculer l'infini, et donna une méthode excellente pour la
résolution *des plus grands et des moindres;* cette méthode est la même, à la notation près, que
celle dont on se sert encore aujourd'hui; enfin, cette méthode était le calcul différentiel si son
auteur l'eût généralisée. » (Préface de la traduction de la *Méthode des Fluxions de Newton.*)

une méthode simple qui nous est encore inconnue, malgré les grands perfectionnements qu'a reçus l'Analyse indéterminée; car les beaux théorèmes
dont il ne nous a laissé que les énoncés, et qui depuis ont occupé les plus
célèbres géomètres, n'ont été démontrés que successivement, à grande peine
et par des méthodes diverses.

Malgré sa prédilection pour ces recherches numériques, Fermat enrichit
aussi la Géométrie de belles découvertes.

A l'instar d'Archimède, qui avait donné la quadrature de la parabole,
il carra les paraboles de tous les ordres; il détermina les volumes et les
centres de gravité des paraboloïdes, et de plusieurs autres solides; et il
découvrit les propriétés d'une spirale, différente de celle d'Archimède. Il alla
encore au delà de ce prince des géomètres de l'Antiquité, en résolvant, par
une méthode purement géométrique et fort analogue à la méthode d'exhaustion, une question dont Archimède n'avait point laissé de traces, et que
Descartes avait jugée au-dessus des efforts de l'esprit humain, la rectification absolue de la parabole cubique et de quelques autres courbes (*De
linearum curvarum cum lineis rectis comparatione. OEuvres de Fermat*,
pag. 89); mais, ce travail n'ayant été publié qu'en 1660, Fermat fut devancé dans la gloire de cette grande découverte, la rectification d'une ligne
courbe, par Neil et Van Heuraet.

C'était sa méthode *De maximis et minimis* qui mettait Fermat en état de
résoudre la plupart de ces grandes questions. L'une des plus belles applications qu'il en fit, fut relative au phénomène de la réfraction de la lumière,
qui avait élevé entre lui et Descartes un démêlé célèbre. Sa solution fut la
confirmation de la règle trouvée par son illustre antagoniste, qu'il avait
combattue jusque-là. Cette solution parut si belle, qu'elle lui fit partager
avec Descartes la gloire d'avoir agrandi le domaine de la Géométrie, en
introduisant cette science dans l'étude des phénomènes de la nature.

§ 12. Fermat excella aussi dans cette autre partie de la Géométrie, qui
se rapporte à l'Analyse géométrique des Anciens, et que nous avons appelée
la Géométrie d'Apollonius.

Il rétablit les lieux plans de ce géomètre suivant les énoncés laissés par Pappus. Il annonçait, dans une lettre adressée à Roberval, qu'il en avait trouvé beaucoup d'autres, très-beaux et dignes de remarque; mais les deux livres d'Apollonius seuls ont été imprimés, et nous sont connus.

Il apprit à trouver les lieux plans ou solides, par une méthode analytique et générale, et à se servir de cette méthode pour la construction des problèmes par les lieux. C'était la méthode des coordonnées de Descartes, que Fermat avait lui-même conçue avant que le célèbre philosophe eût mis au jour sa Géométrie.

Fermat étendit ensuite cette doctrine à la question difficile de la construction des problèmes géométriques en général, par les courbes les plus simples. C'est dans ses recherches sur le degré des courbes nécessaires à la construction d'une équation quelconque, qu'il fut conduit à ce principe général, que Jacques Bernoulli démontra depuis dans les Actes de Leipzig de 1688, en reprochant à la Géométrie de Descartes de l'avoir omis; savoir : qu'il suffit toujours que le produit des dimensions des courbes qu'on emploie ne soit pas moindre que le degré de l'équation [1].

§ 13. Dans son traité *De contactibus sphœricis*, Fermat résolut le premier, et complétement, les problèmes sur les contacts des sphères, comme Viète avait fait, pour les contacts des cercles, dans son *Apollonius Gallus*.

Cette question lui avait été proposée par Descartes, qui dit, dans ses lettres, l'avoir résolue par la ligne droite et le cercle; mais sa solution ne nous est point parvenue.

Le travail de Fermat est complet, et écrit d'un style pur qui en fait un modèle de bonne Géométrie. Nous devons dire pourtant qu'on a fait beaucoup mieux dans ces derniers temps [2]. Voici sous quel rapport : ce

[1] *De solutione problematum geometricorum per curvas simplicissimas, etc.* Opera varia, pag. 110.

[2] On n'avait point, jusqu'au commencement de ce siècle, d'autre traité du contact des sphères que celui de Fermat. A cette époque, cette question fixa l'attention de quelques dis-

9

traité contient, outre le problème principal de la sphère tangente à quatre
sphères données, quatorze autres problèmes qui, au fond, sont des cas
particuliers de celui-là, mais que l'on est obligé de résoudre successivement, en s'élevant de l'un à l'autre, pour arriver enfin, par cette voie
progressive, au problème final, dont la solution est élégante et facile,
mais ne comprend pas celles des cas particuliers de la question, et se
ramène, au contraire, à l'un de ces cas particuliers. La Géométrie moderne
procède différemment : elle donne tout d'un coup la solution du problème
général ; et cette solution s'applique à tous ces cas particuliers, par lesquels
Fermat avait dû passer. On conçoit tout ce qu'a de satisfaisant une telle
généralité de conception et de méthode, et l'on y reconnaît de véritables
progrès dans la science. Qu'on nous permette d'ajouter que l'on peut, sous

ciples de Monge, qui l'envisagèrent sous un point de vue nouveau, se ressentant déjà de la
généralité de méthodes et de conceptions qui fait le caractère de la Géométrie de cet illustre
maître. Ces premiers essais furent consignés en partie dans le second numéro du 1ᵉʳ volume
de la *Correspondance polytechnique;* une courte analyse d'un Mémoire de M. Ch. Dupin, qui
devait le compléter, parut plus tard dans le même recueil (tom. II, pag. 420); elle est de
nature, par les résultats élégants et nouveaux qu'elle contient, à faire regretter vivement que
ce célèbre académicien n'ait pas publié son travail. On doit à M. Gaultier, professeur au Con-
servatoire des Arts et Métiers, d'avoir repris cette question, qu'il a traitée avec une généralité
tout à fait nouvelle et satisfaisante. Des méthodes plus récentes ont encore donné un nouveau
degré de simplification à cette matière. Les unes sont purement descriptives, c'est-à-dire
qu'elles ne considèrent aucune relation de longueur de lignes; et ce sont les plus générales et
les plus simples. Parmi les autres, qui exigent la mesure et la composition de certains rapports
de lignes, on distingue celles que le célèbre Fergola et son savant disciple M. Flauti ont
données dans les *Mémoires de l'Académie des sciences de Naples.* (*Voir* aussi la *Geometria di
sito* de M. Flauti, seconde édition, ann. 1821, p. 156.)

La question de la sphère tangente à quatre autres est l'une de celles où la Géométrie a eu
pendant longtemps l'avantage sur l'Analyse. Euler en avait présenté, en 1779, à l'Académie
de Pétersbourg, deux solutions analytiques, qui ne parurent qu'au commencement de ce
siècle, dans le Recueil de cette Académie pour les années 1807-1808 (imprimé en 1810).
Carnot déjà en avait indiqué une solution analytique dans sa *Géométrie de position* (p. 416),
mais sans effectuer les développements qui l'auraient conduit à une équation du second degré.
Ce fut, de nos jours, M. Poisson qui résolut, le premier, complétement cette question par le
calcul. (*Bulletin de la Société philomatique,* ann. 1812, pag. 144.) Peu de temps après,
MM. Binet et Français en ont donné aussi des solutions analytiques différentes (17ᵉ Cahier du
Journal de l'École polytechnique, et tom. III des *Annales de Mathématiques*).

un autre point de vue, apporter une nouvelle sorte de généralisation dans cette matière, en substituant aux quatre sphères quatre surfaces du second degré semblables entre elles, et plus généralement encore quatre surfaces du second degré quelconques, pourvu qu'elles soient inscrites, toutes les quatre, à une même surface du même degré ; et l'on fait voir que ce problème et sa solution comprennent, comme corollaire, le cas des quatre sphères. (*Voir* la Note XXVIII.)

Cette comparaison de la solution de Fermat aux solutions modernes ne paraîtra peut-être pas déplacée ici, comme montrant bien la nature des progrès que la Géométrie a faits, et de ceux auxquels elle doit tendre, même dans les questions où l'on se borne trop souvent à admirer les productions des grands géomètres, sans oser supposer que la perfectibilité de la science puisse leur porter atteinte.

§ 14. Fermat avait commencé et promis la restitution des porismes d'Euclide, en donnant à ce mot un sens autre que celui qui a été généralement adopté depuis, d'après R. Simson. Si le célèbre géomètre écossais a deviné et rétabli la forme des énoncés des porismes, Fermat avait peut-être aussi pénétré, et non moins heureusement, dans ce mystère, en concevant le but, la destination et la haute utilité qu'Euclide avait assignés à son *Traité des Porismes*. Mais Fermat s'exprime à ce sujet si succinctement, qu'il a peut-être fallu trouver *a priori* les idées et les intentions que nous croyons apercevoir dans sa manière de considérer les porismes ; et nous devons remettre à un autre moment le développement de notre opinion sur ce sujet.

Cinq théorèmes que Fermat a laissés, comme exemple ou *specimen* des porismes, nous font regretter qu'il n'ait pas donné suite à son travail. Le troisième surtout aurait mérité de fixer l'attention des géomètres, comme étant certainement l'un des plus beaux et des plus féconds de toute la théorie des coniques. C'est en effet précisément le fameux théorème de Desargues, sur l'involution de six points, si connu dans la Géométrie récente. Un autre porisme, que Fermat avait proposé de démontrer à Wallis, est un corollaire de ce théorème général, appliqué à la parabole [1].

Non-seulement Fermat avait promis la restitution des trois livres des porismes d'Euclide, mais il devait étendre cette doctrine au delà des bornes que le géomètre grec s'était posées, et l'appliquer aux sections coniques et à toutes sortes d'autres courbes. Il y avait découvert, dit-il, des choses ignorées et admirables [2]. Loin de penser, comme Simson, que cette promesse était téméraire, nous croyons y voir un indice que Fermat avait compris la vraie doctrine d'Euclide, et avait su en découvrir toute la portée et la fécondité.

PASCAL,
1623-1662. § 15. Dans le même temps, Pascal, saisissant avec sa pénétration accoutumée l'esprit de la méthode des indivisibles de Cavalieri, en démontrait toute la rigueur et se l'appropriait, en l'appliquant d'une manière générale aux questions difficiles des surfaces, des volumes et des centres de gravité des corps. Ces recherches, qui offrent un monument précieux de la force de l'esprit humain, touchaient de près au calcul intégral; elles sont le lien entre Archimède et Newton.

Avec le secours de cette méthode, Pascal surpassait les plus célèbres géomètres dans la recherche des propriétés de la cycloïde.

---

[1] R. Simson a emprunté de Fermat ces deux belles propositions, et les a démontrées, la première dans son *Traité des Porismes*, sous le n° 81, et l'une et l'autre dans son *Traité des sections coniques*, livre 5°, propositions 12 et 19. La seconde, celle qui concerne la parabole, a aussi été reproduite par Ozanam, dans son *Dictionnaire de mathématiques*, à l'art. PORISMES.

[2] *Imò et Euclidem ipsum promovebimus et porismata in coni sectionibus et aliis quibuscumque curvis mirabilia sanè, et hactenus ignota detegemus.* (Varia opera Mathematica, pag. 119.)

Cette promesse, que le jugement sûr et le noble caractère de l'auteur ne nous permettent pas de regarder comme exagérée, nous montre combien la Géométrie est intéressée à la découverte des manuscrits de Fermat, dont l'Analyse, plus particulièrement jusqu'ici, avait déploré la perte.

Espérons que nous ne sommes pas privés pour toujours d'ouvrages si précieux. Déjà M. Libri, dans les recherches auxquelles il se livre pour une histoire générale des sciences, a eu le bonheur d'en découvrir deux fragments, qui étaient restés inédits, et de trouver diverses indications qui lui font espérer de nouvelles découvertes. L'esprit supérieur de ce célèbre analyste nous est un sûr garant qu'il attachera un haut prix, dans ses recherches, aux fragments de pure Géométrie, comme aux productions analytiques du génie de Fermat.

Déjà cette courbe fameuse, dont l'histoire se rattache à toutes les grandes conceptions du XVIIᵉ siècle, avait été l'objet des travaux de Galilée, Descartes, Fermat, Roberval, Torricelli. Après avoir dormi quelque temps, elle fut remise sur la scène par Pascal, qui voulut, en quelque sorte, que la grande difficulté des questions nombreuses auxquelles cette courbe donnait lieu, servît d'essai et fût la mesure des forces et de la capacité des géomètres de son temps. Wren, Sluze, Wallis, Huygens, La Loubère, Fabri, répondirent à cet appel, et résolurent chacun une partie plus ou moins considérable des questions proposées, mais en laissant tous à Pascal la gloire d'une solution complète. Depuis, la cycloïde eut une troisième phase, lors de l'invention du calcul différentiel. Outre ses propriétés géométriques si belles et si diverses, elle en acquit alors, entre les mains de Newton, de Leibniz, des Bernoulli et du marquis de Lhospital, de nouvelles, puisées dans des considérations de mécanique, qui ajoutèrent à l'importance et à la célébrité de cette courbe merveilleuse.

Le mouvement d'une roue sur un plan, dans lequel on a découvert la cycloïde, offre une seconde génération de cette courbe, à laquelle je ne crois pas que l'on ait fait attention; c'est que l'*enveloppe de l'espace parcouru par un diamètre de la roue est précisément aussi une cycloïde* [1].

La considération de cette courbe a été l'origine d'une classe nombreuse de lignes, produites par le roulement d'une courbe donnée sur une autre courbe fixe, qui ont été considérées, dans toute la généralité que comporte cette question, par Leibniz, La Hire, Nicolas, etc., et dont Herman et Clairault ont étendu la théorie aux courbes décrites de la même manière sur la sphère.

§ 16. Les travaux de Pascal sur cette autre partie de la Géométrie, qui se rattache à l'analyse géométrique des Anciens et à la théorie des coniques, ne méritent pas moins notre admiration que ses étonnantes découvertes sur

---

[1] Les épicycloïdes sont susceptibles aussi d'une double génération semblable; et l'on déduit de là diverses propriétés de ces courbes.

Si, au lieu d'un diamètre, on considère dans le cercle mobile une corde quelconque, son enveloppe sera une développante d'épicycloïde.

la cycloïde, et que ses autres applications de la méthode de Cavalieri. Nous y trouvons, ainsi que dans un écrit de Desargues sur la même matière, le germe des nouvelles doctrines qui constituent la Géométrie moderne. Nous devons parler, avec quelques détails, de cette partie des découvertes de Pascal.

La plus saillante, et qui fut entre ses mains d'un usage magique, est son beau théorème de l'*hexagramme mystique*. Il désignait ainsi cette propriété de tout hexagone inscrit à une conique, *d'avoir les trois points de concours de ses côtés opposés, toujours en ligne droite*. Cinq points déterminent une conique; ce théorème est donc une relation de position d'un sixième point quelconque de cette courbe par rapport aux cinq premiers : c'est une propriété fondamentale et caractéristique des coniques. Aussi Pascal, alors âgé seulement de seize ans, comme il le dit lui-même [1], en avait fait la base d'un traité complet des coniques. Cet ouvrage ne nous est point parvenu. Leibniz, qui, pendant son séjour à Paris, l'a eu entre les mains, nous fait connaître par une lettre adressée en 1676 à M. Perier, neveu de Pascal, les titres des six parties, ou traités, qui devaient le composer. (*OEuvres de Pascal*, tom. V, pag. 459.)

Le titre de la première partie nous apprend que Pascal se servait des principes de la perspective, pour engendrer les coniques par le cercle, et tirer, de cette manière, leurs propriétés de celles du cercle. Cette méthode, suivant Leibniz, était le fondement de tout l'ouvrage.

La deuxième partie roulait sur l'hexagramme mystique. « Après avoir ex- » pliqué, dit Leibniz, la génération du cône, faite optiquement par la pro- » jection d'un cercle, sur un plan qui coupe le cône des rayons, il explique » les propriétés remarquables d'une certaine figure, composée de six lignes » droites; ce qu'il appelle hexagramme mystique. »

Dans la troisième partie se trouvent les applications de l'hexagramme,

[1] *Conicorum opus completum, et conica Apollonii et alia innumera unicâ ferè propositione amplectens; quod quidem nondum sex decimum ætatis annum assecutus excogitavi, et deindè in ordinem congessi.* (*OEuvres de Pascal*, tom. IV, pag. 440.)

les propriétés des cordes et des diamètres coupés harmoniquement, et probablement les théorèmes qui constituent la théorie des pôles [1].

La quatrième partie contenait ce qui a rapport aux segments faits sur des sécantes menées parallèlement à deux droites fixes, et les propriétés des foyers.

Dans la cinquième, Pascal résolvait les problèmes où il s'agit de décrire une conique qui satisfasse à cinq conditions, de passer par des points et de toucher des droites.

Enfin, la sixième partie avait été intitulée, par Leibniz, *De loco solido*. Quelques mots nous font supposer qu'il pouvait y être question du fameux problème de Pappus, *Ad tres aut quatuor lineas*.

Quelques fragments contenaient divers problèmes.

§ 17. Heureusement, à l'occasion de ce traité, Pascal avait réuni, sous le titre d'*Essai pour les coniques*, quelques-uns des principaux théorèmes qu'il devait contenir, voulant les soumettre à l'examen des géomètres et avoir leur sentiment, avant de pousser plus loin son travail. C'est cet *Essai*, qui parut en 1640, quand Pascal avait en effet à peine seize ans, dont il est question dans quelques lettres de Descartes, à qui le P. Mersenne l'avait envoyé. Depuis il est resté enseveli pendant plus d'un siècle, et n'a revu le jour qu'en 1779, par les soins de M. Bossut, dans son édition complète des *OEuvres de Pascal*.

Cet écrit, de sept pages in-8°, est un fragment précieux des découvertes et de la méthode du grand Pascal, touchant les coniques.

---

[1] M. Poncelet a déjà exprimé cette opinion, dans son *Traité des propriétés projectives*, pag. 101. Il nous paraît facile de la justifier. Car le théorème de l'hexagone, quand on y suppose que deux côtés opposés deviennent infiniment petits, auquel cas la figure représente un quadrilatère inscrit à la conique, et deux tangentes menées par deux sommets opposés, ce théorème, dis-je, donne immédiatement, comme corollaire, le suivant : *quand un quadrilatère est inscrit à une conique, les tangentes à la courbe, menées par deux sommets opposés, se coupent sur la droite qui joint les points de concours des côtés opposés.*

Ce théorème paraît répondre aux mots *de quatuor tangentibus, et rectis puncta tactuum jungentibus*, qui se trouvent au titre de cette troisième partie, et être l'un de ceux que Pascal avait déduits de son hexagramme. Mais on reconnaît aisément que ce théorème contient toute la théorie des pôles. Il nous paraît donc prouvé que cette théorie était comprise dans les applications que Pascal avait faites de l'hexagramme.

En voici une très-succincte analyse :

Le fameux théorème de l'hexagramme mystique se trouve d'abord énoncé, comme *lemme*, d'où tout le reste doit se déduire.

La première des propositions qui viennent ensuite est encore relative à l'hexagone inscrit à une conique ; c'est une relation entre les segments faits, sur deux de ses côtés, par deux autres côtés et deux diagonales. Cette relation n'est au fond que le théorème de Desargues sur l'involution de six points, mais présenté sous un point de vue différent, qui pouvait le rendre propre à de nouveaux usages. Nous développerons cette idée dans la Note XV.

La proposition suivante, exprimée par une double égalité de rapports, renferme deux propositions différentes. La 1re est la 129e du 7e livre des *Collections mathématiques* de Pappus, qui nous a donné lieu d'introduire la notion du *rapport anharmonique*, et dont nous avons déjà dit qu'elle pouvait être la base d'une partie considérable de la Géométrie récente ; la seconde est le théorème de Ptolémée sur le triangle coupé par une transversale.

Puis vient une proposition qui, eu égard à ce théorème de Ptolémée, se réduit à la belle et importante propriété des coniques, relative aux segments qu'une telle courbe fait sur les trois côtés d'un triangle, due, dans ces derniers temps, à l'illustre auteur de la *Géométrie de position*.

La proposition suivante est cette même propriété des coniques, étendue à un quadrilatère quelconque, au lieu d'un triangle [1]. Ce théorème, généralisé par Carnot, qui l'a démontré pour un polygone et une courbe géométrique quelconques, et l'a étendu même aux surfaces courbes [2], est l'un des plus féconds de la théorie des transversales.

Ensuite on remarque le fameux théorème sur l'involution de six points,

---

[1] Si l'on suppose que deux sommets du quadrilatère soient à l'infini, les segments qui aboutissent à ces sommets seront égaux, deux à deux, comme étant infinis, et comptés sur des droites parallèles ; alors il en résulte la belle propriété des coniques, relative au rapport constant des produits des segments faits, sur deux transversales issues d'un point quelconque, parallèlement à deux droites fixes.

[2] *Géométrie de position*, pag. 437.

« dont le premier inventeur est M. Desargues, un des grands esprits de ce tems, et des plus versés aux mathématiques, et entre autres aux coniques. » Pascal ajoute qu'il a « tâché d'imiter sa méthode sur ce sujet, qu'il a traité sans se servir du triangle par l'axe, en traitant généralement de toutes les sections du cône [1]. »

§ 18. Nous concevons parfaitement, d'après la fécondité éprouvée des théorèmes que nous venons de citer, que Pascal en ait fait, comme il l'annonçait, la base d'*Éléments coniques complets;* et qu'en les déduisant de son hexagramme mystique, il ait tiré de ce seul principe *quatre cents* corollaires, comme le dit le P. Mersenne, dans son traité *De mensuris, ponderibus, etc.;* in-fol., 1644 [2]. (*Voir* la Note XIII.)

On observe que ces divers théorèmes principaux exprimaient, chacun, une certaine propriété de six points situés sur une conique : cela explique comment Pascal avait pu les déduire de son hexagramme mystique, qui était lui-même une propriété générale de ces six points. Mais chacun de ces théorèmes avait pris une forme différente, qui le rendait propre à des usages particuliers, comprenant un nombre immense de propriétés des coniques.

C'est cet art infiniment utile de déduire d'un seul principe un grand nombre de vérités, dont les écrits des Anciens ne nous offrent point d'exemples, qui fait l'avantage de nos méthodes sur les leurs.

§ 19. Pascal avait écrit plusieurs autres ouvrages de Géométrie, dans le style de son *Traité des Coniques.* Les titres seuls nous en sont parvenus, par une Note qu'il adressa, en 1654 [3], à une société de savants qui se réunissaient les uns chez les autres, avant la fondation de l'Académie des sciences, qui eut lieu en 1666.

---

[1] Nous avons expliqué, en parlant d'Apollonius, ce qu'on entend par le *triangle par l'axe;* et nous avons dit que ce grand géomètre de l'antiquité supposait, pour former ses coniques, le plan coupant perpendiculaire au plan de ce triangle. Desargues, comme on le voit, et Pascal, à son exemple, traitaient les coniques d'une manière beaucoup plus générale, puisqu'ils prenaient le plan coupant dans une position tout à fait arbitraire.

[2] *Unica propositione universalissima,* 400 *corollariis armatâ, integrum Apollonium complexus est.*

[3] *OEuvres de Pascal,* tom. IV, p. 408.

Nous y voyons qu'à l'instar de Viète, il avait résolu, mais avec une extension considérable et par une méthode extrêmement simple, les problèmes sur les contacts des cercles; puis les questions analogues sur les contacts des sphères; qu'il avait écrit un traité des *Lieux plans*, plus étendu et plus considérable que ce qu'avaient fait les Anciens et les Modernes sur ce sujet, et par une méthode neuve et extrêmement expéditive; et enfin qu'il avait imaginé aussi une méthode nouvelle de perspective, aussi simple que possible, puisque chaque point du tableau se construisait par l'intersection de deux lignes droites.

Cette faible indication, que nous trouvons dans la Note de Pascal, suffit pour nous faire regretter la perte d'écrits où devaient briller le génie inventeur de ce profond géomètre, et l'art admirable avec lequel il savait généraliser une première découverte et en tirer toutes les vérités qu'elle renfermait.

DESARGUES,
1593-1662.

§ 20. Desargues, que Pascal avait pris pour guide, et qui était digne en effet d'un tel disciple, avait aussi écrit sur les coniques, un an auparavant, d'une manière neuve et originale. Sa méthode reposait, comme celle de Pascal, sur les principes de la perspective [1], et sur quelques théorèmes de la théorie des transversales. Il ne nous reste que quelques indications peu lucides sur l'un de ses écrits, intitulé : *Brouillon projet d'une atteinte aux*

---

[1] C'est une question de savoir si les Anciens ont connu les usages de la perspective dans la Géométrie rationnelle; et cette question, je crois, n'a point été approfondie. Au premier abord on serait tenté de répondre affirmativement, tant cette méthode est naturelle, et parait liée à leur manière d'engendrer les coniques, dans le cône à base circulaire. Aussi cette opinion est-elle la plus commune chez les géomètres. Elle a été fortifiée, dans ces derniers temps, par le sentiment particulier de M. Poncelet sur les porismes d'Euclide, qui auraient été des propositions démontrées par cette méthode (*Traité des propriétés projectives; Introduction*, p. XXXVII). Mais, malgré tout le respect que nous professons pour l'opinion de ce célèbre géomètre, nous devons avouer que nous n'avons trouvé, dans la lecture des Anciens, aucune trace, aucun indice qui nous autorisent à la partager dans cette circonstance. Nous croyons, au contraire, que la méthode de la perspective, comme nous la pratiquons actuellement en Géométrie rationnelle, n'a point été en usage dans l'école grecque. Aussi, jusqu'à un plus approfondi et plus ample examen, nous attribuerons cette méthode aux Modernes, et nous dirons que Desargues et Pascal ont le mérite de l'avoir appliquée, les premiers, à la théorie des coniques.

événements des rencontres du cône avec un plan. Les autres, s'il en a existé plusieurs, ainsi que peut le faire supposer un passage de l'*Essai* de Pascal, étaient peut-être sur des feuilles volantes, comme il paraît que Desargues en usait, soit pour communiquer ses découvertes, soit pour répondre à ses nombreux détracteurs.

Celui que nous venons de citer parut en 1639. Il en est parlé dans plusieurs lettres de Descartes.

Cet écrit se distinguait par quelques propositions nouvelles, et surtout par l'esprit de la méthode, fondée sur cette remarque judicieuse et féconde, que les sections coniques, étant formées par les différentes façons dont on coupe un cône ayant un cercle pour base, devaient participer aux propriétés de cette figure.

Desargues apportait donc, dans l'étude des coniques, une double innovation importante. D'abord il les considérait sur le cône, dans toutes les positions possibles du plan coupant, sans se servir, comme les Anciens, du triangle par l'axe; ensuite, il imaginait d'approprier à ces courbes les propriétés du cercle qui servait de base au cône.

Cette idée, qui nous paraît si simple et si naturelle aujourd'hui, parce que nous sommes accoutumés aux procédés de la perspective et à divers autres modes de transformation des figures, n'était pas venue à l'esprit des géomètres d'Alexandrie. Car nous n'en trouvons aucune trace dans leurs ouvrages, et nous y voyons qu'en se servant, dans leur théorie des coniques, d'une propriété du cercle (celle du produit des segments faits sur deux cordes qui se coupent), ils n'ont point eu l'intention de rechercher son analogue dans ces courbes, mais seulement de démontrer leur théorème du *latus rectum.*

§ 21. La méthode de Desargues lui permit d'apporter dans la théorie des coniques, comme il le fit dans divers autres écrits, des vues nouvelles de généralité, qui agrandissaient les conceptions et la métaphysique de la Géométrie.

Ainsi il y considéra, comme des variétés d'une même courbe, les diverses sections du cône (le cercle, l'ellipse, la parabole, l'hyperbole et le système de deux lignes droites), qui, jusque-là, avaient toujours été traitées séparément, et par des moyens particuliers à chacune de ces sections [1].

Descartes nous apprend que Desargues regardait aussi un système de plusieurs droites parallèles entre elles, comme une variété d'un système de droites concourant en un même point : dans ce cas, le point de concours était à l'infini. « Pour votre façon de considérer les lignes parallèles comme
» si elles s'assemblaient à un but à distance infinie, afin de les comprendre
» sous le même genre que celles qui tendent à un point, elle est fort
» bonne..... » [2] (*Lettres de Descartes*, tom. III, pag. 457, édition in-12.)

Leibniz fait mention aussi de cette idée de Desargues, dans un mémoire sur la manière de déterminer la courbe enveloppe d'une infinité de lignes (*Acta erud. ann.* 1692, pag. 168); et, dans un autre endroit, il la rattache à sa loi de continuité (*Comm. epist.*, tom II, pag. 101). Newton adopta cette définition des parallèles dans les lemmes 18 et 22 de ses *Principes de la philosophie naturelle*, où il regarde des droites parallèles comme concourant en un point situé à l'infini.

Desargues appliquait, aux systèmes de lignes droites, les propriétés des lignes courbes; ce qui est aujourd'hui chose naturelle et très-usitée, parce qu'un système de droites peut être représenté par une équation unique, comme une courbe géométrique, mais ce qui était alors une conception neuve et originale. Descartes en parle en ces termes, dans une lettre adressée au P. Mersenne :

« La façon dont il commence son raisonnement, en l'appliquant tout
» ensemble aux lignes droites et aux courbes, est d'autant plus belle qu'elle
» est plus générale, et semble être prise de ce que j'ai coutume de nommer

[1] *Desarguesius primus sectiones conicas universali quadam ratione tractare, ac propositiones multas sic enuntiare cœpit, ut quæcumque sectio subintelligi posset (Act. erud.,* ann. 1685, pag. 400).
[2] Cette innovation fit sensation dans le temps. Bosse la cite en ces termes, comme exemple des manières universelles de Desargues en Géométrie : « Il fait voir, comme il l'a écrit à un sien ami défunt, le rare et savant M. Pascal, fils, que *les parallèles sont toutes semblables à celles qui aboutissent à un point, et qu'elles n'en diffèrent point.* » (*Traité des pratiques géométrales et perspectives;* in-12, 1665.)

» métaphysique de la Géométrie, qui est une science dont je n'ai point
» remarqué qu'aucun autre se soit servi, sinon Archimède. Pour moi, je
» m'en sers toujours pour juger en général des choses qui sont trouvables,
» et en quels lieux je les dois trouver..... » (*Lettres*, pag. 379 du tom. IV.)

§ 22. Les idées de Desargues, concernant les systèmes de lignes droites,
comparés aux lignes courbes, ont dû le porter à appliquer, aux sections
coniques, diverses propriétés connues du système de deux droites. L'une
d'entre elles que Pascal, dans son *Essai pour les coniques*, appelle *merveilleuse*, et qui, en effet, est d'une fécondité extrême, nous a été conservée. C'est la relation des segments faits, par une conique et par les quatre
côtés d'un quadrilatère qui lui est inscrit, sur une transversale menée arbitrairement dans le plan de la courbe.

Cette relation consiste en ce que : « Le produit des segments compris sur
» la transversale, entre un point de la conique et deux côtés opposés du
» quadrilatère, est au produit des segments compris entre le même point de
» la conique et les deux autres côtés opposés du quadrilatère, dans un rap-
» port qui est égal à celui des produits semblablement faits avec le second
» point de la conique situé sur la transversale. »

Ce théorème est énoncé par Pascal dans son *Essai pour les coniques*, et
par Beaugrand dans une lettre critique sur l'ouvrage de Desargues, intitulé
*Brouillon projet d'une atteinte aux événements des rencontres du cône avec
un plan.* Cette lettre nous apprend que Desargues appelait la relation qui
constitue son beau théorème, *involution de six points.*

On voit comment les six points se correspondent, ou sont *conjugués* deux
à deux. Desargues examinait le cas où deux points conjugués venaient à se
confondre ; il y avait alors involution de cinq points [1] ; puis celui où deux
autres points conjugués se confondaient aussi ; alors on n'avait plus que
quatre points, et la relation d'involution devenait un *rapport harmonique.*

---

[1] Il peut y avoir encore, dans un autre cas, involution de cinq points : c'est quand le sixième
point est à l'infini ; alors son conjugué a une position très-remarquable. Je ne sais si l'on a examiné particulièrement ce cas, qui se présente souvent, sans qu'on songe à le rattacher à la théorie
de l'involution.

La relation d'involution de six points, telle que nous l'avons énoncée, contient huit segments; mais elle peut être remplacée par une autre, où n'entrent que six segments : c'est celle que Pappus a donnée pour les segments faits, sur une transversale, par les quatre côtés et les deux diagonales d'un quadrilatère (la 130ᵉ du livre 7 des *Collections mathématiques*).

En considérant les deux diagonales comme une ligne du second degré, qui passe par les quatre sommets du quadrilatère, on voit que le théorème de Desargues est une généralisation de la proposition de Pappus, dans laquelle se trouve substituée, à la place des deux diagonales du quadrilatère, une conique quelconque passant par les quatre sommets.

§ 23. Un excellent écrit de M. Brianchon, intitulé *Mémoire sur les lignes du deuxième ordre* (Paris 1817), est basé sur ce théorème, et en fait voir toute la fécondité. Mais il paraît que Desargues lui-même avait su en tirer un parti considérable, pour démontrer un grand nombre de propriétés des coniques; car d'une part, Beaugrand dit, dans sa lettre [1], qu'une partie du *Brouillon projet*, etc., était employée à examiner les corollaires du théorème en question; et, de plus, nous trouvons dans les *Pratiques géométrales et perspectives* du graveur Bosse le passage suivant, qui se rapporte probablement à ce même théorème. Bosse répond aux détracteurs de Desargues, et ajoute : « Entre autres ce qu'il a fait imprimer des sections coniques, dont » une des propositions en comprend bien, comme cas, soixante de celles » des quatre premiers livres des coniques d'Apollonius, lui a acquis l'es- » time des savans, qui le tiennent avoir été l'un des plus naturels géo- » mètres de notre temps, et entre autres la merveille de notre siècle, feu » M. Pascal. »

Nous trouvons encore quelques observations qui se rapportent au théorème en question, et qui prouvent que Desargues avait su en faire un grand usage, dans un ouvrage du graveur Grégoire Huret, intitulé : *Optique de portraiture et peinture*, etc. Paris 1670; in-fol.

---

[1] *Voir* la Note XIV.

Ainsi, il est constant que le théorème de Desargues était le fondement de sa théorie des coniques, et que les nombreuses propriétés de ces courbes, que nous avons appris, depuis quelques années, à déduire de ce théorème, n'avaient point échappé à l'esprit logique et essentiellement généralisateur de Desargues.

Mais, outre son extrême fécondité, le théorème en question présente un autre caractère, qu'il n'est pas moins important de faire ressortir dans un examen philosophique de la marche et de l'esprit des méthodes concernant les coniques. C'est que ce théorème, par sa nature, permettait à Desargues de considérer, sur un cône à base circulaire, des sections tout à fait arbitraires, sans faire usage du triangle par l'axe, comme le dit Pascal ; tandis que les Anciens, et tous les écrivains après eux, n'avaient coupé le cône que par des plans perpendiculaires à ce triangle par l'axe. Cette grande innovation nous paraît être le principal mérite du traité des coniques de Desargues.

§ 24. On voit, par ce qui précède, que l'ouvrage de Desargues était vraiment beau et original, et procurait une généralité et des facilités nouvelles à la Géométrie des coniques. Aussi fut-il apprécié comme tel par les grands génies du siècle. Nous avons déjà cité le sentiment d'admiration de Pascal pour cet ouvrage; nous trouvons qu'il fut partagé par Fermat, qui, dans une lettre au P. Mersenne, s'exprime ainsi : « J'estime beaucoup M. Desar- » gues, et d'autant plus qu'il est lui seul inventeur de ses coniques. Son » livret qui passe, dites-vous, pour jargon, m'a paru très-intelligible et » très-ingénieux. » (*OEuvres de Fermat,* pag. 173.) ·

Quant à la fécondité du théorème et à la facilité toute nouvelle qu'il apportait dans la théorie des coniques, on aperçoit aisément quelle en est la cause première. C'est qu'il exprimait une relation tout à fait générale de six points pris arbitrairement sur une conique. Les Anciens n'avaient connu de telles relations que pour des positions particulières des six points, par exemple, pour le cas où quatre points étaient deux à deux sur deux cordes parallèles entre elles (la relation dont ils se servaient alors était que les produits des segments faits, sur ces deux cordes, par celle qui joint les deux autres points, sont entre eux comme les produits des segments faits, sur celle-ci, par les deux premières). Il leur fallait donc toujours diverses propositions intermédiaires, pour passer de la considération directe ou implicite de cinq points d'une conique à la considération d'un sixième point. De là, le grand nombre de propositions qui semblaient devoir entrer nécessairement dans un traité des coniques, et de là surtout la longueur des démonstrations.

La solution du problème *ad quatuor lineas,* il est vrai, faisait connaître une propriété tout à fait générale de six points d'une conique; mais, jusqu'à Apollonius, ce problème n'avait pas été résolu complétement; et ce grand géomètre, qui dit l'avoir résolu à l'aide des principes qu'il a compris dans son 3e livre, n'a point eu le temps peut-être d'en approfondir assez la nature pour le juger propre à entrer dans ses *Éléments des Coniques,* de sorte qu'il n'a été d'aucun usage chez les Anciens.

§ 25. Nous avons dit que Fermat avait laissé, parmi quelques propositions présentées comme porismes, le théorème de Desargues; et l'on ne peut douter que ce grand géomètre n'y soit parvenu de son côté. Mais, outre l'avantage d'une antériorité de plus de vingt-cinq ans, Desargues a celui d'avoir connu et mis à profit toutes les ressources que ce théorème offrait dans la théorie des coniques.

R. Simson nous parait le seul géomètre qui se soit servi, jusqu'à ces derniers temps, de ce théorème qu'il a démontré dans le 5e livre de son *Traité des Coniques* (Proposition 12e), et dont il avait entrevu la fécondité; car, après en avoir tiré six corollaires, il ajoute qu'ils renferment des démonstrations naturelles et faciles de quelques propositions du premier livre des *Principes,* de Newton. R. Simson avait emprunté ce théorème des *OEuvres de Fermat,* comme on le voit dans son *Traité des Porismes,* où il le démontre aussi sous le n° 81.

§ 26. On n'a considéré jusqu'à ce jour le théorème de Desargues que sous l'énoncé sous lequel nous l'avons présenté; et c'est ainsi qu'on en a fait de nombreuses applications. Mais, en y introduisant la notion du *rapport anharmonique,* on peut envisager ce théorème sous un autre point de vue, et lui donner une autre forme, qui en fera une proposition différente, propre à de nouveaux usages. Cette proposition, qu'on peut regarder comme *centrale* dans la théorie des coniques, car une infinité de propriétés diverses de ces courbes, qui avaient paru étrangères les unes aux autres, en dérivent naturellement, comme d'un centre unique; cette proposition, dis-je, offre une voie facile pour passer du théorème de Desargues à celui de Pascal, *et vice versâ*, et de chacun de ceux-ci à diverses autres propriétés générales des coniques, telles que le beau théorème de Newton sur la description organique de ces courbes. (*Voir* la Note XV.)

§ 27. Les Anciens n'avaient considéré, pour former leurs coniques, que des cônes à base circulaire : Desargues et Pascal les imitaient en ce point, puisqu'ils formaient ces courbes par la perspective du cercle. Il se présentait donc une question, à savoir si tous les cônes qui ont pour base une conique quelconque sont identiques avec les cônes à base circulaire; ou, en d'autres termes, si un cône quelconque, à base elliptique, parabolique ou hyperbolique, peut être coupé suivant un cercle; et, dans le cas où cela serait, de déterminer la position du plan coupant. Desargues, comme nous l'apprend le P. Mersenne [1], proposa cette question, qui eut alors une certaine célébrité, à raison de sa difficulté; car elle est de la nature de celles qui, admettant trois solutions, dépendent, en Analyse, d'une équation du troisième degré, et, en Géométrie, des sections coniques. Descartes la résolut par les principes de sa nouvelle Géométrie analytique, et d'une manière fort élégante, pour le cas où la base du cône est une parabole : il n'a besoin que d'un cercle, dont l'intersection avec la parabole donne la solution demandée [2]. Depuis, cette même question a occupé plusieurs autres géomètres célèbres : le marquis de Lhospital [3], Herman [4], le

[1] *Universæ geometriæ, mixtæque mathematicæ synopsis*, pag. 331; in-fol., 1644.
[2] *Lettres de Descartes*, édition in-12, 1725; t. VI, pag. 328.
[3] *Traité analytique des sections coniques*, livre 10e, pag. 407.
[4] *Commentarii Academiæ Petropolitanæ*, tom. VI; ann. 1732 et 1733.

P. Jacquier [1], qui suivirent la même marche analytique que Descartes, en y
apportant quelques simplifications. Je ne crois pas que l'on ait donné, de ce
problème, une solution purement géométrique et graphique. La difficulté
disparait devant les nouvelles doctrines de la Géométrie, qui peuvent en
procurer plusieurs solutions différentes [2].

§ 28. On doit à Desargues une propriété des triangles, devenue fondamentale et d'un usage très-utile dans la Géométrie récente. C'est que :
« Si deux triangles, situés dans l'espace, ou dans un même plan, ont leurs
» sommets placés deux à deux sur trois droites concourant en un même
» point, leurs côtés se rencontrent, deux à deux, en trois points situés en
» ligne droite; » et réciproquement.

Ce théorème se trouve, avec deux autres, dont l'un est sa réciproque, à

---

[1] *Elementi di perspettiva;* in-8°. Romæ, 1755, pag. 140.

[2] Il suffit de déterminer les trois axes principaux du cône; car on sait que, de leur connaissance, l'on conclut immédiatement la position des plans des sections circulaires.

Pour déterminer ces trois axes, je mène, par le grand axe de la conique C qui sert de base au
cône, un plan perpendiculaire à celui de cette courbe; et, dans ce plan, je conçois une seconde
conique qui ait, pour sommets et pour foyers, respectivement les foyers et les sommets de la
première.

Je regarde cette seconde conique comme la base d'un second cône qui ait même sommet que
le cône proposé. Ce nouveau cône rencontre le plan de la conique C suivant une autre conique.
Ces deux courbes se rencontrent en quatre points qui sont les sommets d'un quadrilatère,
dont les points de concours des côtés opposés, et le point de rencontre des deux diagonales,
appartiennent aux trois axes cherchés.

Ainsi, le problème est résolu.

Seconde solution. Par le sommet du cône proposé, menons des droites perpendiculaires à
ses plans tangents; elles forment un second cône du second degré, qui rencontre le plan de la
conique servant de base au premier cône, suivant une seconde conique. Ces deux courbes se
rencontrent en quatre points qui servent, comme dans la solution précédente, à résoudre le
problème.

Nous devons dire, plus généralement, qu'il existe, dans le plan des deux courbes, trois points
tels que chacun d'eux a la même polaire par rapport aux deux coniques; ces trois points appartiennent aux trois axes principaux cherchés.

Nous avons trouvé différentes autres solutions du problème, mais qui exigent toujours
la construction d'une conique; ce qui doit être, puisque le problème admet trois solutions.

la suite du *Traité de Perspective*, rédigé par Bosse[1], d'après les principes
et la méthode de Desargues, mise au jour en 1636. Quand les deux triangles
sont situés dans deux plans différents, le théorème est de vérité intuitive,
ainsi que le remarque Desargues; quand ils sont dans le même plan, sa
démonstration offre cela de remarquable qu'il y est fait usage du théorème
de Ptolémée sur le triangle coupé par une transversale. C'est l'un des premiers
exemples, chez les Modernes, de l'application de ce célèbre théorème, qui
depuis est devenu la base de la théorie des transversales.

Le théorème de Desargues a été reproduit, pour la première fois dans ces
derniers temps, par M. Servois, dans son ouvrage intitulé : *Solutions peu
connues*, etc. ; et a été employé depuis par M. Brianchon (*Correspondance
polytechnique*, t. III, p. 3.), par M. Poncelet (*Traité des propriétés projectives*), et par MM. Sturm et Gergonne (*Annales de Mathématiques*, t. XVI
et XVII). M. Poncelet en a fait la base de sa belle théorie des figures homologiques. Il a appelé les deux triangles en question *homologiques*, le point
de concours des trois droites qui joignent deux à deux leurs sommets, *centre
d'homologie*, et la droite sur laquelle se coupent deux à deux leurs trois
côtés, *axe d'homologie*.

§ 29. Mais on ne s'est servi, jusqu'à présent, que des propriétés descriptives
des deux triangles en question; et leurs relations métriques, ou de grandeur, non moins importantes que celles de situation, n'ont pas encore
été considérées d'une manière générale. On n'en connait que quelques cas
particuliers. Ainsi, quand les deux triangles sont semblables et semblablement placés, auquel cas leur axe d'homologie est à l'infini, les distances de leur centre de similitude à deux points homologues quelconques
sont entre elles dans un rapport constant; et, quand le centre d'homologie
des deux triangles est à l'infini, ce sont les distances de deux points homologues à l'axe d'homologie, qui sont entre elles dans un rapport constant. On

---

[1] *Manière universelle de M. Desargues pour pratiquer la perspective par petit-pied, comme
le géométral.* In-8°, 1648, pag. 340.

conçoit que ces deux relations sont des cas particuliers d'une certaine relation générale, relative à deux triangles homologiques quelconques, dont ni le *centre* ni l'*axe* d'homologie ne sont à l'infini. Nous démontrerons cette relation générale dans un chapitre de ce Mémoire; mais sa simplicité nous permet de l'énoncer ici, comme complément du théorème de Desargues : elle consiste en ce que « le rapport des distances de deux sommets homo-
» logues quelconques des deux triangles, à leur centre d'homologie, est au
» rapport des distances des deux mêmes sommets, à l'axe d'homologie, dans
» une raison constante. » Ce théorème nous sera très-utile, en nous offrant de nombreuses propriétés nouvelles des figures homologiques, et particulièrement du système de deux coniques quelconques, dont on n'a encore étudié d'une manière générale que les propriétés descriptives [1].

Nous remarquerons encore, au sujet du théorème de Desargues, qu'il conduit naturellement à un beau principe de perspective, qui semble en être, en quelque sorte, la première destination; c'est que : « quand deux
» figures planes, situées dans l'espace, sont la perspective l'une de l'autre,
» si l'on fait tourner le plan de la première autour de sa droite d'intersection
» avec le plan de la seconde, les droites qui iront des points de la première
» figure aux points correspondants de la seconde, concourront toujours en un
» même point [2]; et cela aura encore lieu quand les plans des deux figures
» seront superposés. » Ce théorème peut offrir une intelligence facile de certaines pratiques de la perspective.

§ 30. Desargues s'était occupé des applications de la Géométrie aux arts, et avait traité cet objet en homme supérieur, y apportant, avec une exactitude alors souvent inconnue aux artistes, les principes d'universalité que nous lui avons reconnus dans ses recherches de pure Géométrie.

---

[1] Les relations métriques de deux coniques quelconques, connues jusqu'à ce jour, se réduisent, je crois, à quelques relations harmoniques.

[2] Ce point de concours varie de position dans l'espace, et il est facile de voir qu'il décrit un cercle situé dans un plan perpendiculaire à la droite d'intersection des plans des deux figures.

Divers écrits de lui furent publiés sur la Perspective, la Coupe des pierres et le Tracé des cadrans. Il paraît que ces ouvrages étaient très-succincts, et pour ainsi dire comme des essais, qui renfermaient la substance d'ouvrages qui devaient être plus développés et plus complets. Quelques années après, A. Bosse, célèbre graveur, qui, quoique géomètre médiocre, avait eu assez de pénétration pour apprécier le génie de Desargues, fut initié par lui à ses nouvelles conceptions, et les exposa de nouveau, mais d'une manière très-diffuse, qu'il croyait avoir appropriée aux usages des artistes, et qui ne l'était certainement pas à celui du véritable géomètre. Cependant, les écrits originaux de Desargues étant perdus, ceux de Bosse ont acquis, par cette circonstance, un certain mérite. Ils suffiraient au géomètre, qui voudrait les lire avec attention, pour rétablir les principes théoriques qui avaient servi de fondement aux diverses pratiques inventées par Desargues dans ses ouvrages originaux.

Ceux-ci avaient pour titres :

1° *Méthode universelle de mettre en perspective les objets donnés réellement, ou en devis, avec leurs proportions, mesures, éloignements, sans employer aucun point qui soit hors du champ de l'ouvrage*, par G. D. L. (Girard Desargues, Lyonnais), à Paris, 1636. Le Privilége était de 1630.

2° *Brouillon projet de la Coupe des pierres*. 1640.

3° *Les Cadrans, ou moyen de placer le style, ou l'axe*, inséré à la fin du *Brouillon de la Coupe des pierres* [1].

Le *Traité de Perspective*, arrangé par Bosse, contie ntun fragment de l'ouvrage original de Desargues. On y reconnaît le fondement et la substance de tout l'ouvrage de Bosse. Le but que s'y propose Desargues est de pratiquer la perspective sans se servir d'un dessin de l'objet, et au moyen seulement

---

[1] Nous avons trouvé le titre du premier de ces trois ouvrages dans la *Perspective de Nicéron* (in-fol., 1652), et dans celle de Lambert (2e partie, Zurich, 1775; in-8°); et les titres des deux autres, qui paraissent aujourd'hui tout à fait inconnus, car nous n'en avions jamais vu aucune mention nulle part, dans un ouvrage fort rare de J. Curabelle, intitulé : *Examen des OEuvres du sieur Desargues;* Paris, 1644, in-4° (81 pages).

de cotes indiquant la position de chacun de ses points dans l'espace, de même que ces cotes serviraient, en architecture, pour construire le plan géométral et les coupes de cet objet. C'est à cette occasion qu'il imagina *l'échelle fuyante*, maintenant si fort en usage chez les artistes, et qui porte le nom de Desargues dans quelques traités de perspective. (*Voir* celui d'Ozanam, pag. 62, édition de 1720, in-8°.)

Cet ouvrage était, au témoignage de Fermat « agréable et de bon esprit. » Descartes en porta un jugement semblable en écrivant au P. Mersenne : « Je n'ai reçu que depuis peu de jours les deux petits livres *in-folio* que » vous m'avez envoyés, dont l'un qui traite de la perspective (et qui était de » Desargues) n'est pas à désapprouver, outre que la curiosité et la netteté » de son langage est à estimer. » (*Lettres*, tom. IV, pag. 257.)

Le livre des Cadrans mérita aussi l'approbation de Descartes, qui trouva que « l'invention en était fort belle, et d'autant plus ingénieuse qu'elle était » plus simple. » (*Lettres*, tom. IV, p. 147.) Ce grand homme n'exprime pas son sentiment sur le livre de la Coupe des pierres, parce que les figures y manquaient [1].

Il paraît que l'invention des épicycloïdes et de leur usage mécanique, dont Leibniz a revendiqué l'honneur pour le célèbre astronome Roemer, est due à Desargues. Car La Hire nous apprend, dans la préface de son *Traité des Épicycloïdes*, qu'il a fait au château de Beaulieu, près de Paris, une roue à dents épicycloïdales, *à la place d'une autre semblable, qui y avait été autrefois construite par Desargues*. De plus, La Hire répète, dans la préface de son *Traité de Mécanique*, publié en 1695, qu'il donne la construction d'une roue où le frottement n'est pas sensible, et *dont la première invention était due à Desargues, un des plus excellents géomètres du siècle*.

---

[1] Baillet, dans la *Vie de Descartes*, dit que ces deux livres de Desargues ne furent publiés qu'en 1643. C'est une erreur : Baillet les confond avec ceux de Bosse, publiés en effet en 1643. Cet écrivain ignorait que Desargues eût produit, en 1640, son *Brouillon projet de la Coupe des pierres*, suivi des *Cadrans*, qui est le seul ouvrage dont ait pu parler Descartes dans sa lettre écrite en 1641 au P. Mersenne.

§ 31. Le caractère principal des écrits de Desargues est une grande généralité dans ses principes théoriques et dans leurs applications, telle que celle qui fait la beauté et le grand mérite de la *Géométrie descriptive* de Monge. Ainsi il dit, au commencement de son *Brouillon projet de la Coupe des pierres*, que *sa manière de trait pour la Coupe des pierres est la même production que la manière de pratiquer la Perspective* [1]. Et, dans une lettre écrite en 1643, jointe au *Traité des Cadrans*, arrangé par Bosse, Desargues parle de sa *pensée et façon de concevoir ces matières dans l'universel, comme c'est l'unique façon légitime de faire des savans.*

Nous citerons encore le passage suivant des *Pratiques géométrales et perspectives* de Bosse : « M. Desargues démontrait universellement, par les » solides, ce qui n'est pas l'usage ordinaire de tous ceux qui se disent géo-» mètres ou mathématiciens. »

Ces mots de Bosse, *par les solides*, ne signifieraient-ils pas que Desargues employait, dans ses démonstrations, la considération des figures à trois dimensions, pour parvenir aux propriétés des figures planes? ce qui est aujourd'hui le caractère de l'école de Monge, en Géométrie spéculative.

Plusieurs passages des lettres de Descartes font voir que Desargues ne bornait point ses recherches mathématiques à la Géométrie et à ses applications, mais qu'il écrivait aussi sur l'Analyse; on y voit même que les matières philosophiques lui étaient également familières.

Ces détails montrent le génie de Desargues, dont ses plus illustres contemporains, Descartes, Pascal, Fermat, faisaient le plus grand cas; mais que des hommes médiocres, dont la nouveauté et la généralité de ses vues surpassaient l'intelligence, ont persécuté et dégoûté.

On doit à M. Poncelet d'avoir, le premier, dans son *Traité des propriétés projectives*, apprécié ce véritable et·profond géomètre, et de l'avoir

---

[1] Ces paroles de Desargues sont rapportées par Curabelle, pag. 70 de son ouvrage cité précédemment.

reconnu, sous le titre mérité de « Monge de son siècle, » comme l'un des fondateurs de la Géométrie moderne.

Nous ajouterons quelques détails, au sujet de Desargues, dans la Note XIV.

Nous ne retrouverons, que plus d'un siècle après, l'esprit des méthodes de Desargues et de Pascal. C'est La Hire qui nous le transmettra, dans son premier ouvrage sur les coniques, en 1673. Ce géomètre eut connaissance du *Brouillon projet des coniques* de Desargues, dont il cite le titre; mais il paraît que déjà l'*Essai pour les coniques* de Pascal était tombé dans l'oubli [1].

§ 32. En parlant historiquement des travaux de Desargues et de Pascal sur la théorie des coniques, on doit citer un troisième géomètre, leur contemporain, qui les avait devancés de quelques années dans cette partie de la science. Mydorge, célèbre comme savant et comme ami de l'illustre Descartes, eut le mérite d'être le premier en France qui écrivit un traité des sections coniques, et qui entreprit de simplifier les démonstrations des Anciens, et d'aller au delà de ce qu'ils avaient fait sur ce sujet.

Cet ouvrage parut d'abord en 1631, en deux livres, puis en 1644, en quatre livres; il devait être suivi de quatre autres qui sont restés manuscrits. Le P. Mersenne nous en a donné les titres dans son recueil *Universæ Geometriæ mixtæque*, etc., pag. 329. Mydorge n'a pas pour but principal, comme Desargues et Pascal, de faire dériver les propriétés des coniques de celles du cercle, par la perspective ou par la considération constante du cône où elles prennent naissance. Son ouvrage est écrit dans le style des Anciens; mais cependant, en faisant plus d'usage qu'eux de la considération du cône [2], l'auteur peut comprendre, dans une seule démonstration, des propositions qui

MYDORGE,
1585–1647.

[1] *Cum nihil de his Pascalii, Desarguesii autem pauca sint edita, eo gratior fuit labor doctissimi geometræ* Ph. de La Hire, *qui vestigiis istorum insistens, multaque perpulchra de suo adjiciens, jam ante 12 annos libellum titulo* NOVÆ METHODI SECTIONES CONICAS ET CYLINDRICAS EXPLICANDI *edidit.....* (*Act. Erud.*, ann. 1685, p. 400.)

[2] Nous entrerons dans quelques développements sur la méthode des Anciens, en parlant du grand *Traité des Coniques* de La Hire.

en demandaient trois à Apollonius, et il apporte ainsi une grande simplification dans cette matière.

On remarque, dans l'ouvrage de Mydorge, une solution élégante de ce problème : « Placer sur un cône donné une section conique donnée, » qu'Apollonius n'avait résolu, dans son sixième livre, que pour un cône droit. (Propositions 39, 40 et 41 du 3e livre.)

Le second livre est destiné à la description des coniques par points, sur le plan; objet dont Apollonius ne s'était pas occupé, mais qui avait dû être compris dans les *Lieux solides* d'Aristée; car cet ouvrage traitait des coniques considérées sur le plan, et devait rouler sur celles de leurs propriétés qui ne font point partie des *Éléments des coniques* d'Apollonius, puisque Aristée lui-même avait écrit un pareil traité, différent de ses *Lieux solides*.

Parmi les modes de description de Mydorge, nous citerons celle de l'ellipse, par un point d'une droite dont les deux extrémités glissent sur deux droites fixes [1]; et la description de la même courbe au moyen du cercle dont on allonge toutes les ordonnées dans un rapport constant; description déjà employée par Stévin (*OEuvres mathématiques,* pag. 348). On trouve dans le même livre que, si d'un point pris dans le plan d'une conique, on mène des rayons aux points de la courbe, et qu'on les prolonge dans un rapport donné, leurs extrémités seront sur une nouvelle conique, semblable à la première. Cette proposition extrêmement simple est contenue virtuellement dans le sixième livre d'Apollonius, qui traite des coniques semblables : nous la citons ici parce qu'elle est, avec le mode de description précédente (l'allongement des ordonnées dans un rapport constant), le point de départ, et le cas le plus simple d'une méthode de *déformation* des figures, que nous verrons prendre de l'extension entre les mains de La Hire et de Newton. M. Pon-

---

[1] Ce mode de description avait déjà été démontré par Stévin, qui en attribue l'invention à Guido Ubaldi: en effet, celui-ci l'avait donné dans son traité intitulé : *Planisphæricorum universalium Theorica* (in-4°, 1579); mais cette description de l'ellipse fut connue des Anciens, ainsi que nous l'apprend Proclus, dans son *Commentaire sur la seconde proposition du 1er livre d'Euclide.*

12

celet, dans son *Traité des propriétés projectives*, l'a étendue aux figures à trois dimensions; et nous la regardons, dans l'état d'accroissement où nous la présentons dans la seconde partie de cet écrit, sous le titre de *Déformation homographique,* comme l'une des méthodes les plus puissantes de la Géométrie moderne.

§ 33. L'étendue que nous avons donnée à l'analyse des ouvrages de Desargues et de Pascal, qui se rapportent à la Géométrie récente, nous a éloigné de cette autre partie de la Géométrie, qui concerne les mesures, et qui fait usage, sous une forme explicite ou déguisée avec plus ou moins d'art, des considérations de l'infini.

Revenons à cette partie de la science, où nous avons déjà eu à citer, comme inventeurs, Kepler, Guldin, Cavalieri, Fermat, Roberval, Pascal. A la suite de ces hommes de génie, et sur le même rang, nous trouvons Grégoire de St-Vincent.

GRÉGOIRE DE SAINT-VINCENT,
1584 - 1667.

Ce géomètre, l'un des plus profondément versés dans la Géométrie ancienne, appliqua, comme Cavalieri et Roberval, mais d'une manière qui lui était propre, les méthodes d'Archimède, pour les quadratures des espaces curvilignes. Sa méthode, intitulée *Ductus plani in planum,* perfectionnement, comme celles de Cavalieri et de Roberval, de la méthode d'exhaustion, était rigoureuse comme celle-ci, et d'un usage plus facile que les autres. La disposition différente des polygones inscrits ou circonscrits aux courbes lui donnait une plus grande portée, dont Grégoire de St-Vincent sut tirer un parti considérable. Cette différence entre la méthode d'Archimède et celle de Grégoire de St-Vincent eut un autre avantage très-grand; car on peut regarder avec raison que le petit triangle différentiel qui apparaît dans les figures de Grégoire de St-Vincent, entre la courbe et deux côtés consécutifs de l'un des deux polygones à *échelles* (inscrit ou circonscrit), a conduit Barrow, Leibniz et Newton au calcul infinitésimal. C'est ainsi que dans les sciences toutes les vérités s'enchaînent et s'étendent, et que les plus grandes découvertes, loin d'être inspirées par révélation, ont été préparées de longue main.

Grégoire de St-Vincent, dont le mérite n'a point été assez apprécié, malgré le jugement porté par Huygens et par Leibniz [1], enrichit aussi la Géométrie d'innombrables découvertes sur les sections coniques. C'est à lui qu'on doit la propriété remarquable des espaces hyperboliques entre les asymptotes, qui sont les logarithmes des abscisses.

Parmi ses nombreuses manières d'engendrer les coniques sur le plan, l'une par l'autre, nous devons citer ici deux procédés devenus d'un usage fréquent dans les arts, et qui sont le point de départ d'une série de méthodes pour la transformation des figures, formant l'une des doctrines les plus importantes de la Géométrie récente.

Le premier, qui avait déjà été employé par Stévin et Mydorge, consiste

---

[1] Voici les paroles de Leibniz : *Majora (nempè Galileanis et Cavallerianis) subsidia attulerunt triumviri celebres, Cartesius ostensa ratione lineas Geometriæ communis exprimendi per æquationes; Fermatius inventâ methodo de maximis et minimis : ac Gregorius a sancto Vincentio multis præclaris inventis.* (*Acta Erudit.*, 1686, et *OEuvres de Leibniz*, tom. III, pag. 192.)

Quinze ans après, Leibniz écrivait encore : *Etsi Gregorius a S. Vincentio quadraturam circuli et hyperbolæ non absolverit, egregia tamen multa dedit.* (*OEuvres de Leibniz*, tom. VI, pag. 189.)

Montucla s'exprime ainsi, dans son *Histoire des mathématiques :*

« L'ouvrage de Grégoire de St-Vincent est un vrai trésor, une mine riche de vérités géomé-» triques et de découvertes importantes et curieuses. »

Si les travaux de Grégoire de St-Vincent n'ont point été cultivés comme ils étaient dignes de l'être, la cause en est due, sans doute, à l'invention presque contemporaine de la Géométrie de Descartes, et de l'Analyse infinitésimale, qui ont tourné toutes les méditations vers le calcul. Nous croyons pouvoir, après le double témoignage que nous venons de citer sur le mérite de ce géomètre, engager les jeunes mathématiciens, qui ont foi dans les ressources et dans l'avenir de la Géométrie, à lire ses ouvrages. Plusieurs de ses belles découvertes leur paraîtront encore nouvelles.

Une intéressante notice de M. Quetelet, sur Grégoire de St-Vincent, nous apprend qu'il a laissé de nombreux manuscrits, qui ont été réunis en 15 vol. in-fol., et que possède la Bibliothèque de Bruxelles. « Il serait à désirer, ajoute M. Quetelet, qu'un ami des sciences prît la peine d'examiner ce rare monument. Il trouverait peut-être des choses qu'aujourd'hui même nous ignorons. Car les sections coniques offrent une source intarissable de propriétés, et l'on ne peut dire sans témérité que cette matière est épuisée. » (*Correspondance mathématique et physique*, tom. Ier, pag. 162.)

à faire croître, dans un rapport constant, les ordonnées d'une courbe; et le second, à faire tourner ces ordonnées autour de leurs pieds, d'une même quantité angulaire, de sorte qu'elles restent parallèles entre elles.

Grégoire de St-Vincent transformait le cercle en ellipse, par chacun de ces deux procédés, ou par tous les deux, combinés de diverses manières.

Toutefois, nous devons dire que ces deux modes de transformation n'en font réellement qu'un, et produisent identiquement les mêmes figures; mais ils sont présentés sous deux formes différentes, qui leur donne à chacun des avantages particuliers.

Il est toujours utile de considérer ainsi de plusieurs points de vue une même vérité, pour en faire tous les usages et en tirer toutes les conséquences dont elle est susceptible.

La théorie des coniques nous a déjà offert de cela une preuve bien convaincante, par les différentes transformations que nous avons vu que l'on peut faire subir, soit au théorème de Desargues, soit à celui de Pascal, et qui les mettent en état d'embrasser, dans leurs conséquences infinies, la plupart des propriétés des coniques. (*Voir* la Note XV.)

Grégoire de St-Vincent fit, sur la symbolisation de la spirale et de la parabole, objet dont s'était occupé de son côté Cavalieri, un traité profond, qui contient des rapprochements étonnants entre ces deux courbes, dont les nombreuses propriétés se correspondent. L'égalité de deux arcs correspondants des deux courbes, démontrée aussi par Roberval, mais d'une manière difficile, par sa doctrine des mouvements composés, a été plus tard le sujet d'un beau mémoire de Pascal, qui offre le premier exemple de la comparaison de deux lignes de différentes natures, par la pure Géométrie des Anciens, et sans la considération des indivisibles [1].

§ 34. Si nous écrivions une histoire de la Géométrie, et non point seulement un aperçu de la formation successive de ses méthodes et principalement

---

[1] *Égalité des lignes spirale et parabolique* (OEuvres de Pascal, tom. V, pag. 426-452).

de celles qui se rapportent à la Géométrie moderne, nous aurions à citer, pour remplir le cadre de cette deuxième Époque, les travaux de plusieurs autres géomètres, qui cultivèrent aussi avec succès la pure Géométrie des Anciens et la nouvelle doctrine des indivisibles, et qui contribuèrent aux progrès considérables que la science fit alors. A leur tête se présenteraient les deux célèbres disciples de Galilée, Torricelli et Viviani, dont nous aimerions surtout à retracer les belles et importantes recherches; puis Léotaud, La Loubère, Gregory, Étienne de Angelis, Michel-Ange Ricci, Mercator, Schooten, Ceva, Huygens, Sluze, Wren, Nicolas, Lorenzini, Guido-Grand, etc.

Plusieurs de ces géomètres s'adonnèrent aussi à la Géométrie de Descartes, qui prenait naissance, et vont figurer dans l'Époque suivante, parmi les promoteurs de cette grande invention.

CHAPITRE III.

TROISIÈME ÉPOQUE.

§ Ier. Le plus signalé service rendu à la Géométrie est dû à Descartes. Ce philosophe, par son inappréciable conception de l'*Application de l'Algèbre à la théorie des courbes,* se créa les moyens de franchir les obstacles qui, jusqu'alors, avaient arrêté les plus grands géomètres, et changea véritablement la face des sciences mathématiques [1].

Cette doctrine de Descartes, dont aucun germe ne s'est trouvé dans les écrits des géomètres anciens, et la seule peut-être dont on puisse dire, comme Montesquieu de son *Esprit des lois,* PROLEM SINE MATRE CREATAM, cette doctrine, dis-je, eut pour effet de donner à la Géométrie le caractère d'abstraction et d'universalité qui la distingue essentiellement de la Géométrie ancienne. Les méthodes créées par Cavalieri, Fermat, Roberval, Grégoire de St-Vincent, portaient aussi, dans leurs principes métaphysiques,

---

[1] L'application de l'Algèbre à la théorie des courbes est l'objet de la *Géométrie* de Descartes, qui parut à Leyde en 1637, avec son *Traité des Météores* et sa *Dioptrique,* à la suite et comme *Essais* de sa célèbre *Méthode,* sur laquelle repose la philosophie moderne.

Aucun système, certainement, n'avait jamais été produit avec l'autorité que donnaient, à la *Méthode* de Descartes, de tels *Essais.*

le cachet de cette généralité ; mais ne l'avaient point dans leurs applications. La conception de Descartes, seule, procurait les moyens d'appliquer ces méthodes d'une manière uniforme et générale ; elle était l'introduction nécessaire aux nouveaux calculs de Leibniz et de Newton, qui dès lors n'ont point tardé à surgir de ces belles méthodes.

La Géométrie de Descartes, outre ce caractère éminent d'universalité, se distingue encore de la Géométrie ancienne sous un rapport particulier, qui mérite d'être remarqué ; c'est qu'elle établit, par une seule formule, des propriétés générales de familles entières de courbes ; de sorte que l'on ne saurait découvrir par cette voie quelque propriété d'une courbe, qu'elle ne fasse aussitôt connaitre des propriétés semblables ou analogues dans une infinité d'autres lignes. Jusque-là, on n'avait étudié que des propriétés particulières de quelques courbes, prises une à une, et toujours par des moyens différents, qui n'établissaient aucune liaison entre différentes courbes.

Aussi la Géométrie prit dès lors un essor rapide, et ses progrès s'étendirent sur toutes les autres sciences qui sont de son domaine. L'Algèbre elle-même en reçut d'utiles secours ; ses opérations symboliques devinrent plus faciles à saisir, son importance s'accrut ; et ces deux branches principales de nos connaissances positives marchèrent d'un pas également assuré.

Quant à l'Algèbre, nous nous bornerons à dire que l'un des premiers et des plus grands avantages que la Géométrie lui procura, fut l'interprétation et l'usage des racines négatives, que jusque-là on regardait comme insignifiantes, et qui avaient si fort embarrassé les anciens analystes.

La méthode des coefficients indéterminés, que Descartes créa dans sa Géométrie, et dont il fit un si heureux usage pour la construction des lieux solides, est aussi l'une des découvertes les plus ingénieuses et les plus fécondes de l'Analyse.

§ 2. L'esprit et les procédés de la *Géométrie* de Descartes sont trop connus de toutes les personnes qui ont les premières connaissances en mathématiques, pour que nous entrions ici dans aucun développement.

Nous allons tout de suite présenter un aperçu des travaux des principaux écrivains, parmi les contemporains de Descartes, qui cultivèrent les premiers sa Géométrie, et qui s'en servirent pour étendre le cercle des vérités mathématiques, particulièrement dans la théorie des courbes.

On distingue d'abord Fermat et Roberval.

FERMAT. — Le premier, digne émule de Descartes, employait lui-même, déjà, des procédés analytiques semblables à sa *Géométrie*, avant qu'elle eût paru. Mais la nature et le caractère spécial de ses travaux, basés en grande partie sur sa belle méthode *De maximis et minimis*, les rapprochent beaucoup plus des doctrines de la Géométrie ancienne que de celles de Descartes.

ROBERVAL. — Roberval, que la rivalité jalouse qui a existé entre lui et ce grand philosophe portait à critiquer minutieusement la nouvelle *Géométrie*, contribua de cette manière à en répandre la connaissance. Ce géomètre a fait d'ailleurs, en quelque sorte, amende honorable, en laissant sous le titre *De resolutione œquationum*, une application intelligente de cette méthode à la construction des *lieux* par leurs équations.

DE BEAUNE, 1601-1651. — § 3. Dès que la Géométrie de Descartes eut paru, De Beaune en pénétra l'esprit et l'excellence, et en facilita la lecture par des Notes, très-estimées de Descartes lui-même, sur les passages qui, par leur concision et la nouveauté du sujet, offraient des difficultés aux meilleurs géomètres.

C'est De Beaune qui, le premier, conçut l'idée d'introduire dans la théorie des courbes les propriétés de leurs tangentes, comme élément propre à leur construction, et qui, par une question de cette nature proposée à Descartes, donna ainsi naissance à la *méthode inverse des tangentes*.

Il s'agissait de construire une courbe telle que le rapport de sa sous-tangente (prise sur l'axe des abscisses) à l'ordonnée, fût dans une raison constante avec la partie de l'ordonnée comprise entre la courbe et un axe fixe faisant un demi-angle droit avec l'axe des abscisses, passant d'ailleurs par l'origine de la courbe [1].

---

[1] *Lettres de Descartes*, tom. VI, pag. 215.

Ce problème difficile, même avec le secours du calcul intégral, et qui a occupé, à la naissance de ce calcul, Leibniz et les frères Bernoulli, a été résolu par Descartes, qui, avec son habitude de vaincre les plus grandes difficultés en Géométrie, sut ramener la question aux lieux géométriques, en considérant chaque point de la courbe comme l'intersection de deux tangentes infiniment voisines, et découvrit ainsi que la courbe a une asymptote parallèle à l'axe fixe, et que la sous-tangente prise sur cette asymptote est constante. Ces propriétés ont conduit Descartes à la construction de toutes les tangentes de la courbe elle-même, par l'intersection de deux règles qui se mouvaient avec des vitesses déterminées. L'incommensurabilité de ces deux mouvements lui fit voir que la courbe était *mécanique*, et de celles auxquelles ne s'appliquait point son Analyse. Aussi n'en donna-t-il pas l'équation. (*Lettres de Descartes*, tome VI, p. 137.) [1]

Descartes n'avait compris, dans sa Géométrie, que les courbes dont l'équation, dans son système de coordonnées, était d'un degré fini ; il les appela courbes *géométriques*, et donna le nom de *mécaniques* à toutes celles qui n'étaient pas géométriques. Leibniz a substitué, à ces dénominations, celles de courbes *algébriques* et courbes *transcendantes*. On se sert maintenant indifféremment des deux expressions *géométriques* et *algébriques*, pour désigner les courbes que Descartes a considérées dans sa Géométrie. Mais nous emploierons toujours la première, parce que les courbes auxquelles elle s'applique se distinguent des autres par certaines propriétés géométriques qui leur sont communes, tout aussi bien que par la nature de leurs équations ; et de plus, on peut démontrer ces propriétés avec les seuls secours de la Géométrie, et sans employer le système de coordonnées et les formules algébriques de Descartes.

---

[1] La lettre dans laquelle Descartes communique à De Beaune ses idées sur cette question d'un nouveau genre, qu'il regarde comme l'*inverse* de sa règle des tangentes, nous paraît mériter de figurer comme l'un des documents les plus importants dans l'histoire des nouveaux calculs.

§ 4. Schooten écrivit un commentaire étendu sur la Géométrie de
Descartes, et fit de nombreuses applications de cette méthode dans plusieurs
parties de ses *Exercitationes Geometricæ*, principalement dans le livre 3ᵉ,
qui est la restitution des *Lieux plans* d'Apollonius; et dans le livre 5ᵉ,
intitulé : *De lineis curvis superiorum generum, ex solidi sectione ortis*.
C'est là que nous trouvons le premier exemple de la méthode des coordonnées appliquée aux courbes considérées dans l'espace; mais il est vrai
qu'il y est question seulement de courbes planes, et que Schooten n'a besoin
d'employer que deux coordonnées. Mais ce genre de spéculations, nouveau
alors, était un premier pas dans la Géométrie analytique à trois dimensions,
qui, comme nous le verrons à la fin de cette troisième Époque, ne s'est
développée que cinquante ans plus tard.

Schooten a écrit un *Traité de la description organique des coniques*,
où il enseigne différentes manières de décrire ces courbes, d'un mouvement
continu. La description de l'ellipse, par un point d'une droite dont les
extrémités glissent sur les côtés d'un angle, était déjà connue: Guido Ubaldi
et Stévin l'avaient donnée, et elle était due aux géomètres anciens, ainsi
que nous l'avons dit en parlant de Proclus. Schooten la généralisait, en
prenant le point décrivant au dehors de la droite mobile. L'ouvrage contient, outre la description des sections coniques, leur quadrature par la
méthode des indivisibles de Cavalieri.

§ 5. Le second livre des *Exercitationes Geometricæ* est un recueil de
problèmes résolus par la ligne droite seulement. Ce sont les premiers
exemples, que nous trouvons, de ce genre particulier de Géométrie, traité
dans ces derniers temps, d'une manière spéciale, par MM. Servois et
Brianchon, sous le nom de *Géométrie de la règle*. A la suite de ce livre,
et sous le titre d'*Appendix*, Schooten résout douze problèmes, dans lesquels
il suppose que des obstacles rendent des points ou des lignes, inaccessibles ou invisibles dans certaines positions. Il confesse qu'il a été porté à
ce genre de recherches par la lecture d'un ouvrage intitulé *Geometria
peregrinans*, ou l'auteur se proposait de résoudre, en se servant de jalons

seulement, les problèmes de Géométrie pratique, qui se présentent particulièrement à la guerre. Cet ouvrage, anonyme et sans date, a paru à Schooten n'être pas ancien et avoir été imprimé en Pologne.

§ 6. Les secours que l'Analyse fournissait à la Géométrie étaient si grands et si merveilleux, que Schooten fut l'un des mathématiciens qui voulurent attribuer à cette méthode la clarté et l'élégance que les Anciens apportaient dans les démonstrations et les constructions de leurs théorèmes et problèmes, les accusant d'avoir supprimé, pour rendre leurs inventions plus capables d'exciter l'admiration de la postérité, la véritable voie qu'ils avaient suivie. Pour appuyer cette opinion, Schooten fit voir, par de nombreuses questions traitées des deux manières [1], qu'effectivement la méthode synthétique peut toujours se déduire de la méthode analytique. Mais Schooten ne s'attachait pas assez à la vraie signification que les Anciens avaient donnée au mot *Analyse*, et aux exemples que Pappus, particulièrement, nous avait laissés de cette méthode, et ce fut là la cause de son erreur; car, ne reconnaissant point d'autre Analyse que celle qui repose sur l'emploi de l'Algèbre, et n'en trouvant aucun vestige avant Diophante, il en concluait que les Anciens avaient caché leur Analyse.

Cette accusation, portée par Schooten, l'avait été en premier lieu par Nonius dans son *Algèbre*, et a été reproduite au chapitre II de l'*Algèbre* de Wallis; mais depuis elle est restée sans créance et a paru absurde.

§ 7. Sluze et Hudde perfectionnèrent les méthodes de Descartes et de Fermat, pour mener les tangentes et déterminer les *maxima* et *minima;* et le premier, s'appliquant à la belle construction que Descartes avait donnée des équations du troisième et du quatrième degré, par un cercle et une parabole, eut la gloire de la compléter, en se servant d'un cercle et d'une section conique quelconque, de grandeur donnée; généralisation alors très-désirée des géomètres.

SLUZE,
1623 - 1685.

HUDDE,
1640 - 1704.

---

[1] *Tractatus de concinnandis demonstrationibus geometricis ex calculo algebraico.* Ouvrage posthume. On y trouve une démonstration analytique du théorème de Ptolémée sur les segments qu'une transversale fait sur les trois côtés d'un triangle.

DE WITT,
1625 - 1672.

§ 8. Le célèbre pensionnaire de Hollande, Jean De Witt, simplifia la théorie analytique des lieux géométriques de Descartes; il imagina une théorie nouvelle et ingénieuse des sections coniques, fondée sur diverses descriptions de ces courbes, sur le plan, sans se servir du cône, et dont il sut tirer avec habileté, par la pure Géométrie, leurs propriétés principales.

Les descriptions de De Witt se faisaient par des intersections de lignes droites qui, généralement, étaient les côtés d'angles mobiles. Jusque-là il n'y avait eu que la parabole qu'on eût décrite de la sorte. L'ellipse et l'hyperbole tiraient leur génération du cercle directement, ou bien nécessitaient, dans leurs divers modes de description, l'emploi de cette courbe.

Cependant nous devons dire que Cavalieri avait déjà eu l'idée de rechercher, pour l'ellipse et l'hyperbole, un mode de description par la ligne droite, analogue à celui de la parabole; et ses recherches avaient eu un premier succès, que ce célèbre géomètre avoue lui avoir causé un vif plaisir [1]. Voici le principe de sa méthode, que nous présentons sous un énoncé plus général, qui la fera mieux concevoir : « Que l'on ait un angle, et qu'on mène des transversales parallèles entre elles; que, des points où chaque transversale rencontre les deux côtés de l'angle, on mène deux droites aboutissant respectivement à deux points fixes: ces deux droites se couperont en un point qui aura pour lieu géométrique une conique passant par les deux points fixes. »

Ce n'est pas ce théorème général que Cavalieri démontre, mais seulement l'un de ses cas particuliers; il suppose l'angle droit, les deux points fixes placés sur ses côtés, et la direction des transversales telle que ces deux points soient les sommets de la courbe.

Ainsi, la pensée qui a dirigé De Witt, dans ses descriptions des coniques par la ligne droite, n'était pas absolument nouvelle; mais Cavalieri

---

[1] *Exercitationes geometricæ sex.* Bononiæ, in-4°; 1647.
De modo facili describendi sectiones conicas, et in omnibus uniformi. (*Exercitatio sexta.*)

s'étant borné à un seul théorème, l'un des plus restreints de cette théorie qui est extrêmement féconde, l'ouvrage de De Witt présente réellement un caractère de nouveauté qui mérite d'être remarqué dans l'histoire de la Géométrie.

Outre ce caractère de nouveauté, nous trouvons aussi, dans les descriptions de De Witt, le germe de cette célèbre description organique des coniques, donnée par Newton dans le 1er livre des *Principes*, puis répétée dans l'*Énumération des lignes du troisième ordre*, et dans l'*Arithmétique universelle*. On obtient, en effet, plusieurs théorèmes de De Witt, en supposant, dans celui de Newton, qu'un angle soit nul et son sommet situé à l'infini.

La préface de l'ouvrage de De Witt nous apprend qu'il le regardait comme l'introduction à une théorie générale et à l'énumération des courbes d'un ordre supérieur. Idée féconde, que réalisèrent, cinquante ans après, Newton, Mac-Laurin et Braikenridge.

§ 9. Wallis écrivit, le premier, un *Traité analytique des sections coniques*, suivant les doctrines de la Géométrie de Descartes. Mais sa prédilection fut pour cette autre partie de la Géométrie, qui se rattache aux découvertes d'Archimède. En appliquant aussi, dans son *Arithmétique des infinis*, la puissante Analyse cartésienne à la méthode des indivisibles de Cavalieri, il fit faire à la Géométrie des progrès immenses, dans toutes les questions qui sont aujourd'hui du domaine du calcul intégral.

WALLIS,
1616 - 1703.

§ 10. Huygens, Van Heuraet et Neil furent aussi les promoteurs de la Géométrie de Descartes.

VAN HEURAET, NEIL.

Ces deux-ci se partagent la gloire d'avoir résolu, les premiers, le problème de la rectification d'une ligne courbe, qui passait auprès de quelques géomètres pour être, par sa nature, absolument insoluble, et qui, du reste, offrait, à cette époque, de grandes difficultés d'un ordre nouveau.

§ 11. Huygens est célèbre à tant de titres, et ses travaux font tant d'honneur à la Géométrie, qu'il nous faut entrer ici dans quelques détails.

HUYGENS,
1629 - 1695.

Ce grand géomètre sut à fond la méthode de Descartes, s'en servit, et la perfectionna même dans plusieurs de ses applications. Mais son goût irrésistible le retint fidèle à la méthode des Anciens, où la force de son génie savait triompher des plus grandes difficultés.

S'il s'agissait seulement de marquer la place qu'Huygens doit occuper dans l'histoire des mathématiques, il suffirait de dire que Newton lui donnait le surnom de Grand (*Summus Hugenius*), et ne parlait de ses découvertes qu'avec admiration. « Il le tenait pour l'écrivain le plus éloquent qu'il y eût parmi les mathématiciens modernes, et pour le plus excellent imitateur des Anciens, admirables suivant lui, par leur goût et par la forme de leurs démonstrations [1]. »

Voici un aperçu des découvertes qu'Huygens dut à la Géométrie des Anciens, et qui montre bien toutes les ressources que peut offrir cette méthode à celui qui sait en pénétrer l'esprit et y découvrir les voies de l'intuition qui lui est propre :

Huygens, en s'occupant de la quadrature approchée du cercle et de l'hyperbole, trouva, entre ces deux courbes, des rapports nouveaux et singuliers.

Il donna la rectification de la cissoïde, quand on n'avait encore rectifié que deux courbes, la parabole cubique et la cycloïde.

Il détermina les surfaces des conoïdes paraboliques et hyperboliques ; premier exemple de telles déterminations de surfaces courbes.

On lui doit des théorèmes curieux sur la logarithmique et les solides qu'elle engendre. Toutes ces propriétés, qui n'avaient été qu'énoncées par Huygens à la suite de son discours sur la cause de la pesanteur, ont été démontrées, par Guido-Grandi, à la manière des Anciens.

---

[1] Pemberton, Préface des *Éléments de la philosophie newtonienne.*

On peut penser que cette admiration méritée pour le style géométrique d'Huygens causa chez le grand Newton une sorte d'émulation qui lui fit adopter la même manière d'exposition et de méthode dans son immortel ouvrage des *Principes*, quoiqu'il fût déjà en possession de toutes les ressources de l'Analyse la plus savante.

Nous énonçons cette opinion d'après M. le baron Maurice, qui l'a émise dans son excellente *Notice sur la vie et les travaux d'Huygens.*

Huygens résolut le problème de la chaînette, imaginé par Galilée, qui y avait échoué, et remis sur la scène par Jacques Bernoulli; et le célèbre problème de la *Courbe aux approches égales,* proposé par Leibniz, comme défi, aux disciples de Descartes, à l'occasion de son démêlé sur la mesure des forces vives. Ces deux questions paraissaient, aux deux illustres géomètres qui les proposaient, nécessiter impérieusement le calcul intégral. Huygens sut les résoudre par les seules ressources de la Géométrie ancienne.

§ 12. Le célèbre traité *De horologio oscillatorio* doit prendre place à côté de l'ouvrage des *Principes,* dans l'histoire des grandes conceptions de l'esprit humain: il en est l'introduction indispensable, que Newton eût dû créer, si le génie d'Huygens ne l'eût prévenu.

Chacun des chapitres de ce traité suffirait seul pour exciter l'admiration.

Le premier est la description des horloges à pendule, qui offraient, pour la première fois, la mesure exacte du temps.

Le deuxième, intitulé *De descensu gravium,* complétait la grande découverte de Galilée, sur l'accélération des corps qui tombent librement par la pesanteur, ou qui glissent sur des plans inclinés. Huygens considérait leur mouvement sur des courbes données. C'est là qu'il démontra cette célèbre propriété de la cycloïde, d'être la courbe *tautochrone* dans le vide.

Le troisième, *De evolutione et dimensione linearum curvarum,* est la célèbre théorie des *développées;* acquisition capitale pour la théorie des courbes, et dont les usages dans toutes les autres parties des sciences mathématiques sont devenus aussi fréquents qu'étendus. Cette importante découverte ne fut point une simple spéculation géométrique dans les mains d'Huygens; il sut en tirer les plus heureuses conséquences, pour démontrer une foule de propositions neuves et remarquables, telles que divers théorèmes sur les rectifications des courbes, et la propriété de la cycloïde, d'avoir pour développée une seconde cycloïde égale : on peut considérer celle-ci comme la cycloïde même, déplacée, dans le sens de sa base, de toute la longueur de la demi-circonférence du cercle générateur, et, dans le sens perpendiculaire à la base, de la longueur du diamètre de ce cercle [1].

Dans le quatrième chapitre de l'*Horologium oscillatorium*, Huygens résolvait, d'une manière générale et complète, le fameux problème des *Centres d'oscillation*, qui avait été proposé par Mersenne, et fort agité entre Descartes et Roberval. C'est dans cette solution que l'on vit, pour la première fois, l'un des plus beaux principes de la mécanique, connu depuis sous le nom de *principe de la conservation des forces vives*.

Enfin, le cinquième chapitre, où Huygens donnait une seconde constructions de ses horloges, est suivi des treize célèbres théorèmes sur la force *centrifuge* dans le mouvement circulaire.

Ce fut l'application de cette théorie au mouvement de la Terre autour de son axe, et au mouvement de la Lune autour de la Terre, application qui dérivait virtuellement des propositions 2, 3 et 5, qui fit découvrir à Newton la loi de la gravitation de la Lune vers la Terre.

Cette même théorie semblait être le complément de celle des *développées*, pour conduire naturellement à la connaissance des forces centrales dans le mouvement curviligne, qui fut aussi l'une des grandes découvertes de Newton, et qui lui donna la démonstration *a priori* des fameuses lois de Kepler. Mais ces rapprochements échappèrent à l'esprit d'Huygens, occupé de tant d'autres grandes conceptions.

§ 13. Le *Traité de la Lumière* est l'un des plus beaux monuments du génie d'Huygens, qui sut appliquer, avec une sagacité admirable, la Géométrie à son ingénieuse théorie des ondes. On y remarque surtout la belle loi mathématique, qu'il découvrit dans les phénomènes de la double réfraction du

---

[1] Par cette disposition, la cycloïde et sa développée forment un pont à deux étages : le pied-droit de l'étage supérieur repose sur la clef de l'étage inférieur.

On a coutume de dire que la développée de la cycloïde est une seconde cycloïde égale, posée dans une *situation renversée*, ou bien posée *en sens contraire*. (*Voyez* l'*Analyse des infiniment petits* du marquis de Lhospital, pag. 92, et l'*Histoire des Mathématiques* de Montucla, tom. II, pag. 72 et 154). Cette manière de s'exprimer est erronée. C'est pour cela que nous avons décrit minutieusement la position de la cycloïde et de sa développée.

spath d'Islande. C'était, je crois, la première apparition, qui s'est reproduite depuis, des surfaces du second degré dans les phénomènes naturels. Cette grande découverte a été complétée par Fresnel, qui, pour expliquer les phénomènes de la polarisation de la lumière, a substitué aux ondes ellipsoïdales d'Huygens une surface du quatrième degré [1]. Fresnel, qu'une mort prématurée a enlevé aux sciences physiques et mathématiques, dont il était déjà l'un des plus illustres adeptes, a rendu, par ce grand travail, une nouvelle vie à la théorie d'Huygens, tombée, depuis un siècle, dans un inexpli-

---

[1] Fresnel a donné, pour cette surface du quatrième degré, la construction géométrique suivante, qui est extrêmement remarquable et qui conserve aux surfaces du second degré le principal rôle dans toute cette théorie: *Que l'on conçoive un ellipsoïde* (dont les trois demi-diamètres principaux sont proportionnels aux racines carrées des trois élasticités principales du milieu, ou bien aux vitesses de la lumière suivant les axes de ces élasticités); *qu'on mène par le centre de cette surface une transversale quelconque, et qu'on porte sur cette droite, à partir du centre, des segments égaux aux demi-diamètres de l'ellipse résultant de la section de la surface par le plan diamétral perpendiculaire à la transversale : les extrémités de ces segments seront sur la surface du quatrième degré en question.* (Voir le *Mémoire* de Fresnel, *sur la double réfraction*, dans le tome VII des *Mémoires de l'Académie;* le *Mémoire* de M. Ampère sur la *Détermination de la surface courbe des ondes lumineuses dans un milieu dont l'élasticité est différente suivant les trois directions principales*, etc., imprimé dans les *Annales de chimie et de physique*, année 1828, et le *Traité de la Lumière* de Herschel, tom. II, pag. 190, traduction de MM. Verhulst et Quetelet.)

D'après ce théorème, les belles lois de polarisation, découvertes dans ces derniers temps par d'illustres physiciens, et particulièrement celles de M. Biot et du docteur Brewster, donnent immédiatement des propriétés géométriques de l'ellipsoïde, et en général des surfaces du second degré.

Ainsi ces phénomènes optiques, qui ont déjà jeté une si vive clarté sur tout ce qui tient à la structure intime des corps cristallisés, peuvent apporter les mêmes secours dans l'étude de la Géométrie rationnelle.

On ne peut trouver un plus bel exemple de l'enchaînement qui unit toutes les sciences, ni une preuve plus évidente que des secours mutuels leur sont nécessaires pour suivre leur marche progressive, d'un pas sûr et rapide.

Puisse-t-on voir surtout, dans ce rapprochement, que les surfaces du second degré sont destinées à jouer un rôle important dans toutes les déductions des lois les plus générales de la nature, et que l'on ne peut trop se hâter d'étudier et d'approfondir les innombrables propriétés géométriques que présentent ces surfaces, soit dans leur constitution propre, soit dans leurs relations entre elles !

cable oubli ; il l'a replacée au rang qu'elle doit occuper parmi les grandes vérités du monde physique.

C'est ici le lieu de remarquer encore une belle déduction mathématique, tirée par Huygens de sa *Théorie de la Lumière,* mais qui a eu besoin d'être créée de nouveau, dans ces derniers temps, par M. Quetelet, pour fixer l'attention des géomètres et porter les fruits dont elle était susceptible. Huygens, par l'application de son système ondulatoire, a trouvé que « quand des rayons incidents émanés d'un point fixe, ou parallèles entre eux, se réfractent sur une courbe, si l'on conçoit une circonférence de cercle décrite du point lumineux comme centre, ou bien une droite perpendiculaire à la direction des rayons parallèles, et que de chaque point de la courbe dirimante, comme centre, on décrive une circonférence dont le rayon soit dans une certaine proportion constante avec la distance de ce point à la circonférence ou à la droite fixe, toutes ces nouvelles circonférences auront une courbe enveloppe, *à laquelle les rayons réfractés seront tous normaux.* »

Cette courbe est la forme de l'*onde réfractée.* C'est de là qu'Huygens concluait la loi du rapport constant des sinus d'incidence et de réfraction.

Ainsi, de même que Tschirnhausen a considéré, depuis [1], la courbe enveloppe des rayons réfractés, de même Huygens considérait la courbe normale à ces rayons. La première seule a fait impression sur l'esprit des géomètres, et sa considération est devenue la base de leurs travaux en optique. La seconde a passé inaperçue, comme si elle n'avait pas reposé, comme la première, sur une construction purement géométrique, et indépendante du système, alors douteux, qui y avait donné naissance.

---

[1] Tschirnhausen a communiqué en 1682, à l'Académie des sciences de Paris, ses premières vues et ses premiers résultats sur la théorie des caustiques. Huygens avait présenté à la même Académie, trois ans auparavant, son *Traité de la Lumière.* Il était alors en possession depuis longtemps de sa théorie des développées ; il n'aurait donc eu à faire qu'un pas facile pour donner son nom aux célèbres caustiques dont l'invention, et les usages en optique, et en Géométrie pour la rectification de certaines courbes, ont fait la gloire de Tschirnhausen.

Et cependant la courbe d'Huygens est généralement beaucoup plus simple que celle de Tschirnhausen, et se prête mieux à l'étude des propriétés optiques des courbes. Il nous suffit de dire, par exemple, que la caustique de Tschirnhausen, produite par réfraction dans le cercle, s'est refusée jusqu'à ce jour à toutes les ressources de l'Analyse, qui n'a pu encore en donner l'équation, tandis que la courbe analogue d'Huygens est tout simplement une *ovale* de Descartes (courbe du quatrième degré), dont quelques considérations de Géométrie, ou quelques lignes d'Analyse, font connaître la nature ou l'équation [1].

Néanmoins, les courbes d'Huygens sont restées inaperçues, et c'est seulement depuis dix ans que M. Quetelet, en cherchant à diminuer les difficultés d'Analyse présentées par les questions de réfraction de la lumière, imagina de substituer, dans cette théorie, aux caustiques de Tschirnhausen, des courbes qui en fussent les développantes : il parvint, en suivant cette idée heureuse, et par de pures considérations de Géométrie, à la construction de ces développantes par l'enveloppe d'un cercle mobile ; ce sont ces courbes, qui répondent, comme on le voit, aux ondes réfractées d'Huygens, que M. Quetelet appela *caustiques secondaires;* cet habile géomètre en a étendu la doctrine au cas où les rayons incidents sont perpendiculaires à une même courbe, et au cas de l'espace, où les rayons incidents sont normaux à une même surface [2].

Cette extension était comprise aussi dans la théorie d'Huygens. Il en résulte immédiatement cette belle loi de la réfraction de la lumière : « des rayons incidents, qui sont normaux à une même surface, jouissent de la

[1] Dans la réfraction sur une droite, la différence entre les deux courbes de Tschirnhausen et d'Huygens n'est pas moins sensible : la première est une courbe du sixième degré, dont le calcul est assez long, et la seconde est simplement une ellipse ou une hyperbole, ainsi que l'a trouvé, le premier, M. Gergonne. (*Annales de Math.*, tom. XI, pag. 229.)
   Ce savant géomètre avait eu déjà la pensée qu'il se pourrait bien que les caustiques eussent pour développantes des courbes beaucoup plus simples qu'elles. (*Annal. de Math.*, tom. V, pag. 289.)
[2] *Nouveaux Mémoires de l'Académie de Bruxelles*, tom. III, IV et V.

même propriété après une réfraction sur une autre surface quelconque ;
et conséquemment se divisent, après cette réfraction, en deux groupes, qui
forment deux séries de développables se croisant à angle droit. » Malus, le
premier, avait démontré ce théorème, pour le cas d'un faisceau de rayons
émanés d'un même point, ou parallèles entre eux ; mais il avait cru, d'après
le résultat de calculs trop compliqués, que la proposition ne pouvait être
étendue à un système de rayons normaux à une même surface [1]. M. Dupin,
par de pures considérations de Géométrie, donna au théorème de Malus
toute la généralité qu'il devait comporter [2].

On voit, par les considérations précédentes, quelles ouvertures utiles
et fécondes le *Traité de la Lumière* d'Huygens présentait aux géomètres
qui auraient eu confiance plus tôt dans les vues de ce grand génie.
Exemple remarquable de la lenteur avec laquelle avancent et se perfec-
tionnent nos connaissances positives, et leçon sévère pour l'orgueil de
l'esprit humain !

Cette digression est étrangère aux progrès propres des méthodes géométriques ; mais du moins elle roule sur l'une de leurs plus belles applications aux sciences physiques, et peut-être pourra-t-elle porter quelques-uns
de nos jeunes lecteurs à ce genre de recherches géométriques, qui est
encore neuf et qui promet d'abondants résultats [3].

§ 14. La sagacité admirable qu'Huygens a montrée dans toutes les

---

[1] *Mémoire sur l'optique*, art. 22 et 27, dans le 14e Cahier du *Journal de l'École polytechnique*.

[2] *Applications de Géométrie et de Mécanique ; Mémoire sur les routes de la lumière*, p. 192.

[3] M. Hamilton, directeur de l'Observatoire de Dublin, en continuant les beaux travaux de
Fresnel, est parvenu à soumettre tous les phénomènes si compliqués et si délicats de la lumière
à un calcul analytique nouveau, qui paraît devoir conduire aux lois mathématiques qui domi-
nent toute cette vaste et importante théorie.

Nous avons appris de M. Quetelet, avec un extrême plaisir, qu'un autre savant géomètre,
M. Mac Cullagh, poursuit les mêmes recherches que M. Hamilton, mais par de pures considérations géométriques.

Puissent les travaux de M. Mac Cullagh réhabiliter la Géométrie auprès des personnes d'un
esprit juste et impartial, et rendre aux méthodes d'Huygens et de Newton l'estime qu'elles
méritent !

grandes questions qu'il a soumises à la Géométrie, ne l'a point abandonné dans ses recherches sur la mécanique, telle que la fameuse question du choc des corps, qu'il résolut en même temps que Wallis et Wren ; et dans ses découvertes astronomiques, qui rendent son nom inséparable de ceux de Kepler, Galilée et Newton.

Quoique la méthode des Anciens ait été presque toujours son seul instrument de raisonnement et de recherche, il connaissait toutes les ressources, non-seulement de la Géométrie de Descartes, mais aussi du nouveau calcul de Leibniz, qu'il avait étudié dès que cette sublime découverte avait paru, et dont il avait su apprécier tous les avantages [1].

§ 15. Nous devons citer, parmi les contemporains de Wallis et d'Huygens qui ont le plus contribué à l'avancement de la Géométrie, Barrow, le professeur de Newton à l'Université de Cambridge. Ce géomètre publia en 1669 ses *Lectiones Geometricæ*, ouvrage rempli de recherches profondes sur les propriétés des courbes, et particulièrement sur leurs dimensions. On y remarqua surtout, dans la dixième leçon, sa *Méthode des Tangentes*, méthode peu différente, il est vrai, de celle de Fermat, mais qui cependant, par la considération du petit triangle différentiel et l'introduction, dans le calcul, de deux quantités infiniment petites au lieu d'une seule, était un pas de plus vers la doctrine et l'algorithme de Leibniz.

On doit à Barrow, que ses connaissances dans la langue grecque et dans la langue arabe mettaient en état de rendre ce service aux sciences, des versions latines, estimées, des *Éléments* et des *Données* d'Euclide, des quatre premiers livres d'Apollonius, des ouvrages d'Archimède et des *Sphériques* de Théodose. Les démonstrations, dans tous ces ouvrages, se trouvent pour la plupart refaites et extrêmement simplifiées.

BARROW,
1630 - 1677.

---

[1] L'Université de Leyde possède de riches manuscrits qui lui ont été légués par Huygens, où se trouve, outre les productions de ce grand homme, une collection de lettres qu'il recevait de tous les savants. Messieurs les curateurs de cette Université ont pensé, il y a quelques années, à faire imprimer une partie de ce précieux dépôt. Un projet aussi louable ne peut recevoir trop tôt son exécution.

On a recueilli en 1684, sous le titre de *Lectiones mathematicæ*, les leçons faites par Barrow à l'Université de Cambridge, sur la philosophie des mathématiques, dans les années 1664, 1665 et 1666; plus quatre leçons, d'une date incertaine, qui ont pour objet d'indiquer la méthode par laquelle Archimède a découvert ses plus beaux théorèmes, et de montrer combien peu elle diffère de l'Analyse moderne [1]. On ne pouvait atteindre ce but avec plus de précision et de clarté que ne l'a fait Barrow; mais l'on regrette que ses autres leçons mathématiques soient hérissées de citations grecques qui en rendent la lecture difficile.

Enfin, Barrow, dans ses *Lectiones opticæ*, a appliqué avec habileté la Géométrie à un grand nombre de questions concernant la réflexion et la réfraction sur des surfaces courbes. Il a construit les points où se réunissent les rayons infiniment voisins; mais, malgré son goût et son habitude des spéculations géométriques, il n'a pas songé à considérer la courbe qui naît de la succession de ces points ou de l'enveloppe de ces rayons; comme Huygens, qui a touché de près aussi à la découverte de cette courbe, il en a laissé l'honneur à Tschirnhausen.

§ 16. C'est ici le lieu précisément de parler du géomètre que nous venons de nommer.

TSCHIRNHAUSEN,
1651-1708.

Tschirnhausen a reçu une grande célébrité de ses fameuses *caustiques*. Cette invention, en effet, est devenue aussitôt la base de plusieurs théories physico-mathématiques. Considérée comme pure spéculation géométrique, elle avait le double avantage d'offrir un second exemple, après les *développées* d'Huygens, de la génération des courbes comme enveloppes d'une droite mobile, et de donner naissance à une infinité de courbes rectifiables.

Ces caustiques, de même que les développées, étaient en quelque sorte une application pratique de l'idée de De Beaune, d'exprimer la nature des courbes par quelque propriété commune à leurs tangentes.

Mais ce n'est point cette considération abstraite qui a conduit Huygens et

[1] *Quo planiùs appareat qualem ille subtilissimus vir* (ARCHIMEDES) *analysin usurpárit, et quam hodiernæ nostræ parum dissimilem.*

Tschirnhausen à l'invention des courbes qui portent leur nom ; et ce fut Leibniz qui donna suite à l'idée de De Baune, et la généralisa même, en cherchant la courbe enveloppe d'une infinité de lignes, droites ou courbes, déterminées, liées entre elles par une propriété commune [1].

§ 17. Tschirnhausen, homme de génie et l'un des plus passionnés pour la science qu'il cultivait, a encore eu d'autres titres, après l'invention de ses caustiques, à un rang distingué dans l'histoire de la Géométrie.

Dans un traité intitulé *Medicina mentis*, publié en 1686 [2], dont l'objet principal était d'indiquer les règles qui doivent nous guider dans la recherche de la vérité, Tschirnhausen, partant de cette idée que les êtres mathématiques sont formés par le mouvement rapporté à quelque chose de fixe, proposa une génération nouvelle et universelle des courbes. Il les concevait décrites par un stylet tendant un fil qui, fixé par ses extrémités, glisse sur un ou plusieurs autres points fixes, ou s'enroule sur une ou plusieurs courbes de nature connue. C'était, comme on le voit, une généralisation du mode de description des coniques au moyen de leurs foyers, généralisation que Descartes avait déjà eu l'idée de transporter à la description de ses ovales [3].

Tschirnhausen divisa les courbes en plusieurs genres, suivant qu'il y avait plus ou moins de foyers, et suivant la nature des courbes fixes. Il apprit à mener les tangentes aux courbes ainsi décrites : c'est là l'origine du problème de la tangente à une courbe exprimée par une équation dont les variables sont les distances d'un point quelconque de la courbe à plusieurs points fixes.

[1] *Acta Erud. Lips.*, ann. 1692 et 1694, et *OEuvres de Leibnitz*, tom. III, p. 264 et 296.

[2] *Medicina mentis*, sive tentamen genuinæ logicæ, in quâ disseritur de methodo detegendi incognitas veritates. In-4°, Amst.

On trouve, dans le tome III de la *Bibliothèque universelle et historique* (ann. 1686), une analyse très-détaillée de ce remarquable ouvrage de Tschirnhausen.

[3] *Géométrie de Descartes*, liv. 2°. Ces courbes, imaginées par Descartes, ont joué un grand rôle, surtout dans sa *Dioptrique*. Nous n'en parlerons que dans notre quatrième Époque, où nous les trouverons reproduites dans le 1er livre des *Principes* de Newton.

§ 18. Ce problème a eu quelque célébrité, et a été résolu de différentes manières originales par les premiers mathématiciens de l'époque :
d'abord par Fatio de Duiller, qui releva une erreur échappée à Tschirnhausen, et dont la solution, basée sur de simples considérations de Géométrie, nous paraît offrir l'un des beaux exemples, aujourd'hui très-rares,
de la méthode des Anciens dans la construction des tangentes [1] ; puis par
le marquis de Lhospital qui, par la considération des infiniment petits,
et sans calcul, en donna une construction élégante et de la plus grande
généralité [2] ; et dans le même temps par Leibniz, dont la solution « qui a
cet avantage que l'esprit y fait tout sans calcul et sans diagramme, » repose
sur un beau théorème de mécanique qu'il imagina à cet effet [3]. Quelques
années après, Herman compléta en quelque sorte cette théorie, en donnant
une construction très-simple du rayon de courbure des mêmes courbes de
Tschirnhausen, calculé directement et par la pure Géométrie, sans se servir
des coordonnées auxiliaires de Descartes [4].

M. Poinsot a étendu aux surfaces ce mode de génération des courbes et

---

[1] *Réflexions de M. Fatio de Duiller sur une méthode de trouver les tangentes de certaines
lignes courbes*, Bibliothèque universelle et historique, tom. V, année 1688.
Tschirnhausen a répondu à ces réflexions de Fatio, et reconnu son erreur, dans le tome X du
même recueil, même année.

[2] *Analyse des infiniment petits*, section 2ᵉ, proposition 10.

[3] Leibniz considère la question sous cet énoncé : « Mener la tangente d'une ligne courbe qui
se décrit par des filets tendus. » Sa construction est fondée sur une *règle générale de la composition des mouvements*, qu'on peut énoncer ainsi, en substituant à l'idée de mouvement celle de
force, comme a fait Lagrange en reproduisant, dans sa *Mécanique analytique*, la condition
d'équilibre qui résulte du principe de Leibniz. « Si tant de forces qu'on voudra, qui sollicitent un
point, sont représentées en grandeur et en direction par des droites, leur résultante passera
par le centre de gravité des points extrêmes de ces droites, et sera égale en grandeur à la distance de ce point au point sollicité, multipliée par le nombre des forces. » (*Journal des Savans*,
sept. 1693, et *OEuvres de Leibnitz*, tom. III, pag. 283.)
Ce théorème peut être étendu au cas où les forces sont appliquées à des points différents
d'un corps solide libre dans l'espace. (*Correspondance mathématique de Bruxelles*, tom. V,
pag. 106.)

[4] *Methodus inveniendi radios osculi in curvis ex focis descriptis*. Acta Erudit., ann. 1702;
pag. 501.

la construction de leurs normales, et s'en est servi utilement dans un fort beau Mémoire sur la mécanique [1].

§ 19. Revenons à Tschirnhausen. En 1701, ce géomètre annonça, à l'Académie des sciences, une nouvelle méthode générale, propre à suppléer le calcul infinitésimal dans plusieurs questions de haute Géométrie, telles que la construction des tangentes et des rayons de courbure [2]. Mais sa solution, qui reposait sur l'Analyse de Descartes, n'était qu'une imitation des deux méthodes que ce grand géomètre avait données du problème des tangentes, et qui consistaient à supposer que deux points d'une courbe, distants d'abord l'un de l'autre d'une quantité finie, venaient à se confondre.

Le titre suivant : *Essai d'une méthode pour trouver les touchantes des courbes mécaniques, sans supposer aucune grandeur indéfiniment petite* [3], sous lequel Tschirnhausen présenta l'une de ses découvertes, fit grande sensation alors ; et il devait en effet piquer vivement la curiosité des géomètres et assurer à son auteur, déjà célèbre, une gloire immortelle, si sa promesse était pleinement remplie. Mais cette méthode, loin de convenir à toute courbe mécanique proposée, ne s'appliquait qu'à un genre de courbes ayant pour abscisses des arcs d'une courbe géométrique, à laquelle on savait mener les tangentes, et pour ordonnées des parallèles à une droite fixe : le calcul employé par Tschirnhausen était le même que pour le cas ordinaire où les abscisses étaient comptées sur une droite, au lieu d'être comptées sur un arc de courbe. Mais cette méthode a toujours le mérite d'être une extension de celles de Descartes qui, pour maintenir l'universalité et la suffisance de sa Géométrie, en a exclu, comme l'on sait, les courbes *mécaniques*, désignant par ce mot celles qui ne pouvaient pas se déterminer par une mesure exacte et connue. Dès 1682,

---

[1] *Théorie générale de l'équilibre et du mouvement des systèmes ;* 13ᵐᵉ Cah. du *Journ. de l'École polytechnique.* Ce Mémoire vient d'être reproduit dans la 6ᵉ édition de la *Statique* de M. Poinsot.
[2] *Histoire et Mémoires de l'Académie des sciences,* ann. 1701.
[3] *Mémoires de l'Académie des sciences,* ann. 1702.

Tschirnhausen avait exposé sa méthode des tangentes aux courbes géométriques, dans les Actes de Leipzig, sous le titre : *Nova methodus tangentes curvarum expedite determinandi*, et avait annoncé qu'il l'appliquerait plus tard aux courbes mécaniques.

§ 20. Le but constant de Tschirnhausen, dans ses diverses spéculations géométriques, était de rendre la Géométrie plus aisée, persuadé que les véritables méthodes sont faciles ; que les plus ingénieuses ne sont point les vraies, dès qu'elles sont trop composées, et que la nature doit fournir quelque chose de plus simple.

Nous rapportons à dessein cette pensée de Tschirnhausen, persuadé que toutes les vérités géométriques sont de même nature ; qu'elles doivent être toutes également susceptibles de démonstrations faciles, et très-souvent intuitives. Et en effet, combien n'a-t-on pas d'exemples que celles qui avaient semblé d'abord présenter les plus grandes difficultés, et se refuser même à toutes les ressources des méthodes connues, sont devenues ensuite les plus simples et les plus évidentes ? C'est qu'elles dépendaient de théories non encore formées ou assez étendues, ou ne reposant point sur leurs véritables bases.

C'est en cela, soit dit en passant, que nous paraît consister le principal avantage de l'Analyse moderne sur la Géométrie. La première de ces deux méthodes a le merveilleux privilége de négliger les propositions intermédiaires dont la seconde a toujours besoin, et qu'il faut créer quand la question est nouvelle. Mais cet avantage, si beau et si précieux, de l'Analyse, a son côté faible, comme toutes les conceptions humaines : c'est que cette marche pénétrante et rapide n'éclaire pas toujours suffisamment l'esprit ; elle laisse ignorer les vérités intermédiaires qui rattachent le point de départ avec la vérité trouvée, et qui doivent former, avec l'un et l'autre, un ensemble complet et une véritable théorie. Car est-ce assez, dans l'étude philosophique et approfondie d'une science, de savoir qu'une chose est vraie, si l'on ignore comment et pourquoi elle l'est, et quelle place elle occupe dans l'ordre des vérités auquel elle appartient ?

Il faut, ce me semble, dans l'état actuel de la Géométrie, pour atteindre le but de Tschirnhausen, le perfectionnement indéfini de cette science, toujours observer, dans les spéculations auxquelles on appliquera son esprit, les deux règles suivantes :

1° Généraliser de plus en plus les propositions particulières, pour arriver de proche en proche à ce qu'il y a de plus général ; ce qui sera toujours, en même temps, le plus simple, le plus naturel et le plus facile ;

2° Ne point se contenter, dans la démonstration d'un théorème ou la solution d'un problème, d'un premier résultat, qui suffirait s'il s'agissait d'une recherche particulière, indépendante du système général d'une partie de la science; mais ne se satisfaire d'une démonstration ou d'une solution, que quand leur simplicité, ou leur déduction intuitive de quelque théorie connue, prouvera qu'on a rattaché la question à la véritable doctrine dont elle dépend naturellement.

Pour indiquer un moyen de reconnaître si la pratique de ces deux règles a conduit au but désiré, c'est-à-dire si l'on a rencontré les vraies routes de la vérité définitive, et pénétré jusqu'à son origine, nous croyons pouvoir dire que, dans chaque théorie, il doit toujours exister, et que l'on doit reconnaître, quelque vérité principale dont toutes les autres se déduisent aisément, comme simples transformations ou corollaires naturels; et que cette condition accomplie sera seule le cachet de la véritable perfection de la science. Nous ajouterons, avec l'un des géomètres modernes qui ont le plus médité sur la philosophie des mathématiques, « qu'on ne peut se flatter d'avoir le dernier mot d'une théorie, tant qu'on ne peut pas l'expliquer en peu de paroles à un passant dans la rue [1]. » Et en effet, les vérités grandes et primitives, dont toutes les autres dérivent, et qui sont les vraies bases de la science, ont toujours pour attribut caractéristique la simplicité et l'intuition [2].

[1] Opinion de M. Gergonne, qui en faisait l'application à la nouvelle théorie des caustiques de M. Quetelet. *Nouveaux Mémoires de l'Académie de Bruxelles*, tom. IV, pag. 88.

[2] Cette opinion, admise dans les sciences positives, est un résultat d'expérience, auquel con-

§ 21. On aura remarqué, dans cette analyse succincte des progrès prodigieux que la Géométrie a faits dans l'intervalle d'une trentaine d'années, que ces progrès furent dus principalement à deux grandes conceptions : celle des *indivisibles* de Cavalieri, et celle de l'*Analyse appliquée aux lignes courbes,* de Descartes.

La première s'adaptait aux formes et aux procédés accoutumés de la Géométrie ancienne; et l'on regarda, comme appartenant à la Géométrie pure des Anciens, les découvertes auxquelles conduisit cette méthode de Cavalieri.

La deuxième, véritable instrument analytique, faisait de la Géométrie une science toute nouvelle, qui exciterait l'étonnement et l'admiration d'Archimède et d'Apollonius, qui n'en ont laissé aucun germe : on l'a appelée *Géométrie mixte, Géométrie analytique,* ou *Géométrie de Descartes.*

Mais, tandis qu'une sorte de division s'établissait ainsi dans les méthodes de la Géométrie, un troisième mode de procéder, une troisième espèce de Géométrie, pour ainsi dire, prenait naissance. C'est celle que nous avons déjà dit avoir été employée par Pascal et Desargues, et dont les premiers germes se trouvaient dans les *Porismes* d'Euclide, et nous ont été conservés par Pappus dans ses *Collections mathématiques.*

Ainsi donc nous voyons la Géométrie divisée en trois branches :

La première comprend la Géométrie des Anciens, aidée de la doctrine des indivisibles et de celle des mouvements composés;

La deuxième est l'analyse de Descartes, accrue des procédés de Fermat, dans sa méthode *de maximis et minimis,* pour calculer l'infini;

duit la culture de chacune d'elles. Mais on peut aussi la justifier *a priori.* Car les principes les plus généraux, c'est-à-dire qui s'étendent sur le plus grand nombre de faits particuliers, doivent être dégagés des diverses circonstances qui semblaient donner un caractère distinctif et différent à chacun de ces faits particuliers, considéré isolément, avant qu'on eût découvert leur lien et leur origine commune : s'ils étaient compliqués de toutes ces circonstances ou propriétés particulières, ils en porteraient l'empreinte dans tous leurs corollaires, et ne donneraient lieu, généralement, qu'à des vérités excessivement embarrassées et compliquées elles-mêmes. Ces principes les plus généraux sont donc nécessairement, par leur nature, les plus simples.

La troisième enfin est cette Géométrie pure, qui se distingue essentiellement par son abstraction et sa généralité; dont Pascal et Desargues ont
donné les premiers exemples dans leurs traités des coniques, et dont nous
verrons que Monge et Carnot, au commencement de ce siècle, ont assis les
fondements sur des principes larges et féconds.

Cette troisième branche de la Géométrie, qui constitue aujourd'hui ce
que nous appelons la *Géométrie récente*, est exempte de calculs algébriques,
quoiqu'elle fasse un aussi heureux usage des relations métriques des figures
que de leur relations de situation, ou descriptives; mais elle ne considère
que des rapports de distances rectilignes d'un certain genre, qui n'exigent ni
les symboles ni les opérations de l'Algèbre.

Cette Géométrie est la continuation de l'*Analyse géométrique* des Anciens,
dont elle ne diffère point quant au but et à la nature de ses spéculations;
mais sur laquelle elle offre d'immenses avantages, par la généralité, l'uni-
formité et l'abstraction de ses conceptions et de ses méthodes, remplaçant
les propositions particulières, incomplètes et sans liaison, qui formaient
toute la science et l'unique ressource des Anciens, et surtout par l'usage,
si utile, de la contemplation des figures à trois dimensions dans les simples
questions de Géométrie plane.

C'est dans cette Géométrie générale que rentrent les théories et leurs
applications, auxquelles on a donné, dans ces derniers temps, les dénominations de *Géométrie de la règle* et de *Géométrie de situation,* suivant qu'on
y fait usage d'intersections de lignes droites seulement, ou d'intersections
de courbes ou de surfaces, dans l'espace, pour découvrir les propriétés
descriptives des figures.

Des trois branches, bien distinctes, que nous venons de reconnaître dans
la Géométrie, la deuxième, qui est l'Analyse de Descartes, offrit un tel attrait
et de si prodigieux avantages, qu'elle fut cultivée, avec une prédilection
marquée, par les grands géomètres que nous avons nommés dans le cours
de cette troisième Époque.

Il est vrai que cette Géométrie de Descartes, loin d'offrir un ordre de spéculations particulières, n'était autre qu'un instrument universel, propre à toutes les conceptions géométriques anciennes et modernes.

§ 22. Quelques mathématiciens cependant furent encore fidèles à la méthode des Anciens. Parmi eux on distingue surtout La Hire.

Ce géomètre, quoique familiarisé avec l'Analyse de Descartes, enrichit la Géométrie pure de plusieurs ouvrages écrits dans le style des Anciens, et qui eurent beaucoup de succès.

Il fut aussi le digne continuateur des doctrines de Desargues et de Pascal, et introduisit dans la Géométrie, principalement par une nouvelle façon d'engendrer les coniques sur le plan, plusieurs innovations qui se rapportent aux méthodes récentes. C'est donc à un double titre que nous avons à citer ici ce célèbre mathématicien.

Ses principaux ouvrages, écrits dans le style de la Géométrie ancienne, sont : le grand traité des sections coniques, intitulé : *Sectiones conicœ in novem libros distributœ* (in-fol., Paris 1685); son *Mémoire sur les épicycloïdes*, contenant leurs dimensions, leurs développées et leur usage en mécanique pour la construction des roues dentées [1]; un second mémoire sur le même sujet, généralisé et appliqué à toutes sortes de courbes, sous le titre : *Traité des Roulettes, où l'on démontre la manière universelle de trouver leurs touchantes, leurs points d'inflexion et de rebroussement, leurs superficies et leurs longueurs, par la Géométrie ordinaire* [2]; et un Mémoire sur les *conchoïdes* en général, contenant leurs tangentes, leurs dimensions, leurs longueurs, leurs points d'inflexion (publié dans les *Mémoires de l'Académie des sciences*, année 1708).

---

[1] Ce mémoire a paru en 1694, parmi d'autres mémoires de mathématiques et de physique de La Hire. Il a été imprimé de nouveau dans le tome IX des anciens *Mémoires de l'Académie des sciences*.

La Hire y dit qu'il y a vingt ans qu'il avait découvert les épicycloïdes et leur usage en mécanique. Depuis, Leibniz a revendiqué l'honneur de cette double invention pour le célèbre astronome Roemer, qui l'aurait imaginée en 1674, pendant son séjour à Paris. Mais, comme nous l'avons déjà dit, il paraît, d'après La Hire lui-même, que la partie mécanique, au moins, de cette invention remonte à Desargues.

[2] Imprimé en 1704 dans les *Mémoires de l'Académie des sciences*.

Nous devons ajouter à cette liste le *Traité de Gnomonique,* qui parut en
1682, et qui était un ouvrage vraiment nouveau, où La Hire résolvait
toutes les questions graphiquement, sans trigonométrie, même rectiligne, et
en n'employant que le compas, la règle et le fil à plomb.

§ 23. Le traité des sections coniques eut une grande réputation dans
toute l'Europe savante, et fit regarder La Hire comme un auteur original sur cette matière. Sa méthode en effet, quoique purement synthétique comme celle des Anciens, en différait essentiellement. Les Anciens
avaient considéré les sections coniques dans le cône, mais seulement pour
en concevoir la génération et en démontrer quelques propriétés principales (dont la plus considérable était le rapport constant du carré de
l'ordonnée au produit des segments faits sur l'axe) [1], et faire servir ensuite ces propriétés primitives à la recherche et à la démonstration de
toutes les autres; de sorte qu'ils formaient leur théorie des coniques sans
connaître la nature ni aucune propriété du cône, et indépendamment de
celles du cercle qui lui sert de base : Apollonius démontre souvent les propriétés du cercle de la même manière et en même temps que celles

---

[1] Si l'on demande la raison de la fécondité de cette propriété des coniques, on dira, en
Géométrie analytique, que c'est parce qu'elle est l'*équation* même de la courbe, et que dès
lors il n'est point étonnant que cette propriété se prête à toutes les transformations que l'on
ferait subir à cette équation. Mais, en Géométrie pure, il faut remonter à une raison plus directe,
prise de la nature seule de la chose, et non empruntée d'un système de coordonnées auxiliaire
et artificiel; et l'on reconnaît alors que cette raison est que la relation en question exprime
une propriété de six points pris sur une conique. Mais ces six points n'ont pas entre eux toute
la généralité de position possible : quatre de ces points sont deux à deux sur deux droites parallèles. Malgré cette condition restreinte, la relation dont il s'agit suffit pour construire une conique par points, quand on en connaît cinq, donnés arbitrairement. On conçoit donc qu'elle
doit suffire aussi pour conduire à toutes les propriétés des coniques. Mais il faudra souvent
suivre une voie moins directe, qui nécessitera quelques détours de plus que si l'on connaissait
une relation générale de six points quelconques d'une conique. Cette observation explique pourquoi les beaux théorèmes de Desargues et de Pascal, qui expriment cette relation tout à fait
générale de six points d'une conique, ont apporté dans cette théorie une facilité inconnue aux
Anciens.

de l'ellipse. La Hire conçut une marche plus rationnelle et plus méthodique, et conséquemment plus courte et plus lumineuse. Il commença par établir les propriétés du cercle, qui devaient se représenter dans les coniques, particulièrement celles qui tiennent à la division harmonique; et ensuite, il en fit usage pour découvrir et démontrer, dans les sections du cône, les propriétés analogues. Et cette méthode eut cela de remarquable alors, qu'elle ne faisait point usage du triangle par l'axe, et qu'elle s'appliquait indistinctement à toutes les sections du cône.

Cette manière de procéder était, comme on le voit, dans l'esprit de celle de Desargues et de Pascal, qui, par la perspective, transportaient aux coniques les propriétés du cercle. La Hire a pu aussi emprunter, du *Brouillon projet des Coniques* de Desargues, l'usage heureux que l'auteur y faisait de la proportion harmonique et de quelques relations d'involution. C'est sous ces deux rapports que nous regardons ce géomètre comme le continuateur des doctrines de Desargues et de Pascal.

§ 24. Nous devons dire que la nouvelle méthode, qui fait dériver les propriétés des coniques de celles du cercle, et de la considération du solide dans lequel ces courbes prennent naissance, avait déjà été pratiquée par deux géomètres du siècle précédent. D'abord par Verner, de Nuremberg, qui avait démontré ainsi plusieurs propriétés élémentaires des sections coniques [1]; et ensuite, avec plus d'étendue et d'une manière plus savante, par le célèbre Maurolicus de Messine, qui, après avoir traduit plusieurs écrits des Anciens, mit au jour, entre autres nombreux ouvrages de lui-même, un *Traité des Coniques,* où il suivit cette marche nouvelle, attribuant à celle qu'avaient suivie les Anciens la prolixité de leurs démonstrations [2].

---

[1] *J. Verneri Libellus super vigintiduobus elementis conicis, etc.;* in-4°. 1522.

[2] *Quoniam Apollonius omnia ferè conicorum demonstrata conatus est in planum redigere, antiquioribus insignior; neglectâ conorum descriptione, et aliundè quærens argumenta, cogitur persæpe obscurius et indirectè demonstrare id, quod contemplando solidæ figuræ sectionem, apertius et brevius demonstratur.* (D. Francisci Maurolici Opuscula mathematica. In-4°; Venetiis, 1575; p. 280.)

Il est juste de citer encore à ce sujet Guarini, contemporain de La Hire, qui avait aussi donné, en 1671, un *Traité des Coniques,* où il faisait un usage fréquent de la considération du cône, pour démontrer leurs propriétés. On y remarque surtout une démonstration extrêmement simple, et qui s'applique aux trois sections coniques en même temps, de la propriété du rapport constant des produits des segments faits sur des cordes parallèles, qui avait toujours exigé la connaissance de plusieurs propositions préliminaires. Cette méthode était un progrès dans la théorie des coniques; mais Guarini, très-savant du reste dans toutes les parties de la Géométrie, ne l'a pas suivie systématiquement et avec le talent de La Hire. (*Voir,* au sujet de Maurolicus et de Guarini, la Note XVII.)

§ 25. Nous dirons, en passant, qu'outre la méthode des Anciens et celle qu'adopta La Hire, nous en concevons une troisième qui n'a point été employée, et qui eût été propre pourtant, si nous ne nous abusons, à simplifier beaucoup les démonstrations, et à mettre dans tout leur jour les principes et la véritable origine des diverses propriétés des coniques : sous ce rapport, on ne peut se dissimuler que la méthode des Anciens n'offrait qu'obscurité.

Cette méthode eût consisté à étudier les propriétés du cône lui-même, et à les formuler, indépendamment et abstraction faite de celles des coniques; et celles-ci se seraient déduites des premières avec une facilité et une généralité ravissantes. On le concevra sans peine, car partout où les Anciens employaient trois démonstrations différentes pour établir la même propriété dans les trois sections coniques : ellipse, hyperbole et parabole, parce qu'ils s'appuyaient sur les caractères particuliers à chacune de ces courbes, un seul raisonnement suffit pour démontrer, dans le cône même, la propriété analogue, d'où celles des trois coniques doivent se déduire comme de leur vraie et commune origine.

De cette manière, on eût vu plusieurs propriétés des coniques prendre naissance dans le cône, telle que celle des *foyers*, qu'il semble qu'Apol-

16

lonius ait devinée, et que ni ce géomètre, ni aucun de ceux qui l'ont
suivi, n'ont rattachée aux propriétés du cercle, ou à celles du cône;
de sorte que l'origine première de ces points singuliers, celle qui ne participe que de la nature du cône où la courbe prend naissance, est restée
ignorée.

Un autre avantage de la méthode que nous indiquons eût été de former,
en même temps que la théorie des coniques, celle des cônes à base circulaire, dont très-peu de propriétés étaient connues jusqu'à ces derniers
temps. Cela n'eût présenté aucune difficulté; et nous croyons pouvoir en
indiquer comme preuve l'essai que nous avons fait de cette méthode dans
un Mémoire où, en n'admettant que les seules propriétés du cercle, dont
la plupart sont évidentes, nous sommes parvenu à un très-grand nombre de
propriétés nouvelles des cônes du second degré, dont quelques-unes sont
analogues et conduisent à celles des foyers des coniques; ce qui montre
comment l'existence de ces points et leurs propriétés se rattachent à celles
du cône [1].

On penserait, à la lecture des premiers mots du *Traité des Sections
coniques* de Wallis, que la méthode que nous venons de proposer fut celle
que suivit ce grand géomètre; car il annonce qu'ayant reconnu que la théorie
des coniques est difficile, il va d'abord, dans le but de la simplifier, étudier la nature du cône mieux que ne l'ont fait les Anciens, pour en déduire,
comme de leur vraie source, les propriétés de ces courbes. Mais Wallis se
hâte d'ajouter qu'il se bornera aux principales de ces propriétés, à celles
qui peuvent conduire à la découverte de toutes les autres. Et en effet, après
avoir démontré celle qui lui sert à exprimer les coniques par une équation
entre deux coordonnées, à la manière de Descartes, il suit une autre marche
et donne un traité analytique de ces courbes.

§ 26. Revenons au Traité de La Hire. Cet ouvrage est divisé en neuf
livres. Le premier, qui est le fondement de tout le reste, traite successive-

---

[1] *Mémoire de Géométrie pure sur les propriétés générales des cônes du second degré.* In-4°;
1850.

ment des propriétés de la division harmonique d'une ligne droite ; de celles des faisceaux harmoniques; et enfin des lignes divisées harmoniquement dans le cercle. Il s'y trouve aussi quelques cas particuliers de la relation d'involution de six points, quoique cette relation ne s'y trouve pas dans toute sa généralité. Ce livre est une introduction d'où se déduisent, dans la suite, des démonstrations faciles et générales de théorèmes qui avaient coûté, aux Anciens, de longs et pénibles développements. C'est en cela que consistent la nouveauté et le mérite de la méthode de La Hire.

A l'exception du problème *ad tres et quatuor lineas*, et des beaux théorèmes généraux qui faisaient la base des ouvrages de Desargues et de Pascal, toutes les autres propriétés connues des coniques se trouvaient réunies, pour la première fois, dans le traité de La Hire, et démontrées synthétiquement, d'une manière uniforme et élégante. Plusieurs étaient dues à ce géomètre. Parmi celles-ci, nous citerons d'abord la théorie des *pôles,* qui consiste dans les trois théorèmes suivants :

1° « Si, autour d'un point fixe, on fait tourner une transversale qui » rencontre une conique en deux points, les tangentes en ces points se » croiseront toujours sur une même droite. » (Propositions 27 et 28 du » livre 1er, et 24 et 27 du livre 2.)

Et réciproquement : « Si, de chaque point d'une droite, on mène deux » tangentes à une conique, la droite qui joindra les deux points de contact » passera par un point fixe. » (Propositions 26 et 28 du livre 1er, et 23 et 26 du livre 2.)

Ce point a été appelé, dans ces derniers temps, le *pôle* de la droite : celle-ci est la *polaire* du point.

2° « Si, par un point fixe, on mène plusieurs transversales qui rencontrent une conique, les droites qui joindront deux à deux les points de rencontre de deux quelconques des transversales se rencontreront sur la *polaire* du point fixe. » (Propositions 22 et 23 du livre 1er, et 30 du livre 2.)

3° « Enfin : le point où chaque transversale rencontre la polaire du

» point fixe est le conjugué harmonique de ce point fixe, par rapport aux
» deux points où la transversale rencontre la courbe. » (Propositions 21 du
livre 1er, et 23 et 26 du livre 2.)

Cette dernière proposition était connue d'Apollonius.

Elle est, dans le traité de La Hire, la proposition fondamentale, dont
presque toutes les autres se déduisent. On voit, par exemple, dans la proposition 3 du 3e livre, comment elle conduit naturellement à la propriété du
carré de l'ordonnée comparé au rectangle fait sur l'axe.

Ainsi cette proposition joue, dans le grand traité de La Hire, le même
rôle que la proposition du *latus rectum* dans Apollonius; que le théorème de
l'involution de six points dans le *Brouillon projet des Coniques* de Desargues, et que l'hexagramme mystique dans l'ouvrage de Pascal.

Il est aisé de voir que, des trois propositions énoncées, les deux premières sont comprises dans le théorème sur le quadrilatère inscrit aux
coniques : nous avons dit que Pascal l'avait probablement déduit de son
hexagramme; et la troisième est une conséquence aussi de ce même théorème, au moyen de la 131me proposition du 7e livre des *Collections mathématiques*, que nous avons citée en parlant de Pappus.

Mais l'ouvrage de Pascal n'ayant jamais été publié, La Hire a le mérite
de l'invention de ces belles propositions. Depuis, elles ont été reproduites
par Mac-Laurin, dans son *Traité des Fluxions*, et dans son *Traité des
Courbes géométriques;* par R. Simson, dans son *Traité des Sections coniques;*
par Carnot, dans sa *Théorie des Transversales;* et par divers autres géomètres.

La première et sa réciproque ont été démontrées, dans la *Géométrie descriptive* de Monge, d'une manière intuitive fort élégante, et ont été étendues,
par cet illustre géomètre, aux surfaces du second degré. C'est de cette époque
que datent l'importance et les usages de cette théorie des pôles, renfermée
auparavant dans les ouvrages profonds que nous venons de nommer, et
presque inconnue aux jeunes géomètres qui n'ont étudié les coniques que
dans les traités analytiques.

Parmi d'autres propriétés remarquables des sections coniques, dues à La Hire, nous citerons encore le lieu géométrique du sommet d'un angle droit circonscrit à une conique, lequel est un cercle pour l'ellipse et l'hyperbole, et une droite pour la parabole (8e livre, propositions 26, 27 et 28) [1] : c'est Monge aussi qui a généralisé cette proposition, et fait voir que le point d'intersection de trois plans rectangulaires, tangents à une surface du second degré, se trouve toujours sur une sphère qui devient un plan si la surface est un paraboloïde.

La Hire a considérablement enrichi la théorie des *foyers*, et donné une construction élégante et facile, par la ligne droite et le cercle, d'une conique qui doit passer par trois points et dont le foyer est donné. Problème utile en astronomie, et pour lequel le célèbre astronome et géomètre Halley, qui l'avait résolu le premier, avait employé une hyperbole [2].

§ 27. Jusqu'à Descartes, il n'y avait eu qu'une manière de concevoir la génération des coniques : c'était dans le solide ; c'est-à-dire, dans le cône à base circulaire. Mais la Géométrie de cet illustre novateur fit, comme dans les autres parties des mathématiques, une révolution complète dans la théorie de ces courbes : elle apprit à leur donner naissance sur le plan, et sans qu'il fût besoin d'employer la considération du cône. Il suffisait à Descartes de remarquer que, dans son système de coordonnées, toutes les

---

[1] La Hire a aussi donné (dans les *Mémoires de l'Académie des sciences*, année 1704), le lieu des angles égaux, aigus ou obtus, circonscrits à une conique, lequel est une courbe du quatrième degré, qui se réduit au second, et devient une hyperbole, quand la conique proposée est une parabole.

Dans ce même Mémoire, La Hire a traité la même question pour la cycloïde, et est parvenu à ce résultat curieux, savoir, que tous les angles égaux, droits, aigus ou obtus, circonscrits à cette courbe, ont leurs sommets sur une seconde cycloïde raccourcie ou allongée.

Nous avons trouvé que les épicycloïdes du cercle jouissent de la même propriété ; c'est-à-dire que :

Si à une épicycloïde, engendrée par un point d'une circonférence de cercle qui roule sur un autre cercle fixe, on circonscrit des angles tous égaux entre eux, leurs sommets seront situés sur une épicycloïde allongée ou raccourcie.

[2] *Methodus directa et geometrica cujus ope investigantur Aphelia, etc., Planetarum.* TRANSACTIONS PHILOSOPHIQUES, année 1676, n° 128.

coniques étaient représentées par l'équation générale du second degré. Ce mode d'expression analytique était propre à la recherche et au développement de leurs nombreuses propriétés. Cette méthode fut adoptée d'abord par Wallis, qui, le premier, donna un traité analytique des sections coniques; et depuis, par la plupart des géomètres qui écrivirent sur ces courbes. Cependant on continua encore, pendant un siècle, de considérer les coniques dans le cône; et les traités qui parurent dans cet intervalle réunirent les deux méthodes, celle des Anciens et celle de Descartes.

La manière de Desargues et de Pascal, de considérer les coniques, rentrait dans celle des Anciens, puisqu'ils formaient ces courbes par la perspective du cercle. Mais leur méthode tirait l'un de ses principaux avantages de l'emploi de la théorie des transversales, dont les Anciens avaient fait usage dans les systèmes de lignes droites seulement, et non dans la théorie du cercle ni des coniques.

Grégoire de St.-Vincent, comme nous l'avons dit, avait imaginé de nombreuses manières de former les coniques l'une par l'autre; Schooten en avait donné diverses descriptions organiques; De Witt avait fait un pas de plus, en formant ces courbes de différentes manières assez générales, dont il s'était servi avec habileté pour démontrer leurs propriétés principales; mais ses modes de description n'étaient pas les mêmes pour les trois courbes.

La Hire, ayant sous les yeux la manière universelle, mais analytique, de Descartes, et les tentatives de De Witt, chercha aussi un mode de description générale des coniques sur le plan, qui pût servir à démontrer leurs mêmes propriétés que dans le solide.

§ 28. Il exécuta son dessein de deux manières, dans deux ouvrages qui précédèrent son grand Traité de 1685, et commencèrent sa réputation comme géomètre, en 1673 et 1679.

Dans le Traité de 1679 [1], La Hire définit les sections coniques, des courbes

---

[1] *Nouveaux élémens des sections coniques. Les lieux géométriques. La construction ou effection des équations.* (In-12; 1679.)

telles, que la somme ou la différence des distances de chacun de leurs points à deux points fixes, est constante, ou bien dont chaque point est à égale distance d'un point et d'une droite fixes. De ce seul point de départ, il conclut un grand nombre de propriétés de ces courbes.

Cette manière de présenter la théorie des coniques a été adoptée par plusieurs géomètres, qui en ont fait la base de leurs ouvrages, tels que le marquis de Lhospital, R. Simson, Guisnée, Mauduit, etc.

La Hire réunit à cet ouvrage deux autres parties différentes sur les lieux géométriques, traités par la méthode de Descartes, et sur leur usage pour la construction des équations.

Cette dernière partie est terminée par la construction, en n'employant que la ligne droite et le cercle, d'un des plus fameux problèmes sur les coniques, qui est de leur mener une normale par un point pris au dehors de la courbe. Anderson [1], Sluze et Huygens l'avaient résolu pour la parabole seulement; ce qui n'offrait pas une grande difficulté, parce que la question, n'ayant dans ce cas que trois solutions, pouvait être résolue par un seul cercle. Mais le cas de l'ellipse et de l'hyperbole, qui admet quatre solutions, était une question très-difficile, qui suffisait pour prouver toute la sagacité de La Hire dans l'Analyse de Descartes.

§ 29. Le Traité de 1673, intitulé : *Nouvelle méthode en Géométrie, pour les sections des superficies coniques et cylindriques,* est celui où La Hire se montre vraiment original et novateur, et celui surtout qui nous porte à placer ce géomètre au rang des fondateurs de la Géométrie moderne.

Cet ouvrage se compose de deux parties, dont chacune offre une méthode nouvelle, et a un mérite différent. Le titre que nous venons d'énoncer se rapporte plus particulièrement à la première partie, où l'auteur considère les coniques dans le cône : la seconde, où il les engendre sur le plan, est intitulée *Planiconiques.*

La première partie peut être regardée comme un essai de la méthode

[1] *A. Andersoni Exercitationum mathematicarum Decas prima, etc.* Paris; 1619, in-4°.

que La Hire a suivie, douze ans après, dans son grand Traité; car il y commence par vingt lemmes qui roulent sur la même matière que le 1er livre de ce Traité, et dont il se sert ensuite pour démontrer, avec une généralité nouvelle alors, et sans se servir du triangle par l'axe, les principales propriétés des coniques. Mais ses démonstrations sont loin d'offrir le même degré d'élégance et de simplicité que celles du Traité de 1685.

Dans ses *Planiconiques*, La Hire imagina une description générale des coniques sur le plan, au moyen du cercle, comme dans l'espace, et sans connaître aucune propriété de ces courbes; puis il fit voir que les courbes ainsi engendrées sont effectivement les mêmes que celles que l'on peut tracer, dans l'espace, sur le cône. Ce que cette méthode a surtout de beau, c'est que les mêmes lemmes qui ont servi à transporter aux sections du cône les propriétés du cercle, servent pareillement pour les appliquer aux *Planiconiques*, et les démonstrations restent les mêmes que dans la première partie.

§ 30. Ce premier ouvrage de La Hire étant extrêmement rare, et les auteurs qui en ont parlé dans le temps n'en ayant point fait connaître l'esprit [1], on nous pardonnera d'entrer ici dans quelques développements pour dire ce qu'était cette merveilleuse théorie des *Planiconiques*, restée si longtemps ensevelie et ignorée, et qui offrait la première méthode suffisamment générale pour la *transformation des figures en d'autres figures du même genre*.

Concevons dans un plan deux droites parallèles entre elles, que l'auteur appelle l'une *formatrice*, l'autre *directrice*, et un point appelé *pôle*. Par

---

[1] *Les Transactions philosophiques*, année 1676, n° 129, rendent un compte favorable de l'ouvrage de La Hire, mais ne parlent pas de la partie des *Planiconiques*.

Le *Journal des Savans*, année 1674 (17 décembre), après avoir donné l'analyse de la première partie de l'ouvrage, dit ces seuls mots des planiconiques, qui devaient suffire pour les préserver de l'oubli : « L'auteur a ajouté à sa nouvelle méthode un traité des planiconiques, qui » est très-beau et très-commode, puisque, par là, il n'est plus besoin d'imaginer aucun solide, » ni plan, que celui sur lequel est la figure. »

Wolf, dans son *Commentaire des principaux écrits des géomètres*, cite les autres ouvrages de La Hire et omet celui dont il est ici question. Montucla n'en dit mot non plus. Cependant Cornelius à Beughem en avait fait mention dans sa *Bibliographica mathematica*, et Murrhard, depuis, l'a inscrit aussi dans sa *Bibliotheca mathematica*.

chaque point M d'une courbe donnée dans le plan, on mène, sous une direction arbitraire, une transversale ; elle rencontre la directrice en un point qu'on joint au pôle par une droite, et la formatrice en un second point, par lequel on tire une parallèle à cette droite. Cette parallèle rencontre la droite qui va du point M au pôle, en un point M', qui est dit *formé* par le point M.

Chaque point de la courbe proposée forme ainsi le point correspondant d'une seconde courbe.

Les points d'une ligne droite forment des points appartenant à une seconde ligne droite, et ces deux droites se coupent sur la *formatrice*.

Enfin, *les points d'un cercle forment les points d'une section conique.*

Pour démontrer cette proposition sans supposer aucune propriété des coniques, La Hire imagine un cône à base circulaire, dans lequel est faite une section plane ; il abat le plan du cercle sur celui de la section, en le faisant tourner autour de la droite d'intersection de ces deux plans ; puis, prenant cette droite pour *formatrice,* une seconde droite (qui, dans la position primitive du plan du cercle, était son intersection par un plan mené par le sommet du cône, parallèlement à celui de la section) pour *directrice*, et pour *pôle* un certain point qu'il détermine convenablement : il prouve, par des comparaisons de triangles semblables, que la section peut être *formée* par le cercle [1].

Telle est la méthode par laquelle La Hire effectuait sur le plan, sans avoir besoin d'aucun solide, ni d'autre plan que celui de la figure, les sections d'un cône. C'est ce qu'il appelait *réduire le cône et ses sections en plan. J'appliquai à ces sections planes*, dit-il dans la préface de son Traité de 1679, *les mêmes démonstrations que j'avais faites pour les solides, et je puis dire que cet ouvrage eut assez de bonheur pour mériter l'approbation des plus savans géomètres.*

L'éclat que jeta cette première production de La Hire fut de peu de

[1] Cette démonstration est assez difficile ; le principe de perspective, que nous avons déduit du théorème de Desargues, en offre une qui est naturelle et d'une extrême simplicité.

durée; et cet ouvrage, malgré son mérite incontestable, est, depuis plus
d'un siècle, tombé dans l'oubli; ce dont nous nous étonnerions, si nous ne
savions que chaque époque a ses questions du moment, et que les idées les
meilleures et les plus fécondes, pour être bien saisies, doivent venir dans le
temps où les esprits sont tournés vers l'objet auquel elles se rapportent.
L'étude des sciences nous offre, à chaque pas, la preuve de cette vérité [1].

LE POIVRE.   § 31. La méthode de La Hire a pourtant été reproduite, ou plutôt inventée
de nouveau, en 1704, par Le Poivre (de Mons), géomètre inconnu de
nos jours, mais qu'il y aurait injustice à ne pas nommer à côté de Desargues, Pascal et La Hire, dans l'histoire de l'origine et des progrès de la
Géométrie moderne. Son ouvrage est intitulé : *Traité des Sections du cylindre
et du cône, considérées dans le solide et dans le plan, avec des démonstrations
simples et nouvelles.* (In-8° de 60 pages.) La partie relative à la description
des coniques sur le plan n'est au fond que la méthode de La Hire, mais présentée d'une manière très-différente, qui mérite que nous en exposions ici
l'esprit et les procédés [2].

Il paraît que la première idée de l'auteur a été de tracer sur un cône une
section plane, sans mener effectivement le plan qui la contient; ce qu'il fait de

---

[1] Nous pourrions ajouter, avec Montucla : « Qu'il est des préjugés jusque dans la Géométrie,
et qu'il est rare que ceux qui sont dès longtemps accoutumés à une certaine manière de raisonner soient disposés à quitter une ancienne habitude pour en contracter une nouvelle. »
(*Histoire des Mathématiques*, tom. II, pag. 144.)

[2] Il a été rendu compte de cet ouvrage dans le *Journal des Savans*, année 1704; et dans les
Acta eruditorum, année 1707.

L'article fort étendu du *Journal des Savans* paraît supposer que la méthode de Le Poivre est
prise de celle de La Hire. Mais la voie d'invention est trop différente dans l'une et l'autre,
pour que nous adoptions cette conjecture. Ajoutons que l'ouvrage de Le Poivre a un mérite qui
ne se trouve pas dans celui de La Hire et qui n'a point été remarqué par l'auteur de l'article
du journal; c'est de contenir un second mode de description de ses figures, basé sur leurs relations métriques, dont l'auteur aurait pu tirer un parti considérable s'il eût poussé plus loin cette
idée heureuse.

Le *Journal de Leipzig* parle très-favorablement de l'ouvrage de Le Poivre. « *Non solum*,
inquit, *intra paucas pagellas palmarias sectionum conicarum proprietates mira facilitate ac
perspicuitate explicat ; sed inter eas quoque aliquot proponit anteà parum cognitas.*

deux manières : par l'intersection de chaque arête du cône et d'une autre droite menée convenablement, ou bien par une proportion dont le dernier terme détermine, sur chaque arête, le point de la section. Puis, il observe que ces mêmes procédés peuvent s'exécuter aussi sur le plan même du cercle qui sert de base au cône, comme dans l'espace, et donner naissance aux mêmes courbes.

Concevons un cône à base circulaire : un plan coupant, mené arbitrairement, déterminera sur le cône une section ; c'est cette courbe qu'il s'agit de construire, en faisant abstraction du plan qui la contient. Pour cela, il faut d'abord prendre dans l'espace les éléments nécessaires à la détermination de la position de ce plan ; ce qui peut se faire de diverses manières. Le Poivre prend la trace du plan coupant sur la base du cône et une seconde droite parallèle à cette trace, et qui est l'intersection du plan de la base par le plan mené, par le sommet du cône, parallèlement au plan coupant. Ces deux droites et le sommet du cône déterminent la position du plan coupant : ces trois données doivent donc suffire pour la construction de la courbe qui résulterait de l'intersection du cône et de ce plan, s'il existait réellement.

Or, il est aisé de voir que, pour effectuer cette construction, il n'y a qu'à mener par un point M du cercle, base du cône, appelé *cercle générateur*, une transversale quelconque qui rencontrera la *trace* du plan coupant et sa parallèle, en deux points ; joindre le second de ces points au sommet S du cône, par une droite, et mener par l'autre point une parallèle à cette droite. Cette parallèle est évidemment dans le plan coupant, et rencontre l'arête SM du cône, en un point M' qui appartient à la courbe cherchée. Pour un autre point du cercle *générateur*, on aura un autre point de la section.

Cette construction est générale, quelle que soit la position du point S dans l'espace ; et elle subsiste quand ce point est situé sur le plan du cercle, auquel cas il n'y a plus de cône. La courbe formée alors par le point est encore une section conique [1].

[1] Pour s'en convaincre, il suffit de concevoir la courbe que nous venons de construire dans l'espace, et de la projeter sur le plan du cercle, avec toutes les lignes qui ont servi à sa construction. En projection on aura une courbe, et des droites qui serviront à sa construction,

Ainsi, la construction de l'auteur s'applique à la description des coniques sur le plan, comme dans l'espace. Pour le cas du plan, c'est, comme on le voit, la même construction que celle de La Hire. Le point S est le *pôle*, la trace du plan coupant est la *formatrice*, et sa parallèle est la *directrice*.

§ 32. Il y a, en général, dans les questions de Géométrie, deux manières d'appliquer les solutions auxquelles la théorie a conduit. La première est de déterminer les points cherchés par des constructions de lignes; la seconde, de les déterminer par des formules qui se réduisent ensuite à des calculs numériques. Il est toujours utile de chercher ces deux genres de solutions, parce que chacune comporte des propriétés de la figure que l'autre n'indique point : la question est résolue complétement quand elle a été envisagée sous toutes ses faces, et que les diverses propriétés graphiques et métriques qui se rattachent aux deux solutions dont nous parlons, ont été découvertes et mises dans tout leur jour.

La construction que nous venons de donner pour décrire les coniques, soit dans l'espace, soit sur le plan, appartient au premier mode de solution. Pour la convertir en une formule numérique, on compare deux triangles semblables, qui ont un sommet commun au point M du cercle générateur, et l'on en tire une proportion entre leurs côtés adjacents à ce sommet. Cette proportion donne la distance du point M' de la conique au point correspondant du cercle : c'est la formule cherchée [1].

_____

comme les droites dans l'espace à la construction de la section du cône; c'est-à-dire que la construction de la courbe projetée sera absolument semblable à celle de la courbe située dans l'espace; et, si l'on prend les lignes projetantes perpendiculaires à la trace du plan de la section sur celui de la base du cône, et également inclinées sur ces deux plans, alors la courbe projetée sera égale à la section du cône; ce sera donc une section conique.

De là aussi on conclut que, pour transporter aux coniques les propriétés du cercle, une seule démonstration suffit, que l'on considère la conique sur le plan du cercle ou dans l'espace.

[1] Il eût mieux valu prendre pour inconnue la distance du point M' au point S; la formule aurait conduit naturellement à diverses propriétés des coniques, particulièrement à celles de leurs foyers, dont l'auteur n'a rien dit. Il eût suffi, pour cela, de placer le point S au centre du cercle générateur.

Cette dernière observation, relative à la position du point S, s'applique aussi au *Traité* de

§ 33. La méthode de La Hire et de Le Poivre était la plus heureuse
et la plus féconde qu'on pût imaginer pour découvrir les nombreuses propriétés des coniques par celles du cercle; mais les avantages qu'elle offrait
ne devaient point se borner à cet usage particulier; elle avait un avenir
plus grand, comme offrant un moyen général de *transformer,* sur le plan,
les figures en d'autres du même genre, ainsi que ferait la perspective.

L'importance de ces méthodes, qui forment l'une des doctrines principales
de la Géométrie récente, nous engage à entrer encore dans quelques considérations au sujet de celle de La Hire et de Le Poivre, qui montreront
ses rapports avec les pratiques de la perspective, avec une méthode analogue
imaginée dans le même temps par Newton, et avec plusieurs autres méthodes, d'invention plus moderne, dont nous aurons à parler dans la suite.

Le mode de transformation du cercle en une conique sur le plan,
employé par La Hire et Le Poivre, a pour propriété caractéristique que :
à chaque point et à chaque droite, considérés comme appartenant au cercle générateur, correspondent un point et une droite appartenant à la
conique; et les relations de position des deux figures sont telles, que deux
points *correspondants* sont en ligne droite avec un point fixe S, et que
deux droites *correspondantes* concourent sur un axe fixe : cet axe est la
droite que nous avons appelée *formatrice* dans la méthode de La Hire, et
qui nous représentait, dans celle de Le Poivre, la trace d'un plan coupant.

Ce point S et l'axe fixe, considérés comme appartenant au cercle, sont
eux-mêmes leurs correspondants par rapport à la conique, de sorte qu'ils
jouent le même rôle par rapport à chacune des deux courbes.

Si, du point fixe, on peut mener deux tangentes au cercle, elles seront
aussi tangentes à la conique; et si l'axe rencontre le cercle en deux points,
la conique passera par ces deux points.

La Hire, qui démontre les propriétés des foyers, mais en supposant ces points connus *a priori*,
comme dans les coniques d'Apollonius, et sans être conduit à leur découverte. En plaçant le *pôle*
au centre du cercle, la *formatrice* et la *directrice* étant d'ailleurs quelconques (mais parallèles
entre elles), on forme une conique qui a pour foyer le pôle; et diverses propriétés du cercle
s'appliquent immédiatement à la conique, relativement à son foyer.

On démontre encore que, si deux droites sont parallèles, leurs correspondantes concourent en un point situé sur la droite que nous avons
appelée la *directrice*, de sorte qu'à un point quelconque, situé à l'infini dans
la première figure, correspond, dans la seconde figure, un point situé sur
la directrice; ce qui prouve, attendu qu'il n'y a qu'une ligne droite qui
puisse correspondre à une ligne droite, que tous les points d'un plan, situés à
l'infini, doivent être considérés comme appartenant à une même ligne droite.

§ 34. On reconnaît, à ces diverses propriétés, les figures *homologiques*
dont M. Poncelet a donné, le premier, la théorie dans son *Traité des Propriétés projectives*. Le *pôle* S est le *centre d'homologie*, et la *formatrice* est
l'axe d'homologie.

Les personnes qui ont l'habitude des pratiques de la perspective reconnaî-
tront aussi, dans ce mode de déformation, les figures mêmes que l'on trace
sur un plan, comme devant être la perspective l'une de l'autre.

Ainsi, qu'on regarde la *formatrice* (ou *axe d'homologie*), comme la *ligne
de terre*, la *directrice* comme la *ligne horizontale*, le pied de la perpendiculaire abaissée du *pôle* (ou *centre d'homologie*) sur cette directrice, comme *le
point de vue*, et enfin que, pour déterminer *le point de distance*, on porte, à
partir du point de vue, un segment égal à cette perpendiculaire, sur la directrice; puis, qu'avec ces données on construise la perspective de la conique
décrite par La Hire, on trouvera précisément son cercle générateur. (*Voyez*
la Note XVIII.)

Ainsi, la description générale des coniques sur le plan, qu'avait désirée
ce géomètre, existait à son insu depuis longtemps; mais elle ne servait que
comme simple pratique de la perspective, à l'usage seulement des artistes.
La Hire a le mérite très-grand d'avoir, le premier, conçu l'idée de se
servir d'une telle déformation de figure comme méthode de Géométrie ratio-
nelle, pour transporter directement à une courbe les diverses propriétés
d'une autre courbe décrite sur le même plan.

Cette méthode était une généralisation de deux autres modes de transformation d'une figure en une autre de même nature. Le premier consiste à

mener d'un point fixe des rayons à tous les points d'une courbe, et à les prolonger dans un rapport constant : leurs nouvelles extrémités forment une seconde courbe semblable à la première, et semblablement placée par rapport au point fixe ; le second mode de transformation consiste à abaisser, de tous les points d'une courbe, des ordonnées sur un axe fixe, et à les prolonger, à partir de cet axe, dans un rapport donné : leurs extrémités appartiennent à une seconde courbe qui est du même degré et du même genre que la proposée ; et les tangentes en deux points correspondants de ces deux courbes se rencontrent sur l'axe fixe. C'est de cette manière que Stévin, Grégoire de Saint-Vincent et, avant eux, le célèbre peintre Albert Durer, formaient l'ellipse au moyen du cercle. On tombe sur ces deux modes de déformation en supposant, dans celui de La Hire, que la trace et la directrice, dans le premier cas, et le point S dans le second, soient à l'infini.

Nous trouvons, dans la *Géométrie des lignes courbes* de John Leslie [1], une construction des coniques, par l'intersection de deux droites mobiles autour de deux pôles fixes, qui revient à celle de La Hire. Ce célèbre géomètre a tiré cette construction des pratiques de la perspective ; mais il n'en a point fait usage, comme La Hire et Le Poivre, pour démontrer les propriétés des coniques.

§ 35. Dans le même temps que La Hire conçut sa méthode de description des coniques au moyen du cercle, Newton en imagina aussi une du même genre, dont le but général était d'opérer, sur le plan, des transformations de figures, dans lesquelles des points répondissent à des points, et des droites à des droites ; et où certaines droites convergentes devinssent parallèles. Il donna cette méthode dans le premier livre de ses *Principes*, et montra comment elle pouvait servir pour transformer une conique quelconque en un cercle, et simplifier ainsi des problèmes difficiles.

NEWTON,
1642-1727.

Ce grand géomètre donna une construction géométrique et une expres-

[1] *Geometrical analysis and Geometry of curve lines, etc.* Edinburgh, 1821, in-8°.

sion analytique, l'une et l'autre très-simples, de ses figures transformées, mais sans laisser apercevoir la route qui l'avait conduit à ce mode de transformation des figures; et c'est peut-être pourquoi il a été peu cultivé depuis; car l'esprit éprouve toujours quelque difficulté et quelque répugnance aux choses qui ne portent pas en elles plus que l'évidence qui convainc, et où ne se trouve pas celle qui éclaire et montre les véritables raisons des choses. Nous avons été curieux de comparer cette méthode à celle de La Hire, et de rechercher les différences qui pouvaient les caractériser, et donner quelque avantage à l'une sur l'autre, espérant par là retrouver le fil qui avait pu guider Newton. Nous avons reconnu que ses figures n'étaient autres que celles de La Hire placées dans une position différente, l'une à l'égard de l'autre; et qu'on peut aussi les produire par la perspective, en les abattant ensuite sur un même plan, mais d'une autre manière que ne l'avait fait La Hire; et c'est ainsi probablement que Newton aura imaginé sa méthode. Ce procédé est en effet l'une des pratiques de perspective enseignées par quelques auteurs, dont nous citerons Vignole, Sirigati, Pozzo. (*Voir* la Note XIX.)

§ 36. Il nous serait facile de montrer les ressources immenses que ces méthodes de transformation des courbes sur un plan auraient offertes, depuis un siècle et demi, aux géomètres, si une fatale et injuste prévention ne les avait éloignés de la culture de la Géométrie pure. Mais il nous suffit d'avoir montré que celle de La Hire, particulièrement, conduisait aux mêmes transformations et au même but que la belle théorie des *figures homologiques*, dont M. Poncelet a tiré des résultats aussi nombreux que remarquables. Cette méthode d'ailleurs, comme celle de Newton, n'est qu'un corollaire de notre principe général de *déformation homographique*, et nous ferions double emploi en nous étendant ici davantage sur ses applications.

§ 37. En terminant cet historique des premières méthodes de transformation des courbes, nous remarquerons que la manière ingénieuse par laquelle Le Poivre est parvenu à la sienne, aurait mérité aussi l'attention des géomètres ; car elle repose sur une idée qui comprend tout un système de *Géométrie descriptive*, ou de représentation graphique, sur une aire plane, des corps situés dans l'espace. Cette idée consiste à représenter, dans la pratique de la perspective, un plan situé dans l'espace, par deux droites parallèles tracées sur le *tableau*, dont l'une est la *trace* du plan, et l'autre la trace d'un plan parallèle, mené par le point de vue. De cette manière, une droite est déterminée par deux points, qui sont ceux où cette droite et sa parallèle, menée par le point de vue, percent le tableau. Ainsi, voilà un moyen de représenter sur un plan tous les corps de l'espace, en se servant uniquement d'un point fixe pris arbitrairement au dehors de ce plan. Ce nouveau mode de Géométrie descriptive a été conçu et mis à exécution, il y a peu d'années, par M. Cousinery, ingénieur des ponts et chaussées. Nous reviendrons sur l'ouvrage de ce géomètre, quand nous en serons à parler de la Géométrie descriptive de Monge.

§ 38. Les travaux des géomètres que nous avons cités au commence- Géométrie analytique à trois dimensions. ment de cette troisième Époque, comme les promoteurs de la Géométrie de Descartes, ne roulèrent généralement que sur la Géométrie plane. Cependant, ce célèbre philosophe, comprenant toute la portée et la puissance de sa doctrine des coordonnées, ne l'avait pas restreinte aux courbes planes, et en avait montré l'usage dans la *Théorie des Courbes à double courbure*. Pour cela, des points d'une courbe quelconque tracée dans l'espace, il abaissait des perpendiculaires sur deux plans rectangulaires ; leurs pieds formaient deux courbes planes qu'il rapportait chacune à deux axes coordonnés situés dans son plan, et dont l'un était l'intersection des deux plans.

Cette doctrine des courbes situées dans l'espace conduisait, comme on le voit, au système de coordonnées à trois dimensions, et à l'expression d'une surface par son équation unique entre ces trois coordonnées. Mais les spéculations des géomètres se bornèrent, pendant longtemps, aux courbes planes ; et la Géométrie analytique à trois dimensions ne se développa que plus d'un demi-siècle après.

18

C'est, je crois, Parent qui représenta pour la première fois, en 1700, une surface courbe par une équation entre trois variables, dans un Mémoire qu'il lut devant l'Académie des sciences.

Ce Mémoire, écrit d'une manière assez peu soignée, comme les autres ouvrages de l'auteur, géomètre, du reste, très-habile et pourvu de connaissances très-variées, mérite pourtant d'être remarqué comme offrant la première application de notre système de coordonnées dans l'espace ; et cette application portait sur des questions assez difficiles. On y trouve l'équation de la sphère, et celle de son plan tangent ; la détermination des ordonnées *maxima* et *minima* dans certaines sections de la sphère ; les équations de diverses surfaces du troisième degré, et des courbes à double courbure passant par les points auxquels répondent des ordonnées *maxima* et *minima* ; enfin, la construction des points d'inflexion de certaines courbes tracées sur les surfaces [1].

Depuis, Jean Bernouilli a aussi exprimé les surfaces par une équation entre trois coordonnées, à l'occasion du problème de la ligne la plus courte qu'on puisse tracer sur une surface, entre deux points donnés.

Mais ce ne fut qu'en 1731 que Clairault, dans son célèbre *Traité des Courbes à double courbure*, qu'il composa à l'âge de seize ans [2], exposa pour

---

[1] Des affections des superficies : 1° de leurs plans tangents ; 2° des plus grands et plus petits des superficies et de leurs plus grands et plus petits absolus ; 3° des courbes qui soutiennent ou contiennent les plus grands et plus petits des superficies ; 4° des courbes qui soutiennent ou contiennent les inflexions des superficies. *Voir* le deuxième volume des *Essais et Recherches de mathématiques et de physique* de Parent ; 3 vol. in-12, seconde édition, 1715.

[2] Dès l'âge de douze ans, Clairault s'était déjà annoncé dans le monde savant, par un Mémoire sur quatre courbes géométriques, qui a été jugé digne d'être imprimé à la suite d'un Mémoire de son père, dans le recueil de l'Académie de Berlin (*Miscellanea Berolinensia*, tom. IV, ann. 1734).

Son frère puîné, mort à l'âge de seize ans, avait annoncé la même précocité de talent, en mettant au jour, à quatorze ans, un écrit sur *Diverses quadratures circulaires elliptiques et hyperboliques*, suivi d'une construction des paraboles cubiques et de diverses autres courbes par des mouvements continus.

Ce petit ouvrage, qui a obtenu l'approbation de l'Académie des sciences de Paris en 1730, et qui a été imprimé en 1731, mérite d'être placé, dans le cabinet des bibliographes, à côté de

la première fois, d'une manière méthodique, la doctrine des coordonnées dans l'espace, appliquée aux surfaces courbes et aux lignes à double courbure qui naissent de leur intersection.

Les questions relatives aux tangentes de ces courbes, à leur rectification, à la quadrature des espaces qu'elles déterminent par leurs ordonnées, sont résolues, dans ce traité, avec une élégance et une facilité qui ne le cèdent aux méthodes actuelles que sous le rapport de la symétrie des formules, introduite par Monge dans son grand *Traité de l'application de l'Algèbre à la Géométrie.*

La dénomination de *Courbe à double courbure*, adoptée par Clairault, *parce qu'une telle courbe participe de la courbure de deux courbes planes qui en sont les projections,* est due à Pitot [1], qui l'avait employée dans un Mémoire, concernant l'hélice tracée sur un cylindre droit circulaire, lu à l'Académie des sciences en 1724.

§ 39. Nous avons eu occasion de faire voir, en parlant d'Architas, de Géminus et de Pappus, que les courbes à double courbure n'ont pas été étrangères aux études des Anciens. Depuis, et jusqu'à Clairault, d'où datent

PITOT,
1693-1771.

---

l'*Essai pour les coniques* de Pascal, et des *Recherches sur les Courbes à double courbure,* du frère aîné de l'auteur. La rareté du livre ajoute au prix de cette curiosité littéraire, offerte par un géomètre de quatorze ans.

[1] Pitot, en se proposant de carrer la courbe appelée d'abord la *compagne de la cycloïde,* puis, par Leibniz, la ligne des *sinus,* parce que ses abscisses seraient égales aux sinus des ordonnées si on enroulait celles-ci sur une circonférence du cercle; Pitot, dis-je, trouve : 1° que cette courbe est ce que devient, dans le développement d'un cylindre droit circulaire sur son plan tangent, l'ellipse qui aurait été formée sur ce cylindre par un plan sécant incliné de 45 degrés sur son axe; et, 2°, que cette courbe provient aussi d'une hélice tracée sur le même cylindre, et projetée sur un plan parallèle à l'axe du cylindre.

Ces deux propositions ont été démontrées, depuis, dans plusieurs ouvrages.

La courbe dont il s'agit, considérée comme provenant d'une ellipse, dans le développement du cylindre, a fixé l'attention de Schubert, qui en a donné la quadrature et la rectification, dans les *Nova Acta* de Pétersbourg, tom. XIII, année 1795-1796.

Burja, dans un *Mémoire sur les connaissances mathématiques d'Aristote,* a remarqué que ce prince des philosophes de l'antiquité a parlé de cette même courbe dans la question sixième de la dixième section de ses *Problèmes.*

leur théorie et le rang qu'elles ont pris dans le vaste ensemble des propriétés de l'étendue, on les retrouve encore dans les travaux de plusieurs géomètres.

Voici, pour compléter l'historique de ces courbes, un exposé rapide, et suivant l'ordre des temps, des différentes circonstances où ces courbes se sont présentées.

NONIUS,
1492-1577.

En 1530, Nonius, Portugais, et plus tard Wright, Stévin, Snellius, examinèrent la *loxodromie,* qui est une courbe à double courbure, tracée sur le sphéroïde terrestre. C'est la route parcourue par un vaisseau dirigé toujours sur le même rumb de vent. On doit à Halley cette propriété curieuse de la loxodromie, d'être la projection stéréographique de la spirale logarithmique.

Vers 1630, Roberval, dans son *Traité des Indivisibles,* considéra la courbe à double courbure, décrite par un seul trait de compas sur la surface d'un cylindre droit circulaire, et démontra diverses propriétés de cette courbe, et de celle qui en résulte par le développement du cylindre sur un plan.

LA LOUBÈRE,
1600-1664.

Peu après, La Loubère étudia aussi cette courbe, et l'appela *cyclo-cylindrique.*.

En 1637, Descartes, à la fin du second livre de sa Géométrie, dit quelques mots des courbes à double courbure, sans s'occuper d'aucune en particulier; mais ce peu de mots en comprenait toute la doctrine [1].

---

[1] Descartes indique aussi la construction des normales aux lignes à double courbure; mais sur ce point il commet une erreur; car il suppose que les normales aux deux courbes planes, qui sont les projections de la courbe à double courbure, sont elles-mêmes les projections d'une normale à cette courbe. Cela peut se dire des tangentes, mais non des normales.

Quelque peu d'importance qu'ait cette erreur, et quelque étrangère même qu'elle soit à la méthode qui constitue la Géométrie de Descartes, il est fort étonnant qu'elle ait échappé aux envieux comme aux admirateurs qu'a fait naître cette œuvre immortelle, et à Roberval surtout, qui se mit l'esprit à la torture pour y découvrir quelque défaut. Bien plus, le P. Rabuel, dans son *Commentaire, démontra* la construction indiquée par Descartes. Il est vrai qu'il omet, dans cette prétendue démonstration, de citer les *Éléments* d'Euclide, comme il a coutume de faire à peu près une fois par chaque ligne.

Pascal résolut un problème sur la spirale conique, qui est une ligne à double courbure, tracée sur un cône droit (*OEuvres de Pascal*, tom. V, pag. 422).

COURCIER.

Le P. Courcier, dans son Traité : *Opusculum de sectione superficiei sphæricæ per superficiem sphæricam, cylindricam atque conicam, etc.*, in-4°, 1663, eut à considérer, d'une manière spéciale, des courbes à double courbure. Ce sont celles qui naissent de l'intersection de la sphère par le cône et le cylindre droits, à bases circulaires, et de l'intersection de ces deux surfaces entre elles, considérées dans toutes les positions qu'elles peuvent présenter. Cet ouvrage, quoique le sujet n'offre pas de difficultés sérieuses, mériterait d'être plus connu qu'il ne l'est [1].

VIVIANI.
1622 - 1703.

Un problème proposé en 1692 par Viviani, où il s'agissait de percer quatre fenêtres dans une voûte hémisphérique, telles que le reste de la voûte fût quarrable, était résolu par des lignes à double courbure, et donna lieu à Wallis, Leibniz et Bernoulli, de considérer de telles courbes sur la sphère.

HERMAN,
1678 - 1733.

Herman, en répondant à la question de tracer sur la sphère des courbes rectifiables, proposée dans les Actes de Leipzig de 1718, fut conduit à la considération de l'épicycloïde sphérique, engendrée par un point de la surface d'un cône de révolution qui roule sur un plan, son sommet restant fixe.

GUIDO-GRANDI.
1671-1742

En 1728, Guido-Grandi considéra sur la sphère deux courbes à double courbure, qu'il appela *clélies*, et dont il donna la quadrature. L'une de ces courbes est simplement l'intersection de la sphère par une surface héliçoïde rampante, dont l'axe passe par le centre de la sphère.

Enfin parut l'ouvrage de Clairault, qui fonda la théorie des courbes à double courbure; et dès lors les spéculations concernant ces courbes se multiplièrent considérablement.

---

[1] Frezier, dans son *Traité de Stéréotomie*, a considéré les mêmes courbes que le P. Courcier. Celui-ci les avait appelées *curviteyæ*; Frezier les appelle *imbricatæ* (*en forme de tuile creuse*).

CHAPITRE IV.

QUATRIÈME ÉPOQUE.

Calcul infinitésimal.

§ 1. Cinquante ans après que Descartes avait mis au jour sa *Géométrie*, une autre grande conception préparée par Fermat et Barrow, le *Calcul infinitésimal* de Leibniz et de Newton, prit naissance (en 1684 et 1687).

Cette sublime invention, qui remplaçait avec un avantage immense les méthodes de Cavalieri, de Roberval, de Fermat, de Grégoire de Saint-Vincent, pour les dimensions des figures et les questions de *maxima* et *minima*, s'appliqua aussi, avec une facilité si prodigieuse, aux grandes questions des phénomènes de la nature, qu'elle devint presque exclusivement l'objet des méditations des plus célèbres géomètres. Dès lors, la Géométrie ancienne et les belles méthodes de Desargues et de Pascal, de La Hire et de Le Poivre, pour l'étude des coniques, furent négligées.

L'Analyse de Descartes, seule des grandes productions de notre deuxième et de notre troisième Époque, survécut à cet abandon général. C'est qu'elle était le véritable fondement des doctrines de Leibniz et de Newton, qui allaient envahir tout le domaine des sciences mathématiques.

Cependant, quelques géomètres, dans les premiers temps, et à leur tête Huygens, quoiqu'il sût apprécier toutes les ressources de l'Analyse infinitésimale, Mac-Laurin, profond commentateur du *Traité des Fluxions* de Newton, et Newton lui-même, furent fidèles à la méthode des Anciens, et surent pénétrer dans les mystères de la plus profonde Géométrie, pour résoudre, avec son seul secours, les plus hautes questions des sciences physico-mathématiques.

Quelques autres géomètres ensuite, tels que Stewart, Lambert, dignes admirateurs de ces grands hommes, marchèrent sur leurs traces et continuèrent leurs savantes méthodes. Mais enfin l'attrait de la nouveauté et les puissantes ressources que présentait l'Analyse infinitésimale, tournèrent tous les esprits vers d'autres idées et d'autres spéculations. De sorte que, si l'on peut dire parfois que la Géométrie d'Huygens et de Newton, après avoir posé les véritables fondements de nos connaissances positives, devenait insuffisante pour continuer son œuvre, il est juste de convenir aussi que des disciples lui ont manqué; car je ne sache pas que, depuis trois quarts de siècle, on ait fait de nouvelles applications de cette méthode; et c'est aujourd'hui par tradition et seulement sur parole, que, légèrement peut-être, on parle de son impuissance et des limites qui en restreignent pour toujours les usages.

§ 2. Nous ne pouvons entreprendre ici d'analyser tous les travaux des grands géomètres que nous avons nommés; cette tâche n'entre point dans notre cadre et serait au-dessus de nos forces. Nous ne devons citer que ceux de ces travaux qui se rapportent à cette partie de la science de l'étendue, que nous avons appelée *Géométrie des formes et des situations;* qui prend son origine dans l'*Analyse géométrique* des Anciens; qui, pendant deux mille ans, s'est exercée sur l'inépuisable théorie des sections coniques, et à laquelle enfin Descartes a soumis, d'un trait de plume, l'innombrable famille des courbes géométriques.

Nous allons présenter d'abord un aperçu rapide des découvertes successives des principales propriétés de ces courbes; puis, en revenant sur nos pas, nous parlerons des progrès que la Géométrie a faits dans diverses autres parties.

Propriétés générales
des courbes géomé-
triques.

§ 3. La Géométrie analytique de Descartes était un instrument universel, éminemment propre à l'étude des courbes géométriques ; et ce philosophe en avait montré l'usage et toute la puissance dans la solution des questions les plus diverses. Mais ce furent Newton et Mac-Laurin qui, les premiers, l'appliquèrent à la recherche des propriétés générales et caractéristiques de ce genre de courbes ; et c'est à ces deux illustres géomètres et à leur célèbre contemporain Cotes, que l'on doit la découverte des premières et plus importantes propriétés des courbes géométriques.

NEWTON.

Newton, dans son *Enumeratio linearum tertii ordinis* (anno 1706), modèle admirable de haute Géométrie, fit connaître les trois propriétés suivantes, qu'il présenta comme extensions des propriétés principales des coniques [1].

La première concerne leurs *diamètres ;* elle consiste en ce que : *étant menées, dans le plan d'une courbe géométrique, des transversales parallèles entre elles, et étant pris sur chacune d'elles le centre des moyennes distances de tous les points où elle rencontre la courbe, tous ces centres se trouvent toujours en ligne droite.* C'est cette droite qu'on appelle *diamètre* de la courbe *correspondant, ou conjugué, à la direction des transversales.*

La deuxième propriété générale concerne les asymptotes, et consiste en ce que : *quand une courbe a autant d'asymptotes qu'il y a d'unités dans le degré de son équation, sous quelque direction qu'on tire une transversale, le centre des moyennes distances des points où elle rencontre les asymptotes est le même que celui des points où elle rencontre la courbe.*

Ou, en d'autres termes, *la somme des segments compris entre chaque branche de la courbe et son asymptote, est la même de part et d'autre du diamètre conjugué à la transversale.*

Enfin, la troisième propriété générale est celle du rapport constant des produits des segments compris sur deux transversales, parallèles, respectivement, à deux axes fixes. On l'énonce d'une manière générale, en disant

---

[1] *Proprietatis sectionum conicarum competunt curvis superiorum generum.*

que : *si par un point quelconque, pris dans le plan d'une courbe géométrique, on mène deux transversales parallèles à deux axes fixes, les produits des segments compris sur ces deux droites, entre le point par lequel
elles sont menées et la courbe, sont entre eux dans un rapport constant,
quel que soit ce point.*

Il est aisé de reconnaître que ces trois belles propriétés, communes à
toutes les courbes géométriques, sont une généralisation de trois propositions de la théorie des coniques.

§ 4. L'objet principal de l'ouvrage de Newton était l'énumération des
lignes comprises dans l'équation du troisième degré à deux variables, où il
en reconnut soixante-douze espèces différentes, auxquelles Stirling en ajouta
quatre.

A la suite de cette énumération, Newton donna cette belle et curieuse
proposition, qui range ces courbes en cinq grandes classes principales,
savoir : « Qu'ainsi que le cercle, étant présenté à un point lumineux,
» donne par son ombre toutes les courbes du second degré, de même les
» cinq paraboles divergentes donnent par leur ombre toutes les courbes du
» troisième degré. »

L'ouvrage est terminé par la description organique des coniques au moyen
de deux angles, mobiles autour de leurs sommets, dont deux côtés se coupant toujours sur une droite, les deux autres engendrent, par leur intersection, une conique; et ce mode de description est étendu aux lignes du troisième et du quatrième degré qui ont un point double.

Il est fâcheux que Newton se soit contenté d'énoncer ces belles découvertes, sans démonstration ni aucune indication de la méthode qu'il avait
suivie. Stirling, peu d'années après, suppléa à ce défaut en rétablissant,
avec les développements préliminaires nécessaires, les démonstrations des
propositions de Newton, relatives à l'énumération des lignes du troisième
degré. Les autres parties de l'ouvrage ont été, depuis, démontrées par
divers géomètres. Le beau théorème sur la génération de toutes les courbes
du troisième degré par l'ombre des cinq paraboles divergentes, qui avait

19

paru l'un des plus difficiles, l'a été par Clairault [1], Nicole [2], Murdoch [3] et le Père Jacquier [4]. Mais il nous semble que les considérations analytiques, dans lesquelles ces géomètres ont puisé des preuves suffisantes de la vérité du théorème de Newton, n'en ont pas pénétré la nature ni l'origine. Aussi, un autre théorème semblable, c'est-à-dire, un autre mode de génération de toutes les courbes du troisième degré par l'ombre de cinq d'entre elles, qui a une connexité intime avec celui de Newton, a-t-il échappé aux géomètres qui ont écrit sur cette matière. Ce théorème consiste en ce que : *parmi toutes les courbes du troisième degré, il en est cinq qui ont un centre [5]; et ces cinq courbes, par leur ombre projetée sur un plan, donnent naissance à toutes les autres.*

Ce nouveau théorème et celui de Newton reposent, l'un et l'autre, sur une même propriété des points d'inflexion, qui nous paraît en être la véritable origine, et pouvoir être utile pour une classification purement géométrique des courbes du troisième degré, basée sur leurs différentes formes. Nous donnerons l'énoncé de cette propriété dans la Note XX.

MAC-LAURIN.
1698-1746.

§ 5. Mac-Laurin, inspiré par les belles découvertes de Newton, produisit, sur les courbes géométriques, deux écrits d'une haute importance. Dans le premier, consacré à la description organique des courbes géométriques [6], l'auteur apprend à décrire de diverses manières, par l'intersection de deux angles mobiles, dont le mouvement est déterminé convenablement, toutes les courbes géométriques. Ses démonstrations, traitées par la méthode des coordonnées, n'offrent pas toujours un degré de simplicité satisfaisant; mais le deuxième écrit de Mac-Laurin, intitulé : *De linearum geometricarum proprietatibus generalibus tractatus,* est d'une élégance et d'une précision admirables.

[1] *Mémoires de l'Académie des sciences,* ann. 1731.
[2] *Ibid.*
[3] *Newtoni Genesis curvarum per umbras;* in-8°. Lond., 1746.
[4] *Elementi di perspettiva;* Appendice, in-8°. Romæ, 1755.
[5] Ce sont, dans l'énumération des soixante-douze espèces de Newton, les cinq courbes classées sous les nos 27, 38, 59, 62, 72, et représentées par les figures 37, 47, 67, 70 et 81.
[6] *Geometria organica, sive descriptio linearum curvarum universalis,* in-4°, 1719.

Tout cet ouvrage repose sur deux théorèmes, qui sont deux belles propriétés générales des courbes géométriques. Le premier est celui du célèbre Cotes, que son ami, le savant physicien R. Smith, trouva dans ses papiers et communiqua à Mac-Laurin. On peut l'énoncer de cette manière : *Si, autour d'un point fixe, on fait tourner une transversale qui rencontre une courbe géométrique en autant de points A, B.... qu'elle a de dimensions, et qu'on prenne sur cette transversale, dans chacune de ses positions, un point M tel que la valeur inverse de sa distance au point fixe soit moyenne arithmétique entre les valeurs inverses des distances des points A, B... à ce point fixe, le point M aura pour lieu géométrique une droite.*

COTES,
1682-1716.

Mac-Laurin a appelé le segment compris entre le point fixe et le point M, *moyenne harmonique* entre les segments compris entre le point fixe et la courbe [1]; et M. Poncelet a appelé le point M, le *centre des moyennes harmoniques* des points A, B...., par rapport au point fixe [2]. Ce géomètre a fait voir que, quand le point fixe est à l'infini, le point M devient le centre des moyennes distances des autres points A, B...., d'où il résulte que le théorème de Cotes est une généralisation du théorème de Newton sur les *diamètres* des courbes.

Le second théorème dont se sert Mac-Laurin, qui lui est dû, est celui-ci :

Que, par un point fixe pris dans le plan d'une courbe géométrique, on mène une transversale qui rencontre la courbe en autant de points qu'elle a de dimensions; qu'en ces points on mène les tangentes à la courbe; et que, par le point fixe, on tire une seconde droite de direction arbitraire, mais qui restera fixe : les segments compris sur cette droite, entre le point fixe et toutes les tangentes à la courbe, auront la somme de leurs valeurs inverses constante, quelle que soit la première transversale menée par le point fixe;

---

[1] Mac-Laurin dit qu'une quantité est *moyenne harmonique* entre plusieurs autres, quand sa valeur inverse est *moyenne arithmétique* entre les valeurs inverses de ces quantités. (*Traité des Courbes géométriques*, § 28.)

[2] *Mémoire sur les centres des moyennes harmoniques*; JOURNAL DE M. CRELLE, tom. III.

Cette somme sera égale à celle des valeurs inverses des segments compris sur la même droite fixe, entre le même point et ceux où cette droite rencontre la courbe.

§ 6. Ce second théorème est une généralisation importante de celui de Newton sur les asymptotes. L'un se transforme dans l'autre par la perspective des figures.

Ainsi, deux des trois théorèmes de Newton sur les courbes géométriques se trouvent généralisés par ceux de Cotes et de Mac-Laurin. Le troisième, qui concerne les segments faits sur des transversales parallèles, a reçu une généralisation semblable dans la *Géométrie de position*, où les transversales concourent en des points fixes. Carnot a même donné une autre généralisation plus étendue et plus féconde de ce théorème, en le considérant comme cas particulier d'une belle proposition générale relative à un polygone quelconque, tracé dans le plan d'une courbe géométrique.

§ 7. Dans le théorème énoncé ci-dessus, Mac-Laurin considère le cas où le point fixe, par lequel on mène des transversales, est pris sur la courbe; et, au moyen d'une propriété du cercle, il transforme l'équation qui exprime le théorème en une autre, où entre une corde du cercle osculateur à la courbe au point fixe. De là il conclut deux autres théorèmes, qui lui servent à construire le cercle osculateur, et à trouver l'expression de la différentielle du rayon de courbure.

Cette construction géométrique du cercle osculateur, sur la figure même, et sans le secours du calcul des fluxions, ni même de l'Analyse de Descartes, paraît être restée inaperçue dans l'ouvrage de Mac-Laurin; car nous ne voyons pas qu'on en ait jamais parlé. Nous croyons pourtant qu'elle méritait d'y être remarquée, parce que ce problème avait paru jusque-là exiger absolument l'emploi de l'Analyse.

Mac-Laurin suppose connue la direction de la normale au point où il détermine le cercle osculateur. Nous nous étonnons qu'il n'ait pas eu l'idée de construire aussi d'une manière purement géométrique, et sans calcul, cette normale. Ce problème était du même ordre, et plus facile que celui du cercle osculateur. Nous avons trouvé, de l'une et de l'autre, une construction simple, qui dérive du troisième théorème de Newton. Nous ignorions alors que le cercle osculateur eût déjà été construit : du reste notre solution diffère complétement de celle de Mac-Laurin, puisqu'elle repose sur une autre propriété des courbes géométriques.

§ 8. Les quatre théorèmes généraux dont nous venons de parler font l'objet de la première section de l'ouvrage de Mac-Laurin. Dans les deux autres sections sont les applications de ces quatre théorèmes aux coniques et aux courbes du troisième degré.

Les diverses propriétés de la division harmonique des sécantes dans les coniques, et le théorème sur le quadrilatère inscrit, qui comprend la théorie des pôles (celui que nous avons déduit de l'hexagramme de Pascal), se trouvent dans la deuxième section. Le théorème de l'hexagramme y est seulement énoncé, Mac-Laurin l'ayant déjà démontré ailleurs de diverses manières [1].

La troisième section contient un grand nombre de propriétés curieuses des courbes du troisième degré. La plus considérable, d'où se déduisent la plupart des autres, qui sont relatives aux points d'inflexion et au point double, est celle-ci :

Quand un quadrilatère a ses quatre sommets et les deux points de concours de ses côtés opposés sur une courbe du troisième degré, les tangentes à la courbe, menées par deux sommets opposés, se coupent sur cette courbe.

Mac-Laurin avait déjà fait connaître ce théorème, qu'il avait énoncé dans son *Traité des Fluxions* (art. 401), en observant que celui sur le quadrilatère inscrit aux coniques, dont nous venons de parler, n'en était qu'un cas particulier : ce qu'on voit aisément en considérant la conique et la droite qui joint les points de concours des côtés opposés au quadrilatère, comme représentant une ligne du troisième degré.

---

[1] *Transactions philosophiques*, n° 439, ann. 1735, et *Traité des Fluxions*, nᵒˢ 322 et 623.

Le théorème de Pascal pourrait être aussi considéré comme un corollaire d'une propriété des courbes du troisième degré, plus générale que celle de Mac-Laurin, et dont voici l'énoncé :

Quand un hexagone a ses six sommets et deux des trois points de concours de ses côtés opposés sur une courbe du troisième degré, le troisième de ces points de concours est aussi sur la courbe [1].

§ 9. On a encore de Mac-Laurin, sur la théorie des courbes, un fragment d'un Mémoire qu'il avait écrit en France, en 1721, comme supplément à sa *Géométrie organique*, et dont l'impression avait été commencée, mais qui n'a point été mis au jour. Ce fragment fut adressé, en 1732, à la Société royale de Londres, et se trouve dans les *Transactions philosophiques* pour l'année 1735. On y remarque le théorème général suivant, qui en est la partie principale :

Si un polygone, de forme variable, se meut de manière que tous ses côtés passent respectivement par autant de points fixes donnés, et que tous ses sommets, moins un, parcourent des courbes géométriques des degrés m, n, p, q...., *le sommet libre engendrera une courbe qui sera en général du degré* 2mnpq...; *et qui se réduira au degré sous-double* mnpq...., *quand tous les points seront en ligne droite.*

Si toutes les lignes directrices sont droites, la courbe engendrée par le sommet libre du polygone est une conique ; et si le polygone est un triangle, le théorème alors n'est autre que l'hexagramme de Pascal. Ce théorème avait déjà été donné par Newton, pour le cas où l'un des trois points par où devaient passer les trois côtés du triangle mobile était situé à l'infini (lemme 20 du 1er livre des *Principes*). Mais c'est à Mac-Laurin qu'on doit son énoncé général, et d'avoir aperçu, dans ce mode de description des

---

[1] Pour démontrer ce théorème, il suffit de regarder les trois côtés de rang impair de l'hexagone comme formant une première ligne du troisième degré, et les trois côtés de rang pair comme en formant une seconde. Par les neuf points d'intersection de ces deux lignes on pourra faire passer une infinité de courbes du troisième degré ; mais la proposée passe par huit de ces neuf points ; il s'ensuit donc, par une propriété générale des courbes du troisième degré, qu'elle passe par le neuvième.

coniques, le beau théorème de Pascal, qui était alors ignoré; l'*Essai sur les coniques*, qui en contient l'énoncé, n'ayant été retrouvé qu'en 1779, par les soins de M. l'abbé Bossut [1].

Depuis, Mac-Laurin démontra ce théorème directement pour le cercle, d'où il le conclut, par la perspective, pour toute espèce de coniques. (*Voir* le *Traité des Fluxions,* chapitre XIV, dans lequel Mac-Laurin démontre les propriétés principales de l'ellipse, en la considérant comme section d'un cylindre oblique à base circulaire.)

§ 10. Braikenridge fut, dans la description des courbes de tous les degrés, un digne émule de Mac-Laurin; et la théorie de ces courbes lui est redevable de plusieurs belles propositions fondamentales, relatives principalement à leur description par l'intersection de droites qui tournent autour de pôles fixes; propositions qu'il exposa dans son traité intitulé : *Exercitatio Geometriæ de descriptione linearum curvarum* (in-4°, 1733), et dans un Mémoire qui fait partie des *Transactions philosophiques,* année 1735.

BRAIKENRIDGE.

Depuis, plusieurs autres géomètres appliquèrent avec succès la Géométrie de Descartes à la théorie générale des courbes géométriques.

Nicole, à l'imitation de Stirling, qui avait démontré les propositions seulement énoncées par Newton dans son *Énumération des lignes du troisième degré,* avait aussi commencé une explication des principes qui avaient guidé ce grand géomètre, et la démonstration de son importante et curieuse proposition, non démontrée par Stirling, sur la description de toutes ces courbes par l'ombre des cinq paraboles divergentes [2].

NICOLE.
1683-1759.

L'abbé de Bragelongne, qui, dès 1708, avait démontré, le premier, les beaux théorèmes de Newton sur la description organique des coniques,

BRAGELONGNE,
1688-1744.

---

[1] Il serait possible, il est vrai, que Mac-Laurin, qui résida en France vers 1721, ait eu connaissance de l'ouvrage de Pascal; mais le théorème de l'hexagone ressortait si naturellement de la description des coniques par le triangle mobile, qu'il nous paraîtrait étonnant qu'il eût échappé à la pénétration de Mac-Laurin, qui avait profondément médité sur tout ce qui concerne la description des courbes, ainsi qu'il nous l'apprend lui-même, par sa lettre communiquée à la Société royale de Londres, le 24 décembre 1732. (*Trans. philosoph.,* année 1735.)

[2] *Mémoires de l'Académie des sciences,* année 1731.

et des courbes du troisième et du quatrième degré ayant des points doubles [1], entreprit l'énumération et l'examen des formes et des affections des courbes du quatrième degré. Travail immense et difficile, dont les premières parties seulement ont été publiées, la mort de l'auteur nous ayant privé des suivantes [2].

DE GUA,
1712-1786.

L'abbé De Gua, dans un excellent ouvrage intitulé : *Usage de l'Analyse de Descartes* (in-12, 1740), donna le moyen de déterminer les tangentes, les asymptotes et les points singuliers (multiples, conjugués, d'inflexion et de rebroussement), des courbes de tous les degrés, et fit voir, le premier, par les principes de la perspective, que plusieurs de ces points peuvent se trouver à l'infini; ce qui lui donna l'explication *a priori* d'une analogie singulière entre les différentes espèces de points et les différentes espèces de branches infinies, hyperboliques ou paraboliques, que peuvent présenter les courbes; analogie à laquelle le calcul l'avait déjà conduit.

Le but que s'était proposé cet habile géomètre, était de démontrer que l'Analyse de Descartes pouvait être employée, avec autant de succès que le calcul différentiel, dans la plupart des recherches relatives aux courbes géométriques. Il ne reconnaissait l'utilité de l'Analyse infinitésimale que pour la solution des problèmes de calcul intégral, et de ceux qui concernent les courbes mécaniques. Ce sont en effet les seuls pour lesquels il paraît impossible de s'en passer, et ce sont même les seuls que Newton ait résolus par cette voie.

EULER,
1707-1783.

Euler, dans son *Introductio in analysin infinitorum* (2 vol. in-4°, 1748), exposa les principes généraux de la théorie analytique des courbes géométriques, avec cette généralité et cette clarté qui caractérisent les écrits de ce grand géomètre ; et, étendant ce genre de recherches à la Géométrie à trois

---

[1] *Journal des Savans*, 30 septembre 1708.

[2] La première partie de cette énumération a été publiée dans les *Mémoires de l'Académie des sciences*, années 1730 et 1731 ; la seconde partie n'a pas paru : l'analyse s'en trouve dans l'*Histoire de l'Académie pour* 1732.

dimensions, discuta, pour la première fois, l'équation à trois variables qui renferme les surfaces du second degré.

Dans le même temps Cramer donna, sous le titre : *Introduction à l'Analyse des lignes courbes algébriques* (in-4°, 1750), un traité spécial, le plus complet, et encore aujourd'hui le plus estimé, sur cette vaste et importante branche de la Géométrie.

CRAMER,
1704-1752.

Peu après, parut le *Traité des Courbes algébriques* (in-12, 1756) de Dionis du Séjour et Goudin, où se trouvaient résolus, par l'Analyse seule de Descartes, et avec clarté et précision, les problèmes sur les affections des courbes, leurs tangentes, asymptotes, rayons de courbure, etc.

DIONIS DU SÉJOUR,
1734-1794.
GOUDIN,
1734-1803.

On a encore, de Goudin, un *Traité des propriétés communes à toutes les courbes*, qui a pour objet de transformer une équation quelconque d'une courbe, en une autre qui ait des coordonnées différentes. C'est une suite de formules, à trois et à quatre variables, dont chacune exprime une propriété différente des courbes en général [1].

Nous citerons enfin Waring, qui, dans plusieurs écrits, a porté, plus loin que ses prédécesseurs, ses découvertes dans la théorie des courbes [2].

WARING,
1734-1798.

Ce sont là, je crois, les derniers perfectionnemens notables que la science des courbes dut à la Géométrie des Anciens et à l'Analyse de Descartes.

§ 11. Les progrès, dans les autres parties de la science de l'étendue, ont été moins marqués et moins satisfaisants pendant l'intervalle de temps que nous venons de parcourir, que ceux qu'elle a faits dans la théorie générale des courbes géométriques. Cependant, les coniques ont continué d'être étu-

[1] On y trouve, en particulier, quarante-cinq équations différentes de l'ellipse, en prenant soit le centre, soit le foyer, pour origine des coordonnées.

Cet intéressant ouvrage de Goudin a eu trois éditions, dont la dernière est de 1803; on a joint à celle-ci, comme aux deux premières, un Mémoire sur les éclipses de Soleil, et un précis sur les courbes algébriques; et, de plus qu'aux deux premières, un Mémoire sur les usages de l'ellipse dans la trigonométrie.

[2] Outre plusieurs Mémoires écrits en anglais, dans les *Transactions philosophiques*, de 1763 à 1791, Waring a donné, sur les courbes géométriques, les deux traités intitulés : *Miscellanea analytica de æquationibus algebraïcis et curvarum proprietatibus*, in-4°, 1762; et *Proprietates geometricarum curvarum*, in-4°, 1772.

diées ; et de nouveaux efforts pour donner l'intelligence et ranimer le goût de la Géométrie ancienne, ont été faits par des mathématiciens d'un grand nom, tels que Halley, Stewart, Simson, etc. Quelques questions particulières ont encore été traitées, de loin en loin, par les célèbres analystes Euler, Lambert, Lagrange, Fuss, etc., dans les courts instants de loisir que leur laissaient leurs recherches de prédilection. Mais ces travaux, propres à entretenir la connaissance des doctrines anciennes, ne nous paraissent pas en avoir fait naître de nouvelles ; et les véritables progrès de la Géométrie pure ne datent que du commencement de ce siècle.

Géométrie appliquée aux phénomènes physiques.

Mais la Géométrie s'est acquis, à l'époque qui nous occupe, un autre titre à notre admiration, par ses applications aux phénomènes physiques, et par les grandes découvertes auxquelles elle a conduit Newton, Mac-Laurin, Stewart, Lambert, dans le système du monde. A aucune époque, cette *Géométrie appliquée* n'a jeté un aussi vif éclat; malheureusement, il a été de peu de durée, et nous devons convenir que, de nos jours, cette science est à peu près inconnue. Le calcul infinitésimal s'est emparé exclusivement de toutes les questions auxquelles elle avait été propre entre les mains de Newton et de ses disciples.

Progrès de la Géométrie pure.

§ 12. Revenons à la Géométrie théorique, et essayons de nous rendre compte, par l'analyse des principaux ouvrages des géomètres qui l'ont cultivée pour elle-même, ou qui s'en sont servis comme d'un instrument, dans l'étude des phénomènes physiques, de la nature et de l'étendue des recherches qui ont pu contribuer aux progrès de cette science.

HALLEY, 1656-1742.

Le célèbre astronome Halley, d'une grande érudition et très-versé dans la Géométrie de l'école grecque, lui éleva un magnifique monument par ses traductions, plus fidèles que les précédentes, de plusieurs ouvrages principaux des géomètres anciens. On distingue surtout sa superbe édition du *Traité des Coniques* d'Apollonius, où se trouve restitué, avec un grand talent, le 8e livre, dont le texte n'a point encore été retrouvé jusqu'à ce jour. A la suite, sont les deux livres de Serenus sur les sections du cône et du cylindre.

On doit encore à Halley la traduction, sur un manuscrit arabe, du traité

De sectione rationis, jusqu'alors inconnu; et la divination du traité *De sectione spatii*, rétabli sur les indications de Pappus.

L'objet de ces deux ouvrages était, comme l'on sait, de mener par un point, pris au dehors de deux droites, une transversale qui fît sur les deux droites, à partir de deux points fixes, deux segments, dont le rapport dans le premier cas, et le produit dans le second cas, était donné.

Chacune de ces questions admet généralement deux solutions, et, par conséquent, conduirait, en Analyse, à une équation du second degré. Il est intéressant de voir avec quel art Apollonius résout la première par une moyenne proportionnelle. Ses considérations géométriques correspondent à l'opération que nous ferions pour chasser le second terme d'une équation du second degré.

Dans l'estime que Newton portait à la Géométrie ancienne, il distinguait particulièrement ce traité d'Apollonius. « Plus d'une fois, nous dit le savant » Pemberton [1], je lui ai entendu approuver l'entreprise de Hugues d'Omé- » rique, de rétablir l'ancienne Analyse, et faire de grands éloges du livre » d'Apollonius, *De sectione rationis*, ce livre nous développant mieux la » nature de cette Analyse qu'aucun autre ouvrage de l'antiquité. »

La traduction de Halley est enrichie de plusieurs scholies, qui embrassent, dans des constructions générales et très-élégantes, le grand nombre de cas que comporte la question, et qu'Apollonius traite minutieusement, comme autant de formules que le géomètre doit toujours avoir sous la main, dans la résolution des problèmes. Dans un de ces scholies, on voit que le cas le plus général se réduit à mener, par un point donné, deux tangentes à une parabole déterminée suffisamment par les données de la question. Remarque heureuse, qui se prête à une discussion facile et lumineuse des cas particuliers du problème, et qui a conduit Halley à la connaissance de diverses propriétés de la parabole concernant ses tangentes, telles que celle-ci : *Quand un quadrilatère est circonscrit à une parabole, toute tangente à cette courbe*

---

[1] *View of sir Isaac Newton's philosophy*, in-4°, 1728; traduit en français en 1755, sous le titre d'*Élémens de la philosophie newtonienne*.

divise deux côtés opposés du quadrilatère en segments proportionnels. Ces diverses propositions ne sont que des cas particuliers de la proposition générale que nous avons appelée propriété *anharmonique* des tangentes d'une conique. (*Voir* la Note XVI.)

Halley ne savait pas un mot d'arabe, quand son amour de la Géométrie ancienne lui fit entreprendre la traduction du manuscrit de la *Section de raison.* Dans sa préface, il fait l'histoire de ce manuscrit enfoui, depuis de longues années, dans la bibliothèque Bodléienne. Il déplore la perte d'une infinité d'autres ouvrages de l'école grecque, et ne doute pas que beaucoup ne nous seraient rendus, si l'on voulait se donner la peine de les rechercher. Il adresse à ce sujet une prière à tous les savants qui peuvent avoir accès dans les bibliothèques de manuscrits. Nous nous faisons un devoir de rapporter ici, et le sentiment, et les vœux du célèbre Halley, qui doivent avoir une si imposante autorité auprès de toutes personnes éclairées et en position de rendre, de quelque manière que ce soit, quelques services aux sciences mathématiques.

Une édition des *Sphériques* de Menelaüs, en trois livres, revue sur un manuscrit hébreu, avait été préparée par Halley. Mais elle ne vit le jour qu'en 1758, par les soins de son ami le docteur Costard, auteur d'une histoire de l'astronomie.

Halley joignait, à une profonde connaissance de la Géométrie ancienne, une parfaite intelligence de la méthode de Descartes. Il en fit usage particulièrement pour perfectionner la construction des équations du troisième et du quatrième degré, par le moyen d'une parabole quelconque donnée et d'un cercle [1].

Les éditions qu'il a données des ouvrages d'Apollonius, de Serenus et de Menelaüs, sont très-recherchées des amateurs de la Géométrie [2], et suffiraient

---

[1] *Transactions philosophiques*, année 1687, n° 188.

[2] Tous ces ouvrages sont très-rares, surtout le traité *De sectione rationis*, qui est encore aujourd'hui le seul livre où l'on trouve, avec une traduction plus exacte que celle de Commandin, le texte grec de toute la préface du 7° livre des *Collections mathématiques* de Pappus.

seules pour assurer à Halley une place distinguée parmi les savants qui ont contribué aux progrès des mathématiques, si ses travaux en astronomie ne l'avaient placé à côté des hommes les plus célèbres d'une époque qui a réuni les noms de Dominique Cassini, de Huygens et de Newton.

§ 13. Quoique Newton et Mac-Laurin, dont nous avons déjà fait connaître les belles recherches sur la théorie des courbes géométriques, n'aient pas écrit spécialement sur la Géométrie des Anciens, ils portèrent une telle estime à cette méthode, qu'ils s'en servirent presque exclusivement dans leurs recherches physico-mathématiques. Nous avons donc encore à jeter un coup d'œil sur les travaux de ces deux grands géomètres.

Nous citerons de Newton son *Arithmétique universelle*, et son grand ouvrage des *Principes*.

L'*Arithmétique universelle*, modèle parfait de l'application de la méthode de Descartes à la résolution des problèmes de Géométrie et à la construction des racines des équations, présentait une foule de questions variées, se rapportant à toutes les parties des mathématiques. Cet ouvrage est trop peu lu de nos jours, parce qu'on oublie sans doute que son illustre auteur, en en faisant le texte de ses leçons à l'Université de Cambridge, l'avait jugé propre à initier ses élèves dans la science et dans l'art du géomètre.

§ 14. Le premier livre des *Principes* contient un grand nombre de propositions diverses de pure Géométrie. On y remarque particulièrement de belles propriétés des coniques, et les problèmes sur la construction d'une conique assujettie à passer par des points et à toucher des droites, ou à avoir l'un de ses foyers en un point donné. Ces recherches, nouvelles alors pour la plupart, étaient des préliminaires qui suffirent à Newton pour soumettre à sa loi de la gravitation universelle tous les phénomènes du ciel, et pour déduire de ce principe unique l'explication, *a priori*, et le calcul de tous les mouvements des corps célestes. C'est là le plus bel hommage rendu aux recherches des géomètres de l'Antiquité sur les coniques, depuis que Kepler y avait puisé la découverte des véritables formes des orbites planétaires.

NEWTON.

Le peu d'usage que l'on fait maintenant des propositions de Géométrie, et des nombreuses propriétés des coniques, par lesquelles il faut passer pour traiter par la méthode de Newton les grandes questions du système du monde, a contribué, indépendamment des avantages que présentait, sous d'autres rapports, la voie analytique, à faire abandonner cette première méthode que l'on a jugée longue et pénible, et qu'on a regardée comme ne promettant rien ou presque rien pour l'avenir. Et ce jugement a acquis chaque jour d'autant plus d'autorité que l'Analyse, cultivée exclusivement, a fait des progrès continus qui permettent de simplifier et de perfectionner, de plus en plus, les premières méthodes analytiques que l'on a substituées à celle de Newton. Celle-ci au contraire, ayant cessé d'être cultivée, est restée dans l'état où elle était en sortant des mains de son illustre auteur. Et l'on ne songe pas, quand on la met en parallèle avec l'autre, à prendre celle-ci à son origine, et à citer les premiers essais des analystes pour convertir les beaux résultats de Newton en une Analyse d'abord pénible et sans élégance, mais qui, depuis, s'est perfectionnée de jour en jour, par les efforts continus des plus célèbres géomètres. Pourquoi donc, au moins, ne pas tenir compte des perfectionnements que la méthode géométrique, qui peut devenir si souvent intuitive, eût reçus aussi, si elle n'avait pas été abandonnée complétement ?

Un examen attentif des diverses propositions de pure Géométrie, dont il est fait usage dans les *Principes* de Newton, donnera une idée de ce qu'auraient pu être ces perfectionnements. En effet, on reconnait que ces propositions, qui paraissent différentes entre elles, et dont chacune a sa démonstration particulière, peuvent pourtant se rattacher toutes à deux ou trois propriétés principales des coniques, dont elles ne sont que des cas particuliers, ou des conséquences faciles. Aujourd'hui donc, un commentaire nouveau des *Principes* de Newton, fait dans l'esprit et dans les formes de la Géométrie moderne, abrégerait et faciliterait singulièrement la lecture de cet ouvrage immortel.

§ 15. Nous allons voir que les propositions de Newton peuvent dériver, comme nous venons de le dire, de deux ou trois seulement des propriétés les plus générales des coniques.

Dans les propositions 19, 20 et 21, sont résolus tous les problèmes sur la construction d'une conique dont un foyer est donné, et qui doit toucher des droites et passer par des points. Or, les solutions de toutes ces questions se déduisent aujourd'hui immédiatement des questions analogues sur le cercle assujetti à trois conditions, soit par la théorie des figures homologiques, comme l'a montré M. Poncelet, soit par les transformations polaires, comme nous l'avons fait. (*Annales de mathématiques*, tom. XVIII.)

Les lemmes 17, 18 et 19 sont la propriété du quadrilatère inscrit aux coniques, ou théorème *ad quatuor lineas* des Anciens. Nous avons fait voir que ce théorème se déduit, avec une extrême facilité, de la proposition que nous avons appelée *propriété anharmonique* des points d'une conique; et celle-ci se démontre d'une manière intuitive, sans qu'il soit besoin de faire usage d'aucune propriété des coniques. (*Voir* la Note XV.)

Les lemmes 20 et 21 concernent la génération des coniques par l'intersection de deux droites qui tournent autour de deux pôles fixes.

Dans le premier, les deux droites mobiles aboutissent respectivement aux points où des transversales, parallèles entre elles, rencontrent deux droites fixes. C'est le théorème que nous avons énoncé en parlant des coniques de De Witt, et dont nous avons signalé un cas particulier dans un ouvrage de Cavalieri.

Si les transversales, au lieu d'être parallèles, concouraient en un point, ce serait dans toute sa généralité le théorème de Mac-Laurin et de Braikenridge, que nous avons cité, comme étant, sous un autre énoncé, le théorème de l'hexagone de Pascal, qui se déduit immédiatement, nous l'avons fait voir (même Note), de la propriété anharmonique des points d'une conique.

Dans le second lemme, les deux droites mobiles sont deux côtés de deux angles de grandeur constante, dont les deux autres côtés se croisent sur une droite fixe. C'est la description organique des coniques, qui a été reproduite par Newton dans son *Énumération des lignes du troisième ordre,* et dans son *Arithmétique universelle.* Nous avons montré (même Note) que ce mode de description, dont les démonstrations qu'on en a données ont toujours été assez longues, se déduit avec une facilité extrême, comme le précédent, de la même propriété anharmonique.

Les lemmes 23, 24 et 25, et leurs corollaires, sont des cas particuliers de la propriété générale du quadrilatère circonscrit à une conique, analogue à celle du quadrilatère inscrit, et que nous avons appelée *propriété anharmonique des tangentes* d'une conique. (*Voir* la Note XVI.)

Le corollaire 3 du lemme 25 prouve cette belle proposition, démontrée depuis de bien des manières : « dans tout quadrilatère circonscrit à une » conique, la droite qui joint les milieux des deux diagonales passe par le » centre de la courbe. »

Beaucoup d'autres propositions sont des problèmes sur la description des coniques assujetties à cinq conditions, de passer par des points et de toucher des droites. Toutes ces questions se résolvent aujourd'hui, comme l'on sait, avec une grande facilité.

Le lemme 22 sert à changer les figures en d'autres figures du même genre. Dans les propositions suivantes, Newton l'emploie pour transformer des lignes concourantes en des lignes parallèles, et faciliter la solution de quelques problèmes. Nous avons parlé de cette méthode dans notre troisième Époque, et nous avons fait voir qu'elle n'est autre qu'une des pratiques de la perspective. Cette remarque nous paraît propre à en faciliter l'intelligence.

§ 16. Dans toutes ces propositions préliminaires, et dans leurs corollaires, Newton a borné ses recherches à ce qui lui était strictement nécessaire pour sa grande entreprise. Mais on voit, par la nature de ces propositions, que s'il eût eu en vue l'accroissement et le perfectionnement de la théorie des coniques, elles l'eussent conduit facilement, par des généralisations naturelles de ses premiers résultats, aux propriétés les plus générales de ces courbes.

Il ne lui aurait point échappé, non plus, que sa méthode pour la transformation des figures, s'appliquait naturellement aux figures à trois dimensions; et, depuis près d'un siècle et demi, nous saurions, ce que l'on n'a fait que dans ces derniers temps, transformer la sphère, par exemple, en une surface quelconque du second degré, comme on transforme par la perspective, depuis Desargues et Pascal, le cercle en une conique, pour découvrir et démontrer les propriétés de cette courbe.

Toutes ces généralisations n'entraient point dans le dessein de Newton. Mais elles n'auraient pu échapper aux géomètres qui auraient médité sur la partie purement géométrique du livre des *Principes;* et cette circonstance prouve combien peu les doctrines géométriques ont été cultivées depuis lors.

§ 17. C'est dans l'ouvrage de Newton qu'a paru, pour la première fois, la rectification des épicycloïdes. Il n'avait encore rien été écrit sur ces courbes célèbres, quoiqu'il semble, au rapport de Leibniz, que, dix ans auparavant, Roemer les eût déjà imaginées; et même, d'après La Hire, que la première découverte de ces courbes et de leur usage pour la confection des roues dentées, remonte à Desargues, dont le génie, aujourd'hui mieux apprécié, était à la hauteur d'une aussi grande et aussi utile invention. C'est quelques années après que l'ouvrage de Newton avait paru, que La Hire donna son *Traité géométrique des Épicycloïdes.*

§ 18. Nous citerons encore, du livre des *Principes,* les fameuses *ovales,* imaginées par Descartes pour réunir en un seul point, par la réfraction, les rayons de lumière émanés d'un autre point, comme font l'ellipse et l'hyperbole à l'égard des rayons de lumière parallèles entre eux [1]. Newton fait voir, d'une manière très-simple, que ces courbes sont le lieu d'un point dont les distances à deux circonférences de cercle sont entre elles dans un rapport constant. C'est aussi ce qu'avait montré la construction géométrique de ces courbes, donnée par Descartes, et ce que Huygens avait conclu immédiatement, et sans démonstration, de son système ondulatoire, dans son *Traité de la Lumière.*

[1] Cette propriété des coniques, qui repose sur la relation entre le foyer et la directrice, est due aussi à Descartes, qui l'a démontrée dans sa *Dioptrique.*

21

Nous ferons ici, à ce sujet, une observation qui se rapporte à la *Géométrie* de Descartes, mais que nous n'avons point trouvé l'occasion de placer plus tôt : la construction géométrique de ses ovales, qui était suffisante pour l'application spéciale que le célèbre philosophe fit de ces courbes à la Dioptrique, n'était pas propre à les lui faire connaître complétement. Et ni Roberval, qui avait donné aussi, peu de temps après, la construction de ces ovales et discuté leurs formes, ni Huygens, ni Newton, n'en ont point eu la connaissance complète, sous le point de vue géométrique. En effet, une de ces ovales n'est point à elle seule le lieu exprimé par la propriété démontrée par Newton, ou par l'équation du quatrième degré trouvée par Descartes; mais ce lieu doit toujours être l'ensemble de deux ovales *conjuguées*, inséparables l'une de l'autre dans leur expression analytique.

Cette remarque a échappé à Descartes, dans sa Géométrie comme dans sa Dioptrique, ensuite aux célèbres géomètres que nous venons de nommer. Elle pouvait bien être omise dans la Dioptrique, mais elle eût dû, ce me semble, être faite dans la Géométrie. Il est résulté, de son omission, que l'une des formes des courbes en question a échappé à l'Analyse de Descartes : c'est le cas où les deux ovales conjuguées ont un point commun et forment une courbe unique ayant un point double; on trouve que cette courbe est celle qu'on appelle le *limaçon* de Pascal. Il résulte de là que cette courbe remarquable, qui est tout à la fois, comme l'on sait, une épicycloïde et une conchoïde du cercle, jouit de cette autre propriété, qu'on ne lui avait pas encore reconnue, d'avoir *deux foyers*, comme les ovales de Descartes.

Dans ces derniers temps, ces ovales ont reparu sur la scène géométrique. Le célèbre astronome J. Herschel les a appelées *lignes aplanétiques* [1], à cause de leur usage en optique. M. Quetelet leur a découvert de singulières et curieuses propriétés, que nous ferons connaître dans la Note XXI.

§ 19. Mac-Laurin partagea le goût de Newton pour la Géométrie pure,

_____

[1] *Sans aberration.*

et sut l'appliquer aussi, avec la plus grande habileté, aux recherches philosophiques. Son *Traité des Fluxions,* où il se proposait, en établissant le
lien et les rapports entre les méthodes d'Archimède et celle de Newton, de
démontrer celle-ci avec toute la rigueur de l'école grecque, présente une
foule de démonstrations synthétiques, dans des questions diverses de mécanique et de haute Géométrie, où l'Analyse n'eût été ni plus facile, ni plus
expéditive. Tout le monde sait avec quelle élégance et quelle facilité il résolut, par cette voie, la grande question de la figure de la Terre, qui suffirait
seule pour rendre son nom immortel.

Il fallait connaître l'attraction d'un ellipsoïde de révolution sur des points
situés à sa surface ou dans son intérieur. Mac-Laurin sut tirer, de quelques
propriétés des coniques, toutes les ressources suffisantes pour la solution de
cette question, qui a toujours passé, auprès des plus célèbres analystes, pour
l'une des plus difficiles. Le jugement porté par l'illustre Lagrange à ce sujet
fera mieux apprécier que tout ce que nous pourrions en dire, le mérite du
travail et de la méthode de Mac-Laurin. Après avoir dit qu'il est des questions
où la méthode géométrique des Anciens a des avantages sur l'Analyse, Lagrange ajoute : « Le problème où il s'agit de déterminer l'attraction qu'un
» sphéroïde elliptique exerce sur un point quelconque placé à sa surface ou
» dans son intérieur, est de cette espèce. M. Maclaurin, qui a le premier
» résolu ce problème dans son excellente pièce *sur le flux et le reflux de*
» *la mer,* couronnée par l'Académie des sciences de Paris, en 1740, a
» suivi une méthode purement géométrique, et fondée uniquement sur quel-
» ques propriétés de l'ellipse et des sphéroïdes elliptiques; et il faut avouer
» que cette partie de l'ouvrage de M. Maclaurin est un chef-d'œuvre de
» Géométrie, qu'on peut comparer à tout ce qu'Archimède nous a laissé de
» plus beau et de plus ingénieux. Comme M. Maclaurin avait une sorte de
» prédilection pour la méthode des Anciens, il n'est pas étonnant qu'il l'ait
» employée dans la solution du problème dont nous venons de parler; mais
» il l'est extrêmement, ce me semble, qu'un problème aussi important que
» celui-là n'ait pas été résolu depuis d'une manière directe et analytique,

» surtout dans ces derniers temps où l'Analyse est devenue d'un usage si
» commun et si général. On ne peut, je crois, en attribuer la cause qu'aux
» difficultés de calcul que la solution de cette question doit renfermer, lors-
» qu'on l'envisage sous un point de vue purement analytique.......... Je me
» propose, dans ce Mémoire, de faire voir que, loin que le problème dont il
» s'agit se refuse à l'Analyse, il peut être résolu par ce moyen d'une manière,
» sinon plus simple, du moins plus directe et plus générale que par la voie
» de la synthèse, etc. [1]. »

Cette plus grande généralité consistait à calculer l'attraction dans un
ellipsoïde à trois axes inégaux, au lieu d'un ellipsoïde de révolution, comme
avait fait Mac-Laurin. Mais déjà d'Alembert s'était proposé cette extension,
et l'avait obtenue par de pures considérations de Géométrie, en suivant pas
à pas la marche tracée par Mac-Laurin [2].

§ 20. Il est une autre partie du travail de Mac-Laurin, dont Lagrange ne
parle pas encore dans son premier Mémoire que nous venons de citer, et qui
conservait à la méthode géométrique un véritable avantage sur l'Analyse :
c'était le fameux théorème des ellipsoïdes dont les sections principales sont
décrites des mêmes foyers. Il consiste en ce que les attractions de deux tels
ellipsoïdes, sur un même point situé au dehors de leurs surfaces, s'exercent
suivant la même direction, et sont proportionnelles aux masses des deux

---

[1] *Mémoires de l'Académie de Berlin*, ann. 1775.

[2] *Opuscules mathématiques*, tom. VI, pag. 165; ann. 1773.

Avant de savoir que d'Alembert, en suivant les traces de Mac-Laurin, était parvenu, par de
pures considérations de Géométrie, à une formule d'intégrale simple, pour l'attraction d'un
ellipsoïde à trois axes inégaux, sur un point situé à sa surface ou dans son intérieur, nous avions
cherché à donner cette même extension à la théorie de Mac-Laurin ; et, en adoptant le mode de
décomposition du solide en cônes élémentaires, qui a été employé par Lagrange, nous sommes
parvenu, par la Géométrie seule, à la formule de quadrature que l'on obtient en Analyse. Notre
procédé consiste à remplacer, par des considérations géométriques, la première intégration que
l'on affectue en Analyse ; et cela se fait en remarquant que cette intégration correspond, en Géométrie, à l'évaluation de l'aire d'une ellipse, qui est la projection, sur un des trois plans principaux de l'ellipsoïde, de l'intersection de cette surface par celle d'un cône de révolution
autour d'un axe perpendiculaire à ce plan principal ; ce cône ayant même centre que l'ellipsoïde.

corps. Mac-Laurin n'avait démontré que le cas particulier le plus simple de ce beau théorème, celui où le point attiré est sur l'un des axes principaux des deux ellipsoïdes (art. 653 du *Traité des Fluxions*). Mais ce cas particulier présentait d'assez grandes difficultés pour que les efforts de d'Alembert, qui y appliquait l'Analyse, ne conduisissent ce grand géomètre qu'à supposer faux le théorème de Mac-Laurin [1]; et pour que Lagrange, qui le démontra quelque temps après, bornât sa démonstration au cas particulier en question [2]. D'Alembert, pour réparer son erreur, en donna aussi trois démonstrations; mais, comme Lagrange, sans aller au delà de Mac-Laurin [3]. C'est M. Legendre qui, peu de temps après, fit faire un pas à cette question, en démontrant le théorème pour le cas où le point attiré est dans l'un des plans principaux des ellipsoïdes : dès lors il en soupçonna toute la généralité [4], qu'il démontra en effet, quelques années après, dans un Mémoire d'Analyse, qu'on peut regarder comme un chef-d'œuvre de difficulté vaincue ; Mémoire fort beau et très-profond, et qui serait plus riche encore en résultats intéressants, si M. Legendre avait donné la signification géométrique de plusieurs des nombreuses formules par lesquelles il lui faut passer, pour arriver à la conclusion du théorème en question [5].

Depuis, on a trouvé diverses autres démonstrations du théorème de M. Legendre, dont une que nous pouvons citer ici, comme rentrant dans la méthode synthétique. C'est celle qui dérive du beau théorème de M. Ivory, par lequel on ramène le calcul de l'attraction sur des points extérieurs, à celui des attractions sur des points intérieurs à l'ellipsoïde. Les différentes démonstrations que l'on a données de ce théorème s'écartent peu de celle même de son célèbre auteur, et l'on y fait usage de quelques transformations de formules analytiques. Il est peut-être à désirer, pour faire entrer ce théo-

---

[1] *Opuscules mathématiques*, tom. VI, pag. 242.
[2] *Mémoires de l'Académie de Berlin*, ann. 1774 et 1775.
[3] *Opuscules mathématiques*, tom. VII, pag. 102; ann. 1780.
[4] *Mémoires des savants étrangers*, tom. X.
[5] *Mémoires de l'Académie des sciences*, ann. 1788.

rème dans la théorie géométrique de l'attraction des ellipsoïdes, à laquelle il appartient par sa nature, d'en avoir une démonstration plus synthétique que les premières, c'est-à-dire, tout à fait indépendante des formules de l'Analyse.

La question de l'attraction des ellipsoïdes, restreinte au simple calcul de cette attraction, est maintenant résolue aussi complétement que le permettent les bornes de l'Analyse, puisqu'elle se réduit à une formule de quadratures elliptiques, qu'on ne sait pas intégrer en termes finis. Mais cette grande question, envisagée sous d'autres points de vue, est loin d'être épuisée, et donnera lieu encore certainement à bien des recherches et à de belles découvertes [1]. Les travaux tout récents de deux célèbres analystes de France et de Koenigsberg, MM. Poisson et Jacobi, sont une preuve qu'il restait encore beaucoup à faire, et appelleront de nouvelles méditations sur cette matière d'un si haut intérêt.

§ 21. Le problème de l'attraction des ellipsoïdes, considéré indépendamment de son application à plusieurs questions de la philosophie naturelle,

[1] Par exemple, quoi qu'on ne sache pas déterminer d'une manière absolue, ni en grandeur ni en direction, l'attraction d'un ellipsoïde sur différens points, ne pourrait-on pas trouver certains rapports entre ces attractions, ou entre leurs directions?

Mais, sans imaginer de nouvelles questions, qui se présenteraient en foule à l'esprit, il en est une qui, ce me semble, s'est offerte d'elle-même, et dont il ne paraît pas qu'aucun des géomètres qui ont écrit sur cette matière, se soit occupé. On sait que la formule relative à l'attraction sur un point extérieur contient un coefficient, qui n'est pas connu *a priori*, mais qui dépend d'une équation du troisième degré, parfaitement déterminée; l'expression géométrique de ce coefficient est connue; c'est un des axes principaux de l'ellipsoïde qui passe par le point attiré, et qui a ses sections principales décrites des mêmes foyers que celles de l'ellipsoïde attirant. Mais cette équation du troisième degré est un fait d'Analyse, que l'on ne pouvait prévoir *a priori* d'après la nature de la question, et que l'on n'a point encore expliqué. Il annonce que le problème de l'attraction d'un ellipsoïde dérive d'une autre question, d'un énoncé plus général, et qui admet généralement trois solutions. Dans deux de ces solutions, les deux hyperboloïdes à une et à deux nappes, que l'on peut faire passer par le point attiré, de manière que leurs sections principales soient décrites des mêmes foyers que celles de l'ellipsoïde donné, feront la même fonction que l'ellipsoïde qui passe par ce point fait à l'égard de la première solution qui résout la question même de l'attraction.

Il n'est pas rare de rencontrer de pareils faits d'Analyse; mais il est toujours intéressant d'en savoir l'origine et la signification. Alors seulement une question peut être regardée comme résolue complétement.

appartient à la Géométrie, et la solution qu'en a donnée Mac-Laurin est l'un des morceaux les plus propres à ranimer le goût et l'intelligence de cette Géométrie pure et intuitive, si méconnue depuis bientôt un siècle. Nous espérons que, par cette raison, on nous pardonnera d'être entré à ce sujet dans quelques détails, qui nous ont éloigné de la direction que nous aurions dû suivre dans l'examen des travaux géométriques de Mac-Laurin : ce sera rentrer dans cette direction que d'indiquer maintenant sur quelles propriétés des coniques ce géomètre avait établi sa solution.

Une seule suffit pour le calcul de l'attraction sur des points situés à la surface, ou dans l'intérieur de l'ellipsoïde, la voici :

« Étant données deux ellipses semblables, semblablement placées et » concentriques; par un des sommets de la plus petite, on lui mène sa tan-» gente, qui rencontre l'autre ellipse en deux points;

» Par l'un de ces points, on mène, dans cette seconde ellipse, deux » cordes quelconques, mais également inclinées sur la tangente en question;

» Par le sommet de la première ellipse, on mène, dans cette courbe, deux » cordes parallèles à celles de l'autre ellipse;

» La somme de ces deux cordes est égale à celle des deux autres cordes. »

Mac-Laurin démontre ce théorème dans le cercle, par la Géométrie élémentaire; et ensuite, en projetant les deux ellipses sur un plan parallèle à la tangente en question, et convenablement incliné pour que les ellipses deviennent en projection des cercles, il en conclut le théorème énoncé [1].

§ 22. Le calcul de l'attraction sur les points extérieurs à l'ellipsoïde, n'était pas aussi facile; Mac-Laurin se servit, pour y parvenir, des deux propositions suivantes, dont il n'énonça que la première, mais dont on aperçoit la seconde dans le cours de la démonstration de cette première :

---

[1] C'est le seul théorème qui servit à Mac-Laurin pour démontrer cette importante proposition, admise sans preuve par Newton, savoir qu'*une masse fluide homogène, tournant autour d'elle-même, devait prendre la figure d'un ellipsoïde de révolution, dans l'hypothèse de l'attraction en raison inverse du carré des distances.* Et cette voie parut si belle à Clairault, qu'il abandonna, dans sa *Théorie de la figure de la Terre,* sa méthode analytique, pour suivre celle de Mac-Laurin.

« 1° Quand deux ellipses sont décrites des mêmes foyers, si, par un
» point, pris sur un de leurs axes principaux, on mène deux transversales,
» de manière que les cosinus des angles qu'elles feront avec l'autre axe
» soient proportionnels respectivement aux diamètres des deux coniques,
» dirigés suivant cet axe, les parties des deux transversales, comprises entre
» les deux courbes respectivement, seront proportionnelles aux diamètres
» dirigés suivant leur premier axe.

» 2° Quand deux ellipses sont décrites des mêmes foyers, si l'on
» mène deux diamètres quelconques, aboutissant à deux points *corres-*
» *pondants* des deux courbes, la différence de leurs carrés sera con-
» stante. »

Nous appelons points *correspondants*, ceux dont les distances à chacun
des axes principaux sont proportionnelles aux diamètres des deux ellipses,
perpendiculaires à ces axes respectivement.

La première de ces deux propositions suffit à Mac-Laurin pour démontrer
que les attractions exercées par deux ellipsoïdes de révolution, décrits des
mêmes foyers, sur un même point pris sur le prolongement de l'axe de
révolution, sont entre elles comme les masses des deux corps. De là, il
conclut, au moyen de la seconde proposition, que ce théorème a lieu aussi
à l'égard des points situés sur le plan de l'équateur des deux sphéroïdes,
au dehors de leurs surfaces. Ensuite, il observe que sa démonstration de
ce second théorème s'applique aux ellipsoïdes à trois axes inégaux, dont
les sections principales sont décrites des mêmes foyers, quand le point
attiré est sur le prolongement d'un de leurs axes; d'où résulte le *célèbre*
théorème dont nous avons parlé.

D'Alembert, et ensuite Lagrange et Legendre, avaient pensé que Mac-Laurin n'avait fait qu'énoncer son théorème, sans en donner la démonstration;
c'était une erreur de la part de ces trois illustres géomètres, car cette
démonstration est identiquement la même que celle du cas qui avait précédé, et l'auteur dès lors devait se borner, comme il a fait, à ces seuls mots :
l'on prouvera de la même manière, etc. ; et ne pas répéter des raisonnements

qu'il venait de faire quelques lignes plus haut, et auxquels il n'y avait à changer, ni ajouter ou retrancher aucun mot [1].

§ 23. Les deux propriétés des ellipses décrites des mêmes foyers, que nous avons énoncées ci-dessus, sont dues à Mac-Laurin; ce sont probablement les premières que l'on ait données sur les coniques biconfocales; de même que son théorème sur l'attraction des ellipsoïdes dont les sections principales sont décrites des mêmes foyers, offre la première circonstance où il ait été question de deux tels ellipsoïdes. Ces surfaces se sont présentées, depuis quelques années, dans d'autres questions particulières; et elles nous paraissent devoir jouer désormais un rôle important dans la théorie générale des surfaces du second degré. Elles jouissent d'un grand nombre de

[1] La méprise des trois grands géomètres que je viens de nommer n'a peut-être pas été aperçue, quoiqu'on se soit tant occupé, depuis, de la question de l'attraction des ellipsoïdes. Je n'en fais la remarque ici, que parce qu'elle nous offre une preuve bien certaine de l'abandon où est tombée la Géométrie, dans la seconde moitié du siècle dernier, et du peu de justice qu'il y aurait aujourd'hui à l'accuser d'impuissance, puisque, loin de la soumettre à de nouveaux essais, on n'a pas même approfondi la nature et l'esprit des belles méthodes qui ont conduit Newton et Mac-Laurin à leurs grandes découvertes. On a préféré, au contraire, après avoir traduit ces méthodes en Analyse, faire honneur à celle-ci des grands travaux de Newton, que ce philosophe aurait revêtus ensuite de la forme géométrique. Supposition gratuite, qui montre qu'on méconnaît le caractère de fécondité de la Géométrie, et la facilité extrême de ses déductions naturelles, et souvent même intuitives, dans les questions où elle peut avoir un premier accès. Mais sans entrer en discussion sur la nature et les moyens de cette méthode, qui demanderait un défenseur habile, il nous suffit de rappeler que, pour attribuer à la méthode analytique les découvertes de Newton, on est obligé de convenir que ce géomètre, en suivant cette voie, aurait fait usage du *calcul des variations*, dont l'invention est due à l'illustre Lagrange. Est-il possible d'admettre que le grand Newton, d'un esprit si réfléchi et d'une vue si sûre et si étendue, aurait méconnu assez le caractère et l'immense importance d'une telle découverte, pour la passer sous silence, et dédaigner de s'en servir ensuite dans la lutte si pénible et si passionnée qu'il soutint contre Leibniz? Autant valait qu'il ne produisît pas même son Calcul des fluxions. Au reste, en attribuant à l'Analyse les découvertes de Newton, on devrait, pour être conséquent et pouvoir en conclure l'impuissance de la méthode géométrique, en dire autant des travaux de Mac-Laurin, de Stewart, et même de la célèbre formule de Lambert, proclamée par Lagrange lui-même la plus belle et la plus importante découverte de toute la théorie des comètes, quoiqu'elle ait dû le jour à de simples considérations de Géométrie.

Laissons donc à la Géométrie ses œuvres. L'Analyse a déjà d'assez brillants trophées, elle est assez riche d'avenir, pour applaudir franchement aux anciens succès de sa sœur aînée.

22

propriétés qui n'ont point encore été remarquées, et dont nous parlerons dans une des Notes relatives à notre cinquième Époque.

§ 24. C'est en considérant l'ellipse comme section oblique d'un cylindre à base circulaire, que Mac-Laurin démontre les propriétés de cette courbe, en les faisant dériver de celles du cercle. Il ne s'est pas borné aux propositions que nous avons citées; mais, ayant trouvé cette méthode fort expéditive, il voulut la pousser plus loin que n'avait fait le marquis de Lhospital, qui l'avait déjà enseignée à la suite de son *Traité analytique des Sections coniques* (liv. VI). En quelques pages seulement, Mac-Laurin démontra, avec une simplicité extrême, les principales propriétés de l'ellipse. On y remarque une démonstration naturelle, et qui surpasse en brièveté celles de Newton, pour le problème des forces centrales dans l'ellipse, le point attirant étant placé d'une manière quelconque dans le plan de la courbe : on y voit immédiatement que l'attraction est en raison directe de la distance, quand le point attirant est au centre de l'ellipse; et en raison inverse du carré de cette distance, quand le point attirant est au foyer de la courbe.

Le *Traité des Fluxions*, de Mac-Laurin, pourrait donner lieu à beaucoup d'autres remarques concernant l'histoire et les progrès de la Géométrie; mais nous avons déjà dépassé les limites que nous prescrivait la destination de cet écrit; nous arrêterons donc ici notre aperçu sur les travaux de ce grand géomètre.

R. SIMSON,
1687-1768.

§ 25. Robert Simson, que nous avons déjà eu plusieurs fois l'occasion de citer, est l'un des géomètres du siècle dernier qui ont le plus approfondi la Géométrie ancienne, et qui ont le plus contribué à en répandre la connaissance. On lui doit un *Traité des Sections coniques* en cinq livres, écrit dans le style rigoureux d'Apollonius, que l'on commençait à abandonner pour suivre exclusivement la méthode analytique. Cet ouvrage était le premier qui contînt les deux célèbres théorèmes de Desargues et de Pascal. On y trouve aussi le théorème *ad quatuor lineas*; mais celui-ci avait déjà paru dans un *Traité des Coniques* de Milnes [1], qui l'avait emprunté des *Principes* de Newton.

---

[1] *Sectionum conicarum elementa nova methodo demonstrata*; Oxonii, 1702. Cet ouvrage,

Cette circonstance, que l'ouvrage de Simson contenait les trois théorèmes principaux que nous venons de citer, était la seule qui pût lui donner quelque avantage sur le grand Traité de La Hire ; car, sous le rapport de la méthode, celui-ci nous paraît, à plusieurs égards, infiniment supérieur ; il avait été un perfectionnement notable de la méthode des Anciens, et celui de Simson faisait sous ce rapport un pas rétrograde.

En effet, Simson, à l'instar de La Hire dans son petit Traité de 1679, et du marquis de Lhospital ensuite, considère les coniques sur le plan, en les définissant, chacune, par une propriété spécifique et particulière. Pour la parabole, c'est l'égalité des distances de chaque point de la courbe au foyer et à la directrice ; pour l'ellipse, c'est la somme constante, et pour l'hyperbole, la différence constante des distances de chaque point de la courbe aux deux foyers. De ces modes de description des trois courbes, Simson déduit les propriétés principales de chacune d'elles, et montre ensuite que ces courbes sont les mêmes que celles qu'Apollonius formait dans le cône oblique, en se servant du triangle par l'axe.

Ce n'est qu'après avoir traité ainsi en particulier des trois sections coniques, dans les trois premiers livres de son ouvrage, que Simson les considère, dans les deux livres suivants, toutes trois ensemble, d'une manière générale, et démontre un grand nombre de leurs propriétés communes.

Le théorème *ad quatuor lineas* est la vingt-huitième proposition du livre 4 ; l'hexagramme de Pascal est la quarante-septième du livre 5 ; et le

---

imité du grand Traité de La Hire, comme l'auteur l'avoue dans sa préface, eut un grand succès et plusieurs éditions. On considérait les coniques comme sections d'un cône à base circulaire, par un plan tout à fait arbitraire, sans se servir du triangle par l'axe. Mais la méthode nous y paraît moins heureuse que celle de La Hire, en ce qu'elle consiste à démontrer d'abord en particulier certaines propriétés de l'hyperbole, qui servent de fondement pour passer à celles de l'ellipse.

Les démonstrations, du reste, sont purement synthétiques, et d'une grande simplicité ; quoique les proportions, sans cesse répétées, sous la forme ancienne, qu'il serait plus commode et plus rationnel de remplacer par celle d'une égalité de rapports, en rendent aujourd'hui la lecture fatigante.

théorème de Desargues est démontré dans les propositions 12 et 49 du même livre. Simson n'a pas connu les rapports intimes qui lient ces trois théorèmes entre eux, et qui n'en font, pour ainsi dire, que des expressions différentes d'une seule et unique propriété générale des coniques; mais il a su apercevoir toute la fécondité des deux derniers, car il a fait voir que toute la théorie des pôles se déduit de l'un; et après avoir tiré de l'autre six corollaires, il ajoute qu'ils contiennent des démonstrations générales de plusieurs propositions du premier livre des *Principes* de Newton.

Il est à regretter que Simson n'ait pas mis à profit cet aperçu heureux, pour comprendre, sous un seul énoncé général, et dans une seule démonstration, une foule de propositions partielles et restreintes, dont il avait donné auparavant autant de démonstrations différentes. C'était la seule manière de simplifier la théorie des coniques, d'en faciliter et d'en étendre la connaissance et les usages, et de lui préparer de nouvelles acquisitions.

§ 26. Nous ne ferons que mentionner ici le célèbre *Traité des Porismes,* où Simson a fait connaître la nature de ces propositions, qui avaient été jusqu'à lui une énigme indéchiffrable pour les plus savants géomètres : nous en avons parlé longuement à l'article d'Euclide et dans la Note III.

La *Section déterminée,* rétablie par Simson, fait partie du même volume que les *Porismes.*

Ce géomètre a aussi rétabli les *Lieux plans* d'Apollonius [1], avec plus d'exactitude et de fidélité que n'avaient fait Schooten et Fermat.

Il avait préparé une traduction nouvelle des *OEuvres* de Pappus, qu'on a trouvée dans ses manuscrits, qu'il avait légués au collège de Glascow : il est à regretter qu'elle n'ait pas été publiée; car c'était une entreprise moins facile qu'on n'a peut-être pensé alors, et qui exigeait une profonde instruction dans la Géométrie ancienne. Personne n'était plus capable que le savant Simson de remplir cette tâche avec intelligence et habileté. On doit s'étonner que ses compatriotes n'aient pas recueilli un tel travail; et qu'en cette cir-

---

[1] *Apollonii Pergæi locorum planorum, libri II restituti;* in-4°. Glosguæ, 1749.

constance, le noble exemple de Milord Stanhop, à qui fut due la publication des *Porismes* et de la *Section déterminée,* n'ait pas eu d'imitateur dans la patrie de Newton, où la Géométrie ancienne a toujours compté de dignes et célèbres admirateurs.

§ 27. Matthieu Stewart, disciple de Simson et de Mac-Laurin au collége de Glascow, puis à l'Université d'Édimbourg, reçut de ses maitres le goût de la Géométrie ancienne, et lui dut, comme eux, sa célébrité. Le premier de ses ouvrages, intitulé : *Quelques théorèmes généraux, d'un grand usage dans les hautes mathématiques* (écrit en anglais), in-8°, 1746, le plaça aussitôt dans un rang distingué parmi les géomètres ; et lui procura, peu de temps après, la chaire de mathématiques devenue vacante par la mort de Mac-Laurin. La nature de ses fonctions et la direction de ses premières études le portèrent à continuer de cultiver particulièrement la méthode géométrique, et lui firent concevoir le projet de l'appliquer aux questions les plus difficiles de l'astronomie physique, agitées alors parmi les géomètres, et qui, suivant eux, n'étaient accessibles qu'à la plus sublime Analyse. C'était continuer les méthodes de Newton et de Mac-Laurin, dans les problèmes du système du monde, devenus, par les progrès naturels de la science, plus nombreux et plus compliqués qu'au temps de ces deux grands géomètres. Dans cette vue, Stewart mit au jour, en 1761, l'ouvrage intitulé : *Tracts physical and mathematical, etc.*, c'est-à-dire : « Traités de physique et de mathéma-
» tiques, contenant l'explication de plusieurs points importants de l'astrono-
» mie physique, et une nouvelle méthode pour déterminer la distance du
» Soleil à la Terre, par la théorie de la gravité. » Une théorie très-étendue des forces centripètes, le calcul de la distance du Soleil à la Terre, et le problème si difficile des *trois corps,* où il s'agissait de calculer l'action réciproque du Soleil, de la Terre et de la Lune, étaient les questions princi- pales que Stewart résolut dans une suite de propositions qui n'exigeaient d'autres connaissances mathématiques que celles des éléments de la Géomé- trie plane et des sections coniques. L'ordre et la clarté de ces propositions, la simplicité de leurs démonstrations, et la nature des questions difficiles

M. STEWART,
1717-1785.

qu'elles résolvaient, méritèrent à Stewart de grands éloges, et le firent estimer l'un des plus profonds géomètres de l'époque. Cependant, nous devons dire que son calcul de la distance du Soleil à la Terre était erroné. La cause de l'erreur fut reconnue et expliquée d'abord par Dawson en 1769 [1], puis en 1771, par Landen [2]. Elle provenait, non de la méthode en elle-même, mais de quelques quantités négligées à tort, dans le but de la simplifier. On a fait depuis, de cette circonstance, un argument contre la méthode géométrique; mais il suffit, pour le réfuter, de rappeler que de telles fautes ont échappé aux plus célèbres analystes, et qu'elles ont été communes en astronomie surtout, où l'Analyse ne procède que par voie d'approximations successives.

§ 28. Nous avons encore à citer de Stewart un ouvrage de pure Géométrie, intitulé : *Propositiones geometricæ, more Veterum demonstratæ, ad Geometriam antiquam illustrandam et promovendam idoneæ.* Édim., 1763, in-8°.

Il nous faut entrer dans quelques détails, pour faire connaître cet ouvrage, ainsi que celui des *Théorèmes généraux*, qui l'avait précédé de dix-neuf ans. Peut-être, à raison de la rareté de ces deux livres, aimera-t-on à en trouver ici l'analyse, ainsi que l'énoncé des principaux théorèmes qu'ils contiennent.

Le livre des *Théorèmes généraux* contient soixante-quatre propositions, dont cinquante seulement ont le titre de théorèmes; des quatorze autres, trois sont au commencement de l'ouvrage, et servent pour les démonstrations des théorèmes, et les onze autres le terminent; celles-ci sont, pour la plupart, des propriétés du cercle.

Des soixante-quatre propositions, les huit premières seulement sont démontrées; on y trouve les cinq premiers théorèmes. L'auteur annonce, dans une courte préface, que, pour démontrer tant de théorèmes si généraux,

---

[1] *Four Propositions*, etc., c'est-à-dire, Quatre propositions pour prouver que la distance du Soleil, déterminée par M. Stewart, est erronée.

[2] *Animadversions on d' Stewarts computation of the sun's distance from the earth;* in-8°. London.

et de si grande difficulté, il lui aurait fallu plus de temps qu'il ne pouvait en consacrer à ce travail. Je ne sais si, dans la suite, Stewart a restitué les démonstrations de ses théorèmes, ou si on les a trouvées dans ses papiers, et quel usage on en a fait.

Les deux premières propositions expriment des propriétés générales de quatre points, dont trois sont en ligne droite, et le quatrième placé arbitrairement. Dans la seconde de ces propositions, le quatrième point peut être pris sur la droite où sont situés les trois autres. Cette proposition mériterait d'être plus connue qu'elle ne nous paraît l'être. En voici l'énoncé :

Étant pris en ligne droite trois points A, C, B, *et un autre point quelconque* D, *en dehors ou dans la direction de la droite, on aura*

$$\overline{DA}^2 . BC + \overline{DB}^2 . AC - \overline{DC}^2 . AB = AB . AC . BC.$$

C'est cette proposition dont nous avons dit que les huit lemmes de Pappus sur les *Lieux plans* d'Apollonius peuvent dériver comme corollaires ou conséquences faciles. Peu de temps après qu'elle avait paru dans l'ouvrage de Stewart, Robert Simson en a fait un usage utile dans un appendice à ses *Loca plana restituta*, et un autre géomètre célèbre, Th. Simpson, l'a aussi démontrée et s'en est servi, sous le titre de lemme, pour résoudre plusieurs problèmes, dans ses *Exercices choisis pour les jeunes étudiants en mathématiques* [1]. Plus tard, Euler l'a aussi démontrée comme lemme, pour inscrire à un cercle un triangle dont les trois côtés passent par trois points donnés [2]. Nous trouvons enfin que le célèbre physicien et géomètre John Leslie l'a aussi démontrée, et s'en est servi dans le troisième livre de son *Analyse géométrique* [3].

[1] *Select exercises for young proficients in the mathematicks ;* in-8°, 1752.
Les deux premières parties de cet ouvrage sont un recueil de nombreux problèmes d'Algèbre et de Géométrie, résolus très-élégamment. Elles ont été traduites en français, sous le titre d'*Éléments d'analyse pratique, ou application des principes de l'Algèbre et de la Géométrie à la solution d'un très-grand nombre de problèmes numériques et géométriques ;* in-8°, 1771.
[2] *Mémoires de l'Académie de Pétersbourg,* ann. 1780.
[3] *Geometrical analysis.* Edinburgh, 1809; in-8°. Seconde édition en 1821.

Par ces citations on voit que cette proposition, à peu près inconnue de nos jours, mériterait bien de prendre place dans les éléments ou au moins dans les compléments de la Géométrie [1].

Les cinquante théorèmes de Stewart peuvent être compris, à peu près tous, dans les quatre suivants, qui sont les plus généraux, et dont la plupart des autres ne sont que des cas particuliers :

[1] Quand le point D est pris sur la même droite que les trois points fixes, le théorème de Stewart exprime une relation générale entre quatre points quelconques situés en ligne droite. Nous avons reconnu que cette relation, ainsi que d'autres concernant aussi quatre points en ligne droite, dérivent d'une relation générale entre cinq points situés en ligne droite.

Soient A, B, C, D, E, ces cinq points, on aura :

$$\overline{EA}^2.BC.CD.DB + \overline{EB}^2.CD.DA.AC - \overline{EC}^2.DA.AB.BD - \overline{ED}^2.AB.BC.CA = 0.$$

La manière de former les termes de cette équation est manifeste. Pour déterminer leurs signes, on divisera tous les termes par le produit AB.BC.CA. L'équation prend la forme :

$$\overline{EA}^2.\frac{DB.DC}{AB.AC} + \overline{EB}^2.\frac{DA.DC}{BA.BC} - \overline{EC}^2.\frac{DA.DB}{CA.CB} = \overline{ED}^2.$$

Dans cette équation, on donnera le signe + au produit de deux segments comptés dans le même sens à partir du point qui leur est commun, et le signe — au produit de deux segments comptés dans des sens différents.

Voici quelles sont les relations entre quatre points, qu'on déduit de la relation générale ci-dessus :

1° Si on suppose le point E à l'infini, on aura, en divisant par $\overline{ED}^2$,

$$BC.CD.DB + CD.DA.AC - DA.AB.BD - AB.BC.CA = 0.$$

Chaque terme de cette équation est le produit des trois segments formés par trois points pris deux à deux ;

2° Si les deux points E, D se confondent, il vient :

$$DA.BC + DB.AC - DC.AB = 0.$$

Cette équation exprime la relation la plus simple entre quatre points A, B, C, D, situés en ligne droite ;

3° Enfin, quand le point D est à l'infini, l'équation générale devient

$$\overline{EA}^2.BC + \overline{EB}^2.AC - \overline{EC}^2.AB = AB.BC.CA.$$

C'est l'équation de Stewart.

1° *Soit un polygone régulier de* m *côtés, circonscrit à un cercle dont le rayon est* R ; *soit* n *un nombre quelconque plus petit que* m ;

Si, d'un point quelconque (pris dans l'intérieur du polygone si n *est impair, et pris partout où l'on voudra si* n *est pair), on abaisse des perpendiculaires sur les côtés du polygone : la somme des puissances* n *de ces perpendiculaires sera égale à*

$$m \cdot (R^n + Av^2R^{n-2} + Bv^4R^{n-4} + Cv^6 \cdot R^{n-6} + \text{etc.});$$

v *étant la distance du point au centre du cercle ;* A *le coefficient du troisième terme du binôme élevé à la puissance* n, *multiplié par* $\frac{1}{2}$; B *le coefficient du cinquième terme, multiplié par* $\frac{1.3}{2.4}$; C *le coefficient du septième terme multiplié par* $\frac{1.3.5}{2.4.6}$; *et ainsi des autres.* (Prop. 40).

De sorte que

$$A = \frac{n(n-1)}{1.2};$$

$$B = \frac{n(n-1)(n-2)(n-3)}{2^2.4^2};$$

$$C = \frac{n(n-1)(n-2)(n-3)(n-4)(n-5)}{2^2.4^2.6^2};$$

Etc., etc.

Si le point d'où l'on abaisse les perpendiculaires est pris sur la circonférence, la formule se réduit à

$$m \cdot \frac{1.3.5.7\ldots(2n-1)}{1.2.3.4\ldots\quad n} R^n. \text{ (Proposition 39.)}$$

Ce théorème général comprend les propositions 3, 5, 22, 23, 28, 29 et 45.

2° *Soit un polygone régulier de* m *côtés, inscrit à un cercle dont le rayon est* R ; *et soit* n *un nombre plus petit que* m ;

Si l'on prend arbitrairement un point dont la distance au centre du cercle

23

soit v, *la somme des puissances* 2n *des distances de ce point à tous les sommets du polygone sera égale à*

$$m\,(R^{2n} + a^2 v^2 R^{2n-2} + b^2 v^4 R^{2n-4} + c^2 v^6 R^{2n-6} + \text{etc.});$$

a *étant le coefficient du second terme du binôme élevé à la puissance* n;
b *le coefficient du troisième terme;* c *le coefficient du quatrième terme;
et ainsi des autres.* (Prop. 42).

Si le point est pris sur la circonférence, la formule se réduit à

$$m \cdot \frac{1.3.5.7\ldots(2n-1)}{1.2.3.4\ldots n}\, 2^n R^{2n}. \quad \text{(Proposition 41.)}$$

Ce théorème général comprend les propositions 4, 26, 27 et 34.

3° *Étant donnés* m *points quelconques, et autant de quantités* a, b, c,....,
n *étant un nombre plus petit que* m, *on pourra trouver* (n+1) *autres points,
tels que la somme des puissances* 2n *des distances d'un point quelconque aux
points donnés, multipliées respectivement par les quantités* a, b, c,...., *sera,
à la somme des puissances* 2n *des distances des points trouvés au même point,
dans le rapport de* a + b + c + ⋯ *à* n + 1. (Proposition 44.)

Ce théorème comprend les propositions 11, 12, 32, 33, 43.

4° *Étant données* m *droites quelconques, et autant de quantités* a, b, c,....,
n *étant un nombre plus petit que* m, *on pourra trouver* (n+1) *autres droites,
telles que la somme des puissances* n *des distances d'un point pris arbitrairement, aux droites données, multipliées respectivement par* a, b, c,...., *sera,
à la somme des puissances* n *des distances du même point aux droites trouvées, comme* a + b + c + ⋯ *est à* n + 1. (Proposition 49 et 53.)

Ce théorème comprend les propositions 17, 21, 24, 25, 37, 38, 42,
50, 51, 52.

§ 29. Nous avons trouvé qu'on peut donner aux énoncés des deux derniers théorèmes une extension très-grande et assez remarquable. Car, au
lieu d'une seule relation, comme le comporte le premier de ces théorèmes,

entre les puissances $2n$ des distances d'un point quelconque aux points donnés et aux points trouvés, il y a une pareille relation entre les puissances $2(n-\partial)$ de ces mêmes distances, ∂ pouvant avoir toutes les valeurs $0, 1, 2.... (n-1)$; de sorte qu'il existe, entre les distances d'un point quelconque aux points donnés et aux points trouvés, n relations. Le théorème de Stewart n'en comprenait qu'une seule.

La dernière de ces relations a lieu entre les carrés de ces distances. Elle prouve que les points trouvés ont le même centre de gravité que les points donnés, les masses de ceux-ci étant a, b, c, ..., et celles des points trouvés étant toutes égales à l'unité.

Pareillement, dans le second des deux théorèmes en question, qui énonce une relation entre les puissances n des distances d'un point quelconque aux droites données et aux droites trouvées, on aura une relation semblable entre les puissances quelconques $(n-2\partial)$ des mêmes distances, ∂ pouvant avoir toutes les valeurs $0, 1, 2, ...,$ jusqu'à $\frac{n-1}{2}$ si n est impair, et jusqu'à $\frac{n-2}{2}$ si n est pair; de sorte qu'il existe, entre les distances d'un point quelconque aux droites données et aux droites trouvées, $\frac{n-1}{2}$ ou $\frac{n-2}{2}$ relations différentes, au lieu d'une seule que donnait le théorème de Stewart. (*Voir* la Note XXII.)

§ 30. Nous avons reconnu aussi que les deux premiers théorèmes énoncés ci-dessus, relatifs aux polygones réguliers inscrits ou circonscrits au cercle, sont des cas particuliers de théorèmes plus généraux qui ont lieu dans les sections coniques : et ceux-ci font partie d'une foule d'autres propriétés de ces courbes, qu'on ne paraît pas avoir encore aperçues. Ces nombreux théorèmes offrent, sous un rapport, une généralisation assez remarquable des propriétés connues des diamètres conjugués et des rayons vecteurs menés des foyers d'une conique.

Ces courbes sont vraiment d'une fécondité inépuisable. Chaque jour ouvre des voies nouvelles à l'étude de leurs nombreuses et intéressantes propriétés. Que l'on ne pense pas que de telles spéculations soient oiseuses, ni de mince intérêt. Chaque découverte sur ces courbes sera toujours le prélude de découvertes plus belles et plus générales, qui agrandiront le rôle qu'elles jouent dans toutes les parties des sciences mathématiques, et qui conduiront à la connaissance de propriétés analogues dans une infinité d'autres courbes d'un ordre supérieur; propriétés auxquelles on ne serait point conduit, en travaillant directement sur ces courbes trop compliquées et d'une étude difficile.

§ 31. Les *Propositiones geometricae* de Stewart sont en deux livres, dont le premier contient soixante propositions, et le second cinquante-deux.

Ces propositions sont relatives à la ligne droite et au cercle.

Les premières roulent presque toutes sur une propriété générale du quadrilatère, qui revient à celle que Pappus a démontrée dans ses lemmes sur les *Porismes* d'Euclide, à savoir que *toute transversale rencontre les quatre côtés et les deux diagonales d'un quadrilatère en six points qui ont entre eux la relation d'involution.*

Nous avons vu, dans la Note X, que cette relation peut s'exprimer entre six segments, ou bien entre huit. C'est la relation entre six segments que Pappus a démontrée ; et celle entre huit segments dont Stewart fait usage. Il la démontre dans toute sa généralité, dans la proposition 59 du premier livre.

Les propositions précédentes : 51, 52, 53, 54, 56, 57 et 58, en sont des cas particuliers, dont Stewart se sert pour passer de l'un à l'autre, et s'élever ainsi à la proposition générale. La proposition 60e et dernière du livre en est aussi un cas particulier, dans lequel deux côtés du quadrilatère sont parallèles entre eux.

Les propositions 6, 7, 8, 9, 10, 11, 12 et 13 du second livre sont d'autres propriétés du quadrilatère, dans l'énoncé desquelles n'entre pas la relation d'involution, mais qui en dérivent aisément. Toutes ces propositions roulent en effet sur ce théorème bien connu, et que Pappus nous apprend avoir fait partie des *Porismes* d'Euclide : *quand les trois côtés d'un triangle, de forme variable, tournent autour de trois pôles fixes, situés en ligne droite, et que deux sommets du triangle parcourent deux droites fixes données, le troisième sommet engendre une troisième droite qui passe par le point de concours des deux premières.* Stewart n'énonce pas cette proposition dans toute sa généralité, et n'en démontre que différents cas particuliers. Il semble qu'il n'ait pas aperçu sa liaison intime avec la relation générale d'involution des segments faits, par les quatre côtés et les deux diagonales d'un quadrilatère, sur une transversale.

§ 32. Les propositions relatives au cercle peuvent être considérées comme concernant la description de cette courbe par l'intersection de deux droites qui tournent autour de deux pôles fixes, en faisant, sur une transversale fixe, des segments qui ont entre eux certaines relations.

Nous rangerons ces propositions en trois classes distinctes.

Dans la première, les deux pôles sont placés sur la circonférence du cercle, et la transversale est prise arbitrairement.

Dans la deuxième, les deux pôles sont placés arbitrairement, l'un d'eux pouvant être sur la circonférence; et la transversale est parallèle à la droite qui joint ces pôles.

Dans la troisième classe enfin, les deux pôles sont placés encore d'une manière quelconque; mais la transversale est perpendiculaire ou oblique sur la droite qui joint les pôles.

Les propositions de la première classe concernent tous les segments que les quatre côtés d'un quadrilatère, inscrit à un cercle, font sur une corde du cercle.

On penserait qu'il s'agit ici du théorème de Desargues; mais non : Stewart exprime la relation entre les segments en question, non par une équation unique, comme l'a fait Desargues, mais par deux équations où entrent un point et deux segments auxiliaires.

L'élimination de ces deux segments, que Stewart n'a pas faite, l'aurait conduit à une relation entre les seuls segments formés, sur la corde du cercle, par les quatre côtés du quadrilatère; mais cette relation n'a pas la forme ordinaire de l'involution de six points; elle est une équation à trois termes : de sorte que nous devons penser que Stewart n'a pas connu le théorème de Desargues, ou du moins qu'il n'en a tiré aucun secours dans son ouvrage.

Le théorème auquel ce géomètre est parvenu est démontré, dans toute sa généralité, dans les propositions 46, 47 et 48 du premier livre. Les propositions 41, 42, 43, 44 et 45 en sont des cas particuliers, qui lui servent pour arriver à la proposition générale.

Les propositions 29, 30, 31, 32, 33, 34, 35, 36, 37 et 38 se rattachent aux propriétés du quadrilatère inscrit au cercle; Stewart ne fait usage, dans leurs énoncés, que d'une équation; et l'on reconnait qu'elle exprime des cas particuliers du théorème de Desargues.

Les propositions 39 et 40 font connaître cette propriété assez remarquable du quadrilatère inscrit au cercle : *le carré de la droite qui joint les points de concours des côtés opposés, est égal à la somme des carrés des tangentes menées, de ces deux points de concours, à la circonférence du cercle.*

Cette proposition peut se conclure aisément, comme les précédentes, du théorème de Desargues.

§ 33. Presque tout le second livre est consacré aux propositions concernant les segments que deux droites mobiles, tournant autour de deux pôles fixes, non situés sur la circonférence du cercle, font sur une transversale.

Dans les propositions 14, 15, ... 21, et 44, 45 ... 52, la transversale est parallèle à la droite qui joint les pôles. Les propositions 23, 25 et 26 du premier livre sont de même nature que celles-là.

On aperçoit aisément que, dans toutes ces propositions, les segments formés, par les deux droites mobiles, sur la transversale fixe, ont toujours entre eux une relation du second degré.

En voici la raison *a priori;* ce sera en même temps un moyen de parvenir directement aux théorèmes de Stewart, de les rétablir s'ils étaient perdus.

En général, quand le point d'intersection des deux droites mobiles par-

court une conique, les segments qu'elles font sur la transversale fixe, supposée parallèle à la droite qui joint les pôles, ont entre eux une relation du
second degré ; et réciproquement, quand ces segments ont entre eux une
relation quelconque du second degré, le point de concours des deux droites
mobiles décrit toujours une conique (ce que nous démontrerons dans les
applications de notre principe d'*homographie*). Donc, en premier lieu, quand
la courbe est un cercle, les segments doivent avoir entre eux une relation
du second degré. Et, en second lieu, étant donnés les deux pôles et la transversale, ainsi que la forme de la relation du second degré qu'on veut avoir
entre les segments, on aura deux équations de condition pour exprimer que
la conique, décrite par l'intersection des deux droites mobiles, est un cercle.
Ces deux équations serviront à déterminer les valeurs de deux inconnues
parmi un grand nombre de choses arbitraires, qui seront les coefficients de
la relation, la position des deux pôles, celle de la transversale et celle des
deux points pris sur cette droite, et à partir desquels sont comptés les segments.

Cette observation donne la clef des théorèmes de Stewart. Elle s'applique
aussi à diverses autres propositions semblables de ce géomètre, que
Simson a reproduites dans son *Traité des Porismes*. C'est Fermat qui, par
la quatrième des cinq propositions qu'il a laissées sous le nom de Porismes,
nous paraît avoir donné lieu, le premier, à ce genre de propriétés du
cercle.

§ 34. Stewart, après l'avoir imité dans les propositions que nous venons
d'énumérer, a généralisé cette idée, en comptant les segments sur une transversale de direction quelconque.

Ses dix-neuf propositions, comprises sous les n°s 22, 23, ... et 40,
expriment de telles propriétés du cercle.

Les segments que les deux droites mobiles font sur la transversale n'ont
plus entre eux une relation toujours du second degré ; et l'on n'aperçoit pas,
aussi aisément que dans le cas précédent, la forme générale commune aux
diverses relations que démontre Stewart. Cependant on parvient à recon-

naître que ces relations peuvent dériver de cette propriété générale des coniques :

Étant donnés deux pôles fixes, et une transversale qui rencontre en un point E *la droite qui joint ces pôles ; et étant pris un point fixe* O *sur cette transversale ;*

Si, autour des deux pôles, on fait tourner deux droites qui rencontrent la transversale aux points a, a', *tels que l'on ait entre les deux rapports* $\frac{Oa}{Ea}$, $\frac{O'a'}{Ea'}$ *une relation constante où ces rapports entrent au second degré, le point d'intersection des deux droites engendrera une conique.*

Et réciproquement, si le point de concours des deux transversales parcourt une conique, les rapports $\frac{Oa}{Ea}$, $\frac{Oa'}{Ea'}$ auront entre eux une relation du second degré.

Ce théorème général pourra conduire à une foule de propriétés du cercle. Car on aura toujours deux équations pour exprimer que la conique décrite est un cercle. Ces équations serviront à déterminer, soit deux coefficients de la relation, soit la position de quelques parties de la figure.

§ 35. Je ne crois pas qu'on ait donné suite aux recherches de Stewart, sur ce genre de propriétés du cercle.

Aujourd'hui on néglige ces sortes de spéculations géométriques, parce qu'on se repose sur le secours de l'Analyse, à laquelle on compte s'adresser au besoin ; et l'on ne se donne plus la peine d'étudier certaines propriétés du cercle. Mais on conçoit que cette étude et ces spéculations seraient utiles et indispensables, si l'on voulait donner suite aux travaux, en Géométrie, des Anciens et des géomètres du dernier siècle. C'est cette idée qui me semble avoir présidé aux recherches de M. Carnot dans sa *Géométrie de position* et dans sa *Théorie des Transversales.* Ces ouvrages me paraissent se rattacher, dans leur conception philosophique, de même que ceux de Simson et de Stewart, aux *Données* et aux *Porismes* d'Euclide. Ces ouvrages sont de véritables *compléments* de Géométrie, que les Anciens avaient regardés comme indispensables pour les applications, soit pratiques, soit théoriques, de cette science.

§ 36. L'analyse que nous avons donnée des ouvrages de Stewart fait voir
qu'il s'y trouve, démontrées individuellement, beaucoup de propositions qui
sont des cas particuliers les unes des autres. C'était là la marche habituelle
et nécessaire du géomètre qui s'élevait de quelque proposition très-facile à
une proposition du même genre, mais un peu plus générale, et de celle-ci à
une autre aussi plus étendue ; de sorte que la démonstration d'une proposition tant soit peu générale exigeait celle de plusieurs de ses cas particuliers.
Aujourd'hui, on peut démontrer, de prime abord et directement, les propositions les plus générales, et établir ensuite entre ces propositions, considérées
dans leur plus grande généralité actuelle, les mêmes spéculations qui n'avaient
lieu auparavant qu'entre leurs plus simples corollaires. Une telle facilité, qui
simplifie extrêmement la science, marque bien les progrès qu'elle a faits dans
ces derniers temps ; et cette facilité se répandrait sur toutes les applications
de la Géométrie aux grandes questions philosophiques traitées par Huygens
et Newton, si un goût exclusif pour l'Analyse, encouragé seul dans les établissements destinés au développement et à la propagation des sciences, ne
détournait pas de l'étude et de l'usage de l'autre méthode [1].

Stewart annonçait, dans la préface de ses *Propositiones Geometricæ,* qu'il

[1] On dira, sans doute, que les goûts sont libres en mathématiques comme dans toute autre
carrière de la république des lettres ; et que les géomètres n'ont à s'en prendre qu'à eux-mêmes
de l'abandon où ils laissent la Géométrie. Mais nous répondrons qu'en reconnaissant d'abord
que la méthode analytique, à raison de son universalité, doit être enseignée de préférence et
peut-être exclusivement, dans les établissements où les mathématiques ne sont point étudiées
pour elles-mêmes, mais bien pour leurs applications, soit à d'autres parties des sciences, soit
aux services publics, nous pensons que la Géométrie et les belles méthodes qu'elle a fournies à
quelques grands géomètres des deux derniers siècles, ainsi que les perfectionnements qu'elle a
pu recevoir depuis, devraient trouver place dans ceux des cours publics qui sont destinés spécialement à l'exposition des découvertes nouvelles et des diverses doctrines mathématiques. Or,
les doctrines analytiques et les découvertes qu'il est possible de présenter par l'Analyse, sont
seules enseignées dans ces cours ; peut-on dire que les goûts sont libres ? Cette indifférence, ou
plutôt cette exclusion d'une partie si importante des sciences mathématiques, n'est pas philosophique, et fait un très-grand tort à leurs progrès ; car toutes les sciences ont entre elles un tel
enchaînement, que les retards qu'éprouve l'une d'elles arrêtent aussi les autres dans leur développement.

publierait d'autres volumes sur les mêmes matières géométriques. Nous ignorons si l'on a trouvé, dans ses manuscrits, les recherches qui devaient composer ces volumes.

§ 37. Le célèbre Lambert, autre Leibniz par l'universalité et la profondeur de ses connaissances, doit être placé au nombre des mathématiciens qui, dans un temps où les prodiges de l'Analyse occupaient tous les esprits, ont conservé la connaissance et le goût de la Géométrie et ont su en faire les plus savantes applications.

Ses nombreux ouvrages présentent souvent des questions diverses de pure Géométrie. Mais nous devons citer ici surtout son *Traité de Perspective* et son *Traité géométrique des Comètes*.

La *Perspective* de Lambert parut en 1759, puis en 1773, accrue d'une seconde partie, où l'auteur, faisant usage des principes de cet art, comme méthode géométrique, démontra plusieurs propositions concernant les propriétés descriptives des figures, qui rentrent aujourd'hui dans la théorie des transversales, et donna des éléments de cette partie de la Géométrie qu'on a appelée, dans ces derniers temps, *Géométrie de la règle*.

Le Traité des comètes, intitulé *Insigniores orbitæ cometarum proprietates* (in-8°, Augsbourg 1761), contient, dans un style purement géométrique, de nombreuses propriétés des coniques, relatives à leurs relations descriptives et à la mesure de divers secteurs pris dans ces courbes; et fait usage de ces belles découvertes pour la détermination du mouvement des comètes.

On y distingue surtout cette propriété de l'ellipse, qui est devenue d'une si haute importance dans cette théorie :

Si dans deux ellipses, construites sur le même grand axe, on prend deux arcs tels que les cordes soient égales entre elles, et que de plus les sommes des rayons vecteurs menés, des foyers de ces ellipses, aux extrémités de ces arcs respectivement, soient aussi égales entre elles ; les deux secteurs compris dans chaque ellipse entre son arc et les deux rayons vecteurs seront entre eux comme les racines carrées des paramètres des deux ellipses. (Sect. 4e, lemme 26.)

Considérant l'ellipse comme une orbite planétaire, et substituant aux secteurs les temps employés à parcourir leurs arcs, d'après le principe de Newton, que le temps est comme l'aire du secteur parcouru, divisée par la racine carrée du paramètre [1], on en conclut que, dans les deux ellipses dont nous venons de parler, les temps employés à parcourir les deux secteurs sont les mêmes.

Ce théorème offre le moyen de ramener le calcul du temps employé à décrire un arc d'ellipse donné, au temps par un arc d'une autre ellipse quelconque, qui ait le même grand axe ; et même au temps par une partie de ce grand axe, en supposant que l'ellipse se confonde avec cet axe, par l'évanouissement de l'axe conjugué, et que le mobile parcoure ce même axe.

Ces considérations géométriques sont simples, et cependant elles ont suffi pour conduire Lambert au théorème le plus important de la théorie des comètes, dont les démonstrations qu'on en a données depuis, par la voie du calcul, ont exigé toutes les ressource de l'Analyse la plus relevée.

La propriéte de l'ellipse, qui est le fondement de ce théorème, convient aussi aux secteurs de l'hyperbole, ainsi que l'a démontré, par de simples considérations de Géométrie, le célèbre Lexell, dans un Mémoire où il fait connaitre diverses autres propriétés des coniques [2].

Lambert est revenu souvent sur la théorie et le calcul des mouvements planétaires, et a trouvé encore à y faire un usage utile de la Géométrie, particulièrement pour substituer, à l'Analyse, des constructions graphiques qui servent à déterminer les orbites des comètes par trois observations [3].

Nous ne pouvons rechercher, dans les immenses travaux de Lambert, ses autres titres à la reconnaissance des amateurs de la pure Géométrie, parce que le glus grand nombre de ses Mémoires sont écrits en allemand.

---

[1] Livre 1er, section 3, proposition XIV des *Principes*.
[2] *Nova acta* de Pétersbourg, tom. 1er, ann. 1783.
[3] Cette méthode est détaillée et appliquée à plusieurs exemples dans la troisième partie du recueil des Mémoires divers de Lambert, intitulé : *Beyträge zur Mathematik*, etc. Berlin, 1765 à 1772 ; 4 vol. in-8°.

§ 38. Nous terminerons ici cet aperçu des progrès et des services de la Géométrie dans le cours du XVIIIe siècle, qui forme notre quatrième Époque. L'usage et le goût de ces sortes de spéculations se sont éteints, et nous ne trouverions plus guère que des questions isolées, éparses dans les collections académiques. Plusieurs cependant pourraient nous donner occasion de citer des noms célèbres : Euler, Lagrange, Fuss, Lexell, etc.; et nous pourrions, en généralisant parfois, au moyen des méthodes nouvelles, les premiers résultats de ces illustres géomètres, montrer que la Géométrie a réellement fait des progrès dans ces derniers temps, et qu'elle est susceptible de perfectionnements décisifs, dont l'effet sera de diminuer un jour l'intervalle qui sépare aujourd'hui cette science de celle du calcul.

Mais de nouveaux développements nous éloigneraient de la fin de cet écrit, à laquelle nous avons hâte d'arriver.

CHAPITRE V.

CINQUIÈME ÉPOQUE.

§ 1. Dans ces derniers temps, après un repos de près d'un siècle, la Géométrie descriptive. Géométrie pure s'enrichit d'une doctrine nouvelle, la *Géométrie descriptive*, complément nécessaire de la Géométrie analytique de Descartes, et qui, comme elle, devait avoir des résultats immenses, et marquer une ère nouvelle dans l'histoire de la Géométrie.

Cette science est due au génie créateur de Monge.

Elle embrasse deux objets :

Le premier est de représenter sur une aire plane tous les corps d'une forme déterminée, et de transformer ainsi, en constructions planes, les opérations graphiques qu'il serait impossible d'exécuter dans l'espace.

Le second est de déduire, de cette représentation des corps, leurs rapports mathématiques, résultant de leurs formes et de leurs positions respectives.

Cette belle création, qui fut d'abord destinée à la Géométrie pratique et aux arts qui en dépendent, en constitua réellement la *théorie générale*, puisqu'elle réduisit, à un petit nombre de principes abstraits et invariables, et à des constructions faciles et toujours certaines, toutes les opérations géométriques qui peuvent se présenter dans la Coupe des pierres, la Charpente, la Perspective, la Fortification, la Gnomonique, etc., et qui auparavant ne s'exécutaient que par des procédés incohérents entre eux, incertains, et souvent peu rigoureux. (*Voir* la Note XXIII.)

§ 2. Mais, outre l'importance due à cette première destination, qui donnait un caractère de rationalité et de précision à tous les arts de construction, la Géométrie descriptive en eut une autre très-grande, due aux services réels qu'elle rendit à la Géométrie rationnelle, sous plusieurs rapports, et aux sciences mathématiques en général.

La Géométrie descriptive, en effet, qui n'est que la traduction graphique de la Géométrie générale et rationnelle, servit de flambeau dans les recherches et dans l'appréciation des résultats de la Géométrie analytique ; et, par la nature de ses opérations, qui ont pour but d'établir une correspondance complète et sûre entre des figures effectivement tracées sur un plan et des corps fictifs dans l'espace, elle familiarisa avec les formes de ces corps, les fit concevoir idéalement, avec exactitude et promptitude, et doubla de la sorte nos moyens d'investigation dans la science de l'étendue.

La Géométrie devint ainsi en état de répandre plus aisément sa généralité et son évidence intuitive sur la mécanique et sur les sciences physico-mathématiques.

Cette influence utile de la Géométrie descriptive s'étendit naturellement aussi sur notre style et notre langage en mathématiques, qu'elle rendit plus aisés et plus lucides, en les affranchissant de cette complication de figures dont l'usage distrait de l'attention qu'on doit au fond des idées, et entrave l'imagination et la parole.

La Géométrie descriptive, en un mot, fut propre à fortifier et à développer notre puissance de conception ; à donner plus de netteté et de sûreté à notre jugement ; de précision et de clarté à notre langage ; et, sous ce premier rapport, elle fut infiniment utile aux sciences mathématiques en général.

§ 3. En la considérant en particulier comme simple doctrine géométrique, nous trouvons encore qu'elle apporta un immense secours dans la science de l'étendue. Car elle devint, par ses principes et par la corrélation constante qu'elle établissait entre les figures à trois dimensions et les figures planes, un véritable moyen de recherche et de démonstration en Géométrie rationnelle ; et par ses procédés, qui sont en Géométrie pratique ce que les quatre règles de l'arithmétique sont dans la science du calcul, elle fournit un moyen de solution *a priori* dans des questions où la Géométrie de Descartes, toute-puissante en tant d'autres circonstances, se trouvait arrêtée par les bornes que rencontrait l'Algèbre elle-même.

§ 4. Monge nous donna, dans son *Traité de Géométrie descriptive,* les premiers exemples de l'utilité de l'alliance intime et systématique entre les figures à trois dimensions et les figures planes. C'est par de telles considérations qu'il démontra, avec une élégance rare et une évidence parfaite, les beaux théorèmes qui constituent la théorie des pôles dans les courbes du second degré; la propriété des centres de similitude de trois cercles pris deux à deux, lesquels centres sont trois à trois en ligne droite; et diverses autres propositions de Géométrie plane.

Depuis, les élèves de Monge cultivèrent avec succès cette Géométrie, d'un genre vraiment nouveau, à laquelle on a souvent donné, avec raison, le nom d'école de Monge, et qui consiste, comme nous venons de le dire, à introduire dans la Géométrie plane des considérations de Géométrie à trois dimensions.

Les découvertes faites de cette manière sont nombreuses; leur exposé présenterait certainement une page intéressante dans l'histoire de la Géométrie; mais nous ne pouvons nous le permettre ici, ni entrer dans des détails qui allongeraient beaucoup trop cet écrit [1].

§ 5. Les procédés par lesquels Monge transforma les figures de l'espace en figures planes, par les projections orthogonales sur deux plans rectan- Méthode de transmutation des figures.

---

[1] L'un des géomètres qui les premiers aperçurent toutes les ressources de cette méthode, fut M. Brianchon, qui, dans un Mémoire imprimé dans le treizième Cahier du *Journal de l'École polytechnique* (année 1810), présenta sur ce sujet des réflexions neuves et étendues, auxquelles M. Poncelet nous apprend devoir la première idée des belles et nombreuses recherches géométriques, contenues dans son *Traité des Propriétés projectives.* L'école de Monge est très-redevable aussi à M. Gergonne, qui l'a servie utilement par ses propres travaux, toujours empreints de vues philosophiques profondes, et par l'accueil qu'il a fait, dans ses *Annales de Mathématiques,* aux productions des anciens élèves de l'École polytechnique.

gulaires qu'il suppose abattus l'un sur l'autre, offrent en particulier un moyen de découvrir une foule de propositions de Géométrie plane sur les figures qui résultent de l'ensemble de ces deux projections. De sorte qu'il n'est point d'*épure* de Géométrie descriptive qui n'exprime quelque théorème de Géométrie plane. Dans la plupart de ces théorèmes, se trouveront des lignes parallèles entre elles et perpendiculaires à la droite qui servait d'intersection aux deux plans de projection ; mais, si l'on fait ensuite la perspective de la figure sur un plan, ces lignes deviendront concourantes en un point, et le théorème prendra une plus grande généralité.

Voilà donc, comme nous l'avons dit, un moyen très-fécond de démontrer, d'une manière toute nouvelle et toute particulière, une foule de propositions de Géométrie plane. On démontrera ainsi la plus grande partie des théorèmes, sinon tous, de la théorie des transversales, et la plupart des innombrables propriétés des sections coniques.

Prenons, par exemple, l'épure où il s'agit de trouver le point d'intersection des trois plans ; ce point sera à l'intersection des trois droites suivant lesquelles ces plans se coupent deux à deux ; *les projections de ces trois droites sur l'un des deux plans de projection passent donc par un même point ;* ce fait, évident, devient l'expression du théorème suivant :

Si l'on a dans un plan deux triangles dont les côtés concourent deux à deux en trois points situés sur une même droite L, *et que par un point, pris arbitrairement, on mène trois droites aux sommets du premier triangle ; qu'on les prolonge jusqu'à ce qu'elles rencontrent en trois points la droite* L ; *qu'on joigne ces trois points, respectivement, aux trois sommets du second triangle, par trois droites ; ces droites iront concourir en un même point.*

Ce théorème serait susceptible de plusieurs conséquences : nous nous bornerons à faire remarquer qu'on en conclut, comme corollaire, le théorème de Desargues dont nous avons parlé (deuxième Époque, § 28) ; il suffit de supposer que le point pris arbitrairement est le point de concours de deux des trois sommets du premier triangle respectivement aux sommets correspondants du second.

L'épure au moyen de laquelle on construit les traces d'un plan qui doit passer par trois points dont les projections sont données, conduit à un autre théorème, de même nature que le précédent, et qui donne, comme corollaire, le réciproque de celui de Desargues.

§ 6. Ce genre de démonstration conduit, avec une égale facilité, à des propriétés des coniques, et même des courbes de tous les degrés.

Concevons, par exemple, dans le plan horizontal, une conique qui soit la base d'un cylindre dont la direction des arêtes soit donnée; que l'on construise la trace de ce cylindre sur le plan vertical; puis, qu'on fasse la perspective de l'épure sur un plan quelconque : on aura une figure qui représentera une première conique tracée arbitrairement, et une seconde conique construite, au moyen de la première, par les intersections de lignes droites issues de deux points fixes.

Si, au lieu de la première conique, on prend une courbe d'un degré quelconque, on aura une seconde courbe qui sera du même degré.

Voilà donc un moyen de transformer, sur un plan, une courbe quelconque en une autre du même degré.

Il est clair que les tangentes à la seconde courbe se détermineront au moyen des tangentes à la première; et ces tangentes se couperont, deux à deux, en des points qui seront tous en ligne droite. Ce sera la droite qui représente l'intersection des deux plans de projection. Cette circonstance offre un théorème de Géométrie concernant les courbes de tous les degrés.

Prenons, pour dernier exemple, un cylindre vertical ayant pour base, sur le plan horizontal, une conique; qu'on le coupe par un plan mené arbitrairement, et que l'on construise, sur le plan vertical, la projection de la courbe d'intersection; ce sera une seconde conique. Les tangentes à ces deux coniques se correspondront deux à deux, comme représentant les projections de chaque tangente à la courbe d'intersection du cylindre par le plan transversal; si donc, au moyen de ces projections, on cherche les points où ces tangentes, dans l'espace, rencontrent l'un des deux plans de projection, ces points formeront une ligne droite, trace du plan transversal sur

25

le plan de projection. Cette circonstance donnera lieu à une propriété générale des deux coniques qui sont les projections de la conique située dans l'espace. Qu'on fasse la perspective de l'épure sur un plan, il en résultera une propriété générale du système de deux coniques quelconques, qui est celle-ci :

Si, par le point de concours des deux tangentes communes à deux coniques quelconques situées dans un plan, on tire arbitrairement une transversale qui rencontre chacune de ces courbes en deux points, et qu'on leur mène leurs tangentes en ces points; les tangentes à la première rencontreront les tangentes à la seconde en quatre points qui seront, deux à deux, sur deux droites fixes, quelle que soit la transversale menée par le point de concours des deux tangentes communes aux deux coniques.

Il est plusieurs autres manières de démontrer, par des considérations de Géométrie à trois dimensions, ce théorème important dans la théorie des coniques; par exemple, si par une courbe du second degré on fait passer deux cônes, ayant pour sommets deux points quelconques de l'espace, et qu'on cherche la seconde courbe d'intersection des deux cônes, ce sera une seconde conique. Les relations entre ces deux courbes, situées dans l'espace sur deux cônes, sont faciles à saisir. Maintenant, si l'on construit l'épure qui donne la projection de la seconde conique sur le plan de la première, on aura un système de deux coniques situées dans un même plan, et dont toutes ces relations des deux courbes dans l'espace offriront des propriétés intéressantes, au nombre desquelles se trouvera le théorème que nous venons d'énoncer.

§ 7. Ces exemples nous suffisent pour montrer comment chaque épure de Géométrie descriptive peut exprimer un théorème de Géométrie plane, et nous croyons pouvoir dire que cette voie ouvrira une mine féconde de vérités géométriques. Sous ce point de vue, la Géométrie descriptive de Monge offre une méthode de Géométrie rationnelle. Nous l'appellerons méthode de *Transmutation des figures*.

Outre ce premier résultat de la Géométrie descriptive, d'opérer la transmutation des propriétés des figures à trois dimensions, en propriétés des figures planes, nous devons faire remarquer un autre usage particulier de cette géométrie : c'est de conduire à une infinité de moyens d'opérer, sur le plan, des transformations de figures en figures du même genre, ainsi qu'avaient fait La Hire et Newton; c'est, en particulier, d'offrir une infinité de moyens d'atteindre le but que s'était proposé La Hire : décrire sur un plan, au moyen du cercle, les différentes sections coniques, et de transporter ainsi, dans le plan, les opérations de la perspective. Il suffit, en effet, de concevoir un cône à base circulaire, ayant pour sommet un point quelconque de l'espace, et de couper ce cône par un plan mené arbitrairement; la section sera une conique, dont une des projections pourra être regardée comme une *transformée* de l'une des projections de la base du cône; et comme cette transformée se construira par des opérations planes, le but de La Hire se trouvera atteint.

Cette solution générale du problème de La Hire conduira, comme on le pressent à cause de l'indétermination des différentes données de la question, à un grand nombre de méthodes différentes; et l'on parviendra, de plusieurs manières, à celle même de La Hire.

§ 8. Bien qu'on ait apprécié les services que Monge a rendus en familiarisant avec les considérations de la Géométrie à trois dimensions, et en apprenant à passer tour à tour de cette Géométrie à la Géométrie plane, et de celle-ci à la première, on n'a peut-être pas reconnu, dans le mode particulier de démonstration dont nous venons de donner des exemples, toute l'importance qui lui est due, tant à cause des vérités géométriques auxquelles il pouvait conduire, et dont un grand nombre alors eussent été neuves, que parce qu'il était un premier exemple de *transmutation* des figures à trois dimensions en figures planes, et réciproquement. Les services rendus par le seul mode de tranformation usité jusqu'alors, la perspective, dont Pascal surtout avait fait un si heureux usage, et dont La Hire, dans son *Traité des Planiconiques,* avait réduit toutes les opérations à des constructions planes, étaient de nature à faire concevoir tous les avantages des autres modes de transformation qui pourraient se présenter, soit dans l'espace, soit sur le plan.

Mais au surplus, en réfléchissant sur les procédés de l'Algèbre, et en recherchant la cause des avantages immenses qu'elle apporte dans la Géométrie, ne s'aperçoit-on pas qu'elle doit une partie de ces avantages à la facilité des transformations que l'on fait subir aux expressions qu'on y introduit d'abord ? transformations dont le secret et le mécanisme font la véritable science, et l'objet constant des recherches de l'analyste. N'était-il pas naturel de chercher à introduire pareillement, dans la Géométrie pure, des transformations analogues, portant directement sur les figures proposées et sur leurs propriétés ?

La théorie des projections stéréographiques, par laquelle on applique à des systèmes de coniques semblables et semblablement placées (parmi lesquelles peuvent se trouver des droites et des points), les propriétés évidentes et palpables de systèmes de courbes planes tracées sur une surface du second degré, cette théorie, dis-je, est un exemple frappant des avantages des transformations géométriques. Diverses méthodes qui se rattachent, comme nous le ferons voir, aux deux principes généraux de l'étendue, la *dualité* et l'*homographie* des figures, que nous démontrons dans cet écrit, sont de telles méthodes de transformation.

Ces sortes de méthodes, dont l'utilité nous paraît bien constatée, méritent d'être cultivées; et, si nous ne nous abusons, les géomètres qui voudront méditer sur cet objet apprécieront davantage l'importance philosophique de la méthode de transmutation que nous avons cherché à faire ressortir des principes de la Géométrie descriptive de Monge.

Géométrie perspective
de M Cousinery. § 9. Les doctrines de Monge ont déjà donné lieu à un ouvrage du même genre, dont l'occasion se présente de parler ici, par anticipation : la *Géométrie perspective* de M. Cousinery, ingénieur des ponts et chaussées (in-4°, 1828), qui diffère de la méthode de Monge en ce que l'auteur ne fait usage que d'une seule projection, ou perspective, sur un plan.

Un plan, situé d'une manière quelconque dans l'espace, est déterminé dans l'épure par deux droites parallèles, dont l'une est la trace de ce plan sur celui de projection, et l'autre est la trace d'un second plan parallèle au premier, mené par l'*œil* ou point central, d'où partent les lignes projetantes. Une droite est déterminée d'une manière analogue par deux points, dont l'un est celui où elle perce le plan de projection, et l'autre est celui où une seconde droite menée par le point central, parallèlement à la première, perce ce même plan. Pour déterminer un point, il faut connaître deux droites sur lesquelles il se trouve, dont l'une peut passer par l'œil, et se réduire, en perspective, à un point. Ces procédés sont simples et ingénieux ; les épures auxquelles ils conduisent ne sont point trop compliquées, et elles sont susceptibles, comme celles de la Géométrie descriptive de Monge, d'exprimer divers théorèmes de Géométrie, ainsi que le fait voir M. Cousinery.

Sans chercher à apprécier les avantages que cette méthode pourra peut-être offrir sous le rapport industriel, c'est-à-dire comme instrument analogue à la Géométrie descriptive de Monge, dans les arts de construction, nous ne la considérerons que comme moyen de transformation des figures, et comme méthode pour la recherche et la démonstration d'une foule de vérités géométriques : sous ce rapport, elle nous paraît digne de l'attention des amateurs de la Géométrie. M. Cousinery, en se bornant à quelques exemples qui suffisaient pour convaincre de l'utilité de sa méthode, a ouvert un nouveau champ de spéculations géométriques, où l'on sera sûr de glaner abondamment.

§ 10. Il nous reste, au sujet de la Géométrie descriptive de Monge, à parler de l'influence qu'elle a encore eue sur les progrès de la Géométrie pure, en introduisant dans cette science un mode de démonstration que les Anciens auraient repoussé comme une licence incompatible avec leurs principes rigoureux, et qui a eu, entre les mains de Monge et des géomètres de son école, les plus heureux résultats.

Pour définir cette méthode, nous dirons « qu'elle consiste à considérer » la figure, sur laquelle on a à démontrer quelque propriété générale, dans » des circonstances de construction générale, où la présence de certains

Nouveau mode de démonstration. Relations contingentes des figures.

» points, de certains plans ou de certaines lignes, qui dans d'autres cir-
» constances seraient imaginaires, facilite la démonstration. Ensuite, on
» applique le théorème qu'on a ainsi démontré aux cas de la figure où ces
» points, ces plans et ces droites seraient imaginaires ; c'est-à-dire, qu'on
» le regarde comme vrai dans toutes les circonstances de constructions
» générales que peut présenter la figure à laquelle il se rapporte. » La
Géométrie de Monge nous offre de beaux exemples de cette manière d'agir.

Ainsi, pour démontrer que, si des cônes circonscrits à une surface du
second degré ont leurs sommets en ligne droite, les plans de leurs courbes
de contact passent tous par une même droite, Monge suppose que, par la
droite lieu des sommets des cônes, on peut mener deux plans tangents
à la surface ; les courbes de contact des cônes passeront toutes par les
deux points de contact de ces plans tangents ; leurs plans passeront donc tous
par la droite qui joindra ces deux points. Le théorème est donc démontré,
pour la disposition supposée de la figure ; et Monge prononce que cette
démonstration s'étend au cas où l'on ne pourra point mener de plans tangents à la surface par la droite lieu des sommets des cônes ; c'est-à-dire, que
le théorème a lieu pour toute position possible de cette droite.

Cette méthode de Monge nous paraît fondée sur cette observation, qu'une
figure peut présenter dans sa construction la plus générale deux cas différents : dans le premier, certaines parties (points, plans, lignes ou surfaces)
dont ne dépend pas nécessairement la construction générale de la figure,
mais qui en sont des conséquences *contingentes* ou accidentelles, sont réelles
et palpables ; dans le second cas, ces mêmes parties n'apparaissent plus :
elles sont devenues imaginaires ; et cependant les conditions générales de
construction de la figure sont restées les mêmes.

Par exemple, si l'on dit de tracer dans l'espace une surface du second
degré et une ligne droite, qui aient entre elles toute la généralité possible
de position, cette question comportera deux cas : celui où la ligne droite
rencontre la surface, et celui où elle ne la rencontre pas ; et ces deux cas
offriront la même généralité, parce que dans chacun d'eux la ligne droite

sera tirée arbitrairement, sans que l'on ait égard à la position déjà donnée à la surface du second degré ; ils différeront en ce que les deux points d'intersection de la ligne droite et de la surface sont réels dans le premier cas, et imaginaires dans le second. Nous dirons que ces deux points sont une des relations *contingentes*, ou accidentelles, du système de la surface et de la droite.

Nous n'avons pas besoin de faire remarquer que nous n'entendons nullement parler ici des circonstances particulières de construction d'une figure, auxquelles on a consacré l'expression de *cas particuliers*, qui sont celles où plusieurs points, lignes, ou surfaces, viennent à se confondre. Ainsi, dans l'exemple précédent, si la droite est tangente à la surface du second degré, ce sera un *cas particulier ;* et un théorème démontré sur cette figure ne serait point regardé comme s'appliquant nécessairement à la figure générale.

§ 11. La méthode dont il s'agit, qui nous parait avoir pris naissance dans les beaux exemples que Monge nous en a donnés dans sa Géométrie descriptive, a été suivie depuis par la plupart de ses disciples, mais toujours tacitement, comme Monge avait fait lui-même, c'est-à-dire sans entrer dans les considérations que nous venons de présenter, et sans chercher à justifier cette manière de raisonner.

Ce n'est que dans ces derniers temps que M. Poncelet a abordé franche- Principe de continuité. ment cette question, qui méritait d'être approfondie, et qu'il l'a rattachée à un point de doctrine important dans la Géométrie rationnelle. On voit que nous voulons parler du *principe de continuité*, que ce savant géomètre a mis en avant et développé dans son *Traité des Propriétés projectives*, et dont il a fait les plus heureuses applications ; mais qui, n'étant point démontré rigoureusement, n'a été considéré, par d'autres célèbres académiciens, que comme une forte induction, et un moyen précieux pour deviner et pressentir les vérités, mais non pour suppléer aveuglément, et dans tous les cas, à leur démonstration rigoureuse.

Il faut en convenir : si les géomètres, en pratiquant la méthode de Monge, ou le *principe de continuité,* devaient justifier cette manière d'agir par des considérations de pure Géométrie, puisées dans quelques principes préexistants et démontrés *a priori*, les moyens, jusqu'à ce jour, nous paraîtraient leur manquer : et si leur marche, comme celle de Monge, a toujours été assurée et n'a point laissé de nuage dans leur esprit, ils ont puisé, ce me semble, cette confiance dans le sentiment d'infaillibilité que les habitudes de l'Analyse algébrique ont fait naître en eux.

Démonstration de la
méthode de Monge. § 12. Nous croyons en effet qu'on pourra, dans chaque cas particulier, justifier *a posteriori* la méthode en question, par un raisonnement fondé sur les procédés généraux de l'Analyse.

Il suffit d'observer que les deux circonstances générales de construction d'une figure, dont nous avons parlé, et dont la distinction est importante, parce qu'elles nous paraissent être la véritable origine de la question qui nous occupe, n'entrent jamais en considération dans l'application de l'Analyse finie à la Géométrie. Les résultats obtenus par cette méthode s'appliquent, dans toute leur étendue, à ces deux circonstances générales de construction. Ces résultats sont des théorèmes concernant les *parties intégrantes et permanentes* de la figure, celles qui appartiennent à sa construction générale, et qui sont toujours réelles dans les deux cas ; théorèmes tout à fait indépendants des *parties secondaires*, ou *contingentes* et *accidentelles* de la figure, qui peuvent être indifféremment réelles ou imaginaires, sans changer les conditions générales de construction de la figure.

Donc, quand ces résultats généraux sont démontrés, n'importe comment, sur l'une des deux figures, on peut conclure qu'ils ont également lieu dans l'autre figure.

Cette manière de justifier la doctrine de Monge, qu'on regardera peut-être aussi comme une démonstration *a posteriori* du principe de continuité, considéré en Géométrie, comporte les exceptions dont ce principe sera susceptible ; car ces exceptions ne seront autres que celles que rencontrerait l'Analyse elle-même. Ainsi, par exemple, on devra se garder d'appliquer ce principe aux questions dans lesquelles, si l'on voulait faire entrer dans l'Analyse les circonstances générales de construction dont nous avons parlé, on trouve-

rait qu'il a aurait à changer autre chose que les signes des coefficients des
quantités variables; par exemple, les signes des exposants de ces quantités [1];
on ne devra point l'appliquer non plus aux questions qui, traitées par l'Analyse, exigeraient des intégrales définies, parce qu'un simple changement de
signe, qui établirait la différence entre les deux circonstances générales de
construction de la figure, changerait totalement les résultats de l'Analyse.

Mais, dans toutes les questions de Géométrie qui n'exigeraient que le
secours de l'Analyse finie, telle que Descartes nous a appris à en faire usage,
on pourra mettre toute confiance dans la méthode de Monge. Ainsi, par
exemple, si l'on considère dans l'espace un cône du second degré et un plan
transversal, placé de la manière la plus générale par rapport au cône, ce
plan pourra avoir deux positions différentes, qui satisferont également à
cette condition de plus grande généralité possible. Dans la première, il coupera le cône suivant une hyperbole, dont on pourra tracer les deux asymptotes; dans la seconde, il coupera le cône suivant une ellipse; et les deux
droites qui, dans la première figure, étaient les asymptotes de l'hyperbole,
seront imaginaires dans la seconde figure. Néanmoins, toute propriété générale de la première figure, démontrée même avec le secours des deux asymptotes, appartiendra à la seconde figure, pourvu, bien entendu, que cette
propriété ne concerne point directement, ni implicitement, les asymptotes :
dans ce cas elle ne serait point une propriété générale, indépendante des
circonstances de construction qui font que ces asymptotes sont ou ne sont pas
réelles.

Ce que nous disons de l'ellipse et de l'hyperbole ne s'applique pas à la
parabole, parce que la position du plan transversal, qui donne pour section
dans le cône une parabole, est une position particulière. Ainsi, une propriété de la parabole, qu'on aurait démontrée en s'appuyant sur cette cir-

---

[1] Nous ne pensons pas que de telles questions puissent se présenter. Car les deux circonstances générales de construction d'une figure, dont la considération est la base de notre
manière d'envisager la méthode de Monge, nous paraissent ne différer, dans l'expression algébrique de la figure, que par la différence des signes des coefficients indépendants.

constance que le plan transversal qui la fait naître dans le cône a une position particulière par rapport à ce cône, n'appartiendrait point, par la seule vertu du principe de Monge, à l'ellipse ou à l'hyperbole.

§ 13. Les mêmes considérations ont lieu pour les surfaces du second degré. Elles se divisent, sous un certain rapport, en deux classes : pour l'une de ces surfaces (l'hyperboloïde à une nappe), le plan tangent en chacun de ses points la touche suivant deux droites entièrement comprises sur la surface; et, pour les deux autres surfaces (l'ellipsoïde et l'hyperboloïde à deux nappes), ces deux droites sont imaginaires. Eh bien, une propriété générale de l'hyperboloïde, démontrée avec le secours des deux droites en question, pourvu qu'elle ne comprenne, ni directement, ni implicitement, ces deux droites dans son énoncé, appartiendra également aux deux autres surfaces.

Par exemple, qu'on veuille démontrer les deux théorèmes qui constituent la doctrine des projections stéréographiques : on prendra l'hyperboloïde à une nappe, pour lequel, avec le secours des deux droites que, par chaque point, on peut mener sur sa surface, ces deux théorèmes sont évidents; et l'on conclura immédiatement, avec toute sûreté, qu'ils ont également lieu pour les autres surfaces du second degré.

On conçoit que si, au lieu de démontrer ces deux théorèmes relativement à l'hyperboloïde à une nappe, surface d'une construction tout aussi générale que celle de l'ellipsoïde et de l'hyperboloïde à deux nappes, on les eût démontrés pour la sphère, on n'aurait pas pu les appliquer, en vertu seulement de la méthode de Monge, aux autres surfaces du second degré, parce que la sphère n'est point une surface d'une construction générale.

§ 14. Mais nous pouvons dire, tout de suite, qu'avec le secours d'une autre
Méthode de généralisation. méthode, on applique les propriétés générales de la sphère à l'ellipsoïde; et alors, par la méthode de Monge, elles deviennent des propriétés générales de toutes les surfaces du second degré. Cette méthode de transformation, que nous avons exposée dans la *Correspondance polytechnique* (tom. III,

pag. 326), est analytique : elle consiste à faire croître proportionnellement
les coordonnées de chaque point de la sphère. Nous nous en sommes servi
pour transformer les propriétés descriptives, et celles qui concernent les volumes des corps; depuis, nous l'avons appliquée aux propriétés concernant les
longueurs des lignes courbes et les aires des surfaces courbes. Nous l'avons
généralisée aussi, sous un autre rapport, en la rendant propre à transporter aux
hyperboloïdes les propriétés générales des paraboloïdes, comme celles de la
sphère à l'ellipsoïde. Mais cette méthode générale étant comprise, comme cas
particulier, dans notre principe général de *déformation homographique,* nous
n'insisterons point davantage sur ses usages et son degré d'utilité.

Nous devons faire remarquer une différence caractéristique qui distingue
cette méthode de celle dont nous parlions d'abord, quoique par l'une et par
l'autre on généralise un premier résultat.

Le mode de déformation que nous venons d'indiquer est une véritable
méthode de généralisation, qui transporte à une figure, d'une construction
tout à fait générale, les propriétés connues d'une figure d'une construction
particulière.

L'autre méthode, au contraire, qui fait usage des relations contingentes,
n'opère que sur une propriété d'une figure de la construction la plus générale, et la transporte à une autre figure d'une construction non moins générale, qui ne diffère de la première figure que par des circonstances secondaires
et accidentelles qui ont servi à la démonstration, mais qui, ayant en quelque
sorte été éliminées dans le résultat des raisonnements où on les avait fait
entrer, ne sont pour rien, ni directement, ni implicitement, dans l'énoncé
de la proposition qu'il s'agissait de démontrer.

§ 15. Cette méthode nous paraîtrait mériter, plus qu'aucune autre, le
nom de méthode d'*intuition,* puisqu'elle est véritablement fondée sur la *vue
des choses.* Mais ce caractère d'intuition est le propre, en général, des méthodes qui reposent sur la pure contemplation de l'étendue, et particulièrement de celles où l'on fait intervenir la considération des figures à trois
dimensions, pour la démonstration des propositions de Géométrie plane. La

dénomination de méthode d'intuition, qui convient en général à la Géométrie de Monge, ne caractériserait donc pas ce principe, en vertu duquel on applique, à un état général d'un système, les propriétés qu'on a démontrées pour un autre état, également général, du même système. Mais la dénomination de *Méthode* ou *principe des relations contingentes* nous paraîtrait la caractériser d'une manière assez précise et assez complète.

Nous préférons cette dénomination à celle de *principe de continuité*, parce que ce principe implique l'idée de l'infini, qui n'entre nullement dans la méthode des relations contingentes. Nous développerons cette idée dans la Note XXIV.

Nous pourrions citer beaucoup d'exemples de l'application qu'on a faite, tacitement, du principe des relations contingentes; mais nous avons trouvé une question nouvelle qui nous paraît éminemment propre à montrer l'usage et l'utilité de ce principe, c'est celle où il s'agit de déterminer, en grandeur et en direction, les trois diamètres principaux d'un ellipsoïde dont trois diamètres conjugués sont donnés. La solution de cette question ne se serait peut-être pas présentée aussi aisément par toute autre méthode. (*Voir* la Note XXV.)

§ 16. Ce principe des relations contingentes sera peut-être basé un jour sur quelque principe métaphysique de l'étendue figurée, tenant à des idées d'homogénéité, telles que celles qu'on a apportées quelquefois dans les sciences naturelles, particulièrement dans celles des corps organisés; il semble appartenir déjà à quelque principe général de dualité, tel que celui que paraissent présenter ces mêmes corps où l'on a à reconnaître deux genres d'éléments, éléments permanents, éléments variables; fixité et mouvement.

Mais, en attendant que notre principe des *relations contingentes* soit ainsi démontré *a priori*, il nous paraît assez justifié par les procédés de l'Analyse, comme nous l'avons fait voir, pour qu'on l'emploie avec assurance.

Ce serait, du reste, une chose heureuse, pour les progrès de la Géométrie rationnelle, que tous les géomètres n'abandonnassent pas les principes rigoureux des Anciens, et que, pendant que les uns, en se confiant aux procédés

faciles de la méthode de Monge, enrichiraient la science de vérités nouvelles, les autres cherchassent à établir ces vérités sur d'autres fondements,
offrant toute la rigueur désirable. Cette sorte d'association et ce double but
seront utiles à la Géométrie, et contribueront puissamment à la doter de
nouveaux principes et à fonder leur véritable. métaphysique. Il faudra en
effet, après avoir découvert quelque vérité par la méthode, en quelque sorte
superficielle, de Monge, qui s'empare et tire parti de quelque circonstance
externe et palpable, mais accidentelle et fugitive; il faudra, dis-je, pour établir cette vérité sur des raisons permanentes et indépendantes des circonstances variables de construction de la figure, aller au fond des choses et
faire usage, non plus comme Monge, des propriétés secondaires et contingentes qui suffisent, dans certains cas, pour définir diverses parties de la
figure, mais bien des propriétés intrinsèques et permanentes de ces mêmes
parties de la figure. Nous entendons par propriétés intrinsèques et permanentes celles qui serviraient, dans tous les cas, à la définition et à la construction des parties de la figure que nous avons appelées *intégrantes* ou
principales; tandis que les propriétés *secondaires* et *contingentes* sont celles
qui peuvent disparaître et devenir imaginaires, dans certaines circonstances
de construction de la figure.

La théorie des cercles tracés sur un plan nous offre un exemple de cette
distinction que nous faisons entre les propriétés *accidentelles,* et les propriétés
permanentes d'une figure. Le système de deux cercles comporte toujours
l'existence d'une certaine droite, dont la considération est fort utile dans toute
cette théorie. Quand les deux cercles se coupent, cette droite est leur *corde
commune,* et cette seule circonstance suffit pour la définir et la construire :
voilà ce que nous appelons une de ses propriétés *contingentes* ou *accidentelles.* Mais quand les deux cercles ne se coupent pas, cette propriété dispa-
raît quoique la droite pourtant existe toujours, et que sa considération soit
encore extrêmement utile dans la théorie des cercles. Il faut donc définir
cette droite et la construire par quelqu'une de ses autres propriétés, qui
ait lieu dans tous les cas de construction générale de la figure, ou du sys-

tème des deux cercles. Ce sera une de ses propriétés *permanentes*. C'est par ces considérations que M. Gaultier [1], au lieu d'appeler cette droite la corde commune des deux cercles, l'a appelée *axe radical;* expression puisée dans une propriété *permanente* de cette droite, qui consiste en ce que les tangentes aux deux cercles, menées par l'un quelconque de ses points, sont égales entre elles, de sorte que chaque point de cette droite est le centre d'un cercle qui coupe orthogonalement les deux cercles proposés [2].

La connaissance des propriétés intrinsèques et permanentes des différentes parties d'une figure, qu'on sera conduit à rechercher quand les propriétés accidentelles disparaîtront, sera très-utile au perfectionnement des théories géométriques, en leur donnant toute la généralité qu'elles comportent, et souvent le degré d'évidence intuitive qui fait un des caractères de la méthode de Monge.

[1] *Journal de l'École polytechnique,* 16e Cahier, ann. 1813.
Le beau Mémoire de M. Gaultier offre la première solution, vraiment générale, de la question du contact des cercles ou des sphères; solution qui permet de supposer que les cercles deviennent des points ou des droites, et les sphères, des points ou des plans.

[2] La même propriété a fait donner, depuis, à cette droite, par M. Steiner, le nom de *ligne d'égale puissance.* (*Voir* le *Journal* de M. Crelle, tom. Ier, et les *Annales* de M. Gergonne, tom. XVII, pag. 295.)
Cette droite jouit, comme l'on sait, de beaucoup d'autres propriétés permanentes remarquables, qui suffisent pour la construire, et qui auraient pu aussi servir à la définir. Ainsi, si l'on décrit un cercle quelconque qui coupe les deux proposés, ses cordes communes avec eux se rencontreront sur cette droite.

Si, par un des deux centres de similitude des deux cercles, on mène une transversale qui les rencontre, et que, par les points de rencontre, on mène les tangentes, aux deux cercles, les tangentes du premier cercle rencontreront respectivement celles du second, qui ne leur seront pas parallèles, en deux points qui seront sur la droite en question.

C'est cette dernière propriété, qui a également lieu dans le système de deux coniques quelconques tracées sur un plan, dont nous nous sommes servi pour définir deux droites qui existent toujours dans le système de deux coniques, et dont chacune joue le même rôle, par rapport aux deux coniques, que l'*axe radical* par rapport à deux cercles. L'expression d'axe radical étant fondée sur une relation de grandeur particulière aux cercles, ne pouvait convenir à ces deux droites, et nous les avons appelées *axes de symptose,* à cause de la *rencontre* ou du *concours,* qui a lieu sur ces deux droites, des tangentes aux deux coniques, menées en des points situés sur une transversale issue d'un de leurs centres d'homologie. (*Voir Annales de Mathématiques,* tom. XVIII, pag. 285.)

Ainsi, la circonstance que l'axe radical de deux cercles est leur corde commune quand ils se coupent, a conduit Monge à démontrer, en considérant trois cercles sur un plan comme les sections diamétrales de trois sphères, que les axes radicaux de ces cercles, pris deux à deux, passent par un même point. Ce théorème n'est pas moins évident si l'on part, pour définir ces trois axes, de leur propriété permanente reconnue par M. Gaultier. Car on voit tout de suite que le point d'intersection de ces deux axes jouit d'une propriété caractéristique des points du troisième axe ; d'où l'on conclut qu'il se trouve sur ce troisième axe.

§ 17. La doctrine des relations *contingentes* nous semble pouvoir offrir encore un avantage; c'est de donner une explication satisfaisante du mot *imaginaire*, employé maintenant en Géométrie pure, où il exprime un *être* de raison sans existence, mais auquel on peut cependant supposer certaines propriétés, dont on se sert momentanément comme d'auxiliaires, et auquel on applique les mêmes raisonnements qu'à un objet réel et palpable. Cette idée d'imaginaire, qui paraît au premier abord obscure et paradoxale, prend donc, dans la théorie des relations contingentes, un sens clair, précis et légitime. (*Voir* la Note XXVI.) Sous ce rapport, la distinction que nous avons faite entre les propriétés intrinsèques et permanentes des figures, et leurs propriétés fugitives et contingentes, paraîtra peut-être de quelque utilité.

§ 18. La Géométrie descriptive de Monge est une source de bonnes doctrines, qui n'a point encore été épuisée. Après y avoir reconnu le germe, plus ou moins développé, de plusieurs méthodes, qui accroissent la puissance et étendent le domaine de la Géométrie, nous y voyons aussi l'origine d'une nouvelle manière d'écrire et de parler cette science. Le style, en effet, est si intimement lié à l'esprit des méthodes, qu'il doit avancer avec elles; de même qu'il doit aussi, s'il a pris les devants, influer puissamment sur elles et sur les progrès généraux de la science. Cela est incontestable, et n'a pas besoin de preuves.

L'ancienne Géométrie est hérissée de figures. La raison en est simple.

(marginalia: Imaginaires en Géométrie.)

(marginalia: Style de Monge en Géométrie.)

Puisqu'on manquait alors de principes généraux et abstraits, chaque question ne pouvait être traitée qu'à l'état concret, sur la figure même qui était l'objet de cette question, et dont la vue seule pouvait faire découvrir les éléments nécessaires à la démonstration ou à la solution cherchée. Mais on n'a pas été sans éprouver les inconvénients de cette manière de procéder, par la difficulté de construction de certaines figures, et par leur complication, qui en rend l'intelligence laborieuse et pénible. C'est surtout dans les questions de la Géométrie à trois dimensions, où les figures peuvent devenir tout à fait impossibles, que l'inconvénient que nous signalons se fait le plus sentir.

Ce défaut de la Géométrie ancienne fait l'un des avantages relatifs de la Géométrie analytique, où il se trouve éludé de la manière la plus heureuse. On a dû se demander, après cela, s'il n'était point aussi, en Géométrie pure et spéculative, une manière de raisonner sans l'assistance continuelle de figures, dont un inconvénient réel, même quand leur construction est facile, est tout au moins de fatiguer l'esprit et de ralentir la pensée.

Les écrits de Monge, et le professorat de cet illustre maître, dont les manières nous avaient été conservées par l'un de ses plus célèbres disciples, héritier de sa chaire [1], ont résolu la question. Ils nous ont appris qu'il suffit, maintenant que les éléments de la science sont formés et très-étendus, d'introduire dans notre langage et dans nos conceptions géométriques, ces principes généraux et ces transformations analogues à celles de l'Analyse, qui, en nous faisant connaître une vérité dans sa pureté primitive et sous toutes ses faces, se prêtent à des déductions faciles et fécondes, par lesquelles on arrive naturellement au but. Tel est l'esprit des doctrines de Monge ; et, quoique sa Géométrie descriptive, qui nous en offre des exem-

---

[1] M. Arago, aujourd'hui Secrétaire perpétuel de l'Académie des sciences, quitta les bancs de l'École pour devenir suppléant de Monge, et bientôt après professeur titulaire. Les Notices scientifiques de l'*Annuaire du bureau des longitudes*, par lesquelles cet illustre astronome popularise en Europe la science si difficile des phénomènes physiques, sont encore un modèle précieux du style sans figures, qui nous paraît éminemment propre à hâter les progrès de la Géométrie.

ples, fasse par sa nature essentiellement usage de figures, ce n'est que
dans ses applications effectives et mécaniques, où elle joue le rôle d'instrument, qu'elle opère ainsi : mais personne, plus que Monge, n'a conçu et
n'a fait de la Géométrie sans figures. C'est une tradition, dans l'École polytechnique, que Monge savait, à un degré inouï, faire concevoir dans l'espace toutes les formes les plus compliquées de l'étendue, et pénétrer dans
leurs relations générales et leurs propriétés les plus cachées, sans autre
secours que celui de ses mains, dont les mouvements secondaient admi-
rablement sa parole, quelquefois difficile, mais toujours douée de la véritable éloquence du sujet : la netteté et la précision, la richesse et la profondeur d'idées.

§ 19. Nous avons essayé, dans les pages qui précèdent, d'apprécier, autant Influence des doctrines de Monge sur l'Ana-lyse.
que nos faibles lumières nous le permettent, la nature et l'étendue des ser-
vices rendus à la Géométrie rationnelle par les doctrines de Monge. Il nous
resterait à parler de l'influence qu'elles ont eue aussi sur la Géométrie analytique, et même sur l'Algèbre, considérée comme pure théorie des grandeurs
abstraites, en général. Mais ce serait nous écarter du but de cet écrit, et surtout il y aurait témérité à nous d'aborder un tel sujet, où nous ne saurions
être qu'historien, et qui a déjà été traité par un géomètre qui joint la profondeur à la variété des connaissances dont il a fait preuve dans toutes les parties des sciences mathématiques et philosophiques [1].

Aussi nous nous bornerons à dire simplement que l'Algèbre, qui avait déjà
dû des progrès considérables à la Géométrie, lors de l'alliance que Descartes
fit de ces deux sciences, lui en dut de nouveaux, dans ses parties les plus
relevées et les plus épineuses, l'*intégration des équations différentielles à
plusieurs variables,* par la corrélation profonde que Monge sut établir entre
les symboles de cette langue, et les formes et les grandeurs de l'étendue.

Nous citerons, par exemple, la double expression analytique de certaines
familles de surfaces, par une équation différentielle, et par une équation finie

---

[1] *Essai historique sur les services et les travaux scientifiques de Gaspard Monge,* par
M. Ch. Dupin; pag. 199-248 de l'édition in-8°.

renfermant des fonctions arbitraires, dont la seconde se trouvait précisément l'intégrale complète de la première.

On conçoit qu'en rapportant ainsi les phrases analytiques à des objets
visibles, dont les parties ont entre elles des rapports évidents et palpables,
la Géométrie ait pu contribuer puissamment aux progrès de l'Analyse; et, en
un mot, *que Monge ait pu faire de l'Algèbre avec de la Géométrie* [1].

Progrès de la Géomé-
trie, dus aux écrits de
Monge.

§ 20. Il nous paraît résulter, des considérations dans lesquelles nous
sommes entré au sujet des doctrines purement géométriques de Monge,
qu'à l'apparition de sa *Géométrie descriptive*, la Géométrie proprement dite,
cette science qui avait illustré Euclide, Archimède, Apollonius; qui avait été
le seul instrument de Galilée, de Kepler, de Pascal, d'Huygens, dans leurs
sublimes découvertes des lois de l'univers; qui enfin avait produit les
immortels *Principes mathématiques de la philosophie naturelle*, de Newton;
que cette Géométrie pure, dis-je, qui depuis un siècle était délaissée, fut tout
à coup agrandie dans ses conceptions et dans ses propres ressources.

On dut concevoir dès lors le désir et l'espoir de tirer rationnellement, de
cette science seule, les vérités nombreuses dont l'Analyse de Descartes l'avait
enrichie.

Ouvrages de Carnot.

Divers ouvrages furent entrepris dans ce but et dans cet esprit.

Les premiers qui parurent, et qui, par leur importance et l'influence
qu'ils ont eue, méritent d'être mis hors ligne, sont la *Géométrie de position*,
et l'*Essai sur la théorie des transversales*, de l'illustre Carnot.

Ces deux ouvrages, dans l'histoire des progrès de la Géométrie rationnelle, ne doivent point être séparés de la Géométrie descriptive de Monge,
ayant été, comme elle, et dans le même temps, une continuation des
belles méthodes de Desargues et de Pascal, et ayant aussi, comme elle,

---

[1] « L'Analyse ne peut que retirer un très-grand avantage de son application à ce genre de
» Géométrie; car je donne la solution de plusieurs problèmes d'Analyse qu'on aurait peut-être
» beaucoup de peine à résoudre sans les considérations géométriques. » (Monge, *Mémoire sur
les propriétés de plusieurs genres de surfaces courbes*, inséré dans le tom. IX des MÉMOIRES DES
SAVANS ÉTRANGERS, ann. 1775.)

contribué puissamment aux nouvelles théories et aux découvertes de la Géométrie.

Ce rapprochement entre les doctrines et les travaux des quatre grands géomètres que nous venons de nommer, qu'avaient pu faire pressentir nos observations sur les méthodes de Desargues et de Pascal, nous paraît établir la véritable chaine des pensées qui ont présidé aux progrès de la Géométrie.

Mais peut-être devons-nous ajouter quelques mots pour développer nos idées sur ce point, et justifier ce rapprochement.

§ 21. Les figures que considère la Géométrie, et leurs parties, ont entre elles deux sortes de relations : les unes, qui concernent leurs formes et leurs situations, appelées relations *descriptives,* et les autres, qui concernent leurs grandeurs, appelées relations *métriques.* Ainsi, par exemple, qu'autour d'un point fixe, pris dans le plan d'une conique, on fasse tourner une transversale; et que, par les deux points où elle rencontre la courbe, dans chacune de ses positions, on mène les tangentes à cette courbe : *ces deux tangentes auront leur point de concours sur une droite fixe,* qui sera la *polaire* du point fixe. Voilà une propriété *descriptive* de la conique; voilà une relation *descriptive* d'un point et de sa polaire.

Maintenant, que, sur chaque transversale, on prenne le point conjugue harmonique du point fixe, par rapport aux deux points où la transversale rencontre la courbe : *ce point conjugué harmonique sera précisément sur la polaire du point fixe.* Voilà une propriété *métrique* des coníques; voilà une relation *métrique* d'un point et de sa polaire.

Ces deux sortes de propriétés, descriptives et métriques, des figures suffisent individuellement pour la solution d'un grand nombre de questions. Mais il est toujours utile, et souvent indispensable, de les considérer, en même temps, les unes et les autres. La science de l'étendue doit les comprendre sans distinction, ou serait incomplète.

De là, on le conçoit, deux genres de méthodes en Géométrie rationnelle; ou du moins deux parties distinctes d'une méthode générale : celle des relations *descriptives* et celle des relations *métriques.*

Deux genres de méthodes, en Géométrie rationnelle.

Desargues, Pascal, La Hire et Le Poivre procédèrent des deux manières; c'est-à-dire qu'ils firent usage des deux genres de relations des figures : des relations descriptives, en se servant de la perspective pour transformer les figures; et des relations métriques, par l'usage répété de la proportion *harmonique*, de la relation d'*involution*, et de diverses autres propositions appartenant à la théorie des transversales.

Cette distinction admise, on reconnaîtra que la Géométrie descriptive de Monge était une généralisation, immense, il est vrai, de la première méthode, la perspective, que ces géomètres employaient pour la démonstration des relations purement descriptives de leurs figures : nous avons vu en effet qu'elle est propre à cet usage, et c'est même dans le but de justifier nos paroles actuelles que nous nous sommes étendu alors sur ses applications à cet objet.

Quant à la théorie des transversales, comprise d'abord implicitement dans la Géométrie de position, puis exposée, sous son véritable titre, dans un écrit spécial, nous avons déjà dit et prouvé que ses principes et plusieurs de ses théories principales avaient été la base des découvertes de Desargues et de Pascal; nous devons donc regarder cette théorie comme la mise en corps de doctrine des principes qui avaient servi à ces deux grands géomètres.

Ainsi nous pouvons dire que la méthode de Monge et celle de Carnot sont, en Géométrie rationnelle, la généralisation et le perfectionnement immédiat des méthodes de Desargues et de Pascal; que ce sont deux branches d'une même méthode générale, qui ont leurs avantages propres et particuliers, et qu'on ne doit point séparer, dans l'étude complète des propriétés de l'étendue. Il serait, au contraire, extrêmement utile de les y faire toujours marcher simultanément, sur deux lignes parallèles : elles s'aideraient mutuellement, et les progrès de la science en seraient plus complets et plus rapides [1]. Monge, et parmi ses disciples, surtout le savant auteur des *Déve-*

---

[1] Les ouvrages de Monge et de Carnot offrent de beaux exemples de ces deux méthodes pour la démonstration des mêmes théorèmes, et prouvent, de plus, l'utilité de la concomitance que nous voudrions voir souvent établie entre elles ; car les applications que Carnot fait de sa théorie

loppements et des *Applications de Géométrie,* nous ont donné l'exemple d'une telle corrélation de méthodes, par celle qu'ils ont établie entre les procédés logiques de la pure Géométrie et le langage abstrait et symbolique de l'Algèbre.

§ 22. Nous ne pouvons faire ici l'analyse des nombreuses et importantes propositions qui abondent dans les deux ouvrages de Carnot ; nous nous bornerons à y faire remarquer la belle propriété générale des courbes géométriques de tous les degrés, concernant les segments qu'une telle courbe fait sur les côtés d'un polygone tracé dans son plan ; propriété qui constitue l'extension de la théorie des transversales à la Géométrie des courbes, et de laquelle, en particulier, se déduit, comme corollaire, le troisième théorème de Newton, relatif aux produits des segments faits sur des parallèles.

Passons aux autres ouvrages qui, après ceux de Monge et de Carnot, ont servi le plus utilement la science. Divers ouvrages de
Géométrie.

Tels nous paraissent être :

L'intéressant essai de la Géométrie de la règle, intitulé : *Solutions peu connues de différens problèmes de Géométrie pratique* (in-8°, 80 pages, an XII), où M. Servois, après avoir réuni les théorèmes principaux de la théorie des transversales, en montre les usages en Géométrie rationnelle, pour la démonstration des propositions, et dans la Géométrie pratique, pour résoudre sur le terrain, par des alignements, les différents problèmes qui se présentent surtout à la guerre.

Les *Développements* et les *Applications de Géométrie,* de M. Ch. Dupin, où

---

des transversales, portent en partie sur plusieurs propriétés des sections coniques, et sur celles des axes radicaux et des centres de similitude de trois cercles tracés dans un plan, que Monge avait démontrées par de pures considérations de Géométrie. Mais Carnot, en se servant des relations métriques des figures, parvient, en même temps qu'aux théorèmes de Monge, à plusieurs propriétés concernant ces relations métriques, qui échappent en général à l'autre méthode, fondée en principe sur les propriétés purement descriptives des figures.

Nous avions déjà fait quelques réflexions sur ces deux manières différentes de démontrer et de découvrir en Géométrie, à la suite de nos considérations sur le principe des relations contingentes.

l'on a vu, pour la première fois, traiter par de pures considérations de Géométrie les questions difficiles de la courbure des surfaces, qui avaient exigé, entre les mains d'Euler et de Monge, toutes les ressources de la plus savante Analyse.

Les *Éléments de Géométrie à trois dimensions* (partie synthétique), de M. Hachette, où plusieurs questions sur les tangentes et les cercles osculateurs des lignes courbes, dont on n'avait jusqu'alors que des solutions analytiques, furent résolues aussi dans toute leur généralité, par des considérations purement géométriques.

Le *Mémoire sur les lignes du second ordre*, de M. Brianchon, où se trouvent déduites, pour la première fois, du célèbre théorème de Desargues sur l'involution de six points, de nombreuses propriétés de ces courbes.

Le *Mémoire sur l'application de la théorie des transversales*, du même auteur [1].

[1] Cet ouvrage a pour objet, comme celui de M. Servois, la solution de plusieurs problèmes par la ligne droite seulement. Déjà M. Brianchon s'était occupé de cette partie de la Géométrie, sous le titre même de *Géométrie de la règle*. (Voir *Correspondance sur l'École polytechnique*, tom. II, pag. 583.)

Ce genre de Géométrie n'est point absolument nouveau. Nous avons parlé de l'ouvrage de Schooten sur ce sujet, et d'un ouvrage un peu antérieur, intitulé : *Geometria peregrinans*. Le traité de Schooten : *De concinnandis demonstrationibus*, etc., contient aussi des exemples de cette Géométrie; on en trouve d'autres dans les *Récréations mathématiques* d'Ozanam (édition de 1778), et dans divers traités d'arpentage, particulièrement dans celui de Mascheroni, intitulé : *Problèmes pour les arpenteurs*, avec *différentes solutions*. (Pavie, 1793.)

L'occasion se présente ici de faire mention de la *Géométrie du compas*, de Mascheroni (ann. 1797), ouvrage original et curieux, qui a pour objet la résolution, par le compas seulement, des problèmes que l'on résout ordinairement par la règle et le compas. Cette Géométrie est plus riche et plus étendue que celle de la *règle*, parce qu'elle embrasse les problèmes du second degré, qui sont tous ceux qui forment le domaine de la Géométrie ordinaire. Mascheroni fait voir qu'elle s'applique aussi, avec facilité, à la solution approximative des problèmes qui dépendent des sections coniques, et d'une Géométrie plus relevée.

Des essais du même genre que la Géométrie de la règle et celle du compas, et qui tiennent pour ainsi dire le milieu entre les deux, avaient déjà occupé, longtemps auparavant, de célèbres mathématiciens. Cardan, le premier, dans son livre *de subtilitate*, avait résolu plusieurs problèmes d'Euclide, par la ligne droite et une seule ouverture de compas, comme si l'on n'avait, dans la pratique, qu'une règle et un compas invariable. Tartalea ne tarda pas à suivre son rival sur ce

Le *Traité des Propriétés projectives des figures,* de M. Poncelet, qui a
pour but, comme l'indique le titre, la recherche des propriétés qui se conservent dans la transformation des figures, par voie projective ; et où, par
l'usage heureux de trois doctrines puissantes : le *principe de continuité,* la
théorie des *polaires réciproques,* et la théorie des *figures homologiques* à
deux et à trois dimensions, le savant auteur a su démontrer, sans un mot
de calcul, toutes les propriétés connues des lignes et des surfaces du second
degré, et un grand nombre d'autres qui lui sont dues, et dont plusieurs
sont regardées déjà comme des plus importantes de cette riche théorie.

Divers Mémoires de M. Gergonne, de M. Quetelet, de M. Dandelin et
d'autres géomètres, qui ont paru dans les recueils scientifiques [1], ont aussi
enrichi la science de découvertes précieuses, qui ont contribué à ses progrès.

§ 23. De ces ouvrages, dont un mérite commun fut d'offrir, tous, des Méthodes récentes en
Géométrie.
preuves convaincantes et multipliées des ressources infinies que la Géomé-
trie pure peut puiser en elle-même, sont nées ces vérités simples et fécondes,
qui attestent seules la perfection de la science dont elles sont les véritables
bases : des théories, dont le germe se trouvait, inaperçu depuis des siècles,
dans les écrits des géomètres, ont apparu, se sont développées rapidement,
et ont donné lieu aux méthodes qui constituent la Géométrie récente.

Parmi ces méthodes, nous distinguerons :

Premièrement, la théorie des transversales, dont le principal théorème,

terrain, et étendit cette manière par de nouveaux problèmes. (*General trattato di numeri, e
misure ; 5ᵗᵃ parte, libro terzo ; in-fol. Venise, 1560). Enfin, un savant géomètre piémontais,
J.-B. de Benedictis, en fit l'objet d'un traité intitulé : *Resolutio omnium Euclidis problematum, aliorumque ad hoc necessario inventorum, unâ tantummodo circini datâ aperturâ ;*
in-4°. Venise, 1553.

[1] Le *Journal* et la *Correspondance de l'Ecole polytechnique* ; les *Annales* de M. Gergonne ; la
Correspondance mathématique et physique de M. Quetelet ; le *Journal allemand* de M. Crelle.
Plusieurs géomètres allemands : MM. Steiner, Plucker, Möbius, etc., dignes collaborateurs des
célèbres analystes Gauss, Crelle, Jacobi, Lejeune-Dirichlet, etc., écrivent, dans ce dernier recueil,
sur les nouvelles doctrines de la Géométrie rationnelle. Nous éprouvons un vif regret de ne pouvoir citer ici leurs ouvrages, qui nous sont inconnus, par suite de notre ignorance de la langue
dans laquelle ils sont écrits.

relatif au triangle coupé par une droite, a une haute antiquité, mais auquel Carnot a donné une nouvelle existence, en en montrant, le premier, toute l'utilité et la fécondité, et en le transportant, par une généralisation infiniment heureuse, dans la théorie des lignes et des surfaces courbes [1].

Deuxièmement, les doctrines sur la transformation des figures en d'autres figures du même genre, comme fait la perspective.

Parmi les méthodes de cette nature, nous citerons :

1° La perspective elle-même, dont les principes sont la base des ouvrages de Desargues et de Pascal sur les coniques, et dont les usages, depuis, se sont étendus et souvent répétés.

2° La méthode qui consiste à faire croitre, dans un rapport constant, les rayons visuels menés aux différents points d'une figure, pour former une figure semblable et semblablement placée.

3° Celle qui fait croitre proportionnellement les ordonnées des points d'une figure, ainsi qu'on opère dans le dessin d'un profil dont on veut rendre les dimensions en hauteur plus facilement appréciables, méthode employée par Durer [2], Porta [3], Stevin, Mydorge et Grégoire de Saint-Vincent, pour former l'ellipse par le cercle [4].

4° Celle par laquelle on incline toutes les ordonnées d'une figure, en les faisant tourner autour de leurs pieds sur le plan de projection, et en leur conservant le parallélisme entre elles; procédé usité surtout en architecture, pour la construction des arcs rampants [5].

---

[1] Un théorème analogue, relatif aux segments faits, sur les trois côtés d'un triangle, par trois droites issues d'un même point et aboutissant respectivement aux sommets opposés, est aussi l'un des principaux de la *théorie des transversales.* Celui-ci, qu'on a attribué jusqu'ici à Jean Bernoulli, a été démontré en premier lieu par Jean Ceva. (*Voir* la note VII.)

[2] *Institutiones geometricæ.* Livre Ier.

[3] *Elementa curvilinea.* Livre Ier.

[4] Le P. Nicolas, qui a fait aussi usage de cette méthode dans son *Traité des conchoïdes et des cissoïdes,* a appelé *homogènes,* les courbes ainsi formées l'une par l'autre. (*De conchoïdibus et cissoïdibus exercitationes Geometricæ;* in-4°. Tolosæ, 1692.)

[5] On peut, en même temps, augmenter proportionnellement les ordonnées. M. Hachette a fait usage de ce mode de déformation dans deux propositions de Géométrie, pour démontrer qu'une

5° La méthode pour la construction des bas-reliefs, enseignée par Bosse et Pétitot [1] ; et celle qu'a proposée, depuis, M. Breysig, sous le titre : *Essai d'une théorie de la perspective des reliefs, disposée de manière à servir en même temps aux peintres*, in-8°. Magdebourg, 1798 [2].

6° La méthode des *Planiconiques* de La Hire, et celle de Le Poivre, ayant pour objet, l'une et l'autre, de décrire, sur le plan de la base d'un cône, les mêmes courbes que donneraient, dans l'espace, les sections du cône par un plan.

7° Celle de Newton, pour transformer les figures en d'autres du même

---

des propriétés de la projection stéréographique de la sphère ne pourrait avoir lieu dans une autre surface qu'autant qu'elle serait du second degré. (Voir *Correspondance polytechnique*, tom. 1er, pag. 77.)

Il est aisé de voir que ce mode de déformation peut être ramené à celui qui consiste à faire croître les ordonnées d'une surface suivant leur propre direction, et dans un rapport constant.

[1] La construction des bas-reliefs est regardée, généralement, comme incertaine et dépourvue de règles rigoureuses, comme était, par exemple, la perspective, il y a deux siècles, dans l'esprit de la plupart des peintres. Cependant Bosse a écrit quelques règles géométriques pour cette construction. Nous les trouvons dans son *Traité des pratiques géométrales et perspectives* (in-8°, 1665). Un passage du même ouvrage nous apprend que Desargues, qui eut la gloire d'introduire, dans les arts de construction, les principes et la rigueur des opérations géométriques, avait appliqué, à la construction des bas-reliefs, sa manière de pratiquer la perspective. Il nous est permis de penser que ce sont les idées de Desargues, ou sa méthode même, que Bosse nous a transmises.

Nous trouvons, depuis, de semblables règles pour les bas-reliefs, dans le *Traité de Perspective* de Pétitot, intitulé : *Raisonnement sur la perspective, pour en faciliter l'usage aux artistes*, in-fol., Parme, 1758 (en français et en italien).

Ces règles de construction de bas-reliefs, produisant des figures du même genre que les proposées, nous devons les comprendre parmi les méthodes dont nous faisons ici l'énumération. Il est vrai que ces règles sont presque ignorées, et surtout qu'elles n'ont jamais été employées, en Géométrie rationnelle, pour la recherche et la démonstration des propriétés des figures; mais elles n'en sont pas moins susceptibles d'un tel usage.

[2] Nous ne connaissons, de l'ouvrage de M. Breysig, que le titre, qui est rapporté par M. Poncelet, à la page 397 du 8e volume du *Journal* de M. Crelle; mais nous n'hésitons point à mettre le mode de construction des reliefs, qu'il contient, au nombre des méthodes propres à transformer les figures à trois dimensions en d'autres figures du même genre, M. Poncelet nous apprenant que les préceptes de l'auteur se trouvent d'accord avec les siens propres, qui produisent de telles figures.

genre, comprise dans le lemme 22 du premier livre des *Principes ;* et qui fut généralisée par Waring [1].

8° Celle dont nous avons fait usage pour appliquer à l'ellipsoïde les propriétés de la sphère, qui consiste à faire croître, dans des rapports constants, les coordonnées des points de la figure proposée. (*Correspondance sur l'École polytechnique,* tom. III, pag. 326) [2].

9° Enfin, la belle théorie des *figures homologiques* ou *perspective-relief,* de M. Poncelet, qui rentre dans celle de La Hire et Le Poivre par le cas des figures planes, mais qui n'avait point encore été conçue pour les figures à trois dimensions [3].

---

[1] x et y étant les coordonnées d'un point d'une courbe donnée, et x', y' celles du point correspondant de sa transformée, Waring prend les relations :

$$x = \frac{px' + qy' + r}{Ax' + By' + C}, \quad y = \frac{Px' + Qy' + R}{Ax' + By' + C}.$$

Il présente ce mode de transformation comme une généralisation de celui de Newton, où l'on a

$$x = \frac{r}{x'}, \quad y = \frac{Qy'}{x'},$$

(*Principes math.,* livre 1er, lemme 22); et il se borne à faire voir que la nouvelle courbe sera du même degré que la proposée. (*Miscellanea analytica,* pag. 82; *Proprietates curvarum algebraïcarum,* pag. 240.)

Nous démontrerons que les courbes ainsi construites peuvent être, aussi bien que celles de Newton, produites par la perspective; de sorte que *la généralisation de Waring ne porte que sur la position de la nouvelle courbe par rapport à la proposée, et non sur sa forme, ni sur ses propriétés individuelles.*

[2] Euler avait indiqué ce mode de transformation pour les courbes planes; mais sans en faire d'applications : il dit que les courbes ainsi construites l'une par l'autre ont de l'*affinité;* il les appelle *Lineæ affines.* (*Introductio in analysin infinitorum ;* livre 2, art. 442.)

[3] M. Le François a fait usage, dans ces derniers temps, de la théorie des figures *homologiques,* comme moyen de déformation de quelques courbes du troisième degré, particulièrement des *focales* de MM. Quetelet et Van Rees. (*Dissertatio inauguralis mathematica de quibusdam curvis geometricis;* in-4°. Gand, 1830.) La méthode de ce géomètre diffère de celle de M. Poncelet, en ce qu'il se sert, pour construire ses courbes homologiques, d'une de leurs relations métriques. Mais cette relation n'est pas la plus générale que comporte cette théorie; elle est un rapport *harmonique;* tandis qu'on peut prendre un rapport *anharmonique,* qui donne plus de

Nous réunissons sous un même titre ces diverses méthodes, parce que nous ferons voir que toutes, et la perspective proprement dite elle-même, dérivent d'un seul principe fondamental, dont elles ne sont que des applications particulières.

Troisièmement, la théorie des polaires réciproques, que les élèves de Monge puisèrent dans les précieuses leçons de cet illustre professeur; dont il fut fait d'abord quelques usages particuliers pour transformer des figures en d'autres, où des droites correspondaient à des points et des points à des droites (*voir* la Note XXVI); et sur laquelle le célèbre auteur du *Traité des Propriétés projectives des figures* a appelé toute l'attention des géomètres, en la faisant servir, le premier, à la transformation des relations de grandeur métrique ou angulaire.

Quatrièmement, la doctrine des projections stéréographiques, qui, considérée d'abord dans la sphère seulement, servait à la construction de certaines cartes géographiques; et qui, accrue d'un nouveau théorème, et étendue d'une manière très-générale aux surfaces du deuxième degré, offre aujourd'hui un moyen de recherche aussi simple qu'expéditif [1]. Les Mémoires

généralité à la construction des figures. Nous reviendrons sur cet objet dans notre Mémoire sur la *Déformation homographique.*

La considération des relations métriques des figures étant la partie principale de ce Mémoire, on nous permettra de rappeler ici qu'il a été adressé à l'Académie de Bruxelles en janvier 1830; et qu'ainsi il a précédé la publication de la thèse de M. Le François, que ce géomètre nous a fait l'honneur de nous adresser quelque temps après.

[1] La théorie des projections stéréographiques de la sphère, telle qu'on l'emploie aujourd'hui dans la Géométrie spéculative, se compose des deux principes suivants :

1° *La projection de tout cercle tracé sur la sphère est un cercle ;*

2° *Le centre de ce cercle est la projection du sommet du cône circonscrit à la sphère suivant le cercle mis en projection.*

Ce second théorème, aussi essentiel que le premier, n'est connu que depuis quelques années; nous l'avons énoncé pour la première fois, et démontré analytiquement, dans les *Éléments de Géométrie à trois dimensions* de M. Hachette (année 1817). Depuis, nous avons appliqué, par de simples considérations de Géométrie, à toute surface du second degré, la théorie des projections stéréographiques, et nous l'avons généralisée sous deux rapports : 1° en considérant des surfaces du second degré, inscrites à la proposée, au lieu de sections planes de celles-ci ; 2° en

de l'Académie de Bruxelles, particulièrement, contiennent les applications les plus heureuses de cette élégante doctrine, par MM. Quetelet et Dandelin.

§ 24. Telles nous paraissent être les quatre grandes divisions auxquelles on pourrait rattacher, sous le point de vue philosophique des méthodes, dans l'état actuel de la Géométrie, la plupart de ses nombreuses découvertes récentes. Dans une cinquième, on comprendrait quelques théories particulières et spéciales, que leurs auteurs ont fait reposer sur les seuls principes de la Géométrie pure. Telles sont, entre autres, la théorie des *tangentes conjuguées*, due à M. Dupin, qui en a fait les plus utiles applications spéculatives et pratiques; et la nouvelle *Théorie des caustiques*, par laquelle M. Quetelet a réduit, à quelques principes de Géométrie élémentaire, cette partie importante et difficile de l'optique, à laquelle ne pouvaient suffire toutes les ressources de l'Analyse.

Ces théories, qui semblent au premier abord étrangères aux méthodes dont nous venons de parler, pourraient pourtant s'y rattacher sous certains rapports, et en recevoir d'utiles secours. Les singuliers rapprochements que M. Quetelet a faits entre sa théorie des caustiques et celle des projections stéréographiques, en sont une première preuve; nous aurons occasion ailleurs d'en donner d'autres [1].

prenant pour plan de projection un plan quelconque. (Voir *Annales de Mathématiques*, tom. XVIII, pag. 305, et tom. XIX, pag. 157.)

[1] Par exemple, M. Ch. Dupin, dans sa belle *Théorie géométrique de la courbure des surfaces*, n'a pas dégagé entièrement de considérations analytiques la démonstration de cette proposition : « Quand deux surfaces du second degré ont leurs sections principales décrites des mêmes » foyers, elles se coupent partout à angle droit. » Les méthodes récentes conduisent, de diverses manières, à une démonstration purement géométrique de ce théorème.

Disons même, pour offrir un exemple de la portée de ces méthodes, que l'on parvient, sans plus de difficulté, à cette proposition beaucoup plus générale : *Quand deux surfaces du second degré ont leurs sections principales décrites des mêmes foyers, de quelque point de l'espace qu'on les considère, leurs contours apparents paraissent se couper à angle droit.*

Nous ajouterons que les beaux résultats contenus dans un Mémoire sur *les axes conjugués et les moments d'inertie des corps* (16e Cahier du *Journal de l'École polytechnique*), où M. Binet a fait usage de la même proposition que M. Ch. Dupin, et ceux auxquels M. Ampère est aussi parvenu sur le même sujet, dans son Mémoire intitulé : *Quelques propriétés nouvelles des*

§ 25. En même temps qu'une étude approfondie de l'état actuel de la Perfectionnement des méthodes récentes. Géométrie pure tend à justifier la division systématique que nous avons établie, elle fait voir, par le manque de généralité et de caractère précis d'une foule de théorèmes qui se rattachent aux méthodes que nous venons d'indiquer, que ces méthodes elles-mêmes n'ont point encore l'étendue, la fécondité et le degré de puissance désirables.

Ainsi, par exemple, les méthodes comprises dans notre deuxième et notre troisième division, d'un usage facile et général pour la découverte et la démonstration des propriétés *descriptives* des figures, n'ont encore été appliquées que d'une manière restreinte aux relations de *grandeur* (lignes, surfaces ou volumes). N'est-il pas présumable qu'il leur manque quelque principe qui les rende applicables à des relations beaucoup plus générales, et peut-être à toutes sortes de relations ?

On conçoit donc que ces méthodes ne reposent point encore sur d'assez larges bases. Et en effet, nous croyons pouvoir dire que chacune d'elles est susceptible d'une très-grande extension.

§ 26. La première, celle des transversales, peut être accrue de principes Théorie des transversales. nouveaux, qui la rendent propre à de nouveaux usages, et suppléent en mille circonstances, et particulièrement dans l'étude des propriétés générales des courbes géométriques, à l'Analyse de Descartes : dans son état actuel même, elle peut servir à diverses questions, qui ne lui point encore été soumises; par exemple au problème général des *tangentes* et à celui des *rayons de courbure* de toutes les courbes géométriques, dont nous avons indiqué les solutions dans le *Bulletin universel des sciences* (juin 1830) [1].

axes permanents de rotation des corps ; nous ajouterons, dis-je, que ces belles découvertes, regardées comme étant du domaine de la mécanique, et que leurs auteurs ont obtenues par l'Analyse, peuvent aussi dériver de pures considérations géométriques : et peut-être trouverait-on que cette voie rattache davantage ces diverses découvertes à leurs principes premiers, en montre mieux l'enchaînement, et en rend l'exposition plus facile et plus rationnelle.

C'est ainsi que la Géométrie, en reculant ses limites, apportera toujours son flambeau dans quelque partie nouvelle des sciences physico-mathématiques.

[1] *Construction des tangentes.* — Pour déterminer la tangente en un point *m* d'une courbe

§ 27. La doctrine des projections stéréographiques, outre l'extension qu'elle a déjà reçue par son application à toutes sortes de surfaces du second degré, est susceptible d'une nouvelle généralisation qui consisterait à placer l'œil, non plus en un point de la surface, mais arbitrairement en un lieu quelconque de l'espace, même à l'infini. De cette manière les sections planes de la surface du second degré ne seront plus, en projection, des coniques homothétiques entre elles, ou bien des coniques ayant toutes un même axe de symptose; ces courbes auront entre elles une dépendance d'une expression plus générale; elles auront toutes un double contact (réel ou imaginaire) avec une même conique, perspective du contour apparent de la surface du second degré (cette conique pouvant elle-même être imaginaire).

Ce théorème appartient à M. Poncelet, qui l'a donné dans son *Traité des Propriétés projectives* (art. 610), et en a montré l'usage pour l'étude des

géométrique, d'un degré quelconque, on mène par ce point deux transversales mA, mA', sous des directions arbitraires; on fait les produits des segments compris, sur ces droites, entre le point m et les autres points où elles rencontrent la courbe; soient P, P' ces deux produits.

Par un point μ, pris arbitrairement dans le plan de la courbe, on mène deux transversales, parallèles aux droites mA, mA'; et l'on fait les produits des segments compris, sur ces transversales, entre le point μ et la courbe; soient Π, Π' ces deux produits.

On portera, sur les droites mA, mA', à partir du point m, deux lignes proportionnelles aux rapports $\frac{\Pi}{P}$, $\frac{\Pi'}{P'}$ respectivement: *la droite qui joindra les extrémités de ces lignes sera parallèle à la tangente en* m.

Ainsi la direction de la tangente est déterminée.

On pourrait construire directement la normale. Pour cela, on porterait, sur les deux transversales issues du point m, des lignes proportionnelles aux rapports $\frac{P}{\Pi}$, $\frac{P'}{\Pi'}$; par les extrémités de ces lignes et par le point m, on ferait passer un cercle: *son centre serait sur la normale à la courbe, au point* m.

Construction des cercles osculateurs. — Pour déterminer le cercle osculateur en un point m d'une courbe géométrique, on mènera, par ce point, la tangente à la courbe, et une transversale quelconque mA; on prendra les produits des segments compris, sur ces deux droites, entre le point m et les autres branches de la courbe; soient T et P ces deux produits.

Par un point μ, pris arbitrairement dans le plan de la courbe, on mènera deux parallèles à la tangente et à la transversale; et on fera les produits des segments compris, sur ces parallèles, entre le point μ et la courbe; soient τ et π ces produits.

On portera sur la transversale mA une ligne égale à $\frac{P}{\pi} \cdot \frac{\tau}{T}$: *l'extrémité de cette ligne sera sur le cercle osculateur cherché.*

propriétés d'un système de coniques ayant toutes un double contact avec une même conique. Si l'on y joint, comme dans la projection stéréographique proprement dite, un second théorème relatif à la projection des sommets des cônes circonscrits à la surface du second degré suivant ses sections planes, cette théorie nouvelle offrira un champ de recherches intéressantes et inépuisables, et où se trouveront résolus une foule de problèmes sur la construction des coniques assujetties à des conditions diverses. (*Voir* la Note XXVIII.)

§ 28. Les méthodes comprises dans notre deuxième division, qui paraissent étrangères les unes aux autres, et sont destinées à des usages pratiques différents, peuvent, étant considérées comme moyen théorique de *déformation des figures*, être résumées en un seul et unique principe de *déformation*, qui les remplacera toutes ; principe qui nous parait offrir une doctrine nouvelle d'une grande portée, et d'un usage facile et plus étendu que celui de

Méthodes de déformation des figures.

Il suit de cette construction que, si l'on appelle θ l'angle formé par la transversale mA et la tangente, le rayon de courbure $R = \frac{1}{2\sin\theta} \cdot \frac{P}{\pi} \cdot \frac{\tau}{T}$.

Si la courbe est du degré m, τ et π contiendront m facteurs linéaires, P en contiendra $m - 1$, et T en contiendra $m - 2$.

Quand la courbe sera tracée, ces facteurs seront des lignes comprises sur les transversales ; et, quand la courbe sera déterminée par son équation, on connaîtra immédiatement, au moyen de celle-ci, les valeurs des quatre produits P, T, π, τ ; ce qui résulte, comme on le sait, de la théorie générale des équations.

Quand la courbe est tracée, il faut qu'elle le soit complétement, c'est-à-dire que toutes ses branches soient décrites, pour que les transversales la rencontrent en autant de points que l'indique le degré de la courbe. Par exemple, si la courbe est une de celles du quatrième degré, appelées *ovales de Descartes*, il faut connaître sa *compagne*, seconde ovale, jouissant des mêmes propriétés que la première, non indiquée par la construction que Descartes et d'autres géomètres ont donnée de ces courbes, mais qui est renfermée dans la même équation. (*Voir* la Note XXI.)

Les constructions précédentes peuvent être simplifiées, parce qu'au lieu de quatre transversales, parallèles deux à deux, on peut n'en mener que trois, dont deux issues du point de la courbe, et la troisième tout à fait arbitraire. Cette modification des solutions ci-dessus repose sur la belle propriété générale des courbes géométriques, donnée par Carnot dans sa *Géométrie de position*, pag. 291.

M. Poncelet a aussi donné une construction des tangentes aux courbes géométriques, dans son Mémoire présenté, en septembre 1831, à l'Académie des sciences de Paris, sous le titre : *Analyse des transversales, appliquée à la recherche des propriétés projectives des lignes et surfaces géométriques.* (*Voir* le tom. VIII du *Journal* de M. Crelle, pag. 229.)

ces diverses méthodes. Cette doctrine reposera sur un seul théorème de Géométrie, que nous regardons comme la dernière généralisation, et pour ainsi dire comme l'original des principes qui donnaient lieu à ces méthodes. Nous ajouterons que toutes les autres méthodes semblables, qu'on pourrait découvrir par la suite, pour convertir les figures en d'autres du même genre, ne seront aussi que des déductions de ce seul et unique théorème.

Polaires réciproques, et autres méthodes semblables.

§ 29. Quant à la théorie des polaires réciproques, qui sert à transformer les figures en d'autres figures de genre différent (dans lesquelles les plans et les points correspondent respectivement à des points et à des plans des figures proposées), et à convertir les propriétés de ces figures en propriétés

Principe de dualité.

des figures nouvelles, ce qui établit une *dualité* permanente des formes et des propriétés de l'étendue figurée, nous avons déjà annoncé (*Annales de Mathématiques*, tom. XVIII, pag. 270), que cette théorie n'est point une méthode unique pour ces fins : il en existe plusieurs autres, qui mettent en évidence cette *dualité*, et qui sont d'un usage aussi facile dans leurs applications.

Ainsi, la *dualité* reconnue depuis deux siècles [1] dans la Géométrie de la sphère, où chaque figure a sa figure *supplémentaire*, dans laquelle des arcs de grands cercles correspondent aux points de la première, et passent par un même point quand ces points de la première figure sont sur un même arc de grand cercle, cette *dualité*, dis-je, met dans une évidence parfaite la *dualité* des figures planes, et offre un moyen facile de transformation de ces figures.

Que l'on conçoive en effet, sur une sphère, une première figure quelconque, et la figure *supplémentaire* (c'est-à-dire, la figure enveloppe des arcs de grands cercles dont les plans sont perpendiculaires aux rayons qui aboutissent aux points de la première); et qu'on fasse la perspective de ces deux figures sur un plan, l'œil étant placé au centre de la sphère; on aura, en

[1] Nous avons dit que le théorème sur lequel repose cette dualité est dû à Snellius, et que sa découverte avait été préparée par les transformations de triangles sur la sphère, que Viète avait faites pour résoudre quelques cas de la trigonométrie sphérique.

perspective deux figures, dont l'une sera la transformée de l'autre, et où la *dualité* en question sera évidente.

Mais on reconnait aisément que cette transformation d'une figure plane peut s'effectuer directement sur le plan de la figure, sans l'emploi d'une sphère auxiliaire. En effet, la perpendiculaire abaissée, de chaque point de la figure proposée, sur la droite qui correspond à ce point dans la seconde figure, passera par un point fixe, projection orthogonale du centre de la sphère sur le plan de la figure ; et cette perpendiculaire sera divisée en ce point en deux segments, dont le produit sera constant, comme étant égal au carré de la distance du centre de la sphère au plan de la figure. Il suffira donc, pour former une transformée d'une figure proposée, de mener, par un point fixe de son plan, un rayon à chacun des points de cette figure ; de prendre, sur le prolongement de ce rayon, au delà du point fixe, une ligne proportionnelle à sa valeur inverse, et de mener, à l'extrémité de cette ligne, une perpendiculaire au rayon. Toutes ces perpendiculaires correspondront respectivement aux points de la figure proposée, et envelopperont sa transformée.

§ 30. Il est manifeste que ce procédé de construction des figures transformées s'applique aux figures à trois dimensions ; nous l'énoncerons ainsi :

Étant donnée une figure dans l'espace ; que, d'un point fixe, pris arbitrairement, on mène à tous les points de cette figure des rayons, et que sur ces rayons (ou bien sur leurs prolongements au delà du point fixe), on porte des lignes qui leur soient respectivement proportionnelles ; que, par les extrémités de ces lignes, on mène des plans perpendiculaires aux rayons ; tous ces plans envelopperont une seconde figure qui sera la TRANSFORMÉE *de la proposée, comme on l'entend dans le principe de* DUALITÉ. C'est-à-dire qu'aux plans dans la figure proposée, correspondront des points dans la nouvelle figure, et quand ces plans passeront par un même point, ces points seront sur un même plan [1].

[1] La démonstration de ce théorème est extrêmement facile. Nous la donnerons dans la note XXIX.

Quand les lignes proportionnelles aux valeurs inverses des rayons menés du point fixe aux points de la figure proposée, sont prises sur les directions de ces rayons, les plans menés par les extrémités de ces lignes, perpendiculairement aux rayons, peuvent être considérés comme les plans *polaires* des points de la figure proposée, par rapport à une certaine sphère décrite du point fixe comme centre.

Notre mode de transformation comprend donc celui de la théorie des *polaires réciproques* considérées dans la sphère ; et il est plus général que celui-ci, en ce que, dans la théorie des polaires, les plans correspondant aux points d'une figure proposée sont toujours menés entre ces points et le centre de la sphère, tandis que, dans notre mode de transformations, ces plans peuvent être menés au delà du point fixe qui représente ce centre [1].

Cette connexion intime entre la théorie des polaires réciproques, d'invention toute récente, et la dualité des figures tracées sur la sphère, connue et usitée depuis près de deux siècles, nous a paru mériter d'être remarquée ici.

§ 31. Passons à d'autres modes de transformation.

Il en est deux qui reposent, comme le précédent, sur des théories connues. Le premier est offert par le *Porisme* d'Euclide, que nous avons cité en parlant des *Collections mathématiques* de Pappus (1re Époque, § 31, en note); car, dans ce porisme, pour chaque point d'une figure plane on construit une droite, et l'on reconnaît aisément que, si les points de la première figure sont en ligne droite, les droites correspondantes, dans la seconde figure, passent par un même point.

Le second résulte de la théorie des courbes et surfaces *réciproques,* dont Monge a donné l'expression analytique. (*Voir* la Note **XXX**.)

---

[1] La plus grande généralité que nous venons de signaler n'a lieu que sous le rapport géométrique, et non quand on emploie la voie analytique; parce que, dans ce dernier cas, on peut supposer imaginaire le rayon de la sphère par rapport à laquelle on prend les polaires; et alors les plans polaires des points de la figure proposée sont menés au delà du point qui représente le centre de la sphère.

§ 32. On peut imaginer d'autres modes de transformation.

Par exemple, soient dans l'espace un angle trièdre, et un triangle situé dans un plan mené par le sommet de l'angle trièdre ; que, par chaque point d'une figure donnée dans l'espace, on mène trois plans passant pas les trois côtés du triangle ; ils rencontreront respectivement les trois arêtes de l'angle trièdre en trois points qui détermineront un plan ; tous les plans ainsi déterminés envelopperont une seconde figure ayant, avec la proposée, les rapports et les dépendances qui constituent la *dualité* en question.

Une figure étant donnée dans l'espace, qu'on lui imprime un mouvement infiniment petit quelconque, et qu'on mène, par ses différents points, des plans normaux à leurs trajectoires ; tous ces plans envelopperont une seconde figure, qui sera une transformation de la proposée, de même nature que la précédente.

Que l'on suppose qu'une figure donnée dans l'espace soit sollicitée par plusieurs forces, et que, par chaque point de la figure, on mène le plan principal de ces forces relatif à ce point ; tous ces plans envelopperont une seconde figure qui sera encore une transformation de la proposée, de même nature que les précédentes.

§ 33. De ces trois modes de transformation dans l'espace, le premier, celui qui fait usage de l'angle trièdre, a son analogue sur le plan ; c'est le *Porisme* d'Euclide. Les deux autres n'ont point leurs analogues sur le plan : mais ils n'en sont pas moins propres à la transformation des figures planes. En effet, qu'une figure plane soit donnée à transformer ; on imprimera à son plan un mouvement infiniment petit dans l'espace ; les plans normaux aux trajectoires des différents points de la figure envelopperont une surface conique (qui aura son sommet en un point du plan de la figure) [1], et un plan transversal, mené arbitrairement dans l'espace, coupera cette surface conique suivant une figure qui sera une transformée de la proposée.

On pourra faire servir ainsi, à la transformation des figures planes,

---

[1] Nous donnerons la démonstration de ce théorème dans un écrit sur les propriétés géométriques du mouvement d'un corps solide libre dans l'espace.

chacun des procédés qu'on emploiera pour la transformation des figures dans l'espace, et qui n'aurait pas son analogue sur le plan.

Principe de transformation le plus général.

§ 34. Nous pourrions citer d'autres modes particuliers de transformation, qui feraient comme les précédents, soit dans l'espace, soit sur le plan, le même office que la théorie des polaires réciproques.

Mais toutes ces méthodes peuvent être remplacées, comme celle de *déformation*, dont nous avons parlé ci-dessus, par un seul et unique principe, plus général et plus étendu que chacune d'elles. Ce principe, qui constitue une doctrine complète de *transformation* des figures, prend sa source dans un seul théorème de Géométrie, qui nous parait être la raison première de cette propriété inhérente aux formes de l'étendue, la *dualité*, sur laquelle de savants géomètres ont déjà écrit, mais sans remonter, malgré les vues très-philosophiques qu'ils ont apportées dans cette partie de la Géométrie, à son principe primordial, indépendant de toute doctrine particulière.

Caractère particulier de la théorie des polaires réciproques.

§ 35. Nous allons tout de suite faire concevoir, par quelques réflexions sur la nature de ce principe de transformation, et sur la théorie des polaires réciproques, comment il offre une plus grande généralité que cette théorie.

Les figures considérées dans ce genre de transformation ont entre elles une concordance, ou réciprocité, qui consiste en ce que : *à chaque point de la figure proposée correspond un plan dans sa dérivée ; et, réciproquement, à chaque point de celle-ci correspond un plan dans la figure proposée.* Cela résulte d'une seule et unique condition dans la construction de la seconde figure, à savoir que : *tous les plans qui, dans cette figure, correspondent à des points de la proposée, situés sur un même plan, doivent passer nécessairement par un même point.* Voilà comment un point de la seconde figure répond à un plan de la première.

Cette condition, qui constitue à elle seule la doctrine de transformation dont nous parlons, parce qu'elle la distingue d'une infinité d'autres modes de transformation, dans lesquels des plans correspondent à des points, ou bien des points à des plans, mais où ces deux circonstances n'ont pas lieu en même temps ; cette condition, dis-je, se trouve remplie dans la théorie des polaires, où l'on sait que tous les plans polaires des points d'un même plan passent par un même point (ou, en d'autres termes, quand des cônes circonscrits à une surface du second degré ont leurs sommets sur un même plan, les plans de leurs courbes de contact avec la surface passent par un même point). Voilà pourquoi la théorie des polaires offre un moyen de transformation des figures, et met en évidence la *dualité* de l'étendue.

Mais cette théorie offre une circonstance particulière : c'est que le point par où passent les plans polaires des points de la première figure qui sont situés sur un même plan, a lui-même pour plan polaire ce plan. De sorte que la première figure se construirait au moyen de la seconde, absolument de la même manière que cette seconde a été construite au moyen de la première. Ainsi, il y a *réciprocité* parfaite, ou plutôt *identité* parfaite de construction entre les deux figures.

La théorie des polaires ayant été jusqu'à ce jour le seul moyen employé pour la transformation des figures, on pourrait croire qu'elles doivent leur concordance, ou réciprocité de formes, dont nous parlions tout à l'heure, à l'identité de construction qui a lieu dans cette théorie des polaires. Ce serait une erreur grave. Cette identité de construction est une propriété accidentelle, particulière aux figures que produit la théorie des polaires, et qui se présente aussi dans d'autres modes de transformation; mais ce n'est point elle qui donne lieu à la *dualité* de l'étendue; et, en effet, elle n'existe point dans divers autres modes de transformation, et notamment dans celui qui, comme nous le ferons voir, comprend tous les autres comme corollaires, ou cas particuliers. Aussi nous ne ferons aucun usage de cette identité de construction, et nous l'écarterons de l'exposition de notre doctrine de transformation, comme y étant étrangère, et ne s'y rencontrant que par circonstance particulière et accidentelle.

§ 36. Dans le mode de transformation par voie de mouvement infiniment petit, il y a identité de construction, comme dans la théorie des polaires : c'est-à-dire que les plans normaux aux trajectoires des points d'une première figure enveloppent une seconde figure telle, que si elle eût été

Caractère particulier de plusieurs autres modes de transformation.

construite, et qu'elle eût éprouvé le même mouvement que la première, les plans normaux à ses trajectoires envelopperaient la première figure.

Une pareille réciprocité a lieu aussi dans les figures faites par l'emploi d'un système de forces.

Mais il n'en est plus de même dans les transformations faites par la considération de l'angle trièdre. Si un point parcourt une figure donnée, le plan déterminé comme nous avons dit, au moyen de l'angle trièdre, enveloppera une seconde figure qui sera la dérivée ou transformée de la première. Mais si le point parcourt cette seconde figure, le plan mobile n'enveloppera point, comme dans la théorie des polaires et dans la transformation par voie de mouvement infiniment petit, la première figure ; il en enveloppera une troisième, toute différente. Dans le cas particulier seulement où les trois sommets du triangle seraient situés dans les plans des faces de l'angle trièdre, il y aurait identité, c'est-à-dire que la troisième figure ne serait autre que la première.

Dans le mode de transformation des figures planes, fourni par le *Porisme* d'Euclide, il ne peut jamais y avoir identité de construction. Ainsi, quand le point mobile parcourt une figure proposée, sa droite correspondante, ou dérivée, enveloppe une seconde figure ; mais si le point mobile parcourt cette seconde figure, sa droite dérivée en enveloppera une troisième qui sera différente de la première.

Mais on peut toujours substituer, au mode de construction employé pour former la seconde figure au moyen de la première, un autre mode qui servira à construire cette première au moyen de la seconde. Dans des cas particuliers, tels que ceux que présentent la théorie des polaires, le mouvement infiniment petit de la figure proposée, etc., ces deux moyens de construction, qui généralement sont différents, se trouvent être les mêmes. Nous donnerons les relations générales qui ont lieu entre ces deux modes de construction, de manière à conclure toujours l'un de l'autre.

La théorie des polaires n'est pas le mode de transformation le plus général.

§ 37. Nous sommes entré dans des considérations, peut-être trop développées, pour bien pénétrer le lecteur de cette idée, que la *dualité* de l'étendue ne provient nullement des circonstances de construction qui avaient semblé, dans la théorie des polaires réciproques, faire le caractère distinctif des modes de transformation propres à mettre cette dualité en évidence.

. Il résulte aussi, de ces considérations, que la théorie des polaires réciproques n'est pas le mode de transformation le plus général. Mais si c'eût été la seule vérité que nous eussions voulu mettre en évidence, il nous aurait suffi de dire que, dans le mode général, qui comprend tous les autres, on peut, pour construire la figure corrélative d'une figure proposée, prendre arbitrairement dans l'espace cinq plans comme correspondant à cinq points désignés de la première figure; tandis que, dans la théorie des polaires réciproques, deux figures corrélatives ont entre elles des dépendances beaucoup plus restreintes. Car si l'on y considère deux tétraèdres dont les sommets de l'un correspondent aux plans du second, les quatre droites qui joindront les sommets du premier, respectivement aux sommets du second, opposés aux plans qui correspondent aux quatre sommets du premier, ces quatre droites, dis-je, seront toujours quatre génératrices d'un même mode de génération d'un hyperboloïde à une nappe [1].

Les autres modes de transformation offrent pareillement quelques dépendances particulières de situation entre les figures et leurs transformées, mais qui sont différentes de celles que nous venons d'énoncer pour les figures polaires réciproques.

Ainsi, dans la transformation par voie de mouvement infiniment petit, on trouve que deux droites quelconques, et leurs dérivées, sont toujours quatre génératrices d'un même mode de génération d'un hyperboloïde.

§ 38. Nous n'avons parlé, jusqu'à présent, que des relations de descrip- Transformation des relations métriques ou angulaires.

---

[1] Cela provient de ce que *les droites qui joignent les quatre sommets d'un tétraèdre aux pôles des faces opposées, pris par rapport à une surface du second degré quelconque, sont quatre génératrices d'un même mode de génération d'un hyperboloïde à une nappe.*

Ce théorème, que nous avons démontré dans les *Annales de Mathématiques*, tom. XIX, pag. 76, est susceptible d'un grand nombre de corollaires. On en conclut, par exemple, que *les quatre perpendiculaires, abaissées des sommets d'un tétraèdre sur les faces opposées, sont quatre génératrices d'un même mode de génération d'un hyperboloïde.*

tion et de situation entre les figures et leurs transformées ; mais l'on doit considérer aussi leurs dépendances de grandeur métrique ou angulaire. Ce seront ces dépendances qui serviront à traduire les théorèmes où entrent des relations de grandeur.

Ces dépendances générales de grandeur, entre une figure et sa transformée, reposent sur un principe très-simple, qui n'a point été mis en usage dans la théorie des polaires ; aussi cette théorie, qu'on a appliquée d'une manière fort générale à la transformation des relations de description, ne l'a été que d'une manière restreinte aux relations de grandeur : d'abord parce qu'on ne lui a point soumis toutes les relations auxquelles elle est propre, et ensuite parce que, faute du principe dont nous parlons, il a fallu prendre deux cas particuliers de cette théorie pour opérer la transformation d'une relation de grandeur. On a pris pour surface auxiliaire, ou une sphère, ainsi que l'a fait, le premier, M. Poncelet, dans son *Mémoire sur la théorie générale des polaires réciproques* [1], et ensuite M. Bobillier [2] ; ou un paraboloïde, comme nous l'avons proposé dans nos deux Mémoires sur la *Transformation parabolique des relations métriques* [3].

Les dépendances de grandeur entre une figure et sa dérivée, ne sont pas les mêmes dans ces deux modes de transformation. Elles consistent, dans le premier cas, en ce que l'angle de deux plans d'une figure est égal à l'angle des rayons de la sphère auxiliaire qui aboutissent aux deux points correspondant à ces plans dans la seconde figure ; et, dans le second cas, en ce que le segment intercepté sur l'axe du paraboloïde auxiliaire par deux plans d'une figure, est égal à la projection orthogonale, faite sur cet axe, de la droite qui, dans l'autre figure, joint les deux points correspondant à ces plans.

Ces deux modes de transformation ont été appliqués l'un et l'autre,

---

[1] *Journal* de M. Crelle, tom. IV. Ce Mémoire a été présenté, à l'Académie des sciences de Paris, le 12 avril 1824.

[2] *Annales de Mathématiques*, tom. XVIII, ann. 1827-1828.

[3] *Correspondance mathématique* de M. Quetelet, tom. V et VI.

et avec la même facilité, à toutes les relations qui se présentent dans la théorie des transversales. Le premier a été appliqué, de plus, à quelques relations particulières d'angles, par exemple aux théorèmes de Newton et de Mac-Laurin sur la description organique des coniques [1]; le second, à plusieurs relations de distances rectilignes, particulièrement aux théorèmes de Newton sur les courbes géométriques, ce qui nous a conduit à un genre tout nouveau de propriétés de ces courbes [2].

§ 39. Outre cette différence entre les dépendances générales de grandeur, ces deux modes de transformation diffèrent encore l'un de l'autre par les relations descriptives, qui leur donnent à chacun quelque chose de particulier et de restreint.

Par exemple, quand on emploie une sphère pour surface auxiliaire, s'il se trouve une autre sphère dans la figure qu'on veut transformer, il lui correspondra, dans la nouvelle figure, une surface du second degré, de révolution; on n'aura donc point les propriétés générales d'une surface du second degré quelconque.

Pareillement, quand on prend pour surface auxiliaire un paraboloïde, si l'on veut transformer les propriétés d'une figure où entre un ellipsoïde, il lui correspondra toujours, dans la seconde figure, un hyperboloïde, et jamais un ellipsoïde. Mais ce n'est pas ce manque de généralité qui offre le plus d'inconvénients : c'est que toutes les droites qu'on peut considérer dans la figure proposée comme étant situées à l'infini, auront leurs dérivées, dans la seconde figure, toutes parallèles à l'axe du paraboloïde, et par conséquent concourant en un point situé à l'infini. On aura donc une propriété de différentes droites parallèles entre elles; tandis que, si l'on avait

---

[1] *Mémoire* de M. Poncelet, sur les polaires réciproques.

[2] Nous citerons, par exemple, le théorème suivant, qui appartient à ce nouveau genre de propriétés des courbes : *Si l'on mène à une courbe géométrique toutes ses tangentes parallèles à une droite quelconque, le centre des moyennes distances de leurs points de contact sera un point unique, quelle que soit la direction commune des tangentes.* Nous avons appelé ce point le *centre* de la courbe. La même propriété a lieu dans les surfaces géométriques.

pris une autre surface auxiliaire, on aurait eu la propriété correspondante pour des droites concourant en un même point.

Il est vrai que l'on peut, par une autre voie (et c'est l'objet des méthodes comprises dans notre seconde division), appliquer les propriétés de la sphère aux autres surfaces du second degré, et les propriétés d'un système de droites parallèles entre elles à des droites concourant en un même point; mais il y aurait à faire deux opérations, graphiques ou intellectuelles, au lieu d'une.

§ 40. Au surplus, sauf quelques cas particuliers, où les relations de description ou de grandeur d'une figure sont trop restreintes pour qu'on emploie le principe de transformation général et absolu, que nous exposerons dans cet écrit, ce principe offrira presque toujours, notamment en ce qui concerne les relations métriques, outre l'avantage d'une plus grande généralité dans les résultats, celui d'une application plus facile et plus spontanée que celle d'aucune méthode particulière.

Sous ce rapport, ce principe de *transformation* et le principe de *déformation* qui remplacera les diverses méthodes comprises dans notre seconde division, appliqués dans leur plus grande généralité et de la manière la plus abstraite, nous paraîtront justifier ce précepte de l'illustre auteur de la *Mécanique céleste :* « Préférez les méthodes générales, attachez-vous à les » présenter de la manière la plus simple, et vous verrez en même temps » qu'elles sont presque toujours les plus faciles [1]; » auquel M. Lacroix a ajouté, avec l'autorité que lui donnent dans les sciences sa grande expérience et son profond savoir, que « les méthodes générales sont aussi les » plus propres à faire connaître la vraie métaphysique de la science [2]. »

Théories particulières de la Géométrie.

§ 41. La Géométrie s'est accrue, depuis une trentaine d'années, de propositions et même de théories nouvelles, si nombreuses et si variées, que nous avons dû, dans notre aperçu de ses progrès pendant cet intervalle,

[1] *Séances des Écoles normales ;* in-8°, 1800; tom. IV, png. 49.
[2] *Essais sur l'Enseignement ;* 3ᵉ édition, in-8°, 1828.

nous borner à y distinguer les méthodes principales, à en montrer l'origine, la nature et les usages en Géométrie rationnelle.

Une analyse plus étendue de tant de travaux, sur lesquels reposent dans ce moment les progrès virtuels et l'avenir de la Géométrie, serait incontestablement d'une grande utilité, mais exigerait un volume, et dépasserait de beaucoup les limites que nous devons observer ici.

Cependant, nous ne pouvons nous dispenser de signaler, parmi tant d'autres, deux doctrines, qui, sous des rapports différents, nous paraissent d'une importance majeure pour le perfectionnement de la Géométrie spéculative, et pour ses applications aux questions des phénomènes physiques. Nous voulons parler de la théorie des surfaces du second degré, et de la Géométrie de la sphère, c'est-à-dire, de la doctrine des figures tracées sur la sphère.

Cette dernière est si ancienne, et les surfaces du second degré paraissent un sujet si rebattu, depuis surtout quelques années, que l'on ne pense pas, peut-être, qu'il reste grand'chose à faire sur ces deux objets, et qu'ils méritent l'importance que nous voulons leur donner. Nous devons donc nous empresser de justifier notre opinion, pour prévenir le sentiment d'incrédulité que nous craignons qu'elle rencontre chez plusieurs des géomètres qui nous feront l'honneur de nous lire.

§ 42. La Géométrie de la sphère a une haute antiquité; elle a pris nais- Géométrie de la sphère. sance le jour où l'astronome philosophe a voulu découvrir la chaîne qui lie les phénomènes du monde planétaire. Ainsi, nous avons vu qu'Hipparque, Théodose, Ménélaüs, Ptolémée, ont été très-avant dans la trigonométrie sphérique. Mais toute cette théorie se réduisait au calcul des triangles; et si, depuis, elle s'est étendue et a atteint, entre les mains de nos plus célèbres géomètres, un haut degré de perfection, ç'a été en conservant toujours à peu près le même cadre, parce qu'elle avait toujours la même destination, le calcul des triangles pour le service de l'astronome et du navigateur, et pour les grandes opérations géodésiques qui ont fait connaître la véritable forme du globe terrestre. Mais cette doctrine, qui répond à peu près à celle des lignes droites et des triangles dans la Géométrie plane, ne constitue point, à

elle seule, la Géométrie de la sphère. Combien d'autres figures, à commencer
par la plus simple, le cercle, ne peut-on pas considérer sur cette surface
courbe, à l'instar des figures décrites sur le plan ?

Il n'y a pourtant guère qu'une quarantaine d'années que cette extension
si naturelle a été introduite dans la Géométrie de la sphère. C'est aux géomètres du Nord qu'elle est due. Car si nous en exceptons la théorie des
épicycloïdes sphériques, et quelques questions isolées, telles que celle des
courbes que Guido Grandi a appelées *Clélies,* nous ne voyons guère que l'on
ait cherché à résoudre, sur la sphère, les questions analogues à celles de la
Géométrie plane, avant Lexell, qui, dans les Actes de Pétersbourg (tom. V
et VI), a recherché les propriétés des cercles décrits sur la sphère, analogues
à celles des cercles décrits sur le plan. C'est à ce géomètre qu'on doit l'élégant théorème sur la courbe qui est le lieu des sommets des triangles sphériques de même aire et de même base.

Peu après, son compatriote Fuss, dans deux Mémoires qui font partie des
Nova acta (tom. II et III), résolut quelques problèmes de la Géométrie de la
sphère, et s'occupa particulièrement des propriétés d'une certaine *ellipse
sphérique.* C'est la courbe qui est le lieu des sommets des triangles de même
base et dont la somme des deux autres côtés est constante. Fuss trouva que
cette courbe est l'intersection de la sphère par un cône du second degré, qui
a son sommet au centre de la sphère : en d'autres termes, c'est la ligne de
courbure des cônes du second degré [1].

Ces premiers travaux de Lexell et de Fuss ne tardèrent point à être conti-
nués dans les recueils de la même Académie [2], par Schubert, que nous avons
déjà cité comme ayant assis toute la trigonométrie sphérique sur le seul
théorème de Ptolémée. Ce géomètre résolut plusieurs questions sur les lieux

---

[1] Cette courbe se décrit sur la sphère, comme l'ellipse sur le plan, au moyen d'un fil dont
les extrémités sont fixées à deux foyers, et qui est tendu par un stylet mobile. Les formules
analytiques dont Fuss fait usage le conduisent à ce résultat remarquable : si la longueur du fil
est égale à la demi-circonférence de la sphère, la courbe décrite est toujours un grand cercle,
quelle que soit la distance des deux foyers.

[2] *Nova acta*, tom. XII, ann. 1794, pag. 196.

géométriques des sommets de triangles qui ont même base, comme dans les problèmes de Lexell et de Fuss, mais dont les deux autres côtés ont entre eux diverses autres relations nouvelles.

Ce genre de recherches, qui promettait une moisson abondante de vérités nouvelles et curieuses, est pourtant resté à peu près inaperçu, à tel point que l'élégant théorème de Lexell, bien qu'il ait été reproduit par M. Legendre dans les nombreuses éditions de sa Géométrie, n'avait point fait soupçonner l'existence du théorème analogue, et non moins curieux, que donne la théorie des figures *supplémentaires*. Ce n'est que dans ces derniers temps que M. Sorlin y est parvenu directement, dans un Mémoire sur la trigonométrie sphérique, où la dualité, c'est-à-dire les doubles propriétés des figures tracées sur la sphère, est présentée dans une concordance complète [1]. C'est aussi depuis peu d'années seulement, que l'*ellipse sphérique* de Fuss a été remise sur la scène par M. Magnus, de Berlin, qui, après avoir découvert et démontré directement, par l'Analyse, la propriété correspondante dans le cône, en conclut celle de cette ellipse. Mais ce géomètre en découvrit une seconde, non moins belle, et analogue aussi avec l'une des principales propriétés de l'ellipse plane : c'est que les deux arcs de grands cercles, menés des foyers à un point de la courbe, font des angles égaux avec l'arc tangent en ce point [2].

§ 43. Quelques autres géomètres avaient déjà, quelques années auparavant, résolu différentes questions de la Géométrie de la sphère, et cherché leurs analogies avec celles de la Géométrie plane. Ainsi M. Lhuilier, de Genève, a trouvé, dans les triangles sphériques rectangles, les théorèmes analogues aux principales propriétés des triangles rectilignes rectangles, telles que le carré de l'hypoténuse [3]; et déterminé le centre des moyennes distances d'un triangle sphérique [4]. M. Gergonne a proposé, dans les *Annales*

[1] *Annales de Mathématiques*, tom. XV, ann. 1824-1825.
[2] *Ibid.*, tom. XVI.
[3] *Ibid.*, tom. 1er, ann. 1810-1811.
[4] *Ibid.*, tom. II, ann. 1811-1812.

de Mathématiques, plusieurs questions de Géométrie sphérique, ayant aussi leurs analogues sur le plan ; nous citerons, entre autres, cette belle propriété du quadrilatère sphérique, qui lui est commune avec le quadrilatère rectiligne : *quand la somme de deux côtés opposés est égale à la somme des deux autres côtés, le quadrilatère est circonscriptible au cercle* [1]. Depuis, M. Guéneau d'Aumont, professeur à la Faculté des sciences de Dijon, a découvert dans les quadrilatères sphériques inscrits au cercle, cette propriété caractéristique, qui correspond, dans la théorie des figures supplémentaires, au théorème de M. Gergonne : la *somme de deux angles opposés du quadrilatère est égale à la somme des deux autres angles* [2] ; propriété qui sera nécessairement l'une des principales dans les éléments de la Géométrie de la sphère, comme exprimant une relation simple et féconde entre quatre points appartenant à un petit cercle. M. Quetelet a considéré, sur la sphère, des polygones formés par des arcs de grands ou de petits cercles indifféremment, et a donné, pour le calcul, de leurs surfaces une formule simple et élégante [3]. Cette question avait déjà, à plusieurs reprises, occupé les géomètres ; d'abord le P. Courcier [4], dont nous avons parlé comme ayant écrit sur certaines courbes à double courbure ; puis d'Alembert [5] et Bossut [6], qui y avaient appliqué les ressources de l'Analyse, et pour qui cette question avait été une preuve que la Géométrie pure offre souvent une voie plus facile et plus expéditive que le calcul le plus ingénieux et le plus subtil.

§ 44. Nous n'apercevons, jusqu'ici, que quelques propositions détachées, fort belles, et bien capables d'inspirer le goût de la Géométrie de la sphère, mais qui n'annoncent point encore une étude méthodique et suivie de cette partie de la science de l'étendue. C'est dans ces derniers temps qu'on a

---

[1] Énoncée à la page 584 du tome V, et démontrée par M. Durrande, à la page 49 du tome VI.

[2] *Annales de Mathématiques*, tom. XII, ann. 1821-1822.

[3] *Nouveaux Mémoires de l'Académie de Bruxelles*, tom. II, ann. 1822.

[4] *Supplementum sphærometriæ, sive triangularium et aliarum in sphæra figurarum quoad areas mensuratio.* 1676.

[5] *Mémoires de la Société royale de Turin*, tom. IV, pag. 127 ; ann. 1766-1769.

[6] *Traité de Calcul différentiel et intégral*, tom. II, pag. 522.

entrepris de fonder les théories de la sphère à l'instar de celles de la Géométrie du plan. M. Steiner, je crois, est entré le premier dans cette voie, par
la publication de son mémoire intitulé : *Transformation et division des
figures sphériques* au moyen de constructions graphiques [1], qui repose sur
l'élégant théorème de M. Guéneau d'Aumont, que nous venons de citer.
M. Steiner y démontre la proposition qui correspond, par la théorie des
figures supplémentaires, au théorème de Fuss sur l'ellipse sphérique [2], et
reconnaît, dans ces courbes, deux arcs de grands cercles qui y jouent le rôle
des asymptotes dans l'hyperbole plane. (Ce sont les deux arcs que nous
avons nommés *arcs cycliques* dans notre *Mémoire sur les coniques sphériques*, et auxquels nous étions parvenu de notre côté par la considération
des plans des sections circulaires d'un cône du second degré.)

Nous ne pouvons entrer dans d'autres détails au sujet du travail de
M. Steiner, écrit en allemand, et que nous ne connaissons que par l'analyse
qui s'en trouve dans le *Bulletin universel des sciences,* tom. VIII, pag. 298.
C'est ainsi que nous citerons encore M. Gudermann, comme ayant fait aussi
une étude spéciale et approfondie de l'analogie des figures sphériques avec
les figures planes [3].

§ 45. Ainsi la Géométrie de la sphère est commencée d'une manière

---

[1] *Journal* de M. Crelle, tom. II.

[2] Cette proposition est celle-ci : *l'enveloppe des bases des triangles qui ont même surface et
un angle commun, est une ellipse sphérique.* Nous croyions, quand nous avons aussi démontré
cette proposition, d'abord dans notre *Mémoire sur les surfaces du second degré de révolution,*
puis dans un écrit spécial sur les *coniques sphériques,* y être parvenu le premier, ne connaissant
point alors l'analyse du mémoire de M. Steiner, qui se trouve dans le *Bulletin des sciences.*
Sans cela, nous n'aurions point manqué de citer le travail de ce profond géomètre, avec le
même empressement que nous mis à rappeler, en plus d'une occasion, celui de M. Magnus, sur
le même sujet.

[3] Le *Bulletin des sciences* (tom. XV, pag. 75, février 1831) s'exprime ainsi, dans le compte
rendu du tome VI du *Journal* de M. Crelle : « M. Gudermann expose quelques théorèmes qui
» se rattachent à une théorie nommée par lui la *Sphérique analytique,* théorie dont il a exposé
» les principes dans un écrit publié récemment à Cologne. Il s'agit de passer par la voie de
» l'analogie des propriétés des figures planes, à celles des figures tracées sur la surface d'une
» sphère, et rapportées à un système de coordonnées sphériques. »

régulière et dogmatique ; et les noms des géomètres qui l'ont entreprise
nous garantissent des progrès rapides dans cette partie de la science de
l'étendue. On ne contestera point l'utilité théorique de pareilles recherches.
Il nous suffit, je crois, pour la prouver, de faire remarquer que la Géométrie plane n'est qu'un cas particulier de la Géométrie de la sphère, où
l'on suppose le rayon infini ; qu'ainsi toutes les vérités principales de la
première doivent participer aux propriétés plus générales de la seconde :
et il est toujours utile de contempler les vérités géométriques dans leur
plus grande étendue, dans leur plus grande généralité, dans leur plus
grande approximation, pour ainsi dire, des lois suprêmes, dont la recherche
doit être l'objet constant des efforts des géomètres. Elles ont, dans cet état
de généralité, des rapports et des analogies qu'on ne rencontre point dans
leurs corollaires, qui en montrent l'enchaînement, et servent à s'élever
plus haut et à découvrir des principes généraux, dont les traces étaient
effacées ou inaperçues dans les propositions plus circonscrites et plus particulières. La Géométrie de la sphère, ne fût-elle donc considérée que comme
mode de généralisation des propriétés des figures planes, et indépendamment de son caractère et de sa valeur propres et absolus, mériterait l'attention et l'étude des géomètres. Car, et nous l'avons déjà dit ailleurs [1], dans
l'état où est parvenue la Géométrie, la *généralisation* est le moyen le plus
propre à nous conduire à de nouveaux progrès et à de nouvelles découvertes.
Cette manière de procéder dans l'étude de la science doit présider aux
travaux du géomètre [2].

Surfaces du deuxième
degré.

§ 46. Il nous reste, pour terminer notre aperçu de la marche et des progrès de la Géométrie récente, à parler de l'une de ses théories particulières
les plus importantes et les plus cultivées, celle des surfaces du second degré.

---

[1] Chap. III, § 20.
[2] « Un aperçu de la science véritablement utile est celui qui ne voit, qui ne cherche dans les
progrès qu'elle fait chaque jour, que les moyens d'arriver à des lois générales, de renfermer
les notions acquises dans des généralisations d'un ordre plus élevé. » (Herschel, *Discours sur
l'étude de la philosophie naturelle*.)

Les Anciens ne nous paraissent avoir connu, parmi ces surfaces, outre le cône et le cylindre, que celles qui sont de révolution, et qu'ils appelaient *sphéroïdes* et *conoïdes* [1] : jusqu'à Euler on n'avait point conçu dans l'espace d'autre analogie avec les courbes planes si fameuses, nommées *sections coniques*. Mais ce grand géomètre, transportant aux surfaces courbes la méthode analytique qui lui avait servi à la discussion des courbes planes [2], découvrit, dans l'équation générale du second degré entre les trois coordonnées ordinaires, cinq espèces différentes de surfaces [3], dont les sphéroïdes et les conoïdes des Anciens n'étaient plus que des formes particulières. Euler borna son travail à cette classification. C'était une introduction suffisante pour dévoiler aux géomètres le vaste champ de recherches que leur présentait cette théorie des surfaces du second degré.

Monge et son collègue, M. Hachette, en comprirent toute l'importance, et découvrirent, dans une nouvelle discussion analytique de ces surfaces, plus profonde et plus complète que celle d'Euler, plusieurs de leurs propriétés principales. On y remarque leur double description par un cercle mobile, qui était connue depuis Desargues [4] dans le cône à base conique, mais qui n'avait été aperçue, depuis, que dans l'ellipsoïde, par d'Alembert [5] : on y trouve aussi, pour la première fois, la double génération de deux de ces surfaces, l'hyperboloïde à une nappe et le paraboloïde hyperbolique, par une droite mobile [6]. Dans une Note placée à la suite de ce

---

[1] Il faut excepter l'hyperboloïde de révolution à une nappe, que les Anciens n'ont pas considéré.

[2] *Introductio in analysin infinitorum*, 2 vol. in-4°, 1748; Appendix, cap. V.

[3] Euler avait indiqué un sixième genre de surface du second ordre : c'était le cylindre parabolique; mais depuis on a regardé cette surface, de même que les cylindres à base elliptique ou hyperbolique, comme des variétés des cinq espèces principales.

[4] Nous avons dit, en parlant de Desargues, que ce fut ce géomètre qui proposa la question de couper un cône à base conique suivant un cercle, qui fut résolue par lui et par Descartes.

[5] *Opuscules mathématiques*, tom. VII, pag. 163.

[6] Cette découverte, l'une des plus importantes de la théorie des surfaces du second degré, dont elle a multiplié les usages dans la Géométrie descriptive et dans ses applications aux arts, est due aux élèves chefs de brigade, qui ont formé le noyau de l'École polytechnique. (*Voir* le *Journal de l'École polytechnique*, tom. Ier, pag. 5.)

Cette propriété de l'hyperboloïde ne fut démontrée d'abord, et pendant longtemps, que par

31

Traité des surfaces du second degré, se trouve démontrée, pour la première fois, l'une de leurs plus belles propriétés, à savoir que les trois surfaces

l'Analyse. J'en trouvai, étant élève de l'École polytechnique, une démonstration purement géométrique, qui a passé dans l'enseignement de l'École, et a été reproduite dans divers ouvrages. (*Voir* le *Traité de Géométrie descriptive* de M. Vallée, pag. 86; et celui de M. Leroy, professeur à l'École polytechnique, pag. 267.)

Cette démonstration repose sur ce théorème : *Étant donné un quadrilatère gauche* ABCD, *si une droite mobile s'appuie sur les deux côtés opposés* AB, CD, *en deux points* m, n, *tels que l'on ait*

$$\frac{m\text{A}}{m\text{B}} = a \cdot \frac{n\text{D}}{n\text{C}},$$

a étant une constante, cette droite engendrera un hyperboloïde à une nappe. Car elle s'appuiera, dans toutes ses positions, sur toute autre droite qui rencontrerait les deux autres côtés opposés du quadrilatère en deux points p, q, tels que l'on ait

$$\frac{q\text{A}}{q\text{D}} = a \cdot \frac{p\text{B}}{p\text{C}}.$$

(Voir *Correspondance polytechnique*, tom. II, pag. 446.)

La démonstration de ce théorème est très-facile, puisqu'elle n'exige que la connaissance du théorème de Ptolémée, sur le triangle coupé par une transversale. (*Correspondance polytechnique*, tom. III, pag. 6). Depuis, la théorie du *rapport anharmonique* m'en a offert une seconde démonstration, encore plus simple et plus élémentaire, qui ne repose absolument que sur la notion du rapport anharmonique. (*Voir* la note IX.)

Ce théorème s'applique aussi à la génération des sections coniques et exprime une belle propriété générale de ces courbes. (*Voir* la *Corresp. mathém.*, de M. Quetelet, t. IV, p. 363).

En disant que la double génération de l'hyperboloïde à une nappe prit naissance dans l'École polytechnique, nous n'entendons parler que de l'hyperboloïde à axes inégaux; et nous devons ajouter que la double génération, par une droite, de l'hyperboloïde à une nappe de révolution, était connue, mais peut-être oubliée, car sa découverte date de loin, et a été reproduite rarement. Nous trouvons qu'elle est due à Wren, qui la fit connaître dans une Note très-courte, insérée dans les *Transactions philosophiques* (année 1669, pag. 961), sous le titre : *Generatio corporis cylindroïdis hyperbolici, elaborandis lentibus hyperbolicis accomodati.* Wren indique l'usage qu'on pourra faire de ce mode de génération par une droite, pour la construction de lentilles hyperboliques.

En 1698, Parent a aussi trouvé cette propriété de l'hyperboloïde de révolution, qu'il a démontrée, dans deux Mémoires différents, par l'Analyse et par de simples considérations de Géométrie. (*Essais et Recherches de mathématiques et de physique*, tom. II, pag. 645, et tom. III, pag. 470.) Cette propriété, que n'ont pas les autres surfaces produites par la révolution d'une conique autour d'un de ses axes principaux, fait dire à Parent que l'hyperboloïde à une nappe est la plus complète de ces surfaces, puisqu'on y peut faire six sections différentes,

douées d'un centre, l'ellipsoïde et les deux hyperboloïdes [1], ont toujours un système de trois diamètres conjugués rectangulaires [2].

§ 47. Depuis, les élèves de Monge ont cultivé avec succès la théorie des surfaces du second degré, et ont poussé très-loin la recherche de leurs propriétés : d'abord de celles qui ne concernent que la constitution propre de chaque surface prise isolément, et considérée dans ses relations seulement avec les êtres géométriques plus simples qu'elle, le point, la droite et le plan; et ensuite de celles qui naissent de la comparaison de deux ou plusieurs surfaces entre elles. Et ce fut encore Monge qui fit les premiers pas dans ces recherches plus compliquées. Mais nous ne pouvons entrer dans le détail de toutes ces découvertes, quelque attrait qu'il dût nous présenter. Elles se lient tellement à toutes les recherches géométriques qui ont eu lieu depuis trente ans, que nous tomberions, malgré nous, dans une prolixité que nous devons nous efforcer d'éviter. Nous indiquerons, pour suppléer à notre silence sur ce sujet, les passages où M. Ch. Dupin, en analysant les travaux de Monge en Géométrie analytique, a rappelé les services de ses élèves; et l'introduction du *Traité des Propriétés projectives*, où M. Poncelet, avec un soin minutieux et bien louable, a signalé la priorité que d'autres pouvaient avoir sur une partie des vérités géométriques qui devaient découler naturellement de ses nouvelles doctrines.

§ 48. Malgré l'importance des progrès qu'a faits la théorie des surfaces *Progrès dont la théorie des surfaces du second degré est susceptible.*

[1] savoir : l'espace parallèle, l'angle rectiligne, le cercle, la parabole, l'ellipse et l'hyperbole. Ce géomètre appelle cette surface *cylindroïde hyperbolique*, de même que Wren, et se sert aussi de sa propriété d'être engendrée par une droite, pour la construction, sur le tour, des moules hyperboliques, propres à la dioptrique.

Sauveur avait aussi démontré cette propriété de l'hyperboloïde de révolution, ainsi que plusieurs autres propositions concernant les volumes et les surfaces des conoïdes, dont Parent avait communiqué les énoncés à ce géomètre. (*Essais et Recherches de mathématiques et de physique*, tom. III, pag. 526.)

[1] Nous regardons le cône du second degré comme un cas particulier des hyperboloïdes, de même qu'en Géométrie plane on regarde le système de deux lignes droites comme une forme particulière, ou *limite*, de l'hyperbole. C'est pourquoi nous ne mettons pas la surface conique au nombre des surfaces principales douées d'un centre.

[2] *Voir* le 11e Cahier du *Journal de l'École polytechnique*, pag. 170.

du second degré, nous devons ajouter qu'ils ne sont qu'une mince partie de ceux dont elle nous paraît encore susceptible. On le concevra en jetant un coup d'œil sur les propriétés principales des coniques, dont nous ne connaissons point encore toutes les propriétés analogues dans les surfaces du second degré. Ces propriétés analogues cependant existent, ne fût-ce que pour donner, comme corollaires, en supposant que la surface perde une de ses dimensions et se réduise à une conique, les propriétés de ces courbes. Non-seulement les surfaces du second degré doivent présenter tous les phénomènes que nous offrent les coniques, mais on doit y en trouver beaucoup d'autres, qui sont dus à leur forme plus complète, à leurs trois dimensions, et qui disparaissent avec l'une de ces dimensions : tels sont ceux, par exemple, qui concernent ces *lignes de courbure*, que Monge a fait connaître le premier, et dont MM. Binet et Dupin ont trouvé ensuite d'admirables propriétés [1].

En nous bornant à celles des propriétés des surfaces du second degré que la simple analogie avec les coniques doit nous faire soupçonner, nous indiquerons, par exemple, les *foyers* de ces courbes, qui sont la source d'une partie de leurs plus belles et plus importantes propriétés. Ces points se retrouvent dans trois des surfaces de révolution (l'ellipsoïde allongé, l'hyperboloïde à deux nappes et le paraboloïde), où M. Ch. Dupin leur a reconnu aussi des propriétés précieuses, en théorie, et pour l'explication de certains phénomènes physiques [2]. C'était là certainement une indication que quelque chose de semblable, et de plus général, devait se trouver dans toute surface du second degré; mais je ne sache pas que l'on ait encore cherché ce que cela pouvait être.

Persuadé qu'une telle théorie, qui correspondrait dans les surfaces du second degré à celle des foyers dans les coniques, serait une source nouvelle de propriétés intéressantes, et très-utiles pour avancer dans la connaissance parfaite de ces surfaces, nous en avons fait l'objet de nos recherches.

---

[1] M. Dupin est parvenu, entre autres beaux résultats, et par des considérations de pure Géométrie, à une description mécanique des lignes de courbure des surfaces du second degré. (*Journal de l'École polytechnique*, 14e Cahier.)

[2] *Applications de Géométrie*, in-4°. 1818.)

L'analogie que nous avions déjà suivie assez loin, entre les *foyers* des coniques et certaines *droites* dans les cônes du deuxième degré [1], nous mettait naturellement sur la voie des propriétés analogues dans les surfaces, en nous indiquant que c'étaient des *courbes* qui devaient y jouer le rôle de ces droites dans le cône, et de ces points dans les coniques. Nous donnerons, dans la Note XXXI, quelques résultats qui nous font supposer que nous avons rencontré l'analogie que nous cherchions. Nous comptons publier ce travail, mais nous en livrons, par avance, les éléments, désirant vivement que l'ouverture qu'ils donneront sur cet objet présente assez d'attrait pour provoquer d'autres efforts que les nôtres.

§ 49. Il est une autre question, d'où dépendent aussi les progrès futurs de la théorie des surfaces du second degré, et dont toute l'importance a été appréciée par l'Académie de Bruxelles. C'est celle de l'analogie qui doit exister entre quelque propriété de ces surfaces, encore inconnue, et le célèbre théorème de Pascal dans les coniques [2].

Ce théorème, abstraction faite des différentes transformations dont il est susceptible, et considéré uniquement sous la forme et l'énoncé qui lui sont propres, peut encore être envisagé sous deux aspects différents. On peut le regarder comme exprimant une relation générale et constante entre six points quelconques d'une conique, c'est-à-dire *un de plus* qu'il n'en faut pour déterminer cette courbe; ou bien comme exprimant une propriété générale d'une conique par rapport à un triangle tracé arbitrairement dans son plan [3].

D'après cela, on peut concevoir de deux manières, dans l'espace, l'analogue du théorème de Pascal. Ce sera, dans le premier cas, une propriété générale de dix *points* appartenant à une surface du second degré, c'est-à-dire *un point de plus* qu'il n'en faut pour déterminer une telle surface. Dans

---

[1] *Mémoire de Géométrie, sur les cônes du second degré.*

[2] Ce que nous allons dire du théorème de Pascal doit s'entendre aussi de celui de M. Brianchon, qui joue le même rôle dans la théorie des coniques.

[3] Ce triangle est formé, par exemple, par les côtés de rang impair de l'hexagone considéré dans le théorème de Pascal; et alors ce théorème exprime que trois des cordes comprises dans la conique, entre les trois angles du triangle, rencontrent respectivement les trois côtés opposés en trois points qui sont en ligne droite.

le second cas, ce sera une propriété générale résultant du système d'une surface du second degré et d'un tétraèdre placé d'une manière quelconque dans l'espace.

La première question, qui devait être la plus utile à l'avancement de la théorie des surfaces du second degré, avait été proposée par l'Académie de Bruxelles (année 1825) : elle est restée sans solution. Au concours suivant, l'Académie a donné plus de latitude aux géomètres, en demandant simplement le théorème analogue, dans les surfaces du second degré, à celui de Pascal dans les coniques; ce qui comprenait la première question, et laissait en même temps toute liberté sur la manière d'envisager le théorème de Pascal et l'analogie qui pouvait exister, sur ce point, entre les surfaces et les courbes du second degré.

Cette nouvelle question de l'Académie n'offrait point, comme la première, de grandes difficultés. Nous donnons, dans la Note XXXII, l'énoncé d'un théorème qui nous paraît la résoudre. Car il exprime une propriété générale d'un tétraèdre et d'une surface du second degré, analogue à la propriété d'un triangle et d'une conique, qu'exprime le théorème de Pascal. Mais il y a loin de ce théorème à la relation générale de dix points quelconques d'une surface du second degré; et la recherche de cette relation est bien digne d'occuper les géomètres. Sans doute, nous n'avons point encore tous les éléments nécessaires pour cette recherche : c'est une raison pour étudier sous tous les rapports, sous toutes les faces, les propriétés des surfaces du second degré. Aucune théorie, aucune découverte, quelque minime qu'elle paraisse d'abord, n'est à négliger; car, à défaut d'une application immédiate, chaque vérité partielle a du moins l'avantage d'être un anneau de la chaîne continue qui lie entre elles toutes les vérités de cette vaste théorie; et ce simple anneau est peut-être un germe de grandes découvertes, que développeront rapidement les méthodes de généralisation de la Géométrie moderne.

§ 50. Ce serait peut-être une étude préparatoire utile, pour parvenir à la relation de dix points d'une surface, que de résoudre complétement, et dans tous les cas possibles, le problème où il s'agit de construire une surface du second degré assujettie à neuf conditions, qui sont de passer par des points et de toucher des plans. Ce problème mérite déjà, par lui-même, les efforts des géomètres. Cependant nous ne voyons encore, jusqu'à ce jour, que M. Lamé qui se soit occupé de l'un des cas généraux qu'il présente. Cet habile professeur a déterminé les éléments suffisant pour la construction de la surface du second degré qui doit passer par neuf points donnés [1]. Mais la discussion de sa solution générale, et l'examen de ses corollaires et des cas particuliers qui s'y présentent, mérite de nouvelles recherches.

Peut-être encore serait-il utile, avant d'aborder sérieusement la question des dix points d'une surface du second degré, de chercher la relation générale qui a lieu entre neuf points appartenant à la courbe à double courbure du quatrième degré, intersection de deux surfaces quelconques du second degré. Huit points dans l'espace déterminent une telle courbe : il doit donc y avoir une relation constante entre ces huit points et un neuvième, pour que ce dernier se trouve sur la courbe que déterminent les huit premiers.

Ou bien, faut-il encore chercher préalablement la relation entre sept points de la courbe à double courbure du troisième degré, intersection de deux hyperboloïdes à une nappe, ayant une génératrice droite commune, et qui est toujours déterminée par six points pris arbitrairement dans l'espace. Cette question n'offre pas les mêmes difficultés que les autres, et nous croyons l'avoir résolue. (*Voir* la Note XXXIII).

Peut-être enfin devrait-on, au lieu de prendre pour original et terme de comparaison le théorème de Pascal, faire les mêmes essais sur l'un des autres théorèmes qui expriment comme lui une propriété de six points d'une conique, et qui en sont ou des conséquences ou de simples transformations, comme nous l'avons fait voir dans la Note XV. Nous avions pensé que, parmi ces théorèmes, celui que nous avons présenté comme expression différente de la propriété *anharmonique* des points d'une conique (Note citée, art. 21), pourrait, au moyen de trois transversales prises arbitrairement dans l'espace, conduire à la relation cherchée, entre dix points d'une surface du second

---

[1] *Examen des différentes méthodes employées pour résoudre les problèmes de Géométrie;* in-8°. 1818.

degré. Nos premiers efforts ont été infructueux ; cependant nous fondons encore quelque espoir sur ce même théorème, et nous désirons que l'on essaye d'en tirer quelque parti.

Courbes à double courbure, du troisième et du quatrième degré.   § 51. Les courbes à double courbure du quatrième et du troisième degré, qui viennent de s'offrir naturellement à l'occasion de la grande question des dix points d'une surface du second degré, ont d'autres titres pour prendre place dans les recherches des géomètres. Ces courbes peuvent aussi, comme les surfaces du second degré, présenter dans l'espace certaines analogies avec les coniques ; et il est une foule de questions dans lesquelles on les trouvera, quand on ne se bornera plus, dans les applications de la Géométrie, à la simple considération des coniques, et qu'on approfondira les questions plus difficiles qui se résolvent par des combinaisons de surfaces du second degré.

Les courbes dont nous parlons n'ont encore été que très-peu étudiées, et nous ne trouvons même que celles du quatrième degré dont on ait donné quelques propriétés générales, dues à MM. Hachette, Poncelet et Quetelet.

M. Hachette, les considérant comme l'intersection de deux cônes quelconques du second degré, a discuté les formes des courbes planes du quatrième degré que donne leur projection ou perspective sur un plan [1].

M. Poncelet, dans son *Traité des Propriétés projectives* (art. 616), a démontré que, par la courbe du quatrième degré provenant de l'intersection de deux surfaces quelconques du second degré, on peut généralement faire passer quatre cônes du second degré.

Et enfin, M. Quetelet a fait voir qu'en projetant sur un plan la courbe d'intersection de deux surfaces du second degré, déterminées convenablement, on peut produire toutes les courbes planes du troisième degré [2]. Ce théorème, qui sera utile pour transporter aux courbes planes du troisième degré, certaines propriétés des courbes à double courbure du quatrième,

---

[1] *Correspondance sur l'École polytechnique,* tom. 1er, pag. 568.
[2] *Correspondance mathématique de Bruxelles,* tom. V, pag. 195.

et vice versâ [1], peut recevoir une sorte de généralisation qui en rendra souvent les applications plus faciles et plus étendues. On peut dire que *la courbe d'intersection de deux surfaces du second degré donne en perspective sur un plan, l'œil étant placé en un point de cette courbe, toutes les courbes du troisième degré.*

§ 52. La belle proposition de M. Quetelet était de nature à faire supposer que la projection, ou plus généralement la perspective, de l'intersection de deux surfaces du second degré, pouvait aussi produire toutes les courbes planes du quatrième degré, et qu'il suffisait pour cela de placer l'œil en dehors du périmètre de la courbe. Mais nous croyons pouvoir répondre négativement à cette question, et déterminer, par le théorème suivant, la nature particulière des courbes du quatrième degré que produit la perspective de la courbe de pénétration de deux surfaces du second degré : *une telle courbe a toujours (et généralement, c'est-à-dire sauf les modifications particulières) deux points doubles ou conjugués, lesquels peuvent être imaginaires.*

Ce théorème mérite quelque attention, car les conséquences qu'on en tire sont nouvelles et répondent à des questions qui ont occupé les géomètres dans ces derniers temps.

On en conclut d'abord que la courbe du quatrième degré, qui provient de la perspective de l'intersection de deux surfaces du second degré, ne peut admettre plus de huit tangentes issues d'un même point, pris arbitrairement dans son plan ; tandis que la courbe plane du quatrième degré, la plus générale, admet douze tangentes issues d'un même point.

On conclut encore de là, que la développable circonscrite à deux surfaces du second degré, est généralement, et au plus, du huitième degré. On

---

[1] Par exemple, de ce qu'une courbe plane du troisième degré a généralement trois points d'inflexion, qui sont en ligne droite, on conclut que : 1° *par un point quelconque de la courbe à double courbure du quatrième degré en question, on peut mener généralement trois plans, osculateurs à cette courbe en trois autres points ; et* 2° *ces trois points, et celui par lequel sont menés les trois plans, sont tous quatre dans un même plan.*

n'avait point encore indiqué le degré de cette surface, M. Poncelet s'étant borné à dire qu'il ne pouvait dépasser le douzième [1].

Les applications du théorème en question, à la théorie des courbes planes du quatrième degré, seront nombreuses; car on rencontre beaucoup de ces courbes que l'on reconnait provenir de la perspective ou de la projection de l'intersection de deux surfaces du second degré [2].

§ 53. Ayant à parler des courbes à double courbure du troisième et du quatrième degré, nous avons commencé par celles-ci, parce que nous croyons qu'elles sont les seules dont on se soit occupé jusqu'à présent. Les premières cependant sont beaucoup plus simples et plus faciles à étudier. Nous avons trouvé qu'elles jouissent de diverses propriétés intéressantes, et qu'elles se présentent dans beaucoup de questions. Cette matière pourrait donner lieu à un ample développement que nous devons omettre ici.

Nous nous bornerons à dire que la perspective des courbes à double courbure du troisième degré, ne donne point toutes les courbes planes du troi-

---

[1] *Mémoire sur la théorie générale des polaires réciproques*, art. 105; *Journal mathématique* de M. Crelle, tom. IV.

[2] Ainsi, par exemple, les ovales de Descartes, ou lignes aplanétiques, sont la projection stéréographique de la ligne de pénétration d'une sphère par un cône de révolution (*Théorème* de M. Quetelet, *voir* la note XXI). On conclura de là que ces célèbres ovales ont toujours deux points *conjugués* imaginaires, situés à l'infini. Ce que l'on ne verrait peut-être pas par d'autres voies; car on a négligé jusqu'à présent, dans la recherche des points singuliers des courbes, les solutions imaginaires, et même aussi les points situés à l'infini, lesquels échappent souvent à l'Analyse. Les uns et les autres cependant font partie des affections particulières des courbes, et doivent jouer un rôle important dans leur théorie.

Ainsi encore, les lemniscates, formées par les pieds des perpendiculaires abaissées d'un point fixe sur les tangentes d'une conique, sont les projections stéréographiques de l'intersection d'une sphère et d'un cône du second degré (*Théorème* de M. Dandelin; *voir* le 4ᵉ volume des *Nouveaux Mémoires de l'Académie de Bruxelles*); on en conclut que ces courbes ont, à l'infini, deux points conjugués imaginaires. On sait qu'elles ont un troisième point double ou conjugué toujours réel, qui est le point par où l'on mène les perpendiculaires; on conclut de là que ces courbes admettent seulement six tangentes issues d'un même point. D'autres considérations de Géométrie plane m'ont encore conduit à ce résultat.

Beaucoup d'autres courbes du quatrième degré ont pareillement des points conjugués imaginaires, situés à l'infini. Telles sont les spiriques ou sections planes de la surface annulaire; la cassinoïde, etc.

sième degré, mais seulement celles qui ont un point double, ou conjugué, ou de rebroussement.

§ 54. Nous ne pousserons pas plus loin ces considérations sur la théorie des surfaces du second degré, et sur celle des courbes à double courbure qui naissent de leur intersection. Utilité de la théorie des surfaces du second degré. Ce que nous venons de dire montre assez combien l'une et l'autre sont susceptibles d'accroissement, et quel vaste champ de recherches nouvelles elles présentent encore aux géomètres. Recherches que nous regardons comme indispensables pour assurer les progrès ultérieurs de la Géométrie, et ceux des sciences qui naissent du concours de la Géométrie et de la physique.

La Géométrie, en effet, est soumise, comme toutes nos autres connaissances positives, à cette condition qui gêne l'esprit humain, de ne marcher d'un pas sûr que progressivement, et toujours du simple ou composé; et, de même que les sections coniques ont été dans la Géométrie plane les courbes les plus simples qu'il nous a fallu étudier et approfondir avant de nous élever à de plus hautes conceptions, les surfaces du second degré sont pareillement, dans la Géométrie à trois dimensions, les objets les plus simples qui doivent nous servir d'éléments indispensables pour pénétrer, plus avant, dans la connaissance des propriétés de l'étendue.

Quant aux sciences des phénomènes naturels, nous ne doutons point que les surfaces du second degré ne doivent s'y présenter aussi dans un grand nombre de questions, et y jouer un rôle aussi important que celui des sections coniques dans le système planétaire. Déjà, dans les plus savantes recherches physico-mathématiques, l'Analyse a dévoilé la présence de ces surfaces; mais le plus souvent on a regardé une si heureuse circonstance comme fortuite et secondaire, sans songer qu'au contraire elle pouvait se rattacher directement à la cause première du phénomène, et même être prise pour l'origine réelle, et non pas accidentelle, de toutes les circonstances qu'il peut offrir.

Maintenant que la Géométrie pure a en soi les moyens de présenter d'une manière rationnelle, et sans recourir aux calculs et aux transformations savantes et pénibles de l'Analyse, les nombreuses propriétés des surfaces du second degré, et de résoudre les questions qui s'y rapportent, il nous parait naturel de penser que, pareillement, dans les phénomènes généraux qui font l'objet de la physique, où ces surfaces joueront un rôle suffisamment important, on devra pouvoir aussi, avec le seul secours de leurs propriétés et des lois générales du sujet, parvenir, par le seul raisonnement et la pure Géométrie, à l'interprétation et à la théorie complète des phénomènes. C'est-à-dire, en un mot, que la *Géométrie appliquée aux phénomènes physiques*, cette science de Kepler, d'Huygens, de Newton, de Mac-Laurin, de Stewart, de Lambert, se trouvera accrue, par le perfectionnement de la théorie des surfaces du second degré, d'une utile et féconde doctrine qui lui permettra de prendre un nouvel essor, après un repos de près d'un siècle. Et nous ne doutons point que cette méthode, toujours directe et naturelle, et si satisfaisante pour l'esprit, ne contribue puissamment à éclairer sa marche et à étendre ses découvertes dans toutes les parties de la philosophie naturelle [1].

---

[1] Un Mémoire tout récent de M. Poinsot, sur la *Rotation des corps*, est un exemple frappant de la facilité et des avantages de la méthode géométrique dont nous parlons. Cette question si difficile, et qui a coûté tant d'efforts aux plus célèbres analystes, depuis un siècle, y est traitée avec une lucidité et une facilité vraiment admirables, et bien faites pour détruire ce préjugé, qui, ne voulant voir dans la Géométrie que la haute antiquité de son premier âge, et non la nature de ses services et de sa destination générale, nie son caractère de perfectibilité et l'assimile à une langue morte, désormais inutile et impuissante pour les besoins de l'esprit humain. Qu'on nous permette d'opposer à cette erreur, qui n'est propre qu'à arrêter les progrès de la science, l'opinion si imposante de l'illustre auteur de la *Mécanique analytique*, émise il y a soixante ans, à l'occasion même d'une des grandes questions du système du monde, où la Géométrie avait devancé l'Analyse : « Quelques avantages que l'Analyse algébrique ait sur » les méthodes géométriques des Anciens, qu'on appelle vulgairement, quoique fort impropre- » ment, *synthèse*, il est néanmoins des problèmes où celle-ci parait préférable, tant par la clarté » lumineuse qui l'accompagne que par l'élégance et la facilité des solutions qu'elle donne. Il en » est même pour lesquels l'Analyse algébrique parait en quelque sorte insuffisante, et où il » semble que la méthode synthétique soit seule capable d'atteindre. » (*Sur l'attraction des* » *sphéroïdes elliptiques*. Nouveaux Mémoires de l'Académie de Berlin, année 1773.)

CHAPITRE VI.

OBJET DU MÉMOIRE QUI SUIT.

§ 1er. La Géométrie descriptive de Monge est passée dans l'enseignement des mathématiques. La théorie des transversales de Carnot, qu'un des géomètres qui ont le plus approfondi la métaphysique et la nature des sciences a déjà depuis longtemps émis le vœu de voir introduire dans les éléments de Géométrie [1], est appréciée par la plupart des professeurs, qui en comprennent aujourd'hui dans leurs cours les théorèmes principaux. Mais les autres méthodes dont nous avons parlé sont encore éparses dans les Mémoires des géomètres qui s'en sont servis, Mémoires dont la lecture, à cause du très-grand nombre des résultats nouveaux qu'ils contiennent, peut paraître longue et pénible. C'est là, je crois, la véritable cause de l'éloignement pour la Géométrie rationnelle, où l'on ne croit voir, et cette erreur est déplorable, qu'un chaos de propositions nouvelles trouvées au hasard, sans liaison entre elles et sans avenir pour un perfectionnement notable de la science de l'étendue.

---

[1] «...Cette ingénieuse théorie des *transversales*, dont les principes simples et féconds mériteraient bien d'être admis au nombre des éléments de la Géométrie. » (*Journal de l'École polytechnique*, 10e Cahier; *Mémoire sur les polygones et les polyèdres*, par M. Poinsot.)

Nous avions pensé qu'il serait utile, pour chercher à détruire cette erreur, de coordonner entre elles toutes ces vérités partielles et isolées, de les faire dériver toutes de quelques-unes seulement prises parmi les plus générales, et de rattacher celles-ci aux méthodes dont nous avons parlé; ce qui eût été aussi une justification de notre classification. Ce travail aurait porté le titre d'*Essais de compléments de Géométrie rationnelle.* Son objet principal eût été une exposition dogmatique des méthodes en question et de leurs princi- pales applications. Nous y joignions une théorie nouvelle et purement géo- métrique des surfaces du second degré, et une théorie, géométrique aussi, des courbes planes du troisième degré, avec lesquelles enfin il est temps de se familiariser; condition nécessaire des progrès ultérieurs de la Géométrie, comme l'a été jusqu'à ce jour la connaissance complète des courbes du second degré.

Nos matériaux étaient plus ou moins avancés, ainsi qu'on peut en juger par diverses Notes que nous y avons puisées pour nous en servir dans cet écrit. Mais, ainsi qu'il devait arriver dans un travail qui embrassait tant de recherches diverses, la matière s'est étendue, et nous avons reconnu qu'il nous fallait un plus long temps et un plus grand cadre que nous ne l'avions cru d'abord, pour le terminer sans une trop grande imperfection; et des retards trop prolongés devant avoir aussi leurs inconvénients, nous nous sommes décidé à écrire d'abord séparément sur les différentes parties que nous destinions à cet ouvrage, nous promettant de revenir ensuite à notre premier projet, et désirant toutefois qu'une plume plus habile, plus capable de le mener à bien, nous prévînt dans l'accomplissement d'une entreprise que nous croyons utile à la Géométrie.

§ 2. Nous nous proposons de traiter, dans le Mémoire qui va suivre, des méthodes comprises dans notre deuxième et notre troisième division, et de mettre au jour les deux principes généraux de l'étendue, auxquels nous avons dit que toutes ces méthodes peuvent se rattacher, et qui constituent deux doctrines générales de *déformation* et de *transformation* des figures.

§ 3. Nous démontrerons ces deux PRINCIPES d'une manière directe, qui en fera des vérités absolues et abstraites, dégagées et indépendantes de toutes méthodes particulières, propres à les justifier ou à en faciliter les applications dans quelques cas particuliers.

Nous les présenterons, ainsi que nous l'avons déjà dit, dans une plus grande généralité qu'aucune de ces méthodes. L'extension que nous leur donnerons trouvera sa principale utilité dans un principe de relations de grandeur, extrêmement simple, qui les rendra applicables à de nombreuses questions nouvelles.

Ce principe repose sur une relation unique, à laquelle il suffira toujours de ramener toutes les autres. Cette relation est celle que nous avons appelée *rapport anharmonique* de quatre points ou d'un faisceau de quatre droites. C'est là le type unique de toutes les relations *transformables* par les deux principes que nous démontrons. Et la loi de correspondance entre une figure et sa transformée, consiste dans l'égalité des rapports anharmoniques corres-pondants.

La simplicité de cette loi et celle du rapport anharmonique rendent cette forme de relations éminemment propre à jouer un rôle si important dans la science de l'étendue.

Quand les relations proposées paraîtront au premier abord ne pas rentrer dans cette formule, l'art du géomètre consistera à les y ramener par diffé-rentes opérations préparatoires, analogues, sous certains rapports, aux changements de variables et aux transformations de l'Analyse.

§ 4. Nous commencerons par le principe de *transformation* dont la théorie des polaires réciproques offre des applications, parce que le second, quoique tout aussi général dans sa destination, en sera un corollaire naturel. Nous l'appellerons principe de *dualité*, suivant l'expression de M. Gergonne; et nous dirons que deux figures qui auront entre elles les dépendances vou-lues par les lois de ce principe, sont *corrélatives* [1].

---

[1] Le mot *corrélatif* étant employé d'une manière générale dans mille circonstances, il serait bien à désirer qu'on eût un autre adjectif, dérivé du mot *dualité*. Par cette raison, nous avions pensé à substituer au mot *dualité* celui de *diphanie*, qui aurait exprimé ce double genre de propriétés que présentent toutes les figures de l'étendue; nous aurions dit le *principe de diphanie*, et nous aurions appelé *diphaniques* les figures qui auraient eu entre elles les rela-

Après avoir démontré ce principe, nous en ferons diverses applications, qui nous conduiront à des propositions nouvelles, dont plusieurs seront des propriétés générales, d'un genre tout nouveau, des courbes planes et à double courbure, et des surfaces géométriques : puis nous donnerons la construction analytique et géométrique des figures *corrélatives* les plus générales; et enfin, nous exposerons les rapports qui ont lieu entre ce principe et la théorie des polaires réciproques; et nous en déduirons plusieurs autres méthodes particulières, qui offriraient, comme cette théorie, des moyens faciles de mettre en usage ce principe, s'il n'était démontré directement et *a priori*, comme une propriété inhérente à l'étendue figurée.

§ 5. Parmi les applications du principe de dualité, il en est une qui mérite que nous en fassions ici une mention particulière.

En jetant un coup d'œil sur l'état de la Géométrie avant qu'on eût fait usage de la théorie des polaires pour transformer certains théorèmes, on s'aperçoit que l'on ne connaissait que très-peu de vérités qui fussent les corrélatives d'autres vérités connues. Dans la théorie des courbes, par exemple, aucune de leurs propriétés générales n'avait sa corrélative. Cette circonstance prouve que la méthode analytique de Descartes, à laquelle on devait les plus belles découvertes, particulièrement dans la Géométrie des courbes, n'est pas applicable, ou du moins présenterait des obstacles très-grands, si l'on cherchait à l'appliquer à ce genre de théorèmes qu'on obtient immédiatement, en vertu du principe de dualité, comme corrélatifs de théorèmes démontrés par cette méthode de Descartes. Le principe de dualité donne donc sous ce rapport, à la Géométrie pure, un avantage incontestable sur la méthode analytique.

Mais on ne conclura pas de là que l'Algèbre, cet instrument merveilleux, qui, jusqu'à ce jour, s'est prêté à toutes les conceptions géométriques, doive refuser son secours aux nouvelles propriétés de l'étendue, qui semblent échapper aux procédés de Descartes. On pensera, au contraire, qu'il suffira

tions prescrites par ce principe. Mais nous n'avons point voulu nous permettre de substituer une nouvelle dénomination à celle qui a été généralement reçue.

de modifier dans sa mise en œuvre la grande conception de Descartes, en lui reconnaissant, pour objet adéquat, l'application des symboles algébriques aux idées de figure et d'étendue.

Le moyen employé par Descartes a été de considérer une courbe comme la conjonction de points se succédant d'après une loi donnée, et d'exprimer la position de tous ces points par une relation constante entre les distances de chacun d'eux à deux axes fixes.

On conçoit sans peine que le procédé analogue, dans la *nouvelle Géométrie analytique*, sera de considérer chaque courbe comme l'enveloppe de toutes ses tangentes ; et d'exprimer la position de toutes ces droites par une équation unique entre deux variables, dont chaque système de valeurs correspondra à l'une de ces droites.

Le principe même de dualité, appliqué aux procédés et aux relations géométriques que représente l'équation d'une courbe ou d'une surface, dans le système de Descartes, conduira immédiatement au *nouveau système de Géométrie analytique* en question. C'est ainsi que nous l'exposerons dans cet écrit, brièvement, comme simple application du principe de dualité, nous réservant de revenir sur cet objet, que nous avons traité directement, et sans le secours du principe de dualité, en suivant à peu près la marche adoptée pour l'exposition de la Géométrie analytique en usage.

Nous avons déjà dit, en peu de mots, en quoi consiste notre nouveau *système de coordonnées*, et nous en avons fait des applications (*Voir* le tom. VI, pag. 84 de la *Correspondance mathématique* de M. Quetelet). Mais si nous n'avons pas mis d'empressement à publier ce travail qui, si le principe de dualité n'était pas connu, aurait une grande utilité, parce qu'il servirait à démontrer directement tous les théorèmes corrélatifs de ceux qu'on obtient par la Géométrie de Descartes, c'est qu'il n'est point indispensable, aujourd'hui que le principe de dualité sert à transformer sur-le-champ les vérités obtenues par la méthode de Descartes.

Néanmoins ce *nouveau système de Géométrie analytique* nous paraît mériter d'être développé, comme complétant, avec la doctrine des coordonnées

33

de Descartes, l'œuvre que s'est proposée ce grand philosophe dans sa magnifique conception de l'application de l'Algèbre à la Géométrie.

§ 6. Ce que nous venons de dire de la Géométrie analytique, relativement aux propriétés de l'étendue, découvertes par le principe de dualité,
s'applique aussi, en partie, à la théorie des transversales, telle que Carnot l'a
formée, et qu'elle a été appliquée depuis une trentaine d'années. Cette théorie
ne convient pas, dans son état actuel, pour la démonstration de beaucoup de
théorèmes relatifs aux lignes et aux surfaces courbes, qui sont les corrélatifs
d'autres théorèmes qu'on a démontrés par cette théorie même. Cependant elle
s'applique à ceux de ces théorèmes qui ne concernent que les systèmes de
lignes droites, parce que Carnot a compris, dans cette théorie, le théorème de
Jean Bernoulli (ou plutôt de Jean Ceva, comme nous l'avons dit, Note VI),
qui se trouve être le corrélatif de celui de Ptolémée.

Il suffira d'introduire pareillement, dans la théorie des transversales, quelques théorèmes relatifs aux lignes et aux surfaces courbes, pour la mettre en
état de satisfaire, par elle-même et directement, aux doubles questions qui
doivent toujours se présenter désormais dans les spéculations géométriques.
Ces théorèmes, qui seront précisément les corrélatifs des principes actuels
de la théorie des transversales, ont déjà été obtenus par M. Poncelet, dans
ses applications de la théorie des polaires réciproques; et cet habile géomètre en a fait usage dans son Mémoire intitulé : *Analyse des transversales*
appliquée à la recherche des propriétés projectives des lignes et surfaces
géométriques (*Voir* tom. VIII du *Journal* de M. Crelle).

Utilité du principe de
dualité dans l'Al-
gèbre. § 7. Après avoir montré que le principe de dualité étend ses applications
sur la Géométrie analytique, en y introduisant un nouveau système de coor-
données, nous devons ajouter que l'influence et la portée de ce principe
peuvent s'étendre jusque sur l'Algèbre même, considérée dans son abstraction absolue. On ne doit point s'étonner de cela; car Monge nous a appris,
par d'assez beaux exemples, qu'aux lois de l'étendue et qu'à toutes les conceptions de la Géométrie suffisamment générales, peuvent correspondre des
considérations et des résultats de pure Algèbre.

C'est sous deux points de vue que nous envisageons les usages du principe de dualité en Algèbre. D'abord comme moyen d'intégration dans plusieurs cas; et ensuite comme pouvant donner, par l'expression algébrique de certains résultats de Géométrie, divers théorèmes d'Algèbre.

Nous allons expliquer, en peu de mots, cette double application du principe de dualité à l'Analyse algébrique.

§ 8. A une surface donnée, correspond, suivant le principe de dualité, la surface corrélative; et à chacune des propriétés de la première surface correspond une propriété de la seconde.

Si la première surface est exprimée par une équation (dans un système quelconque de coordonnées), les relations géométriques qui ont lieu entre elle et la seconde surface serviront à passer de cette équation à celle de la seconde surface, dans le même système de coordonnées; et, réciproquement, à passer de l'équation de cette seconde surface à celle de la première (Nous donnerons les formules qui servent à cela dans le système de coordonnées de Descartes). Si la première surface est représentée seulement par une équation aux différentielles partielles, à cette équation en correspondra une autre qui sera sa corrélative et qui appartiendra à la seconde surface. Cette autre équation sera généralement différente de la proposée, et pourra se prêter, plus ou moins facilement qu'elle, aux méthodes d'intégration. Si on peut l'intégrer, on aura l'équation de la seconde surface, et l'on passera, par les formules en question, de cette équation à celle de la première surface; ce sera donc l'intégrale de l'équation aux différences partielles proposée.

Cette méthode est, comme on le voit, celle que nous avons développée dans la Note XXX sur les surfaces *réciproques* de Monge, comme ayant pu avoir été l'objet de cette théorie des surfaces réciproques.

Cette méthode, considérée analytiquement et abstraction faite de toute considération géométrique, n'est au fond qu'un mode de transformation algébrique, dont les relations entre les variables correspondantes nous sont indiquées, *a priori,* par l'expression analytique des relations qui ont lieu entre les figures corrélatives, construites suivant le principe de dualité.

§ 9. Voici quelle sera la seconde manière de faire servir le principe de dualité à la découverte de théorèmes d'Algèbre.

Que l'on ait trouvé par ce principe un théorème de Géométrie, et qu'en cherchant à démontrer ce théorème par l'Analyse, c'est-à-dire par la méthode des coordonnées, on éprouve une difficulté insurmontable provenant de l'imperfection actuelle de la science algébrique, on cherchera à préciser le point de difficulté, ou, en d'autres termes, la notion algébrique qu'il serait nécessaire d'admettre pour arriver à la conclusion désirée. Cette notion algébrique sera un théorème d'Algèbre, qui se trouvera, de la sorte, démontré par des considérations géométriques.

Un exemple éclaircira suffisamment cette manière de procéder.

Supposons qu'on veuille démontrer, par la méthode des coordonnées en usage, ce théorème : *Si, à une surface géométrique donnée, on mène tous ses plans tangents parallèles à un même plan transversal, leurs points de contact avec la surface auront, pour centre des moyennes distances, un même point de l'espace, quelle que soit la position du plan transversal.*

En représentant par $F(x, y, z) = 0$ l'équation de la surface, on trouve que les coordonnées des points de contact des plans tangents sont données par cette équation et par les deux suivantes :

$$\frac{dF}{dx} + a\,\frac{dF}{dz} = 0,$$

$$\frac{dF}{dy} + b\,\frac{dF}{dz} = 0,$$

a et b étant les deux quantités angulaires qui déterminent la direction commune aux plans tangents. Éliminant y et z entre ces trois équations, on aura une équation résultante en x, dont les racines seront les abscisses des points de contact des plans tangents avec la surface. Il faudra donc, d'après le théorème énoncé, que la somme de ces racines soit la même, quelle que soit la direction commune des plans tangents, c'est-à-dire quels que soient les deux paramètres a et b. De la résulte donc ce théorème d'Algèbre :

Si, entre les trois équations

$$F(x, y, z) = 0,$$

$$\frac{dF}{dx} + a\frac{dF}{dz} = 0,$$

$$\frac{dF}{dx} + b\frac{dF}{dz} = 0,$$

on élimine les deux variables y *et* z, *l'équation résultante, en* x, *aura la somme de ses racines indépendante des deux coefficients* a *et* b.

Cet exemple suffit pour montrer comment on fera usage du principe de dualité pour établir des théorèmes d'Algèbre.

§ 10. Les idées de dualité que nous avons appliquées, dans les para- Application du principe de dualité à la dyna-mique. graphes précédents, à deux doctrines géométriques, la méthode des coor-données de Descartes et la théorie des transversales, et à une théorie algé-brique, l'intégration des équations aux différences partielles, peuvent s'étendre à d'autres parties des mathématiques, principalement à la dyna-mique. Mais ce n'est point ici le lieu de traiter ce sujet, pour lequel nous renvoyons à la Note XXXIV.

§ 11. La seconde partie de cet écrit sera consacrée au second principe Principe d'homogra-phie. général en question, celui de *déformation* des figures.

Comme les figures que l'on considère dans les applications de ce principe sont du même genre, c'est-à-dire, qu'à chaque point, à chaque droite, à chaque plan de l'une correspondent respectivement un point, une droite, un plan dans l'autre, ainsi que cela a lieu, par exemple, dans deux figures semblables, ou bien dans deux figures planes dont l'une est la perspective de l'autre, nous appellerons ces figures *homographiques;* et le principe en question sera dit principe de *déformation homographique,* ou simplement *principe d'homographie.*

§ 12. Il ne paraîtra peut-être pas inutile, avant d'entrer en matière, de bien préciser le caractère philosophique de ce principe, et la nature de ses applications dans la Géométrie rationnelle.

Sa destination première est de *généraliser* les propriétés de l'étendue.

De là naissent deux usages distincts auxquels il sera propre. Car cette généralisation peut se faire de deux manières : elle peut porter sur la construction et sur la forme de la figure, ou bien sur les propriétés de cette figure.

Dans le premier cas, la question qu'on se propose est celle-ci : *Connaissant les propriétés d'une certaine figure, en conclure les propriétés analogues d'une figure du même genre, mais d'une construction plus générale.*

Par exemple, étant données certaines propriétés du cercle ou de la sphère, en conclure les propriétés correspondantes des sections coniques ou des surfaces du second degré.

Dans le second cas, la question peut être énoncée ainsi : *Connaissant quelques cas particuliers d'une certaine propriété générale, inconnue, d'une figure, en conclure cette propriété générale.*

Par exemple, prenons trois diamètres conjugués d'une surface du second degré : on sait que la somme de leurs carrés est égale à une quantité constante. Ce théorème donnera lieu à cette question : étant donnée une surface du second degré, et étant pris un point quelconque dans l'espace, par lequel on mène trois droites; à quelles conditions de construction devront satisfaire ces droites, pour que, dans le cas particulier où ce point serait le centre de la surface, elles deviennent trois diamètres conjugués; et quelle sera la propriété de ces trois droites qui deviendra celle des trois diamètres conjugués que nous avons énoncée?

Ainsi, on conçoit bien les deux questions générales auxquelles est destiné le principe de *déformation homographique*.

§ 13. La première de ces deux questions donne lieu à une véritable méthode de recherches.

En effet, qu'il s'agisse de démontrer telle propriété d'une figure; on prendra, parmi l'infinité des figures *homographiques* possibles, celle dans laquelle, à raison de sa simplicité ou d'autres circonstances, le théorème sera, sinon évident, au moins d'une démonstration plus facile. C'est ainsi que l'on a souvent réduit, par l'emploi de la perspective, la recherche des propriétés des coniques à celles du cercle.

§ 14. Sous le point de vue de la seconde question, le principe de *déformation homographique* peut être regardé comme appartenant à la classe des méthodes inverses. L'opération à laquelle il est propre est l'inverse de celle que nous pratiquons journellement pour conclure, d'un théorème général, les cas particuliers qui s'y rattachent. Considéré comme une telle méthode, ce principe mérite peut-être quelque attention. En effet, quoiqu'il soit toujours facile, en Géométrie, de passer d'une vérité à ses corollaires, qui sont autant de vérités moins générales que la première, on n'a point encore de règles inverses pour passer, de l'une de ces vérités particulières, à la vérité générale. L'induction, l'analogie, ou quelques considérations particulières, peuvent bien, dans certains cas, mettre sur les traces de cette vérité primitive et la faire deviner; mais ensuite sa démonstration devient une question toute nouvelle, pour laquelle on n'a aucune méthode spéciale. Le *principe d'homographie*, et les différents modes de déformation qui en émanent, offrent une méthode de ce genre, véritable méthode de *généralisation*, la seule, je crois, que l'on ait encore tenté d'introduire dans la Géométrie rationnelle [1]. On appréciera l'utilité de telles méthodes pour hâter les

---

[1] Oserai-je, par suite de ces considérations, indiquer un point de ressemblance entre cette méthode et le calcul intégral? Le but est le même dans l'un et l'autre : il s'agit de passer d'une *dérivation* d'un objet à cet objet.

Étant donnée une quantité, on sait toujours, et à l'instant même, trouver sa différentielle; mais pour la question inverse : étant donnée une quantité ou une équation différentielle, trouver son intégrale, on n'a point de méthodes générales. Pareillement, étant donnée une proposition générale, on peut énoncer sur-le-champ ses cas particuliers; et dans la question inverse, où, étant donné un cas particulier d'une proposition générale inconnue, on demande de déterminer cette proposition générale, on n'a point non plus de méthode générale.

Ce rapprochement paraîtra peut-être moins étrange, si nous disons que le caractère plus particulier du principe d'homographie, parmi les autres modes de transformation des figures, est de passer, comme dans le calcul intégral, de l'*infini* au *fini*. Ce sont les propriétés d'une figure qui a des parties à l'infini qu'on veut, le plus souvent, dans les applications du principe d'homographie, transporter à une figure du même genre, mais dont les mêmes parties sont placées à des distances finies.

progrès de la science. Car il n'est point de découverte un peu capitale dont on n'ait rencontré, longtemps auparavant, quelques germes et quelques cas particuliers, qui auraient pu sur-le-champ, à l'aide de ces méthodes de généralisation, conduire à cette découverte. Il est donc important de rechercher et de cultiver ces sortes de méthodes.

§ 15. Nous ferons diverses applications du principe de déformation homographique : l'une d'elles portera sur le système de coordonnées qui constitue la Géométrie de Descartes, et conduira à un nouveau système de Géométrie analytique plus général, et qui serait propre à la démonstration directe, par l'Analyse, des propositions que ce principe aurait servi à démontrer, comme généralisation de celles auxquelles s'applique la doctrine de Descartes.

Méthodes dérivées du principe d'homographie.

§ 16. Le principe général de déformation homographique comprend plusieures méthodes particulières, qui serviront pour des questions spéciales et plus restreintes. Nous en distinguerons trois principales :

La première sera la théorie des figures homologiques, de M. Poncelet, qui servira, par exemple, pour déduire des propriétés de la sphère une foule de propriétés des surfaces de révolution, du second degré, ayant un foyer; mais nous y joindrons le principe des relations métriques, sans lequel cette élégante théorie ne pourrait atteindre à une foule de questions, et serait incomplète [1].

La deuxième sera une méthode propre à l'extension des relations angulaires, qui servira particulièrement pour appliquer les propriétés de la sphère aux surfaces de révolution, du second degré, n'ayant pas de foyer. Aucune des méthodes de transformation n'a encore été propre à ce genre de recherches.

Et la troisième sera destinée à une classe très-nombreuse de propriétés appartenant à la Géométrie des mesures, c'est-à-dire aux longueurs,

---

[1] Par exemple, ce principe des relations de grandeur est indispensable pour connaître les propriétés métriques du système de deux coniques quelconques, dont M. Poncelet a donné les propriétés descriptives; il en est de même pour la théorie des bas-reliefs, dont les propriétés métriques ne sont pas moins importantes que leurs propriétés purement descriptives.

surfaces et volumes des figures, ce sera la traduction, en pure Géométrie, de la méthode analytique que nous avons déjà employée pour transporter, aux surfaces du second degré, les propriétés de la sphère. Cette méthode nous servira particulièrement pour démontrer, par pure intuition, les belles propriétés connues, et plusieurs autres, des diamètres conjugués des surfaces du second degré, que l'on n'a démontrées jusqu'ici qu'avec le secours de l'Analyse.

§ 17. En général, nos applications du principe d'homographie, aux surfaces du second degré, nous conduiront naturellement à de nombreuses propriétés de ces surfaces, que les procédés analytiques, employés jusqu'à ce jour, n'avaient point encore indiquées; et ces applications feront peut-être voir qu'il est possible de baser, sur de pures considérations de Géométrie et sans le secours du calcul, une théorie très-étendue des surfaces du second degré, ainsi que nous l'avons annoncé plus haut. L'Analyse a de si beaux et de si immenses avantages sur la Géométrie, en tant d'autres circonstances, qu'on nous permettra d'ajouter ici que, dans cette théorie des surfaces du second degré, elle le cède à la méthode géométrique. Celle-ci y est beaucoup plus rapide et plus féconde que la voie du calcul; elle est aussi plus lumineuse, parce que, ne tirant ses ressources que de la nature même des choses, et sans considérations auxiliaires, elle montre mieux l'enchaînement des propositions, pénètre jusqu'à leur source, et peut conclure, de quelque relation primordiale entre les figures, une infinité de déductions qui font autant de propositions diverses dont les rapports n'apparaîtraient pas toujours dans les formules et les transformations analytiques, et qui, dès lors, exigeraient des démonstrations différentes, souvent longues et pénibles [1].

§ 18. Indépendamment des usages du principe d'homographie, comme moyen de démonstration et de généralisation des propriétés de l'étendue, ce

---

[1] Nous croyons avoir déjà présenté, dans notre *Mémoire sur les propriétés des cônes du second degré*, un exemple des avantages que la méthode géométrique peut avoir souvent sur l'Analyse, dans la théorie des surfaces du second degré. Car, outre que la méthode analytique n'avait point mis sur la voie des divers théorèmes auxquels des considérations géométriques nous ont conduit, elle les démontrerait plus longuement que nous n'avons fait; ce dont nous nous sommes convaincu en traduisant nos premières démonstrations en Analyse.

34

principe, en lui-même, renferme un troisième genre d'utilité, qui consiste dans la notion même de l'*homographie* des figures. En effet, la considération de deux figures homographiques, et la connaissance des rapports qui les lient l'une à l'autre, présentent des vérités géométriques nouvelles, auxquelles peuvent se rattacher, comme corollaires, une foule de théorèmes connus, et qui peuvent conduire à beaucoup d'autres résultats nouveaux, qu'on n'obtiendrait que difficilement sans le secours de cette doctrine des figures homographiques.

Par exemple, nous dirons que les diverses manières de décrire les coniques, données par Newton, Mac-Laurin, De Witt, etc., et un grand nombre de propriétés de ces courbes, qui paraissent n'avoir aucun rapport entre elles, sont des conséquences immédiates de la théorie des figures homographiques. (*Voir* les Notes XV et XVI.)

Les propriétés que présente le système de deux corps égaux, et même de deux corps semblables, situés d'une manière quelconque dans l'espace, sont aussi des conséquences de cette même théorie. Et ces propriétés, qu'on n'a point encore cherchées, sont nombreuses et conduisent à divers théorèmes curieux sur le mouvement infiniment petit, et même sur le déplacement fini quelconque d'un corps solide [1].

Nous ne considérerons, dans ce Mémoire, les figures homographiques que comme moyen de déformation propre à la démonstration et à la généralisation des théorèmes, nous proposant d'exposer, dans un autre écrit particulier, leurs propriétés générales dont nous venons de parler.

CONCLUSION.

§ 19. Après les considérations que nous venons de développer, sur la nature et la destination des deux principes de dualité et d'homographie, on

---

[1] Nous citerons, par exemple, ce théorème qui peut entrer dans les principes de la mécanique pratique : *On peut toujours transporter un corps solide d'une première position dans une autre position déterminée, par le mouvement continu d'une vis à laquelle on aurait fixé ce corps.* (*Voir* le *Bulletin universel des sciences*, novembre 1830; ou la *Correspondance mathématique de Bruxelles*, tom. VII, pag. 332.)

pensera peut-être que s'il doit exister, dans la science de l'étendue, quelques
lois primordiales vraiment grandes et fécondes, comme en Analyse le calcul
infinitésimal, qui a résumé et perfectionné toutes les méthodes de quadratures
et de maxima, comme en mécanique le principe des vitesses virtuelles, d'où
Lagrange a tiré tous les autres, comme dans les phénomènes célestes la grande
loi de Newton [1]; on pensera peut-être, dis-je, que les deux simples théorèmes de Géométrie, d'où dérivent les deux principes de dualité et d'homographie, sont de ceux qui approchent le plus, dans l'état actuel de la Géométrie, de ces grandes lois générales qui nous sont encore inconnues.

Ces deux théorèmes, en effet, embrassent dans leurs conséquences directes,
non-seulement une multitude de vérités particulières, mais aussi des théories et des méthodes fécondes et d'une grande portée.

Sans entrer dans le détail des applications de ces deux théorèmes, et des
routes nouvelles qu'ils ouvrent aux spéculations géométriques, il nous suffira
de dire que le premier divise en deux grandes classes toutes les propriétés
de l'étendue ; qu'il n'en est pas une, quelque générale qu'elle soit, qu'il ne
serve à convertir en une autre aussi générale dans son genre ;

Que le second généralise toutes les vérités particulières et isolées, en montre
les rapports communs, et les lie entre elles en les rattachant à une seule et
même vérité générale ; et ce théorème comprend aussi, comme le premier,
des méthodes dans ses innombrables corollaires.

---

[1] C'est l'opinion, sans doute, des personnes accoutumées à contempler plus particulièrement
les propriétés de l'étendue, leur nature, leur enchaînement et surtout cette *continuité* merveilleuse, qui leur donne, à un degré éminent, un caractère d'extensibilité indéfinie, que ne présentent point d'autres sciences positives, celle des nombres, par exemple. Cette opinion sur la
Géométrie et son avenir est celle d'un savant, à qui ses travaux dans plusieurs parties différentes
des sciences mathématiques, et la place distinguée qu'il a déjà prise, quoique jeune, dans les
premières Académies de l'Europe, donnent une grande autorité : « Il est fâcheux, m'écrivait
» M. Quetelet, que la plupart des mathématiciens de nos jours jugent si défavorablement de la
» Géométrie pure...... Il m'a toujours paru que ce qui les retient le plus est le défaut de géné-
» lité des méthodes qu'ils pensent y voir. Mais est-ce bien la faute de la Géométrie, ou de ceux
» qui l'ont cultivée? Je serais très-disposé à croire qu'il existe quelques grandes vérités qui
» doivent être pour ainsi dire la source de toutes les autres, à peu près comme le principe des
» vitesses virtuelles est pour la mécanique. »

§ 20. Les principes de dualité et d'homographie, et les diverses méthodes qui en dérivent; les autres modes de transformation, que nous avons reconnus dans la *Géométrie descriptive* de Monge et dans la *Géométrie perspective* de M. Cousinery, et celui que fournit la théorie des projections stéréographiques, font, avec la théorie des transversales, les plus puissantes doctrines actuelles de la Géométrie récente, et lui donnent un caractère de facilité et d'universalité qui la distingue de la Géométrie ancienne.

Ces modes de transformation, en effet, sont autant de moyens sûrs, de moules, pour ainsi dire, qui servent à créer, à volonté, des vérités géométriques sans nombre.

Qu'on prenne une figure quelconque dans l'espace, et l'une de ses propriétés connues; qu'on applique à cette figure l'un de ces modes de transformation, et qu'on suive les diverses modifications ou transformations qu'éprouve le théorème qui exprime cette propriété, on aura une nouvelle figure, et une propriété de cette figure, qui correspondra à celle de la première.

Ces moyens, que possède la Géométrie récente, de multiplier ainsi à l'infini les vérités géométriques, peuvent être assimilés aux formules et aux transformations générales de l'Algèbre, qui donnent, avec sûreté et promptitude, la réponse aux questions diverses qu'on leur soumet, ou bien, en quelque sorte, aux réactifs du chimiste, qui opèrent d'une manière sûre et invariable la transmutation des matières qu'il leur présente; ces moyens sont donc de véritables instruments, que ne possédait point l'ancienne Géométrie, et qui font le caractère distinctif de la Géométrie moderne.

Dans la Géométrie ancienne, les vérités étaient isolées; de nouvelles étaient difficiles à imaginer, à créer; et ne devenait pas géomètre inventeur qui voulait.

Aujourd'hui, chacun peut se présenter, prendre une vérité quelconque connue, et la soumettre aux divers principes généraux de transformation; il en retirera d'autres vérités, différentes ou plus générales; et celles-ci seront susceptibles de pareilles opérations; de sorte qu'on pourra multiplier, presque à l'infini, le nombre des vérités nouvelles déduites de la première : toutes, il est vrai, ne mériteront pas de voir le jour, mais un certain nombre d'entre elles pourront offrir de l'intérêt et conduire même à quelque chose de très-général.

Peut donc qui voudra, dans l'état actuel de la science, généraliser et créer en Géométrie ; le génie n'est plus indispensable pour ajouter une pierre à l'édifice.

Aussi croyons-nous pouvoir regarder la Géométrie dans un état prononcé de progrès et de perfectionnements rapides ; et pensons-nous qu'on peut dire aujourd'hui, avec raison, de cette science, ce qui a paru, dans un temps, faire le caractère exclusif de la Géométrie analytique : « L'esprit de la Géo-» métrie moderne est d'élever toujours les vérités, soit anciennes, soit nou-» velles, à la plus grande généralité qu'il se puisse [1]. »

[1] Fontenelle, *Histoire de l'Académie des sciences*, ann. 1704 ; *sur les spirales à l'infini.*

NOTES.

NOTE I.

(PREMIÈRE ÉPOQUE, § 5.)

Sur les spiriques de Perseus. Passage de Héron d'Alexandrie
relatif à ces courbes.

Proclus est le seul écrivain qui nous ait transmis le nom du géomètre Perseus, dans son Commentaire sur le premier livre d'Euclide; mais cet ouvrage n'est pas le seul de l'Antiquité qui ait fait mention des lignes *spiriques*, comme on paraît l'avoir cru jusqu'ici. Un ouvrage beaucoup plus ancien, de Héron d'Alexandrie, intitulé : *Nomenclatura vocabulorum geometricorum*, reproduit en 1571 et 1579 par Conrad Dasypodius [1], contient une définition très-distincte de la *spire*, ou surface annulaire, et des deux formes différentes qu'affecte cette surface, *dont les sections sont des courbes qui ont leurs propriétés particulières.*

Voici ce passage de Héron : *Speira fit quando circulus aliquis centrum habens in circulo et erectus existens, ad planum ipsius circuli fuerit circumductus, et revertatur iterum unde cœperat moveri; illud ipsum figuræ genus nominatur* κρικος *orbis. Discontinua autem speira est, quæ dissoluta est, aut dissolutionem habet. Continua vero, quæ uno in puncto concidit. Diminutionem habens est, quando circulus qui circum-*

---

[1] *Euclidis Elementorum liber primus.* Item *Heronis Alexandrini vocabula quædam Geometrica, anteac nunquam edita*; græce et latine, per Cunradum Dasypodium. Argentinæ, 1571, in-8º.

Oratio C. Dasypodii *de Disciplinis mathematicis.* Ejusdem *Heronis Alexandrini Nomenclaturæ vocabulorum geometricorum translatio*; ejusdem *Lexicon mathematicum, ex diversis collectum antiquis scriptis.* Argent., 1579, in-8º.

ducitur, ipsemet seipsum secat. Fiunt autem et harum sectiones, lineæ quædam proprietatem suam habentes.

Le passage de Proclus sur les spiriques est un peu plus développé, et a l'avantage de nommer l'inventeur de ces courbes. Ce passage a été reproduit dans son texte grec, et traduit par M. Quetelet, à la suite d'une Notice sur les lignes spiriques, qui est pleine d'intérêt et remarquable par l'érudition qui y abonde. Cette Notice a été imprimée à la suite d'un Mémoire de M. Pagani, sur ces courbes, qui a été couronné par l'Académie de Bruxelles, en 1824, et dans la *Correspondance mathématique* de M. Quetelet, tom. II, pag. 237.

Les lignes spiriques ont presque toujours été le sujet de quelques méprises de la part des écrivains qui en ont parlé; les uns ont pris ces courbes pour des *spirales;* et d'autres ont assigné un âge trop rapproché à leur inventeur Perseus.

Ramus, dans ses *Scholæ mathematicæ*, place ce géomètre après Héron et Geminus.

De Challes le met aussi après Geminus; et, en attribuant à ce dernier les lignes spiriques, il fait Perseus l'inventeur des spirales [1].

Blancanus fait une confusion singulière. Il fait naître Geminus avant Perseus, attribue à ce dernier les lignes spiriques, et dit, néanmoins, que Geminus avait écrit sur ces mêmes courbes [2].

G.-J. Vossius place Perseus entre Thalès et Pythagore, et lui attribue les spirales [3].

Bernardin Baldi le fait contemporain d'Archimède et d'Apollonius (250 ans avant l'ère chrétienne), et définit succinctement, d'après Proclus, les spiriques dont il est l'inventeur [4].

Heilbronner commet la même erreur que Vossius et De Challes, quant au nom des courbes de Perseus; mais il nous paraît assigner à ce géomètre l'époque qui lui convient [5]. Il l'inscrit entre Aristée et Menechme. C'est l'âge que nous avons cru devoir lui donner.

Montucla le fait beaucoup moins ancien. Il le place dans les deux premiers siècles de l'ère chrétienne. C'est une erreur qui paraîtra incontestable d'après le passage de Proclus qui cite Geminus comme ayant écrit sur les spiriques, et celui de Héron que nous avons rapporté.

Montucla avait pensé qu'avant lui on avait toujours confondu les spiriques avec les spirales d'Archimède, et qu'il était le premier qui eût fait connaître ce qu'étaient réellement ces courbes [6]. On voit, par ce qui précède, qu'en effet, De Challes, Vossius et

[1] *Cursus mathematicus*, tom. Ier, De progressu mathescos, p. 8.

[2] *De natura mathematicarum scientiarum tractatio, atque clarorum mathematicorum chronologia.* Bononiæ, 1615, in-4°.

[3] *De universæ mathesios natura et constitutione liber; cui subjungitur chronologia mathematicorum.* Amstelodami, 1660, in-4°.

[4] *Cronica d'e Matematici overo Epitome dell' istoria delle vite loro.* In Urbino, 1707, in-4°. « Perseo, non si sà bene di qual patria si fuisse. Fù egli, come s'ha da Proclo, inventore delle linee spiriche, le quali nascono dalle varie settioni della spira. » (P. 25.)

[5] *Historia matheseos universa.* Lipsiæ, 1742, in-4°.

[6] *Histoire des mathématiques*, tom. Ier, p. 316.

Heilbronner avaient commis cette erreur; mais elle n'avait point été partagée par Bernardin Baldi, ni par Blancanus. Deux autres écrivains ont parfaitement connu la nature des spiriques. Le premier est Dysapodius qui, dans ses *Définitions et divisions* [1] de la Géométrie, parle plusieurs fois de ces courbes. Le second est le savant Savile, qui, dans ses *Prælectiones tredecim in principium elementorum Euclidis* (Oxonii, 1621, in-4°), énumère les lignes que les Anciens ont considérées, et rapporte textuellement le passage de Proclus qui fait connaître la génération des spiriques. (*Lectura quarta*, p. 73.)

NOTE II.

(PREMIÈRE ÉPOQUE, § 8.)

Sur les Lieux à la surface, d'Euclide.

Montucla dit, à la page 172 du premier volume de son *Histoire des mathématiques*, que les *Lieux à la surface*, d'Euclide, étaient des *surfaces*; et, à la page 215 du même volume, que c'étaient des *lignes à double courbure*, décrites sur des surfaces courbes, telles que l'hélice sur un cylindre circulaire. Il est possible que les Anciens aient désigné, en général, par ce mot, les surfaces et les courbes qui y étaient tracées. Mais quels étaient véritablement les *Lieux à la surface*, d'Euclide? Il ne nous reste, pour répondre à cette question, d'autre indication que quatre lemmes de Pappus, relatifs à cet ouvrage; et comme ces lemmes ne traitent que des sections coniques, nous devons penser qu'Euclide considérait seulement les surfaces que nous appelons, aujourd'hui, *du second degré*. Et nous sommes porté à croire que ces surfaces étaient *de révolution*. Car, d'une part, il est certain que les surfaces de révolution, du second degré, avaient été étudiées antérieurement à Archimède, parce qu'après avoir énoncé quelques propriétés de leurs sections par un plan, il dit, à la fin de la 12e proposition de son livre *Des sphéroïdes et*

---

[1] *Lexicon mathematicum, ex diversis collectum antiquis scriptis*; faisant partie du volume de 1579, décrit ci-dessus.

Speiricæ sectiones ita se habent, ut altera sit incurvata, implicata similis caudæ equinæ. Altera vero in medio quidem est latior; ex utraque vero parte deficit. Est etiam alia, quæ oblonga cum sit, in medio, intervallo utitur minore; sed ex utraque parte dilatur. (f° 9, v°.)

des conoïdes, « les démonstrations de toutes ces propositions sont connues. » De plus, nous remarquons que le dernier lemme de Pappus est la propriété principale du foyer et de la directrice d'une conique ; et ce théorème nous paraît avoir pu servir à démontrer que le lieu d'un point dont les distances à un point fixe et à un plan doivent être entre elles dans un rapport constant, est un sphéroïde ou un conoïde, ou bien à démontrer que la section de ce lieu, par un plan mené par le point fixe, est une conique ayant son foyer en ce point, et dont la directrice est l'intersection du plan de cette courbe par le point fixe.

Ainsi il nous semble probable que les *Lieux à la surface*, d'Euclide, traitaient des surfaces du second degré, de révolution, et des sections faites par un plan dans ces surfaces, comme dans le cône.

NOTE III.

—

(PREMIÈRE ÉPOQUE, § 8.)

—

Sur les Porismes d'Euclide.

On doit à R. Simson d'avoir rétabli la forme des énoncés qui caractérise les propositions appelées *Porismes* par les Anciens ; et d'avoir aussi deviné plusieurs de celles qui sont indiquées si imparfaitement par Pappus. Dans la suite de son ouvrage, Simson reproduit, avec leurs démonstrations, souvent simplifiées et complétées, les trente-huit lemmes des *Collections mathématiques*, relatifs aux *porismes* ; et donne ensuite la démonstration de cinq propositions de Fermat, converties en porismes, et diverses autres propositions très-générales, relatives au cercle, trouvées par Matthieu Stewart, et faisant de véritables porismes.

Mais Simson ne nous paraît pas avoir abordé diverses autres questions que devait comprendre une divination complète de la doctrine des porismes. Ainsi, nous n'y voyons pas quelle a été la pensée d'Euclide en composant son ouvrage dans une forme inaccoutumée ; sous quel rapport il méritait l'éminente distinction qu'en fait Pappus ; par quelles méthodes, ou opérations actuelles, il se trouve suppléé chez les Modernes ; et enfin, comment différents passages de Pappus sur les porismes, et la définition de Proclus, peuvent recevoir une interprétation satisfaisante. Nous dirons, en un mot, que la doctrine des porismes, son origine, ou la pensée philosophique qui l'a créée, sa destination, ses usages, ses applications et sa transformation dans les doctrines modernes, sont autant de mystères qui ne nous sont pas dévoilés dans le Traité de Simson. Ajoutons que nous n'y trouvons rétablis que six des trente propositions énoncées par Pappus.

Un certain nuage nous a donc semblé couvrir encore cette grande question que nous a léguée l'Antiquité, à moins que d'autres écrits, qui nous seraient inconnus, ne soient venus depuis l'éclairer d'un plus grand jour, ou bien que notre faible intelligence n'ait pas compris l'ouvrage du célèbre Simson.

Ces réflexions nous ont longtemps préoccupé, et détourné souvent de l'étude à laquelle nous aurions voulu nous livrer; car l'intérêt que le sujet est de nature à inspirer, était plus puissant que notre volonté. Nous avons été conduit, de la sorte, à former quelques conjectures sur cette doctrine des porismes, et à rétablir les vingt-quatre énoncés de Pappus, qui ont été laissés intacts par Simson. Nous allons présenter succinctement une analyse de notre travail, en réclamant l'indulgence du lecteur; car nous n'abordons une telle question, qui a excité la curiosité de grands géomètres, qu'avec la timidité et la défiance que doit nous inspirer le sentiment de notre faiblesse.

Faute de documents suffisants pour rétablir, par la voie analytique, la doctrine complète des porismes, il faut, en quelque sorte, recomposer cette doctrine *a priori*, par la pure synthèse. C'est un système qu'il faut former, et soumettre à toutes les questions et aux épreuves auxquelles peuvent donner lieu les fragments qui nous restent.

La conception des *porismes* nous paraît dériver de celle des *données;* et telle a été, selon nous, son origine dans l'esprit d'Euclide.

Les *porismes* étaient, par rapport aux propositions *locales*, ce que les *données* étaient par rapport aux simples théorèmes des *éléments*.

De sorte que les *porismes* formaient, avec les *données*, un *complément* des *éléments* de Géométrie, propre à faciliter les usages de ces éléments pour la résolution des problèmes [1].

Sous ce point de vue, la destination spéciale des *porismes* était de procurer la connaissance des *lieux*, en offrant les moyens de tirer, des conditions par lesquelles un lieu inconnu était déterminé, une autre expression plus simple de ce lieu, propre à en faire connaître la nature et la position.

Par exemple, si l'on demande un point dont les carrés des distances à deux points fixes, multipliés respectivement par deux constantes, aient leur somme constante, on démon-

---

[1] Ici nous hasarderons une réflexion que nous n'avons pas osé nous permettre en parlant du livre des *Données* d'Euclide.

Dans les énoncés de porismes laissés par Pappus, bien qu'il soit difficile d'en deviner le sens, on reconnaît cependant que, dans ces sortes de propositions, il y a quelque chose à trouver; et Pappus désigne cette chose cherchée par le mot *donné*, comme a fait Euclide dans le livre des *Données*, et il applique en même temps le même mot à chacune des choses données par l'hypothèse de la question. Les énoncés de Pappus auraient été plus intelligibles s'il n'avait désigné que celles-ci par le mot *donné*, et les autres, c'est-à-dire celles qu'il faut trouver, par le mot *déterminé*.

Cette observation s'applique au livre des *Données* d'Euclide; mais c'est surtout en m'occupant de la divination des porismes, que les inconvénients d'un même mot, pour deux choses différentes, m'ont paru sensibles.

trera qu'il existe un certain point fixe tel que la distance de chaque point cherché, à ce point fixe, est constante, et l'on déterminera, par les seules données de la question, la position de ce point fixe et cette distance constante.

Ce sera là un porisme, et ce porisme fera voir que le lieu du point cherché est une circonférence de cercle.

Cet exemple montre quel a été l'usage des porismes. Nous dirons donc qu'un recueil de porismes était un tableau de diverses propriétés ou expressions différentes des courbes (droites et circulaires seulement dans le Traité d'Euclide), et que ce tableau présentait les transformations de ces propriétés les unes dans les autres.

De sorte que les porismes, dans l'esprit d'Euclide, étaient, en quelque sorte, les *équations* des courbes.

Ils donnaient la facilité et l'art de changer de coordonnées (en comprenant sous ce mot toutes les manières possibles d'exprimer une courbe par deux ou plusieurs variables).

La doctrine des porismes était donc la *Géométrie analytique* des Anciens; et peut-être, si elle nous était parvenue, y trouverait-on le germe de la doctrine de Descartes; nous croyons au moins que l'équation de la ligne droite (abstraction faite de la forme algébrique sous laquelle nous l'employons) a fait partie des porismes mêmes d'Euclide; et c'est pour cela que nous l'avons choisie pour exemple de porisme dans le texte du discours. Nous appuierons cette opinion de plusieurs preuves, dans un autre moment. Et si ces premières conjectures ne paraissent pas dépourvues de toute vraisemblance, nous ajouterons qu'il n'a manqué à Euclide que l'usage de l'Algèbre pour créer les systèmes de coordonnées qui datent de Descartes.

Voici quelle est la question générale à laquelle il nous semble qu'Euclide a pu destiner ses porismes :

« Un lieu étant déterminé par une construction commune à tous ses points, ou par un certain système de coordonnées, trouver une autre construction, ou un autre système de coordonnées, qui satisfasse à tous les points de ce lieu, et qui en fasse connaître la nature et la position. »

D'après l'énoncé de cette question générale, l'objet des porismes aurait été de faciliter les changements de construction des lieux, ou les changements de coordonnées propres à tous leurs points; et le Traité d'Euclide aurait été une collection de formules propres à atteindre ce but.

Ces changements de construction, en effet, et ces transformations de coordonnées étaient les seuls moyens que la Géométrie, chez les Anciens, pût employer pour étudier les courbes qui se présentaient dans leurs spéculations, et pour s'en servir dans la résolution des problèmes.

Proclus a donc raison de dire qu'il s'agit, dans les porismes, de *l'invention d'une chose, que l'on ne recherche et que l'on ne considère point pour elle-même.*

En effet, ces nouveaux modes de construction, ces nouvelles coordonnées, que l'on cherche, sont des auxiliaires qui ne doivent servir qu'à l'étude et à la contemplation de la courbe sur laquelle on opère.

Les porismes renfermés dans les trois livres d'Euclide étaient un recueil de formules propres à la construction des lieux à la droite, au point et au cercle. C'étaient les manières connues alors, ou inventées par Euclide, pour exprimer par deux coordonnées, liées entre elles par une certaine relation, les descriptions diverses de ces trois lieux, et pour passer de l'une de ces descriptions à une autre.

Cela avait pour objet de ramener à une même description, ou à un même système de coordonnées, les différentes parties d'une figure qui, par les hypothèses de la question, étaient produites par des descriptions ou des coordonnées différentes. Opération en quelque sorte analogue à la réduction de plusieurs fractions, numériques ou littérales, à un même dénominateur; opération du reste, dont l'utilité doit être bien sentie des géomètres modernes, qui la pratiquent journellement dans toutes les parties des mathématiques, en se servant de différents modes de coordonnées auxiliaires, et en les transformant les unes dans les autres, suivant les besoins de la question.

Nous allons peut-être mieux faire comprendre l'usage des porismes, par un autre rapprochement avec les méthodes modernes.

Les Anciens n'avaient pas, comme nous avons depuis Descartes, des termes de comparaison entre les lieux auxquels ils étaient conduits dans leurs recherches géométriques. Pour nous, il suffit d'exprimer un lieu en coordonnées ordinaires, et nous en savons immédiatement la nature : la discussion de son équation nous apprend ensuite les affections et les circonstances singulières de ce lieu, et le rang qu'il occupe, comme variété, dans la famille à laquelle il appartient. Ainsi l'équation du lieu, dans la doctrine de Descartes, est en quelque sorte l'expérimentation unique à laquelle il nous suffit de le soumettre, pour en connaître la nature, la position et les rapports avec les autres lieux connus.

Les Anciens, au contraire, ne possédaient pas un tel procédé général et uniforme d'investigation : n'ayant pas un terme unique de comparaison, ils ont dû inventer divers moyens auxiliaires pour arriver à reconnaître les rapports d'un lieu, qui se présentait pour la première fois, avec les autres lieux déjà connus. Ces moyens ne pouvaient être que des changements de description, ou de coordonnées du lieu, pour parvenir à quelques rapports assez simples, et même d'identité, avec les modes de description des lieux connus.

Telle est l'origine de leurs porismes. Ils avaient pour objet de substituer, à une expression géométrique ou analytique d'un lieu, une autre expression, géométrique ou analytique, du même lieu.

Ces considérations montrent les rapports qui existent entre la doctrine des porismes et nos méthodes modernes; elles font voir aussi combien ces porismes devaient être utiles; car, envisagés de la sorte, ils formaient véritablement une *Géométrie analytique*, ne différant de la nôtre que par les symboles et les procédés de l'Algèbre, que Descartes a la gloire d'y avoir introduits. Ainsi ces porismes suppléaient, chez les Anciens, notre Analyse moderne, qui les a remplacés à notre insu. Mais il est fort remarquable que la chose n'a fait que changer de nom; car l'Analyse de Descartes ne présente elle-même, dans ses applications, qu'un porisme continuel, mais toujours d'une même nature, et d'une forme convenue, qui est très-propre aux usages auxquels nous l'employons. Car cette Analyse a pour but, comme la doctrine des porismes d'Euclide, de tirer, des conditions d'un lieu, une expression nouvelle de ce lieu, qui nous soit connue, et qui, par ses rapports avec certains termes de comparaison, nous fasse connaître la nature et la position de ce lieu.

Par exemple, qu'on demande de trouver un point tel que le carré de sa distance à un point fixe, soit dans un rapport donné avec la distance de ce point à une droite fixe.

En prenant dans le plan de la figure deux axes rectangulaires, et en appelant x et y les distances du point cherché à ces deux axes, on trouve, entre ces variables, une relation de la forme

$$x^2 + y^2 + ax + by = c^2,$$

où a, b, c sont des coefficients constants, composés avec les données de la question. Cette équation exprime donc ce porisme :

« On peut trouver deux lignes, a, b et un carré c^2, tels que les carrés des distances du point cherché, aux deux axes menés dans le plan de la figure, plus les produits de ces distances par les deux lignes a, b respectivement, forment une somme égale au carré c^2. »

Ce porisme fait voir, par les éléments de la Géométrie analytique, que le lieu cherché est un cercle.

Mais si ces éléments n'étaient pas formés, ou qu'on voulût s'en passer, on simplifierait l'équation ci-dessus en changeant l'origine des coordonnées, et l'on arriverait à une équation de la forme :

$$x^2 + y^2 = A^2,$$

qui exprimerait ce second porisme :

« Il existe dans le plan de la figure un certain point, qu'on peut déterminer, et qui se trouve toujours à une même distance, qu'on peut déterminer aussi, de chacun des points cherchés. »

Ce porisme fait voir que le lieu du point cherché est un cercle, de grandeur et de position déterminées.

Ces résultats, auxquels nous sommes parvenu par la méthode des coordonnées de Descartes, auraient pu s'obtenir aussi sans calcul et d'une manière purement géométrique. Mais, quelle que soit la voie que l'on suive, on voit qu'on peut les considérer comme des porismes. Et cela explique comment nous concevons que la méthode de Descartes a remplacé les porismes, en substituant, à l'aide du calcul, aux divers genres de porismes dont les Anciens faisaient usage, une seule et unique formule générale qui se prête, avec une facilité merveilleuse, à toutes sortes de questions.

Après avoir émis les idées que nous nous sommes faites sur la doctrine des porismes, il nous faudrait les soumettre à une interprétation du texte que Pappus nous a laissé sur cette matière. Mais cette Note est déjà trop longue, et nous ne pouvons entrer ici dans de tels développements.

Nous nous bornerons à dire qu'en prenant pour point de départ, et pour base, notre manière de concevoir la doctrine des porismes, nous avons obtenu, assez naturellement, une interprétation des vingt-quatre énoncés de porismes que n'a pas rétablis Simson. Nous nous sommes aidé, dans ce travail, des trente-huit lemmes de Pappus sur les porismes, et de ses propositions sur les *loca plana* d'Apollonius. Car les porismes d'Euclide étant des propositions locales, sur la ligne droite et le cercle, nous avons pensé qu'Apollonius avait dû s'en servir pour former ses *loca plana*, qui, à leur tour, pourraient servir pour former un traité des porismes.

Les limites dans lesquelles nous devons nous renfermer ne nous permettent pas d'énoncer ici les porismes que nous avons trouvés comme répondant au texte de Pappus. Mais nous allons donner deux propositions très-générales qui nous ont paru comprendre, dans leurs nombreux corollaires, les quinze énoncés de Pappus, appartenant au premier livre des *Porismes* d'Euclide, et desquelles, par conséquent, on pourra déduire autant de théorèmes répondant à ces énoncés.

De ces deux propositions dérivent aussi plusieurs systèmes de coordonnées, particulièrement celui de Descartes.

Il résulte de là une véritable connexion entre les porismes d'Euclide et les systèmes de coordonnées modernes, qui sera peut-être un commencement de justification des idées que nous avons émises sur la doctrine des porismes.

Voici quelles sont les deux propositions en question; nous les énonçons sous forme de porismes :

PREMIER PORISME. *Étant pris, dans un plan, deux points* P, P', *et deux transversales qui rencontrent la droite* PP' *aux points* E, E'; *et étant pris sur ces deux transversales, respectivement, deux points fixes* o, o';

Si, de chaque point d'une droite donnée, on mène deux droites aux points P, P', *qui rencontreront respectivement les deux transversales* EO, E'O' *en deux points* a, a';

On pourra trouver deux quantités λ, μ *telles que l'on aura toujours la relation :*

$$(1) \quad \cdots \quad \frac{Oa}{Ea} + \lambda \frac{O'a'}{E'a'} = \mu.$$

SECOND PORISME. *Étant menées, dans un plan, deux droites fixes qui se rencontrent en un point* S; *et étant pris sur ces deux droites, respectivement, deux points fixes* o, o';

Si, autour d'un point donné, on fait tourner une transversale, qui rencontrera les deux droites fixes en deux points a, a';

On pourra trouver deux quantités λ, μ *telles qu'on aura toujours la relation :*

$$(2) \quad \cdots \quad \frac{Oa}{Sa} + \lambda \frac{O'a'}{Sa'} = \mu.$$

Les réciproques de ces deux propositions sont vraies; c'est-à-dire que :

1° Quand l'équation (1) a lieu entre les segments que les points variables a, a' font sur les deux droites fixes EO, E'O', les droites Pa, P'a' se croisent en un point dont le lieu est une droite, déterminée par les valeurs des constantes λ et μ.

2° Quand l'équation (2) a lieu entre les segments que deux points variables a, a' font sur deux droites fixes SO, SO', la droite aa' passe toujours par un même point, déterminé par les valeurs des constantes λ et μ.

Du premier porisme et de sa réciproque, on conclut aisément ce porisme très-général, qui concerne toutes les courbes géométriques :

PORISME GÉNÉRAL. *Les mêmes choses étant supposées que dans le premier porisme, si, de chaque point d'une courbe géométrique donnée, on mène des droites aux deux points* P, P', *qui rencontreront les deux transversales fixes, aux points* a, a', *respectivement;*

Il existera des valeurs des coefficients α, ϵ, γ, δ, *etc., qui satisferont à l'équation générale, du degré* m, *entre les deux rapports* $\frac{Oa}{Ea}$, $\frac{O'a'}{E'a'}$:

$$\left(\frac{Oa}{Ea}\right)^{m} + \left(\alpha\,\frac{O'a'}{E'a'} + \epsilon\right)\left(\frac{Oa}{Ea}\right)^{m-1} + \text{etc.} = 0.$$

De là résultent une infinité de systèmes de coordonnées, propres à représenter tous les points d'une courbe; on y trouve celui de Descartes, en supposant le point P à l'infini sur la transversale O'E', le point P' à l'infini sur la transversale OE, et que les deux points O, O' soient l'un et l'autre à l'intersection des deux transversales.

Le second porisme et sa réciproque donnent pareillement lieu à un porisme très-général, qui concerne toutes les courbes géométriques :

PORISME GÉNÉRAL. *Étant menées, dans le plan d'une courbe géométrique, deux transversales qui se rencontrent en* S, *et étant pris sur ces droites, respectivement, deux points fixes* o, o';

Une tangente quelconque à la courbe rencontrera ces deux droites en deux points a, a';

Et si la courbe jouit de ce caractère général que, par un point pris au dehors, on puisse lui mener généralement et au plus m *tangentes,*

Il existera des valeurs des coefficients α, ϵ, γ, ..., *qui satisferont à l'équation générale, du degré* m, *entre les deux rapports* $\frac{Oa}{Sa}$, $\frac{O'a'}{Sa'}$:

$$\left(\frac{Oa}{Sa}\right)^{m} + \left(\alpha\,\frac{O'a'}{Sa'} + \epsilon\right)\left(\frac{Oa}{Sa}\right)^{m-1} + \text{etc.} = 0.$$

Revenons à nos deux propositions générales primitives, exprimées par les équations (1) et (2).

Chacune de ces équations peut se transformer de différentes manières en d'autres, qui auront deux, trois ou quatre termes. Plusieurs de ces transformations sont nécessaires pour donner l'interprétation des *Porismes* du premier livre d'Euclide. Nous devons ajouter que chacune des équations que l'on obtient ainsi, sert à exprimer plusieurs porismes différents, parce qu'on y peut prendre pour inconnues du porisme, au lieu des coefficients constants, comme nous l'avons fait, différentes parties de la figure, telles que les points o, o', ou les directions des transversales.

On tirera de la sorte, de nos deux propositions générales, une multitude de porismes, et nous croyons ne pas exagérer en en portant le nombre à deux ou trois cents. Une telle abondance s'accorde bien avec ce que dit Pappus, de la fécondité des *Porismes* d'Euclide : « *Per omnia Porismata non nisi prima principia, et semina tantum multarum et magna-* » *rum rerum* SPARSISSE VIDETUR (Euclide). »

Des différentes équations identiques dont nous venons de parler, nous avons choisi pour exemples les équations (1) et (2), parce que ce sont celles qui embrassent le mieux l'infinité de propositions que comporte cette matière, et surtout parce que ce sont celles qui ont leurs analogues dans l'espace, et qui servent à étendre la doctrine des porismes d'Euclide à la Géométrie à trois dimensions.

Voici les deux théorèmes généraux qui rempliront cet objet; nous les énoncerons sous forme de porismes :

PREMIER PORISME. *Étant donnés, dans l'espace, un triangle* ABC *et trois transversales quelconques, qui rencontrent le plan du triangle en* E, E', E"; *et étant pris, sur ces trois droites, trois points fixes* O, O', O";

Si, de chaque point d'un plan donné, on mène trois plans passant respectivement par les trois côtés AB, BC, CA *du triangle, et rencontrant respectivement les trois transversales aux points* a, a', a";

On pourra trouver trois quantités constantes, λ, μ, ν, *telles qu'on aura toujours l'équation :*

$$\frac{Oa}{Ea} + \lambda \frac{O'a'}{E'a'} + \mu \frac{O''a''}{E''a''} = \nu.$$

Et, réciproquement, les trois coefficiens λ, μ, ν étant donnés, il leur correspondra toujours un certain plan qu'on pourra déterminer.

SECOND PORISME. *Étant pris, dans l'espace, un angle trièdre dont le sommet est en* S; *et étant pris, sur ses arêtes, trois points fixes* O, O', O";

Si, autour d'un point donné, on fait tourner un plan transversal, qui rencontre les arêtes de l'angle trièdre en a, a' *et* a";

On pourra trouver trois quantités constantes, λ, μ, ν, *telles qu'on aura toujours l'équation :*

$$\frac{Oa}{Sa} + \lambda \frac{O'a'}{Sa'} + \mu . \frac{O''a''}{Sa''} = \nu.$$

36

Et, réciproquement, si dans cette équation les trois coefficients λ, μ, ν sont donnés, il leur correspondra toujours un certain point dans l'espace.

Ces deux théorèmes généraux sont susceptibles d'une infinité de corollaires, au nombre desquels se trouvent le principe de *transformation* des figures en d'autres du même genre, et celui de la *dualisation* des propriétés de l'étendue. Mais nous ne pouvons entrer ici dans tous ces détails.

Nous devons prévenir que, quoique nous n'ayons appliqué la doctrine des porismes qu'aux propositions *locales*, nous l'étendons cependant, suivant la définition générale de Simson, à toutes sortes d'autres propositions géométriques ou algébriques, où il y a certaines choses variables.

Voici, pour terminer cette Note, une liste des auteurs qui ont écrit sur les porismes, ou qui seulement ont employé ce mot, sans dire la signification précise qu'ils lui attribuaient.

Il faut rappeler d'abord que, dans son acception commune et générale, le mot Πόρισμα, chez les Grecs, signifiait *corollaire*. C'est dans ce sens qu'Euclide en a fait usage dans beaucoup de propositions de ses Éléments. Mais, dans son *Traité des Porismes*, il avait un sens particulier.

Diophante, dans ses *Questions arithmétiques*, a plusieurs fois employé le mot porisme, pour désigner certaines propositions concernant la théorie des nombres, sur lesquelles il appuie ses démonstrations, et qui formaient probablement un ouvrage qui ne nous est point parvenu. (*Voir*, par exemple, les propositions 3, 5 et 19 du livre V.)

Pappus et Proclus, comme nous l'avons dit, nous ont laissé des définitions différentes des porismes d'Euclide.

Ce sont là les trois seuls auteurs anciens où nous trouvons le mot porisme employé dans une acception autre que la signification commune de corollaire.

Chez les Modernes, on le rencontre d'abord dans le *Cosmolabe* de Besson (Paris, 1567, in-4°), où il est employé, concurremment avec le mot corollaire, pour désigner des propositions déduites d'une proposition principale. (Pag. 203, 207 et 210.)

Vers le même temps, Dasypodius, dans son livre intitulé : *Volumen II mathematicum, complectens præcepta mathematica, astronomica, logistica* (Argentorati, 1570, in-8°), a donné une définition des porismes, suivant le sens de Proclus. (P. 243 et suiv.)

Viète s'est servi du mot *porisma* en parlant du corollaire qui suit la proposition 16 du III° livre des Éléments d'Euclide. (*Variorum de rebus mathematicis responsorum liber VIII, cap. XIII.*)

Neper, dans son immortel ouvrage : *Mirifici Logarithmorum canonis descriptio, ejusque usus in utraque trigonometria*, etc. (Édimbourg, 1614, in-4°), appelle *Porisma* une sorte de scholie général qui résume les règles qu'il vient de donner pour la résolution des triangles sphériques qui ont un angle droit ou un côté égal à un quadrans.

Alexandre Anderson intitule *Porisma* un problème local, où il s'agit de trouver le lieu des sommets des triangles qui, ayant même base, ont leurs deux autres côtés dans un rapport constant. Voir : *Animadversionis in Franciscum Vietam a Clemente*

Cyriaco nuper editæ, brevis Διάκρισις, per Alexandrum Andersonum. (Paris, 1617, in-4°, 7 pages.) [1]

Bachet de Meziriac, à l'instar de Diophante, a aussi employé le mot porisme, et l'a donné à une série de propositions sur la théorie des nombres, qui précèdent sa traduction et son commentaire des six livres arithmétiques de l'analyste grec, et qui sont comme autant de lemmes nécessaires pour l'intelligence de cet ouvrage. Ces porismes sont en trois livres intitulés : *Claudii Gasparis Bacheti sebusiani in Diophantum, Porismatum libri tres.* (Paris, 1621, in-fol.)

Saville, dans ses *Prælectiones tredecim in principium elementorum Euclidis* (Oxonii, 1621, in-4°), a donné une définition des porismes, dans le sens de Proclus. (*Lectura prima*, p. 18.)

Albert Girard annonçait, dans sa *Trigonométrie* (La Haye, 1626, in-16), et dans son Commentaire des *Œuvres* de Stevin (Leyde, 1634, in-fol., p. 459), avoir rétabli les *Porismes* d'Euclide. Mais ce travail n'a pas vu le jour. Puisse-t-il n'être pas entièrement perdu !

Kircher, dans la partie de son *Ars magna Lucis et Umbræ* (Romæ, 1646, in-fol.), qui traite des sections coniques, se sert en même temps des trois mots *corollarium, consectarium* et *porisma*, pour désigner des conséquences d'une proposition principale. Mais le plus souvent cependant, le dernier mot s'applique à une proposition qui n'est pas la conséquence de celle qui a été démontrée, mais qui en est au contraire une généralisation, ou du moins qui s'y rapporte, comme faisant partie de la même théorie. Par exemple, après qu'une propriété de la parabole vient d'être démontrée sous le titre de *proposition*, on trouve, sous le titre de *porismes*, les propriétés analogues de l'ellipse et de l'hyperbole (*voir* pag. 237 et 238 ; 242 et 243).

Schooten, dans ses *Sectiones triginta miscellaneæ* (livre V des *Exercitationes mathematicæ.* Leyde, 1657, in-4°), intitule *Porisma* la section 24°, où, pour donner un exemple de la manière de découvrir en Géométrie les propriétés des figures, il se propose de trouver celles qui appartiennent à la figure formée par différentes droites menées, d'une certaine manière, dans le plan d'un cercle. (P. 484 des *Exercitationes mathematicæ.*)

Les quatres géomètres suivants ont traité formellement de la divination des porismes :

Marin Ghetaldi, *De resolutione et compositione mathematica, lib. V*; opus posthumum. Romæ, 1640.

Bulliaud, *Exercitationes geometricæ tres :* 1° *circa demonstrationes per inscriptas et circumscriptas figuras;* 2° *circa conicarum sectionum quasdam propositiones;* 3° *de Porismatibus.* Parisiis, 1657, in-4°.

Renaldini, *De resolutione et compositione mathematica, libri duo.* Patavii, 1668, in-f°.

Fermat, *Varia opera mathematica.* Tolosæ, 1679, in-fol.

---

[1] Anderson avait écrit plusieurs ouvrages sur l'Analyse géométrique des Anciens, qui n'ont pas été publiés. Mersenne, dans son livre de *la Vérité des sciences* (1625, in-12; pag. 752), fait un grand éloge de ce géomètre, qui, pendant sa vie, dit-il, n'a pas été traité selon son mérite, bien qu'il pût approcher d'Archimède et d'Apollonius. Puis il ajoute qu'Anderson avait préparé plusieurs ouvrages pour suppléer à ceux des Anciens qui ne nous sont point parvenus; et il engage les personnes qui les possèdent à n'en pas priver les sciences.

Porismatum Euclidæorum renovata doctrina, et sub forma isagoges recentioribus Geometricis exhibita. Cet écrit, de quatre pages, avait été communiqué par Fermat, plusieurs années auparavant, à divers géomètres, et entre autres à Bulliaud, qui en fait mention dans l'ouvrage que nous venons de citer de cet auteur.

Maintenant, après qu'un siècle s'est écoulé sans nous offrir aucun écrit sur les porismes, nous trouvons :

Lawson, *Treatise concerning Porisms*, 1777, in-4°.

Ce géomètre est auteur d'un autre ouvrage sur la Géométrie des Anciens, intitulé : *Geometrical analysis of the antients*, in 8°, 1775.

Wallace, *Geometrical Porisms*, 1796, in-4°.

Playfair, *On the origin and investigation of Porisms; Transactions de la Société royale d'Édimbourg*, tom. III, année 1794, et tom. III, pag. 179 des *OEuvres de Playfair*, en quatre vol. in-8°, 1822.

Lhuilier, *Élémens d'Analyse géométrique et d'Analyse algébrique*, in-4°, 1809.

J. Leslie, *Geometrical analysis*, liv. III°; in-8°, Édimbourg 1809 et 1821.

Cet ouvrage a été reproduit dans notre langue par M. Auguste Comte, à la suite du second supplément à la Géométrie descriptive, par M. Hachette, in-4°, 1818.

Dans ces dernières années, M. Hoëné Wronski a donné une nouvelle interprétation des porismes, et s'est servi de ce mot dans son *Introduction à la philosophie des mathématiques* (pag. 217).

M. Eisenman, professeur à l'École des ponts et chaussées de France, qui s'occupe d'une traduction des *OEuvres* de Pappus, accompagnée du texte grec, a porté son attention sur la doctrine des porismes, dont il promet une explication nouvelle. (Voir *Traité des Propriétés projectives*, introduction, pag. 37).

Nous désirons vivement, avec M. Poncelet, que la publication de cet ouvrage, qui serait si utile à la Géométrie, n'éprouve pas de trop longs retards.

Castillon, célèbre géomètre du siècle dernier, qui était très-versé dans la Géométrie ancienne, pensait que le *Traité des Porismes* existait encore en Orient au XIII° siècle, et qu'un commentaire du fameux astronome et géomètre Nassir-Eddin, de Thous, sur un ouvrage d'Euclide, dont parle d'Herbelot dans sa *Bibliothèque orientale*, se rapportait à ce traité même, qui seul avait pu mériter d'être commenté par le célèbre géomètre persan. « Heureux, s'écrie Castillon, si je ne me trompais pas! Heureux les géomètres qui posséderaient ces admirables livres et en connaîtraient le prix! » (*Mémoires de l'Académie de Berlin*, années 1786-1787.)

Que de découvertes précieuses pourront être faites dans les bibliothèques d'Orient [1], si un jour elles sont explorées sous les auspices de quelque gouvernement ami des sciences, et jaloux de la gloire qu'elles ont répandue sur les siècles des Ptolémée, des Médicis, de Louis XIV.

---

[1] Les Persans prétendent posséder quelques ouvrages grecs que nous n'avons pas; et nous voyons en effet que les Arabes en citent plusieurs qui nous sont inconnus. (*Voy.* Montucla, *Histoire des Math.*, tome 1er, pag. 373 et 394.)

NOTE IV.

—

(PREMIÈRE ÉPOQUE, § 12.)

—

*Sur la manière de construire les foyers dans le cône oblique,
et d'y démontrer leurs propriétés.*

Apollonius appelle les *foyers* des coniques, *points d'application* (*Puncta ex applicatione facta*), et les définit ainsi : chacun de ces points divise le grand axe de l'ellipse ou l'axe transverse de l'hyperbole, en deux segments dont le produit est égal au carré du demi-axe conjugué, ou, pour parler le langage d'Apollonius, est égal au quart de la *figure*. Ce qu'il appelle la *figure* est le rectangle construit sur le grand axe et sur le *latus rectum*.

Cette construction des foyers ne les rattache, comme on le voit, que très-indirectement au cône ; et je ne sache pas qu'on ait encore donné, de ces points, une construction générale et directe, prise dans le cône même, dans le genre de celle de Jacques Bernoulli pour le *latus rectum*; si ce n'est pour le cas particulier du cône droit, ainsi que nous le verrons dans le cours de cette Note.

Voici, pour le cas général du cône oblique, la construction à laquelle nous sommes parvenu :

Le plan coupant étant supposé, comme dans les coniques d'Apollonius, perpendiculaire au TRIANGLE PAR L'AXE; *que, par l'un des deux sommets de la courbe, on mène un plan parallèle à la base du cône, et le plan de la section sous-contraire; ces deux plans couperont le cône suivant deux cercles; que, par leurs centres, on mène un cercle tangent au diamètre de la courbe situé dans le plan du triangle par l'axe :* LE POINT DE CONTACT SERA L'UN DES FOYERS DE LA COURBE.

Quand le diamètre de la courbe sera situé entre les centres des deux cercles, cette construction ne sera plus exécutable; c'est que ce diamètre n'est plus le grand axe de la courbe, qui, dans ce cas, est toujours une ellipse; le grand axe est alors perpendiculaire au plan du triangle par l'axe. La construction des foyers, pour ce cas, est différente; mais elle devient encore plus simple que dans le cas général : *Que, sur la droite qui joint les centres des deux cercles, prise pour diamètre, on décrive une circonférence de cercle dont le plan soit perpendiculaire à celui du triangle par l'axe : les points où cette circonférence rencontrera le grand axe de la courbe seront les foyers cherchés.*

Ces deux constructions conduisent à une expression unique et générale de l'excentricité d'une section conique, considérée dans le cône : *l'excentricité est moyenne proportionnelle entre les distances du centre de la courbe aux centres des deux sections circulaires qu'on peut faire passer par l'un des sommets de la courbe, compris dans le plan du triangle par l'axe.*

Quand le cône est droit, l'expression de l'excentricité devient extrêmement simple : *Que, du centre de la section d'un cône droit par un plan, on abaisse sur l'axe du cône une oblique parallèle à l'une des deux arêtes comprises dans le plan du triangle par l'axe; cette oblique sera égale à l'excentricité de la section.*

REMARQUE. — Notre construction des foyers, dans le cône oblique, démontre que les *focales* de MM. Quetelet et Van Rees, ces courbes du troisième degré qui sont le lieu géométrique des foyers des sections faites dans un cône, par des plans menés par une tangente au cône, perpendiculaire à l'un de ses plans principaux; que ces courbes, dis-je, considérées sur le plan, sont le lieu géométrique des points de contact des tangentes menées, par un point fixe, à plusieurs cercles qui passent par deux mêmes points, ou, plus généralement, qui ont même *axe de symptose* deux à deux. Proposition que nous avions énoncée déjà, sans démonstration. (*Correspondance mathém.* de M. Quetelet, tom. VI, pag. 207.)

Mais on voit, de plus, que ces *focales* ne sont pas toujours le lieu géométrique *complet* des foyers des sections du cône; et que, quand ces sections sont faites par des plans perpendiculaires au *triangle par l'axe*, il y a, *outre la courbe du troisième degré*, un cercle situé dans un autre plan, qui complète ce lieu géométrique.

Cette remarque avait échappé à l'analyse employée par M. Van Rees, dans son intéressant Mémoire sur les *focales*. (*Correspondance mathém.*, tom. V, pag. 361.)

La construction que nous venons de donner, des foyers des coniques, prises dans le cône oblique, ne se prête pas à la démonstration des propriétés de ces points, et n'est pas propre même à indiquer *a priori* leur existence dans les coniques. Il reste donc à rechercher comment, par la considération des coniques dans le cône, on peut être conduit à la découverte de leurs foyers.

Cette question a déjà occupé quelques géomètres.

Hamilton, auteur d'un bon *Traité géométrique des Coniques considérées dans le cône* [1], a cherché à tirer, de la nature même du cône, les propriétés de la *directrice* des coniques. Mais il se sert du cône droit, et il y suppose connu *a priori* le foyer de chaque section. (Pag. 100 et 122.)

Dans ces derniers temps, MM. Quetelet et Dandelin, en considérant les coniques dans le solide, sont parvenus à de fort beaux résultats nouveaux, dont le suivant offre, je crois, la première construction qu'on ait donnée des foyers des coniques dans le cône :

Un cône droit étant coupé par un plan, si l'on conçoit deux sphères inscrites au cône, e tangentes au plan, les deux points de contact seront les foyers de la section du cône par le

---

[1] *De sectionibus conicis tractatus geometricus, in quo, ex naturâ ipsius coni, sectionum affectiones facillime deducuntur, methodo nova.* Dublin, 1758, in-4°.

plan; et les droites suivant lesquelles ce plan sera rencontré par les plans des courbes de contact des sphères et du cône, seront les directrices correspondant à ces deux foyers respectivement.

M. Dandelin a étendu ce théorème aux coniques considérées dans l'hyperboloïde de révolution, au lieu du cône droit [1]; et depuis, nous l'avons généralisé encore, en le rattachant, comme corollaire, à une propriété générale des surfaces du second degré. (*Annales de Mathématiques*, tom. XIX, pag. 167.)

Un autre corollaire de cette propriété générale est lui-même une propriété des foyers considérés dans le cône oblique :

Un cône oblique étant coupé par un plan quelconque, si l'on inscrit au cône une surface du deuxième degré, qui soit tangente à ce plan, de manière que le point de contact soit l'extrémité d'un des deux diamètres lieux des centres des sections circulaires de la surface, ce point de contact sera le foyer de la section faite dans le cône par le plan.

Ce théorème est très-général ; mais on conçoit qu'il ne pourrait pas conduire à la découverte des foyers d'une conique, et qu'il n'est pas propre à la démonstration des propriétés de ces points. Le théorème de MM. Quetelet et Dandelin, au contraire, convient parfaitement pour cet objet ; mais il ne concerne que les coniques prises dans le cône droit. Il reste donc encore à trouver le moyen de tirer, de la nature du cône oblique, la connaissance et les propriétés des foyers.

Nous proposerons pour cela deux méthodes :

La première consiste à prendre le plan coupant (supposé perpendiculaire au triangle par l'axe, comme dans les coniques d'Apollonius) de manière que l'axe du cône fasse, avec ce plan, un angle égal à celui qu'il fait avec le plan de la base du cône.

Le point où cet axe perce le plan coupant est le foyer de la section.

Ce foyer correspond au centre du cercle qui sert de base au cône, c'est-à-dire qu'il en est la perspective ; et dès lors les propriétés de ce centre donnent des propriétés caractéristiques du foyer.

La seconde manière consiste à étudier les propriétés du cône, abstraction faite des sections qu'y peut produire un plan coupant. On y trouve d'abord des propriétés concernant *deux plans* menés par le sommet du cône, dont l'un est parallèle au plan de la base (laquelle est un cercle), et l'autre, parallèle au plan d'une section sous-contraire ; et ensuite d'autres propriétés où *deux lignes droites*, menées d'une certaine manière par le sommet du cône, jouent, sous un rapport, un rôle analogue à celui des deux plans, et présentent une grande analogie avec les *foyers* des coniques.

Si l'on coupe le cône par un plan perpendiculaire à l'une de ces deux droites, la conique qui en résulte a pour foyer le point où ce plan coupe cette droite ; et une partie des propriétés de la droite, considérée dans le cône, s'applique à ce foyer considéré par rapport à la conique.

---

[1] *Mémoires de l'Académie de Bruxelles*, tome III.

Voilà, comme on voit, un second moyen d'étudier les propriétés des foyers dans le cône même.

Quant aux propriétés du cône, relatives aux deux plans et aux deux droites dont nous venons de parler, elles s'obtiennent facilement par de simples considérations de Géométrie. Nous en avons trouvé un certain nombre, par cette voie, dans un écrit qui fait partie du sixième volume des *Nouveaux Mémoires de l'Académie de Bruxelles*.

NOTE V.

(PREMIÈRE ÉPOQUE, § 15.)

Sur la définition de la Géométrie. — Réflexions sur la DUALITÉ, *considérée comme loi de la nature.*

La distinction qu'Aristote et Descartes ont faite des deux questions différentes qui sont l'objet constant des sciences mathématiques, nous autorise à hasarder une observation critique sur la définition de la Géométrie, qu'on trouve dans presque tous les traités élémentaires. C'est, dit-on, *la science qui a pour objet la mesure de l'étendue*. Or la mesure, proprement dite, n'est que la très-petite partie des propriétés de l'étendue, qui font l'objet des travaux des géomètres. Ainsi, nous ne sachions pas que MM. Gergonne, Poncelet, Steiner, Plucker, etc., dont les travaux récents n'ont point été sans éclat, aient beaucoup considéré la *mesure*, comme on l'entend dans la définition que nous venons de citer. La *Géométrie descriptive* de Monge, qui appartient essentiellement à la science des propriétés de l'étendue, peut servir pour trouver la *mesure* des corps, mais ce n'est certainement là que le moindre de ses usages. La définition en question est donc incomplète et insuffisante.

Mais cette insuffisance n'est peut-être pas sans conséquence fâcheuse, et contribue peut-être au délaissement où la science est tombée. Car les mathématiciens qui n'ont pas suivi, depuis trente ans, les progrès de la Géométrie, ne connaissent de cette science que les méthodes de quadratures de Kepler, de Cavalieri, de Pascal, de Grégoire de St-Vincent, etc., parce qu'elles ont des rapports intimes avec les théories du calcul intégral, qui font chaque jour l'objet de leurs profondes méditations. Et l'on ne peut disconvenir que le calcul intégral, perfectionnement final et sublime de ces méthodes géométriques, les remplace toutes avec un avantage merveilleux. De là, l'idée que l'étude de la Géométrie pure est chose oiseuse, puisqu'elle serait tout entière renfermée dans les formules d'intégration, c'est-à-dire, dans une simple et unique question d'Analyse.

Mais, si l'on comprend dans la définition de cette science les rapports de *forme* et de *situation* des figures, on ne pensera plus qu'une seule formule analytique puisse résoudre la variété infinie de questions différentes qui se présenteront à l'imagination; et un examen un peu approfondi de la nature de ces questions conduira, au contraire, à reconnaître les grandes difficultés qu'y peut rencontrer l'instrument universel des mathématiques, l'Analyse de Descartes; on y reconnaîtra même un ordre général de questions pour lesquelles cette Analyse, sous sa forme actuelle, paraît insuffisante, ainsi que nous le ferons voir dans la suite (chap. VI, § 5). Nous pensons aussi qu'il résulterait encore, de cet examen, la conviction que l'étude de la Géométrie pure, cultivée pour elle-même et par ses propres ressources, est indispensable pour bien connaître les propriétés de l'étendue, pour parvenir à la solution d'un grand nombre de questions importantes, et éclairer la marche de l'Analyse dans toutes ses applications, soit à la Géométrie elle-même, soit aux phénomènes naturels.

C'est un point historique digne de remarque, que les Latins, qui n'ont été que de bien faibles géomètres, avaient néanmoins senti le défaut de la définition ancienne de la Géométrie, et lui avaient substitué la suivante, que l'on trouve dans la Géométrie de Boëce : *Geometria est disciplina magnitudinis immobilis, formarumque descriptio contemplativa, per quam uniuscujusque rei termini declarari solent.* Cette définition, que donne aussi, à peu près dans les même termes, Cassiodore [1], paraît avoir été employée, depuis, par les écrivains du moyen âge : nous citerons, par exemple, Vincent de Beauvais (du XIII⁰ siècle), qui la donne dans son *Miroir doctoral* (liv. XVI, chap. XXVI) [2]. A la Renaissance, elle était encore en usage. On la trouve dans la *Margarita philosophica* de Reisch [3]; et la définition que donne Tartaléa, dans la troisième partie de son Traité général des Nombres et des Mesures, est à peu près la même : « *La Geometria è una scientia, ouer disciplina, che contempla la description delle figure, ouer forme della quantita continua immobile, come che è la terra, e altre cose simili.* »

On a lieu de s'étonner que cette définition n'ait pas été conservée. Il y a longtemps déjà, il est vrai, plusieurs géomètres, et particulièrement d'Alembert, dans son *Essai sur les élémens de philosophie*, ont cherché à y revenir, en appelant la Géométrie la science *des propriétés de l'étendue figurée*. Si cette définition exacte n'a point été adoptée depuis, par tous les géomètres, nous en voyons deux raisons.

Les uns ont sans doute voulu conserver l'étymologie grecque du mot *Géométrie*, qui signifie *mesure de la Terre*. Mais il est évident que ce mot, restreint à la signification

---

[1] Aurelii Cassiodori, senatoris, etc., *Opera omnia*. Rotomagi, 1679, in-fol., liv. II, pag. 585.
[2] *Bibliotheca Mundi*. Duaci, 1624, 4 vol. in-fol., tomus secundus, qui *Speculum doctrinale* inscribitur.
[3] Heidelberg, 1496, in-4°. Réimprimé souvent, à Strasbourg, Bâle et Fribourg.

rigoureuse de son étymologie, n'a pu convenir que dans le premier âge de la Géométrie. Dès les premiers pas que cette science a faits, et du temps de Thalès déjà, ce mot était insuffisant. Aussi a-t-il été critiqué sévèrement par Platon, qui l'a trouvé *ridicule* [1]. Depuis lors, en conservant le nom de *Géométrie* à la science, on a substitué, dans sa définition, à l'idée de la *Terre*, qu'il exprime, celle de *l'étendue* en général. Il fallait faire plus, et remplacer aussi l'idée simple de *mesure*, par l'idée complexe de *mesure* et d'*ordre*, qui est indispensable pour donner au mot *Géométrie* un sens vrai et complet.

C'est sans doute sous un point de vue philosophique que d'autres géomètres tiennent à exprimer un but unique, la *mesure* de l'étendue, dans leur définition de la Géométrie; voulant ainsi ramener, à une idée unique et absolue, cet ordre particulier des phénomènes de l'étendue, qui forme la partie la plus considérable de nos connaissances positives. Mais quelque utile que soit toute espèce de généralisation dans les conceptions, comme dans les principes et dans les méthodes, et quelque admiration que méritent les idées grandes et belles que les principes d'unité, qui font le caractère de la philosophie ancienne, ont inspirées à Pythagore et à d'autres philosophes, on peut croire pourtant qu'une unité absolue n'est pas le principe de la nature. Les dualismes nombreux qui se remarquent dans les phénomènes naturels, comme dans les différentes parties des connaissances humaines, tendent, au contraire, à nous faire supposer qu'une *dualité* constante, ou double unité, est le vrai principe de la nature.

Cette dualité, nous la trouvons dans l'objet même de la Géométrie, ainsi que nous venons de le dire; dans la nature des propriétés de l'étendue où le *point* et le *plan* ont des fonctions identiques (*voir* la note **XXXIV**); dans le double mouvement des corps célestes, où sa constance reconnue le fait admettre comme principe [2]; et dans mille autres phénomènes.

Ainsi, en cherchant à puiser, dans des considérations d'un ordre plus élevé, la définition propre à la Géométrie, on voit que les convenances philosophiques ne s'opposent point à y comprendre les deux grandes divisions, l'*ordre* et la *mesure*, qui répondent au double but de cette science.

[1] *His cognitis atque perspectis, proxima est illa quam ridiculo admodum nomine (γελοῖον ὄνομα) Geometriam nuncupant.* (In Epinomide. *Platonis opera omnia*; traduction de Jean de Serres, t. II, p. 990.)
Cette critique si juste, de Platon, a été reproduite par plusieurs écrivains du XVIe siècle. Le célèbre philologue et professeur de mathématiques, Nicodème Frischlin, s'exprimait ainsi : *Amplissima est et pulcherrima scientia figurarum. At quàm est inepte sortita nomen Geometriæ!* (Ger. J. Vossius, *De universæ mathesios naturâ et constitutione Liber.*)
[2] Ce principe est peut-être une objection contre le système de Newton sur la propagation de la lumière. Car si une molécule lumineuse était animée d'un mouvement de translation, elle aurait probablement aussi un mouvement de rotation sur elle-même. Ce qui ne peut être admis, car il s'ensuivrait cette conséquence fausse que, dans la réflexion d'un rayon lumineux sur une surface quelconque, l'angle de réflexion ne serait point égal à l'angle d'incidence.

NOTE VI.

—

(PREMIÈRE ÉPOQUE, § 22.)

———

Sur le théorème de Ptolémée, relatif au triangle coupé par une transversale.

C'est improprement que ce théorème est dit *de Ptolémée*, puisqu'il se trouve dans *les Sphériques* de Menelaüs, de qui Ptolémée l'avait emprunté. Mais l'*Almageste* étant beaucoup plus répandu et plus connu que les Sphériques, c'est toujours dans le premier de ces ouvrages qu'on l'a remarqué, et de là est venue l'erreur qu'on a commise en l'attribuant à Ptolémée.

Nous trouvons que Pappus a démontré ce théorème, et s'en est servi, dans le huitième livre de ses *Collections mathématiques*, pour démontrer une proposition curieuse sur le centre de gravité de trois mobiles qui parcourent les trois côtés d'un triangle; qu'au XVIᵉ siècle, après que Purbarch et Regiomontant venaient de le reproduire dans leur abrégé de l'Almageste [1], il parut être connu de tous les géomètres : Oronce Finée, dans son *Arithmétique* [2], et Stifel, dans son *Traité d'Algèbre* [3], en firent usage pour démontrer géométriquement la règle arithmétique *des six quantités*. Dans le même temps, Cardan [4], Gemma Frisius [5], J. Schoner [6], sans construire la figure géométrique, l'indiquèrent dans l'Almageste, pour le même usage [7]; Maurolycus s'en servit, comme lemme, pour démon-

—

[1] *Cl. Ptolemæi Alexandrini in magnam constructionem, G. Purbachii cujusque discipuli J. de Regiomonte astronomicon epitoma.* Venetiis, 1496, in-fol.

[2] *Arithmetica practica, libris quatuor absoluta,* etc , 1535, in-fol, livre 4ᵉ, chap. 4.

[3] *Arithmetica integra.* Norimbergæ, 1544, in-4°, livr. 3ᵉ, pag. 294.

[4] *Practica arithmetica, et mensurandi singularis.* Mediolani, 1539, in-8°, cap. XLVI. *Opus novum de proportionibus numerorum,* etc, Basileæ, 1570, in-fol., prop. 5¹ᵃ.

[5] *Arithmeticæ practicæ methodus facilis.* Antwerpiæ, 1540, in-8°.

[6] *Algorithmus demonstratus.* Norimbergæ, 1534, in-4°, de proportionibus appendix.

[7] Il s'agit, dans cette règle des *six quantités*, de résoudre cette question : *Le rapport d'une première quantité à une deuxième, étant composé du rapport d'une troisième à une quatrième, et du rapport d'une cinquième à une sixième, trouver le rapport d'une quelconque des deuxième, troisième et cinquième quantités à une quelconque des trois autres.* Ainsi, *a, b, c, d, e, f* étant les six quantités, on a

$$\frac{a}{b} = \frac{c}{d} \cdot \frac{e}{f}$$

et l'on demande d'en conclure le rapport d'une des trois quantité *b, c, e* à l'une des trois autres *a, d, f*. Cette

trer les propriétés des asymptotes dans l'hyperbole [1]; et Bressius pour la démonstration de plusieurs formules de trigonométrie [2].

Dans le cours du XVII° siècle, les usages du théorème furent encore plus nombreux et plus variés. Mersenne l'a énoncé, dans deux de ses ouvrages, parmi les propositions principales des *Sphériques* de Menelaüs [3]. Stevin s'en est servi, dans sa *Pratique de l'arithmétique*, pour composer les *raisons des raisons*, et montrer, par cet exemple, que la Géométrie peut, dans certaines questions, apporter plus de brièveté que l'Algèbre; Snellius a résolu, au moyen de ce théorème, la 35° question des *Zetemata Geometrica* de Ludolphe Van Ceulen [4]; Beaugrand l'a employé, dans sa *Géostatique*, pour composer les rapports de lignes; Desargues s'en est servi pour démontrer une belle propriété géométrique des triangles, qu'on trouve à la suite de son *Traité de Perspective*, arrangé par Bosse (1648, in-8°); Pascal l'a mis, dans son *Essai pour les coniques*, au nombre des théorèmes principaux sur lesquels devait reposer son Traité complet de ces courbes; Schooten, dans son Traité posthume, *De concinnandis demonstrationibus*, etc., l'a démontré synthétiquement et par l'Analyse : vers le même temps, un auteur italien, Guarini, en a fait le même usage que Beaugrand, pour composer des rapports de lignes [5]. Peu d'années après, un autre géomètre italien, qui a eu quelque réputation dans les sciences, le marquis Jean Ceva, est parvenu de lui-même, et d'une manière originale et ingénieuse, à ce théorème, et à un autre du même genre, qui est aussi l'un des principaux de la théorie des transversales, dont on avait regardé jusqu'ici Jean Bernoulli comme le premier inventeur. L'ouvrage de Ceva, où se trouvent ces deux théorèmes et quelques autres qui méritent aussi d'y être remarqués, est intitulé : *De lineis se invicem secantibus, statica constructio*. Milan, 1678, in-4°. Nous ferons connaître, dans la Note suivante, la méthode qui distingue cet ouvrage.

question, présentée sous cette forme algébrique, est assurément la plus simple que l'on puisse imaginer, et l'on ne pourrait croire que Cardan, entre autres, lui ait consacré, dans ses deux ouvrages que nous venons de citer, plusieurs pages, si l'on ne considérait que cette règle est une extension de la *règle de proportion* entre quatre quantités, qui s'en déduit en supposant, par exemple, *c* égal à *d*, et que celle-ci a toujours été la partie difficile et transcendante, pour ainsi dire, dans les Traités d'Arithmétique, jusqu'à l'invention de l'Algèbre, et depuis encore, grâce à l'ancienne notation des proportions, qui fait usage de trois signes au lieu d'un, pour exprimer une simple égalité de deux rapports, et qui, malgré les inconvénients et les désavantages évidents de cette complication, est encore employée par beaucoup d'auteurs.

Cardan attribue cette *règle des six quantités* au géomètre arabe Alchindus (du X° siècle), qu'il place au rang des douze plus puissants génies qui aient paru depuis l'origine des sciences. (Voir *De subtilitate*, lib. XVI.) On trouve en effet, dans la *Bibliotheca Arabico-Hispana*, de Casiri, une liste extrêmement nombreuse des ouvrages qu'Alchindus avait écrits sur toutes les parties des sciences mathématiques, philosophiques, morales, etc., et qui étaient encore, il y a un demi-siècle, dans la riche Bibliothèque de l'Escurial.

[1] *F. Maurolyci opuscula mathematica*. Venetiis, 1575, in-4°, p. 284.

[2] *Metricis Astronomicæ libri quatuor*. Paris, 1581, in-fol, liv. 4; proposition 13.

[3] *Synopsis mathematica*. Paris, 1626, in-24. *Universæ geometriæ, mixtæque mathematicæ synopsis*, etc. Paris, 1643, in-4°.

[4] *OEuvres mathématiques de Ludolphe Van Ceulen*, traduites du hollandais en latin et enrichies de notes, par Snellius. Leyde, 1619, in-4°, pag. 120.

[5] *Euclides adauctus et methodicus, mathematicaque universalis*. Aug. Taurinorum, 1671, in-fol. pag. 249.

Depuis, nous ne trouvons plus de traces du théorème de Ptolémée, qui, après avoir été fort en usage, et connu de tous les géomètres, pendant près de deux cents ans, est resté infructueux, et peut-être même ignoré, pendant plus d'un siècle, jusqu'à ce que Carnot, qui avait trouvé ce théorème, parmi plusieurs autres de même nature concernant le quadrilatère plan, l'eût fait connaître comme l'un des plus utiles et des plus féconds en Géométrie rationnelle. Nous devons dire cependant que, quelques années auparavant, Schubert l'avait déjà reproduit, comme lemme pour la trigonométrie sphérique de Ptolémée [1]; et qu'un autre géomètre du Nord, N. Fuss, s'en était aussi servi, ainsi que du théorème analogue dans la Géométrie de la sphère, pour démontrer quelques propositions, telles que cette belle propriété du cercle, que Fuss attribue à D'Alembert : « les points de concours des tangentes communes à trois cercles, pris deux à deux, sont en ligne droite [2]. »

Des auteurs que nous avons nommés, Mersenne seul a présenté le théorème en question comme étant de Menelaüs; la plupart l'ont attribué à Ptolémée; Maurolycus, Desargues, Pascal et Ceva n'en ont point indiqué l'origine : ce dernier y est probablement parvenu de lui-même.

M. Flauti, dans sa *Geometria di sito*, avait déjà remarqué l'usage que Pappus a fait de ce théorème dans le livre 8 de ses *Collections mathématiques*. Nous avons emprunté, du *Mémoire* de M. Brianchon *sur les lignes du second ordre*, nos citations de Maurolycus et de Schubert, et, du *Traité des Propriétés projectives*, de M. Poncelet, celle de Desargues. Nous ne doutons point que l'on n'en puisse trouver beaucoup, autres que celles que nous venons d'ajouter à ces premières. Car le théorème en question a dû être très-familier aux Arabes, qui avaient commenté et illustré, dans plusieurs écrits, son analogue sur la sphère, qu'il sert à démontrer : et les mathématiciens d'Europe, en recevant ces théorèmes des Maures, en firent aussi le sujet de leurs méditations. Tel est Simon de Bredon, Anglais du XIVe siècle, dont on conserve plusieurs écrits sur cet objet dans la Bibliothèque Bodléienne, comme nous l'apprend le savant Halley dans sa traduction des *Sphériques* de Menelaüs.

Quant à l'origine des deux théorèmes, elle paraît remonter à Hipparque, qui avait précédé Ptolémée et Menelaüs dans le calcul des cordes et la trigonométrie. On conçoit très-bien que ce célèbre astronome ait déduit la propriété du triangle sphérique de celle du triangle rectiligne; mais quelles spéculations géométriques ont pu le conduire à celle-ci? Nous serions porté à penser que la découverte de ce théorème remonte à Euclide, et qu'il a fait partie de ses *Porismes*; car il est dans le genre de différents lemmes que Pappus nous a laissés sur ces porismes; et l'un de ces lemmes (proposition 137 du septième livre des *Collections mathématiques*), qui ne diffère du théorème en question que par un rapport de deux segments substitué à un autre, nous paraît avoir pu être destiné à faciliter la démonstration de ce théorème.

---

[1] Trigonometria sphærica è Ptolemæo; *Nova Acta* de Pétersbourg, ann. 1794, tom. XII, p. 165.

[2] *Novâ Acta Petropolitana*, ann. 1797 et 1798, tom. XIV.

Nous avons été encouragé dans cette conjecture, en voyant que ce théorème entrait naturellement dans une collection de propositions, toutes du même genre, que nous avons réunies comme pouvant répondre au premier livre des *Porismes* d'Euclide.

NOTE VII.

(SUITE DE LA NOTE VI.)

Sur l'ouvrage de J. Ceva, intitulé : DE LINEIS RECTIS SE INVICEM SECANTIBUS. STATICA CONSTRUCTIO (*in-4°, Milan, 1678*).

L'idée sur laquelle repose cet écrit, consiste à se servir des propriétés du centre de gravité d'un système de points, dans des questions où l'on doit considérer les rapports des segments que font, les unes sur les autres, des droites qui se coupent, comme dans plusieurs propositions de la théorie des transversales. On suppose placés, aux points d'intersection de ces droites, des poids inversement proportionnels aux segments faits sur ces droites; et des rapports entre ces poids, que donne en statique le principe du levier, on conclut les rapports entre les segments.

Ainsi, pour démontrer le théorème de Ptolémée de cette manière, concevons un triangle ABC dont les côtés AB, BC, CA soient coupés respectivement en c, a, b par une transversale quelconque. Je suppose placés, en a, C, Λ, trois points matériels, dont la masse a' du premier est tout à fait arbitraire, et celles C', Λ' des deux autres sont déterminées de manière que le point B soit le centre de gravité des points matériels situés en a et C, et que le point b soit le centre de gravité des points matériels placés en C et Λ. Le centre de gravité des trois masses sera le point d'intersection e des droites ab, AB.

On a, par la loi de statique :

$$\frac{a\mathrm{B}}{a\mathrm{C}} = \frac{\mathrm{C}'}{a' + \mathrm{C}'}, \quad \mathrm{C}' = \mathrm{A}' \cdot \frac{\mathrm{A}b}{\mathrm{C}b}.$$

Les poids a' et C' peuvent être remplacés par un poids unique $(a' + \mathrm{C}')$, situé en B; le comparant à A', on aura

$$a' + \mathrm{C}' = \mathrm{A}' \frac{\mathrm{A}c}{\mathrm{B}c};$$

il vient donc

$$\frac{aB}{aC} = \frac{Ab}{Ac} \cdot \frac{Bc}{Ac},$$

ou

$$aB \cdot bC \cdot cA = aC \cdot cB \cdot bA.$$

C. Q. F. D.

Passons au second théorème. Il s'agit de démontrer que, *quand trois droites, issues des sommets d'un triangle, passent par un même point, les segments qu'elles font sur les côtés opposés sont tels, que le produit de trois d'entre eux, qui n'ont pas d'extrémité commune, est égal au produit des trois autres.*

Soit ABC le triangle; soient Aα, Bϵ, Cγ trois droites qui se croisent en un même point D, et qui rencontrent respectivement les côtés du triangle en α, ϵ, γ. Plaçons en A un point matériel, dont la masse A′ soit prise arbitrairement, et en B et C deux autres points matériels dont les masses B′, C′ soient telles, que le centre de gravité des masses A′, B′ soit en γ, et que le centre de gravité des masses A′, C′ soit en ϵ. Le centre de gravité des trois masses sera l'intersection des droites Bϵ, Cγ; c'est-à-dire le point D. Il s'ensuit que α sera le centre de gravité des masses B′, C′, et qu'on aura

$$\frac{B\alpha}{C\alpha} = \frac{C'}{B'}.$$

Or,

$$\frac{C'}{A'} = \frac{A\epsilon}{C\epsilon}, \qquad \frac{B'}{A'} = \frac{A\gamma}{B\gamma};$$

donc

$$\frac{B\alpha}{C\alpha} \cdot \frac{C\epsilon}{A\epsilon} \cdot \frac{A\gamma}{B\gamma} = 1.$$

C. Q. F. D.

Jean Bernoulli a aussi démontré ce théorème (tom. IV, pag. 33, de ses *Œuvres*); mais il ne paraît pas qu'il en ait fait usage.

Après avoir démontré ce théorème par sa méthode statique, Ceva en donne deux autres démonstrations purement géométriques, dont l'une dit-il, est de P. P. Caravagio. (Livre 1ᵉʳ, Proposition 10.)

En considérant, au lieu d'un triangle, un quadrilatère, aux sommets duquel sont placés quatre points matériels, Ceva parvient à cet autre théorème, qui est aussi l'un des principaux de la théorie des transversales : *quand un plan rencontre les quatre côtés d'un quadrilatère gauche, il y forme huit segments tels, que le produit de quatre d'entre eux, qui n'ont pas d'extrémité commune, est égal au produit des quatre autres.* (Livre 1ᵉʳ, proposition 22.)

Le premier livre est terminé par quelques propriétés de la pyramide triangulaire, ou quadragulaire, démontrées par la même méthode.

Dans le second livre sont différentes propriétés des figures rectilignes, et des courbes du second degré, démontrées à l'aide des principes du premier livre. Nous citerons la proposition suivante, qui n'est aujourd'hui qu'un cas particulier de propriétés plus générales des coniques : *quand une conique est inscrite à un triangle, les droites qui vont des sommets aux points de contact des côtés opposés, se croisent en un même point.*

Enfin, dans un *Appendix*, que Ceva présente comme un ouvrage différent, sur des matières étrangères à celles qui précèdent, se trouvent résolues, par une Géométrie profonde, plusieurs questions concernant les aires de certaines figures planes terminées par des arcs de cercles différents, et les volumes et les centres de gravité de divers solides, tels que le paraboloïde et les deux hyperboloïdes de révolution.

Cet *Appendix* a fait dire à Montucla, qui probablement n'avait pas lu les deux livres constituant l'ouvrage annoncé, que « le titre exprime fort imparfaitement le contenu. » Le titre, au contraire, nous paraît convenir parfaitement à l'ouvrage auquel il se rapporte; et l'on peut dire, seulement, que l'*Appendix* méritait aussi d'être annoncé sur la première feuille du volume.

Un mot nous suffira pour démontrer, par la méthode de Ceva, une propriété curieuse et utile du quadrilatère. On a, dans la figure dont nous avons fait usage en dernier lieu,

$$\frac{AD}{D\alpha} = \frac{C' + B'}{A'};$$

or,

$$C' = A'\frac{A\delta}{C\delta}, \quad B' = A'\frac{A\gamma}{B\gamma};$$

donc

$$\frac{AD}{D\alpha} = \frac{A\delta}{C\delta} + \frac{A\gamma}{\gamma B}.$$

Considérant le quadrilatère $A\delta D\gamma$, dont les points de concours des côtés opposés sont C et B, on reconnaît que cette équation exprime le théorème suivant :

Dans tout quadrilatère, la diagonale issue d'un sommet, divisée par son prolongement jusqu'à la droite qui joint les points de concours des côtés opposés, égale la somme des deux côtés issus du même sommet, divisés respectivement par leurs prolongements jusqu'aux côtés opposés.

Ce théorème a son analogue dans l'espace, qu'on peut démontrer de la même manière, en considérant, au lieu d'un triangle, un tétraèdre et quatre droites issues de ses sommets et passant par un même point; la figure représente ainsi un hexaèdre-octogone, dont les plans des faces opposées se coupent deux à deux suivant trois droites comprises dans un même plan :

La diagonale issue d'un sommet, divisée par son prolongement jusqu'à ce plan, égale la somme des trois côtés adjacents à ce sommet, divisés respectivement par leurs prolongements jusqu'au même plan.

C'est ce théorème que nous avons admis dans l'application d'un *nouveau système de coordonnées,* publiée dans la *Correspondance* de M. Quetelet, tom. VI, pag. 86, ann. 1830.

NOTE VIII.

—

(PREMIÈRE ÉPOQUE, § 29.)

———

Description des spirales et des quadratrices, au moyen d'une surface héliçoïde rampante. Analogie de ces courbes avec celles qui portent le même nom dans le système de coordonnées de Descartes.

Les constructions de la spirale et de la quadratrice, laissées par Pappus, ne sont que de simples applications de deux procédés généraux pour construire, par l'intersection de la surface héliçoïde rampante et d'une seconde surface déterminée convenablement, toutes les *spirales*, et une infinité d'autres courbes auxquelles je donnerai le nom de *quadratrices*, parce qu'elles sont exprimées par les mêmes coordonnées que la quadratrice de Dinostrate.

La seconde surface qu'il faudra employer sera, pour la construction des *spirales*, une surface de révolution autour de l'axe de la surface héliçoïde; et, pour la construction des *quadratrices*, ce sera une surface cylindrique, dont les arêtes seront perpendiculaires à l'axe de la surface héliçoïde.

Nos constructions donnent, immédiatement, les *tangentes* et les *cercles osculateurs* des courbes que nous considérons. Mais elles ont pour principal avantage d'établir des relations géométriques constantes entre ces courbes et celles qui, dans le système de coordonnées ordinaires, portent le même nom; par exemple, entre la *spirale hyperbolique* et l'*hyperbole*, entre la *spirale logarithmique* et la *logarithmique*. Dans ce système, la *spirale d'Archimède* correspond à la *ligne droite*.

Jusqu'à présent ces courbes n'avaient entre elles d'autres rapports que la même forme d'équation entre des variables différentes, et cela n'établissait aucun lien de construction, ni aucune relation géométrique entre elles. Le procédé qui fait servir les unes à la construction des autres conduit, de la manière la plus satisfaisante, aux propriétés qui ont rendu ces courbes célèbres, particulièrement la spirale logarithmique, et donne, *a priori*, les raisons géométriques de ces belles propriétés.

Construction des spirales. — Concevons une surface de révolution, engendrée par une courbe quelconque, tournant autour d'un axe fixe situé dans son plan; prenons cet axe vertical: les perpendiculaires abaissées des points de la courbe sur cet axe seront ses *ordonnées*, et les distances des pieds de ces droites, à un point fixe de l'axe, seront les *abscisses*.

38

Supposons que le plan de la courbe tourne d'un mouvement uniforme, qu'en même temps un point M, placé sur la courbe mobile, se meuve sur cette courbe comme si elle était immobile, et que le mouvement de ce point se fasse de manière que ses abscisses croissent uniformément. C'est-à-dire que le mouvement du point, estimé suivant l'axe de rotation, est proportionnel au mouvement de rotation. Le point M décrira ainsi, sur la surface de révolution, une certaine courbe à double courbure.

La projection orthogonale de cette courbe, sur un plan perpendiculaire à l'axe de révolution, sera une spirale, dont nous allons tirer l'équation de celle de la courbe génératrice de la surface de révolution.

Soit
$$z = F(y)$$

l'équation de la courbe génératrice. Considérons cette courbe à un instant de son mouvement; soit M le point générateur sur cette courbe; son abscisse z sera proportionnelle à la rotation éprouvée par le plan de la courbe, depuis l'origine du mouvement; cette rotation se mesurera par l'angle que la trace du plan mobile, sur un plan horizontal, fera avec un axe fixe qui marquera l'origine du mouvement; soit u cet angle: on aura

$$z = au;$$

et, conséquemment
$$au = F(y).$$

Soient m la projection du point M sur le plan horizontal, et O le pied de l'axe de révolution sur ce plan. Le rayon Om, que je désigne par r, est égal à l'ordonnée y du point M; on a donc, entre ce rayon et l'angle u, qu'il fait avec l'axe fixe dont nous venons de parler, la relation

$$au = F(r).$$

Cette relation est l'équation, en coordonnées polaires, de la projection de la courbe à double courbure tracée sur la surface de révolution.

Remarquons maintenant que la perpendiculaire, abaissée du point mobile M sur l'axe de révolution, engendre la surface d'une vis à filets carrés, qu'on appelle aussi surface *héliçoïde rampante;* car cette droite est toujours horizontale, et elle s'élève, au-dessus d'un plan horizontal, d'un mouvement uniforme, en même temps que le plan vertical qui la contient tourne uniformément autour de l'axe de révolution.

Donc la courbe engendrée par le point M est l'intersection de la surface de révolution par une surface héliçoïde.

On a donc ce théorème :

1° *Toute spirale* (nous entendons par *spirale* toute courbe représentée par une équation entre les deux coordonnées polaires r et u) *peut être considérée comme la projection de l'intersection d'une surface héliçoïde rampante par une certaine surface de révolution déterminée convenablement, ces deux surfaces ayant, pour axe commun, la perpendiculaire au plan de la spirale, menée par son origine;*

2°
$$au = \mathrm{F}(r)$$

étant l'équation de la spirale, et a le rapport entre le mouvemement ascensionnel et le mouvement de rotation de la droite génératrice de la surface hélicoïde, l'équation de la courbe génératrice de la surface de révolution sera

$$z = \mathrm{F}(y);$$

les abscisses z étant comptées suivant l'axe de révolution, et les ordonnées y perpendiculairement à cet axe.

Pour la spirale d'Archimède, dont l'équation est $au = r$,

L'équation de la courbe méridienne de la surface de révolution sera $z = y$: cette méridienne est une droite; ainsi la surface de révolution sera un cône; c'est là un des deux théorèmes de Pappus.

Pour la spirale hyperbolique, qui a pour équation $ur = constante$,

L'équation de la section méridienne de la surface de révolution sera

$$zy = a \cdot \mathrm{const.} = \mathrm{const};$$

équation d'une hyperbole équilatère, qui a l'une de ses asymptotes dirigée suivant l'axe de la surface hélicoïde.

Pour la spirale logarithmique, dont l'équation est

$$u = \log. r,$$

on aura

$$z = a \log. y;$$

équation d'une logarithmique dans laquelle les abscisses z sont proportionnelles aux logarithmes des ordonnées y.

Donc : *Si une logarithmique ordinaire engendre une surface de révolution, en tournant autour de son asymptote, et que cette asymptote soit l'axe d'une surface hélicoïde rampante, ces deux surfaces se couperont suivant une courbe à double courbure, dont la projection orthogonale, sur un plan perpendiculaire à l'asymptote, sera la spirale logarithmique.*

Tangentes aux spirales. Soit M un point de l'intersection de la surface hélicoïde par la surface de révolution déterminée, comme nous avons dit, de manière à produire une spirale donnée. La tangente en un point m de cette spirale sera la projection de l'intersection des plans tangents, au point M, à ces deux surfaces. Le plan tangent à la surface de révolution rencontrera l'axe de révolution en un point O; je suppose que le plan horizontal sur lequel on a décrit la spirale passe par le point O; la droite OM se projette sur ce plan en Om: c'est le rayon vecteur de la spirale.

Le plan tangent à la surface de révolution coupe le plan horizontal suivant une droite Ot, perpendiculaire au rayon Om.

Le plan tangent à la surface hélicoïde, au point M, passe par la génératrice de cette surface, laquelle est parallèle au rayon Om; la trace de ce plan, sur le plan horizontal, est donc parallèle au rayon Om. Il suffit donc, pour déterminer cette trace, d'en trouver un point. Or ce plan tangent passe par la tangente à l'hélice conduite par le point M sur la surface hélicoïde; cette tangente est dans le plan vertical perpendiculaire au rayon Om. Soit θ le point où elle rencontre le plan horizontal; soit α l'angle qu'elle fait avec l'axe de la surface hélicoïde : on aura, dans le triangle Mmθ, rectangle en m, mθ = Mm tang. α. Mais on sait, par les propriétés de la surface hélicoïde, que la tangente trigonométrique de l'angle α est proportionnelle à la distance du point M à l'axe de la surface; donc tang. α = Om. const. Cette constante est égale au rapport qu'il y a entre le mouvement circulaire et le mouvement ascensionnel de la génératrice de la surface hélicoïde; nous avons représenté ce rapport par $\frac{1}{a}$; donc enfin

$$\text{tang. } \alpha = \frac{Om}{a}, \quad m\theta = \frac{Mm \cdot Om}{a}.$$

La droite mθ est perpendiculaire au rayon vecteur Om; la trace du plan tangent à la surface hélicoïde est parallèle à ce rayon; donc, si l'on prend sur la droite Ot, perpendiculaire à ce rayon, une partie

$$Ot = m\theta = \frac{Om \cdot Mm}{a},$$

le point t appartiendra à cette trace. Or cette droite Ot est la trace du plan tangent à la surface de révolution; donc le point t appartient à l'intersection des plans tangents aux deux surfaces; et, conséquemment, ce point appartient à la tangente, en m, à la spirale qui est la projection de l'intersection de ces deux surfaces.

La ligne Ot s'appelle, comme on sait, la *sous-tangente* de la spirale; la *sous-normale* est la partie On comprise, sur le prolongement de la droite Ot, entre le point O et la normale à la courbe; elle est égale au carré du rayon divisé par la sous-tangente; ainsi

$$On = \frac{a \cdot Om}{Mm}.$$

Maintenant, pour faire usage de ces formules, nous remarquerons que le plan tangent à la surface de révolution, au point M, passant par le point O, la ligne Mm est égale à la sous-tangente de la courbe génératrice de la surface de révolution; cette sous-tangente étant prise sur l'axe de révolution.

Appelons S cette sous-tangente, et remarquons que le rayon vecteur Om de la spirale est égal à l'ordonnée y de la courbe génératrice de la surface de révolution, nous aurons :

$$Ot = \frac{y \cdot S}{a}, \quad On = \frac{a \cdot y}{S}.$$

Telles sont les expressions de la sous-tangente et de la sous-normale d'une spirale, en fonction de la sous-tangente et de l'ordonnée de la courbe génératrice de la surface de révolution.

Dans la spirale d'Archimède, la ligne génératrice est droite; on a $\frac{y}{S} = const.$; donc $On = const.$ Ainsi, *Dans la spirale d'Archimède, la sous-normale est constante.*

Pour la spirale hyperbolique, la courbe génératrice est une hyperbole équilatère, dans laquelle on a, comme l'on sait, $S.y = const.$, donc $Ot = const.$:

Dans la spirale hyperbolique, la sous-tangente est constante.

Dans la logarithmique, la sous-tangente, comptée sur l'asymptote, est constante; donc $S = const.$; et, conséquemment dans la spirale logarithmique, on a

$$\frac{Ot}{y} = const., \qquad \frac{Ot}{Om} = const.$$

Or, $\frac{Ot}{Om}$ est égal à la tangente trigonométrique de l'angle que la tangente à la spirale fait avec le rayon vecteur; donc cet angle est constant; ainsi :

Dans la spirale logarithmique, la tangente fait un angle constant avec le rayon vecteur.

Ot étant proportionnel à Om, on voit que si l'on porte, sur le rayon vecteur, une ligne égale à la sous-tangente, l'extrémité de cette ligne sera sur une spirale logarithmique semblable à la proposée; mais, si cette spirale fait un quart de conversion autour de son centre, chacun de ses rayons viendra coïncider avec la sous-tangente correspondante de la proposée; donc les pieds des tangentes à cette spirale sont sur une seconde spirale qui lui est semblable. Or, deux spirales logarithmiques semblables entre elles sont nécessairement égales, parce que les angles que leurs tangentes font avec leurs rayons vecteurs sont égaux, et qu'à un angle donné ne correspond qu'une spirale : nous pouvons donc énoncer ce théorème :

Dans la spirale logarithmique, les pieds des tangentes sont sur une seconde spirale logarithmique égale à la première, mais placée différemment.

La même propriété a lieu pour les pieds des sous-normales.

Rayons de courbure des spirales. Une spirale étant considérée comme la section droite d'un cylindre qui passe par la courbe d'intersection d'une surface de révolution avec une surface hélicoïde rampante, on trouve aisément, au moyen des théorèmes d'Euler et de Meusnier, la valeur de son rayon de courbure en un point quelconque, en fonction du rayon de courbure de la courbe méridienne de la surface de révolution. Pour abréger cette Note, nous omettrons ici cette construction, sur laquelle nous reviendrons dans un autre moment.

Nous renvoyons aussi, à un autre écrit, la construction des *quadratrices*, analogue à celle des *spirales*.

NOTE IX.

—

(PREMIÈRE ÉPOQUE, § 30.)

—

Sur la fonction anharmonique de quatre points, ou de quatre droites.

Quatre points a, b, c, d étant en ligne droite, nous avons appelé la fonction

$$\frac{ac}{ad} : \frac{bc}{bd}$$

le *rapport anharmonique* des quatre points.

La proposition 129ᵉ du septième livre de **Pappus** signifie que : *quand quatre droites sont issues d'un même point, toute transversale les rencontre en quatre points dont le rapport anharmonique a toujours la même valeur, quelle que soit la transversale.*

Cette propriété de la *fonction anharmonique* de quatre points la distingue de toute autre fonction qu'on pourrait former avec les segments que ces quatre points font entre eux.

Mais la fonction anharmonique jouit d'une autre propriété encore plus capitale, et dont cette première dérive, c'est que :

Si, d'un point pris arbitrairement, on mène des droites aboutissant à quatre points situés en ligne droite, la fonction anharmonique de ces quatre points aura précisément pour valeur ce que deviendra cette fonction quand on y substituera, aux quatre segments qui y entrent, les sinus des angles que feront entre elles les droites qui comprendront ces segments.

Cette fonction entre les sinus des angles de quatre droites issues d'un même point, sera dite *fonction anharmonique* des quatre droites.

Ce théorème prouve que la fonction anharmonique de quatre points est de nature *projective*, c'est-à-dire que cette fonction conserve la même valeur quand on fait la projection ou la perspective des quatre points auxquels elle se rapporte.

On peut généraliser ce théorème, en menant, par les quatre points, quatre plans quelconques, pourvu qu'ils se coupent suivant une même droite, prise arbitrairement dans l'espace : *la fonction anharmonique des quatre points conservera la même valeur, si l'on y substitue, à la place des segments, les sinus des angles dièdres que les plans qui comprennent ces segments font entre eux.*

Nous avons exprimé le rapport anharmonique des quatre points a, b, c, d par la fonction

$$\frac{ac}{ad} : \frac{bc}{bd}.$$

Mais on peut, tout aussi bien, prendre les deux autres fonctions

$$\frac{ac}{ab} : \frac{dc}{db}, \quad \frac{ab}{ad} : \frac{cb}{cd}.$$

On n'en peut pas former une quatrième semblable, avec les quatre points a, b, c, d. De sorte que *le rapport anharmonique de quatre points peut s'exprimer de trois manières*.

Si l'un des points est à l'infini, ce rapport se simplifie : il ne contient que deux segments. Ainsi, soit le point d situé à l'infini : le rapport anharmonique des quatre points a, b, c et l'infini, s'exprimera des trois manières :

$$\frac{ac}{cb}, \quad \frac{ca}{ab}, \quad \frac{ba}{bc}.$$

Soient quatre points a, b, c, d situés en ligne droite, et quatre autres points a', b', c', d' situés sur une autre droite, et correspondant respectivement aux quatre premiers. Supposons que le rapport anharmonique de ceux-ci, soit égal au rapport anharmonique des autres ; c'est-à-dire, que l'on ait une des trois équations suivantes :

(A) . . . . $\begin{cases} \dfrac{ac}{ad} : \dfrac{bc}{bd} = \dfrac{a'c'}{a'd'} : \dfrac{b'c'}{b'd'}, \\[2mm] \dfrac{ac}{ab} : \dfrac{dc}{db} = \dfrac{a'c'}{a'b'} : \dfrac{d'c'}{d'b'}, \\[2mm] \dfrac{ab}{ad} : \dfrac{cb}{cd} = \dfrac{a'b'}{a'd'} : \dfrac{c'b'}{c'd'}. \end{cases}$

Je dis que *les deux autres équations s'ensuivront nécessairement*. Ainsi, *l'une quelconque des trois équations* (A) *comporte les deux autres*. C'est une vérification qu'on pourrait faire par le calcul. Mais il est plus facile de se servir, pour démontrer cette propriété de la fonction anharmonique, d'une considération géométrique.

Qu'on place les deux droites sur lesquelles sont situés les deux systèmes de points, de manière que les deux points correspondants d, d' se confondent en un point unique D ; qu'on tire les trois droites aa', bb', cc' : ces trois droites se couperont en un même point. Car soit S le point d'intersection des deux premières aa', bb'. Tirons SD et Sc ; soit γ le point où Sc rencontre la droite $a'b'c'$: on aura par la proposition citée de Pappus,

$$\frac{ac}{aD} : \frac{bc}{bD} = \frac{a'\gamma}{a'D} : \frac{b'\gamma}{b'D}.$$

Mais nous supposons que la première des équations (A) a lieu ; y mettant D à la place de d, et la comparant à celle-ci, on en conclut que le point γ se confond avec le point c'. D'où il résulte que les trois droites aa', bb', cc' passent par un même point S.

Considérant les quatre droites Saa', Sbb', Scc' et SD, coupées par les deux transversales abcD, $a'b'c'$D ; on conclut, de la proposition de Pappus, que les deux dernières des équations (A) ont lieu.

Ainsi, chacune des équations (A) comporte les deux autres.

De sorte que l'égalité des rapports anharmoniques de deux systèmes de quatre points qui se correspondent un à un, peut s'exprimer de trois manières, dont l'une quelconque comporte les deux autres.

Cette propriété importante, de la fonction anharmonique de quatre points, aura plusieurs applications utiles.

Par exemple, on en peut conclure immédiatement que chacune des sept équations par lesquelles on exprime la relation d'involution de six points, comporte les six autres.

L'égalité des rapports anharmoniques de deux systèmes de quatre points peut s'exprimer par une équation à trois termes, qui sera souvent utile.

Ainsi, outre les trois équations (A), on aura les trois équations suivantes :

$$(B) \qquad \begin{cases} \dfrac{ac}{ad} : \dfrac{bc}{bd} + \dfrac{a'b'}{a'd'} : \dfrac{c'b'}{c'd'} = 1, \\[2mm] \dfrac{ac}{ab} : \dfrac{dc}{db} + \dfrac{a'd'}{a'b'} : \dfrac{c'd'}{c'b'} = 1, \\[2mm] \dfrac{ab}{ad} : \dfrac{cb}{cd} + \dfrac{a'c'}{a'd'} : \dfrac{b'c'}{b'd'} = 1. \end{cases}$$

Chacune de ces trois équations exprimant l'égalité des rapports anharmoniques des deux systèmes de points, comporte les deux autres et les trois premières.

En un mot, chacune des six équations (A) et (B) comporte les cinq autres.

Les équations (B) sont faciles à démontrer. La première, par exemple, devient, à cause de la troisième des équations (A),

$$\frac{ac}{ad} : \frac{bc}{bd} + \frac{ab}{ad} : \frac{cb}{cd} = 1.$$

C'est donc cette équation qu'il faut démontrer. Pour cela, faisons la perspective de la droite $abcd$, sur une autre droite, de manière que le point d passe à l'infini ; soient α, $\mathfrak{C}$, γ les perspectives des points a, b, c. Nous aurons, puisque la fonction anharmonique est projective,

$$\frac{ac}{ad} : \frac{bc}{bd} = \frac{\alpha\gamma}{\mathfrak{C}\gamma}, \qquad \frac{ab}{ad} : \frac{cb}{cd} = \frac{\alpha\mathfrak{C}}{\gamma\mathfrak{C}} ;$$

l'équation deviendra donc

$$\mathfrak{C}\alpha + \alpha\gamma = \mathfrak{C}\gamma.$$

C'est une relation identique entre les trois points ϵ, α, γ, supposés placés dans l'ordre où nous les écrivons.

Ainsi, les équations (B) sont démontrées.

Remarquons que l'équation ci-dessus, qui devient, quand on chasse les dénominateurs,

$$ab.cd - ac.bd + bc.ad = 0,$$

exprime une relation générale entre quatre points quelconques situés en ligne droite.

Cette relation a été démontrée par Euler, algébriquement et géométriquement ; par la première méthode, en substituant à certains facteurs leurs expressions en fonction des autres, de manière à produire une équation identique ; et, par la seconde méthode, en formant la figure qui représente les trois rectangles dont se compose l'équation : on voit aisément que l'un d'eux égale la somme des deux autres. (*Novi Commentarii* de Pétersbourg, tom. Ier, ann. 1747 et 1748. *Variæ demonstrationes Geometricæ.*)

M. Poncelet a démontré aussi la même relation dans son *Mémoire sur les centres des moyennes harmoniques.* (*Journal* de M. Crelle, tom. III, pag. 269.)

Le cercle jouit, par rapport à quatre droites issues d'un même point, d'une propriété analogue à celle du système de deux transversales droites, exprimée par les équations (A) ou (B).

Cette propriété consiste en ce que :

Quand quatre droites, issues d'un même point, rencontrent une circonférence de cercle, la première en a, a' ; *la deuxième en* b, b' ; *la troisième en* c, c' ; *et la quatrième en* d, d' ; *on a la relation :*

$$\frac{\sin.\frac{1}{2}ca \quad \sin.\frac{1}{2}da}{\sin.\frac{1}{2}cb \quad \sin.\frac{1}{2}db} : \frac{}{} = \frac{\sin.\frac{1}{2}c'a' \quad \sin.\frac{1}{2}d'a'}{\sin.\frac{1}{2}c'b' \quad \sin.\frac{1}{2}d'b'} :$$

Cette équation est analogue à la première des équations (A). On aura, de même, deux autres équations semblables aux deux autres équations (A) ; et trois équations semblables aux équations (B).

Cette propriété du cercle donne lieu à diverses propositions nouvelles.

Nous appelons toute l'attention des géomètres sur la notion du rapport *anharmonique*, qui, bien que très-élémentaire, pourra être extrêmement utile dans une foule de spéculations géométriques, où elle procurera des démonstrations faciles et simples autant que possible. Nous en ferons usage dans la Note X, sur l'involution de six points, et dans les Notes XV et XVI, pour démontrer, en quelques mots, pour ainsi dire, les propriétés les plus générales des sections coniques.

Cette théorie ne sera pas moins utile dans la Géométrie à trois dimensions.

Proposons-nous, par exemple, de démontrer la double génération de l'hyperboloïde à une nappe, par une droite, que nous présenterons sous cet énoncé :

La surface engendrée par une droite mobile, qui s'appuie sur trois droites fixes, peut

être engendrée, d'une seconde manière, par une droite mobile qui s'appuie sur trois posi-
tions de la première droite génératrice ; et cette surface jouit de la propriété que tout plan la
coupe suivant une conique.

La première partie de cette proposition repose sur les deux lemmes suivants, dont l'un est la réciproque de l'autre, et qui méritent eux-mêmes d'être énoncés comme théorèmes :

THÉORÈME I. *Quand quatre droites s'appuient chacune sur trois droites fixes, situées d'une manière quelconque dans l'espace, le rapport anharmonique des segments qu'elles forment sur l'une de ces trois droites, est égal au rapport anharmonique des segments qu'elles forment sur l'une quelconque des deux autres.*

Soient L, L', L″ les trois droites données dans l'espace ; a, b, c, d, les points où les quatre droites A, B, C, D, qui s'appuient sur L, L', L″, rencontrent L ; et a', b', c', d' ; a'', b'', c'', d'', les points où ces mêmes droites rencontrent L', L″. Je dis que le rapport anharmonique des quatre points a, b, c, d, est égal à celui des quatre points a', b', c', d'. En effet, chacun de ces rapports est égal à celui des quatre plans qui ont pour inter- section commune la droite L″, et qui passent respectivement par les quatre droites A, B, C, D. Ces deux rapports sont donc égaux entre eux.

THÉORÈME II. (Réciproque) : *Si quatre droites s'appuient sur deux droites fixes dans l'espace, de manière que le rapport anharmonique des segments qu'elles font sur l'une de ces droites soit égal au rapport anharmonique des segments qu'elles font sur l'autre, toute droite qui s'appuiera sur trois de ces quatre droites s'appuiera nécessairement sur la quatrième.*

Soient deux droites L, L' dans l'espace, et quatre droites A, B, C, D, qui rencontrent la première aux points a, b, c, d, et la seconde aux points a', b', c', d', de manière qu'on ait

$$\frac{ca}{cb} : \frac{da}{db} = \frac{c'a'}{c'b'} : \frac{d'a'}{d'b'}.$$

Il faut prouver que ces quatre droites sont telles qu'une droite quelconque L″, qui s'ap- puie sur les trois premières A, B, C, rencontre nécessairement la quatrième D.

Pour cela, par le point d de la droite L, menons une droite D' qui s'appuie sur L' et L″ ; soient δ', δ'', les points où elle rencontre ces deux droites. Les quatre droites A, B, C, D', s'appuyant sur L, L', L″, on aura, d'après le théorème I,

$$\frac{ca}{cb} : \frac{da}{db} = \frac{c'a'}{c'b'} : \frac{\delta'a'}{\delta'b'}.$$

Cette équation, comparée à la précédente, fait voir que le point δ se confond avec le point d. Ainsi la droite D' menée par le point d, de manière qu'elle s'appuie sur L', L″, est précisément la droite D. La droite L″, qui s'appuie sur les trois droites A, B, C, s'ap- puie donc sur la quatrième D. Ainsi le théorème est démontré.

Maintenant, soient trois droites L, L', L″ dans l'espace, et soient A, B, C, D, etc.,

des positions différentes d'une droite mobile qui s'appuie sur ces trois droites : je dis
qu'une droite quelconque M, qui s'appuie sur les droites A, B, C, rencontre nécessairement
une quatrième droite D. Car, en vertu du théorème I, les droites A, B, C, D, font, sur
L, L', des segments dont les rapports anharmoniques sont égaux ; donc, en vertu du théorème II, une droite qui s'appuie sur les trois premières droites rencontre la quatrième.

Ainsi, *quand une droite mobile s'appuie sur trois droites fixes, toute droite qui s'appuiera*
sur trois positions de la droite mobile, s'appuiera sur toutes les autres positions de cette
droite.

Cela exprime la première partie du théorème énoncé.

Pour démontrer la seconde partie, concevons un plan transversal quelconque, qui rencontre les deux droites L, L', en deux points λ, λ', et les quatre droites A, B, C, D, en
quatre points α, ε, γ, δ. Ces six points sont sur la courbe d'intersection de la surface par
le plan. Il s'agit de démontrer qu'ils sont sur une section conique. Pour cela il suffit
de faire voir, d'après une propriété générale des coniques, que nous démontrerons dans
la Note XV, que les quatre droites menées des points α, ε, γ, δ, au point λ, ont leur rapport anharmonique égal à celui des quatre droites menées, des mêmes points, au point λ'.
Or, ce rapport anharmonique des quatre droites $\lambda\alpha$, $\lambda\varepsilon$, $\lambda\gamma$, $\lambda\delta$, est le même que celui
des quatre plans menés par la droite L, dont ces droites sont les traces sur le plan
transversal ; et ce rapport est le même que celui des quatre points où les droites A, B,
C, D, par lesquelles passent ces plans, s'appuient sur la droite L'. Pareillement, le rapport
anharmonique des quatre droites $\lambda'\alpha$, $\lambda'\varepsilon$, $\lambda'\gamma$, $\lambda'\delta$ est égal à celui des quatre points où
les mêmes droites A, B, C, D s'appuient sur la droite L. Mais ces deux rapports anhar-
moniques des points où les quatre droites A, B, C, D, rencontrent les deux droites L, L',
sont égaux entre eux (théorème I) : donc le rapport anharmonique des quatre droites
$\lambda\alpha$, $\lambda\varepsilon$, $\lambda\gamma$, $\lambda\delta$ est égal à celui des quatre droites $\lambda'\alpha$, $\lambda'\varepsilon$, $\lambda'\gamma$, $\lambda'\delta$. Donc les six points
α, ε, γ, δ, λ, λ' sont sur une conique. Donc la section de la surface, par un plan transversal
quelconque, est une conique. C. Q. F. P.

Ainsi, le théorème de la double génération de l'hyperboloïde à une nappe, par une droite,
est démontré complétement, et par des considérations géométriques tout à fait élémentaires.

On démontre, en Analyse, que les droites menées par un point de l'espace, parallèlement
aux génératrices de l'hyperboloïde, forment un cône *du second degré*. La théorie du rapport anharmonique donne encore une démonstration extrêmement facile de cette proposition. Il suffit d'appliquer, à la section du cône par un plan, le raisonnement que nous
venons de faire pour une section plane de l'hyperboloïde ; on voit que cette section est
encore une conique.

Corollaire. — Le théorème I, considéré par rapport à l'hyperboloïde, exprime cette
propriété de la surface :

Quatre génératrices, d'un même mode de génération d'un hyperboloïde à une nappe, font,
sur une génératrice quelconque du second mode de génération, quatre segments dont le
rapport anharmonique a une valeur constante, quelle que soit la position de cette génératrice
du second mode de génération.

Ainsi, soient a, b, c, d les points où les quatre génératrices A, B, C, D, du premier mode de génération, rencontrent une génératrice L du second mode ; et a', b', c', d' les points où elles rencontrent une seconde génératrice L', du second mode de génération ; on aura

$$\frac{ca}{cb} : \frac{da}{db} = \frac{c'a'}{c'b'} : \frac{d'a'}{d'b'}.$$

Cette équation se met sous la forme

$$\frac{ca}{cb} = \frac{c'a'}{c'b'} \times \left(\frac{da}{db} : \frac{d'a'}{d'b'} \right),$$

ou

$$\frac{ca}{cb} = \frac{c'a'}{c'b'} \times \text{const.}$$

Ce qui exprime que : *Si l'on a un quadrilatère* abb'a', *et qu'on divise ses côtés opposés* ab, a'b', *aux points* c, c', *de manière qu'on ait*

$$\frac{ca}{cb} = \frac{c'a'}{c'b'} \times \text{const.},$$

la droite cc' *engendre un hyperboloïde à une nappe.*

Nous avions démontré d'une autre manière cette propriété de l'hyperboloïde, qui a servi jusqu'ici pour prouver la double génération de cette surface par une droite. (*Correspondance sur l'École polytechnique*, tom. II, p. 446.)

NOTE X.

(PREMIÈRE ÉPOQUE, § 34.)

Théorie de l'involution de six points.

(1) Nous diviserons cette Note en deux parties. Dans la première, nous allons exposer les propriétés connues de l'involution de six points. Dans la seconde, nous donnerons diverses autres manières nouvelles d'exprimer cette involution, qui nous ont paru pouvoir simplifier cette théorie, et en étendre les applications.

PREMIÈRE PARTIE.

(2) Quand six points, situés en ligne droite, et se correspondant deux à deux, tels que A et A′, B et B′, C et C′, font entre eux de tels segments que l'on ait la relation

$$(A) \quad \cdots \cdots \cdots \cdots \quad \frac{CA.CA'}{CB.CB'} = \frac{C'A.C'A'}{C'B.C'B'},$$

on dit que les six points sont en *involution :* les points qui se correspondent sont dits *conjugués.*

(3) Les six points jouissent de deux sortes de propriétés, dont nous appellerons les unes *arithmétiques*, parce qu'elles ne concernent que des relations entre les segments pris de différentes manières entre ces points; et les autres, *géométriques*, parce qu'elles concernent certaines figures que l'on peut faire passer par les six points en question, ou dans lesquelles se présente l'involution de six points.

PROPRIÉTÉS ARITHMÉTIQUES.

(4) L'équation précédente donne lieu aux deux suivantes :

$$(A) \quad \cdots \cdots \cdots \cdots \quad \begin{cases} \dfrac{BA.BA'}{BC.BC'} = \dfrac{B'A.B'A'}{B'C.B'C'}, \\[2mm] \dfrac{AB.AB'}{AC.AC'} = \dfrac{A'B.A'B'}{A'C.A'C'}. \end{cases}$$

Ainsi chacune des trois équations (A) comporte les deux autres.

(3) La propriété des six points, d'être en involution, peut être exprimée par une équation entre six segments seulement, formés par ces points entre eux.

Cette équation sera :

$$(B) \quad \cdots \cdots \cdots \quad \begin{cases} AB'.BC'.CA' = AC'.CB'.BA', \\ \text{ou } AB'.BC.C'A' = AC.C'B'.BA', \\ \text{ou } AB.B'C'.CA' = AC'.CB.B'A', \\ \text{ou } AB.B'C.C'A' = AC.C'B.B'A'. \end{cases}$$

Ainsi, chacun de ces quatre équations (B) exprime l'*involution* des six points, et suffit pour que les trois autres aient lieu.

(6) Les équations (B), se déduisent facilement des équations (A), par voie de multipli-

cation; et, réciproquement, celles-ci se déduisent, aussi aisément, des équations (B). Mais puisque chacune des sept équations constitue, à elle seule, l'involution de six points, il faut que d'une quelconque on puisse aussi déduire celles du même groupe ; c'est-à-dire d'une des trois équations (A) les deux autres, et d'une des équations (B) les trois autres. C'est en effet ce que l'on peut faire par le calcul, en transformant les différents segments de l'équation proposée en d'autres qui se prêtent à la démonstration cherchée. Mais cette sorte de vérification *à posteriori* est longue, exige des tâtonnements, et n'a rien d'élégant.

Aussi l'on se sert, pour montrer que l'une des sept équations (A) et (B) comporte les six autres, de cette propriété géométrique des six points : *on peut faire passer, par ces six points, les quatre côtés et les deux diagonales d'un quadrilatère.* C'est ainsi qu'ont fait MM. Brianchon et Poncelet.

Mais nous avons trouvé que la notion du *rapport anharmonique* de quatre points procure une démonstration encore plus simple et plus directe, et conduit à beaucoup d'autres relations qui auront, comme les équations (A) et (B), leur degré d'utilité. Nous traiterons de cet objet dans la seconde partie de cette Note.

(7) Les équations (A), entre huit segments, sont faciles à former. La nature des relations (B), dans chacune desquelles n'entrent que six segments, ne paraît pas aussi facile, au premier abord, à saisir ni à exprimer. Mais cependant voici une règle que, croyons-nous, l'on pourra retenir sans efforts de mémoire.

Qu'on prenne trois points A, B, C, appartenant aux trois couples ; chacun d'eux fera deux segments avec les conjugués des deux autres ; on aura ainsi six segments : *le produit de trois de ces segments, qui n'ont pas d'extrémité commune, est égal au produit des trois autres.*

(8) Considérons un quatrième système de deux points conjugués D, D′, et supposons que ces points forment une involution avec les quatre points A, A′ et B, B′ ; on aura l'équation

$$\frac{AB \cdot AB'}{AD \cdot AD'} = \frac{A'B \cdot A'B'}{A'D \cdot A'D'}.$$

La comparant avec la troisième des équations (A), on en conclut

$$\frac{AC \cdot AC'}{AD \cdot AD'} = \frac{A'C \cdot A'C'}{A'D \cdot A'D'};$$

ce qui prouve que les six points A, A′, C, C′ et D, D′, sont en involution.

D'où suit cette propriété générale de l'involution des six points :

Si l'on a, en ligne droite, plusieurs systèmes de deux points, tels que les deux premiers systèmes forment, avec chacun des autres, une involution ; trois quelconques de tous ces systèmes formeront aussi entre eux une involution.

Ce théorème admet plusieurs conséquences, très-importantes dans la théorie de l'involution.

(9) La suivante, par exemple, trouvera des applications utiles :

Quand on a, en ligne droite, quatre systèmes de deux points, formant trois à trois une involution; quatre points, appartenant respectivement aux quatre systèmes, ont leur rapport anharmonique égal à celui des quatre autres points.

Ainsi A et A′, B et B′, C et C′, D et D′ étant les quatre systèmes, on aura :

$$\frac{AC}{AD} : \frac{BC}{BD} = \frac{A'C'}{A'D'} : \frac{B'C'}{B'D'}.$$

En effet, les trois premiers systèmes formant une involution, on a (équations B)

$$\frac{AC}{BC} = \frac{A'C'}{B'C'} \cdot \frac{AB'}{A'B};$$

et, pareillement, les trois systèmes A et A′, B et B′, D et D′, formant une involution, on a

$$\frac{AD}{BD} = \frac{A'D'}{B'D'} \cdot \frac{AB'}{A'B}.$$

Divisant membre à membre ces deux équations, on obtient celle qu'il s'agissait de démontrer.

(10) Examinons quelques cas particuliers de l'involution de six points.

Si l'on suppose que les deux points C, C′, se réunissent en un seul, et qu'on l'appelle E, les équations (A) et (B) se réduiront aux quatre suivantes :

$$\frac{AB.AB'}{A'B.A'B'} = \frac{\overline{AE}^2}{\overline{A'E}^2},$$

$$\frac{BA.BA'}{B'A.B'A'} = \frac{\overline{BE}^2}{\overline{B'E}^2},$$

$$\frac{EA.EB}{EA'.EB'} = \frac{AB}{A'B'},$$

$$\frac{EA.EB'}{EA'.EB} = \frac{AB'}{A'B}.$$

Chacune de ces quatre équations comporte les trois autres.

Desargues, qui a examiné ce cas, l'a appelé *involution* de cinq points.

Nous appellerons le point E, point *double.*

(11) Supposons maintenant que le point C' soit à l'infini, et remplaçons son conjugué C par O; les équations (A) et (B) deviendront :

$$OA.OA' = OB.OB',$$

$$\frac{BA.BA'}{B'A.B'A'} = \frac{BO}{B'O},$$

$$\frac{AB.AB'}{A'B.A'B'} = \frac{AO}{A'O},$$

$$\frac{AB'}{A'B} = \frac{OB'}{OA'},$$

$$\frac{AB'}{A'B} = \frac{OA}{OB},$$

$$\frac{AB}{A'B} = \frac{OB}{OA'},$$

$$\frac{AB}{AB'} = \frac{OA}{OB'}.$$

Chacune de ces sept équations comporte les six autres, et constitue seule l'involution des cinq points A, A', B, B' et O. La propriété caractéristique de ce point O est que son conjugué se trouve à l'infini. Nous l'appellerons le point *central* des deux systèmes A, A' et B, B'.

La position de ce point central est déterminée par chacune des sept équations précédentes. La première exprime que *le produit des distances de ce point, aux deux premiers points conjugués, est égal au produit de ses distances aux deux autres points conjugués :* cette relation va nous conduire à une propriété remarquable de l'involution de six points.

(12) Soient A, A'; B, B'; C, C' ces six points; et soit O le point central relatif aux quatre premiers, de sorte qu'on ait OA.OA' = OB.OB'. Appelons un instant O' son conjugué, lequel est à l'infini. Les six points A, A', B, B' et O, O' forment une involution. Il résulte donc, du théorème (8), que les deux systèmes C, C' et O, O', et un quelconque des deux autres, le premier A, A', par exemple, forment une involution. C'est-à-dire que le point O est le point *central* des deux systèmes A, A' et C, C'. Ainsi l'on a OA.OA' = OC.OC'. Mais déjà OA.OA' = OB.OB'. On a donc ce théorème général :

Quand trois systèmes de deux points forment une involution, il existe toujours un certain point tel, que le produit de ses distances aux deux points de chaque système est constant.

Réciproquement : *quand on prend sur une transversale, à partir d'un point fixe O, deux points tels que le produit de leurs distances au point O soit égal à une quantité constante, trois systèmes de deux points ainsi déterminés seront en involution.*

Quand les deux premiers points seront pris du même côté, par rapport au point O, il en devra être de même des deux points de chacun des deux autres systèmes, pour que les produits aient le même signe; et pareillement quand les deux premiers points seront pris de côtés opposés par rapport à un point O.

(13) Le théorème précédent, qui, je crois, n'a point encore assez fixé l'attention des personnes qui ont écrit sur cette matière, me paraît être la propriété la plus simple de l'involution de six points, et celle par laquelle se manifestera le plus souvent, dans les spéculations géométriques, cette involution.

Nous dirons que le point O, considéré dans une involution de six points, est le point *central* de l'involution.

(14) Ce point central conduit naturellement aux points *doubles*, dont nous avons déjà parlé, et fait voir que ces points peuvent être imaginaires.

En effet, soient A, A', B, B' les quatre premiers points d'une involution. Ils suffisent pour déterminer le point central O. Si les deux points A, A' sont d'un même côté par rapport à ce point O, il en sera de même des deux points B, B', et des deux autres points C, C' qui doivent compléter l'involution. On peut donc supposer que ces deux derniers se réunissent en un seul, que nous appelons E; et l'on aura, pour déterminer ce point, l'équation

$$OA.OA' = OB.OB' = \overline{OE}^2.$$

Ce point E peut être pris arbitrairement d'un côté ou de l'autre du point O; de sorte qu'il y aura deux points E.

Ainsi, les quatre premiers points A, A' et B, B' étant donnés, l'involution pourra être complétée de deux manières par un cinquième point, qui sera considéré comme double.

Mais si l'on suppose que les deux premiers points A, A' soient placés de côtés différents, par rapport au point O, il en sera de même des points B, B' et des points C, C' qui doivent compléter l'involution; ces deux derniers ne pourront donc jamais se confondre. Ainsi, dans ce cas, il n'y aura pas de points *doubles* : l'Analyse donnerait, pour leur construction, une expression imaginaire.

(15) Soient six points en involution A, A', B, B', C, C'. Que les deux premiers soient du même côté du point central O; on pourra prendre, des deux côtés de ce point, deux points E, F, tels que

$$\overline{OE}^2 = \overline{OF}^2 = OA.OA'.$$

Cette double équation exprime que les deux points E, F sont conjugués harmoniques par rapport aux points A, A'.

Mais on a aussi

$$\overline{OE}^2 = \overline{OF}^2 = OB.OB';$$

les points E, F sont donc aussi conjugués harmoniques par rapport aux points B, B', et de même pour les autres points C, C'. D'où résulte cette propriété, déjà connue, de l'in-

40

volution de six points : *il existe deux points qui sont conjugués harmoniques par rapport aux deux points de chacun des trois systèmes de l'involution.* Ces deux points sont situés de part et d'autre et à égale distance du point central de l'involution. Mais ces points peuvent être imaginaires.

(16) Il est aisé de voir que, quand les points B, B′ seront situés sur le segment AA′, ou entièrement au dehors de ce segment, les points E, F seront réels;

Au contraire, quand l'un des deux points B, B′ sera sur le segment AA′, et l'autre sur son prolongement, les points en question seront imaginaires.

En effet, dans le premier cas, le point O, qui est toujours réel, sera évidemment en dehors des segments AA′, BB′, pour que l'équation OA.OA′=OB.OB′ puisse avoir lieu; c'est-à-dire que les points A, A′ seront placés du même côté du point O; et dès lors les points E, F seront réels.

Dans le second cas, le point O sera placé sur la partie commune aux deux segments AA′, BB′, et les deux points A, A′ seront de côtés différents par rapport au point O : dès lors les deux points E, F seront imaginaires [1].

(17) Les points E, F jouissent d'une autre propriété caractéristique, qui était démontrée par Apollonius dans son traité *de sectione determinatá*, comme on le voit par les propositions 61, 62 et 64 du septième livre des *Collections mathématiques* de Pappus; c'est que chacun des rapports

$$\frac{EA.EA'}{EB.EB'}, \quad \frac{FA.FA'}{FB.FB'}$$

est un *maximum* ou un *minimum*. C'est-à-dire que, si l'on prend un autre point quelconque *m*, le rapport

$$\frac{mA.mA'}{mB.\overline{\,mB'}}$$

atteindra son *maximum* ou son *minimum* quand le point *m* viendra se confondre avec l'un des points E, F qui sont conjugués harmoniques par rapport aux points A, A′, et par rapport aux points B, B′.

(18) Deux systèmes de points A, A′ et B, B′, et leur point central O, jouissent de la propriété suivante, démontrée par Pappus (propositions 45, 46,... et 56 du livre septième des *Collections mathématiques*) :

Si l'on prend sur la droite AB, *ou sur son prolongement, un point quelconque* m, *on aura toujours la relation*

$$mA.mA' - mB.mB' = (AB + A'B').mO.$$

---

[1] M. Poncelet a présenté, d'une autre manière, cette discussion relative aux points E, F, en se servant de la construction géométrique propre à la détermination de ces points. (Voir *Traité des Propriétés projectives*, pag. 201).

En prenant les points milieux α, $\mathfrak{b}$ des deux segmens AA' et BB', on change cette relation en celle-ci :

$$m\mathrm{A} \cdot m\mathrm{A}' - m\mathrm{B} \cdot m\mathrm{B}' = 2\alpha\mathfrak{b} \cdot m\mathrm{O}.$$

(19) En supposant que le point m se confonde successivement avec A, A', B', B, on aura des relations particulières entre les cinq points A, A', B, B' et O, qui ont aussi été démontrées par Pappus. (Propositions 41, 42 et 43.)

PROPRIÉTÉS GÉOMÉTRIQUES.

(20) La plus ancienne propriété géométrique de l'involution de six points se trouve dans Pappus (proposition 130 du septième livre), où l'on voit que, quand les côtés et les diagonales d'un quadrilatère sont rencontrés, par une diagonale quelconque, en six points, A, A'; B, B'; et C, C', dont les deux premiers appartiennent à deux côtés opposés, les deux suivants aux deux autres côtés opposés; et enfin les deux derniers aux deux diagonales, on a, entre les segments formés par ces points, les équations (B).

Il résulte évidemment de cette proposition que, réciproquement, quand une des équations (B) a lieu, on peut faire passer, par les six points, les quatre côtés et les deux diagonales d'un quadrilatère; et l'on conclut de là, par la proposition de Pappus, que les trois autres équations (B) ont lieu en vertu de la première.

Voilà comment, au moyen de la proposition géométrique de Pappus, on démontre cette propriété arithmétique de l'involution de six points; à savoir, que l'une quelconque des équations (B) comporte les trois autres.

Et comme, en combinant ces équations entre elles, on en déduit immédiatement les équations (A), il se trouve aussi démontré, par la seule proposition de Pappus, que les six points où une transversale, menée arbitrairement dans le plan d'un quadrilatère, rencontre ses côtés et ses diagonales, ont entre eux les relations exprimées par les équations (A).

(21) La démonstration du théorème de Pappus est facile; mais, au moyen de ce que la relation d'involution est projective, on peut simplifier cette démonstration, en projetant le quadrilatère de manière qu'il devienne un parallélogramme.

C'est ainsi qu'a fait M. Brianchon pour démontrer ce théorème, dans son *Mémoire sur les lignes du second ordre*.

(22) Il ne paraît pas que les relations (A), qui comprennent huit segments, aient été connues de Pappus. Car, parmi ses propositions sur le quadrilatère coupé par une transversale, nous n'en trouvons qu'une qui se rapporte à ces relations; c'en est un cas particulier. La transversale est menée par le point de concours de deux côtés opposés, parallèlement à une diagonale (proposition 133). Les deux propositions qui précèdent celle-là pourraient être aussi considérées comme des cas particuliers des relations (A); mais, comme elles viennent immédiatement après la proposition 130, dont elles sont aussi des cas par-

ticuliers, nous devons les y rattacher, et les regarder comme des corollaires des relations (B) qu'exprime cette proposition 130.

(23) Les équations (A) ne paraissent pas remonter au delà de Desargues ; c'est sous leur forme que ce géomètre a caractérisé l'*involution de six points*, à l'occasion du beau théorème suivant, qui est devenu si fécond dans la Géométrie récente :

Un quadrilatère étant inscrit à une conique, les points où une transversale quelconque rencontre la conique et les quatre côtés du quadrilatère, sont en involution.

Il est extrêmement facile de démontrer ce théorème par de simples considérations de Géométrie [1].

(24) Et l'on en conclut successivement les deux suivants, qui sont plus généraux :

Quand deux coniques sont circonscrites à un quadrilatère, si l'on tire une transversale quelconque qui rencontre ces courbes en quatre points, et deux côtés opposés du quadrilatère en deux autres points, ces six points seront en involution.

Quand trois coniques sont circonscrites à un même quadrilatère, une transversale quelconque les rencontre en six points qui sont en involution.

Ces deux théorèmes sont, comme on le voit, une généralisation de celui de Desargues, qui s'en conclut comme corollaire. M. Sturm les a démontrés, le premier, par l'Analyse [2].

(25) Le dernier pourrait servir à démontrer les différentes propriétés de l'involution de six points, que nous avons appelées *arithmétiques*. Pour cela, on considérerait différentes autres coniques passant par les quatre mêmes points que les trois premières ; chacune d'elles pouvant être déterminée par une cinquième condition. Si l'on demande qu'une de ces coniques soit tangente à la transversale, on trouvera les points *doubles* ; si l'on veut qu'une des coniques ait une asymptote parallèle à la transversale, on trouvera le point *central*; etc.

(26) Une propriété bien importante de l'involution de six points, c'est que : *Si, d'un point pris arbitrairement, on mène des droites à ces six points, les relations d'involution (A) et (B), qui ont lieu entre les segments compris entre les points, auront lieu aussi entre les sinus des angles formés par les six droites qui interceptent ces segments.*

On a coutume de démontrer cette proposition, en exprimant les segments en fonction des sinus des angles qui les comprennent. Mais la théorie du rapport anharmonique de quatre points nous en fournit une démonstration plus simple. Car il suffit de remarquer que chacune des relations d'involution (A) et (B) est une égalité de deux rapports anharmoniques (ainsi que nous le ferons voir dans la seconde partie de cette Note). Ces rapports conservent les mêmes valeurs quand on y substitue, aux segments, les sinus des angles qui comprennent ces segments ; par conséquent la relation d'involution a lieu entre les sinus des angles que les six droites font entre elles.

Réciproquement, quand une telle relation a lieu entre les sinus des angles que six

[1] *Voir* la Note XV.
[2] *Annales de Mathématiques*, tom. XVII, pag. 180.

droites, issues d'un même point, font entre elles, une transversale quelconque rencontre ces six droites en six points qui sont en involution.

On dit que ces six droites forment un *faisceau en involution*.

(27) Telles sont les six tangentes menées, d'un même point, à trois coniques inscrites à un même quadrilatère.

(28) On peut regarder comme une des coniques, dont un axe est nul, la droite qui joint deux côtés opposés du quadrilatère; comme une seconde conique, la droite qui joint les deux autres sommets; et enfin, comme une troisième conique, la droite qui joint les points de concours des côtés opposés. Et l'on conclut, du théorème général que nous venons d'énoncer, plusieurs corollaires, dont l'un est ce théorème :

Les six droites menées, d'un même point, aux quatre sommets et aux deux points de concours des côtés opposés d'un quadrilatère, forment un faisceau en involution; de sorte que toute transversale rencontrera ces six droites en six points qui seront en involution.

(29) Nous ne trouvons, dans Pappus, qu'une proposition qui puisse se rattacher à ce théorème; c'est la 135ᵉ du septième livre. Il faut supposer que deux côtés du quadrilatère sont parallèles entre eux, et que la transversale leur soit parallèle et passe par le point de concours des deux autres côtés.

(30) La relation d'involution nous paraît devoir se présenter souvent dans plusieurs théories géométriques, particulièrement dans celle des coniques. Cependant on ne l'a guère considérée que dans le système de trois coniques inscrites ou circonscrites à un même quadrilatère, et dans les cas particuliers d'un tel système.

Nous montrerons, à la fin de la seconde partie de cette Note, que cette relation peut se présenter dans beaucoup d'autres circonstances.

SECONDE PARTIE.

(31) Les propriétés de l'involution de six points, que nous venons d'exposer dans la première partie de cette Note, sont, je crois, les seules qui soient connues, et encore je ne sais si l'on avait remarqué expressément l'existence du point *central*, et le rôle important qu'il joue dans cette théorie.

Mais l'involution de six points jouit de plusieurs autres propriétés, et peut être exprimée sous diverses formes, différentes des équations (A) et (B), et qui pourront être utiles dans diverses recherches géométriques.

La propriété la plus importante de cette relation d'involution, celle qui nous paraît être la source de toutes les autres, repose sur la notion du rapport *anharmonique*. Cette propriété capitale nous permet même de donner une nouvelle définition de l'involution de six points, définition qui comprend, en même temps, les deux sortes d'équations (A) et (B), et qui conduit naturellement à différentes autres expressions de l'involution de six points.

(32) Nous dirons que :

Six points, qui sont conjugués deux à deux, sont en involution, quand quatre d'entre eux ont leur rapport anharmonique égal à celui de leurs conjugués.

Ainsi les six points A, B, C, A', B', C', dont les trois A', B', C' sont conjugués respectivement des trois premiers, sont en involution si le rapport anharmonique des quatre points A, B, C, et C' est égal au rapport anharmonique de leurs conjugués, A', B', C' et C; c'est-à-dire si l'on a l'une des trois équations :

$$\frac{CA}{CB} : \frac{C'A}{C'B} = \frac{C'A'}{C'B'} : \frac{CA'}{CB'},$$

$$\frac{CA}{CC'} : \frac{BA}{BC'} = \frac{C'A'}{C'C} : \frac{B'A'}{B'C},$$

$$\frac{CB}{CC'} : \frac{AB}{AC'} = \frac{C'B'}{C'C} : \frac{A'B'}{A'C};$$

ou

$$\frac{CA.CA'}{CB.CB'} = \frac{C'A.C'A'}{C'B.C'B'},$$

$$CA.A'B'.BC' = C'A'.AB.B'C,$$

$$CB.B'A'.AC' = C'B'.BA.A'C.$$

On voit qu'une de ces trois équations comporte les deux autres, puisque chacune d'elles exprime que les quatre points A, B, C, C' ont leur rapport anharmonique égal à celui des quatre points A', B', C', C, correspondant, un à un, respectivement aux quatre premiers.

Ainsi notre définition de l'involution de six points donne lieu à trois équations, dont une quelconque comporte les deux autres, et suffit pour exprimer l'involution.

(33) Il est aisé de voir que chacune de ces trois relations en comporte quatre autres qui complètent, avec ces trois premières, les équations (A) et (B).

En effet, l'équation

$$CA.A'B'.BC' = C'A'.AB.B'C,$$

par exemple, peut s'écrire sous la forme d'une égalité de deux rapports anharmoniques, de trois manières, dont la première est la seconde des équations du premier groupe ci-dessus, et dont les deux autres sont les équations :

$$\frac{CA}{CB'} : \frac{BA}{BB'} = \frac{C'A'}{C'B} : \frac{B'A'}{B'B},$$

$$\frac{CA}{CB'} : \frac{A'A}{A'B'} = \frac{C'A'}{C'B} : \frac{AA'}{AB}.$$

La première de ces deux équations prouve que les quatre points A, B, C, B' ont leur rapport anharmonique égal à celui des quatre points correspondants A', B', C', B; on a donc les deux autres équations :

$$\frac{CA}{CB} : \frac{B'A}{B'B} = \frac{C'A'}{C'B'} : \frac{BA'}{BB'},$$

$$\frac{CB}{CB'} : \frac{AB}{AB'} = \frac{C'B'}{C'B} : \frac{A'B'}{A'B};$$

ou

$$CA \cdot A'B \cdot B'C' = C'A' \cdot AB' \cdot BC,$$

$$\frac{BA \cdot BA'}{BC \cdot BC'} = \frac{B'A \cdot B'A'}{B'C' \cdot B'C}$$

Pareillement, la seconde des deux équations prouve que les quatre points A, B', C, A', ont leur rapport anharmonique égal à celui des quatre points correspondants A', B, C', A; on a donc les deux autres équations :

$$\frac{CA}{CA'} : \frac{B'A}{B'A'} = \frac{C'A'}{C'A} : \frac{BA'}{BA},$$

$$\frac{CB'}{CA'} : \frac{AB'}{AA'} = \frac{C'B}{C'A} : \frac{A'B}{A'A};$$

ou

$$\frac{AC \cdot AC'}{AB \cdot AB'} = \frac{A'C \cdot A'C'}{A'B' \cdot A'B},$$

$$CB' \cdot BA' \cdot AC' = C'B \cdot B'A \cdot A'C.$$

Ainsi les sept équations (A) et (B) résultent de la définition que nous avons donnée de l'involution de six points.

(34) Nous venons de voir que l'équation

$$CA \cdot A'B' \cdot BC' = C'A' \cdot AB \cdot B'C$$

exprime, en même temps, trois égalités de rapports anharmoniques; savoir, entre les quatre points A, B, C, C' et leurs correspondants A', B', C', C; entre les quatre points A, B, C, B' et leurs correspondants; et enfin entre les quatre points A, B', C, A' et leurs correspondants.

Chacune des autres équations (B) exprime pareillement une égalité de rapports anharmoniques entre trois couples différents de quatre points; et l'on reconnaît aussi que chacune des équations (A) exprime une égalité de rapports anharmoniques entre deux couples de quatre points. On conclut de là que *les six points* A *et* A', B *et* B', C *et* C', *étant en involution, quatre quelconques d'entre eux, dont trois appartiennent aux trois systèmes, ont leur rapport anharmonique égal à celui des points correspondants.*

(35) Nous disons que trois des quatre premiers points doivent appartenir aux trois systèmes; car autrement, deux des six points n'entreraient pas dans l'équation résultant des deux rapports anharmoniques. Par exemple, si les quatre premiers points étaient A, B, A′, B′, leurs correspondants seraient A′, B′, A, B; et, en égalant le rapport anharmonique des quatre premiers à celui des quatre autres, on n'aurait pas une relation entre les six points proposés, puisque C et C′ n'y entreraient pas. Mais l'équation qu'on obtient ainsi est identique. Nous pouvons donc énoncer d'une manière générale le théorème suivant :

Quand six points, qui se correspondent deux à deux, sont en involution, le rapport anharmonique de quatre quelconques d'entre eux est égal au rapport anharmonique des quatre points qui leur correspondent respectivement.

Ce théorème nous semble exprimer la propriété la plus féconde de la théorie de l'involution de six points; il conduit naturellement à différentes expressions de l'involution, que l'on n'a pas encore aperçues.

Nous allons les faire connaître.

(36) Nous avons vu, dans la Note précédente, que l'égalité des rapports anharmoniques de deux systèmes de quatre points peut s'exprimer, de trois manières, par une équation à trois termes; d'après cela on trouve que la condition d'involution de six points peut s'exprimer, de douze manières, par une équation à trois termes. Quatre de ces douze équations contiennent le segment AA′, compris entre deux points conjugués, quatre contiennent le segment BB′, et quatre enfin le segment CC′.

Voici quelles sont les quatre premières de ces douze équations :

$$(C) \quad \begin{cases} \dfrac{AB.AC}{AA'.BC} + \dfrac{AB'.A'C'}{AA'.B'C'} = 1, \\[2mm] \dfrac{AB.A'C'}{AA'.BC'} + \dfrac{AB'.A'C}{AA'.B'C} = 1, \\[2mm] \dfrac{AC.A'B}{AA'.CB} + \dfrac{AC'.A'B'}{AA'.C'B'} = 1, \\[2mm] \dfrac{AC.A'B'}{AA'.CB'} + \dfrac{AC'.A'B}{AA'.C'B} = 1. \end{cases}$$

On formera semblablement les quatre équations où entrera le segment BB′, et les quatre autres où entrera le segment CC′.

En tout douze équations, dont chacune comporte les onze autres. Chacune de ces équations contient huit segments, dont sept sont différents.

(37) On a encore les huit équations suivantes, qui diffèrent des précédentes, quoi-

qu'elles soient aussi à trois termes, et qu'elles contiennent chacune huit segments, dont sept sont différents :

$$
\text{(D)}
\begin{cases}
1 \dots \dfrac{AC \cdot AC'}{AB \cdot AB'} + \dfrac{BC \cdot BC'}{BA \cdot BA'} = 1, \\[2ex]
2 \dots \dfrac{AB \cdot AB'}{AC \cdot AC'} + \dfrac{CB \cdot CB'}{CA \cdot CA'} = 1, \\[2ex]
3 \dots \dfrac{A'C \cdot A'C'}{A'B \cdot A'B'} + \dfrac{BC \cdot BC'}{BA \cdot BA'} = 1, \\[2ex]
4 \dots \dfrac{A'B \cdot A'B'}{A'C \cdot A'C'} + \dfrac{CB \cdot CB'}{CA' \cdot CA} = 1, \\[2ex]
1' \dots \dfrac{AC \cdot AC'}{AB' \cdot AB} + \dfrac{B'C \cdot B'C'}{B'A \cdot B'A'} = 1, \\[2ex]
2' \dots \dfrac{AB \cdot AB'}{AC' \cdot AC} + \dfrac{C'B \cdot C'A'}{C'A \cdot C'A'} = 1, \\[2ex]
3' \dots \dfrac{A'C \cdot A'C'}{A'B' \cdot A'B} + \dfrac{B'C \cdot B'C'}{B'A' \cdot B'A} = 1, \\[2ex]
4' \dots \dfrac{A'B \cdot A'B'}{A'C' \cdot A'C} + \dfrac{C'B \cdot C'B'}{C'A' \cdot C'A} = 1.
\end{cases}
$$

De ces huit équations, les quatre dernières, numérotées 1', 2', 3', 4', se déduisent respectivement des quatre premières, numérotées 1, 2, 3, 4, au moyen des équations (A).

Nous donnerons plus loin (45), la démonstration de ces huit équations.

(38) Voici une formule d'une autre forme, qui exprime l'involution de six points, par une équation à quatre termes, entre six segments différents.

Soient α, δ, γ, les points milieux des trois segments AA', BB', CC'; supposons ces trois points placés dans l'ordre α, δ, γ : on aura la relation

$$
\text{(E)} \dots \qquad \overline{\alpha A}^2 . \delta\gamma - \overline{\delta B}^2 . \alpha\gamma + \overline{\gamma C}^2 . \alpha\delta = \alpha\delta . \delta\gamma . \gamma\alpha.
$$

Cette équation est unique; c'est-à-dire qu'il n'en existe point une seconde qui ait la même forme.

Sa démonstration se déduira (46) d'une autre relation générale, que nous donnerons ci-dessous.

(39) Quand les deux points C, C' se confondent en un seul point E, la relation devient

$$
\overline{\alpha A}^2 . \delta E - \overline{\delta B}^2 . \alpha E = \alpha\delta . \alpha E . \delta E.
$$

Si les deux points B, B' se confondent aussi en un seul F, il vient :

$$
\overline{\alpha A}^2 = \alpha E . \alpha F.
$$

C'est une des formules qui expriment que les points A, A′ sont conjugués harmoniques par rapport aux points E, F.

(40) On peut exprimer, comme l'on sait, la relation harmonique de quatre points, au moyen d'un cinquième point arbitraire, auquel on rapporte les quatre points proposés. Il est aussi une manière d'exprimer l'involution de six points en se servant d'un point auxiliaire, auquel on rapporte les six points proposés; et cette manière donne lieu à un nombre infini d'équations, dont une seul suffit pour exprimer l'involution.

Soient A et A′, B et B′, C et C′ les six points en involution, et m un septième point pris arbitrairement sur la droite à laquelle appartiennent les premiers; soient α, $\mathfrak{b}$, γ, les points milieux des segments AA′, BB′, CC′; supposant ces points placés dans l'ordre où nous les énonçons, on aura la relation

$$(F). \qquad m\mathrm{A}.m\mathrm{A}'.\mathfrak{b}\gamma - m\mathrm{B}.m\mathrm{B}'.\alpha\gamma + m\mathrm{C}.m\mathrm{C}'.\alpha\mathfrak{b} = 0.$$

Cette équation a lieu quelle que soit la position du point m.

En supposant que ce point se confonde successivement avec les points en involution, ou avec les points α, $\mathfrak{b}$, γ, ou avec divers autres points déterminés, on aura diverses relations qui exprimeront, toutes, l'involution de six points.

(41) La démonstration de l'équation (F) est facile. Nous allons faire voir que, si cette équation a lieu pour une position du point m, elle aura lieu aussi pour une autre position quelconque de ce point; c'est-à-dire qu'en appelant M cette nouvelle position du point m, on aura nécessairement

$$(F') \qquad M\mathrm{A}.M\mathrm{A}'.\mathfrak{b}\gamma - M\mathrm{B}.M\mathrm{B}'.\alpha\gamma + M\mathrm{C}.M\mathrm{C}'.\alpha\mathfrak{b} = 0;$$

ensuite nous montrerons que l'équation (F) a effectivement lieu pour une certaine position du point m.

Pour déduire l'équation (F′) de l'équation (F), j'écris :

$$m\mathrm{A} = M\mathrm{A} - Mm, \quad m\mathrm{A}' = M\mathrm{A}' - Mm,$$

$$m\mathrm{A}.m\mathrm{A}' = M\mathrm{A}.M\mathrm{A}' - (M\mathrm{A} + M\mathrm{A}')\,Mm + \overline{Mm}^2,$$

ou

$$m\mathrm{A}.m\mathrm{A}' = M\mathrm{A}.M\mathrm{A}' - 2M\alpha.Mm + \overline{Mm}^2.$$

Pareillement :

$$m\mathrm{B}.m\mathrm{B}' = M\mathrm{B}.M\mathrm{B}' - 2M\mathfrak{b}.Mm + \overline{Mm}^2,$$

et

$$m\mathrm{C}.m\mathrm{C}' = M\mathrm{C}.M\mathrm{C}' - 2M\gamma.Mm + \overline{Mm}^2.$$

L'équation (F) devient donc :

$$M\mathrm{A}.M\mathrm{A}'.\mathfrak{b}\gamma - M\mathrm{B}.M\mathrm{B}'.\alpha\gamma + M\mathrm{C}.M\mathrm{C}'.\alpha\gamma$$
$$- 2.Mm.(\mathfrak{b}\gamma.M\alpha - \alpha\gamma.M\mathfrak{b} + \alpha\mathfrak{b}.M\gamma) + (\mathfrak{b}\gamma - \alpha\gamma + \alpha\mathfrak{b})\overline{Mm}^2 = 0.$$

Or, on a, entre les quatre points α, $\mathcal{6}$, γ, M, la relation

$$\mathcal{6}\gamma.\mathrm{M}\alpha - \alpha\gamma.\mathrm{M}\mathcal{6} + \alpha\mathcal{6}.\mathrm{M}\gamma = 0,$$

ainsi que nous l'avons démontré dans la Note IX (pag. 303); on a aussi, entre les points α, $\mathcal{6}$, γ, la relation

$$\mathcal{6}\gamma - \alpha\gamma + \alpha\mathcal{6} = 0;$$

l'équation ci-dessus se réduit donc à l'équation (F'), qu'il s'agissait de démontrer.

Il reste à faire voir que l'équation (F) a lieu pour une certaine position particulière du point m. Supposons que m soit situé au point *central* de l'involution de six points : on aura $m\mathrm{A}.m\mathrm{A}' = m\mathrm{B}.m\mathrm{B}' = m\mathrm{C}.m\mathrm{C}'$; et l'équation deviendra

$$\mathcal{6}\gamma - \alpha\gamma + \alpha\mathcal{6} = 0,$$

équation identique.

Ainsi la formule (F'), ou (F) qui lui est semblable, est démontrée.

(42) On peut remplacer, dans l'équation (F), les segments $\alpha\mathcal{6}$, $\alpha\gamma$, $\mathcal{6}\gamma$, par d'autres segments entre les seuls points A, A', B, B', C et C'; car

$$\mathcal{6}\gamma = \frac{\mathrm{BC} + \mathrm{B'C'}}{2}, \quad \alpha\gamma = \frac{\mathrm{AC} + \mathrm{A'C'}}{2}, \quad \alpha\mathcal{6} = \frac{\mathrm{AB} + \mathrm{A'B'}}{2}.$$

(43) Supposons que, dans l'involution, les deux points C, C' se confondent en un seul point E, et que les points B, B', se confondent en F; l'équation deviendra

$$(\mathrm{G}) \quad . \quad . \quad . \quad . \quad . \quad . \quad . \quad m\mathrm{A}.m\mathrm{A}'.\mathrm{EF} - \overline{m\mathrm{F}}^2.\alpha\mathrm{E} + \overline{m\mathrm{E}}^2.\alpha\mathrm{F} = 0.$$

Cette équation exprime une relation entre quatre points A, A', E, F, dont les deux premiers sont conjugués harmoniques par rapport aux deux autres, et un cinquième point m pris arbitrairement.

En donnant à ce cinquième point différentes positions particulières, on aura différentes expressions de la relation harmonique de quatre points.

(44) L'équation (F) nous paraît être, jusqu'ici, l'expression la plus étendue et la plus féconde de l'involution de six points; car on en conclut toutes les équations que nous avons données, et diverses autres qui conduisent à des expressions simples de plusieurs rapports de produits de segments, à considérer dans cette théorie.

Par exemple, en supposant que le point m se confonde avec le point A, on trouve cette expression très-simple du rapport de AC.AC' à AB.AB' :

$$\frac{\mathrm{AC}.\mathrm{AC}'}{\mathrm{AB}.\mathrm{AB}'} = \frac{\alpha\gamma}{\alpha\mathcal{6}} = \frac{\mathrm{AC} + \mathrm{A'C'}}{\mathrm{AB} + \mathrm{A'B'}}.$$

L'expression de

$$\frac{\mathrm{A'C}.\mathrm{A'C'}}{\mathrm{A'B}.\mathrm{A'B'}}$$

est la même; d'où l'on conclut les équations (A).

(45) Supposant que le point m soit en B, il vient

$$\frac{BC.BC'}{BA.BA'} = -\frac{\beta\gamma}{\beta\alpha} = -\frac{BC + B'C'}{BA + B'A'}$$

Ajoutant, membre à membre, cette équation à la précédente, et remarquant que l'on a $\alpha\gamma - \beta\gamma = \alpha\beta$, on obtient la première des huit équations (D).

(46) L'équation (E) se déduit aussi, très-aisément, de l'équation (F).

En effet, on a entre les trois points α, β, γ, et un quatrième point quelconque m, la relation suivante, due à Matthieu Stewart :

$$\overline{m\alpha}^2.\beta\gamma - \overline{m\beta}^2.\alpha\gamma + \overline{m\gamma}^2.\alpha\beta = \alpha\beta.\beta\gamma.\gamma\alpha \quad [1].$$

Retranchant, de cette équation, l'équation (F), il vient

$$\left(\overline{m\alpha}^2 - mA.mA'\right)\beta\gamma - \left(\overline{m\beta}^2 - mB.mB'\right)\alpha\gamma + \left(\overline{m\gamma}^2 - mC.mC'\right)\alpha\beta = \alpha\beta.\beta\gamma.\gamma\alpha.$$

Mais

$$\overline{m\alpha}^2 - \overline{\alpha A}^2 = (m\alpha + \alpha A)(m\alpha - \alpha A) = mA.mA';$$

d'où

$$\overline{m\alpha}^2 - mA.mA' = \overline{\alpha A}^2.$$

Pareillement

$$\overline{m\beta}^2 - mB.mB' = \overline{\beta B}^2, \qquad \overline{m\gamma}^2 - mC.mC' = \overline{\gamma C}^2.$$

L'équation ci-dessus devient donc

$$\overline{\alpha A}^2.\beta\gamma - \overline{\beta B}^2.\alpha\gamma + \overline{\gamma C}^2.\alpha\beta = \alpha\beta.\beta\gamma.\gamma\alpha. \qquad\qquad \text{C. Q. F. D.}$$

(47) On conclut aussi, de l'équation (F), la propriété du point central, qui a été connue de Pappus (18). Pour cela, supposons le point C' situé à l'infini, de sorte que le point C devienne le point *central* O ; et écrivons l'équation (F) sous la forme

$$mA.mA' - mB.mB'.\frac{\alpha\gamma}{\beta\gamma} + mC.\alpha\gamma.\frac{mC'}{\beta\gamma} = 0.$$

Le point γ est aussi à l'infini, et l'on a

$$\frac{\alpha\gamma}{\beta\gamma} = 1, \quad \beta\gamma = \frac{\beta C + \beta C'}{2}, \quad \frac{mC'}{\beta\gamma} = 2.\frac{mC'}{\beta C + \beta C'} = \frac{2}{\dfrac{\beta C}{mC'} + \dfrac{\beta C'}{mC'}}$$

---

[1] C'est le second des *Some general theorems*, etc. (*Voir* quatrième Époque , § 28.)

Or
$$\frac{6C}{mC'} = 0, \quad \frac{6C'}{mC'} = 1;$$

donc
$$\frac{mC'}{6\gamma} = 2;$$

et l'équation devient
$$mA.mA' - mB.mB' + 2\alpha6.mO = 0.$$

Remplaçant $\alpha6$ par
$$\frac{AB + A'B'}{2},$$

on a l'équation de Pappus.

(48) Si l'on suppose que les deux points B, B' se confondent en l'un des points doubles E, de l'involution, cette équation deviendra

(H) . . . . $mA.mA' - \overline{mE}^2 + 2\alpha E.mO = 0.$

(49) Si les deux points A, A', se confondent au second point double F, il viendra

$$\overline{mF}^2 - \overline{mE}^2 + 2EF.mO = 0.$$

Cette équation exprime une relation entre trois points quelconques m, E, F, et le point milieu des deux derniers.

(50) La première des équations (D), et l'équation (H), donnent une démonstration du cas de *maximum* ou de *minimum* démontré par Apollonius, dont nous avons parlé (17). Car, d'après la première de ces deux équations, on voit que le rapport

$$\frac{AC.AC'}{AB.AB'},$$

où A est supposé le point variable, sera un *maximum* ou un *minimum* quand le produit BA.BA' sera lui-même un *minimum* ou un *maximum*. Or, d'après l'équation (H), on a

$$BA.BA' = \overline{BE}^2 - 2\alpha E.BO.$$

Le produit BA.BA' sera donc un *maximum* (ou un *minimum* à cause des signes) quand le coefficient variable αE sera nul. Alors les deux points A, A', se confondront avec le point E; ce qui est la proposition d'Apollonius.

(51) On peut exprimer l'involution de six points par une équation où entrent deux points pris, l'un et l'autre, arbitrairement.

Soient m, n ces deux points; soit α le conjugué harmonique du point n par rapport à A et A'; 6 le conjugué harmonique de n par rapport à B et B'; et γ le conjugué harmonique de n par rapport à C et C'. On aura, quels que soient les deux points m et n, pris sur la droite où sont situés les points de l'involution, la relation

(I) . . . . $\frac{mA.mA'}{nA.nA'} 6\gamma.na - \frac{mB.mB'}{nB.nB'} \alpha\gamma.n6 + \frac{mC.mC'}{nC.nC'} \alpha6.n\gamma = 0.$

Si l'on suppose le point n situé à l'infini, cette équation devient la formule (F). Cette remarque suffit pour montrer la légitimité de l'équation.

(32) Si le point m est placé au point central, on a $mA.mA' = mB.mB' = mC.mC'$, et la relation (1) devient

$$(J) \quad \ldots \ldots \ldots \quad \frac{6\gamma.n\alpha}{nA.nA'} - \frac{a\gamma.n6}{nB.nB'} + \frac{a6.n\gamma}{nC.nC'} = 0.$$

Cette équation est d'une forme différente de l'équation (F), et exprime, comme celle-ci, l'involution de six points, au moyen d'un septième point pris arbitrairement.

(33) Nous avons dit (30) que la relation d'involution peut se présenter dans diverses spéculations où elle n'a peut-être pas encore été aperçue. Nous terminerons cette Note en citant plusieurs circonstances où cette relation a lieu :

1° *Trois systèmes de deux diamètres conjugués d'une conique forment un faisceau en involution.*

2° *Quand trois cordes d'une conique passent par un même point, les droites menées d'un point quelconque de la courbe à leurs extrémités sont en involution.*

3° *Quand trois angles circonscrits à une conique ont leurs sommets en ligne droite, leurs côtés rencontrent une tangente quelconque à la conique en six points qui sont en involution.*

4° *Quand quatre cordes d'une conique passent par un même point; si, par les extrémités des deux premières, on fait passer une conique quelconque, et par les extrémités des deux autres, une seconde conique quelconque, les quatre points d'intersection de ces deux nouvelles coniques seront, deux à deux, sur deux droites passant par le point de concours des quatre cordes; et ces deux droites et les quatre cordes formeront un faisceau en involution* [1].

Si les deux premières cordes se confondent, et que les deux autres se confondent aussi, la relation d'involution devient un rapport harmonique, et l'on a ce théorème :

Quand deux coniques ont un double contact avec une troisième conique, elles se coupent en quatre points situés, deux à deux, sur deux droites qui passent par le point d'intersection des deux cordes de contact; et ces deux droites sont conjuguées harmoniques par rapport aux deux cordes de contact.

5° *Par un point quelconque, pris dans le plan d'une conique, on peut mener deux droites rectangulaires, de manière que le pôle de l'une, pris par rapport à la conique, soit sur l'autre :*

Six droites ainsi menées, par trois points pris arbitrairement dans le plan de la conique, rencontrent chacun des deux axes principaux de la courbe en six points qui sont en involution.

Le point *central* de l'involution est le centre de la courbe; et les deux points *doubles*

---

[1] J'ai démontré, dans la *Correspondance polytechnique*, la première partie de ce théorème. (Tom. III, p. 339.)

en sont les foyers. Ces deux points doubles sont réels sur le grand axe, et imaginaires sur le petit.

Pour un point pris sur la conique, les deux droites rectangulaires, menées par ce point, sont la tangente et la normale.

Ce théorème est, comme l'on voit, une propriété générale des *foyers* des coniques, et fait voir comment il existe *quatre foyers*, dont deux sont imaginaires, mais jouissent de certaines propriétés qui leur sont communes avec les deux foyers réels.

Nous retrouverons, dans les surfaces du second degré, un théorème analogue à celui-là, qui nous permettra de caractériser *certaines courbes* jouant, dans ces surfaces, le même rôle que celui du *foyer* dans les coniques. (*Voir* la Note **XXXI**.)

La relation d'involution peut aussi se présenter dans des questions d'un ordre plus relevé que les précédentes. Ainsi :

6° *Quand trois surfaces courbes quelconques, qui ont un point de contact, se coupent deux à deux en ce point, si l'on mène les tangentes, en ce point, aux deux branches de chacune des trois courbes d'intersection, ces six tangentes seront en involution.*

7° Enfin : *Quand, par une génératrice d'une surface réglée, on mène trois plans quelconques, chacun d'eux est tangent à la surface en un point, et lui est normal en un autre point; on a ainsi six points qui sont en involution.*

Chacun des théorèmes que nous venons d'énoncer est susceptible de plusieurs conséquences qui trouveront leur place ailleurs.

(54) Nous ne pouvons terminer cette Note sans faire mention d'une propriété curieuse du cercle, où six points, pris sur sa circonférence, ont entre eux des relations analogues à celles de six points en involution situés en ligne droite. Cette propriété est exprimée par le théorème suivant :

Quand trois droites, issues d'un même point, rencontrent une circonférence de cercle aux points a, a' *pour la première;* b, b', *pour la seconde et* c, c', *pour la troisième, on a la relation :*

$$\frac{\sin.\frac{1}{2}ca . \sin.\frac{1}{2}ca'}{\sin.\frac{1}{2}cb . \sin.\frac{1}{2}cb'} = \frac{\sin.\frac{1}{2}c'a . \sin.\frac{1}{2}c'a'}{\sin.\frac{1}{2}c'b . \sin.\frac{1}{2}c'b'}.$$

On voit comment on formera deux autres relations semblables; de sorte qu'on aura, entre les six points a, a'; b, b'; c, c', trois relations analogues aux relations (A) de l'involution de six points en ligne droite.

Ajoutons qu'on aura pareillement, entre les six points, des relations analogues aux équations (B), aux équations (C) et aux équations (D).

NOTE XI.

(PREMIÈRE ÉPOQUE, § 38.)

Sur la question d'inscrire, à un cercle, un triangle dont les trois côtés doivent passer par trois points donnés.

Pappus nous a laissé une solution facile de ce problème, pour le cas où les points sont en ligne droite.

Le cas général, qui offrait des difficultés, a été proposé en 1742 par Cramer, à Castillon, qui avait déjà donné des preuves d'habileté dans la Géométrie ancienne. Castillon trouva une solution du problème, fondée sur de pures considérations de Géométrie; elle parut dans les *Mémoires de l'Académie de Berlin*, pour 1776.

Aussitôt après, Lagrange en donna une solution différente, purement analytique et fort élégante. (Même volume des *Mémoires de Berlin*.)

En 1780, Euler, N. Fuss et Lexell résolurent aussi ce problème. (*Mémoires de l'Académie de Pétersbourg*.) La solution d'Euler nous donne lieu à cette remarque, qu'elle repose sur un lemme qui est précisément le théorème de Stewart, dont nous avons parlé au sujet des lemmes de Pappus sur le Traité des *Lieux plans* d'Apollonius. (1re Époque, § 36.)

Giordano di Ottaïano, jeune Napolitain, conçut la question d'une manière plus générale, et la résolut pour un polygone d'un nombre quelconque de côtés, devant passer par autant de points, placés arbitrairement dans le plan du cercle. Malfatti ne tarda point à la résoudre aussi dans cet état de généralité. (Les Mémoires de ces deux géomètres sont compris dans le tome IV des *Memorie della Societa italiana*.)

Lhuilier apporta quelques modifications aux solutions de ces deux géomètres, dans les Mémoires de Berlin, année 1796; et revint sur cette question dans ses *Élémens d'Analyse géométrique et d'Analyse algébrique*, année 1809.

M. Carnot, dans sa *Géométrie de position*, reprit la solution de Lagrange, et en fit, en y introduisant des considérations géométriques, une solution mixte, qu'il appliqua au cas général d'un polygone quelconque.

M. Brianchon introduisit dans cette question un nouvel élément de généralisation, en prenant une conique quelconque au lieu d'un cercle; et la résolut pour le cas du triangle, et en supposant les trois points situés en ligne droite. (*Journal de l'École polytechnique*, 10ᵉ Cahier.)

M. Gergonne fit un nouveau pas, en prenant aussi une conique, mais en rendant aux trois points leur généralité de position, et en ne se servant que de la *règle* pour résoudre le problème. Les solutions antérieures exigeaient l'emploi du *compas* (*Annales de Mathématiques*, tom. Iᵉʳ, pag. 341, années 1810-1811). M. Gergonne n'avait pas abordé directement ce problème; il s'en était proposé un autre qui lui est analogue : celui de *circonscrire, à une section conique, un triangle dont les sommets soient placés sur trois droites données*. La construction que donna ce géomètre n'employait que la *règle*, et était un modèle d'élégance et de simplicité. Elle a été démontrée par MM. Servois et Rochat (*Annales de Mathématiques*, tom. Iᵉʳ, pages 337 et 342). M. Gergonne fit observer que, par la théorie des *pôles* dans les sections coniques, elle se transformait immédiatement en une solution de même nature, pour la question d'inscrire, à une conique, un triangle dont les côtés passent par des points donnés.

Il restait, pour compléter cette matière, à résoudre aussi, pour une section conique au lieu du cercle, le cas général d'un polygone quelconque. C'est à M. Poncelet qu'on doit ce dernier effort. La solution de ce géomètre couronnait dignement les travaux de ses devanciers. Elle offre, sous tous les rapports, un bel exemple de la perfection à laquelle peuvent atteindre les théories de la Géométrie moderne. (Voir *Traité des Propriétés projectives*, page 532.)

NOTE XII.

(DEUXIÈME ÉPOQUE, § 2.)

Cette Note sera placée à la suite de la Note XXXIV.

NOTE XIII.

—

———

Sur les Coniques de Pascal.

La plupart des notes biographiques contiennent quelques erreurs au sujet des *Coniques* de Pascal; les unes, en confondant le *Traité complet des coniques*, qui n'a jamais été mis au jour, avec l'*Essai*, le seul qu'ait connu Descartes; d'autres en alléguant un prétendu refus de ce célèbre philosophe de reconnaître Pascal comme l'auteur de cet Essai, préférant l'attribuer d'abord à Desargues, puis au père de Pascal, très-versé lui-même dans les mathématiques. Et quoique Bayle, dans son dictionnaire historique, ait réfuté une telle interprétation de l'opinion de Descartes, contraire aux documents qui nous restent, et l'on peut dire aussi, au caractère de ce grand philosophe qui n'admirait presque jamais rien, cette interprétation a pourtant été souvent reproduite depuis, notamment par Montucla, dans l'*Histoire des Mathématiques* (tom. II, pag. 62).

Dans ces derniers temps encore, un très-savant géomètre crut devoir attribuer à Desargues, au moins le théorème de l'hexagone; quoique Pascal le présente, au commencement de son *Essai*, comme étant de sa propre invention, et faisant la base de cet essai, et qu'il ait soin de citer ensuite Desargues comme auteur d'un autre théorème qu'il énonce aussi.

À cette preuve, qui serait suffisante pour assurer à Pascal la propriété de son célèbre théorème, nous avons trouvé à ajouter le témoignage de Desargues lui-même. C'est un passage d'un écrit de ce géomètre, en 1642, rapporté par Curabelle dans son *Examen des œuvres de Desargues* (in-4°, 1644). En parlant d'une certaine proposition (qui n'est pas indiquée par Curabelle), Desargues ajoute qu'il « remet d'en donner la clef quand la » démonstration de cette grande proposition, nommée la Pascale, verra le jour : et que » ledit Pascal peut dire que les quatre premiers livres d'Apollonius sont, ou bien un cas, » ou bien une conséquence immédiate de cette grande proposition. » On ne peut douter qu'il ne s'agisse là du théorème de l'hexagone, que Pascal avait énoncé au commencement de son *Essai*, comme lemme d'où se déduisait tout son Traité des coniques. On voit encore, par ce passage curieux, que déjà ce merveilleux théorème portait, comme à présent, le nom de Pascal.

————

NOTE XIV.

—

—

Sur les ouvrages de Desargues; la lettre de Beaugrand;
et l'Examen de Curabelle.

Nous avons cité la lettre de Beaugrand, sur le *Brouillon projet des Coniques* de Desargues, d'après ce qu'en a dit M. Poncelet dans son *Traité des Propriétés projectives*, p. 95; car elle est extrêmement rare, et nous n'avons pu nous la procurer.

Nous trouvons, dans l'*Examen des œuvres du sieur Desargues*, par J. Curabelle, (in-4° 1644), ouvrage très-rare aussi, un passage qui fait mention de cette lettre, et qui est assez curieux sous d'autres rapports. Curabelle, après avoir cité l'opinion émise par Desargues, en 1642, au sujet d'une proposition de Pascal (celle de l'hexagone, probablement), *dont les quatre premiers livres d'Apollonius sont ou bien un cas, ou bien une conséquence immédiate*, ajoute : « Mais quant à l'égard du sieur Desargues, cét abaissement » d'Apollonius ne releue pas *ses leçons de tenebres, ni ses euenemens aux atteintes, que* » *fait vn cône rencontrant un plan droit*, auquel a suffisamment respondu le sieur de » Beaugrand, et demonstré les erreurs en l'année 1639, et imprimé en 1642, en telle » sorte que le public, depuis ledit temps, est privé desdites leçons de tenebres, qui » étoient tellement releuées, au dire dudit sieur, qu'elles surpassoient de beaucoup les » œuures d'Apollonius, ainsi qu'on pourra voir dans la lettre dudit sieur de Beaugrand, » imprimée l'année cy-dessus. »

Ce passage donne lieu aux réflexions suivantes.

D'abord il semble en résulter que Desargues, outre son *Brouillon projet d'une atteinte aux événements des rencontres du cône avec un plan*, avait écrit un autre ouvrage sur les coniques, sous le titre de *Leçons de ténèbres*; ce que font supposer aussi quelques passages du graveur et dessinateur Grégoire Huret, dans son ouvrage intitulé : *Optique de portraiture et peinture, contenant la perspective et pratique accomplie*, etc.; Paris 1670, in-fol.

Les mots *et imprimé en* 1642, nous avaient paru d'abord se rapporter à ce qui a été démontré en 1639; d'où nous avions conclu que la lettre de Beaugrand n'avait été imprimée qu'en 1642; mais nous la trouvons citée dans un autre écrit de Curabelle contre Desargues, dont nous allons parler tout à l'heure, où il est dit qu'elle a été imprimée en 1639.

D'après cela, il nous paraît que les mots *et imprimé en* 1642, signifient que Beaugrand,

outre cette première lettre, avait encore écrit et imprimé en 1642 contre Desargues; peut
être à l'occasion de ces *Leçons de ténèbres*, citées par Curabelle et Grégoire Huret.

Et en effet, il paraît que Beaugrand ne manquait pas une occasion de se signaler parmi
les détracteurs de Desargues. Car nous trouvons qu'il avait aussi écrit une *Lettre sur le
Brouillon projet de la Coupe des pierres* de Desargues (1640; in-4°). Cette lettre est annon-
cée, sous ce titre, dans le catalogue de la Bibliothèque royale, au nom de Beaugrand et à
celui de Desargues; mais malheureusement elle ne se trouve plus dans la Bibliothèque.
Elle y faisait partie d'un volume dont la perte est bien regrettable, car il contenait d'autres pièces relatives à Desargues, qui avaient paru en 1642 [1].

L'examen de Curabelle a amené des démêlés très-vifs entre lui et Desargues, qui nous
sont révélés par un autre écrit intitulé : *Faiblesse pitoyable du sieur Desargues, employée
contre l'examen fait de ses œuvres*, par J. Curabelle. Nous y voyons que Desargues avait
offert de soutenir la bonté de ses doctrines sur la Coupe des pierres, par une gageure de
cent mille livres, qui n'a été acceptée que pour cent pistoles par Curabelle. Les articles
d'une convention à ce sujet ont été rédigés, le 2 mars 1644; mais la difficulté de
s'entendre sur tous les points, a donné lieu à divers libelles de part et d'autre; et enfin
l'affaire a été soumise au Parlement, le 12 mai de la même année. Elle était en cet état
quand Curabelle publia l'écrit qui nous donne ces détails [2].

La difficulté de s'entendre provenait principalement du choix des jurés. Le passage suivant montre bien l'esprit qui avait dirigé Desargues dans la composition de ses ouvrages
de Coupe des pierres, et l'esprit dans lequel étaient faites les critiques de ses adversaires;
c'est là en quelque sorte l'origine et l'âme du débat.

Desargues voulait « *s'en rapporter au dire d'excellens géomètres et autres personnes
» savantes et désintéressées, et en tant qu'il serait de besoin aussi, des jurés maçons de
» Paris.* » A cela Curabelle répond : « ce qui fait voir évidemment que ledit Desargues
» n'a aucune vérité à déduire qui soit soutenable, puisqu'il ne veut pas des vrais experts
» pour les matières en conteste; il ne demande que des gens de sa cabale, comme
» des purs géomètres, lesquels n'ont jamais eu aucune expérience des règles des
» pratiques en question, et notamment de la coupe des pierres en l'architecture, qui est la
» plus grande partie des œuvres de question, et partant ils ne peuvent parler des subjec-
» tions que les divers cas enseignent. »

Ce passage, ce me semble, établit parfaitement la nature du démêlé, et peut faire décider *a priori* la question entre Desargues et ses détracteurs.

Quant à la méthode de Desargues en elle-même, elle a, depuis, été reconnue bonne et
exacte, et l'on a su apprécier le caractère de généralité qu'elle présentait. Ne pouvant

---

[1] La lettre de Beaugrand, sur le *Brouillon projet des Coniques* de Desargues, que M. Poncelet dit, dans son
Traité des Propriétés projectives, exister à la Bibliothèque royale, ne faisait point partie de ce volume, et nous
ne l'avons pu trouver inscrite sous aucun titre.

[2] Je ne possède que les huit premières pages de cet écrit (in-4°, petit texte), que j'ai trouvées jointes à mon
volume de l'*Examen des œuvres de Desargues*. Je désirais en connaître la suite; mais je n'ai pu en rencontrer
nulle part un second exemplaire.

entrer à ce sujet dans aucun développement, nous nous bornerons à citer le jugement qu'en a porté le savant Frezier, dans son *Traité de la Coupe des pierres*. De la Rue ayant dit que *J. Curabelle avait relevé exactement toutes les fautes de Desargues* (dans la construction des berceaux droits et obliques), Frezier, après avoir cité ce passage, ajoute : « Je » n'ai pas vu cette critique, et par conséquent je ne puis juger de son exactitude ; » j'avancerai cependant, sans la craindre, que la méthode de Desargues n'est du tout » point à rejeter. Je conviens qu'il y a des difficultés, mais comme elles ne viennent que » d'une faute d'explication du principe sur lequel elle est fondée, et un peu aussi de la » nouveauté des termes, je vais suppléer, etc. » (Tom. II, pag. 208, édition de 1768.) Puis, dans l'explication de la méthode, Frezier dit que Desargues « a réduit tous les » traits de la formation des berceaux droits, biais, en talus et en descente, à un seul » problème, qui est de chercher l'angle que fait l'axe du cylindre avec un diamètre de sa » base, etc. » (Pag. 209.)

Et enfin Frezier conclut, après avoir expliqué clairement et dans toute sa généralité, la méthode de Desargues, qu'*elle était ingénieuse, et aurait dû lui faire honneur*, si Bosse l'eût présentée d'une manière plus intelligible.

Curabelle est un écrivain totalement ignoré de nos jours ; cependant il parait qu'il a écrit sur la Stéréotomie et différentes parties des arts de construction. Du moins l'extrait du privilége, qui est en tête de son examen des œuvres de Desargues, fait connaître les titres de plusieurs ouvrages qu'il devait mettre au jour après ce dit examen. Nous n'avons pu trouver aucune trace de ces ouvrages, ni pu constater qu'ils aient effectivement paru. De la Rue, dans son *Traité de la Coupe des pierres*, cite plusieurs fois Curabelle, mais à raison seulement de l'examen en question.

Desargues, en voulant assujettir la Perspective pratique et les arts de construction à des principes rationnels et géométriques, s'était fait beaucoup d'autres détracteurs que Curabelle, ainsi qu'on le voit dans les ouvrages du célèbre graveur Bosse, qui passa toute sa vie à les combattre. Cette persévérance, qui fait honneur à son jugement et à son caractère, lui attira aussi des persécutions ; et il lui fut interdit d'enseigner les doctrines de Desargues à l'Académie royale de peinture, où il professait la Perspective.

Des détracteurs de Desargues, le personnage le plus considérable parait avoir été Beaugrand, secrétaire du roi, qui avait des relations avec beaucoup d'hommes distingués dans les sciences, et qui, lui-même, n'était pas dépourvu de savoir en mathématiques ; car il a publié, sous le titre *In isagogen F. Vietæ Scholia*, in-24, 1631, un commentaire sur le principal ouvrage analytique de Viète, et il a joué un certain rôle dans l'histoire de la cycloïde. Mais sa Géostatique, dont il est tant parlé dans les lettres de Descartes, et où il démontrait *géométriquement* que tout grave pèse d'autant moins qu'il est plus près de la Terre, suffit pour montrer à quelles erreurs son esprit était sujet ; et l'on ne s'étonne pas qu'il ait si mal apprécié les productions de Desargues.

L'estime que mérite Desargues, qui a été jusqu'ici si peu connu des biographes, nous a porté à entrer dans ces détails, espérant qu'il pourront piquer la curiosité de quelques personnes, et les engager à rechercher des ouvrages originaux de cet homme de génie, et les pièces relatives à ses démêlés scientifiques. Sa correspondance avec les hommes les plus illustres de son temps, dont il partageait les travaux, et qui le voulaient tous pour juge de leurs ouvrages, serait aussi une découverte précieuse pour l'histoire littéraire de ce dix-septième siècle qui fait tant d'honneur à l'esprit humain.

Quant aux ouvrages de Desargues, voici quelques indications qui pourront peut-être en amener d'autres :

Bosse écrivait en 1665, dans ses *Pratiques géométrales*, etc., que « feu M. Millon, » savant géomètre, avait fait un ample manuscrit de toutes les démonstrations de » Desargues, lequel méritait bien d'être imprimé. »

On lit, dans l'*Histoire littéraire de la ville de Lyon*, par le P. Colonia, imprimée en 1728 : « On va bientôt donner au public une édition complète des ouvrages de Desargues. » M. Richer, chanoine de Provins, auteur de deux mémoires curieux et détaillés sur les » ouvrages de son ami M. de Lagny et sur ceux de M. Desargues, sera l'éditeur de cet » important ouvrage qui intéresse singulièrement la ville de Lyon. »

Puisse un hasard heureux faire retrouver les manuscrits de Millon, et les matériaux réunis pour l'entreprise de Richer !

NOTE XV.

—

(DEUXIÈME ÉPOQUE, § 26.)

Sur la propriété anharmonique des points d'une conique. — Démonstration des propriétés les plus générales de ces courbes.

(1) Représentons-nous un quadrilatère inscrit à une conique, et une transversale, comme dans le théorème de Desargues sur l'involution de six points.

De deux sommets opposés du quadrilatère, menons des droites aux deux points où la transversale rencontre la conique : chacun de ces sommets sera le point de départ de quatre droites. On reconnaît aisément que la relation d'involution de Desargues exprimera que le rapport *anharmonique* des quatre points où les quatre droites, issues d'un des sommets du quadrilatère, rencontrent la tranversale, est égal au rapport anharmonique des quatre points où les quatre droites, issues du sommet opposé, rencontrent cette transversale; d'où l'on conclut que *le rapport anharmonique des quatre premières droites est égal au rapport anharmonique des quatre autres.*

(2) On a donc ce théorème général, la réciproque de la conclusion que nous venons de tirer du théorème de Desargues :

Quand on a deux faisceaux de quatre droites, qui se correspondent une à une, si le rapport anharmonique des quatre premières est égal au rapport anharmonique des quatre autres, les droites d'un faisceau rencontreront, respectivement, leurs correspondantes en quatre points, qui seront sur une conique passant par les deux points, centres des deux faisceaux.

Ce théorème, comme on le voit par la démonstration que nous venons d'en donner, n'est, au fond, qu'une expression différente de celui de Desargues ; mais ses corollaires, extrêmement nombreux, embrassent une partie des propriétés des coniques, sur lesquelles semblaient ne pouvoir s'étendre les théorèmes de Desargues et de Pascal. Et en effet, outre les avantages propres de sa forme différente, il a quelque chose de plus général que chacun de ces deux théorèmes; et ceux-ci s'en déduisent, non plus comme transformation, mais comme simples corollaires. C'est ce que nous ferons voir tout à l'heure, en montrant la nature des applications auxquelles se prête ce théorème.

Mais nous devons d'abord en donner une démonstration directe, puisque nous proposons de substituer ce théorème aux plus généraux dont on s'est servi jusqu'ici, et de tirer ceux-ci du premier.

(3) Cette démonstration est d'une facilité et d'une simplicité extrême. Car, le théorème énonçant une égalité des *rapports anharmoniques* de deux faisceaux de quatre droites, et ces rapports conservant les mêmes valeurs quand on fait la perspective de la figure, il suffit de prouver que cette égalité a lieu dans le cercle qui sert de base au cône sur lequel on considère la conique. Or, dans le cercle, les angles que les quatre droites du premier faisceau font entre elles sont égaux, respectivement, aux angles que les droites correspondantes du second faisceau font entre elles, parce que ces angles sous-tendent les mêmes arcs; donc le rapport anharmonique des sinus des premiers angles est égal au rapport anharmonique des sinus des angles du second faisceau; puisque ces sinus seront égaux, chacun à chacun.

Ainsi, le théorème est démontré.

(4) Imaginons que trois droites du premier faisceau, et les trois droites correspondantes du second faisceau, soient fixes; que la quatrième droite du premier faisceau tourne autour de son centre, et que la droite correspondante, dans le second faisceau, tourne aussi, et de manière que l'égalité des rapports anharmoniques des deux faisceaux ait toujours lieu; *ces deux droites mobiles se couperont toujours sur une conique,* qui sera déterminée par les cinq points fixes de la figure, c'est-à-dire les centres des deux faisceaux, et les points où les trois droites fixes du premier rencontreront les trois droites fixes du second.

(5) De là naît une infinité de manières d'engendrer les coniques, par l'intersection de deux droites tournant autour de deux points fixes. Car on peut, d'une infinité de manières, former deux faisceaux de lignes droites, qui se correspondent une à une, et telles que le

rapport anharmonique de quatre droites quelconques du premier faisceau, soit toujours égal au rapport anharmonique des quatre droites correspondantes du second faisceau.

(6) Par exemple, concevons un angle fixe; et qu'autour d'un point, comme pôle, on fasse tourner une transversale; elle rencontrera, dans chacune de ses positions, les côtés de l'angle en deux points. Quatre points ainsi déterminés sur l'un des côtés auront leur rapport anharmonique égal à celui des quatre points correspondants sur l'autre côté (parce que ce rapport sera le même que celui des quatre transversales qui déterminent ces points). Il s'ensuit que, si d'un premier point fixe, on mène des droites aux points marqués sur le premier côté de l'angle; et, d'un second point fixe, des droites aux points marqués sur le second côté, on aura deux faisceaux de droites qui se correspondront une à une et qui se couperont sur une conique passant par les deux points fixes. D'où l'on conclut que :

Quand les trois côtés d'un triangle, de forme variable, tournent autour de trois points fixes, et que deux des sommets du triangle parcourent deux droites fixes, le troisième sommet engendre une conique, qui passe par les deux points autour desquels tournent les deux côtés adjacents à ce sommet [1].

Ce théorème est précisément l'hexagramme mystique de Pascal, présenté sous une autre forme. C'est sous cet énoncé qu'il a été trouvé par Mac-Laurin et Braikenridge, et qu'il a conduit le premier de ces deux géomètres à l'énoncé même du théorème de Pascal.

(7) Maintenant, soient deux faisceaux de droites, émanées de deux centres différents, et se coupant, une à une, sur une même droite menée arbitrairement dans leur plan. Le rapport anharmonique de quatre droites quelconques du premier faisceau sera égal au rapport anharmonique des quatre droites correspondantes dans le second faisceau (parce que ce rapport sera le même que celui des quatre points où ces droites se rencontrent, une à une, sur la transversale fixe). Maintenant, qu'on transporte les deux faisceaux en d'autres lieux de leur plan, de manière à changer leur position relative; leur droites correspondantes ne se couperont plus une à une sur une droite; mais il résulte, de notre théorème, qu'*elles se couperont toujours sur une section conique, qui passera par les deux sommets des deux faisceaux.*

(8) Supposons que les deux faisceaux primitifs, dans leur déplacement, aient conservé leurs centres respectifs; c'est-à-dire qu'ils aient tourné autour de leurs centres; alors le théorème que nous venons d'énoncer exprime précisément le théorème de Newton, sur la description organique des coniques.

(9) Si les rayons des deux faisceaux primitifs, au lieu de se croiser sur une même droite, se croisaient sur une conique passant par leurs centres, les deux faisceaux satisfe-

[1] Le côté du triangle, opposé au sommet décrivant, pourrait, au lieu de tourner autour d'un point fixe, rouler sur une conique à laquelle les deux droites fixes seraient tangentes; alors le sommet libre décrirait encore une conique passant par les deux points fixes.

Cela résulte de ce que quatre tangentes quelconques à une conique en rencontrent deux autres, chacune en quatre points tels, que le rapport anharmonique des quatre points de la première est égal au rapport anharmonique des quatre points de la seconde (*voir* la Note suivante).

Cette généralisation du théorème de Mac-Laurin et de Braikenridge conduira à un grand nombre de propositions diverses, dont la plupart seront nouvelles.

raient à condition que quatre droites quelconques de l'un eussent leur rapport anharmonique égal à celui des quatre droites correspondantes du second [d'après le théorème (2)]. Donc, après un déplacement quelconque de ces deux faisceaux, leurs rayons correspondants se couperont encore sur une conique.

(10) Si les deux faisceaux ne font que tourner autour de leurs centres respectifs, on en conclut ce théorème :

Si deux angles de grandeur quelconque, mais constante, tournent autour de leurs sommets, de manière que le point d'intersection de deux de leurs côtés parcoure une conique passant par leurs sommets, leurs deux côtés se croiseront sur une seconde conique qui passera aussi par les deux sommets.

(11) Ce théorème, qui est une généralisation de celui de Newton, n'est lui-même qu'une manière particulière, entre une infinité d'autres semblables, pour former les coniques par l'intersection de deux droites mobiles autour de deux points fixes, ou par l'intersection de deux côtés des deux angles mobiles autour de leurs sommets ; et, au lieu de supposer ces angles de grandeur constante, comme nous venons de le faire, on peut les supposer variables, et il est alors une infinité de manières de régler la relation qu'ils devront conserver entre eux.

Par exemple, on peut supposer que chacun d'eux intercepte, sur une droite fixe, des segments de grandeur constante.

Ainsi le théorème de Newton, qui a eu quelque célébrité, et qui a paru capital dans la théorie des coniques, ne se trouve plus qu'un cas très-particulier d'un mode général de description de ces courbes.

(12) Cette circonstance nous paraît bien propre à montrer deux choses : d'abord qu'il est toujours utile de remonter à l'origine des vérités géométriques, pour découvrir, de ce point de vue élevé, les différentes formes dont elles sont susceptibles et qui peuvent en étendre les applications ; car le théorème de Newton, que quelques géomètres très-distingués n'ont pas dédaigné de démontrer, comme l'un des plus beaux de la théorie des coniques, n'a pourtant point eu de grandes conséquences, parce que sa forme ne se prêtait qu'à peu de corollaires. Le théorème général, au contraire, d'où nous le déduisons, se prête à une foule de déductions diverses.

On voit ensuite ici une preuve de cette vérité, que les propositions les plus générales et les plus fécondes sont en même temps les plus simples et les plus faciles à démontrer ; car aucune des démonstrations qu'on a données du théorème de Newton n'est comparable, en brièveté, à celle que nous avons donnée du théorème général en question (3) ; celle-ci même a l'avantage de n'exiger la connaissance préalable d'aucune propriété des coniques.

(13) Reprenons les deux faisceaux que nous avons supposés se couper sur une droite, et supposons cette droite à l'infini ; c'est-à-dire que les deux faisceaux aient leurs droites respectivement parallèles. Qu'on les déplace en les faisant tourner autour de leurs centres ; alors leurs droites correspondantes se couperont sur une conique, qui passera par leurs centres. On peut énoncer ce théorème en disant que : *Quand on a dans un plan deux figures semblables, mais non semblablement placées, les droites menées arbitrairement,*

43

par un point de la première, rencontrent respectivement leurs homologues dans la seconde, en des points situés sur une conique; théorème que nous avions énoncé, sans démonstration, dans un écrit sur le déplacement d'un corps solide dans l'espace (*Bulletin universel des sciences,* tom XIV, pag. 321).

(14) On peut donner, au théorème général qui fait le sujet de cette Note, cet autre énoncé : *Quand un hexagone est inscrit à une conique, si de deux sommets on mène des droites aux quatre autres sommets, le rapport anharmonique des quatre premières sera égal au rapport anharmonique des quatre autres;*

C'est-à-dire que : *Les quatre premières droites rencontreront une transversale quelconque en quatre points, et les quatre autres rencontreront une seconde transversale en quatre points correspondant, un à un, aux quatre premiers; et le rapport anharmonique des quatre premiers points sera égal au rapport anharmonique des quatre autres.*

Cet énoncé a la plus grande généralité possible, à cause de l'indétermination de position des deux transversales.

(15) Supposons que la première transversale soit l'une des quatre droites menées par le second sommet de l'hexagone, et que la seconde transversale soit l'une des droites menées par le premier sommet; alors le théorème qu'on obtient est précisément le premier des théorèmes que Pascal a énoncés dans son *Essai pour les Coniques,* comme se déduisant de son hexagramme.

(16) Maintenant supposons que les deux transvercales se confondent avec l'un des côtés de l'hexagone : le théorème qui en résultera sera celui même de Desargues sur l'involution de six points.

(17) Dans ce théorème de Desargues, substituons, aux segments compris sur la transversale entre les deux points de la conique et les quatre côtés du quadrilatère, les expressions de ces segments en fonction des perpendiculaires abaissées, des deux points de la conique, sur les quatre côtés; il en résultera ce théorème :

Un quadrilatère étant inscrit à une conique, si, d'un point quelconque de la courbe, on abaisse des perpendiculaires sur ses côtés, le produit des perpendiculaires abaissées sur deux côtés opposés sera, au produit des deux autres, dans un rapport constant, quel que soit le point de la conique.

Au lieu des perpendiculaires, on peut prendre des obliques faisant respectivement, avec les côtés du quadrilatère sur lesquels elles sont abaissées, des angles constants. Cette proposition est donc le théorème *ad quatuor lineas* rapporté par Pappus.

(18) Ainsi il est démontré que l'hexagramme mystique, un autre théorème de Pascal aussi sur l'hexagone, celui de Newton sur la description organique des coniques, celui de Desargues sur l'involution de six points, et celui des anciens *ad quatuor lineas,* sont tous des corollaires de notre théorème. On conçoit par là le grand nombre de vérités particulières sur lesquelles ce théorème peut s'étendre, pour en montrer des rapports inaperçus jusqu'à ce jour, et une origine commune et satisfaisante.

Nous pouvons donc regarder ce théorème comme étant, en quelque sorte, un *centre,* d'où dérivent la plupart des propriétés des coniques, même les plus générales : il serait propre, à raison de cette très-grande fécondité, et de la facilité extrême avec laquelle il se démontre, à servir de fondement à une théorie géométrique des coniques.

(19) Comme c'est la notion du *rapport anharmonique* qui fait le caractère principal de ce théorème, et qui le rend propre aux innombrables déductions qu'on en peut tirer, nous le désignerons sous le nom de *propriété anharmonique* des points d'une conique [1].

Remarquons que, de même que les théorèmes de Pascal, de Desargues, de Newton, et la question *ad quatuor lineas*, sont des corollaires de cette propriété anharmonique, celle-ci peut aussi se déduire, par la même voie, de chacun de ces théorèmes, et servir par conséquent à passer de l'un à l'autre. Ce qui prouve que la notion du *rapport anharmonique* est véritablement le lien commun entre ces divers théorèmes, et qu'ils ne diffèrent l'un de l'autre que par la forme.

On avait déjà remarqué les rapports, nous pouvons même dire la presque identité qui a lieu entre les théorèmes de Desargues et de Pascal, mais non point entre ceux-ci et les autres théorèmes principaux que nous avons cités. On démontrait, au contraire, chacun de ces théorèmes d'une manière différente, et toujours incomparablement plus longue que la démonstration intuitive que nous avons donnée du théorème en question.

(20) Nous pourrions aussi déduire de ce théorème la belle proposition de Carnot, concernant le rapport des segments faits, par une conique, sur les trois côtés d'un triangle tracé dans son plan, et qui exprime une propriété de six points pris sur une conique, tout aussi générale que les théorèmes de Desargues, Pascal et Newton.

(21) Enfin notre *propriété anharmonique* est encore susceptible d'une nouvelle forme, qui en fait une proposition nouvelle, différente de toutes celles qui précèdent, et qui se prête à un nouveau genre de déductions extrêmement nombreuses.

Cette nouvelle proposition s'exprime par une égalité à trois termes. On peut l'énoncer ainsi :

Étant données dans un plan deux transversales; et étant pris sur la première deux points fixes quelconques O, E, *et sur la seconde deux points* O', E', *aussi quelconques;*

Si, autour de deux pôles fixes P, P', *pris arbitrairement dans le plan de la figure, on fait tourner deux droites qui rencontrent les deux transversales, respectivement, en deux points* a, a', *déterminés de manière que l'on ait la relation*

$$(A) \quad \ldots \ldots \ldots \ldots \quad \frac{Oa}{Ea} + \lambda \frac{O'a'}{E'a'} = \mu,$$

λ *et* μ *étant deux constantes;*

Le point de concours des deux droites mobiles engendrera une conique qui passera par les deux pôles P, P'.

(22) Ce théorème, où il y a tant d'éléments arbitraires, tels que les directions des

---

[1] Nous disons *des points* d'une conique, parce que nous verrons, dans la Note suivante, que les coniques jouissent d'une seconde *propriété anharmonique*, analogue à cette première, et qui concerne leurs *tangentes*.

transversales, les positions des quatre points pris sur elles, celles des deux pôles, et les valeurs des deux coefficients, ne diffère point, au fond, des propriétés générales des coniques dont il a été question dans cette Note; car nous le déduisons, comme chacune d'elles, de notre proposition anharmonique. Mais sa forme permet d'en étendre les applications beaucoup plus loin que l'on n'a fait à l'égard de chacune de ces propositions.

(23) Ainsi, par exemple, si l'on suppose les deux points E, E', placés sur la droite qui unit les deux pôles P, P', l'équation, au lieu d'exprimer une conique, devient celle d'une simple ligne droite. De là résultent, comme corollaires d'autant de propriétés des coniques, une infinité de propriétés de la ligne droite; et, parmi ces propositions, se trouvent divers systèmes de coordonnées, particulièrement celui de Descartes.

Il est plusieurs autres manières de faire que l'équation représente une ligne droite. Il suffit, en général, de satisfaire à une seule relation de condition entre les données de la question, exprimée par l'équation

$$\frac{O\varepsilon}{E\varepsilon} + \lambda\,\frac{O'\varepsilon'}{E'\varepsilon'} = \mu\,;$$

ε et ε' étant les points où les deux transversales rencontrent la droite qui joint les pôles P, P'.

Nous montrerons, dans un autre écrit, les nombreux usages auxquels l'équation (A) nous a paru se prêter dans la théorie des coniques, et dans celle des transversales.

(24) Je reviendrai aussi ailleurs sur la propriété anharmonique des coniques, exprimée sous la forme d'une égalité à deux termes, par le théorème (2), parce qu'elle se présentera dans la théorie des figures *homographiques*, dont elle est une propriété générale. Nous l'énoncerons alors en ces termes :

Deux faisceaux homographiques étant situés dans un même plan, les droites du premier rencontrent respectivement les droites du second, en des points qui sont sur une conique passant par les centres des deux faisceaux.

Cet énoncé, qui substitue à l'idée de *rapport anharmonique*, déjà très-simple, mais qui ne concerne directement qu'un faisceau de quatre droites, une autre notion qui comprend explicitement toutes les droites d'un même faisceau, apportera, dans les applications du théorème, une promptitude et une facilité nouvelles.

(25) On nous pardonnera peut-être la longueur de cette Note, si l'on observe qu'elle contient, avec leurs démonstrations, la plupart des propriétés les plus belles et les plus générales de la théorie des coniques. L'Analyse, certainement, n'aurait point été plus brève, ni plus facile, dans cette circonstance, que la pure Géométrie.

Nous remarquerons, à cette occasion, qu'aucune de ces propositions, qui sont pourtant les plus considérables et les plus fécondes de toute la théorie des coniques, n'entre aujourd'hui dans les ouvrages analytiques où l'on étudie ces courbes. Ces ouvrages ne sont véritablement pas des Traités des coniques; ce sont des applications de la Géométrie analytique, et une introduction à la théorie générale des courbes; et, dans ces applications, on démontre, non pas les propriétés les plus générales et les plus importantes des coniques, mais celles seulement qui sont les plus élémentaires et les plus restreintes, parce qu'elles se prêtent mieux aux formules de l'Analyse. Les autres, qui seraient les plus utiles, et sur lesquelles reposent les progrès incessants de la théorie des coniques, restent inconnues aux jeunes géomètres qui n'ont étudié cette importante théorie que dans les Traités de Géométrie analytique.

L'étude des coniques a donc rétrogradé, depuis un siècle, d'une manière extraordinaire. Cela est fâcheux, non-seulement à cause du rôle important que ces célèbres courbes jouent dans toutes les parties de la Géométrie, et qui rend leur connaissance indispensable, mais aussi parce que, en principe général, on doit, dans toutes parties des sciences, accoutumer l'esprit à toujours établir ses spéculations sur les vérités les plus générales que présente chaque théorie. C'est le plus sûr moyen, sinon l'unique, de simplifier l'étude d'une science et d'en assurer les progrès.

NOTE XVI.

——

(SUITE DE LA PRÉCÉDENTE.)

——

Sur la propriété anharmonique des tangentes d'une conique.

Les théorèmes dont il a été question dans la Note précédente concernent les *points* d'une conique. On sait qu'il correspond à plusieurs d'entre eux d'autres théorèmes analogues, concernant les *tangentes* de la courbe. Ainsi, à l'hexagramme de Pascal correspond le théorème de M. Brianchon sur l'hexagone circonscrit; au théorème de Desargues correspond celui-ci, qui a été donné en premier lieu, je crois, par M. Sturm [1] : « Quand un quadrilatère est circonscrit à une conique, les droites menées d'un point quelconque à ses quatre sommets et les deux tangentes menées de ce point à la courbe, forment un faisceau en involution. » Au théorème des Anciens, *ad quatuor lineas*, nous paraît cor-

---

[1] Ce théorème était le sujet d'un Mémoire annoncé comme devant faire suite à deux premiers Mémoires de M. Sturm, sur la théorie des lignes du deuxième ordre, insérés dans les *Annales de Mathématiques*, tom. XVI et XVII, mais qui n'a point paru.

respondre le suivant, que nous avons démontré dans notre premier *Mémoire sur les tranformations paraboliques* [1] : « Quand un quadrilatère est circonscrit à une conique, une tangente quelconque à la courbe a le produit de ses distances à deux sommets opposés du quadrilatère dans un rapport constant avec le produit de ses distances aux deux autres sommets ; » enfin M. Poncelet a montré, dans sa *Théorie des polaires réciproques*, que le théorème de Newton, sur la description organique des coniques, a pareillement son correspondant; et qu'il en est de même aussi du théorème de Carnot sur les segments faits, par une conique, sur les trois côtés d'un triangle [2].

On doit penser que tous ces nouveaux théorèmes, qui expriment chacun une propriété générale de six tangentes d'une même conique, doivent dériver tous, de même que ceux auxquels ils correspondent, d'une seule et unique proposition qui correspondra à celle que nous avons appelée, dans la Note précédente, *propriété anharmonique* des points d'une conique.

C'est ce qui a lieu en effet, et cette nouvelle proposition peut s'énoncer ainsi :

Quand deux droites, situées dans un même plan, sont divisées chacune en quatre segments, et que les points de division de la première droite correspondent, un à un, à ceux de la seconde; si le rapport anharmonique des quatre premiers points est égal au rapport anharmonique des quatre autres, les quatre droites qui joindront un à un les points correspondants, et les deux droites données, seront six tangentes d'une même conique [3].

On conçoit aisément que ce théorème comprend une infinité de propositions diverses, concernant la description des coniques par leurs tangentes. Car il existe une infinité de manières de concevoir deux droites divisées de telle sorte que le rapport anharmonique de quatre points quelconques de la première, soit égal à celui des quatre points correspondants de la seconde.

En recherchant, dans les *Coniques* d'Apollonius et dans les auteurs modernes, les diverses propositions qui concernent les tangentes d'une conique, nous avons reconnu que presque toutes ne sont que des applications ou des corollaires du théorème que nous venons d'énoncer. Les théorèmes principaux cités au commencement de cette Note, tel que celui de M. Brianchon, ne sont que des expressions différentes ou des transformations de celui-là, qui, de la sorte, est un lien commun entre ces divers théorèmes, et sert à passer de l'un à l'autre.

Nous appellerons ce théorème la *propriété anharmonique des tangentes* d'une conique.

Il nous reste à donner la démonstration de ce théorème. Quelques mots suffiront.

[1] Art. 10, pag. 289 du tom. V de la *Correspondance mathématique* de Bruxelles.
[2] *Journal de Mathématiques*, de M. Crelle, tom. IV.
[3] Quand les deux droites données ne sont pas dans un même plan, les droites qui joignent, un à un, leurs points de division, forment alors un hyperboloïde à une nappe. Ce que nous avons démontré, sous un autre énoncé, dans la *Correspondance sur l'École polytechnique*, tom. II, pag. 446. C'est de ce théorème général dans l'espace, que nous avons déduit la propriété des coniques dont il s'agit (*voir* la *Correspondance mathématique* de M. Quetelet, tom. IV, pag. 364).

Le théorème exprimant une égalité de deux rapports anharmoniques, qui se conservera quand on fera la perspective de la figure, il suffit de la démontrer dans le cercle qui sert de base au cône sur lequel la conique est tracée. Il faut donc prouver que, quand un angle est circonscrit à un cercle, si l'on mène quatre tangentes quelconques au cercle, le rapport anharmonique des quatre points où elles rencontreront le premier côté de l'angle sera égal à celui des quatre points où elles rencontreront le second côté. Or, cela est évident; car la partie de chacune des tangentes qui est comprise entre les deux côtés de l'angle est vue, du centre du cercle, sous un angle de grandeur constante; et, par conséquent, les segments que deux tangentes forment sur les deux côtés de l'angle sont vus, du centre, sous des angles égaux. D'où l'on conclut que les quatre droites menées du centre aux points où les quatre tangentes rencontrent le premier côté de l'angle, ont leur rapport anharmonique égal à celui des quatre droites menées du centre aux points où ces tangentes rencontrent le second côté; et, conséquemment, les points de division du premier côté ont leur rapport anharmonique égal à celui des points correspondants du second côté.

Ainsi le théorème est démontré.

Ce théorème peut prendre une nouvelle forme, et s'exprimer par une équation à trois termes, qui en fait une proposition différente, susceptible de nouvelles et nombreuses applications.

Nous présenterons cette nouvelle propriété des coniques sous l'énoncé suivant :

Étant données dans un plan deux transversales, et étant pris arbitrairement deux points fixes O, E, *sur la première, et deux points fixes* O', E', *sur la seconde; si deux points variables,* a, a', *parcourent ces deux droites, de manière que l'on ait la relation constante*

$$\frac{Oa}{Ea} + \lambda \frac{O'a'}{E'a'} = \mu,$$

λ *et* μ *étant des coefficients constants;*

La droite aa', *dans chacune de ses positions, touchera toujours une même conique, qui sera tangente aux deux transversales fixes.*

Cette proposition est susceptible d'un grand nombre de corollaires, que l'on obtient en disposant diversement des données de la question, qui sont les deux transversales, les quatre points pris sur elles, et les coefficients λ et μ.

Si ces données ont entre elles la relation :

$$\frac{OS}{ES} + \lambda \frac{O'S}{E'S} = \mu,$$

où S désigne le point de concours des deux transversales, la conique se réduit à un point; c'est-à-dire que la droite aa' passe toujours, dans toutes ses positions, par un même point.

C'est ce qui a lieu, par exemple, quand les points E, E' sont placés au point de concours S des deux transversales. De sorte que l'équation

$$\frac{Oa}{Sa} + \lambda \frac{O'a'}{Sa'} = \mu$$

appartient à un point.

Nous reviendrons, dans un autre moment, sur le théorème qui fait le sujet de cette Note. Nous le considérerons alors comme une propriété des figures *homographiques*, et nous lui donnerons cet autre énoncé, qui est très-propre à en montrer de nombreuses applications :

Quand deux droites, dans un plan, sont divisées homographiquement, les droites qui joignent, un à un, les points de division de la première aux points homologues de la seconde, enveloppent une conique tangente aux deux premières droites.

On peut remplacer, dans le théorème ci-dessus, le système des deux transversales fixes par une circonférence de cercle. On a alors ce théorème :

Étant donnés quatre points fixes quelconques O, E, O', E' *sur une circonférence de cercle ; si l'on prend sur cette circonférence deux points variables* a, a', *tels que l'on ait la relation*

$$\frac{\sin.\frac{1}{2}aO}{\sin.\frac{1}{2}aE} + \lambda \frac{\sin.\frac{1}{2}a'O'}{\sin.\frac{1}{2}a'E'} = \mu,$$

λ *et* μ *étant deux constantes ;*

La corde aa' *enveloppera une conique ayant un double contact avec le cercle, et qui touchera la droite* EE'.

Cette proposition, jointe aux deux qui nous ont déjà présenté de l'analogie avec le rapport anharmonique de quatre points, et l'involution de six points, donne lieu à une théorie dans laquelle une foule de propriétés du système de deux lignes droites se trouvent transportées au cercle ; et tout cela s'applique, par une transformation convenable, à une section conique quelconque ; ce qui offre une source nouvelle de propriétés de ces courbes.

Nous nous bornerons ici à faire remarquer qu'en prenant pour les points E, E', dans le théorème ci-dessus, les extrémités des diamètres qui passent par les deux points O, O' respectivement, on donnera à l'équation cette forme plus simple

$$\tan g.\frac{1}{2}aO + \lambda \tan g.\frac{1}{2}a'O' = \mu,$$

qui exprime un nouveau théorème.

Parmi les corollaires qui dérivent de ce théorème, on trouve cette propriété du cercle osculateur en un point d'une conique :

Étant mené le cercle osculateur en un point A *d'une conique, toute tangente à cette courbe le rencontre en deux points tels, que la différence des cotangentes des demi-arcs compris entre ces points et le point* A *est constante.*

NOTE XVII.

(TROISIÈME ÉPOQUE, § 24.)

Sur Maurolicus et Guarini.

Maurolicus, le plus savant géomètre de son temps, est auteur d'un grand nombre d'ouvrages, où se trouvent souvent des innovations heureuses et des traces de génie.

C'est à lui qu'on doit cette remarque, qui fut, entre ses mains, la base de nouveaux principes de Gnomonique, que l'ombre de l'extrémité d'un style décrit chaque jour un arc de section conique : et c'est à cette occasion qu'il composa son Traité des coniques, dont nous avons parlé, et qui fait le sujet du 3e livre de sa Gnomonique, intitulée : *de Lineis horariis libri III*, qui parut d'abord en 1553, puis en 1575. Mais ce Traité des coniques se borne à ce qui était nécessaire pour la Gnomonique, et ne comprend pas toutes les propriétés de ces courbes, qui se trouvent dans Apollonius.

Nous citerons encore, de Maurolicus, l'introduction, dans les calculs trigonométriques, des sécantes, dont il imprima une table dans le volume intitulé *Theodosii sphæricorum libri III*, année 1558.

L'Analyse est aussi infiniment redevable à ce géomètre, qui pourtant est peu cité à ce sujet. C'est lui qui introduisit le premier l'usage des lettres, à la place des nombres, dans les calculs de l'Arithmétique, et qui donna les premières règles de l'algorithme de l'Algèbre. Maurolicus voulait, par cette innovation, élever les opérations numériques à la même généralité et à la même abstraction que les opérations graphiques de la Géométrie, dont l'ensemble est présent à l'œil, et peut même être suivi mentalement, et a le singulier avantage de se prêter à mille applications diverses.

Nous avons cité Guarini à l'occasion du théorème de Ptolémée, dans la Note VI; et de la théorie des coniques en parlant du grand Traité de La Hire.

L'ouvrage de ce géomètre, dont nous nous étonnons de ne trouver aucune mention chez les auteurs qui ont écrit sur l'histoire des mathématiques, est intitulé : *Euclides adauctus et methodicus, mathematicaque universalis* (in-fol. de plus de 700 pages, sur deux colonnes, Turin 1671). Il contient trente-cinq traités sur différentes parties de la Géométrie théorique et appliquée. Le 32e peut être regardé comme un chapitre de notre Géométrie descriptive actuelle. Il traite de la projection sur des plans, des lignes qui proviennent de l'intersection de la sphère, du cône et du cylindre entre eux; et du développement, sur un plan, de ces courbes à double courbure.

44

Guarini est auteur aussi d'un ouvrage sur l'Astronomie, intitulé : *Mathematica cœlestis*, in-fol., Milan, 1683 ; que Weidler et Lalande ont cité, le premier avec ces mots d'éloge : *A perspicuitate commendatur.*

Ces deux célèbres écrivains auraient pu comprendre aussi, dans leurs bibliographies astronomiques, un autre ouvrage de Guarini, intitulé : *Placita philosophica* (in-fol. Paris, 1666), où, parmi d'autres matières relatives à la physique, à la logique et à la métaphysique, l'auteur détruisait le système de Ptolémée et y substituait certaines lignes spirales dans lesquelles il faisait mouvoir les planètes. Il émit aussi une opinion extraordinaire sur le flux et le reflux de la mer, et sur divers autres phénomènes.

NOTE XVIII.

(TROISIÈME ÉPOQUE, § 34.)

Sur l'identité des figures homologiques avec celles qu'on décrit dans les pratiques de la perspective.— Remarque sur la Perspective de Stevin.

Il est aisé de reconnaître que les figures de La Hire, celles de Le Poivre, et les figures homologiques, sont identiquement les mêmes que celles que l'on décrit dans la méthode de perspective qui fait usage du *point de vue* et des *points de distance*. Car celles-ci jouissent des deux caractères distinctifs des premières, qui sont : 1° que leurs lignes homologues concourent sur une même droite, qui est la *ligne de terre;* 2° que leurs points homologues sont sur des droites concourant en un même point (qui serait le rabattement du point de vue sur le plan du tableau, si le plan horizontal mené par l'œil eût tourné autour de la *ligne horizontale*). Mais cette seconde propriété des figures qu'on décrit, dans la pratique de la perspective, *par le point de vue et les points de distance*, est rarement démontrée dans les Traités de perspective; car, quoique ces ouvrages soient extrêmement nombreux, nous n'avons peut-être aperçu cette propriété que dans ceux d'Ozanam, de Jeaurat, de Lambert (édition de 1773), et dans le Traité récent de M. Choquet.

Dans d'autres méthodes de perspective, telles que celles de Stevin, de S'Gravesande, de Taylor et du P. Jacquier, qui se servent du point de l'œil rabattu sur le plan de la figure, l'identité des figures construites, avec les figures de La Hire, de Le Poivre, et les figures homologiques, est évidente; parce qu'il est fait usage, dans ces pratiques, des deux propriétés caractéristiques que nous avons énoncées.

S'Gravesande et Taylor sont cités souvent, et à juste titre, comme ayant traité la perspective d'une manière neuve et savante : mais nous nous étonnons que l'on passe sous silence Stevin qui, un siècle auparavant, avait aussi innové dans cette matière, qu'il avait traitée en profond géomètre, et peut-être plus complétement qu'aucun autre, sous le rapport théorique.

Ainsi, nous ne trouvons que dans cet auteur la solution géométrique de cette question, qui est l'inverse de la perspective : *Étant données, dans un plan et dans une position quelconque l'une par rapport à l'autre, deux figures qui sont la perspective l'une de l'autre, on demande de les placer dans l'espace de manière que la perpective ait lieu, et de déterminer la position de l'œil.*

Stevin, il est vrai, ne résout que quelques cas particuliers de cette question, dont le plus difficile est celui ou l'une des figures est un quadrilatère et l'autre un parallélogramme.

Le cas où les deux figures sont deux quadrilatères quelconques comporte toute la question. Mais Stevin ne pouvait le résoudre, parce qu'il ne faisait usage que des propriétés descriptives des figures de la perspective, et qu'il eût fallu considérer aussi leurs relations métriques.

Nous aurons occasion de résoudre cette question générale dans les applications de notre principe de *transformation homographique.*

NOTE XIX.

(TROISIÈME ÉPOQUE, § 35.)

Sur la méthode de Newton, pour changer les figures en d'autres figures du même genre

(Lemme XXII du 1er livre des Principes.)

Pour donner aux figures de Newton la même position, l'une par rapport à l'autre, que celles de La Hire, il suffit de faire tourner la seconde autour du point B [1], comme pivot,

_____
[1] Nous supposons que l'on a le texte de Newton sous les yeux.

jusqu'à ce que ses ordonnées *dg* soient devenues parallèles aux ordonnées DG de la première.

La ligne *a*B de la seconde courbe aura pris, pendant cette rotation, une position *a'*B. On mènera, par le point A, une droite A*o'* égale et parallèle à *a'*B. Le point *o'* sera le *pôle* (ou *centre d'homologie*), et la droite B*a*, considérée dans sa position primitive, sera la *formatrice* (ou *axe d'homologie*).

Maintenant, pour montrer comment les procédés de la perspective ont pu conduire Newton à son mode de transformation; que l'on conçoive dans l'espace une courbe plane, et un tableau sur lequel on fait la perspective de cette courbe; que, par l'œil, on mène un plan transversal, et qu'autour des droites suivant lesquelles il coupera le plan de la courbe et celui du tableau, on fasse tourner ces deux plans, jusqu'à ce qu'ils s'appliquent, l'un et l'autre, sur le plan transversal; alors la courbe proposée, sa perspective, et le point de l'œil, seront dans un même plan, et représenteront les figures de Newton.

La méthode de Newton pourrait donc servir comme méthode pratique de perspective. Et en effet, nous trouvons qu'elle diffère peu de la première des deux règles de Vignole, démontrées par Egnazio Dante, et reproduites par Sirigatt et divers autres géomètres.

NOTE XX.

(QUATRIÈME ÉPOQUE, § 4.)

Sur la génération des courbes du troisième degré, par les cinq paraboles divergentes, et par les cinq courbes à centre.

Les deux théorèmes que nous nous proposons de démontrer reposent sur une propriété des points d'inflexion des courbes du troisième degré, comprise dans l'énoncé suivant :

Si, autour d'un point d'inflexion d'une courbe du troisième degré, on fait tourner une transversale, et qu'aux deux points où elle coupera la courbe on mène les tangentes, leur point de concours engendrera une ligne droite;

Les droites qui joindront deux à deux les points où deux transversales rencontreront la courbe, se rencontreront sur cette droite;

Enfin cette droite rencontrera chaque transversale en un point, qui sera le conjugué harmonique du point d'inflexion par rapport aux deux points où la transversale rencontrera la courbe.

Il est manifeste que cette droite passe par les points de contact des trois tangentes à la courbe, qu'on peut mener, généralement, par son point d'inflexion. On voit donc que cette droite et le point d'inflexion jouissent, par rapport à la courbe, des mêmes propriétés qu'un point et sa *polaire* par rapport à une conique. Par cette raison, nous l'appellerons la *polaire* du point d'inflexion.

Le théorème que nous venons d'énoncer se démontre aisément par quelques considérations de Géométrie; et l'on en peut déduire diverses propriétés des courbes du troisième degré. Mais nous ne nous proposons ici que d'en montrer l'usage pour la démonstration des deux modes de génération de ces courbes par l'ombre de cinq d'entre elles.

On sait que toute courbe du troisième degré a un ou trois points d'inflexion. Qu'on la projette, c'est-à-dire qu'on en fasse la perspective, de manière que l'un de ses points d'inflexion passe à l'infini; sa polaire, à cause de la troisième partie de notre théorème, deviendra un *diamètre* de la courbe. C'est là l'origine des diamètres dans les courbes du troisième degré.

Maintenant, que la perspective soit faite de manière que non-seulement le point d'inflexion, mais la tangente à la courbe en ce point, passe tout entière à l'infini; la courbe aura un diamètre, et n'aura aucune asymptote; elle sera purement parabolique : c'est le caractère exclusif des cinq paraboles divergentes. Il est donc démontré qu'une courbe quelconque du troisième degré peut être projetée perspectivement suivant une des cinq paraboles divergentes; d'où résulte que, réciproquement, ces cinq courbes peuvent produire par leur ombre toutes les autres. C'est le théorème de Newton, le premier des deux que nous nous proposons de démontrer.

Passons au second : Prenons la polaire d'un point d'inflexion de la courbe proposée, et projetons cette courbe, perspectivement, de manière que cette polaire passe à l'infini; il résulte, de la troisième partie du théorème ci-dessus, que le point d'inflexion sera, en projection, le centre de la courbe. Ainsi donc toute courbe du troisième degré peut être projetée perspectivement suivant une courbe ayant un centre; d'où résulte que, réciproquement, les cinq courbes qui ont un centre peuvent produire, par leur ombre, toutes les autres. C'est le second théorème que nous nous proposons de démontrer.

Ce théorème et celui de Newton peuvent être compris sous ce seul énoncé, savoir :

Ainsi que les courbes du second degré ne peuvent donner lieu qu'à une seule espèce de cône, de même les courbes du troisième degré ne peuvent donner lieu qu'à cinq espèces de cônes;

En coupant ces cônes d'une certaine manière, on forme les cinq paraboles cubiques;

Et les coupant d'une autre manière, on forme les cinq courbes qui ont un centre.

Le théorème que nous avons énoncé au commencement de cette Note donne une explication facile de différentes propriétés des courbes du troisième degré qui ont un centre, et de diverses autres propriétés, relatives aux points d'inflexion de ces courbes. Mais nous ne pouvons entrer ici dans ces détails.

NOTE XXI.

—

(QUATRIÈME ÉPOQUE, § 18.)

—

Sur les ovales de Descartes, ou lignes aplanétiques.

M. Quetelet, dans sa belle théorie des *caustiques secondaires*, qui sont des développantes des caustiques de Tschirnhausen, a trouvé que les caustiques secondaires, produites par la réflexion et la réfraction dans un cercle éclairé par un point lumineux, sont les *ovales de Descartes*, ou *lignes aplanétiques* [1]. M. Sturm est parvenu aussi, de son côté et vers le même temps [2], à ce singulier résultat, qui donne à ces ovales, créées par Descartes pour la Dioptrique, une seconde application à cette même science.

Pour exprimer en langage géométrique le théorème de M. Quetelet, nous dirons que :
Deux cercles fixes étant donnés sur un plan, si le centre d'un troisième cercle mobile, et de grandeur variable, se meut sur la circonférence du premier cercle, et que son rayon soit toujours proportionnel à la distance de son centre à la circonférence du second cercle, ce cercle mobile enveloppera une courbe du quatrième degré, qui sera l'ensemble de deux ovales conjuguées de Descartes.

Parmi d'autres propriétés intéressantes, que M. Quetelet a trouvées à ces courbes, nous citerons les deux manières dont il les forme dans le solide, ou, suivant l'expression des Anciens, par les lieux à la surface.

Première manière : « Que l'on ait une sphère et un cône droit; que l'on fasse la pro-
» jection stéréographique de la courbe de pénétration de ces deux surfaces, l'œil étant
» placé à l'extrémité du diamètre de la sphère parallèle à l'axe du cône, et le plan de
» projection étant perpendiculaire à cet axe; la projection sera une ligne aplanétique [3]. »

—

[1] *Nouveaux Mémoires de l'Académie de Bruxelles*, tom. III.
[2] *Annales de Mathématiques* de M. Gergonne, tom. XV.
[3] *Nouveaux Mémoires de l'Académie de Bruxelles*, tom. V; et supplément au *Traité de la Lumière* de sir J. Herschel, par M. Quetelet, pag. 405.

Seconde manière : « Concevons deux cônes droits, ayant leurs sommets en deux points
» différents, et leurs axes parallèles entre eux ; l'intersection de ces deux cônes, projetée
» sur un plan perpendiculaire à leurs axes, donnera les lignes aplanétiques [1]. »

Ces deux modes de génération donnent les deux ovales conjuguées qui forment une
ligne aplanétique complète ; et ils sont propres à montrer les différentes formes que peuvent
prendre ces courbes, et particulièrement celles qui ont échappé à l'Analyse de Descartes.

Nous avons trouvé que le second théorème peut être généralisé de la manière suivante :
« Quand deux cônes obliques ont pour bases, sur un même plan, deux circonférences
» de cercle, et que les droites qui joignent les centres de ces courbes aux sommets des
» deux cônes respectivement, se rencontrent en un point de l'espace ; un troisième cône
» ayant pour sommet ce point, et passant par la courbe d'intersection des deux premiers,
» rencontrera le plan de leurs bases, suivant une courbe du quatrième degré qui sera
» une ligne aplanétique [2]. »

Pour décrire sur le plan, et sans la considération des lieux à la surface ni des projections, les lignes aplanétiques, on pourra se servir de la construction suivante, qui est
plus expéditive que celle de Descartes, et qui a aussi l'avantage de donner en même temps
les deux ovales conjuguées :

*Étant donnés deux cercles dans un plan ; si , autour d'un point fixe, pris sur la droite
qui joint leurs centres, on fait tourner une transversale qui rencontre les cercles chacun
en deux points ; les rayons menés des centres des deux cercles à leurs points de rencontre
par la transversale, respectivement, se couperont en quatre points, dont le lieu géométrique sera une ligne aplanétique complète, ayant ses deux foyers situés aux centres des
deux cercles.*

Cette construction résulte immédiatement du théorème de Ptolémée, sur le triangle
coupé par une transversale. Car ce théorème, appliqué à la figure, fait voir que chaque
point de la courbe construite jouit de la propriété que ses distances aux deux circonférences de cercle sont entre elles dans une raison constante.

Cette description des ovales a encore l'avantage de donner, sans construction aucune,
les tangentes à ces courbes ; car chaque point de la courbe correspond , d'après la construction, à deux points des deux cercles ; et les tangentes à la courbe et aux deux cercles,
en ces trois points, concourent en un même point ; ce qu'il est aisé de démontrer par un
théorème de Géométrie [3].

On ne saurait avoir trop de moyens différents de décrire une même courbe, parce que
chacun exprime une propriété caractéristique de la courbe, d'où dérivent naturellement
plusieurs autres propriétés, qui n'apparaissent pas aussi aisément dans les autres modes
de description.

[1] *Nouveaux Mémoires de l'Académie de Bruxelles*, tom. V ; et supplément au *Traité de la Lumière*, de sir
J. Herschel, par M. Quetelet, pag. 397.
[2] On peut généraliser aussi le premier théorème, et considérer les lignes aplanétiques dans une surface quelconque du second degré, au lieu d'une sphère
[3] *Correspondance mathématique de Bruxelles*, tom. V, pag. 116.

Les descriptions précédentes des lignes aplanétiques font usage de leurs deux foyers; voici une autre manière de les décrire, où l'on ne se sert que d'un foyer, et qui offre plusieurs avantages particuliers.

Étant donné un cercle et un point fixe, pris arbitrairement dans son plan; si par ce point on mène un rayon vecteur à un point quelconque de la circonférence du cercle, et une seconde droite, qui fasse avec un certain axe fixe un angle double de celui que fait le rayon vecteur avec cet axe, et qu'on porte sur cette seconde droite, à partir du point fixe, un segment proportionnel au carré du rayon vecteur; l'extrémité de ce segment aura, pour lieu géométrique, une ligne aplanétique formée de deux ovales conjuguées, dont un foyer est au point fixe.

Ce théorème, faisant dériver directement les lignes aplanétiques du cercle, est très-propre à faire découvrir plusieurs propriétés de ces courbes. Par exemple, les propriétés connues, du système de deux ou de trois cercles, s'appliqueront immédiatement au système de deux ou de trois lignes aplanétiques qui auront un foyer commun.

Pour faire usage de ce théorème, il faut remarquer que si, au lieu d'une circonférence de cercle, l'extrémité du rayon vecteur parcourt une ligne droite, on forme alors une parabole qui a son foyer au point fixe.

Ainsi, par exemple, quand deux droites tournent autour de deux points fixes en faisant un angle de grandeur constante, leur point d'intersection engendre un cercle; on en conclut que :

Si l'on a deux groupes de paraboles ayant toutes le même foyer, et dont les unes passent par un point fixe, et les autres par un second point fixe; et qu'on prenne une parabole du premier groupe, et une parabole du second groupe, de manière que leurs axes fassent entre eux un angle de grandeur constante, les points d'intersection de ces deux paraboles seront une ligne aplanétique.

Ce théorème est susceptible de plusieurs conséquences, que nous ne pouvons examiner ici [1].

Les lignes aplanétiques jouissent d'une propriété assez curieuse qui, je crois, n'a pas encore été donnée. C'est qu'*au lieu de deux foyers seulement, elles en ont toujours trois :* c'est-à-dire, qu'outre les deux foyers qui servent à leur description, elles en ont un troisième qui joue le même rôle, avec l'un des deux premiers, que ces deux-ci ensemble. La considération des trois foyers est bien propre à faire connaître toutes les formes possibles des lignes aplanétiques.

Quand l'un des foyers est à l'infini, la courbe devient une conique, et conserve ses deux autres foyers.

Quand deux foyers se confondent, la courbe a un nœud; elle devient le *Limaçon de Pascal*, et elle a encore deux foyers.

---

[1] On en déduit, entre autres, un théorème dont M. Quetelet a fait usage dans son *Mémoire sur quelques constructions graphiques des orbites planétaires*. V. les *Nouveaux Mémoires de l'Académie de Bruxelles*, tom. III.

Enfin, les lignes aplanétiques présentent un caractère générique, qui pourra servir à les classer parmi les nombreuses courbes du quatrième degré ; c'est qu'*elles ont deux points conjugués imaginaires, situés à l'infini.* D'où l'on conclut que, par un point pris au dehors d'une telle courbe, on peut lui mener généralement, et au plus, huit tangentes.

NOTE XXII.

—

(QUATRIÈME ÉPOQUE, § 29.)

———

Extension donnée à deux théorèmes généraux de Stewart.

Voici quels sont les deux théorèmes qui présentent une bien plus grande généralité que ceux de Stewart, et desquels ceux-ci se déduisent avec plusieurs autres.

PREMIER THÉORÈME. *Étant donnés, dans un plan,* m *points* A, B, C,... *et autant de quantités* a, b, c,...;

n *étant un nombre plus petit que* m, *on pourra trouver* (n + 1) *autres points* A′, B′, C′,... *tels que, si l'on prend un point quelconque* M, *il y aura, entre ses distances aux points donnés, et ses distances aux points trouvés, les* n *relations exprimées par la formule*

$$a.\overline{\text{MA}}^{2(n-\delta)} + b.\overline{\text{MB}}^{2(n-\delta)} + \cdots = \left(\overline{\text{MA}'}^{2(n-\delta)} + \overline{\text{MB}'}^{2(n-\delta)} + \cdots\right)\frac{a + b + c + \cdots}{n + 1},$$

où δ *peut avoir les* n *valeurs* 0, 1, 2,... (n − 1).

Si l'on fait δ = 0, on a précisément le théorème 44 de Stewart.

Les autres valeurs de δ donneront d'autres relations, qu'on pourrait énoncer comme autant de théorèmes différents, mais qui néanmoins ont lieu toutes ensemble. C'est cette simultanéité de ces n relations différentes qui fait le caractère du théorème énoncé.

On ne doit pas perdre de vue que le point M, dans ce théorème, est indéterminé ; et qu'ainsi on aura n relations pour chaque position de ce point.

δ serait susceptible d'une (n + 1)ᵉᵐᵉ valeur, égale à n, mais qui conduirait à l'identité

$$a + b + c + \cdots = (n + 1)\frac{a + b + c \cdots}{n + 1};$$

voilà pourquoi nous avons réduit à n le nombre des valeurs de δ.

45

SECOND THÉORÈME. *Étant données dans un plan, m droites, et autant de quantités, a, b, c,...;*

n étant un nombre quelconque plus petit que m, on pourra trouver $(n + 1)$ *autres droites telles que, si l'on prend un point quelconque M dans le plan de ces droites, et qu'on appelle* Mα, Mℰ,... *les perpendiculaires abaissées de ce point sur les droites données, et* Mα', Mℰ',... *celles qui sont abaissées sur les droites trouvées, on aura, entre ces perpendiculaires, les* $\frac{n+1}{2}$ *ou* $\frac{n}{2}$ *relations, déterminées par la formule*

$$a . \overline{M\alpha}^{(n-2\delta)} + b . \overline{M\mathcal{E}}^{(n-2\delta)} + \cdots = \left(\overline{M\alpha'}^{(n-2\delta)} + \overline{M\mathcal{E}'}^{(n-2\delta)} + \cdots \right) \frac{a + b + c + \cdots}{n + 1} \cdots ,$$

où δ *peut avoir les* $\frac{n+1}{2}$ *valeurs* $0, 1, 2, \ldots \frac{n-1}{2}$, *si n est impair, et les* $\frac{n}{2}$ *valeurs* $0, 1, 2, \ldots \frac{n-2}{2}$, *si n est pair.*

Si l'on fait $\delta = 0$, on aura le théorème exprimé par les propositions 49 et 55 de Stewart.

Les autres valeurs de δ donneront d'autres relations, que l'on pourrait énoncer aussi comme autant de théorèmes différents, mais qui cependant auront lieu toutes ensemble; et cela, quelle que soit la position du point M.

Jusqu'ici les théorèmes de Stewart, compris dans les deux théorèmes généraux que nous venons d'énoncer, sont restés, je crois, sans application, et comme des propriétés isolées d'un système de points, ou d'un système de droites. On peut penser, cependant, que ces systèmes doivent jouir d'autres propriétés, du même genre que ces premières, et se rattachant toutes à une même théorie. J'aurais quelques raisons, par exemple, de supposer qu'un système de points donnés, et le système des points déterminés suivant le premier théorème en question, jouissent des propriétés communes aux systèmes de quatre points qui sont les extrémités de deux diamètres conjugués d'une ellipse. Du moins je formerai de tels systèmes de points en nombre quelconque (systèmes particuliers, il est vrai, c'est-à-dire assujettis à une loi déterminée), qui présenteront toutes ces propriétés.

Malgré cette première analogie, je puis me tromper dans mes conjectures. Quoi qu'il en soit, on reconnaîtra, je crois, que les théorèmes de Stewart ne sont que les premiers pas dans un champ de recherches nouvelles qui mériteraient d'occuper l'esprit des géomètres.

NOTE XXIII.

—

(CINQUIÈME ÉPOQUE, § 1er.)

———

Sur l'origine et le développement de la Géométrie descriptive.

En reconnaissant Monge comme le créateur de la Géométrie descriptive, il est juste de convenir que divers procédés de cette science, et l'usage des projections, dans différentes parties des arts de construction, étaient connus depuis longtemps, principalement des charpentiers et des tailleurs de pierres. Philibert de Lorme, Mathurin Jousse, Desargues, le P. Deran, et De la Rue avaient donné l'art du *trait* appliqué à la Coupe des pierres et à la Charpente, lequel reposait sur la théorie des projections. Desargues déjà, parmi ces auteurs, avait montré l'analogie qui existait entre divers procédés différents, et les avait rattachés à des principes généraux. Enfin Frezier, officier supérieur du Génie, dans son *Traité de Stéréotomie*, ouvrage savant et rempli d'applications curieuses et utiles en Géométrie théorique et pratique, avait donné suite aux idées de généralisation de Desargues, et avait traité géométriquement, d'une manière abstraite et générale, différentes questions qui devaient se présenter dans plusieurs parties de la Coupe des pierres et de la Charpente. Nous citerons, par exemple, tout ce qui tient au développement, sur un plan, des surfaces coniques et cylindriques; la théorie de l'intersection des surfaces sphériques, cylindriques et coniques entre elles; la manière de représenter une courbe à double courbure dans l'espace, par ses projections sur des plans, etc.

Mais toutes ces questions abstraites, qui résumaient une foule de questions de pratique, et qui font aujourd'hui autant de chapitres de notre Géométrie descriptive, dépendaient elles-mêmes, dans leurs solutions, de quelques principes et de quelques règles plus élémentaires encore, qui leur sont communes, comme à peu près les quatres règles de l'Arithmétique sont les outils communs à toutes les opérations du calcul. Ce sont ces règles élémentaires, abstraites et générales, que le génie de Monge a aperçues dans les opérations de la Stéréotomie, ou créées, et qu'il a réunies en un corps de doctrine, sous le nom de *Géométrie descriptive;* doctrine dont la généralité, la lucidité et la facilité montrent l'homme de génie dans l'habile continuateur.

A l'aide de ces principes simples et invariables, ou, suivant l'expression de Malus, à l'aide de ces *outils*, Monge a pu rectifier plusieurs pratiques incertaines et inexactes de la Coupe des pierres, et a appris à y résoudre des questions qui avaient semblé jusque-là passer les bornes de la science des *stéréotomistes*, ou qui n'y avaient reçu que des solutions empiriques.

En parlant de l'origine de la Géométrie descriptive, on ne peut passer sous silence les services rendus à cette science par M. Lacroix et par M. Hachette.

M. Lacroix fut le premier qui développa les principes de la Géométrie descriptive, et les mit à la portée de tous les lecteurs, dans son ouvrage intitulé d'abord *Essais sur les plans et les surfaces* (vol. in-8°, 1795), puis *Complément de Géométrie*, où se trouvent la clarté et la précision qui distinguent les écrits de ce célèbre professeur.

Monge, en publiant son *Traité de Géométrie descriptive*, dans la vue de rendre cette science aussi simple et d'un accès aussi facile qu'il se pût, en avait écarté d'abord diverses questions compliquées, mais qui devaient naturellement y entrer dès que les esprits se seraient familiarisés avec cette nouvelle doctrine. Ce fut M. Hachette, son élève à l'École de Mézières, puis son collègue comme professeur à l'École polytechnique, qui le premier remplit ces lacunes, dans deux ouvrages portant le titre de *Suppléments à la Géométrie descriptive* (en 1812 et 1818). Les nouvelles questions générales, ou théories, ajoutées par ce géomètre à l'ouvrage de Monge, ont été reproduites dans le Traité complet de Géométrie descriptive que lui-même a publié en 1821 [1], et ont passé, depuis, dans les nombreux ouvrages qui ont paru sur la même matière en France et à l'étranger. Sous ce rapport, M. Hachette a rendu un grand service aux sciences mathématiques. Il m'a paru qu'en Italie particulièrement, où la Géométrie descriptive et ses applications à la science de l'ingénieur, sont cultivées dans toute leur étendue, et enseignées dans d'excellents ouvrages [2], on rendait à ce sujet pleine justice à ce savant, en citant souvent ses ouvrages, et en les prenant même pour modèles. Nous pensons qu'ils ont grandement contribué à répandre et à étendre la connaissance de la Géométrie descriptive [3].

Depuis, d'autres bons traités de Géométrie descriptive ont encore paru en France. Nous devons citer ceux de MM. Vallée, Leroy et Lefébure de Fourcy. Les deux premiers sont aussi complets que le comporte l'état actuel de la science; le troisième, principalement destiné aux aspirants à l'École polytechnique, est très-propre à atteindre son but, par l'ordre et la précision qu'on y trouvent, et qui caractérisent toujours les ouvrages du savant professeur qui l'a écrit.

La Géométrie descriptive est encore en voie de progrès. M. Th. Olivier, pour qui cette partie des sciences mathématiques est depuis longtemps une étude de prédilection, a

[1] Une seconde édition a paru en 1828.

[2] Nous citerons, entre autres, le *Traité* de M. l'ingénieur Serenus, intitulé : *Trattato di Geometria descrittiva*, etc., in-4°, Rome 1826; et un recueil de Mémoires divers, qui sont en partie des applications de la Géométrie descriptive, fait annuellement, à l'instar du *Journal de l'École polytechnique*, par messieurs les professeurs de l'École des ingénieurs des États romains, sous le titre: *Ricerche Geometriche ed idometriche fatte nella scuola degl'ingegneri pontifici d'acque e strade*.

[3] Depuis que cette Note était écrite, une mort prématurée a enlevé M. Hachette aux sciences et à ses nombreux amis. Ses anciens élèves à l'École polytechnique, ceux surtout qui, comme moi, ont été honorés de son amitié et qui l'ont connu dans l'intérieur de son excellente famille, liront avec émotion les éloquentes paroles que trois savants illustres, ses confrères à l'Académie, MM. Arago, Ch. Dupin et Poisson, et l'un de ses disciples, continuateur de ses travaux sur la Géographie descriptive, M. Th. Olivier, ont prononcées sur sa tombe.

donné, dans les derniers volumes du *Journal de l'École polytechnique*, plusieurs Mémoires sur différentes questions nouvelles, qui entreront nécessairement désormais dans les Traités qui paraîtront sur cette science.

NOTE XXIV.

(CINQUIÈME ÉPOQUE, § 13.)

Sur la loi de continuité, et le principe des relations contingentes.

On peut sans doute employer l'expression de *principe de continuité*, au lieu de celle de *relations contingentes :* cependant il y a entre l'une et l'autre une différence assez importante pour nous décider à adopter la seconde.

En effet, le principe de continuité remonte à Leibniz qui, le premier, l'a proposé, comme exprimant distinctement cette loi de la nature que *tout se fait par degrés insensibles*, ou, comme le disait la philosophie scolastique : *Natura abhorret à saltu*. C'est dans cette acception rigoureuse qu'on a employé, depuis lors, le principe de continuité. Ce principe tire donc son origine de l'*infini*. C'est ainsi que le repos est un mouvement infiniment petit; la coïncidence, une distance infiniment petite; l'égalité, la dernière des inégalités, etc. Leibniz exprime ce principe de cette manière : « Lorsque la différence de » deux cas peut être diminuée au-dessous de toute grandeur donnée, *in datis*, ou dans » ce qui est posé, il faut qu'elle se puisse trouver aussi diminuée au-dessous de toute » grandeur donnée *in quæsitis*, ou dans ce qui en résulte; ou, pour parler plus familiè- » rement, lorsque les cas (ou ce qui est donné) s'approchent continuellement et se per- » dent enfin l'un dans l'autre, il faut que les suites, ou événements (ou ce qui est » demandé), le fassent aussi [1]. »

---

[1] *Nouvelles de la République des lettres ;* mai 1687, pag. 744.
C'est dans ce recueil que Leibniz, en répondant à Malebranche, au sujet de sa doctrine des lois du mouvement, proposa sa *loi de continuité*, qui n'avait point encore été mise en avant par personne.
Depuis, Leibniz est revenu souvent sur cette belle loi, qui lui servit de *criterium* ou de pierre de touche, dans l'examen de diverses doctrines des philosophes. (Voir *Essais de Théodicée*, art. 348; Lettre à M. Faucher; *Journal des Savans*, année 1692; Lettre à Varignon, *ibid.*, année 1702; *Nouveaux essais sur l'entendement humain*, pag. 11; *Recueil de diverses pièces*, par MM. Leibniz, Clarke, Newton, etc., troisième édition in-8°, 1759, tom. II, pag. 450 ; etc.)

On voit donc que le principe de continuité, comme l'ont entendu Leibniz et ses sectateurs, implique l'idée de l'*infini*, laquelle n'entre nullement dans le principe des *relations contingentes*, tel que nous l'avons développé; et c'est pour cette raison que nous employons cette expression de *relations contingentes*, qui présente une idée précise, et une méthode parfaitement justifiée par le raisonnement que nous avons basé sur les procédés de l'Analyse.

Mais il est vrai que Leibniz avait considéré aussi sa *loi de continuité* comme dérivant d'un principe plus général, qu'il exprime par ces mots : *Datis ordinatis etiam quæsita sunt ordinata* [1]. Ce fut, dit-il ailleurs, la règle des conséquences, avant que la logique fût inventée; et elle est encore telle aux yeux du peuple [2].

Jean Bernoulli, qui adopta le premier ce principe de Leibniz, et s'en servit pour la première fois ostensiblement dans la fameuse question des lois de la communication du mouvement, l'exprime en disant que, *quand les hypothèses restent les mêmes, les effets doivent aussi être les mêmes.* (*Commerce épistolaire de Leibniz et Bernoulli*; tome Iᵉʳ, pag. 300.)

Ce principe comprend la loi de *continuité*, comme on a coutume de l'entendre, avec l'idée de l'infini, et la loi des *relations contingentes*.

L'usage du *principe de continuité*, en Géométrie, date probablement de l'origine de cette science, ainsi que le remarque M. Lacroix dans la préface de son grand *Traité du calcul différentiel et du calcul intégral*, au sujet de la seconde proposition du livre 12 des *Éléments d'Euclide*, qui a pour objet de prouver que les surfaces des cercles sont entre elles comme les carrés des diamètres. « Dans la proposition précédente, dit M. Lacroix, » Euclide montre que ce rapport est celui des polygones semblables inscrits dans deux » cercles différents; et il me paraît évident que le géomètre, quel qu'il soit, qui décou» vrit cette vérité, voyant qu'elle était indépendante du nombre des côtés du polygone, » et qu'en même temps ces polygones différaient d'autant moins des cercles qu'ils avaient » plus de côtés, a dû nécessairement conclure de là, en vertu de la *loi de continuité*, » que la propriété des premiers convenait aux seconds. »

C'est par des considérations semblables qu'Archimède s'éleva à des propositions beaucoup plus difficiles, telles que les rapports des surfaces et des solidités du cylindre et de la sphère, la quadrature de la parabole, etc. On regarderait aujourd'hui comme suffisamment prouvées, par ces raisonnements, les propositions qui en seraient l'objet; mais les Anciens, tout en se servant de la loi de continuité, comme moyen de découverte, ne l'ont point admise comme moyen suffisant de démonstration, et ont eu recours à des procédés souvent très-pénibles, pour donner des preuves tout à fait convaincantes et hors d'atteinte de toute objection, des vérités qu'ils avaient à démontrer.

Mais, depuis Leibniz, le *principe de continuité* fut admis comme un axiome, et pratiqué journellement en mathématiques. Ainsi, c'est sur ce principe que reposent la

---

[1] *Nouvelles de la République des lettres*, au lieu cité.
[2] *Commerce épistolaire de Leibniz et Bernoulli*, tom. II, pag. 110.

méthode des limites et celles des premières et dernières raisons. Cependant les géomètres ne firent usage de ce principe que tacitement, et sans l'invoquer comme une loi absolue, ainsi que Leibniz l'avait considéré.

On ne peut se dissimuler qu'on doit à ce relâchement de la rigueur des Anciens, les progrès immenses que les Modernes ont faits dans la Géométrie. Les Anciens, plus jaloux de convaincre que d'éclairer, ont caché tous les fils qui auraient pu mettre sur la trace de leurs méthodes de découvertes et d'inventions, et qui auraient pu guider les continuateurs de leurs travaux. Ce fut la cause de cette marche timide et embarrassée de la Géométrie, de l'incohérence de ses méthodes dans des questions de même nature, ou, pour parler plus exactement, de l'absence de méthodes sûres et propres, comme celles de la Géométrie moderne, à des classes entières de questions comportant une certaine généralité.

NOTE XXV.

(CINQUIÈME ÉPOQUE, § 15.)

Application du PRINCIPE DES RELATIONS CONTINGENTES *à la question de déterminer, en grandeur et en direction, les trois diamètres principaux d'un ellipsoïde dont trois diamètres conjugués sont donnés.*

Nous allons résoudre d'abord le problème analogue dans la Géométrie plane, où il s'agit de déterminer, en grandeur et en direction, les deux axes principaux d'une ellipse dont deux diamètres conjugués sont donnés. La solution de ce problème nous rendra plus facile l'exposition de celle du problème de l'espace, et nous offrira d'ailleurs, comme celle-ci, un exemple bien propre à montrer les usages du *principe des relations contingentes*, et à en faire apprécier les avantages.

PROBLÈME. *Étant donnés deux diamètres conjugués d'une ellipse, construire, en direction et en grandeur, les deux diamètres principaux de la courbe.*

Supposons qu'au lieu des deux diamètres conjugués d'une ellipse, on donne les deux diamètres conjugués d'une hyperbole, et qu'on demande à construire les axes principaux de cette courbe. L'un des deux diamètres conjugués sera réel, et donné en grandeur; appelons-le a; l'autre sera imaginaire, et son expression algébrique, $b\sqrt{-1}$, sera donnée aussi.

La construction des deux axes principaux de l'hyperbole est extrêmement facile; car on sait que si, par l'extrémité A du demi-diamètre a, on mène une parallèle au diamètre conjugué, elle sera tangente à l'hyperbole; et si sur cette droite on prend, de part et d'autre du point de la courbe, deux segments égaux à b, leurs extrémités seront sur les deux asymptotes. Tirant donc ces deux asymptotes, et divisant en deux également l'angle qu'elles font entre elles, et son supplément, on aura les directions des deux axes principaux de l'hyperbole.

Ainsi le problème est résolu très-simplement.

Pour transporter cette solution au cas de l'ellipse, par application du principe des relations contingentes, il faut y remplacer la considération des parties contingentes de la figure, qui nous ont servi, et qui sont les asymptotes, par la considération de quelque autre propriété de la figure, qui subsiste dans le cas de l'ellipse.

Regardons les deux points où la tangente à l'hyperbole rencontre les deux asymptotes, comme les deux rayons vecteurs de cette conique; par conséquent les deux axes principaux de l'hyperbole, lesquels divisent en deux également l'angle et son supplément, formés par ces deux rayons vecteurs, seront, l'un la tangente, et l'autre la normale à cette conique C. Ainsi nous pouvons dire que la conique C, menée par le centre de l'hyperbole, est tangente à l'un de ses axes principaux. A raison de cette propriété, la conique C servira pour la construction des directions des deux axes principaux de l'hyperbole, et remplacera, pour cet objet, les deux asymptotes qui nous avaient servi d'abord.

Mais cette conique C, à laquelle nous a conduit la considération des deux asymptotes, peut être construite sans que l'on fasse usage de ces deux droites; car nous connaissons la direction de ses deux axes principaux, qui sont la tangente et la normale à l'hyperbole au point A, et son excentricité dirigée suivant la tangente, laquelle excentricité est égale à b, c'est-à-dire au diamètre $b\sqrt{-1}$ de l'hyperbole, divisé par $\sqrt{-1}$. L'autre excentricité de la conique C sera dirigée suivant la normale, et égale à la première multipliée par $\sqrt{-1}$; c'est-à-dire à $b\sqrt{-1}$ [1]. On a donc ce théorème :

Si l'on regarde la tangente et la normale en un point A d'une hyperbole, comme les axes principaux d'une conique qui passerait par le centre de l'hyperbole, et qui aurait son excentricité, dirigée suivant la normale, égale au diamètre conjugué de celui qui aboutit au point A, cette conique sera nécessairement tangente à l'un des deux axes principaux de l'hyperbole.

Ce théorème exprime une propriété générale de l'hyperbole, indépendante des asymptotes, quoiqu'elles nous aient servi à la démontrer. Toutes les parties de la figure que comporte cette propriété générale se retrouvent dans l'ellipse; nous pouvons donc, d'après le principe des relations contingentes, appliquer cette propriété à l'ellipse; ainsi nous dirons que :

---

[1] Nous supposons qu'une conique a quatre foyers, dont deux réels et deux imaginaires; et deux excentricités, dont l'une réelle et l'autre imaginaire; les carrés de ces excentricités étant égaux et de signes contraires.

Si l'on regarde la tangente et la normale, en un point d'une ellipse, comme les axes principaux d'une conique qui passerait par le centre de l'ellipse, et qui aurait son excentricité, prise sur la normale, égale au diamètre conjugué de celui qui aboutit au point pris sur l'ellipse, cette conique sera tangente à l'un des deux axes principaux de l'ellipse.

L'excentricité située sur la normale sera réelle, puisque le diamètre auquel elle est égale est réel; les deux foyers de la conique seront donc sur la normale à l'ellipse. Les rayons vecteurs menés de ces deux foyers, au centre de l'ellipse, feront des angles égaux avec celui des deux axes principaux auquel la conique est tangente. On en conclut donc ce théorème :

Si, sur la normale en un point d'une ellipse, on prend, de part et d'autre de ce point, deux segments égaux au demi-diamètre conjugué de celui qui aboutit à ce point, et que, des extrémités de ces segments, on tire deux droites au centre de l'ellipse, ces droites seront également inclinées sur l'un des deux axes principaux de l'ellipse.

Ce théorème donne, comme on voit, une construction extrêmement simple de la direction des axes principaux d'une ellipse dont on connaît deux diamètres conjugués.

Il nous reste à trouver la longueur de ces axes principaux. Plusieurs manières se présentent.

D'abord, on peut projeter orthogonalement les deux demi-diamètres conjugués donnés, sur un des axes principaux : la somme des carrés de leurs projections sera égale au carré de cet axe principal.

On peut encore se servir de ce théorème, extrêmement facile à démontrer :

Si, par un point d'une conique, on mène la normale, le produit des segments faits sur elle par le diamètre qui lui est perpendiculaire, et par un des axes principaux, est égal au carré de l'autre demi-axe principal.

Cette relation fait connaître les deux axes principaux.

Mais on peut obtenir une expression des longueurs de ces axes, sans connaître *a priori* leurs directions.

Pour cela remarquons que si, sur la tangente et la normale à la conique, considérées comme axes principaux, on construit une seconde conique, qui passe par le centre de la première, et qui soit tangente, en ce point, à un axe principal de cette première conique, les segments faits sur la normale, par sa perpendiculaire abaissée du centre de la première conique, et par cet axe principal qui est tangent à la seconde conique, auront leur produit égal au carré du demi-axe principal de la seconde conique, dirigé suivant cette normale; cet axe principal sera donc égal au second axe principal de la conique proposée, lequel est normal à la seconde conique. On a donc ce théorème :

Si l'on prend la tangente et la normale, en un point d'une conique, pour axes principaux d'une seconde conique qui passe par le centre de la première, et qui soit normale, en ce point, à l'un des axes principaux de cette première conique, l'axe principal de cette nouvelle conique, dirigé suivant la normale à la première, sera égal à l'axe principal de cette première conique auquel la seconde courbe est normale.

46

C'est-à-dire que chacune des deux coniques a l'un de ses axes normal à l'autre courbe; et ces deux axes sont égaux entre eux.

Nous avons vu que si la première conique est une ellipse, la seconde conique a ses deux foyers réels placés sur la normale à la première conique; son grand axe est donc dirigé suivant cette normale, et il est égal à la somme ou à la différence des rayons vecteurs menés des deux foyers au centre de l'ellipse proposée; mais cet axe est égal à l'axe principal de cette ellipse auquel la seconde conique est normale. On en conclut donc enfin cette construction extrêmement simple du problème proposé :

Par l'extrémité A d'un des deux demi-diamètres conjugués donnés, on mènera une droite perpendiculaire au second demi-diamètre; on portera sur cette droite, à partir du point A, deux segments égaux à ce second demi-diamètre;

On joindra, par deux droites, les extrémités de ces segments au centre de la courbe;

On divisera en deux également, par deux nouvelles droites, l'angle que ces deux premières feront entre elles et son supplément;

Ces deux nouvelles droites seront, en direction, les deux axes principaux de l'ellipse;

La somme des deux premières droites sera égale au grand axe, et leur différence sera égale au petit axe.

La seconde partie de cette solution, relative à la longueur des axes, offre une construction de deux quantités radicales qu'on trouve dans quelques solutions analytiques de la question, mais qui n'avaient point été construites aussi simplement.

La marche que nous avons suivie paraît longue, parce que, ayant pour but de faire une application du principe des relations contingentes, nous avons dû aller pas à pas et énoncer des théorèmes auxiliaires, pour bien montrer le passage du contingent à l'absolu, dans les propriétés des foyers; ce qu'on n'aura point à faire généralement dans les applications du principe, quand on sera familiarisé avec lui.

Ainsi nous résoudrons plus brièvement le problème de l'espace, quoiqu'il présente quelques difficultés en comparaison du premier, qui n'en offrait aucune.

PROBLÈME : *Étant donnés trois diamètres conjugués d'un ellipsoïde, on demande de déterminer, en grandeur et en direction, les trois axes principaux de cette surface.*

Concevons un hyperboloïde à une nappe, et son cône asymptote. Le plan tangent à l'hyperboloïde, en un point m, coupera le cône suivant une hyperbole Σ, dont les diamètres auront leurs carrés égaux, au signe près, aux carrés des diamètres de l'hyperboloïde, qui leur seront parallèles respectivement [1].

Maintenant regardons cette hyperbole comme la *conique excentrique* [2] d'une surface

---

[1] Cela résulte de ce qu'un diamètre de l'hyperbole sera la partie d'une tangente à l'hyperboloïde, comprise entre deux arêtes du cône asymptote, laquelle partie a son carré égal, au signe près, au carré du diamètre de l'hyperboloïde, parallèle à cette tangente; parce que le plan mené par cette tangente et ce diamètre coupe l'hyperboloïde suivant une hyperbole.

[2] Il est nécessaire, pour l'intelligence de ce qui va suivre, de prendre une connaissance préalable de la

du second degré qui passerait par le centre de l'hyperboloïde. Cette surface sera normale à l'un des axes principaux du cône [1], qui sont les mêmes que ceux de l'hyperboloïde. Mais l'un des axes principaux de cette nouvelle surface est dirigé suivant la normale au point m, à l'hyperboloïde, et les deux autres suivant les diamètres principaux de la conique Σ, lesquels sont les tangentes aux lignes de courbure de l'hyperboloïde. Nous pouvons donc énoncer ainsi le théorème, en faisant abstraction du cône asymptote :

Si, en un point d'un hyperboloïde à une nappe, on mène la normale, et les tangentes à ses lignes de courbure, et qu'on regarde ces trois droites comme les axes principaux d'une surface du second degré qui passerait par le centre de l'hyperboloïde, et qui aurait pour normale, en ce point, l'un des trois axes principaux de cet hyperboloïde, la conique excentrique de cette surface, comprise dans le plan tangent à l'hyperboloïde, aura les carrés de ses diamètres égaux, et de signes contraires, aux carrés des diamètres parallèles de l'hyperboloïde.

Ce théorème, par le principe des relations contingentes, s'applique aux deux autres surfaces douées d'un centre ; on a donc cette propriété de l'ellipsoïde :

Si l'on regarde la normale en un point m *d'un ellipsoïde, et les deux tangentes à ses lignes de courbure en ce point, comme les trois axes principaux d'une surface du second degré qui passerait par le centre de l'ellipsoïde, et aurait pour normale, en ce point, l'un des trois axes principaux de cet ellipsoïde ; la conique excentrique de cette surface, comprise dans le plan tangent à l'ellipsoïde, aura les carrés de ses diamètres égaux, et de signes contraires, aux carrés des diamètres parallèles de l'ellipsoïde.*

Cette conique excentrique sera imaginaire ; mais elle servira néanmoins pour construire les deux autres coniques excentriques, qui seront réelles.

En effet, soient $- b^2$ et $- c^2$ les carrés des deux demi-axes principaux de cette conique (b et c étant les deux demi-axes principaux de la courbe d'intersection de l'ellipsoïde par un plan parallèle à son plan tangent au point m) ; soit $b > c$; $- c^2$ est plus grand que $- b^2$, et les foyers de la conique imaginaire sont situés sur l'axe c.

Sur la normale à l'ellipsoïde, on portera, à partir du point m, deux segments égaux, respectivement, à b et à c ;

Dans le plan déterminé par cette normale et une parallèle à l'axe c, on décrira une ellipse qui ait pour demi-grand axe le segment égal à b, et pour excentricité le segment égal à c ;

Dans le plan déterminé par la normale et une parallèle à l'axe b, on décrira une hyperbole qui ait pour demi-axe transverse le segment c, et pour excentricité le segment b.

L'ellipse et l'hyperbole ainsi construites seront les deux courbes cherchées, c'est-à-

---

Note XXXI, où nous expliquons ce que nous entendons par *coniques excentriques* d'une surface du second degré, et où nous faisons connaître diverses propriétés de ces courbes.

[1] *Voir* Note XXXI, art. 11.

dire les deux coniques excentriques d'une surface du deuxième degré qui, passant par le centre de l'ellipsoïde, aurait pour normale en ce point l'un des axes principaux de l'ellipsoïde. Par conséquent, les deux cônes qui auront pour bases ces deux coniques, et pour sommet commun le centre de l'ellipsoïde, auront pour axe principal commun cet axe principal de l'ellipsoïde (Note XXXI, article 11). Les deux autres axes principaux communs aux deux cônes seront pareillement les deux autres axes principaux de l'ellipsoïde, parce que, par son centre, on peut faire passer deux autres surfaces du deuxième degré ayant pour coniques excentriques les deux mêmes courbes trouvées, et qui seront normales, respectivement, à ces deux axes principaux de l'ellipsoïde. La question de la construction des directions des trois axes principaux de l'ellipsoïde se réduit donc à trouver les trois axes principaux communs aux deux cônes qui ont pour bases les deux coniques en question; ces trois axes principaux forment, dans l'un et l'autre cône, un système de trois axes conjugués; il faut donc chercher le système de trois axes conjugués communs aux deux cônes.

On conclut de là que :

Étant donnés trois diamètres conjugués d'un ellipsoïde; pour trouver les directions de ses trois axes principaux, par l'extrémité A *d'un des diamètres donnés, on mènera une droite perpendiculaire au plan des deux autres, sur laquelle on prendra, à partir du point* A, *deux segments égaux respectivement aux deux demi-axes principaux de l'ellipse construite sur ces deux diamètres conjugués. Soit* b *le plus grand de ces deux axes, et* c *le plus petit;*

On mènera, par la normale, deux plans, dont l'un parallèle au diamètre c, *et l'autre parallèle au diamètre* b;

On construira, dans le premier plan, une ellipse qui ait pour demi-grand axe le segment b *et pour excentricité le segment* c; *et dans le second plan, une hyperbole qui ait pour demi-axe principal le segment* c, *et pour excentricité le segment* b;

On regardera le centre de l'ellipsoïde comme le sommet commun de deux cônes ayant pour bases, respectivement, cette ellipse et cette hyperbole;

Ces deux cônes se couperont suivant quatre arêtes, qui seront deux à deux dans six plans; lesquels plans se couperont deux à deux suivant trois autres droites;

Ces trois droites seront les trois axes principaux de l'ellipsoïde.

Pour déterminer les longueurs de ces axes principaux, on peut projeter orthogonalement sur chacun d'eux les trois diamètres conjugués donnés; le carré de chaque axe sera égal à la somme des carrés des trois projections faites sur lui.

Mais il sera plus simple de faire usage du théorème suivant, que l'on démontre très-aisément :

La normale en un point m *d'une surface du deuxième degré rencontre le plan diamétral qui lui est perpendiculaire, et un des plans principaux* P, *en deux points dont le produit des distances au point* m *est égal au carré du demi-diamètre de la surface, normal au plan principal* P.

On peut encore déterminer les longueurs des axes principaux de l'ellipsoïde, sans connaître leurs directions, en construisant trois surfaces dont les axes majeurs soient égaux, respectivement, à ces trois axes principaux. Cela dépend d'un théorème que nous allons démontrer.

La surface qui a pour axes principaux la normale et les tangentes aux lignes de courbure de l'ellipsoïde au point m, qui passe par le centre de cet ellipsoïde et touche en ce point l'un de ses plans principaux, cette surface, dis-je, a le carré de son demi-axe, dirigé suivant la normale, égal au produit des segments faits sur cette normale, à partir du point m, par le plan principal et le plan diamétral perpendiculaire à cette normale [1]. Donc, d'après le théorème que nous venons d'énoncer ci-dessus, cet axe de la surface est égal à l'axe de l'ellipsoïde, perpendiculaire au plan principal. On a donc ce théorème :

Quand deux surfaces du second degré sont telles que chacune d'elles ait son centre sur l'autre et ses trois axes principaux dirigés suivant la normale et les deux tangentes aux lignes de courbure de cette autre, l'axe de la première surface, dirigé suivant la normale à la seconde, est égal à l'axe de la seconde surface dirigé suivant la normale à la première.

On conclut de là que :

Si l'on regarde la normale en un point d'une surface du second degré, et les tangentes aux deux lignes de courbure en ce point, comme les trois axes principaux communs à trois surfaces passant par le centre de la proposée, et tangentes respectivement à ses trois plans diamétraux, les axes principaux de ces trois surfaces, dirigés suivant la normale à la proposée, seront égaux respectivement aux trois axes principaux de cette surface.

Quand la surface proposée est un ellipsoïde déterminé seulement par trois diamètres conjugués, nous avons vu comment on détermine les coniques excentriques communes aux trois autres surfaces, ce qui suffit pour la construction de ces surfaces; ce dernier théorème pourrait donc servir, à la rigueur, pour résoudre la question de déterminer les longueurs des trois diamètres principaux de l'ellipsoïde, sans connaître leurs directions. Mais cette manière serait difficile et peu praticable. Néanmoins, le théorème sur lequel elle repose nous a paru mériter d'être connu, comme exprimant une belle propriété générale des surfaces du deuxième degré.

Les théorèmes précédents conduisent, sans difficulté, à plusieurs autres qui offrent quelque intérêt.

Par l'extrémité m d'un des trois diamètres conjugués, menons deux droites égales et parallèles aux deux autres, et décrivons une ellipse E qui ait ces deux droites pour dia-

[1] Cela résulte de ce théorème, connu dans la théorie élémentaire des surfaces du second degré, que : le plan tangent en un point de la surface, et le plan mené par ce point, perpendiculairement à l'un des trois diamètres principaux, font sur ce diamètre, à partir du centre de la surface, deux segments dont le produit est égal au carré du demi-diamètre.

mètres conjugués. Le cône qui a son sommet au centre de l'ellipsoïde et pour base cette ellipse, rencontre l'ellipsoïde suivant une seconde ellipse E', située dans un plan parallèle à celui de la première. Ainsi les deux ellipses sont homothétiques. La seconde a son centre sur le diamètre qui aboutit au point m; soit m' ce centre : on trouve aisément qu'on a toujours $om = om'\sqrt{3}$.

Cette seconde ellipse jouit de la propriété que, si l'on prend sur elle trois points A', B', C', tels que le centre de leurs moyennes distances soit situé au centre de l'ellipse, les trois droites OA', OB', OC' seront trois diamètres conjugués de l'ellipsoïde. C'est là une propriété des surfaces du second degré, qu'il est extrèmement facile de démontrer.

Maintenant regardons le point m' comme l'homologue du point m par rapport au point O, pris pour centre de similitude, et concevons trois surfaces homothétiques aux trois surfaces du théorème précédent, qui ont leur centre commun en m, et qui, passant par le centre O de l'ellipsoïde, sont normales respectivement à ses trois axes principaux. Ces trois nouvelles surfaces auront leur centre de figure en m'; elles passeront par le point O qui est le centre de similitude; elles seront tangentes, en ce point, respectivement aux trois premières surfaces; par conséquent elles seront normales respectivement aux trois axes principaux de l'ellipsoïde; et elles auront toutes trois les mêmes coniques excentriques, situées dans des plans parallèles aux plans des coniques excentriques des trois premières surfaces.

Soient b et c les deux demi-diamètres principaux de la conique E; b' et c' les deux demi-diamètres principaux de la conique E'; ils seront parallèles respectivement aux premiers, et l'on aura

$$b' = \frac{b}{\sqrt{3}}, \quad c' = \frac{c}{\sqrt{3}}.$$

Pour former les deux coniques excentriques des trois nouvelles surfaces, il faut donc élever, par le centre m' de la conique E', une perpendiculaire au plan de cette courbe; prendre sur cette droite deux segments égaux à b' et c'; et décrire, dans les deux plans rectangulaires menés par la normale et par les deux axes b' et c' respectivement, une ellipse et une hyperbole dont la première ait pour grand axe b', et pour excentricité c'; et dont la seconde ait pour demi-axe transverse c' et pour excentricité b'. Cette ellipse et cette hyperbole seront les deux coniques excentriques des trois nouvelles surfaces.

Les cônes qui auront pour sommet le point O, et pour bases ces deux coniques, auront leurs axes principaux dirigés suivant les axes principaux de l'ellipsoïde.

On conclut de là le théorème suivant :

Étant donnés trois diamètres conjugués OA, OB, OC *d'un ellipsoïde; pour déterminer, en direction et en grandeur, les trois axes principaux :*

On cherchera, en direction et en grandeur, les deux demi-axes principaux de l'ellipse qui passerait par les trois points A, B, C, *et aurait pour centre le centre des moyennes distances de ces trois points. Soient* b *et* c *ces deux demi-axes principaux;*

Par le centre de l'ellipse on élèvera, sur son plan, une perpendiculaire, sur laquelle on portera deux segments b', c', *égaux respectivement à* b *et à* c;

Dans les deux plans rectangulaires déterminés par cette perpendiculaire et les deux axes b, c, *respectivement, on décrira deux coniques, dont l'une, qui sera une ellipse, ait pour demi-grand axe le segment* b' *et pour excentricité le segment* c', *et dont l'autre, qui sera une hyperbole, ait pour demi-axe transverse le segment* c', *et pour excentricité le segment* b';

1° *Les deux cônes qui auront pour sommet commun le point* O, *et pour bases, respectivement, cette ellipse et cette hyperbole, auront mêmes axes principaux que l'ellipsoïde;*

2° *Les trois surfaces qui auront pour coniques excentriques cette ellipse et cette hyperbole, et qui passeront par le centre de l'ellipsoïde, auront leurs trois axes majeurs égaux aux trois axes principaux de l'ellipsoïde, divisés par* $\sqrt{3}$.

Ce théorème offre, comme on voit, une seconde solution de la question de trouver, en direction et en grandeur, les trois axes principaux d'un ellipsoïde dont trois diamètres conjugués sont donnés. Et cette solution est aussi simple que la première. Mais l'avantage du théorème est de conduire à diverses conséquences que ne donnait point la première solution.

Ainsi on en conclut immédiatement que :

Quand trois diamètres conjugués d'un ellipsoïde doivent aboutir à trois points donnés, et qu'un des trois axes principaux de l'ellipsoïde doit avoir une longueur donnée, le centre de l'ellipsoïde est indéterminé et a pour lieu géométrique une surface du second degré, dont le centre est situé au centre des moyennes distances des trois points où doivent aboutir trois diamètres conjugués de l'ellipsoïde.

On peut donner les longueurs de deux des trois diamètres principaux de l'ellipsoïde, et le centre de l'ellipsoïde est encore indéterminé; alors il a pour lieu géométrique la courbe à double courbure qui provient de l'intersection de deux surfaces du second degré ayant les mêmes coniques excentriques; cette courbe est une *ligne de courbure* de l'une et de l'autre surface.

Quand les trois diamètres principaux de l'ellipsoïde sont donnés en longueur, huit ellipsoïdes satisfont à la question; leurs centres sont les points communs à trois surfaces du second degré, qui ont les mêmes coniques excentriques.

Quant à la direction des diamètres principaux des ellipsoïdes, on a ce théorème :

Quand trois diamètres conjugués d'un ellipsoïde doivent aboutir à trois points donnés,

Quel que soit le point de l'espace qu'on prenne pour le centre de cette surface, ses trois axes principaux seront les trois axes principaux communs à deux cônes qui auront ce centre pour sommet, et qui passeront respectivement par deux coniques fixes, dont la construction dépendra uniquement de la position des trois points donnés.

Ces deux coniques sont telles que le cône qui a pour base l'une d'elles, et pour sommet un point de l'autre courbe, est de révolution; l'ellipsoïde qui aurait son centre au sommet du cône sera aussi de révolution; on en conclut donc ce théorème :

Si l'on demande un ellipsoïde de révolution dont trois diamètres conjugués aboutissent à trois points donnés, une infinité d'ellipsoïdes satisferont à cette question ; leurs centres seront situés sur deux coniques, ellipse et hyperbole, situées dans deux plans rectangulaires, et dont l'une aura pour sommets et pour foyers les foyers et les sommets de l'autre.

—◆—

NOTE XXVI.

—

(CINQUIÈME ÉPOQUE, § 17.)

—

Sur les imaginaires en Géométrie.

La considération des relations et des propriétés *contingentes* d'une figure, ou système géométrique, est propre à donner l'explication du mot *imaginaire*, employé maintenant assez fréquemment, et avec avantage, dans les spéculations de la Géométrie pure.

En effet, on ne peut regarder l'expression d'*imaginaire* que comme indiquant seulement un état d'une figure dans lequel certaines parties, qui seraient réelles dans un autre état de la figure, ont cessé d'exister. Car on ne peut se faire l'idée d'un objet imaginaire qu'en se représentant en même temps un objet de l'espèce, dans un état d'existence réelle ; de sorte que l'idée d'*imaginaire* serait vide de sens, si elle n'était toujours accompagnée de l'idée actuelle d'une existence réelle du même objet auquel on l'applique. Ce sont donc les relations et propriétés que nous avons appelées *contingentes*, qui donnent la clef des *imaginaires* en Géométrie.

Mais on voit par là qu'on pourrait très-facilement éviter, si l'on voulait, la considération des *imaginaires*, dans le raisonnement ; il suffirait de supposer, à côté de la figure dont on a à démontrer quelque propriété, une seconde figure de même nature, mais dans un état général de construction où les parties contingentes, qui sont imaginaires dans la figure proposée, seraient réelles. C'est effectivement ce que l'on fait tacitement, en raisonnant sur les imaginaires comme sur des objets réels ; de sorte que l'on peut dire que l'emploi du mot imaginaire est une manière abrégée de s'exprimer, et qui signifie que les raisonnements que l'on fait s'appliquent à un autre état général de la figure, dans lequel les parties sur lesquelles on raisonne existeraient réellement, au lieu d'y être imaginaires comme dans la figure proposée. Et comme, d'après le principe des relations contingentes, ou si l'on veut, d'après le principe de continuité, les vérités démontrées pour l'un des deux états généraux de la figure s'appliquent à l'autre état, on voit que l'emploi et la considération des imaginaires se trouvent complétement justifiés.

Nous devons faire ici une observation importante. La voici :

Étant donnée une figure, dans laquelle se trouvent des parties imaginaires, on peut toujours, d'après ce que nous venons de dire, en concevoir une autre, de construction aussi générale que la première, et dans laquelle ces parties, qui étaient d'abord imaginaires, sont réelles ; mais, et c'est en cela que consiste notre observation, il n'est jamais permis de raisonner, ni d'opérer sur la première figure elle-même, en y regardant comme réelles certaines parties qui y sont imaginaires. Par exemple, si une expression donnée par le calcul, pour déterminer un point sur une droite, est imaginaire, ce point sera lui-même imaginaire ; et l'on commettrait une faute très-grave en construisant ce point comme si son expression était réelle. Le point ainsi construit n'appartiendrait point à la figure, ni à la question proposée ; et tous les résultats déduits de la considération de ce point seraient empreints d'erreurs.

Ainsi, dans chaque système de diamètres conjugués de l'hyperbole, les directions des deux diamètres sont réelles ; mais la longueur de l'un des deux diamètres est toujours imaginaire ; le carré de cette longueur est réel, et les propriétés générales de l'ellipse, où n'entrent que les carrés des diamètres conjugués, s'appliqueront à l'hyperbole comme à l'ellipse ; mais celles où ces propriétés dont il s'agit, où ces longueurs ne sont employées qu'au premier degré, n'auront plus d'application dans l'hyperbole, parce que, si l'on voulait construire l'axe imaginaire de l'hyperbole en le supposant réel, on commettrait une erreur ; la ligne ainsi construite, et le point qui serait son extrémité, n'appartiendraient pas à la figure, ni à la question proposée, mais bien à une autre figure et à une autre question.

Ce serait une chose intéressante, de rechercher les rapports et la corrélation qui peuvent avoir lieu entre les propriétés de deux figures, dans l'une desquelles on a construit, comme étant supposées réelles, des parties qui dans l'autre sont imaginaires [1]. Tels sont l'hyperbole équilatère, et le cercle décrit sur son axe principal comme diamètre. Toute corde du cercle, perpendiculaire à cet axe, a son carré réel : si son pied sur l'axe est dans l'intérieur du cercle, cette corde a aussi sa longueur réelle ; mais si son pied est au dehors du cercle, cette longueur est imaginaire, bien que son carré soit réel ; si on la construit en la supposant réelle, son extrémité déterminera un point qui appartiendra à une hyperbole équilatère. Et la corde en question jouira de propriétés différentes, suivant qu'elle sera prise dans le cercle ou dans l'hyperbole. Par exemple, dans le cercle, les

---

[1] Ce qui revient, en Analyse, à changer $\sqrt{+1}$ en $\sqrt{-1}$, ou, plus généralement, l'unité en l'une de ses racines, dans certains termes des formules appartenant à la question proposée.

47

droites menées de l'extrémité de la corde aux deux extrémités du diamètre, font entre elles un angle droit; et, dans l'hyperbole, ces deux droites font entre elles un angle de grandeur variable.

M. Carnot a déjà fait, dans son *Traité de la Corrélation des figures de Géométrie*, et dans sa *Géométrie de position*, des réflexions sur la corrélation des figures dont nous parlons, et sur celle des formules algébriques qui leur correspondent, en Analyse. Mais l'objet principal des travaux de cet illustre savant, dans cette matière, étant la *corrélation* des figures qui ne diffèrent que par de simples changements de signes des variables elles-mêmes, et non de leurs fonctions dans les expressions algébriques, la *corrélation* des figures qui diffèrent, comme nous venons de dire, en ce que l'on construit dans l'une, comme étant réelle, une expression imaginaire dans l'autre, cette corrélation, dis-je, est un objet de recherches tout nouveau, et qui nous paraîtrait susceptible de conduire à quelques lois générales de l'étendue, lesquelles pourraient accroître la puissance des doctrines géométriques.

Nous citerons encore à ce sujet le célèbre Lambert, qui a fait un usage très-curieux et très-utile des rapports imaginaires déduits de la comparaison de l'hyperbole équilatère et du cercle ayant un centre commun; et qui a imaginé une espèce de trigonométrie hyperbolique, au moyen de laquelle il trouve des solutions réelles dans des cas où la trigonométrie ordinaire en fournit d'imaginaires, et réciproquement.

NOTE XXVII.

—

(CINQUIÈME ÉPOQUE, § 23.)

—

Sur l'origine de la théorie des polaires réciproques, et celle des mots
PÔLE *et* POLAIRE.

Après que Monge eut démontré, dans sa *Géométrie descriptive*, que, quand le sommet d'un cône circonscrit à une surface du second degré parcourt un plan, le plan de la courbe de contact passe toujours par un même point; et que, quand le sommet du cône parcourt une droite, le plan de contact passe toujours par une seconde droite, MM. Livet et Brianchon firent voir que, quand le sommet du cône parcourt une surface du second degré, le plan de contact enveloppe une autre surface du second degré. (XIIIe Cahier du *Journal de l'École polytechnique,* année 1806.)

Dans le même Mémoire, M. Brianchon fit usage de cette théorie pour déduire, du fameux théorème de Pascal sur l'hexagone inscrit aux coniques, le théorème non moins beau ni moins utile sur l'hexagone circonscrit à une conique, et qui consiste en ce que *les trois diagonales de cet hexagone, qui joignent deux à deux ses sommets opposés, passent par un même point.* Premier exemple d'un tel usage de la théorie des *polaires,* et dans lequel se présentait, d'une manière bien remarquable, par l'analogie de ce théorème avec celui de Pascal, la *dualité* des figures planes.

Ensuite MM. Encontre et de Stainville se servirent de cette théorie pour faire une véritable transformation de figure. Il s'agissait de circonscrire, à une conique, un polygone dont les sommets fussent placés sur des droites. Ces géomètres remarquèrent que, d'après la théorie des *pôles,* ce problème pouvait être ramené à celui où il s'agit d'inscrire, à une conique, un polygone dont les côtés passent par des points donnés; problème qu'on savait résoudre. (Voir *Annales de Mathématiques,* tom. Ier, pag. 122 et 190) [1].

C'est dans cet excellent recueil, qui a si puissamment contribué depuis vingt ans aux progrès des mathématiques, et de la Géométrie particulièrement, que les dénominations de *pôles,* plans *polaires* et droites *polaires,* qui ont facilité l'usage de cette théorie, ont pris naissance.

M. Servois a d'abord appelé *pôle* d'une droite, le point par où passent toutes les lignes de contact des angles circonscrits à une conique, et qui ont leur sommet sur la droite; puis M. Gergonne a appelé cette droite la *polaire* du point; et a étendu ces dénominations au cas de l'espace. (Voir *Annales de Mathématiques,* tom. Ier, pag. 337, et tom. III, pag. 297.) Elles ont été adoptées par tous les géomètres qui ont écrit sur les surfaces du second degré.

---

[1] Nous avons donné l'historique de ce problème dans la Note XI.

NOTE XXVIII.

—

(CINQUIÈME ÉPOQUE, § 27.)

—

Généralisation de la théorie des projections stéréographiques. — Surface du second degré tangente à quatre autres.

Les deux théorèmes dont on fait usage dans la théorie des projections stéréographiques, considérée comme méthode de recherche, deviennent les suivants, dans cette théorie généralisée comme nous l'avons dit, c'est-à-dire, quand on prend le lieu de l'œil en un point quelconque de l'espace :

Si l'on fait la perspective d'une surface du second degré sur un plan quelconque, l'œil étant placé en un point de l'espace, pris arbitrairement au dehors de la surface :

1° Les projections des courbes planes tracées sur la surface seront des coniques ayant toutes un double contact, réel ou imaginaire, avec une conique unique, qui sera la perspective du contour apparent de la surface ;

2° Le pôle de la corde de contact de chaque conique avec la conique unique sera la projection du sommet du cône circonscrit à la surface, suivant la courbe plane dont cette première conique sera la projection.

A ces deux premiers principes, il sera utile de joindre ce troisième :

Les projections de deux droites, polaires réciproques par rapport à la surface, sont deux droites dont chacune passera par le pôle de l'autre, ces pôles étant pris par rapport à la conique unique.

Au moyen de ces trois théorèmes, on parvient, avec une facilité extrême, à la découverte des nombreuses propriétés d'un système de coniques inscrites à une même conique unique; et il n'est besoin, pour ainsi dire, d'aucune démonstration, parce qu'il suffit de contempler dans l'espace, et de traduire sur le plan, les relations apparentes des courbes tracées sur la surface du second degré.

De cette théorie des coniques décrites sur le plan, il est facile de s'élever à la théorie analogue dans l'espace, c'est-à-dire aux propriétés d'un système de surfaces du second degré, inscrites à une même surface unique du second degré. Nous appelons surfaces inscrites l'une à l'autre, deux surfaces se touchant suivant toute l'étendue d'une courbe. Pour deux surfaces du second degré, cette courbe de contact est plane.

On parvient ainsi à de nombreuses propriétés des surfaces du second degré, et à la solution d'un grand nombre de questions relatives aux contacts de ces surfaces, et dont toutes celles qui concernent les contacts des sphères sont des cas particuliers. Et ce que cette théorie peut offrir de satisfaisant aux géomètres qui aiment à rechercher la plus grande généralisation possible, c'est que toutes ces questions ne sont elles-mêmes, dans leur généralité, que les corollaires d'une seule, qui les comprend toutes dans son énoncé et dans sa solution; la voici :

PROBLÈME. *Étant données quatre surfaces du second degré, inscrites à une même surface du second degré* E, *décrire une surface du même degré qui touche les quatre premières, et qui soit, comme elles, inscrite à la surface* E.

La solution de ce problème est extrêmement simple; mais, pour la présenter avec netteté et précision, il nous sera utile d'admettre quelques définitions :

Quand deux surfaces du second degré sont inscrites à une même surface du second degré, elles se coupent suivant deux courbes planes, réelles ou imaginaires, mais dont les plans sont toujours réels; nous appellerons ces plans, par analogie avec la dénomination d'axes de symptose dans les coniques, *plans de symptose* des deux surfaces.

Les deux surfaces jouissent aussi de la propriété qu'on peut leur circonscrire deux cônes du second degré, réels ou imaginaires, mais dont les sommets sont deux points toujours réels. Nous nous servirons, pour désigner ces deux points, de l'expression de *centres d'homologie* des deux surfaces, employée par M. Poncelet.

Nous appellerons *droite de symptose* des deux surfaces, toute droite comprise dans l'un de leurs deux plans de symptose, et *plan d'homologie*, tout plan mené par l'un de leurs deux centres d'homologie.

Maintenant, concevons trois surfaces du second degré, inscrites à une même surface du même degré : elles auront, deux à deux, deux plans de symptose; en tout six plans de symptose.

On démontre que *ces six plans passent, trois par trois, par quatre droites; et que ces quatre droites concourent en un même point de l'espace.*

De sorte que les six plans de symptose sont les quatre faces au sommet, et les deux plans diagonaux d'une pyramide quadrangulaire.

Nous dirons que chacune des quatre droites par lesquelles passent, trois à trois, les six plans de symptose, est une *droite de symptose commune* aux trois surfaces; et qu'un point quelconque de l'une de ces quatre droites est *un point de symptose commun* aux trois surfaces.

Considérons les centres d'homologie des trois surfaces : prises deux à deux, elles en ont deux; ce qui fait six centres d'homologie.

On démontre que *ces six centres d'homologie sont, trois par trois, sur quatre droites, et que ces quatre droites sont dans un même plan.*

De sorte que les six centres d'homologie sont les quatre sommets et les deux points de concours des côtés opposés d'un quadrilatère.

Nous appellerons *droite d'homologie* commune aux trois surfaces, chacune des quatre droites sur lesquelles sont, trois à trois, les six centres d'homologie des trois surfaces, et *plan d'homologie* commun aux trois surfaces, tout plan mené par l'une de ces quatre droites.

Concevons quatre surfaces du second degré, inscrites à une même surface du second degré.

On démontre que *ces quatre surfaces ont huit points de symptose qui leur sont communs;* c'est-à-dire qu'il existe dans l'espace huit points, dont chacun se trouve sur un plan de symptose de chaque combinaison des quatre surfaces deux à deux.

De sorte que chacun de ces huit points est le point d'intersection commun à six des douze plans de symptose qu'on obtient en combinant les quatre surfaces deux à deux.

De même, on démontre que *les quatre surfaces ont huit plans d'homologie communs;* c'est-à-dire qu'il existe huit plans, dont chacun passe par un centre d'homologie des quatre surfaces prises deux à deux.

De sorte que chacun de ces huit plans contient six des douze centres d'homologie, qu'on obtient en combinant les quatre surfaces deux à deux.

Tout ceci admis, nous pouvons donner un énoncé facile de la solution du problème proposé.

Première solution. On construira les *huit plans d'homologie communs* aux quatre surfaces, et leurs *huit points de symptose communs.*

On prendra, par rapport à l'une quelconque A des quatre surfaces, les pôles des huit plans d'homologie, et l'on joindra, par une droite, chacun de ces pôles à chacun des huit points de symptose; on aura ainsi soixante-quatre droites, qui rencontreront la surface A en cent vingt-huit points, dont chacun sera le point de contact d'une surface cherchée avec la surface A.

Seconde solution. Après avoir construit, comme pour la première solution, les huit points de symptose, et les huit plans d'homologie communs aux quatre surfaces, on prendra les plans polaires de ces huit points de symptose, par rapport à l'une quelconque A des quatre surfaces; ces huit plans polaires rencontreront chacun des huit plans d'homologie suivant huit droites; on aura ainsi soixante-quatre droites, par chacune desquelles on mènera deux plans tangents à la surface A. Chaque point de contact des cent vingt-huit plans tangents ainsi menés, sera le point où l'une des surfaces cherchées touchera la surface A.

On voit, par chacune de ces deux constructions, que le problème admet, dans sa plus grande généralité, cent vingt-huit solutions.

Il est utile de remarquer, pour la discussion des cas particuliers, très-nombreux, renfermés dans ce problème général, et pour lesquels le nombre des solutions peut diminuer considérablement, que ces solutions sont données seize à seize par chaque plan d'homologie, ou par chaque point de symptose commun aux trois surfaces. De sorte qu'il s'évanouira autant de fois seize solutions, qu'il manquera de plans d'homologie, ou de points de symptose communs aux quatre surfaces.

Par exemple, si les quatre surfaces sont des sphères, elles n'auront qu'un point de symptose (c'est le point que M. Gaultier a appelé *centre radical* des quatre sphères). Il n'y aura donc que seize solutions.

Il peut paraître étonnant, au premier abord, que quatre sphères, situées d'une manière quelconque dans l'espace, et une cinquième qui leur serait tangente, soient considérées comme cinq surfaces du second degré, inscrites à une même surface unique du même degré. Mais il est facile d'en voir la raison.

Une surface du second degré, dont un des axes devient nul, se réduit à une conique; toute autre surface du second degré, passant par cette conique, la touche en tous ses points, et peut être regardée comme lui étant circonscrite. Donc plusieurs surfaces du second degré, qui passent par une même conique, jouissent des propriétés d'un système de surfaces circonscrites à une même surface du second degré; cette surface ayant, dans ce cas, l'un de ses axes nuls et se réduisant à une conique.

Remarquons que le plan de cette conique est, par rapport à deux quelconques des surfaces, un plan de symptose, et que la conique peut devenir imaginaire, quoique ce plan reste réel; on en conclut, par le *principe de continuité*, ou *des relations contingentes*, que plusieurs surfaces du second degré, qui ont un plan de symptose commun, peuvent être considérées comme autant de surfaces inscrites à une même surface du second degré.

Maintenant on peut supposer que le plan de symptose, commun aux surfaces, soit à l'infini; alors les surfaces seront semblables et semblablement placées. Donc *plusieurs surfaces du second degré, semblables entre elles et semblablement placées, peuvent être considérées comme un système de surfaces du second degré, toutes inscrites à une même surface unique, du même degré.*

Ainsi il est démontré que les solutions que nous avons données d'une surface du second degré, tangente à quatre autres et inscrite, comme elles, à une même surface du même degré, s'appliquent à la construction d'une sphère tangente à quatre autres, et plus généralement d'une surface du second degré tangente et homothétique à quatre autres.

NOTE XXIX.

—

(CINQUIÈME ÉPOQUE, § 30.)

Démonstration d'un théorème d'où résulte le principe de dualité.

Le théorème en question ne peut pas se déduire, comme dans le cas des figures planes, des propriétés des figures *supplémentaires* tracées sur la sphère; mais sa démonstration

directe est extrêmement facile. Elle repose sur cette proposition de Géométrie élémentaire : Si d'un point fixe on mène des rayons aux différents points d'un plan, que sur
» ces rayons (ou bien sur leurs prolongements) on porte, à partir du point fixe, des
» lignes proportionnelles aux valeurs inverses de ces rayons, les extrémités de ces lignes
» seront sur une sphère qui passera par le point fixe, et qui aura son centre sur la per-
» pendiculaire abaissée de ce point sur le plan. »

Il résulte de là que les plans menés par les extrémités de ces lignes, perpendiculairement aux rayons, passeront tous par un même point situé sur cette perpendiculaire,
lequel sera l'extrémité du diamètre de la sphère.

Pour un autre plan, on aura un autre point correspondant.

Il faut prouver maintenant que *si plusieurs plans passent par un même point, leurs
points* CORRESPONDANTS *seront sur un même plan.* Or, à chacun de ces plans correspondra
une sphère, et toutes ces sphères passeront par un même point O situé sur la droite menée du point fixe S au point d'intersection de tous les plans.

La droite SO est donc une corde commune à toutes les sphères; par conséquent le
plan perpendiculaire à cette droite, mené par le point O, passera par l'extrémité du diamètre de chaque sphère, issu du point S. Or l'extrémité de ce diamètre est, sur chaque
sphère, le point *correspondant* au plan auquel cette sphère correspond; donc tous ces
points correspondants sont sur un même plan. Ce que nous voulions démontrer.

Il suit de là que les figures construites dans l'espace, comme nous l'avons dit dans le
texte de cet écrit, jouiront des propriétés de la *dualité*, comme celles dont la construction sur le plan avait résulté des figures supplémentaires de la sphère.

NOTE XXX.

—

(CINQUIÈME ÉPOQUE, § 31.)

—

Sur les courbes et surfaces RÉCIPROQUES *de Monge.* — *Généralisation
de cette théorie.*

Voici quelles sont ces courbes et ces surfaces *réciproques :*

x, y étant les coordonnées d'un point d'une courbe plane, celles du point correspondant de la courbe *réciproque* sont $x' = p$, $y' = px - y$, p étant égal à $\frac{dy}{dx}$. La récipro-

cité des deux courbes consiste en ce que la première se forme de la seconde, comme celle-ci s'est formée de la première. (Voir *Correspondance sur l'École polytechnique*, tom. Ier, pag. 73, ann. 1805.)

Le *Mémoire* de Monge, *sur les surfaces réciproques*, se trouve indiqué dans une liste de ses différents Mémoires, placée au commencement de son *Application de l'Analyse à la Géométrie* (troisième édit., ann. 1809). Il devait faire partie des Mémoires de l'Institut (année 1808); mais je crois qu'il n'a point été publié. Au titre de ce Mémoire est jointe, en ces termes, la définition des *surfaces réciproques* :

« x, y, z étant les coordonnées d'un point d'une surface courbe, pour lequel on a
» l'équation différentielle $dz = pdx + qdy$, les coordonnées x', y', z' de son point *réci-*
» *proque* ont pour expressions

$$x' = p, \quad y' = q, \quad z' = px + qy - z.$$

» Le lieu de tous ces points réciproques est la surface *réciproque* de la surface pro-
» posée. La réciprocité de ces deux surfaces consiste en ce que la première surface est
» le lieu des points réciproques de la seconde, comme la seconde est le lieu des points
» réciproques de la première. »

C'est-à-dire que les valeurs de x, y, z en x', y', z' auront la même forme que celles de x', y', z' en x, y, z. Et en effet on trouve

$$x = p', \quad y = q', \quad z = p'x' + q'y' - z'.$$

On reconnait, à l'inspection de ces formules, que, *à chaque plan tangent de la première surface, correspond un point de la seconde* ; et que, *quand ces plans tangents passent par un même point, ces points, qui leur correspondent, sont sur un même plan.*

En effet, le plan tangent au point (x, y, z) de la première surface, est déterminé par les valeurs des coordonnées de ce point et les valeurs des deux coefficients différentiels p et q. Ces valeurs donnent aussi la position du point (x', y', z') qui correspond à ce plan tangent.

Maintenant, si ce plan tangent, dont l'équation est

$$z - Z = p(x - X) + q(y - Y),$$

passe par un point fixe $(\alpha, \varepsilon, \gamma)$, on aura, entre les coordonnées de son point de contact (x, y, z), la relation

$$z - \gamma = p(x - \alpha) + q(y - \varepsilon).$$

Substituant dans cette équation les valeurs de x, y, z en x', y', z', p' et q', on a

$$z' + \gamma = \alpha x' + \varepsilon y',$$

équation d'un plan, comme il fallait le trouver.

Ainsi les surfaces réciproques de Monge peuvent être considérées comme des trans-formées l'une de l'autre suivant le principe de *dualité*.

48

En effet, ces *surfaces sont tout simplement* polaires réciproques *par rapport au paraboloïde de révolution qui a pour équation*

$$x^2 + y^2 = \alpha.$$

Cette construction géométrique des surfaces de Monge fait voir qu'elles ne sont qu'un cas particulier d'une classe générale de surfaces réciproques, qu'on peut exprimer analytiquement comme celles-là, et qui, considérées géométriquement, sont des *polaires réciproques* par rapport à une surface du second degré quelconque.

Il est à regretter que le Mémoire de Monge n'ait pas été publié. Il eût été intéressant de connaître la voie qui l'a conduit à l'invention de ses surfaces *réciproques*, et précisément de celles dont l'expression analytique est la plus simple parmi une infinité d'autres ; de savoir si c'est la théorie des pôles dans les surfaces du second degré qui a guidé ce grand géomètre, et surtout quel usage il faisait de la considération de ses surfaces réciproques.

Nous savons que les *courbes réciproques* lui ont offert un moyen de ramener aux quadratures l'intégration des équations différentielles à deux variables, de la forme $y = x \mathrm{F}(p) + f(p)$, F et f étant des fonctions quelconques de $p = \frac{dy}{dx}$.

D'après cela, il est naturel de penser que Monge a imaginé pour le même usage les surfaces réciproques; et qu'elles lui ont servi à intégrer les équations aux différences partielles à trois variables.

En effet, on reconnaît qu'elles peuvent être propres pour cet usage.

Soit, par exemple, à intégrer l'équation aux différences partielles

$$\mathrm{F}(x, y, z, p, q) = 0.$$

On la regardera comme appartenant à une surface A, c'est-à-dire, que son intégrale serait l'équation de la surface A.

A l'équation différentielle proposée correspondra une équation appartenant à une surface A' réciproque de A; cette équation sera

$$\mathrm{F}(p', q', p'x' + q'y' - z', x', y') = 0.$$

Si cette équation, qui est différente de la proposée, est intégrable, on obtiendra par l'intégration une équation $f(x', y', z') = 0$, qui sera l'équation finie de la surface A'.

On passera de cette équation, par la voie de l'élimination, à l'équation de la surface réciproque de A', qui sera la surface A; cette équation sera donc l'intégrale de l'équation proposée.

Si l'équation proposée contenait les coefficients différentiels du second ordre :

$$r = \frac{d^2z}{dx^2}, \quad s = \frac{d^2z}{dxdy}, \quad t = \frac{d^2z}{dy^2},$$

la méthode serait la même. On passerait à l'équation différentielle en x', y', z', p', q', r', s', t', en remplaçant les coefficients différentiels r, s, t, par leurs expressions en fonction de r', s', t'. On trouve, pour ces expressions :

$$ r = \frac{t'}{r't' - s'^2}, \quad s = -\frac{s'}{r't' - s'^2}, \quad t = \frac{r'}{r't' - s'^2}; $$

et, réciproquement :

$$ r' = \frac{t}{rt - s^2}, \quad s' = -\frac{s}{rt - s^2}, \quad t' = \frac{r}{rt - s^2} \cdot \text{ }^1 $$

On agirait de même pour des équations aux différences partielles d'un ordre supérieur.

Mais ce procédé d'intégration ne paraît pas propre à procurer des intégrales générales, admettant les fonctions arbitraires que comporte l'équation différentielle proposée. Car si l'on faisait entrer ces fonctions arbitraires dans l'intégration de l'équation en x', y', z', qui représente la surface A', elles empêcheraient d'en déduire, par la voie de l'élimination, l'équation de la surface réciproque A.

---

¹ Le calcul de ces expressions est facile.

Que l'on différentie l'équation $x = p'$, puis l'équation $y = q'$, par rapport à x et à y successivement, en regardant p' et q' comme fonctions de x' et y', on aura les quatre équations :

$$ 1 = \frac{dp'}{dx'}\frac{dx'}{dx} + \frac{dp'}{dy'}\frac{dy'}{dx}, $$

$$ 0 = \frac{dp'}{dx'}\frac{dx'}{dy} + \frac{dp'}{dy'}\frac{dy'}{dy}, $$

$$ 0 = \frac{dq'}{dx'}\frac{dx'}{dx} + \frac{dq'}{dy'}\frac{dy'}{dx}, $$

$$ 1 = \frac{dq'}{dx'}\frac{dx'}{dy} + \frac{dq'}{dy'}\frac{dy'}{dy}. $$

Or, on a

$$ \frac{dp'}{dx'} = r', \quad \frac{dp'}{dy'} = \frac{dq'}{dx'} = s', \quad \frac{dq'}{dy'} = t', $$

et

$$ \frac{dx'}{dx} = \frac{dp}{dx} = r, \quad \frac{dy'}{dx} = \frac{dq}{dx} = s, \quad \frac{dx'}{dy} = \frac{dp}{dy} = s, \quad \frac{dy'}{dy} = \frac{dq}{dy} = t. $$

Les quatre équations ci-dessus deviennent donc

$$ 1 = r'r + s's, $$
$$ 0 = r's + s't, $$
$$ 0 = s'r + t's, $$
$$ 1 = s's + t't. $$

De ces équations, on tire les valeurs de r, s, t, en fonction de r', s', t'; et réciproquement.

Cette difficulté doit faire regretter vivement que le travail de Monge, qui avait déjà tant contribué aux progrès de la science dans ce genre d'Analyse si épineuse, ne nous soit point parvenu.

Nous avons dit que les surfaces réciproques de Monge étaient, parmi les surfaces *polaires réciproques*, celles dont l'expression analytique était la plus simple. Nous devons ajouter qu'il est une autre espèce de surfaces réciproques, analogues à celles de Monge, qui sont d'une égale simplicité dans leur expression analytique, mais qui ne font point partie des surfaces *polaires*.

Voici les relations de ces nouvelles surfaces réciproques :

x, y, z étant les coordonnées d'un point d'une première surface, et x', y', z' les coordonnées du point correspondant de la surface réciproque, on aura

et

$$x' = q, \quad y' = -p, \quad z' = -px - qy + z,$$
$$x = q', \quad y = -p', \quad z = -p'x' - q'y' + z'.$$

Ces formules pourront servir, comme celles de Monge, pour l'intégration des équations aux différences partielles ; et il pourra arriver qu'elles conviennent dans des cas où les autres ne conviendraient pas, c'est-à-dire, ne conduiraient pas à une équation intégrable. Car l'équation proposée étant

$$F(x, y, z, p, q) = 0,$$

on la transforme, par les formules de Monge en celle-ci :

$$F(p', q', p'x' + q'y' - z', x', y') = 0 ;$$

et, par les nouvelles formules, en la suivante :

$$F(q', -p', -p'x' - q'y' + z', -y', x') = 0.$$

Il est possible que cette seconde équation se prête, plus facilement que la précédente, aux méthodes d'intégration.

Les relations des coefficients différentiels du second ordre sont aussi simples que dans les formules de Monge. On les obtient en différentiant successivement les deux équations $x = q'$, $y = -p'$, par rapport à x, puis par rapport à y, et en regardant q' et p' comme fonctions de x' et y'. On a ainsi quatre équations, dont trois comportent la quatrième, et d'où l'on tire les expressions

et

$$r' = -\frac{r}{rt - s^2}, \quad s' = -\frac{s}{rt - s^2}, \quad t' = -\frac{t}{rt - s^2},$$
$$r = -\frac{r'}{r't' - s'^2}, \quad s = -\frac{s'}{r't' - s'^2}, \quad t = -\frac{t'}{r't' - s'^2}.$$

Nos nouvelles surfaces réciproques ont entre elles, comme celles de Monge, une relation géométrique qu'on peut exprimer de diverses manières.

Nous nous bornerons à présenter la suivante :

Une surface étant donnée, on pourra lui imprimer un mouvement infiniment petit, tel que les plans normaux aux directions que prendront ses différents points, pendant ce mouvement, seront précisément les plans tangents à la surface RÉCIPROQUE;

Le mouvement à imprimer sera le résultat des deux mouvements élémentaires simultanés, dont le premier sera de révolution autour de l'axe des z regardé comme fixe, et le second de translation dans la direction de cet axe.

Les surfaces réciproques de Monge, et les nouvelles dont nous venons de donner l'expression analytique et la construction géométrique, sont, les unes et les autres, des cas particuliers de surfaces d'une expression analytique beaucoup plus générale, et dont la considération pourra servir, comme ces premières, à l'intégration des équations.

Voici quelles sont les formules générales qui correspondent à ces surfaces :

x, y, z, étant les coordonnées d'un point de la première surface, et p, q les deux coefficients différentiels

$$\frac{dz}{dx}, \frac{dz}{dy};$$

les coordonnées du point réciproque de la seconde surface seront

$$(1) \dots \begin{cases} x' = \dfrac{A'''\,(px + qy - z) + A'' - A'q - Ap}{D'''\,(px + qy - z) + D'' - D'q - Dp}, \\[2ex] y' = \dfrac{B'''\,(px + qy - z) + B'' - B'q - Bp}{D'''\,(px + qy - z) + D'' - D'q - Dp}, \\[2ex] z' = \dfrac{C'''\,(px + qy - z) + C'' - C'q - Cp}{D'''\,(px + qy - z) + D'' - D'q - Dp}; \end{cases}$$

A, B, C, D; A', B', C', D'; A'', B'', C'', D'' et A''', B''', C''', D''', étant des coefficients arbitraires.

Et l'on a, réciproquement :

$$(2) \dots \begin{cases} x = \dfrac{D\;(p'x' + q'y' - z') + C\; - Bq'\; - Ap'}{D'''(p'x' + q'y' - z') + C''' - B''q' - A'''p'}, \\[2ex] y = \dfrac{D'\;(p'x' + q'y' - z') + C'\; - B'q'\; - A'p'}{D'''(p'x' + q'y' - z') + C''' - B''q' - A'''p'}, \\[2ex] z = \dfrac{D''\;(p'x' + q'y' - z') + C''\; - B''q'\; - A''p'}{D'''(p'x' + q'y' - z') + C''' - B''q' - A'''p'}. \end{cases}$$

Les expressions de p', q', en x, y, z, et celles de p, q, en x', y', z', sont d'un calcul assez long. Pour les former, nous représenterons par le symbole $(A'\ B''\ C''')$ le polynôme

$$A'\ (B''C''' - B'''C'') + A''\ (B'''C' - B'C''') + A'''\ (B'C'' - B''C') ;$$

par $(B'\ C''\ A''')$ ce que devient ce polynôme quand on y change A' en B', B'' en C'', C''' en A'''; et ainsi des divers autres polynômes semblables, faits avec les seize coefficients A, B, C, D; A', B', C', D'; A'', B'', C'', D'' et A''', B''', C''', D''', pris trois à trois. On aura, d'après cette notation abrégée, les expressions suivantes de p', q', p et q :

$$(1)\ .\ .\ .\ .\ \left\{ \begin{array}{l} p' = -\dfrac{(B'C''D''')\,x - (B''C'''D)\,y + (B'''CD')\,z - (BC'D'')}{(D'A''B''')\,x - (D''A'''B)\,y + (D'''AB')\,z - (DA'B'')}, \\[2ex] q' = \dfrac{(C'D''A''')\,x - (C''D'''A)\,y + (C'''DA')\,z - (CD'A'')}{(D'A''B''')\,x - (D''A'''B)\,y + (D'''AB')\,z - (DA'B'')}; \end{array} \right.$$

$$(2)\ .\ .\ .\ .\ \left\{ \begin{array}{l} p = -\dfrac{(B'C''D''')\,x' - (C'D''A''')\,y' + (D'A''B''')\,z' - (A'B''C''')}{(B'''CD')\,x' - (C'''DA')\,y' + (D'''AB')\,z' - (A'''BC')}, \\[2ex] q = -\dfrac{(BC'D''')\,x' - (CD'A''')\,y' + (DA'B''')\,z' - (AB'C''')}{(B'''CD')\,x' - (C'''DA')\,y' + (D'''AB')\,z' - (A'''BC')}. \end{array} \right.$$

Pour mieux apercevoir les rapports qu'ont entre elles les expressions de $p', q', p, q,$ représentons par les lettres a, b, c, d; a', b', c', etc., les différents polynômes qui sont les coefficients de ces expressions; de manière que l'on ait :

$$\begin{array}{llll}
a = & (B'C''D'''), & b = -(C'D''A'''), & c = & (D'A''B'''), & d = & (A'B''C'''), \\
a' = & -(B''C'''D), & b' = & (C''D'''A), & c' = -(D''A'''B), & d' = & -(A''B'''C), \\
a'' = & (B'''CD'), & b'' = -(C'''DA'), & c'' = & (D'''AB'), & d'' = & (A'''BC'), \\
a''' = & (BC'D''), & b''' = -(CD'A''), & c''' = & (DA'B'').
\end{array}$$

D'après cela, les expressions de p', q', p, q seront

$$p' = -\frac{ax\ + a'y\ + a''z - a'''}{cx\ + c'y\ + c''z - c'''},$$

$$q' = -\frac{bx\ + b'y\ + b''z - b'''}{cx\ + c'y\ + c''z - c'''},$$

$$p = -\frac{ax'\ + by'\ + cz'\ - d}{a''x' + b''y' + c''z' - d''},$$

$$q = -\frac{a'x'\ + b'y'\ + c'z'\ - d'}{a''x' + b''y' + c''z' - d''}.$$

Dans les formules de Monge, il y a une parfaite réciprocité entre les valeurs de $x', y', z',$

p', q', en fonction de x, y, z, p, q, et les valeurs de x, y, z, p, q en fonction de x', y', z', p', q'; c'est-à-dire qu'outre la même forme, ces valeurs ont les mêmes coefficients. Cela a lieu pareillement dans les formules particulières que nous avons données après celles de Monge. Mais une telle réciprocité parfaite n'a pas lieu dans les formules générales où les expressions de x', y', z', p', q', sont bien de même forme que celles de x, y, z, p, q, mais ont des coefficients différents. Pour donner à ces formules générales la réciprocité parfaite dont il s'agit, il suffit de disposer de six des seize coefficients arbitraires A, B, C, D; A', B', etc.; et de faire

$$D = A''', \quad D' = B''', \quad D'' = C''', \quad B = A', \quad C = A'', \quad C' = B'';$$

il en résultera

$$d = a''', \quad d' = b''', \quad d'' = c''', \quad b = a', \quad c = a'', \quad c' = b'';$$

et les expressions de x', y', z', p', q', restant les mêmes, celles de x, y, z, p, q deviendront

$$(3) \quad \cdots \quad \begin{cases} x = \dfrac{A''' (p'x' + q'y' - z') + A'' - A'q' - Ap'}{D''' (p'x' + q'y' - z') + D'' - D'q' - Dp}, \\[2ex] y = \dfrac{B''' (p'x' + q'y' - z') + B'' - B'q' - Bp}{D''' (p'x' + q'y' - z') + D'' - D'q' - Dp}, \\[2ex] z = \dfrac{C''' (p'x' + q'y' - z') + C'' - C'q' - Cp}{D''' (p'x' + q'y' - z') + D'' - D'q' - Dp}, \\[2ex] p = -\dfrac{ax' + a'y' + a''z' - a'''}{cx' + c'y' + c''z' - c'''}, \\[2ex] q = -\dfrac{bx' + b'y' + b''z' - b''}{cx' + c'y' + c''z' - c'''}. \end{cases}$$

Il faudra se rappeler que, des seize coefficients A, B, C, D; A', etc., que contiennent les formules (1) et (3), dix seulement sont arbitraires, à cause des six égalités que nous avons supposées, $D = A'''$, $D' = B'''$, etc. On disposera des dix coefficients arbitraires, de manière à simplifier les formules, et à les approprier aux différentes questions auxquelles on voudra les appliquer.

Pour obtenir les formules de Monge, il faut faire tous les coefficients nuls, excepté les trois A, D', C''', auxquels on donnera les valeurs

$$A = -1, \quad B' = -1, \quad C''' = 1.$$

NOTE XXXI.

—

(CINQUIÈME ÉPOQUE, § 48.)

———

Propriétés nouvelles des surfaces du second degré, analogues à celles des foyers dans les coniques.

§ I. Propriétés des coniques excentriques d'une surface du second degré.

(1) « La tangente et la normale, menées par chaque point d'une conique, vont rencon-
» trer chacun des deux axes principaux de la courbe en deux points, qui sont conjugués
» harmoniques par rapport à deux points fixes;

» Ces deux points fixes sont réels sur le premier axe de la courbe; ce sont les deux
» *foyers*; et ils sont imaginaires sur le second axe [1]. »

Voici le théorème analogue dans les surfaces du second degré :

*La normale et le plan tangent, menés en un point quelconque d'une surface du second
degré, rencontrent chacun des trois plans diamétraux principaux de la surface* [2], *en un
point et suivant une droite;*

*Ce point est toujours le pôle de la droite, par rapport à une certaine conique, située
dans le plan principal;*

Sur le plan du grand et du moyen axe de la surface, cette conique est une ellipse;

Sur le plan du grand et du petit axe, elle est une hyperbole;

Et sur le plan du moyen et du petit axe, elle est toujours imaginaire.

(2) On peut encore considérer comme correspondant, à la propriété des coniques que
nous avons énoncée, le théorème suivant :

*Si, en chaque point d'une surface du second degré, on mène la normale à la surface, et
les tangentes aux deux lignes de courbure qui se croisent en ce point, ces trois droites iront
rencontrer chacun des trois plans diamétraux principaux de la surface en trois points, qui
seront tels que la polaire de chacun d'eux, prise par rapport à une certaine conique située
dans ce plan, passera par deux autres.*

---

[1] Ces deux points donnent lieu à deux *foyers* imaginaires sur le second axe. De sorte qu'on peut dire que la
conique a *quatre foyers*, dont deux toujours réels, situés sur le grand axe, et deux toujours imaginaires, situés
sur le petit axe.

[2] Nous supposons que la surface a un centre; mais les théorèmes que nous allons énoncer s'appliqueront
d'eux-mêmes aux paraboloïdes.

(3) Les trois coniques que l'on obtient, soit par ce théorème, soit par le précédent, sont parfaitement déterminées; et l'on reconnaît aisément qu'il existe, entre chacune d'elles et la surface, ces rapports très-simples, et qui suffisent pour la construction de ces courbes :

Chacune des trois coniques en question est située dans le plan d'une section principale de la surface; elle a pour foyers ceux de cette section, et pour sommets les foyers des deux autres sections principales de la surface.

(4) Il résulte de là, que le grand axe de l'ellipse et l'axe transverse de l'hyperbole sont situés sur le grand axe de la surface;

Et que les sommets de l'ellipse sont les foyers de l'hyperbole, et réciproquement; d'où il suit que les deux autres axes principaux des deux courbes, lesquels sont à angle droit, ont leurs carrés égaux entre eux, au signe près.

Quant à la troisième conique, imaginaire, elle aura deux foyers réels, situés aux extrémités du petit axe de l'ellipse; et ses deux axes principaux imaginaires, leurs carrés étant égaux, aux signes près, aux carrés du grand axe de l'ellipse et de l'axe transverse de l'hyperbole.

(5) En supposant qu'une conique ait quatre foyers, situés deux à deux sur les deux axes principaux, dont deux réels et deux imaginaires, on pourra énoncer ainsi les relations entre les trois courbes :

Une des trois courbes étant donnée, chacune des deux autres sera dans un plan mené, perpendiculairement à celui de la première, par l'un de ses axes principaux, et aura pour sommets les foyers, et pour foyers les sommets de cette première, située sur son axe principal.

Cela suffit pour construire les deux autres coniques, quand l'une des trois est donnée.

(6) Pour fixer les idées, soit

$$\frac{x^2}{a^2} + \frac{y^2}{b^2} + \frac{z^2}{c^2} = 1$$

l'équation de la surface; les trois coniques en question auront pour équations

$$\frac{x^2}{a^2 - c^2} + \frac{y^2}{b^2 - c^2} = 1,$$

$$\frac{x^2}{a^2 - b^2} + \frac{z^2}{c^2 - b^2} = 1,$$

$$\frac{y^2}{b^2 - a^2} + \frac{z^2}{c^2 - a^2} = 1.$$

Si $a > b > c$, la première courbe, située dans le plan des xy, sera une ellipse; la seconde, située dans le plan des xz, une hyperbole; et la troisième, située dans le plan des yz, sera imaginaire.

(7) Nous appellerons ces trois courbes les *coniques excentriques*, ou les *coniques focales* de la surface [1].

Ainsi, de même qu'une section conique a deux couples de foyers, ou deux excentricités, dont l'une imaginaire; de même une surface du second degré a trois *coniques focales*, ou *excentriques*, dont deux réelles et la troisième imaginaire [2].

(8) On voit, par la construction que nous avons donnée des coniques excentriques d'une surface du second degré, que :

Quand deux surfaces du second degré ont leurs sections principales décrites des mêmes foyers, elles ont les mêmes coniques excentriques; et réciproquement, quand deux surfaces ont une même conique excentrique, elles ont leurs sections principales décrites des mêmes foyers.

(9) Maintenant que la définition et la construction des coniques excentriques d'une surface du second degré sont bien entendues, nous allons exposer plusieurs propriétés de ces courbes, et montrer leur analogie avec certaines propriétés des foyers dans les coniques.

« Quand un angle est circonscrit à une conique, les deux droites, dont l'une divise en
» deux également cet angle, et l'autre son supplément, vont rencontrer chacun des deux
» axes principaux de la courbe en deux points, qui sont conjugués harmoniques par
» rapport aux deux foyers situés sur cet axe. »

---

[1] J'emploierai la première de ces deux expressions, quoique j'eusse préféré la seconde, à cause de sa plus parfaite analogie avec les *foyers* des coniques et les *lignes focales* des cônes. Mais le nom de *focale* ayant été donné par M. Quetelet à une courbe du troisième degré, qui est le lieu des *foyers* des sections planes faites d'une certaine manière dans un cône du second degré, je ne puis me servir ici de ce mot pour désigner d'autres lignes courbes.

Je proposerais d'appeler ces focales du troisième degré *focoïdes* ou plutôt *focoïques*, conformément aux idées de M. Ch. Dupin sur la nomenclature de la Géométrie (*Développements de Géométrie*; Notes à la suite du quatrième Mémoire).

Alors on consacrerait l'expression de *coniques focales*, ou simplement de *focales*, aux deux courbes qui jouent, dans les surfaces du second degré, le même rôle que les *foyers* dans les coniques.

Et, lorsque l'on considérerait ces deux courbes l'une par rapport à l'autre, et sans parler de la surface à laquelle elles appartiennent, on pourrait les appeler *focales conjuguées*.

[2] Il paraîtra sans doute extraordinaire de nous entendre dire que, de deux excentricités des coniques, *l'une est imaginaire*; et de trois coniques excentriques des surfaces du second degré, *une seule* aussi est *imaginaire*, quand on sait fort bien que les imaginaires ne peuvent jamais marcher que par couples. Aussi nous devons dire qu'il existe dans les coniques un troisième couple de foyers, qui sont toujours imaginaires et toujours situés à l'infini.

Ces foyers n'ont point encore été aperçus, parce que l'on n'a point cherché à remonter, dans l'étude des coniques, à la véritable origine de leurs foyers proprement dits, et à l'analogie qui peut avoir lieu entre leurs propriétés spéciales et les propriétés générales, relatives à tout autre point pris dans le plan de la courbe.

Pareillement il existe, dans chaque surface du second degré, une quatrième conique excentrique, toujours imaginaire, et située à l'infini.

Il nous est inutile ici de considérer le troisième couple de foyers des coniques, ni la quatrième conique excentrique des surfaces.

Nous essaierons, dans un autre moment, de présenter les propriétés générales des coniques, et celles des surfaces du second degré, d'où dérivent les propriétés particulières aux *foyers* et aux *coniques excentriques*.

Pareillement :

Quand un cône est circonscrit à une surface du second degré, ses trois axes principaux vont rencontrer chacun des plans diamétraux principaux de la surface en trois points, qui sont tels que la polaire de chacun d'eux, prise par rapport à la conique excentrique située dans le plan diamétral, passe par les deux autres.

(10) « Si d'un point, pris dans le plan d'une conique, on mène deux droites aux deux » foyers, elles seront également inclinées sur la droite qui divise en deux également » l'angle des deux tangentes menées de ce point à la courbe. »

Dans les surfaces, on a ce théorème analogue :

Un point de l'espace étant pris pour le sommet commun de deux cônes, dont l'un circonscrit à une surface du second degré, et l'autre ayant pour base l'une des coniques excentriques de la surface, ces deux cônes auront mêmes axes principaux et mêmes lignes focales.

(11) « Si d'un point, pris sur une conique, on mène deux droites à ses foyers, ces » deux droites sont également inclinées sur la normale à la conique en ce point, ou bien » sur sa tangente. » C'est là l'une des plus anciennes propriétés des coniques; voici son analogue dans les surfaces :

Si un point, pris sur une surface du second degré, est regardé comme le sommet d'un cône qui ait pour base une de ses coniques excentriques; la normale à la surface, et les tangentes à ses lignes de courbure en ce point, seront les axes principaux du cône [1].

Et si la surface est un hyperboloïde à une nappe, les deux lignes focales du cône seront les deux génératrices de cet hyperboloïde, qui passent par le sommet du cône.

(12) De la première partie de ce théorème on conclut que :

Si, par une tangente en un point quelconque d'une surface du second degré, on mène deux plans tangents à l'une des coniques excentriques de la surface, ils seront également inclinés sur le plan tangent à la surface, mené par sa tangente.

(13) Le théorème (10) est susceptible de plusieurs conséquences.

En effet, quand deux cônes du second degré ont les mêmes axes principaux et les mêmes lignes focales, ils se coupent à angles droits [2]; on conclut donc du théorème (10) que :

Pour un œil placé en un point quelconque de l'espace, le contour apparent d'une surface du second degré, et l'une des coniques excentriques de la surface, paraissent se couper à angles droits.

(14) Les deux cônes qui ont un même sommet, et pour bases les deux coniques excentriques d'une surface, ont les mêmes axes principaux et les mêmes lignes focales; donc ces deux cônes se coupent à angles droits; ce qu'on peut exprimer ainsi :

---

[1] De sorte que, un cône ayant pour base une conique, si cette courbe est prise pour conique excentrique d'une surface du second degré, menée par le sommet du cône, cette surface sera normale à l'un des trois axes principaux du cône.

[2] *Mémoire sur les propriétés générales des cônes du second degré*, pag. 28.

*De quelque point de l'espace que l'on considère les deux coniques excentriques d'une sur-
face du second degré, elles paraissent se couper à angles droits* [1].

(15) Si, au lieu d'un cône, on circonscrit à la surface un cylindre, le théorème (10)
deviendra celui-ci :

*Un cylindre étant circonscrit à une surface du second degré; si, par l'une des coniques
excentriques de la surface, on fait passer un second cylindre ayant ses arêtes parallèles à
celles du premier, les bases de ces deux cylindres, sur un plan perpendiculaire à leurs
arêtes, seront deux coniques décrites des mêmes foyers.*

(16) Et on conclut de là que :

*Les projections orthogonales des deux coniques excentriques d'une surface du second
degré, sur un même plan quelconque, sont deux coniques ayant les mêmes foyers.*

(17) Le même théorème (10) donnerait lieu à beaucoup d'autres conséquences, relatives aux systèmes des surfaces qui ont les mêmes coniques excentriques; mais nous devons
nous borner, en ce moment, aux propriétés de ces courbes mêmes.

(18) Les foyers d'une conique jouissent d'une propriété générale, qui pourrait servir
à les définir, car elle est caractéristique; c'est que :

« Si par un point, pris arbitrairement dans le plan d'une conique, on mène deux
» droites rectangulaires, de manière que le pôle de l'une, pris par rapport à la conique,
» soit sur l'autre, ces deux droites rencontreront chacun des deux axes principaux de la
» courbe en deux points, qui seront conjugués harmoniques par rapport à deux points
» fixes; ces deux points fixes sont réels sur le grand axe de la courbe; ce sont ses deux
» foyers; ils sont imaginaires sur le petit axe. »

On a pareillement, dans les surfaces, cette propriété caractéristique des coniques excentriques :

*Étant donnée une surface du second degré; si par un point, pris arbitrairement dans
l'espace, on mène trois droites rectangulaires telles, que la polaire de chacune d'elles,
prise par rapport à la surface, soit située dans le plan des deux autres, ces trois droites
rencontreront chacun des trois plans principaux de la surface en trois points, qui seront
tels que la polaire de chacun d'eux, prise par rapport à la conique excentrique située dans
ce plan, passera par les deux autres.*

(19) Pour saisir l'analogie entre certaines propriétés des coniques excentriques, qui
vont suivre, et certaines propriétés des foyers, il faut regarder la double excentricité
d'une conique, c'est-à-dire la droite qui joint ses deux foyers, comme étant elle-même une
conique dont le petit axe est nul; de cette manière on regardera toute droite menée par
un foyer comme une tangente à cette conique.

(20) On sait que « toute transversale, menée par un foyer d'une conique, a son pôle, pris

[1] J'avais déjà eu occasion d'énoncer ce théorème dans mon *Mémoire sur les propriétés générales des surfaces de révolution*, inséré au tome V des *Nouv. Mém. de l'Académie de Bruxelles* (ann. 1829); et j'avais dit
alors que les deux coniques en question jouissaient de beaucoup d'autres propriétés, qui n'avaient point encore
été découvertes. Cette Note, en effet, en contient plusieurs qui me paraissent nouvelles.

» par rapport à cette courbe, sur la perpendiculaire à cette transversale, menée par le
» foyer. »

Pareillement :

Tout plan transversal, tangent à la conique excentrique d'une surface du second degré, a son pôle, pris par rapport à la surface, sur la perpendiculaire à ce plan, menée par son point de contact avec la conique.

(21) Le théorème précédent, relatif à une conique, est un cas particulier de celui-ci, qui n'a peut-être pas encore été remarqué, mais qu'il est facile de démontrer :

« Étant menée une transversale quelconque dans le plan d'une conique, si l'on prend son
» pôle par rapport à la courbe, et le point conjugué harmonique de celui où cette droite
» rencontre le grand axe, par rapport aux deux foyers, la droite qui joindra ces deux points
» sera perpendiculaire à la transversale. »

Pareillement :

Étant donnée une surface du second degré, si l'on mène un plan transversal quelconque, que l'on prenne son pôle par rapport à la surface, et le pôle de sa trace sur le plan d'une conique excentrique, par rapport à cette courbe, la droite qui joindra ces deux pôles sera perpendiculaire au plan transversal.

(22) « Le produit des distances des foyers d'une conique, à une tangente quelconque,
» est constant. » Menons par les foyers deux droites parallèles à la tangente, et regardons-les comme les tangentes à la double excentricité de la conique, suivant ce que nous avons dit plus haut (19); le produit des distances de ces deux droites à la tangente sera constant.

Pareillement :

Pour chaque plan tangent à une surface du second degré, le produit de ses distances aux deux points d'une des coniques excentriques de la surface, pour lesquels les tangentes à cette courbe sont parallèles à ce plan, est constant.

(23) « Le produit des distances d'un foyer d'une conique, à deux tangentes parallèles
» entre elles, est constant. »

Pareillement :

Le produit des distances de chaque point d'une conique excentrique d'une surface du second degré, à deux plans tangents à la surface, parallèles entre eux et parallèles à la tangente à la conique au point pris sur elle, est constant, quel que soit ce point.

(24) « Si, par un foyer d'une conique, on mène une droite parallèle à une tangente
» quelconque à la courbe, la différence des carrés des distances de ces deux droites, au
» centre de la conique, sera constante. » Cela se conclut immédiatement de ce que le produit des distances des deux foyers, à une tangente, est constant.

Pareillement :

Étant mené un plan tangent quelconque à une surface du second degré, et un plan tangent à l'une de ses coniques excentriques, parallèle au premier, la différence des carrés des distances de ces deux plans, au centre de la surface, sera constante.

Ce théorème et le précédent pourraient servir à la construction des coniques excentriques d'une surface.

(25) « Le sommet d'un angle droit, dont un côté glisse sur une conique, et l'autre côté
» sur un foyer, engendre la circonférence de cercle décrite sur le grand axe de la courbe,
» comme diamètre. »

Pareillement :

Le sommet d'un angle trièdre trirectangle, dont une des faces glisse sur une surface du second degré, et dont les deux autres faces glissent respectivement sur les deux coniques excentriques, parcourt la sphère décrite sur le grand axe de la surface comme diamètre.

(26) Deux faces de l'angle trièdre trirectangle pourraient glisser sur la surface, et la troisième sur l'une des deux coniques excentriques; ou bien deux faces pourraient rouler sur une conique excentrique et la troisième sur la surface, ou sur la seconde conique excentrique : dans chacun de ces trois cas, le sommet de l'angle trièdre engendrerait encore une sphère, qui serait différente dans chacun de ces cas.

(27) On aura reconnu, par la construction et par les équations que nous avons données des deux coniques excentriques d'une surface du second degré, les deux courbes déjà trouvées, depuis longtemps, par plusieurs géomètres; par M. Ch. Dupin, comme lieu géométrique des centres d'une infinité de sphères tangentes à trois sphères données [1], et ensuite comme limites de deux séries de surfaces du second degré, trajectoires orthogonales entre elles [2]; par M. Binet, comme lieux de l'espace pour lesquels un corps solide a deux de ses moments d'inertie principaux égaux entre eux [3]; par M. Ampère, comme le lieu des points d'un corps qui admettent une infinité d'axes permanents de rotation [4]; par MM. Quetelet [5], Demonferrand [6] et Morton [7], comme le lieu des sommets des cônes de révolution qu'on peut faire passer par une conique; par MM. Steiner [8] et Bobillier [9], comme le lieu des sommets des cônes de révolution qu'on peut circonscrire à une surface du second degré.

Mais, dans les diverses recherches de ces géomètres, rien n'avait pu faire soupçonner, je crois, l'analogie que nous avons montrée entre les propriétés des courbes en question, considérées par rapport à la surface à laquelle elles appartiennent, et les propriétés des foyers dans les coniques.

Plusieurs de ces propriétés ont été énoncées d'une manière plus complète que celles des foyers; cela provient de la forme plus complète aussi des surfaces du second degré, qui

[1] *Correspondance sur l'École polytechnique*, tom. Ier, p. 25, et tom. II, p. 424.
[2] *Développements de Géométrie*, p. 280.
[3] *Journal de l'École polytechnique*, 16e Cahier, p. 63.
[4] *Mémoire sur les axes permanents de rotation des corps*, p. 55.
[5] *Nouveaux Mémoires de l'Académie de Bruxelles*, tom. II, p. 151, année 1820; et *Correspondance mathématique*, tom. III, p. 274.
[6] *Bulletin de la Société philomatique*, ann. 1825.
[7] *Transactions de la Société philosophique de Cambridge*, tom. III, première partie, p. 185.
Journal de M. Crelle, tom. Ier, p. 38; et *Bulletin de M. de Férussac*, numéro de janvier 1827, p. 2.
[9] *Correspondance mathématique de M. Quetelet*, tom. IV, p. 157.

ont trois dimensions, et qui ne deviennent des coniques qu'en perdant une de ces dimensions. Il résulte aussi de là que plusieurs corollaires, ou cas particuliers des propriétés générales des coniques excentriques, peuvent bien n'avoir pas leurs analogues dans les foyers, parce que ce qu'elles auront perdu de leur caractère de généralité, en devenant cas particuliers, était précisément ce qui établissait leur analogie ou leur lien avec les propriétés des foyers.

(28) Toutes les propriétés des coniques ont aussi leurs analogues dans les cônes du second degré, où les deux lignes focales jouent le même rôle que les foyers. Mais il est, dans ces cônes, une propriété caractéristique, qui nous a servi à définir ces droites [1], et qui ne peut avoir lieu dans les coniques, quoiqu'elle conduise immédiatement à beaucoup de propriétés des foyers dans ces courbes; c'est que : *tout plan, perpendiculaire à une ligne focale, coupe le cône suivant une conique qui a l'un de ses foyers au point où ce plan coupe la ligne focale.*

Il était naturel de penser que ce théorème devait avoir son analogue dans les surfaces du second degré. En effet on trouve que :

Chaque conique excentrique d'une surface du second degré jouit de la propriété que le plan normal, en un quelconque de ses points, coupe la surface suivant une conique qui a l'un de ses foyers en ce point.

Ce théorème établit parfaitement l'analogie qui a lieu entre les coniques excentriques d'une surface du second degré, et les lignes focales d'un cône du second degré.

(29) Il est une propriété principale des coniques, qui se retrouve dans les cônes, et dont nous n'avons point encore fait mention relativement aux surfaces du second degré. C'est que : « la somme ou la différence des rayons vecteurs menés d'un point d'une conique » aux deux foyers est constante. » Nous avons fait, pendant longtemps, des tentatives pour trouver quelque chose d'analogue dans les surfaces ; mais sans obtenir aucun succès. Aussi désirons-nous vivement que cette matière offre assez d'intérêt pour provoquer d'autres recherches. Nous avons bien quelques raisons de penser que le théorème que nous cherchions ne sera pas exprimable explicitement comme celui des coniques, parce qu'il dépendra d'une équation du troisième degré ; mais nous n'en pensons pas moins qu'il y a là quelque chose à trouver, et que cet objet doit exciter l'intérêt et la curiosité des géomètres.

§ II. Propriétés de deux ou de trois surfaces qui ont les mêmes coniques
excentriques.

(30) Nous venons de considérer les rapports qui existent entre une surface du second degré et ses coniques excentriques. Nous allons maintenant parler des propriétés communes à deux ou à trois surfaces qui ont les mêmes coniques excentriques.

---

[1] *Mémoire sur les propriétés générales des cônes du second degré*, p. 15.

« Par un point on peut faire passer deux coniques qui aient pour foyers communs
» deux points donnés; l'une est une ellipse, l'autre une hyperbole; elles se coupent à
» angles droits, et les tangentes à ces courbes, en chaque point d'intersection, divisent en
» deux également l'angle et son supplément, formés par les deux droites menées de ce
» point aux foyers des courbes. »

Pareillement :

*Par un point quelconque de l'espace, on peut faire passer trois surfaces du second degré,
qui aient pour conique excentrique commune une conique donnée; la première est un ellipsoïde, la deuxième un hyperboloïde à une nappe, et la troisième un hyperboloïde à deux
nappes;*

*Ces trois surfaces se coupent deux à deux à angle droit; les trois tangentes à leurs
courbes d'intersection, au point donné, sont les axes principaux du cône qui a son sommet
en ce point, et pour base la conique excentrique;*

*Et les lignes focales du cône sont les deux génératrices de l'hyperboloïde à une nappe qui
se croisent en son sommet.*

Ajoutons que les courbes d'intersection de ces surfaces, prises deux à deux, sont des
lignes de courbure de ces surfaces. Ce qui a déjà été démontré par MM. Dupin et Binet.

(31) Ce théorème est susceptible de nombreuses conséquences. Car il en résulte que
la plupart des propriétés relatives à une surface et à sa conique excentrique, donnent lieu
à des propriétés relatives à deux ou à plusieurs surfaces qui ont la même conique excentrique.

(32) Ainsi du théorème (11) on conclut que :

*Quand deux surfaces du second degré ont une même conique excentrique, si l'on prend
un point quelconque de l'espace pour sommet commun de deux cônes, circonscrits respectivement aux deux surfaces, ces deux cônes auront les mêmes axes principaux et les mêmes
lignes focales;*

*Ces trois axes principaux seront les normales aux trois surfaces qu'on pourrait faire
passer par le sommet commun des cônes, et qui auraient les mêmes coniques excentriques
que les deux surfaces proposées;*

*Et les deux lignes focales seront les génératrices de l'hyperboloïde à une nappe qui sera
l'une de ces trois surfaces.*

(33) On conclut de ce théorème que :

*Quand deux surfaces du second degré ont une même conique excentrique, de quelque point
de l'espace qu'on les considère, leurs contours apparents semblent se couper à angles droits*[1].

(34) *Et, par conséquent, deux telles surfaces sont propres à former les deux nappes, lieu
des centres de courbure d'une certaine surface unique.*

(35) Quand le sommet des cônes est à l'infini, le théorème (32) donne lieu au sui-

---

[1] J'ai déjà démontré ce théorème, pour deux surfaces de révolution, dans mon *Mémoire sur les propriétés
générales* de ces surfaces, et pour deux surfaces quelconques, ainsi que je l'énonce ici, dans un Mémoire sur
la *Construction des normales à diverses courbes mécaniques*, présenté à la Société philomathique, en avril 1830.

Quand deux surfaces du second degré ont une même conique excentrique, si l'on conçoit deux cylindres circonscrits à ces surfaces respectivement, et ayant leurs arêtes parallèles entre elles, les sections de ces cylindres, par un plan perpendiculaire à leurs arêtes, seront deux coniques qui auront les mêmes foyers.

On voit que la propriété des deux surfaces, d'avoir leurs sections principales décrites des mêmes foyers, est une conséquence particulière de ce théorème.

(36) « Si, sur la tangente et la normale en un point d'une conique, prises pour axes
» principaux, on construit deux autres coniques, passant par le centre de la conique
» proposée, et normales respectivement à ses deux axes principaux :
 » 1° Ces deux coniques auront les mêmes foyers ;
 » 2° Leurs axes, dirigés suivant la normale à la conique proposée, seront égaux respectivement aux axes de celle-ci, auxquels ces deux coniques sont normales respectivement. »

Pareillement :

Si la normale en un point d'une surface du second degré, et les deux tangentes aux lignes de courbure en ce point sont prises, en direction, pour les trois axes principaux de trois autres surfaces du second degré, passant toutes trois par le centre de la proposée, et normales, en ce point, respectivement aux trois axes principaux de cette surface :

1° Ces trois surfaces auront les mêmes coniques excentriques ;

2° Les diamètres de ces surfaces, dirigés suivant la normale à la surface proposée, seront égaux, respectivement, aux trois diamètres de la proposée, auxquels ces surfaces seront normales.

(37) Le caractère par lequel on exprime, en Analyse, que deux surfaces ont leurs sec-
tions principales décrites des mêmes foyers, consiste en ce que la différence des carrés de leurs diamètres principaux est constante.

Ainsi a^2, b^2, c^2 étant les carrés des trois demi-diamètres principaux de la première surface, et a'^2, b'^2, c'^2 les carrés des trois demi-diamètres principaux de la seconde, on a
$a^2 - a'^2 = b^2 - b'^2 = c^2 - c'^2$.

Cette relation entre les deux surfaces, qui suffit pour exprimer qu'elles ont les mêmes coniques excentriques, peut être généralisée de deux manières, et dériver de propriétés relatives à tous les points des deux surfaces, et non pas seulement à leurs sommets.

Nous exprimerons l'une de ces propriétés générales par le théorème suivant :

*Quand deux surfaces du second degré ont une même conique excentrique, si l'on mène deux plans, tangents à ces deux surfaces respectivement, et parallèles entre eux, la diffé-
rence des carrés de leurs distances au centre des deux surfaces sera constante, quelle que soit la direction commune de ces deux plans tangents.*

(38) Il résulte de là que :

Quand un ellipsoïde et un hyperboloïde ont mêmes coniques excentriques, les plans tangents à l'ellipsoïde, menés parallèlement aux plans tangents au cône asymptote de l'hyperboloïde, sont tous à la même distance du centre commun des deux surfaces.

(39) La seconde propriété générale en question concerne deux surfaces de même espèce, c'est-à-dire toutes deux ellipsoïdes, ou hyperboloïdes, à une nappe ou à deux

nappes. Pour l'énoncer, nous appellerons points *correspondants* des surfaces deux points dont les coordonnées, suivant chaque axe principal, sont proportionelles aux demi-diamètres des surfaces, dirigés suivant cet axe. D'après cela :

Quand deux surfaces du second degré, de même espèce, ont une même conique excentrique, deux demi-diamètres de ces surfaces, aboutissant à deux points correspondants, ont la différence de leurs carrés constante.

(40) On déduit, de ce théorème, une autre propriété remarquable des surfaces qui ont les mêmes coniques excentriques, et qui, considérée particulièrement dans les ellipsoïdes, est le fondement du beau théorème de M. Ivory sur l'attraction de ces corps. C'est que :

Quand deux surfaces du second degré, de même espèce, ont les mêmes coniques excentriques, la distance entre deux points, pris arbitrairement sur ces deux surfaces respectivement, est égale à la distance des deux points correspondant à ces deux premiers.

(41) Nous allons terminer ce paragraphe par deux théorèmes qui ont aussi, comme celui-là, leur application dans la théorie de l'attraction des ellipsoïdes.

Mac-Laurin a démontré que : « Quand deux ellipses sont décrites des mêmes foyers, si, » par un point pris sur un de leurs axes principaux, on mène deux transversales qui fas- » sent avec l'autre axe des angles dont les cosinus soient entre eux comme les diamètres » des deux ellipses, dirigés suivant ce second axe, les segments interceptés sur ces deux » transversales, par les deux ellipses respectivement, seront entre eux comme leurs diamè- » tres dirigés suivant le premier axe. » (Art. 648 du *Traité des Fluxions*, de Mac-Laurin.)

On peut donner au théorème analogue, dans les surfaces du second degré, un énoncé plus étendu et plus complet. Le voici :

Quand deux surfaces du second degré ont les mêmes coniques excentriques; si, par un point fixe, pris sur l'un de leurs axes principaux, on mène arbitrairement une transversale à travers la première surface; puis une seconde transversale déterminée par la condition que les cosinus des angles que les deux transversales feront avec chacun des deux autres axes principaux soient entre eux comme les diamètres des surfaces dirigés suivant chacun de ces axes; il arrivera que :

1° Les segments interceptés sur les deux transversales, par les deux surfaces respectivement, seront entre eux comme les deux diamètres des surfaces, dirigés suivant le premier axe principal;

2° Les sinus des angles que les deux transversales feront avec ce premier axe principal, seront entre eux comme les diamètres des deux surfaces, qui passeront par les points où les deux transversales perceront le plan diamétral perpendiculaire à ce premier axe;

3° Ces deux diamètres seront, dans les deux surfaces, correspondant entre eux.

(42) Ce théorème peut servir à démontrer très-facilement le théorème de Mac-Laurin, concernant l'attraction des ellipsoïdes sur les points situés sur leurs axes principaux (art. 653 du *Traité des Fluxions*); cette démonstration est directe, et ne nécessite pas,

comme celle de Mac-Laurin, la connaissance préalable de l'attraction d'un ellipsoïde de révolution sur les points situés sur son axe de révolution.

(43) On démontre aisément que : « Quand deux coniques ont les mêmes foyers; si » d'un point, pris sur l'un de leurs axes principaux, on leur mène deux tangentes, les » cosinus des angles qu'elles feront avec l'autre axe principal seront entre eux comme les » deux diamètres des coniques dirigés suivant cet axe. »

Pareillement :

Quand deux surfaces du second degré ont les mêmes coniques exentriques; si, par une droite située dans l'un de leurs trois plans principaux, on leur mène deux plans tangents, les cosinus des angles qu'ils feront avec l'axe principal perpendiculaire à ce plan seront entre eux comme les diamètres des surfaces, dirigés suivant cet axe.

(44) Ce théorème aurait pu résulter de l'Analyse employée par M. Legendre, dans son Mémoire sur l'attraction des ellipsoïdes [1], si ce célèbre géomètre eût cherché la signification géométrique des formules analytiques par lesquelles il lui a fallu passer pour résoudre directement cette question difficile. Mais nous croyons pouvoir dire que cette traduction, en langage ordinaire, des formules de M. Legendre, aurait conduit à beaucoup d'autres résultats intéressants. Ainsi l'on y aurait vu que les surfaces coniques, dont il se sert pour représenter la marche de ses intégrales, ont toutes pour axes principaux communs ceux de la surface conique circonscrite à l'ellipsoïde attirant; et que l'un de ces axes est précisément cette droite qui jouit d'une propriété de *maximum*, et qui joue un rôle important dans cette matière. Cette propriété de *maximum* est exprimée par M. Legendre, analytiquement, par une équation du troisième degré; en Géométrie elle signifie que : *Si, autour du point attiré, on fait tourner une transversale, et qu'on prenne la différence des valeurs inverses des distances de ce point aux deux points où la transversale rencontre la surface de l'ellipsoïde, cette différence sera un* maximum *quand la transversale aura pour direction celle d'un des trois axes principaux du cône circonscrit à l'ellipsoïde, et qui a pour sommet le point attiré.*

Et l'on trouve que si cette différence, au lieu d'être un *maximum*, doit être constante, alors la transversale décrit un cône du second degré. Ce sont là les cônes dont M. Legendre s'est servi. Leur propriété commune est qu'ils passent tous par les courbes à double courbure, du quatrième degré, qui sont les intersections d'un certain hyperboloïde à deux nappes par une série de sphères concentriques.

(45) Nous ferons remarquer que tous les théorèmes que nous avons présentés jusqu'ici sont de la plus grande généralité, à l'exception de ces deux derniers; c'est-à-dire que, dans ces théorèmes, les points, les plans, les droites, que l'on avait à considérer par rapport aux surfaces du second degré, avaient des positions tout à fait arbitraires dans l'espace. Dans les deux derniers, au contraire, le point par lequel on mène les transversales est pris nécessairement sur l'un des axes principaux des surfaces, et la droite par laquelle on mène des plans tangents à ces surfaces est prise dans l'un de leurs plans prin-

---

[1] *Voir les Mémoires de l'Académie des sciences*, ann. 1788.

cipaux. Il serait intéressant de connaître les théorèmes généraux relatifs à des positions tout à fait arbitraires de ce point et de cette droite dans l'espace, desquels théorèmes généraux se déduiraient, comme cas particuliers, ceux que nous avons énoncés (41 et 43).

Nous signalons ce sujet de recherches, dans l'intérêt de la Géométrie, et aussi parce que nous croyons que ce serait un moyen de trouver directement, par la Géométrie et sans se servir du théorème de M. Ivory, l'attraction des ellipsoïdes sur des points extérieurs quelconques, comme nous avons dit que le théorème (41) donne l'attraction sur des points situés sur les axes principaux.

§ III. Système de surfaces du second degré ayant les mêmes coniques excentriques.

(46) « On peut décrire, dans un plan, une infinité de coniques qui aient pour foyers » communs deux points donnés ; elles forment deux séries d'ellipses et d'hyperboles ; » chaque ellipse coupe en quatre points, et à angle droit, chacune des hyperboles. »
Pareillement :

On peut former une infinité de surfaces du second degré, qui aient toutes pour conique excentrique commune une conique donnée ; toutes ces surfaces se partagent en trois groupes ; dans le premier, ce sont des ellipsoïdes ; dans le second, des hyperboloïdes à une nappe ; et dans le troisième, des hyperboloïdes à deux nappes ;

Deux surfaces quelconques, appartenant à deux groupes différents, se coupent partout à angle droit ; et leur ligne d'intersection est une ligne de courbure de chacune des deux surfaces ;

Trois surfaces quelconques, appartenant respectivement aux trois groupes, se coupent en huit points ;

En chacun de ces points les normales aux surfaces sont les axes principaux du cône qui a ce point pour sommet et qui passe par l'une des coniques excentriques communes aux trois surfaces ;

Et les deux génératrices de l'hyperboloïde à une nappe, en ce point, sont les deux lignes focales de ce cône.

(47) « Plusieurs coniques, décrites des mêmes foyers, jouissent de toutes les pro- » priétés d'un système de coniques inscrites à un même quadrilatère : les côtés du » quadrilatère sont imaginaires, mais deux de ses sommets opposés sont réels, ce sont » les deux foyers ; et la droite qui joint ces deux points peut être considérée comme l'une » des coniques inscrites au quadrilatère. »

Cette propriété capitale des coniques décrites des mêmes foyers, dont M. Poncelet a déjà fait usage, peut être la source d'un grand nombre de propriétés de ces courbes ; et de ces propriétés peuvent se déduire, comme cas particuliers, celles des foyers par rapport à chaque conique.

Pareillement :

Plusieurs surfaces, qui ont les mêmes coniques excentriques, peuvent être considérées comme étant toutes inscrites à une même surface développable;

Cette surface est imaginaire; et cependant deux de ses lignes de striction sont réelles; ce sont les deux coniques excentriques communes aux surfaces; les deux autres lignes de striction sont imaginaires : l'une est la troisième conique excentrique des surfaces (située dans le plan du petit et du moyen axe principal), l'autre est à l'infini.

Ajoutons que :

Les deux lignes de striction réelles peuvent être regardées comme des surfaces dont un axe est nul, et qui appartiennent à la série des surfaces proposées.

(48) Ainsi :

Des surfaces du second degré qui ont les mêmes coniques excentriques, et ces deux courbes, considérées comme des surfaces infiniment aplaties, jouissent de toutes les propriétés d'un système de surfaces du second degré, inscrites à une même surface développable.

Ce théorème me parait être le plus fécond et le plus important de toute la théorie des surfaces décrites des mêmes foyers. On en déduira aisément un grand nombre de propriétés de ces surfaces.

(49) Un tel système de surfaces s'est présenté déjà dans diverses questions, et notamment, ce qui est assez remarquable, dans des questions de Physique et de Mécanique; et l'on a été conduit ainsi à découvrir quelques-unes de leurs propriétés. Mais ces propriétés, peu nombreuses, sont restées isolées, sans qu'on ait cherché à les rattacher à quelque théorie relative aux surfaces du second degré en général, ni à quelque proposition fondamentale, comme celle que nous avons énoncée en dernier lieu.

(50) Les théorèmes suivants sont des conséquences de cette proposition :

Quand plusieurs surfaces du second degré ont mêmes coniques excentriques; si l'on mène un plan transversal quelconque, qui les rencontre suivant des coniques, et que ces courbes soient prises pour les lignes de contact d'autant de cônes circonscrits à ces surfaces respectivement, tous ces cônes auront leurs sommets sur une même droite, perpendiculaire au plan transversal.

Ou, en d'autres termes, et plus généralement :

Les pôles du plan transversal, pris par rapport aux surfaces, sont situés sur une même perpendiculaire à ce plan.

(51) Comme les deux coniques excentriques des surfaces peuvent être regardées elles-mêmes comme deux surfaces infiniment aplaties, on en conclut cette propriété particulière de ces deux courbes :

Étant données les deux coniques excentriques d'une surface du second degré; si l'on mène un plan transversal quelconque, et qu'on prenne, par rapport à chaque conique, le pôle de la trace de ce plan sur celui de cette courbe, la droite qui joindra ces deux pôles sera perpendiculaire au plan transversal.

Et si ce plan transversal est tangent en un point de la surface du second degré, cette droite sera la normale à la surface, en ce point.

(52) *Quand plusieurs surfaces du second degré ont les mêmes coniques excentriques; si, par une droite quelconque de l'espace, on leur mène des plans tangents, les normales à ces surfaces, menées par leurs points de contact avec ces plans, formeront un paraboloïde hyperbolique.*

(53) Si la droite par laquelle sont menés les plans tangents est normale à l'une des surfaces, le paraboloïde deviendra une conique; et les points de contact des plans tangents aux surfaces seront sur une courbe plane, du quatrième degré.

Et si la droite est située d'une manière quelconque dans un des plans principaux des surfaces, les points de contact des plans tangents menés par cette droite seront sur une circonférence de cercle.

(54) *Quand plusieurs surfaces ont mêmes coniques excentriques; si un point quelconque de l'espace est regardé comme le sommet commun d'autant de cônes circonscrits à ces surfaces, les plans des courbes de contact envelopperont une surface développable, qui jouira de la propriété que chacun de ses plans tangents la coupera suivant une conique; les trois plans principaux des surfaces, et les trois plans principaux communs aux cônes qui leur seront circonscrits* (32), *seront des plans tangents de cette développable;*

Cette surface est du quatrième degré, et son arête de rebroussement est la courbe à double courbure, du troisième degré.

(55) *Quand plusieurs surfaces ont mêmes coniques excentriques; si, d'un point quelconque de l'espace, on abaisse des normales sur ces surfaces :*

1° *Ces normales formeront un cône du second degré;*

2° *Les plans tangents aux surfaces, menés par les pieds des normales, formeront une développable du quatrième degré.*

(56) *Quand plusieurs surfaces ont les mêmes coniques excentriques; si, d'un point pris dans l'un de leurs plans principaux, on abaisse des normales sur ces surfaces :*

1° *Toutes ces normales seront situées dans deux plans, dont l'un sera le plan principal, et l'autre sera perpendiculaire à ce plan principal;*

2° *Les pieds des normales comprises dans le plan principal seront sur une courbe du troisième degré, qui est celle que* M. *Quetelet a appelée focale à nœud* [1];

3° *Les pieds des normales comprises dans le second plan sont sur une circonférence de cercle, qui a pour diamètre la perpendiculaire abaissée du point fixe sur la polaire de ce point, prise par rapport à la conique excentrique située dans le plan principal où ce point est placé;*

4° *Enfin les plans tangents aux surfaces, menés par les pieds des premières normales, enveloppent un cylindre parabolique; et les plans tangents, menés par les pieds des autres normales, passent tous par une même droite, située dans le plan principal.*

Si l'on conçoit, menée par le point fixe, une conique concentrique, semblable et semblablement placée à la conique excentrique, le plan dans lequel sont les secondes normales sera normal à cette conique.

---

[1] M. Quetelet a trouvé cette courbe comme lieu géométrique des sections faites dans un cône droit, par des plans menés par une même droite, tangente au cône et perpendiculaire à l'une de ses arêtes.

(57) *Quand plusieurs surfaces ont les mêmes coniques excentriques ; si on leur mène des normales parallèles entre elles, leurs pieds seront sur une hyperbole équilatère, dont une asymptote sera parallèle aux normales.*

(58) *Quand plusieurs surfaces ont les mêmes coniques excentriques ; si l'on mène un plan transversal quelconque, et qu'on cherche toutes les normales aux surfaces, contenues dans ce plan :*

1° *Ces normales envelopperont une conique ;*

2° *Les plans tangents aux surfaces, menés par les pieds des normales, passeront tous par une même droite ;*

3° *Les pieds des normales, sur les surfaces, formeront une courbe du troisième degré, qui sera la focale à nœud.*

(59) On sait que le sommet d'un angle droit, dont les deux côtés roulent sur deux coniques décrites des mêmes foyers, engendre une circonférence de cercle.

Pareillement :

Quand trois plans rectangulaires sont tangents respectivement à trois surfaces du second degré, qui ont les mêmes coniques excentriques, le point d'intersection de ces trois plans se trouve sur une sphère.

Cette propriété de trois surfaces, dont les sections principales sont décrites des mêmes foyers, a déjà été démontrée analytiquement par M. Bobillier (*Ann. de Mathématiques*, tom. **XIX**, pag. 329.)

(60) Les théorèmes que nous venons d'énoncer dans cette Note, sont les plus importants de ceux auxquels nous sommes parvenu dans la théorie des *coniques excentriques* des surfaces du deuxième degré. Il nous resterait maintenant à montrer que cette théorie nouvelle sera un élément utile dans la Géométrie rationnelle ; mais cette Note étant déjà trop longue, nous nous bornerons ici à citer, parmi les questions où l'on fera un usage utile de cette théorie, les trois suivantes, dans chacune desquelles on parvient sans peine à une foule de propositions diverses :

1° La distribution, dans l'espace, des axes principaux et des lignes focales de tous les cônes qu'on peut faire passer par une même conique, ou bien circonscrire à une même surface du deuxième degré ;

2° La distribution, dans l'espace, des axes principaux de tous les ellipsoïdes qui ont leurs centres en différents points de l'espace, et dont trois diamètres conjugués aboutissent à trois points fixes ;

3° Enfin, la distribution, dans l'espace, de tous les axes permanents de rotation d'un corps solide ; et les valeurs des moments d'inertie du corps, par rapport à ces axes,

NOTE XXXII.

—

(CINQUIÈME ÉPOQUE, § 49.)

—

Théorèmes analogues, dans les surfaces du second degré, aux théorèmes de Pascal et de M. Brianchon dans les coniques.

(1) Soit un hexagone inscrit à une conique. Ses trois côtés de rang impair, prolongés jusqu'à leur rencontre, forment un triangle; et les côtés de rang pair sont trois cordes de la conique, comprises respectivement entre les trois angles de ce triangle. Le théorème de Pascal exprime que *ces trois cordes rencontrent respectivement les trois côtés opposés du triangle en trois points qui sont en ligne droite.*

On peut donc, pour exprimer le théorème de Pascal, substituer, à la considération de l'hexagone, celle d'un triangle tracé dans le plan d'une conique.

C'est en envisageant sous ce point de vue ce théorème, que nous allons le transporter aux surfaces du second degré, où son analogue sera une propriété d'un tétraèdre dont les arêtes rencontrent une surface du second degré.

(2) Voici quel est ce théorème :

Quand les six arêtes d'un tétraèdre, placé d'une manière quelconque dans l'espace, rencontrent une surface du second degré en douze points, ces douze points sont trois à trois sur quatre plans, dont chacun contient trois points appartenant aux trois arêtes issues d'un même sommet du tétraèdre;

Ces quatre plans rencontrent respectivement les faces opposées à ces sommets, suivant quatre droites qui sont les génératrices, d'un même mode de génération, d'un hyperboloïde à une nappe.

On peut former plusieurs systèmes de quatre plans qui contiennent, trois par trois, les douze points de rencontre des arêtes du tétraèdre et de la surface; le théorème aura lieu pour chacun de ces systèmes. Par exemple, si les quatre sommets du tétraèdre sont dans l'intérieur de la surface, on pourra prendre les quatre plans en question de manière que chacun d'eux contienne les trois points où les arêtes, issues de chaque sommet respectivement, et non les prolongements de ces arêtes, rencontrent la surface.

Cette propriété du tétraèdre, considéré par rapport à une surface du second degré, correspond, comme on voit, à la propriété du triangle tracé dans le plan d'un conique, qui est exprimée par le théorème de Pascal; et c'est sous ce point de vue que nous présentons le théorème ci-dessus comme l'analogue, dans l'espace, de celui de Pascal.

Si les six arêtes du tétraèdre sont tangentes à la surface du second degré, il n'y aura qu'un seul système de quatre plans qui contiendront, trois par trois, les six points de contact; et le théorème deviendra celui-ci :

(3) *Quand les six arêtes d'un tétraèdre sont tangentes à une surface du second degré, le plan des trois points de contact des arêtes issues d'un même sommet rencontre la face du tétraèdre, opposée à ce sommet, suivant une droite; et les quatre droites ainsi déterminées appartiennent à un même hyperboloïde à une nappe* [1].

(4) Si le tétraèdre proposé est inscrit à la surface du second degré, on pourra considérer chacun de ses sommets comme situé au dehors de la surface, mais infiniment voisin d'elle; les trois points par où les arêtes issues de ce sommet pénétreront dans la surface détermineront son plan tangent; et l'on conclut de là le théorème suivant :

Quand un tétraèdre est inscrit à une surface du second degré, les plans tangents menés par ses sommets rencontrent respectivement les plans des faces opposées, suivant quatre droites qui sont des génératrices d'un même hyperboloïde [2].

(5) Le théorème de M. Brianchon consiste en ce que *dans tout hexagone circonscrit à une conique, les trois diagonales qui joignent un à un les sommets opposés, concourent en un même point.* Considérons les sommets de rang impair : ils déterminent un triangle, de position tout à fait arbitraire par rapport à la conique. Chacun des sommets de rang pair de l'hexagone est le point d'intersection de deux tangentes issues de deux sommets du triangle; qu'on joigne ce point, par une droite, au troisième sommet du triangle, on aura ainsi trois droites qui concourront en un même point. Cette proposition, qui n'est, sous un autre énoncé, que le théorème de M. Brianchon, est une propriété d'un triangle quelconque tracé dans le plan d'une conique.

(6) On a pareillement, dans l'espace, le théorème suivant :

Si, par les arêtes d'un tétraèdre, placé d'une manière quelconque dans l'espace, on mène douze plans tangents à une surface du second degré, ces douzes plans se rencontrent trois à trois en quatre points, dont chacun est l'intersection de trois plans menés par les arêtes comprises dans une face du tétraèdre;

Les droites qui joignent ces quatre points respectivement aux sommets opposés à ces faces, sont quatre génératrices, d'un même mode de génération, d'un hyperboloïde à une nappe.

Tel est le théorème qui peut être considéré comme l'analogue, dans l'espace, de celui de M. Brianchon.

On pourra former, de différentes manières, le système de quatre points qui sont les intersections, trois par trois, des douze plans tangents à la surface du second degré.

(7) Si les arêtes du tétraèdre sont tangentes à la surface, il n'y aura qu'un seul système de quatre points; et le théorème s'exprimera ainsi :

Quand les six arêtes d'un tétraèdre sont tangentes à une surface du second degré, les

---

[1] J'ai déjà déduit ce théorème d'un autre plus général, et différent du théorème ci-dessus, dans le tom. XIX des *Annales de Mathématiques*, p. 79.

[2] MM. Steiner et Bobillier (voir *Annales de Mathématiques*, tom. XVIII, p. 356), et nous, ensuite (*ibid.* tom. XIX, p. 67), avons déjà démontré ce théorème de diverses manières.

plans tangents à la surface, menés par les arêtes comprises dans une même face du tétraèdre, se rencontrent en un point; que ce point soit joint, par une droite, au sommet opposé à cette face : on aura ainsi quatre droites qui seront des génératrices, d'un même mode de génération, d'un hyperboloïde à une nappe.

(8) Si le tétraèdre proposé est circonscrit à la surface, le théorème général donnera, comme corollaire, le suivant :

Quand un tétraèdre est circonscrit à une surface du second degré, les droites qui joignent ses sommets respectivement aux points de contact des côtés opposés, sont quatre génératrices, d'un même mode de génération, d'un hyperboloïde à une nappe.

(9) L'ensemble d'un tétraèdre et d'une surface du second degré, situés d'une manière quelconque dans l'espace, présente diverses autres propriétés, différentes de celles qui sont exprimées par les deux théorèmes généraux (2) et (6), et qui, comme elles, correspondent à des propositions de Géométrie plane. Nous rappellerons ici le double théorème suivant, que nous avons démontré dans les *Annales* de M. Gergonne (tom. XIX, p. 76), et qui nous parait plus fécond, en conséquences, que ces deux théorèmes (2) et (6) :

Étant donnés, dans l'espace, un tétraèdre et une surface du second degré :

1° *Les droites qui joindront les sommets du tétraèdre respectivement aux pôles des faces opposées, pris par rapport à la surface, seront quatre génératrices, d'un même mode de génération, d'un hyperboloïde;*

2° *Les droites d'intersection des faces du tétraèdre, respectivement par les plans polaires des sommets opposés, sont quatre génératrices, d'un même mode de génération, d'un second hyperboloïde.*

(10) Voici encore une propriété générale du tétraèdre, qui peut faire partie de la même théorie que les précédentes :

Étant donnés, dans l'espace, un tétraèdre et une surface du second degré :

1° *Le plan polaire de chaque sommet du tétraèdre, pris par rapport à la surface, rencontre les trois arêtes adjacentes à ce sommet en trois points ; on a de la sorte, sur les arêtes du tétraèdre, douze points ; ces douze points sont situés sur une même surface du second degré;*

2° *Si, par le pôle de chaque face du tétraèdre, pris par rapport à la surface, on mène trois plans, passant respectivement par les trois arêtes comprises dans cette face, on aura ainsi douze plans ; ces douzes plans seront tangents à une même surface du second degré.*

(11) Des quatre théorèmes généraux (2), (6), (9) et (10) que contient cette Note, les deux derniers sont doubles, chacun d'eux ayant, dans son énoncé, deux parties différentes qui pourraient faire deux théorèmes distincts. Les deux premiers auraient pu recevoir un énoncé aussi complet, si nous ne nous étions pas renfermé strictement dans l'analogie qu'ils présentent avec les théorèmes de Pascal et de M. Brianchon. Pour compléter ces deux théorèmes, nous dirons que, dans chacun d'eux, on forme un second tétraèdre dont les faces et les sommets correspondent respectivement aux faces et aux sommets du tétraèdre proposé ; et que :

1° *Les faces correspondantes des deux tétraèdres se coupent deux à deux, suivant quatre droites qui sont les génératrices, d'un même mode de génération, d'un hyperboloïde;*

2° *Les sommets correspondants des deux tétraèdres sont, deux à deux, sur quatre droites qui sont les génératrices, d'un même mode de génération, d'un second hyperboloïde.*

NOTE XXXIII.

(CINQUIÈME ÉPOQUE, § 50.)

Relations entre sept points d'une courbe à double courbure, du troisième degré. — Diverses questions où ces courbes se présentent.

(1) *Par six points donnés dans l'espace on peut faire passer une courbe à double courbure, du troisième degré.*

En effet, regardons le premier des six points comme le sommet d'un cône du second degré devant passer par les cinq autres points; ce cône sera déterminé, puisqu'on en connaîtra cinq arêtes. Pareillement on pourra mener un cône du second degré qui ait son sommet au second des six points, et qui passe par les cinq autres. Les deux cônes auront pour arête commune la droite qui joindra les deux premiers points; ils se couperont donc suivant une courbe à double courbure, du troisième degré, qui, avec cette droite, fera l'intersection complète, du quatrième degré, des deux cônes. Or, cette courbe passera par les six points proposés, par lesquels passent les deux cônes; la proposition énoncée se trouve donc démontrée.

(2) Remarquons que tout autre cône que les deux premiers, qui aura son sommet en un point de la courbe à double courbure, et qui passera par cette courbe, sera aussi du second degré. Car tout plan mené par son sommet ne coupera la courbe qu'en deux points, et par conséquent ne coupera le cône que suivant deux arêtes; ce qui prouve qu'il est du second degré.

Ainsi nous pouvons dire que:

Le lieu géométrique des sommets des cônes du second degré, qui passent tous par six points donnés dans l'espace, est la courbe à double courbure, du troisième degré, déterminée par ces six points.

(3) Considérons un septième point, pris arbitrairement sur la courbe à double courbure, du troisième degré, qui passe par six points donnés ; soient a, b, c, d, e, f ces six points donnés, et g le septième point. Ces sept points, pris dans un ordre quelconque, sont les sommets d'un heptagone gauche, dans lequel on peut regarder chacun des côtés comme opposé au sommet de l'un des angles respectivement. Ainsi, si l'ordre des sommets est le même que celui des lettres a, b, c, d, e, f, g, qui les représentent, le quatrième côté de sera opposé au premier sommet a, le cinquième côté ef au second sommet b, et ainsi des autres.

Les relations qui doivent avoir lieu entre les sept points a, b, c, etc., pour qu'ils appartiennent à une courbe à double courbure, du troisième degré, sont exprimées par le théorème suivant :

Quand un heptagone gauche a ses sommets a, b, c, *etc., situés sur une courbe à double courbure, du troisième degré, le plan de l'un quelconque des angles* a *de l'heptagone, et les plans des deux angles adjacents* b *et* g, *rencontrent respectivement les côtés opposés en trois points, qui sont dans un plan passant par le sommet du premier angle* a.

(4) Il suffit que cette propriété de l'heptagone inscrit à une courbe à double courbure, du troisième degré, soit vérifiée pour deux angles de l'heptagone, pour qu'elle ait lieu pour les autres angles. D'où l'on conclut que :

Quand un heptagone gauche est tel que le plan d'un angle et les plans des deux angles adjacents rencontrent respectivement les trois côtés opposés, en trois points qui soient dans un plan passant par le sommet du premier angle, et que la même chose a lieu pour un des six autres angles, elle aura également lieu pour chacun des cinq autres angles ; et alors, par les sept sommets de l'heptagone, on pourra faire passer une courbe à double courbure, du troisième degré.

(5) D'après ce théorème, il sera très-facile de construire, par points, en employant la ligne droite seulement, la courbe à double courbure, du troisième degré, qui doit passer par six points donnés. Pour cela, on cherchera le point où un plan quelconque, mené par deux des six points donnés, rencontrerait la courbe.

Le même théorème conduit à la solution de beaucoup d'autres questions ; par exemple, de déterminer les tangentes et les plans osculateurs à la courbe, en chacun des six points donnés ; etc.

Mais au lieu d'entrer dans ces détails de construction des courbes à double courbure, du troisième degré, nous allons indiquer quelques questions où ces courbes se présentent. Car, jusqu'à présent, elles ont à peine été aperçues dans les spéculations géométriques ; et les exemples que nous allons donner du rôle qu'elles peuvent y jouer, prouveront peut-être qu'il sera utile de s'occuper de l'étude de ces courbes, et qu'on ne peut le faire trop tôt.

(6) *Quand les quatre faces d'un tétraèdre mobile sont assujetties à passer respectivement par quatre droites situées d'une manière quelconque dans l'espace, et que trois sommets du tétraèdre doivent se trouver sur trois autres droites, placées aussi d'une manière quelconque*

dans l'espace, le quatrième sommet du tétraèdre parcourra une courbe à double courbure, du troisième degré.

Ce théorème correspond à la proposition de Géométrie plane sur la description des coniques, démontrée par Mac-Laurin et Braikenridge, et d'où se déduit le théorème de l'hexagramme de Pascal.

(7) *Ayant dans l'espace trois points et trois plans, placés d'une manière quelconque; si, autour d'une droite fixe, on fait tourner un plan transversal qui coupe les trois plans donnés suivant trois droites, et que par ces trois droites on mène trois autres plans passant respectivement par les trois points donnés; ces trois plans se couperont en un point qui aura pour lieu géométrique une ligne à double courbure, du troisième degré.*

Ce théorème peut être regardé comme correspondant aussi à la même proposition de Géométrie plane que le précédent.

(8) *Si trois angles dièdres, dont les arêtes sont fixes dans l'espace, tournent autour de ces arêtes, de manière que trois faces de ces trois angles aient leur point d'intersection toujours situé sur une droite donnée, le point d'intersection des trois autres faces engendrera une courbe à double courbure, du troisième degré, qui s'appuiera sur les arêtes des trois angles mobiles.*

Ce théorème a de l'analogie avec le théorème de Newton sur la description organique des coniques, par le point d'intersection de deux côtés de deux angles mobiles. Et, de même que le théorème de Newton n'est qu'un cas particulier de théorèmes plus généraux sur la description des coniques, ainsi que nous l'avons montré dans la Note XV, le théorème ci-dessus n'est lui-même aussi qu'un cas particulier de propositions plus générales sur la description des courbes à double courbure, du troisième degré.

(9) Telle est la proposition suivante :

Si trois cordes d'une courbe à double courbure, du troisième degré, sont prises pour les arêtes de trois angles dièdres, de grandeurs quelconques, et mobiles autour de ces arêtes, et que le point d'intersection de trois faces de ces trois angles parcoure la courbe du troisième degré; le point d'intersection des trois autres faces des trois angles engendrera une seconde courbe à double courbure, du troisième degré, qui s'appuiera sur les trois cordes de la première.

(10) Le théorème suivant appartient encore à la même théorie que les précédents :

Si trois points se meuvent avec des vitesses quelconques, mais uniformes, sur trois droites placées d'une manière quelconque dans l'espace, et que, par chacun de ces points et une droite fixe, différente pour chacun de ces points, on mène un plan; le point d'intersection des trois plans ainsi menés, engendrera une courbe à double courbure, du troisième degré, qui s'appuiera sur les trois droites par lesquelles passent les trois plans.

(11) Les théorèmes suivants appartiennent à des théories différentes :

Quand plusieurs surfaces du second degré passent par huit points donnés, leurs centres sont sur une courbe à double courbure, du troisième degré;

Et, plus généralement, *les pôles d'un plan quelconque, pris par rapport à ces surfaces, sont sur une courbe à double courbure, du troisième degré.*

(12) *Quand un corps solide est en mouvement; si, à un instant quelconque, on demande quels sont les points du corps dont les directions tendent vers un même point donné, c'est-à-dire, dont les tangentes à leurs trajectoires passent par un point donné, ces points seront situés sur une courbe à double courbure, du troisième degré; et les tangentes à leurs trajectoires, menées par ces points, formeront un cône du second degré.*

(13) Soit un système de forces sollicitant un corps solide; que, pour chaque point m de l'espace, on conçoive le plan principal de ce système de forces, relatif à ce point, et la normale à ce plan, menée par ce point :

Celles de toutes ces normales qui passeront par un point donné de l'espace, formeront un cône du second degré; et les points m par lesquels elles seront menées, seront sur une courbe à double courbure, du troisième degré.

(14) Les tangentes aux différents points d'une courbe à double courbure, du troisième degré, forment une surface développable du quatrième degré;

Et réciproquement, *toute surface développable, du quatrième degré, a pour arête de rebroussement une courbe à double courbure, du troisième degré.*

On peut donc encore rattacher à la théorie de ces courbes les questions où se présentent des surfaces développables, du quatrième degré.

Telles sont les suivantes :

(15) *Six plans étant donnés, situés d'une manière quelconque dans l'espace; si l'on demande de mener une conique qui touche ces six plans, une infinité de coniques satisferont à la question; tous leurs plans envelopperont une surface développable, du quatrième degré.*

(16) *Quand les quatre sommets d'un tétraèdre variable parcourent quatre droites fixes, placées d'une manière quelconque dans l'espace, et que trois faces du tétraèdre passent respectivement par trois autres droites données, la quatrième face roule sur une surface développable, du quatrième degré.*

(17) *Étant donnés, dans l'espace, trois points et trois plans; si le sommet d'un angle trièdre, dont les trois arêtes tournent autour des trois points, parcourt une droite, les points où ces trois arêtes perceront les trois plans donnés, seront dans un plan qui roulera sur une développable du quatrième degré.*

(18) *Si trois points se meuvent respectivement sur trois droites, avec des vitesses quelconques, mais constantes, le plan déterminé par ces trois points roulera sur une surface développable du quatrième degré.*

(19) *Quand plusieurs surfaces du second degré sont tangentes à huit mêmes plans; si l'on regarde un point de l'espace comme le sommet d'autant de cônes circonscrits à ces surfaces, les plans des courbes de contact envelopperont une développable du quatrième degré.*

(20) *A une surface du second degré on peut circonscrire une infinité de cônes; si l'on demande qu'un des axes principaux de chaque cône passe par un point donné, tous ces axes principaux formeront un cône du second degré; et les plans menés par les sommets des*

cónes, perpendiculairement à ces axes respectivement, envelopperont une développable du quatrième degré.

(21) Un corps solide étant donné; par chaque point de l'espace on peut mener trois droites, qui seront trois axes permanents de rotation du corps relativement à ce point, et une infinité d'autres droites, qui seront des axes permanents de rotation du corps relativement à d'autres points pris sur ces droites :

1° *Toutes ces droites forment un cóne du second degré ;*

2° *Les plans menés perpendiculairement à ces droites, par les points pour lesquels elles sont des axes permanents de rotation du corps, enveloppent une développable du quatrième degré.*

(22) Quand un corps solide est en mouvement, chaque plan, pris dans le corps, roule, pendant le mouvement, sur une surface développable qu'il touche successivement suivant les différentes arètes successives de cette surface; nous appellerons cette surface la *développable trajectoire* du plan;

A un instant quelconque du mouvement, tous les plans qu'on aura menés dans le corps toucheront leurs *développables trajectoires*, chacun suivant une droite;

Si l'on demande quelles sont celles de ces droites qui, à cet instant du mouvement, sont situées dans un plan donné; toutes ces droites envelopperont une parabole ; et tous les plans qui touchent leurs développables *trajectoires suivant ces droites envelopperont une développable du quatrième degré.*

(23) *Quand un corps est en mouvement, les tangentes aux trajectoires des points d'une droite, à un instant du mouvement, forment un paraboloïde hyperbolique; et ces tangentes se meuvent, pendant cet instant, dans des plans qui forment une développable du quatrième degré.*

Etc., etc., etc.

NOTE XXXIV.

(CHAPITRE VI, § 10.)

Sur la dualité dans les sciences mathématiques. — *Exemples pris dans* l'Art du Tourneur, *et dans les* Principes de la dynamique.

Parmi les modes de transformation sur lesquels reposent les doctrines les plus fécondes de la Géométrie récente, on doit distinguer essentiellement celui qui donne lieu à reconnaître cette loi mathématique de l'étendue figurée, la *dualité*.

Outre l'avantage que présente cette méthode, comme moyen de découvertes, le principe sur lequel elle repose établit une relation constante qui lie deux à deux toutes les vérités géométriques; ce qui fait pour ainsi dire deux genres de Géométrie. Ces deux *Géométries* se distinguent par une circonstance qu'il est très-important de remarquer : dans la première le *point* est l'unité, et pour ainsi dire l'*élément*, ou la *monade* dont on se sert pour former les autres parties de l'étendue; c'est là la base de la philosophie de la Géométrie ancienne et de la Géométrie analytique.

Dans la seconde Géométrie, on regarde la *droite*, ou le *plan*, suivant qu'on opère sur un plan ou dans l'espace, comme l'*être primitif*, ou l'*unité* qui doit servir à former toutes les autres parties de l'étendue.

Cette division de toutes les propriétés de l'étendue en deux classes distinctes, reposant sur deux idées premières essentiellement différentes, est un fait qui nous paraît, comme à MM. Gergonne et Poncelet qui l'ont montré dans tout son jour [1], d'une haute importance dans la Géométrie.

Mais nous étendons cette importance à plusieurs autres parties des sciences mathématiques, où il nous semble que, prévenu par cette belle loi de l'étendue figurée, la *dualité*, et guidé par ce dualisme de l'être primitif qu'on peut prendre pour élément et point de départ dans la Géométrie, on sera conduit à chercher quelque chose de semblable.

Nous trouvons un exemple d'une telle dualité, dans l'essai que nous avons présenté d'une nouvelle doctrine de *Géométrie analytique* analogue à celle de Descartes, et où le *plan* joue le même rôle que le *point* dans celle-ci [2].

---

[1] *Annales de Mathématiques*, tom. XVI, pag. 209 et tom. XVII, pag. 265.

[2] Nous avons exposé en peu de mots les principes de ce nouveau système de coordonnées dans la *Correspondance mathématique* de M. Quetelet, tom. VI, pag. 81.

L'application des mêmes idées de dualité peut s'étendre à la Mécanique. En effet, l'élément primitif des corps auquel on applique d'abord les premiers principes de cette science, est, comme dans la Géométrie ancienne, le *point* mathématique. Ne sommes-nous pas autorisés à penser, maintenant, qu'en prenant le *plan* pour l'élément de l'étendue, et non plus le *point*, on sera conduit à d'autres doctrines, faisant pour ainsi dire une nouvelle science? Et s'il existe un principe unique pour passer de cette science à l'ancienne, comme le théorème de Géométrie qui établit la corrélation des propriétés de l'étendue figurée, ce principe sera la base d'une *dualité* semblable, dans la science du mouvement des corps.

§ 2. Les deux exemples de dualité, que nous venons de citer, sont fondés sur le dualisme que présentent, dans la composition des corps, le *point* et le *plan*. Mais on trouvera, dans les différentes parties des sciences mathématiques, d'autres lois de dualité, fondées sur d'autres principes; et l'on sera conduit, je crois, à admettre, comme nous l'avons déjà dit dans notre Note sur la définition de la Géométrie (Note V), qu'un *dualisme universel* est la grande loi de la nature, et règne dans toutes les parties des connaissances de l'esprit humain.

En nous renfermant ici dans le domaine de la Géométrie, nous allons présenter deux exemples de dualité, très-différents, qui viendront à l'appui des idées que nous venons d'émettre.

§ 3. Le premier nous est fourni, dans les arts de construction, par le mécanisme du tour.

Il existe, pour chaque objet dont s'occupe le tourneur, une double manière de le construire; la première en fixant l'ouvrage, et en faisant mouvoir l'outil; la seconde, employée par le tourneur, en fixant l'outil, et en faisant mouvoir l'ouvrage.

Voilà donc, dans les arts, une dualité de description, bien prononcée et constante.

On sait que chacune de ces constructions repose, dans chaque circonstance, sur des principes géométriques; il existera donc aussi, dans les deux théories relatives à ces deux modes de construction, une dualité constante.

C'était, ce nous semble, une question intéressante, que de chercher les lois mathématiques qui pouvaient lier entre elles ces deux théories, de manière que les procédés indiqués par l'une servissent à faire connaître, en vertu de ces lois seulement, les procédés correspondants dans l'autre.

Cette question, dans laquelle nous avions craint d'abord de rencontrer des difficultés, nous a conduit à une loi de *dualité* extrêmement simple, qui peut offrir, en particulier, une théorie du tour à tourner, et le moyen de décrire, avec cet instrument, toutes les courbes que l'on a coutume de décrire par un stylet mobile. Voici sur quel principe reposera ce mode de description:

Quand une figure plane est en mouvement dans son plan, l'un de ses points décrit une courbe;

Le mouvement de cette figure est déterminé par des relations constantes, qui doivent avoir lieu entre elle et des points ou des lignes fixes tracées dans son plan;

Ces points et ces lignes forment, par leur ensemble, une seconde figure, qui reste fixe pendant le mouvement de la première ;

Que l'on considère maintenant la première figure dans une de ses positions, et qu'on la suppose fixe ; puis, qu'on fasse mouvoir la seconde figure, de manière qu'elle se trouve toujours dans les mêmes conditions de position par rapport à la première figure ;

Un stylet fixe, placé au point décrivant de la première figure, tracera, sur le plan mobile de la seconde figure, une courbe mobile avec ce plan, et qui sera identiquement la même (sauf la position) que celle qu'aura tracée d'abord le point décrivant de la première figure, quand celle-ci était en mouvement.

Tel est le principe unique, qui lie entre elles les deux manières de décrire les courbes planes, par un stylet mobile, et par un stylet fixe.

Pour en faire une application, prenons la description de l'ellipse, par un point placé au sommet d'un triangle de forme constante, dont les deux autres sommets se meuvent sur deux droites fixes.

La figure mobile ici est le triangle ; et les deux droites forment la figure fixe. Il faudra donc, d'après notre principe, faire mouvoir ces deux droites de manière qu'elles passent constamment par les deux sommets du triangle qui glissaient sur ces droites. On conclut de là ce théorème :

Quand les côtés d'un angle de forme invariable glissent sur deux points fixes, un stylet fixe, placé en un point quelconque, trace, sur le plan mobile de l'angle en mouvement, une ellipse.

On voit, en effet, que le mécanisme du tour à ovale a pour but de donner, à une surface plane, le mouvement d'un angle dont deux côtés glisseraient sur deux points fixes. Voilà donc la raison géométrique de ce mécanisme, qui est de l'invention du grand peintre Léonard de Vinci.

Notre principe explique, avec une égale facilité, le mécanisme du tour à épicycloïde. Car il donne le théorème suivant, sur lequel nous paraît reposer ce mécanisme :

Quand une courbe roule, dans un plan, sur une autre courbe, l'un de ses points décrit une épicycloïde, qu'on peut engendrer d'une seconde manière, en faisant rouler la seconde courbe sur la première, et en plaçant un stylet fixe au point décrivant de la première courbe, lequel stylet tracera, sur le plan mobile, une courbe qui sera précisément cette même épicycloïde.

L'ellipse et l'épicycloïde sont, je crois, les seules courbes que l'on décrive sur le tour, par un mécanisme particulier à chacune. On pourra, au moyen du nouveau mode de description des courbes, tracer semblablement une infinité d'autres courbes.

Pour la conchoïde de Nicomède, par exemple, on est conduit à cette description :

Que l'on conçoive un angle de forme invariable, dont un des côtés, indéfini, glisse sur un point fixe, et dont l'extrémité de l'autre côté glisse sur une ligne droite, menée par ce point fixe ; un stylet fixe, placé en un point de cette ligne droite, tracera, sur le plan de l'angle mobile, une courbe qui sera une conchoïde de Nicomède.

Si la droite, sur laquelle glisse l'extrémité d'un des côtés de l'angle, ne passait pas par le point fixe par lequel passe l'autre côté de l'angle, alors, en plaçant convenablement le stylet fixe, on décrirait la cissoïde de Dioclès ; une autre position du stylet fixe donnerait la focale à nœud, de M. Quetelet. En général, dans ce mouvement, un stylet fixe tracera l'une des courbes *lieux des pieds des perpendiculaires abaissées d'un point sur les tangentes d'une parabole.*

Nous avons appliqué notre principe à la construction de beaucoup d'autres courbes, même en les considérant comme l'enveloppe de leurs tangentes, et non plus comme la suite d'une infinité de points. Alors ce n'est plus un stylet qui imprime sa trace sur un plan mobile, mais un outil tranchant, qui emporte la superficie du plan mobile, et laisse en relief la courbe qu'il s'agit de tracer.

Les mêmes théories s'appliquent aux figures à trois dimensions.

Ainsi voilà une *dualité* de doctrines, concernant la double description mécanique des corps, qui est bien prononcée, et qui repose, comme celle des propriétés de l'étendue, sur un seul et unique théorème.

§ 4. Nous puiserons notre second exemple de *dualité* dans le Système du monde et dans les lois de la Mécanique.

Tous les corps célestes sont doués de deux mouvements, l'un de translation, l'autre de rotation autour d'un axe.

Ce double mouvement se retrouve dans le mouvement élémentaire d'un corps solide, c'est-à-dire dans tout mouvement infiniment petit de ce corps.

Cette coexistence de deux mouvements est un fait qui n'a rien d'étonnant, aujourd'hui que les théories mathématiques en donnent l'explication, et le feraient découvrir si la connaissance qu'on en a acquise n'avait été le résultat des observations des astronomes.

Mais si le mouvement de rotation est, aux yeux de l'observateur, une propriété des corps célestes, tout aussi prononcée que le mouvement de translation, et inhérente aussi à tout ce qui est soumis à l'action des forces de l'Univers, les géomètres n'ont pas traité ces deux sortes de mouvement avec la même impartialité. Ils ont considéré que le mouvement de translation est le mouvement naturel et élémentaire des corps. C'est dans le sens de cette idée première, qui date de l'origine des sciences [1], que d'Alembert, dans le discours qui précède son *Traité de Dynamique*, dit : « Tout ce que nous voyons bien distinctement, dans le mouvement d'un corps, c'est qu'il parcourt un certain espace, et qu'il emploie un certain temps à le parcourir. C'est donc de cette seule idée qu'on doit tirer tous les principes de la Mécanique, etc. » Cette manière de philosopher peut

---

[1] Quoique les philosophes anciens aient connu le mouvement de rotation des astres sur eux-mêmes, et l'aient regardé comme inhérent à la nature des corps, ils n'en ont pas moins considéré le mouvement de translation comme le mouvement primitif, préexistant au mouvement de rotation. C'est ce que l'on voit dans Platon, qui dit que Dieu avait imprimé aux astres le mouvement qui leur était le plus propre, c'est-à-dire le mouvement rectiligne, qui les fait tendre vers le centre de l'Univers, et qu'ensuite, par une conversion unique, il changea le mouvement de chaque corps en un mouvement de rotation autour de lui-même, et un mouvement circulaire dans l'espace. *Motum enim dedit cœlo, cum qui corpori sit aptissimus (i. e. directum)... Itaque una conversione atque eâdem, ipse circum se torquetur et vertitur.* (On a interprété différemment ce passage de Platon; mais nous adoptons ici le sens qui lui a été donné par le grand philosophe Galilée, dans ses *Discorsi e dimostrazioni matematiche*, pag. 254.)

paraître avoir été une suite de l'habitude où l'on a toujours été de considérer le *point* comme l'élément de l'étendue, et non pas le *plan*, que l'on a toujours considéré, au contraire, comme un assemblage de *points*. La substitution définitive que Varignon a faite, dans la Mécanique rationnelle, des *forces* aux *mouvements*, substitution si heureuse sous d'autres rapports, nous parait avoir contribué puissamment aussi à fonder les doctrines de la Mécanique actuelle, qui reposent sur l'idée première du *plan*, considéré comme l'élément de l'étendue.

Mais ne peut-on pas supposer, maintenant, que les deux mouvements inséparables des corps de l'Univers doivent donner lieu à des théories mathématiques, dans lesquelles ces deux mouvements joueraient identiquement le même rôle? Et alors, le principe qui unirait ces deux théories, qui servirait à passer de l'une à l'autre, comme le théorème sur lequel nous avons basé la *dualité* géométrique de l'étendue en repos, et celui qui nous a servi à lier entre eux les deux modes de description mécanique des corps, ce principe, dis-je, pourrait jeter un grand jour sur les principes de la philosophie naturelle.

Peut-on prévoir même où s'arrêteraient les conséquences d'un tel principe de *dualité?* Après avoir lié deux à deux tous les phénomènes de la nature, et les lois mathématiques qui les gouvernent, ce principe ne remonterait-il point aux causes mêmes de ces phénomènes? Et peut-on dire alors qu'à la loi de la gravitation ne correspondrait point une autre loi qui jouerait le même rôle que celle de Newton, et servirait comme elle à l'explication des phénomènes célestes? Et si, au contraire, cette loi de la gravitation était elle-même sa corrélative dans l'une et l'autre doctrine, ainsi que peut être une proposition de Géométrie dans la dualité de l'étendue figurée, ce serait alors une grande preuve qu'elle est véritablement la suprême et unique loi de l'Univers.

Hâtons-nous de justifier ces idées (contre lesquelles nous ne nous dissimulons point les objections tirées de la force centrifuge, qui établit dans la pratique une différence radicale entre la translation et la rotation des corps; mais dont nous faisons abstraction, parce que nous ne considérons que les mouvements infiniment petits), hâtons-nous, dis-je, de justifier ces idées par quelques réflexions sur ce qui nous parait avoir été déjà fait, et pouvoir être continué, dans le sens de cette corrélation que nous supposons devoir exister entre les théories relatives au mouvement de translation, et celles qui sont relatives au mouvement de rotation.

§ 5. Euler a fait voir, le premier, que quand un corps est retenu par un point fixe, tout mouvement infiniment petit du corps n'est autre qu'un mouvement de rotation autour d'une certaine droite passant par le point fixe.

Lagrange a donné, dans la première édition de sa *Mécanique analytique* (année 1788), les formules qui servent à décomposer ce mouvement de rotation en trois autres, se faisant autour de trois axes rectangulaires, menés par le point fixe. Ces formules offraient une ressemblance remarquable avec celles qui servent à décomposer le mouvement rectiligne d'un point, en trois autres mouvements rectilignes.

Plus tard, Lagrange a complété cette analogie, en donnant, dans la seconde édition de sa *Mécanique analytique* (année 1811), la construction géométrique des trois rotations qui peuvent remplacer une rotation unique. Cette construction se réduit à porter, sur les axes de rotation, des lignes proportionnelles aux mouvements de rotation, et à composer et décomposer ces lignes comme si elles représentaient des mouvements rectilignes.

Dès que l'on a su que tout mouvement d'un corps retenu par un point fixe était un mouvement de rotation autour d'une droite, on a reconnu que le mouvement d'un corps parfaitement libre pouvait se décomposer à chaque instant en deux autres, l'un de translation commun à tous ses points, et l'autre de rotation autour d'un axe mené par l'un de ses points. Cela se réduit à dire que, quand un corps parfaitement libre éprouve un mouvement infiniment petit, on peut mener, par chacun de ses points, une droite qui, pendant ce mouvement, restera parallèle à elle-même.

Il est facile de reconnaître que toutes ces droites seront parallèles entre elles; et que *l'une d'elles se mouvra dans sa propre direction;* ce qui fait que le mouvement du corps sera identiquement le même que celui d'une vis dans son écrou [1].

Voilà, je crois, ce que l'on a fait relativement à la théorie des mouvements de rotation. Il paraîtra peut-être étonnant qu'après avoir eu à considérer, dans le mouvement d'un corps solide libre, la rotation autour d'un axe mené par l'un quelconque de ses points, on n'ait pas été conduit à supposer qu'un corps fût soumis à plusieurs rotations autour de divers axes, comme dans le cas où il est retenu par un point fixe, et à composer entre elles ces diverses rotations.

Cette question devient indispensable, pour faire les premiers pas dans les nouvelles théories que nous concevons. Elle nous a conduit à reconnaître que, *quand un corps est soumis à plusieurs mouvements de rotation autour de divers axes placés d'une manière quelconque dans l'espace, on peut remplacer, d'une infinité de manières, ce système de rotations, par deux rotations uniques, autour de deux axes différents.*

L'un de ces axes peut être situé à l'infini; ce qui fait voir que le mouvement effectif du corps est une rotation autour de l'autre axe, pendant que celui-ci se meut dans sa propre direction. Résultat conforme à celui que nous avons obtenu, ci-dessus, par la considération des mouvements rectilignes des points du corps.

La composition d'un système de rotations autour de plusieurs axes quelconques, est très-simple, et conserve l'analogie que Lagrange a trouvée entre la composition des rotations autour de divers axes passant par un point fixe, et la composition des mouvements rectilignes d'un point.

On portera, sur chaque axe de rotation, une ligne proportionnelle au mouvement de rotation autour de cet axe, et l'on regardera toutes ces lignes comme un système de forces sollicitant un corps solide. On composera toutes ces forces en deux forces uniques, et l'on regardera leurs directions comme les axes de deux rotations qui pourront remplacer le système de rotations proposé. Les mouvements de rotation autour de ces deux axes seront représentés, en grandeur, par les deux forces.

---

[1] J'avais déjà énoncé ce théorème, avec plusieurs autres, relatifs au déplacement d'un corps solide libre dans l'espace. *Voir* le *Bulletin universel des sciences;* tom. XIV. pag. 321, année 1830; et la *Correspondance* de M. Quetelet, tom. VII, pag. 382.

Maintenant nous supposerons que les rotations d'un corps, autour de divers axes, appartiennent à des plans menés par ces axes, de même que l'on regarde les mouvements rectilignes imprimés à un corps, ou les forces qui sollicitent un corps, comme appliqués à l'un des points du corps qui se trouvent sur les directions de ces mouvements ou de ces forces.

Chacun de ces plans, pendant le mouvement réel du corps, aura tourné sur lui-même, autour d'une droite située dans ce plan (laquelle droite ne sera point sortie, pendant le mouvement du corps, de la position primitive du plan, dans laquelle elle aura tourné autour d'un point fixe). Nous appellerons ce mouvement de rotation du plan sur lui-même, sa *rotation effective*, et nous dirons que la rotation partielle du corps, autour de l'axe contenu dans ce plan, est la *rotation imprimée* au plan. Ainsi la rotation *effective* d'un plan est le résultat de la combinaison de sa rotation *imprimée*, avec les autres rotations imprimées à d'autres plans du corps.

Ces dénominations étant admises, on parvient au théorème suivant :

Quand un corps solide est soumis à plusieurs rotations simultanées autour de divers axes; si, par ces axes, on conçoit menés des plans dans le corps, ces plans éprouveront des mouvements effectifs sur eux-mêmes;

Si l'on fait le produit de la rotation effective de chaque plan, par sa rotation imprimée, et par le cosinus de l'angle que font entre eux les axes de ces deux rotations, la somme de ces produits sera une quantité constante, quels que soient les plans menés par les axes de rotation;

Cette quantité sera égale à la somme des carrés des rotations imprimées, plus le double de la somme des produits deux à deux de ces rotations par le cosinus de l'angle que comprennent leurs axes.

Quand un corps soumis à plusieurs rotations est en équilibre, si on lui fait éprouver un dérangement infiniment petit, les plans menés par les axes de rotation éprouveront des rotations *effectives* sur eux-mêmes; nous les appellerons les rotations *virtuelles* de ces plans.

La condition d'équilibre du corps pourra s'exprimer par une équation qui nous offrira un *principe des rotations virtuelles*, analogue au principe des *vitesses virtuelles*. Voici ce principe :

Quand différents plans d'un corps solide sont soumis à des rotations autour de différents axes contenus dans ces plans; pour que ces rotations se fassent équilibre, il faut que si l'on donne au corps un mouvement infiniment petit quelconque, et qu'on fasse, pour chaque plan, le produit de sa rotation imprimée par sa rotation effective, et par le cosinus de l'angle que font entre eux les axes de ces deux rotations, il faut, dis-je, et il suffit que la somme de tous ces produits soit égale à zéro.

Ce qui précède suffira pour bien faire comprendre comment nous avons entendu qu'il était possible de créer de nouvelles doctrines dans la Mécanique rationnelle, en substituant dans les théories actuelles, pour ce qui concerne le mouvement général d'un corps, les mouvements de rotation aux mouvements rectilignes, et, pour ce qui concerne les corps eux-mêmes, considérés comme parties de l'étendue, les *plans* aux *points*, comme on peut le faire dans la Géométrie pure et dans la Géométrie analytique[1].

§ 6. Sans rechercher si ces nouvelles doctrines pourraient offrir quelques avantages dans leur application aux questions de l'Astronomie pratique et de l'Astronomie physique, ce que l'on pourrait peut-être contester *a priori*, parce qu'il paraît probable que les méthodes analytiques en usage, qui sont fondées sur la doctrine des coordonnées de Descartes, conviennent mieux aux théories actuelles qu'à ces nouvelles théories, nous pensons que du moins on ne pourra nier que leur introduction dans la Mécanique rationnelle ne soit propre à jeter un nouveau jour sur l'ensemble de son vaste domaine, et sur plusieurs questions particulières qui nous semblent n'avoir point encore été complétées. Nous citerons, par exemple, la singulière analogie qui a lieu entre les forces et leurs moments par rapport à un point fixe ; analogie qui s'explique très-clairement par l'ingénieuse théorie des couples dans la Statique. Cette concordance se retrouve, dans la Dynamique, entre les mouvements rectilignes et leurs moments par rapport à un point ; on la reconnaît dans les deux principes de la conservation du mouvement du centre de gravité et des aires ; M. Binet l'a démontrée aussi dans le principe des forces vives ; elle s'étend certainement plus loin ; et sa cause première, encore ignorée, est une question d'un très-haut intérêt.

La théorie des couples, que nous venons de citer, nous paraît une doctrine tout à fait conforme aux idées de corrélation que nous venons de développer. C'est la Statique traitée, pour ainsi dire, d'une manière impartiale, relativement aux doubles doctrines de Dynamique que nous avons fait entrevoir. Partout, en effet, les couples jouent le même rôle que les simples forces ; celles-ci semblent destinées au mouvement de translation, et les couples au mouvement de rotation ; les unes et les autres sont soumis aux mêmes lois mathématiques de composition et de décomposition. Nous pouvons donc regarder cette élégante théorie des couples comme une conception éminemment heureuse, et qui était indispensable, comme introduction à une théorie complète de la double Dynamique, dont nous avons parlé.

§ 7. Depuis que j'avais été conduit à considérer les mouvements de rotation, à l'instar des mouvements rectilignes, et à rattacher, comme je viens de le faire, cette question à la *dualité* de l'étendue figurée, en repos, j'ai lu les excellentes réflexions que mon ancien camarade de l'École polytechnique, M. Aug. Comte, a faites sur la théorie des couples de M. Poinsot, dans les quatre leçons de son *Cours de philosophie positive*, où il traite de la Mécanique. J'ai été extrêmement flatté d'y voir mes idées sur ce sujet confirmées par la manière dont ce profond penseur conçoit aussi la question générale du mouvement des corps, et l'utilité de la théorie des couples dans les questions qui s'y rapportent.

Je terminerai cette Note par les propres paroles de M. Aug. Comte, qui sont de nature à fixer l'attention des géomètres sur les nouvelles doctrines que l'on pourrait introduire dans la Dynamique.

---

[1] Cette théorie des *mouvements de rotation* fera partie, nécessairement, de la nouvelle branche de la Mécanique, que M. Ampère vient de comprendre dans sa classification des connaissances humaines, sous le nom de *Cinématique* (science du mouvement), qui doit précéder la Statique, et faire avec elle l'objet complet de la Mécanique élémentaire. (Voir *Essai sur la Philosophie des Sciences*, par M. Ampère, in-8°, 1834.)

« Quelles que soient, en réalité, les qualités fondamentales de la conception de M. Poin-
» sot par rapport à la statique, on doit néanmoins reconnaître, ce me semble, que c'est
» surtout au perfectionnement de la dynamique qu'elle se trouve par sa nature essentiel-
» ment destinée, et je crois pouvoir assurer à cet égard que cette conception n'a point
» encore exercé jusqu'ici son influence la plus capitale. Il faut la regarder en effet comme
» directement propre à perfectionner, sous un rapport très-important, les éléments mêmes
» de la dynamique générale, *en rendant la notion des mouvements de rotation aussi natu-*
» *relle, aussi familière, et presque aussi simple que celle des mouvements de translation, car*
» *le couple peut être envisagé comme l'élément naturel du mouvement de rotation, aussi*
» *bien que la force l'est du mouvement de translation.* »

Depuis que cette Note était écrite, a paru l'opuscule de M. Poinsot sur une *Théorie
nouvelle de la rotation des corps.* Cet ouvrage réalise les idées que nous avions conçues
sur la possibilité et l'utilité d'introduire, dans la Dynamique, la considération directe des
mouvements de rotation, à l'instar des mouvements de translation. Par cette méthode,
mise en œuvre avec une sagacité admirable, se trouve résolue, par le simple raisonnement,
une question compliquée et difficile, qui, jusqu'ici, avait été du ressort de l'Analyse la
plus savante, et se trouvent démontrés de beaux théorèmes qui avaient échappé à cette
Analyse, et qui présentent une image claire de toutes les circonstances de la rotation d'un
corps.

NOTE XII.

(DEUXIÈME ÉPOQUE, § 2.)

*Sur la Géométrie des Indiens, des Arabes, des Latins et des Occidentaux,
au Moyen âge.*

Les limites dans lesquelles nous avons dû nous renfermer, ne nous permettaient de
parler que des principales découvertes en Géométrie, particulièrement de celles qui
avaient donné lieu à quelques théories, ou à quelque méthode se rapportant à la Géométrie moderne. C'est pourquoi nous avons fixé le commencement de notre deuxième
Époque aux travaux de Viète. Mais, depuis plus d'un siècle déjà, la Géométrie était cultivée avec ardeur; et si elle ne s'est pas enrichie de méthodes d'une importance majeure,
comme l'Analyse, qui, pendant ce siècle, avait poussé ses découvertes jusqu'à la résolu-

tion des équations du troisième et du quatrième degré ; les travaux des écrivains qui l'ont cultivée ont néanmoins préparé les grands travaux des Géomètres du XVIIe siècle, surtout en introduisant dans cette science un élément nouveau, qui était le germe de ses progrès ultérieurs. Cet élément était le *calcul algébrique*, qui n'avait pas été connu des Grecs, ou qu'ils avaient rejeté, par suite de leur distinction tranchée entre l'Arithmétique et la Géométrie. C'est ainsi, par exemple, qu'ils démontraient, sur des figures et par de pures considérations géométriques, les dix premières propositions du second livre d'Euclide, qui ne sont au fond que des règles de calcul. Cet élément a fait le caractère spécial de la Géométrie de Viète, de Fermat, de Descartes ; nous devons donc, pour remonter à la source d'une si grande et si utile innovation, et pour la suivre dans ses développements, jeter un coup d'œil sur les premiers travaux des Géomètres à la renaissance des lettres.

C'est à cet objet que nous avions destiné cette Note. Mais, depuis qu'elle était écrite, a paru le premier volume de l'*Histoire des Sciences mathématiques en Italie*, où M. Libri, dans un éloquent discours préliminaire, expose la marche des sciences chez les différents peuples de la Terre, à partir de la plus haute antiquité. Cet ouvrage, dont chaque page porte le cachet de la plus profonde et de la plus étonnante érudition, attribue aux Arabes et aux Indiens une part plus grande, dans le développement des sciences, qu'on n'a supposé jusqu'ici.

Nous avons cru dès lors devoir porter un regard rapide sur la partie géométrique des ouvrages hindous et arabes, dont de savants orientalistes de l'Angleterre nous ont donné des traductions, il y a quelques années. Et, pour compléter cet aperçu des éléments divers qui ont concouru au rétablissement des sciences en Europe, nous l'avons étendu sur la Géométrie des Latins et au Moyen âge.

« L'esprit humain paraît marcher dans une route si nécessaire ; chaque progrès semble tellement déterminé d'avance, qu'on essaierait en vain d'écrire l'histoire d'un peuple ou d'une science, en partant d'une époque quelconque, sans jeter un regard sur les temps et les événements antérieurs [1]. » Cette pensée juste nous servira d'excuse pour la longueur que la tâche qu'elle nous impose, va donner à cette Note.

GÉOMÉTRIE DES INDIENS.

Ayant reçu des Arabes, dans nos fréquentes communications avec ce peuple, notre système de numération, nous lui avions d'abord fait honneur de cette idée ingénieuse et féconde, qui a rendu de si grands services aux sciences, et à l'Astronomie principalement. Mais on a reconnu depuis, par différents documents émanés des Arabes eux-mêmes, que cet honneur appartenait aux Indiens. Une si belle et si utile invention, qui, avec neuf

----

[1] *Histoire des Sciences mathématiques en Italie*, par M. Libri ; Discours préliminaire . t. I, p. 3.

signes seulement, prenant des valeurs de position suivant une loi très-simple, pouvait exprimer tous les nombres imaginables, et abrégeait singulièrement les calculs, si pénibles chez les Latins, était propre à mériter à ses auteurs l'estime de l'Europe qui l'avait adoptée universellement, et à faire penser que le peuple hindou avait été capable d'autres progrès dans les sciences mathématiques.

En effet, on ne tarda point à apercevoir quelques indications qui annonçaient que ce peuple avait cultivé aussi une Arithmétique supérieure, d'où dérivait celle qui nous a été transmise des Arabes par Fibonacci, sous le nom d'*Algebra et Almucabala*, et qui forme aujourd'hui notre Algèbre.

L'histoire des sciences était vivement intéressée à l'éclaircissement de ces premières indications.

Depuis une vingtaine d'années elles ont reçu une confirmation complète.

Au commencement de ce siècle, MM. Taylor, Strachey et Colebrooke [1] nous ont fait connaître les ouvrages mathématiques de deux auteurs hindous, qui passent pour les plus célèbres de leur nation, Brahmegupta et Bhascara Acharya; le premier du VIe et le second du XIIe siècle de l'ère vulgaire. Ces ouvrages traitent de l'*Arithmétique*, de l'*Algèbre* et de la *Géométrie*. L'Arithmétique et l'Algèbre en sont la partie la plus considérable, et confirment pleinement l'opinion émise en faveur des Indiens, comme inventeurs de ces deux branches de la science du calcul, telles que nous les avons reçues des Arabes, et même dans un état de plus grande perfection.

En effet, les commentaires de divers auteurs hindous, qui accompagnent le texte de ces deux ouvrages, attribuent à un auteur encore plus ancien que Brahmegupta, et qu'ils nomment Aryabhatta, la résolution de l'équation du premier degré à deux inconnues, en nombres entiers, par une méthode semblable à celle de Bachet de Méziriac, qui a paru en Europe, pour la première fois, en 1624. « Les ouvrages de Brahmegupta et de Bhascara renferment des recherches d'un ordre beaucoup plus élevé. Outre la résolution générale de l'équation à une seule inconnue du second degré, et celle de quelques équations dérivatives des degrés supérieurs, on y trouve la manière de déduire, d'une seule solution, toutes les autres solutions entières d'une équation indéterminée du second degré à deux inconnues; et cette Analyse, que nous devons à Euler, était connue aux Indes depuis plus de dix siècles. Un calcul qui a de la ressemblance avec les logarithmes, des notations particulières fort ingénieuses, et surtout une grande généralité dans l'énoncé des problèmes, attestent les progrès de l'Analyse indienne. Cette science, que les Hindous appliquaient à la Géométrie et à l'Astronomie, était pour eux un puissant instrument de recherche, et l'on doit citer avec éloge plusieurs problèmes géométriques dont ils avaient trouvé d'élégantes solutions. »

Nous nous bornerons à cette indication succincte des travaux analytiques des Hindous, que nous avons empruntée de l'*Histoire des Sciences mathématiques*, de M. Libri. Mais

---

[1] *Bija Ganita, or the Algebra of the Hindus*, by Edw. Strachey. London; 1813 in-4°. — *Lilavati or a treatise on Arithmetic and Geometry* by Bhascara Acharya, translated from the original sanscrit by J. Taylor. Bombay; 1816, in-4°. — *Algebra, with Arithmetic and Mensuration, from the sanscrit of Brahmegupta and Bhascara*; translated by H. T. Colebrooke. London; 1817, in-4°.

il nous faut entrer dans plus de développements pour faire connaître leur Géométrie, qui est ici notre objet spécial.

On s'est borné, dans les extraits et les analyses qu'on en a donnés, à citer quelques propositions, qui sont : le carré de l'hypoténuse ; la proportionnalité des côtés dans les triangles équiangles ; les segments faits par la perpendiculaire sur la base d'un triangle ; l'aire de cette figure, en fonction des trois côtés ; un rapport approché de la circonférence au diamètre ; la valeur des côtés des sept premiers polygones réguliers inscrits au cercle ; une relation entre la corde d'un arc, son sinus verse et le diamètre ; et enfin quelques propositions sur le calcul des distances, par l'ombre du gnomon [1].

On a cru voir, généralement, dans ces diverses propositions, et conséquemment dans la partie géométrique des ouvrages de Brahmegupta et de Bhascara, des *Éléments de Géométrie*, ou du moins, les propositions élémentaires et primordiales sur lesquelles reposait toute la science des Hindous. Aussi a-t-on regardé leurs connaissances géométriques comme infiniment inférieures à leurs connaissances en Algèbre [2].

Mais en cherchant à nous rendre compte, par une étude approfondie de la partie géométrique des ouvrages hindous, de la signification de plusieurs propositions dont on n'avait point encore parlé, et du rôle que ces diverses vérités, qui paraissaient d'abord sans lien entre elles et comme jetées au hasard, jouent dans cet ouvrage, nous avons été conduit à reconnaître, d'une part, que les propositions dont il n'avait point encore été fait mention étaient précisément celles qui avaient le plus de valeur ; et ensuite, que l'ouvrage de Brahmegupta, principalement, loin de nous offrir des *Éléments de Géométrie*, ou le résumé des propositions les plus usitées chez les Hindous, roulait simplement sur une seule et unique théorie géométrique.

Cette théorie est celle du quadrilatère inscrit au cercle. Brahmegupta y résout cette question, digne d'être remarquée : *Construire un quadrilatère inscriptible, dont l'aire, les diagonales, les perpendiculaires et diverses autres lignes, ainsi que le diamètre du cercle, soient exprimés en nombres rationnels.*

Tel est l'objet de l'ouvrage de Brahmegupta, si nous ne nous abusons dans notre interprétation de la plupart de ses propositions, dont le sens doit être deviné à cause de la concision extrême des énoncés, où manque la plus grande partie des conditions qui devraient y entrer.

On sera étonné sans doute de voir réduire à de telles questions ce qu'on a pu regarder, avant une lecture attentive, comme formant des *Éléments de Géométrie*. Ces questions

---

[1] Voir *Correspondance polytechnique*, t. III, janvier 1816; article traduit par M. Terquem de l'ouvrage de M. Hutton, intitulé *Tracts on Mathematical*, etc., 3 vol. in-8°; Londres 1812. M. Hutton avait reçu ces neufs et précieux documents sur l'Algèbre et la Géométrie des Indiens, de M. Strachey, avant que les publications de ce savant orientaliste eussent paru. — *Edimburg Review*, 1817, n° LVII. — Delambre, *Histoire de l'Astronomie ancienne*, t. I; et *Histoire de l'Astronomie du Moyen âge*, Discours préliminaire. — *Journal des savans*, septembre 1817.

[2] *They (the Hindus) cultivated Algebra much more, and with greater success, than Geometry; as is evident from the comparatively low state of their knowledge in the one, and the high pitch of their attainments in the other.* Colebrooke, *Brahmegupta and Bhascara, Algebra : Dissertation*, p. XV.

dénotent, sinon un savoir très-étendu, du moins une certaine habileté en Géométrie, et une habitude du calcul. Sous ce rapport, elles sont dans l'esprit algébrique des Hindous. Elles nous font voir qu'il nous reste entièrement à connaître leurs Éléments de Géométrie, et elles sont propres à nous faire désirer de retrouver encore d'autres fragments semblables, du temps de Brahmegupta, ou d'un temps antérieur; car elles nous prouvent que la Géométrie alors a été cultivée avec succès.

L'ouvrage de Bhascara n'est qu'une imitation très-imparfaite de celui de Brahmegupta, qui y est commenté et dénaturé. On y trouve, en plus, quelques questions nouvelles sur le triangle rectangle (qui étaient étrangères à la question traitée par Brahmegupta); une expression approximative remarquable de l'aire du cercle, en fonction du diamètre; la valeur des côtés des sept premiers polygones réguliers inscrits, en fonction du rayon; et une formule pour le calcul approximatif de la corde en fonction de l'arc, *et vice versâ*.

Mais les propositions les plus importantes de Brahmegupta, relatives à sa théorie du quadrilatère inscriptible au cercle, y sont omises, ou énoncées comme *inexactes*. Ce qui montre que Bhascara ne les a pas comprises.

Cette circonstance, et les commentaires de différents scoliastes, nous paraissent prouver que, depuis Brahmegupta, les sciences, dans l'Inde, ont été en déclinant, et que l'ouvrage de ce géomètre a cessé d'y être compris. On sait, du reste, que dans l'âge présent, les savants indiens sont d'une ignorance profonde en mathématiques [1].

Nous allons présenter une analyse succincte de l'ouvrage de Brahmegupta. Ensuite nous analyserons semblablement celui de Bhascara; et nous signalerons les différences notables que nous avons trouvées entre ces deux ouvrages, écrits à six siècles d'intervalle.

SUR LA GÉOMÉTRIE DE BRAHMEGUPTA.

Les ouvrages de Brahmegupta, dont l'Europe est redevable au célèbre M. Colebrooke, sont extraits d'un Traité d'Astronomie, dont ils forment le douzième et le dix-huitième chapitre. Le douzième est un Traité d'Arithmétique (intitulé *Ganita*), et le dix-huitième un Traité d'Algèbre (intitulé *Cuttaca*). La Géométrie fait partie du Traité d'Arithmétique, où elle occupe les sections IV, V, ..., IX, sous les titres, dans le texte anglais : *Plane figure, Excavations, Stacks, Saw, Mounds of Grain*, et *Measure by Shadow*.

La section IV, intitulée : FIGURES PLANES, *triangle et quadrilatère*, se compose de vingt-trois propositions, comprises sous les paragraphes 21-43.

Toutes ces propositions se réduisent à des énoncés, d'un style elliptique, extrêmement concis, et ne sont accompagnées d'aucune démonstration. Elles sont présentées d'une manière générale, sans le secours d'aucune figure, et sans qu'il en soit fait aucune applica-

---

[1] A Poona, que l'on peut regarder comme le principal établissement des Bramines, il y a tout au plus dix ou douze personnes qui entendent le *Lilavati* ou le *Bija-Ganita;* et quoiqu'il y ait plusieurs astronomes de profession à Bombay, M. Taylor n'en a pas trouvé un seul qui entendît une page du *Lilavati*. (Delambre, *Histoire de l'Astronomie ancienne*, t. I, p. 545.)

tion numérique dans le texte. Mais des notes d'un auteur hindou, nommé Chaturveda, contiennent les figures et les appplications qui s'y rapportent.

Quelques-unes des propositions, mais en petit nombre, sont intelligibles, et leur énoncé renferme toutes les parties qui composent une proposition complète. Mais les autres sont énoncées d'une manière très-imparfaite, et ne font aucune mention d'une partie notable des conditions de la question, dont la connaissance est indispensable. Par exemple, s'il s'agit d'un quadrilatère, la proposition se réduit à l'expression des longueurs de ses quatre côtés, et laisse ignorer les autres conditions nécessaires pour construire le quadrilatère, ainsi que les propriétés de cette figure, qui ont été, dans l'intention de l'auteur, l'objet de cette proposition. Toutes ces propositions de Brahmegupta ont donc besoin d'être devinées.

Le sens que nous leur avons donné, nous a porté à regarder l'ouvrage comme ayant eu pour objet de résoudre les quatre questions suivantes, relatives au triangle et au quadrilatère :

1° *Trouver, en fonction des trois côtés d'un triangle, son aire et le rayon du cercle qui lui est circonscrit;*

2° *Construire un triangle dans lequel cette aire et ce rayon soient exprimés en nombres rationnels; les côtés du triangle étant eux-mêmes des nombres rationnels;*

3° *Un quadrilatère étant inscrit au cercle, déterminer, en fonction de ses côtés, son aire, ses diagonales, ses perpendiculaires, les segments que ces lignes font les unes sur les autres par leurs intersections, et le diamètre du cercle;*

4° **Enfin,** *construire un quadrilatère inscriptible au cercle, dans lequel toutes ces choses, son aire, ses diagonales, ses perpendiculaires, leurs segments, le diamètre du cercle, soient exprimés en nombres rationnels.*

Du moins, ces quatre questions se trouvent résolues complétement dans les dix-huit premières propositions de l'ouvrage de Brahmegupta, qui suffisent pour leur solution, et dont aucune n'y est étrangère, de sorte qu'on peut dire que ce Traité est écrit avec intelligence et précision. Quelques autres propositions, qui viennent à la suite, roulent sur d'autres matières.

On peut regarder aussi l'ouvrage de Brahmegupta comme ayant eu pour objet unique une seule des quatre questions que nous venons d'énoncer, qui serait la dernière, relative au quadrilatère inscrit. Les trois autres seraient des prémisses indispensables pour la solution de celle-là; et, en effet, toutes les propositions dont elles se composent ont leur application dans la solution complète de la question du quadrilatère.

Avant de passer à l'analyse de l'ouvrage de Brahmegupta, il nous faut faire connaître quelques expressions de la nomenclature mathématique des Hindous, dont ils font un usage très-heureux pour énoncer les théorèmes d'une manière concise et sans le secours de figures; ce qui leur donne un caractère de généralité qui manquait souvent à la Géométrie des Grecs. Nous nous servirons ensuite des mêmes expressions : elles nous faciliteront le discours, et nous permettront quelquefois de conserver le style des géomètres indiens.

Dans un triangle, un côté est appelé la *base*, et les deux autres, les *côtés* ou les *jambes;* la *perpendiculaire* est la ligne abaissée, perpendiculairement sur la base, du point d'intersection des deux côtés; les *segments* sont les parties comprises entre le pied de la perpendiculaire et les deux extrémités de la base.

Dans un triangle rectangle, un côté de l'angle droit est appelé le *côté*, l'autre le *droit* (*upright*), et le troisième l'*hypoténuse*. Au mot *droit*, qui ne s'applique dans notre nomenclature mathématique qu'aux angles, nous substituerons celui de *cathète*, qui était employé par les Grecs et par les Latins.

Le polygone de quatre côtés est appelé *tétragone* (excepté dans le titre de l'ouvrage : *Triangle et quadrilatère*); l'un des quatre côtés est la *base*; son opposé est appelé le *sommet* (*summit*), et les deux autres les *flancs*.

Ne pouvant nous servir du mot *sommet*, qui s'applique invariablement dans notre langue, à un point, et jamais à une ligne, nous lui substituerons celui de *corauste*, à l'imitation des Latins, qui donnaient aussi un nom particulier au côté opposé à la base du quadrilatère, et l'appelaient *coraustus*. Ce mot se rencontre dans quelques anciens manuscrits, et a été reproduit, en 1496, dans la *Margarita philosophica*.

Les *perpendiculaires* du quadrilatère sont abaissées, sur la base, des deux sommets qui sont les extrémités supérieures des deux flancs; de sorte qu'elles correspondent respectivement aux deux flancs. Chacune d'elles fait sur la base deux segments. Le premier, situé entre la perpendiculaire et le flanc correspondant, est appelé le *segment*, l'autre est son *complément*. Les Indiens se servent du mot *diagonale* dans la même acception que nous.

Dans le rectangle, les dénominations sont spéciales. Le rectangle est appelé *oblong*; et deux côtés contigus sont appelés, comme dans le triangle rectangle, le *côté* et le *droit*; nous dirons le *côté* et la *cathète*.

Le mot *trapèze* (*trapezium*) est employé plusieurs fois sans être défini. On voit par une note de M. Colebrooke, placée au commencement de la partie géométrique de Bhascara, et empruntée du scoliaste Ganesa, que ce mot, qui répond à la dénomination sanscrite *vishama-chaturbhuja*, s'applique au tétragone qui a ses quatre côtés inégaux.

C'est la signification qu'il avait chez les Grecs (voir la définition 34e du 1er livre d'Euclide), et qui a été conservée jusqu'ici chez les géomètres anglais [1]. C'est la significa-

---

[1] Aujourd'hui, en France, le mot *trapèze* s'applique exclusivement au quadrilatère qui a deux côtés parallèles, et ses deux autres côtés non parallèles. C'est vers le milieu du siècle dernier qu'il a pris cette nouvelle signification ; jusque-là il avait eu celle d'Euclide.

Cependant il avait déjà reçu à différentes époques, même éloignées, cette signification particulière; car, dans la proposition 174e du 7e livre des *Collectious mathématiques* de Pappus, ce mot s'applique nécessairement à un quadrilatère qui a deux côtés parallèles et ses deux autres côtés quelconques; et, dans le *Commentaire* d'Eutocius sur la 49e proposition du 1er livre des *Coniques* d'Apollonius, il a la même signification. Dans les temps modernes nous la trouvons exprimée formellement dans un ouvrage de Peucer : *Elementa doctrinæ de circulis cœlestibus*, in-8o, 1569, où nous lisons : *Quæ vero non* παραλληλόγραμμα *sunt, aut duas habent lineas æquabiliter distantes, ut* τραπέζια, *mensulæ; aut nullas prorsus parallelas lineas habent, ut* τραπεζοειδῆ.

Les Latins avaient appelé *mensa*, ou *mensula*, le quadrilatère qui a deux côtés parallèles. Stévin l'a appelé *hache*, parce que, dit-il, il ressemble mieux à une *hache* qu'à une *table*. (*Œuvres mathématiques de Stévin*, page 373.)

Du reste, toutes les dénominations relatives aux diverses formes du quadrilatère, ont beaucoup varié.

Le rectangle, appelé par les Grecs ετερομηκες, a pris le nom de *tetragonus parte altera longior* chez les

tion que nous lui donnerons aussi dans les propositions de Brahmegupta. Mais, pour que ces propositions aient un sens, il nous faut nécessairement supposer que le *trapèze* a ses diagonales à angle droit. Dans deux propositions seulement cette restriction n'est pas nécessaire ; il y a lieu de croire cependant qu'elle entrait dans l'esprit de Brahmegupta. Cette première condition dans la construction du trapèze n'est pas la seule que l'auteur hindou ait dû observer. Nous avons reconnu qu'en outre ce trapèze doit être *inscriptible au cercle*. Aucune de ces deux conditions ne se trouve indiquée, ni dans le texte de Brahmegupta, ni dans les notes du scoliaste Chaturveda. Le mot trapèze n'est employé que deux fois par Bhascara, et nous voyons que, dans les deux cas, l'auteur l'applique à un quadrilatère construit d'une manière particulière, et qui a ses diagonales rectangulaires.

Nous emploierons le mot trapèze dans ce sens, à défaut d'un autre mot, voulant conserver une expression abréviative, qui contribuera à faire ressortir le caractère propre des propositions de l'auteur hindou.

La signification que nous venons d'attribuer au mot trapèze suffit déjà, avec la condition que cette figure est inscriptible au cercle, pour donner un sens à plusieurs de ces propositions, mais non pas à toutes ; et, dans plusieurs autres, il faut admettre pareillement, quoiqu'elles ne concernent pas le trapèze, qu'il s'agit encore du quadrilatère inscriptible. Dans celles-ci, le quadrilatère a deux côtés opposés égaux entre eux, ou bien trois côtés égaux.

Ces premières suppositions suffisent pour effectuer la construction des figures sur lesquelles roulent les propositions de Brahmegupta ; mais cela n'est pas assez : il faut encore suppléer au silence de l'auteur, et découvrir quelles sont les propriétés dont ces figures, ainsi construites, jouiront ; propriétés qui ont fait le véritable objet de l'ouvrage. Cette question se présentera également pour d'autres propositions relatives au triangle, où les conditions particulières de construction de cette figure sont bien indiquées, mais où il n'est rien dit des propriétés dont elle jouira.

D'après cela, voici le résumé des propositions que nous trouvons dans l'ouvrage de Brahmegupta. Nous les présentons en donnant, à celles dont l'énoncé était incomplet et inintelligible, le sens et l'interprétation dont nous venons de parler. Nous les plaçons par

Latins (*voir* Boèce, Cassiodore). Au Moyen âge, Campanus et Vincent de Beauvais lui ont donné celui de *tétragone long*, qu'il a conservé à la Renaissance, dans les ouvrages de Zamberti, de Tartalea, etc. Ensuite quelques auteurs l'ont appelé *oblong* (*voir* Alstedius; *Encyclopædia universa*, lib. XV). Enfin il a pris en France le nom de *rectangle* (Mersenne, *De la vérité des sciences*, p. 815) qu'il a conservé. En Angleterre il s'appelle toujours *oblong*.

Vincent de Beauvais, écrivain du XIIIᵉ siècle, auteur d'une encyclopédie intitulée *Speculum mundi*, où se trouvent réunis, avec un immense savoir, une foule de documents précieux pour l'histoire, appelait *climium* le rhombe des Grecs, qui est notre losange; *simile climiam* le rhomboïde, ou parallélogramme ; et *climinaria* tous les quadrilatères irréguliers, c'est-à-dire les trapèzes des Grecs.

Campanus, écrivain du même temps, à qui l'on doit en Europe la première traduction d'Euclide, qu'il avait faite sur un texte arabe, a appelé le rhombe *helmuayn*; le parallélogramme, *similis helmuayn*; et le trapèze d'Euclide, *helmuariphe*. Ces noms étaient employés à la Renaissance; on les trouve dans la *Géométrie pratique* de Bradwardin, et dans les ouvrages de Lucas di Borgo et de Tartalea.

groupes, sans observer l'ordre qu'elles ont dans l'ouvrage indien ; mais, au moyen des numéros de leurs paragraphes, on pourra établir cet ordre.

1° Quatre propositions sur le triangle, qui sont :

Première : Le carré de l'hypoténuse, dans le triangle rectangle; § 24.

Deuxième : La manière de calculer la perpendiculaire en fonction des côtés ; § 22.

Troisième : L'aire du triangle, en fonction des trois côtés; § 21.

Quatrième : Une expression du diamètre du cercle circonscrit au triangle ; § 27.

Ces propositions, les deux premières du moins, doivent être considérées comme des lemmes, utiles pour la suite.

2° Trois propositions qui ont pour objet de construire un triangle dont les côtés et la perpendiculaire, et conséquemment l'aire et le diamètre du cercle circonscrit, soient des nombres rationnels :

Première : Triangle rectangle; § 35.

Deuxième : Triangle isocèle ; § 33.

Troisième : Triangle scalène ; § 34.

3° Neuf propositions sur le tétragone inscriptible au cercle, qui sont :

Première : L'aire du quadrilatère, en fonction des quatre côtés; § 21.

Deuxième : L'expression de ses diagonales ; § 28.

Troisième : La manière de calculer le diamètre du cercle circonscrit, en fonction des côtés ; et une expression particulière de ce diamètre pour le *trapèze* (tétragone qui a ses diagonales rectangulaires); § 26.

Quatrième : Une expression particulière de la diagonale et de la perpendiculaire, dans un tétragone inscrit, dont les flancs sont égaux; § 23.

Cinquième : Manière de calculer les segments que les diagonales et les perpendiculaires font les unes sur les autres, dans un tétragone inscrit, dont les flancs sont égaux; § 25.

Sixième : Manière de calculer les perpendiculaires et les segments qu'elles font sur la base, dans le trapèze inscrit ; § 29.

Septième : Manière de calculer les segments faits, sur les diagonales, par leur point d'intersection, dans le même quadrilatère; §§ 30-31.

Huitième : Manière de calculer la perpendiculaire menée du point d'intersection des diagonales sur un côté, et le prolongement de cette perpendiculaire jusqu'au côté opposé; §§ 30-31.

Neuvième : Manière de calculer les segments que les perpendiculaires font sur les diagonales et sur les côtés, et ceux que les côtés opposés font sur eux-mêmes; § 32.

4° Quatre propositions sur la manière de construire un quadrilatère inscriptible au cercle, dont les côtés, les diagonales, les perpendiculaires, les segments que ces lignes font les unes sur les autres, l'aire du quadrilatère et le diamètre du cercle circonscrit, soient des nombres rationnels :

Première : Construction d'un rectangle; § 35.

Deuxième : Construction d'un quadrilatère dont deux côtés opposés doivent être égaux ; § 36.

Troisième : Construction d'un quadrilatère ayant trois côtés égaux; § 37.

Quatrième : Construction d'un quadrilatère ayant ses quatre côtés inégaux; § 38. Le quadrilatère construit est un trapèze; c'est-à-dire qu'il a ses deux diagonales rectangulaires.

Telles sont, suivant la signification que nous avons cru pouvoir leur donner, les propositions comprises dans les dix-huit premiers paragraphes de l'ouvrage de Brahmegupta, qui nous ont paru se rapporter à la théorie du quadrilatère inscriptible au cercle, et résoudre la question de construire un tel quadrilatère dont toutes les parties fussent rationnelles.

Le mot *cercle* n'est prononcé que dans deux propositions, celles des paragraphes 26 et 27, où il s'agit de trouver le rayon du cercle circonscrit à un triangle ou à un quadrilatère; et le mot *rationnel* n'est jamais prononcé. Un quadrilatère n'est défini que par l'expression des longueurs de ses côtés, sans qu'il soit rien dit des autres conditions de construction, que nous avons supposé être l'inscriptibilité au cercle; ni des propriétés dont jouira le quadrilatère, qui consistent en ce que toutes ses parties soient exprimées en nombres rationnels.

5° Cinq propositions, qui viennent à la suite des dix-huit premiers paragraphes, sont étrangères à la question du quadrilatère inscriptible.

La première concerne le triangle rectangle. Sous un énoncé très-différent, cette proposition se réduit à ceci : *Trouver, sur le prolongement au delà de l'hypoténuse de chaque côté de l'angle droit d'un triangle, un point dont les distances aux deux extrémités de l'hypoténuse fassent une somme égale à celle des deux côtés de l'angle droit;* § 39.

Les quatre suivantes sont relatives au cercle :

Première : Expression de la circonférence et de l'aire du cercle, en fonction du diamètre. Soit D le diamètre, R le rayon;

« Dans la pratique on prend circonférence $= 3D$, et surface $= 3R^2$.

» Pour avoir les valeurs vraies (*the neat values*), on prend circonférence $= \sqrt{10 . D^2}$, et surface $= \sqrt{10 . R^4}$; » § 40.

Deuxième : « Dans un cercle, 1° la demi-corde est égale à la racine carrée du produit des deux segments du diamètre perpendiculaire; 2° le carré de la corde, divisé par quatre fois l'un des segments, plus ce même segment, est égal au diamètre; » § 41.

Brahmegupta appelle le plus petit segment la *flèche*.

Quand deux cercles se rencontrent, ils ont une corde commune. La droite formée des deux flèches correspondant à cette corde, dans les deux cercles, s'appelle l'*érosion*,

Troisième : « La flèche est égale à la moitié de la différence du diamètre et de la racine carrée de la différence des carrés du diamètre et de la corde;

» L'érosion étant soustraite des deux diamètres, les restes, multipliés par les deux diamètres, et divisés par la somme de ces restes, donnent les deux flèches; » § 42.

Quatrième, § 43: Cette proposition est la même que la seconde partie du paragraphe 41.

Telles sont les vingt-trois propositions qui composent la section IV.

54

La section **V** est intitulée *Excavations*. Elle donne la mesure d'un prisme et d'une pyramide, et une méthode pour mesurer approximativement, dans la pratique, un corps irrégulier.

Dans les sections **VI**, **VII** et **VIII**, intitulées *Stacks*, *Saw* et *Mounds of grain*, l'auteur donne des règles approximatives pour mesurer des *piles de briques*, des *pièces de bois* et des *tas de grains*.

La section **IX** est intitulée *Mesure par le gnomon*.

L'auteur suppose une lumière placée sur un pied vertical, et un gnomon, qui est un style placé aussi verticalement. Il résout ces deux questions :

1° *Connaissant la hauteur de la lumière, celle du gnomon, et la distance entre le pied de la lumière et celui du gnomon, trouver l'ombre projetée par le gnomon*; § 53.

2° *Trouver la hauteur de la lumière, en connaissant les ombres portées par le gnomon placé dans deux positions différentes*; § 54.

Telles sont les propositions qui composent la partie géométrique de l'ouvrage de Brahmegupta.

Avant de nous livrer à l'examen de celui de Bhascara, nous allons faire quelques observations sur plusieurs de ces propositions.

La règle pour la construction d'un triangle rectangle, en nombres rationnels, s'exprime algébriquement ainsi :

Soit a *un côté du triangle, et* b *une quantité quelconque, le second côté sera :*

$$\frac{1}{2}\left(\frac{a^2}{b} - b\right);$$

et l'hypoténuse :

$$\frac{1}{2}\left(\frac{a^2}{b} + b\right).$$

Cette règle repose sur l'identité

$$\frac{1}{4}\left(\frac{a^2}{b} + b\right)^2 = \frac{1}{4}\left(\frac{a^2}{b} - b\right)^2 + a^2.$$

Brahmegupta ne prononce pas, dans son énoncé, le mot *rationnel*; mais on trouve la même règle au paragraphe 38 de son Algèbre, et il l'intitule : *Règle pour la construction d'un triangle rectangle en nombres rationnels*.

Bhascara donne la même proposition, dans la partie géométrique du *Lilavati*, § 140, et il ajoute que les côtés seront *rationnels*.

Cette règle, pour la construction du triangle, est, comme on le voit, une généralisation des deux règles que Proclus, dans son *Commentaire sur la quarante-septième proposition du premier livre d'Euclide*, attribue à Pythagore et à Platon, pour former un triangle rectangle en nombres entiers, un côté étant donné en nombre impair ou pair.

Ces deux règles des Géomètres grecs sont exprimées par les formules :

$$\left(\frac{a^2+1}{2}\right)^2 = \left(\frac{a^2-1}{2}\right)^2 + a^2,$$

$$\left[\left(\frac{a}{2}\right)^2 + 1\right]^2 = \left[\left(\frac{a}{2}\right)^2 - 1\right]^2 + a^2,\ ^{1}$$

qu'on obtient en faisant successivement, dans celle de Brahmegupta, $b = 1$ et $b = 2$.

La formule de Brahmegupta peut prendre la forme :

$$(a^2 + b^2)^2 = (a^2 - b^2)^2 + 4a^2b^2.$$

Cette formule a été très-usitée chez les géomètres modernes, où elle est le fondement de leurs méthodes pour la résolution des équations indéterminées du second degré. Brahmegupta s'en sert pour la construction du triangle isoscèle, dont les côtés et la perpendiculaire sont des nombres rationnels. Voici sa règle :

a et b *étant deux nombres quelconques*, $(a^2 + b^2)$ *sera l'expression des deux côtés égaux du triangle, et* $2(a^2 - b^2)$ *sera la base : la perpendiculaire sera* $2ab$; § 33.

Pour former un triangle scalène dont les côtés et la perpendiculaire soient des nombres rationnels, on aperçoit, dans la règle algébrique de Brahmegupta, § 34, qu'il construit deux triangles rectangles en nombres rationnels, ayant un côté commun. Ce côté est la perpendiculaire du triangle scalène formé avec les autres côtés.

Plusieurs géomètres modernes ont résolu de cette manière la même question (*voir* les Commentaires de Bachet de Méziriac sur le 6ᵉ livre des *Questions arithmétiques* de Diophante, et les *Sectiones triginta miscellaneæ*, de Schooten, p. 429).

Nous avons reconnu que les deux propositions sur le triangle isoscèle et le triangle scalène sont utiles pour la construction que Brahmegupta donne, sous les paragraphes 36 et 37, pour le tétragone inscriptible au cercle, ayant deux ou trois côtés égaux.

La formule

$$(a^2 + b^2)^2 = (a^2 - b^2)^2 + 4a^2b^2,$$

qui a servi à Brahmegupta pour construire en nombres rationnels un triangle rectangle, quand un côté est donné, peut servir aussi pour le cas où l'hypoténuse est donnée; car, soit c cette hypoténuse; faisons $b = 1$ dans la formule, et multiplions ses deux membres par $\frac{c^2}{(a^2+1)^2}$; elle deviendra

$$c^2 = \frac{4a^2c^2}{(a^2+1)^2} + \frac{c^2(a^2-1)^2}{(a^2+1)^2};$$

---

¹ Boèce, en se servant aussi de ces deux formules, dans le 2ᵉ livre de sa Géométrie, attribue la seconde à Archytas.

ce qui fait voir que les deux côtés du triangle seront de la forme

$$\frac{2ac}{a^2 + 1}, \quad \frac{c\,(a^2 - 1)}{(a^2 + 1)},$$

a étant un nombre arbitraire.

Bhascara a donné cette formule. Elle ne se trouve point dans l'ouvrage de Brahmegupta, parce qu'elle est inutile pour la solution de la question du quadrilatère inscrit, sur laquelle roulent toutes ses propositions.

Les paragraphes 26 et 27 sont les seuls où Brahmegupta ait fait mention du cercle circonscrit à la figure. Aucune condition semblable n'est indiquée dans aucune des autres propositions, qui nous ont paru se rapporter au quadrilatère inscriptible au cercle.

Le paragraphe 27, qui donne la manière de calculer le diamètre du cercle circonscrit à un triangle, exprime la formule connue : « le produit de deux côtés d'un triangle, divisé par » la perpendiculaire abaissée sur le troisième côté, est le diamètre du cercle circonscrit. »

La manière de calculer le diamètre du cercle circonscrit au tétragone est la même; on considère le triangle formé par deux côtés contigus et une diagonale. L'expression des diagonales se trouve dans le paragraphe 28.

Pour le tétragone qui a ses deux diagonales rectangulaires, *le diamètre est égal à la racine carrée de la somme des carrés de deux côtés opposés.*

Cette proposition repose sur la propriété connue, des cordes qui se coupent à angle droit dans le cercle : *La somme des carrés des quatre segments faits sur les deux cordes, par leur point d'intersection, est égale au carré du diamètre du cercle.* Propriété qui est la onzième proposition du traité d'Archimède, qui porte le titre de *Lemmes.*

Le paragraphe 21, qui donne l'aire du triangle et du quadrilatère, en fonction des côtés, nous semble mériter une attention particulière, de la part surtout des personnes qui aiment à rechercher les documents historiques que peuvent présenter les annales des sciences.

Ce paragraphe se compose de deux parties, dont la première nous paraît susceptible de deux interprétations différentes. Si nous suivons textuellement son énoncé, elle exprime, en quelque sorte, une proposition négative; elle dit que telle règle, pour le calcul de l'aire d'un triangle et d'un tétragone, est fausse. Au contraire, en faisant un léger changement au texte, nous en tirons une règle exacte pour le calcul du *trapèze,* qui joue le rôle principal dans l'ouvrage de Brahmegupta.

Première interprétation :

1° *Le produit des demi-sommes des côtés opposés donne une aire inexacte du triangle et du tétragone;*

2° *La demi-somme des côtés est écrite quatre fois; on en retranche successivement les côtés; on fait le produit des restes : la racine carrée de ce produit est l'aire exacte de la figure* [1].

---

[1] Voici le texte de M. Colebrooke, qu'il faut avoir sous les yeux pour apprécier les deux interprétations dont

Quoiqu'il ne soit aucunement fait mention de la condition d'inscription au cercle pour le tétragone, on ne peut douter qu'il ne s'agisse d'une telle figure dans la seconde partie de la proposition; car on y reconnaît la règle élégante qui sert pour le calcul de l'aire du tétragone inscrit, en fonction des quatre côtés. Cette règle comprend celle du triangle. Il suffit d'y supposer que l'un des côtés du tétragone est nul. C'est ainsi que l'a entendu Chaturveda qui, dans une note très-courte, dit que pour le cas du triangle on retranche les trois côtés, respectivement, de trois des quatre demi-sommes écrites, et que la quatrième reste telle qu'elle est.

Cette formule de l'aire d'un triangle, en fonction des côtés, a été remarquée dans l'ouvrage de Brahmegupta, par les Géomètres qui en ont rendu compte, et a été regardée comme en étant la proposition la plus considérable; et l'on n'a jamais cité, je crois, la formule de l'aire du quadrilatère. Celle-ci cependant méritait à tous égards la préférence; car, outre qu'elle est plus générale, plus difficile à démontrer, qu'elle suppose une Géométrie plus avancée, et, en un mot, qu'elle est d'une plus grande valeur scientifique, elle paraît, jusqu'ici, appartenir en propre à l'auteur hindou; car on ne la trouve dans aucun ouvrage des Grecs, et il n'en est pas de même de la formule du triangle, comme nous le dirons plus loin.

Passons à la première partie de la proposition qui nous occupe, et qui énonce, comme inexacte, une règle qui l'est en effet, pour l'aire du triangle et d'un tétragone quelconque, en fonction des côtés.

Dans une note, Chaturveda fait huit applications numériques de cette règle : au triangle équilatéral, isoscèle ou scalène; au carré, au rectangle, au tétragone qui a ses deux bases parallèles et ses deux flancs égaux ; à celui qui a ses deux bases parallèles et trois côtés égaux ; et enfin au trapèze.

Pour le triangle, il fait la demi-somme des deux côtés, et il la multiplie par la demi-base. Il trouve toujours une aire inexacte. Cela doit être, car la demi-somme des deux côtés ne peut jamais être égale à la perpendiculaire.

Pour le tétragone, il multiplie la demi-somme des deux bases par la demi-somme des deux flancs. Il dit que le produit est l'aire exacte dans le cas du carré et du rectangle; mais inexacte dans les trois autres cas.

Cette manière de calculer l'aire du tétragone était employée, comme exacte, par les arpenteurs romains. On la trouve dans le recueil intitulé : *Rei agrariæ auctores legesque variæ* [1], et même dans la Géométrie de Boèce (2e livre; *De rhomboide rubrica*).

La règle pour le triangle se rencontre aussi, du moins pour le triangle équilatéral, chez les *Gromatici Romani*. L'une et l'autre ont encore été pratiquées, comme bonnes,

---

il nous a paru susceptible : *The product of half the sides and countersides is the gross area of a triangle and tetragone. Half the sum of the sides set down four times, and severally lessened by the sides, being multiplied together, the square-root of the product is the exact area.*

[1] *Cura Wilelmi Goesii.* Amst., 1674, in-4°; p. 313.

parmi nous, au Moyen âge. Car nous les trouvons dans les œuvres de Bède, parmi ces questions d'Arithmétique *ad acuendos juvenes* [1], qu'on a regardées comme le germe du livre si connu des *Récréations mathématiques* [2], et que le prince abbé de Saint-Emeran a attribuées au célèbre Alcuin, le maître et l'ami de Charlemagne.

Ces deux règles, qui attestent que nous avons eu nos temps d'ignorance, auraient-elles pénétré dans l'Inde, où des géomètres, véritablement dignes de ce nom, les auraient reconnues fausses ? Et la proposition de Brahmegupta aurait-elle été destinée à subsituer, à cette pratique ignorante, une règle vraiment exacte et géométrique ?

Il semble, du moins à raison de leur identité, que ces règles des Occidentaux, et celles que l'auteur hindou énonce comme fausses, ont une même origine. Car il n'en est pas de l'erreur comme de la vérité. La vérité, en Géométrie, est la loi commune; elle est une, elle appartient à tous les temps, à toutes les intelligences qui savent la comprendre; et sa présence sur plusieurs points, chez plusieurs peuples, n'est pas une preuve de communications entre eux. Mais quant à l'erreur, ses formes n'ont pas de loi; elles sont diverses, innombrables; et la conformité, dans ce cas, dénote une origine commune.

Cette circonstance offre peut-être quelque intérêt, comme fait historique attestant des communications scientifiques dans un temps éloigné, et prouvant, du reste, la haute supériorité des Hindous d'alors sur les Occidentaux contemporains.

Seconde interprétation de la proposition.

Dans notre seconde manière d'interpréter la proposition, nous changeons quelques mots du texte, et nous lui faisons dire :

1° *Dans le trapèze, l'aire est égale à la demi-somme des produits des côtés opposés;*

2° *Pour le triangle et le tétragone, la demi-somme des côtés est écrite quatre fois; on en retranche séparément les côtés; on fait le produit des restes; la racine carrée de ce produit est l'aire de la figure* [3].

---

[1] *Venerabilis Bedæ opera;* 4 tom. in-fol.; Cologne, 1612; t. I, colonnes 104 et 109. *De campo quadrangulo;* un quadrangle a sa base égale à 34, le côté opposé égal à 32, et ses deux flancs égaux à 30 et à 32: son aire est

$$\left(\frac{34+32}{2}\right) \times \left(\frac{30+32}{2}\right) = 31 \times 33 = 1023.$$

De campo triangulo; un triangle a ses flancs égaux à 30, et sa base égale à 18; son aire est

$$\frac{30+30}{2} \times \frac{18}{2} = 30 \times 9 = 270.$$

Ces règles fausses sont encore appliquées dans les questions intitulées : *De civitate quadranguld; De civitate trianguld.*

[2] Montucla, *Histoire des Mathématiques*, tom. I, p. 496.

[3] Voici quel pourrait être l'énoncé qui répondrait à cette interprétation; on verra quels légers changements il suffirait de faire au texte anglais pour l'obtenir : *Half the sum of the products of the sides and countersides is the area of a trapezium. In a triangle ad tetragone half the sum of the sides set down four times, and severally lessened by the sides, being multiplied together, the square-root of the product is the area.*

Il est toujours question, bien entendu, du trapèze et du tétragone inscriptibles au cercle.

Pour obtenir cet énoncé, il suffit de supprimer le mot *inexact* (*gross*), de remplacer *tétragone* par *trapèze*, et de faire passer le mot triangle dans la seconde phrase, en y introduisant celui de *tétragone*. Cette seconde phrase conserve sa signification primitive; et la première prend un sens clair, et devient une proposition assez belle qui, peut-être, n'avait point encore été remarquée. Sa démonstration est facile, car les deux diagonales étant à angle droit, il est évident que l'aire du trapèze est égale à la moitié du produit de l'une par l'autre. Mais ce produit, suivant le théorème de Ptolémée sur le quadrilatère inscrit, dont Brahmegupta s'est évidemment servi dans la proposition du paragraphe 28 [1], est égal à la somme des produits des côtés opposés. Donc la moitié de cette somme est l'aire du trapèze.

On n'avait cité, jusqu'ici, du paragraphe 21, que la partie relative à la formule de l'aire du triangle, en fonction des trois côtés; et l'on n'avait point fait attention à la formule de l'aire du quadrilatère inscrit au cercle, qui aurait mérité à tous égards la préférence sur la première; ni à cette proposition, qui déclare *inexactes* des règles identiques à celles qui ont été pratiquées par les Latins, puis parmi nous dans le Moyen âge.

La formule de l'aire du triangle avait fait d'autant plus de sensation, dans l'ouvrage de Brahmegupta, qu'on ignorait généralement qu'elle eût été connue dans l'Antiquité, particulièrement des Grecs. Montucla, qui l'avait attribuée d'abord à Tartalea, n'en avait fait, ensuite, remonter l'origine qu'à Héron le jeune, écrivain du VIIe siècle. Aussi, M. Delambre, en rendant compte de l'ouvrage de Brahmegupta, dans le discours qui précède son *Histoire de l'Astronomie au Moyen âge*, n'a trouvé d'autre objection à faire, dans l'intérêt des Grecs, contre cette formule du géomètre indien, si ce n'est que ce *théorème très-curieux n'est que d'une utilité fort médiocre en Astronomie*. Mais nous devons convenir ici que ce théorème, qui est resté inaperçu dans l'histoire de l'École d'Alexandrie, y a été connu. On le trouve démontré dans un traité de Géodésie de Héron l'ancien (deux siècles avant l'ère chrétienne), intitulé la *Dioptre*, ou le *Niveau*, que M. Venturi, de Bologne, a traduit, il y a une vingtaine d'années, sous le titre *Il Traguardo*, dans son *Histoire de l'Optique* [2]. M. Venturi a encore trouvé ce théorème, sans démonstration, dans un fragment de Géométrie d'un auteur latin qui lui a paru être antérieur à Boèce. Nous l'avons vu aussi dans un manuscrit du XIe siècle, que possède la Bibliothèque de Chartres. Il y fait partie d'un Traité de la Mesure des figures, que nous croyons être le même écrit que cite M. Venturi, et que nous serions porté à attribuer à Frontinus. Ainsi la priorité, quant à la formule de l'aire du triangle, ne peut appartenir à Brahmegupta. Mais ce géomètre peut la céder, sans rien perdre de l'estime qu'elle avait fait accorder à son ouvrage, puisque nous y trouvons la formule, beaucoup plus importante, de l'aire du

---

[1] Nous n'entendons pas dire que Brahmegupta a emprunté ce théorème de l'Almageste de Ptolémée; mais qu'il l'a connu, et qu'il s'en est servi pour parvenir à l'expression des diagonales du quadrilatère inscrit, qu'il donne dans le paragraphe 28.

[2] *Commentari sopra la storia e le teorie dell' ottica*. Bologna, 1814, in-4°, pp. 77-147.

quadrilatère inscrit, en fonction des côtés, qui lui appartient incontestablement, comme ne s'étant trouvée dans aucun ouvrage antérieur.

Celle-ci avait paru jusqu'ici appartenir aux Modernes. Snellius l'énonce comme étant de lui, dans son commentaire sur la première proposition du livre *De problematibus miscellaneis*, de Ludolph Van Ceulen [1]. Mais nous avons quelque raison de croire qu'elle avait déjà été trouvée quelques années auparavant [2]. Sa démonstration géométrique n'était pas sans difficulté, au dire même d'Euler, qui en a donné une dans les Mémoires de Pétersbourg [3], trouvant très-embrouillées les deux que Philippe Naudé avait données précédemment, dans les Mémoires de Berlin [4]. Cette proposition se trouve dans peu d'ouvrages, quoique souvent, dans le XVIe siècle et depuis, on se soit occupé du quadrilatère inscrit, ainsi que nous le dirons plus loin.

Quant à la formule de l'aire du triangle, on la rencontre partout, chez tous les peuples et dans tous les temps. Les Arabes l'ont connue, et c'est d'eux que nous est venue la première démonstration que nous en ayons eue en Europe. On la trouve dans un ouvrage de Géométrie, des trois fils de Musa ben Schaker, traduit de l'arabe en latin, sous le titre *Verba filiorum Moysi, filii Schaker, Mahumeti, Hameti, Hasen* [5]. Elle y est démontrée d'une manière géométrique, différente de celle de Héron d'Alexandrie; ce qui nous fait supposer que les Arabes l'avaient reçue des Indiens; d'autant plus que les trois fils de Musa ben Schaker disent, dans leur ouvrage, que cette formule a été employée par beaucoup d'écrivains, sans démonstration; et que d'ailleurs on sait que ces trois célèbres Géomètres avaient puisé une partie de leurs connaissances mathématiques dans les ouvrages indiens [6]. M. Libri a remarqué la formule en question dans un Traité géométrique du juif Savodarsa, écrit vers le XIIe siècle [7]. Elle se trouve ensuite dans la *Pratique de la Géométrie*, de Léonard de Pise, où elle est démontrée à la manière des trois frères arabes.

[1] Après avoir dit qu'auparavant on calculait séparément les aires des deux triangles dont se compose le quadrilatère, Snellius ajoute : *Quantò operosior est hæc vulgata ad instigandam aream via, tantò gratius novum hoc nostrum theorematum benevolo lectori futurum speramus.*

[2] Prætorius, dans un ouvrage sur le quadrilatère inscrit au cercle, qui porte la date de 1598, et dont nous parlerons plus loin, dit que l'on a déjà cherché le diamètre du cercle circonscrit au quadrilatère, en fonction des côtés, et l'aire du quadrilatère.

[3] *Novi commentarii*, t. Ier, ann. 1747 et 1748. *Variæ demonstrationes geometriæ.* « La démonstration analytique de cette formule n'est pas difficile, mais ceux qui ont cherché à en donner une démonstration géométrique ont trouvé de très-grandes difficultés. »
Les *Nova acta* de Pétersbourg, t. X, ann. 1792, contiennent une autre démonstration, par N. Fuss.

[4] *Miscellanea Berolinensia*, t. III, ann. 1723.

[5] Cet ouvrage n'existe qu'en manuscrit. La Bibliothèque royale de Paris en possède un exemplaire qui est joint à un grand nombre d'autres pièces scientifiques intéressantes, traduites de l'arabe et réunies sous le titre *Mathematica* (Supplément latin, no 49, in-fol. Voir l'*Histoire des Sciences mathématiques en Italie*, de M. Libri T. Ier, p. 266).
L'Académie de Bâle en possède aussi un manuscrit, sous le titre *Liber trium fratrum de Geometriâ*.

[6] Casiri, Bibliotheca Arabico-Hispana Escurialensis, etc. *Mohammed ben Musa Indorum in præclarissimis inventis ingenium et acumen ostendit.* (T. Ier, p. 427.) On lit encore, dans la table de l'ouvrage : *Librum artis Logisticæ à Khata Indo editum enornavit. (Mohammed ben Musa.)*

[7] *Histoire des Sciences mathématiques en Italie*, p. 160.

Il paraît qu'on l'a trouvée aussi, avec la même démonstration, dans quelque écrit de Jordan Nemorarius, postérieur de quelques années à Léonard de Pise. A la Renaissance, cette formule a paru dans presque tous les ouvrages de Géométrie. Reisch l'a donnée dans la *Margarita philosophica*, en 1496. Nous avons de fortes raisons de croire qu'il l'avait empruntée de l'auteur latin dont nous avons parlé plus haut. On la trouve ensuite, avec la démonstration de Léonard de Pise, dans la partie géométrique de la *Summa de Arithmetica, Geometria, etc.*, de Lucas di Borgo (*Distinctio prima, capitulum octavum*, fol. 12), et dans la troisième partie du *Traité général des nombres et des mesures*, de Tartalea. Cardan l'a insérée, sans démonstration, dans sa *Practica arithmetice* [1]; et Oronce Finée dans sa Géométrie, livre 2, chap. IV. Ramus, dans ses *Scholæ mathematicæ*, a rapporté la démonstration de Jordan et de Tartalea, en critiquant leur manière d'énoncer la formule, et leur reprochant de dire que l'aire du triangle est la racine carrée du produit de quatre lignes; locution inusitée dans la Géométrie des Grecs, où le produit de deux ou de trois lignes avait une signification géométrique, mais non le produit de quatre lignes. Snellius, en reproduisant cette critique de Ramus, dans ses notes sur les ouvrages de Ludolph Van Ceulen [2], a énoncé la règle à la manière des Grecs, en disant que l'aire du triangle est égale à celle d'un rectangle dont un côté est moyen proportionnel entre deux des quatre facteurs qui entrent dans l'expression algébrique, et dont l'autre côté est moyen proportionnel entre les deux autres facteurs. Millet Dechales s'est conformé aussi à ce style rigoureusement géométrique des Grecs.

La formule en question se trouve dans une infinité d'autres ouvrages, qu'il est inutile de citer ici. Presque tous se servent de la démonstration de Lucas di Borgo, laquelle est celle des Arabes, qui nous a été apportée par Fibonacci. Quelques-unes cependant sont différentes : telles sont celles de Newton [4], d'Euler [5], de Boscovich [6]. Celles-ci doivent le degré de simplicité qui les distingue à la connaissance *a priori* de la formule dont il s'agit de trouver une expression géométrique. Celle de Héron et celle des Arabes ont le mérite d'être naturelles, et de porter le cachet de l'invention. Mais probablement la voie algébrique, qui fait usage de l'expression de la perpendiculaire, est celle qui aura procuré originairement la découverte de cette formule ; particulièrement chez les Indiens ; car ce genre de démonstration est tout à fait dans l'esprit de leurs spéculations mathématiques, qui reposent sur l'alliance de l'Algèbre et de la Géométrie.

Nous terminerons nos observations sur cette formule par une remarque sur les trois nombres 13, 14 et 15, que les Indiens ont pris, dans l'application numérique qu'ils en ont faite. Ces nombres sont très-remarquables, en ce qu'ils paraissent inséparables de la formule. Ce sont, non-seulement ceux des Indiens, à plusieurs siècles d'intervalle, mais aussi

---

[1] Cap. 63. *De mensuris superficierum ;* art. 4.
[2] *De figurarum transmutatione et sectione;* Problema 33, p. 75.
[3] *Cursus mathematicus.* 1690, in-fol., t. 1er. *Trigonometriæ liber tertius,* prop. X.
[4] *Arithmétique universelle;* t. 1er, problème XI.
[5] *Novi Commentarii* de Pétersbourg; t. 1er, ann. 1747 et 1748.
[6] *Opera,* etc.; t. V, opus 14.

ceux de Héron d'Alexandrie, de Héron le jeune [1], des trois frères arabes, Mohammed, Hamet et Hasen; ceux de Léonard de Pise, de Jordan, de Lucas di Borgo, de Georges Valla [2], de Tartalea, et de presque tous les écrivains qui ont reproduit la formule. Le morceau de Géométrie latin que nous avons cité, et la *Margarita philosophica*, sont peut-être les seuls ouvrages qui ne s'en soient pas servis, ayant pris, pour application numérique de la formule, un triangle rectangle; mais ces ouvrages emploient les trois mêmes nombres dans d'autres passages, pour calculer l'aire d'un triangle en cherchant la valeur de la perpendiculaire. Pour la même question, traitée dans l'Algèbre de Mohammed ben Musa (l'un des trois frères arabes cités ci-dessus), on trouve pareillement ces trois nombres [3].

C'est une circonstance assez intéressante, aux yeux de l'historien, que partout se retrouve l'usage de la formule en question, et surtout des trois nombres 13, 14 et 15, employés dans les ouvrages les plus anciens, et chez tous les peuples, disons-nous; chez les Grecs, presque à l'origine comme au déclin de l'École d'Alexandrie; dans les Indes, chez les Latins, chez les Arabes; et, dès la Renaissance, dans toutes les parties de l'Europe où les sciences sont cultivées.

L'usage général de ces trois nombres semble dire qu'ils ont eu une origine commune. Telle avait été d'abord notre pensée, et nous avions regardé ces trois nombres comme une circonstance heureuse, propre à répandre quelque jour sur la question concernant la nature et l'étendue des communications scientifiques qui ont eu lieu, dans des temps reculés, entre l'Inde et la Grèce. Mais nous n'avons pas tardé à reconnaître que ces nombres n'offraient probablement pas les secours historiques que nous en avions espérés d'abord. En effet, on aura cherché naturellement, pour application numérique de l'expression de l'aire d'un triangle, soit par la formule en question, soit par le calcul de la perpendiculaire, trois nombres pour lesquels cette aire, et conséquemment cette perpendiculaire, fussent exprimées en nombres rationnels. La solution de cette question n'offre pas de difficulté. Elle se réduit à construire deux triangles rectangles en nombres rationnels, ayant un côté commun. C'est ainsi que Brahmegupta a fait, comme nous l'avons dit au sujet de son paragraphe 34. Et il est à remarquer que la manière de construire un triangle rectangle, en nombres rationnels et entiers, était connue des Grecs et des Latins, qui se servaient des deux formules imaginées, l'une par Pythagore, et l'autre par Archytas ou Platon.

Maintenant, parmi tous les systèmes de deux triangles rectangles exprimés en nombres

---

[1] Voir son *Traité de Géodésie*, manuscrit qui se trouve à la Bibliothèque royale, sous le n° 2013.

Barocci a donné une traduction, accompagnée de commentaires, du Traité de Géodésie de Héron le jeune et de son livre sur les machines de guerre, sous le titre : *Heronis mechanici liber de Machinis bellicis, necnon liber de geodesiâ*; in-4°, Venetiis, 1572. Mais le manuscrit dont il s'est servi était incomplet, et la formule de l'aire du triangle ne s'y trouve pas.

[2] *Georgii Vallæ Placentini viri Clariss. De expetendis et fugiendis rebus opus*, etc.; 2 vol. in-fol., Venise, 1501. Liber XIV, et *Geometriæ* V.; cap. VII, *Dimensio universalis in omni triangulo*.

[3] *The Algebra of Mohammed ben Musa, edited and translated by* F. Rosen, London, 1831, in-8°, p. 82 du texte anglais, et p. 61 du texte arabe.

entiers, et ayant un côté commun, on aura pris celui où ces nombres sont les plus petits; ce sont ceux qui ont pour côtés, le premier 5, 12, 13, et le second 9, 12, 15.

Plaçant ces deux triangles de manière que leurs deux côtés égaux se confondent et que les autres côtés des angles droits soient dans le prolongement l'un de l'autre, on forme le triangle scalène qui a sa base égale à 14, et ses deux autres côtés égaux à 13 et 13. C'est ainsi que différents géomètres, chacun de son côté, auront pu être conduits au triangle exprimé par les nombres 13, 14 et 15. Cependant nous devons dire qu'avec les deux triangles rectangles dont nous nous sommes servi pour former celui-là, on en peut former un autre encore plus simple. Pour cela, il faut superposer leurs deux côtés 9 et 5; il en résulte le triangle qui a pour base 4, et pour côtés 13 et 15. Sa hauteur est 12, comme pour le premier. Mais ce triangle est obtusangle; sa perpendiculaire tombe en dehors de sa base; et, bien que ce cas puisse se présenter aussi souvent que celui d'un triangle acutangle, on le regarde généralement comme étant moins propre à servir d'exemple. Ainsi, naturellement, on aura choisi le triangle dont les côtés sont 13, 14 et 15.

Ces considérations montrent que l'on ne doit pas conclure, de ce que les Indiens ont employé les nombres 13, 14 et 15, de même que Héron l'ancien, dans leurs applications de la formule de l'aire du triangle, qu'ils ont reçu cette formule du Géomètre d'Alexandrie. Mais l'eussent-ils reçue, les droits de Brahmegupta, au titre de Géomètre habile, n'en recevraient aucune atteinte, puisque son ouvrage contient une formule beaucoup plus importante et des questions plus difficiles, dont nous ne trouvons pas de traces chez les Grecs.

Le paragraphe 28 de Brahmegupta donne les expressions des diagonales d'un quadrilatère inscrit au cercle, en fonction des côtés. Ce sont les formules connues. Elles résolvent le problème où il s'agit de *construire, avec quatre côtés donnés, un quadrilatère inscriptible au cercle*. De sorte que le géomètre indien a connu la solution de ce problème. Cette circonstance n'est pas indifférente. Car ce problème, agité chez les Modernes, y a eu pendant un temps quelque célébrité; et tous n'y ont pas réussi.

Nous donnerons une courte notice des Géomètres qui s'en sont occupés, dans nos observations sur le paragraphe 38, qui est une suite du premier problème.

Pour ne pas trop allonger cette Note, nous omettrons les observations auxquelles peuvent donner lieu les propositions des paragraphes 23, 25, 29, 30-31 et 32. Nous dirons seulement que la seconde partie du paragraphe 30-31 énonce une proposition assez remarquable. Brahmegupta montre comment on calculera la perpendiculaire abaissée du point d'intersection des deux diagonales du *trapèze* sur sa base, et donne (sans indiquer le moyen de la calculer), l'expression du prolongement de cette perpendiculaire, jusqu'à la base supérieure. De cette expression, nous concluons immédiatement que *cette perpendiculaire passe par le point milieu de la base supérieure*. Proposition facile à démontrer, mais qui mérite d'être signalée dans l'ouvrage de Brahmegupta. Elle fait bien voir qu'il est question d'un quadrilatère qui satisfait aux deux conditions d'être inscriptible au cercle et d'avoir ses diagonales à angle droit.

Nous allons rapporter les énoncés des quatre propositions comprises sous les para-

graphes 35, 56, 37 et 38, qui nous ont paru résoudre la question de construire un quadrilatère inscriptible, et dont toutes les parties fussent rationnelles.

§ 35. *Le côté est pris arbitrairement; son carré est divisé par une quantité quelconque;
du quotient on retranche cette quantité; la moitié du reste est la cathète de l'oblong; et, si
l'on y ajoute la quantité, on aura la diagonale.*

Ainsi soient a le côté de l'oblong, b la quantité prise arbitrairement : la cathète et la
diagonale seront

$$\frac{1}{2}\left(\frac{a^2}{b}-b\right), \quad \frac{1}{2}\left(\frac{a^2}{b}-b\right)+b=\frac{1}{2}\left(\frac{a^2}{b}+b\right).$$

En effet, on a

$$\frac{1}{4}\left(\frac{a^2}{b}+b\right)^2=\frac{1}{4}\left(\frac{a^2}{b}-b\right)^2+a^2.$$

D'après ce que nous avons déjà dit de cette formule, appliquée à la construction du
triangle rectangle, on ne peut douter qu'il ne s'agisse ici de la construction d'un oblong
dont les diagonales soient exprimées, comme les côtés, en nombres rationnels.

L'aire de l'oblong sera rationnelle aussi; et il en sera de même du diamètre du cercle
circonscrit à l'oblong, puisque ce diamètre est égal aux diagonales.

§ 36. *Que les diagonales d'un oblong soient les flancs d'un tétragone; que le carré du
côté de l'oblong soit divisé par une quantité prise arbitrairement, et que le quotient soit
retranché de cette quantité; le reste divisé par 2, augmenté de la cathète de l'oblong, sera
la base; et, diminué de la cathète, sera la corauste.*

Soient a et b le côté et la cathète de l'oblong, et c une quantité prise arbitrairement.
Les deux flancs du tétragone seront égaux aux diagonales de l'oblong; sa base sera égale à

$$\frac{1}{2}\left(c-\frac{a^2}{c}\right)+b,$$

et sa corauste, à

$$\frac{1}{2}\left(c-\frac{a^2}{b}\right)-b.$$

§ 37. *Les trois côtés égaux d'un tétragone, qui a trois côtés égaux, ont pour valeur le
carré de la diagonale de l'oblong. On trouve le quatrième côté en retranchant le carré de la
cathète de trois fois le carré du côté de l'oblong.*

*Si ce quatrième côté est le plus grand, il sera la base du tétragone; s'il est le plus petit, il
sera la corauste.*

Ainsi soient a le côté de l'oblong et b sa cathète; a^2+b^2 sera le carré de sa diagonale. Nous supposons qu'il est formé suivant la règle du paragraphe 35; de sorte que sa
diagonale, $\sqrt{a^2+b^2}$, sera un nombre rationnel.

On prendra (a^2+b^2) pour la valeur des trois côtés égaux du tétragone, et $(3a^2-b^2)$
sera l'expression du quatrième côté.

§ 38. *Les côtés des cathètes de deux triangles rectangles, multipliés réciproquement par les hypoténuses, sont les quatre côtés inégaux d'un* trapèze. *Le plus grand est la base, le plus petit la corauste, et les deux autres sont les flancs.*

Soient a, b, c le côté, la cathète et l'hypoténuse du premier triangle; et a', b', c' le côté, la cathète et l'hypoténuse du second triangle [1]. Les quatre côtés du trapèze seront ac', bc', $a'c$, $b'c$.

L'ordre dans lequel ces côtés seront placés est indiqué par l'auteur, puisque les deux extrèmes seront les bases et les deux moyens les flancs.

Les propositions que présentent ces quatre paragraphes sont évidemment incomplètes, puisque chacune se réduit à donner une construction particulière des quatre côtés d'un tétragone. Or, d'une part, ces côtés ne suffisent point, excepté dans la première, où il s'agit de l'oblong, pour la construction du tétragone; et ensuite, le tétragone étant construit, il n'est rien dit des propriétés dont il jouira, et qui ont dû faire l'objet de ces propositions. On doit donc penser que la construction des côtés, donnée par Brahmegupta, répond à une question qui avait été énoncée primitivement dans le titre de l'ouvrage, et qui en a disparu dans quelqu'un des manuscrits qui se sont succédé. Il fallait retrouver quelle avait été cette question; sans quoi l'on n'aurait point connu et l'on n'aurait su apprécier l'ouvrage de Brahmegupta. Le scoliaste Chaturveda, dans l'application numérique qu'il fait des quatre propositions, paraît avoir ignoré complètement leur destination, et ne nous fournit aucune donnée ni aucune lumière à ce sujet.

Mais ayant reconnu qu'il est question, dans la plupart des autres propositions dont nous avons déjà parlé, du tétragone inscrit au cercle, nous avons pensé d'abord qu'il en était de même des quatre propositions dont il s'agit. Ensuite, la première de ces quatre propositions, exprimée algébriquement, nous présentant la formule qui sert pour la construction d'un rectangle dont les côtés et les diagonales soient des nombres rationnels, et celle-ci d'ailleurs faisant suite, dans l'ouvrage, aux deux propositions qui nous ont déjà paru avoir incontestablement pour objet de construire un triangle dans lequel les perpendiculaires, et conséquemment l'aire et le diamètre du cercle circonscrit, fussent exprimés en nombres rationnels, nous avons été conduit naturellement à supposer que c'était une question analogue que Brahmegupta avait résolue pour le tétragone inscrit.

En effet, en formant, avec les quatre côtés dont l'expression est donnée par chacune des quatre propositions, un tétragone inscriptible au cercle, et en appliquant à cette figure les différentes formules que contiennent les autres paragraphes de l'ouvrage, pour le calcul de l'aire du tétragone, de ses diagonales, de ses perpendiculaires, du diamètre du cercle circonscrit, et des segments que différentes lignes font les unes sur les autres, nous avons trouvé que toutes ces formules donnent des expressions rationnelles. Nous avons dû en conclure que tel avait été l'objet des quatre propositions de Brahmegupta.

La proposition du paragraphe 38 nous donne lieu à plusieurs observations.

Les quatre côtés du tétragone ont pour expressions ac', bc', $a'c$ et $b'c$. L'auteur a prescrit l'ordre dans lequel ils seront placés; les deux extrèmes seront opposés. D'après cette

---

[1] Nous désiguerons plus loin ces deux triangles sous le nom de triangles *générateurs*.

règle, on reconnaît aisément qu'ils proviendront de la multiplication des deux côtés d'un même triangle par l'hypoténuse de l'autre; et les deux moyens, de la multiplication des deux côtés de celui-ci par l'hypoténuse du premier. Car la somme des carrés des deux côtés ac', bc', est égale à la somme des carrés des deux autres côtés $a'c$, $b'c$; cette somme étant $c^2c'^2$. Ce qui prouve que si ac' est le plus grand côté, bc' sera le plus petit; conséquemment ac' et bc', qui proviennent de la multiplication des côtés d'un même triangle par l'hypoténuse de l'autre, seront opposés entre eux, dans la construction du tétragone.

Nous concluons de là que la somme des carrés des deux côtés opposés est égale à la somme des carrés des deux autres côtés; et le quadrilatère étant supposé inscriptible dans le cercle, il résulte de cette égalité des sommes des carrés des côtés opposés, que *les deux diagonales du quadrilatère sont à angle droit.* Ainsi il est démontré géométriquement que, dans le paragraphe 38, le mot *trapèze* s'applique exclusivement au quadrilatère qui a ses diagonales à angle droit.

Soit **ABCD** le trapèze; on aura

$$AB = ac', \quad BC = a'c, \quad CD = bc', \quad AD = b'c.$$

Les formules du paragraphe 28 donnent, pour ses diagonales :

$$AC = ab' + ba', \quad BD = aa' + bb'.$$

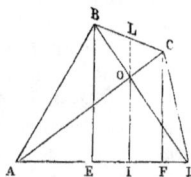

On peut calculer l'aire du trapèze par la formule du paragraphe 21; mais il est plus simple de remarquer que, les diagonales étant à angle droit, cette aire est égale au demi-produit de ces deux lignes; ainsi son expression est $\frac{1}{2} (ab' + ba') (aa' + bb')$.

Le diamètre du cercle circonscrit est égal, suivant la seconde partie du paragraphe 26, à la racine carrée de la somme des carrés des deux côtés opposés, qui est ici

$$\sqrt{a^2c'^2 + b^2c'^2} = c' \sqrt{a^2 + b^2} = cc'.$$

Les perpendiculaires **BE**, **CF**, abaissées des deux sommets B, C sur la base AD, calculées dans les deux triangles **ABD**, **ACD**, par la règle du paragraphe 22, ainsi qu'il est dit par Brahmegupta, au paragraphe 29, sont :

$$BE = \frac{a}{c} (aa' + bb'), \quad CF = \frac{b}{c} (ab' + ba').$$

Les segments que ces perpendiculaires font sur la base **AD**, sont:

$$AE = \frac{a}{c}(ab' - ba'), \quad DE = \frac{b}{c}(aa' + bb'),$$

$$DF = \frac{b}{c}(bb' - aa'), \quad AF = \frac{a}{c}(ab' + ba').$$

Les segments faits sur les deux diagonales, à leur point d'intersection, calculés par la règle des paragraphes 30-31, sont:

$$AO = ab', \quad CO = a'b, \quad BO = aa', \quad DO = bb'.$$

La perpendiculaire OI, dans le triangle AOD, calculée, comme il est dit aux paragraphes 30-31, (ou par une proposition résultant de la similitude des deux triangles EBD, IOD), est $OI = \frac{abb'}{c}$; et son prolongement OL, jusqu'à sa base supérieure, est égal, suivant la règle du même paragraphe, à la demi-somme des deux perpendiculaires BE, CF, moins OI; d'où $OL = \frac{1}{2} a'c$.

Enfin nous n'avons pas besoin de donner les expressions des segments faits sur les diagonales et les perpendiculaires, par leur intersection, non plus que sur les côtés opposés; parce que tous ces segments, dans un quadrilatère quelconque, sont exprimés rationnellement en fonction des côtés, des diagonales et des perpendiculaires.

Ainsi toutes les parties de la figure sont rationnelles.

Nous pouvons donc regarder la proposition du paragraphe 38 comme ayant eu pour objet de former un tétragone ayant ses quatre côtés inégaux, qui fût inscriptible au cercle, et dans lequel toutes les expressions que Brahmegupta a appris à calculer par ses autres propositions, fussent rationnelles.

Ces expressions ne sont pas calculées dans l'ouvrage indien. On ne doit pas en être étonné, puisque Brahmegupta se borne toujours au simple énoncé, le plus succinct possible, de ses propositions, sans en donner aucune démonstration, ni aucune vérification *a posteriori*.

Nous faisons cette observation, parce que Bhascara donne, comme formant une proposition nouvelle qu'il s'attribue, les expressions des diagonales AC, BD, et reproche aux écrivains qui l'ont précédé, particulièrement à Brahmegupta, d'avoir omis cette règle, beaucoup plus courte, dit-il, que la formule du paragraphe 28 qu'ils ont donnée.

Les valeurs assignées aux côtés du quadrilatère, par l'énoncé de la proposition (§ 38), et les valeurs que nous avons trouvées pour les segments OA, OB, OC, OD, font voir que les côtés de chacun des quatre triangles AOB, BOC, COD, DOA, qui sont rectangles en O et qui composent le quadrilatère, proviennent respectivement de la multiplication des trois côtés de chaque triangle *générateur*, par un côté de l'autre triangle. Ainsi les trois côtés du triangle AOB sont ac', ab', aa'; ils proviennent de la multiplication des côtés c', b', a', du second triangle générateur par le côté a du premier.

On peut donc, non-seulement déterminer les quatre côtés du quadrilatère, au moyen des deux triangles générateurs, mais aussi effectuer la construction du quadrilatère. Car il suffit de former, comme nous venons de le dire, les quatre triangles rectangles AOB, BOC, COD, DOA, et de les réunir. C'est ainsi que les scoliastes, particulièrement Ganesa, dans ses notes sur l'ouvrage de Bhascara, ont compris la construction du quadrilatère, et ont suppléé, de la sorte, à la condition d'inscriptibilité au cercle, que nous supposons avoir été dans les intentions de Brahmegupta. On conçoit dès lors comment Chaturveda a pu faire des applications numériques des règles de Brahmegupta, en ignorant cette condition d'inscriptibilité.

Avec les quatre côtés d'un quadrilatère inscrit au cercle, on peut former deux autres quadrilatères, qui seront inscrits au même cercle. Ainsi α, δ, γ, δ étant les quatre côtés pris consécutivement, du quadrilatère, on peut les placer dans l'ordre α, δ, δ, γ, ou bien dans l'ordre α, γ, δ, δ. Ces trois quadrilatères ont, deux à deux, une même diagonale ; de sorte que, de leurs six diagonales, il n'y en a que trois différentes ; les trois autres étant égales, respectivement, à ces trois premières [1].

Si l'on applique cette remarque à la figure de Brahmegupta, les deux nouveaux quadrilatères ne seront plus des *trapèzes*, c'est-à-dire, qu'ils n'auront plus leurs diagonales à angle droit. Mais ces lignes seront encore rationnelles, ainsi que toutes les autres parties du quadrilatère, que nous avons calculées pour le trapèze. De sorte que les deux nouveaux quadrilatères satisfont à la question générale que nous supposons que l'auteur hindou s'est proposée ; aussi aurait-il pu comprendre ces deux quadrilatères dans sa solution.

L'existence de ces deux nouveaux quadrilatères a été connue de Bhascara, qui a donné l'expression de la troisième diagonale, mais qui n'a nullement aperçu quel était l'objet de la proposition de Brahmegupta, soit par rapport à l'inscriptibilité au cercle, soit par rapport à la rationalité des différentes parties de la figure.

Cette troisième diagonale est égale à cc'. C'est précisément la valeur du diamètre du cercle circonscrit au quadrilatère. Ce qui prouve que le quadrilatère a deux angles droits qui sont opposés. Cette forme particulière du quadrilatère, qui mérite d'être remarquée, ne l'a pas été par Bhascara [2].

---

[1] Ces trois quadrilatères ont la même surface. Leurs trois diagonales différentes ont, avec cette surface et le diamètre du cercle circonscrit, une relation qui consiste en ce que : *Le produit des trois diagonales, divisé par le double du diamètre du cercle circonscrit, est égal à l'aire de l'un des quadrilatères.*

Cette proposition paraît due à Albert Girard, qui l'a énoncée dans sa *Trigonométrie*. Nous ne trouvons pas qu'elle ait été reproduite depuis.

[2] Cette propriété du quadrilatère, d'avoir deux angles droits, fait voir que la question de construire un quadrilatère inscriptible au cercle, dont les côtés, l'aire, les diagonales, les perpendiculaires, ainsi que le diamètre du cercle, soient exprimés en nombre rationnels, est susceptible d'une solution très-simple, qui consiste à prendre, pour le diamètre du cercle, un nombre rationnel quelconque, et à décomposer, de deux manières différentes, le carré de ce nombre en deux autres carrés. Les racines de ces nombres carrés seront les côtés du quadrilatère. On formera, de cette manière, les mêmes quadrilatères que par la méthode de Brahmegupta.

Il est facile de voir que l'on peut encore opérer ainsi : Que l'on prenne un triangle scalène quelconque ABC, de manière que ses côtés et sa perpendiculaire soient des nombres rationnels ; et que, par ses deux sommets B, C, on élève des perpendiculaires sur les côtés AB, AC, respectivement. Ces droites se couperont en un point D, et le quadrilatère ABDC satisfera à la question. En changeant l'ordre de ses côtés, on formera le *trapèze* de Brahmegupta.

Reprenons les expressions de la perpendiculaire CF et du segment FD. On a

$$\mathrm{CF} = \frac{b}{c}(ab' + ba'), \quad \mathrm{FD} = \frac{b}{c}(bb' - aa').$$

Les deux lignes **CF FD** sont les côtés d'un triangle rectangle dont l'hypoténuse est $\mathrm{CD} = bc'$. Ces expressions ne contiennent pas explicitement la quantité c', ni par conséquent le côté CD, mais seulement les quantités a', b', dont la somme des carrés est égale au carré de c', ou $\mathrm{CO} = a'b$ et $\mathrm{DO} = b'b$, dont la somme des carrés est égale au carré de CD. Ces expressions seraient donc encore rationnelles, quand bien même c', ou le côté CD, ne le serait pas. Par conséquent les lignes CF, FD donnent une solution géométrique de ce problème : *Décomposer un nombre donné (carré ou non) en deux nombres carrés, connaissant une première solution de la question.*

Remplaçant c'^2 par A, on pourra exprimer ainsi, algébriquement, la question et sa solution :
Pour résoudre l'équation $\mathrm{x}^2 + \mathrm{y}^2 = \mathrm{A}$, *en nombres rationnels, quand on connaît un premier système de racines* x', y' *de cette équation, on prendra arbitrairement trois nombres* a, b, c, *tels que l'on ait* $\mathrm{a}^2 + \mathrm{b}^2 = \mathrm{c}^2$; *et les racines cherchées seront*

$$x = \frac{ay' + bx'}{c},$$

$$y = \frac{by' - ax'}{c}.$$

Ces formules, auxquelles conduit naturellement la question géométrique de Brahme-gupta, contiennent virtuellement les formules générales pour la résolution de l'équation $\mathrm{C}x^2 \pm \mathrm{A} = y^2$ [1], que l'on a trouvées, au grand étonnement des géomètres européens, dans l'Algèbre de cet auteur hindou, et qui, dans le siècle dernier, avaient fait honneur au grand Euler, qui, le premier, y était parvenu parmi les Modernes.

[1] En effet, dans l'équation à résoudre $x^2 + y^2 = \mathrm{A}$, et dans les deux équations de condition $x'^2 + y'^2 = \mathrm{A}$ et $a^2 + b^2 = c^2$, remplaçons x par $x\sqrt{\mathrm{C}}$, x par $x'\sqrt{\mathrm{C}}$, a par $a\sqrt{\mathrm{C}}$; elles deviendront

$$\mathrm{C}x^2 + y^2 = \mathrm{A},$$
$$\mathrm{C}x'^2 + y'^2 = \mathrm{A},$$
$$\mathrm{C}a^2 + b^2 = c^2;$$

et les expressions des racines x et y deviendront, par ces substitutions,

$$x = \frac{ay' + bx'}{c},$$
$$y = \frac{\mathrm{C}ax' - by'}{c}.$$

Ce sont les racines de l'équation

$$\mathrm{C}x^2 + y^2 = \mathrm{A}.$$

Observons, maintenant, que ces racines satisfont à cette équation, quelles que soient les valeurs des deux

Les Indiens faisaient usage, concurremment, de l'Algèbre et de la Géométrie dans leurs spéculations mathématiques; de l'Algèbre pour abréger et faciliter la démonstration de leurs propositions géométriques, et de la Géométrie pour démontrer leurs règles d'Algèbre et peindre aux yeux, par des figures, les résultats de l'Analyse. Nous verrons des exemples de cette manière d'opérer, dans plusieurs passages des ouvrages de Bhascara, et dans les ouvrages des Arabes, qui ont reçu des Indiens cette alliance de l'Algèbre à la Géométrie. Il paraît donc possible que les Indiens soient parvenus à leur solution des équations indéterminées du second degré, par des considérations géométriques puisées dans la question du paragraphe 38, et que ce soit là la raison primitive de la présence du morceau de Géométrie intercalé dans les *Traités d'Arithmétique et d'Algèbre* de Brahmegupta. Ce qui viendrait à l'appui de cette conjecture, c'est qu'il paraît que les Arabes s'étaient aussi occupés des équations indéterminées du second degré, et qu'ils les avaient résolues par des considérations géométriques; ce en quoi ils auraient été, probablement, les imitateurs des Indiens. Cela semble résulter d'un passage de Lucas di Borgo, qui, dans sa *Summa de Arithmetica, Geometria*, etc. (*distinctio prima, tractatus quartatus*), parle du *Traité des nombres carrés* de Léonard de Pise, où se trouvait résolue l'équation $x^2 + y^2 = A$, *par des considérations et des figures géométriques*. Les formules de Léonard de Pise, que Lucas di Borgo rapporte [1], sont les mêmes que celles que nous avons déduites de la question

nombres C et A, qui par conséquent peuvent être supposés négatifs. De sorte que l'équation peut prendre la forme

$$Cx^2 \pm A = y^2;$$

et ses racines deviennent

(1) . . . . $$\begin{cases} x = \dfrac{ay' + bx'}{c}, \\ y = \dfrac{Cax' + by'}{c}. \end{cases}$$

Nous donnons le signe positif à la valeur de y, parce que cette variable n'entrant qu'au carré dans l'équation, son signe est indifférent.

Les équations de condition entre x' et y' d'une part, et a, b, c, de l'autre, sont

$$Cx'^2 \pm A = y'^2,$$
$$Ca^2 + c^2 = b^2.$$

C'est-à-dire que x' et y' sont un système de racines de l'équation proposée; et que $\frac{a}{c}$ et $\frac{b}{c}$ sont un système de racines de l'équation $Cx^2 + 1 = y^2$.

Les formules (1), qui résolvent l'équation $Cx^2 \pm A = y^2$, sont précisément celles que l'on trouve dans l'Algèbre de Brahmegupta (section VII; pag. 364 et art. 68 de la traduction de M. Colebrooke)

Ainsi ces formules générales pouvaient se déduire facilement de la simple question de Géométrie traitée par l'auteur indien.

[1] Cardan dit aussi avoir emprunté de Léonard de Pise ces mêmes formules, qu'il donna, sans démonstration, dans sa *Practica Arithmetice* (chap. 66, question 44). Viète est le premier qui les ait démontrées, au commencement du IVᵉ livre de ses *Zététiques*. Sa démonstration est analytique. Peu de temps après, Alexandre Anderson s'est aussi occupé de cette question d'Analyse indéterminée, et a démontré, par des considérations géométriques, les formules de Diophante, qui sont différentes de celles de Léonard de Pise (voir *Exercitationum mathematicarum Decas prima*. Paris, 1619, in-4°).

Dans les notices historiques sur les équations indéterminées du second degré, on ne fait remonter qu'à Fermat

géométrique de Brahmegupta. Or, Léonard de Pise avait rapporté ses connaissances mathématiques de l'Arabie. Nous devons donc attribuer ses formules, pour la résolution des équations indéterminées du second degré, aux Arabes, et penser que ceux-ci les avaient reçues des Indiens.

Après avoir formé notre opinion sur les questions précises qui avaient été l'objet des paragraphes 21 à 38 de l'ouvrage de Brahmegupta, nous avons été curieux de savoir si, parmi les Modernes, et à quelle époque, les mêmes questions avaient été traitées; et si l'on pouvait établir une sorte de comparaison entre le travail des géomètres hindous et celui des géomètres européens.

Voici ce que nous avons trouvé à ce sujet :

J.-B. Benedictis a résolu la question de *construire, avec quatre côtés donnés, un quadrilatère inscriptible au cercle* (voir son recueil intitulé : *Diversarum speculationum mathematicarum et physicarum liber.* Taurini, 1585 ; in-fol°). Ce problème lui avait été proposé par le prince Charles-Emmanuel de Savoie.

En 1594, le célèbre Joseph Scaliger en inséra une solution inexacte dans ses *Cyclometrica elementa duo* (Leyde, in-fol.). a, b, c, d étant les quatre côtés donnés, on conclurait, de cette solution, que le diamètre du cercle auquel le quadrilatère formé avec ces quatre côtés serait inscrit, aurait pour expression $\sqrt{a^2 + b^2} + \sqrt{c^2 + d^2}$. D'où il suivrait que le problème admettrait deux autres solutions, pour lesquelles les diamètres des cercles seraient $\sqrt{a^2 + c^2} + \sqrt{b^2 + d^2}$, $\sqrt{a^2 + d^2} + \sqrt{b^2 + c^2}$. De sorte que Scaliger aurait, dans le fait, résolu avec la ligne droite et le cercle une question qui aurait dû dépendre, en Analyse, d'une équation du troisième degré. Mais il est vrai que cette remarque, s'il l'a faite, ne pouvait l'arrêter ; car on sait que sa grande réputation littéraire le portant à ambitionner aussi le premier rang parmi les mathématiciens, il avait résolu non-seulement le problème de la quadrature du cercle, qui était l'objet de ses *Cyclometrica elementa*, mais aussi celui d'inscrire, au cercle, tout polygone régulier d'un nombre impair de côtés [1].

Cet ouvrage fut réfuté aussitôt qu'il parut par Errard, de Bar-le-Duc, ingénieur du roi [2]; et ensuite par Viète [3], Adrianus Romanus [4] et Clavius [5].

l'origine des travaux des géomètres modernes. On aurait dû citer, avant Fermat, Léonard de Pise, Lucas di Borgo, Cardan et Viète surtout, qui se sont servis des formules mêmes sur lesquelles repose et d'où peut se déduire la solution générale d'Euler.

[1] *Elementum prius ; prop° XV.*

[2] *Réfutation de quelques propositions du livre de M. De l'Escale, de la quadrature du cercle, par lui intitulé : Cyclometrica elementa duo.* Lettre adressée au roi. Paris, septembre 1594; chez Auray, rue S¹-Jean de Beauvais, au Bellérophon couronné.

Peu de mots suffisent à Errard pour montrer la fausseté des propositions 5° et 6° de Scaliger, qui disent : 1° *Que le circuit du dodécagone inscrit au cercle peut plus que le circuit du cercle;* et 2° *que le carré du circuit du cercle est décuple au carré du diamètre.*

[3] Cette réfutation est l'objet du *Pseudo-Mesolabum et alia quædam adjuncta capitula,* qui parut en 1596.

[4] *Apologia pro Archimede, ad clariss virum Josephum Scaligerum. Exercitationes cyclicæ contra J. Scaligerum, Orontium finæum, et Raymarum Ursum, in decem dialogos distinctæ.* Wueeburgi, 1597, in-fol.

[5] Voir sa *Géométrie pratique.*

Viète, à ce sujet, résolut la question du quadrilatère, et montra les paralogismes qui avaient égaré Scaliger. Sa solution parut en 1596, dans son *Pseudo-Mesolabum*.

Nous trouvons ensuite Prætorius, qui consacra à cette question un livre intitulé : *Problema, quod jubet ex quatuor rectis lineis datis quadrilaterum fieri, quod sit in circulo, aliquot modis explicatum; à Johan.* PRÆTORIO Joachimico. Norinbergæ, 1598, in-4° (de 36 pages).

Cet ouvrage est précieux sous plusieurs rapports ; d'abord par quelques indications qu'il contient sur l'histoire du problème ; et ensuite parce que, résolvant la même question que Brahmegupta, au sujet des conditions de rationalité de quelques parties de la figure, il nous fournit un point de comparaison entre les Indiens et nous, dans une question particulière et originale chez l'auteur hindou, comme chez l'auteur européen.

Prætorius nous apprend qu'anciennement ce problème avait été traité, et que l'on avait cherché le diamètre du cercle circonscrit au quadrilatère, et l'aire de cette figure ; qu'ensuite Regiomontanus avait aussi proposé ces questions ; puis, que Simon Jacob avait calculé les diagonales du quadrilatère et le diamètre du cercle. Enfin il cite la solution de Viète, et ajoute que, plus récemment encore, d'autres solutions en ont été données ; mais qu'il ne les connaît pas.

Après ce préambule historique, Prætorius résout le problème en cherchant les expressions des diagonales, et montre comment on calculera le diamètre.

Ensuite il se propose de déterminer quatre nombres qui, étant pris pour les côtés du quadrilatère, donnent pour les diagonales, ainsi que pour le diamètre du cercle, des valeurs rationnelles. Et il résout cette question de différentes manières. Dans l'une il trouve, pour les côtés du quadrilatère, les quatre mêmes nombres 60, 52, 25 et 39, qu'emploie Brahmegupta. Mais il ne les place pas dans le même ordre, et il forme ainsi un quadrilatère différent de celui du géomètre indien [1]. Dans l'exemple suivant, il remarque qu'on peut changer deux côtés de place, et il forme avec d'autres nombres, qui sont 52, 56, 39 et 33, un autre quadrilatère inscriptible. Nous avons reconnu que ce quadrilatère a ses diagonales rectangulaires comme celui de Brahmegupta ; ce que Prætorius n'a pas observé. Ce géomètre n'a pas remarqué non plus que différentes parties du quadrilatère, que Brahmegupta a calculées, étaient aussi exprimées en nombres rationnels, comme les diagonales et le diamètre du cercle. De sorte que l'on peut dire que Brahmegupta a plus approfondi cette question, et l'a traitée plus complétement que les Modernes.

---

[1] Prætorius prend un triangle quelconque ABC, ayant ses côtés rationnels et tels que sa perpendiculaire soit aussi rationnelle. Il le construit au moyen de deux triangles rectangles, comme nous l'avons dit au sujet du paragraphe 34 de Brahmegupta. Deux côtés de ce triangle, AB, AC, sont pris pour deux côtés consécutifs du quadrilatère cherché ; et le troisième, BC, pour la diagonale qui les soutient. Il reste à construire les deux autres côtés du quadrilatère : Prætorius détermine leurs longueurs en menant quelques lignes, et en faisant deux proportions.

Cette solution peut être singulièrement abrégée ; car nous avons reconnu qu'il suffit de mener, par les points B, C, deux droites perpendiculaires aux côtés AB et AC, respectivement. Ces droites sont les côtés cherchés.

Cette construction fait voir que le quadrilatère de Prætorius a deux angles droits, et que sa seconde diagonale est précisément le diamètre du cercle circonscrit ; ce que ce géomètre n'a peut-être pas aperçu.

Dans sa dernière solution, Prætorius prend, pour les côtés consécutifs du quadrilatère, les nombres 33, 25, 16 et 60, et il dit que « ce sont ceux que Simon Jacob a proposés, sans montrer la voie qui l'avait conduit à cette solution. » Cela nous fait supposer que Simon Jacob avait résolu aussi, outre la question de construire un quadrilatère inscriptible au cercle, avec quatre côtés donnés, celle de trouver, en nombres rationnels, quatre côtés pour lesquels les diagonales du quadrilatère et le diamètre du cercle fussent rationnels [1].

Nous ne connaissons que l'ouvrage de Prætorius où, depuis Simon Jacob, on ait traité cette seconde question; quoique le problème de construire le quadrilatère inscriptible, avec quatre côtés donnés, ait continué d'occuper quelques géomètres. Ludolph Van Ceulen l'a résolu dans ses *Problemata miscellanea*; ainsi que Snellius, dans les notes dont il a enrichi sa traduction, du hollandais en latin, de cet ouvrage de Ludolph. Quoique Snellius y cite l'ouvrage de Prætorius, il n'a point fait mention des nouvelles questions que celui-ci avait résolues.

Enfin nous citerons J. De Billy (1602-1679), géomètre d'un grand mérite, qui cependant s'est mépris dans la construction du quadrilatère inscriptible avec quatre côtés; parce qu'il a pensé que le problème était indéterminé, et que l'on pouvait prendre une condition de plus, telle qu'une relation entre les deux diagonales. Il crut le résoudre en se donnant le rapport des diagonales, puis leur somme, et enfin leur différence [2].

Nous avons cité, au sujet du paragraphe 21, les géomètres qui se sont occupés particulièrement de l'élégante formule pour l'aire du quadrilatère.

<hr>

[1] Simon Jacob n'est cité par aucun historien des Mathématiques, et paraît être aujourd'hui tout à fait inconnu; cependant nous trouvons, dans le premier volume de la *Bibliothèque mathématique* de Murhard, qu'il est auteur de deux ouvrages allemands qui ont eu un grand nombre d'éditions. Le premier, intitulé *Recherches sur les lignes* (*Rechnung auf der Linie*; Francfort, in-8e), a paru en 1557, et a été réimprimé en 1589, 1590, 1599, 1607, 1608, 1610 et 1613. Le second, *Nouveau traité élémentaire du calcul des lignes et des nombres, suivant la pratique italienne* (*Ein neu und wohlgegründet Rechenbuch auf der Linie und Ziffern, samt der Welschen Practic*, etc., in-4e), parut en 1560 et a été réimprimé en 1565, 1600 et 1612.

Nous trouvons encore, dans la *Bibliothèque mathématique* de Murhard, que Simon Jacob, professeur de Mathématiques à Francfort-sur-Mein, a revu et fait paraître, en 1564, une édition d'un ouvrage de Pierre Apian (1500-1552), sur les calculs relatifs au Commerce.

Schooten cite Simon Jacob dans deux passages de ses *Sectiones miscellaneæ*, et l'appelle *celebris arithmeticus* (voy. *Exercitationes mathematicæ*, pag. 404 et 410). On y voit que ce géomètre avait imaginé plusieurs progressions telles, que chacun de leurs termes étant exprimé en fraction, le numérateur et le dénominateur étaient les côtés de l'angle droit d'un triangle rectangle dont l'hypoténuse était rationnelle.

[2] *Diophantus geometra, sive opus contextum ex arithmeticá et geometriá simul*, etc. Paris, 1660, in-4e, pag. 188 et 189.

Jacques de Billy, que Heilbronner et Montucla citent à peine, fut un très-savant algébriste, estimé des plus célèbres mathématiciens de son temps, en particulier de Fermat et de Bachet de Méziriac. On trouve, dans les *Mémoires de Nicéron*, t. XL, la liste des nombreux ouvrages qu'il a mis au jour, et de ceux, en plus grand nombre, qui sont restés manuscrits; ceux-ci faisaient partie de la Bibliothèque des jésuites de Dijon : il paraît qu'ils n'ont pas passé dans celle de la ville, car nous n'en trouvons aucun dans les catalogues de Hænel.

S'ils existent encore, il serait bien à désirer qu'on fît connaître au moins une analyse ou une table des matières traitées dans ces manuscrits, qui étaient au nombre d'une vingtaine.

La théorie du quadrilatère inscrit n'offre plus aujourd'hui aucune difficulté, et a passé dans les ouvrages élémentaires où l'on donne le théorème de Ptolémée sur le produit des deux diagonales, et un second théorème sur le rapport de ces lignes : de ces deux propositions se déduisent les valeurs des deux diagonales. M. Legendre a complété cette théorie en donnant, dans les Notes jointes à ses *Éléments de Géométrie*, la démonstration, par le calcul, des formules pour l'aire du quadrilatère et le diamètre du cercle circonscrit. Mais je ne sache pas que l'on ait jamais, depuis Prætorius, résolu la question de construire un quadrilatère inscriptible, dont les parties fussent rationnelles; ni même que l'on ait fait attention à l'ouvrage de ce géomètre. L'apparition de cette question, dans le Traité de Brahmegupta, semble donner une sorte d'à-propos, et un nouveau mérite, à celui de Prætorius [1].

Nous terminerons ici nos observations sur les dix-huit premiers paragraphes de la partie géométrique de Brahmegupta. Les autres paragraphes offrent peu d'intérêt. Nous y remarquerons seulement le rapport de la circonférence au diamètre, exprimé par la proposition du paragraphe 40, lequel serait égal à $\sqrt{10}$. Il paraît, d'après le texte anglais [2], que Brahmegupta a regardé cette expression comme étant le rapport *exact* de la circonférence au diamètre. Chaturveda, dans ses notes, semble le croire ainsi. Cela ne nous étonne point de la part de ce scoliaste; mais il est difficile de penser qu'un géomètre qui a été capable d'écrire sur la théorie du quadrilatère inscrit au cercle, et de résoudre les questions que nous avons trouvées dans l'ouvrage de Brahmegupta, ait commis cette faute. Il est vrai que la quadrature du cercle a été aussi l'écueil d'un grand nombre de géomètres modernes, qu'elle a entraînés dans des erreurs semblables, quoique plusieurs d'entre eux eussent donné des preuves d'un véritable et profond savoir en Mathématiques. Il nous suffira de citer Oronce Finée et Grégoire de Saint-Vincent.

L'expression $\sqrt{10}$ est précisément le rapport que J. Scaliger disait avoir trouvé le premier, et croyait avoir démontré géométriquement : mais on connaissait depuis longtemps en Europe cette expression, qu'on savait n'être qu'approchée. On l'attribuait aux Arabes ou aux Indiens, et l'on supposait que ces peuples l'avaient regardée comme étant exacte.

En effet, Purbach (1423-1461), dans son livre intitulé : *Tractatus Georgii Peurbachii super propositiones Ptolemæi de sinibus et chordis*, s'exprime ainsi : *Indi verò dicunt, si quis sciret radices numerorum rectà radice carentium invenire, ille faciliter*

---

[1] J. Prætorius (1537-1616) n'est cité, généralement, que comme inventeur de l'instrument géodésique appelé la *planchette*, qui pendant longtemps a eu le nom de *Tabula Prætoriana*; mais il fut un géomètre très-habile et très-considéré dans son temps. Snellius, en citant son ouvrage sur le quadrilatère, s'exprime ainsi : *Clarissimus J. Prætorius harum artium scientia nulli secundus, de quatuor lineis in circulo integrum librum publicavit, in quo multis modis ingeniosè sanè et acutè hoc idem problema effici posse demonstravit.*

Le célèbre professeur de Mathématiques, Doppelmayer, lui a consacré une notice dans sa Biographie des mathématiciens et artistes de Nuremberg, 1730, in-fol. (en allemand), où l'on voit que Prætorius a imprimé peu d'ouvrages; mais que plusieurs de ses manuscrits sont conservés à Altorf, où il a vécu, dans la plus grande estime, pendant quarante ans.

On trouve un extrait de cette notice dans l'ouvrage de Géodésie pratique de J.-J. Marinoni, intitulé : *De re ichnographicâ, cujus hodierna praxis exponitur*, etc. Viennæ Austriæ, 1751, in-4°.

[2] *The diameter and the square of the semidiameter, being severally multiplied by three, are the practical circumference and area. The square-roots extracted from ten times the squares of the same are the neat values.*

inveniret, quanta esset diameter respectu circumferentiæ. Et secundum eos, si diameter fuerit unitas, erit circumferentia radix de decem; si duo, erit radix de quadraginta; si tria, erit radix de nonaginta; et sic de aliis, etc. Regiomontanus (1436-1476), au contraire, attribue le rapport $\sqrt{10}$ aux Arabes. Voici ses paroles : *Arabes olim circulum quadrare polliciti ubi circumferentiæ suæ æqualem rectam descripsissent, hanc pronuntiavere sententiam : si circuli diameter fuerit ut unum, circumferentia ejus erit ut radix de decem. Quæ sententia cum sit erronea...* Butéon (1492-1572), dans le second livre de son ouvrage *De quadraturâ circuli, libri duo* (Lyon, 1559, in-8°), où il fait l'histoire de ce problème, et réfute les paralogismes qu'il avait déjà occasionnés, énonce en ces termes la même opinion que Regiomontanus : TETRAGONISMUS SECUNDUM ARABES. *Omnis circuli perimetros ad diametrum decupla est potentiâ..... Patet igitur hujusmodi tetragonismum secundum Arabes esse falsum, et extra limites Archimedis.*

SUR LA GÉOMÉTRIE DE BHASCARA ACHARYA.

Les ouvrages de Bhascara sont, comme ceux de Brahmegupta, un Traité d'Arithmétique, que l'auteur appelle *Lilavati*, et un Traité d'Algèbre, qu'il appelle *Bija-Ganita*.

La Géométrie se trouve comprise dans le *Lilavati*, où elle forme les chapitres VI, VII, VIII, IX, X et XI, sous les paragraphes 133-247.

Le chapitre VI est le plus considérable; il traite des figures planes : les autres sont peu de chose, et ont les mêmes titres, *excavations, stacks*, etc., que dans le Traité de Brahmegupta.

Le *Bija-Ganita* contient aussi quelques questions de Géométrie, qui s'y trouvent comme applications des règles de l'Algèbre, et qui sont résolues par le calcul. On remarque encore, dans cet ouvrage, quelques propositions algébriques, qui y sont démontrées par des considérations géométriques. Nous ferons connaître ces propositions isolées, après que nous aurons examiné la partie géométrique proprement dite.

Nous diviserons celle-ci en cinq parties : les trois premières seront relatives au triangle en général, au triangle rectangle et au quadrilatère; la quatrième comprendra quelques propositions sur le cercle; et, dans la cinquième, seront les règles pour la mesure des volumes, et le chapitre sur l'usage du gnomon.

PREMIÈRE PARTIE. *Propositions sur le triangle.*

1° Théorème du carré de l'hypoténuse; § 134.

2° Expression des segments faits, sur la base d'un triangle, par la perpendiculaire; et expression de la perpendiculaire; §§ 163-164, 165, 166.

3° L'aire du triangle est égale à la moitié du produit de la base par la perpendiculaire; § 164 [1].

---

[1] Le commentateur Ganésa démontre autrement que nous n'avons coutume de le faire, d'après Euclide, que l'aire du triangle est égale à la moitié du produit de la base par la perpendiculaire.

Il forme un rectangle qui a même base que le triangle, et pour hauteur la moitié de la perpendiculaire. La base

4° Formule qui donne l'aire du triangle en fonction des côtés ; § 167.
Nous l'énoncerons ci-dessous, au sujet du quadrilatère.

DEUXIÈME PARTIE. *Sur le triangle rectangle.*

1° Règles pour former un triangle rectangle en nombres rationnels ;
Quand un côté est donné ; §§ 139, 140, 141, 143, 145 ;
Quand l'hypoténuse est donnée ; §§ 142, 144, 146.

2° Construire un triangle rectangle dont on connaît un côté et la somme ou la différence de l'hypoténuse et du second côté ; §§ 147, 148, 149, 150, 151, 152, 153.

3° Règle pour déterminer, sur un côté d'un triangle rectangle, le point dont la somme des distances aux extrémités de l'hypoténuse est égale à la somme des deux côtés de l'angle droit ; §§ 154, 155.

4° Construire un triangle rectangle dont on connaît l'hypoténuse et la somme ou la différence des deux côtés de l'angle droit ; §§ 156, 157, 158.

TROISIÈME PARTIE. *Propositions sur le quadrilatère.*

1° La demi-somme des côtés est écrite quatre fois, on en retranche séparément les côtés, et l'on fait le produit des restes. La racine carrée de ce produit est l'aire, *inexacte* dans le quadrilatère, mais reconnue *exacte* dans le triangle ; §§ 167, 168.

C'est la formule de Brahmegupta, que Bhascara a copiée, sans l'avoir comprise, et sans avoir aperçu qu'il y était question de quadrilatère inscrit au cercle. Voilà pourquoi il dit que la règle est inexacte pour le quadrilatère ; et qu'il prouve ensuite qu'il est absurde de demander l'aire d'un quadrilatère dont on ne connaît que les côtés, parce qu'avec les mêmes côtés, dit-il, on peut former plusieurs quadrilatères différents [1] ; §§ 169-170, 171, 172.

2° Dans le quadrilatère équilatéral, ou losange, l'aire est égale à la moitié du produit des deux diagonales. L'aire du rectangle est le produit de la base par la hauteur ; § 174.

supérieure du rectangle retranche du triangle un petit triangle qui est divisé, par la perpendiculaire, en deux triangles rectangles. Ceux-ci sont égaux, respectivement, aux deux triangles qu'il faut ajouter à la portion inférieure du triangle proposé, pour compléter le rectangle. D'où il conclut que l'aire du triangle est égale à celle du rectangle, et conséquemment égale au produit de la base par la moitié de la perpendiculaire.

Cette démonstration est très-simple et parle aux yeux autant qu'à l'esprit. C'est celle qu'emploient les Arabes, et qui a été adoptée à la Renaissance, particulièrement par Lucas di Borgo et Tartalea.

[1] Le scoliaste Suryadasa, auteur de deux commentaires excellents sur le *Lilavati* et le *Bija-Ganita* (Colebrooke ; *Brahmegupta and Bhascara, Algebra*, p. xxvi), ne paraît pas avoir été plus habile que Bhascara dans l'intelligence de la proposition de Brahmegupta. Car il donne cette singulière raison pour prouver que l'aire est exacte dans le triangle et inexacte dans le quadrilatère :

« Si les trois restes sont additionnés ensemble, leur somme est égale à la moitié de la somme de tous les côtés. Le produit de la multiplication continue des trois restes, étant multiplié par la somme de ces restes, le produit ainsi obtenu est égal au produit du carré de la perpendiculaire multiplié par le carré de la moitié de la base. C'est une quantité carrée, car un carré multiplié par un carré, donne un carré. La racine carrée étant extraite, le résultat est le produit de la perpendiculaire par la moitié de la base, et c'est l'aire du triangle. Donc la véritable aire est ainsi trouvée. Dans un quadrilatère, le produit de la multiplication ne donne pas une quantité carrée, mais une irrationnelle. Sa racine approximative est l'aire de la figure ; non pas toutefois la véritable, car, divisée par la perpendiculaire, elle devrait donner la moitié de la somme de la base et de la corauste. » (*Lilavati*, p. 72.)

3° Dans le quadrilatère dont les deux perpendiculaires sont égales, l'aire est le produit de la demi-somme des deux bases par la perpendiculaire; §§ 175, 177.

4° Dans le losange, la somme des carrés des deux diagonales est égale à quatre fois le carré du côté; § 173-175.

5° Formules qui donnent les segments que les diagonales d'un quadrilatère, dont les flancs sont perpendiculaires sur la base, font l'une sur l'autre par leur point d'intersection; et expression de la perpendiculaire abaissée de ce point sur la base; § 159, 160.

6° Connaissant les côtés d'un quadrilatère, et l'une de ses diagonales, trouver l'autre diagonale, les perpendiculaires du quadrilatère, et son aire; §§ 178, ... 184.

L'aire est la somme des aires des deux triangles qui ont pour base la diagonale connue; § 184.

Les propositions où les différentes parties de cette question sont résolues ne présentent aucune difficulté. Elles reposent sur le principe de la proportionnalité des côtés dans les triangles équiangles.

7° Règle pour former, avec quatre côtés donnés, un quadrilatère qui ait ses deux perpendiculaires égales; § 185-186.

8° Règle pour trouver les diagonales d'un quadrilatère; § 190.

C'est la règle donnée au paragraphe 28 de Brahmegupta, pour le quadrilatère inscrit au cercle. Mais elle ne s'applique point, dans l'ouvrage de Bhascara, à un quadrilatère inscriptible quelconque, parce que ce géomètre n'a jamais prononcé le mot *cercle* dans aucune de ses propositions relatives au triangle ou au quadrilatère, et qu'il a ignoré absolument que les propositions de Brahmegupta concernassent le quadrilatère inscrit.

On reconnaît que la règle énoncée par Bhascara concernait seulement, dans l'esprit de ce géomètre, le quadrilatère à diagonales rectangulaires, formé au moyen de deux triangles rectangles *générateurs*, comme nous l'avons dit dans nos observations à la suite du paragraphe 38 de Brahmegupta. Cela est confirmé par la règle plus simple, et propre uniquement à ce cas particulier, que Bhascara substitue à la règle générale, dans son paragraphe 191-192.

Une autre observation de Bhascara prouve encore bien clairement qu'il a ignoré qu'il fût question, dans Brahmegupta, du quadrilatère inscriptible au cercle; c'est qu'il lui reproche d'avoir donné une règle générale pour déterminer des diagonales qui, dit-il, étaient indéterminées. Voici tout ce passage de Bhascara:

« §§ 187-189. Les côtés ont pour mesure 52 et 39 [1]; la corauste est égale à 25 et
» la base à 60. Ces nombres ont été pris, par les anciens auteurs, comme exemple d'une
» figure ayant ses perpendiculaires inégales; et les mesures précises des diagonales ont
» été trouvées 56 et 63.

---

[1] Remarquons ici, en passant, que Bhascara, pour exprimer 39, procède par soustraction, à la manière des Latins; il dit : 40 *moins* 1 (*one lesse than forty*). Mais il paraît que ce mode de composition des nombres n'est pas général dans l'Inde. Chaturveda ne le suit pas; il prononce toujours *trente-neuf* (*thirthy-nine*). (Voir ses commentaires sur les §§ 21 et 32 de Brahmegupta.)

» Former, avec ces quatres mêmes côtés, un autre quadrilatère qui ait d'autres diago-
» nales, et particulièrement celui qui aura ses perpendiculaires égales. »

Bhascara résout cette question; puis il ajoute :

» Ainsi, avec les mêmes côtés, il peut y avoir différentes diagonales dans le tétragone.
» Quoique indéterminées, les diagonales ont cependant été trouvées comme déterminées
» par Brahmegupta et d'autres. Leur règle est la suivante :

» § 190. *Règle.* Les sommes des produits des côtés aboutissant aux extrémités des
» diagonales étant divisées l'une par l'autre, et multipliées par la somme des produits des
» côtés opposés, les racines carrées des résultats seront les diagonales dans le trapèze.

» L'objection qu'on peut faire contre ce moyen de trouver les diagonales, c'est qu'il est
» long, comme je vais le faire voir en proposant une méthode plus courte.

» § 191-192. *Règle.* Les cathètes et les côtés de deux triangles rectangles, multipliés
» réciproquement par les hypoténuses, sont les côtés; et de cette manière est formé un
» trapèze dans lequel les diagonales peuvent se déduire des deux triangles.

» Le produit des cathètes, ajouté au produit des côtés, est une diagonale; la somme des
» produits des cathètes et des côtés, multipliés réciproquement, est l'autre diagonale.

» Quand cette courte méthode se présentait, je ne sais pourquoi une règle laborieuse
» a été employée par les premiers écrivains. »

Bhascara ajoute que : « Si la corauste et l'un des flancs changent de place, l'une des
» diagonales deviendra égale au produit des hypoténuses des deux triangles rectangles. »

Nous devons conclure, de ce passage, que Bhascara n'a pas compris les propositions de
Brahmegupta qu'il reprend. Celui-ci, comme nous l'avons déjà dit, n'a pas énoncé les formules, données au paragraphe 191-192 de Bhascara, parce qu'elles n'étaient, dans son
esprit, qu'une simple vérification de la rationalité des diagonales, et non pas le sujet d'une
proposition.

Bhascara remarque qu'en changeant de place deux côtés contigus du quadrilatère, on
en forme un second, où l'une des diagonales est différente, et a pour expression le produit
des hypoténuses des deux triangles générateurs. Cela est vrai; mais Bhascara ne dit pas
plus, pour ce second quadrilatère que pour le premier, quelles seront ses propriétés qui
avaient été l'objet de l'ouvrage de Brahmegupta. Il ne remarque pas non plus que ce nouveau quadrilatère a deux angles droits.

9° Calcul des segments que les diagonales et les perpendiculaires d'un quadrilatère, et
les côtés prolongés, font les uns sur les autres; §§ 193-194, 195-196, 197, 198-200.

On suppose connus les côtés, les diagonales et les perpendiculaires.

Tous ces calculs sont sans difficulté; ils reposent sur le principe de la proportionnalité
des côtés dans les triangles équiangles.

Telles sont les propositions sur le quadrilatère. Elles forment, avec celles qui concernent
le triangle, la partie de l'ouvrage de Bhascara qui correspond aux dix-huit premiers paragraphes de celui de Brahmegupta. Avant de passer aux autres propositions de Bhascara,
nous allons faire ressortir les différences que ces premières ont avec celles de Brahmegupta, dont elles ne sont qu'une imitation.

Ces différences portent sur les points suivants :

1° Toutes les propositions de Bhascara sont étrangères au cercle, dont il est question formellement dans l'énoncé des paragraphes 26 et 27 de Brahmegupta, et qui joue le rôle principal dans plusieurs autres propositions.

. 2° La formule pour l'aire du quadrilatère (inscrit au cercle), donnée par Brahmegupta, est déclarée inexacte par Bhascara.

3° L'expression générale des diagonales du quadrilatère inscrit, donnée par Brahmegupta, est censurée par Bhascara, comme étant d'un calcul pénible, et est regardée par lui comme n'étant applicable qu'à un quadrilatère d'une construction particulière.

4° Plusieurs propositions de Brahmegupta ne se trouvent point dans l'ouvrage de Bhascara. Telles sont les suivantes :

Première : L'expression du diamètre du cercle circonscrit à un triangle ou à un quadrilatère ;

Deuxième : L'expression particulière du diamètre du cercle circonscrit à un quadrilatère ayant ses diagonales rectangulaires ;

Troisième : La propriété de ce quadrilatère, qui consiste en ce que la perpendiculaire sur l'un de ses côtés, menée par le point d'intersection des deux diagonales, passe par le milieu du côté opposé ;

Quatrième : La manière de former un triangle, isoscèle ou scalène, dont les côtés et la perpendiculaire soient des nombres rationnels ;

Cinquième : La manière de former un quadrilatère inscriptible au cercle, dont deux côtés opposés, ou bien trois côtés, soient égaux, et dont toutes les parties, ainsi que le diamètre du cercle, soient rationnels.

L'absence de ces dernières propositions (quatrième et cinquième) dans l'ouvrage de Bhascara, prouve que ce géomètre n'a point eu en vue, comme Brahmegupta, de résoudre la question de construire un quadrilatère inscriptible au cercle, et dont toutes les parties soient rationnels.

Enfin nous devons dire que l'ouvrage de Bhascara contient quelques propositions sur le triangle rectangle, qui ne se trouvent pas dans celui de Brahmegupta, et qui, en effet, y eussent été étrangères à la théorie qui est l'objet de cet ouvrage.

En résumé : l'ouvrage de Brahmegupta résolvait complètement, et avec précision, la question de construire un quadrilatère inscriptible au cercle, dont toutes les parties fussent rationnels. Aucune proposition n'était étrangère à cette question, ni inutile pour sa solution.

Celui de Bhascara n'a point un objet unique. On peut le diviser en trois parties principales, indépendantes les unes des autres.

Dans la première, on donne l'expression de la perpendiculaire dans un triangle, et la formule pour le calcul de l'aire de cette figure, en fonction des trois côtés ;

Dans la deuxième, on traite de la construction d'un triangle rectangle en nombres rationnels, et de quelques questions sur le triangle rectangle ;

Dans la troisième, l'auteur calcule différentes lignes dans un quadrilatère quelconque, dont on connaît les quatre côtés et une diagonale.

Il y a donc des différences nombreuses et tranchées entre les deux ouvrages. Malgré ces différences, nous devons reconnaître que le plus récent n'est qu'une imitation ou une copie du premier; copie imparfaite et défigurée, qui prouve évidemment que Bhaseara n'a pas compris l'ouvrage de Brahmegupta.

Les notes de divers scoliastes, qui accompagnent le texte du *Lilavati*, nous montrent que ces écrivains n'ont pas été plus heureux que Bhaseara, et qu'ils n'ont pas eu non plus l'intelligence des propositions de Brahmegupta.

Mais les propositions qu'il nous reste à citer, du chapitre VI du *Lilavati*, ont beaucoup plus de valeur que celles qui leur correspondent, dans le Traité de Brahmegupta. Nous allons en présenter les principales, où l'on aura à remarquer surtout une expression très-approchée du rapport de la circonférence au diamètre, et une formule très-simple pour le calcul approximatif d'une corde, en fonction de son arc.

§ 201. « Le diamètre du cercle étant D, l'expression $D.\frac{3927}{1250}$ est à peu près la circon-
» férence; $D.\frac{22}{7}$ est l'approximation employée dans la pratique. »

Ces deux expressions ne se trouvent pas dans l'ouvrage de Brahmegupta. Le rapport $\frac{22}{7}$ est celui d'Archimède. Le premier, $\frac{3927}{1250}$, est plus exact; car il est égal à 3,14160, et l'on a $\frac{22}{7} = 3,1428571...$ Pour obtenir une plus grande approximation il faut se servir du rapport 3,1415926...

L'approximation des Indiens [1] est remarquable surtout à cause du petit nombre de chiffres qui y entrent. Toutefois le rapport d'Adrien Metius, $\frac{355}{113} = 3,14159292...$, est préférable.

§ 203. « *Règle.* Le quart du diamètre, multiplié par la circonférence, est l'aire du cercle.
» Cette aire, multipliée par 4, est la surface de la sphère. Cette surface, multipliée par le
» diamètre et divisée par 6, est la valeur précise du volume de la sphère. »

§§ 205-206. « *Règle.* Soit D le diamètre du cercle; $D^2 \frac{3927}{5000}$ est l'aire du cercle, d'une
» manière assez rapprochée; $D^2 \frac{11}{14}$ est sa mesure grossière, employée dans la pratique;
» $\frac{D^3}{2} + \frac{4}{21} \frac{D^3}{2}$ est la mesure du volume de la sphère. »

Ces deux dernières expressions résultent du rapport d'Archimède; car on a

$$D^2 \frac{11}{14} = \frac{D^2}{4} \cdot \frac{22}{7}, \qquad \frac{D^3}{2} + \frac{4}{21} \frac{D^3}{2} = \frac{D^3}{6} \cdot \frac{22}{7}$$

§ 206-207. Ce sont les relations entre la corde, sa flèche et le diamètre du cercle, don-nées par Brahmegupta; §§ 41 et 42.

[1] Le rapport $\frac{3927}{1250}$ ne doit pas être attribué à Bhascara; il est beaucoup plus ancien que ce géomètre. On le trouve, sous la forme $\frac{62834}{20000}$ dans l'Algèbre de Mohammed ben Musa, qui, après avoir donné les deux rapports $\frac{22}{7}$ et $\sqrt{10}$, dit que les Astronomes se servent d'un troisième, qui est $\frac{62834}{20000}$. (*Voir* p. 71 de la traduction de M. Frédéric Rosen.)

D'après cela on peut se demander si ce rapport appartient aux Indiens ou aux Arabes. M. Rosen et M. Libri pensent qu'il est d'origine indienne. (Voir *Mohammed ben Musa, Algebra translated by F. Rosen*, p. 199; et *Histoire des sciences mathématiques en Italie*, pag. 128.) Ce rapport est connu en Europe depuis longtemps. Purbach en parle dans son Traité de la construction des sinus, et Stévin dans sa Géographie.

§§ 209-211 et 212. « Dans le cercle dont le diamètre est 2000, les côtés du triangle
» équilatéral inscrit, et des autres polygones réguliers, sont : pour le triangle, 1732 $\frac{1}{20}$; pour
» le tétragone, 1414, $\frac{43}{60}$; pour le pentagone, 1175 $\frac{47}{60}$; pour l'hexagone, 1000 ; pour l'hepta-
» gone, 867 $\frac{7}{12}$; pour l'octogone, 765 $\frac{11}{30}$; et pour le nonagone, 683 $\frac{47}{20}$. »

L'auteur ajoute : « De différents autres diamètres, on déduira d'autres côtés, comme
» nous le montrerons sous le titre de *construction des sinus*, dans le Traité sur les *sphé-*
» *riques.*

» La règle suivante enseigne une méthode expéditive pour trouver les cordes, par une
» approximation grossière. »

§ 213. Soient : *c* la circonférence, *a* l'arc, D le diamètre et C la corde ; on aura

$$ C = \frac{4D\,a\,(c - a)}{\frac{5}{4}c^2 - a\,(c - a)}. $$

Cette formule approximative est très-curieuse ; il serait intéressant de savoir comment
les Indiens y sont parvenus. M. Servois l'a obtenue en prenant la formule qui donne, en
série, le sinus d'un arc en fonction de cet arc. (Voir *Correspondance sur l'École polytechnique*, tom. III, 3ᵉ Cahier.)

§ 214. *Exemple.* Le diamètre étant 240, les cordes des arcs de 20, 40, 60, 80, 100,
120, 140, 160 et 180 degrés, seront 42, 82, 120, 154, 184, 208, 226, 236 et 240.

§ 215. Formule qui donne l'arc *a*, en fonction de la corde C, de la circonférence *c* et
du diamètre D :

$$ a = \frac{c}{2} - \sqrt{\frac{c^2}{4} - \frac{\frac{5}{4}c^2 C}{4D + C}}. $$

On tire cette formule de celle du paragraphe 213, en résolvant une équation littérale,
du second degré.

Les chapitres VII, VIII, IX et X ne contiennent rien de plus que ceux auxquels ils
correspondent, dans l'ouvrage de Brahmegupta.

Le chapitre XI a pour objet le calcul des distances par l'ombre du gnomon. On y trouve
les questions traitées par Brahmegupta, et, de plus, celle-ci : un gnomon étant éclairé par
deux points lumineux différents, si l'on connaît la différence des ombres et la différence
de leurs hypoténuses, on saura déterminer les ombres.

Cela se réduit à ce problème :

*Connaissant la perpendiculaire d'un triangle, la différence des segments qu'elle fait sur
la base, et la différence des deux autres côtés, construire le triangle.*

Soient : h la hauteur, ou perpendiculaire du triangle; δ la différence des segments ; d la différence des côtés; les segments seront égaux à

$$\frac{1}{2}\left(\delta \pm d \sqrt{1 + \frac{4h^2}{d^2 - \delta^2}}\right).$$

C'est la formule de Bhascara.

On trouve, dans le *Bija-Ganita*, plusieurs question de Géométrie résolues par le calcul, et plusieurs règles d'Algèbre, démontrées par la Géométrie. Toutes ces questions sont traitées avec une précision et une élégance bien remarquables.

Dans quelques-unes, qui pouvaient être résolues de plusieurs manières, c'est la solution la plus simple que l'auteur a choisie : on croit lire un passage de l'*Arithmétique universelle*, où Newton donne des préceptes si judicieux sur le choix des inconnues.

Ainsi, ayant à trouver la base d'un triangle scalène dont les côtés sont 13 et 5, et l'aire 4, Bhascara observe que « si l'on prend pour l'inconnue la base cherchée, on » tombe sur une équation quadratique. Mais si l'on cherche la perpendiculaire abaissée » sur l'un des côtés donnés, du sommet opposé, et les segments faits sur ce côté, on en » déduit, par une simple extraction de racine carrée, la base cherchée. Elle est 4. » (*Bija-Ganita*, § 117.)

Bhascara donne deux démonstrations du carré de l'hypoténuse. La première consiste à chercher, par une proportion, l'expression des segments faits sur l'hypoténuse par la perpendiculaire, et à ajouter ensemble ces deux segments. C'est la démonstration employée par Wallis. (*De sectionibus angularibus*, cap. VI.)

La seconde est tout à fait d'origine indienne ; elle est fort remarquable. Sur les côtés d'un carré, Bhascara construit intérieurement quatre triangles rectangles égaux entre eux, ayant pour hypoténuses ces côtés, et il dit : *voyez*. En effet, la vue de la figure suffit pour montrer que l'aire du carré égale les aires de quatre triangles (ou quatre fois l'aire de l'un d'eux), plus l'aire d'un petit carré qui a pour côté la différence des deux côtés de l'angle droit de l'un des quatre triangles. C'est-à-dire que l'on a, en appelant c l'hypoténuse d'un des triangles et a, b ses deux autres côtés :

$$c^2 = 4\frac{ab}{2} + (a-b)^2 = 2ab + (a-b)^2,$$

ou
$$c^2 = a^2 + b^2;$$

ce qui est la proposition qu'il fallait démontrer. (*Bija-Ganita*, § 146.)

Les formules d'Analyse :

$$2ab + (a-b)^2 = a^2 + b^2,$$
$$(a+b)^2 - (a^2 + b^2) = 2ab,$$
$$(a+b)^2 - 4ab = (a-b)^2,$$

sont démontrées par des figures qui parlent aux yeux et à l'esprit, sans qu'il soit besoin d'aucune explication (§ 147, 149 et 150).

Pour la résolution, en nombres rationnels, de l'équation indéterminée du second degré,

$$ax + by + c = xy,$$

Bhascara fait voir, par une figure qui donne une signification géométrique à cette équation, qu'elle peut se transformer en celle-ci

$$(x - b)(y - a) = ab + c.$$

D'où il conclut qu'on peut prendre, pour les valeurs rationnelles de x et de y :

$$x = b + n, \quad y = a + \frac{ab + c}{n};$$

n étant un nombre arbitraire.

Bhascara appelle cette démonstration *géométrique*. Il en donne ensuite une purement *algébrique* (§§ 212-214).

Plusieurs questions de Géométrie sont résolues dans le *Bija-Ganita*, comme application des règles d'Algèbre. Quelques-unes dépendent d'équations indéterminées du second degré. Telles sont ces deux-ci : « Trouver (en nombres rationnels) les côtés du triangle » rectangle dont l'aire est exprimée par le même nombre que l'hypoténuse, ou bien est » égale au produit des trois côtés. » (§ 120.)

Dans le premier cas, les côtés du triangle sont $\frac{20}{6}$, $\frac{15}{6}$ et $\frac{25}{6}$; dans le second, ils sont $\frac{4}{10}$, $\frac{3}{10}$ et $\frac{5}{10}$. Bhascara ajoute qu'on peut trouver d'autres solutions [1].

Ces détails montrent que les Indiens, du temps de Bhascara du moins, appliquaient l'Algèbre à la Géométrie, et la Géométrie à l'Algèbre. Nous ne trouvons pas les mêmes traces d'une alliance aussi intime entre ces deux sciences, dans l'ouvrage de Brahmegupta. C'est probablement parce qu'il est écrit beaucoup plus succinctement que celui de Bhascara; qu'il contient beaucoup moins d'exemples des règles algébriques, et qu'il n'en donne jamais aucune sorte de démonstration. Mais nous devons penser que cette application de l'Algèbre à la Géométrie, qui donne aux ouvrages de Bhascara un caractère particulier, date d'un temps bien antérieur à cet écrivain, d'autant plus qu'elle a fait aussi le caractère des ouvrages arabes, plusieurs siècles avant l'âge de Bhascara; au temps, par exemple, de Mohammed ben Musa (IXe siècle). Les Arabes n'ont pu puiser que chez les Indiens cette manière de procéder en Mathématiques, qui n'était point pratiquée par les Grecs.

Nous avons rejeté l'idée que les ouvrages indiens nous présentassent des Éléments de

---

[1] Les deux problèmes dépendent, respectivement, des équations :

$$x^2 y^2 = 4 (x^2 + y^2),$$
$$x^2 + y^2 = \frac{1}{4}.$$

Géométrie, de même qu'ils nous offrent des Traités d'Arithmétique et d'Algèbre. Nous croyons avoir démontré, en effet, que tel ne pouvait avoir été l'objet de l'ouvrage de Brahmegupta, qui roule sur une seule question de Géométrie. Mais nous ne pouvons en dire autant de l'ouvrage de Bhascara; et nous consentons à y voir le résumé des connaissances géométriques en circulation, dans les temps modernes, chez le peuple indien. La manière dont l'auteur a défiguré l'ouvrage de Brahmegupta pour former le sien, et les notes des divers scoliastes, dont aucun ne l'a repris, nous prouvent que la science a singulièrement décliné chez les Indiens, et qu'il n'ont plus de véritable Traité de Géométrie.

Nous ne saurions nous prononcer de même sur l'état de la science au temps de Brahmegupta. Les documents nous manquent; et nous ne pourrions dire si l'intelligence et le génie mathématiques de cet écrivain et de ses contemporains étaient bien à la hauteur des ouvrages, si parfaits et si remarquables, qu'il nous a transmis; ou bien si ces ouvrages ne seraient pas eux-mêmes, comme ceux des écrivains postérieurs, de simples fragments d'un savoir véritable et très-ancien, qui auraient échappé à la destruction des temps et qui n'auraient point encore perdu, dans le siècle de Brahmegupta, leur perfection et leur pureté primitives. Le célèbre hollandais Stévin, qui admettait un *siècle sage* « où les » hommes ont eu une connaissance admirable des sciences, » siècle qui avait précédé celui des Grecs et qui ne lui avait transmis qu'une faible partie seulement de son savoir antique [1], Stévin, disons-nous, et notre illustre Bailly [2] ne balanceraient point à se prononcer dans cette question, à la vue des ouvrages si étonnants de Brahmegupta.

Pour nous, qui n'avons point à aborder ici une si haute question historique, nous nous bornerons à appeler, sur la partie géométrique des ouvrages de Brahmegupta et de Bhascara, qu'on avait négligée jusqu'ici, l'attention des savants orientalistes, et des érudits qui s'occupent de l'histoire de l'Inde et de la marche de la civilisation humaine. Cette partie géométrique pourra leur procurer quelques documents et quelques aperçus utiles.

SUR LA GÉOMÉTRIE DES LATINS.

Nous continuerions, pour ainsi dire, le même sujet, en passant de la Géométrie des Indiens à celle des Arabes. Mais, comme ce que nous aurons à dire de celle-ci, se liera plus naturellement encore avec les premiers travaux des géomètres européens, à la renaissance des lettres, où nous verrons l'élément arabe non moins répandu, et non moins influent

---

[1] *OEuvres mathématiques de Simon Stévin*; in-fol., Leyde, 1634. *Géographie;* définition VI, p. 106.

[2] « Ces méthodes savantes, pratiquées par des ignorants, ces systèmes, ces idées philosophiques, dans des » têtes qui ne sont point philosophes, tout indique un peuple antérieur aux Indiens et aux Chaldéens : peuple qui » eut des sciences perfectionnées, une philosophie sublime et sage, et qui, en disparaissant de dessus la terre, a » laissé aux peuples qui lui ont succédé quelques vérités isolées, échappées à la destruction, et que le hasard » nous a conservées. » (*Histoire de l'Astronomie ancienne*, livre III, § XVIII.)

que l'élément grec, nous allons faire, tout de suite, une courte digression pour dire quelques mots de la Géométrie chez les Latins.

Les sciences mathématiques furent extrêmement négligées par le peuple romain, où les esprits supérieurs ne s'appliquèrent qu'à l'art de la guerre et à l'éloquence. La Géométrie, particulièrement, fut à peine connue à Rome. L'Astronomie y fut plus en honneur; et l'on peut citer plusieurs écrivains célèbres, tels que Varron, J. César, Cicéron, Lucrèce, Virgile, Horace, Sénèque, Pline, qui possédaient la connaissance des phénomènes du Ciel. Mais aucun ne les regarda comme devant être l'objet de recherches scientifiques et ne fit faire un pas à la science. On ne cite même que Sulpicius Gallus qui ait cultivé l'Astronomie pratique, et qui ait prédit des éclipses.

La Géométrie semble n'avoir eu pour objet unique, chez les Latins, que de mesurer les terres et d'en fixer les limites : les arpenteurs, qu'on appelait *agrimensores* ou *gromatici*, étaient des hommes très-considérés, qu'on regardait comme les vrais dépositaires de la science. Cependant, quelques fragments de leurs écrits qui nous sont parvenus, nous portent à leur refuser absolument le titre de *géomètres*. Car, outre que ces écrits roulent sur les questions les plus élémentaires de la Géométrie pratique, nous y trouvons des erreurs grossières. L'aire du triangle et l'aire du quadrilatère y sont calculées d'une manière inexacte. Nous avons rapporté leurs règles en parlant du paragraphe 21 de la partie géométrique des ouvrages de Brahmegupta.

Malgré la considération dont les *gromatici* ont joui à Rome, à raison des services qu'ils rendaient dans les différentes contrées de ce vaste empire, et quoique les noms des plus habiles nous aient été transmis par Boèce, à peu près tous aujourd'hui sont inconnus dans l'histoire de la Géométrie.

Mais quelques hommes, véritablement célèbres à d'autres titres, avaient cultivé les sciences pour elles-mêmes. Varron, qui passa pour le plus savant des Romains, et qu'ils regardaient comme un second Platon, avait écrit sur l'Arithmétique, la Géométrie, l'Astronomie, la Musique et la Navigation. Il est fâcheux qu'aucun de ces ouvrages ne nous soit parvenu. Cet écrivain mérite d'être cité surtout pour avoir soupçonné l'aplatissement de la Terre, comme nous l'apprend un passage de Cassiodore.

L'Architecture de Vitruve nous prouve qu'il fut l'un des hommes de son temps qui eurent le plus de connaissances en Mathématiques.

On peut citer encore Julius Sextus Frontinus, qui a écrit, en ingénieur habile, sur la conduite des eaux. Son livre, intitulé : *De aquæductibus urbis Romæ*, nous est parvenu. On a de lui un autre ouvrage estimé, sur l'art militaire [1].

Nous supposons que Frontinus avait écrit aussi sur la Géométrie, et qu'un Traité de la mesure des surfaces, que nous trouvons dans un manuscrit du XIe siècle, avec d'autres fragments des *gromatici* romains, parmi plusieurs ouvrages de Boèce, peut lui être attribué [2].

---

[1] *Stratagematum libri quatuor.*

[2] Ce manuscrit, grand in-folio, sur parchemin, appartient à la Bibliothèque de la ville de Chartres. M. le Dr G. Haenel l'a inscrit dans ses *Catalogi librorum manuscriptorum*, etc. (Lipsiæ, 1819, in-4°), sous le titre suivant :

Deux raisons concourent à nous autoriser à former cette conjecture. D'abord, Boèce, au commencement du second livre de sa Géométrie, qui roule sur la mesure des surfaces, nomme Julius Frontinus comme ayant été très-habile dans cet art, et annonce qu'il lui a fait des emprunts pour ce second livre. Vers la fin de l'ouvrage, Boèce donne la liste des principaux arpenteurs romains, et y inscrit Julius Frontinus. Cette double circonstance nous prouve que cet auteur avait écrit sur la Géométrie pratique. Ensuite, nous remarquons que le morceau de Géométrie que nous trouvons dans le manuscrit dont nous venons de parler, présente, avec le second livre de Boèce, tant de points de ressemblance, qu'on en doit conclure avec certitude que l'un des deux ouvrages a été copié en grande partie sur l'autre. Le style pur et plus facile de ce morceau de Géométrie, annonce qu'il est antérieur à l'époque où a vécu Boèce; nous sommes donc porté naturellement à conclure qu'il

---

Aristotelis lib. elenchorum; Boetii Logica, Rhetorica, Arithmetica, Musica; Julii Firmici mathematica; Materni Junioris geometria; canones, tabulæ et diversa de Astronomiâ.

Ce titre est emprunté d'une note placée sur la partie intérieure de la couverture en bois du volume, et qui paraît aussi ancienne que lui; elle est ainsi conçue :

In hoc volumine continentur :
Liber elenchorum Aristotelis;
Logica, Rhetorica, Arithmetica, Musica, Boecii;
Mathematica Julii Firmici, Materni Junioris;
Geometria;
Canones, tabulæ et alia de Astronomiâ.

Vis-à-vis les mots *Mathematica Julii*, etc., se trouve une annotation qui paraît aussi fort ancienne, et où nous croyons lire : *Hanc suppositam credo.* Et, en effet, nous ne trouvons aucune pièce de Julius Firmicus Maternus. Mais il est vrai que, malheureusement, il manque 104 feuilles (140...243) dans ce manuscrit, à partir du chap. XX du second livre du Traité de la Musique, de Boèce. Nous supposons que le reste de la Musique occupait 64 feuilles à peu près; de sorte que 40 feuilles auraient contenu d'autres matières qui nous sont inconnues et où aurait pu se trouver quelque chose de Firmicus Maternus; cependant on ne connaît et on ne cite, de cet auteur, que son Traité d'Astrologie, en huit livres.

La feuille 244, la première après la lacune, contient la fin d'un écrit sur les corps réguliers. Puis, on trouve différentes pièces, placées les unes à la suite des autres, sans titres, et sans indication d'auteurs, et qui traitent, la plupart, de la Géométrie des arpenteurs romains et des mesures dont il faisaient usage. Nous avons distingué parmi ce pêle-mêle les morceaux suivants, dont les deux derniers surtout rendent le manuscrits très-précieux :

1° Celui que nous attribuons à Frontinus;
2° Le livre d'Arithmétique, de Martianus Capella;
3° Le cinquième livre de l'ouvrage *De re rusticâ*, de Columelle, qui traite de la mesure des champs;
4° Différents autres fragments de Géométrie, des arpenteurs romains;
5° Un passage du quinzième chapitre des *Étymologies* d'Isidore de Séville, qui traite des mesures;
6° Les deux livres de la Géométrie de Boèce, dont le premier contient les neuf chiffres et le passage relatif au nouveau système de numération; et dont le second est terminé par un autre passage, encore relatif à cette numération, et qui ne se trouve pas dans les éditions qu'on a données de Boèce;
7° Enfin, un autre écrit sur l'usage des neuf chiffres, qui présente des analogies frappantes, d'une part avec les passages de Boèce et la lettre de Gerbert, d'autre part avec notre propre système de numération.

Cet écrit, dont il paraît qu'on n'a point encore eu connaissance, pourra jeter quelque jour sur la question, encore controversée, de la vraie signification des passages de Boèce et de Gerbert, et de la date précise de l'introduction, en Europe, de la numération indienne.

Le manuscrit est terminé par quelques notions de la sphère céleste, puis un Traité d'Astrologie et des tables astronomiques.

est l'ouvrage même de Frontinus, auquel Boèce a annoncé qu'il avait fait des emprunts.

Ce morceau de Géométrie, du reste, peut faire honneur à cet écrivain, et est plus digne de porter son nom que le Traité *De qualitate agrorum*, qu'on lui a attribué. Nous le regardons comme l'écrit le plus parfait qui soit sorti de la plume d'un géomètre latin, sans en excepter le second livre de la Géométrie de Boèce. Car d'une part nous trouvons dans cet écrit la formule pour la mesure de l'aire du triangle par les trois côtés; et, d'autre part, nous n'y trouvons pas la règle inexacte dont tous les arpenteurs romains se servaient pour mesurer l'aire du quadrilatère [1]; règle reproduite par Boèce lui-même.

De nombreux points de ressemblance nous font penser que c'est ce Traité qui a servi, à la renaissance des lettres, à composer la partie géométrique de l'encyclopédie qui a paru en 1496, et a eu depuis de nombreuses éditions sous le titre de *Margarita philosophica*. Indépendamment de cette circonstance, qui doit lui donner quelque prix à nos yeux, ce Traité aurait mérité les honneurs de l'impression, comme étant le meilleur écrit de Géométrie qui nous soit venu des Romains.

Nous devons dire, cependant, que nous y trouvons, dans le calcul de l'aire des polygones réguliers, en fonction du côté, une erreur que Boèce a commise aussi, et qui a encore été reproduite, à la fin du XVe siècle, dans la *Margarita philosophica*.

L'auteur se sert de la formule suivante :

Soient a le côté du polygone régulier, n le nombre de ses côtés ; son aire a pour expression

$$\frac{(n-2)\,a^2 - (n-4)\,a}{2}.\quad^2$$

L'absurdité de cette formule est palpable; d'abord parce qu'elle n'est pas homogène, et ensuite parce que l'on en conclurait, *par une simple équation du second degré*, l'expression du côté d'un polygone régulier inscrit au cercle, en fonction du rayon du cercle, et réciproquement le rayon en fonction du côté. Questions qui dépendent, comme on sait, d'équations de degrés supérieurs.

Peut-être tout le passage qui concerne la mesure des polygones réguliers, a-t-il été introduit, par un écrivain postérieur, dans le morceau de Géométrie que nous attribuons

---

[1] *Voir* page 315 du recueil intitulé : *Rei agrariæ auctores legesque variæ; curâ Wilelmi Goesii, cujus accedunt indices, antiquitates agrariæ et notæ, unâ cum N. Rigaltii notis et observationibus.* Amst., 1674, in-4°; et page 172 de l'ouvrage de Columelle, *De re rusticâ libri XII.* Paris, 1543, in-8°.

[2] On reconnaît cette formule dans les règles que l'auteur donne pour les polygones réguliers de 7, 8, 9, 10, 11 et 12 côtés; mais pour le triangle, le pentagone et l'hexagone, il se sert des formules suivantes :

Pour le triangle, $\dfrac{a^2 + a}{2}$;

Pour le pentagone, $\dfrac{3a^2 + a}{2}$;

Pour l'hexagone, $\dfrac{4a^2 + a}{2}$.

à Frontinus. Car la règle qui concerne le triangle équilatéral est en contradiction avec une autre règle, parfaitement géométrique, donnée auparavant. Ainsi nous trouvons d'abord, sous le titre *de trigono ysopleuro* : « *a* étant le côté d'un triangle isopleure, » $a^2 - \left(\frac{a}{2}\right)^2$ est le carré de la perpendiculaire; la perpendiculaire, multipliée par $\frac{a}{2}$, est » l'aire du triangle. Soit $a = 30$, il vient

$$(50)^2 - \left(\frac{50}{2}\right)^2 = 675 = (26)^2; \quad 26 \times \frac{30}{2} = 390.$$

» C'est l'aire du triangle. » Cette règle est exacte, et l'application numérique l'est aussi, en négligeant toutefois les fractions dans l'extraction de la racine de 675 [1]. On doit s'étonner alors de trouver ensuite, encore sous le titre *de trigono ysopleuro*, cette seconde règle : « *a* étant le côté du triangle isopleure, son aire est $\frac{a^2 + a}{2}$. Soit $a = 28$, l'aire » du triangle sera $\frac{(28)^2 + 28}{2}$, ou $\frac{812}{2} = 406$. »

Remarquez que, de la sorte, le triangle dont le côté est 28, a une plus grande surface que celui dont le côté est 30. Ce rapprochement entre les deux exemples numériques de l'auteur, semble annoncer que la seconde règle lui est étrangère et a été prise d'un autre écrit.

Cette seconde manière de procéder est suivie de sa démonstration, mais qui ne présente qu'une pétition de principe. Voici le raisonnement de l'auteur. Une aire donnée S est la surface d'un certain triangle équilatéral, dont le côté est égal à $\frac{\sqrt{8S + 1} - 1}{2}$. Mettant, à la place de S, l'aire trouvée $\frac{a^2 + a}{2}$, on a pour résultat a, qui est le côté du triangle proposé; donc l'aire trouvée est exacte.

Le défaut de cette prétendue démonstration est manifeste, car la formule

$$\text{côté} = \frac{\sqrt{8 \cdot \text{aire} + 1} - 1}{2},$$

est précisément, sous une autre forme, la même que celle-ci : aire $= \frac{a^2 + a}{2}$, qu'il s'agit de démontrer.

Mais pour passer de l'une à l'autre de ces deux formules, *il faut résoudre une équation*

---

[1] Prendre $\sqrt{675} = 26$, c'est la même chose que 15 . $\sqrt{3} = 26$, ou $\sqrt{3} = \frac{26}{15}$. D'après cela l'expression de l'aire du triangle, qui est exactement $\frac{a^2}{4} \sqrt{3}$, devient

$$\frac{a^2}{4} \cdot \frac{26}{15} = a^2 \frac{13}{30}.$$

C'est la formule dont se sont servis quelques auteurs latins, tels que Columelle (*De re rusticâ*; liv. 5, chap. II), et qui a été employée encore dans les temps modernes. On la trouve dans plusieurs ouvrages de Géométrie pratique (voir *Georgii Vallæ, de expetendis et fugiendis rebus*; liber XIV et GEOMETRIÆ V; cap. IIII. — *Il breve trattato di Geometria del sig. Gio. Franc. Peverone di Cuneo*; in Lione, 1556, in-4°. — Livre III de la *Géométrie pratique* de Henrion; pag. 341 et 349; seconde édition, Paris, 1623).

littérale du second degré. Cette circonstance est assez remarquable dans la Géométrie des Latins.

Le morceau de Géométrie en question étant ce qui nous est parvenu de mieux et de plus complet des écrivains latins, et paraissant résumer tout leur savoir en Géométrie, nous allons donner l'indication des questions sur lesquelles il roule. Ce sont :

1° Le calcul de la perpendiculaire, dans un triangle dont les côtés sont donnés [1] ;

2° Le calcul de l'aire du triangle, en fonction de cette perpendiculaire ; et la formule qui donne l'aire en fonction des trois côtés;

3° Les deux formules qui servent à former un triangle rectangle en nombre entiers, l'un des côtés étant donné en nombre pair ou impair, qui sont :

$$\text{Pour un nombre impair,} \quad \left(\frac{a^2+1}{2}\right)^2 = \left(\frac{a^2-1}{2}\right)^2 + a^2.$$

$$\text{Pour un nombre pair,} \quad \left[\left(\frac{a}{2}\right)^2+1\right]^2 = \left[\left(\frac{a}{2}\right)^2-1\right]^2 + a^2.$$

4° L'expression du diamètre du cercle inscrit à un triangle rectangle, qui est égal à la somme des deux côtés de l'angle droit, moins l'hypoténuse;

5° Le calcul de l'aire du carré, du parallélogramme, du losange (ou rhombe) et du quadrilatère à bases parallèles;

L'auteur appelle l'un des côtés du quadrilatère sa *base*, et le côté opposé le *sommet* ou la *corauste* (*vertex seu coraustus*). Le mot *coraustus* ne se trouve plus dans aucun lexique; il n'a peut-être été reproduit, chez les Modernes, que dans la *Margarita philosophica* ;

6° Le calcul (basé sur une règle fausse) des surfaces des polygones réguliers ;

7° Le rapport $\frac{44}{14}$ ou $\frac{22}{7}$, de la circonférence au diamètre;

8° Enfin l'aire de la sphère, égale à celle de quatre grands cercles.

Les noms sont si rares dans l'histoire des sciences, chez les Latins, que l'on est réduit à citer les écrivains qui nous ont laissé quelques traces d'un faible savoir en Géométrie, même sans avoir contribué à ses progrès. C'est ainsi que nous nommerons Martianus Capella, saint Augustin, Macrobe, Boèce, Cassiodore et Isidore de Séville. Le premier, sur l'époque duquel on n'est pas d'accord, et que les uns fixent au IIIe siècle et d'autres au Ve, nous a laissé un ouvrage en neuf livres [2], dont les deux premiers, qui forment une sorte d'introduction aux sept autres, sont un petit roman philosophique et allégorique, intitulé : *des Noces de la philosophie et de Mercure*, et dont les sept autres sont consacrés

---

[1] L'auteur prend, pour les côtés du triangle, les trois nombres 13, 14 et 15, dont s'était servi Héron d'Alexandrie dans son Traité de Géodésie, et qu'on trouve aussi dans la Géométrie des Indiens. (*Voir* ci-dessus l'analyse de l'ouvrage de Brahmegupta).

[2] *Martiani Minei felicis Capellæ, Carthaginiensis, viri proconsularis, Satyricon, in quo de Nuptiis Philologiæ et Mercurii libri duo et de septem artibus liberalibus libri singulares*, etc.

aux sept arts libéraux : la Grammaire, la Dialectique, la Rhétorique, la Géométrie, l'Arithmétique, l'Astronomie [1] et la Musique.

Dans le livre de la Géométrie, l'auteur semble avoir employé ce mot suivant son sens étymologique; car il débute par des notions de géographie. Ce qui est de la Géométrie proprement dite, se réduit à quelques définitions des lignes, des figures planes et des solides, qui la plupart sont prises d'Euclide, et énoncées sous leur nom grec; chose assez remarquable, parce que dans d'autres écrits du même temps ou un peu moins anciens, tels que ceux de Boèce, de Cassiodore, les noms grecs ont été remplacés par des dénominations latines.

Le livre d'Arithmétique, de Martianus Capella, est plus savant que son livre de Géométrie. Il est, comme l'Arithmétique de Boèce, une imitation des ouvrages platoniciens et pythagoriciens, particulièrement de celui de Nicomaque, qui traite des propriétés des nombres et de leurs divisions en diverses catégories, des nombres pairs, impairs, composés, parfaits, imparfaits, abondants, diminutifs, plans, solides, triangulaires, etc.

Saint Augustin a écrit sur la Musique. On lui attribue aussi, assez légèrement, des principes d'Arithmétique et de Géométrie, mais qui n'offrent qu'une simple nomenclature.

Il en est de même du traité de Géométrie, de Cassiodore, compris dans son seizième livre, qui traite des sept arts libéraux, et de la partie géométrique de cette espèce d'encyclopédie que le célèbre Isidore de Séville a laissée sous le titre d'*Étymologies*.

La Géométrie de Boèce a plus d'importance que les écrits dont nous venons de parler, parce qu'elle est plus savante, qu'elle fait connaître pour la première fois, chez les Latins, la Géométrie d'Euclide, et qu'elle contient quelques traits intéressants de l'histoire des sciences. Nous allons donner une analyse de cet ouvrage, qui est aujourd'hui peu connu.

Il est en deux livres. Le premier est une traduction, à peu près littérale, des définitions et des énoncés des propositions des quatre premiers livres d'Euclide. Ensuite on trouve, sous le titre *de figuris geometricis*, quelques problèmes résolus par Boèce, qui n'offrent rien d'intéressant.

Ce premier livre est terminé par l'exposition d'un nouveau système de numération, différent des systèmes grec et romain, qui fait usage de neuf chiffres, et que l'on a cru reconnaître pour être précisément notre système de numération actuel. Mais ce point de l'histoire des sciences, qui depuis deux siècles a fixé l'attention des savants, n'a pas encore été résolu d'une manière définitive. Nous reviendrons, plus loin, sur ce passage intéressant de la Géométrie de Boèce. Nous discuterons aussi, dans un article spécial, un autre passage du même livre, où nous croyons trouver la description du pentagone étoilé ou de seconde espèce.

Le second livre est consacré à la Géométrie pratique, telle qu'elle était connue des arpenteurs romains. L'analyse que nous avons donnée, en parlant de Frontinus, d'un Traité de Géométrie pratique, resté manuscrit, répond à ce second livre, qui paraît avoir

---

[1] Dans ce huitième livre se trouve un chapitre très-remarquable, intitulé : *Quod tellus non sit centrum omnibus planetis*, où Martianus Capella fait tourner Mercure et Vénus autour du Soleil. C'est là que Copernic a pris la première idée de son système.

été copié sur ce manuscrit, et qui n'en diffère essentiellement qu'en deux points, au désavantage de Boèce. Cet écrivain célèbre ne donne pas la formule pour le calcul de l'aire du triangle par les trois côtés, qui se trouve dans le manuscrit, et donne la règle inexacte, employée par les arpenteurs romains, pour le calcul de l'aire du quadrilatère, qui ne s'y trouve pas.

En donnant les deux formules pour construire un triangle rectangle en nombres entiers, l'un des côtés étant connu, Boèce attribue à Archytas celle où ce côté est pair. Proclus, comme on sait, attribue cette formule à Platon et l'autre à Pythagore.

A la suite de ce livre de Géométrie pratique, on a joint une autre partie, qui ne se trouve pas dans tous les manuscrits de Boèce, et dont voici le sujet. Après une sorte de dissertation sur l'origine, l'utilité et l'excellence de la Géométrie, Boèce rapporte la substance d'une lettre de J. César, où l'on voit que ce grand homme voulait que la Géométrie servît de règle dans tout l'empire romain et ses colonies, pour ce qui regardait la mesure et la limitation des terres, les édifices publics et particuliers, les fortifications des villes et les grands chemins. L'auteur énumère ensuite les diverses matières qui peuvent donner lieu à controverse, dans les opérations de la mesure des terres. Il remarque quelles sont les qualités que doit avoir un arpenteur, et donne les noms de ceux qui ont eu le plus de célébrité, et des empereurs par ordre desquels ils ont travaillé. Il donne ensuite la nomenclature des bornes diverses dont on se servait pour distinguer les provinces, les grands chemins et les possessions des particuliers. Puis il énumère les connaissances qui sont nécessaires, en Arithmétique et en Géométrie, pour être un parfait géomètre. Ces connaissances embrassent les propriétés des nombres et leurs divisions en nombres pairs, impairs, composés, etc.; l'ordre logique que l'on doit suivre en Géométrie; les définitions des figures que considère la partie la plus élémentaire de cette science, et les différentes mesures en usage chez les arpenteurs romains.

Enfin, l'ouvrage est terminé par un morceau qui ne concerne que l'Arithmétique, et que nous avons reconnu, en effet, n'être qu'une réunion de divers passages du premier livre de l'Arithmétique de Boèce, pris, dans l'ordre suivant, du chapitre XXXII, de la préface, et des chapitres I, II, I, XXXII, XIX, XX, XXII, XII, XXVI et XXVII. Tout ce morceau est sans doute étranger à la Géométrie de Boèce, et y a été joint, à tort, par quelque compilateur.

Les éditions de Boèce, et la plupart des manuscrits, ne contiennent que deux livres de Géométrie. Cependant il existe quelques manuscrits qui en contiennent cinq. M. Libri en signale un à Florence, à la Bibliothèque de Saint-Laurent [1]. Nous voyons, dans la *Bibliotheca bibliothecarum* de Montfaucon (tom. Ier, pag. 88), qu'il en existe aussi un dans la Bibliothèque du Vatican, avec un *Traité sur les nombres, en deux livres* (*Boetii de numeris duo libri*), qui paraît être différent de l'Arithmétique. Il est à désirer que ces manuscrits, qui peuvent être utiles pour l'histoire des sciences, sortent enfin de la poussière des bibliothèques.

[1] *Histoire des sciences en Italie*, tom. Ier, p. 89.

SUR LE PASSAGE DU PREMIER LIVRE DE LA GÉOMÉTRIE DE BOÈCE, RELATIF A UN NOUVEAU
SYSTÈME DE NUMÉRATION.

Le passage de la Géométrie de Boèce, dont il s'agit, paraît être resté inaperçu pendant
longtemps, quoique les manuscrits des œuvres de cet écrivain ne soient pas rares, et que
sa Géométrie ait été imprimée dès 1491, puis en 1499 et en 1570. Ce n'est, je crois, que
vers le milieu du XVIIe siècle que Isaac Vossius, dans ses notes sur la Géographie de
Pomponius Mela, fit connaître ce passage, et signala les neuf *caractères* ou *chiffres*, qu'il
contenait. Depuis, ç'a été une question souvent agitée, de savoir si c'est bien précisément
de notre système de numération que Boèce veut parler, et si les Grecs en ont eu connaissance, ainsi qu'il le rapporte.

Ce point historique offrait un grand intérêt, par lui-même, et comme devant être d'une
haute importance dans la question plus générale de l'origine du calcul indien, et des voies
qu'il avait suivies pour se répandre au loin, et apparaître tout à coup parmi nous, au
commencement du XIIIe siècle, dans de nombreux ouvrages [1].

Cependant on n'a point encore été d'accord jusqu'ici sur la vraie signification du passage de Boèce, et l'opinion émise le plus généralement a été en faveur d'une autre pièce,
du Xe siècle, qui est une lettre et un petit Traité, attribués à Gerbert (devenu pape en 999,

---

[1] 1° L'ouvrage de Léonard Fibonacci, de Pise, commençant ainsi : *Incipit liber Abbaci, compositus a
Leonardo filio Bonacci Pisano, in anno 1202;* et dans lequel se trouvent aussi, pour la première fois, en
Europe, les principes de l'Algèbre.

2° Le *Traité d'Arithmétique pratique*, de Jordan Nemorarius (vers 1200), resté manuscrit dans la Bibliothèque
savilienne, sous le titre : *Algorismus Jordani, tam in integris quam in fractis demonstratus.* Cet ouvrage est
différent de l'Arithmétique spéculative en dix livres, du même auteur, mise au jour et illustrée par Fabre
d'Étaples, en 1496.

3° Le Traité d'Arithmétique de Sacro Bosco, intitulé : *Tractatus Algorismi,* écrit en 1256, en vers, et commençant par ces deux-ci :

> Hæc algorismus, as præsens, dicitur in quâ
> Talibus Indorum fruimur bis quinque figuris.

4° Un passage du *Speculum doctrinale,* de Vincent de Beauvais (1194-1264), intitulé : *De computo et algorismo* (livre XVI, chap. 9), où la connaissance de nos neuf chiffres, et de leurs valeurs de position, ainsi que
l'usage du zéro, sont parfaitement exposés.

5° L'*Algorisme,* ou *Traité d'Arithmétique,* écrit en français par un anonyme, sous Philippe le Hardi (1270-
1285). (M. Daunou, dans le Discours sur l'état des lettres en France, au XIIIe siècle, mis en tête du tom. XVI
de l'*Histoire littéraire de la France* (in-4°, Paris, 1824), fait mention de ce Traité, qu'il dit exister dans la
Bibliothèque de Ste-Geneviève, sous le n° BB 2, in-4°; mais, malgré les recherches réitérées de MM. les conserva-
teurs de cette Bibliothèque, nous n'avons pu l'y trouver).

6° Le Traité de Maxime Planude, écrit en grec, vers la fin du XIIIe siècle, sous le titre : *Calcul selon les
Indiens, dit le grand calcul.*

Il est assez singulier qu'aucun de ces traités d'Arithmétique, qui sont si précieux pour l'histoire des sciences,
et qui marquent un grand pas dans l'esprit humain, n'ait encore été imprimé.

Outre ces ouvrages, il existe d'autres écrits du même temps, tels que le Calendrier de Roger Bacon, les Lettres
de Jordan Nemorarius, et les traités *De spheræ* et *De computo,* de Sacro Bosco, où il est fait usage des chiffres
arabes.

sous le nom de Sylvestre II), où l'on a aperçu notre système de numération, et l'on a répété, depuis que Wallis a émis cette opinion dans son *Histoire de l'Algèbre*, que Gerbert, le premier, nous a fait connaître le système de numération indien, qu'il avait appris des Sarrazins, en Espagne. Et c'est l'opinion émise encore dernièrement par l'illustre président de la Société asiatique de Londres, dans sa savante dissertation sur l'origine de l'Algèbre [1].

Mais il faut dire ici que c'est plutôt d'après le témoignage unique d'un historien du XIIe siècle, Guillaume de Malmesbury, dont les paroles [2] ont été empruntées et reproduites, un siècle après, par Vincent de Beauvais [3], qu'on a fondé cette opinion, que sur le Traité même de Gerbert, que l'on a rarement lu, et que Wallis particulièrement n'a pas connu. Et, chose assez singulière, si c'eût été l'examen de ce Traité qui eût servi de base à l'opinion de Wallis, nous ne balancerions pas à dire que la question agitée au sujet du passage de Boèce est résolue par cela même, et qu'à Boèce doit être reporté l'honneur attribué à Gerbert. Car la comparaison que nous avons faite, du Traité de Gerbert avec le passage de Boèce, ne nous laisse aucun doute qu'ils roulent absolument sur le même sujet et sur le même système de numération, et que l'un et l'autre ont la même origine. Cette remarque, qui n'avait pas encore été faite, aura besoin d'être justifiée ; j'y reviendrai dans un autre moment, et je ferai alors quelques autres observations, auxquelles peut donner lieu le Traité de Gerbert [4]. Je dois ici me renfermer uniquement dans l'examen du passage de

---

[1] *This* (Gerbert), *upon his return, he communicated to Christian Europe, teaching the method of numbers under the designation of* Abacus, *a name apparently first introduced by him* (rationes numerorum Abaci), *by rules abstruse and difficult to be understood, as William of Malmesbury affirms. It was probably owing to this obscurity of his rules and manner or treating the Arabian, or rather Indian arithmetic, that it made so little progress between his time and that of the Pisan (Leonardo of Pisa).* (Colebrooke, *Brahmegupta and Bhascara, Algebra*, dissertation, p. LIII.)

[2] *Abacum certe primus a Saracenis rapiens, regulas dedit, quæ a sudantibus abacistis vix intelliguntur.* Voir *De gestis Anglorum libri V.* (Livre 2, pp. 64 et 65.)

[3] *Speculum historiale.* Duaci, 1624, in-f°. Voir livre 24, chap. XCVIII, p. 997.

[4] Par exemple, ce Traité, et la lettre d'envoi qui lui sert de préface, sont-ils bien de Gerbert? Et en supposant qu'ils roulent sur notre système de numération (ce que je crois), leur origine directe vient-elle des Sarrazins d'Espagne? Ces deux questions, qui sont soulevées ici pour la première fois depuis que, sur l'autorité de Malmesbury, on a fait honneur à Gerbert de l'importation du système arabe, ne sont peut-être pas dépourvues d'intérêt. Car cette lettre et le Traité, qu'on croit généralement être restés manuscrits, sont imprimés en entier, sous le titre *de numerorum divisione*, dans les Œuvres de Bède (672-735), comme étant de cet écrivain. Il est assez étonnant qu'ils n'y aient pas été aperçus, surtout par Montucla et par Delambre, qui, l'un et l'autre, ont parlé de ce chapitre des Œuvres mathématiques de Bède. (Voir *Histoire des Mathématiques*, tom. Ier, p. 495, et *Histoire de l'Astronomie ancienne*, tom. Ier, p. 322.)

Maintenant, ce sera peut-être un point d'histoire à résoudre, de savoir si la lettre et le système de numération attribués à Gerbert, sont de lui ou de Bède.

Sans vouloir aborder cette question, qui est du ressort des savants écrivains qui continuent l'*Histoire littéraire de la France*, nous nous permettrons de dire que la grande ressemblance, quant au fond et dans les mots mêmes, que nous reconnaissons entre ce Traité et le passage de Boèce, nous porte à le croire de l'écrivain le plus rapproché de ce dernier; c'est-à-dire de Bède, qui ne lui est postérieur que de deux siècles. Une autre raison, c'est que, du temps de Gerbert, les Maures d'Espagne devaient se servir, comme les Indiens et les Arabes, du *zéro* (ou du *point*, comme *zéro*); de sorte que Gerbert, en transmettant leur système de numération, aurait fait usage et aurait parlé expressément du *zéro*, dont nous ne pouvons trouver aucune trace dans la Géométrie de Boèce, qui est la partie la plus importante de cet ouvrage, surtout comme document historique unique.

Voici la traduction, à peu près littérale, qui nous paraît rendre le sens de ce passage :

« Les Anciens avaient coutume d'appeler *digits* toute espèce de nombre au-dessous de
» la première *limite*, c'est-à-dire ceux que nous comptons depuis un jusqu'à dix, qui sont
» 1, 2, 3, 4, 5, 6, 7, 8 et 9.

» Ils appelaient *articulés* tous ceux de l'ordre des dizaines, et des ordres suivants à
» l'infini [1] ;

» Nombres *composés* tous ceux qui sont compris entre la première et la seconde *limite*,
» c'est-à-dire, entre dix et vingt, et tous les autres suivants, excepté les *limites* ;

» Et nombres *incomposés* tous les *digits* et toutes les *limites* [2].

» Les nombres multiplicateurs changent de place entre eux ; c'est-à-dire que tantôt le

le Traité en question, où nous supposons que ce signe auxiliaire est suppléé par l'emploi de colonnes, comme dans Boèce, ainsi que nous allons le dire. Enfin, une troisième considération, qui rend admissible l'opinion que Bède a pu écrire ce Traité, c'est que l'on trouve nos chiffres dans quelques manuscrits très-anciens des œuvres de cet écrivain, ainsi que l'a remarqué Wallis dans son *Histoire de l'Algèbre* (p. 11).

[1] C'est-à-dire tout décuple ou centuple, etc., d'un *digit*.

Cette distinction des nombres, en *digits* et en *articulés*, avait pour objet surtout de donner des dénominations spéciales au chiffre des unités et à celui des dizaines, dans un nombre exprimé par deux chiffres, tel que 27 ; parce que ces deux chiffres, considérés dans un calcul, pouvaient bien ne pas représenter les véritables unités et dizaines de la question. C'est ce qui a lieu, par exemple, si le nombre 27 résulte, dans une multiplication, du produit du premier chiffre du multiplicateur par le deuxième ou le troisième chiffre du multiplicande.

Les dénominations de *digits* et *articulés* (*digitus* et *articulus*) méritent bien d'être remarquées ici, car on peut dire qu'elles suffisaient seules pour indiquer qu'il est question de notre système de numération, avec lequel elles se sont toujours présentées depuis : au Xe siècle ou antérieurement, dans le Traité attribué à Gerbert ; au XIIIe siècle, dans les ouvrages de Sacro Bosco, de Vincent de Beauvais, etc. ; et, à la Renaissance, dans tous les Traités d'Arithmétique, qui commencent toujours comme ce passage de Boèce (voir *Opusculum de praxi numerorum quod algorismum vocant*, pièce très-ancienne, trouvée et mise au jour en 1503, par Josse Clicthovée ; *Margarita philosophica* ; *Summa de Arithmetica*, de Lucas di Borgo ; *Algorithmus demonstratus*, de Schoner ; *Septem partium Logisticæ arithmeticæ questiones*, de Schroter ; *Arithmetica practica in quinque partes digesta*, de Norsianus ; *Arithmetica practica libris IV absoluta*, d'Oronce Finée ; *Arithmeticæ praticae methodus facilis*, de Gemma Frisius, etc.)

[2] Ainsi les *limites* étaient des nombres, et n'étaient autres que les *articulés*.

Il n'y avait donc, dans le fait, que trois espèces de nombres : les *digits*, les *articulés* et les nombres *composés*.

Cette division des nombres, en trois espèces, était enseignée dans tous les Traités d'Arithmétique, à la Renaissance. Le mot *limes*, que nous avons traduit par *limite*, était aussi employé dans plusieurs ouvrages ; mais il n'y désignait pas des nombres : il s'appliquait à des collections de nombres. On appelait *limites* (LATINÈ) les différents ordres d'unités, dizaines, centaines, etc., que les Grecs appelaient ευναδὲς. Ainsi *primus limes* était l'ordre ou la colonne des unités ; *secundus limes*, l'ordre ou la colonne des dizaines ; et ainsi de suite.

Le passage suivant de l'*Algorithmus demonstratus*, de Schoner, définit bien nettement la signification des mots *digitus*, *articulus*, *numerus compositus*, et *limes*.

Digitus est omnis numerus minor decem. Articulus est omnis numerus qui digitum decuplat, aut digiti decuplum, aut decupli decuplum, et sic in infinitum. Separantur autem digiti et articuli in limites. Limes est collectio novem numerorum, qui aut digiti sunt, aut digitorum æque multiplices, quilibet sui relativi. Limes itaque primus digitorum. Secundus primorum articulorum. Tertius est secundorum articulorum. Et sic in infinitum. Numerus compositus est qui constat ex numeris diversorum limitum. Item numerus compositus est qui pluribus figuris significativis repræsentatur.

» plus grand est le multiplicateur du plus petit, et tantôt le plus petit est le multiplicateur
» du plus grand. Souvent un nombre est multiplicateur de lui-même. Mais les nombres
» les plus petits sont toujours diviseurs des plus grands.

. . . .

  » Des pythagoriciens, pour éviter de se tromper dans leurs multiplications, divisions et
» mesures (car ils étaient en toutes choses d'un génie inventeur et subtil), avaient imaginé
» pour leur usage un *tableau*, qu'ils appelèrent, en l'honneur de leur maître, *table de*
» *Pythagore*; parce que, ce qu'ils avaient tracé, ils en tenaient la première idée de ce
» philosophe. Ce tableau fut appelé, par les Modernes, *abacus*.

  » Par ce moyen, ce qu'ils avaient trouvé par un effort d'esprit, ils pouvaient en rendre
» plus aisément la connaissance usuelle et générale, en le montrant pour ainsi dire à l'œil.
» Ils donnaient à ce tableau une forme assez curieuse, qui est représentée ci-dessous. »

Ici se trouve la *table de multiplication* dans les éditions de Boèce, et probablement
dans les manuscrits que les divers écrivains qui ont disserté sur ce passage ont eus à leur
disposition, car toujours ils ont raisonné dans cette supposition; et Weidler, particulièrement, s'en est fait un argument pour prouver que ce sont bien nos chiffres et notre
système de numération que Boèce a décrits [1]. Mais cette table de Pythagore ne se trouve
pas dans un très-beau manuscrit du XIe siècle, appartenant à la Bibliothèque de Chartres,
qui est souvent plus correct que l'édition de 1570. Cette circonstance m'a fait naître l'idée
que peut-être ce n'était par la *table de multiplication* (à laquelle, sur l'autorité même de
ce passage, on avait donné depuis le nom de *Pythagore*), dont Boèce avait réellement
parlé; et j'ai pensé dès lors que la difficulté que l'on avait trouvée à donner un sens aux
paroles de l'auteur, pouvait provenir de ce qu'on voulait les appliquer à cette *table de mul-*
tiplication. Mais que faut-il mettre à sa place? Notre manuscrit ne répond pas entièrement
à cette question; cependant il peut mettre sur la voie.

Voici ce que nous y trouvons:

Sur une première ligne, sont les neuf caractères par lesquels Boèce représentait les neuf
premiers nombres: *un, deux, trois......, neuf.* Ils y sont écrits de droite à gauche, et au-
dessus d'eux sont leurs noms, comme il suit:

SIPOS CELENTIS.	TEMENIAS.	ZENIS.	CALTIS.	QUIMAS.	ARBAS.	ORMIS.	ANDRAS.	IGIN [2].

ⓐ   ϭ   𝒮   Λ   Ͷ   Ϥ   B   Ⱶ   Ϲ   I

------

[1] *Spicilegium observationum ad historiam notarum numeralium pertinentium*, etc. Vittemberg, in-4°,
(28 pages), 1755.
[2] Ces noms avaient déjà été trouvés, dans un manuscrit, par le savant orientaliste Greaves. Le célèbre Huet,
évêque d'Avranches, pensait qu'ils y avaient été insérés postérieurement à Boèce, en faveur des Orientaux, au
temps où la connaissance des lettres arabes s'introduisait parmi nous. Il attribuait aux quatre suivants: *Arbas,*
Quimas, Zenis et *Temenias*, une origine hébraïque (*Demonstratio Evangelica*, prop. 4. Voir aussi Heilbronner,
Historia matheseos, p. 744).

On voit, à la suite du neuf, un rond dans lequel est inscrite la lettre *a* ; nous parlerons plus loin de ce dixième signe.

Au-dessous de cette première ligne en est une seconde, sur laquelle sont les chiffres romains I, X, C, M, $\overline{X}$, $\overline{C}$, M.$\overline{I}$, etc...., écrits de droite à gauche.

Trois autres lignes, ensuite, contiennent en chiffres romains d'autres nombres, qui sont respectivement la moitié, le quart et le huitième de ces premiers.

Enfin, sur deux autres lignes, sont d'autres caractères romains représentant les fractions de l'once ; et, sur une dernière ligne, sont les nombres 1, 2, 3, 4,.... 12, écrits en chiffres romains.

De tout cela, nous ne prenons que la ligne des chiffres I, X, C, M, $\overline{X}$, etc. ; et nous supposons que la *table* dont Boèce veut parler, « que les Anciens, dit-il, appelaient *table de Pythagore*, et à laquelle les Modernes ont donné le nom d'*Abaque*, » n'était point la *table de multiplication*, mais un *tableau* destiné à faire les calculs, dans le nouveau système de numération qu'il va exposer.

Voici ce qui caractérisait ce tableau, et ce qui le rendait propre à cet usage.

Dans la partie supérieure, était une ligne horizontale, divisée en un certain nombre de parties égales ; et des lignes verticales partaient des points de division. Ces lignes, prises deux à deux consécutivement, formaient des *colonnes*.

Sur les portions de la ligne horizontale, comprises entre ces colonnes, étaient inscrits, en allant de droite à gauche, les chiffres romains I, X, C, M, $\overline{X}$, $\overline{C}$, M.$\overline{I}$, X.M.$\overline{I}$, etc., signifiant un, dix, cent, mille, dix mille, cent mille, mille mille, dix mille mille, etc. ; comme il suit :

X.$\overline{I}$.M.$\overline{I}$	$\overline{I}$.M.$\overline{I}$	C.M.$\overline{I}$·X.M.$\overline{I}$	M.$\overline{I}$	$\overline{C}$	$\overline{X}$	M	C	X	I

À l'aide de ce *tableau*, substitué à la *table de multiplication*, nous allons pouvoir, je crois, donner un sens intelligible au texte de Boèce, dont je reprends la traduction :

« Voici comment ils se servaient du tableau qui vient d'être décrit. Ils avaient des » *apices* ou *caractères*, de diverses formes. Quelques-uns s'étaient fait des notes d'*apices*, » telles que I répondait à l'unité ; ⌐ à deux ; ∑ à trois ; ℓℓ à quatre ; » Ɣ à cinq ; Ƿ à six ; Ɲ à sept ; 8 à huit ; et enfin 9 à neuf [1]. Quelques

[1] Nous reproduisons ici les neuf chiffres sous la forme qu'ils ont dans ce passage de notre manuscrit. Plusieurs

» autres, pour faire usage de ce tableau, prenaient les lettres de l'alphabet; de manière
» que la première répondait à l'unité, la seconde à *deux*, la troisième à *trois*, et les
» suivantes aux nombres naturels suivants. D'autres, enfin, se bornaient à employer, dans
» ces opérations, les caractères usités avant eux pour représenter les nombres naturels.
» Ces *apices* (quels qu'ils fussent), ils s'en servaient, comme de la poussière[1] ; de ma-
» nière que, s'ils les plaçaient sous l'unité, chacun d'eux ne représentait toujours que des
» *digits.* »

Cette dernière phrase et les suivantes sont très-importantes. C'est là que nous croyons
voir ce qui fait précisément le caractère propre de notre système de numération, c'est-à-
dire *la valeur de position des chiffres.* Pour les comprendre, il faut fixer son attention sur
le tableau que nous avons décrit et tracé ci-dessus. Car c'est ici que se montrent l'utilité et
l'usage de ce tableau.

Nous reprenons la dernière phrase de Boèce, et nous continuons :

« S'ils plaçaient ces divers *apices* sous l'unité (c'est-à-dire dans la *colonne des unités*),
» ils représentaient toujours les *digits.*

» Plaçant le premier nombre, c'est-à-dire *deux* (car l'unité, comme il est dit dans les
» Arithmétiques, n'est pas un nombre, mais l'origine et le fondement des nombres),
» plaçant donc *deux* sous la ligne marquée *dix*, ils convinrent qu'il signifierait *vingt;* que
» *trois* signifierait *trente; quatre, quarante;* et ils donnèrent, aux autres nombres suivants,
» les significations résultant de leur propre dénomination.

» En plaçant les mêmes *apices* sous la ligne marquée du nombre *cent*, ils établirent
» que 2 signifierait *deux cents;* 3, *trois cents;* 4, *quatre cents;* et que les autres répon-
» draient aux autres dénominations.

» Et ainsi de suite dans les *colonnes* suivantes : et ce système n'exposait à aucune
erreur. »

On peut voir, je crois, dans ceci une description assez claire du principe de notre système
de numération, *la valeur de position des chiffres,* croissant suivant une progression décuple,
en allant de droite à gauche. Les *colonnes* dont il était fait usage, et qui sont formellement
indiquées dans le texte par le mot *paginula* ou *pagina* (petite bande), permettaient de se
passer du zéro, parce que là où nous l'employons, on laissait la place vide. Un passage de
l'Arithmétique de Planude s'accorde avec cette supposition, que, dans l'origine de notre
système de numération, on se servait de colonnes qui dispensaient de l'usage du zéro.
Car Planude dit que le zéro (τζιφρα) *se met dans le vide; et comme les places augmentent*

---

sont différents, comme on voit, de ceux qui se trouvent avec leurs noms en dehors du texte, ce qui fait supposer
que ceux-ci ont été ajoutés par quelque copiste. Cela nous confirme dans l'opinion que cette ligne de chiffres ne
faisait pas partie, dans l'autographe de Boèce, du *tableau* dont il parle ; et que ce tableau se composait seulement
de colonnes verticales, au haut desquelles étaient inscrits les nombres un, dix, cent, mille, etc., signifiant *unités,
dizaines, centaines,* etc.

[1] *Ita varie ceu pulverem dispergere....* Boèce fait allusion sans doute à la poussière, au *pulvis eruditus* de
Cicéron (*De naturâ Deorum,* lib. II), que les Anciens étendaient sur leurs abaques, pour y tracer leurs figures de
Géométrie

les valeurs des chiffres, ainsi font les zéros qui remplissent les places vides [1]. Ainsi, antérieurement à l'usage du zéro, il y avait des places vides; ce qui ne pouvait se faire qu'au moyen de *colonnes*. Peut-être, quand on aura voulu supprimer les colonnes, et ne pas s'astreindre à l'usage d'un *tableau* préparé pour ce genre de calculs, aura-t-on laissé seulement celles ou se trouvaient des zéros; de sorte qu'alors deux petites lignes verticales (formant une *colonne*) auraient fait l'office du zéro. Ensuite on aurait changé cette figure en celle du zéro actuel, qui est d'une description plus simple.

Après avoir exposé succinctement le principe du nouveau système de numération, Boèce donne les règles de la *multiplication* et de la *division*. Voici comment il s'exprime :

« Dans les multiplications et les divisions, il faut savoir, et observer avec soin, dans
» quelle COLONNE on doit placer les *digits*, et dans laquelle les *articulés*. Car, si un
» nombre des *unités* est multiplicateur d'un nombre de *dizaines*, on place les *digits* dans
» les dizaines, et les articulés dans les centaines; si le même nombre est multiplicateur
» d'un nombre des centaines, on place les *digits* dans les centaines, et les articulés dans
» les mille; s'il est multiplicateur d'un nombre des mille, on place les *digits* dans les
» mille, et les articulés dans les dix mille; et multiplicateur d'un nombre des cent mille,
» on place les *digits* dans les cent mille, et les articulés dans les mille-mille.

» Mais si un nombre des dizaines est multiplicateur d'un nombre des dizaines, on
» place les *digits* dans la COLONNE *marquée cent*, et les articulés dans les mille;

» S'il est multiplicateur d'un nombre des centaines, on place les *digits* dans les mille,
» et les articulés dans les dix-mille;

» Multiplicateur d'un nombre des mille, on place les *digits* dans la colonne des dix
» mille, et les articulés dans celle des cent mille;

» Et multiplicateur d'un nombre des cent mille, on place les *digits* dans les mille-
» mille, et les articulés dans les dix mille-mille.

» Semblablement, un nombre des centaines étant multiplicateur, etc. »

Tout ce passage est très-intelligible, et répond parfaitement aux règles que nous observons pour la multiplication; il confirmerait, au besoin, le sens que nous avons donné aux phrases précédentes. C'est dans ce passage principalement qu'on a trouvé de l'analogie avec notre système de numération.

Viennent ensuite les règles de la division. L'auteur commence ainsi :

« Maintenant les divisions, de quelques grands nombres qu'il s'agisse, deviennent
» faciles pour le lecteur dont l'esprit est préparé par ce qui précède. Aussi nous n'en par
» lerons que sommairement ; et, s'il se rencontre quelque difficulté, nous laissons à l'atten
» tion du lecteur le soin de la résoudre. »

L'obscurité du texte ne nous permet pas d'en traduire la suite; nous supposons qu'il nous est parvenu tronqué et défectueux; mais cette suite n'est pas nécessaire pour fixer notre opinion sur le système de numération que Boèce vient d'exposer; ce qui précède suffit.

----

[1] Delambre, *Histoire de l'Astronomie ancienne*, t. Ier, p. 519.

Les règles que l'auteur donne pour la division, nous paraissent se rapporter aux cinq cas suivants :

1° Diviser des dizaines par des dizaines, ou des centaines par des centaines, etc.;

2° Diviser des dizaines, ou des centaines, ou des milles, etc., par des unités; ou bien des centaines ou des mille, etc., par des dizaines;

3° Diviser des dizaines ou un nombre composé de dizaines et d'unités, par un nombre composé de dizaines et d'unités;

4° Diviser des centaines ou des mille, etc., par un nombre composé de dizaines et d'unités;

5° Enfin, diviser des centaines ou des mille, par un nombre composé de centaines et d'unités.

Ici se termine le premier livre de la Géométrie de Boèce.

Le passage que nous venons de rapporter est le seul que l'on ait cité comme traitant d'un nouveau système de numération, et c'est le seul probablement qui se trouve dans les manuscrits sur lesquels on a travaillé jusqu'ici. Mais celui que nous avons sous les yeux, contient encore, à la fin du second livre, un second passage sur le même sujet, qui mérite d'être connu, car il nous paraît montrer bien distinctement la valeur de position des chiffres. Le voici :

Après le tableau des fractions de l'once, Boèce ajoute :

« Dans la formation du tableau ci-dessus, ils (les Anciens) se servaient de caractères de » différentes sortes et de formes différentes. Mais nous, nous n'en employons pas d'autres, » dans tout ouvrage de ce genre, que ceux que nous avons tracés dans la construction de » l'*abaque*. Nous avons assigné la première ligne de ce tableau aux unités; la seconde aux » dizaines; la troisième aux centaines; la quatrième aux mille; et enfin, les autres lignes » aux *limites* [1] des autres nombres. Si on place des *apices* sur la première ligne, ils repré- » senteront des unités; sur la seconde des dizaines, sur la troisième des centaines, sur la » quatrième des mille, et ainsi de suite des autres. »

Ensuite Boèce donne les valeurs des fractions de l'once, dont auparavant il a donné seulement les noms : *digitus, statera, quadrans, drachma,* etc.

Tout ce passage se rattache évidemment au tableau des divisions de l'once, et doit être rétabli dans l'ouvrage de Boèce.

De ce qui précède, nous croyons pouvoir conclure que le système de numération exposé par Boèce, est le système décimal, dans lequel les neuf chiffres dont il se sert prenaient des valeurs de position, croissant en progression décuple, en allant de droite à gauche; et enfin, que ce système de numération était précisément celui des Indiens et des Arabes; et le nôtre actuel; avec cette différence légère, que, dans la pratique, les places où nous mettons le zéro, restaient vides alors; et que cette dixième figure auxiliaire était suppléée par l'emploi de colonnes marquant distinctement l'ordre des unités, dizaines, centaines, etc.

---

[1] Ici Boèce donne au mot *limes* une acception semblable à celle qu'il a prise chez les Modernes. Voir, dans une note ci-dessus, le passage que nous avons cité de l'*Algorithmus demonstratus*, de Schoner.

Nous devons ajouter ici que, dans le manuscrit dont nous nous servons, à la suite des neuf chiffres tracés avec leurs noms sur une même ligne, se trouve, après le neuf, un dixième caractère, qui est un rond dans lequel est une petite lettre *a*. Ce dixième signe représente, bien probablement, le zéro; l'*a* qui y est inscrit est peut-être la terminaison du mot *syphra;* ou la première du mot *arcus,* que nous trouvons employé dans une autre pièce contenue dans le même manuscrit, et relative au même système de numération, pour exprimer le mot *colonne,* parce que les colonnes qui y sont tracées sont surmontées d'arcs de cercles, de sorte que cette lettre *a* voudrait dire que le *rond* tient lieu d'une colonne. Cette origine du zéro serait assez naturelle.

Nous ne supposons pas que cette dixième figure se soit trouvée dans l'autographe même de Boèce; elle aura été ajoutée plus tard. Mais il est bon de la remarquer dans un manuscrit du XIe siècle, parce que c'est une opinion partagée par des écrivains d'une grande autorité, que le zéro ne nous a été apporté qu'au commencement du XIIIe siecle, par Fibonacci.

Le sens que nous avons donné au passage de Boèce a reposé sur cette double supposition, que le mot *abacus,* qui s'y trouve employé, ne s'applique point à la *table de multiplication,* comme on l'avait supposé jusqu'ici, mais bien à un *tableau* d'une disposition particulière, propre à la pratique des nombres, dans notre système de numération. Cette double supposition n'est pas contredite par les documents littéraires qui nous restent sur la signification ancienne du mot *abacus,* et se trouve confirmée par celle qu'il a prise dans le Moyen âge, et qu'il avait encore au XVIe siècle.

En effet :

1° On sait, par divers auteurs grecs et romains, qui ont fait usage, avant Boèce, des mots ἄβαξ et *abacus,* qu'ils signifiaient proprement *un tableau sur lequel les Anciens faisaient leurs calculs d'Arithmétique et leurs figures de Géométrie.* (*Voir* Polybe, V[e] livre; Plutarque, *Vie de Caton d'Utique,* sur la fin; Perse, satyre Ire, vers 131; Martianus Capella, *De nuptiis Philologiæ et Mercurii;* liber VI, *de Geometriâ.)*

2° Nulle part, avant Boèce, il n'est parlé ni de la *table de multiplication,* ni de la *table de Pythagore :* ce n'est que sur l'autorité de ce passage de sa Géométrie, où s'est trouvée, dans des manuscrits, la *table de multiplication,* qu'on a appliqué, depuis, à cette table, les noms de *mensa pythagorica,* et de *abacus pythagoricus.*

Et il est à remarquer que, dans son Traité d'Arithmétique, où Boèce a fait un grand usage de cette table, pour mettre en évidence les propriétés des nombres considérés, dans leurs diverses catégories, en nombres triangulaires, pentagonaux, etc., il ne l'a désignée ni sous le nom de *Pythagore,* ni par le mot *abacus.*

On ne trouve, après Boèce, qu'un seul auteur ancien, Bède, qui ait appelé *mensa pythagorica seu abacus numerandi,* une table de multiplication, qui est beaucoup plus étendue que celle dont nous faisons usage. Mais il faut vérifier si ce double titre est bien dans les manuscrits de Bède, surtout dans les plus anciens.

3° Le mot *abacus* est employé dans la lettre et dans le Traité *De numerorum divisione,* attribués à Gerbert, et là évidemment il ne désigne pas la table de multiplication, mais bien le nouveau système de numération que l'auteur expose. Or, comme nous l'avons dit dans une note précédente, ce système est absolument le même que celui de Boèce ; nous devons donc en conclure que, dans Boèce aussi, le mot *abacus* a une signification particulière, qui se rapporte à ce système.

Nous supposerons que Boèce s'est servi de ce mot *abacus* (sous-entendant peut-être *pythagoricus*) pour désigner le tableau propre à faire les calculs, dans le nouveau système de numération ; et qu'un écrivain postérieur, tel que Gerbert, a donné ce nom au système lui-même.

Cette conjecture semble confirmée par l'opinion que Wallis a fondée sur de nombreux documents historiques, savoir : que le mot *abacus*, dans le Moyen âge et à la Renaissance, a été employé comme synonyme de *algorismus* (*De Algebra tractatus*, pag. 16) ; que l'un et l'autre ont toujours désigné la pratique des nombres par les chiffres arabes, c'est-à-dire notre système de numération [1] (*ibid.*, pag. 19) ; et que, dans quelque auteur où l'on trouvera le mot *algorismus*, on pourra conclure, avec certitude, que ces chiffres étaient connus au temps de cet écrivain [2].

Le passage de la Géométrie de Boèce, et le Traité *de numerorum divisione*, attribué à Gerbert, sont jusqu'ici les seuls monuments anciens de notre système de numération, qui nous soient connus. Nous en avons trouvé un troisième, à la suite de la Géométrie de Boèce, dans le manuscrit du XIe siècle dont nous avons parlé. Nous ferons connaître cette pièce dans un autre écrit. Elle confirmera, je crois, le sens que nous avons donné au passage de Boèce. Les neuf chiffres y ont les noms *igin*, *andras*, etc. ; et leurs valeurs, c'est-à-dire les nombres qu'ils expriment, sont indiqués par neuf vers que voici :

> Ordine primigeno [3]   nomen possidet *Igin.*
> *Andras* ecce locum previndicat ipse secundum.
> *Ormis* post numerus non compositus sibi primus.

[1] Nous voyons qu'en effet, au commencement du XIIIe siècle, Fibonacci appelle son Traité d'Arithmétique *Liber abbaci.*
Un siècle après, un autre auteur italien, Paolo di Dagomari, qui eut de la célébrité comme géomètre, astronome et littérateur, était surnommé *Paolo dell' abbaco*, c'est-à-dire *Paul de l'Arithmétique*, à cause de sa grande habileté dans la science des calculs.
A la fin du XVe siècle, Lucas Paccioli dit que notre système d'Arithmétique a été appelé *abacus*, pour dire, à la manière des Arabes, *muodo arabico*; mais que suivant d'autres, ce mot dérive d'un mot grec. (*Summa de Arithmetica. Distinctio* 2ª *; de numeratione.*)
Un ouvrage du même temps, de Fr. Pellos, a pour titre : *Sen segue de la art de arithmeticha, e semblantment de jeumetria dich ho nommat compendion de lo* ABACO..... *complida es la opera per Fr. Pellos...... Impresso in Thaurino, lo present compendion de* ABACO *per....*, 1492.
Enfin Clicthovée, au commencement du XVI siècle, appelle son Traité d'Arithmétique, *Praxis numerandi quem abacum dicunt*, et y joint un Traité semblable, d'un auteur ancien qui lui est inconnu, et qu'il intitule : *Opusculum de Praxi numerorum quod algorismum vocant.* Ce qui prouve bien qu'au temps de Clicthovée, *abacus* et *algorismus* étaient synonymes et s'appliquaient à notre système de numération, comme l'a pensé Wallis.
[2] *Et ubicunque in scriptore aliquo Algorismi nomen reperitur, certo concludas figuras hasce eâ ætate fuisse cognitas* (DE ALGEBRA TRACTATUS, p. 12).
[3] Ici se trouve un blanc dans le manuscrit. Le mot *sibi* conviendrait.

Denique bis binos succedens indicat *Arbas*.
Significat quinos ficto de nomine *Quimas*.
Sexta tenet *Calcis* perfecto munere gaudens.
Zenis enim dignè septeno fulget honore.
Octo beatificos *Temenias* exprimit unus.
Hinc sequitur *Sipos* est qui rota namque vocatur[1].

Nous ne nous sommes occupé, dans cette Note, que de rechercher la vraie signification du passage de Boèce, et de fixer notre opinion sur la question de savoir s'il se rapportait à notre système de numération. Mais ce passage a donné lieu à une autre question, qui est même celle qui a été le plus souvent discutée : c'est de savoir si, comme le dit Boèce, ce système a été connu des pythagoriciens. Plusieurs écrivains l'ont pensé[2]; mais le plus grand nombre n'ont pu admettre que les Grecs aient possédé un système de numération supérieur au leur, et dont ils auraient méconnu l'excellence au point de le laisser se perdre dans l'oubli. Cette objection est grave ; et Montucla, pour y répondre, suppose qu'il s'agit des Grecs d'un temps rapproché, où le savoir et l'amour des sciences étaient déjà sur leur déclin. Cette supposition est plausible ; mais est-il bien nécessaire d'y avoir recours ? Nous pensons que Montucla ne l'a faite que parce que l'on s'exagère, en général, la différence qu'il y a entre le système de numération des Grecs et celui des Indiens, et la difficulté prétendue d'opérer dans le premier. Il nous semble qu'au contraire les deux systèmes diffèrent très-peu l'un de l'autre. Tous deux ont pour base la progression décuple, et expriment un nombre quelconque de la même manière, par unités, dizaines, centaines, mille, etc., au moyen des neuf nombres radicaux et générateurs : un, deux, trois, ..., neuf, qui forment l'ordre des unités, et servent à former l'ordre des dizaines, des centaines, des mille, etc. En un mot les deux systèmes de numération reposent, l'un et l'autre, sur la même formule suivante, qui exprime la composition d'un nombre quelconque :

$$N = A \cdot 10^r + B \cdot 10^{r-1} + C \cdot 10^{r-2} + \cdots + E \cdot 10^1 + F,$$

où chacun des nombres générateurs : A, B, C....., E, F, est l'un quelconque des neuf premiers : *un, deux, trois, ..., neuf.*

[1] Ce dernier vers s'applique ici au chiffre 9. Néanmoins, dans la suite de l'écrit, le 9 est appelé *celentis*. Quelle est la raison de ce double nom, *sipos* et *celentis*, qui se trouve aussi, comme nous l'avons vu ci-dessus, dans le manuscrit de Boèce?

Dans ce nouvel écrit on remarque, à la suite des neuf chiffres, comme aussi dans celui de Boèce, un rond, qui représente sans doute le *zéro*. Le mot *sipos*, dans le principe, n'aurait-il pas été destiné à cette dixième figure, à laquelle il convient bien? Alors il manquerait ici un vers pour le chiffre 9, *celentis*.

Nous soumettons ces questions aux lecteurs à qui la connaissance de l'hébreu pourra en faciliter la solution.

[2] Conrad Dasypodius, Isaac Vossius, Huet, Dom Calmet, Édouard Bernard, Weidler, Jean Ward, Bayer, Villoison, Montucla.

Il a paru en Italie, au commencement de ce siècle, une nouvelle dissertation sur la question qui nous occupe; elle a pour titre : *Memorie sulle cifre arabiche.* Milan, 1813, grand in-4°. Nous ne nous sommes pas encore procuré cet écrit.

Quelle est donc la différence réelle entre les deux systèmes de numération? C'est qu'après avoir représenté, dans l'un et l'autre, les neuf nombres de l'ordre des unités par neuf caractères particuliers, les Grecs représentent les neuf nombres de chacun des ordres suivants par d'autres caractères différents, tandis que les Indiens les représentent par les neuf premiers caractères eux-mêmes, dont les valeurs diverses sont différentiées et indiquées par les places qu'ils occupent : et comme ces places sont les mêmes dans les deux systèmes, on voit que les calculs ne doivent point être plus difficiles dans l'un que dans l'autre, et qu'ainsi il n'y avait pas de raison bien majeure pour substituer le système indien, quoique plus savant et plus complet, au système grec; substitution qui aurait pu se faire entre les mathématiciens, mais qu'il n'aurait pas été facile d'imposer à tout un peuple. On en trouve la preuve chez les Romains, dont le système de numération rendait les calculs extrêmement pénibles, et qui néanmoins l'ont conservé, quoiqu'ils connussent celui des Grecs, qui lui était infiniment supérieur.

Une objection qui, au premier abord, paraît très-forte contre l'opinion de ceux qui pensent que les Grecs ont connu le système indien, c'est que dans le leur ils n'avaient pas de moyen pour exprimer de très-grands nombres (ils s'arrêtaient à quatre-vingt-dix-neuf millions), et qu'Archimède a écrit un livre des *Principes*, pour remédier à ce défaut, et s'est servi, dans son *Arénaire*, du moyen qu'il avait imaginé. Si dans l'école de Pythagore, dit-on, on avait possédé le système indien, Archimède l'eût connu, et n'aurait pas eu besoin de chercher les moyens d'exprimer de grands nombres, puisqu'il lui aurait suffi de proposer ce système. Sans doute, si Archimède avait voulu créer un nouveau système de numération, on en conclurait qu'il ne connaissait pas celui des Indiens; mais tel n'a point été son but : il n'a voulu que trouver le moyen d'exprimer de grands nombres, dans le système même des Grecs. Qu'a-t-il fait pour cela? Il a appliqué à ce système, à partir de la limite où il cessait de satisfaire aux besoins du calcul, le système indien, c'est-à-dire *la valeur de position* des chiffres. Est-ce là une preuve qu'Archimède ignorait ce système indien? Peut-on dire même qu'il n'en avait pas parlé dans son livre des *Principes*, qui ne nous est pas parvenu, et qui roulait sur la numération, et appliquait au système des Grecs le principe des valeurs de position des chiffres? Dans son Arénaire, il n'a point eu à entrer dans les détails qui se seront trouvés dans les *Principes*, parce que cet ouvrage n'avait pas pour objet d'exprimer de grands nombres, comme on paraît le croire quelquefois; il avait pour objet uniquement de calculer le nombre des grains de sable qui se trouveraient dans la sphère décrite du Soleil comme centre et embrassant les étoiles fixes. Et, ce nombre calculé, il voulait l'exprimer dans le système de numération des Grecs. C'est pour cela qu'il propose de donner, aux chiffres placés au delà de la huitième colonne, des valeur de position qui étaient les mêmes que dans le système indien.

Le peu de documents qui nous restent, ne nous disent pas comment se faisait la fixation de ce point à partir duquel les chiffres avaient une valeur de position. Était-ce par un signe particulier? ou bien fallait-il que les huit premières colonnes fussent en nombre complet? ce qui aurait introduit, dans le système grec, la considération du zéro, sous une forme quelconque, telle qu'un point, un vide ou une colonne. On sait, du reste, que le zéro était connu des Grecs, et qu'il leur servait à marquer l'absence de *degrés* ou de *minutes*, etc., dans leurs calculs des fractions sexagésimales [1].

Toutes ces considérations n'étaient pas au-dessus du génie d'Archimède; mais rien, ce me semble, ne doit nous autoriser à dire qu'il n'a pas pu en puiser le principe dans la connaissance du système indien; ou bien que, s'il avait connu ce système, il eût fait autrement dans son Arénaire.

Mais Apollonius, dira-t-on, s'est occupé aussi, après Archimède, de perfectionner le système de numération des Grecs : il a réduit à quatre colonnes les *octades* ou tranches de huit colonnes d'Archimède; s'il eût connu le système indien, il aurait appliqué, à partir de la deuxième colonne, le principe de valeur de position qu'il appliquait à la cinquième.

Mais, pour juger le travail d'Apollonius, qui ne nous est point parvenu, et dont le résultat seul nous est connu par des fragments de Pappus, il faut rechercher pourquoi il s'est fixé à quatre colonnes, plutôt qu'à trois ou à cinq. La raison nous parait être celle-ci : c'est que les Grecs avaient trente-six chiffres pour exprimer tous les nombres composés de quatre colonnes, tels que 2354. Les vingt-sept premiers chiffres étaient des lettres différentes de leur alphabet; et les neuf suivantes, qui exprimaient les mille, étaient les neuf chiffres des unités, marqués d'un *iota*, ou d'un accent. C'étaient ces trente-six mêmes chiffres qui leur servaient à exprimer les nombres au delà des simples mille, jusqu'à la huitième colonne exclusivement; et, à partir de la cinquième colonne, ces chiffres représentaient des myriades, et on plaçait au-dessus d'eux la lettre м, ou bien après eux, et avant la quatrième colonne, les lettres мν pour désigner ces myriades. Ces signes étaient embarrassants, compliquaient les calculs, et pouvaient faire naître des erreurs; et Apollonius a voulu les supprimer. C'est ce qu'il a fait en imaginant les tranches de quatre colonnes, et en leur donnant des valeurs de position.

Nous voyons dans cette idée d'Apollonius, de même que dans celle d'Archimède, l'intention de conserver religieusement les caractères employés par les Grecs, avec leur signification, et de les approprier à l'expression de tous les nombres possibles. Et nous voyons que ces deux grands géomètres sont parvenus à leur but de la manière la plus heureuse, en attribuant à ces caractères des valeurs de position, suivant le principe même de la numération indienne.

Cela prouve-t-il qu'ils aient ignoré absolument ce système indien?

SUR UN PASSAGE DE LA GÉOMÉTRIE DE BOÈCE, RELATIF AU PENTAGONE DE SECONDE ESPÈCE. — ORIGINE ET DÉVELOPPEMENT DES POLYGONES ÉTOILÉS.

Boèce, dans le premier livre de sa Géométrie, qui est une traduction de propositions prises des quatre premiers livres d'Euclide, ne donne, pour chaque théorème ou problème, que son énoncé et la figure qui s'y rapporte.

Sa dernière proposition prise d'Euclide est le problème d'inscrire, à un cercle, un pen-

---

[1] *Voir* le Mémoire de M. Delambre, sur l'Arithmétique des Grecs.

tagone régulier (proposition 11ᵉ du 4ᵉ livre d'Euclide). Après l'énoncé de cette question, se trouve, suivant l'usage, la figure qui s'y rapporte, et cette figure a cela de remarquable, qu'elle présente à la fois le pentagone ordinaire et le pentagone *étoilé*, ou de *seconde espèce*.

De plus, après cette figure se trouve une explication qu'on ne rencontrait pas à la suite des autres propositions, et qui nous a paru avoir pour objet de justifier cette double figure, ou plutôt ce nouveau pentagone, présenté comme répondant au problème proposé.

Comme ce passage de Boèce est assez difficile à comprendre, et que nous pouvons très-bien nous tromper dans la signification que nous lui donnons, nous allons le rapporter ici, en suivant le texte d'un manuscrit beaucoup plus correct que l'édition de Bâle (1570).

« *Intra datum circulum, quinquangulum quod est æquilaterum atque æquiangulum*
» *designare non disconvenit.* »

Ici se trouve la figure qui répond à la question, et l'auteur ajoute :

« *Nam omnia quæcumque sunt numerorum ratione suâ constant; et proportionaliter*
» *alii ex aliis constituuntur. Circumferentiæ æqualitate multiplicationibus suis quidem*
» *excedentes; atque alternatim portionibus suis terminum facientes.* »

Il faut inscrire dans le cercle un pentagone équilatéral et équiangle.

La figure qui répond à la question présente deux pentagones, dont l'un est de forme nouvelle, et diffère, par conséquent, du pentagone ordinaire. Boèce le justifie ainsi :

Car tout ce qui est exprimé en nombres a lieu par la propre raison des nombres; et ceux-ci se déduisent proportionnellement les uns des autres.

Les arcs [1] *deviennent plus grands d'une quantité égale à eux-mêmes, par leur doublement, et leurs cordes* [2], *prises de deux en deux, forment le périmètre* [3] *de la figure.*

Si cette traduction du texte de Boèce est admissible, elle nous paraît répondre à la construction du pentagone étoilé. En effet, soient A, B, C, D, E les cinq sommets du pentagone régulier ordinaire. Les arcs que soutendent ses côtés sont AB, BC, CD, DE, EA. Qu'on les double, ils deviennent ABC, BCD, CDE, DEA, EAB; et les cordes de ceux-ci sont AC, BD, CE, DA, EB. Qu'on prenne ces cordes de deux en deux, on a AC, CE, EB, BD, DA : considérées dans cet ordre, ces cordes forment le pentagone étoilé.

[1] *Circumferentia* est, dans plusieurs autres passages de Boèce, la dénomination des *arcs* du cercle.

[2] Nous traduisons *portionibus* par le mot *cordes*, parce que *portio* est la dénomination du segment de cercle, qui n'en avait point d'autre chez les Latins. (*Portio circuli est figura quæ sub rectâ et circuli circumferentiâ continetur*). Et ici nous supposons que Boèce a pris le tout pour la partie, c'est-à-dire le *segment* pour sa *corde*, parce que le mot *corde* n'avait pas alors de dénomination simple, on disait *linea inscripta*.

[3] Les Latins appelaient *terminus* l'extrémité d'une ligne, et le *périmètre* d'un polygone ou d'une figure quelconque (*Figura est quod sub aliquo vel aliquibus* TERMINIS *continetur*. Définition de Boèce).

Du reste, on ne doit peut-être pas s'étonner de trouver dans Boèce cette figure; car il
paraît, comme nous allons le montrer ci-dessous, qu'elle a été connue dans l'Antiquité,
particulièrement de Pythagore; de plus, on la retrouve, au XIII⁰ siècle, dans le commentaire de Campanus sur Euclide; et pendant trois ou quatre cents ans, la théorie des
polygones étoilés, qu'on appelait alors polygones *égrédiens*, a été cultivée et avait même
pris de l'extension. Mais cette théorie, depuis, s'est perdue et est restée ignorée, parce que,
sans le concours de l'Analyse algébrique, elle n'offrait qu'un intérêt de curiosité et n'apportait aucune utilité réelle en Géométrie. Mais l'illustre géomètre qui l'a créée de nouveau,
au commencement de ce siècle, et dont elle porte le nom, lui a donné une importance
qu'elle ne peut plus perdre, en montrant son véritable caractère scientifique, et le lien analytique qui l'unit nécessairement, et d'une manière indissoluble, aux polygones anciens [1].

Néanmoins cette théorie peut faire honneur au Moyen âge, où l'on a si rarement l'occasion de signaler quelques traces de génie, et quelques germes d'innovations fécondes.
C'est pourquoi nous allons rapporter ce que nous avons trouvé, à ce sujet, dans l'histoire
d'une époque dont il nous reste de trop rares documents.

Mais disons d'abord sur quelle autorité nous avons avancé que le pentagone étoilé avait
été considéré dans l'Antiquité, particulièrement par Pythagore.

Nous trouvons, dans l'*Encyclopédie d'Alstedius* [2], au 13⁰ livre, qui traite de la Géométrie, immédiatement après la construction du pentagone régulier ordinaire, le passage
suivant :

« *Pentagonum etiam ita scribitur, et à superstitiosis notatur hoc nomine* iesus. »

(Ici se trouve figuré le pentagone étoilé, avec les lettres *i, e, s, u, s,* placées à ses cinq
sommets.)

« *Si pentagono ita constructo addas lineam ex superiori angulo in oppositum angu-*
» *lum ductam, fiet illa figura, quam vocant sanitatem Pythagoræ; quia Pythagoras,*
» *hac figura delectatus, adscribebat singulis prominentibus angulis has quinque litteras*
» *υ, γ, ι, θ, α. Germani vocant* ein Trudenfus : *quia sacerdotes veteres Germanorum et*
» *Gallorum vocabantur Druidæ : qui dicuntur culacos* (peut-être calceos) *hujus figuræ*
» *gestasse.* »

Kircher, dans son *Arithmologia* [3] (pars V, *De Magicis amuletis*), parle, dans le même
sens, du pentagone étoilé, qu'il appelle *penthalpha*, parce que deux côtés contigus forment,
avec un autre côté qui les coupe, la lettre Λ. Il désigne ses sommets par les lettres υ, γ, ι, θ, α.
Voici le passage de cet auteur : « *In quibus* (sigillis magicis) *nil frequentius occurrit,*
» *quàm pentalpha et hexalpha; est autem pentalpha nil aliud, quàm linearis figura in*
» *quinque* Λ *diductum, quibus Græci* υγιθα, *id est salutem et sanitatem exprimebant; quo*

---

[1] Voir article 15 du *Mémoire sur les polygones et les polyèdres;* par M. Poinsot. (*Journal de l'École polytechnique;* X⁰ Cahier, t. IV.)

[2] *Encyclopædia universa.* Herbonæ, 1620, in-4°. — Item secunda aucta, ibid., 1630, in-fol, 2 vol. — Item
Lugduni, 1649, in-fol., 2 vol.

[3] *Arithmologia, sive de abditis numerorum mysteriis, quâ origo, antiquitas, et fabrica numerorum exponitur,* etc. Romæ, 1665, in-4°.

» *Antiochum vexillo imposito, jussu Alexandri in somno apparentis, mox admirabilem à*
» *Galatis victoriam reportasse Magi fingunt, eoque tanquam summæ felicitatis symbolo in*
» *suis nugamentis utuntur.* »

Ensuite Kircher rapporte plusieurs circonstances mystérieuses où l'on faisait usage du pentalpha.

Au XVI° siècle, le fameux alchimiste Paracelse a encore regardé l'étoile pentagonale comme l'emblème de la santé [1].

Nous voyons, dans la *Bibliothèque mathématique* de Murhard, que le savant professeur Kästner a traité du *pentalpha* et de l'*hexalpha*, dans ses Recueils de Géométrie (*Geometrische Abhandlungen. Erste Sammlung, Anwendungen der ebenen Geometrie und Trigonometrie.* Göttingen, 1790, in-8°).

Passons à la théorie proprement dite des polygones étoilés.

Nous en trouvons les premiers germes dans les commentaires que Campanus, géomètre du XIII° siècle, a joints à sa traduction des Éléments d'Euclide, faite sur un texte arabe, et la première qui ait paru en Europe. Au sujet de la trente-deuxième proposition du premier livre, qui dit que la somme des angles d'un triangle est égale à deux droits, Campanus a présenté le pentagone étoilé comme exemple d'un polygone jouissant aussi de cette propriété du triangle, d'avoir la somme de ses angles égale à deux droits. Cette proposition a été reproduite dans les éditions de l'Euclide de Zamberti, où se trouvent, avec les commentaires de ce géomètre, ceux de Campanus [2]; et divers autres auteurs en ont fait usage dans leurs propres commentaires sur les Éléments d'Euclide; tels sont Lucas di Borgo [3], Peletier [4] et Clavius [5]. Ramus, dans ses *Scholæ mathematicæ* [6], livre 9, a aussi cité le pentagone étoilé, comme exemple d'une figure, autre que le triangle, dont les angles ont leur somme égale à deux droits [7].

Mais tous ces géomètres se sont bornés, comme Boèce et Campanus, à la considération du pentagone étoilé, sans faire entrevoir la théorie à laquelle ce genre de figures pouvait donner lieu. Nous trouvons que c'est un écrivain du commencement du XIV° siècle, Brad-

---

[1] « .... *Stellam pentagonicam, seu Germanico idiomate pedem Truttæ, Theophrasto Paracelso signum sanitatis.* (Kepler, *Harmonices Mundi,* liber secundus, p. 60.)

[2] Les Commentaires de Campanus ont été imprimés seuls en 1482 et 1491 ; puis, avec les Commentaires de Zamberti, en 1505, 1516, 1537, 1546.

[3] *Euclidis opera a Campano interprete fidissimo translata. Lucas Paciolus, theologus insignis, altissima mathematicarum disciplinarum scientia rarissimus judicio castigatissimo detersit, emendavit,* etc. Venetiis, 1509, in-fol.

[4] *Demonstrationum in Euclidis Elementa Geometrica, libri sex.* Lyon, 1557, in-8°. Item, 1610, in-4°. — *Les six premiers livres des Éléments géométriques d'Euclide, avec les démonstrations de Jacques Peletier, du Mans.* Genève, 1628, in-8°.

[5] *Euclidis elementorum, libri XV; accessit XVI de solidorum regularium comparatione,* etc. Romæ, 1574, in-8°. A eu de nombreuses éditions.

[6] *Scholarum mathematicarum, libri XXXI.* Francf., 1559, in-4°. — Item, Basileæ, 1569. — Item, Francf., 1599. — Item, ibid., 1627.

[7] *Sic quinquangulum è continuatis ordinatis quinquanguli lateribus factum æquat quinque interiores angulos duobus rectis.*

wardin, qui, le premier, a étendu la théorie du pentagone étoilé aux polygones d'un plus grand nombre de côtés, et qui a fondé la véritable doctrine des polygones étoilés.

L'ouvrage dans lequel nous la trouvons, a pour titre : *Geometria speculativa Thome Bravardini, recoligens omnes conclusiones geometricas studentibus artium, et philosophiæ Aristotelis, valde necessarias, simul cum quodam tractatu de quadraturâ circuli; noviter editio.* Parisiis, apud Reginaldum Chauldiere, in-fol., vingt feuilles, sans date. La première édition de cette Géométrie était de 1496 [1]; plusieurs autres ont paru en 1505, 1508, etc. [2]. Nous ne connaissons que celle que nous venons de citer.

Après avoir traité des polygones réguliers ordinaires, qu'il appelle figures *simples*, Bradwardin consacre un chapitre aux polygones *étoilés*, qu'il nomme *figures à angles égrédients*. Il dit que *ces polygones sont formés par le prolongement des côtés d'un polygone simple, jusqu'à leur rencontre deux à deux;* et il ajoute qu'il n'a pas vu qu'il ait été parlé de ces nouvelles figures par d'autres géomètres que par Campanus, qui en a traité en peu de mots et accidentellement.

Voici l'analyse de cette partie de l'ouvrage de Bradwardin.

Le pentagone est la première figure à angles égrédients. La somme de ses angles est égale à deux droits. La somme des angles des autres polygones à angles égrédients va en augmentant de deux droits, comme dans l'ordre des figures simples.

Cela s'accorde avec la formule $S = 2 (m - 4)$, qui donne la somme des angles du polygone égrédient, de m côtés.

Les polygones égrédients du *premier ordre* donnent lieu, par le prolongement de leurs côtés jusqu'à leur rencontre deux à deux, aux polygones égrédients du *second ordre*; comme les polygones simples ont formé les polygones égrédients du premier ordre.

L'heptagone est la première figure à angles égrédients, du second ordre; il provient de l'heptagone à angles égrédients du premier ordre: celui-ci est la troisième figure du premier ordre.

Pareillement le pentagone égrédient, première figure du premier ordre, avait été formé du pentagone simple, troisième figure de l'ordre des polygones simples. Cette analogie conduit Bradwardin à énoncer ce principe général : *la première figure d'un ordre est formée par le prolongement des côtés de la troisième figure de l'ordre précédent.*

Enfin l'auteur termine en disant qu'il serait trop long de parler des angles de ces figures; mais qu'il croit, sans pouvoir l'assurer, que la première figure de chaque ordre a la somme de ses angles égale à deux droits, et que, dans les autres figures, cette somme va en augmentant toujours de deux droits, en passant d'une figure à la figure suivante.

Les figures, représentées en marge de l'ouvrage, sont le pentagone, l'hexagone, l'heptagone et l'octogone du premier ordre; l'heptagone, l'octogone et le nonagone du second ordre, et enfin le nonagone, le décagone et le dodécagone du troisième ordre.

Deux siècles après Bradwardin, Charles de Bouvelles, dont on ne cite ordinairement qu'une prétendue solution de la quadrature du cercle, a reproduit, dans diverses éditions

[1] Heilbronner, *Historia Matheseos*, p. 523.
[2] Montucla, *Histoire des Mathématiques*, t. 1er, p. 573.

d'un Traité de Géométrie [1], la théorie des polygones *égrédients ;* mais moins complétement que n'avait fait Bradwardin. On trouve, dans son ouvrage : le pentagone *égrédient,* qu'il a appelé aussi *saillant,* et dont il prouve que la somme des cinq angles est égale à deux droits ; l'hexagone *égrédient,* composé de deux triangles ; l'heptagone *égrédient,* provenant du prolongement des côtés de l'heptagone ordinaire ; l'heptagone *plus égrédient,* formé par le prolongement des côtés de l'heptagone égrédient, et dans lequel l'auteur prouve que la somme des angles est égale à deux droits.

On a fait mention de cette théorie dans l'extrait de la Géométrie de Bouvelles, inséré dans les Appendices de la *Margarita philosophica* [2].

Ces premières notions sur la théorie des polygones étoilés ont passé inaperçues dans les nombreuses éditions de cet ouvrage, comme dans celles de la Géométrie de Bouvelles, dont on n'a parlé qu'au sujet et sous l'inspiration d'une fausse solution de l'inscription de l'heptagone régulier au cercle, et d'une prétendue quadrature du cercle, empruntée du cardinal Nicolas De Cusa.

On trouve, dans les figures de la *Perspective* de Daniel Barbaro [3], le pentagone, l'hexagone et les deux heptagones étoilés. Mais il ne paraît pas que l'auteur ait eu l'intention de produire ces nouveaux polygones ; il a voulu seulement montrer que les polygones réguliers ordinaires donnent lieu, de deux manières, à d'autres polygones qui leur sont semblables. La première est de prolonger leurs côtés jusqu'à leur rencontre deux à deux (comme pour former le polygone de seconde espèce) : les points de rencontre sont les sommets d'un second polygone, semblable au proposé. La seconde manière est de tirer toutes les diagonales allant de chaque sommet au deuxième ou au troisième sommet après lui ; elles forment, par leurs intersections, un autre polygone, semblable aussi au proposé. Mais, dans ces deux modes de construction, on forme aussi un polygone étoilé, qui se trouve être la partie la plus remarquable de la figure.

Kircher, que nous avons cité déjà ci-dessus au sujet du *pentalpha* et de l'*hexalpha,* a fait usage, dans un autre ouvrage [4], de l'heptagone du second ordre (ou troisième espèce) pour rendre sensible l'explication comprise dans un passage remarquable de Dion Cassius, au sujet des sept jours de la semaine, que les Égyptiens ont consacrés aux dieux dont les sept planètes portaient le nom. Ces planètes étaient, dans l'ordre de leurs distances à la Terre : Saturne, Jupiter, Mars, le Soleil, Vénus, Mercure et la Lune. Kircher les suppose

---

[1] *Geometriæ introductionis libri sex, brevisculis annotationibus explanati, quibus annectuntur libelli de circuli quadraturâ, et de cubicatione sphœræ, et introductio in perspectivam Caroli Bovilli.* Paris, 1503, in-fol.

Cet ouvrage, moins l'*introductio in perspectivam,* a été reproduit en français, sous le titre : *Livre singulier et utile, touchant l'art et pratique de Géométrie, composé nouvellement en français, par maître Charles de Bouvelles, chanoine de Noyon.* Paris, 1542, in-4°. D'autres éditions ont paru en 1547, 1551, 1557 et 1608.

Bouvelles a composé beaucoup d'autres ouvrages, où il s'est montré philosophe, théologien, historien, orateur, poète et canoniste.

[2] Pages 1231, 1233 et 1235 de l'édition de 1535. « *Pentagonus uniformis dicitur, cujus latera non se mutuo intercidunt. Egrediens verò, cùm ejus latera se invicem secant. Hexagonus....* »

[3] *La pratica della perspettiva di monsignor Daniel Barbaro,* Venise, 1569, in-fol.

[4] *Ars magna lucis et umbræ in decem libros digesta.* Romæ, 1646, in-fol., pages 217 et 537.

rangées dans cet ordre sur une circonférence de cercle ; et, en passant successivement de la première à la quatrième, de la quatrième à la septième, de celle-ci à la troisième, etc., il trace une figure qu'il appelle *heptagone* (c'est l'heptagone de troisième espèce), dont les sommets consécutifs désignent les sept jours de la semaine, dans leur ordre naturel. Ainsi Saturne répond au samedi, le Soleil au dimanche, la Lune à lundi, Mars à mardi, Mercure à mercredi, Jupiter à jeudi et Vénus à vendredi. La formation de cet heptagone, dit Kircher, est une belle propriété du nombre sept.

Les ouvrages dont nous avons parlé jusqu'ici, bien que leurs auteurs aient joui d'une certaine célébrité, ne sont plus guère connus depuis longtemps; parce qu'en effet ils ne se recommandaient point par ces productions du génie qui immortalisent les œuvres et leurs auteurs, où l'on aime à rechercher encore, après des siècles, les pensées des inventeurs et les traces de leurs efforts. Il n'y a donc rien d'étonnant que le polygone de Boèce, celui de Campanus, et la théorie de Bradwardin, soient inconnus aujourd'hui. Mais nous avons à citer maintenant, dans l'histoire de cette théorie, un nom célèbre, un ouvrage mémorable, une de ces découvertes rares qui font la gloire des temps modernes, enfin des considérations analytiques qui, il y a deux siècles, auraient dû faire une impression profonde sur l'esprit des géomètres. Mais Kepler a devancé son siècle; car c'est de lui qu'il s'agit, et de l'ouvrage de l'*Harmonique du monde*[1], et de la belle proposition sur le *rapport des carrés des temps des révolutions aux cubes des distances au Soleil*, et de cette autre, d'un genre tout différent, *qu'une même équation détermine les diverses espèces de polygones d'un même nombre de côtés*. On observera sans doute, aujourd'hui, qu'aucune conception nouvelle ne s'était jamais présentée dans des circonstances en apparence plus favorables pour assurer rapidement à l'auteur une gloire durable. Cependant la savante théorie de Kepler est tombée dans l'oubli; et, de son livre immortel, il n'est resté que l'énoncé de sa grande loi des mouvements des corps célestes; encore a-t-elle été méconnue, et peut-être dédaignée, par ses contemporains, parmi lesquels on nomme à regret et Descartes et Galilée; encore a-t-il fallu que, près de quatre-vingts ans plus tard, Newton l'expliquât, la fît comprendre et lui donnât la vie[2]! La théorie des polygones, qui a guidé Kepler dans ses longues et pénibles spéculations, a été encore moins favorisée; la simple curiosité ne s'en est pas mêlée; rien n'a pu la sauver d'un oubli complet : oubli qui nous rappelle cette triste réflexion que fait Bailly, précisément au sujet des lois de Kepler : « C'est donc en vain qu'on découvre des vérités; on parle à ses contemporains, ils n'écoutent pas! » Non, ce n'est pas en vain : mais trop souvent les vérités nouvelles ne sont que pour l'avenir.

[1] *Harmonices Mundi libri V.* Lincii Austriæ; 1619, in-fol.

[2] Kepler a prévu, en quelque sorte, que les découvertes qui lui avaient coûté dix-sept ans de travail, et de travail continu, ne seraient comprises qu'après un long intervalle de temps :

« Le sort en est jeté, dit ce grand homme, avec l'accent de l'enthousiasme, j'écris un livre qui sera lu par » ceux de l'âge présent ou par la postérité, il n'importe : qu'il attende son lecteur pendant cent ans; Dieu » n'a-t-il pas attendu six mille ans le contemplateur de ses œuvres? » *(Jacio in aleam, librumque scribo, seu præsentibus, seu posteris legendum; nihil interest : expectat ille suum lectorem per annos centum; si Deus ipse per annorum sexa millia contemplatorem præstolatus est!* HARMONICES MUNDI, liber V; p. 179.)

L'ouvrage de Kepler est en cinq livres. Le premier, qui a pour titre : *De figurarum regularium, quæ proportiones harmonicas pariunt, ortu, classibus, ordine et differentiis, causâ scientiæ et demonstrationis*, est consacré à la théorie générale des figures régulières, et comprend en particulier celle des polygones *étoilés*.

Dans le préambule, Kepler reproche à Ramus d'avoir critiqué le 10ᵉ livre d'Euclide, et d'avoir voulu le rejeter de la Géométrie. Il se propose de le compléter, en traitant des polygones réguliers qui ne sont pas *géométriquement* inscriptibles au cercle, et en montrant ce qui les distingue de ceux qu'on sait inscrire. Il promet d'écrire sur cette partie de la Géométrie en philosophe, et d'une manière plus claire, plus aisée et plus populaire qu'on ne l'a fait jusqu'alors.

Ce livre commence par de nombreuses définitions, indispensables pour comprendre l'ouvrage, mais dont nous ne rapporterons ici que les deux ou trois suivantes.

Les *figures régulières* sont celles qui ont leurs côtés égaux et leurs angles égaux.

On les distingue en deux classes. Les unes sont *primaires* et *radicales* : ce sont les polygones réguliers ordinaires; et les autres sont *étoilées*; celles-ci sont formées par les prolongements des côtés d'une figure *radicale*.

Inscrire une figure dans le cercle, c'est déterminer, par une construction *géométrique* (c'est-à-dire au moyen de la ligne droite et de la circonférence), le rapport de son côté au diamètre du cercle.

Ensuite Kepler rappelle plusieurs propositions du 10ᵉ livre d'Euclide, dont il se servira. Et il commence, à la Proposition 35, à traiter des différents polygones réguliers. Il considère d'abord ceux qui sont *géométriquement* inscriptibles au cercle.

On remarque, quant aux polygones étoilés, le pentagone de seconde espèce, l'octogone et le décagone de troisième espèce, le dodécagone de troisième et de cinquième espèce, les pentédécagones de deuxième, quatrième et septième espèce, et l'étoile de vingt-quatre côtés, de cinquième, septième et onzième espèce.

Passant aux polygones qui ne peuvent pas être construits géométriquement, il démontre que l'heptagone ordinaire et ses deux étoiles sont de ce nombre. Alors il a recours à l'Analyse, pour lui reprocher bientôt de n'être pas bien habile, et de ne rien lui apprendre. Ce passage contient plusieurs aperçus analytiques qui auraient dû préserver l'ouvrage de l'oubli.

« On m'objectera, dit-il (pag. 34), l'art analytique, appelé *Algèbre* par l'Arabe Geber,
» et *cossa* par les Italiens : car les côtés des polygones de toute espèce paraissent pouvoir
» être déterminés par cette méthode.

» Par exemple, pour l'heptagone, Juste Byrge, qui dans ce genre a imaginé des choses
» très-ingénieuses et même incroyables, procède ainsi.... etc. »

Kepler cherche, par des considérations géométriques, l'expression du côté de l'heptagone régulier inscrit au cercle, en fonction du rayon ; et il parvient à cette équation :

$$7 - 14ij + 7iiij - 1vj \quad \text{æquè valent figuræ nihili ;}$$

¹ Kepler ne dit pas si cette idée de polygones étoilés est de lui, ou s'il l'a empruntée de quelque ouvrage antérieur.

ou, suivant nos symboles actuels,

$$7 - 14x^2 + 7x^4 - x^6 = 0 \,;$$

où x est le rapport du côté de l'heptagone au rayon du cercle.

« La valeur de la racine d'une telle équation, dit-il, est unique ; car il y en a deux pour » le pentagone, trois pour l'heptagone, quatre pour le nonagone, et ainsi de suite. »

Il ajoute que (pour l'heptagone) les trois racines sont les côtés de trois heptagones différents, qu'on peut concevoir inscrits au même cercle.

Voilà l'interprétation bien nette des trois racines de l'équation qui donne le côté de l'heptagone régulier inscrit au cercle. Voilà la notion analytique qui unit nécessairement la théorie des polygones étoilés à celle des polygones des Anciens.

Kepler exprime encore, plus loin, ce même principe en des termes remarquables; car, en avouant les difficultés que fait naître la fécondité même de l'Analyse, il reconnaît tout ce que cette méthode a de beau.

« Jusqu'ici, dit-il, le côté d'un polygone, et celui d'une étoile du même nom, avaient » eu chacun une description propre et sûre. Dans l'Analyse algébrique, ce qu'il y a surtout » d'admirable (quoique ce soit là précisément ce qui embarrasse le géomètre), c'est que » la chose demandée ne peut pas être donnée d'une seule manière. Mais, encore bien » que ce ne soit pas démontré généralement, poursuivons ce que nous avons commencé » plus haut, qu'il y a autant de nombres qui satisfont à l'équation, qu'il se trouve, dans » la figure, des cordes ou des diagonales de longueurs différentes ; comme, dans le pen- » tagone, deux ; dans l'heptagone, trois ; dont un pour le côté, et les autres pour les dia- » gonales. C'est pourquoi, enfin, tout ce qui est énoncé du rapport du côté de la figure » au diamètre, est commun aux rapports de toutes ses autres lignes au même diamètre. »

Kepler reproduit ces mêmes considérations dans la proposition suivante, où il démontre que la division d'un arc en trois, cinq, sept, etc. parties, n'est pas possible géométriquement. « Plusieurs lignes, dit-il, répondent à la question, et d'une propriété com- » mune à plusieurs choses on ne peut rien conclure de spécial et de particulier à l'une » d'elles. [1] »

Le second livre, intitulé : *De figurarum regularium congruentiá,* traite encore des polygones réguliers, puis des polyèdres. Kepler passe en revue les différentes manières d'assembler des polygones, soit de même espèce, soit d'espèces différentes, pour remplir exactement une surface plane, et pour former des polyèdres réguliers.

---

[1] Au milieu de ces considérations mathématiques, si justes et si profondes, on trouve quelques réflexions qui annoncent l'usage bizarre et chimérique que veut faire, de ses savantes spéculations sur les polygones, le génie de Kepler, dominé par les idées pythagoriciennes et platoniciennes sur les propriétés cosmographiques des nombres : tel est ce passage qui termine la Proposition 45e : « Il est donc prouvé que les côtés de ces » figures doivent rester inconnus, et sont de leur nature introuvables. *Et il n'y a rien d'étonnant en ceci, que* » *ce qui ne peut se rencontrer dans l'Archétype du monde, ne puisse être exprimé dans la conformation* » *de ses parties.* »

Ce sont de pareilles idées qui ont conduit Kepler à l'une des plus grandes découvertes que l'on ait jamais faites!

Le livre 3, *De ortu proportionum harmonicarum, deque naturâ et differentiis rerum ad cantum pertinentium*, qui ne traite que de l'harmonie musicale, est étranger à la Géométrie et à l'Astronomie.

Dans le livre 4, qui a pour titre : *De configurationibus harmonicis radiorum siderelium in Terrâ, earumque effectu in ciendis Meteoris, aliisque Naturalibus*, Kepler fait usage des polygones étoilés et de la valeur de leurs angles, auxquels il compare les *configurations*, ou distances angulaires des planètes : ces angles correspondent à des circonstances et à des phénomènes sublunaires qui diffèrent suivant qu'ils appartiennent à tels ou tels polygones. Les *configurations efficaces*, celles qui sont propres à stimuler la nature sublunaire et les qualités intérieures de l'âme, sont exprimées par les angles des polygones inscriptibles géométriquement. On y trouve le carré, le triangle, le pentagone de seconde espèce, l'heptagone de troisième espèce, le décagone de troisième espèce, et le dodécagone de cinquième espèce.

Le 5ᵉ livre a pour titre : *De harmoniâ perfectissimâ motuum cœlestium, ortuque ex iisdem Excentricitatum, semidiametrorumque et Temporum periodicorum*. Kepler y compare les cinq corps réguliers aux rapports harmoniques, et cherche a y découvrir des analogies avec les mouvements des planètes. C'est dans ce 5ᵉ livre, comme l'indique le titre, que se trouve sa magnifique loi *du rapport constant des carrés des temps des révolutions des planètes aux cubes de leurs distances au Soleil* [1].

On voit, par l'analyse que nous venons de donner de l'ouvrage de Kepler, que la doctrine des polygones *étoilés* y joue un rôle important et nouveau sous le rapport analytique. Cependant nous ne saurions en trouver depuis aucune trace, quoiqu'elle eût dû se présenter dans la théorie des sections angulaires, qui a occupé souvent les géomètres. Wallis particulièrement, qui, un demi-siècle seulement après Kepler, a écrit l'histoire de l'Algèbre et un Traité des Sections angulaires, n'aurait pas dû la passer sous silence. Ce Géomètre a bien vu que la seconde racine de l'équation du second degré par laquelle on détermine

---

[1] On revient toujours, avec une sensibilité mêlée de vénération, sur les termes mêmes dont Kepler se sert pour annoncer sa grande découverte; ils expriment tout son bonheur, et toute l'importance qu'il a mise à pénétrer ce secret si caché :

« Après avoir trouvé les vraies dimensions des orbites par les observations de Brahé et par l'effort continu » d'un long travail, enfin, dit-il, enfin, j'ai découvert la proportion des temps périodiques à l'étendue de ces » orbites;

Sera quidem respexit inertem ,
Respexit tamen , et longo post tempore venit ;

» Et si vous voulez en savoir la date précise, c'est le 8 de mars de cette année 1618, que d'abord conçue dans » mon esprit, puis essayée maladroitement par des calculs, partant rejetée comme fausse, puis reproduite le » 15 de mai avec une nouvelle énergie, elle a surmonté les ténèbres de mon intelligence : mais si pleinement » confirmée par mon travail de dix-sept ans sur les observations de Brahé, et par mes propres médita- » tions parfaitement concordantes, que je croyais d'abord rêver et faire quelque pétition de principe : » mais plus de doutes; c'est une proposition très-certaine et très-exacte, que le *rapport entre les temps » périodiques de deux planètes est précisément sesqui-altère du rapport des moyennes distances.* » (Livre 5, pag. 189.)

le côté du pentagone régulier inscrit au cercle, en donnait la diagonale [1]; mais cette interprétation géométrique de la racine étrangère ne suffisait pas; il fallait la rapprocher de l'énoncé même de la question, pour y voir non pas seulement une diagonale, mais le *côté d'un second pentagone*. Cette idée, qui nous parait si simple aujourd'hui, et qui complète la solution analytique de la question, a échappé à Bernoulli, à Euler, à Lagrange, et n'est venue que de nos jours à l'esprit d'un géomètre.

La doctrine des polygones égrédients, de Bradwardin, a été vivement combattue par un auteur du XVIIe siècle, Jean Broscius, dans un ouvrage intitulé : *Apologia pro Aristotele et Euclide contra P. Ramum et alios.* Dantisci, 1652, in-4°. Elle n'avait rien à redouter d'aucune attaque, qui n'aurait dû servir même qu'à la propager, et à en répandre la connaissance. Cependant, par un hasard singulier, cet ouvrage de Broscius est peut-être le dernier qui ait traité de ces polygones, qui depuis sont tombés entièrement dans l'oubli, et qui n'ont même réveillé aucun souvenir, au commencement de ce siècle, quand M. Poinsot les a créés et remis sur la scène.

Voici ce que contient l'ouvrage de Broscius sur ces polygones.

D'abord il reprend fortement Ramus pour s'être servi du pentagone étoilé, comme exemple d'une figure, autre que le triangle, où la somme des angles était égale à deux droits. « Ce qui prouve, dit-il, l'ignorance de Ramus en Géométrie. Car cette figure est » un décagone qui a cinq angles rentrants et cinq angles saillants, et la somme de ces » angles est égale à seize droits. »

Broscius cite l'ouvrage de Bradwardin, et prouve qu'on peut former une infinité de figures dites à *angles égrédients*, de sept, neuf, onze, etc., côtés, dans lesquelles, comme dans celle de Ramus, la somme des angles soit égale à deux droits. Bradwardin n'avait fait que soupçonner cette belle proposition, sans la démontrer; et Charles de Bouvelles ne l'avait appliquée qu'à l'heptagone égrédient de troisième espèce. Broscius va plus loin; il considère les figures de différentes espèces pour un même nombre de côtés, et donne la somme de leurs angles.

Il trouve qu'il y a trois espèces d'heptagones, y compris l'heptagone ordinaire, dans lesquels la somme des angles est 10, 6 et 2 droits;

Trois espèces d'octogones, dans lesquels la somme des angles est 12, 8, 4 droits;

Six espèces de figures à quatorze angles égrédients (y compris le polygone ordinaire de quatorze côtés), dans lesquelles la somme des angles est égale à 24, 20, 16, 12, 8 et 4 droits;

Sept espèces de figures à quinze angles égrédients, dans lesquelles la somme des angles est égale à 26, 22, 18, 14, 10, 6 et 2 droits.

Ces résultats s'accordent avec la loi trouvée par M. Poinsot, d'après laquelle la somme

---

[1] Cette remarque avait déjà été faite probablement, un siècle et demi auparavant, par Stifel; car on trouve, dans son Algèbre, les expressions du côté et de la diagonale du pentagone régulier, en fonction du rayon du cercle circonscrit (*voir* son *Arithmetica integra*, fol. 178 v°). En supposant qu'il n'ait point obtenu ces expressions par la résolution de l'équation du second degré, leur forme a dû lui montrer que les carrés faits sur ces lignes sont les racines d'une semblable équation; car ce géomètre, très-habile algébriste pour son temps, était fort exercé dans la résolution des équations du second degré.

des angles de chaque polygone est $S = 2(m - 2h)$, m étant le nombre de côtés du polygone, et h celui qui marque l'*espèce*, ou l'*ordre* de cette figure.

Le point de vue sous lequel Broscius considère ces nouvelles figures, en les regardant comme des polygones à angles *saillants* et *rentrants* alternativement, et dont les côtés ne se coupent pas, le conduit à un mode de construction nouveau de ces figures, et à une propriété curieuse d'isopérimétrie.

Prenons pour exemple un heptagone régulier ordinaire, et marquons les points milieux de ses sept côtés. Qu'autour de la droite qui joindra deux points milieux consécutifs, on fasse tourner le petit triangle que cette droite retranche de l'heptagone, et que ce triangle s'applique entièrement sur la surface de la figure. Qu'on fasse tourner semblablement, autour de chacune des six autres droites joignant deux points milieux consécutifs, le petit triangle qu'elle retranchait de l'heptagone; tous ces petits triangles formeront, dans leurs nouvelles positions, un nouveau polygone de quatorze côtés, à angles saillants et rentrants alternativement.

Ce nouveau polygone de quatorze côtés a évidemment le même périmètre que l'heptagone proposé.

Maintenant, qu'autour de chaque droite qui joint deux sommets d'angles rentrants consécutifs, on fasse tourner le petit triangle que cette droite retranche du polygone, on formera de cette manière un troisième polygone de quatorze côtés, ayant encore ses angles alternativement saillants et rentrants; et ce nouveau polygone aura évidemment son périmètre égal à celui du second; et, par conséquent, égal à celui du premier.

Les surfaces de ces trois polygones sont extrêmement différentes entre elles; puisque le second est placé dans l'intérieur du premier, et le troisième dans l'intérieur du second.

Maintenant, on reconnaît aisément que le second polygone n'est autre que l'heptagone de seconde espèce, dans lequel les portions de ses côtés, comprises dans son intérieur, auraient été effacées; et que, pareillement, le troisième polygone n'est autre que l'heptagone de troisième espèce, dont les parties de ses côtés, comprises dans son intérieur, auraient aussi été effacées.

Voici donc une nouvelle manière de former les polygones égrédients, en les faisant dériver les uns des autres. Cette méthode méritait d'être remarquée, surtout à cause de cette circonstance singulière, que tous les polygones déduits ainsi d'un premier, quel qu'il soit, ont toujours le même périmètre.

Nous ne trouvons pas d'autre ouvrage où l'on ait parlé des polygones égrédients, jusqu'au commencement de ce siècle, où cette théorie a reparu toute nouvelle, sans que son célèbre auteur, et les géomètres qui l'ont admirée, se soient doutés du rôle qu'elle avait déjà joué pendant quatre siècles.

———

GÉOMÉTRIE DES ARABES.

Depuis le VIIIe siècle jusqu'au XIIIe, l'Europe demeura plongée dans une ignorance profonde. L'amour et la culture des sciences furent concentrés, pendant ce long intervalle, chez un seul peuple, les Arabes de Bagdad et de Cordoue. C'est à eux que nous avons dû la connaissance des ouvrages grecs qu'ils avaient traduits pour leur usage, et qu'ils nous ont transmis, longtemps avant qu'ils nous parvinssent dans leur langue originale. Jusqu'à ces derniers temps, on a pensé que c'était là la seule obligation que nous eussions aux Arabes ; et l'on a négligé de rechercher et d'étudier leurs propres ouvrages, pensant que l'on n'y devait trouver rien d'original, ni d'étranger aux doctrines et à l'érudition grecques. C'est une erreur sur laquelle on revient aujourd'hui, surtout depuis que l'on connaît les ouvrages hindous, et qu'on sait que les Arabes y ont puisé les principes du calcul algébrique, qui les distingue essentiellement des ouvrages grecs. Mais il y a trop peu de temps que cette erreur est détruite, et les ouvrages arabes nous sont encore inconnus. Un assez grand nombre existent depuis plusieurs siècles en Europe, la plupart dans leur langue originale et quelques-uns en latin, ayant été traduits dans le XIIe et le XIIIe siècle. Faisons des vœux pour que leur importance soit appréciée et pour qu'ils ne tardent pas à sortir des bibliothèques où ils sont restés enfouis : alors seulement on pourra songer à une véritable histoire scientifique des Arabes. Pour le moment, il n'est possible de réunir que quelques faits principaux et quelques données éparses, qui ne permettraient pas de juger, avec confiance, de la part que cette grande et illustre nation a prise dans l'œuvre de la propagation et du perfectionnement des sciences mathématiques, et où n'apparaîtrait pas dans un jour suffisant le caractère que ces sciences ont reçu du mélange des éléments grecs et hindous qui les ont constituées. Mais ce caractère se montre dans les ouvrages des Européens au XVe siècle, ouvrages imités de ceux des Arabes ; et c'est là pour le moment que nous pourrons l'étudier et le reconnaître avec évidence.

Le goût et l'ardeur des Arabes pour les sciences se développèrent rapidement au VIIIe siècle, où commença le règne des Abbassides. Ces princes, nobles imitateurs des Ptolémées d'Égypte, firent de Bagdad le centre de tous les talents du monde [1]. Ils recueillirent avec activité toutes les lumières qu'ils purent trouver chez les nations que les successeurs du Prophète et les Ommiades avaient subjuguées. Les Arabes s'approprièrent ainsi des sciences toutes faites [2], dont ils devinrent les seuls dépositaires, quand, par suite d'une fatalité attachée à l'espèce humaine, elles déclinaient et se perdaient chez les peuples qui les avaient créées et perfectionnées pendant des siècles. Les Grecs surtout, et les Hindous [3], furent tributaires dans ce contingent scientifique. Telle est l'origine des sciences, de la Géométrie particulièrement, chez les Arabes.

Les Éléments d'Euclide paraissent être le premier ouvrage qu'ils traduisirent, sous le

---

[1] Libri, *Histoire des sciences mathématiques en Italie*, tom. 1er, pag. 117.

[2] « On ne peut point douter que les Arabes n'aient eu depuis la fondation du Khalifat et l'établissement de leur empire, une grande estime pour les arts et pour les sciences, puisqu'ils ont traduit en leur langue tous les meilleurs livres grecs, hébreux, chaldéens et indiens. » (D'Herbelot, *Bibl. orientale*, au mot *Elm* [science]).

[3] On lit, dans la *Bibl. orientale de D'Herbelot*, au mot *ketab* (qui signifie *Traité*), les titres d'un grand nombre d'ouvrages que les Arabes avaient traduits ou imités des ouvrages indiens, sur toutes les parties des sciences mathématiques et philosophiques.

règne d'Almansor, dans le VIIIe siècle. Bientôt après on dut, aux encouragements éclairés du calife Al Mamoun (qui commença à régner à Bagdad, en l'an 814), la connaissance des ouvrages d'Archimède, d'Apollonius, d'Hypsicle, de Ménélaüs, de Théodose, et de l'Almageste de Ptolémée.

Dès lors les progrès des Arabes dans les sciences furent rapides, et le IXe siècle compta des Géomètres habiles et d'un savoir très-étendu.

Trois frères, Mohammed, Hamet et Hasen, fils de Musa ben Schaker, furent célèbres, par les traductions qu'ils donnèrent de divers ouvrages grecs et hindous, et par leurs propres écrits sur toutes les parties des sciences mathématiques, dont plusieurs nous sont parvenus. Des Tables astronomiques, que Mohammed ben Musa avait dressées *dans le système indien*, furent longtemps célèbres dans l'Orient. Mais un ouvrage beaucoup plus précieux et plus important à nos yeux, est son *Traité d'Algèbre*, le plus ancien qui fût connu jusqu'à ces derniers temps, où ceux des Hindous nous sont parvenus. C'est dans cet ouvrage que nous avons puisé nos premières connaissances algébriques, d'abord par l'entremise de Léonard de Pise, qui avait été s'instruire en Arabie, ensuite en l'ayant nous-mêmes à notre disposition, et en le traduisant au XIIIe siècle. De là, on a regardé Mohammed ben Musa comme l'inventeur de l'Algèbre [1], et son nom est resté, à juste titre, en grande réputation chez les Géomètres européens. Cependant son ouvrage,

---

[1] Cardan dit, au commencement de son *Ars magna* : *Hæc ars olim à Mahomete, Mosis Arabis filio, initium sumpsit. Etenim hujus rei locuples testis Leonardus Pisanus.*

Il répète la même chose dans son Traité *De subtilitate* (liv. 16), où il place Mohammed ben Musa après Archytas, et le neuvième parmi les douze plus grands génies de la Terre. *Huic Mahometus Moisis filius Arabs, Algebraticæ ut ita dicam artis inventor, succedit. Ob id inventum ab artis nomine cognomen adeptus est.*

Tartalea attribue aussi, à Mohammed ben Musa, l'invention de l'Algèbre, qu'il appelle, dans le titre de la 11e partie du *Traité général des nombres et des mesures* : *Antica pratica speculativa del arte magna, detta in Arabo Algebra et Almucabala, over regola della cosa, trovata da Maumeth, figlio de Moise arabo, la quale se puo dire la perfetta arte del calculare*, etc.

On avait attribué d'abord l'invention de l'Algèbre à Geber, autre Géomètre arabe. Ainsi, Stifel, célèbre algébriste allemand, contemporain de Cardan, écrit au professeur Milichius : *Tuo quoque consilio usus, Algebram (quam persuasisti bonis rationibus à Gebro astronomo, autore ejus, ita esse nuncupatam) multis exemplis illustratam scripsi* (*Arithmetica integra*, pag. 226 v°); et appelle souvent l'Algèbre, *Regula Gebri*. Cette opinion était encore partagée au XVIIe siècle (voir Kepler, *Harmonices Mundi*, lib. I, prop. 45); mais comme elle n'avait pas d'autre fondement que la ressemblance des mots, elle n'a pu se soutenir, surtout quand on a connu la vraie étymologie du mot Algèbre, qui provient de la double dénomination *Algebr v Almocabelah*, dont se servent toujours les Arabes, et qui signifie *opposition et comparaison*. Cette dénomination, que nous avons remplacée par le seul mot *Algèbre*, se rapporte assez bien aux équations, dont le mécanisme est le fondement de toute la science.

D'autres écrivains, à la tête desquels on trouve Regiomontanus et Scheubel, avaient regardé Diophante comme le premier inventeur de l'Algèbre, et cette opinion a prévalu généralement; parce qu'en effet, Diophante avait une grande antériorité sur les Arabes. Mais aujourd'hui la question de priorité est entre les Grecs et les Hindous. Brahmegupta est postérieur de deux siècles à Diophante, mais la perfection de son ouvrage annonce certainement que l'Algèbre avait déjà une existence très-ancienne dans l'Inde.

Car, ainsi que le dit Peletier dans son Algèbre, c'est là une de ces choses qui, loin de devoir leur invention à un seul auteur, *n'ont pris règle, forme et ordre qu'après un long temps de circuitions, d'intermissions et de continuelles exercitations d'esprit.*

auquel, ne fût-ce que par reconnaissance, étaient si légitimement dus les honneurs de l'impression, est resté manuscrit, et depuis trois siècles dans l'oubli, quand pour la première fois, en 1831, M. Rosen l'a publié en arabe et en anglais. M. Libri vient aussi de reproduire, dans le premier volume de son *Histoire des sciences en Italie*, l'une des traductions latines que l'on conservait à la Bibliothèque royale. Celle-ci n'est pas aussi complète que le manuscrit dont s'est servi M. Rosen. La partie géométrique, entre autres, ne s'y trouve pas.

On sait que Mohammed ben Musa avait tiré des Indiens une partie de ses connaissances mathématiques [1]. Nous devons penser que c'est d'eux qu'il reçut l'Algèbre. Son ouvrage présente des points de ressemblance certains avec les leurs, et nullement avec celui de Diophante. Mohammed y fait usage, comme les Indiens, de considérations géométriques, pour mettre dans tout son jour la certitude des opérations de l'Algèbre; on distingue surtout la manière dont il démontre, par cette méthode, les règles pour la résolution de l'équation du second degré, dont il considère trois cas [2]. L'ouvrage contient

---

[1] Casiri, *Bibliotheca Arabico-Hispana*, pag. 427-428. — Colebrooke, *Brahmegupta and Bhascara Algebra*; Dissertation, pag. LXXII. — F. Rosen, *Algebra of Mohammed ben Musa*. Préface, pag. VIII.

[2] Ces trois cas, dont l'auteur ne donne que des exemples numériques, sont exprimés par les trois équations littérales :

$$ax^2 + bx - c = 0,$$
$$ax^2 - bx - c = 0,$$
$$ax^2 - bx + c = 0.$$

Le quatrième cas que peut présenter l'équation générale du second degré est

$$ax^2 + bx + c = 0,$$

où tous les termes sont positifs. Mohammed n'en parle pas, parce que les racines, dans ce cas, sont toujours négatives.

Dans les autres équations il ne prend que les racines *positives*, et laisse de côté, comme insignifiantes, les racines *négatives*.

Dans la troisième, $ax^2 - bx + c = 0$, où les deux racines

$$x = \frac{b}{2a} \pm \frac{1}{2a} \sqrt{b^2 - 4ac}$$

sont positives (supposé qu'elles soient réelles), Mohammed dit qu'on les calcule l'une et l'autre, mais que, dans chaque cas, il faut s'assurer qu'elles répondent à la question. On essaie d'abord la première, qui provient du signe *plus;* et si elle ne convient pas, la seconde, qui provient du signe *moins*, conviendra certainement. (*When you meet with an instance which refers you to this case, try its solution by addition, and if that do not serve, then subtraction certainly will,* page 11.)

Les Indiens admettaient aussi les deux racines, dans les cas où elles convenaient toutes deux (*Bija-Ganita*, §§ 130, 139), et en rejetaient une, comme absurde, dans d'autres cas (*ibid.*, §§ 140, 141). Par exemple dans cette question : *L'ombre d'un gnomon qui a 12 doigts de hauteur, étant diminuée du tiers de l'hypoténuse, devient 14 doigts : quelle est l'ombre?* On est conduit, pour déterminer l'ombre, à une équation du second degré, dont les deux racines sont positives et égales à $\frac{45}{7}$ et à 9. La première convient parce qu'étant plus grande que 14, elle peut, étant diminuée du tiers de l'hypoténuse, devenir égale à 14; mais la seconde, étant plus petite que 14, doit être rejetée, dit Bhascara, à cause de son absurdité (*by reason of its incongruity*).

Lucas di Borgo suit en tout point Mohammed ben Musa; il considère trois cas aussi; il donne la solu-

aussi, comme ceux des Indiens, une partie géométrique sur la mesure des surfaces.

On y remarque les trois expressions $\frac{22}{7}$, $\sqrt{10}$ et $\frac{62\,832}{20\,000}$ du rapport approché de la circonférence au diamètre, qui, comme nous l'avons dit, ont été connues des Indiens [1]; et les trois nombres 13, 14 et 15 pris pour les côtés d'un triangle, que nous avons trouvés aussi dans les ouvrages de Brahmegupta et de Bhascara.

L'ouvrage de Mohammed est beaucoup moins étendu que ceux-ci; il ne traite pas comme eux des équations *indéterminées* du second ni du premier degré. Nous en trouvons la raison dans la préface de l'auteur, qui nous apprend qu'il a composé ce Traité succinct, à la demande du calife Al Mamoun, pour faciliter une foule d'opérations qui se présentent dans le commerce des hommes et dans les besoins de la vie.

Ce passage suffirait pour nous prouver que les Arabes possédaient alors des ouvrages plus étendus et d'un ordre plus élevé, si nous ne savions pas qu'en effet ils connaissaient les savants ouvrages des Indiens, et qu'eux-mêmes ont écrit sur la résolution des équations du troisième degré, comme nous le dirons plus loin.

Quoi qu'il en soit, c'est un fait bien remarquable et digne de la méditation des savants de l'Europe, qu'un traité d'Algèbre, *regardé comme élémentaire au IXe siècle* chez les Arabes, et en quelque sorte comme manuel pratique à l'usage du peuple, a été, sept cents ans après, l'*Ars magna* des Européens, et la base et l'origine de leurs grandes découvertes dans les sciences [2].

tion de chacun dans une strophe de quatre vers latins; puis il la justifie par des considérations géométriques. Quant au cas où les deux racines sont positives, il reconnaît qu'elles peuvent convenir l'une et l'autre dans certaines questions, mais que dans d'autres l'une seulement satisfait. (*Siche luno e laltro modo satisfa el thema. Ma a le volte se hane la verita a luno modo. A le volte a laltro. El perche se cavando la radice del ditto remanente de la mità de le cose non satisfacesse al thema. E tu la ditta R (radice) agiongi a la mità de le cose, e haverai el quesito: et mai fallara che a uno de li doi modi non sia satisfatto el quesito, cioe giongnendola, overo cavandola del dimeccamento de le cose, etc.* (*Summa de Arithmetica, etc.* Distinctio 8, tractatus 5, art. 12.)

Ces rapports manifestes, qui ont lieu entre l'ouvrage de Mohammed ben Musa et ceux des Indiens, d'une part, et celui de Lucas di Borgo, de l'autre, montrent bien l'origine de l'Algèbre des Européens, et l'influence directe que les ouvrages arabes ont eue sur les progrès et le caractère des sciences mathématiques à la Renaissance. Tel a été l'objet de cette Note.

[1] Il paraît que le rapport $\frac{62\,832}{20\,000} = \frac{5927}{1250} = 3,14160$ est dû aux Indiens, et qu'ils l'avaient trouvé en calculant le côté du polygone régulier de 768 côtés. *Gl' Indiani, come apparisce da un libro dei Bramini, intitolato Ajin-Akbari, avean trovato con ingegnosissimo metodo Geometrico, mediante l'inscrizione di un poligono regolare di 768 lati, che la circonferenza del circolo sta al diametro come 5927 a 1250.* (*Saggio sulla storia delle matematiche, opera del sig.* P. Franchini; Lucca, 1821; in-8°.) Th. Simpson est parvenu de lui-même au rapport 3,14160, par l'inscription du polygone de 768 côtés; il a obtenu même le rapport plus approché $\frac{628517}{200000}$. *Voy. ses Élém. de Géom.*) Sa méthode est très-simple; je ne sais pourquoi l'on n'en parle jamais.

[2] Jusqu'ici nous n'avions connu, des Arabes, que le Traité d'Algèbre de Mohammed ben Musa. C'est le seul du moins dont les Géomètres du XVIe siècle, Lucas di Borgo, Cardan, Peletier, Tartalea, Stevin, etc., aient parlé. Mais beaucoup d'autres auteurs arabes ont écrit sur l'Algèbre; on trouve les noms de plusieurs d'entre eux, et les titres de leurs ouvrages, dans la *Bibliothèque orientale* de D'Herbelot, au mot *Gebr*; et au mot *Ketab* (pag. 966, 2me colonne; 967, 1re col.; édit. in-fol. de 1697).

Il existe un ouvrage, traduit de l'arabe en anglais, à Calcutta, en 1812, qui traite de l'Arithmétique, de la Géométrie et de l'Algèbre, et dont je m'étonne que l'on n'en parle pas, depuis quelques années qu'on s'occupe

Mohammed avait écrit, sur les triangles plans ou sphériques, un Traité qu'on dit exister encore sous le titre : *De figuris planis et sphæricis.*

On possède aussi un ouvrage de Géométrie qu'il a composé, probablement en commun avec ses deux frères, Hamet et Hasen, car il a pour titre : *Verba filiorum Moysi, filii Schaker, Mahumeti, Hameti, Hasen.* Dans cet ouvrage se trouve démontrée la formule de l'aire du triangle, en fonction des trois côtés; et l'application en est faite au triangle qui a pour ses côtés les trois nombres 13, 14 et 15, comme chez les Indiens. La démonstration est celle que Fibonacci et Jordan Nemorarius ont donnée au XIII° siècle, et que Lucas di Borgo et Tartalea nous on fait connaître. Elle paraît appartenir aux Arabes, car elle est différente de celle de Héron d'Alexandrie.

Les trois fils de Musa ben Schaker ont écrit beaucoup d'autres ouvrages, dont on trouve l'indication dans la *Bibliotheca Arabico-Hispana de Casiri* (tom. I°ʳ, pag. 418).

Alkindus, l'un de leurs plus célèbres contemporains, que Cardan met, comme Mohammed ben Musa, au nombre des douze plus puissants génies du monde [1], a aussi écrit sur toutes les parties des Mathématiques. Cardan cite avec éloge son traité *De regulâ sex quantitatum* [2]. Nous avons dit, dans la Note VI, quel était l'objet de cette règle des six quantités, qui s'effectuait par le calcul ou par une construction géométrique déduite du théorème de Ptolémée.

Alkindus avait écrit sur l'Arithmétique des Indiens (*De Arithmeticâ indicâ*), et sur l'Algèbre (*De quantitate relativâ, seu Algebrâ*). Nous ne citerons pas ses autres ouvrages, qui sont extrêmement nombreux. Une partie doit se trouver encore dans les bibliothèques d'Espagne. Plusieurs, sans doute, offriraient de l'intérêt [3].

d'étudier l'histoire des sciences chez les Indiens et les Arabes. Nous trouvons le titre suivant de cet ouvrage, que nous ne connaissons pas encore, dans le catalogue de la Bibliothèque de M. Langlès, art. 552, *The khoolasut-oolhisab, a compendium of arithmetic and geometry; in the arabic language, by Buhae-oodd-deen, of Amool in Syria, with a translation into persian and commentary, by the late Muoluwee Ruoshun Ulee of Juonpoor : to which is added a treatise on algebra by Nujm-ood-den Ulee khan, head Quazee, to the Sudr Deewanee and Nizamut Udalut. Revised and edited by Tarinee Churun Mitr, Muoluwee Jan Ulee and Ghoolam Ukbur.* Calcutta, Pereira, 1812, grand in-8°.

M. Libri vient de mettre au jour un ouvrage d'Algèbre, traduit de l'original arabe en latin, et resté manuscrit à la Bibliothèque royale, sous le titre : *Liber augmenti et diminutionis vocatus numeratio divinationis, ex eo quod sapientes Indi posuerunt, quem Abraham compilavit, et secundum librum qui Indorum dictus est, composuit.*

Cet ouvrage est précieux sous plusieurs rapports. D'abord, il est essentiellement différent de celui de Mohammed ben Musa; car il roule uniquement sur les règles de fausse position, simple et double. Et, ensuite, il nous apprend que ces règles viennent des Indiens. On les avait attribuées jusqu'ici aux Arabes, sur l'autorité de Lucas di Borgo, qui les a appelées règles d'*Helcataym* « e vocabulo Arabo. » (*Summa de Arith.*, etc., Distinctio septima, tractatus primus.)

Mais, dans d'autres ouvrages du même temps, on les appelle *Regula falsi, seu augmenti et decrementi*, comme le compilateur Abraham (voir *Algorithmus de integris, minutiis vulgaribus, ac proportionibus, cum annexis de tri, falsi, aliisque regulis.* Liptzek, 1507, in-4°.)

[1] *De subtilitate libri XXI,* lib. XVI.

[2] *Ibid.*, lib. XVI. — *Practica arithmetice*, cap. XLVI. — *Opus novum de proportionibus numerorum*, etc. Propositio quinta.

[3] Tel serait son Traité d'Arithmétique indienne. Car il est assez singulier que, depuis si longtemps qu'on

Thébit ben Corah, disciple de Mohammet ben Musa, fut aussi un Géomètre célèbre, qui embrassa les Mathématiques dans toute leur étendue. Parmi les nombreux ouvrages qu'il a laissés, et dont on trouve le catalogue dans Casiri, il en est un dont le titre : *De problematibus algebricis geometricâ ratione comprobandis*, aurait dû piquer vivement la curiosité des Géomètres ; car il annonce que Thébit avait appliqué l'Algèbre à la Géométrie. C'est sans doute le titre de cet ouvrage qui a fait dire à Montucla que : « Thébit » a écrit sur la certitude des démonstrations du calcul algébrique, ce qui pourrait donner » lieu de penser que les Arabes eurent aussi l'idée heureuse d'appliquer l'Algèbre à la » Géométrie. » Cette conjecture est devenue pour nous un fait certain, constaté déjà par l'Algèbre de Mohammed ben Musa, et dont on trouve une preuve plus convaincante encore dans un autre ouvrage dont on doit la connaissance récente à M. L.-Am. Sédillot.

Cet ouvrage est un fragment d'Algèbre (trouvé dans le manuscrit arabe n° 1104 de la Bibliothèque royale), où les équations du troisième degré sont résolues *géométriquement*.

M. Sédillot nous apprend qu'avant de passer à la solution de ces équations, l'auteur donne celle du problème des deux moyennes proportionnelles, qu'il résout par deux paraboles, et dont il se sert pour la solution de certaines équations. Le géomètre arabe se serait-il aperçu que toutes les équations du troisième degré peuvent se résoudre par les deux moyennes proportionnelles, et la trisection de l'angle ; ce qui est, comme on sait, une des découvertes qui ont fait honneur à Viète ? Il construit les racines des équations de la forme $x^3 - ax - b = 0$, par un cercle et une parabole. Mais nous pensons qu'il ne s'agit encore que d'équations numériques, les seules qu'on trouve dans les ouvrages arabes et chez les Modernes jusqu'à Viète, à qui est dû le pas immense qu'il fallait franchir pour arriver à l'idée et à la considération d'équations littérales.

Toutefois, malgré cette restriction dans les spéculations algébriques des Arabes, nous pouvons dire que non-seulement ils ont possédé l'Algèbre, mais qu'ils ont connu aussi l'art d'exprimer graphiquement les formules, et d'en présenter aux yeux la signification ; art si beau et si précieux, que Kepler regrettait de ne pas savoir [1], et qui a été l'une des grandes conceptions de Viète.

On avait toujours pensé que les Arabes n'avaient pas été au delà des équations du second degré. On fondait cette opinion sur ce que Fibonacci et Lucas di Borgo s'étaient

---

agite la question de l'origine de notre système de numération, et qu'on ne peut s'accorder sur la signification du passage de Boëce et de la lettre de Gerbert qui s'y rapportent, on n'ait pas, au lieu de raisonner sur la forme des chiffres, qui nécessairement a dû varier, comparé ces deux pièces avec les Traités d'Arithmétique que les Arabes nous ont laissés, et dont aucun, je crois, n'a été ni traduit, ni publié dans le texte original.

[1] Kepler, ne pouvant traduire graphiquement la propriété que représente l'équation du second degré qui donne le rapport du côté du pentagone régulier au rayon du cercle circonscrit, s'exprime ainsi : *Quomodo affectionem repræsentabo? quo actu geometrico? Nullo alio id doceor facere, quàm usurpando proportionem, quam quæro : principium petitur. Miser calculator, destitutus omnibus geometriæ præsidiis, hærens inter spineta numerorum, frustrà cossam suam respectat. Hoc unum est discrimen inter cossicas et inter geometricas determinationes.* (HARMONICES MUNDI, liber I ; pag. 57.)

arrêtés à ce point de la science [1]. Montucla, le premier, l'a mise en doute, et a pensé que les Arabes pouvaient bien avoir traité des équations du troisième degré; il se fondait sur le titre *Algebra cubica, seu de problematum solidorum resolutione*, d'un manuscrit apporté de l'Orient par le célèbre Golius, et qui se trouve dans la Bibliothèque de Leyde [2]. Le fragment d'Algèbre trouvé par M. Sédillot confirme la conjecture de Montucla, et en fait l'un des points les plus importants de l'histoire scientifique des Arabes.

Mais nous devons dire que rien ne nous autorise encore à penser qu'ils aient connu la résolution *algébrique* des équations du troisième degré, c'est-à-dire l'expression des racines de ces équations. Le titre du manuscrit de la Bibliothèque de Leyde semble, au contraire, indiquer qu'il y est question de leur construction géométrique par les lieux solides (les sections coniques), comme dans celui de la Bibliothèque royale de Paris.

La Trigonométrie est l'une des parties des Mathématiques que les Arabes cultivèrent avec le plus de soin, à cause de ses applications à l'Astronomie. Aussi leur dut-elle de nombreux perfectionnements, qui lui donnèrent une forme nouvelle, et la rendirent propre à des applications que les Grecs n'auraient pu faire que très-péniblement.

Les premiers progrès de la Trigonométrie datent d'Albategnius, prince de Syrie [3], qui florissait vers l'an 880 et qui mourut en 928. C'est ce grand Astronome, surnommé le Ptolémée des Arabes, qui eut l'heureuse et féconde idée de substituer aux *cordes* des arcs, dont les Grecs se servaient dans leurs calculs trigonométriques, les demi-cordes des arcs doubles, c'est-à-dire les *sinus* des arcs proposés. « Ptolémée, dit-il, ne se servait des cordes entières que pour la facilité des démonstrations; mais nous, nous avons pris les moitiés des arcs doubles [4]. »

Albategnius est parvenu à la formule fondamentale de la Trigonométrie sphérique : cos. $a =$ cos. b cos. $c +$ sin. b sin. c cos. A, dont il a fait diverses applications [5].

On trouve dans ses ouvrages la première idée des tangentes des arcs, et l'expression $\frac{\text{sinus}}{\text{cosinus}}$, dont les Grecs ne se sont pas servis. Albategnius la fait entrer dans les calculs de Gnomonique et l'appelle *ombre étendue*. C'est la *tangente* trigonométrique des Modernes. On voit qu'Albategnius avait des Tables doubles, qui donnaient les ombres correspondant aux hauteurs du Soleil, et les hauteurs correspondant à des ombres; c'est-à-dire les tangentes des arcs, et les arcs correspondant à des tangentes. Mais ses Tables étaient calculées pour le rayon 12, tandis que celles des sinus l'étaient pour le rayon 60; ce qui prouve qu'il n'a pas eu la pensée d'introduire ces tangentes dans les calculs trigonométriques [6].

---

[1] Fibonacci résout bien quelques équations d'un degré supérieur, mais qui se réduisent au second.

[2] *Histoire des Mathématiques*, tom. l^{er}, pag. 383.

[3] Le nom propre de ce géomètre est Mohammed ben Geber; il fut surnommé al Batani, parce qu'il était né à Batan, ville de la Mésopotamie, et de ce nom les Modernes ont fait celui de Albategnius.

[4] Delambre, *Histoire de l'Astronomie du Moyen âge*, pag 12.

[5] *Ibid*, pag. 21, 164. On sait que la formule correspondante, cos. A = sin. B sin. C cos. a − cos. B cos C, est due à Viète, qui l'a donnée en 1593, dans son *Variorum de rebus mathematicis responsorum*, liber octavus.

[6] Delambre, *Histoire de l'Astronomie du Moyen âge*, pag. 17.

C'est à Aboul Wefa et à Ibn-Yoùnis, qui lui sont postérieurs d'un siècle, qu'est dû ce nouveau pas.

Aboul Wefa (937-998), après avoir exposé la théorie des sinus, définit d'autres lignes trigonométriques « qu'il emploiera dans son ouvrage, pour les faire servir à la solution de différents problèmes de l'Astronomie sphérique. »

Ce sont les *tangentes* et *cotangentes*, qu'il appelle *ombre verse* et *ombre droite*, et les *sécantes*, qu'il appelle *diamètre de l'ombre*.

Aboul Wefa a calculé sa Table de tangentes pour un rayon égal à 60 : il n'a pas calculé les sécantes.

On n'a point cette Table des tangentes; mais ce qu'il importait de savoir, c'était la date certaine de leur introduction dans le calcul trigonométrique.

Cette heureuse révolution dans la science, qui en bannissait ces expressions composées et incommodes, contenant le sinus et le cosinus de l'inconnue, ne s'est opérée que cinq cents ans plus tard chez les Modernes; on en a fait honneur à Regiomontanus; et, près d'un siècle après, lui Copernic ne la connaissait pas encore.

Ibn-Yoùnis (979-1008) se servit aussi des ombres ou tangentes et cotangentes, et en eut aussi des Tables sexagésimales [1].

Il eut le premier l'idée de calculer des arcs subsidiaires qui simplifient les formules, et dispensent de ces extractions de racines carrées, qui rendaient les méthodes si pénibles. Ces artifices de calcul, aujourd'hui si communs, sont restés longtemps inconnus en Europe, et ce n'est que sept cents ans plus tard qu'on en trouve quelques exemples dans les ouvrages de Simpson (Delambre, *Histoire de l'Astronomie du Moyen âge*, pag. 163).

La Trigonométrie sphérique doit à Geber, Astronome qu'on suppose avoir vécu vers l'an 1038, la formule cos. C = sin. B cos. c, qui est la cinquième des six qui servent à la résolution des triangles rectangles [2]. La sixième, cos. a = cot. B cot. C, est resté inconnue jusqu'au XVIe siècle; on la doit à Viète.

Ces deux formules sont celles qui contiennent les deux angles obliques du triangle. Les Grecs n'avaient eu que les quatre premières, qui leur suffisaient, parce que dans leurs applications de la Trigonométrie à l'Astronomie, le cas des trois angles connus ne se présentait pas.

Tels sont les principaux perfectionnements que les Arabes apportèrent à la Trigonométrie.

Ils purent ainsi cultiver l'Astronomie avec succès. Aussi compte-t-on un très-grand nombre d'auteurs arabes qui s'adonnèrent à cette science. Nous n'avons point à parler ici des progrès qu'ils y firent ; et nous dirons seulement quelques mots de l'une de ses applications, la Gnomonique, qui n'est au fond qu'une question de pure Géométrie.

Les Arabes attachèrent une grande importance à la construction des cadrans, qui étaient à peu près leur seul moyen de compter le temps. Dès le IXe siècle, des géomètres

---

[1] Delambre, *Histoire de l'Astronomie du Moyen âge*, pag. 164.
[2] Nous appelons B, C, les deux angles obliques du triangle ; *b*, *c*, les côtés opposés ; et *a* l'hypoténuse.

célèbres s'en occupaient. C'est à cet art que se rapportaient sans doute deux ouvrages d'Alkindus, intitulés : *De horologium sciathericorum descriptione*; et *De horolog. horisontali præstantiore*, et les deux suivants, de Thébit ben Corah : *De horometriâ seu horis diurnis ac nocturnis*; et *De figurâ linearum quas gnomometrum (styli apicis umbra) percurrit*. Ce dernier titre semble annoncer que Thébit se servait de la considération des sections coniques dans la construction des cadrans. Nous allons voir cette méthode pratiquée savamment par un autre géomètre arabe du XIII° siècle. Maurolycus en a eu la première idée chez les Modernes, et elle a donné à son ouvrage un caractère d'originalité qui lui a fait honneur.

L'écrivain arabe auquel la Gnomonique paraît le plus redevable, est Aboul Hhassan Ali, de Maroc, qui vivait au commencement du XIII° siècle ; son ouvrage avait pour titre : *Livre qui réunit les commencements et les fins*, parce qu'il se compose de deux parties distinctes, dont la première traite des *calculs* et la seconde des *instruments* et de leur usage. M. Sédillot, dont les sciences mathématiques et les langues orientales déplorent la perte récente (en 1832), a fait une traduction de cet ouvrage, qui a été mise au jour par les soins de M. L. Am. Sédillot, son fils, sous le titre : *Traité des instruments astronomiques des Arabes* (2 vol. in-4°, Paris, 1834).

Cet ouvrage est un Traité complet et très-détaillé de la Gnomonique des Arabes. Il contient plusieurs choses nouvelles, qui sont de l'invention d'Aboul Hhassan.

On y trouve, pour la première fois, des heures *égales*, dont les Grecs n'avaient point fait usage. Il paraît que cette innovation, qui a été conservée chez les Modernes, est due à l'auteur lui-même, car il dit : « Ceci fait partie des choses inusitées que nous donnons dans cet ouvrage, comme le résultat de nos méditations et de nos réflexions. » (Liv. 3, chap. XIV). Il expose, dans le plus grand détail, la construction des lignes d'heures *temporaires* (appelées aussi heures *antiques*, *inégales*[1], *judaïques*).

Dans les chapitres XXVI et suivants, intitulés: *Détermination du paramètre et de l'axe principal des parallèles, en quelque lieu que ce soit*, Aboul Hhassan se sert des propriétés des sections coniques pour décrire les arcs des signes. Il calcule les paramètres et les axes de ces courbes, en fonction de la latitude du lieu, de la déclinaison du Soleil et de la hauteur du gnomon.

Cette partie de l'ouvrage prouve que le géomètre astronome Aboul Hhassan, était un homme de mérite. Il ne donne pas la démonstration de ses règles, mais elle devait se

---

[1] Ces heures étaient égales entre elles pendant un même jour, mais leur durée changeait d'un jour à l'autre, parce qu'elle était toujours la douzième partie du temps compris entre le lever et le coucher du Soleil. Les lignes qui marquaient ces heures étaient des courbes très-peu différentes de la ligne droite, ainsi que l'a reconnu M. Delambre, par le calcul. (*Histoire de l'Astronomie ancienne*, t. II, pag. 481.) Mais la nature de ces lignes n'est pas encore connue; elle peut faire le sujet d'une belle question d'Analyse, qui se réduit à ceci :

Que sur une demi-sphère on suppose tracés des arcs de cercle dans des plans parallèles entre eux, et inclinés sur le plan du grand cercle qui sert de base à la demi-sphère; que ces arcs parallèles soient divisés dans un rapport donné; les points de division formeront une courbe à double courbure, située sur la demi-sphère; que par cette courbe on fasse passer un cône ayant son sommet au centre de la demi-sphère : la section de ce cône par un plan sera la ligne d'une des heures égales.

trouver dans un *Traité des sections coniques*, qu'il avait composé. M. Delambre, qui a approfondi toute cette partie géométrique de l'ouvrage d'Aboul Hhassan, la trouve bien préférable aux procédés enseignés par Commandin et Clavius, qui ont aussi tracé leurs arcs des signes, par des moyens tirés de la théorie des coniques. Cependant il reconnaît que les règles du géomètre arabe n'ont pas encore toute la simplicité dont elles sont susceptibles : il fait usage de la hauteur du pôle pour déterminer le paramètre, ce qui complique et allonge les calculs bien inutilement, puisque l'expression de ce paramètre, réduite aux éléments indispensables, est indépendante de la hauteur du pôle, et ne contient que la déclinaison et la hauteur du gnomon, ainsi que le démontre M. Delambre. C'est là un théorème assez remarquable, dit-il, et qui était assez important en Gnomonique pour n'être pas négligé par les auteurs qui ont donné des méthodes, si compliquées, pour tracer les arcs des signes d'après les propriétés des sections coniques [1].

Ce théorème, en langue géométrique, signifie que *toutes les sections d'un cône droit, faites par des plans coupants, également éloignés de son sommet, ont le même paramètre*.

Cette propriété du cône droit a lieu aussi dans le cône oblique. Cela résulte du beau théorème de Jacques Bernoulli, que nous avons énoncé en parlant des *Coniques d'Apollonius*, et qui lui a servi à déterminer le paramètre dans la section du cône oblique (en supposant les plans coupants perpendiculaires au triangle par l'axe).

On attribue à Mahomet Bagdadin, géomètre du X⁰ siècle, un élégant Traité sur la division des surfaces, qui a été traduit par Jean Déc et Commandin [2].

Cet ouvrage a pour objet de diviser une figure en parties proportionnelles à des nombres donnés, par une droite menée d'après certaines conditions. Il se compose de vingt-deux propositions, dont sept sont relatives au triangle, neuf au quadrilatère et six au pentagone. L'auteur les énonce sous la forme de problèmes, dont il donne la solution, qu'il démontre ensuite.

Cet ouvrage, par sa nature, est un complément nécessaire d'un Traité de Géodésie ; aussi a-t-il été imité par tous les Géomètres modernes, dans leurs Traités de Géométrie pratique.

Déc et Commandin pensèrent que ce Traité pouvait provenir d'Euclide, qui, au rapport de Proclus, dans son Commentaire sur le premier livre des Éléments, avait aussi écrit sur la division des figures. Cette opinion n'a pas été partagée par Savile ; et depuis, la question est restée indécise. Nous sommes tout à fait porté à attribuer l'ouvrage à un géomètre grec ; à Euclide, si l'on veut (puisque Proclus cite de lui un traité *De divisionibus*) ; car il ressemble parfaitement, par sa forme et par la pureté du style géométrique, aux ouvrages des Grecs, et nullement à ceux des Arabes, qui, alliant la science des premiers à celle des Hindous, avaient introduit le calcul algébrique dans leur Géométrie, et démontraient leurs propositions les plus générales sur des données numériques, et non pas dans

---

[1] *Histoire de l'Astronomie du Moyen âge*, pag. 536.
[2] *De superficierum divisionibus liber Mahometo Bagdedino ascriptus. Nunc primùm Joannis Dee Londinensis, et Federici Commandini. Urbinatis operá in lucem editus.*
Federici Commandini de eadem re libellus. Pisauri, 1570, in-4⁰.

l'état de généralité et d'abstraction que présentent celles du Traité en question. Ajoutons que les Grecs avaient écrit sur la Géodésie dès les premiers temps de l'école d'Alexandrie, comme nous le voyons par un ouvrage de Héron l'ancien, mis au jour par M. Venturi; et que, s'ils n'avaient pas eu leur Traité *De divisionibus superficierum*, c'eût été une lacune que ne peut faire supposer la perfection qu'ils donnaient à leurs ouvrages.

L'Optique a été traitée chez les Arabes par un grand nombre d'auteurs, dont le plus célèbre est Alhasen. Son ouvrage, qui nous est parvenu [1], se recommande par des considérations de Géométrie, savantes et étendues. On y remarque surtout la solution d'un problème qui dépendrait, en Analyse, d'une équation du quatrième degré. Il s'agit de trouver le point de réflexion sur un miroir sphérique, le lieu de l'œil et celui de l'objet étant donnés. Ce problème a occupé de célèbres Géomètres modernes, tels que Sluze, Huygens, Barrow, le marquis de Lhospital, R. Simson. Ce dernier l'a résolu très-simplement, par de pures considérations de Géométrie. (*Sectionum conicarum libri V*. Appendix, pag. 223.)

On a pensé que l'ouvrage d'Alhasen était imité du Traité d'Optique de Ptolémée. Ç'a été l'opinion de Montucla. Mais Delambre, quoiqu'il fût généralement porté en faveur des Grecs, ne l'a pas partagée. Il a même pensé qu'il se pouvait qu'Alhasen n'eût pas eu connaissance de l'ouvrage de Ptolémée, parce que le sien lui est très-supérieur [2]. Quoi qu'il en soit, l'ouvrage d'Alhasen fait honneur aux Arabes, et nous devons le regarder comme ayant été l'origine de nos connaissances en Optique. Vitellion, géomètre polonais, l'un des plus savants du XIIIe siècle, y a puisé utilement pour la composition de son Traité d'Optique, le premier qu'ait fait paraître un géomètre européen.

On doit à M. L. Am. Sédillot la connaissance récente d'un ouvrage original des Arabes, intitulé *Traité des connues géométriques*, par Hassan ben Haithem [3].

Ce géomètre florissait vers l'an 1009, et mourut au Caire, en 1038. Il a composé un commentaire de l'Almageste, et un autre sur les définitions qui sont en tête des Éléments d'Euclide.

Son Traité des *connues* est divisé en deux livres : « Le premier, dit-il, comprend des » choses tout à fait neuves et dont le genre même n'a pas été connu des anciens Géomè- » tres, et le second contient une suite de propositions analogues à celles qui ont été trai- » tées dans le livre des *Data*, mais qui ne se trouvent pas dans cet ouvrage d'Euclide. »

Sous le titre de *Prolégomènes*, l'auteur se livre à une discussion métaphysique sur la

---

[1] Imprimé à Bâle en 1572, avec la troisième édition de l'Optique de Vitellion, sous le titre : *Opticæ thesaurus. Alhazeni Arabis libri septem, nunc primum editi. Ejusdem liber de crepusculis et nubium ascensionibus. Item Vitellionis Thuringo-Poloni libri decem, à Fr. Risnero*, in-fol.

[2] *Histoire de l'Astronomie ancienne*, p. 412 du tome II.

[3] *Nouveau Journal asiatique*, mai 1834.

La copie sur laquelle M. Sédillot a fait cette traduction est du 3 juin 1144; elle se trouve, avec six autres opuscules sur les Mathématiques, dans le manuscrit arabe, n° 1104 de la Bibliothèque royale. M. Sédillot promet de faire connaître ces pièces, dont une, qui est le fragment d'Algèbre sur la résolution des équations du troisième degré, dont nous avons parlé plus haut, sera l'un des monuments les plus précieux de l'histoire des sciences chez les Arabes.

définition des *connues*, leurs divisions et subdivisions, et la nature des quantités auxquelles elles se rapportent.

Ces préliminaires, dit M. Sédillot, qui caractérisent l'esprit des érudits du temps de
Hassan ben Haithem, permettent d'apprécier assez exactement la philosophie mathématique des Arabes.

Mais le savant traducteur ne nous fait connaître que le commencement de ces prolégomènes, et nous ne voyons pas bien quelle peut être l'application de ces distinctions subtiles
aux propositions de Géométrie qui forment le corps de l'ouvrage; sans doute elles portaient sur la forme même que l'auteur a donnée aux énoncés de ces propositions; mais
montraient-elles l'utilité de cette forme inusitée, et le caractère scientifique ainsi que la
vraie destination de ces propositions? C'est là ce qu'il nous importerait de savoir.

Cette forme est la même que celle des *Données* d'Euclide, de sorte que ce Traité est
une imitation et une continuation du livre des *données* du géomètre grec; mais avec
cette différence que les propositions du premier livre « choses tout à fait neuves, et
dont le genre même n'a pas été connu des Anciens, » roulent sur des propositions locales, tandis que toutes celles d'Euclide étaient des théorèmes ordinaires, où tout est déterminé.

Ainsi, dans les *Données* d'Euclide, l'objet d'une proposition était de démontrer que
telle chose (point, droite, ou quantité), devant résulter de telle construction ou de telles
conditions, était parfaitement connue; et de déterminer la valeur et la position de cette
chose.

C'est là aussi l'objet des propositions du premier livre des *connues* de Hassan ben Haithem; mais il y a dans chaque question une indétermination de condition, résultant de
la considération d'un *lieu géométrique*.

Ces propositions sont de deux espèces.

Dans les premières, il s'agit de démontrer que tel *lieu*, formé par la succession de points
déterminés par telles conditions, est parfaitement connu, et de donner la construction
directe et immédiate de ce *lieu*.

Voici l'énoncé d'une proposition de cette espèce :

« *Lorsque, de deux points connus de position, on mène deux lignes droites qui se coupent
en un point, où elles forment un angle connu, et qu'ensuite on prolonge directement une
des deux lignes, si le rapport de cette ligne à son prolongement est connu, son extrémité
sera sur une circonférence de cercle connue de position.* » (Proposition 7 du 1er livre.)

Dans toutes ces propositions, le lieu géométrique est la ligne droite ou circulaire. Elles
paraissent prises, en général, des *Lieux plans* d'Apollonius.

Dans les propositions de la seconde espèce, ce n'est pas le lieu géométrique qu'il s'agit
de déterminer, mais quelque autre chose qui s'y rapporte, et qui doit être commune à une
infinité de points ou de lignes, à cause d'une indétermination dans les conditions de construction. Exemple :

« *Lorsque deux cercles connus sont tangents, et que l'un est dans l'intérieur de l'autre,
si l'on mène au petit cercle une tangente dont l'extrémité (autre que le point de tangence)*

soit terminée à la circonférence du grand cercle, et qu'on joigne par une droite cette extré-
mité au point de tangence des deux cercles, le rapport de cette dernière ligne à la tangente
est un rapport connu. » (Proposition 19.)

Cette dernière proposition et celles de son espèce sont, comme on le voit, dans le genre des *Porismes* d'Euclide, entendus suivant la doctrine de R. Simson.

Les premières, qui sont différentes, parce que la chose à déterminer est le lieu géomé-trique, répondent à l'idée que nous nous étions faite sur la nature et la vraie destination de ces porismes, avant de connaître cet opuscule du géomètre arabe. (*Voir* Note III.)

Cet ouvrage est le seul, jusqu'à ce jour, qui nous ait présenté de l'analogie, ou du moins une apparence d'analogie, avec le célèbre *Traité des Porismes d'Euclide*. Cette circonstance lui donne du prix à nos yeux; et la découverte de cet opuscule, qui vient confirmer en quelque sorte l'opinion du savant géomètre Castillon, qui pensait qu'au XIII⁺ siècle le Traité d'Euclide existait encore en Orient, nous permet du moins d'espérer de trouver encore, parmi les nombreux manuscrits arabes, restés jusqu'ici inconnus au fond des bibliothèques, quelques traces de cette doctrine des porismes. Nous ne savons si c'est à cette théorie que se rapporte un ouvrage de Thébit ben Corah, que nous trouvons indiqué, sous le titre suivant, dans le catalogue des manuscrits orientaux de la Bibliothèque de Leyde : *Datorum sive determinatorum liber continens problemata geometrica.* Cet ouvrage, par son titre et par le nom de l'auteur, se recommande à l'attention des Géomètres qui possèdent la langue arabe.

Toutes les propositions du second livre des *connues* sont dans le genre, mais différentes de celles d'Euclide; elles appartiennent, comme celles-ci, à la Géométrie élémentaire (à la ligne droite et au cercle); mais plusieurs offrent un degré de plus de difficulté. Elles sont de celles qu'on propose aujourd'hui, comme exercices, aux jeunes étudiants qui possèdent déjà les éléments de la Géométrie. Nous citerons les suivantes :

Lorsqu'on a un triangle dont les côtés et les angles sont connus, et qu'on mène une
ligne du sommet à la base, si le rapport du carré de la ligne au rectangle formé sur les
deux segments de la base est un rapport connu, la ligne menée sera connue de position.
(Proposition 15.)

Lorsque, sur la circonférence d'un cercle connu de grandeur et de position, on prend deux
points par lesquels on mène deux droites qui se rencontrent en un autre point de cette cir-
conférence, si le produit des deux droites est connu, chacune de ces droites sera connue de
grandeur et de position. (Proposition 22.)

Lorsqu'on a deux cercles connus de grandeur et de position, et qu'on mène une droite
tangente aux deux cercles, cette droite est connue de grandeur et de position. (Proposi-tions 24 et 25, dernières de l'ouvrage.)

« Toutes ces choses, dit en terminant Hassan ben Haithem, sont d'une utilité majeure pour la résolution des questions géométriques, et n'ont été dites par aucun des anciens Géomètres. »

Cet ouvrage mérite, par sa nature, d'être placé entre les *Données* et les *Porismes* d'Eu-lide, et les *Lieux plans* d'Apollonius, d'une part, et les ouvrages de R. Simson et de

Stewart, de l'autre; il forme comme eux des *compléments* de la Géométrie élémentaire, destinés à faciliter la résolution des problèmes.

On a cru trouver, dans cet ouvrage de Hassan ben Haithem, de l'analogie avec la Géométrie de position « comme d'Alembert et Carnot l'ont entendue. » Mais nous ne pouvons voir dans la pensée de d'Alembert, qui lui-même en reconnaissait la réalisation contraire à la nature de l'Algèbre [1], dans la *Géométrie de position* de Carnot, et dans l'ouvrage du géomètre arabe, une telle analogie. Carnot, dans sa Géométrie de position, a eu principalement en vue d'établir la véritable théorie des quantités *négatives*; et la Géométrie de position ne fut, dans son esprit, et dans le fait, que la Géométrie ordinaire, dans laquelle, d'après cette doctrine des quantités négatives, une seule démonstration, établie sur un état suffisamment général d'une figure, devait s'appliquer immédiatement, et sans nouveaux frais, à toute autre forme de la figure [2].

C'est à ce caractère nouveau de généralité, de facilité et de brièveté, et à la nature des théories et des nombreuses propositions nouvelles que contenait l'ouvrage de Carnot, qu'il a dû son importance scientifique et l'heureuse influence qu'il a eue sur les progrès de la Géométrie pure.

Sans mettre en œuvre l'idée de d'Alembert, le livre de Carnot n'a donc aucune analogie avec l'ouvrage du géomètre arabe sur les *connues géométriques*.

Nous ne pouvons terminer notre aperçu des travaux des Arabes, en Géométrie, sans dire un mot du célèbre Astronome et Géomètre persan Nassir Eddin de Thus (1201-1274), dont les ouvrages, qui traitent de toutes les parties des connaissances humaines, sont écrits en langue arabe. On y remarque, outre ceux qui se rapportent à l'Astronomie, des traductions de plusieurs ouvrages grecs, d'Euclide, d'Archimède et de Théodose; un traité d'Algèbre et un *compendium* d'Arithmétique et d'Algèbre. De tous ces ouvrages, les éléments d'Euclide seuls ont été publiés dans la célèbre imprimerie des Médicis (Rome, 1594, in-fol.), avec les commentaires de Nassir Eddin, qui sont estimés et qui, contenant plusieurs démonstrations nouvelles des propositions d'Euclide, ont servi à plusieurs auteurs modernes, dans le temps où la connaissance de la langue arabe était plus répandue qu'aujourd'hui. On y distingue une démonstration du cinquième *postulatum*, que Wallis a trouvée ingénieuse, et qu'il a reproduite dans le tome II de ses œuvres.

---

[1] « Il serait à souhaiter que l'on trouvât moyen de faire entrer la *situation* dans le calcul des problèmes; cela les simplifierait extrêmement pour la plupart; mais l'état et la nature de l'analyse algébrique ne paraissent pas le permettre. » (*Encyclopédie*, article SITUATION.)

[2] C'était là une véritable innovation que n'avaient point osé se permettre, quelques années auparavant, deux mathématiciens qui avaient fait, de la Géométrie pure, l'objet spécial de leur travaux, et qui lui avaient dû leur célébrité. Nous voulons parler de R. Simson et de Stewart qui donnaient, d'une proposition, autant de démonstrations que la figure à laquelle elle se rapportait prenait de formes différentes par le changement de position respective de ses parties. Carnot, au contraire, après avoir démontré une proposition sur une figure considérée dans un état général de construction, montrait ce que devenaient cette proposition et les formules qui l'exprimaient, ou qui s'y rapportaient, quand la figure changeait de forme par le changement de position de ses différentes parties Ces nouvelles formules, qu'il appelait *corrélatives*, par rapport à la première, et qu'il déduisait immédiatement de celle-ci, sans démonstration, auraient été démontrées directement comme la première elle-même, par Simson et Stewart.

De ce qui précède nous conclurons, en résumé :

Que les Arabes ont montré une grande estime et un goût prononcé pour les sciences mathématiques;

Qu'ils ont eu une connaissance complète des ouvrages et du savoir des Géomètres grecs;

Qu'ils ont perfectionné la Trigonométrie d'une manière notable, et que cette partie de la Géométrie a reçu d'eux sa forme moderne, indispensable pour les progrès de l'Astronomie;

Qu'ils ne paraissent pas avoir été au delà des Grecs dans les autres parties de la Géométrie, soit parce qu'ils n'ont pas eu le génie inventeur, soit parce que, ayant acquis rapidement de grandes connaissances dans toutes les parties des sciences, ils ne se sont pas donné la peine de chercher à en reculer les limites;

Mais qu'ils ont eu, sous un autre rapport, un véritable avantage sur les Grecs;

Qu'ils ont possédé l'Algèbre des Indiens, et qu'ils ont connu l'application de l'Algèbre à la Géométrie;

Que leurs travaux en ce genre ont été poussés jusqu'à la solution des équations du troisième degré par une construction géométrique;

Enfin, qu'en traitant l'une par l'autre, et par les secours que ces deux parties se prêtaient mutuellement, la Géométrie des Grecs et l'Algèbre des Hindous, ils ont empreint leur science mathématique d'un caractère propre, caractère original qu'ils ont transmis aux Européens, et qu'il faut prendre entre les mains de ceux-ci pour l'origine et le fondement de la supériorité rapidement acquise au XVIᵉ siècle sur les Géomètres de l'Antiquité.

_____

GÉOMÉTRIE CHEZ LES OCCIDENTAUX, AU MOYEN AGE.

Pendant que les Arabes fournissaient une rapide et brillante carrière dans les sciences, les Européens étaient plongés dans l'ignorance. Ainsi, après Isidore de Séville, qui est le dernier que nous ayons nommé dans notre aperçu sur les travaux des Latins, peu d'écrivains, jusqu'au XIIᵉ siècle, nous ont laissé quelques traces, non-seulement de la culture, mais de quelques connaissances des sciences. Vers cette époque, un premier mouvement intellectuel s'opéra en Europe, et de nombreux efforts furent faits pour y transporter les sciences anciennes de la Grèce, conservées et cultivées par les Arabes. Ce mouvement se reproduisit avec une nouvelle énergie vers le milieu du XVᵉ siècle; et, favorisé alors par la connaissance que l'on eut des manuscrits grecs, prépara les grandes découvertes du XVIᵉ siècle, d'où date l'immense supériorité des Modernes sur les Anciens, dans les sciences mathématiques.

Nous allons jeter un coup d'œil rapide sur les travaux qui se rapportent à la Géométrie pendant cet intervalle de huit cents ans.

VIIIᵉ SIÈCLE.   Au commencement du VIIIᵉ siècle, Bède eut une grande érudition pour son temps, et écrivit sur beaucoup de matières différentes. Ses ouvrages qui se rapportent aux Mathématiques sont : 1° deux Traités sur la Musique théorique et pratique ; 2° différentes pièces sur l'Astronomie, où l'on distingue un petit écrit *De circulis sphœræ et polo*, un de Gnomonique, sous le titre *De mensurâ horologii*, et un *De astrolabio*, où il se sert de constructions graphiques ; 3° et enfin quelques pièces sur l'Arithmétique. L'une d'elles, intitulée *De arithmeticis numeris*, est un extrait, extrêmement succinct, de quelques définitions prises des Traités d'Arithmétique d'Apulée et de Boèce, dont les noms sont cités par Bède. Une autre, *De loquelâ per gestum digitorum*, montre à compter par les doigts et leurs articulations. Ce livre a été emprunté et reproduit par divers auteurs.

Une troisième, qui nous paraît offrir aujourd'hui le plus d'intérêt dans le volumineux recueil des œuvres de Bède, est le Traité *De numerorum divisione*, auquel on a fait jusqu'ici si peu d'attention, que les écrivains qui en ont rendu compte se sont mépris sur son contenu [1]. Ce Traité est précisément le même que celui qui fait suite à la Lettre de Gerbert à Constantin, où généralement on a cru voir l'exposition de notre système de numération. Est-il de Bède ou de Gerbert? Nous avons déjà soulevé cette question, en parlant du passage de la Géométrie de Boèce relatif au même système de numération, et dont ce Traité nous a semblé être une imitation et un développement : du moins l'un et l'autre roulent sur la même matière, et ont, à notre sens, la même origine [2]. Du reste on trouve, dans les manuscrits anciens de Bède, les chiffres arabes comme dans ceux de Boèce. (*Wallis, de algebrâ tractatus*, cap. IV.)

Enfin, les œuvres de Bède contiennent un livre *De arithmeticis propositionibus*, où l'on trouve d'abord différentes manières de deviner un nombre qui a été pensé ; et ensuite un assez grand nombre de questions arithmétiques, *ad acuendos juvenes*, est-il dit, et qui prouvent l'intention d'entretenir la culture des Mathématiques. Mais on voit dans quel état déplorable elles étaient tombées, par les règles dont l'auteur se sert pour calculer l'aire du triangle et du quadrilatère. Nous avons rapporté ces règles en parlant des ouvrages de Brahmegupta.

[1] Montucla, *Histoires des Mathématiques*, t. I, p. 495 : « Bède fut auteur d'un livre d'arithmétique intitulé *De numeris*; et d'un autre, *De numerorum divisione*, par lequel on voit combien dans son temps cette opération était embarrassée. » — Delambre, *Histoire de l'Astronomie ancienne*, t. I, p. 322. » Dans ce chapitre (*De la division des nombres*), Bède enseigne à se servir des doigts et de leurs articulations, pour faciliter les divisions et les multiplications. »

[2] Nous nous empressons de réparer ici une erreur que nous avons faite, en disant, précédemment, que l'on n'avait point encore remarqué que la Lettre de Gerbert se trouvait dans les œuvres de Bède. Nous ne nous étions pas aperçu alors que la remarque en avait été faite par Andrès, dans son ouvrage *Dell' origine, de progressi, e dello stato attuale d'ogni litteratura*; Parme, 7 vol. in-4°, 1782-1799; où il s'exprime ainsi ; *Ma è da osservarsi, ciò che non vedo riflettuto nè da matematici, nè da critici, che tale lettera riportata fra le Gerberziane è quella medesima affatto, che si ritrova nelle opere di Beda al principio del libro* De numerorum divisione ad constantinum; *ne io voglio decidere se sia da riporsi fra le opere di Gerberto ovver fra quelle di Beda* (t. IV, p. 55).

Mais Andrès ne parle que de la Lettre même, et non du Traité qui lui fait suite ; Traité qu'il n'a connu que dans les œuvres de Bède, et qu'il n'a pas su être le même que celui qu'on attribue à Gerbert.

Nous ajouterons enfin que ce célèbre historien, qui a commenté longuement le passage de Boèce, pour prouver qu'il ne peut en aucune manière s'appliquer à notre système de numération (t. IV, pp. 41-45), n'a pas remarqué son analogie avec le Traité *De numerorum divisione* en question.

Le livre *De arithmeticis propositionibus* a été revendiqué pour Alcuin, et compris dans ses œuvres. La question de propriété ici est sans intérêt.

Alcuin, disciple de Bède, fut, comme lui, un prodige d'érudition dans son temps. Nous nous bornerons ici à dire qu'il a écrit sur les sept arts libéraux, et en particulier sur l'Astronomie. Il ne nous est parvenu de ces ouvrages que les parties qui traitent de la Grammaire et de la Rhétorique ; on reconnaît qu'elles sont imitées des écrits de Cassiodore. La célébrité qu'Alcuin a conservée provient surtout de la part qu'il a prise dans la fondation des Universités de Paris et de Pavie, et dans les efforts de Charlemagne pour résister au torrent des ténèbres qui se répandaient sur l'Europe, et pour rallumer le flambeau de la science.

Mais la scolastique prenait naissance, et l'élément religieux qui lui servait de base fut tout-puissant et occupa exclusivement les esprits. Aussi, chose très-remarquable dans l'histoire, aux efforts mêmes de Charlemagne succéda précisément l'époque de la plus profonde ignorance. Elle dura près de deux siècles.

Xᵉ SIÈCLE. Pendant ce temps l'histoire ne prononce guère que le nom de Gerbert (qui devint pape en 999 et mourut en 1003), et de quelques-uns de ses disciples. Ce moine, à l'exemple des sages de la Grèce qui avaient été s'instruire en Égypte, alla aussi s'instruire en Espagne, seul point de l'Europe où les sciences, importées de l'Orient, fussent cultivées par les Sarrasins. De retour en France, il répandit avec ardeur ses connaissances. Elles tenaient du prodige aux yeux de ses contemporains, au point qu'il fut accusé de magie. Mais cela montre combien l'ignorance était profonde alors, car on doit convenir que l'ouvrage de Gerbert sur la Géométrie et ses Traités de la Sphère, de l'Astrolabe et des Cadrans solaires, ne roulent que sur les matières les plus élémentaires de la science, et ne comportent que des connaissances très-superficielles. Le contraste que ces ouvrages présentent avec l'état avancé des sciences, à cette époque, chez les Arabes de Séville et de Cordoue, fait douter que ce fût d'eux que Gerbert ait reçu ses connaissances, comme on a coutume de le répéter d'après Guillaume de Malmesbury. On y reconnaît plutôt, surtout dans sa Géométrie, une imitation et un commentaire des ouvrages de Boèce, qu'un reflet du savoir et des méthodes arabes [1] dont nous ne trouverons les premiers germes, en France, qu'au XIIᵉ siècle.

---

[1] Cette observation s'accorde avec celle de Goujet, qui dit que le voyage de Gerbert en Espagne est réel, mais que le motif qu'on en donne ne l'est pas (*De l'état des sciences en France depuis la mort de Charlemagne jusqu'à celle du roi Robert*, pag. 55).

Andrès, au contraire, qui a attaché une grande importance historique aux connaissances et aux travaux de Gerbert, leur attribue une origine arabe, en supposant toutefois que ce n'étaient pas précisément les Sarrasins qui avaient été les maîtres de Gerbert, mais bien les chrétiens espagnols, leurs disciples, qui ne pouvaient enseigner aussi que les sciences et les méthodes des Arabes. « *Queste ragioni mi fanno congetturare non senza qualche probabilità, che quel dotto e grand'uomo che fu Gerberto tutto egli si fece sotto la disciplina de' cristiani spagnuoli, senza avere avuto bisogno di mendicare il soccorso dalle scuole de' Saraceni. Ma quantunque spagnuoli fossero i maestri di Gerberto, arabica pur era la dottrina, ch'ei trasse dalle Spagne e communicò alle Gallie ed all'Italia. La scienza favorita di lui era la matematica; e la matematica, che si sapeva in Ispagna, tutta venive delle scuole e da' libri de' Saraceni. Se vero è, che Gerberto della Spagna alle scuole Europee recasse l'arithmetica arabica, colla quale facili divenivano molte operazioni, che nell'antico metodo*

Voici l'analyse de ce Traité de Géométrie qui a été mis au jour par Bernard Pez, dans le tome III, seconde partie, de son *Thesaurus anecdotorum novissimus*. (Augustæ Vindelicorum, 1721, in-f°.)

Après avoir donné les premières définitions relatives à la Géométrie, Gerbert fait connaître les mesures dont les Anciens faisaient usage ; ce sont les *digitus, uncia, palmus, sexta, dodrans*, etc., des Romains, dont on trouve la nomenclature dans la Géométrie de Boèce. Il se sert de ces mesures dans tout le cours de son livre, ainsi que des signes qui les représentent, et qui expriment aussi, d'une manière abstraite, les *fractions* telles que $\frac{1}{3}$, $\frac{2}{3}$, etc. Il emploie le mot *coraustus* pour désigner la base supérieure d'un quadrilatère. Il consacre plusieurs chapitres aux triangles rectangles, qu'il appelle *trianguli pythagorici*, et qu'il apprend à construire en nombres rationnels, un côté étant donné. Il se sert pour cela des règles connues, attribuées à Pythagore et à Platon, qui donnent des nombres entiers pour les côtés du triangle, et d'autres règles qui donnent des nombres fractionnaires. Les unes et les autres, qui sont du même genre, dérivent des formules générales que nous avons trouvées dans les ouvrages indiens. Au sujet de ces triangles rectangles, Gerbert résout un problème remarquable pour l'époque, parce qu'il dépend d'une équation du second degré ; c'est celui où, étant données l'aire et l'hypoténuse, on demande les deux côtés. Soient A l'aire et c l'hypoténuse : la solution de Gerbert, traduite en formule, donne, pour les deux côtés, la double expression

$$\frac{1}{2}\left[\sqrt{c^2 + 4A} \pm \sqrt{c^2 - 4A}\right].$$

Ensuite il apprend à calculer avec l'astrolabe, ou avec un autre instrument qu'il appelle *horoscope*, la hauteur d'une tour, la profondeur d'un puits, et la distance d'un objet inaccessible. Puis il calcule la perpendiculaire, dans un triangle dont les côtés sont connus. Il prend pour ces côtés les trois nombres 13, 14 et 15. Il donne, pour la surface des polygones réguliers, les formules fausses des arpenteurs romains, et résout aussi comme eux le problème inverse : *étant donnée l'aire d'un polygone régulier, trouver son côté*. Pour le cercle, il donne le rapport $\frac{7}{22}$. On trouve, sous les titres : *In campo quadrangulo agripennos cognoscere*, et *In campo triangulo agripennos invenire*, les formules fausses que nous avons déjà signalées, dans les œuvres de Bède, pour la mesure de l'aire du quadrilatère et du triangle ; et Gerbert, dans ces exemples, se sert des mêmes nombres que Bède. Enfin on trouve (chapitre LXXXV) la formule qui donne la somme des termes d'une progression arithmétique [1]. La formule pour l'aire du triangle, en fonction des trois côtés, n'y est pas ; et l'on en trouve une autre pour le triangle rectangle, qui n'est pas exacte.

---

troppo erano, imbarozzanti, questa o immediatamente, o per mezzo de' maestri spagnuoli rapita fu da lui à Saraceni, come dice Guglielmo di Malesburi. (Dell' origine, de progressi, etc., 1ª parte, cap. IX.) — La nature des ouvrages de Gerbert ne nous permet pas de partager cette opinion sur l'origine de ses connaissances.

[1] Villoison dit que, dans un manuscrit très-ancien, ce chapitre LXXXV contient les chiffres arabes. (Voir *Analecta græca*, t. II, p. 153). Mais nous devons convenir que, dans les deux manuscrits de la Géométrie de

A la suite de la Géométrie, est un petit écrit intitulé : *Gerberti epistola ad Adolboldum de causâ diversitatis arearum in trigono æquilatero geometricè arithmeticève expenso.* Gerbert explique que la formule géométrique, $\frac{a^2}{4}\sqrt{3}$, de l'aire du triangle équilatéral, est exacte, et que la formule arithmétique, $\frac{a^2+a}{2}$, ne l'est pas, et qu'elle n'est qu'approximative. Dans son explication Gerbert commet une erreur, car c'est la formule $\frac{a^2+a}{2}\cdot\frac{\sqrt{3}}{2}$ qui devait résulter de son raisonnement; et celle-ci est véritablement approximative. Car si on la rend homogène, en y introduisant l'unité de mesure linéaire, que nous appellerons δ, elle devient $\frac{a^2+a\delta}{2}\cdot\frac{\sqrt{3}}{2}$; et celle-ci approche d'autant plus de l'expression $\frac{a^2}{4}\sqrt{3}$, qui est l'aire exacte du triangle, que δ est plus petit.

On voit, par cette analyse de la Géométrie de Gerbert, qu'elle est dans le genre des écrits de Boèce et de Bède; et qu'on n'y peut reconnaître l'origine arabe qu'on a attribuée légèrement, et sans critique, aux connaissances scientifiques de l'auteur.

Il paraît que Gerbert a beaucoup écrit sur l'Arithmétique, particulièrement sur un système de numération, différent du système latin alors en usage; et c'est pour cela principalement que son nom est resté célèbre dans l'histoire des sciences. Nous avons parlé, au sujet du passage de la Géométrie de Boèce, du Traité *De numerorum divisione*, qu'on lui attribue [1]; et, en remarquant que cette pièce se trouve dans les deux éditions que l'on a des œuvres de Bède, nous avons eu la pensée qu'elle pourrait être de ce dernier. Mais Gerbert et ses disciples ont laissé plusieurs autres écrits sur le même sujet, qui prouvent qu'ils avaient alors une grande connaissance des procédés du calcul dans ce système de numération, qu'ils appelaient le système de l'*Abaque.* Les écrits de Gerbert, qui la plupart se trouvent dans la Bibliothèque du Vatican, sont intitulés : 1° *Gerberti scholastici Abacus compositus*; 2° *De numeris*; 5° *Regulæ Abaci*; 4° *Fragmentum Gerberti regulæ de Abaco*; 5° *Gerberti arithmetica.* Le premier, *Abacus compositus*, existe dans plusieurs autres bibliothèques. Pez ayant trouvé à sa suite, dans la Bibliothèque de l'Abbaye de St-Éméran, à Ratisbonne, une autre pièce intitulée : *G. Liber subtilissimus de Arithmeticâ*, l'a attribuée, à cause de l'initiale *G*, à Gerbert. Dans ce manuscrit de Ratisbonne, le Traité de l'*Abacus* porte aussi le nom d'*Algorismus*; il est adressé à l'empereur Othon III [2]. La Bibliothèque de Leyde possède deux manuscrits provenant de Scaliger et de Vossius, dont le premier est intitulé : *Libellus multiplicationum, in quo epistola Gerberti ad Constantinum de doctrinâ Abaci*; et le second : *Gerberti de Divisionibus cum notis ad illas.* (CATALOGUS BIBLIOTHECÆ UNIVERSITATIS LUGDUNO-BATAVÆ, pag. 341 et 390.)

Quant au Traité *De numerorum divisione*, il est assez singulier qu'il ne se trouve sous ce titre dans aucun des grands dépôts littéraires; du moins on ne le cite dans aucun cata-

---

Gerbert qui existent à la Bibliothèque royale de Paris (n°ˢ 7185 et 7377 c), nous n'avons vu que les chiffres romains, et les signes par lesquels les Latins représentaient les fractions. Ces signes ont été rapportés fidèlement par Pez, dans son édition de la Géométrie de Gerbert.

[1] Le premier éditeur des lettres de Gerbert a rapporté, à la suite de la 161° et dernière lettre, les premières lignes de ce Traité. Le second éditeur, en conservant la lettre, en a supprimé ces premières lignes.

[2] *Gerberti Abacus seu Algorismus ad Ottonem imp.* (Voir *Thesaurus anecdotorum novissimus*, t. I, Dissertatio isagogica, p. xxxviii.)

logue, sous ce titre, disons-nous. Cette circonstance avait contribué à nous faire supposer que ce Traité pourrait être de Bède, tout en reconnaissant que le procédé de calcul sur lequel il roule était familier à Gerbert [1]. Quel qu'en soit l'auteur, nous persistons à le regarder comme imité du passage de Boèce sur le même sujet, et à penser qu'il roule sur un système de numération qui ne diffère du nôtre qu'en un seul point, *l'emploi du zéro* qui y a été introduit postérieurement, et a permis alors de supprimer les colonnes. Dans cette manière de voir, il ne resterait à résoudre, au sujet de cet *Abacus*, que la question de savoir si cette innovation heureuse, l'emploi du zéro, a été un perfectionnement direct du système même de l'*Abaque*, ou bien si les Européens l'ont prise dans l'Arithmétique arabe, vers le XIe ou le XIIe siècle.

Plusieurs contemporains de Gerbert, qu'on regarde comme ayant été ses disciples, ont aussi écrit sur l'Arithmétique pratiquée dans le système de l'*Abaque*. Tels sont Adalbolde, évêque d'Utrecht, Heriger, abbé de Laubes, et Bernelin.

Il reste du premier, dans la Bibliothèque du Vatican, un écrit intitulé : *Alboldi ad Gerbertum scholasticum de Astronomiâ, seu Abaco* [2]. On trouve, dans le tome III du *Thesaurus anecdotorum novissimus* de Pez (2e part., p. 86), un autre écrit d'Adalbolde intitulé : *Libellus de ratione inveniendi crassitudinem sphæræ*, où il donne, pour le volume de la sphère, la formule $D^3 \frac{11}{21}$, D étant le diamètre, qui a pour base le rapport d'Archimède. Dans son calcul numérique Adalbolde se sert, comme Gerbert dans sa Géométrie, des caractères romains qui exprimaient les fractions $\frac{1}{3}$, $\frac{2}{3}$, etc.

Heriger commenta l'*Abacus* de Gerbert, dans un écrit qui se trouve dans la Bibliothèque de Leyde, sous le titre : *Ratio Abaci secundùm divum Herigerum* [3].

Bernelin avait écrit sur la Musique, la Géométrie et l'Arithmétique, un ouvrage inscrit dans la Bibliothèque du Vatican, sous le titre : *Bernelini Abaci, Musica, Arithmetica et Geometria* [4]; et un autre Traité en quatre livres, *De Abaco et numeris*, que Vignier, dans sa *Bibliothèque historiale*, assure que le célèbre jurisconsulte Pierre Pithou avait possédé [5].

[1] Deux exemplaires de cet écrit, qui se trouvent à la Bibliothèque royale de Paris, sous d'autres titres, portent le nom de Gerbert, ajouté, il est vrai, à une époque rapprochée : le premier est intitulé *Rationes numerorum Abaci* (manuscrit n° 6620); et le second, *Tractatus de Abaco* (n° 7189 A). Nous supposons qu'une partie des manuscrits dont nous avons rapporté les titres ci-dessus, particulièrement ceux de la Bibliothèque de Leyde, ne sont aussi que ce même Traité *De numerorum divisione*.

[2] Montfaucon, *Bibliotheca bibliothecarum manuscriptorum nova*, t. I, p. 87.

[3] *Histoire littéraire de la France*, t. VII, p. 206.

[4] Montfaucon, *ibid.*, t. I, p. 24 : on voit, à la page 116, que la Bibliothèque du Vatican possède d'autres pièces du même auteur, sous le titre : *Bernelinus junior de Abaco et alia plurima*.

[5] Nous allons rapporter ce passage de Vignier, auquel il ne paraît pas qu'on ait fait attention, et qui cependant a une importance historique qui n'est point à dédaigner; car il nous prouve qu'au XVIe siècle on regardait nos chiffres, et notre système de numération, comme dérivant, sinon du système même de l'*Abaque*, du moins de la même origine que lui; ce passage vient à l'appui de l'interprétation que nous avons donnée de l'*Abacus* de Boèce :

« Gerbert, dit Vignier, eut encore un autre sien compagnon ou disciple ès sciences géométriques et mathé-
» matiques nommé Bernelinus, qui composa quatre livres *De Abaco et numeris*. Desquels se peult apprendre
» l'origine de Chiffre dont nous usons aujourd'hui ès comptes d'arithmétique. Lesquels livres M. Savoye Pithou

On voit, dans le tome XII de l'*Histoire littéraire de la France*, écrit en 1773, qu'alors un exemplaire de cet ouvrage se trouvait dans l'Abbaye de Saint-Victor, de Paris. La préface avait pour titre : *Incipit præfatio libri Abaci quem junior Bernelinus edidit Parisiis* [1]. C'est peut-être encore à ce Traité de l'Abaque que se rapporte une autre pièce de Bernelin qui se trouve dans la Bibliothèque de Leyde, à la suite de l'*Abacus* de Gerbert, sous le titre : *Scolica* (*Scholia* probablement) *Bernelini Parisiis ad Amelium suum edita de minutiis*.

On cite encore un moine nommé Halber qui, dans le même temps, a aussi écrit sur l'*Abacus* de Gerbert. (*Histoire littéraire de la France*, t. VII, p. 138.)

Il serait bien utile, pour éclaircir enfin les questions historiques relatives à l'origine et à l'introduction en Europe de notre Arithmétique, et particulièrement à ce système de l'*Abaque*, qui tient une grande place dans l'histoire littéraire du Xe siècle, et qui probablement n'était que renouvelé, après plusieurs siècles d'oubli, des ouvrages de Boèce, et de quelques auteurs du même temps [2], qui eux-mêmes le tenaient de l'école de Pythagore, ainsi que le dit Boèce [3], il serait utile, dis-je, que l'on mît au jour les différentes pièces de Gerbert et de ses disciples, dont nous avons rapporté les titres ci-dessus, et que l'on fît attention, dans les bibliothèques de manuscrits, aux pièces semblables que certainement on y devra découvrir.

XIe SIÈCLE. Au XIe siècle, Hermann Contractus se fit un nom par différents écrits sur les Mathématiques, dont un sur la Quadrature du cercle, et un sur l'Astrolabe. Celui-ci, en deux livres, qui traitent de la construction et de l'usage de l'Astrolabe, a été imprimé dans le tome III du *Thesaurus novissimus* de Pez. Wallis dit, dans son histoire de l'Algèbre, qu'un passage d'un manuscrit ancien, de la Bibliothèque Bodléienne, l'autorise à penser que

---

« m'a assuré avoir en sa bibliothèque, et recognoistre en iceux un sçavoir et intelligence admirable de la science « qu'ils traitent. Et pour ce qu'avec ceux là furent encore fort renommés au même temps en la France plusieurs « autres grands personnages, à cause de leur grand sçavoir ès mêmes sciences philosophiques et mathématiques, « comme, etc. » (*Bibliothèque historiale*, 3 vol. in-fol.; Paris 1388; second vol. p. 342.)

[1] Il existait, dans la Bibliothèque de l'Abbaye de Saint-Victor, un autre Traité de l'*Abaque*, que Montfaucon inscrit sous le titre : *Radulphi Laudunensis de Abaco* (*Bib. bib* t. II, p. 1374.)

[2] Par exemple nous sommes porté à croire que Victorius, mathématicien contemporain de Boèce, avait aussi écrit sur ce système, ou du moins avait laissé des calculs qui s'y rapportaient; et que c'est à ce sujet que Gerbert et ses disciples citent souvent le calcul de Victorius et sa brièveté, car il ne paraît pas que cela doive s'entendre du nouveau canon pascal que Victorius avait calculé.

[3] Il n'est pas rare de trouver, dans l'histoire des sciences, des idées, des principes, des théories même, qui ont paru et disparu ainsi, plusieurs fois et à de longs intervalles, avant de trouver un sol préparé pour y jeter de profondes racines et prendre une existence durable. Les polygones étoilés nous offrent un exemple de pareilles intermissions. Considérée d'abord dans l'École de Pythagore, et oubliée pendant dix siècles, l'*étoile pentagonale* reprend naissance dans la Géométrie de Boèce; oubliée encore pendant six siècles, elle doit une nouvelle vie à Campanus; un siècle après elle produit la théorie des polygones *égré-lients*; deux siècles plus tard, le nom et les travaux mémorables de Kepler semblent devoir assurer un rôle brillant et durable à cette théorie, qui pourtant retombe dans un oubli complet pendant deux siècles, pour reprendre enfin l'existence impérissable que lui assurent les considérations analytiques qui l'unissent à la théorie des polygones ordinaires.

Hermann Contractus connaissait notre système de numération; et il le met, après Gerbert, en tête des auteurs qui ont écrit sur ce sujet [1].

Le XIIe siècle se distingue par quelques efforts contre l'ignorance générale. Plusieurs Européens, suivant l'exemple de Gerbert, quittent leur pays pour aller s'instruire au loin. On distingue parmi eux Adhélard, ou Athélard, et Gérard de Crémone. Le premier visita l'Espagne, l'Égypte et l'Arabie, et, à son retour, traduisit de l'arabe plusieurs ouvrages, au nombre desquels se trouvent les Éléments d'Euclide. C'est la première traduction que l'on ait eue, en Europe, de cet ouvrage, que l'on ne connaissait que par l'extrait très-restreint, et qui se bornait à quelques énoncés de propositions, que Boèce en avait donnés, dans le premier livre de sa Géométrie. Adhélard avait joint, à sa traduction, des Commentaires sur les propositions d'Euclide. Cet ouvrage est resté manuscrit [2].

M. Jourdain attribue à Adhélard un Traité de l'Astrolabe et une doctrine de l'*Abaque* [3]. (*Recherches sur les traductions d'Aristote*, pag. 100.)

Gérard de Crémone (1114-1187) alla résider pendant longtemps à Tolède, pour y apprendre l'arabe et y faire de nombreuses traductions, qu'il rapporta dans sa patrie. Elles s'étendaient sur toutes les parties des sciences qui florissaient parmi les Maures d'Espagne. On y distingue l'Almageste de Ptolémée, le Traité des crépuscules d'Alhazen

[1] *Hujusce Hermanni mentionem reperio in quodam Bibliothecæ Bodleianæ M S O, ubi dicitur quod ab Hermanno et Prodocimo didicerint* ABACUM, *hoc est (alio nomine)* ALGORISMUM.

Hermann Contractus passe, aux yeux de quelques historiens, de Brucker particulièrement, pour avoir cultivé des premiers la langue arabe, et fait les premières traductions latines d'Aristote. Mais M. Jourdain, en remontant à la source de cette opinion, croit qu'elle est erronée, ou du moins qu'elle n'est pas justifiée; il pense que le Traité de l'Astrolabe, d'Hermann, n'est pas une version d'un ouvrage arabe, mais bien composé d'après des matériaux déjà publiés (*Recherches sur l'âge et l'origine des traductions latines d'Aristote*, p. 136.)

Je rapproche ce sentiment de M. Jourdain du fait cité par Wallis, parce qu'on en tire une induction favorable à l'opinion que j'ai déjà émise souvent, à savoir que tous les écrits sur l'*Abaque*, tels que ceux de Gerbert et de ses disciples, émanent de la même source que celui de Boèce, et ne proviennent point directement des ouvrages arabes empruntés des Sarrazins d'Espagne.

[2] Il se trouve, dans la Bibliothèque des Dominicains de Saint-Marc, à Florence, sous le titre : *Euclidis Geometria cum Commento Adelardi*; et dans la Bibliothèque Bodléienne sous celui de : *Euclidis elementa cum scholiis et diagrammatis latine reddita per Adelardum Bathoniensem*. La Bibliothèque royale de Paris en possède aussi une copie (no 7213 des manuscrits latins). Une autre, qui a appartenu à Regiomontanus, se trouve dans la Bibliothèque de Nuremberg.

[3] Nous ne savons sur quelle autorité M. Jourdain se fonde au sujet de cette doctrine de l'*Abaque*, ni si elle portait précisément sur le système de l'*Abacus* de Boèce et de Gerbert. Ce point historique est d'une grande importance, parce que tous les travaux d'Adhélard ont eu pour objet de faire connaître les ouvrages philosophiques et mathématiques des Arabes, dont il reconnaissait la haute supériorité sur les doctrines de la scolastique du temps; et nous serions porté à croire que, s'il a écrit sur l'Arithmétique, ce serait sur l'Arithmétique même des Arabes, qui reposait bien sur le même principe de la *valeur de position* des chiffres que le système de l'*Abaque*, mais qui en différait, suivant nous, par l'usage du zéro. Peut-être l'ouvrage d'Adhélard établissait-il la transition du système de l'*Abaque* à celui des Arabes, et montrait-il l'identité des deux systèmes, dont le second néanmoins était d'une application pratique plus facile, et a remplacé le premier, en prenant le nom d'*Algorismus*. Cet ouvrage d'Adhélard pourrait donc être très-précieux, comme résolvant peut-être la question, encore irrésolue, de la véritable origine, parmi nous, du système de numération en usage depuis cinq ou six siècles.

et le livre *De scientiis*, d'Alfarabius [1]. M. Jourdain pense que c'est aussi à Gérard de Crémone que l'on doit le Traité de Perspective d'Alhazen. (*Recherches critiques sur les traductions latines d'Aristote*, pag. 128.) Un Traité d'Arithmétique, qui se trouve dans la Bibliothèque Bodléienne, sous le titre *Algorismus magistri Gerardi in integris et minutiis* [2], serait-il aussi de Gérard de Crémone, qui, en effet, en rapportant d'Espagne, une partie des connaissances scientifiques des Arabes, n'a pu négliger leur ingénieux système de numération, à moins que déjà il ne fût bien connu des hommes qui se livraient à l'étude des sciences, ainsi que nous serions porté à le penser, en voyant, dans le siècle suivant, le grand nombre d'auteurs qui ont écrit sur ce système de numération, ou qui s'en sont servis dans leurs ouvrages.

Trois autres hommes, contemporains d'Adhélard et de Gérard de Crémone, travaillèrent aussi à faire connaître les ouvrages mathématiques répandus chez les Arabes. Ce sont Platon de Tivoli (*Plato Tiburtinus*), le juif Jean de Séville, connu sous le nom *Johannis Hispalensis*, et Rodolphe de Bruges (*Braghensis*).

Le premier traduisit, de l'arabe, les *Sphériques* de Théodose, vers l'an 1120 (imprimé en 1518); de l'hébreu, un Traité de Géométrie de Savosarda [3]; et divers autres ouvrages.

Jean Hispalensis traduisit les Éléments astronomiques d'Alfraganus (en 1142, suivant G. J. Vossius et plusieurs auteurs), et divers ouvrages sur l'Astrologie, au nombre desquels est un Traité d'Albumasar, qui se trouve en manuscrit dans la Bibliothèque *Magliabecchi* sous le titre : *Liber introductorii majoris in magisterio scientiæ Astrorum, editione Albumazar et interpretatione Johannis Hispalensis ex arabico in latinum*. Cette version paraît avoir été faite en l'an 1171, car elle se termine par ces mots, *scriptus est liber iste anno domini nostri Jesu Christi 1171*. Elle est précieuse, en ce qu'elle contient des Tables astronomiques en chiffres arabes [4]. Ce sont peut-être les plus anciennes qui aient une date certaine. Jean Hispalensis a aussi laissé un Traité d'Arithmétique arabe, sous le titre d'*Algorismus*. C'est, jusqu'ici, le plus ancien Traité d'Arithmétique qui porte ce nom, que nous trouverons dans tous les ouvrages du XIIe siècle. Ce Traité commence ainsi : *Incipit prologus in libro Algorismi de practicâ Arithmeticæ, qui editus est à Magistro Johanne Hispalensi*. Il est très-complet; il comprend les sept opérations : addition, soustraction, duplation, médiation, multiplication, division et extraction de racines, d'abord pour les nombres entiers, puis pour les fractions. On trouve à la suite, sans interruption, et de la même écriture, sous le titre : *Excertiones de libro qui dicitur Gebra et*

---

[1] Fabricius a formé une première liste des traductions attribuées à Gérard de Crémone. (*Bib. med. et infimæ lat.*, t. III, p.115.) M. Jourdain en a donné une seconde, presque double. L'ouvrage d'Alfarabius n'y est pas compris. C'est M. Libri qui l'a trouvé dans un manuscrit de la Bibliothèque royale, sous le titre : *Liber Alfarabii, de scientiis, translatus à magistro Gherardo Cremonensi, in Toledo, de arabico in latinum*. (*Histoire des sciences mathématiques en Italie*, t. I, p. 172.)

[2] Heilbronner, *Hist. Math.*, p. 601.

[3] *Liber Embadorum a Savosarda judæo in hebraico compositus, et a Platone Tiburtino in Latinum sermonem translatus*. (In Bibliothecâ S. Marci Dominicorum Florentiæ.) M. Libri doit donner, dans le second volume de son *Histoire des sciences mathématiques*, une analyse de cet ouvrage important.

[4] Targioni, *Relazioni di alcuni Viaggi*, etc., t. II, p. 67.

Mucabala [1], un morceau d'Algèbre, qui paraît en faire partie. C'est la résolution des équations du second degré. On y résout plusieurs questions telles que celles-ci : *Quel est le nombre qui, ajouté à 10 fois sa racine, donne 39? Quel est le nombre qui, ajouté à 9, égale 6 fois sa racine?*

Cet ouvrage, qui paraît être resté ignoré jusqu'ici, est précieux [2], comme étant le plus ancien Traité d'Arithmétique arabe et d'Algèbre qui soit connu. On avait regardé, jusqu'ici, celui de Léonard de Pise comme étant le plus ancien.

On doit à Rodolphe de Bruges la connaissance du Planisphère de Ptolémée, qu'il traduisit de l'arabe, sur une version commentée par un auteur nommé Molsem. Le texte grec ne nous est pas parvenu. L'ouvrage de Rodolphe de Bruges a été imprimé pour la première fois en 1507, à la suite de la Géographie de Ptolémée (Rome, in-folio); puis en 1536 [5]. Commandin en a donné, en 1558, une traduction plus correcte, accompagnée d'un Commentaire qui est, en grande partie, un Traité général de Perspective; ouvrage écrit d'un style géométrique assez facile qu'on ne rencontre pas, généralement, dans les nombreux Traités de Perspective qui ont paru dans le XVIe et le XVIIe siècle.

Le XIIIe siècle marque une ère nouvelle dans l'histoire des sciences. Il prépare leur rétablissement, en répandant la connaissance usuelle du système de numération arabe, de l'Algèbre, et de plusieurs ouvrages importants de l'École grecque. Cette époque est presque féconde en écrivains; on y trouve Jordan Nemorarius, Léonard Fibonacci de Pise, Sacro-Bosco, Campanus de Novarre, Albert le Grand, Vincent de Beauvais, Roger Bacon, Vitellion, dont les noms sont restés célèbres et honorent le Moyen âge.

Campanus traduisit, sur un texte arabe, et accompagna de Commentaires les treize livres des Éléments d'Euclide et les deux qu'on a attribués à Hypsicle [4]. C'est cet ouvrage qui a servi à répandre en Europe la connaissance de la Géométrie. Il a été imprimé pour la première fois en 1482, et a eu plusieurs autres éditions. Pendant longtemps encore, après la renaissance des sciences, il a joui d'une grande estime, et les Commentaires de Campanus ont été consultés par les géomètres qui ont écrit sur les éléments de la Géométrie,

---

[1] Le manuscrit dit *Exceptiones de libro qui dicitur Gleba et Mutabilia;* mais cela provient probablement d'erreurs du copiste.

[2] Les copies en doivent être très-rares, car les catalogues de manuscrits n'en indiquent aucune.

[5] Avec le Planisphère de Jordan, et différentes autres pièces concernant l'Astronomie, sous le titre général : *Sphæræ atque astrorum cœlestium ratio, natura et motus;* Valderus, Basileæ, 1536, in-4º.

M. Delambre, dans son *Histoire de l'Astronomie ancienne* (t. II, p. 456), a donné, à la traduction latine de Rodolphe de Bruges, la date de 1544, au lieu de 1144. Cette erreur a été cause que ce célèbre Astronome s'est étonné qu'une traduction faite en 1544 se trouvât dans un ouvrage imprimé en 1536.

[4] Quelques historiens ont pensé que cet ouvrage de Campanus n'était autre que la traduction d'Adhélard, à laquelle Campanus avait joint des Commentaires. Voici comment s'exprime Andrès à ce sujet : *Sei (Campano) non tradusse come si dice comunemente; certo illustro con comenti l'Euclide, tradotto primo dall' Arabo in Latino dall' Inglese Atelardo Gotho, come ha fatto vedere il Tiraboschi (Dell' origine, de' progressi, e dello stato attuale d'ogni litteratura.* Parte 1, cap. IX). Le titre suivant, d'un exemplaire manuscrit de l'Euclide de Campanus, qui se trouve à la Bibliothèque royale de Paris, sous le nº 7215, vient confirmer cette opinion : *Euclidis philosophi socratici incipit liber Elementorum artis geometricæ translatus ab Arabico in Latinum per Adelardum Gothum Bathoniensem, sub commento Magistri Campani Novarriensis* (MS. du XIVᵉ siècle).

tels que Zamberti, Lucas di Borgo, Peletier du Mans, Clavius, etc., et par les Algébristes qui ont traité des quantités incommensurables, comme Stifel, dans son *Arithmetica integra*.

Nous avons dit, en parlant du passage de Boèce où nous avons cru apercevoir le pentagone *étoilé*, que cette figure a été considérée expressément par Campanus, dans son Commentaire sur la 32e Proposition du 1er livre d'Euclide, et que c'est là que Bradwardin, dans le siècle suivant, a pris l'idée de ses polygones *égrédients*, dont il a donné une théorie assez étendue.

On trouve, à la fin du 4e livre, deux propositions de Campanus[1], dont la première a pour objet la trisection d'un angle; et la seconde, l'inscription, dans le cercle, du nonagone régulier. Ce second problème dépend de celui de la trisection de l'angle; et la solution que Campanus donne de celui-ci est remarquable par sa simplicité : elle se réduit, en pratique, à la construction d'une conchoïde de Nicomède. En voici le principe : Que du sommet de l'angle, comme centre, avec un rayon arbitraire, on décrive une circonférence de cercle, qui rencontrera les deux côtés de l'angle en deux points a, b; que l'on mène un demi-diamètre perpendiculaire au premier côté; que par le point b on mène une droite, de manière que sa partie comprise entre ce demi-diamètre et la circonférence du cercle soit égale au rayon; et enfin que, par le sommet de l'angle, on tire une parallèle à cette droite : cette parallèle opérera la trisection de l'angle.

Campanus ne dit pas comment on déterminera la direction de cette droite issue d'un point de la circonférence, et dont la partie, comprise entre le diamètre et l'autre partie de la circonférence, doit être égale au rayon. Peut-être était-ce là un problème dont il avait donné ailleurs la solution. On voit qu'elle peut s'effectuer, comme nous l'avons dit, par une conchoïde de Nicomède. Ce problème a eu quelque célébrité vers la fin du XVIIe siècle, parce qu'ayant été proposé publiquement avec deux autres, dans le *Journal des Savans* (août 1676), il a été résolu par Viviani dans son ouvrage intitulé : *Enodatio problematum universis geometris propositorum à Cl. et R. D. Claudio Comiers, canonico Ebredunensi, collegialis ecclesiæ de Ternant Præposito dignissimo. Præmissis, horum occasione, tentamentis variis ad solutionem illustris veterum problematis de anguli trisectione* (Florentiæ, 1677, in-4°). Viviani fit voir, par une démonstration géométrique très-simple, que les trois points où la conchoïde rencontre la circonférence du cercle, et qui répondent aux trois solutions du problème de la trisection de l'angle, sont sur une hyperbole équilatère.

On sait que la section d'une droite, en moyenne et extrême raison, joue un grand rôle dans la théorie des quantités incommensurables du 10e livre d'Euclide, dans son 13e livre, et dans la théorie des corps réguliers. Les nombreuses propriétés de cette division d'une droite n'ont point échappé à Campanus, qui les a signalées comme étant admirables, et dérivant de quelque principe digne de l'attention des philosophes[2]. C'est cette

---

[1] Dans l'édition de 1537 (Basle, in-fol.), qui comprend tous les ouvrages d'Euclide qui nous sont parvenus, ces deux propositions sont placées à la fin du volume.

[2] *Mirabilis itaque est potentia lineæ secundum proportionem habentem medium duoque extrema divisæ. Cui*

division que Lucas di Borgo a appelée *proportion divine*, dans son ouvrage qui a pour titre : *Divina proportione*, etc., et dont il a détaillé treize *effetti*, ou utilités. Aujourd'hui ces propriétés sont peu connues, parce qu'on ne voit, dans la division d'une droite en moyenne et extrême raison, que la résolution d'une équation du second degré qui doit renfermer toutes ces propriétés. Cela est vrai de celles qui sont purement analytiques, mais les plus remarquables et les plus nombreuses sont celles qui naissent de considérations géométriques. Elles mériteraient qu'on réunit de nouveau toutes les propositions qui s'y rapportent, comme quelques géomètres ont fait à l'égard de la division harmonique d'une droite [1]. Ce serait assurément un recueil de propositions intéressantes, qui donneraient lieu à de nouvelles découvertes sur le même sujet, et à quelques relations semblables et d'une plus grande généralité [2].

Campanus cite, dans une note qui est à la suite de la première Proposition du quatorzième livre (le premier des deux d'Hypsicle), Aristée et Apollonius comme ayant démontré cette proposition, que *les surfaces du dodécaèdre et de l'icosaèdre réguliers, inscrits à la même sphère, sont entre elles dans le rapport des volumes de ces deux corps*. L'ouvrage d'Aristée, dit-il, était intitulé : *Expositio scientiæ quinque corporum*, et celui d'Apollonius avait pour objet *la Comparaison du dodécaèdre et de l'icosaèdre*. Au commencement de la Proposition dixième du même livre, qui est précisément celle que nous venons d'énoncer, Campanus prononce encore les noms d'Aristée et d'Apollonius. Les ouvrages de ces deux Géomètres célèbres de l'Antiquité ne nous sont point parvenus; et peut-être étaient-ils inconnus aussi de Campanus, qui a pu en parler d'après Hypsicle, qui les cite à peu près dans les mêmes termes, au commencement de la seconde Proposition de son premier livre. Dans sa préface, Hypsicle avait déjà parlé longuement d'Apollonius et de son ouvrage : *De dodecahedri et Icosahedri in eâdem sphærâ descriptorum comparatione*. Il parait qu'on n'a fait attention généralement qu'à ce passage; car on ne cite ordinairement que l'ouvrage d'Apollonius, et nullement celui d'Aristée, et je ne vois que Ramus qui

cum plurima philosophantium admiratione digna conveniant, hoc principium vel præcipuum ex superiorum principiorum invariabili procedit natura, ut tam diversa solida tum magnitudine tum basium numero, tum etiam figurâ, irrationali quadam symphonia rationabiliter concitiet. (Lib. XIV, Proposition 10.)

[1] De Billy, *Tractatus de porportione harmonicâ*. Paris, 1658, in-4°. — Saladini, *Della proporzione armonica*. Bologne, 1761, in-8°.

[2] Par exemple : la division d'une droite, en moyenne et extrême raison, se réduit à trouver, entre deux points donnés A, B, un troisième point C, tel que l'on ait $\overline{AC}^2 = AB.CB$: un moyen facile de généraliser cette question, c'est de la regarder comme dérivant d'une autre, dans laquelle on a supposé qu'un point de la droite proposée a disparu en passant à l'infini. Soit I le point; le point cherché C devra satisfaire, par rapport aux trois points donnés A, B, I, à l'équation

$$\overline{CA}^2.\overline{IB}^2 = CB.CI.BA.IA.$$

En effet, si l'on suppose le point I à l'infini, l'équation se réduit à la première ci-dessus.

Cette équation a cela de remarquable, que chacun des quatre points qui y entrent y joue le même rôle par rapport aux trois autres; et que, quel que soit celui des quatre points qu'on suppose à l'infini, l'équation résultante exprime toujours la division d'une droite en moyenne et extrême raison.

ait mis ce dernier au nombre de ceux qui ont écrit sur les cinq corps réguliers. Les historiens des Mathématiques ne parlent de lui qu'au sujet de ses cinq livres d'*Éléments des coniques*, et de ses *Lieux géométriques*, dont Viviani, comme on sait, a donné une divination.

Du reste, il n'est pas étonnant qu'Aristée ait écrit sur les cinq corps réguliers; car cette théorie a été fort cultivée, et en grand honneur dès la plus haute antiquité des sciences chez les Grecs. Pythagore en avait fait le principe de sa Cosmogonie, dans laquelle les cinq corps réguliers répondaient aux quatre éléments et à l'Univers [1], ce qui a fait qu'on les appelait les cinq figures *mondaines* (*figuræ mundanæ* [2]). Platon adoptait ces idées [3], et avait aussi cultivé cette théorie [4], sur laquelle Théatète, l'un de ses disciples, passe pour avoir écrit le premier [5]. Ensuite, on trouve donc Aristée, puis Euclide, Apollonius et Hypsicle [6]. Ce dernier cite, dans ses deux livres, Isidore le Grand, son maître, de qui il avait appris ce qu'il savait sur cet objet. Ces cinq corps réguliers ont joué un si grand rôle dans l'Antiquité, par suite des idées pythagoriciennes et platoniciennes, qu'on les regardait comme étant le but final auquel étaient destinées et l'étude et la science des Géomètres [7].

Pappus nous apprend [8] qu'Archimède a cherché à étendre cette théorie, et que, ne pouvant former plus de cinq polyèdres réguliers, il en avait imaginé d'un nouveau genre, qu'on a appelés semi-réguliers : leurs faces étaient, comme dans les cinq premiers, des polygones réguliers, mais non tous semblables entre eux. Ces nouveaux corps étaient au nombre de treize. Pappus en a donné une description très-claire, que Kepler a reproduite,

[1] Le cube représentait la terre; le tétraèdre, le feu; l'octaèdre, l'air; l'icosaèdre, l'eau; et le dodécaèdre, l'Univers. (Plutarque, *Placit. philos.*, liv. 11, cap. VI.)

[2] Proclus, *Commentarius in Euclidem*, lib. 11, cap. IV. — Kepler, *Harmonices mundi*, liber secundus, p. 58.

[3] Timée, 3e partie. — Plutarque, *Platonicæ questiones*.

[4] Pappus, *Collections mathématiques*, livre 5, à la suite de la proposition 17. — Proclus, *in Euclidem*, lib. 11, cap. IV.

[5] *Theatetus, Atheniensis, Archytæ sodalis, Geometrica auxit, primusque de quinque solidis tractavit ut Laertius et Proclus produnt.* (Heilbronner, *Historia matheseos*, p. 149.)

[6] On n'est pas d'accord sur l'époque où a vécu Hypsicle, que les uns placent dans le deuxième siècle de notre ère, et les autres dans le deuxième siècle avant J.-C., un peu après Apollonius. C'est cette seconde époque que nous avons adoptée en parlant d'Euclide; nous avons dit qu'Hypsicle lui était postérieur de près de cent cinquante ans.

Ce fut là le sentiment de Bernardin Baldi, dans sa *Cronica de matematici*, p. 57, et de Vossius, qui pensa qu'Hypsicle avait vécu vers le temps de Ptolémée Lathyre; et *Isidore le Grand*, son maître, dont il parle dans ses deux livres, sous Ptolémée Physcone. Cet *Isidore le Grand* pourrait être, suivant Vossius, celui que cite Pline dans sa Géographie. (Vossius, *De scientiis mathematicis*, p. 528.)

Le savant médecin Mentel, dans la préface de sa traduction latine du petit ouvrage astronomique d'Hypsicle, intitulé *Anaphoricus sive de Ascensionibus*; Paris 1657, in-4°; et récemment M. Delambre (*Histoire de l'Astronomie ancienne*, t. 1er, p. 246), et M. Franchini (*Saggio della storia delle matematiche*, p. 146), ont placé aussi Hypsicle vers l'an 146 avant J.-C. Mais Fabricius (*Bibliotheca græca*, t. II, p. 91), et d'après lui, Weidler, Heilbronner, Montucla et Lalande, l'ont fait naître dans le second siècle de notre ère.

[7] *Nihil in antiquâ Geometriâ speciosius visum est quinque corporibus ordinatis, eorumque gratiâ Geometriam, ut ex Proclo, initio, dictum est, inventa esse veteres illi crediderunt.* (Ramus, *Scholarum mathematicarum*, liber xxx.)

[8] *Collections mathématiques*, livre 5, à la suite de la Proposition 17.

en donnant les figures qui s'y rapportent, dans le second livre de son *Harmonie du Monde*. Les historiens passent sous silence ce travail d'Archimède : il est vrai qu'il est, par sa nature, bien inférieur aux autres découvertes de ce grand homme. Il eût été plus digne du génie d'Archimède, puisqu'il voulait aller au delà d'Euclide et des autres Géomètres, dans cette théorie des figures régulières, de créer les nouveaux polyèdres *étoilés*, qu'a décrits M. Poinsot, et qui forment la véritable extension dont cette antique et célèbre théorie était susceptible.

Revenons à Campanus. Lucas Gauricus, Astronome et Astrologue napolitain, a mis au jour, au commencement du seizième siècle, sous le nom de ce Géomètre, un Traité *De tetragonismo, seu Quadratura circuli*[1] ; et depuis, quelques auteurs ont répété que Campanus a écrit sur la Quadrature du cercle. Mais l'ouvrage dont il s'agit ne dénote qu'ignorance dans son auteur, et est absolument indigne de porter le nom du savant interprète d'Euclide. L'auteur prend, pour base de sa quadrature, le rapport $\frac{22}{7}$ de la circonférence au diamètre, « *secundùm quod plerique mathematici scripserunt et juxta physicam veritatem;* » et, en passant par quelques propositions intermédiaires, il en conclut que le côté du carré qui est égal en surface à un cercle, est cinq fois et demie la septième partie du diamètre du cercle. De sorte que D étant le diamètre, l'aire du cercle serait $\frac{D^2}{4}\left(\frac{11}{7}\right)^2$, au lieu de $\frac{D^2}{4}\cdot\frac{22}{7}$.

Sacro Bosco a dû une longue célébrité à son Traité *De sphærâ mundi*, qui est un extrait de l'Almageste de Ptolémée, et qui, pendant plus de quatre cents ans, a servi, dans les écoles, à enseigner l'Astronomie. Imprimé pour la première fois en 1472, à Ferrare, il a eu depuis au moins cinquante éditions. Un grand nombre d'auteurs des plus célèbres, tels que Purbach, Regiomontanus, Elie Vinet, Clavius, etc., l'ont éclairci par des notes ou des commentaires.

Mais il est important de remarquer ici, pour se faire une idée vraie de l'état de la science alors, que cet ouvrage ne contenait que les notions les plus élémentaires de Ptolémée ; il faisait connaître les cercles de la sphère, les phénomènes du mouvement diurne, et disait quelques mots des éclipses. Ce n'est que deux siècles plus tard que l'on fit un pas de plus dans la connaissance de l'Almageste, et que Purbach expliqua la théorie des planètes, qui en est la partie la plus importante et la plus difficile.

Sacro Bosco a laissé, sous le titre : *De Algorismo*, un Traité d'Arithmétique écrit en vers. C'est notre Arithmétique actuelle[2] : Sacro Bosco l'attribue aux Indiens. Il la divise en neuf parties, qui sont : *Numération, addition, soustraction, médiation*[3], *duplation*[4], *mul-*

---

[1] *Tetragonismus, id est circuli quadratura per Campanum, Archimedem Syracusanum atque Bœtium mathematicæ perspicacissimos adinventa*. Venetiis, 1503, in-4°.

[2] On a, du même temps, un autre Traité d'Arithmétique écrit aussi en vers latins, par Alexandre de Villedieu. (Vossius, *De scientiis mathematicis*, p. 40. — Daunou, *Histoire littéraire de la France*, t. XVI, p. 113.)

[3] Division par deux.

[4] Multiplication par 2. Cette opération et la *médiation* ont été comprises, dans les ouvrages du XVIe siècle, dans les règles générales de la *multiplication* et de la *division* ; de sorte que les Traités d'Arithmétique n'ont plus eu que sept chapitres au lieu de neuf. (Voir la *Summa de Arithmetica*, de Lucas di Borgo.)

tiplication, division, progression et *extraction des racines carrées et cubiques.* Pendant très-longtemps, les Traités d'Arithmétique se sont composés de ces neuf chapitres : on les trouve encore dans des ouvrages du XVIᵉ siècle.

On a, de Sacro Bosco, quelques écrits sur l'Astronomie, où les calculs sont faits en chiffres arabes. Ces pièces, et le Traité de l'Algorisme, sont restés manuscrits. Les chiffres de Sacro Bosco sont l'origine des nôtres : on suit très-bien, dans les manuscrits du XIVᵉ et du XVᵉ siècle, et même dans plusieurs ouvrages des premiers temps de l'imprimerie, les petites altérations successives qui leur ont donné définitivement la forme actuelle.

On doit, à Jordan Némorarius :

1° Un ouvrage d'Arithmétique, en dix livres, qui est un Traité sur les propriétés des nombres, imité de ceux de Nicomaque et de Boèce. Cet ouvrage a été imprimé, avec des Commentaires de Fabre d'Étaples (*Faber Stapulensis*), en 1496, et a eu depuis plusieurs autres éditions.

2° Un Traité d'Arithmétique pratique, dans le système arabe, intitulé *Algorismus,* qui est resté manuscrit.

3° Un Traité du Planisphère, qui a été imprimé en 1507, 1536 et 1538, avec celui de Ptolémée. C'est dans cet ouvrage que se trouve démontrée pour la première fois, dans toute sa généralité, cette belle propriété de la projection stéréographique qui est le fondement de la construction du Planisphère, à savoir que : *tout cercle se projette suivant un cercle.* Ptolémée n'avait démontré ce théorème que pour des positions particulières du cercle de la sphère mis en perspective, parce que *cherchant partout la clarté et la facilité,* comme le dit Proclus au chapitre X de son *Hypotypose,* il n'introduisait dans ses ouvrages et n'y démontrait que les propositions géométriques qui lui étaient absolument indispensables.

Ptolémée faisait la projection sur le plan de l'équateur, l'œil étant placé au pôle; Jordan l'a faite sur le plan tangent à la sphère, mené par le second pôle. Depuis, Maurolycus et les autres Géomètres l'ont imité. Nous remarquons ces légères différences entre l'ouvrage de Jordan et celui de Ptolémée, parce qu'elles sont, pour l'époque, de véritables innovations qui marquent les premiers pas de l'esprit de recherche et d'invention, qui était rare au XIIIᵉ siècle, où les intelligences avaient assez à faire d'acquérir les connaissances que les Arabes leur livraient.

La dénomination de projection *stéréographique,* que l'on a donnée à la projection employée par Ptolémée dans son Planisphère, est moderne; elle est due à Aguilon qui l'a proposée et s'en est servi dans son Optique [1].

La projection stéréographique jouit d'une propriété très-remarquable, qui consiste en ce que *l'angle de deux cercles tracés sur la sphère, est égal à l'angle des deux cercles en pro-*

[1] *Aguilonii Opticorum libri sex.* Paris, 1613, in-fol.

« *Quare tametsi* STEREOGRAPHICES *nomine nusquam vocatum hoc projectionis genus reperimus; quià tamen nec alio quidem ullo solitum est appellari, placuit hoc nomen usurpare, quod nobis in præsenti visum est ad rem ipsam quàm maxime accomodatum* » (in præfatione).

jection. Ce beau théorème n'a pas été aperçu par Ptolémée ni par Jordan [1]. L'ouvrage le plus ancien, à la connaissance de M. Delambre, où il se trouve, est le Traité de Navigation de Roberston (1754). (Voir *Traité d'Astronomie*, tom. III.)

Il existe un Traité manuscrit *De triangulis*, de Jordan [2].

Il avait aussi écrit trois livres *De Geometriâ*, que Vossius suppose devoir se trouver dans la Bibliothèque du Vatican [3], et qu'a possédés aussi la Bibliothèque de l'Académie de Leipsick [4].

Ramus lui attribue la démonstration de l'élégante formule pour l'aire du triangle, en fonction des côtés [5]. Nous ne savons dans quel ouvrage Jordan l'a donnée; M. Venturi ne l'a pas trouvée dans son traité *De triangulis* [6]. Cette démonstration est la même que celle que Léonard de Pise a donnée dans le même siècle, dans sa *Géométrie pratique*. Elle paraît être d'origine arabe; car elle se trouve dans l'ouvrage des trois Géomètres, fils de Musa ben Schaker, et dans celui du juif Savosarda.

Jordan a aussi écrit sur l'Optique et sur la Mécanique [7].

Albert le Grand, ainsi nommé, dit Montucla, soit à cause de sa réputation, soit parce que son nom propre, qui est Grott, signifiait *grand* dans le langage du temps, avait écrit sur l'Arithmétique, la Géométrie, l'Astronomie et la Musique. Ces ouvrages ne nous sont point parvenus. Il fut célèbre par son habileté en Mécanique. Cet écrivain, d'une fécondité étonnante, avait une connaissance étendue des ouvrages arabes.

Roger Bacon, l'un des plus puissants génies du Moyen âge, occupe le premier rang parmi les promoteurs de la renaissance générale des lettres et des sciences. Il contribua particulièrement aux progrès des Mathématiques en montrant, dans plusieurs de ses ouvrages [8], le rang qu'elles tiennent dans l'ensemble des connaissances humaines, et les secours qu'elles peuvent procurer dans toutes les recherches scientifiques, dont elles sont le fondement. Son Optique contient, comme tout le monde le sait, de savants aperçus et des découvertes réelles en théorie, et l'invention de plusieurs instrument devenus de la plus haute utilité.

Ses connaissances en Astronomie lui firent reconnaître les erreurs du calendrier, dont il conçut la réformation. Le calendrier qu'il calcula, et qui est resté manuscrit, se distingue par sa correction et par l'usage des chiffres arabes, qui sont les mêmes que ceux de Sacro Bosco.

[1] Nous avons dit, dans notre cinquième Époque, que la projection stéréographique jouit d'une autre propriété assez belle, concernant la détermination du centre d'un cercle en perspective; et que les principes de cette projection, transportés aux surfaces du second degré, forment aujourd'hui une méthode de recherche en Géométrie rationnelle.

[2] Ce Traité se trouve dans la Bibliothèque des Dominicains à Florence (Montfaucon, *Bib. bib.*); dans celle de la ville de Bâle (Hænel, *Catalogi*, etc.), et dans la Bibliothèque royale de Paris (n° 7378 A.).

[3] *De scientiis mathematicis*, pag. 333.

[4] C. Gesner, *Bibliotheca universalis*, etc., tom. II, fol. 77 v°.

[5] *Scholæ mathematicæ*; à la suite du livre 31°.

[6] *Commentari sopra la storia e le teorie dell' ottica*. Commentario II; del Traguardo, cap. xxx.

[7] *Jordani de ponderibus propositiones XIII et demonstrationes*. Norimbergæ, 1531, in-4°.

[8] *Specula mathematica*. — *Opus Majus*; quatrième, cinquième et sixième parties.

Vitellion a laissé un savant Traité d'Optique, imité de celui de l'Arabe Alhasen, et qui est remarquable, surtout pour l'époque où il parut, par les principes de bonne Géométrie de l'École grecque, sur lesquels il repose.

Tout le 1er livre est consacré à la Géométrie. L'auteur y a réuni les propositions dont il aura à faire souvent usage dans la suite, et qui ne se trouvent pas dans les Éléments d'Euclide. Quelques-unes sont prises des *Coniques* d'Apollonius, que cite Vitellion. D'autres, qui concernent la division harmonique d'une ligne droite, sont dans le genre de celles qu'on trouve dans le 7e livre des *Collections mathématiques*, de Pappus. D'autres enfin sont dans le genre de celles qui se trouvent dans le traité *De inclinationibus*, d'Apollonius. Mais il n'est pas fait mention de cet ouvrage, ni de celui de Pappus.

Vitellion, en citant les Éléments d'Euclide et les Coniques d'Apollonius, ouvrages avec lesquels il paraît familiarisé, nous montre, d'une part, qu'une traduction d'Euclide, autre que celle de Campanus, alors trop récente, était déjà en circulation en Europe; et ensuite que le fameux *Traité des Coniques* y était aussi déjà connu. On avait pensé que l'on n'avait commencé à le connaître que deux cents ans plus tard, vers le milieu du XVe siècle, où Regiomontanus en méditait une édition [1].

Un autre écrivain, contemporain de Vitellion, Peccam, archevêque de Cantorbéry, a aussi laissé un Traité d'Optique, mais qui est moins savant que celui du géomètre polonais.

Vincent de Beauvais n'est point un auteur original; mais son *speculum mundi*, recueil immense, qui a reçu le nom d'*Encyclopédie du XIIIe siècle*, mérite d'être cité comme donnant une idée de l'état où les sciences se trouvaient à cette époque, si l'on n'y comprend pas, toutefois, les progrès notables qu'elles ont faits dans ce siècle même. On trouve dans cet ouvrage des extraits d'Euclide, d'Aristote, de Vitruve qui avait paru jusque-là inconnu dans le Moyen âge, de Boèce, de Cassiodore, d'Isidore de Séville, d'Alfarabius, d'Avicenne et de divers auteurs arabes.

Vincent de Beauvais dit qu'Alfarabius [2] distinguait huit sciences mathématiques, qui sont l'Arithmétique, la Géométrie, la Perspective, l'Astronomie, la Musique, la Métrique ou la science des poids et mesures, et la science des esprits (c'est-à-dire la Métaphysique). Il n'y a là que sept sciences; la huitième qui est omise, est l'Algèbre, qu'Alfarabius avait placée après l'Arithmétique. Vincent de Beauvais n'en parle pas non plus dans la suite, ce qui fait penser qu'alors l'Algèbre avait à peine pénétré en France, ou du moins qu'elle n'y était connue que dans le cercle restreint d'un très-petit nombre de mathématiciens.

Notre système de numération est exposé très-clairement, avec le zéro, sous le titre d'*Algorismus*. La Géométrie se réduit aux définitions et à quelques notions élémentaires. Ce qui nous prouve que les matières sur lesquelles roulaient les savants ouvrages de Sacro Bosco, de Campanus, de Jordan, de Vitellion, étaient encore toutes nouvelles, et que la connaissance n'en était point parvenue à Vincent de Beauvais.

---

[1] Montucla, *Histoire des Mathématiques*, tom. I, pag. 248.

[2] Alfarabius fut l'un des Arabes les plus célèbres du Xe siècle, surtout comme Géomètre et Astronome. Dans le catalogue de ses nombreux ouvrages on en remarque un dont le titre : *Nilus felicitatum, seu disciplinarum mathematicarum Thesaurus*, prouve tout le prix qu'il attachait à la culture des Mathématiques.

Si nous avions suivi l'ordre chronologique, dans notre examen des écrivains du XIIIᵉ siècle, nous l'aurions commencé sans doute par Fibonacci, appelé communément Léonard de Pise, dont le *Liber Abbaci* porte la date de 1202. Mais cet ouvrage a eu une telle influence sur la direction qu'ont prise les sciences mathématiques au XVᵉ siècle, que nous avons voulu le distinguer spécialement de ceux dont nous avons parlé jusqu'ici. Ceux-ci appartenaient à l'École grecque, quoique ce soit par l'entremise des Arabes, et dans leur langue, qu'ils aient pénétré en Europe. Ceux de Léonard de Pise, au contraire, nous paraissent être d'origine hindoue, quoiqu'ils aient passé aussi par la main des Arabes. C'est de là que provient le caractère qui les distingue des autres.

Léonard Fibonacci a voyagé, comme l'on sait, en Orient; et à son retour il a fait paraître un Traité d'Arithmétique et d'Algèbre, commençant par ces mots : *Incipit Liber Abbaci compositus à Leonardo filio Bonacci Pisano, in anno 1202.* L'Arithmétique est notre système actuel, avec le zéro; Fibonacci l'attribue aux Indiens :

« *Novem figuræ Indorum hæ sunt :*

VIIII, VIII, VII, VI, V, IIII, III, II, I.

9, 8, 7, 6, 5, 4, 3, 2, 1. [1]

cum his itaque novem figuris et cum hoc signo o quod arabicè zephirum appellatur, scribitur quilibet numerus, etc. [2]. »

Le Traité d'Algèbre que Fibonacci appelle, comme les Arabes, *Algebra et Almuchaba,* s'étend jusqu'à la résolution des équations du second degré, et de quelques autres qui se réduisent à celles-là. Il est une imitation de cette partie de l'Algèbre, traitée par Mohammed ben Musa, qui était élémentaire, et en quelque sorte populaire au IXᵉ siècle, chez les Arabes. Fibonacci y fait des applications de cette science à la Géométrie. Et c'est là le premier exemple et l'origine, chez les mathématiciens européens, de l'introduction de l'Algèbre dans les démonstrations et les spéculations de la Géométrie. Cette alliance de deux sciences qui avaient été si distinctes chez les Grecs, forme le caractère propre de l'ouvrage de Fibonacci, où non-seulement elle se trouve mise en pratique, mais où elle est exprimée for-

---

[1] Ces chiffres ressemblent à ceux de Sacro Bosco, que beaucoup d'auteurs ont rapportés dans leurs ouvrages. (*Voir* particulièrement Heilbronner et Montucla.) Du reste, les chiffres arabes, qu'on trouve dans un grand nombre de manuscrits latins du XIIIᵉ et du XIVᵉ siècle, ont toujours la même forme.

[2] On voit que presque tous les auteurs du XIIIᵉ siècle, Fibonacci, Jordan, Sacro Bosco, Vincent de Beauvais, Alexandre de Villedieu, Roger Bacon, ont écrit sur le système de numération arabe, ou plutôt indien. Cela prouve évidemment que, depuis longtemps, ce système était déjà connu et pratiqué des mathématiciens; et que les recherches à faire pour fixer la date de son introduction en Europe, dont l'honneur ne peut être attribué à Fibonacci, ni à aucun des autres écrivains que nous venons de nommer, doivent remonter au delà du XIIIᵉ siècle. On ne peut croire que les écrivains du siècle précédent, qui avaient rapporté d'Espagne de nombreuses traductions des principaux ouvrages des Arabes, n'y aient pas compris leur système de numération, tant pour lui-même que parce qu'il devenait indispensable pour traduire leurs Tables et autres ouvrages astronomiques; tels que ceux d'Arzachel, d'Alfraganus, etc.

En effet, nous avons déjà cité un Traité d'*Algorisme* qui paraît être de Gérard de Crémone, et un autre de Jean Hispalensis. Ces deux écrivains ont vécu dans le XIIᵉ siècle.

mellement comme tenant à la nature même des deux sciences qui doivent se prêter de mutuels secours; car, dans sa préface, Fibonacci dit : *Et quia Arithmetica et Geometriæ scientia sunt connexæ, et suffragatoriæ sibi ad invicem, non potest de numero plena tradi doctrina, nisi inserantur geometrica quædam, vel ad Geometriam spectantia*; et il ajoute que souvent, les règles et les opérations de l'Algèbre tirent leur évidence et leurs démonstrations des figures et des considérations géométriques. Ensuite l'auteur annonce qu'il traitera avec plus d'étendue de ce qui concerne la Géométrie, dans un livre de Géométrie pratique qu'il a composé.

Cet ouvrage, divisé en huit chapitres, est intitulé : *Leonardi Pisani de filiis Bonacci Practica Geometricæ, composita anno MCCXX*. Il est resté manuscrit, de même que le Traité d'Algèbre. Bernardin Baldi nous apprend que Commandin avait préparé une édition de ce Traité de Géométrie, mais qu'il est mort sans avoir pu réaliser ce projet [1]. Édouard Bernard, savant Géomètre et Astronome anglais, du XVIIe siècle, devait comprendre le Traité d'Algèbre dans le septième volume de la magnifique collection, qu'il avait préparée, des ouvrages des mathématiciens anciens [2].

Fibonacci avait laissé un *Traité des nombres carrés*, qui, d'après ce qu'on en peut juger par des passages de la *Summa de Arithmetica*, etc., de Lucas di Borgo, et de l'Arithmétique de Cardan, qui le citent, roulait sur l'Analyse indéterminée, du premier et du second degré. Les formules dont ces deux géomètres font usage diffèrent de celles de Diophante, et sont les mêmes que celles que l'on trouve dans les ouvrages indiens, à l'exception toutefois qu'elles ne résolvent point des questions aussi difficiles et aussi générales que dans ces ouvrages indiens. Nous devons regarder ce Traité de Fibonacci comme une copie de quelque ouvrage arabe, emprunté lui-même de ceux des Hindous.

Ainsi, en somme, les écrits de Fibonacci, qui au XVIe siècle ont été le modèle et le fondement de ceux de Lucas di Borgo, de Cardan et de Tartalea, avaient une origine purement arabe, et primitivement hindoue. C'est donc une opinion erronée, sur laquelle il faut revenir, que nous avons dû notre savoir et nos progrès dans les sciences, directement et exclusivement aux ouvrages des Grecs.

Les ouvrages de Fibonacci, dont on reconnaît aujourd'hui toute l'importance, sont cependant encore inédits; les manuscrits en sont très-rares; et le Traité des nombres carrés est déjà perdu, depuis une soixantaine d'années. C'est le sort réservé aux Traités d'Algèbre

---

[1] *Cronica de matematici*, p. 89.

[2] Cette collection devait avoir quatorze volumes; le détail des ouvrages qui devaient y entrer se trouve dans la *Bibliotheca græca* de Fabricius (lib. 3, cap. XXIII).

On remarque dans le volume VI, destiné à l'Algèbre, le titre suivant d'un ouvrage de Thebit ben Corah, qui montre bien l'alliance intime que les Arabes avaient établie entre l'Algèbre et la Géométrie, qui forme le caractère propre de leur science mathématique : *Thabeti tractatus de veritate propositionum algebricarum demonstrationibus Geometricis adstruenda, cum aliis tractatibus egregiis, quæ Gebricam artem spectant. Arabicè et latinè.*

Les immenses et précieux matériaux préparés par Éd. Bernard ont passé, après sa mort, dans la Bibliothèque Bodléienne. On a lieu de s'étonner qu'une aussi belle et aussi utile entreprise n'ait pas reçu son exécution, dan un pays où les sciences ont trouvé souvent de nobles et généreux encouragements.

et de Géométrie, si l'impression ne vient promptement nous assurer la conservation de ces monuments si précieux de l'histoire scientifique des Européens [1].

Le XIVᵉ siècle parait avec moins d'éclat que le XIIIᵉ, dans l'histoire du Moyen âge, XIVᵉ SIÈCLE. parce qu'en effet les productions neuves et importantes qui rendent célèbres les noms de Fibonacci, de Sacro Bosco, de Campanus, de Jordan, de Vitellion, de Roger Bacon, demandaient à être méditées et étudiées silencieusement pour être bien comprises et porter leur fruit. Toutefois le XIVᵉ siècle, trop peu connu encore, nous semble avoir rempli sa tâche; les études mathématiques ont continué d'être cultivées, et elles ne se sont point réduites à la simple reproduction ou à l'imitation de quelques ouvrages arabes : de premiers efforts ont été faits pour appliquer les connaissances acquises, et pour aller au delà; les esprits ont été préparés à la lecture des textes grecs et au mouvement rapide et général qui a produit, dans le siècle suivant, le renouvellement des sciences.

Le premier tiers du XIVᵉ siècle nous offre un homme qui a eu une grande célébrité par son savoir en Philosophie, en Mathématiques, en Théologie et dans la littérature arabe, Thomas de Bradwardin, archevêque de Cantorbéry. Nous avons fait connaître la savante théorie des polygones *égrédients* que ce Géomètre imagina, sur la simple donnée du pentagone étoilé de Campanus. Cette théorie était véritablement une conception nouvelle, qui doit faire honneur au XIVᵉ siècle. Elle se trouve, comme nous l'avons dit, dans un Traité intitulé : *Geometria speculativa*, qui a été imprimé en 1496, et a eu depuis plusieurs autres éditions [2]. Cette date de 1496 parait avoir induit en erreur les historiens des Mathématiques, Bernardin Baldi, Heilbronner et Montucla, qui ont placé l'auteur à la fin du XVᵉ siècle; et c'est peut-être là la cause pour laquelle on n'a pas fait attention, jusqu'ici,

[1] « Les personnes qui ne sont pas spécialement occupées de recherches historiques, ne sauraient s'imaginer » combien de manuscrits précieux ont été détruits, même dans ces derniers temps...... Après de si coupables » négligences, comment ose-t-on parler encore de la destruction des manuscrits au Moyen âge? Sous peine de » passer pour des barbares aux yeux de la postérité, il faut arrêter une telle dévastation. » (*Histoire des sciences mathématiques en Italie*, t. I, pag. ij).

Nous nous faisons un devoir de répéter ces paroles de M. Libri; nous voudrions qu'elles eussent souvent de l'écho. Mais on sent que le devoir qu'elles commandent n'est point celui de simples particuliers; mais bien celui des gouvernements désireux de contribuer aux progrès des sciences et du développement de l'intelligence humaine. L'impression de quelques manuscrits auxquels s'attache un intérêt scientifique et historique, de même que la reproduction, dans la langue nationale, de quelques ouvrages étrangers, serait de leur part une digne et utile coopération, peu coûteuse du reste, aux travaux des hommes qui se vouent à l'étude.

Une seconde mesure à prendre, pour arrêter la destruction des raretés littéraires (telles, par exemple, que les productions du XVIIᵉ siècle, qui disparaissent tous les jours), serait l'établissement d'une Bibliothèque spéciale destinée aux sciences; Bibliothèque en quelque sorte historique, où se trouveraient réunies, par siècles, toutes les productions du savoir et du génie, et qui deviendrait un centre où chacun se ferait un devoir et un bonheur de porter ses petites propriétés particulières, qu'on laisse perdre aujourd'hui, parce qu'on ne sait réellement à quoi les réunir pour les rendre utiles et leur assurer une conservation durable.

[2] Dans un manuscrit de la Bibliothèque royale (n° 7368, copie du XIVᵉ siècle) se trouve une pièce intitulée, dans le catalogue, *Fragmentum elementorum Geometriæ*, où nous avons reconnu des passages de la Géométrie de Bradwardin. La théorie des polygones *égrédients* y est; mais on ne trouve dans les figures que le pentagone de seconde espèce et l'heptagone de troisième espèce, qui y sont appelés, comme dans l'ouvrage imprimé, pentagone du *premier ordre*, et heptagone du *second ordre*. Les autres polygones égrédients n'y sont pas représentés.

à son ouvrage; car le rajeunir ainsi de plus d'un siècle et demi, c'était en diminuer le mérite. Pour l'époque où il fut écrit, il nous paraît remarquable, non-seulement par la théorie des polygones égrédients, mais encore par plusieurs autres, parmi lesquelles on distingue quelques propositions sur les figures isopérimètres.

Voici l'analyse de cet ouvrage :

Son second titre est : *Breve compendium artis Geometriœ à Thoma Bravardini ex libris Euclidis, Boetii, et Campani peroptimè compilatum.* L'auteur aurait dû nommer aussi Archimède et Théodose, qu'il cite souvent, et de qui il a fait plusieurs emprunts, pris du livre *De quadraturâ circuli* du premier, et des *Sphériques* du second.

L'ouvrage est en quatre parties :

La première comprend les définitions, les axiomes et les *postulata* qui sont en tête des Éléments d'Euclide; et la théorie des polygones égrédients.

La deuxième partie traite des triangles, des quadrilatères, du cercle, et des figures *isopérimètres*, dont Euclide n'a pas parlé dans sa Géométrie, ainsi que le remarque Bradwardin. Mais on sait que, dans l'École même de Pythagore, cette théorie a été ébauchée; et que Zénodore, disciple de ce philosophe, a laissé sur cette matière un écrit, destiné à combattre ce préjugé vulgaire que les figures de contours égaux avaient des capacités égales. Cet ouvrage, le plus ancien des écrits géométriques des Grecs, qui nous sont parvenus, a été conservé par Théon, dans son Commentaire sur l'Almageste [1]. Pappus a traité aussi cette matière, au commencement du cinquième livre de ses *Collections mathématiques*. Bradwardin ne dit pas si les propositions qu'il démontre sont prises de cet ouvrage, ou de l'Almageste, ou bien s'il les a imaginées de lui-même. En voici les énoncés :

PREMIÈRE PROPOSITION. *De tous les polygones isopérimètres, celui qui a le plus grand nombre d'angles est le plus grand en surface.*

DEUXIÈME PROPOSITION. *De tous les polygones isopérimètres, d'un même nombre d'angles, le plus grand est celui qui a ses angles égaux.*

TROISIÈME PROPOSITION. *De tous les polygones isopérimètres qui ont le même nombre de côtés et leurs angles égaux, le plus grand est celui qui a ses côtés égaux.*

QUATRIÈME PROPOSITION. *De toutes les figures isopérimètres, le cercle est la plus grande.* L'auteur ajoute que *la sphère jouit de la même propriété parmi les solides.*

La troisième partie de l'ouvrage traite des proportions et de la mesure des aires du triangle, du quadrilatère, des polygones et du cercle.

Bradwardin dit que l'aire du cercle est égale à celle du rectangle construit sur la moitié de la circonférence et de la moitié du diamètre, pour côtés. Il conclut cette proposition de celle d'Archimède qui est la même, en d'autres termes, et qu'il emprunte, sans démonstration, du livre *De quadraturâ circuli*, où elle est énoncée ainsi : *Un cercle quelconque est égal à un triangle rectangle dont un des côtés de l'angle droit est égal au rayon de ce cercle, et dont l'autre côté de l'angle droit est égal à la circonférence de ce même cercle.*

---

[1] Clavius l'a reproduit dans son commentaire sur la *Sphère*, de Sacro Bosco.

Bradwardin ajoute que le rapport de la circonférence au diamètre est $\frac{22}{7}$; « *hoc ut habetur* » *ab eodem Archimenide* [1] *in praedicto libello* (*De quadraturâ circuli.*) »

La quatrième partie traite des figures à trois dimensions, des plans, des angles solides, des cinq corps réguliers et de la sphère.

Le chapitre de la sphère est une collection de diverses propositions sur les cercles tracés sur cette surface, que Bradwardin dit avoir prises du livre des *Sphériques*, de Théodose.

Enfin on trouve un petit Traité particulier sur la quadrature du cercle, qui est intitulé : *Tractatus de quadraturâ circuli editus à quodam archiepiscopo ordinis fratrum minorum*. Ce Traité est précisément le même que celui que Gauricus a attribué à Campanus. D'après ce que nous en avons dit, on pensera qu'il ne doit pas plus porter le nom de Bradwardin que celui de Campanus.

Une idée de Bradwardin, fruit des premières lueurs de la philosophie platonicienne qui commençait à pénétrer en Europe, mérite d'être remarquée. C'est que cet écrivain chercha, le premier, à appliquer la méthode géométrique à la Théologie, et répandit de la sorte les premiers germes de cet esprit d'indépendance qui ne tarda point à se faire sentir dans les cloîtres et les couvents; et qui, cultivé avec plus de succès dans le siècle suivant, par un autre prince de l'Église, le cardinal Nicolas de Cusa, philosophe platonicien, secoua le joug de la scolastique du Moyen âge, et aboutit à la philosophie moderne.

Continuons l'histoire du XIVe siècle. Pedisiamus, au commencement de ce siècle, a écrit sur la Géométrie et la Géodésie; le moine Barlaam a laissé un Traité d'Arithmétique, et un Traité d'Algèbre, en six livres, intitulé : *Logisticæ libri VI*, écrit en grec [2], quoique l'auteur fût Italien ; mais il avait été résider en Orient pour apprendre la langue grecque. Une version latine du Traité d'Algèbre a été imprimée en 1572 (Strasbourg, in-8°), puis en 1606 (Paris, in-4°), avec des scolies de Jean Chamber. Le Traité original est peut-être le plus ancien ouvrage d'Algèbre qui nous soit parvenu, après celui de Fibonacci, qui lui est antérieur de plus d'un siècle.

Killingworth a laissé des Tables astronomiques, et un Traité d'Algorisme.

Simon de Bredon a commenté l'Almageste de Ptolémée [3], et a écrit sur l'Arithmétique.

Isaac Argyrus, moine grec, a calculé des Tables astronomiques, et a écrit sur l'Astrolabe ; sur l'Arithmétique, *De extractione radicis quadraticæ quadratorum irrationalium ;* sur la Géodésie, *Compendium geodæsiæ seu de dimensione locorum methodus brevis ac tuta ;* et sur différentes parties de la Géométrie, *De inventione quadrangularium laterum; Theoremata de triangulis; De dimensione triangulorum aliarumque figurarum; De figuris non rectangulis ad rectangulas reducendis*.

---

[1] Bradwardin appelle Archimède *Archimenides*.

[2] Delambre, en rendant compte du livre de cet ouvrage qui se rapporte aux calculs astronomiques, a placé l'auteur avant Bède, en disant toutefois que l'on ignore l'époque précise où il a vécu. Cette inadvertance est singulière, car Barlaam est un personnage encore célèbre dans l'histoire littéraire et politique du XIVe siècle.

[3] Ed. Bernard devait comprendre cet ouvrage dans le tome VIII de sa collection, dont nous avons parlé plus haut. Il l'intitule : *Super demonstrationes aliquas Almagesti* : OPUS PERDOCTUM.

Aucun de ces écrits n'a été imprimé; nous regrettons de ne pouvoir dire quel en est l'objet, ni ce qu'ils offraient, dans le temps où ils ont paru, de neuf et d'utile. Édouard Bernard devait en comprendre un, en grec et en latin, sous le titre : *De figurarum trans-mutatione*, dans sa collection des auteurs anciens.

Paolo di Digomari, connu sous le nom de *Paolo dell'Abbaco*, a écrit sur l'Algèbre, la Géométrie et l'Astronomie, et fut aussi un littérateur distingué, qui a mérité d'être cité à côté de ses célèbres contemporains : le Dante et Pétrarque.

Montucla place au XIVᵉ siècle Biagio di Parma, qui écrivit sur l'Arithmétique, la Géométrie, l'Astronomie et l'Optique, et qui fut un homme distingué dans son temps. Lucas di Borgo le cite parmi quelques auteurs modernes dont les ouvrages lui ont été utiles pour composer sa *Summa de Arithmetica*, etc. Mais il le place immédiatement après Léonard de Pise, et avant Sacro Bosco et Prosdocimo de Padoue, ce qui nous porterait à croire que ce Géomètre l'a regardé comme étant du XIIIᵉ siècle, car il a observé, du reste, l'ordre chronologique dans l'énonciation des autres noms qu'il cite. Ce sont, parmi les Anciens, Euclide et Boèce, et, parmi les Modernes, Léonard de Pise, Biagio di Parma, Sacro Bosco et Prosdocimo de Padoue.

Ce dernier a vécu sur la fin du XIVᵉ siècle et dans le commencement du XVᵉ; il a calculé des Tables astronomiques, et écrit un livre *De algorithmo*, où Montucla suppose qu'il a traité de l'Algèbre (*Histoire des Mathématiques*, t. II, p. 716); mais cet ouvrage est probablement un simple Traité d'Arithmétique pratique, comme tous ceux qui portent le même nom d'*Algorisme;* d'autant plus que Bernardin Baldi ne cite Prosdocimo que comme ayant écrit sur l'Arithmétique, et non sur l'Algèbre. Du reste, le traité *De algo-rithmo* a été imprimé en 1483. C'est peut-être le premier ouvrage sur notre système de numération que l'Imprimerie ait mis au jour. Le *Compendium arithmetices Boetü*, de Fabre d'Étaples, a bien été imprimé en 1480; mais cet ouvrage ne roule que sur l'Arith-métique spéculative, ou Théorie des nombres, qui est indépendante de la manière de les représenter en se servant de quelques-uns seulement pour exprimer tous les autres [1].

Cossali, dans son Histoire de l'Algèbre [2], cite plusieurs autres Italiens qui ont écrit sur cette science, dans le XIVᵉ siècle. On y voit que Guillaume de Lunis avait traduit l'Al-gèbre de Mohammed ben Musa, sous le titre *La Regola dell'Algebra*. Nous avons dit, en parlant de la Géométrie chez les Arabes, qu'on avait eu, dans le XIIIᵉ et le XIVᵉ siècle, plusieurs autres traductions latines de cet ouvrage, dont l'une a été reproduite par M. Libri, dans le premier volume de son *Histoire des sciences mathématiques*.

L'Astronomie a été la science la plus cultivée dans le cours du XIVᵉ siècle, où l'on

---

[1] Le Traité *De algorithmo*, de Prosdocimo, nous paraît offrir de l'intérêt, parce qu'il confirme l'opinion de Wallis sur l'identité de la signification des mots *abacus* et *algorismus*, dont il pensait que le second avait remplacé le premier, dans les derniers temps du Moyen âge. Wallis ayant lu, dans un manuscrit de la Bibliothèque Bodléienne, que Hermann Contractus et Prosdocimo avaient écrit sur l'*abacus*, ajoute que cela signifie, sous un autre nom, *algorismus*, ou système de numération arabe. Le titre de l'ouvrage de Prosdocimo, que Wallis ne connaissait pas, justifie pleinement son opinion.

[2] *Storia critica dell'origine, trasporto e primi progressi in Italia dell'Algebra.* Parmo, 1797; 2 vol. in-4°.

trouve un grand nombre d'Astronomes; la plupart ont laissé des Traités de l'Astrolabe. Nous n'avons point eu à les nommer, parce qu'il paraît qu'ils n'ont pas écrit particulièrement sur la Géométrie.

On voit, par ce qui précède, que les connaissances mathématiques, chez les chrétiens du Moyen âge, se sont formées lentement depuis le VIIIe siècle jusqu'à la fin du XIVe, d'abord de quelques notions superficielles, empruntées primitivement des Grecs et transmises par Boèce, Cassiodore et Isidore de Séville, et ensuite des ouvrages véritablement savants, que vers le XIIe siècle on a tirés de l'Espagne et traduits de l'arabe en latin. Ceux-ci paraissent aujourd'hui, d'après les citations que nous avons faites, avoir été en très-petit nombre; car, après avoir trouvé des traductions d'Euclide, de Théodose, de Ptolémée, d'Alhazen, de Mohammed ben Musa, nous avons auguré seulement, de quelques passages de l'Optique de Vitellion, que les Coniques d'Apollonius étaient connues, mais nous n'avons eu à citer aucune traduction de cet ouvrage important, ni de ceux d'Archimède, de Héron, de Ménélaüs, de Pappus, de Serenus, de Proclus. Cependant nous ne pouvons croire que les ouvrages de ces Géomètres grecs, dont il existait de nombreuses traductions arabes, n'aient pas pénétré chez les chrétiens d'Europe au XIIe et au XIIIe siècle, en même temps que les Éléments d'Euclide. Et, en effet, il existe des traductions latines de quelques-uns [1]. Mais leur rareté, et le silence gardé sur les Géomètres qui en ont été les auteurs, ou qui s'en sont servis, prouvent que ces ouvrages ont été peu connus, et que les sciences mathématiques, à la fin du XIVe siècle, étaient encore dans l'enfance, en comparaison de l'état florissant qu'elles avaient atteint dès les premiers temps de l'École d'Alexandrie chez les Grecs, et dès le IXe siècle chez les Arabes [2].

Mais, au XVe siècle, qui est l'époque de la renaissance générale des lettres, des sciences XVe SIÈCLE. et des arts, en Europe, les sciences mathématiques reçurent une impulsion nouvelle et féconde, qui prépara rapidement les grands progrès qu'elles firent dans le siècle suivant. Cette impulsion fut provoquée par la connaissance des ouvrages grecs, que l'on étudia pour la première fois dans leur langue originale, et dont on prépara aussitôt des traductions qui firent connaître, dans toute sa pureté, la Géométrie d'Euclide, d'Archimède, d'Apollonius, et des autres grands écrivains de l'Antiquité.

Ces premiers pas étaient déjà un progrès notable dans l'étude des sciences, qui suffirait seul pour rendre célèbre le XVe siècle. Mais, en même temps, un autre élément scientifique, en quelque sorte étranger aux connaissances des Grecs, l'Algèbre indienne, qui languissait depuis bientôt trois cents ans en Europe, sans qu'on parût y faire attention, fut reproduite de nouveau; ses usages furent enseignés, et son importance mise dans tout son

[1] Particulièrement dans le manuscrit de la Bibliothèque royale intitulé : *Mathematica* (supplément latin, no 49, in-fol.). M. Libri a donné, dans son *Histoire des sciences mathématiques en Italie*, t. I, pag. 263, la liste des ouvrages qui se trouvent dans ce volume.

[2] Il faut convenir, toutefois, que nous connaissons très-imparfaitement l'histoire du Moyen âge, que l'on a négligée jusqu'ici, tout occupé que l'on a été, depuis le XVe siècle, d'étudier la littérature et les sciences grecques, et de puiser aux sources incomparablement plus précieuses qu'elles nous ont offertes, pour établir les fondements de nos connaissances.

jour. L'alliance entre elle et la Géométrie, que Fibonacci avait prescrite, ne fut plus une idée stérile, mais un principe mis déjà en pratique. Enfin quelques ouvrages originaux, premiers essais du génie, et premières applications des connaissances empruntées des Grecs et des Arabes, viennent encore contribuer à l'éclat du XVᵉ siècle. Ajoutons que l'invention de l'imprimerie, qui prit naissance au milieu de ce siècle, apporta un secours immense et merveilleux aux efforts de l'esprit humain, auparavant entravé et rebuté par la rareté et la défectuosité des manuscrits. Cette invention mémorable était le complément, en quelque sorte, d'un autre grand événement du XVᵉ siècle, la prise de Constantinople, qui livrait à l'Europe les arts, la littérature, la philosophie et les sciences de la Grèce ancienne [1].

Nous allons passer rapidement en revue les Géomètres à qui sont dus les premiers travaux d'où datent nos progrès dans les sciences.

A leur tête on trouve Purbach, et surtout son célèbre disciple Regiomontanus.

Le premier est connu surtout comme Astronome, et comme auteur du livre des *Théoriques des planètes* [2]. Cet ouvrage était une suite de la *Sphère* de Sacro Bosco, destiné à compléter la connaissance de l'Almageste de Ptolémée, que Purbach avait débarrassé des calculs et des démonstrations géométriques. Ensuite Purbach entreprit une traduction sur le texte grec, récemment apporté en Europe par le cardinal Bessarion, de la partie géométrique de cet ouvrage de Ptolémée. Cette traduction, qu'une mort prématurée l'empêcha de terminer, fut continuée par Regiomontanus, et parut à Venise en 1496, sous le titre : *Ptolemei Alexandrini astronomorum principis in magnam constructionem Georgii Purbachii, ejusque discipuli Johannis de Regiomonte astronomicon epitoma*. Venetiis, 1496, in-folio.

Les deux savants traducteurs substituent, dans les calculs trigonométriques de Ptolémée, les *sinus* aux *cordes*, ainsi qu'avait fait Albategnius, et après lui les autres écrivains arabes ; mais ils conservent les expressions $\frac{sinus}{cosinus}$, et ne font pas usage des tangentes, qu'Ibn-Yoùnis avait connues et qu'Aboul Wefa avait introduites dans la Trigonométrie, cinq cents ans auparavant. Plus tard Regiomontanus les imagina, à son tour, et en fit une table connue sous le titre de *Table féconde*, qu'il lui donna.

Regiomontanus est l'un des hommes les plus remarquables que présente l'histoire des Mathématiques. L'universalité de ses connaissances, la fécondité extrême de son esprit infatigable, et le nombre de ses productions, peuvent le faire regarder comme le véritable restaurateur des sciences en Europe. Ces productions comprennent, d'une part, les principaux ouvrages des grands Géomètres de l'école d'Alexandrie : Euclide, Archimède, Apollonius, Ménélaüs, etc., que Regiomontanus, le premier, lut dans leur langue ori-

---

[1] Plusieurs autres événements contemporains, comme la découverte de l'Amérique, du Cap de Bonne-Espérance et des Indes Orientales, qui amena le perfectionnement de l'Astronomie, de l'Optique, de la Géométrie, vinrent contribuer aussi à l'activité générale des esprits, et à l'impulsion forte que reçut la culture des sciences à cette époque.

[2] *Theoricæ Planetarum*, imprimé pour la première fois à Venise, in-4°, 1488, vingt-huit ans après la mort de l'auteur, et réimprimé depuis, un grand nombre de fois, le plus souvent avec des commentaires.

ginale, et dont il avait fait des versions plus correctes que celles qui nous venaient des Arabes ; et, d'autre part, les propres découvertes de Regiomontanus. Parmi celles-ci on distingue surtout son Traité *De triangulis omnimodis libri quinque* (Norimbergæ, 1533, in-folio). Cet ouvrage est un Traité complet de Trigonométrie plane et de Trigonométrie sphérique. Les deux premiers livres sont pour les triangles rectilignes; ils renferment une foule de problèmes qui paraissent pour la première fois. Il s'agit toujours de déterminer, au moyen de trois données quelconques, les autres parties d'un triangle. Ainsi, par exemple, dans le problème 7 du livre 2, on donne le périmètre et deux angles d'un triangle; dans le problème 12 du même livre, on donne la base, la perpendiculaire et le rapport des deux côtés. Regiomontanus dit que ce problème n'a pas encore été résolu par la Géométrie [1], et il y applique l'Algèbre, qu'il appelle *ars rei et census;* elle le conduit à une équation du second degré; et il ajoute *quod restat præcepta artis edocebunt* [2]. On voit par là que Regiomontanus possédait la connaissance de l'Algèbre, qu'il avait acquise soit par l'ouvrage de Léonard de Pise, qu'il avait pu consulter en Italie, soit par les traductions de l'Algèbre de Mohammed ben Musa; et cela n'est point étonnant, car un esprit vaste et pénétrant, comme celui de Regiomontanus, ne pouvait ignorer une invention aussi belle et aussi utile, l'un des plus précieux dons que nous aient faits les Arabes; mais ce passage offre de l'intérêt, parce que ses termes prouvent que déjà, vers le milieu du XVe siècle, la connaissance des règles de l'Algèbre était répandue et vulgaire parmi les Mathématiciens. Et en effet Regiomontanus, qui fait encore usage souvent de la règle *rei et census*, dans ses lettres que le célèbre bibliographe De Murr a publiées [3], écrit, à l'Astronome Blan-

---

[1] La solution de ce problème, par la seule Géométrie, n'offrait pas de difficulté, et je ne sais pourquoi Regiomontanus a cru devoir y employer nécessairement l'Algèbre. En effet, d'après l'énoncé de la question, le sommet du triangle cherché se trouvera d'abord sur une droite parallèle à la base donnée, et ensuite sur une circonférence de cercle, qui est le lieu des points dont les distances aux deux extrémités de la base sont entre elles dans le rapport des deux côtés.

Cette proposition était connue des Anciens : Pappus l'énonce comme l'une de celles qui se trouvaient dans le second livre des *Lieux plans* d'Apollonius, et Eutocius l'a démontrée au commencement de ses commentaires sur les *Coniques* de ce Géomètre, pour donner un exemple des *Lieux géométriques* qui servaient aux Anciens, dans la solution des problèmes. Elle se trouve dans le *Traité des connues géométriques*, de l'Arabe Hassan ben Haitem (1er livre, proposition 9). Chez les Modernes, nous la trouvons dans le livre *De proportionibus numerorum, motuum,* etc., de Cardan; puis dans un ouvrage d'Alexandre Anderson (voir Note III sur les porismes); dans les *Discorsi e dimostrazioni matematiche,* etc. (pag. 39) de Galilée; dans les *Lieux plans* d'Apollonius, restitués par Fermat, Schooten et A. Simson; dans la *Dioptrique* de Huygens, et dans beaucoup d'autres ouvrages. M. Legendre l'a comprise dans ses Éléments de Géométrie.

[2] La base étant 20, la perpendiculaire 5, et le rapport des deux côtés $\frac{3}{2}$, Regiomontanus prend pour l'inconnue la différence des deux segments faits sur la base par la perpendiculaire; et il arrive, par des considérations géométriques, à l'équation 20 *census plus* 2000 *æquales* 680 *rebus;* c'est-à-dire $20\ x^2 + 2000 = 680\ x$.

Dans le Problème 23, où il s'agit de *construire un triangle dont on connaît la différence des deux côtés, la perpendiculaire, et la différence des segments qu'elle fait sur la base,* Regiomontanus emploie encore la règle *rei et census.* Nous avons dit, en parlant de la Géométrie des Indiens, que ce problème se trouvait résolu dans le *Lilavati* de Bhascara.

[3] Dans le premier volume de son recueil intitulé: *Memorabilia Bibliothecarum publicarum Norimbergensium et universitatis Altdorfinæ.* Norimbergæ, 1786, 2 vol. in-8°.

chinus, qu'il pense que cet art lui est très-familier [1]; et celui-ci, en effet, s'en sert aussi dans ses réponses à Regiomontanus.

Les livres 3, 4 et 5 traitent des triangles sphériques.

Le livre 3 est dans le genre des *Sphériques* de Ménélaüs. Le livre 4 renferme une Trigonométrie complète; et, le livre 5, divers problèmes qui sont résolus pour la première fois. On y remarque cette proposition, qui correspond à une propriété des triangles plans, connue des Grecs : *L'arc de grand cercle qui divise en deux également l'angle au sommet d'un triangle sphérique, fait, sur la base, deux segments dont les sinus sont entre eux comme les sinus des côtés qui comprennent l'angle.*

Regiomontanus a écrit un Traité d'Arithmétique pratique, qu'il appela *Algorismus demonstratus.* C'est l'ouvrage que Schoner a imprimé en 1534, sous le titre *Algorithmus demonstratus;* changeant ainsi le mot *algorimus* en *algorithmus,* parce qu'il pensait que l'ouvrage de Regiomontanus, dont il avait trouvé une copie, avait dû être intitulé par ce géomètre *algorithmos,* ce mot provenant, dit-il, du mot grec αριθμος, altéré par les Sarrasins. Schoner ignorait donc que le mot *algorismus* était consacré depuis plusieurs siècles, comme on le voit par les ouvrages de Sacro Bosco, de Vincent de Beauvais, etc., pour désigner notre système de numération [2]; et qu'ainsi c'était à dessein que Regiomontanus l'avait employé. Cet ouvrage, que nous avons déjà eu occasion de citer plusieurs fois, est très-remarquable sous un rapport dont nous n'avons point eu encore à parler; c'est qu'il fait partout usage de *lettres* au lieu de quantités numériques, suivant la coutume du temps; et ces signes abstraits, qui constituent la forme des sciences mathématiques modernes, sont employés même pour exposer le système de numération, et pour démontrer les règles de l'Arithmétique pratique. Si une mort prématurée n'avait enlevé Regiomontanus dans la première période d'une carrière si brillante, peut-être lui aurions-nous dû la grande conception de Viète.

Dans le recueil de lettres que nous avons cité précédemment, on remarque une solution trigonométrique de la question de *construire, avec quatre côtés donnés, un quadrilatère qui soit inscriptible au cercle.* Nous avons donné, en parlant de la Géométrie des Indiens, une notice historique sur ce problème, dont plusieurs géomètres se sont occupés dans le XVIe siècle.

Nous ne parlerons point des autres ouvrages de Regiomontanus, dont le nombre est très-considérable, mais dont la plupart, malheureusement, sont restés inédits. La liste s'en trouve dans plusieurs ouvrages dont nous citerons, comme étant les plus répandus, l'*Historia matheseos* de Heilbronner, et l'*Historia astronomiæ* de Weidler.

On concevra, à l'inspection de cette liste, d'autant plus étonnante que l'auteur a été

---

[1] *Sed nunc eam eligi quam vobis arbitror familiarissimam, per artem videlicet rei et census quod quærebatis absolvendo,* p. 94 du premier volume du recueil cité.

[2] La pièce ancienne mise au jour par Clichtovée, sous le titre *Opusculum de praxi numerorum, quod algorismum vocant,* et quelques autres, restées manuscrites (dont deux existent à la Bibliothèque Sainte-Geneviève, et une, *en français,* à la Bibliothèque de l'Arsenal), disent que le mot *algorismus* provient du nom d'un philosophe appelé *Algus.* Mais on ne trouve aucune preuve de cette origine.

enlevé aux sciences à l'àge de quarante ans, et que pendant sa courte existence il s'était livré principalement aux observations et aux calculs astronomiques, qu'il avait fait des éphémérides comprenant trente années, dans un temps où le secours des logarithmes manquait au calculateur, qu'il était habile mécanicien et qu'il dirigeait une imprimerie, on concevra, dis-je, que Ramus l'ait mis sur le même rang que les grands génies qui ont honoré la Grèce [1].

Le cardinal Nicolas de Cusa, bien que ses œuvres mathématiques soient empreintes souvent de paralogismes qui leur òtent aujourd'hui toute valeur, est cependant l'un des hommes qui ont le plus contribué au rétablissement des sciences, par l'importance qu'il leur reconnut, et en les popularisant par l'usage qu'il chercha à en faire dans tous ses écrits, et même dans ceux qui se rapportaient à la Théologie. Il suivait en cela l'exemple donné, un siècle et demi auparavant, par Bradwardin.

On cite Nicolas de Cusa surtout au sujet de sa quadrature du cercle, où il a eu le premier l'idée, en spéculations mathématiques, de faire rouler un cercle sur une ligne droite. On a cru voir dans cette idée les premières traces de la cycloïde; et Wallis s'est efforcé de faire remonter l'origine de cette courbe, devenue si fameuse dans le XVIIe siècle, à Nicolas de Cusa, lui reprochant toutefois de l'avoir crue un arc de cercle. Mais rien ne nous parait annoncer, dans l'ouvrage de ce cardinal, qu'il ait songé à considérer la courbe engendrée par un point de la circonférence qu'il faisait mouvoir sur une ligne droite; et l'arc du cercle qu'il décrit sert seulement pour déterminer le point de la droite où venait se placer, après une révolution du cercle, le point de sa circonférence qui touchait d'abord cette droite. Il nous parait probable que l'auteur avait trouvé, par des expériences mécaniques, les principes de sa construction [2].

Le cardinal Cusa est resté célèbre dans l'histoire, pour avoir adopté les principes de la philosophie platonicienne, qui prenait naissance, et surtout pour avoir eu l'honneur de ressusciter, le premier parmi les Modernes, le système de Pythagore sur le mouvement de la Terre autour du Soleil, renouvelé depuis avec plus de succès par Copernic et Galilée.

Le XVe siècle nous présente deux peintres célèbres, Albert Durer et Léonard de Vinci, qui méritent d'être comptés aussi au rang des géomètres les plus savants de leur époque. Le premier a laissé un ouvrage de Géométrie, destiné aux architectes et aux peintres, écrit

[1] *Noriberga tum Regiomontano fruebatur : mathematici indè et studii et operis gloriam tantam adepta, ut Tarentum Archyta, Syracusæ Archimede, Bizantium Proclo, Alexandria Ctesibio, non justius quàm Noriberga Regiomontano gloriari possit.* (Scholæ mathematicæ, lib. 2, p. 62.)

[2] Les écrits mathématiques de Nicolas de Cusa forment la troisième partie de ses œuvres complètes, imprimées à Paris en 1514, in-fol., et à Bàle en 1565, in-fol. Ils se composent des pièces suivantes : 1° *De Geometricis transmutationibus*; 2° *De arithmeticis complementis*; 3° *De mathematicis complementis*; 4° *De quadraturâ circuli*; 5° *De sinibus et chordis*; 6° *De unâ recti curvique mensurâ*; 7° *Complementum theologicum figuratum in complementis mathematicis*; 8° *De mathematicâ perfectione*; 9° *Reparatio calendarii*; 10° *Correctio tabularum Alfonsi*; 11° *Alia quædam ex Gaurico in Cusam adjecta.*

La plupart de ces écrits roulent sur la quadrature du cercle, qui parait avoir occupé constamment Nicolas de Cusa. Dans celui *De mathematicis complementis*, l'auteur parle des sections coniques, et apprend à les décrire sur le plan.

67

en allemand, et qui a été reproduit en latin sous le titre suivant, qui fait connaître l'objet de cet ouvrage : *Institutionum geometricarum libri quatuor, in quibus lineas, superficies et solida corpora ita tractavit, ut non matheseos solum studiosis, sed et pictoribus, fabris ærariis ac lignariis, lapicidis, statuariis, et universis demùm qui circino, gnomone, libellà, aut alioqui certà mensurà opera sua examinant, sint summè utiles et necessarii.*

Dans le premier livre, Albert Durer apprend à décrire différentes lignes courbes; on y trouve plusieurs hélices planes, cylindriques, sphériques et coniques; la description de l'ellipse par l'allongement des ordonnées du cercle dans un rapport constant, ou bien en la considérant comme la section d'un cône droit, que l'auteur appelle *pyramide*. Il apprend à décrire aussi les deux autres sections coniques : l'hyperbole et la parabole. C'est l'un des ouvrages les plus anciens, chez les Modernes, qui aient traité des sections coniques.

On trouve aussi, dans ce premier livre, la description, par points, de l'épicycloïde engendrée par un point du plan d'un cercle qui roule sur une circonférence fixe.

Dans le second livre, on trouve l'inscription des polygones dans le cercle, et différentes autres figures régulières formées par des arcs de cercle; puis une quadrature du cercle et la manière d'assembler différents polygones pour remplir exactement une surface plane; on n'y voit point les polygones étoilés. Après avoir donné la construction du pentagone inscrit au cercle, qui se trouve dans le premier livre de l'Almageste de Ptolémée, Durer apprend à construire un pentagone régulier sur un côté donné; et sa construction a cela de remarquable qu'elle se fait avec une seule ouverture de compas; mais elle n'est qu'approximative, et la figure, qui a conservé le nom de *pentagone de Durer*, n'a pas tous ses angles égaux[1], ainsi que l'ont démontré J.-B. de Benedictis[2], et Clavius[3] dans le siècle suivant. Cependant, à cause de sa facilité, la construction de Durer est employée par la plupart des architectes.

Le livre 3 traite des corps solides, des colonnes et des pyramides de différentes formes, et des lignes qu'on trace sur leurs surfaces, dans les arts; de la construction des cadrans solaires, et de celle des lettres de l'alphabet.

Dans le cinquième livre, l'auteur donne la description des cinq corps réguliers, et de plusieurs autres corps formés par des polygones réguliers, mais non tous semblables entre eux, comment sont les treize corps semi-réguliers d'Archimède. Puis on trouve plusieurs solutions de la duplation du cube; et enfin un Traité de Perspective, dans lequel Durer a imaginé le premier instrument connu, pour faire la perspective mécaniquement, sur un verre ou une toile transparente. C'est surtout pour cette partie que l'ouvrage de Durer est cité dans l'Histoire des Mathématiques.

Léonard de Vinci, l'un des plus grands peintres de l'Italie, fut un de ces génies rares qui manient avec une égale facilité tous les objets des connaissances humaines, et dont le nom se présente dans l'histoire de chacune d'elles. Il cultiva particulièrement les Ma-

---

[1] Chacun des angles d'un vrai pentagone régulier est de 108 degrés. Dans le pentagone d'Albert Durer, deux angles sont de 107° 2′; deux autres de 108° 22′, et le cinquième a 109° 12′.

[2] *Diversarum speculationum mathematicarum et physicarum Liber;* Turin 1585, in-4°.

[3] *Geometria practica,* lib. VIII, prop° 29.

Mathématiques et les sciences qui en dépendent, telles que la Physique, la Mécanique rationnelle ou pratique, l'Hydrostatique, la Musique, etc., persuadé, comme il le dit, qu'*il n'y a point de certitude dans les sciences où on ne peut pas appliquer quelque partie des Mathématiques, ou qui n'en dépendent pas de quelque manière.* Vérité trop peu sentie de nos jours encore, malgré les progrès qu'a faits, depuis trois siècles, la raison humaine.

Léonard de Vinci a laissé de nombreux manuscrits, où se trouvent répandues ses vues nouvelles et ses spéculations sur toutes les parties des sciences mathématiques; mais ils n'ont point encore été étudiés, et sont restés jusqu'à ce jour sans porter aucun fruit. M. Venturi, savant professeur de Bologne, devait en faire connaître les parties les plus importantes, dans trois Traités qui se seraient rapportés à la Mécanique, à l'Hydraulique et à l'Optique. Malheureusement ce projet n'a pas reçu d'exécution. On doit seulement à M. Venturi la connaissance de quelques fragments détachés des œuvres physico-mathématiques de Vinci [1]. Dans le premier, intitulé : *De la descente des corps graves, combinée avec la rotation de la Terre*, on voit que le célèbre peintre admettait l'idée du mouvement de la Terre, émise déjà quelques années auparavant par Nicolas de Cusa, dont les œuvres n'étaient point encore publiées.

Nous ne nous étendrons pas davantage sur les travaux physico-mathématiques de Léonard de Vinci. Mais il est une de ses inventions, en mécanique, que nous devons distinguer ici, parce qu'elle se rapporte essentiellement à la Géométrie, et que nous la regardons comme le premier germe d'une théorie, peu cultivée depuis, et qui mérite néanmoins de fixer l'attention des géomètres. Nous voulons parler du tour à ovale, que Lomazzo, élève de Vinci, lui attribue en ces termes : *Vinci fut aussi l'inventeur du tour ovale, ouvrage admirable qu'un élève de Melzi apprit à Denis, Frère de Maggiore, qui s'en sert aujourd'hui avec beaucoup d'adresse.* (Lomazzo, *Trattato della Pittura*, p. 17.)

Or, il nous paraît que le tour à ovale, auquel les géomètres ont fait peu d'attention, car on n'en trouve nulle part la théorie mathématique, reposait sur une idée tout à fait nouvelle, concernant la description des courbes; et cette idée donnait lieu à une spéculation nouvelle en Géométrie.

Jusque-là on avait décrit les courbes par la trace d'un stylet mobile, imprimée sur un plan fixe : Vinci conçut leur description d'une manière inverse, c'est-à-dire au moyen d'un stylet fixe qui imprime sa trace sur un plan mobile. Tel est l'office du tour à ovale, qui sert à décrire l'ellipse.

Quel mouvement fallait-il donner au plan mobile, pour obtenir ainsi une ellipse? Telle est la question qu'a dû se proposer Léonard de Vinci. Elle était, comme on voit, d'un genre tout nouveau; et ce célèbre peintre a su découvrir, parmi une infinité de solutions dont elle était susceptible, la plus simple incontestablement; elle se réduit à donner au plan mobile le mouvement d'un angle de grandeur constante, dont les deux côtés glissent

---

[1] *Essai sur les ouvrages physico-mathématiques de Léonard de Vinci, avec des fragments tirés de ses manuscrits.* Paris, an V, in-4°.

sur deux points fixes. L'histoire de la science serait intéressée à connaître les considérations de Géométrie qui l'ont conduit à ce beau résultat.

Malgré tout l'intérêt que cette question, considérée comme moyen nouveau et général de décrire les courbes, devait offrir, et dans les arts, et comme pure spéculation géométrique, elle n'a fait presque aucun progrès jusqu'à ce jour. Si nos recherches historiques à ce sujet ne nous induisent point en erreur, nous croyons qu'elle n'a fixé l'attention que d'un seul géomètre, le célèbre Clairault, qui l'a traitée dans un Mémoire lu, en 1740, à l'Académie des sciences. Après avoir signalé le nouveau mode de description des courbes, dont le tour à ovale offrait le seul exemple connu, Clairault dit avoir supposé d'abord que la courbe décrite sur ce tour devait être une conchoïde du cercle, mais qu'il n'a pas tardé à reconnaître qu'elle est une vraie ellipse d'Apollonius. Puis il fait deux applications de ce nouveau mode de génération des courbes. Il suppose, dans la première, qu'un cercle roule sur une droite; et, dans la seconde, qu'un cercle roule sur un autre cercle. Un stylet fixe imprime sa trace sur le plan du cercle mobile, et cette trace forme une courbe dont Clairault cherche les équations. Sa solution est entièrement analytique, et les équations auxquelles il parvient contiennent même des intégrations qui ne sont pas effectuées. Dans un seul cas les intégrales disparaissent, et l'on reconnaît la spirale d'Archimède.

Ainsi, sous le rapport géométrique, Clairault a laissé cette question intacte; c'est-à-dire que les diverses propriétés géométriques de ce mode de description des courbes, ses rapports avec la description ordinaire par un point mobile, et la manière de substituer un mode de description à l'autre, pour produire la même courbe, sont encore des questions neuves.

Ces questions nous paraissent, tant sous le rapport théorique qu'à cause de leurs applications aux arts, mériter d'entrer dans les spéculations de la science. Nous y reviendrons dans un autre écrit. Pour le moment nous renvoyons à la Note XXXIV, où se trouvent quelques développements sur cette théorie, qui offre un exemple assez remarquable de *dualité*. Nous nous bornerons à ajouter ici que de cette théorie il résultera, sans calcul, que les courbes dont Clairault a trouvé des expressions algébriques fort compliquées, qui ne lui ont permis de reconnaître la nature que d'une seule d'entre elles, la spirale d'Archimède, sont tout simplement des épicycloïdes. Les unes peuvent être engendrées par un point mobile, lié fixement à une droite qui roule sur une circonférence de cercle; et les autres, par un point du plan d'une circonférence de cercle qui roule sur un cercle fixe.

J. Verner n'a pas été un écrivain d'un esprit aussi vaste et aussi fécond que Léonard de Vinci et Regiomontanus, les deux plus grands hommes du XV° siècle que nous ayons nommés. Mais, considéré comme simple géomètre, il nous paraît devoir être placé immédiatement après Regiomontanus. Ses ouvrages ne sont point l'imitation ou la reproduction des ouvrages grecs, comme c'était l'usage dans ces premiers temps de la culture des sciences; mais ils sont le fruit des propres idées de l'auteur et portent, avec le cachet de l'originalité, celui d'une excellente et solide Géométrie.

Dans un livre qui a été imprimé en 1532, Verner traite des sections coniques, de la duplation du cube, et du problème d'Archimède où il s'agit de diviser une sphère, par un plan, en deux parties qui soient entre elles dans un rapport donné [1]. Une quatrième partie de l'ouvrage est consacrée à l'Astronomie [2]. Nous avons déjà parlé, dans notre troisième Époque, du petit *Traité des Coniques*, qui, outre l'avantage d'être le premier qui ait paru en Europe, avait aussi celui de reposer sur une méthode différente de celle des Anciens. Verner considérait les coniques dans le cône, et se servait des propriétés de ce solide pour en déduire, d'une manière très-facile, celles de ces courbes. Méthode rationnelle, qui a été mise en usage aussi, cinquante ans après, par Maurolycus, et sur laquelle ont reposé ensuite les ouvrages de Desargues, de Pascal et de La Hire.

Verner avait composé plusieurs autres écrits, qui n'ont point vu le jour. Heilbronner en donne la liste dans son Histoire des mathématiques (pag. 515). On y remarque un Traité des triangles sphériques, en cinq livres, et un autre sur les applications de la Trigonométrie à l'Astronomie et à la Géographie; un Traité d'Arithmétique, un de Gnomonique, et un ouvrage intitulé : *Tractatus resolutorius qui propè pedisequus existit libris Datorum Euclidis*, qui paraît, d'après ce titre, se rapporter à l'Analyse géométrique des Anciens. Peut-être, faisant suite aux *Données* d'Euclide, était-il dans le genre des *Porismes*. (*Voir* notre opinion émise à ce sujet dans la Note III.) Nous serions curieux de connaître cet ouvrage de Verner.

Il nous reste à parler de Lucas Pacioli, connu généralement sous le nom de Lucas di Borgo, dont l'ouvrage principal appartient à la fin du XVe siècle et peut être regardé comme l'origine de l'École italienne qui a produit Cardan et Tartalea, et qui a contribué si puissamment à donner aux sciences mathématiques la forme nouvelle qu'elles ont prise, dès la Renaissance, et qui résultait de l'alliance de l'Algèbre des Hindous et de la Géométrie des Grecs. Cet ouvrage est intitulé : *Summa de Arithmetica, Geometria, Proportioni é Proportionalità*. Il a été imprimé pour la première fois, en 1494, par Paganino de Paganinis de Brescia, et a eu une seconde édition en 1523. Nous avons eu occasion de le citer souvent, et de dire déjà l'influence qu'il a eue sur le renouvellement des sciences; aussi nous nous bornerons à en donner ici une analyse briève, dont nous nous dispenserions même si cet ouvrage était moins rare et plus connu.

Il est divisé en deux parties principales : l'une relative à la science du calcul, comprend l'Arithmétique et l'Algèbre, et l'autre traite de la Géométrie. Les ouvrages dont l'auteur annonce s'être servi pour composer le sien sont ceux d'Euclide, de Boèce, de Léonard de Pise, de Giordano Biagio de Parme, de Sacro Bosco, et de Prosdocimo de Padoue.

---

[1] Eutocius, dans son commentaire sur le second livre de la sphère et du cylindre, a rapporté les solutions de ce problème, données par Dionysidore et Dioclès.

[2] *Libellus super viginti duobus elementis conicis. — Commentarius, seu paraphrastica enarratio in undecim modos conficiendi ejus problematis quod cubi duplicatio dicitur. — Commentatio in Dionysidori problema, quo data sphæra plano sub datâ ratione secatur. Alius modus idem problema conficiendi ab eodem Vernero novissimè compertus, demonstratusque. — De motu octavæ sphæræ tractatus duo, ut et summaria enarratio theoricæ motus octavæ sphæræ.* Norimbergæ, 1522, in-4°.

La première partie est un Traité complet de l'Arithmétique spéculative, qui considère les propriétés des nombres, et de l'Arithmétique pratique.

L'Arithmétique spéculative est dans le genre des ouvrages de Nicomaque, de Théon, de Boëce et de Jordan Nemorarius. Mais elle est terminée par une partie sur les nombres carrés, qui ne se trouvait pas dans ces ouvrages, et qui est très-remarquable. C'est une suite de questions qui appartiennent, aujourd'hui, à l'Analyse indéterminée du second degré. Lucas di Borgo en donne seulement les solutions sans démonstration; il les emprunte, dit-il, du *Traité des nombres* de Léonard de Pise, où elles étaient démontrées *par des considérations et sur des figures géométriques.* Ces solutions, particulièrement celle qui se rapporte à l'équation $x^2 + y^2 = A$, sont différentes de celles de Diophante, et sont les mêmes que celles qu'on trouve dans les ouvrages indiens, et qui ont été imaginées dans le siècle dernier par Euler, ainsi que nous l'avons déjà dit en parlant de la Géométrie de Brahmegupta.

L'Arithmétique pratique commence par l'exposition du système de numération, « dont les premiers inventeurs, suivant quelques-uns, dit Lucas di Borgo, sont les Arabes; ce qui fait que cet art a été appelé *abaco* pour dire *el muodo arabico;* mais d'autres, ajoute-t-il, font dériver ce nom du mot grec [1]. » On trouve les quatre opérations fondamentales de l'Arithmétique [2], la théorie des progressions, et l'extraction des racines carrées et des racines cubiques des nombres, arithmétiquement et géométriquement; puis le calcul des fractions; les règles de trois; celles de fausse position, que l'auteur appelle, d'après Léonard de Pise, règles d'*Helcataym*, et qu'il attribue aux Arabes, mais qui leur venaient des Indiens; et l'Arithmétique commerciale, traitée avec une grande profusion de questions et d'exemples : cette partie de l'ouvrage a été imitée par beaucoup d'auteurs allemands, dans la première moitié du XVIe siècle.

Lucas di Borgo, en passant à l'Algèbre (*Distincti o octava*), la regarde comme la partie de la science du calcul la plus nécessaire à l'Arithmétique et à la Géométrie. Il dit qu'on l'appelle communément l'*Arte maggiore*, ou la règle de la *cosa*, ou *Algebra e Almucabala.* Comme cet ouvrage est le premier Traité d'Algèbre qui ait été imprimé, et qu'on a

---

[1] Ce passage fait voir que, du temps de Lucas di Borgo, on n'était pas fixé sur la vraie origine de notre système de numération. La signification que nous avons donné au mot *abacus*, employé par Boëce, nous autorise à adopter la seconde supposition de Lucas di Borgo, c'est-à-dire à regarder le mot *abaco* comme dérivé du grec. Quoi qu'il en soit, ce passage mérite d'être pris en considération dans les recherches sur l'origine de notre système de numération.

[2] L'auteur donne plusieurs procédés pour chaque opération. Parmi ceux de la multiplication se trouve une méthode indienne, donnée par Ganesa dans ses commentaires sur le *Lilavati* de Bhascara, qui consiste à écrire le produit de chaque chiffre du multiplicande par chaque chiffre du multiplicateur, en plaçant séparément, dans les deux cases triangulaires d'un carré, les chiffres des unités et des dizaines. Cette méthode ingénieuse, sur laquelle repose celle des *bâtons de Neper*, paraît avoir été très-usitée dans le Moyen âge et au XVIe siècle; car on la trouve dans plusieurs manuscrits (*voir* les nos 7378. A et 7352 des manuscrits de la Bibliothèque royale de Paris) et dans plusieurs ouvrages imprimés, dont nous citerons le *Compendion de lo abaco* de Pellos; l'*Arithmetica practica* d'Oronce Finée; l'*Arithmetica practica* de Peverone, et les *Scholæ mathematicæ* de Ramus. M. Libri l'a trouvée aussi dans un ouvrage chinois. (*Histoire des sciences mathématiques en Italie,* tom. I, pag. 341.)

coutume de le regarder comme ayant initié les géomètres dans cette science, il est essentiel de remarquer que Lucas di Borgo ne présente point l'Algèbre comme un art nouveau, mais bien comme une chose connue depuis longtemps du vulgaire (*del vulgo*). Cela s'accorde avec la remarque que nous avons faite en rendant compte du traité *De triangulis*, de Regiomontanus, qui parle aussi des règles de l'Algèbre comme d'une méthode familière aux géomètres. On peut en conclure que, depuis le XIIIe siècle, où l'Algèbre a été introduite en Europe par Fibonacci [1] et par les traductions qu'on a faites alors de l'ouvrage de Mohammed ben Musa, cette science a toujours continué d'être cultivée.

Lucas di Borgo démontre d'abord la règle des signes; il apprend à faire les opérations arithmétiques sur les quantités irrationnelles, et démontre la plupart des propositions du dixième livre des Éléments d'Euclide, qui forme une théorie étendue de ces quantités. Puis il passe aux équations du second degré, dont il considère trois cas, comme nous l'avons dit en parlant de l'Algèbre de Mohammed ben Musa. Il dit que plusieurs autres équations d'un degré supérieur peuvent être ramenées à celles-là. Il considère les équations qui contiennent l'inconnue, son carré, et sa quatrième puissance; ce qui donne lieu à huit cas qui s'expriment, par les symboles actuels, de cette manière :

$$x^4 = a, \qquad x^4 + ax = bx^2,$$
$$x^4 = ax, \qquad x^4 + a = bx^2,$$
$$x^4 = ax^2, \qquad x^4 + ax^2 = b,$$
$$x^4 + ax^2 = bx, \quad x^4 = a + bx^2. \text{ [2]}$$

Il apprend à résoudre les trois premières et les trois dernières; mais la quatrième et la cinquième, dit-il, sont *impossibles*. En effet, elles ne peuvent se réduire au second degré, mais seulement au troisième. Cela prouve qu'au temps de Lucas di Borgo la résolution des équations du troisième degré était inconnue.

Cette première partie de l'ouvrage (Arithmétique et Algèbre) est terminée par les règles de société et une foule de questions relatives aux opérations commerciales, et même à la tenue des livres *en parties doubles*.

Dans beaucoup de passages, Lucas di Borgo se sert de considérations géométriques pour illustrer ses règles de calcul; il démontre ainsi les règles de fausse position; la règle des

---

[1] Nous nous conformerons à l'opinion reçue, en répétant que Fibonacci a, le premier, introduit l'Algèbre en Europe, au commencement du XIIIe siècle; mais nous pensons cependant que, depuis un siècle au moins, on avait déjà quelque connaissance de cette science; et nous fondons cette opinion sur ce fait, rapporté précédemment, que Jean Hispalensis a écrit dans le XIIe siècle, sous le titre d'*Algorismus*, un Traité d'Arithmétique, à la suite duquel se trouve la résolution des équations du second degré, extraite, est-il dit, du livre *De Gebrá et Mucabald*.

[2] Lucas di Borgo énonce ses équations en langage ordinaire; seulement, par abréviation, il se sert des lettres *p* et *m* pour signifier *plus* (*più*) et *moins* (*méno*); il se sert du mot *égal*, mais non du signe =. Il appelle l'inconnue *cosa*; son carré *censo*; sa quatrième puissance *censo de censo*; et la quantité connue *il numero*. De sorte qu'il énonce la dernière équation, par exemple, ainsi : *censo de censo equale a numero e censo*.

signes en Algèbre, et les formules pour la résolution des équations du second degré. Nous allons voir que, réciproquement, dans la seconde partie de l'ouvrage, qui traite de la Géométrie, Lucas di Borgo fait un grand usage de l'Algèbre.

Ce Traité comprend des Éléments de Géométrie assez complets. Il repose en partie sur les Éléments d'Euclide; cependant, comme il en diffère sous plusieurs rapports, nous allons en donner l'analyse. Il se divise en huit parties, en considération, dit l'auteur, des huit héatitudes (*a reverentiâ de le 8 beatitudine*).

Dans la première, qui traite des figures triangulaires et quadrilatérales, on trouve la plupart des propositions qui font l'objet des livres 1, 2 et 6 d'Euclide. L'auteur démontre, à la manière des Indiens, que l'aire du triangle est égale au produit de la base par la moitié de la hauteur; il démontre la formule de l'aire en fonction des trois côtés, comme Fibonacci et les trois frères arabes Mohammed, Hamet et Hasen, dans leur ouvrage intitulé : *Verba filiorum Moisi filii Schaker*. Il apprend à calculer la perpendiculaire dans un triangle, et pour cela il se sert du théorème des deux segments qu'elle fait sur la base. Il donne de ce théorème une démonstration géométrique très-remarquable. Il s'agit de prouver que la différence des carrés des deux côtés du triangle est égale à la différence des carrés des deux segments faits par la perpendiculaire sur la base; ou bien, que le produit de la somme des deux côtés, multipliée par leur différence, est égal au produit de la base multipliée par la différence des deux segments. Lucas di Borgo construit une figure dans laquelle se trouvent les expressions géométriques des quatre facteurs qui forment cette égalité; et, par la comparaison de deux triangles semblables, il conclut que le premier produit est égal au second. Cette démonstration est très-élégante et élémentaire, puisqu'elle ne fait pas usage de la proposition du carré de l'hypoténuse. Elle a été reproduite par Tartalea, dans son *General Trattato di Numeri e Misure* (4e partie, folio 8).

Dans la deuxième partie, on résout de plusieurs manières ce problème : *Étant donnés les trois côtés d'un triangle et étant pris deux points sur deux d'entre eux, trouver la longueur de la droite qui joint ces deux points.*

La troisième partie traite de l'aire des quadrilatères et des autres polygones; on y résout plusieurs problèmes sur les rectangles, par la voie algébrique : Lucas di Borgo se sert des formules qu'il a enseignées précédemment pour la résolution des équations du second degré.

La quatrième partie comprend les propositions qui sont l'objet du 3e livre d'Euclide, et la mesure du cercle. L'auteur démontre le rapport $\frac{22}{7}$, comme Archimède, par l'inscription du polygone de nonante-six côtés; et apprend à former la Table des cordes des arcs, donnée par Ptolémée dans le premier livre de l'Almageste.

La cinquième partie traite de la division des figures dans des rapports données; c'est cette partie de la Géométrie qui fait l'objet de l'ouvrage *De superficierum divisionibus*, de Mahomet Bagdadin, qu'on regarde comme imité d'un ouvrage d'Euclide, ou comme étant de ce géomètre lui-même. Lucas di Borgo complète cette matière, en traitant aussi de la division du cercle, suivant des conditions données.

La sixième partie concerne les volumes des corps ; elle contient les propositions du 11ᵉ livre d'Euclide.

Dans la septième partie, on parle des différents instruments qui servent, dans la pratique, pour mesurer, à la vue simple, les dimensions des corps.

Enfin la huitième partie est un recueil de cent problèmes de Géométrie, résolus la plupart par l'Algèbre, suivi d'un Traité particulier des cinq corps réguliers.

Voici quelques-unes des questions qui font partie de ces cent problèmes :

Étant donnés deux côtés d'un triangle et son aire, trouver le troisième côté.

Étant données l'aire et la différence des deux côtés d'un rectangle, trouver ces côtés.

Soit a^2 l'aire, et d la différence des deux côtés ; Lucas di Borgo prend, pour le plus grand côté, *cosa più* $\frac{d}{2}$, c'est-à-dire $x + \frac{d}{2}$; et, pour le second côté, *cosa mèno* $\frac{d}{2}$, ou $x - \frac{d}{2}$. On a immédiatement, pour déterminer l'inconnue, l'équation

$$x^2 - \frac{d^2}{4} = a^2 ;$$

d'où se concluent les valeurs des deux côtés.

Cette solution est plus simple que si l'on avait pris directement pour inconnues les deux côtés, ce qui eût conduit aux deux équations

$$yz = a^2, \quad y - z = d,$$

et à l'équation finale du second degré,

$$y^2 - dy = a^2.$$

Dans la première partie de son ouvrage, Lucas di Borgo a donné d'autres exemples de pareils artifices de calcul, qui prouvent que l'Algèbre, dans de certaines limites, était cultivée et perfectionnée depuis longtemps. Par exemple, que l'on demande deux nombres dont la somme des carrés soit égale à 20, et le produit égal à 8. Lucas di Borgo ne pose pas les équations $x^2 + y^2 = 20$ et $xy = 8$, qui conduisent à une équation du quatrième degré, réductible au second. Il fait mieux : il prend la somme de deux inconnues $(x + z)$ pour le premier nombre cherché, et leur différence $(x - z)$ pour le second [1] ; de sorte qu'on a immédiatement les équations :

$$x^2 + z^2 = 10, \quad x^2 - z^2 = 8 ;$$

d'où

$$x^2 = 9, \quad z^2 = 1 ; \quad x = 3, \quad z = 1.$$

Les deux nombres sont donc 4 et 2.

---

[1] Lucas di Borgo appelle la première inconnue *cosa*, et la seconde *quantità*. Il dit que les Anciens appelaient celle-ci *cosa seconda* ; mais que les Modernes la nomment simplement *quantità*. (*Distinctio octava ; tractatus sextus.*)

Cette solution ressemble, par son élégance et sa simplicité, à celles que nous avons remarquées dans les ouvrages indiens.

Trouver le diamètre du cercle inscrit à un triangle dont les côtés sont connus.

Dans un triangle, décrire deux cercles égaux, tangents entre eux, et dont chacun touche deux côtés.

Étant donné un cercle, en décrire trois, ou quatre, ou cinq, ou six autres égaux entre eux, tangents au cercle proposé, tels que le premier touche le second, le second touche le troisième, le troisième touche le suivant, etc.

Trouver le diamètre du cercle circonscrit à un triangle dont les côtés sont donnés.

Étant donnée l'aire d'un triangle dont on sait que le second côté surpasse le premier d'une unité, et le troisième côté surpasse le second aussi d'une unité, quels sont les côtés du triangle?

L'aire du triangle étant 84, Lucas di Borgo détermine ses côtés par une équation du quatrième degré, résoluble comme celles du second ; il trouve, pour ces côtés, les nombres 13, 14 et 15.

Par les sommets d'un triangle, on élève trois perpendiculaires sur son plan, et l'on demande de déterminer le point de ce plan qui se trouve à égale distance des extrémités des trois perpendiculaires.

Étant donné un triangle, on demande le diamètre du cercle qui, étant tangent à ses deux côtés, aura son centre sur la base.

Dans tous ces problèmes les données sont numériques, et leurs solutions sont algébriques et dépendent, la plupart, d'équations du second degré.

Pareillement, dans les premières parties de l'ouvrage, qui forment des Éléments de Géométrie, les figures sont toujours exprimées par des nombres, comme s'il s'agissait de faire une application particulière d'un théorème. Ainsi, par exemple, pour démontrer la formule qui donne l'aire du triangle, en fonction des trois côtés, l'auteur prend le triangle ABC dont les côtés sont 13, 14 et 15, et se sert toujours, dans tout le cours de son raisonnement, de ces nombres, à la place des côtés, que les Grecs employaient d'une manière abstraite en les désignant ainsi AB, BA, CA. Cette méthode était empruntée des Arabes, qui la tenaient des Indiens ; elle a été suivie exclusivement par tous les géomètres du XVIe siècle, Cardan, Stifel, Tartalea, J.-B. Benedictis, Memmius, Commandin, Clavius, Stevin : Ad. Romanus, Ludolph Van Ceulen, etc., jusqu'à ce que Viète introduisit l'usage des lettres dans l'Algèbre. Nous dirons plus loin la cause de cette manière de procéder, les avantages qu'elle offrait et les graves inconvénients qui en résultaient.

Lucas di Borgo a laissé deux autres ouvrages, qui méritent d'être cités, mais qui n'ont pas l'importance de celui dont nous venons de présenter l'analyse. Le premier est intitulé : *Lucæ Pacioli divina proportione, opera à tutti glingegni perspicaci e curiosi necessaria; ove ciacun studioso di philosophia, prospettiva, pictura, sculptura, architectura, musica e altre matematiche, soavissima, sottile e admirabile dottrina consequira e delectarassi con varie questione di secretissima scientia.* Venetiis, 1509, in-4°. L'auteur appelle *proportion divine* la division d'une droite en moyenne et extrême raison, dont il démontre de nombreuses propriétés, et dont il fait diverses applications aux arts. L'autre ouvrage de Lucas di Borgo roule sur les polygones et les polyèdres réguliers, et sur l'inscription mutuelle de ces figures les unes dans les autres; il a pour titre : *Libellus in tres partiales tractatus, divisus quorumcumque corporum regularium et dependentium active perscrutationis;* Venise, 1508, in-4°. L'auteur fait encore un fréquent usage de l'Algèbre dans ces deux ouvrages de Géométrie.

On voit, par ce qui précède, que les ouvrages de Lucas di Borgo, comparés à ceux des Géomètre grecs, présentaient un caractère propre qui mettait entre eux et ceux-ci une différence bien marquée; c'est qu'ils reposaient sur une union constante entre l'Algèbre et la Géométrie; et ce caractère a été celui de presque tous les écrits mathématiques du XVIe siècle. Comme les ouvrages de Lucas di Borgo sont les premiers, parmi ceux qui ont enseigné les préceptes de l'Algèbre et son application à la Géométrie, qui aient été imprimés, on les a regardés généralement comme la seule origine, au commencement du XVIe siècle, de la forme nouvelle que les sciences mathématiques ont prise, et des progrès immenses qu'elles ont faits depuis. Il n'est pas douteux, en effet, que les deux célèbres Géomètres de l'Italie, Cardan et Tartalea, n'aient dû leurs connaissances, et la méthode qu'ils ont suivie, à la *Summa de Arithmetica*, etc., de Lucas di Borgo, qu'ils citent souvent. Mais il y a lieu de croire qu'en Allemagne surtout, quelques autres ouvrages formaient un autre foyer de lumières, et ont répandu les mêmes principes d'Algèbre et d'application de l'Algèbre à la Géométrie. On en juge par le savant ouvrage de Stifel, qui a paru en 1544 sous le titre : *Arithmetica integra* (Nuremberg, in-4°), où se trouvent des Éléments d'Algèbre et une foule de questions de Géométrie, résolues par cette voie, comme dans la *Summa* de Lucas di Borgo. Et cet ouvrage de Stifel présente, avec celui-ci, des différences qui y font reconnaître une plus profonde connaissance et une plus ancienne culture de la science algébrique, ainsi que quelques pas de plus vers la forme abstraite qu'elle a prise depuis. Ainsi, par exemple, on y trouve les signes +, — et le signe radical $\sqrt{}$; l'inconnue et ses puissances sont représentées aussi par des symboles, au lieu de l'être par les mots *cosa, censo, cubo, censo de censo,* etc.; et, quand il y a plusieurs inconnues, la deuxième, la troisième, la quatrième, etc., sont représentées par les lettres A, B, C, etc. [1]; le principe de la multiplicité des racines dans une équation, que Lucas di Borgo avait méconnu, est exprimé formellement et démontré [2]; et, quant à l'application dogmatique de l'Algèbre à la Géométrie, les exemples que Stifel en donne sont extrême-

---

[1] Voir livre 3, chap. VI, intitulé *De secundis radicibus.*

C'est le premier exemple de l'usage des *lettres,* pour représenter, dans les équations, les inconnues de la question. Il n'a pas tardé à être suivi par Peletier dans son *Algèbre* (ann. 1554) et par Butéon dans sa *Logistica* (ann. 1559). Il est assez singulier qu'une idée aussi heureuse, qui apportait dans le calcul une facilité actuelle si évidente, n'ait cependant pas été appréciée de Cardan ni de Tartalea. C'est là une des preuves les plus frappantes de l'empire de l'habitude, même chez les esprits les plus supérieurs.

[2] *Sunt autem æquationes quædam, quibus natura rerum hujus modi, dedit habere duplicem radicem, videlicet majorem et minorem: id quod plenè docebo atque demonstrabo.* (Arithmetica integra, fol. 243). Plus loin l'auteur ajoute que l'équation ne peut avoir plus de deux racines : *plures autem duabus, nulla æquatio habebit,* fol. 244, v°.

ment nombreux; on y remarque particulièrement toutes les propositions du 13ᵉ livre d'Euclide, qui s'expédient facilement par le calcul des équations du second degré. Cet ouvrage, il est vrai, est postérieur de près d'un demi-siècle à celui de Lucas di Borgo; et l'on pourrait croire que les différences que nous venons de signaler sont le fruit de la culture, pendant ce demi-siècle, des principes mêmes enseignés par Lucas di Borgo. Mais l'ouvrage de Stifel n'est, dans tout ce qui concerne cette partie de l'Algèbre, qu'une imitation des ouvrages de deux autres algébristes allemands, Adam Risen et Christophe Rudolff, qu'il cite souvent avec de grands éloges, le second surtout. On avait déjà de celui-ci un traité d'Algèbre en allemand, imprimé en 1522 sous le titre *Die Coss*, et dont il a été fait, dans le temps, en Italie, une traduction latine qui existe dans les manuscrits de la Bibliothèque royale (n° 7365, in-4°, des manuscrits latins), sous le titre : *Arithmetica Christophori Rodolphi ab Jamer, è germanicâ linguâ in latinam à Christophoro Auvero, Petri Danesii mandato, Romæ anno Christi 1540 conversa.* Nous avons reconnu, dans cet ouvrage, les progrès notables de l'Algèbre et ses applications à la Géométrie, que nous venons de signaler dans celui de Stifel. On trouve encore, dans quelques petits Traités d'Arithmétique, qui ont paru en Allemagne dans les premières années du XVIᵉ siècle, des exemples de l'application de règles du calcul aux questions de Géométrie : ainsi, dans un *Algorithmus de integris et minutiis*, imprimé à Leipsick en 1507, les règles de fausse position sont appliquées à cette question : *Étant donnés un côté de l'angle droit d'un triangle rectangle, et la somme des deux autres côtés, trouver ces côtés.* Nous rappellerons enfin que, dès le XVᵉ siècle, Regiomontanus et l'astronome Blanchinus étaient très-versés dans la pratique des règles de l'Algèbre, et que le premier en fait usage dans son Traité *De triangulis*, pour résoudre les propositions de Géométrie.

Ainsi, nous pensons pouvoir dire avec certitude que l'Algèbre, dès les premiers temps du renouvellement des sciences en Europe, a été cultivée, et appliquée particulièrement aux questions de Géométrie, et que le caractère des sciences mathématiques, au XVIᵉ siècle, qui est résulté de cette union intime entre l'Algèbre et la Géométrie, s'est manifesté même avant qu'eût paru l'ouvrage de Lucas di Borgo; mais que celui-ci ayant été, le premier, mis au jour par la voie de l'impression, est devenu le plus répandu et a eu la plus grande influence sur les progrès des sciences mathématiques et la direction qu'elles ont prise.

Les bornes de cet écrit, que nous avons déjà depuis longtemps dépassées, ne nous permettent pas de donner une analyse des ouvrages de Cardan, de Tartalea, de J. B. Benedictis [1] et de quelques autres Géomètres du XVIᵉ siècle, où nous aurions aimé à étudier la

_____

[1] J.-B. Benedictis, dans son ouvrage intitulé : *Diversarum spéculationum mathematicarum et physicarum liber*; Taurini, 1585, in-fol., fait usage, continuellement, de considérations géométriques pour démontrer ou vérifier les règles d'Arithmétique et d'Algèbre. Voici un exemple curieux de cette méthode. L'auteur se propose une question à trois inconnues, qui s'exprime par les équations $x + y = a$, $y + z = b$, $z + x = c$. Il la résout algébriquement; et, pour vérifier les expressions qu'il a trouvées pour les inconnues, il se sert de cette considération géométrique : *Qu'on forme un triangle qui ait pour côtés les trois nombres* a, b, c, *et qu'on lui inscrive un cercle tangent à ses trois côtés : les segments que les points de contact formeront sur ces côtés seront les*

marche de cette science, qui différait tant alors, par sa forme, de celle des Grecs, à en suivre les pas et à en constater les progrès, jusqu'aux travaux de Viète qui lui ont fait subir une nouvelle transformation éminemment heureuse, nécessaire pour assurer à la Géométrie, dans toute l'étendue de ses besoins, les secours que la science du calcul devait lui prêter.

Mais il nous faut bien préciser cette nouvelle forme qu'a prise la Géométrie, qui fait la différence immense entre les ouvrages du XVIᵉ siècle et ceux du XVIIᵉ, et d'où datent véritablement les grands progrès qu'elle a faits depuis.

La Géométrie, dans tout le cours du XVIᵉ siècle, différait essentiellement de celle des Grecs, sous un certain rapport, c'est qu'elle n'opérait que sur des données numériques, ainsi que nous l'avons déjà dit, à la suite de notre analyse des ouvrages de Lucas di Borgo. Cela était une conséquence naturelle de l'union intime qui s'était établie entre cette science et l'Algèbre, union qui n'était possible qu'avec des données numériques, car l'Algèbre alors n'était qu'une Arithmétique supérieure, exclusivement numérique, qui ne différait essentiellement de l'Arithmétique ordinaire que par l'usage de la règle des signes, et du mécanisme des équations; elle n'était point une science de symboles abstraits, comme Viète l'a constituée sous le nom de *Logistique spécieuse*. Les opérations et les artifices de calcul, qui simplifiaient les démonstrations et remplaçaient les considérations géométriques dont tout Géomètre grec aurait fait usage exclusivement, n'étaient donc possibles, dans le XVIᵉ siècle, que quand la Géométrie se faisait sur des données numériques.

---

valeurs des trois inconnues x, y, z; d'où l'on conclut immédiatement que les valeurs de ces inconnues sont $x = \frac{a+b-c}{2}$, etc., comme le calcul les avait données. (*Voy.* pag. 82.)

Benedictis construit géométriquement, comme on fait aujourd'hui, la racine positive de l'équation $x^2 + ax = b^2$. Il est vrai qu'il ne propose pas précisément cette équation; mais elle exprime immédiatement la question qu'il résout, et qui est celle-ci : *Étant données deux droites* a, b, *on demande d'en trouver une troisième* x, *telle que l'on ait* (x + a) x = b². (*Voy.* pag. 368.) C'est peut-être le premier exemple de la construction géométrique d'une équation du second degré. Car les problèmes qu'Euclide a résolus (Propositions 28 et 29 du 6ᵉ livre des *Éléments*, et Propositions 84, 85, 86 et 87 des *Données*), bien que, traduits en Algèbre, ils conduisent finalement à une équation du second degré, différaient essentiellement, par leur énoncé géométrique, d'une question algébrique.

Les ouvrages de Cardan et de Tartalea, infiniment supérieurs à celui de J.-B. Benedictis, font aussi constamment usage de l'Algèbre en Géométrie et de la Géométrie en Algèbre. Les principes d'une alliance intime entre ces deux sciences sont exprimés trop formellement, et les exemples en sont trop nombreux, pour que nous ayons besoin d'insister sur cet objet.

Outre la partie algébrique des ouvrages de Tartalea, qui est la sixième partie de son *Traité général des nombres et des mesures*, ce Géomètre avait composé un Traité d'Algèbre, sous le titre d'*Algebra nova*, qui ne nous est pas parvenu, et dont la perte est bien regrettable. Dans la cinquième partie du *Traité général* (fol. 28 vᵒ), Tartalea donne la solution d'une question de *maximum*, dont la démonstration devait se trouver dans cet ouvrage d'Algèbre. Cette question est remarquable pour le temps; il s'agit de diviser le nombre 8 en deux parties, telles que leur produit multiplié par leur différence, soit un *maximum*. La solution de Tartalea est générale, et telle que la donnent les règles du calcul infinitésimal actuel. *Prenez*, dit-il, *le carré de 8, ajoutez-y le tiers de ce carré, et prenez la racine carrée de la somme : ce sera la différence des deux nombres cherchés*. Ce choix de l'inconnue, la différence des deux parties du nombre proposé, est très-heureux et annonce une profonde connaissance des pratiques de la science.

Aussi c'est ce qui a eu lieu jusqu'à Viète, ainsi qu'on le voit dans tous les ouvrages de cette époque, l'une des plus mémorables de l'histoire de la science. Mais on conçoit que, de la sorte, la Géométrie avait perdu cette pureté de forme, et ce caractère de généralité et d'abstraction auxquels s'étaient tant attachés les Anciens, et qui paraissaient être l'apanage de cette science; et si, sous un rapport, il y avait des avantages réels, sous un autre, il y avait des inconvénients graves, provenant, d'une part, de ce que l'esprit, en opérant sur des nombres, perdait de vue les objets qu'ils représentaient, et ensuite, de ce que, en effectuant au fur et à mesure les calculs, on détruisait la trace et le fil du raisonnement. Aussi les démonstrations géométriques sont-elles d'une lecture très-pénible dans les ouvrages du XVIᵉ siècle.

La Géométrie des Grecs avait donc subi une véritable altération, mais altération très-heureuse, puisque c'est dans cet état que Viète a dû la prendre, pour lui appliquer sa grande conception de l'Algèbre littérale, et lui rendre ainsi toute sa pureté et son abstraction primitives, en conservant néanmoins tous les avantages que la science du calcul pouvait lui apporter. Mais il est fort remarquable qu'il ait fallu, pour arriver à ce grand résultat, à ce perfectionnement de la Géométrie des Grecs, passer par un état d'altération, qui faisait perdre à cette science son caractère d'abstraction et de généralité, et qui la faisait descendre au rang des opérations concrètes et numériques.

Ces considérations peuvent nous faire regarder le XVᵉ et le XVIᵉ siècle, comme marquant, dans l'histoire de la Géométrie, une époque de préparation et de transition, où s'est élaborée la nouvelle forme qu'ont prise les sciences mathématiques; et nous devons ajouter que les Indiens et les Arabes ont eu une grande part dans cette transformation et ce perfectionnement, puisque le germe s'en trouvait dans leur principe d'application de l'Algèbre à la Géométrie, et qu'ils l'ont développé eux-mêmes par leurs travaux d'un grand nombre de siècles.

ADDITIONS.

PAGE 23.

Héron d'Alexandrie, disciple du célèbre mécanicien Ctésibius, et célèbre lui-même par son *Traité des Pneumatiques,* et par diverses autres inventions mécaniques pour lesquelles il est cité dans le huitième livre des *Collections* de Pappus, excella aussi dans la Géométrie. Eutocius nous a conservé sa solution du problème des deux moyennes proportionnelles, et a emprunté d'un de ses ouvrages, περὶ μετρικῶν, la règle arithmétique pour l'extraction de la racine carrée d'un nombre. Proclus le cite comme auteur de nouvelles démonstrations de diverses propositions des Éléments, où il n'admettait que trois seulement des axiomes d'Euclide [1]; et Grégoire de Nazianze (ann. 328-389) le met au rang des grands Géomètres de l'Antiquité. (*Oratio* 10.)

Les ouvrages de Héron étaient nombreux, mais la plupart ne nous sont pas parvenus, ou sont restés inédits. De ceux qui concernaient spécialement la Géométrie, il n'en est que deux qui aient été traduits et mis au jour. Le premier, dont les historiens des Mathématiques, je ne sais pourquoi, n'ont point parlé, est dû à Dasypodius. Il a pour titre : *Nomenclatura vocabulorum geometricorum* [2]. C'est une suite de définitions des différentes matières qui font l'objet de la Géométrie. Ces définitions sont accompagnées de commentaires et de développements présentés avec clarté [3].

Dans sa préface, Dasypodius annonçait qu'il possédait plusieurs autres ouvrages de Héron, qu'il se proposait de faire connaître. L'un d'eux, qu'il appelait Διοπτρικα, est le second des deux ouvrages géométriques de Héron qui nous sont parvenus. Mais celui-ci ne nous est connu que depuis quelques années. Nous en sommes redevables au savant professeur de Bologne, J.-B. Venturi, qui l'a traduit en italien, sous le titre : *Il Traguardo* (Le Niveau), répondant

---

[1] *Commentarius in Euclidem*, liber tertius.

[2] *Euclidis Elementorum,* liber primus. Item *Heronis Alexandrini vocabula quædam Geometriæ anteà nunquam edita, græcè et latinè,* per Cunradum Dasypodium. Argentinæ; 1571, in-8°. — *Oratio C. Dasypodii de Disciplinis mathematicis.* Ejusdem *Heronis Alexandrini Nomenclaturæ vocabulorum geometricorum translatio.* Ejusdem *Lexicon mathematicum, ex diversis collectum antiquis scriptis.* Argentinæ, 1579, in-8°.

[3] Fabricius, (*Bibl. græca,* lib. 3, cap. XXIV), et Heilbronner (*Hist. Matheseos,* p. 398), attribuent cet ouvrage à Héron le jeune, qui a vécu à Constantinople, au VII° siècle de notre ère. Bernardin Baldi l'avait mis, comme Dasypodius, au nombre des ouvrages de Héron l'ancien. (Voir *Cronica de Mathematici,* pag. 35.)

au titre du texte grec, περὶ διοπτρας, et l'a mis au jour dans ses commentaires sur l'histoire et la théorie de l'Optique[1]. Cet ouvrage est un Traité de Géodésie, dans lequel se trouvent résolues graphiquement sur le terrain, à l'aide de l'instrument appelé la *dioptre* par les Anciens, une foule de questions de Géométrie pratique.

Ce Traité est digne du nom de Héron; il est un monument précieux de la Géométrie des Grecs, et doit prendre place à la suite des ouvrages d'Euclide, d'Archimède et d'Apollonius. Il remplit une lacune qui existait dans les écrits qui nous sont parvenus de l'Antiquité. Car les Anciens ayant toujours distingué, sous le nom de *Géodésie*, la Géométrie pratique de la Géométrie proprement dite [2], ils ont dû écrire particulièrement sur cette Géodésie; et cependant il ne nous était rien venu de l'école d'Alexandrie, sur cette branche de la Géométrie.

Nous connaissions seulement le Traité de Géodésie de Héron le jeune, postérieur de près de huit siècles à Héron l'ancien. Mais cet ouvrage, qui se réduit aux opérations les plus simples, dépourvues de démonstrations, n'était pas digne de figurer à côté des ouvrages géométriques des Grecs. La proposition la plus importante qu'on y remarquât était la formule qui donne l'aire du triangle, en fonction des trois côtés. C'était le seul ouvrage grec où l'on trouvât cette formule, si répandue en Europe dès le commencement du treizième siècle, et qui paraissait d'origine arabe. Mais elle se trouve aussi dans le Traité de Héron l'ancien, où elle est démontrée par une construction géométrique très-élégante. C'est là probablement que Héron le jeune l'a prise, car il cite souvent les ouvrages de son homonyme et ceux d'Archimède, et de plus il se sert, dans l'application numérique qu'il fait de la formule, des trois nombres 13, 14 et 15 pour côtés du triangle, qui sont ceux précisément de Héron l'ancien.

Ces trois nombres, et la formule en question, se rencontrent aussi dans la Géométrie des Indiens et dans celle des Arabes, et même chez les Latins, ainsi que nous l'avons dit en parlant des ouvrages de Brahmegupta.

Le Traité de Géodésie de Héron l'ancien étant encore à peine connu, nous allons énoncer plusieurs des questions qui s'y trouvent résolues au moyen de l'instrument qu'il appelle la *dioptre*. Elles font connaître ce qui constitue la Géodésie, ou Géométrie pratique chez les Grecs; et elles sont de nature à faire regretter que le texte original de l'ouvrage de Héron, et des versions, autres que celle de M. Venturi, n'aient pas encore été publiés [3].

[1] *Commentari sopra la storia e le teorie dell' ottica.* Bologna; 1814, in-4°.
Cet ouvrage se compose des quatre parties suivantes :

1° *Considerazioni sopra varie parti dell' ottica presso di antichi ;*

2° *Erone il meccanico del traguardo tradotto dal greco ed illustrato con note ;*

3° *Dell' iride, degli aloni e dè paregli ;*

4° *Appendice intorno all' ottica di Tolommeo.*

[2] *Si enim in hoc differret solum Geometria à Geodæsia, quod hæc quidem eorum est quæ sentimus, illa vero non sensibilium est.* Aristote, liv. 2 de la *Métaphysique*, chap. XI.)

[3] M. Venturi cite trois bibliothèques qui possèdent le Traité de Héron; ce sont la Bibliothèque royale de Paris, celle de Strasbourg et celle de Vienne; dans celle-ci l'exemplaire est incomplet; il est le seul dont les bibliographes aient fait mention; on l'a pris, d'après Lambecius, pour un traité de *Dioptrique*. — (*Voir* Fabricius, *Bib. græca*, lib. 3, cap. XXIV; — Heilbronner, *Hist. math.*, pag. 282.)

M. Venturi a fait sa traduction sur une copie de l'exemplaire de la Bibliothèque royale, collationné sur celui de Strasbourg. Ce dernier est probablement l'exemplaire qui a été en la possession de Dasypodius. Que sont devenus les autres ouvrages de Héron, que ce Géomètre possédait aussi ?

Conrad Gesner dit, dans sa *Bibliotheca universalis (sive catalogus omnium scriptorum locupletissimus in tribus linguis latina, græca et hebraïca.* Tiguri; 1545, in-fol.) que le célèbre Diego Hurtado de Mendoza, à

1° Mesurer la différence de hauteur de deux points invisibles l'un de l'autre.

2° Tirer une ligne droite entre deux points invisibles l'un de l'autre.

3° Trouver la distance du lieu où l'on est, à un point éloigné duquel on ne peut approcher.

4° Mesurer la largeur d'une rivière qu'on ne peut traverser.

5° Mesurer la distance qui sépare deux points éloignés.

6° Mener, par un point donné, une perpendiculaire sur une droite dont on ne peut approcher.

7° Mesurer la hauteur d'un point inaccessible.

8° Mesurer la différence de hauteur de deux points inaccessibles.

9° Mesurer la profondeur d'un trou.

10° Traverser une montagne en suivant une ligne droite qui joigne deux points, donnés des deux côtés de la montagne.

11° Creuser un puits sur une montagne, de manière qu'il aboutisse à une excavation souterraine déterminée.

12° Tracer le contour d'un rivage.

13° Donner au terrain la forme d'un segment de sphère déterminé.

14° Donner au terrain une pente déterminée.

15° Mesurer un champ sans entrer dedans.

16° Le diviser, en parties données, par des droites partant d'un même point.

17° Diviser, dans une raison donnée, un triangle et un trapèze.

PAGE 45.

La première proposition du livre 4 des *Collections mathématiques* de Pappus est une propriété générale des triangles, que l'auteur présente comme une généralisation du théorème du carré de l'hypoténuse. On n'a pas encore remarqué que cette proposition est précisément, sous une autre forme, la propriété des parallélogrammes sur laquelle repose, en Mécanique, la théorie des *moments*; laquelle propriété n'a été découverte qu'au commencement du siècle dernier, par Varignon, qui l'a présentée aussi comme « quelque chose de semblable à la proposition 47 du 1er livre des Éléments d'Euclide (celle du carré de l'hypoténuse), » et l'a énoncée ainsi :

Si, sur deux côtés contigus d'un parallélogramme, et sur la diagonale issue du même sommet qu'eux, on construit trois triangles ayant un sommet commun, situé en un point quelconque du plan de la figure, la somme ou la différence des deux premiers triangles sera égale au troisième triangle. (Voir les *Mémoires de l'Académie des Sciences de Paris*, année 1719.)

Déjà, longtemps auparavant, Varignon avait démontré, et avait employé en Mécanique un théorème sur le parallélogramme, très-connu dans la Géométrie moderne, et qui n'est au fond que ce premier, sous un énoncé différent, savoir que : *Si deux côtés contigus d'un parallélogramme, et la diagonale issue de leur sommet commun, sont projetés sur une droite quelconque, la projection de la diagonale sera égale à la somme ou à la différence des projections des deux côtés.* (Voir *Projet d'une nouvelle Mécanique*, in-4°, 1687, pag. 189.)

qui l'Europe fut redevable d'un grand nombre de manuscrits grecs, en avait plusieurs de Héron (*voir* fol. 319 *verso*). Ceux-ci se trouvent sans doute dans la Bibliothèque de l'Escurial, où est entrée la précieuse collection de Mendoza.

PAGE 55, § 3.

Au nombre des Géomètres qui, à l'imitation de Viète, ont fait des transformations de triangles sphériques, il faut placer Albert Girard qui a fait aussi usage du triangle *réciproque*, dans sa *Trigonométrie*, imprimée en 1626, un an avant celle de Snellius ; mais ce Géomètre a compris sous ce mot les quatre triangles différents formés par les arcs de cercle qui ont pour pôles les trois sommets du triangle proposé ; de sorte qu'il regarde, comme *réciproques* d'un triangle donné, le triangle de Viète et celui de Snellius.

Ce Traité de Trigonométrie d'Albert Girard, qui est à la suite d'une Table des sinus, tangentes et sécantes, est très-succinct, et néanmoins contient plusieurs choses intéressantes. Dans la préface, on voit que l'auteur s'était occupé de l'*Analyse géométrique* des Anciens, et avait rétabli leurs Traités dont les titres nous ont été transmis par Pappus ; il dit, à ce sujet, qu'après ce petit Traité de Trigonométrie, « qu'il donne comme échantillon, il mettra au jour quelque chose de plus grand. »

PAGE 68, § 14.

Fermat avait écrit sur les *Lieux à la surface.*

Mersenne nous l'apprend en ces termes : *Omitto locos ad superficiem, cujus isagogem vir idem Cl.* (Fermatius) *amicis communem fecit, et alia quæ utinam ab eo tantum impetremus.* (Voir *Universæ Geometriæ mixtæque mathematicæ synopsis,* in-4°, 1644, p. 388.)

PAGE 81, § 27.

Nous avons dit que Desargues avait proposé la question de couper un cône à base elliptique, hyperbolique ou parabolique, suivant un cercle, et que Descartes en avait donné une solution fondée sur les principes de sa Géométrie analytique. Nous aurions dû ajouter que Desargues avait résolu aussi ce problème, *par une construction graphique* [1]. Ce que nous voyons dans la préface de la *Synopsis universæ Geometriæ,* du P. Mersenne. Desargues réduisait ce problème à la recherche de l'axe principal du cône, c'est-à-dire de celui qui jouit de la propriété qu'un plan qui lui est perpendiculaire coupe le cône suivant une ellipse qui a son centre sur cet axe. Il construisait cet axe en employant deux lignes dont il déterminait autant de points qu'il voulait. Mersenne ne dit pas quelles étaient ces lignes : c'étaient probablement des sections coniques.

Après avoir déterminé les sections circulaires du cône, Desargues s'en servait pour résoudre différents autres problèmes, tels que de couper le cône suivant une conique semblable à une conique donnée, ou qui satisfasse à la condition que le plus grand angle, que font deux diamètres conjugués, soit de grandeur donnée.

---

[1] Archimède a résolu ce problème pour le cas où le sommet du cône est dans le plan mené par l'un des diamètres principaux de la conique, perpendiculairement à son plan ; ce qu'on voit par les propositions 8 et 9 du livre *Des Sphéroïdes et des Conoïdes.*

Ces propositions montrent aussi qu'Archimède avait déjà, avant Apollonius, considéré le cône oblique à base circulaire ; mais néanmoins c'est Apollonius qui, le premier, a étudié la théorie des coniques dans le cône oblique.

Desargues résolvait encore ce problème, le plus général, dit Mersenne, qu'on puisse se proposer sur cette matière :

Étant donné un cône à base elliptique, parabolique ou hyperbolique, et un plan sécant, déterminer, sans construire la courbe d'intersection du cône par ce plan, ses diamètres conjugués faisant entre eux un angle de grandeur donnée, ses tangentes, ses ordonnées, ses paramètres, et les autres principales lignes de cette courbe.

Desargues fait lui-même mention d'un problème de cette nature, à la fin de son livret sur la Perspective, compris dans le Traité de Perspective, arrangé par Bosse (in-8°, 1648 ; *voir* page 334), où il s'exprime ainsi :

Ayant à pourtraire une coupe de cône plate, y mener deux lignes dont les apparences soient les essieux de la figure qui la représente.

C'est-à-dire : *une conique étant mise en perspective, trouver sur son plan les deux droites qui seront, en perspective, les deux axes principaux de la perspective de la conique.*

Enfin nous voyons encore, dans la préface de la *Synopsie* de Mersenne, que Desargues avait composé un Traité complet sur l'angle solide, où il résolvait ces quatre problèmes :

1° *Étant donnés les trois angles plans, trouver les trois angles dièdres ;*

2° *Étant donnés deux angles plans et un angle dièdre, trouver l'autre angle plan et les deux autres angles dièdres ;*

3° *Étant donnés un angle plan avec deux angles dièdres, trouver les deux autres angles plans, et le troisième angle dièdre ;*

4° Enfin, *étant donnés les trois angles dièdres, trouver les trois angles plans.*

Mersenne ajoute que Desargues formait un second angle dièdre, dans lequel les angles plans étaient les *suppléments* des angles dièdres du premier, et *réciproquement*. Ce qui réduisait les quatre problèmes à deux.

C'est, comme on le voit, l'angle trièdre *supplémentaire*, qui répond au triangle *supplémentaire* de la Trigonométrie sphérique, que Snellius avait imaginé quelques années auparavant, dans son Traité de Trigonométrie. Et, quant aux problèmes, ils constituent une solution graphique de la Trigonométrie sphérique. C'est ce que l'on a appelé depuis la solution de la pyramide triangulaire. Ils forment aujourd'hui un chapitre des Traités de Géométrie descriptive et sont d'un fréquent usage dans les applications de cette science, principalement à la Coupe des pierres. (Voir le *Traité de Géométrie descriptive*, de M. Hachette, et le 5ᵉ cahier du 1ᵉʳ volume de la *Correspondance polytechnique*.)

PAGE 85, § 28.

M. Poncelet a donné, comme correspondant, dans la Géométrie à trois dimensions, au théorème de Géométrie plane de Desargues, le suivant : *Quand deux tétraèdres ont leurs sommets placés deux à deux sur quatre droites concourantes en un même point, les plans de leurs faces se coupent deux à deux suivant quatre droites qui sont dans un même plan.* (Traité des Propriétés projectives, art. 582.) Ce théorème peut être généralisé de cette manière :

Quand deux tétraèdres ont leurs sommets placés deux à deux sur quatre droites qui sont les génératrices, d'un même mode de génération, d'un hyperboloïde à une nappe, leurs faces se coupent, deux à deux, suivant quatre autres droites, qui sont les génératrices d'un second hyperboloïde.

Page 95.

On trouve, dans les lettres de Descartes, de nombreux passages relatifs à la Géométrie. Son volume : *Opuscula posthuma* (Amst. 1701, in-4°), contient aussi quelques morceaux de Géométrie. Il est à regretter que l'on n'ait pas encore songé à réunir tous ces passages épars, et à les comprendre dans une des nombreuses éditions que l'on a faites de la Géométrie de Descartes.

Nous nous bornerons ici à remarquer dans ses lettres une méthode particulière, que ce célèbre philosophe a imaginée pour résoudre un problème, alors fort agité entre lui et ses illustres contemporains, Fermat, Roberval et Pascal : le problème de la tangente à la cycloïde. Cette méthode, qui a eu alors une grande célébrité, était d'une simplicité extrême, et convenait aux cycloïdes accourcies et allongées, comme l'a très-bien vu Descartes, et même à toutes sortes de *roulettes*, décrites par un point du plan d'une courbe quelconque, qui roule sur une autre courbe fixe. Elle consiste à regarder les deux courbes comme deux polygones d'une infinité de côtés. Ces polygones sont en contact suivant un côté commun, et conséquemment ont à chaque instant deux sommets communs; pendant un mouvement infiniment petit, le premier polygone tourne autour d'un de ces deux sommets, qui reste fixe; le point décrivant engendre donc un arc de cercle qui a son centre en ce sommet fixe; la normale à cet arc de cercle, qui est un élément de la roulette décrite, passe donc par ce sommet.

Cette méthode, qui diffère essentiellement de toutes les autres méthodes pour mener les tangentes, est d'une simplicité extrême, et a toujours été employée depuis. Mais, à raison sans doute de cette simplicité même, elle n'a point attiré autant l'attention des Géomètres, qui n'en ont fait usage que dans la même question, en se bornant seulement à l'étendre aux épicycloïdes sphériques. En reconnaissant ce que cette méthode a de distinctif et de spécial par rapport aux autres solutions du problème des tangentes, il était naturel de chercher si le principe sur lequel elle reposait n'était pas susceptible de quelque généralisation qui le rendrait applicable à d'autres questions.

Le théorème suivant nous paraît offrir la généralisation de celui de Descartes :

Quand une figure plane éprouve un mouvement infiniment petit dans son plan, il existe toujours un point qui, pendant ce mouvement, reste fixe;

Les droites menées par les différents points de la figure, perpendiculairement aux trajectoires qu'ils décrivent pendant le mouvement infiniment petit, passent toutes par ce point fixe.

D'après ce théorème, quand une courbe est décrite par un point d'une figure en mouvement dans son plan, il suffira, pour mener sa normale par le point décrivant, de déterminer le point qui restera fixe au moment du mouvement où le point décrivant aura la position que l'on considère. Ce point se déterminera par les différentes conditions du mouvement de la figure.

Par exemple, si l'on connaît le mouvement de deux points de la figure, on mènera par ces points les normales aux courbes qu'ils parcourent, et le point d'intersection de ces deux normales sera le point cherché.

Ainsi, qu'une droite de longueur donnée se meuve de manière que ses deux extrémités parcourent deux droites fixes : on sait que chaque point de la droite, et même que chaque point pris au dehors de la droite, mais fixé invariablement à elle, décrit une ellipse. Pour déterminer la normale à cette courbe, on mènera les normales aux deux droites fixes, par les extrémités de la droite mobile; ces deux normales se rencontreront en un point par où passera la normale cherchée.

Le mouvement de la figure mobile peut être réglé par diverses autres conditions qui permettraient encore de déterminer très-aisément le point en question.

Soit, par exemple, la conchoïde de Nicomède décrite par un point d'une droite dont l'extrémité parcourt une droite fixe, pendant que cette droite mobile glisse sur un point fixe. Considérant la droite mobile dans une de ses positions, par le point fixe on lui mènera une perpendiculaire ; et, par son extrémité, on mènera une droite perpendiculaire à la droite fixe : le point de concours de ces deux perpendiculaires sera le point cherché, par lequel passera la normale à la conchoïde.

Nous ne passerons point ici en revue toutes les autres conditions diverses du mouvement de la figure mobile pour lesquelles on saura déterminer le point en question, ni toutes les courbes auxquelles il sera facile, par ce moyen, de mener les tangentes.

Ce qui précède suffit pour faire voir que le théorème que nous avons énoncé est une généralisation de l'idée de Descartes au sujet de la tangente à la cycloïde, et qu'il constitue une véritable méthode des tangentes, méthode différente de toutes les autres, et même de celle de Roberval, quoiqu'elle repose, comme celle-ci, sur des considérations de mouvement. Mais on conçoit que cette méthode, si facile, sera aussi, comme celle de Roberval, bornée dans ses applications, puisqu'elle suppose que l'on connaît les conditions géométriques du mouvement d'une figure de forme invariable, à laquelle appartient le point décrivant. Cependant elle s'applique à un grand nombre de courbes particulières et à des familles entières de courbes.

Les usages de notre théorème ne se bornent pas à la simple Géométrie ; il peut être utile aussi en Mécanique pour le calcul des forces vives : car il en résulte que les forces vives des différents points de la figure mobile sont proportionnelles aux carrés des distances de ces points à celui qui, pendant l'instant où l'on considère le mouvement, est resté fixe : il suffit donc, ce point étant déterminé, de connaître la force vive d'un autre point quelconque de la figure. M. Poncelet nous a appris qu'il avait fait un tel usage de ce théorème dans plusieurs questions sur les machines, où l'on n'avait point jusqu'ici de méthode géométrique pour le calcul des forces vives.

En énonçant le théorème en question, il y a quelques années (voir *Bulletin universel des Sciences*, t. XIV), nous l'avons présenté comme un cas particulier d'un théorème sur le déplacement fini quelconque d'une figure plane dans son plan, et même d'un théorème encore plus général, relatif à deux figures semblables, situées d'une manière quelconque dans un plan. Mais ces théorèmes dépendent eux-mêmes d'un principe encore plus général, que voici :

Si l'on conçoit dans un plan deux figures qui ont été primitivement la perspective l'une de l'autre, et qui se trouvent actuellement placées d'une manière quelconque l'une par rapport à l'autre ;

Chaque point de l'une des figures aura son homologue dans l'autre figure ;

Il existera généralement trois points, dans l'une des figures, qui se trouveront superposés respectivement sur leurs homologues dans la seconde figure ;

L'un de ces trois points sera toujours réel ; les deux autres pourront être imaginaires.

Il résulte de là qu'il y a aussi trois droites, dans l'une des figures, qui se trouvent superposées sur leurs homologues dans la seconde figure : ce sont les droites qui joignent deux à deux les trois points.

L'une de ces droites est toujours réelle, et les deux autres peuvent être imaginaires.

Quand les deux figures sont semblables, ce qui est un cas particulier de la perspective, deux des trois points et deux des trois droites sont toujours imaginaires; le troisième point est réel; la troisième droite est aussi réelle; mais elle se trouve située à l'infini.

Cela a lieu pareillement quand les deux figures sont égales entre elles.

Ces propriétés des figures planes ont leurs analogues dans les figures à trois dimensions, pour lesquelles j'ai déjà énoncé quelques théorèmes qui se rapportent à cette théorie. (Voir *Bulletin universel des Sciences*, t. XIV, p. 321, année 1830.)

Page 98, § 4.

Les Arabes se sont occupés aussi de la description organique des courbes, et particulièrement des sections coniques. Nous le voyons par le titre des trois ouvrages suivants, qui se trouvent dans la Bibliothèque de Leyde :

1° *Ahmed ben Ghalil Sugiureus De conicarum sectionum descriptione;*

2° *Abu Schel Cumœus De circino perfecto, quo etiam sectiones conicæ et aliæ lineæ curvæ describi possunt;*

3° *Mah. ben Husein De circino perfecto et formatione linearum.* (Voir *Catalogus librorum tam impressorum quam manuscriptorum bibliothecæ publicæ universitatis Lugduno Batavæ,* in-folio, 1716, p. 454 et 455.)

Page 119.

Parmi les pratiques nouvelles que contenait la *Gnomonique* de La Hire, il en est une que nous aurions dû citer, parce qu'elle repose sur des considérations géométriques qui rentrent dans les doctrines de la Géométrie moderne.

Il s'agit de la construction des lignes horaires, en se servant de quelques-unes d'entre elles, qui sont déjà tracées. La Hire résout trois questions :

Dans la première, il suppose connues sept lignes horaires consécutives;

Dans la seconde, quatre heures consécutives et l'équinoxiale;

Dans la troisième, trois heures consécutives, l'équinoxiale et l'horizontale.

Et il détermine les autres lignes horaires.

Soient connues, dans le premier cas, les sept lignes des heures consécutives X, XI, XII, I, II, III et IV. Voici quelle est la construction de l'auteur pour déterminer les cinq autres :

Par un point o de la ligne IV, on mène une transversale parallèle à la ligne X; elle rencontre les lignes III, II, I, XII et XI en des points a, b, c, d, e; on porte sur cette transversale, de l'autre côté du point o, des segments oa', ob', oc', od', oe' égaux, respectivement, à oa, ob, oc, od, oe; et les points a', b', c', d', e' appartiennent aux cinq heures cherchées.

En effet, les deux plans horaires X et IV sont à angle droit; les deux plans horaires III et V sont inclinés également sur le plan IV; et, conséquemment, ces deux plans sont conjugués harmoniques par rapport aux deux premiers X et IV. Il suit de là que les deux lignes horaires III et V sont conjuguées harmoniques par rapport aux deux lignes horaires X et IV : donc toute transversale rencontrera ces quatre lignes en quatre points harmoniques; et conséquemment, si cette transversale est parallèle à la ligne X, les deux points où elle rencontrera les lignes III et V seront à égale distance de celui où elle rencontrera la ligne IV. C. Q. F. P. [1].

[1] Cette démonstration géométrique, que nous empruntons de l'ouvrage de La Hire, est aussi rigoureuse que

Nous ne rapporterons pas les pratiques de La Hire pour les deux autres questions; elles sont aussi simples que la première, et reposent aussi sur les principes de la Géométrie élémentaire qui rentrent dans la théorie des transversales.

Mais ces trois problèmes donnent naturellement lieu à une observation que je m'étonne qu'on n'ait pas faite dans les ouvrages qui les ont reproduits. Cette observation porte sur le grand nombre de données que prend La Hire pour construire les lignes horaires inconnues. Dans le premier cas il en prend sept, dans le deuxième quatre, plus la ligne équinoxiale; et dans le troisième trois, plus la ligne équinoxiale et la ligne horizontale; ajoutez à cela que les lignes données doivent être consécutives.

Est-il besoin de toutes ces données? Et quel est le plus petit nombre de lignes horaires qui soit suffisant pour construire les autres?

La réponse à ces questions, c'est que trois lignes horaires quelconques suffisent pour déterminer toutes les autres, dont on peut donner une construction tout aussi simple que celle de La Hire pour le cas de sept lignes horaires consécutives connues.

Voici quelle sera cette construction, qui va nous offrir une nouvelle application de la *Théorie du rapport anharmonique*, sur laquelle nous avons déjà cherché, dans plusieurs passages de cet ouvrage, à appeler l'attention des Géomètres.

Désignons par a, b, c les trois lignes données, qui répondent à des heures déterminées, mais quelconques, et qui seront même des fractions d'heure, si l'on veut. Soit d la ligne d'une quatrième heure quelconque, qu'on veut construire au moyen des trois premières. Le rapport *anharmonique* de ces quatre droites sera égal à celui des quatre plans horaires dont elles sont les traces sur le plan du cadran. Ainsi soient A, B, C, D ces quatre plans : on aura

$$\frac{\sin.c,a}{\sin.c,b} : \frac{\sin.d,a}{\sin.d,b} = \frac{\sin.C,A}{\sin.C,B} : \frac{\sin.D,A}{\sin.D,B};$$

briève; cependant M. Delambre ne la regarde pas comme bien satisfaisante; et comme la pratique en question lui paraît utile et curieuse, et mérite une *démonstration en forme*, il se propose de la démontrer de la manière la plus générale et la plus rigoureuse. (*Hist. de l'astronomie au Moyen âge*, p. 634.) Mais, nous devons le dire, la démonstration de M. Delambre occupe près de deux pages de calculs, et assurément n'est pas plus rigoureuse que le court raisonnement de La Hire.

Nous ne faisons point cette observation dans un esprit de critique: le nom et les travaux de M. Delambre, son dévouement à la science, et les recherches fastidieuses et pénibles auxquelles il s'est livré pour écrire son *Histoire de l'Astronomie*, ne trouvent en nous que respect et admiration. Mais notre remarque rentre essentiellement dans l'esprit qui a présidé à la composition de notre ouvrage; parce qu'elle présente, d'une part, un exemple palpable des avantages que peut offrir souvent la voie géométrique ou du simple raisonnement, sur celle du calcul; et qu'elle montre ensuite cette direction qu'ont prise les études mathématiques, où l'on ne trouve plus de preuves claires et convaincantes de la vérité en Géométrie, et de *démonstration en forme*, que dans une vérification par le calcul algébrique. Cette direction nouvelle est l'inverse de ce qui s'est fait dans tous les temps : chez les Grecs, où la Géométrie fut renommée pour la rigueur de ses démonstrations; chez les Hindous et les Arabes qui se rendaient compte des résultats de l'Algèbre, par une démonstration géométrique; chez les Modernes, jusqu'au siècle dernier, où Newton et Mac-Laurin n'employaient le calcul qu'à regret et au point où il devenait indispensable.

Quelle est la cause de cette direction exclusive dans les études mathématiques? Quelle sera son influence sur le caractère et les progrès de la science? Nous n'essaierons pas de répondre à ces questions, sur lesquelles on serait peut-être difficilement d'accord. Mais, quelles que soient les opinions à leur égard, on ne disconviendra pas du moins qu'il serait utile que la méthode ancienne, suivie jusqu'au siècle dernier, continuât d'être encouragée et cultivée, concurremment avec la nouvelle.

Les angles que font entre eux les quatre plans A, B, C, D sont connus, puisque ces plans correspondent à quatre heures déterminées; le second membre est donc une quantité connue n.

On voit donc déjà que notre équation servira à déterminer la direction de la ligne d, et qu'ainsi elle résout la question.

Pour en déduire une construction facile, menons arbitrairement une transversale qui rencontrera les trois lignes a, b, c en des points α, b, γ, et appelons δ le point où elle rencontrera la ligne cherchée d. Le rapport anharmonique des quatre points α, b, γ, δ sera le même que celui des quatre droites a, b, c, d; l'équation précédente se transformera donc en

$$\frac{\delta\alpha}{\delta\mathit{b}} = \frac{1}{n} \cdot \frac{\gamma\alpha}{\gamma\mathit{b}}.$$

Le second membre est connu; cette équation fera donc connaître la position du point δ qui appartient à la ligne cherchée.

Cette solution devient d'une facilité extrême, si l'on mène la transversale parallèle à l'une des deux lignes a, b, à la première, par exemple; car alors on a $\frac{\delta\alpha}{\gamma\alpha} = 1$, et l'équation se réduit à

$$\delta\mathit{b} = n \cdot \gamma\mathit{b}.$$

Le segment $\gamma\mathit{b}$ est connu, donc le segment $\delta\mathit{b}$ l'est aussi; le point δ et, par conséquent, la droite d sont donc déterminés. Ainsi le problème est résolu. Et cette construction générale, qui ne fait usage que de trois lignes horaires quelconques, et qui sert pour en déterminer une quatrième aussi quelconque, est, comme nous l'avons annoncé, tout aussi simple que celle de La Hire, qui nécessitait la connaissance de sept lignes au lieu de trois.

Quant à la quantité n, qui n'est pas donnée directement, mais qui dépend des angles que les quatre plans horaires A, B, C, D font entre eux, il est facile d'en calculer la valeur graphiquement, sans faire usage des lignes trigonométriques qui entrent dans son expression. Pour cela, on mènera par un point O quatre droites OA', OB', OC', OD' faisant entre elles, deux à deux, des angles égaux à ceux des plans horaires; on tirera une transversale quelconque, qui rencontrera ces droites en quatre points α', b', γ', δ'; le rapport anharmonique de ces quatre points sera égal à celui des quatre plans; de sorte qu'on aura

$$\frac{\gamma'\alpha'}{\gamma'\mathit{b}'} : \frac{\delta'\alpha'}{\delta'\mathit{b}'} = n.$$

Telle est la valeur de n. On simplifie son expression, en menant la transversale parallèlement à l'une des quatre droites OA', OB', OC', OD', à la première, par exemple; car alors $\frac{\gamma'\alpha'}{\delta'\alpha'} = 1$, et il vient

$$n = \frac{\delta'\mathit{b}'}{\gamma'\mathit{b}'}.$$

PAGE 161, § 17.

La considération des épicycloïdes remonte très-haut, puisqu'elles ont joué un grand rôle dans le système astronomique de Ptolémée. Mais il ne paraît pas que l'on ait jamais étudié géométriquement la nature et les propriétés de ces courbes. Albert Durer les a mises au nombre des lignes courbes qu'il a appris à décrire par points, et dont l'usage pouvait être utile dans les arts de construction; mais il n'en a point étudié non plus aucune propriété.

La première épicycloïde dont la nature ait été connue est due à Cardan; c'est celle que décrit un point de la circonférence d'un cercle qui roule sur la concavité d'un cercle d'un rayon double. Cette ligne est, comme on sait, une droite. Cardan a démontré cette proposition dans son livre intitulé : *Opus novum de proportionibus numerorum, motuum*, etc. (*voir* Proposition 173, p. 186).

Ensuite, Huygens a trouvé (en 1678) que la ligne enveloppe des *ondes par réflexion*, dans un cercle sur lequel tombent des rayons parallèles, est une épicycloïde engendrée par un point de la circonférence d'un cercle qui roulerait sur la concavité du cercle éclairé; ce cercle mobile ayant son diamètre égal au quart du diamètre de celui-ci. Huygens a donné la rectification et la quadrature de cette courbe (voir son *Traité de la Lumière*, chap. VI).

Vers le même temps, La Hire a trouvé que la caustique de Tschirnhausen, formée par la réflexion dans un cercle éclairé par des rayons parallèles, est aussi une épicycloïde, que l'on engendre en faisant rouler une circonférence de cercle sur la convexité d'un autre cercle d'un diamètre double de celui du cercle fixe.

Cette courbe est précisément la développée de celle de Huygens.

Ce sont là, je crois, les premières épicycloïdes dont on ait connu quelques propriétés géométriques. Ces courbes se sont présentées ensuite dans plusieurs autres questions de Physique et de Mécanique, où elles ont joué un rôle remarquable.

PAGE 218.

Clairault a considéré, avant Euler, les courbes que celui-ci appelle *lineæ affines*; il les regarde comme étant la projection l'une de l'autre, c'est-à-dire comme deux sections planes d'un même cylindre; et il les appelle courbes de *même espèce*. Il fait voir que les coordonnées d'un point de l'une, rapportées à deux axes pris dans son plan, étant x et y, les coordonnées du point correspondant, dans la seconde courbe, rapportées aux deux axes qui correspondent, dans le plan de cette courbe, aux deux premiers axes, sont de la forme $X = \lambda x$, $Y = \mu y$. Ce qui montre que ces courbes de Clairault sont les mêmes que celles d'Euler. (Voir *Mémoires de l'Académie des Sciences de Paris*, années 1731.)

PAGE 265.

Un caractère propre des principes de dualité et d'homographie tels que nous les exposerons, et qui repose sur l'usage que nous y faisons du *rapport anharmonique*, c'est que, par la nature même de ce rapport, tous les théorèmes que nous obtiendrons s'appliqueront d'eux-mêmes, presque toujours, aux figures tracées sur la sphère. De sorte que ces deux théories offriront un moyen facile et naturel de transporter aux figures sphériques toutes les propriétés des figures planes, et de généraliser même les propriétés, déjà connues, des figures sphériques.

Le principe de dualité, par exemple, fera voir qu'une première figure étant tracée sur la sphère, outre la figure *supplémentaire*, la seule connue jusqu'ici comme jouissant de la propriété que, aux *points* et aux *arcs de grands cercles* de la figure proposée, correspondent, dans cette figure supplémentaire, des *arcs de grands cercles* et des *points*, respectivement; outre cette figure supplémentaire, dis-je, on en pourra tracer sur la sphère une infinité d'autres jouissant des mêmes propriétés; et ce principe enseigne le mode de construction de ces figures, parmi lesquelles la figure supplémentaire n'est plus qu'un cas particulier.

Ainsi, nous pouvons dire que les deux principes de dualité et d'homographie offrent une véritable méthode rationnelle pour appliquer aux figures sphériques les propriétés des figures planes, et, en un mot, pour former la Géométrie de la sphère; et cette partie de la science de l'étendue peut, dès aujourd'hui, faire de rapides et faciles progrès.

Page 282.

Les deux porismes de Géométrie plane, que nous avons appliqués à la Géométrie à trois dimensions, ont aussi leurs analogues sur la sphère. En voici les énoncés :

Premier porisme. *Étant pris sur la sphère deux points fixes P, P', et deux arcs qui rencontrent l'arc PP' en E et E'; et étant pris sur ces deux arcs, respectivement, deux points fixes O, O';*

Si, de chaque point d'un arc donné, on mène deux arcs aux points P, P', qui rencontreront respectivement les deux arcs EO, E'O' en deux points a, a', on pourra trouver deux quantités λ, μ, telles qu'on aura toujours la relation

$$\frac{\sin . O a}{\sin . E a} + \lambda . \frac{\sin . O'a'}{\sin . E'a'} = \mu.$$

Second porisme. *Étant menés sur la sphère deux arcs de grands cercles, qui se rencontrent en S, et étant pris sur ces deux arcs, respectivement, deux points fixes O, O';*

Si, autour d'un point donné de la sphère, on fait tourner un arc qui rencontrera les deux arcs fixes en deux points a, a', on pourra trouver deux quantités λ, μ, telles qu'on aura toujours la relation

$$\frac{\sin . O a}{\sin . S a} + \lambda . \frac{\sin . O'a'}{\sin . S a'} = \mu.$$

Page 294.

Depuis que la Note VII, sur l'ouvrage *De lineis rectis se invicem secantibus statica constructio* de Jean Ceva, était imprimée, a paru le 24ᵉ Cahier du *Journal de l'École polytechnique*, où se trouve un Mémoire de M. Coriolis, intitulé : *Sur la Théorie des moments considérés comme analyse des rencontres des lignes droites*, qui a le même objet que cet ouvrage de Ceva. M. Coriolis y démontre, en peu de mots et sans calculs, par la théorie des moments, des théorèmes de la nature de ceux qui se trouvent dans la *Théorie des transversales*, de Carnot, mais qui présentent une plus grande généralité. On y remarque particulièrement une démonstration de la double génération de l'hyperboloïde à une nappe, par une ligne droite.

Page 315.

A la suite de l'article (12), ajouter :

(12bis). Il suit, du théorème (12), que si l'on a trois systèmes de deux points A, A′, B, B′ et C, C′, conjugués harmoniques par rapport à deux points fixes E, F, les six points A, A′, B, B′, C, C′ seront en involution.

Car soit O le point milieu du segment EF, on aura

$$OA \cdot OA' = \overline{OE}^2, \quad OB \cdot OB' = \overline{OE}^2, \quad OC \cdot OC' = \overline{OE}^2.$$

Donc les six points A, A′, B, B′, C, C′ forment une involution (art. 12).

Page 390, Art. 27.

Dans un Mémoire qui a pour titre : *Recherches sur ce qu'il y a d'analogue au centre des forces parallèles, dans un système à forces non parallèles*, M. Minding, docteur à l'Université de Berlin, a démontré un théorème remarquable, qui offre une nouvelle propriété des deux coniques excentriques d'une surface du second degré. Voici l'énoncé de ce théorème :

« *Les forces d'un système étant supposées telles qu'elles ne se fassent pas équilibre; si on les fait tourner autour de leurs points respectifs d'application, sans déranger leurs inclinaisons mutuelles, il y a une infinité de positions du système dans lesquelles toutes les forces peuvent être remplacées par une résultante unique. La direction de cette résultante coupe toujours les contours d'une ellipse et d'une hyperbole situées dans deux plans perpendiculaires entre eux; ces deux courbes sont d'ailleurs dans de telles relations, que les foyers de l'une coïncident avec les sommets de l'autre.*

» *Réciproquement, chaque droite qui joint un point de l'ellipse à un point de l'hyperbole, peut être considérée comme la direction de la résultante unique, pour une certaine position du système.* » (Voir le *Compte rendu des séances de l'Académie des Sciences, de Paris*, par MM. les Secrétaires perpétuels, année 1835, p. 282.)

En considérant les deux courbes en question comme les limites d'une série de surfaces du second degré, toutes inscrites à une même développable (*voy.* p. 397), on est conduit à penser que le théorème de M. Minding n'est qu'un cas particulier de quelque théorème plus général, dans lequel ces surfaces du second degré joueraient un rôle analogue à celui de ces coniques.

Par exemple, au lieu de supposer que toutes les forces du système doivent prendre autour de leurs points d'application des directions telles qu'elles aient une résultante unique, que l'on suppose que le couple *minimum*, relatif à chaque position du système, ait une valeur donnée (qui sera zéro dans le cas de la résultante unique), et que l'on demande quelle sera, dans l'espace, la position de l'axe de ce couple *minimum* ou *axe central des moments*. (Voir les *Éléments de Statique*, de M. Poinsot, 6me édition, p. 359.) Le résultat de cette recherche offrira nécessairement une généralisation du beau théorème de M. Minding; et peut-être que les surfaces du second degré y joueront le rôle que nous venons d'indiquer.

Cette théorie d'un système de forces qui tournent autour de leurs points d'application, en conservant leurs grandeurs et leurs inclinaisons mutuelles, peut prendre une grande extension et donner lieu à plusieurs questions intéressantes, si l'on y introduit la considération de l'*axe central des moments*, au lieu de se borner au cas particulier d'une résultante unique. Par exemple :

1° Que l'axe central des moments doive rester parallèle à une même droite; quelle sera la surface cylindrique qu'il décrira?

2° Qu'il doive rester parallèle à un même plan; quelle sera la surface courbe qu'il touchera dans toutes ses positions?

3° Qu'il doive passer toujours par un même point; quelle sera la surface conique qu'il décrira?

4° Qu'il doive être situé dans un plan donné; quelle sera la courbe qu'il enveloppera?

Nous ne pouvons nous occuper dans ce moment de ce genre de recherches; nous l'indiquons, dans l'espoir qu'il offrira de l'intérêt à quelques lecteurs.

Page 396, § 45.

Depuis que cette Note est imprimée, je suis parvenu à la généralisation des deux théorèmes des paragraphes 41 et 43, et j'ai reconnu, comme je l'avais pensé, que le second donne une démonstration, purement synthétique et indépendante d'aucune formule d'Analyse, du beau théorème sur l'attraction que deux ellipsoïdes, dont les sections principales sont décrites des mêmes foyers, exercent sur un même point situé en dehors de leurs surfaces. Une telle démonstration avait paru, à d'illustres Géomètres, devoir offrir des difficultés, et dépasser peut-être les ressources de la Synthèse [1].

Les deux théorèmes généralisés peuvent se déduire des deux cas particuliers énoncés aux paragraphes 31 et 43, au moyen d'un autre théorème qui est aussi une belle propriété des surfaces du second degré ayant les mêmes coniques excentriques. Nous nous bornerons ici à l'énoncé de ce théorème :

Quand plusieurs surfaces du second degré A, A', A'', *etc., ont les mêmes coniques excentriques; si, autour d'un point* S, *on fait tourner une transversale qui rencontre l'une d'elles* A *en deux points* a, a', *et qu'en appelant* D *le diamètre de cette surface, parallèle à la corde* aa', *on porte sur la transversale, à partir du point* S, *un segment* Sm *égal à* $\delta \frac{D^2}{Sa - Sa'}$, δ *étant une constante, l'extrémité* m *de ce segment sera sur une surface du second degré* Σ, *qui aura son centre au point* S;

Pour les autres surfaces A', A'', *etc., on formera semblablement, avec d'autres constantes* δ', δ'', *etc., d'autres surfaces* Σ', Σ'', *etc.;*

Toutes les surfaces Σ, Σ', Σ'', *etc., auront, en direction, les mêmes axes principaux;*

Et l'on pourra prendre les constantes δ', δ'', *etc., de manière qu'elles aient aussi les mêmes coniques excentriques.*

[1] Legendre, *Mémoire sur l'attraction des ellipsoïdes*, inséré dans les Mémoires de l'Académie des Sciences. année 1788. *Voir* page 486. — Poisson, *Note sur le mouvement de rotation d'un corps solide*; année 1834.

La formule,

$$\frac{(n-2)\,a^2 - (n-4)\,a}{2},$$

dont les arpenteurs romains se servaient pour calculer l'aire du polygone régulier de n côtés, est celle qui exprime les nombres polygonaux de l'ordre $(n-2)$.

Ces nombres polygonaux étaient très-connus des Anciens; on les trouve dans les ouvrages de Nicomaque, de Jamblique, de Théon, de Diophante, et dans l'Arithmétique de Boèce, où ils occupent une grande place. C'est là l'origine de cette formule, employée par les écrivains latins, et qui n'a dû être regardée par eux que comme approximative. Mais l'approximation est très-grossière, et ne repose sur aucune considération vraiment géométrique.

Nous avons dit que Gerbert avait reconnu que la formule relative au triangle n'était pas exacte, et qu'il avait essayé de la démontrer comme une formule approximative; mais que son raisonnement aurait dû le conduire à l'expression

$$\frac{a^2 + a}{2} \cdot \frac{\sqrt{3}}{2},$$

qui est véritablement la formule approximative; l'approximation est d'autant plus grande que l'unité linéaire, prise pour exprimer le côté a, est plus petite.

Les mots *pagina* et *paginula*, que nous avons traduits par le mot *colonne*, ce qui nous a conduit à un sens clair du texte de Boèce, sont employés par cet auteur dans le chapitre XVI du 4ᵉ livre de son Traité de la Musique, où ils ont évidemment cette même signification, les *colonnes* étant décrites, et indiquées dans la figure et dans le texte par des lettres.

Nous trouvons encore une signification à peu près semblable des mots *pagina* et *paginula* dans une pièce sur l'Astronomie, où ils sont employés, pour exprimer l'intervalle entre deux cercles concentriques, dans la description d'un astrolabe. Cette pièce se trouve dans un manuscrit du XIᵉ siècle, à la suite de la lettre de Gerbert à Constantin, sur la construction d'une sphère céleste. (*Manuscrits de la Bibliothèque de Chartres.*)

Au lieu de cette phrase : « Peut-être, quand on aura voulu supprimer les colonnes, et ne pas s'astreindre à l'usage d'un tableau préparé pour ce genre de calculs, aura-t-on laissé seulement celles où se trouvaient des zéros, de sorte qu'alors deux petites lignes verticales (formant une *colonne*), auraient fait l'office du zéro; » il faut substituer celle-ci : « Peut-être, quand on aura voulu supprimer les colonnes, et ne pas s'astreindre à l'usage d'un tableau préparé pour ce genre de calculs, aura-t-on laissé seulement celles où se trouvaient des places vides; de sorte qu'alors deux petites lignes verticales (formant une *colonne*) auraient indiqué une place vide, et fait l'office du zéro actuel. »

PAGE 472.

Le *Vocabularium*, de Nestor Dionisyus, donne au mot *Abacus* la signification suivante : *Tabella super qua decuplationes fiunt : Abacus dicta est quin etiam ipsa decuplatio.* (Édition de 1496, Venise, in-folio.) Ce passage s'applique parfaitement à notre explication de l'*Abacus*, et semblerait prouver qu'au XVᵉ siècle la signification de ce mot n'était pas encore perdue, comme nous l'avons pensé déjà, d'après un passage de la *Bibliothèque historiale*, de Vignier.

PAGE 476.

Cela prouve-t-il qu'ils aient ignoré absolument ce système indien? C'est par une inadvertance, causée par la précipitation que nous avons mise dans la rédaction de cette dissertation qu'attendait l'imprimeur, dont nous retardions à regret le travail, que nous nous sommes servi de l'expression *système indien*, au lieu de dire *système de l'*ABACUS. Il est évident que nous avons eu en vue seulement de prouver que l'assertion de Boèce n'était point inadmissible; c'est-à-dire que le système de numération qu'il exposait, avait pu être connu des Pythagoriciens, comme il le dit : et ce système, nous le répétons, n'était pas précisément celui des Indiens, c'est-à-dire le nôtre actuel; mais il n'en différait que par l'absence du *zéro*, et par l'usage nécessaire de *colonnes* qui marquaient la place des chiffres.

Ce système n'était au fond que la représentation écrite de la *table à compter*, connue chez les Romains sous le même nom d'*Abacus*, qui était formée de cordons placés parallèlement, sur chacun desquels on pouvait faire glisser neuf boules, destinées à former des groupes qui représenteraient les nombres 1, 2, 3, 4, 5, 6, 7, 8 et 9; et les cordons exprimaient la nature des unités que ces groupes représentaient; le premier cordon était celui des unités simples ; le deuxième, celui des dixaines; le troisième, celui des centaines; et ainsi de suite.

On voit que l'*Abacus figuré* n'était autre que l'*Abacus manuel* ou *palpable;* les colonnes représentaient les cordons, et les neuf caractères (ou chiffres) représentaient les neuf collections de boules que l'on pouvait former sur chaque cordon.

La transition de l'*Abacus manuel* à l'*Abacus figuré*, était donc naturelle, et n'exigeait aucun effort de génie; on ne refuserait pas d'en faire honneur aux Romains, si Boèce ne l'attribuait à Pythagore. Et c'est ce nom de Pythagore qui donne lieu, aux yeux de quelques personnes, à l'objection la plus forte contre notre explication du passage de Boèce; car on ne veut pas admettre qu'Archimède et Apollonius aient eu connaissance de ce système de numération, qui leur eût donné l'idée de la *valeur de position* des chiffres.

Mais déjà plusieurs écrivains ont pensé que les Grecs, du temps même de Pythagore, ont connu la *machine à compter* que nous venons de décrire sous le nom d'*Abacus* des Romains; car cette machine est de la plus haute antiquité chez tous les peuples [1]. Or, cette machine,

___

[1] Cette machine est le *suanpan* des Chinois. Elle était en usage, non-seulement dans plusieurs parties de l'Asie, mais dans plusieurs autres contrées de la Terre, chez les Étrusques, en Égypte, au Pérou. *Voir* le Mémoire de M. Alex. de Humboldt, inséré dans le tome IV du *Journal de Mathématiques*, de M. Crelle, pag. 205, sous le

comme l'observe l'illustre M. de Humboldt [1], est fondée sur le principe de la *valeur de position* des signes représentatifs des nombres. Elle devait donc, tout aussi bien que l'*Abacus figuré*, décrit par Boèce, donner à Archimède et à Apollonius l'idée *de la valeur de position*, idée, du reste, que ces deux grands hommes ont eue, puisqu'ils l'ont appliquée, comme nous l'avons dit, le premier à ses *octades* et le second à ses *tétrades*.

Page 516.

On a imprimé, sous le nom de Sacro Bosco, un Traité d'*Algorisme* intitulé : *Algorismus domini Joannis de Sacro Busco, noviter impressum*, Venetiis, 1523, in-4°. Cet ouvrage n'est pas de Sacro Bosco, dont le Traité d'Arithmétique est écrit en vers ; mais il est le même que celui que Clichtovée a fait imprimer sous le titre : *Opusculum de praxi numerorum quod Algorismum vacant*.

Ce Traité présente avec les autres une différence légère, mais qui mérite néanmoins d'être remarquée. C'est que l'auteur dit de placer un *point* au-dessus du chiffre des *mille*, pour le distinguer des autres ; puis semblablement un *point* sur le quatrième chiffre après celui des mille ; et ainsi de suite sur les chiffres pris de quatre en quatre. Ce sont, comme on le voit, les *tétrades* d'Apollonius qui sont réduites, dans le système actuel, à des tranches de trois chiffres, puisque nous dénommons un nombre par tranches de trois chiffres en nous servant des mots *unités, mille, millions, billions*, etc. Au point on a substitué des virgules qui séparent ces tranches de trois chiffres.

On trouve aussi ces tétrades marquées par un point dans le Traité d'Arithmétique de Purbach, *Algorithmus G. Peurbachii in integris*, Viennæ, 1515, in-4°.

---

titre : *Uber die bei verschiedenen Völkern üblichen Systeme von Zahlzeichen und über den Ursprung des Stellenwerthes in den indinschen Zahlen :* c'est-à-dire, *Sur les systèmes de chiffres usités chez les différents peuples, et sur l'origine de la valeur de position, dans l'Arithmétique indienne.*
On trouve cette machine, soit celle des Chinois, soit celle des Romains, représentée dans plusieurs ouvrages. (*Voir* Velser, *Rerum augustanarum vindelicarum libri octo*, Venise, 1593 ; in-fol., pag. 268. — La Loubère, *Du royaume de Siam.* Paris, 1691 ; 2 vol. in-12. — Du Molinet, *Le cabinet de la Bibliothèque de Sainte-Geneviève.* Paris, 1692 ; in-fol., pag. 25. — Hager, *An Explanation of the elementary Characters of the Chinesse* ; Londres, 1801 ; in-fol.

[1] *Voir* le Mémoire cité, de M. de Humboldt.

TABLE DES MATIÈRES

DE

L'APERÇU HISTORIQUE.

TABLE DES AUTEURS

NOMMÉS DANS

L'APERÇU HISTORIQUE.

A

Aboul Wefa, 495, 526.
Aboul Hhassan Ali, 496.
Abraham Abenezræ, 492.
Adalbolde, 507.
Adhelard, 509.
Aguilon, 516.
Ahmed ben Ghalil, 550.
Albategnius, 494, 526.
Albert-le-Grand, 511, 517.
Albumazar, 510.
Alkindus, 492, 496.
Alcuin, 430, 504.
Alfarabius, 510, 518.
Alfragannus, 510.
Alhazen, 498, 509.
Almansor, 489.
Alstedius, 423, 478.
Ampère, 105, 220, 390, 415.
Anderson (Alexandre), 42, 127, 282, 285, 442, 527.

Andrès, 503, 504, 511.
Angelis, 93.
Apian (P.), 445.
Apollonius, 7, 9, 15, 17-23, 38, 41, 42, 46, 80, 89, 116, 119, 121, 124, 210, 285, 314, 325, 331, 476, 489, 500, 513, 514, 518, 558.
Apulée, 503.
Arago, 208, 356.
Archimède, 15-17, 21-23, 48, 56, 59, 77, 90, 116, 162, 163, 210, 273, 358, 428, 475, 476, 489, 514, 515, 523, 546, 558.
Archytas, 6, 427, 434, 463.
Argyrus, 523.
Aristée, 7, 21, 46, 89, 513, 514.
Aristote, 22, 59, 288, 544.
Augustin (Saint), 461, 462.
Auver (Christophe), 540.

B

C

D

E

F

G

L

M

Q-R

S

T

U-V

W-Z

MÉMOIRE DE GÉOMÉTRIE

SUR

DEUX PRINCIPES GÉNÉRAUX

DE LA SCIENCE :

LA DUALITÉ ET L'HOMOGRAPHIE.

MÉMOIRE DE GÉOMÉTRIE

SUR

DEUX PRINCIPES GÉNÉRAUX

DE LA SCIENCE :

LA DUALITÉ ET L'HOMOGRAPHIE.

PREMIÈRE PARTIE.

PRINCIPE DE DUALITÉ.

§ Ier. DEUX MÉTHODES A SUIVRE.

Nous avons dit, dans notre Cinquième Époque, que le *Principe de Dualité,*
que nous énoncerons d'une manière absolue comme une propriété inhérente aux formes de l'étendue, n'est qu'une déduction rationnelle d'un seul
théorème de Géométrie. Il paraîtrait donc naturel de commencer par démontrer ce théorème, pour en tirer, comme une simple conséquence, le principe
en question. C'est en effet ce que l'on peut faire aisément. Mais si, généralement, une déduction d'une vérité fondamentale offre moins de généralité
que cette vérité première, de telle sorte que l'on ne puisse passer indiffé-

remment de l'un à l'autre, il n'en est pas ainsi du principe de dualité, tel que nous allons le présenter. Ce principe comporte une si grande généralité, et il est d'une manière si précise l'expression ou la traduction du théorème en question, dans toute sa portée, que l'on peut passer du principe de dualité à ce théorème, avec la même facilité que du théorème au principe.

De là résulte que l'on peut suivre deux marches différentes, l'une conduisant directement au principe, et l'autre directement au théorème.

Dans la première, nous faisons usage de la Géométrie analytique de Descartes, c'est-à-dire de la doctrine des coordonnées; la seconde se renferme dans les seules ressources de la Géométrie pure des Anciens qui, de la sorte, auraient pu parvenir, avec leurs seules connaissances acquises, au principe de dualité.

Cette seconde manière de procéder serait plus logique, et plus conforme au but que nous nous sommes proposé dans cet écrit : la généralisation et l'accroissement des doctrines de la Géométrie; mais, bien que cette marche soit extrêmement simple, il nous faudrait cependant prendre d'un peu haut diverses considérations géométriques auxquelles on est moins accoutumé aujourd'hui qu'à l'emploi des formules de l'Analyse. Pour nous conformer donc aux habitudes de la plupart des Géomètres, et offrir une lecture plus facile, nous emploierons, pour le moment, la méthode analytique. Ainsi nous démontrerons directement le principe de dualité, et nous en conclurons le théorème unique de Géométrie, dont ce principe n'est que l'expression.

Nous donnerons dans un autre écrit, où nous présenterons la théorie et diverses applications du rapport *anharmonique*, la démonstration directe, purement géométrique et indépendante de la doctrine des coordonnées, du théorème général en question. Cette démonstration, quand les voies seront préparées, sera plus brève et plus facile que la marche analytique que nous allons employer pour le moment.

§ II. Méthode analytique. — Propositions préliminaires.

1. Théorème I. *Si l'on conçoit dans l'espace un plan mobile, déterminé dans chacune de ses positions par une équation rapportée à trois axes coordonnés quelconques des* x, y *et* z ; *et que les paramètres de cette équation contiennent, au premier degré, les coordonnées d'un point que nous appellerons* directeur ;

1° *Quand ce point parcourra un plan, le plan mobile tournera autour d'un point fixe ;*

2° *Quand le point parcourra une droite, le plan mobile tournera autour d'une seconde droite ;*

3° *Quand le point parcourra une surface courbe, le plan mobile roulera sur une autre surface courbe ;*

Si la première surface est du second degré, la seconde sera aussi du second degré ;

Et si la première surface est géométrique et du degré m, *la seconde surface sera aussi géométrique, et telle que, par une droite quelconque, on pourra lui mener* m *plans tangents.*

En effet soient x', y', z', les coordonnées du point directeur; l'équation du plan mobile sera de la forme

(1). . . . . $\quad Xx' + Yy' + Zz' = U$;

X, Y, Z et U étant des polynômes de la forme $ax + by + cz - d$, où les coordonnées courantes x, y, z n'entrent qu'au premier degré.

Soit

(2). . . . . $\quad Lx + My + Nz = 1$

l'équation du plan que parcourt le point directeur ; L, M, N étant des constantes : les coordonnées x', y', z' de ce point auront entre elles la relation

(3). . . . . $\quad Lx' + My' + Nz' = 1$.

On voit aisément que les valeurs des coordonnées x, y, z, tirées des trois équations suivantes :

$$(4). \ . \ . \ . \ . \ . \ . \ . \ . \ . \ X = LU, \quad Y = MU, \quad X = NU,$$

déterminent un point qui se trouve sur le plan mobile, dans toutes ses positions. Car si l'on substitue ces coordonnées dans l'équation (1) du plan mobile, il en résultera l'équation $Lx' + My' + Nz' = 1$, qui est identique, puisqu'elle n'est autre que l'équation de condition (3).

Ainsi le plan mobile, dans toutes ses positions, passe par un point fixe, dont les coordonnées sont déterminées par trois équations (4); ce qui démontre la première partie du théorème.

Appelons ce point fixe le *pôle* du plan que le point directeur a parcouru.

Quand le point directeur parcourt une droite; que l'on imagine deux plans passant par cette droite : le point directeur se mouvra dans ces deux plans en même temps; le plan mobile passera donc par deux points fixes qui seront les *pôles* de ces plans; ce plan mobile tournera donc autour de la droite qui joint ces points; ce qui est la seconde partie du théorème.

Si le point directeur parcourt une surface courbe A, le plan mobile enveloppera une seconde surface courbe A'.

Supposons la surface A géométrique et du degré m : une transversale menée arbitrairement la rencontrera en m points; à chacun de ces points, considéré comme point directeur, correspondra un plan tangent à la surface A'; ces plans tangents, qui seront en nombre m, passeront tous par une même droite (d'après la seconde partie du théorème); la surface A' admettra donc m plans tangents passant par une même droite quelconque.

Si la surface A est du second degré, la surface A' sera donc aussi du second degré; ce qui démontre les deux dernières parties du théorème.

2. La surface A', qui est l'enveloppe du plan mobile, quand le point directeur parcourt la surface A, peut être déterminée d'une seconde manière, par points, au moyen du théorème suivant :

THÉORÈME II. *Quand le point directeur parcourt une surface courbe* A, *la surface enveloppe du plan mobile est le lieu géométrique des* pôles *de tous les plans tangents à la surface* A *;*

Et le point où le plan mobile, dans une de ses positions, touche cette surface enveloppe, est le pôle *du plan tangent à la surface* A, *mené par le point directeur auquel correspond cette position du plan mobile.*

En effet, pour obtenir le point où le plan mobile, dans une de ses positions, touche sa surface enveloppe A′, on regarde ce point comme l'intersection de ce plan tangent et de deux autres plans tangents infiniment peu différents ; or ces trois plans correspondent à trois positions du point directeur, infiniment voisines, c'est-à-dire à trois points d'un élément de la surface A, lesquels sont sur son plan tangent. Le point de contact du plan mobile et de la surface A′ est donc le *pôle* de ce plan tangent à la surface A ; ce qui démontre, en même temps, les deux parties du théorème énoncé.

3. *Remarque.* Ce théorème sera très-utile pour construire, par points, la surface enveloppe du plan mobile, quand le point directeur parcourra une surface donnée A.

Car il suffira de mener les plans tangents de la surface A, et de chercher leurs *pôles ;* ce seront les points de la nouvelle surface. Or ces pôles se déterminent aisément, car soit $Lx + My + Nz = 1$ l'équation d'un plan tangent à la surface A : les coordonnées de son pôle seront données par les trois équations linéaires

$$X = LU, \quad Y = MU, \quad Z = NU.$$

Ce moyen de construire par points la surface enveloppe du plan mobile, sert aussi pour trouver immédiatement l'équation de cette surface, sans recourir au Calcul différentiel, ordinairement indispensable dans les questions de surfaces enveloppes.

Car le calcul se réduit à éliminer, entre les trois équations que nous venons d'écrire, et l'équation de la surface proposée A, les coordonnées x', y', z' appartenant à cette surface ; l'équation résultante en X, Y, Z, qui sont des fonctions des coordonnées x, y, z de la surface enveloppe du plan mobile, sera précisément l'équation de cette surface.

Supposons, par exemple, que le point directeur parcoure la surface du second degré représentée par l'équation

$$A x^2 + B y^2 + C z^2 + 2 (D x + E y + F z) = K;$$

l'équation du plan tangent au point (x', y', z') de cette surface sera

$$x (A x' + D) + y (B y' + E) + z (C z' + F) = K - (D x' + E y' + F z').$$

Les trois équations de condition ci-dessus seront donc

$$X \left[K - (D x' + E y' + F z') \right] = (A x' + D), U,$$
$$Y \left[K - (D x' + E y' + F z') \right] = (B y' + E)\ U,$$
$$Z \left[K - (D x' + E y' + F z') \right] = (C z' + F)\ U.$$

Il suffit d'éliminer x', y', z' entre ces trois équations et la suivante

$$A x'^2 + B y'^2 + C z'^2 + 2 (D x' + E y' + F z') = K.$$

Le résultat

$$\left(\frac{X^2}{A^2} + \frac{Y^2}{B^2} + \frac{Z^2}{C^2} \right) \left(K + \frac{D^2}{A} + \frac{E^2}{B} + \frac{F^2}{C} \right) = \left(1 + \frac{LD}{A} + \frac{ME}{B} + \frac{NF}{C} \right)^2,$$

est l'équation de la surface enveloppe. Cette équation est du second degré, puisque X, Y, Z sont des fonctions linéaires des cordonnées courantes x, y, z.

4. Théorème III. *Quand le point directeur se meut à l'infini, le plan mobile tourne autour d'un point fixe, comme si le point directeur parcourait un plan.*

En effet, si le point directeur est situé à l'infini sur une droite ayant pour équations

$$x = a z, \quad y = b z,$$

on aura

$$x' = a z', \quad y' = b z';$$

et l'équation (1) du plan mobile, correspondant à cette position du point directeur, deviendra

$$(a X + b Y + Z) z' = U.$$

Or, z' est infini; cette équation se réduit donc à

$$a\mathrm{X} + b\mathrm{Y} + \mathrm{Z} = 0.$$

Telle est l'équation du plan mobile, dans sa position correspondant au point directeur situé à l'infini, sur la droite dont nous avons posé les équations.

Ce plan passe évidemment par le point dont les coordonnées x, y, z sont déterminées par les trois équations

$$\mathrm{X} = 0, \quad \mathrm{Y} = 0, \quad \mathrm{Z} = 0.$$

Donc, dans quelque position que soit situé, à l'infini, le point directeur, le plan mobile passera par le point fixe que déterminent ces trois équations, comme si le point directeur parcourait un plan. C. Q. F. D.

5. Si l'on cherchait à déterminer ce plan, il faudrait mettre dans les trois équations (4), à la place de x, y, z, leurs valeurs tirées des trois équations ci-dessus; on aurait ainsi les valeurs des coefficients L, M, N correspondant à la position de ce plan. Or ces équations deviennent

$$\mathrm{LU} = 0, \quad \mathrm{MU} = 0, \quad \mathrm{NU} = 0.$$

U n'est pas nulle, puisque c'est une fonction de x, y, z, qui est devenue un nombre par la substitution des valeurs de ces coordonnées; il faut donc qu'on ait

$$\mathrm{L} = 0, \quad \mathrm{M} = 0, \quad \mathrm{N} = 0;$$

et dès lors, l'équation $\mathrm{L}x + \mathrm{M}y + \mathrm{N}z = 1$ représente un plan situé à l'infini, et indéterminé de direction.

Nous pouvons donc énoncer, avec M. Poncelet, cette idée paradoxale, mais d'une justesse mathématique :

L'espace indéfini a pour enveloppe une surface plane. (Traité des Propriétés projectives, p. 373.)

74

6. Théorème IV. *Quand le point directeur prend quatre positions* a, b, c, d, *en ligne droite, le plan mobile prend quatre positions correspondantes, que nous désignons par* A, B, C, D;

Ces quatre plans passent par une même droite, et leur rapport anharmonique * *est égal à celui des quatre points* a, b, c, d; *c'est-à-dire que l'on a*

$$\frac{\sin. C, A}{\sin. C, B} : \frac{\sin. D, A}{\sin. D, B} = \frac{ca}{cb} : \frac{da}{db}.$$

En effet, les quatre plans A, B, C, D passent par une même droite, puisque les quatre points a, b, c, d sont en ligne droite; par conséquent, si l'on tire une transversale quelconque qui rencontre ces quatre plans aux points α, ϵ, γ, δ, on aura

$$\frac{\gamma\alpha}{\gamma\epsilon} : \frac{\delta\alpha}{\delta\epsilon} = \frac{\sin. C, A}{\sin. C, B} : \frac{\sin. D, A}{\sin. D, B}.$$

Il suffit donc de prouver que le premier membre de cette équation est égal au second membre de l'équation ci-dessus.

Pour cela, soient ξ, ν, ζ, les coordonnées d'un point fixe K, pris sur la droite des quatre points a, b, c, d; et soient r', r'', r''', r^{IV}, les distances de ces quatre points au point K; leurs coordonnées seront

$$\left. \begin{array}{l} x' = \xi + lr', \\ y' = \nu + mr', \\ z' = \zeta + nr'; \end{array} \right\} \text{ pour le point } a;$$

$$\left. \begin{array}{l} x'' = \xi + lr'', \\ y'' = \nu + mr'', \\ z'' = \zeta + nr''; \end{array} \right\} \text{ pour le point } b;$$

$$\left. \begin{array}{l} x''' = \xi + lr''', \\ y''' = \nu + mr''', \\ z''' = \zeta + nr'''; \end{array} \right\} \text{ pour le point } c;$$

$$\left. \begin{array}{l} x^{IV} = \xi + lr^{IV}, \\ y^{IV} = \nu + mr^{IV}, \\ z^{IV} = \zeta + nr^{IV}; \end{array} \right\} \text{ pour le point } d;$$

---

* Nous avons donné, dans la Note IX, la définition du *rapport anharmonique* de quatre points, ou de quatre plans.

l, m, n étant les quantités angulaires qui déterminent la direction de la droite ab.

L'équation du plan mobile, dans sa position A, correspondant au point directeur a, est

$$X\xi + Y\nu + Z\zeta - U + (lX + mY + nZ)\,r' = 0.$$

Soit ρ' la distance du point K au point où ce point rencontre la droite ab ; les coordonnées de ce dernier point seront de la forme

$$x = \xi + l\rho',$$
$$y = \nu + m\rho',$$
$$z = \zeta + n\rho' ;$$

elles doivent satisfaire à l'équation du plan : les y mettant, on aura une équation qui donnera la valeur de ρ'. Cette équation sera évidemment de la forme

$$P + Q\rho' + (R + S\rho')\,r' = 0 ;$$

P, Q, R, S étant des fonctions de ξ, ν, ζ, l, m, n.

Les distances ρ'', ρ''', ρ^{IV}, du point K aux points où les autres plans B, C, D rencontrent la droite ab, seront données par les équations semblables :

$$P + Q\rho'' + (R + S\rho'')\,r'' = 0,$$
$$P + Q\rho''' + (R + S\rho''')\,r''' = 0,$$
$$P + Q\rho^{IV} + (R + S\rho^{IV})\,r^{IV} = 0.$$

De ces équations, on tire

$$\frac{\rho''' - \rho'}{\rho''' - \rho''} = \frac{r''' - r'}{r''' - r''} \cdot \frac{Q + Sr''}{Q + Sr'},$$

$$\frac{\rho^{IV} - \rho'}{\rho^{IV} - \rho''} = \frac{r^{IV} - r'}{r^{IV} - r''} \cdot \frac{Q + Sr''}{Q + Sr'}.$$

D'où

$$\frac{\rho'' - \rho'}{\rho''' - \rho''} : \frac{\rho^{IV} - \rho'}{\rho^{IV} - \rho''} = \frac{r''' - r'}{r''' - r''} : \frac{r^{IV} - r'}{r^{IV} - r''} ;$$

équation qui démontre le théorème énoncé.

7. REMARQUE. L'équation $P + Q\rho' + (R + S\rho')r' = 0$ fait voir que : *sur une droite quelconque, il se trouve en général deux points qui, regardés comme deux positions du point directeur, donnent deux plans mobiles qui passent par ces points respectivement.*

En effet, si l'on veut que le plan A, correspondant au point a, passe par ce point, on aura, dans l'équation ci-dessus, $\rho' = r'$, et elle deviendra

$$P + (Q + R)\,r' + Sr'^2 = 0.$$

Les deux racines de cette équation détermineront, sur chaque transversale, les deux points en question.

En général, *quand le plan mobile passe par son point directeur, ce point a pour lieu géométrique une surface du second degré.*

En effet, l'équation du plan mobile est

$$Xx' + Yy' + Zz' = U.$$

Si ce plan passe par le point directeur, cette équation sera vérifiée quand on mettra x', y', z' à la place de x, y, z, dans X, Y, Z et U. Mais alors on aura une équation du second degré ; cette équation représentera donc une surface du second degré sur laquelle sera le point directeur ; ce qui démontre le théorème.

Il faut observer, cependant, que si l'équation du plan mobile était telle qu'en y faisant $x = x'$, $y = y'$, $z = z'$, on la rendît identique, ce qui est possible, ainsi que nous le verrons (155), le plan mobile passerait constamment par le point directeur.

8. THÉORÈME V. *Étant données cinq positions du point directeur, on pourra prendre arbitrairement, dans l'espace, cinq plans qui seront les cinq positions du plan mobile, correspondant respectivement à ces cinq points.*

En effet, soient x', y', z' les coordonnées d'un des cinq points donnés, et

$$Px + Qy + Rz = 1,$$

l'équation du plan qui doit correspondre à ce point.

Cette équation doit être identique à l'équation générale du plan mobile, que nous avons représentée par

$$Xx' + Yy' + Zz' = U.$$

X, Y, Z et U sont des fonctions linéaires de x, y, z, de la forme

$$X = ax + by + cz - d,$$
$$Y = a'x + b'y + c'z - d',$$
$$Z = a''x + b''y + c''z - d'',$$
$$U = a'''x + b'''y + c'''z - d'''.$$

D'après cela, l'équation générale du plan mobile est

$$(ax + by + cz - d)\,x' + (a'x + b'y + c'z - d')\,y' + (a''x + b''y + c''z - d'')\,z'$$
$$= (a'''x + b'''y + c'''z - d''');$$

ou

$$(ax' + a'y' + a''z' - a''')\,x + (bx' + b'y' + b''z' - b''')\,y + (cx' + c'y' + c''z' - c''')\,z$$
$$= (dx' + d'y' + d''z' - d''').$$

Pour que cette équation soit identique à l'équation particulière du plan donné, il faut qu'on ait les trois équations de condition

$$ax' + a'y' + a''z' - a''' = P\,(dx' + d'y' + d''z' - d'''),$$
$$bx' + b'y' + b''z' - b''' = Q\,(dx' + d'y' + d''z' - d'''),$$
$$cx' + c'y' + c''z' - c''' = R\,(dx' + d'y' + d''z' - d''').$$

Pour chacun des quatre autres plans donnés, on aura trois équations de condition, semblables à celles-ci, et où entreront les coordonnées du point auquel correspond ce plan. On aura donc en tout quinze équations de condition, qui serviront à déterminer quinze des seize coefficients a, b, c, d, a', etc.; et comme ces coefficients n'entrent qu'au premier degré dans ces quinze équations, leurs valeurs seront toujours réelles, et s'obtiendront facilement. Le théorème est donc démontré.

On voit par la forme des quinze équations, qui n'ont pas de termes connus, que le seizième coefficient restera indéterminé. Car on peut diviser ces quinze équations par l'un des seize coefficients.

9. Le théorème I conduit à une proposition de Géométrie analytique dont nous aurons occasion de faire usage (§ XVII); le voici :

Quand les coefficients de trois coordonnées, dans l'équation d'un plan mobile, sont variables et ont entre eux une relation du premier degré, ce plan passe constamment par un point fixe ;

Si ces coefficients ont entre eux une relation du second degré, le plan enveloppe une surface du second degré ;

Et, en général, si ces coefficients ont entre eux une relation du degré m, *le plan enveloppe une surface géométrique, à laquelle on peut mener* m *plans tangents par une même droite.*

En effet, soient x', y', z' les trois coefficients de l'équation du plan mobile ; cette équation sera

$$x'x + y'y + z'z = k ;$$

chaque système de valeur de x', y', z' déterminera un plan.

Mais on peut regarder ces trois variables comme les coordonnées d'un point, et la relation donnée entre elles représentera une surface, lieu géométrique de ce point ; le théorème énoncé est donc une conséquence du théorème I.

§ III. DÉMONSTRATION DU PRINCIPE DE DUALITÉ.

10. Nous diviserons ce principe en deux parties, dont la première est relative à la corrélation des relations descriptives des figures; et la seconde, à la corrélation de leurs relations de grandeur ou métriques.

PREMIÈRE PARTIE. *Lorsqu'une figure de forme qvelconque est donnée, on peut toujours former, d'une infinité de manières, une autre figure, dans laquelle les* points, *les* plans, *les* droites, *correspondront respectivement à des* plans, *à des* points, *à des* droites *de la première figure ;*

Les points situés sur un même plan, dans l'une des deux figures, auront pour correspondants des plans passant tous par le point qui correspond à ce plan;

Les points situés sur une même droite, dans l'une des deux figures, auront pour correspondants, dans l'autre figure, des plans passant par la droite qui correspond à la première;

Les points situés sur une surface courbe, dans la première figure, auront pour correspondants, dans la seconde, des plans tangents à une autre surface courbe; et les plans tangents à la première surface, en ces points, auront pour correspondants précisément les points de contact des plans tangents à la seconde surface;

Enfin, tous les points situés à l'infini, considérés comme appartenant à la première figure, seront regardés comme situés sur un même plan, et tous les plans qui leur correspondront passeront par un même point, qui correspond à ce plan situé à l'infini.

Ce sont ces deux figures que nous appellerons *corrélatives.*

Ce principe résulte évidemment des théorèmes I, II et III. Car on formera la seconde figure, en faisant mouvoir un plan dont l'équation contienne, au premier degré, les coordonnées d'un point mobile auquel on fera parcourir toutes les parties de la première figure. La seconde figure sera l'enveloppe du plan mobile.

11. Il est clair que des droites situées dans un même plan auront pour correspondantes, dans la seconde figure, des droites qui passeront toutes par un même point; ce point correspond au plan des premières droites.

Par conséquent, des droites situées à l'infini auront, pour correspondantes, des droites passant toutes par le point de la seconde figure qui correspond à l'infini de la première.

Pareillement des droites passant toutes par un même point, dans la première figure, donneront lieu à des droites situées toutes dans le plan correspondant à ce point.

Par conséquent, des droites parallèles entre elles donneront lieu à des droites situées toutes dans un même plan passant par le point de la seconde figure qui correspond à l'infini de la première.

Des plans parallèles entre eux donneront lieu, dans la seconde figure, à des points situés sur une même droite passant par le point qui correspond, dans cette seconde figure, à l'infini de la première. Car les plans parallèles entre eux seront considérés comme passant par une même droite située à l'infini.

Enfin des plans parallèles à une même droite donneront lieu à des points situés tous sur un même plan passant par le point qui correspond à l'infini.

12. SECONDE PARTIE. *Dans deux figures corrélatives, à quatre points de la première, situés en ligne droite, correspondent, dans la seconde, quatre plans passant par une même droite, et dont le rapport anharmonique est égal au rapport anharmonique des quatre points;*

Et, à quatre plans de la première figure, passant par une même droite, correspondent, dans la seconde figure, quatre points situés en ligne droite, dont le rapport anharmonique est égal au rapport anharmonique des quatre plans.

Ainsi soient a, b, c, d quatre points de l'une des deux figures, situés en ligne droite, et A, B, C, D les quatre plans correspondants, dans l'autre figure : on aura toujours

$$(1) \quad \ldots \ldots \ldots \quad \frac{\sin. C, A}{\sin. C, B} : \frac{\sin. D, A}{\sin. D, B} = \frac{ca}{cb} : \frac{da}{db} .$$

Cela résulte du théorème IV.

Si l'on tire arbitrairement une transversale, qui rencontre les quatre plans A, B, C, D aux points α, ε, γ, δ, on aura

$$(2) \quad \ldots \ldots \ldots \quad \frac{\gamma\alpha}{\gamma\varepsilon} : \frac{\delta\alpha}{\delta\varepsilon} = \frac{ca}{cb} : \frac{da}{db} .$$

Car le premier membre de cette équation est égal au premier membre de l'équation du théorème.

13. Si le point d est situé à l'infini, le plan D passera par le point qui correspond, dans la seconde figure, à l'infini de la première; le rapport $\frac{da}{db}$ sera égal à l'unité, et les deux équations ci-dessus se réduiront à

$$\frac{\sin. C, A}{\sin. C, B} : \frac{\sin. D, A}{\sin. D, B} = \frac{ca}{cb},$$

$$\frac{\gamma\alpha}{\gamma\delta} : \frac{\partial\alpha}{\partial\delta} = \frac{ca}{cb}.$$

Ajoutons que si le point de la seconde figure, qui correspond à l'infini de la première, est lui-même à l'infini, tous les plans qui répondront, dans la seconde figure, aux points à l'infini de la première, seront parallèles à une même droite.

Si donc l'on prend pour transversale une parallèle à cette droite, le point δ sera à l'infini, et la seconde des deux équations précédentes se simplifiera encore; elle deviendra.

$$\frac{\gamma\alpha}{\gamma\delta} = \frac{ca}{cb}.$$

Ainsi, une partie des relations métriques des deux figures pourront être exprimées par des équations de cette forme.

_ 14. L'équation (1) exprime la propriété la plus importante des figures corrélatives. On peut dire qu'elle est le fondement de toute cette théorie. Car c'est sur cette relation si simple que reposent la construction des figures corrélatives les plus générales, et la plupart des applications du principe de dualité.

C'est, le plus généralement, sous sa forme même, ou sous celle de l'équation (2), que nous appliquerons cette relation. Mais cependant elle est susceptible d'une autre expression, qui simplifiera extrêmement les transformations, dans certains cas, et que nous allons, tout de suite, faire connaître.

Écrivons l'équation (1) de cette manière :

$$\frac{\sin. C, A}{\sin. C, B} : \frac{ca}{cb} = \frac{\sin. D, A}{\sin. D, B} : \frac{da}{db}.$$

75

A un cinquième plan E de la première figure, passant par la même droite que les quatre premiers, correspondra un cinquième point e de la seconde figure, situé sur la même droite que les quatre premiers; et l'on aura l'équation

$$\frac{\sin. E, A}{\sin. E, B} : \frac{ca}{cb} = \frac{\sin. D, A}{\sin. D, B} : \frac{da}{db}.$$

Donc, en général, quel que soit un plan C mené dans la première figure, par la droite d'intersection de deux plans fixes A, B de cette figure, il lui correspondra un point c de la seconde figure, situé sur la droite qui joint les deux points fixes, a, b qui correspondent aux plans A, B; et l'on a, entre ce plan C et ce point c, la relation

$$\frac{\sin. C, A}{\sin. C, B} : \frac{ca}{cb} = \text{const.}$$

Maintenant, concevons dans le plan C un point quelconque m; le rapport $\frac{\sin. C, A}{\sin. C, B}$ sera égal au rapport des distances de ce point aux deux plans A, B.

Au point m correspond, dans la seconde figure, un plan M qui passe par le point c, puisque le point m est pris dans le plan C. Le rapport $\frac{ca}{cb}$ est égal au rapport des perpendiculaires abaissées, des deux points a, b, sur le plan M. Notre équation exprime donc que le rapport des distances du point m de la première figure, aux deux plans fixes, est au rapport des distances du plan M de la seconde figure aux deux points a, b, dans une raison constante, quels que soient le point m et le plan M qui lui correspond.

15. Ainsi nous pouvons énoncer comme principe des relations métriques des figures corrélatives, ce théorème, qui est une autre expression de la seconde partie du principe de dualité :

Dans deux figures corrélatives, le rapport des distances d'un point quelconque de la première figure, à deux plans fixes de cette figure, est au rapport des distances du plan qui correspond à ce point dans la seconde

figure, aux deux points qui correspondent aux deux plans de la première,
dans une raison constante, quel que soit le point pris dans la première
figure.

16. Examinons le cas où l'un des deux plans fixes de la première
figure est à l'infini. Soit le plan B situé à l'infini. Il nous faudra alors nous
servir de l'équation (2), qui devient

$$\frac{\gamma\alpha}{\delta\alpha} = \frac{ca}{cb} : \frac{da}{db},$$

ou

$$\gamma\alpha : \frac{ca}{cb} = \delta\alpha : \frac{da}{db},$$

ou

$$\gamma\alpha : \frac{ca}{cb} = \text{const.};$$

quel que soit, dans la première figure, le plan C mené parallèlement au
plan A.

Or, $\gamma\alpha$ est proportionnel à la perpendiculaire abaissée d'un point m du
plan C sur le plan A; $\frac{ca}{cb}$ est égal au rapport des distances du plan M, qui
correspond au point m, aux deux points a, c : l'équation exprime donc ce
théorème :

Dans deux figures corrélatives, la distance d'un point quelconque de la
première figure, à un plan fixe de cette figure, est au rapport des distances
du plan qui correspond à ce point dans la seconde figure, au point qui cor-
respond à ce plan fixe, et au point qui correspond à l'infini de la première
figure, dans une raison constante, quel que soit le point pris dans la pre-
mière figure.

Ce théorème et le précédent seront d'une application spontanée dans
beaucoup de cas de la transformation des figures.

17. Pour appliquer le principe de dualité, on devra d'abord concevoir
la forme et la description de la figure corrélative de la figure proposée; ce
qui se fera rapidement et sans difficulté, au moyen de la première partie
du principe.

Par exemple, que la figure proposée soit une courbe à double courbure;
à chacun de ses points correspondra un plan dans la figure corrélative; et
cette figure sera une surface développable, enveloppe de tous ces plans.
Chaque tangente à la courbe étant considérée comme le prolongement de la
corde qui joint deux points infiniment voisins; à cette tangente correspondra une droite qui sera l'intersection de deux plans tangents à la développable, infiniment voisins, c'est-à-dire une arête ou caractéristique de
cette surface. A un plan mené par une tangente à la courbe, correspondra
un point de la caractéristique, correspondant à cette tangente. Le plan
osculateur, en un point de la courbe proposée, passe par deux tangentes
infiniment voisines; le point qui lui correspondra sur la développable sera
donc l'intersection de deux caractéristiques consécutives; ce sera donc un
point de l'arête de rebroussement de la surface.

Ainsi l'on voit que la forme générale de la figure corrélative d'une courbe
à double courbure est parfaitement déterminée.

Réciproquement, à une surface développable proposée, correspondra,
dans la figure corrélative, une courbe à double courbure.

18. Que la figure proposée soit une surface courbe, coupée par un plan;
à cette surface correspondra, dans la figure corrélative, une seconde surface
courbe; aux points d'intersection par le plan correspondront des plans
tangents à la seconde surface; et tous ces points étant dans un plan, tous
ces plans tangents passeront par un même point, qui correspondra à ce
plan; ces plans formeront donc un cône. Ainsi l'on aura, pour figure corrélative, une surface courbe inscrite à un cône.

19. *Si deux surfaces ont un point de contact, les deux surfaces corré-*
latives auront aussi un point de contact. Car au point de contact des deux
premières, et à leur plan tangent commun en ce point, correspondront un
plan tangent commun aux deux autres surfaces, et un point qui sera, sur
ces deux surfaces, leur point de contact commun avec ce plan (Théorème II).

D'après cela, si deux surfaces sont circonscrites l'une à l'autre suivant
une courbe, les deux surfaces corrélatives seront aussi circonscrites l'une à
l'autre; et les plans tangents à ces surfaces, menés par les points de leur
courbe de contact, formeront une développable correspondant à la ligne de
contact des deux premières surfaces.

20. Si deux courbes ont un contact de l'ordre n en un point, c'est-à-dire
ont n éléments consécutifs communs, les deux développables, corrélatives de
ces courbes, auront n caractéristiques consécutives communes; conséquemment tout plan les coupera suivant deux courbes qui auront un contact de
l'ordre n; ces deux surfaces auront donc un contact de l'ordre n, suivant
une caractéristique commune.

21. D'après cela, soient deux surfaces ayant un contact du premier ordre
suivant toute l'étendue d'une courbe; coupons-les par un plan tangent à
cette courbe : on sait que les deux sections auront un contact du troisième
ordre; formons la figure corrélative, nous en conclurons aisément que :

Quand deux surfaces ont un contact du premier ordre suivant une courbe,
si l'on conçoit la développable qui leur sera circonscrite suivant cette courbe,
et que l'on regarde un point d'une caractéristique de cette développable
comme le sommet commun de deux cônes circonscrits aux deux surfaces,
ces deux cônes auront un contact du troisième ordre suivant cette droite.

22. Si le plan sécant, au lieu d'être simplement tangent à la courbe de
contact des deux premières surfaces, était un plan osculateur de cette
courbe, les deux courbes d'intersection des surfaces par ce plan auraient,
comme l'on sait, un contact du cinquième ordre (*Développements de Géo-*
métrie de M. Ch. Dupin, p. 230); on en conclut que :

Quand deux surfaces ont un contact du premier ordre suivant une courbe, si l'on conçoit la développable circonscrite à ces surfaces suivant cette courbe, et que l'on regarde un point de l'arête de rebroussement de cette développable comme le sommet commun de deux cônes circonscrits aux deux surfaces, ces deux cônes auront un contact du cinquième ordre suivant leur arête commune, qui sera la caractéristique de la développable, sur laquelle est pris leur sommet commun.

On voit comment les théorèmes généraux sur les contacts des surfaces, démontrés par M. Ch. Dupin dans ses *Développements de Géométrie*, donneront lieu à d'autres théorèmes aussi généraux, qui seront leurs corrélatifs.

23. Soit ce beau théorème de M. Monge : « Si, par tous les points d'une » surface courbe, on conçoit des droites menées dans l'espace suivant une » loi quelconque, et que l'on considère l'une de ces droites ; de toutes celles » qui lui sont infiniment voisines, il n'y en a généralement que deux qui » la rencontrent. » (Voir le *Mémoire sur les déblais et remblais*, de Monge, inséré dans les MÉMOIRES DE L'ACADÉMIE DE PARIS, année 1781, et la *Correspondance polytechnique*, t. III, p. 152.)

Formant la figure corrélative, on aura une seconde surface courbe, dont les plans tangents correspondront aux points de la première. Les droites menées par ses points, auront pour correspondantes des droites menées par les plans tangents de la seconde surface, suivant une certaine loi. Or, quand deux droites se rencontrent, leurs corrélatives se rencontrent aussi ; on conclut donc, du théorème énoncé, le suivant :

Si, dans tous les plans tangents d'une surface courbe, on conçoit des droites menées suivant une certaine loi, et que l'on considère une de ces droites ; de toutes celles qui lui sont infiniment voisines, c'est-à-dire qui sont situées dans les plans tangents infiniment voisins de celui où se trouve la première droite, il n'y en aura généralement que deux qui la rencontreront.

Ainsi, par exemple, si l'on projette une droite fixe sur tous les plans tangents d'une surface courbe quelconque, et que l'on considère l'une de ses projections ; de toutes les projections infiniment voisines de celle-là, il n'y en aura généralement que deux qui la rencontreront.

24. Le théorème général que nous venons de déduire de celui de Monge, comme son corrélatif, pouvait s'en conclure directement, comme n'étant au fond que ce théorème même, présenté sous une autre forme. Car toutes les droites comprises dans les plans tangents à la surface vont rencontrer un plan fixe, mené arbitrairement, en ses différents points; on peut donc les considérer comme issues de ces points, suivant une certaine loi déterminée; dès lors chacune d'elles doit être rencontrée par deux de celles qui en sont infiniment voisines.

Il arrive ainsi quelquefois qu'un théorème a pour corrélatif ce théorème lui-même, présenté sous le même énoncé ou sous un énoncé différent. Mais ce sont là des exceptions : généralement, deux théorèmes corrélatifs sont essentiellement différents.

§ V. Applications du principe de dualité aux propriétés métriques
DES FIGURES.

25. Ce qui précède suffit pour montrer comment on établira toujours la corrélation de formes et de description des figures. Nous pouvons donc, sans entrer dans de plus longs développements, nous occuper de la corrélation de leurs relations de grandeur; ce qui est la partie la plus importante du principe de dualité, parce qu'on a presque toujours de telles relations à considérer dans les recherches des propriétés de l'étendue.

C'est au moyen de la seconde partie du principe qu'on établira la corrélation des relations métriques des figures.

Supposons qu'on ait une relation entre les distances de plusieurs points d'une figure; on formera, relativement à ces points et aux plans qui leur correspondront dans la figure corrélative, autant d'équations semblables à celle du principe (12), que la question en comportera; et, au moyen de ces équations, on cherchera à éliminer, de la relation donnée, les distances des points de la première figure; il restera une relation entre les sinus des angles des plans correspondants de la seconde figure; ou bien entre les segments que ces plans feront sur certaines transversales : ce sera la relation corrélative cherchée.

Il ne faut pas perdre de vue que, quand des points de la première figure seront situés à l'infini, les équations se simplifieront beaucoup (13).

Divers exemples vont faire comprendre parfaitement l'usage de cette méthode.

§ VI. Sur les pôles et les plans polaires des surfaces du second degré.

26. Soit une surface du second degré; si on lui mène deux plans tangents parallèles entre eux, la droite qui joindra les deux points de contact a, b passera par le centre o de la surface; et l'on aura

$$oa = ob.$$

Faisons la figure corrélative : nous aurons une seconde surface du second degré, un point fixe i correspondant à l'infini (10), une droite menée par ce point, correspondant à la droite d'intersection, située à l'infini, des deux plans tangents; les deux points où cette droite percera la surface correspondront à ces deux plans tangents; et les plans A, B, tangents en ces points, correspondront aux deux points a, b; donc leur intersection correspondra à la droite ab, et sera par conséquent dans un plan fixe O, correspondant au centre o de la première surface. Soit I le plan mené par cette droite et par le point i : il correspondra au point à l'infini sur la droite ab. On aura donc

$$\frac{\sin. \, O, A}{\sin. \, O, B} : \frac{\sin. \, I, A}{\sin. \, I, B} = \frac{oa}{ob} = 1.$$

Soient α, ϵ, ω les points où une transversale, menée par le point i, perce les plans A, B, O; on aura, d'après cette équation,

$$\frac{i\alpha}{i\epsilon} : \frac{\omega\alpha}{\omega\epsilon} = 1.$$

On conclut de là que :

Si, autour d'un point fixe pris arbitrairement, on fait tourner une transversale qui rencontre une surface du second degré, les plans tangents à la surface, aux deux points de rencontre, se couperont sur un plan fixe; et la transversale percera ce plan au point conjugué harmonique du point fixe, par rapport aux deux points de la surface.

C'est la propriété fondamentale des *pôles* et des *plans polaires* dans les surfaces du second degré.

27. Nous pouvons donc dire que : *quand on fait la figure corrélative d'une surface du second degré, on a une seconde surface du second degré dans laquelle le plan qui correspond au centre de la première a pour* pôle, *pris par rapport à cette seconde surface, le point qui correspond à l'infini de la première figure.*

28. La droite d'intersection de deux plans tangents à une surface du second degré s'appelle la *polaire* de la corde qui joint les deux points de contact de ces plans. Le théorème que nous venons de démontrer prouve donc que : *toutes les droites qui passent par un même point ont leurs polaires situées dans un même plan; et réciproquement.*

Nous ne nous étendrons pas davantage sur la théorie des pôles et des plans polaires, qui est parfaitement connue.

§ VII. Généralisation du théorème sur la proportionnalité des rayons homologues dans deux figures homothétiques [*]. — Construction nouvelle des bas-reliefs.

29. Soient deux tétraèdres *abcd*, *a'.b, c' d'* semblables et semblablement placés; c'est-à-dire ayant leurs faces respectivement parallèles. On sait que les quatre droites qui joignent un à un leurs sommets homologues concou-

---

[*] Nous avons appelé ainsi deux figures semblables entre elles et semblablement placées. (Voir *Annales de Mathématiques*, t. XVIII, p. 280.) Depuis, plusieurs Géomètres ont employé cette expression abréviative, dont nous continuerons dès lors à faire usage.

rent en un même point u; et que le rapport des distances de ce point à deux
sommets homologues est constant; c'est-à-dire qu'on a

$$(1). \quad \ldots \ldots \ldots \ldots \ldots \quad \frac{ua}{ua'} = \frac{ub}{ub'} = \text{etc.}$$

Faisons la figure corrélative : nous aurons deux tétraèdres, dont les sommets correspondront respectivement aux faces des tétraèdres proposés; ces
sommets seront donc, deux à deux, sur quatre droites qui passeront par
un même point i correspondant à l'infini (11). Les faces A, B... de ces deux
tétraèdres correspondront aux sommets a, b... des premiers; elles se couperont donc, deux à deux, suivant quatre droites qui seront dans un même
plan U, correspondant au point u (10). Que, par la droite d'intersection
des deux faces A, A', on mène un plan l passant par le point i : il correspondra au point situé à l'infini sur la droite aa'; on aura donc

$$\frac{\sin. \text{U}, \text{A}}{\sin. \text{U}, \text{A}'} : \frac{\sin. \text{l}, \text{A}}{\sin. \text{l}, \text{A}'} = \frac{ua}{ua'} ;$$

ou, en appelant α, α', λ les points où une transversale, menée par le point i,
rencontre les trois plans A, A', U :

$$\frac{\lambda\alpha}{\lambda\alpha'} : \frac{i\alpha}{i\alpha'} = \frac{ua}{ua'} .$$

Soient pareillement ε, ε', μ les points où une transversale, menée par le
point i, rencontre les plans B, B' et U; on aura

$$\frac{\mu\varepsilon}{\mu\varepsilon'} : \frac{i\varepsilon}{ib'} = \frac{ub}{ub'} .$$

Donc, en vertu de l'équation (1),

$$\frac{i\alpha}{i\alpha'} : \frac{\lambda\alpha}{\lambda\alpha'} = \frac{i\varepsilon}{ib'} : \frac{\mu\varepsilon}{\mu\varepsilon'} .$$

Les segments $\lambda\alpha$, $\alpha\lambda'$ sont proportionnels aux distances des deux points α, α' au plan U ; pareillement $\mu\epsilon$, $\mu\epsilon'$ sont proportionnels aux distances des deux points ϵ, ϵ' à ce plan. On conclut donc de là le théorème suivant :

Quand deux tétraèdres ont leurs sommets situés, deux à deux, sur quatre droites concourant en un même point i :

1° *Leurs faces se coupent deux à deux suivant quatre droites qui sont comprises dans un même plan* U ;

2° *Le rapport des distances du point* i, *à deux sommets homologues des deux tétraèdres, est au rapport des distances de ces points au plan* U, *dans une raison constante, quels que soient ces deux sommets homologues.*

30. La première partie seule de ce théorème était connue; elle est la base de la construction géométrique des figures *homologiques* dans l'espace, de M. Poncelet. (Voir *Traité des Propriétés projectives*, supplément, p. 374.)

La seconde partie, qui est une généralisation de la proportionnalité des rayons homologues, dans deux figures semblables et semblablement placées, peut devenir très-utile en Géométrie. Elle complète la théorie des figures *homologiques*, et servira pour les construire par de simples calculs numériques; car on cherche ainsi, le plus souvent, dans la pratique, à remplacer les opérations graphiques par des opérations numériques.

Soient α, α' deux points correspondants quelconques, dans deux figures homologiques; i, le centre d'homologie, et λ le point où la droite $i\alpha\alpha'$ rencontre le plan d'homologie; on aura, suivant le théorème que nous venons de démontrer,

$$\frac{i\alpha}{i\alpha'} : \frac{\lambda\alpha}{\lambda\alpha'} = \text{const.} = n.$$

Cette relation prend la forme

$$\frac{n}{i\alpha} + \frac{1}{i\alpha'} = \frac{n+1}{i\lambda}.$$

D'où l'on tire une expression très-simple de $i\alpha'$ en fonction de $i\alpha$, et réciproquement.

Il est diverses autres expressions qui simplifient encore les calculs; mais nous ne pouvons entrer ici dans ces détails.

Les bas-reliefs étant de véritables figures homologiques, ainsi que l'a fait voir M. Poncelet *, la relation générale que nous venons de donner sera utile aussi pour leur construction, qui pourra se faire, comme dans certaines pratiques de la Perspective, par des cotes calculées numériquement.

Cette relation servira aussi pour exprimer, en Géométrie analytique, la position des différents points d'un bas-relief, ou l'équation de sa surface, si le modèle est lui-même une surface exprimée par une équation.

Nous reviendrons, dans un autre moment, sur la construction des bas-reliefs; et nous ferons voir qu'il est plusieurs moyens très-simples de la pratiquer. On peut, par exemple, en réduire toutes les opérations à une seule et unique perspective du modèle proposé, sur un plan. Cette manière, je crois, pourrait être agréée des artistes, auxquels, généralement, les pratiques de la perspective sont maintenant familières **.

---

* Voir le supplément du *Traité des Propriétés projectives*.

** Cette construction des bas-reliefs, par une perspective du modèle sur un plan, est facile à concevoir. Elle repose sur ce théorème : *Étant donné un corps dans l'espace; si, de ses points m, m', ..., on abaisse des perpendiculaires mp, m'p', ... sur un plan P; et qu'on fasse la perspective du corps sur un plan parallèle à ces droites, l'œil étant placé en un lieu quelconque de l'espace; puis, qu'on abatte ce plan sur le premier P, en le faisant tourner autour de leur intersection commune; les perpendiculaires mp, m'p', ... seront, en perspective, des droites μπ, μ'π', ... parallèles entre elles. Qu'on relève ces droites, en les faisant tourner autour de leurs pieds π, π', ..., jusqu'à ce qu'elles soient perpendiculaires au plan P : leurs extrémités μ, μ', ... formeront un corps qui sera un relief du corps proposé.*

Pour construire un relief par cette méthode, on disposera du point de l'œil, du plan de projection et du plan sur lequel on fait la perspective, de manière à satisfaire aux conditions qu'on veut observer, soit dans la position, soit dans les proportions du relief par rapport au modèle.

§ VIII. Relations descriptives et relations métriques de deux surfaces du second degré, inscrites a un cône; et de deux coniques quelconques, situées dans un même plan.

31. Soient deux surfaces du second degré, semblables et semblablement placées : on sait qu'elles se coupent suivant une courbe plane, et qu'elles ont une autre courbe d'intersection (réelle ou imaginaire), située à l'infini.

Si l'on mène quatre plans tangents à ces surfaces, parallèles entre eux, les droites qui joindront deux à deux les points de contact sur la première surface aux points de contact sur la seconde, concourront deux à deux en deux points fixes qui seront les *centres de similitude* des deux surfaces; et ces deux points seront les sommets de deux cônes (réels ou imaginaires) circonscrits aux deux surfaces.

Faisant la figure corrélative, on aura deux surfaces du second degré, qui seront inscrites à un même cône, dont le sommet correspondra au plan situé à l'infini, sur lequel est une des deux courbes d'intersection des deux premières surfaces. On aura donc ce théorème, dont la dernière partie se démontre absolument comme dans le théorème précédent :

Quand deux surfaces du second degré sont inscrites à un même cône; si, par le sommet de ce cône, on tire une transversale qui les rencontre en quatre points, et qu'on mène les plans tangents à ces surfaces en ces points; les plans tangents à la première couperont les plans tangents à la seconde suivant quatre droites qui seront, deux à deux, sur deux plans fixes;

L'intersection des deux surfaces se composera de deux courbes planes (réelles ou imaginaires), situées dans ces deux plans;

Le rapport des distances du sommet du cône à deux points pris sur les deux surfaces, en ligne droite avec ce sommet, est au rapport des distances de ces deux points au plan fixe sur lequel se coupent les deux plans tangents en ces points, dans une raison constante.

32. La dernière partie de ce théorème donne les relations métriques qui ont lieu entre deux surfaces du second degré qui se coupent suivant des courbes planes.

On ne connaissait ces relations que dans deux cas particuliers ; celui où les deux surfaces sont semblables et semblablement placées, et celui où les deux surfaces sont inscrites à un cylindre. Ces deux cas sont des corollaires du théorème général que nous venons d'énoncer.

Il est clair que les mêmes relations métriques appartiennent au système de deux coniques quelconques, situées dans un même plan. On n'avait considéré, d'une manière générale, que les rapports de situation que présente ce système ; et, quant aux relations métriques des deux courbes, on s'était borné, je crois, à quelques relations harmoniques, qu'on déduira aisément de la relation métrique fondamentale, comprise dans la dernière partie du théorème ci-dessus.

Deux surfaces du second degré, inscrites à un même cône, ou bien deux coniques, placées d'une manière quelconque dans un plan, ont entre elles diverses relations métriques remarquables, dont nous parlerons en traitant spécialement des figures homologiques, dans la seconde partie de cet écrit.

§ IX. TRANSFORMATION DE DIVERSES PROPRIÉTÉS DES DIAMÈTRES CONJUGUÉS DES SURFACES DU SECOND DEGRÉ. — THÉORIE DES AXES CONJUGUÉS RELATIFS A UN POINT.

33. Soit une surface du second degré. Menons trois diamètres conjugués, c'est-à-dire tels, que les plans tangents aux extrémités de l'un quelconque d'entre eux soient parallèles au plan des deux autres ; faisons la figure corrélative : nous aurons une surface du second degré ; un plan fixe correspondant au centre de la proposée, et un point i correspondant à l'infini : ce point sera le pôle du plan (27). Aux trois diamètres conjugués, correspondront trois droites situées dans le plan fixe ; aux points où un diamètre rencontre la première surface correspondront les plans tangents à la seconde surface, menés par une des trois droites ; et les points de contact

de ces deux plans tangents correspondront aux plans tangents aux extrémités du diamètre ; la droite qui joindra ces deux points de contact, qui
sera la polaire de la droite en question, correspondra à la droite d'intersection, située à l'infini, des deux plans tangents aux extrémités du diamètre ; le plan des deux autres diamètres passe par cette droite située à
l'infini ; donc le point d'intersection des deux droites correspondant à ces
deux diamètres se trouve sur la droite qui joint les deux points de contact
sur la seconde surface. Ainsi :

*A trois diamètres conjugués d'une surface du second degré, correspon-
dent, dans la surface corrélative, trois droites situées dans un même plan
fixe, et telles, que la polaire de chacune d'elles, prises par rapport à cette
seconde surface, passe par le point d'intersection des deux autres ;*

*Aux extrémités des trois diamètres de la première surface, correspondent
les plans tangents à la seconde surface, menés par ces trois droites ;*

*Et enfin, les points de contact de ces plans tangents avec la seconde surface,
correspondent aux plans tangents à la première surface, menés par les
extrémités de ces trois diamètres conjugués.*

34. Soient A, B, C les trois droites en question ; et A′, B′, C′ leurs
polaires, prises par rapport à la seconde surface : ces trois droites passent
par le pôle du plan fixe dans lequel sont situées les trois premières, A,
B, C (28) ; et elles jouissent de cette propriété caractéristique, que *la polaire
de chacune d'elles est comprise dans le plan des deux autres.* En effet la
polaire de A′ est la droite A : il faut donc prouver que la droite A est comprise dans le plan des deux droites B′, C′. Mais B′, par construction, passe
par le point de rencontre de A et C ; C′ passe par le point de rencontre de
A et B ; donc B′ et C′ s'appuient sur A. Donc la droite A, polaire de A′,
est dans le plan des deux autres droites B′, C′.

Chacune des trois droites A′, B′, C′ passe par les points de contact
de la surface et de ses deux plans tangents, menés par la polaire de cette
droite. De sorte que les trois droites A′, B′, C′, menées par le pôle du plan
fixe, peuvent servir pour déterminer les plans tangents à la surface, qui
passent par les trois droites A, B, C.

35. Quand le point par où sont menées les trois droites A′, B′, C′ est le centre de la surface, ces droites sont trois diamètres conjugués; de sorte que les théorèmes que nous allons trouver, relativement à ces droites ou à leurs polaires A, B, C, seront une généralisation des propriétés des diamètres conjugués des surfaces du second degré.

Les trois droites menées par un point fixe, *de manière que la polaire de chacune d'elles, par rapport à une surface du second degré, soit comprise dans le plan des deux autres,* donnent donc lieu à une théorie analogue à celle des diamètres conjugués. Les propriétés de ces trois droites sont nombreuses; et nous allons avoir plusieurs fois à parler de ces systèmes de trois droites, dans nos applications du principe de dualité, puis du principe d'homographie : par cette raison, et pour abréger le discours, nous les appellerons *axes conjugués, relatifs au point par lequel elles sont menées.*

36. Si l'on conçoit que ce point soit le sommet d'un cône circonscrit à la surface, ces axes seront trois axes conjugués du cône, c'est-à-dire que les plans tangents au cône, menés par chacun d'eux, auront leurs arêtes de contact situées dans le plan des deux autres. Et si l'on conçoit un hyperboloïde ayant son centre au point fixe, et auquel le cône soit asymptotique, ces trois axes seront trois diamètres conjugués de l'hyperboloïde. Ainsi nous pouvons dire que :

Trois axes conjugués d'une surface du second degré, relatifs à un point fixe, sont toujours, en direction, trois diamètres conjugués d'une autre surface du second degré ayant son centre au point fixe.

Nous donnerons, dans nos applications du principe d'homographie, une autre démonstration de ce théorème, qui est l'un des plus importants de la théorie des *axes conjugués,* et nous apprendrons à construire la surface par rapport à laquelle ces axes sont toujours trois *diamètres conjugués.*

37. Soit une surface du second degré, dont le centre est *o*. Prenons trois demi-diamètres conjugués : on sait que la somme des carrés des perpendiculaires, abaissées de leurs extrémités sur un plan diamétral de la surface, est constante, quel que soit le système des trois diamètres conjugués.

Faisons la figure corrélative : nous aurons une surface du second degré, un plan fixe O, et un système de trois droites situées dans ce plan, telles que la polaire de chacune d'elles passera par le point de concours des deux autres (33). Nous aurons de plus trois plans tangents à la surface, menés par ces trois droites respectivement; un point fixe pris dans le plan O, et correspondant au plan diamétral de la surface, dans la première figure; et enfin un second point fixe, correspondant à l'infini de la première figure, et qui sera le pôle du plan O par rapport à la nouvelle surface (27).

Appliquant à la propriété des trois diamètres conjugués, énoncée, le principe de la transformation des relations métriques démontré (16), nous en conclurons immédiatement ce théorème :

Si par trois droites, prises dans un plan fixe, de manière que la polaire de chacune d'elles, par rapport à une surface du second degré, passe par le point de concours des deux autres, on mène trois plans tangents à la surface, la somme des carrés des distances de ces trois plans, à un point fixe pris arbitrairement dans le plan fixe, divisés respectivement par les carrés des distances de ces plans au pôle du plan fixe, sera constante.

38. Les droites menées, du pôle du plan fixe, aux points de contact des trois plans tangents, sont, comme nous l'avons fait voir (34), les polaires des trois droites prises dans le plan; ce sont les droites que nous avons appelées *axes conjugués* relatifs au point par lequel elles sont menées. Nous pouvons donc donner au théorème précédent cet autre énoncé :

Si, par un point fixe o, on mène trois axes conjugués par rapport à une surface du second degré; les plans tangents à la surface, en trois des points où ces axes la perceront, jouiront de cette propriété, que la somme des carrés de leurs distances à un point pris arbitrairement dans le plan polaire du point o, divisés respectivement par les carrés de leurs distances à ce point o, sera constante, quel que soit le système des trois axes conjugués.

39. Soient i le point pris dans le plan polaire du point o, α le point où l'un des plans tangents à la surface rencontre la droite oi : le rapport des distances de ce plan, aux points i, o, sera égal au rapport des segments αi, αo.

Ainsi le théorème exprime que la somme des carrés des trois rapports, tels que $\frac{ai}{ao}$, sera constante.

40. Si la droite oi est parallèle au plan polaire du point o, tous les segments ai seront égaux, comme étant infinis et comptés sur une même droite; on en conclut ce théorème :

Si, par un point fixe, on mène trois axes conjugués par rapport à une surface du second degré; les plans tangents à la surface, menés par trois des points où ces axes la rencontrent, feront, sur une droite menée par le point fixe, parallèlement au plan polaire de ce point, trois segments dont la somme des valeurs inverses des carrés sera constante, quel que soit le système des trois axes conjugués.

41. Si le point fixe est le centre de la surface, les trois axes seront trois diamètres conjugués de cette surface; le plan polaire du point fixe sera à l'infini, et aura une direction indéterminée; de sorte que toute droite, menée par le point fixe, pourra être considérée comme parallèle à ce plan. On conclut donc, du dernier théorème, cette propriété des diamètres conjugués :

Les plans tangents à une surface du second degré, menés par les extrémités de trois demi-diamètres conjugués, font, sur un axe fixe mené arbitrairement par le centre de la surface, trois segments dont les carrés ont la somme de leurs valeurs inverses, constante.

§ X. Suite du précédent. — Propriétés plus générales des systèmes de trois axes conjugués relatifs a un point.

42. La somme des perpendiculaires abaissées, des six extrémités de trois diamètres conjugués d'une surface du second degré, sur un plan fixe mené arbitrairement dans l'espace, est constante.

On en conclut, par le principe du numéro (16), que :

Si par trois droites, prises dans un plan fixe, de manière que la polaire de chacune d'elles, par rapport à une surface du second degré, passe par le point de concours des deux autres, on mène six plans tangents à la sur-

*face ; la somme des carrés des distances de ces six plans à un point fixe,
pris arbitrairement dans l'espace, divisés respectivement par les carrés des
distances de ces plans au pôle du plan fixe, est constante.*

43. Par la considération des axes conjugués, on donne à ce théorème
cet autre énoncé :

*Si, par un point fixe, on mène trois axes conjugués par rapport à une
surface du second degré; les six plans tangents à la surface, menés par les
six points où ces trois axes la rencontrent, jouiront de cette propriété, que
la somme des carrés de leurs distances à un point pris arbitrairement dans
l'espace, divisés respectivement par les carrés de leurs distances au point
fixe, sera constante, quel que soit le système des trois axes conjugués menés
par ce point.*

44. Soient o le point par lequel sont menés les trois axes conjugués, et
i le second point fixe pris arbitrairement dans l'espace; soit α le point où
l'un des six plans tangents rencontre la droite oi : le rapport des distances
de ce plan, aux points i, o sera $\frac{\alpha i}{\alpha o}$. On aura donc six rapports semblables
à $\frac{\alpha i}{\alpha o}$, dont la somme des carrés sera constante.

Ainsi

$$\frac{\overline{\alpha i}^2}{\overline{\alpha o}^2} + \frac{\overline{6i}^2}{\overline{6o}^2} + \text{etc.} = \text{const.}$$

45. Supposons le point i situé à l'infini : tous les segments $\alpha i, 6i$, etc.,
seront égaux, comme infinis et comptés sur une même droite; il restera
donc

$$\frac{1}{\overline{\alpha o}^2} + \frac{1}{\overline{6o}^2} + \text{etc.} = \text{const.}$$

Donc : *Si, par un point fixe, on mène trois axes conjugués par rapport
à une surface du second degré, et que, par les points où ils rencontrent
la surface, on mène les six plans tangents ; ces plans feront sur une droite
fixe, menée arbitrairement par le point fixe, six segments, compris entre
ce point et ces plans respectivement, dont les carrés auront la somme de*

*leurs valeurs inverses, constante, quel que soit le système des trois axes
conjugués.*

46. Supposons que, par le point o, on ait mené trois droites fixes perpendiculaires entre elles; on aura, pour chacune d'elles, une équation semblable à la précédente : les ajoutant membre à membre, et observant que
la somme des valeurs inverses des carrés des segments qu'un plan quelconque
fait sur trois axes rectangulaires issus d'un même point, est égale à la valeur
inverse du carré de la distance de ce point au plan, on en conclura ce
théorème :

*Si, par un point fixe, on mène trois axes conjugués par rapport à une
surface du second degré, et que, par les six points où ils percent la surface,
on mène six plans tangents à cette surface; la somme des valeurs inverses
des carrés des distances de ces six plans au point fixe sera constante, quel
que soit le système des trois axes conjugués.*

47. Si l'on suppose, dans le théorème exprimé par l'équation du nu-
méro 44, que le premier point o soit situé à l'infini, les segments αo, βo, etc.,
seront égaux, comme infinis, et l'on aura

$$\overline{\alpha i}^{2} + \overline{bi}^{2} + \overline{\gamma i}^{2} + \text{etc.} = \text{const.}$$

Cette équation exprime que :

*Si, dans un plan diamétral d'une surface du second degré, on prend trois
droites, de manière que la polaire de chacune d'elles passe par le point de
concours des deux autres, et que, par ces trois droites, on mène six plans
tangents à la surface; la somme des carrés des segments compris entre un
point fixe de l'espace et ces six plans, sur une droite menée par ce point,
parallèlement au diamètre conjugué au plan diamétral, cette somme, dis-je,
sera constante, quel que soit le système des trois droites prises, comme il est
dit, dans le plan diamétral.*

§ XI. Autres propriétés des systèmes de trois axes conjugués relatifs
  a un point. — Réflexions sur les méthodes de transformation.

48. Soient trois axes rectangulaires ox, oy, oz, et une droite quelconque
om menée par le point o; que, par le point m de cette droite, on mène trois
plans respectivement perpendiculaires aux trois axes, et les rencontrant aux
points a'_1, b'_1, c'_1; on aura

$$\overline{om}^2 = \overline{oa'_1}^2 + \overline{ob'_1}^2 + \overline{oc'_1}^2.$$

Nous pouvons exprimer ce théorème en disant que *la somme des carrés des
trois projections de la droite* om, *sur trois axes rectangulaires, est constante,
quelle que soit la position de ces trois axes.* Ainsi

$$\overline{oa'_1}^2 + \overline{ob'_1}^2 + \overline{oc'_1}^2 = \text{const.}$$

Pour transformer ce théorème, concevons une sphère qui ait pour centre
le point o : les trois axes ox, oy, oz, seront, en direction, trois demi-diamètres conjugués de cette sphère. Soient a_1, b_1, c_1, les points où ils la rencontrent : nous pourrons mettre notre équation sous la forme

$$(1) \quad \ldots \ldots \ldots \ldots \ldots \quad \frac{\overline{oa'_1}^2}{\overline{oa_1}^2} + \frac{\overline{ob'_1}^2}{\overline{ob_1}^2} + \frac{\overline{oc'_1}^2}{\overline{oc_1}^2} = \text{const.}$$

Faisons la figure corrélative. Nous aurons une surface du second degré;
trois droites X, Y, Z, comprises dans un plan O, qui seront telles que la
polaire de chacune d'elles, par rapport à cette surface, passera par le point
de concours des deux autres. Soient X', Y', Z', ces trois polaires : elles
passeront par le pôle i du plan O, pris par rapport à la surface, et elles
seront *trois axes conjugués*, relatifs à ce point i. Ce sont les droites qui

correspondent aux trois droites situées à l'infini dans les plans yoz, zox, xoy, de la première figure.

Nous aurons encore, dans le plan O, une quatrième droite correspondant à la droite om; et, si l'on mène par cette droite un plan transversal M, il correspondra au point m.

Aux trois plans menés par ce point m, perpendiculairement aux trois axes ox, oy, oz, correspondront les trois points où le plan M rencontre les trois axes conjugués dont nous venons de parler.

D'après cela, on voit aisément que, aux *quatre* points o, a'_1, a_1 et l'*infini*, situés sur l'axe ox, correspondront, dans la nouvelle figure, quatre plans passant par la droite X : le premier est le plan O ; le deuxième passe par le point où le plan M rencontre l'axe X', polaire de la droite X ; le troisième est tangent à la surface, en l'un des deux points où cet axe la rencontre ; et le quatrième passe par le point i.

Le rapport anharmonique de ces quatre plans est égal à celui des quatre points de la première figure, auxquels ces plans correspondent, lequel est $\frac{oa'_1}{oa_1}$. Exprimons le rapport anharmonique des quatre plans par celui des quatre points où ils rencontrent l'axe X'. Soient α, a', a, les trois premiers de ces quatre points, dont le quatrième est i: on aura

$$\frac{oa'_1}{oa_1} = \frac{\alpha a'}{\alpha a} : \frac{ia'}{ia}.$$

Par chacune des deux autres droites Y', Z', passeront pareillement quatre plans, qui donneront lieu aux équations

$$\frac{ob'_1}{ob_1} = \frac{\varepsilon b'}{\varepsilon b} : \frac{ib'}{ib},$$

$$\frac{oc'_1}{oc_1} = \frac{\gamma c'}{\gamma c} : \frac{ic'}{ic},$$

où l'on conçoit parfaitement les points représentés par les lettres ε, b, b', γ, c, c'.

On aura donc, d'après l'équation (1), la suivante, qui en est la transformée :

$$\left(\frac{\alpha a'}{\alpha a}:\frac{ia'}{ia}\right)^2 + \left(\frac{\epsilon b'}{\epsilon b}:\frac{ib'}{ib}\right)^2 + \left(\frac{\gamma c'}{\gamma c}:\frac{ic'}{ic}\right)^2 = \text{const.},$$

ou

$$\left(\frac{ia}{a\alpha}:\frac{ia'}{a'\alpha}\right)^2 + \left(\frac{ib}{b\epsilon}:\frac{ib'}{b'\epsilon}\right)^2 + \left(\frac{ic}{c\gamma}:\frac{ic'}{c'\gamma}\right)^2 = \text{const.}$$

D'où résulte ce théorème :

Étant donnés une surface du second degré et un plan transversal; si, autour d'un point i, *pris arbitrairement, on fait tourner trois axes conjugués par rapport à la surface, et qu'on désigne par* α, ε, γ, *les points où ils rencontrent le plan polaire du point* i; *par* a, b, c, *trois des six points où ils rencontrent la surface; et enfin par* a', b', c', *les trois points où ils rencontrent le plan transversal; on aura*

$$(2). \quad \ldots \ldots \quad \left(\frac{ia}{a\alpha}:\frac{ia'}{a'\alpha}\right)^2 + \left(\frac{ib}{b\epsilon}:\frac{ib'}{b'\epsilon}\right)^2 + \left(\frac{ic}{c\gamma}:\frac{ic'}{c'\gamma}\right)^2 = \text{const.},$$

quel que soit le système des trois axes conjugués menés par le point i.

49. Ce théorème exprime une propriété très-générale des systèmes de trois axes conjugués d'une surface du second degré, relatifs à un point.

L'indétermination de position du plan transversal par rapport à la surface, ou de la surface par rapport au plan, permet de faire différentes suppositions, qui conduisent à quelques théorèmes assez simples.

Ainsi, en supposant le plan transversal parallèle au plan polaire du point fixe *i*, les rapports

$$\frac{ia'}{a'\alpha}, \quad \frac{ib'}{b'\epsilon}, \quad \frac{ic'}{c'\gamma}$$

seront égaux, et l'on aura

$$\frac{\overline{ia}^2}{\overline{a\alpha}^2} + \frac{\overline{ib}^2}{\overline{b\epsilon}^2} + \frac{\overline{ic}^2}{\overline{c\gamma}^2} = \text{const.} ;$$

ce qui exprime que :

Si, par un point fixe, on mène trois axes conjugués par rapport à une surface du second degré ; la somme des carrés des segments compris entre le point fixe et trois des points où les trois axes rencontrent la surface, divisés respectivement par les carrés des segments compris entre ces trois points et le plan polaire du point fixe, sera constante, quel que soit le système des trois axes conjugués.

50. Dans l'équation générale (2), qui a lieu pour une position arbitraire du plan transversal, remplaçons le rapport $\frac{ia}{ia'}$ par le rapport des perpendiculaires abaissées, des deux points a, a', sur le plan O. Soient ap, $a'p'$ ces perpendiculaires : le premier terme de l'équation (2) deviendra

$$\left(\frac{ia}{ap} : \frac{ia'}{a'p'}\right)^2.$$

Changeant de la même manière les deux autres termes, nous aurons l'équation

$$(5) \quad \ldots \ldots \ldots \ldots \quad \left(\frac{ia}{ap}\right)^2 : \left(\frac{ia'}{a'p'}\right)^2 + \text{etc.} = \text{const.}$$

51. Maintenant, c'est un théorème de géométrie élémentaire, très-facile à démontrer par une comparaison de triangles, que si l'on mène par le point i une perpendiculaire au plan mené par ce point et par l'intersection des plans M, O ; que cette droite rencontre le plan M au point d', et que, de ce point d', on abaisse une perpendiculaire $d'\,s'$ sur le plan O ; on aura

$$\frac{id'}{d's'} = \frac{ia'}{a'p'} \cos. (a'id').$$

Cette relation a lieu quelle que soit la direction de la droite ia'. D'après cela, l'équation (3) devient

$$\left[\left(\frac{ia}{ap}\right)^2 \cos^2 (a'id') + \text{etc.}\right] : \left(\frac{id'}{d's'}\right)^2 = \text{const.}$$

ou, en faisant passer le facteur $\left(\frac{id'}{d's'}\right)^2$ dans le second membre, et le comprenant dans la constante,

$$\left(\frac{ia}{ap}\right)^2 \cos^2.\,(a'id') + \text{etc.} = \text{const.}$$

Cette équation exprime une propriété générale des systèmes de trois axes conjugués d'une surface du second degré, relatifs à un même point. La direction de la droite id', dans ce théorème, est arbitraire, puisque le plan transversal M, qu'elle a remplacé, était lui-même de position arbitraire.

52. Si l'on conçoit deux autres droites, menées par le point i, on aura deux équations semblables à la précédente. Et si l'on suppose ces deux nouvelles droites et la première, id', perpendiculaires entre elles, on aura, en ajoutant membre à membre les trois équations,

$$\frac{\overline{ia}^2}{\overline{ap}^2} + \frac{\overline{ib}^2}{\overline{bq}^2} + \frac{\overline{ic}^2}{\overline{cr}^2} = \text{const.}$$

Celle-ci exprime ce théorème :

Si, par un point fixe, on mène trois axes conjugués par rapport à une surface du second degré, et que, sur chacun d'eux, on prenne un des deux points où ils percent la surface; les trois points pris ainsi jouiront de cette propriété, que la somme des carrés de leurs distances au point fixe, divisés respectivement par les carrés de leurs distances au plan polaire du point fixe, sera constante, quel que soit le système des trois axes conjugués.

53. Supposons, dans le théorème général (48), que le plan O soit à l'infini : le point i sera le centre de la surface; les trois axes conjugués ia, ib, ic seront trois diamètres conjugués; les rapports $\frac{aa}{aa'}$, etc., seront égaux à l'unité; et l'équation (2) deviendra

$$\frac{\overline{ia}^2}{\overline{ia'}^2} + \frac{\overline{ib}^2}{\overline{ib'}^2} + \frac{\overline{ic}^2}{\overline{ic'}^2} = \text{const.};$$

ce qui prouve que :

78

La somme des carrés de trois demi-diamètres conjugués d'une surface du second degré, divisés par les carrés des segments faits, sur ces diamètres, par un plan transversal fixe, est constante.

54. Enfin, dans le théorème général (48), supposons que la surface soit de révolution, et ait un foyer situé au point i : le plan O, qui est le plan polaire de ce point, sera le plan directeur correspondant à ce foyer, et les trois axes conjugués ia, ib, ic, seront rectangulaires ; de plus, les trois rapports $\frac{ia}{ap}$, etc. (50), seront égaux et constants, et l'équation (3) se réduira à

$$\frac{\overline{a'p'}^2}{\overline{ia'}^2} + \frac{\overline{b'q'}^2}{\overline{ib'}^2} + \frac{\overline{c'r'}^2}{\overline{ic'}^2} = \text{const.}$$

Celle-ci signifie que :

Étant donnés deux plans et un point fixe dans l'espace ; si, autour de ce point, on fait tourner trois axes rectangulaires, qui rencontreront le premier plan en trois points ; la somme des carrés des distances de ces trois points au second plan, divisés respectivement par les carrés de leurs distances au point fixe, sera constante.

Ce théorème peut se démontrer directement au moyen de la proposition exprimée par l'équation

$$\frac{id'}{d's'} = \frac{ia'}{a'p'} \cdot \cos. \, (a'id') \quad . \quad . \quad . \quad . \quad . \quad . \quad . \quad . \quad (51)$$

55. Il est curieux de voir tant de théorèmes différents, et dont plusieurs sont des propriétés si générales des surfaces du second degré, résulter d'une simple proposition de Géométrie élémentaire, relative aux projections d'une ligne droite sur trois axes rectangulaires. Cet exemple suffirait pour montrer l'utilité et la puissance des nouvelles méthodes de transformation.

Ces méthodes nous paraissent répondre parfaitement à cette pensée de M. Poinsot : « En Géométrie, comme en Algèbre, la plupart des idées diffé- » rentes ne sont que des transformations ; les plus lumineuses et les plus » fécondes sont pour nous celles qui font le mieux image, et que l'esprit

» combine avec le plus de facilité dans le discours et dans le calcul. » (*Éléments de Statique*, 6ᵉ édition, p. 351.) Ce sont ces idées les plus lumineuses
et les plus fécondes que les méthodes de transformation feront découvrir,
soit en établissant les liens cachés qui ont lieu entre une foule de propositions
qui semblaient d'abord isolées, et étrangères les unes aux autres, soit en
variant très-diversement, par des procédés certains, les formes d'une idée
primitive.

Et que l'on ne croie pas que cette foule de théorèmes divers, que l'on peut
aujourd'hui multiplier indéfiniment par ces méthodes, doivent compliquer la
Géométrie, et en rendre l'étude plus longue et plus pénible. Toutes ces propositions, nouvelles ou plus générales que celles que l'on connaissait déjà,
auront, au contraire, pour effet certain, de simplifier cette science et d'en
étendre les doctrines.

En effet, d'une part, les propositions d'un nouveau genre donneront lieu
à des théories et à des considérations géométriques nouvelles; et, d'autre
part, les propositions qui rentreront dans des théories connues forceront, par
leur généralité, d'élargir les bases actuelles de ces théories, et de les asseoir
sur des principes susceptibles de déductions plus diverses et plus générales.
Car nous considérons les méthodes de transformation comme des moyens
précieux pour la découverte de théorèmes nouveaux, et la démonstration de
quelques vérités partielles; mais, quand il s'agit de vérités appartenant à une
théorie déjà formée, les démonstrations que procurent ces méthodes artifi-
cielles ne nous paraissent pas complétement satisfaisantes : cette théorie doit
trouver en elle-même les ressources nécessaires pour la démonstration directe
des vérités qui lui appartiennent, sans qu'on soit obligé de s'appuyer sur les
vérités correspondantes, dans la théorie corrélative. Ainsi, par exemple, si
nous faisions entrer, dans un Traité des surfaces du second degré, les propriétés nouvelles que nous avons trouvées dans les paragraphes précédents,
telles que celle des *axes conjugués relatifs à un point,* ce serait directement
que nous démontrerions ces propriétés, et non par le principe de dualité. Ce
sont ces démonstrations directes qui, nécessairement, amèneront un perfectionnement notable dans les théories géométriques.

Ainsi, ce n'est pas seulement sous le rapport du grand nombre de propositions que l'on introduira dans la Géométrie, que nous reconnaissons une haute utilité aux méthodes de transformation ; mais c'est aussi parce qu'il en résultera un perfectionnement certain des méthodes et des théories, et que, par suite, la science gagnera en étendue et en facilité.

Nous pouvons citer, à l'appui de ces réflexions, la théorie des coniques. On s'est effrayé parfois du nombre prodigieux de propositions dont elle s'est accrue depuis une trentaine d'années ; et cela a détourné peut-être de l'étude de la Géométrie ; cependant les personnes qui ont suivi ce développement, penseront certainement qu'un Traité des Coniques, que l'on écrirait aujourd'hui, et qui embrasserait toutes ces propositions récentes ainsi que toutes les anciennes, serait beaucoup plus facile, plus lumineux, et plus court en paroles, en même temps que plus étendu en doctrine, que le grand Traité d'Apollonius, et que les ouvrages célèbres de La Hire, de L'Hospital, et de R. Simson.

§ XII. Transformation des propriétés du centre des moyennes distances d'un système de points. — Centre des moyennes harmoniques.

56. Soient plusieurs points $a, b, c, \dots$ en ligne droite. On sait qu'il existe, sur cette droite, un certain point g tel que, quel que soit un autre poin m pris sur cette droite, on aura toujours l'équation

ou

$$ma + mb + mc + \dots = n \cdot mg,$$

$$\frac{ma}{mg} + \frac{mb}{mg} + \frac{mc}{mg} + \dots = n ;$$

n étant le nombre des points $a, b, c, \dots$

Le point g est appelé le *centre des moyennes distances* des points $a, c, b \dots$ *.

* La théorie du *centre des moyennes distances* contient, implicitement, celle du *centre de*

Faisons la figure corrélative : nous aurons des plans A, B, C,.... G, M passant par une même droite, et un dernier plan I, passant aussi par cette droite, et correspondant au point situé à l'infini sur la droite *ma*. L'équation ci-dessus donnera, en vertu de la seconde partie du principe de corrélation (13),

(1). . . . . $$\frac{\sin. M, A}{\sin. M, G} : \frac{\sin. I, A}{\sin. I, G} + \frac{\sin. M, B}{\sin. M, G} : \frac{\sin. I, B}{\sin. I, G} + \cdots = n;$$

ou

(2). . . . . . $$\frac{\sin. M, A}{\sin. I, A} + \frac{\sin. M, B}{\sin. I, B} + \cdots = n. \frac{\sin. M, G}{\sin. I, G}.$$

Tirons une transversale quelconque, qui rencontre ces plans aux points $\alpha, \beta, \gamma, \ldots \theta, \mu, \iota$; nous aurons

$$\frac{\mu\alpha}{\mu\theta} : \frac{\iota\alpha}{\iota\theta} = \frac{\sin. M, A}{\sin. MG} : \frac{\sin. IA}{\sin. IG},$$

. . . . ;

et par conséquent

(3). . . . . $$\frac{\mu\alpha}{\iota\alpha} + \frac{\mu\theta}{\iota\theta} + \frac{\mu\gamma}{\iota\gamma} + \cdots = n. \frac{\mu\theta}{\iota\theta}.$$

Le point *m* était arbitraire dans l'équation (1); donc le plan M, et par suite, le point μ sont aussi arbitraires dans les équations (2) et (3); prenons ce point μ à l'infini : l'équation (3) deviendra

(4). . . . . $$\frac{1}{\iota\alpha} + \frac{1}{\iota\theta} + \frac{1}{\iota\gamma} + \cdots = \frac{n}{\iota\theta}.$$

Donc, quelle que soit la transversale menée à travers les plans A, B,

gravité, parce que, pour passer de la première à la seconde, il suffit de supposer que plusieurs points du système se réunissent en un seul. On introduit de la sorte, dans l'équation (1), comme dans toutes celles qui se rapportent à cette théorie, des coefficients dont chacun marque le nombre des points réunis en un seul, et peut être regardé comme la masse de ce point unique. Ainsi nous pouvons, pour plus de simplicité, ne parler que du *centre des moyennes distances*, et néanmoins les théorèmes que nous obtiendrons s'appliqueront d'eux-mêmes au *centre de gravité* d'un système de points matériels.

C,..., G et I, les points où elle percera ces plans donneront toujours lieu à cette équation.

Mac-Laurin a appelé, dans cette équation, la distance $\iota\theta$ la *moyenne harmonique* entre les distances $\iota\alpha$, $\iota\beta$, $\iota\gamma$.... [*]; et M. Poncelet a appelé le point θ le *centre des moyennes harmoniques* des points α, ε, γ, ... *par rapport au point ι* [**].

57. L'équation (4) exprime donc ce théorème, qui est le corrélatif de la propriété du centre des moyennes distances d'un système de points situés en ligne droite, exprimée par l'équation (1) :

Étant donnés plusieurs plans A, B, C, ... et un dernier plan I, passant tous par une même droite; il existera toujours un certain plan G, passant aussi par cette droite, et jouissant de cette propriété, que, si l'on mène une transversale quelconque, le centre des moyennes harmoniques des points où elle percera les plans A, B, C, ... par rapport au point où elle percera le plan I, sera toujours dans ce plan G.

58. Remarquons que si la transversale était menée parallèlement au plan I, on aurait

$$\frac{\iota\theta}{\iota\alpha} = 1, \quad \frac{\iota\theta}{\iota\varepsilon} = 1, ...;$$

et l'équation (2) deviendrait

$$\mu\alpha + \mu\varepsilon + \mu\gamma + \cdots = n.\mu\theta.$$

Ce qui prouve que le point θ est le centre des moyennes distances des points α, ε, γ, ...

Ainsi nous pouvons dire que *le plan G est tel, que toute transversale, parallèle au plan I, le rencontre en un point qui est le centre des moyennes distances des points où cette transversale rencontre les plans A, B, C, ...*

59. La position du point θ, qui est le centre des moyennes harmoniques

[*] § 28 de son *Traité des propriétés générales des courbes géométriques*.

[**] *Mémoire sur les centres des moyennes harmoniques*, inséré au tome III du JOURNAL DE MATHÉMATIQUES, de M. Crelle.

des points α, ε, γ, ... par rapport au point ι, est déterminée indifféremment par l'équation (4), ou par l'équation (3), qui contient un point arbitraire μ; de sorte que *ces deux équations sont identiques*. Cette identité résulte de la propriété même du centre des moyennes distances, exprimée par l'équation (1), où le point m est indéterminé; mais on peut en donner une démonstration directe, très-facilement.

D'abord on passera de l'équation (3) à l'équation (4) en remplaçant, dans la première, $\mu\alpha$ par $\mu\iota - \iota\alpha$, $\mu\varepsilon$ par $\mu\iota - \iota\varepsilon$; et ainsi des autres segments.

Réciproquement, on passera de l'équation (4) à l'équation (3) en prenant l'équation identique

$$\frac{\iota\alpha}{\iota\alpha} + \frac{\iota\varepsilon}{\iota\varepsilon} + \frac{\iota\gamma}{\iota\gamma} + \cdots = n \cdot \frac{\iota\theta}{\iota\theta},$$

et la retranchant de l'équation (4), après avoir multiplié les deux membres de celle-ci par $\mu\iota$; car il en résulte

$$\frac{\mu\iota - \iota\alpha}{\iota\alpha} + \frac{\mu\iota - \iota\varepsilon}{\iota\varepsilon} + \frac{\mu\iota - \iota\gamma}{\iota\gamma} + \cdots = n \cdot \frac{\mu\iota - \iota\theta}{\iota\theta},$$

ou

$$\frac{\mu\alpha}{\iota\alpha} + \frac{\mu\varepsilon}{\iota\varepsilon} + \frac{\mu\gamma}{\iota\gamma} + \cdots = n \cdot \frac{\mu\theta}{\iota\theta}.$$

Ainsi l'identité des équations (3) et (4) est démontrée directement. Elle exprime une propriété importante du centre des moyennes harmoniques d'un système de points situés en ligne droite.

60. Maintenant, si nous considérons l'équation (4), non plus sous le rapport de sa signification propre dans la théorie du centre des moyennes harmoniques, mais comme exprimant une relation entre cette théorie et celle du centre des moyennes distances, relation fondée sur le principe de dualité, nous aurons ce théorème, qui nous sera utile dans la suite :

« Si l'on a plusieurs points en ligne droite, et leur *centre des moyennes*
» *distances*, et qu'on fasse la figure corrélative, on aura des plans passant
» par une même droite, dont le dernier, qui correspondra au centre des

» moyennes distances, sera tel, que si l'on tire une transversale quelconque,
» le point où elle rencontrera ce dernier plan sera le *centre des moyennes*
» *harmoniques* des points où elle percera tous les autres plans, par rapport
» au point où elle percera le plan correspondant au point situé, à l'infini, sur
» la droite des points de la première figure. »

61. Considérons plusieurs points en ligne droite : a, b, c, ... et leur *centre*
des moyennes harmoniques g, pris par rapport à un point o de cette droite;
nous aurons

$$\frac{1}{oa} + \frac{1}{ob} + \cdots = \frac{n}{og},$$

ou

$$\frac{og}{oa} + \frac{og}{ob} + \cdots = n.$$

Faisons la figure corrélative. Nous aurons n plans A, B, C,.... un plan O,
et un dernier plan G, plus un plan I, correspondant au point de la droite
ab situé à l'infini : tous ces plans passeront par une même droite. Menons
une transversale quelconque, qui rencontrera ces plans aux points α, ϵ,
γ, ... ω, θ et ι : d'après la seconde partie du principe de dualité,

$$\frac{\omega\theta}{\omega\alpha} : \frac{\iota\theta}{\iota\alpha} + \frac{\omega\theta}{\omega\epsilon} : \frac{\iota\theta}{\iota\epsilon} + \cdots = n;$$

ou

$$\frac{\iota\alpha}{\omega\alpha} + \frac{\iota\epsilon}{\omega\epsilon} + \cdots = n . \frac{\iota\theta}{\theta\omega};$$

ou, suivant ce qui vient d'être démontré ci-dessus,

$$\frac{1}{\omega\alpha} + \frac{1}{\omega\epsilon} + \cdots = \frac{n}{\omega\theta}.$$

Ce qui prouve que :

« Quand on a plusieurs points en ligne droite, et leur *centre des moyennes*
» *harmoniques*, par rapport à un point de cette droite; si l'on fait la figure
» corrélative, on aura des plans passant par une même droite, dont l'avant-

» dernier sera tel que, si l'on mène une transversale quelconque, elle ren-
» contrera ces plans en des points dont l'avant-dernier sera le *centre des*
» *moyennes harmoniques* des premiers, par rapport au dernier. »

62. Soient des points $a, b, c, ...$, placés d'une manière quelconque dans l'espace, et g leur centre des moyennes distances; la propriété de ce point est que, si par tous ces points on mène des plans parallèles entre eux, une transversale quelconque les rencontrera en des points dont le dernier sera le centre des moyennes distances de tous les autres.

Faisons la figure corrélative; nous aurons des plans A, B, C, ..., placés d'une manière quelconque dans l'espace, et un dernier plan G, correspondant au centre des moyennes distances g. Tous les plans menés parallèlement entre eux, par les points $a, b,.... g$, donneront lieu à des points situés sur les plans A, B, ... G, et tous sur une même droite passant par le point i qui répond à l'infini de la première figure; le dernier de ces points sera le centre des moyennes harmoniques de tous les autres, par rapport au point i (60). On a donc ce théorème :

Soient plusieurs plans, placés d'une manière quelconque dans l'espace; si, autour d'un point fixe, on fait tourner une transversale, et qu'on prenne sur elle le centre des moyennes harmoniques des points où elle perce les plans, par rapport au point fixe, ce centre aura pour lieu géométrique un plan.

M. Poncelet a appelé ce plan, dans son Mémoire cité ci-dessus, le *plan des moyennes harmoniques, relatif au point fixe.*

Il est remarquable que ce théorème soit précisément le corrélatif de la propriété du centre des moyennes distances d'un système de points.

Mac-Laurin a démontré ce théorème pour le cas d'un système de lignes droites situées d'une manière quelconque dans un plan [*]; nous le reproduisons ici pour montrer cette relation remarquable qui existe entre ce théorème et la propriété du centre des moyennes distances d'un système de points. On n'aurait pas supposé, *a priori*, des rapports aussi directs et aussi simples entre deux propositions en apparence si différentes.

---

[*] *De linearum geometricarum proprietatibus tractatus*, § 26.

63. En appliquant le principe de dualité au théorème que nous venons de démontrer, on parvient immédiatement au suivant :

Quand on a un système de points a, b, c,.... *dans l'espace, et un plan fixe* I; *si par une droite, prise arbitrairement dans ce plan, on mène des plans passant par tous ces points; puis qu'on tire une transversale quelconque, et que l'on prenne sur elle le centre des moyennes harmoniques des points où elle perce ces plans, par rapport au point où elle perce le plan* I; *le plan mené par ce centre et par la droite prise dans le plan* I, *passera par un point fixe, quelle que soit cette droite.*

Ce point fixe a été appelé, par M. Poncelet, *le centre des moyennes harmoniques* des points a, b, c, ..., *par rapport au plan* I.

Ce théorème est une généralisation de la propriété du centre des moyennes distances d'un système de points ; car si le plan I est à l'infini, le point fixe sera précisément le centre des moyennes distances des points a, b, c, ...

64. Le centre des moyennes harmoniques d'un système de points, par rapport à un plan, jouit de diverses autres propriétés, que nous omettons ici, parce que nous reviendrons sur cette théorie dans la seconde partie de cet écrit, en appliquant le principe de *déformation homographique.*

§ XIII. Théorème de Newton, sur les diamètres des courbes. — Propriétés nouvelles des surfaces géométriques.

65. Soit une surface géométrique. Si l'on tire des transversales parallèles entre elles, et qu'on prenne le centre des moyennes distances des points où chacune d'elles rencontre la surface, *le lieu géométrique de ces centres sera un plan.*

Cela est une conséquence du théorème que Newton a donné sur les *diamètres* des courbes géométriques, au commencement de son *Énumération des lignes du troisième ordre.*

Faisons la figure corrélative ; nous aurons une nouvelle surface géométrique : aux transversales correspondront des droites, toutes situées dans un même plan, qui correspondra au point de concours (situé à l'infini) des transversales. D'après ce que nous avons démontré (60), sur la transformation de la propriété du centre des moyennes distances d'un système de points situés en ligne droite, on aura ce théorème :

Quand on a une surface géométrique, et un plan situé d'une manière quelconque dans l'espace; si par une droite, prise arbitrairement dans ce plan, on mène les plans tangents à cette surface; puis, qu'on tire une transversale quelconque et qu'on prenne sur elle le centre des moyennes harmoniques des points où elle perce tous les plans tangents, par rapport au point où elle perce le plan donné; le plan mené par ce centre et par la droite prise dans le plan donné, passera par un point fixe, quelle que soit cette droite.

66. Si la surface primitive est l'ensemble de plusieurs plans, sa transformée se réduira à plusieurs points isolés, et le théorème exprimera la propriété du centre des moyennes harmoniques d'un système de points, déjà démontrée ci-dessus (63).

67. Si par les points où une des transversales T, dans la première figure, rencontre la surface, on mène les plans tangents à cette surface, et qu'on prenne le centre des moyennes distances des points où toute autre transversale rencontre ces plans tangents, ce centre sera sur le plan P, lieu géométrique des centres relatifs à la surface. Car ce point sera sur un plan fixe P', parce que les plans tangents forment une surface géométrique; mais quand la transversale sera infiniment voisine de la première T, les points où elle percera la surface se confondront avec les points où elle percera les plans tangents; les deux plans P, P', auront donc plusieurs points communs, et se confondront.

Faisant la figure corrélative, on conclut aisément de là, d'après le théorème (66), ce nouveau théorème :

Quand on a une surface géométrique et un plan fixe situé d'une manière quelconque dans l'espace; si par une droite, prise arbitrairement dans ce plan, on mène les plans tangents à la surface; le centre des moyennes har-

moniques de leurs points de contact avec la surface, relatif au plan fixe, sera toujours le même point de l'espace, quelle que soit la droite prise dans ce plan.

68. Si le plan fixe est à l'infini, on conclut de ce théorème cette autre propriété singulière des surfaces géométriques :

Étant donnée une surface géométrique; si on lui mène ses plans tangents parallèles à un même plan, leurs points de contact avec la surface auront pour centre des moyennes distances un point fixe, quelle que soit la direction commune des plans tangents.

69. Les propriétés générales des surfaces géométriques, que nous venons de démontrer, ont lieu, bien entendu, pour les courbes planes; et elles s'appliquent aussi aux courbes à double courbure; car, dans les théorèmes connus d'où nous les avons déduites, par notre principe de transformation, la surface proposée pouvait être *développable* et donner, pour transformée, une courbe à double courbure (17).

70. Ces théorèmes, combinés entre eux, et appliqués à des systèmes de cônes et de cylindres circonscrits à une surface géométrique, ou passant par une même courbe à double courbure, conduisent à plusieurs autres théorèmes curieux, qui sont une généralisation des propriétés des cônes circonscrits à une surface du second degré, et ayant leurs sommets sur une droite ou sur un plan.

Il ne peut entrer dans l'objet de cet écrit de nous étendre davantage sur ce genre tout nouveau de propriétés générales des surfaces et des courbes géométriques. Nous en avons fait d'ailleurs l'objet d'un Mémoire spécial, inséré dans la *Correspondance mathématique* de M. Quetelet. (*Voir* le second *Mémoire sur la transformation parabolique des relations métriques des figures;* CORRESPONDANCE, t. VI.)

Nous donnerons, dans la seconde partie de cet écrit, quelques autres propriétés des courbes et des surfaces géométriques, qui appartiennent à la même théorie.

§ XIV. Propriété du quadrilatère gauche ; double génération de l'hyperboloïde a une nappe, par une ligne droite mobile.

71. Soit un quadrilatère gauche $aa'b'b$. On sait que si l'on mène une droite mm' qui divise les côtés opposés ab, $a'b'$, proportionnellement, c'est-à-dire de manière qu'on ait

$$(1). \quad \ldots \ldots \ldots \ldots \ldots \quad \frac{am}{bm} = \frac{a'm'}{b'm'};$$

1° La droite mm' sera dans un plan parallèle aux deux autres côtés aa', bb ;

2° Cette droite rencontrera toute droite, telle que nn', qui s'appuie sur les côtés aa', bb', et qui est parallèle au même plan que les deux côtés ab, $a'b'$. (*Géométrie* de Legendre, 5e livre.)

Faisons la figure corrélative. Nous aurons un second quadrilatère gauche $\alpha\alpha'\epsilon\epsilon'$, dont les plans des angles α, α', ϵ, ϵ', que nous désignons par A, A', B, B', correspondent respectivement aux sommets a, a', b, b' du premier. Aux points m, m' correspondront, dans la nouvelle figure, deux plans M, M' passant respectivement par les deux côtés $\alpha\epsilon$, $\alpha'\epsilon'$; et, aux points n, n', correspondront deux plans, passant respectivement par les côtés $\alpha\alpha'$, $\epsilon\epsilon'$.

Soient I, I' les deux plans qui correspondent aux points situés à l'infini sur les côtés ab, $a'b'$; ces plans passeront par les côtés $\alpha\epsilon$, $\alpha'\epsilon''$, respectivement ; et l'on aura

$$\frac{\sin. M, A}{\sin. M, B} : \frac{\sin. I, A}{\sin. I, B} = \frac{ma}{mb},$$

$$\frac{\sin. M', A'}{\sin. M', B'} : \frac{\sin. I', A'}{\sin. I', B'} = \frac{m'a'}{m'b'}.$$

On a donc, d'après l'équation (1) :

$$(2). \quad \ldots \ldots \ldots \quad \frac{\sin. M, A}{\sin. M, B} : \frac{\sin. I, A}{\sin. I, B} = \frac{\sin. M', A'}{\sin. M', B'} : \frac{\sin. I', A'}{\sin. I', B'}$$

C'est-à-dire que le rapport anharmonique des quatre plans A, B, I, M, est égal au rapport anharmonique des quatre plans A', B', I', M'.

Les droites aa', bb', mm', étant parallèles à un même plan, on peut les considérer comme s'appuyant sur une même droite située à l'infini; les droites qui leur correspondent, dans la nouvelle figure, s'appuieront donc aussi sur une même droite; et cette droite rencontrera la droite d'intersection des deux plans I, I', puisque celle-ci correspond aussi à une droite située à l'infini, et que toutes les droites à l'infini sont considérées comme étant dans un même plan.

Enfin, la droite nn' étant dans un plan parallèle aux deux côtés ab, $a'b'$, ces trois droites peuvent être considérées comme s'appuyant sur une même droite située à l'infini; à cette droite située à l'infini correspond la droite d'intersection des deux plans I, I'; à la droite nn' correspondra donc une droite quelconque, s'appuyant : 1° sur la droite d'intersection des plans A, A'; 2° sur la droite d'intersection des plans B, B'; 3° sur la droite d'intersection des plans I, I'.

De là on conclut ce théorème :

Étant donnés trois plans A, B, I, *passant par une droite, et trois autres plans quelconques* A', B', I', *passant par une seconde droite; si autour de ces deux droites on fait tourner des plans* M, M', *de manière que le rapport anharmonique des quatre plans* A, B, I, M *soit égal au rapport anharmonique des quatre autres plans* A', B', I', M'; *la droite d'intersection des deux plans* M, M' *s'appuiera, dans toutes ses positions, sur toute transversale qui s'appuierait sur les trois droites d'intersection des plans* A, B, I, *par les plans* A', B', I', *respectivement.*

Cela prouve que la droite d'intersection des plans M, M' engendre un hyperboloïde à une nappe; et, comme la transversale sur laquelle cette droite s'appuie dans toutes ses positions est indéterminée, on en conclut aussi la double génération de cette surface par une ligne droite.

Ce théorème correspond à celui que nous avons appelé, dans la Géométrie plane, *propriété anharmonique des points d'une conique* (voir la

Note XV). Il nous sera très-utile dans la théorie des surfaces du second degré.

72. Remarquons que l'équation (2) donne

$$\frac{\sin. M, A}{\sin. M, B} : \frac{\sin. M', A'}{\sin. M', B'} = \frac{\sin. I, A}{\sin. I, B} : \frac{\sin. I', A'}{\sin. I', B'} = \text{const.}$$

$\frac{\sin. M, A}{\sin. M, B}$ est égal au rapport des distances d'un point du plan M aux plans A, B. Prenons ce point sur la droite d'intersection des plans M, M'. Le rapport des distances du même point, aux deux plans A, B', est égal à $\frac{\sin. M', A'}{\sin. M', B'}$. Ce rapport est donc au premier dans une raison constante; par conséquent :

Si l'on demande un point dont le rapport des distances à deux plans donnés, soit au rapport de ses distances à deux autres plans, dans une raison constante, le lieu géométrique de ce point sera un hyperboloïde à une nappe.

Cela est encore un exemple, assez remarquable, qui montre la possibilité de tirer, par nos méthodes de transformation, d'un simple théorème de Géométrie élémentaire, des propriétés générales des surfaces du second degré.

§ XV. Transformation des propriétés générales des surfaces géométriques rapportées a trois axes coordonnés.

73. Soient une surface géométrique du degré *m*, et trois axes coordonnés *ox*, *oy*, *oz*. Que, par chaque point de la surface on mène trois plans parallèles, respectivement, aux trois plans coordonnés : les segments *ox'*, *oy'*, *oz'*, que ces plans formeront sur ces axes, auront entre eux une relation constante, du degré *m*, quel que soit le point de la surface; cette relation, que nous représentons par

$$(1). \quad \ldots \ldots \ldots \ldots \ldots \quad F(ox', oy', oz') = 0,$$

est l'équation de la surface.

Formons la figure corrélative; nous aurons une surface géométrique, à laquelle on pourra mener, par une droite quelconque, m plans tangents (réels ou imaginaires); et trois droites situées dans un même plan O : les sommets A, B, C, du triangle formé par ces droites, correspondront aux plans coordonnés yz, zx et xy; de sorte que les droites BC, CA, AB, correspondront respectivement aux axes ox, oy, oz. Aux trois plans menés par un point de la première surface, parallèlement aux trois plans coordonnés, correspondront les trois points ξ', ν', ζ', où un plan tangent à la nouvelle surface rencontrera les trois droites fixes menées, des trois sommets du triangle, au point i, qui correspond à l'infini de la première figure. Aux points x', y', z', correspondront les trois plans menés par les trois côtés du triangle et par les trois points où le plan tangent rencontre les trois droites issues du point i; soient X', Y', Z' ces plans.

Prenons, sur les axes ox, oy, oz, trois points fixes c, e, f; et soient D, E, F, les plans correspondants, lesquels passent par les côtés du triangle ABC : les plans iBC, iAC, iAB correspondront aux trois points situés, à l'infini, sur les axes ox, oy, oz. On aura donc

$$\frac{ox'}{od} = \frac{\sin. O, X'}{\sin. O, D} : \frac{\sin. iBC, X'}{\sin. iBC, D},$$

$$\frac{oy'}{oe} = \frac{\sin. O, Y'}{\sin. O, E} : \frac{\sin. iCA, Y'}{\sin. iCA, E},$$

$$\frac{oz'}{of} = \frac{\sin. O, Z'}{\sin. O, F} : \frac{\sin. iAB, Z'}{\sin. iAB, F}.$$

Soient δ, ε, φ, les points où les plans D, E, F rencontrent, respectivement, les axes iA, iB, iC; le second membre de la première de ces trois équations sera égal à

$$\frac{A\xi'}{A\delta} : \frac{i\xi'}{i\delta}.$$

On aura donc

$$\frac{ox'}{od} = \frac{A\xi'}{A\delta} : \frac{i\xi'}{i\delta};$$

d'où

$$ox' = \left(\frac{A\xi'}{i\xi'} : \frac{A\delta}{i\delta}\right) \cdot od.$$

On a, semblablement :

$$oy' = \left(\frac{B\nu'}{i\nu'} : \frac{B\epsilon}{i\epsilon}\right) \cdot oe,$$

$$oz' = \left(\frac{C\zeta'}{i\zeta'} : \frac{C\varphi}{i\varphi}\right) \cdot of.$$

Mettant ces valeurs, à la place de ox', oy', oz', dans l'équation (1) de la surface proposée, on aura une équation où les trois rapports

$$\frac{A\xi'}{i\xi'}, \quad \frac{B\nu'}{i\nu'}, \quad \frac{C\zeta'}{i\zeta'},$$

qui déterminent la position de chaque plan tangent à la nouvelle surface, entreront au degré m. Cette équation ne contiendra pas d'autres variables que ces trois rapports; car $A\delta$, $i\delta$, od, etc., sont des constantes. Comme l'on peut comprendre ces constantes dans les coefficients de l'équation, on a cette propriété générale des surfaces géométriques :

Étant donné une surface géométrique, et un tétraèdre situé d'une manière quelconque dans l'espace ; chaque plan tangent à la surface fera deux segments sur chacune des trois arêtes aboutissant au sommet du tétraèdre ; si l'on forme les rapports des trois segments situés du côté de la base aux trois autres respectivement, ces trois rapports auront entre eux une relation constante, d'un degré égal au nombre des plans tangents qu'on pourra mener à la surface par une même droite.

Et, réciproquement :

Si, ayant un tétraèdre, on mène un plan de manière que, si l'on forme le rapport des segments qu'il fera sur chaque arête aboutissant au sommet du tétraèdre (le segment situé du côté de la base du tétraèdre étant pris pour numérateur dans ce rapport), les trois rapports ainsi faits aient entre eux

80

une relation constante, du degré m, *le plan enveloppera une surface à laquelle on pourra mener* m *plans tangents par une même droite.*

74. Donc, si la relation est du premier degré, le plan tournera autour d'un point fixe;

Si la relation est du second degré, le plan enveloppera une surface du second degré. D'où l'on peut conclure différentes propriétés des surfaces du second degré.

75. Nous avons trouvé

$$ox' = \left(\frac{A\xi'}{A\partial} : \frac{i\xi'}{i\partial}\right) . od.$$

Si le point i est à l'infini, on aura seulement

$$ox' = A\xi' . \frac{od}{A\partial} ;$$

et, de même :

$$oy' = B\nu' . \frac{oe}{B\varepsilon} ;$$

$$oz' = C\zeta' . \frac{of}{C\varphi} .$$

Mettant ces valeurs dans l'équation (1), et comprenant les constantes

$$\frac{od}{A\partial}, \quad \frac{oe}{B\varepsilon}, \quad \frac{of}{C\varphi},$$

dans les coefficients de l'équation, on aura une équation

$$F\,(A\xi', B\nu', C\zeta') = 0,$$

qui sera du degré m par rapport aux variables $A\xi'$, $B\nu'$, $C\zeta'$. Donc :

Si l'on a une surface géométrique, et que, par trois points fixes, on mène trois axes parallèles entre eux; chaque plan tangent à la surface coupera ces axes en trois points dont les distances, aux trois points fixes respectivement, auront entre elles une relation constante, d'un degré égal au nombre des plans tangents qu'on peut mener à la surface par une même droite.

Et réciproquement.

76. Donc : *Si l'on a dans l'espace trois droites parallèles entre elles, sur lesquelles sont pris trois points fixes, et qu'on porte sur ces droites, à partir de ces trois points fixes, trois segments qui aient entre eux une relation constante, du premier degré; le plan déterminé par les extrémités de ces segments passera, dans toutes ses positions, par un point fixe.*

77. Reprenons l'expression de ox' :

$$ox' = \left(\frac{A\xi'}{A\partial} : \frac{i\xi'}{i\partial}\right) . od.$$

Supposons les trois points A, B, C, à l'infini; il viendra

$$ox' = \frac{1}{i\xi'} . i\partial . od ;$$

et, pareillement :

$$oy' = \frac{1}{i\nu'} . i\varepsilon . oe ,$$

$$oz' = \frac{1}{i\zeta'} . i\gamma . of.$$

Mettant ces valeurs dans l'équation (1), et faisant entrer les constantes dans les coefficients, on aura une équation

$$F\left(\frac{1}{i\xi'}, \frac{1}{i\nu'}, \frac{1}{i\zeta'}\right) = 0,$$

où les variables

$$\frac{1}{i\xi'}, \frac{1}{i\nu'}, \frac{1}{i\zeta'}$$

entreront au degré m.

Ainsi

Quand on a une surface géométrique ; si, par un point, l'on tire trois axes fixes quelconques ; chaque plan tangent à la surface les rencontrera en trois points, dont les distances au point fixe auront, entre leurs valeurs inverses, une relation constante, d'un degré égal au nombre de plans tangents qu'on pourra mener à la surface, par une même droite.

Et réciproquement.

78. Donc : *Si l'on prend, sur les arêtes d'un angle trièdre, trois points dont les distances au sommet de l'angle aient entre leurs valeurs inverses une relation constante, du premier degré ; le plan déterminé par ces trois points passera, dans toutes ses positions, par un point fixe.*

79. Concevons le tétraèdre iABC, et le plan qui coupe ses trois arêtes iA, iB, iC, aux points ξ', ν', ζ' ; soient ρ, ρ', ρ'', ρ''', les distances de ce plan aux quatre sommets i, A, B, C ; nous aurons

$$\frac{\rho'}{\rho} = \frac{A\xi'}{i\xi'}, \quad \frac{\rho''}{\rho} = \frac{B\nu'}{i\nu'}, \quad \frac{\rho'''}{\rho} = \frac{c\zeta'}{i\zeta'}.$$

On aura donc, d'après le théorème (73), une relation

$$F\left(\frac{\rho'}{\rho}, \frac{\rho''}{\rho}, \frac{\rho'''}{\rho}\right) = 0,$$

où les trois rapports entreront au degré m. Si l'on multiplie tous les termes par ρ^m, on aura une équation homogène, du degré m, entre les quatre distances ρ, ρ', ρ'', ρ'''.

Donc

Dans toute surface géométrique, les distances de chacun de ses plans tangents, à quatre points fixes, pris arbitrairement dans l'espace, ont toujours entre elles une relation homogène, d'un degré égal au nombre des plans tangents (réels ou imaginaires) qu'on peut mener à la surface, par une même droite.

Et, réciproquement :

Quand les distances d'un plan mobile, à quatre points fixes, ont entre elles une relation homogène, du degré m; ce plan enveloppe une surface *courbe, à laquelle on peut mener, par une même droite quelconque, m plans tangents (réels ou imaginaires)* *.

80. Ainsi, si l'on demande un plan tel, que ses distances à quatre points fixes, multipliées respectivement par des constantes, aient leur somme égale à zéro, une infinité de plans satisfont à la question, et *tous ces plans passeront par un même point.* En effet, on sait que ce point serait le centre de gravité des quatre points fixes, s'ils avaient des masses proportionnelles aux constantes qui multiplient les distances du plan mobile à ces points.

§ XVI. Nouvelle méthode de géométrie analytique.

81. Les théorèmes précédents offrent une manière de déterminer, par une équation entre trois variables, tous les plans tangents à une surface courbe, analogue à la méthode par laquelle on détermine, en Géométrie analytique, par une équation entre trois variables, tous les points d'une surface.

On prendra arbitrairement dans l'espace un tétraèdre *i*ABC. Un plan rencontrera les trois arêtes *i*A, *i*B, *i*C, en trois points ξ, γ, ζ, qu'il suffira de connaître pour que le plan soit déterminé. On déterminera ces points eux-mêmes par les rapports

$$\frac{A\xi}{i\xi}, \quad \frac{B\nu}{i\nu}, \quad \frac{C\zeta}{i\zeta},$$

qu'on pourra appeler les *coordonnées* du plan, et que nous représente-

---

' Ce théorème s'applique à un nombre quelconque de points fixes; c'est-à-dire que :

Étant donnés plusieurs points fixes dans l'espace; si l'on mène un plan de manière que ses distances à ces points aient entre elles une relation homogène constante, du degré m; *ce plan enveloppera, dans toutes ses positions, une surface géométrique, à laquelle on pourra mener* m *plans tangents par une même droite.*

Ce théorème se conclut, par le principe de dualité, de cette autre proposition, dont la démonstration résulte des premiers principes de la Géométrie analytique, savoir : *Le lieu d'un point dont les distances à plusieurs plans fixes ont entre elles une relation constante, du degré* m, *est une surface géométrique, qu'une droite quelconque rencontre en* m *points (réels ou imaginaires).*

rons par x, y, z. Chaque système de valeurs de ces trois coordonnées donnera un plan. Donc une équation entre ces trois coordonnées représentera une infinité de plans, tous assujettis à une certaine loi exprimée par cette équation, et qui, par conséquent, envelopperont une certaine surface.

Il résulte, du théorème (73), qu'une équation $F(x, y, z) = 0$, où les variables x, y, z, n'entrent qu'au premier degré, représente un point; c'est-à-dire que tous les plans déterminés par cette équation passeront par un même point; qu'une équation du second degré représente une surface du second degré; et, en général, qu'une équation du degré m représente une surface à laquelle on peut mener m plans tangents par une même droite.

82. Deux équations qui devront avoir lieu en même temps, détermineront les plans tangents communs aux deux surfaces que ces équations représentent individuellement : ces deux équations représenteront donc la surface *développable* circonscrite à ces deux surfaces.

Pareillement, trois équations donneront les plans tangents communs aux trois surfaces représentées par ces équations.

Il suit de là que, quand trois surfaces seront inscrites à la même développable, les équations de deux d'entre elles devront rendre identique l'équation de la troisième.

Si l'on a deux surfaces du second degré, représentées par les équations $F = 0$, $f = 0$; toute autre surface du second degré, inscrite à la développable circonscrite aux deux premières, aura son équation de la forme $F + \lambda, f = 0$, λ étant une constante.

83. Chaque plan tangent à une surface la touche en un point qu'on déterminera par une formule semblable à l'équation du plan tangent à une surface, dans le système de coordonnées en usage.

Ainsi, soient $F(x, y, z) = 0$ l'équation de la surface; x', y', z', les *coordonnées* de son plan tangent : l'équation du point de contact sera

$$\frac{dF}{dx'}(x - x') + \frac{dF}{dy'}(y - y') + \frac{dF}{dz'}(z - z') = 0.$$

84. Si l'on veut avoir l'intersection de la surface par un plan, on indiquera que le point dont nous venons de donner l'équation doit être sur ce plan. Soient α, ε, γ, les coordonnées de ce plan : on aura l'équation de condition

$$\frac{d\mathrm{F}}{dx'}(\alpha - x') + \frac{d\mathrm{F}}{dy'}(\varepsilon - y') + \frac{d\mathrm{F}}{dz'}(\gamma - z') = 0.$$

Cette équation représente une surface dont les coordonnées courantes sont x', y', z'. Cette surface est telle que les plans tangents à la surface proposée, en ses points d'intersection par le plan $(\alpha, \varepsilon, \gamma)$, lui sont aussi tangents. Donc cette équation, et l'équation $\mathrm{F}(x', y', z') = 0$ de la surface proposée, représentent une développable circonscrite à celle-ci suivant sa courbe d'intersection par le plan dont les coordonnées sont α, ε, γ. Ainsi cette courbe d'intersection est déterminée.

85. Nous ne pousserons pas plus loin ces analogies, qui suffisent pour faire voir le mécanisme de ce nouveau système, et à quel genre de questions il conviendra particulièrement. Mais l'on conçoit que, pour l'employer avec avantage, il est nécessaire de le présenter directement et d'une manière élémentaire, pour connaître la signification des coefficients de certaines équations qui se représenteront toujours, telles que celles du point et de la ligne droite. La méthode par laquelle nous venons d'exposer les propriétés principales de ce système ne suffit pas pour donner les expressions géométriques de ces coefficients, parce qu'ils renferment les segments od, oe, of, (73), qui appartiennent à l'ancien système. Nous reviendrons donc sur cette nouvelle méthode de Géométrie analytique, pour l'exposer directement, et avec les développements nécessaires.

86. On remarquera que, si les trois axes $i\mathrm{A}$, $i\mathrm{B}$, $i\mathrm{C}$, sur lesquels sont comptées les trois coordonnées de chaque plan, sont parallèles entre eux, ces coordonnées deviennent précisément les segments $\mathrm{A}\xi$, $\mathrm{B}\nu$, $\mathrm{C}\xi$, d'après le théorème (75). Le système alors se simplifie beaucoup, et a une plus grande analogie avec le système de coordonnées de Descartes.

Au contraire, quand les trois axes $i\mathrm{A}$, $i\mathrm{B}$, $i\mathrm{C}$, passent par un même point, et que le plan ABC est à l'infini, les trois coordonnées de chaque plan sont, d'après le théorème (77), les valeurs inverses des distances du point i aux points où le plan rencontre les trois axes iA, iB, iC.

§ XVII. Suite du précédent. — Applications du nouveau système de géométrie analytique.

87. *Première application.* Considérons le système de coordonnées le plus général, celui où l'on a un tétraèdre iABC, et où les *coordonnées* de chaque *plan* sont les rapports

$$\frac{A\xi}{i\xi}, \quad \frac{B\nu}{i\nu}, \quad \frac{C\zeta}{i\zeta}.$$

On démontrera aisément, en faisant les mêmes raisonnements que pour la démonstration du théorème 1 (§ II), le suivant, qui d'ailleurs est le corrélatif du théorème (9) :

Quand, dans l'équation d'un point mobile, les coefficients des coordonnées courantes sont trois variables satisfaisant à une relation du premier degré, le point engendre un plan ;

Si les coefficients ont entre eux une relation du second degré, le point engendre une surface du second degré ;

Et, en général, si les trois coefficients ont entre eux une relation du degré m, *le point engendre une surface qui est rencontrée en* m *points par une transversale quelconque.*

88. Ce théorème conduit à une propriété géométrique du centre de gravité de quatre points matériels.

En effet, soient x', y', z', les trois coefficients des variables, dans l'équation d'un point ; cette équation sera

$$x'x + y'y + z'z + \mathrm{K} = 0.$$

x, y, z, sont les coordonnées qui déterminent chaque plan passant par ce point. Nous avons vu (79) qu'on peut les remplacer par les distances ρ, ρ', ρ'', ρ''', de ce plan, aux sommets i, A, B, C, du tétraèdre; on aura donc

$$x'\rho' + y'\rho'' + z'\rho''' + K\rho = 0.$$

Nous avons vu aussi (80) que le point représenté par cette équation est le centre de gravité des quatre points i, A, B, C, si on leur suppose des masses proportionnelles aux quantités K, x', y', z'. On conclut donc, du théorème précédent, celui-ci :

Si l'on a quatre points fixes matériels, et qu'on prenne leur centre de gravité; et que, la masse de l'un d'eux restant constante, celles des trois autres points varient en conservant entre elles une relation constante, du degré m, *le centre de gravité des quatre points engendrera une surface du degré* m.

On pourrait faire varier les masses des quatre points; mais alors il faudrait qu'elles eussent entre elles une relation homogène; le centre de gravité de ces quatre points engendrerait une surface d'un degré égal à celui de cette relation.

89. *Autre application.* Pour faire une seconde application du nouveau système de coordonnées, à une question qui offrirait des difficultés, si l'on voulait faire usage du système ordinaire, proposons-nous de démontrer cette propriété générale des surfaces géométriques :

Étant donné une surface géométrique, deux plans fixes et un axe parallèle à l'intersection de ces deux plans; si l'on mène un plan transversal quelconque, et que, par les deux droites suivant lesquelles il coupera les deux plans fixes, l'on mène les deux faisceaux de plans tangents à la surface; les produits des segments compris sur l'axe fixe, entre le plan transversal et les deux faisceaux de plans tangents, seront entre eux dans un rapport constant, quel que soit le plan transversal.

Prenons un système de trois axes coordonnés Ax, By, Cz, parallèles entre eux. Que le plan des deux axes Ax, By, et celui des deux axes Ax, Cz, soient les deux plans donnés.

Soit $F(x, y, z) = 0$ l'équation de la surface. Soient x', y', z', les coordonnées d'un plan transversal; les plans tangents menés à la surface, par la droite d'intersection de ce plan transversal et du plan des deux axes Ax, By, couperont l'axe Az en des points dont les distances z, au point C, seront données par l'équation

$$F(x', y', z) = 0.$$

On peut mettre cette équation sous la forme

$$F\left[x', y', z' + (z - z')\right] = 0,$$

ou

$$F(x', y', z') + \frac{dF}{dz'}(z - z') + \frac{d^2F}{dz'^2}\frac{(z - z')^2}{1.2} + \cdots + \frac{d^mF}{dz'^m}\frac{(z - z')^m}{1.2\ldots m} = 0;$$

m étant le degré de l'équation de la surface.

Les racines $(z - z')$ de cette équation sont les segments compris, sur l'axe des z, entre le plan transversal et les plans tangents; leur produit est égal à

$$\frac{1.2\ldots m.\,F(x', y', z')}{\dfrac{d^mF}{dz'^m}}.$$

Mais la transversale donnée est parallèle à l'axe Cz; donc les segments interceptés sur elle, entre le plan transversal et les plans tangents, sont proportionnels aux segments interceptés, entre les mêmes plans, sur l'axe Cz. Ainsi le produit des segments faits sur la transversale est égal à

$$\frac{K.1.2\ldots m.\,F(x', y', z')}{\dfrac{d^mF}{dz'^m}};$$

K étant une constante qui dépend seulement de la distance entre la transversale donnée et le plan des deux axes Ax, By.

Pareillement, si par la droite d'intersection du plan transversal et du plan des axes Ax, Cz, on mène les plans tangents à la surface, le produit des segments compris sur la transversale, entre le plan transversal et les plans tangents, sera égal à

$$\frac{K'.1.2\ldots m.\,F\,(x',y',z')}{\dfrac{d^m F}{dy'^m}};$$

K' étant une seconde constante qui ne dépend que de la distance de la transversale au plan des deux axes Ax, Cz.

Le rapport des deux produits des segments faits sur la transversale, suivant l'énoncé du théorème, est donc égal à

$$\frac{K}{K'} \cdot \frac{d^m F}{dy'^m} : \frac{d^m F}{dz'^m}.$$

Ce rapport est constant, parce que l'équation de la surface étant du degré m, les deux expressions

$$\frac{d^m F}{dy'^m}, \quad \frac{d^m F}{dz'^m}$$

sont des nombres; le théorème est donc démontré.

90. Notre système de coordonnées peut procurer aussi une démonstration directe des propriétés générales des surfaces géométriques, que nous avons déduites (§ XIII), par le principe de dualité, du théorème de Newton sur les diamètres des courbes. Nous avons donné cette démonstration directe dans la *Correspondance mathématique* de M. Quetelet, t. VI, p. 84. Je ne pense pas que le système de coordonnées en usage puisse conduire à une démonstration de ces propriétés, d'un nouveau genre, des surfaces géométriques.

§ XVIII. Construction analytique des figures corrélatives.

91. Dans les applications que nous venons de faire du principe de dualité, pour démontrer des propriétés générales de l'étendue, nous avons fait usage de ce principe seul, pris dans toute sa généralité, sans avoir besoin de construire les figures corrélatives, et sans avoir égard aux différentes variétés de formes qu'elles pourraient présenter, suivant le mode de construction qu'on emploierait.

Mais l'on peut demander de construire la figure corrélative d'une figure donnée. Cela se fera très-aisément, de deux manières générales, *analytiquement* et *géométriquement*.

D'abord par l'Analyse. On prend l'équation générale d'un plan, rapportée à trois axes coordonnés quelconques, et renfermant, au premier degré, les coordonnées x', y', z', d'un point; cette équation sera de la forme

$$(1) \quad \ldots \ldots \ldots \ldots \quad Xx' + Yy' + Zz' = U;$$

X, Y, Z et U étant des fonctions linéaires des coordonnées courantes x, y, z.

Si l'on veut déterminer un *plan* de la figure corrélative, correspondant à un *point* de la figure proposée, on mettra les coordonnées de ce point dans l'équation (1), à la place de x', y', z'; et cette équation deviendra celle du plan cherché.

Si l'on veut déterminer un *point* de la figure corrélative, correspondant à un *plan* de la figure proposée, on prendra l'équation de ce plan : je la suppose

$$(2) \quad \ldots \ldots \ldots \ldots \quad Lx + My + Nz = 1;$$

et les coordonnées du point cherché seront données, ainsi que nous l'avons démontré (1), par les trois équations

$$(3) \quad \ldots \ldots \ldots \quad X = LU, \quad Y = MU, \quad Z = NU,$$

où ces coordonnées n'entrent qu'au premier degré.

92. Si, réciproquement, on veut déterminer, dans la première figure, le *plan* auquel correspondra tel *point* désigné de la seconde figure, on fera usage des mêmes équations (3), où l'on remplacera les coordonnées x, y, z, qui entrent dans les polynômes X, Y, Z, U, par les coordonnées x'', y'', z''

du point donné de la seconde figure; et ces équations donneront les valeurs des paramètres L, M, N, du plan cherché.

Désignons par X'', Y'', Z'', U'', ce que deviennent les polynômes X, Y, Z, U, par la substitution dont nous venons de parler ; on aura

$$L = \frac{X''}{U''}, \quad M = \frac{Y''}{U''}, \quad N = \frac{Z''}{U''};$$

et l'équation du plan de la première figure, auquel correspond le point (x'', y'', z'') de la seconde figure, sera

$$X''x + Y''y + Z''z = U''.$$

93. Remarquons que si le point (x'', y'', z'') était considéré comme appartenant à la première figure, le plan qui lui correspondrait dans la seconde aurait pour équation

$$Xx'' + Yy'' + Zz'' = U.$$

Cette équation diffère, en général, de la précédente; ce qui fait voir que :

Dans deux figures corrélatives, à un même point de l'espace, considéré successivement comme appartenant à la première figure, puis à la seconde, correspondent deux plans différents.

Dans quelques modes de construction des figures corrélatives, tel que celui des polaires réciproques, ces deux plans se confondent toujours. Mais c'est là un caractère particulier de ces figures, étranger en quelque sorte au principe de dualité, et dont, en effet, nous n'avons point eu besoin de faire usage dans nos applications de ce principe.

Nous donnerons, dans un des paragraphes suivants, la théorie générale des figures corrélatives qui jouissent de cette propriété particulière.

94. Nous avons dit comment on déterminera, au moyen des trois équations linéaires (3), les coordonnées du point qui correspond, dans une figure corrélative, à un plan de la figure donnée. Comme ce calcul, sans offrir de difficulté, est un peu long, nous allons en donner le résultat.

Conservons à **X, Y, Z** et **U**, les expressions générales que nous leur avons données (8); et désignons par le symbole $(ab'c'')$ le polynôme

$$a\,(b'c'' - b''c') + a'\,(b''c - bc'') + a''\,(bc' - b'c);$$

par le symbole $(a'b''c''')$ ce que devient ce polynôme quand on y change a en a', b' en b'', c'' en c'''; par $(d'a''b''')$ ce que devient ce premier polynôme, quand on y change a en d', b' en a'', c'' en b'''; et ainsi de suite.

Les expressions des coordonnées x, y, z, du *point* qui correspond au *plan* donné, seront

$$x = \frac{(db'c'') - (d'b''c''')\,\mathrm{L} + (d''b'''c)\,\mathrm{M} - (d'''bc')\,\mathrm{N}}{(ab'c'') - (a'b''c''')\,\mathrm{L} + (a''b'''c)\,\mathrm{M} - (a'''bc')\,\mathrm{N}},$$

$$y = \frac{(da'c'') - (d'a''c''')\,\mathrm{L} + (d''a'''c)\,\mathrm{M} - (d'''ac')\,\mathrm{N}}{(ab'c'') - (a'b''c''')\,\mathrm{L} + (a''b'''c)\,\mathrm{M} - (a'''bc')\,\mathrm{N}},$$

$$z = \frac{(da'b'') - (d'a''c''')\,\mathrm{L} + (d''a''b)\,\mathrm{M} - (d'''ab'')\,\mathrm{N}}{(ab'c'') - (a'b''c''')\,\mathrm{L} + (a''b'''c)\,\mathrm{M} - (a'''bc')\,\mathrm{N}}$$

Au moyen de ces formules, on connaitra tous les *points* de la figure corrélative, correspondant à des *plans* déterminés de la figure proposée.

Ainsi la construction des *points* et des *plans* de la figure *corrélative* la plus générale, d'une figure proposée, sera extrêmement facile.

95. Si cette figure proposée est une surface courbe exprimée par son équation, nous avons vu (3) comment, par une simple élimination, on trouvera l'équation de la surface corrélative.

Et si l'on veut déterminer cette surface par points, on observera que chacun de ses points est le *pôle*, ou point correspondant, d'un plan tangent à la surface proposée (théorème II). Les coordonnées de ce point seront donc données par les formules précédentes, où **L**, **M**, **N** seront les coefficients de l'équation du plan tangent en un point de la surface proposée.

Ainsi soit

$$\mathrm{F}\,(x, y, z) = 0$$

l'équation de cette surface; et

$$(x - x')\,p' + (y - y')\,q' - (z - z') = 0$$

l'équation de son plan tangent au point (x', y', z'); p', q' étant les coefficients différentiels $\frac{dz}{dx}, \frac{dz}{dy}$, où l'on a remplacé les coordonnées x, y, z, par x',
y', z'. On a

$$\text{L} = \frac{p'}{p'x' + q'y' - z'}, \quad \text{M} = \frac{q'}{p'x' + q'y' - z'}, \quad \text{N} = \frac{-1}{p'x' + q'y' - z'}.$$

Substituant ces valeurs dans les formules précédentes, on obtient

$$x = \frac{(db'c'')\,(p'x' + q'y' - z') - (d'b''c''')\,p' + (d''b'''c)\,q' + (d'''bc')}{(ab'c'')\,(p'x' + q'y' - z') - (a'b''c''')\,p' + (a''b'''c)\,q' + (a'''bc')},$$

$$y = \frac{(da'c'')\,(p'x' + q'y' - z') - (d'a''c''')\,p' + (d''a'''c)\,q' + (d'''ac'')}{(ab'c'')\,(p'x' + q'y' - z') - (a'b''c''')\,p' + (a''b'''c)\,q' + (a'''bc')},$$

$$z = \frac{(da'b'')\,(p'x' + q'y' - z') - (d'a''c''')\,p' + (d''a'''b)\,q' + (d'''ab'')}{(ab'c'')\,(p'x' + q'y' - z') - (a'b''c''')\,p' + (a''b'''c)\,q' + (a'''bc')}.$$

Telles sont les coordonnées d'un *point* de la surface corrélative d'une surface
proposée, en fonction des coordonnées d'un *point* de celle-ci. *Les deux points
se correspondent ;* mais comme jusqu'ici le mot *correspondant* nous a servi
pour désigner la relation entre deux parties *corrélatives,* dans une figure et
sa transformée, telles qu'un point et un plan, nous dirons que ces deux
points des deux surfaces sont *réciproques.*

On reconnaît les points *réciproques* dont Monge avait donné une expression particulière dans le titre d'un Mémoire qui, je crois, n'a pas été publié
(*voy.* la Note XXX).

§ XIX. Construction géométrique des figures corrélatives.

96. Soient a, b, c, d, e, cinq points quelconques de la figure proposée ;
on pourra prendre arbitrairement, dans l'espace, cinq plans A, B, C, D, E,
comme devant correspondre respectivement à ces cinq points, dans la figure
corrélative qu'il s'agit de construire (§ II, théorème V).

Il nous faut déterminer, dans cette figure :

1° Le *plan* qui correspond à un sixième *point* quelconque de la figure proposée ;

Et 2° le *point* qui correspond à un *plan* quelconque de cette figure proposée.

Pour cela, considérons le tétraèdre *abcd*. Par le point *e*, menons trois plans, passant respectivement par les trois arêtes *ab*, *bc*, *ca*; et, par un sixième point *m*, menons trois autres plans passant aussi par les trois arêtes *ab*, *ac*, *bc*.

Soit M le sixième plan de la figure corrélative, qui correspond au point *m* : c'est le plan que nous voulons déterminer. Aux quatre plans qui, dans la première figure, passent par l'arête *ab*, et qui sont *cab*, *dab*, *eab*, *mab*, correspondent, dans la seconde figure, les quatre points CAB, DAB, EAB, MAB *. Le rapport anharmonique des quatre plans est égal au rapport anharmonique des quatre points (théorème IV). Cette égalité fera connaître le point MAB, c'est-à-dire le point où le plan cherché coupe la droite d'intersection des deux plans donnés A, B. Une égalité semblable fera connaître le point où le même plan cherché rencontrera la droite d'intersection des deux plans donnés A, C. Enfin, une troisième égalité semblable fera connaître le point où ce plan rencontre la droite d'intersection des deux plans B, C. Ainsi le plan cherché est déterminé par trois de ses points. C'est la première question que nous avions à résoudre.

Maintenant, pour trouver le point *n* qui correspond à un plan N de la première figure, on prendra le point où ce plan N rencontre l'arête *da* du premier tétraèdre : à ce point correspondra, dans le second tétraèdre, le plan mené par l'arête DA et par le point cherché. On aura ainsi, sur l'arête *da*, quatre points qui seront : 1° *a*; 2° *d*; 3° le point où le plan *ebc* rencontre l'arête *da*; 4° le point où le plan N rencontre cette arête; et l'on aura quatre plans correspondants, passant par l'arête DA, lesquels seront : 1° A; 2° D; 3° le plan mené par le point où le plan E rencontre l'arête BC; 4° le plan mené par le point cherché. Le rapport anharmonique de ces quatre plans

* Nous désignons un point par les trois lettres qui représentent trois plans passant par ce point.

sera égal à celui des quatre points; cette égalité fera connaître le quatrième plan, celui qui passe par le point cherché.

Deux autres égalités semblables feront connaître deux autres plans, menés par les deux arêtes DB, DC, respectivement, et passant par le point cherché. Ainsi ce point sera donné par l'intersection de trois plans qu'on déterminera facilement.

Le problème de la construction géométrique des figures corrélatives est donc résolu complétement.

97. Dans la pratique, on exprimera le rapport anharmonique de quatre plans par celui des quatre points où ces plans rencontrent une transversale; et l'on prendra, pour cette transversale, l'arête du tétraèdre opposée à celle par laquelle passent les quatre plans.

On réduira, de cette manière, la construction des figures corrélatives, à des formules très-simples et d'une grande généralité.

Les quatre plans A, B, C, D, de la seconde figure, forment un tétraèdre dont les quatre faces correspondent, respectivement, aux quatre sommets du tétraèdre $abcd$ de la première figure. Désignons par a', b', c', d' les quatre sommets, respectivement opposés à ces faces.

Soient ε, α les points ou les deux plans ebc, mbc rencontrent l'arête ad; et soient ε', α' les points où les deux plans E, M rencontrent l'arête $a'd'$ du second tétraèdre.

Le rapport anharmonique des quatre plans abc, dbc, ebc, mbc sera le même que celui des quatre points, a, d, ε, α; mais il est égal, comme nous l'avons dit ci-dessus (96), à celui des quatre points d', a', ε', α', qui correspondent aux quatre plans, dans la seconde figure. On aura donc

$$(A) \quad \cdots \quad \frac{\alpha a}{\alpha d} : \frac{\varepsilon a}{\varepsilon d} = \frac{\alpha'd'}{\alpha'a'} : \frac{\varepsilon'd'}{\varepsilon'a'};$$

d'où

$$\frac{\alpha a}{\alpha d} = \frac{\alpha'd'}{\alpha'a'} \cdot \left(\frac{\varepsilon a}{\varepsilon d} : \frac{\varepsilon'd'}{\varepsilon'a'} \right).$$

Le rapport $\frac{\varepsilon a}{\varepsilon d} : \frac{\varepsilon'd'}{\varepsilon'a'}$ est une quantité constante, quel que soit le point m, puisqu'il ne dépend que de la position du point donné e et du plan pris arbitrairement E, qui lui correspond.

Ainsi l'on a

$$(a) \qquad \qquad \frac{\alpha a}{\alpha d} = \lambda \frac{\alpha' d'}{\alpha' a'};$$

λ étant une quantité constante.

Pareillement ε étant le point où le plan mac rencontre l'arête bd du premier tétraèdre; et ε' le point où le plan M rencontre l'arête b' d' du second tétraèdre, on aura

$$(a) \qquad \qquad \frac{\varepsilon b}{\varepsilon d} = \mu \frac{\varepsilon' d'}{\varepsilon' b'};$$

μ étant une constante.

Et enfin, appelant γ le point où le plan mab rencontre l'arête cd, et γ' le point où le plan M rencontre l'arête c' d' du second tétraèdre, on aura

$$(a) \qquad \qquad \frac{\gamma c}{\gamma d} = \nu \frac{\gamma' d'}{\gamma' c'};$$

ν étant une troisième constante.

98. Ces trois équations donnent, immédiatement, la construction des *points* et des *plans* de la figure *corrélative* d'une figure proposée.

Car les points α', ε', γ', déterminés par ces équations, appartiennent, respectivement, à trois plans passant par les arêtes $b'c'$, $c'a'$, $a'b'$ du second tétraèdre, et correspondant aux trois points α, ε, γ; et, réciproquement, les trois points, α, ε γ appartiennent à trois plans, passant par les trois arêtes bc, ca, ab du premier tétraèdre, et correspondant aux points α' ε' γ'.

D'après cela, veut-on construire le plan de la seconde figure qui correspond à un point m de la première? Par ce point m on mènera les trois plans mbc, mca, mab, qui rencontreront les arêtes ad, bd, cd en trois points; on regardera, dans les formules ci-dessus, α, ε, γ comme étant ces trois points; et alors α', ε', γ' seront les points où le plan cherché rencontre les trois arêtes $a'd'$, $b'd'$, $c'd'$ du second tétraèdre.

Veut-on construire le point de la seconde figure, correspondant à un plan de la première? On regardera, dans les formules, α, ε, γ comme étant les points où le plan donné rencontre les trois arêtes ad, bd, cd du premier tétraèdre; et alors α', ε', γ' seront les points où les trois plans, menés par le point cherché et les trois arêtes $b'c'$, $c'a'$, $a'b'$ du second tétraèdre, rencontreront les arêtes opposées $a'd'$, $b'd'$, $c'd'$; ce point sera donc déterminé *.

§ XX. Suite du précédent. — Discussion des formules pour la construction géométrique des figures corrélatives. — Divers théorèmes de géométrie qui s'en déduisent. — Généralisation d'un porisme d'Euclide.

99. Les formules (a) conduisent naturellement à divers corollaires, dont plusieurs offrent des propositions de Géométrie, nouvelles et très-générales.

D'abord ces formules expriment le théorème suivant :

Étant donnés deux tétraèdres quelconques abcd, a'b'c'd'; *si, par chaque point d'une figure donnée, on mène trois plans passant, respectivement, par les trois arêtes* bc, ca, ab *du premier tétraèdre, et rencontrant ses arêtes opposées aux points* α, ε, γ;

Puis qu'on prenne, sur les arêtes d'a', d'b', d'c' *du second tétraèdre, trois points* α', ε', γ' *de manière qu'on ait toujours*

$$\frac{\alpha a}{\alpha d} = \lambda \cdot \frac{\alpha' d'}{\alpha' a'},$$

$$\frac{\varepsilon b}{\varepsilon d} = \mu \cdot \frac{\varepsilon' d'}{\varepsilon' b'},$$

$$\frac{\gamma c}{\gamma d} = \nu \cdot \frac{\gamma' d'}{\gamma' c'},$$

λ, μ et ν *étant trois coefficients constants.*

---

* Nous regrettons d'avoir été obligé de réserver exclusivement le mot *correspondant* pour désigner, dans la figure corrélative, le plan ou le point qui correspondent à un point ou à un plan de la figure proposée. Si nous avions eu une autre expression, nous aurions appelé *correspondants* les points tels que α et α', et nous aurions pu ainsi abréger le discours dans ce qui précède.

Le plan, déterminé par les trois point α', $6'$, γ', *enveloppera une seconde figure qui sera corrélative de la première.*

De sorte qu'aux points de la première figure, qui seront situés dans un même plan, correspondront, dans la seconde figure, des plans passant tous par un même point.

100. Maintenant, remarquons que si, du point m, on abaisse des perpendiculaires sur les plans abc et dbc, leur rapport sera égal à celui des perpendiculaires abaissées, du point α, sur les mêmes plans, lequel est égal à

$$\frac{\alpha\alpha \cdot \sin.\,(d\alpha, abc)}{d\alpha \cdot \sin.\,(d\alpha, dbc)} = \frac{\alpha\alpha}{d\alpha} \times \text{const.}$$

Dans le tétraèdre $a'b'c'd'$, le rapport des perpendiculaires abaissées, des deux sommets d', a', sur le plan $\alpha'6'\gamma'$, est égal à $\frac{d'x'}{a'x'}$; donc, $\frac{d'x'}{a'x'}$ étant proportionnel à $\frac{\alpha x}{d x}$, d'après les équations ci-dessus, nous pouvons dire que le rapport des distances du point m, aux deux faces abc, dbc, est proportionnel au rapport des distances du plan M aux deux sommets d', a' du second tétraèdre. D'où il suit que :

Dans deux figures corrélatives, le rapport des distances d'un point quelconque de la première figure, à deux plans fixes de cette figure, est au rapport des distances du plan qui correspond à ce point, dans la seconde figure, aux deux points qui correspondent aux deux plans de la première, dans une raison constante, quel que soit le point pris dans la première figure.

101. De là, on conclut le théorème suivant, qui n'est autre que le théorème (99) présenté sous un autre énoncé :

Étant donnée une figure dans l'espace, et étant pris deux tétraèdres quelconques, dont A, B, C, D *sont les faces du premier, et* a, b, c, d *les sommets du second ;*

Si, de chaque point m de la figure proposée, on abaisse des perpendiculaires sur les quatre faces du premier tétraèdre, et qu'on prenne les rapports de la première perpendiculaire aux trois autres ;

Et que l'on mène un plan transversal **M**, *de manière qu'étant prises ses distances aux quatre sommets* a, b, c, d *du second tétraèdre, les rapports de la première distance aux trois autres soient dans des raisons constantes avec les trois premiers rapports, respectivement; ce plan* **M**, *qui correspondra ainsi, dans toutes ses positions, au point* m *de la figure proposée, formera une seconde figure,* corrélative *de cette proposée.*

102. La propriété caractéristique des figures *corrélatives* consiste en ce que, aux points de l'une, qui sont *situés dans un même plan,* correspondent, dans l'autre, des plans *passant tous par un même point.* D'après cela, on conclut, du théorème (99), cette proposition de Géométrie :

Étant donnés un tétraèdre SABC *et un plan, situés d'une manière quelconque dans l'espace;*

Si, par chaque point de ce plan, on mène trois plans, passant respectivement par les trois arétes à la base ABC *du tétraèdre, et rencontrant respectivement les trois arétes opposées* SA, SB, SC, *en trois points* α, ϐ, γ; *et qu'on forme les rapports des segments que ces points font sur ces arétes, lesquels rapports sont*

$$\frac{\alpha S}{\alpha A}, \quad \frac{\epsilon S}{\epsilon B}, \quad \frac{\gamma S}{\gamma C};$$

Puis, que l'on prenne arbitrairement un second tétraèdre S'A'B'C', *et que l'on divise ses arétes au sommet, par trois points* α', ϐ', γ', *de manière que les trois rapports*

$$\frac{\alpha' A'}{\alpha' S'}, \quad \frac{\epsilon' B'}{\epsilon' S'}, \quad \frac{\gamma' C'}{\gamma' S'},$$

soient aux trois premiers, respectivement, dans des raisons constantes et quelconques;

Le plan déterminé par ces trois points α', ϐ', γ', *qui correspondra, dans toutes ses positions, aux différents points du plan donné, passera toujours par un même point fixe.*

103. Ce théorème, qui résulte ici, comme corollaire, de notre théorie

analytique des figures corrélatives, en renferme néanmoins toute la doctrine.
Et si ce simple théorème de Géométrie était démontré *a priori*, et directement, nous en conclurions toute la théorie de ces figures, comprenant leurs
relations descriptives et leurs relations de grandeur.

C'est de ce théorème que nous avons voulu parler dans la partie historique
de cet ouvrage (cinquième Époque, § 34), en disant que la théorie générale
des transformations analogues à celles que présente la théorie des polaires
réciproques, et d'où résulte le principe de dualité, *dérivait d'un seul théorème de Géométrie.* Nous donnerons, dans un autre écrit, la démonstration
géométrique et directe de ce théorème, et nous ferons voir comment tout
ce qui se rapporte à cette doctrine de transformation peut en dériver. De
sorte que le calcul algébrique, dont nous avons fait usage pour exposer cette
théorie, ne sera nullement nécessaire ; et les ressources de la pure Géométrie
lui suffiront, comme cela doit être, puisque cette théorie est elle-même une
simple question de Géométrie.

104. Reprenons les trois équations (a), sur lesquelles est fondée la
construction des figures corrélatives ; et supposons que la face *abc* du premier
tétraèdre soit située à l'infini : les segments αa, εb, γc seront infinis ; et, dans
l'équation

$$\frac{\varkappa a}{\alpha d} : \frac{\varepsilon a}{\varepsilon d} = \frac{\alpha' d'}{\alpha' a'} : \frac{\varepsilon' d'}{\varepsilon' a'},$$

qui a donné lieu aux trois équations (a), le rapport $\frac{\varkappa a}{\varepsilon a}$ deviendra égal à
l'unité. Cette équation se réduira donc à

$$\frac{\varepsilon d}{\alpha d} = \frac{\alpha' d'}{\alpha' a'} : \frac{\varepsilon' d'}{\varepsilon' a'},$$

ou

$$\alpha d = \frac{\alpha' a'}{\varkappa' d'} \left(\varepsilon d : \frac{\varepsilon' a'}{\varepsilon' d'} \right),$$

ou

$$\alpha d = \frac{\alpha' a'}{\alpha' d'} \times \text{const.}$$

Ainsi les trois équations (a) deviennent

$$(b) \quad \begin{cases} \alpha d = \lambda \cdot \dfrac{\alpha' a'}{\alpha' d'}, \\[2mm] \delta d = \mu \cdot \dfrac{\delta' b'}{\delta' d'}, \\[2mm] \gamma d = \nu \cdot \dfrac{\gamma' c'}{\gamma' d'}. \end{cases}$$

On pourra faire usage de ces formules pour certaines transformations de figures dont les propriétés seraient exprimées en fonction des projections de leurs points sur trois axes fixes.

105. Maintenant, supposons que le sommet d' du second tétraèdre, lequel peut être pris arbitrairement dans l'espace, soit situé à l'infini. L'équation

$$\frac{\varepsilon d}{\alpha d} = \frac{\alpha' d'}{\alpha' a'} : \frac{\varepsilon' d'}{\varepsilon' a'}$$

s'écrira

$$\alpha d = a' \alpha' \cdot \frac{\varepsilon' d'}{\alpha' d'} \cdot \frac{\varepsilon d}{\varepsilon' a'} ;$$

et, parce que le rapport $\frac{\varepsilon' d'}{\alpha' d'}$ est égal à l'unité, on aura

$$\alpha d = a' \alpha' \cdot \frac{\varepsilon d}{\varepsilon' a'} :$$

$\frac{\varepsilon d}{\varepsilon' a'}$ est une constante; on a donc enfin

$$(c) \quad \quad \quad \quad \quad \alpha d = \lambda \cdot a' a'.$$

Et, pareillement,

$$(c) \quad \quad \quad \quad \quad \begin{cases} \delta d = \mu \cdot \delta' b', \\ \gamma d = \nu \cdot \gamma' c'. \end{cases}$$

Ainsi, ce sont là les trois équations qui serviront aux transformations, quand on voudra que le point qui correspond, dans la seconde figure, à l'infini de la première, soit lui-même à l'infini.

C'est ce qui a lieu, par exemple, dans la *transformation parabolique*, dans la transformation par voie de *mouvement infiniment petit,* ou bien par la considération d'*un système de forces.*

106. Mais ces divers modes particuliers de transformation rentrent, comme on le voit, dans le principe général exprimé par les trois équations ci-dessus; et ce principe général conduirait, immédiatement, à toutes les propriétés nouvelles des courbes et des surfaces courbes, auxquelles nous sommes parvenu dans nos deux Mémoires sur la *transformation parabolique* [*]. Et cela justifie ce que nous disions, au commencement du premier de ces deux Mémoires : que ce n'était point un privilége exclusif pour la théorie des polaires réciproques, de pouvoir servir à la transformation des figures; qu'il existait d'autres moyens, qui même étaient d'une grande simplicité. Et si l'on observe que les formules (*c*) ne sont qu'un corollaire des formules (*a*), on verra que les théorèmes auxquels elles conduisent, tels que ceux que nous avons obtenus par la transformation parabolique, ne sont, ainsi que nous l'avions annoncé alors [**], que des cas particuliers de théorèmes plus généraux, qui répondent aux formules (*a*).

107. Supposons que les bases abc, $a'b'c'$ des deux tétraèdres soient, l'une et l'autre, à l'infini : les rapports $\frac{\alpha a}{\varepsilon a}$ et $\frac{\alpha'a'}{\varepsilon'a'}$, dans l'équation (A), seront égaux à l'unité; et il en résulte que les trois équations (*a*) deviendront

$$\alpha d = \frac{\lambda}{\alpha'd'};$$

$$\varepsilon d = \frac{\mu}{\varepsilon'd'};$$

$$\gamma d = \frac{\nu}{\gamma'd'}.$$

108. Si les deux sommets d, d' des tétraèdres sont, l'un et l'autre, à

---

[*] *Correspondance mathématique et physique,* tomes V et VI; années 1829 et 1830.
[**] *Ibid.,* t. V, p. 505.

l'infini, les formules deviendront

$$\alpha a = \frac{\lambda}{a'a'},$$

$$\varepsilon b = \frac{\mu}{\varepsilon'b'},$$

$$\gamma c = \frac{\nu}{\gamma'c'}.$$

109. Nous pourrions encore supposer que les deux tétraèdres se confondissent, et ensuite que leur base commune ou leur sommet commun fussent à l'infini.

110. Les différents cas que nous venons d'examiner donneraient lieu à divers théorèmes, semblables au théorème général (99), mais qui n'en seraient que des corollaires; par cette raison, nous nous dispenserons de les énoncer.

111. Enfin, il nous reste un dernier cas à examiner, qui va nous conduire à un mode général de description, purement graphique, des figures corrélatives, et à un théorème de Géométrie, correspondant, dans l'espace, à une proposition sur l'hexagone inscrit à deux lignes droites, souvent répétée par Pappus, et regardée par R. Simson comme l'un des porismes d'Euclide.

Supposons que les quatre sommets a', b', c', d' du second tétraèdre soient placés, respectivement, sur les quatre faces opposées aux sommets a, b, c, d du premier tétraèdre.

Soit e un cinquième point donné, de la première figure. Prenons, pour le plan correspondant E, dans la seconde figure, le plan déterminé par les trois points ε', φ', χ', où les trois plans ebc, eca, eab rencontrent, respectivement, les trois arêtes $d'a'$, $d'b'$, $d'c'$ du second tétraèdre. Soient ε, φ, χ les points où ces trois plans rencontrent les trois arêtes da, db, dc du premier tétraèdre.

Soient m un sixième point quelconque de la première figure, et M le plan correspondant de la seconde figure; soient α, ε, γ les points où les trois plans mbc, mca, mab rencontrent, respectivement, les trois arêtes da, db, dc;

85

et α', ε', γ' les point où le plan M rencontre les trois arêtes $d'a'$, $d'b'$, $d'c'$ du second tétraèdre. On aura l'équation

$$\frac{\alpha a}{\alpha d} : \frac{\varepsilon a}{\varepsilon d} = \frac{\alpha'd'}{\alpha'a'} : \frac{\varepsilon'd'}{\varepsilon'a'}.$$

Le premier membre de cette équation exprime le rapport anharmonique des quatre plans abc, dbc, εbc, αbc qui passent par l'arête bc. Les trois premiers de ces plans rencontrent l'arête $d'a'$, du second tétraèdre, aux points d', a', ε'. Soit α'' le point où le quatrième de ces plans rencontre cette arête; le rapport anharmonique des quatre plans s'exprimera, d'une seconde manière, par le rapport anharmonique des quatre points d', a', ε', α'', lequel est

$$\frac{\alpha''d'}{\alpha''a'} : \frac{\varepsilon'd'}{\varepsilon'a'}.$$

On a donc l'égalité

$$\frac{\alpha a}{\alpha d} : \frac{\varepsilon a}{\varepsilon d} = \frac{\alpha''d'}{\alpha''a'} : \frac{\varepsilon'd'}{\varepsilon'a'}.$$

Comparant cette équation à la précédente, on en conclut que les deux points α', α'' se confondent; c'est-à-dire que le point α' est à l'intersection de l'arête $d'a'$ par le plan mbc. D'où l'on conclut que le plan M, correspondant au point m, passe par les trois points où les plans mbc, mca, mab rencontrent, respectivement, les trois arêtes $d'a'$, $d'b'$, $d'c'$.

On a donc ce théorème :

Étant donnés, dans l'espace, un triangle et un angle trièdre dont le sommet est situé sur le plan de ce triangle, et dont les arétes correspondent, une à une, aux côtés du triangle; si, par chaque point d'une figure donnée, on mène trois plans passant, respectivement, par les trois côtés du triangle et rencontrant, respectivement, les trois arêtes opposées de l'angle trièdre, en trois points; le plan déterminé par ces trois points enveloppera une figure corrélative de la proposée.

112. Et, par conséquent :

Ce plan passera toujours par un même point, quand le point de la première figure parcourra un plan.

C'est en cela que consiste le théorème de Géométrie à trois dimensions qui correspond à celui de Géométrie plane, connu sous le nom de porisme d'Euclide, et qu'on énonce ainsi :

Étant donnés, dans un plan, deux points fixes et un angle dont le sommet est placé sur la droite qui joint ces deux points; si, de chaque point d'une droite donnée, on mène deux droites à ces deux points fixes, elles rencontreront, respectivement, les deux côtés de l'angle en deux points qui détermineront une droite qui tournera autour d'un point fixe *.

---

* M. Poncelet a aussi remarqué que ce porisme d'Euclide offrait un moyen de transformer les figures sur le plan. (*Analyse des transversales appliquée à la recherche des propriétés projectives des lignes et surfaces géométriques*. (Voir *Journal* de M. Crelle, t. VIII, p. 408; année 1832.)

Pour conserver à cette proposition le nom de *porisme*, il faut l'énoncer sous la forme d'un théorème *local*, ainsi que nous venons de le faire, d'après R. Simson, dans son traité *De Porismatibus* (proposition 34). Mais ce théorème est susceptible d'un autre énoncé, plus simple et plus expressif, dont s'est servi Pappus, en le considérant comme une propriété de l'hexagone inscrit à deux droites. Cette propriété consiste en ce que *les trois points de concours des côtés opposés de cet hexagone sont en ligne droite*. On peut se demander quel sera, dans la Géométrie à trois dimensions, l'énoncé correspondant à celui-là. Pour répondre à cette question, nous présenterons sous une autre forme le théorème de Pappus; nous dirons que :

Étant donnés trois points quelconques sur une droite, et trois autres points quelconque sur une seconde droite; si l'on regarde ceux-ci comme les sommets de trois triangles ayant respectivement pour bases les trois segments formés par les trois premiers points, pris deux à deux; il passera, par les extrémités de chaque segment, outre les deux côtés du triangle qui a pour base ce segment, deux autres côtés appartenant aux deux autres triangles; ces deux côtés se couperont en un point, et l'on aura de la sorte trois points;

Ces trois points seront en ligne droite.

Le théorème correspondant, dans l'espace, sera le suivant :

Étant pris, arbitrairement dans un premier plan quatre points, et dans un autre plan quatre autres points; si ceux-ci sont regardés comme les sommets de quatre tétraèdres ayant pour bases, respectivement, les quatre triangles formés par les quatre premiers points, pris trois à trois; par les côtés de chacun de ces triangles il passera, outre les trois faces du tétraèdre qui a pour base ce triangle, trois autres plans appartenant, respectivement, aux trois autres tétraèdres; ces trois plans se couperont en un point; et l'on aura ainsi quatre points dans l'espace;

Ces quatre points seront dans un même plan.

113. Si, dans le théorème ci-dessus, on place les sommets du triangle *abc* de manière qu'ils soient respectivement dans les plans des faces correspondantes de l'angle trièdre, alors on démontre que le plan des trois points α', $\mathfrak{b}'$, γ' passe par le point *m*, c'est-à-dire que *le plan correspondant à chaque point* m *de la figure proposée passera par ce point.*

Ainsi les deux figures corrélatives seront les mêmes que celles que nous avons formées par voie de mouvement infiniment petit.

De là pourraient découler plusieurs conséquences que nous sommes obligé d'omettre, parce qu'elles s'écarteraient de l'objet de cet écrit.

§ XXI. Différentes méthodes particulières pour former des figures corrélatives.

114. Il nous reste à examiner diverses méthodes particulières, propres à la construction des figures corrélatives, dont nous n'avons point voulu parler encore, pour mieux montrer combien le principe de *dualité*, démontré directement, et envisagé de la manière la plus générale dans ses deux parties, est d'un usage facile et spontané. Mais on conçoit que des méthodes particulières pourraient, dans certains cas, offrir des avantages, parce qu'elles établiraient, entre deux figures corrélatives, quelques rapports particuliers, qui n'ont pas lieu explicitement, en général, dans deux figures corrélatives quelconques. Par exemple, ne pourrait-on pas établir la corrélation de manière qu'il y eût, entre les deux figures, des relations concernant certains éléments de ces figures, tels que les volumes, les surfaces, les longueurs de courbes, etc.? De telles corrélations particulières conduiraient, certainement, à une foule de vérités géométriques que l'on ne peut soupçonner.

Le moyen de recherche, dans cette question d'une si haute importance, nous semble renfermé dans le peu d'Analyse qui nous a servi à mettre en évidence le principe de dualité. En effet, pour former une figure corrélative d'une figure donnée, analytiquement, ou géométriquement, on dispose de quinze constantes arbitraires; et chaque variation dans une, ou dans plusieurs de ces constantes, donnera une figure différente. On devra donc prendre l'équation générale du plan mobile, où entrent ces quinze constantes, et chercher quelles sont les différentes variétés de cette équation, ou les valeurs particulières de ces constantes, qui peuvent conduire à des modes de construction des figures corrélatives, propres à mettre en évidence des relations, de certaine nature, entre les deux figures. Ce ne sera point le hasard qui guidera dans de telles recherches. Mais différents rapprochements entre des propriétés connues, différentes circonstances géométriques, pourront conduire à des analogies que l'on soumettra à l'Analyse, que nous venons d'indiquer comme la source commune de toutes les méthodes pour établir la corrélation.

Nous allons examiner rapidement plusieurs de ces méthodes, et montrer ce que les figures ont de particulier et de caractéristique dans chacune d'elles.

La première, et la seule qui soit encore connue, est fondée sur la théorie des polaires réciproques, si usitée maintenant, mais à laquelle on n'a point appliqué, dans sa généralité, et comme type unique des relations métriques transformables, le théorème qui constitue la seconde partie du principe de dualité.

§ XXII. Méthode des polaires réciproques. — Réflexions sur la transformation des relations métriques.

115. Toute surface du second degré est représentée par l'équation.

$$A x^2 + B y^2 + C z^2 + D x y + E x z + F y z + G x + H y + I z - 1 = 0.$$

Si l'on circonscrit à cette surface un cône ayant son sommet au point (x', y', z'), sa courbe de contact avec la surface sera sur le plan qui a pour équation

$$(2 A x' + D y' + E z' + G)\, x + (2 B y' + D x' + F z' + H)\, y + (2 C z' + E x' + F y' + I)\, z$$
$$+ (G x' + H y' + I z' + 2) = 0.$$

Cette équation ne contenant qu'au premier degré les coordonnées x', y', z', il résulte, du théorème I (§ II), que si le sommet du cône parcourt un plan, le plan de contact tournera autour d'un point fixe ; si le sommet du cône parcourt une droite, le plan de contact tournera autour d'une droite ; et en général, si le sommet du cône parcourt une surface du degré m, le plan de contact roulera sur une surface à laquelle on pourra mener, par une même droite, m plans tangents. C'est-à-dire que *le plan de contact formera une figure corrélative de la figure parcourue par le sommet du cône.*

Le plan de contact mobile est appelé le plan *polaire* du sommet du cône, et ce sommet est dit le *pôle* du plan.

Ainsi la théorie des *pôles* et des *plans polaires* peut servir pour la construction des figures *corrélatives.*

116. Ajoutons, à ces propriétés descriptives des figures *polaires réciproques*, la suivante, qui concerne leurs relations de grandeur :

Si le sommet du cône prend quatre positions a, b, c, d, *en ligne droite, le plan de contact prendra quatre positions* A, B, C, D, *telles qu'on aura toujours*

$$\frac{\sin. \, C, A}{\sin. \, C, B} : \frac{\sin. \, D, A}{\sin. \, D, B} = \frac{ca}{cb} : \frac{da}{db}.$$

Ce qui résulte du théorème IV (§ II.)

Cette relation complète la théorie des polaires réciproques, considérée dans ses applications à la construction des figures corrélatives et à la démonstration des deux parties du principe de dualité.

117. Remarquons que l'équation du plan mobile, telle que la donne cette théorie, ne renferme que neuf constantes arbitraires, tandis que l'équation générale, qui nous a servi à démontrer le principe de dualité, en contient quinze. Le mode de construction des figures corrélatives, qui résulte de cette théorie, n'est donc pas le plus général ; de sorte qu'une figure donnée, et sa corrélative construite par cette théorie, n'offrent pas, dans leur ensemble, la plus grande généralité possible (ce que nous rendrons évident dans le paragraphe suivant). On peut donc espérer qu'en disposant convenablement des quinze constantes arbitraires, on parviendra à des modes de construction qui offriront, entre les deux figures, des relations que ne peut donner la théorie des polaires; de même qu'en variant la forme de la surface du second degré auxiliaire, on peut obtenir, de cette théorie, des propriétés différentes des figures.

Ainsi, en prenant une sphère pour surface auxiliaire, M. Poncelet, et d'autres Géomètres ensuite, sont parvenus à des résultats fort intéressants, concernant les relations d'angles des figures. (*Mémoire sur la théorie générale des polaires réciproques;* JOURNAL de M. Crelle, t. IV.)

En prenant un paraboloïde, nous avons obtenu des résultats d'un autre genre, concernant principalement les relations métriques. (*Correspondance mathématique* de M. Quetelet, tomes V et VI.)

118. On sait que *quand le plan polaire d'un point passe par un second point, réciproquement le plan polaire de ce second point passe par le premier.* C'est de là qu'est venue la dénomination de polaires *réciproques.* Cette propriété résulte de ce que l'équation du plan polaire d'un point (x', y', z') ne change pas, quand on y met x, y, z, à la place de x', y', z', et réciproquement.

Ainsi les plans polaires des différents points d'un plan P passent par un même point p, qui lui-même a pour plan polaire, par rapport à la même surface, précisément le plan P.

Il suit de là que, dans les figures corrélatives construites par la théorie des polaires, *à un même point de l'espace, considéré comme appartenant successivement à la figure proposée, puis à sa corrélative, correspond un même plan.*

119. Cela n'a pas lieu, en général, dans la construction des figures corrélatives; ainsi que nous l'avons déjà vu (93). C'est donc là un des caractères particuliers des figures corrélatives construites par la théorie des polaires. Ce caractère se présente dans d'autres modes de construction, ainsi que nous le verrons dans un des paragraphes suivants. Mais il est important de remarquer ici que cette identité de construction des deux figures corrélatives, l'une par l'autre, dans la théorie des polaires, doit être regardée, dans la théorie générale des figures corrélatives, comme un fait accidentel, tout à fait indifférent, soit pour la démonstration du principe de dualité, soit pour l'application de cette théorie à la transformation des propriétés de l'étendue.

120. Nous ne saurions trop appeler l'attention du lecteur sur l'équation (116) :

$$\frac{\sin. C, A}{\sin. C, B} : \frac{\sin. D, A}{\sin. D, B} = \frac{ca}{cb} : \frac{da}{db},$$

qui représente toutes les relations immédiatement transformables par la théorie des polaires, de même que par les autres méthodes du même genre. Faute d'avoir aperçu cette relation, et de l'avoir reconnue comme le type unique de toutes celles que l'on pouvait soumettre à la théorie des polaires réciproques, on a été obligé de faire intervenir, dans les *transformations polaires*, la théorie des *déformations* par voie de *perspective*, pour les figures planes, et par la considération des *figures homologiques*, pour les figures à trois dimensions. De sorte que l'on a fait dépendre les applications du principe de dualité, de la théorie des figures homologiques *, tandis que

---

* M. Poncelet, dans son *Mémoire sur la théorie générale des polaires réciproques*, après avoir pris une conique, ou une surface du second degré quelconque, pour transformer les relations descriptives, prend, pour la transformation des relations métriques, un cercle et une sphère. Puis il justifie cette méthode et démontre la généralité de ses résultats, en ces termes : « On peut remarquer en passant, qu'attendu la nature particulière des relations que nous » venons d'examiner, ces différents théorèmes auraient lieu, d'une manière analogue, dans le » cas où, à la place d'un cercle, on prendrait une section conique quelconque pour directrice » ou auxiliaire ; car on peut toujours considérer l'un de ces systèmes comme la perspective ou » projection centrale de l'autre, pourvu néanmoins que les figures auxquelles ils se rapportent » soient elles-mêmes projectives de leur nature, et ne concernent par conséquent aucune » grandeur constante et déterminée.

» Au surplus, je crois devoir le dire expressément, cette observation, qui s'applique égale-» ment au cas de l'espace que nous aurons bientôt à examiner, n'ajoute rien à la généralité » des conséquences qu'il est possible de déduire des théorèmes précédents, quoique leur » énoncé suppose que les figures polaires réciproques soient prises simplement par rapport à » un cercle auxiliaire. » (Voir *Journal* de M. Crelle, t. IV, p. 55.) Ainsi M. Poncelet démontre *a posteriori*, au moyen de la Perspective, la généralité de ses transformations faites sur le plan, avec un cercle pour conique auxiliaire. Pour le cas de l'espace

l'un et l'autre doivent avoir une égale indépendance et une égale facilité d'action. Et si même l'on veut établir des rapports entre l'un et l'autre, ce sera la théorie des figures homologiques, qui pourra dériver complétement du principe de dualité, comme nous le ferons voir au commencement de la seconde partie de cet écrit, tandis que ce principe ne peut nullement dériver de cette théorie. Aussi, dans nos applications du principe de dualité, nous n'avons point été obligé de rechercher, comme on avait fait auparavant, les relations *projectives*, c'est-à-dire qui sont transformables par la Perspective ou par la théorie des figures homologiques; l'équation ci-dessus, et les diverses interprétations que nous lui avons données (§ III), ont représenté toutes les relations transformables, dont nous n'avons point eu à faire l'énumération. Il nous a suffi toujours de ramener les relations proposées à la forme du rapport *anharmonique*, et de leur appliquer, d'une manière invariable, le principe de l'équation (1) (même paragraphe, n° 12) ou de ses diverses interprétations.

Mais, pourra-t-on dire, la relation *anharmonique* est elle-même *projective*, et par conséquent de celles que l'on sait transformer par la théorie des polaires. Cela est vrai. Mais il est vrai aussi : 1° que cette relation n'a jamais été transformée d'une manière générale, et qu'elle n'aurait pu l'être, dans l'état où nous avons pris la théorie des polaires en entreprenant cet écrit, qu'au moyen d'une sphère ou d'un paraboloïde pour surface auxiliaire; parce que la propriété des surfaces du second degré, exprimée par l'équation ci-dessus, est nouvelle; 2° que, bien que la relation anharmonique soit projective, on n'a pas songé à la prendre pour le type unique des relations projectives, ni des relations transformables par le principe de dualité, c'est-à-dire pour la forme unique à laquelle devaient être comparées et ramenées toutes les autres relations; ce qui donne un caractère de généralité et de précision aux méthodes de transformation, qui auparavant étaient restreintes, et avaient quelque chose de vague et d'incertain dans leurs applications.

il n'indique pas la démonstration analogue; mais on comprend que ce sera par son ingénieuse théorie des figures homologiques, dont il a déjà fait de nombreuses et belles applications, dans le supplément de son *Traité des propriétés projectives des figures*.

84

Les théorèmes nouveaux auxquels nous sommes parvenu dans les paragraphes précédents, la généralité qu'ils comportent, et la facilité avec laquelle nous les avons obtenus, nous semblent justifier l'importance que nous attachons à la relation anharmonique et à l'équation ci-dessus.

121. Cette équation, abstraction faite de son importance dans la théorie des polaires réciproques, considérée comme moyen de tranformation des figures, exprime une belle propriété des surfaces du second degré, dont on n'a pas encore fait usage, et qui mérite d'être introduite dans la théorie de ces surfaces, où elle sera susceptible d'applications très-nombreuses. Nous en présenterons, pour le moment, une seule qui, concernant la description des figures polaires réciproques, ne sera point étrangère à l'objet de cet écrit; et même les théorèmes que nous y démontrerons nous seront utiles dans le paragraphe suivant. Mais, pour ne point interrompre notre examen des différentes méthodes particulières propres à la construction des figures corrélatives, nous reportons cette application de l'équation en question dans un dernier paragraphe, sous le titre de Note.

§ **XXIII.** Autre méthode, tirée de la considération des surfaces du second degré, et plus générale que celle des polaires réciproques. — Application de cette méthode.

122. Soit l'équation d'une surface du second degré,

$$A x^2 + B y^2 + C z^2 = 1.$$

Prenons, pour l'équation d'un plan mobile,

$$A x' x + B y' y + C z' z = 1 + L x' + M y' + N z',$$

où x', y', z', sont les coordonnées du point *directeur* m' (§ 1er).

Nous allons parvenir, par la considération de la surface du second degré, à une relation géométrique entre ce point directeur et le plan mobile.

Ce plan a pour pôle, dans la surface du second degré, un point m'', dont les coordonnées x'', y'', z'', ont pour expressions

$$x'' = \frac{x'}{1 + Lx' + My' + Nz'},$$

$$y'' = \frac{y'}{1 + Lx' + My' + Nz'},$$

$$z'' = \frac{z'}{1 + Lx' + My' + Nz'}.$$

Concevons un plan fixe qui ait pour équation

$$Lx + My + Nz + 1 = 0.$$

La perpendiculaire abaissée du point m', sur ce plan, a pour valeur

$$m'p' = \frac{1 + Lx' + My' + Nz'}{\sqrt{L^2 + M^2 + N^2}}.$$

On a donc

$$x'' = \frac{x'}{m'p'} \cdot \frac{1}{\sqrt{L^2 + M^2 + N^2}}.$$

Soit o l'origine des coordonnées, qui est le centre de la surface; on a

$$\frac{om''}{om'} = \frac{x''}{x'};$$

et, par conséquent,

$$om'' = \frac{om'}{m'p'} \cdot \frac{1}{\sqrt{L + M^2 + N^2}}.$$

Soit μ le point où la droite om'' perce le plan mobile, dont le point m'' est le pôle; et soit oa le demi-diamètre de la surface, dirigé suivant cette droite; on a, comme l'on sait,

$$om'' = \frac{\overline{oa}^2}{o\mu};$$

d'où

$$\frac{\overline{oa}^2}{o\mu} = \frac{om'}{m'p'} \cdot \frac{1}{\sqrt{L^2 + M^2 + N^2}}.$$

Cette équation exprime les relations géométriques qui ont lieu entre le point directeur $m'\,(x'\,y',\,z')$ et le plan mobile.

On en tire

$$o\mu = \overline{oa}^2 . \frac{m'p'}{om'} \cdot \text{const.}$$

Ce qui donne lieu à ce théorème :

Si, du centre d'une surface du second degré, on mène un rayon à chaque point d'une figure proposée A', *et qu'on prenne sur ce rayon, à partir du centre de la surface, un segment qui soit à ce rayon divisé par la distance du point de la figure à un plan fixe, et multiplié par le carré du demi-diamètre de la surface, compris sur ce rayon, dans une raison constante: le plan mené par l'extrémité de ce segment, parallèlement au plan diamétral conjugué à la direction du rayon, enveloppera une autre figure* A, *qui sera* CORRÉLATIVE *de la proposée.*

123. Si le plan fixe est à l'infini, cette figure A sera précisément la *polaire réciproque* de la proposée.

Car, dans ce cas, on a $L = 0$, $M = 0$, $N = 0$; et l'équation du plan mobile se réduit à

$$Ax'x + By'y + Cz'z = 1,$$

équation du plan polaire du point $(x',\,y',\,z')$, par rapport à la surface du second degré.

Et la formule géométrique prend alors la forme connue

$$o\mu = \frac{\overline{oa}^2}{om'}.$$

Ainsi le mode de transformation exprimé par le théorème ci-dessus comprend, comme cas particulier, celui que donne la théorie des polaires réciproques.

124. Ce mode de transformation jouit de la propriété suivante, qui est l'une des plus utiles dans les applications de cette théorie; savoir :

Le plan corrélatif d'un point est parallèle au plan diamétral de la surface auxiliaire, conjugué à la droite qui va du centre de cette surface à ce point.

Sous ce premier rapport, le mode général de transformation offre donc les mêmes facilités, dans ses applications, que celui des polaires réciproques.

125. Mais, sous un autre rapport, il offre un grand avantage que n'a pas cette théorie. C'est que, à un même point de l'espace, considéré comme appartenant successivement aux deux figures, ne correspond pas, dans les deux figures, un même plan, comme cela a lieu dans la théorie des polaires. Ainsi par exemple, *au point pris pour centre de la surface auxiliaire,* considéré comme appartenant à la figure A', *correspond l'infini* dans la surface A; et *à ce point,* considéré comme appartenant à la figure A, *correspond le plan fixe* dans la figure A'.

Cette différence rend notre mode de transformation immédiatement applicable à plusieurs relations métriques, auxquelles la théorie des polaires réciproques n'est pas propre.

Quelques exemples éclairciront cela.

126. Mais disons d'abord que le mode de transformation se simplifie quand la surface du second degré est une sphère. Alors les *plans* de la figure A sont perpendiculaires aux rayons menés, du centre de la sphère, aux *points* correspondants de la figure A'; et la formule de transformation est, en comprenant le rayon de la sphère dans le coefficient constant :

$$o\mu = \lambda . \frac{m'p'}{om'} .$$

Et si l'on vient à supposer que le plan fixe P, sur lequel sont abaissées les perpendiculaires $m'p'$, soit à l'infini, la formule se réduit à

$$o\mu = \frac{\lambda}{om'} .$$

128. Il faudra se rappeler toujours, dans les applications de la formule générale, que, *au point o* considéré dans la figure A, *correspond le plan fixe* dans la figure A'.

D'où il suit que :

1° A un plan M mené par le point *o*, et considéré comme appartenant à la figure A, correspond, dans la figure A', un point situé dans le plan fixe P ;

Ce point est sur la perpendiculaire au plan M, menée par le point *o* (126).

2° A une droite L, menée par le point *o*, et considérée comme appartenant à la figure A, correspond, dans la figure A', une droite située dans le plan P ;

Cette droite est l'intersection de ce plan par le plan mené avec le point *o*, perpendiculairement à la droite L.

128. La formule

$$o\mu = \lambda \cdot \frac{om'}{m'p'}$$

ne donne directement que les points m' de la figure A', correspondant aux plans de la figure A, et non les plans de la figure A', correspondant aux points de la figure A. Mais il est facile d'en tirer la manière de construire ces plans. Pour cela, étant donné un point *s* de la figure A, on concevra, mené par ce point, un plan perpendiculaire à la droite *os*; on prendra, dans la surface A', le point correspondant à ce plan, et la droite correspondant à la droite *os* : le plan mené par ce point et par cette droite sera le plan cherché.

D'où l'on conclut que :

Pour construire le plan S' de la figure A', correspondant à un point *s* de la figure A, on tirera la droite *os*, sur laquelle on prendra le point *s'* déterminé par la formule

$$os = \lambda \cdot \frac{s'p'}{os'}.$$

Par le point *o*, on mènera un plan perpendiculaire à la droite *os*; ce plan coupera le plan fixe P suivant une droite : le plan mené par cette droite et par le point s' sera le plan cherché, qui correspond, dans la figure A', au point s de la figure A.

129. *Première application.* Soit une sphère A ayant son centre en o. Menons-lui un plan tangent : la distance $o\mu$ de ce plan, au point o, sera égale au rayon R de la sphère. On aura donc

$$\frac{om'}{m'p'} = \frac{R}{\lambda} = \text{const.}$$

Ce qui prouve que la figure A' est une surface du second degré, de révolution, qui a un foyer en o, et le plan P pour plan directeur, correspondant à ce foyer.

Nous aurions pu dire, *a priori*, que la surface A' serait de révolution, parce que la sphère proposée A est placée symétriquement par rapport au plan P; et alors l'équation $\frac{om'}{m'p'} = const.$ aurait démontré la propriété du foyer et du plan directeur.

130. Considérons trois plans diamétraux rectangulaires dans la sphère A; il leur correspondra, dans la surface de révolution A', trois points situés dans le plan P, qui seront tels que le plan polaire de chacun de ces points, par rapport à la surface de révolution, passera par les deux autres points. Ces trois points seront, par construction, sur les perpendiculaires aux trois plans diamétraux de la sphère, menées par le point o. Ces trois droites sont trois *axes conjugués* [*] de la surface de révolution, relatifs au point o, parce que ce point est le pôle du plan fixe, par rapport à cette surface. On conclut de là que :

Dans une surface du second degré, de révolution, trois axes conjugués, relatifs à un foyer, sont rectangulaires.

131. Supposons maintenant que la figure A soit une sphère ayant son centre en un point quelconque s. La surface A' sera du second degré, et

---

[*] *Voir § IX, n° 35, la définition des axes conjugués, relatifs à un point.*

l'on aura un plan S, correspondant au point s, qui sera le plan polaire du point o par rapport à cette surface A′ *.

A trois plans diamétraux rectangulaires de la sphère, correspondront trois points situés dans le plan S, qui seront tels que le plan polaire de chacun d'eux, par rapport à la surface A′, passera par les deux autres. Les droites menées du point o, à ces trois points, seront rectangulaires, comme étant, par construction, respectivement perpendiculaires aux trois plans diamétraux de la sphère; et ces trois droites seront trois axes conjugués, relatifs au point o, puisque ce point est le pôle du plan S, par rapport à la surface A′. Ainsi trois axes conjugués, relatifs au point o, sont rectangulaires; ce qui prouve que *la surface A′ est de révolution, et qu'elle a le point o pour foyer, et le plan S pour plan directeur correspondant.*

Cette surface est située d'une manière quelconque par rapport au plan P, puisque la direction de son plan directeur S dépend de la position du centre s de la sphère proposée, et que ce centre est pris arbitrairement dans l'espace.

Si la sphère enveloppe le point o, la surface A′ ne coupera pas le plan P, parce que si elle le coupait, à la courbe d'intersection correspondrait un cône circonscrit à la sphère, et ayant le point o pour sommet.

Et si, au contraire, le point o se trouve au dehors de la sphère A, le plan P coupera la surface A′.

132. C'est un théorème de Géométrie élémentaire, facile à démontrer, que « si autour d'un point fixe, on fait tourner une transversale qui rencontre » une sphère en deux points, et qu'on mène les plans tangents en ces » points, la somme ou la différence des valeurs inverses des distances de » ces plans, au point fixe, sera constante. » Ce sera la somme quand le point fixe sera pris au dedans de la sphère, et la différence quand il sera pris au dehors.

Prenons pour le point fixe le point o, et appliquons ce théorème à la

---

* Car, en général, le plan correspondant au point s est le plan polaire, par rapport à la surface A′, du point qui correspond à l'infini de la première figure (27); et ici ce point est le centre de la surface auxiliaire, c'est-à-dire le point o (125).

sphère. A chaque transversale, menée par le point o, correspondra, dans la seconde figure, une droite comprise dans le plan P; aux points où la transversale rencontre la sphère, correspondront les plans tangents à la surface A′, menés par cette droite; et, aux plans tangents à la sphère, correspondront les points de contact des plans tangents à la surface A′. On conclut donc, du théorème énoncé, d'après la formule

$$o\mu = \lambda \cdot \frac{m'p'}{om'},$$

ou

$$\frac{1}{o\mu} = \frac{1}{\lambda} \cdot \frac{om'}{m'p'},$$

cette propriété générale des surfaces du second degré, de révolution, à foyers :

Étant mené un plan transversal, d'une manière quelconque, par rapport à une surface du second degré, de révolution; si par une droite quelconque, prise dans ce plan, on mène deux plans tangents à la surface, et qu'on prenne pour chacun des deux points de contact le rapport de ses distances à un foyer de la surface et au plan fixe; la somme de ces deux rapports, si le plan fixe ne rencontre pas la surface, ou leur différence, si le plan fixe rencontre la surface, sera une quantité constante.

133. Si le plan fixe est situé à l'infini, les points de contact des deux plans tangents sont les extrémités d'un diamètre de la surface; la distance d'un de ces points à un foyer est égale à la distance de l'autre point au second foyer; d'où l'on conclut que :

Dans une surface du second degré, de révolution, la somme ou la différence des distances de chaque point de la surface, aux deux foyers, est constante [*].

134. Pour mieux montrer sous quel rapport le théorème précédent est une généralisation de cette propriété des foyers, nous remarquerons que la

---

[*] Nous verrons, dans la seconde partie de cet écrit (§ XXI), que ces propriétés, qui semblent être particulières aux surfaces du second degré, de révolution, peuvent dériver d'une propriété générale des surfaces géométriques, d'un degré quelconque.

droite qui joint les points de contact des deux plans tangents à la surface, passe par le pôle du plan fixe; et que, par conséquent, le théorème peut être énoncé ainsi :

Si, autour d'un point fixe, on fait tourner une transversale qui rencontre en deux points une surface du second degré, de révolution; la somme ou la différence des distances de ces points, à un foyer de la surface, divisées par les distances des mêmes points, au plan polaire du point fixe, sera constante.

Ce sera la somme si le point fixe est situé dans l'intérieur de la surface, et la différence s'il est situé en dehors.

Nous pourrions, par la même méthode de transformation, démontrer diverses autres propriétés nouvelles des foyers des surfaces de révolution; mais elles se présenteront dans nos applications du principe d'homographie.

135. *Deuxième application.* Soit un polygone régulier, de m côtés, circonscrit à un cercle, et soit n un nombre plus petit que m. La somme des puissances n des perpendiculaires abaissées, d'un point fixe o, sur les côtés du polygone, sera constante, quelle que soit la position du polygone par rapport à ce point. Cela résulte d'un théorème de Stewart, qui donne l'expression de la somme de ces puissances n, en fonction du rayon du cercle, du nombre m et de la distance du point o au centre du cercle *.

Appliquant à ce théorème la formule

$$o\mu = \lambda \cdot \frac{m'p'}{om'},$$

on en conclut le suivant :

Si, autour du foyer d'une conique, on fait tourner une rose des vents, de m *rayons;*

n *étant un nombre plus petit que* m;

La somme des puissances n *des distances des* m *points où ces rayons rencontreront la conique, à une droite fixe, divisées respectivement par les puissances* n *des distances de ces points, au foyer de la courbe, sera constante.*

136. On peut remplacer, dans ce théorème, la distance de chaque point

---

* *Some general theorems of considerable use in the higher parts of mathematics;* prop. 40.

de la courbe au foyer, par la distance de ce point à la directrice. On donnera ainsi au théorème un autre énoncé. Maintenant si l'on observe que le rapport des distances d'un point de la courbe, à la droite fixe et à la directrice, est au rapport des distances de la tangente en ce point, au pôle de la droite fixe et au foyer, dans une raison constante (*voir* la note, § XXVI), on conclut, du théorème ci-dessus, le suivant :

Si, autour du foyer d'une conique, on fait tourner une rose des vents, de m *rayons ; et que, par les* m *points où ils rencontrent la courbe, on lui mène ses tangentes ;*

n *étant un nombre plus petit que* m *;*

La somme des puissances n *des distances de ces tangentes, à un point fixe, divisées par les puissances* n *de leurs distances au foyer, sera une quantité constante.*

137. Ce théorème et le précédent sont susceptibles d'une foule de conséquences, que nous ne pouvons examiner ici. Mais eux-mêmes ne sont que des cas particuliers de propriétés des coniques, très-générales, et où n'entre pas nécessairement la considération de leurs foyers. Une partie, par exemple, sont relatives aux diamètres des coniques, et sont une généralisation des propriétés des diamètres conjugués. Nous reviendrons, dans un autre moment, sur cette théorie, qui nous paraît nouvelle, et qui comprendra un très-grand nombre de théorèmes.

138. *Troisième application.* Si, autour de deux points fixes, pris sur une circonférence de cercle, on fait tourner deux droites, dont le point d'intersection soit toujours sur la circonférence ; les distances de ces deux droites, à un point fixe, pris arbitrairement sur la circonférence, seront entre elles dans un rapport constant.

Qu'on prenne ce point fixe pour le point *o*, et qu'on applique à ce théorème la formule de transformation :

$$o\mu = \lambda . \frac{m'p'}{om'} ;$$

on obtient cette propriété générale des coniques :

Étant menées trois tangentes fixes à une conique ; si l'on mène une qua-
trième tangente quelconque, elle rencontrera les deux premières en deux
points tels, que le rapport de leurs distances à la troisième tangente, sera
au rapport de leurs distances à un foyer de la courbe, dans une raison
constante.

139. Si la conique est une parabole, on pourra prendre, pour la troisième tangente fixe, la tangente située à l'infini, et l'on aura cette propriété
de la parabole :

Étant menées deux tangentes fixes à une parabole ; une troisième tangente
quelconque les rencontre en deux points, dont le rapport des distances au
foyer de la courbe est constant.

140. En considérant, dans le théorème général, deux positions de la
tangente mobile, qui feront, avec les premières tangentes fixes, un quadrilatère, on en conclura ce théorème :

Quand un quadrilatère est circonscrit à une conique, le produit des dis-
tances d'une cinquième tangente quelconque, à deux sommets opposés du qua-
drilatère, est au produit des distances de la même tangente aux deux autres
sommets, dans un rapport constant ;

Et ce rapport est égal au produit des distances d'un foyer de la conique
aux deux premiers sommets du quadrilatère, divisé par le produit des dis-
tances du même foyer aux deux autres sommets *.

On voit que chacun des deux foyers joue, en quelque sorte, le même
rôle, par rapport aux quatre sommets du quadrilatère, que chacune des tangentes à la courbe.

141. La seconde partie de ce théorème donne une relation entre les
quatre sommets d'un quadrilatère circonscrit à une conique et les deux foyers
de la courbe, qui est exprimée par le théorème suivant :

---

* La première partie de ce théorème donne immédiatement, en vertu du théorème 139
(§ XXVI), le suivant :

Quand un quadrilatère est inscrit à une conique, le produit des distances d'un point quel-
conque de la courbe, à deux côtés opposés du quadrilatère, est au produit des distances du même
point, aux deux autres côtés, dans une raison constante.

C'est le théorème *ad tres aut quatuor lineas* des Anciens.

Quand un quadrilatère est circonscrit à une conique, le produit des distances d'un foyer, à deux sommets opposés, est au produit des distances du même foyer, aux deux autres sommets, dans une raison qui reste la même, quel que soit celui des deux foyers que l'on a pris [*].

142. *Quatrième application.* Soit le théorème de Cotes sur la division du cercle en parties égales. Donnons-lui, pour en faciliter la transformation, cet énoncé : « Un polygone régulier de $2m$ côtés étant circon-
» scrit à un cercle; si d'un point O, pris sur la droite indéfinie menée
» par le centre du cercle et par le point de contact du premier côté du
» polygone, on mène des droites aux points de contact de tous les autres
» côtés :

» 1° Le produit des droites menées aux points de contact des côtés de
» rang impair sera égal à $\overline{OC}^{\,m} - R^m$;

» 2° Le produit des droites menées aux points de contact des côtés de
rang pair sera égal à $\overline{OC}^{\,m} - R^m$;

» R étant le rayon du cercle, et le point C son centre. »

Faisons la transformation. Au cercle correspondra une conique ayant son foyer en O (131); aux côtés du polygone correspondront des points de la courbe, situés sur des rayons qui diviseront l'espace angulaire, autour de ce foyer, en $2m$ parties égales; aux points de contact des côtés du polygone, correspondront les tangentes à la conique, menées par les points pris sur elle. Ces tangentes se construiront comme nous l'avons dit (128). On

---

[*] Si l'un des foyers est à l'infini, cette raison sera égale à l'unité; d'où il suit que :

Quand un quadrilatère est circonscrit à une parabole, le produit des distances du foyer de la courbe, à deux sommets opposés du quadrilatère, est égal au produit des distances de ce foyer aux deux autres sommets.

Si l'on suppose que les deux premiers sommets du quadrilatère soient deux points de la courbe, les deux autres sommets se confondront avec le point de concours des tangentes en ces deux points; et il en résultera ce théorème :

Quand un angle est circonscrit à une parabole, le produit des distances des points de contact de ses deux côtés, au foyer de la courbe, est égal au carré de la distance de son sommet à ce foyer.

Ce théorème est l'un de ceux dont Lambert s'est servi dans ses *Insigniores orbitæ cometarum proprietates.* (Section 1re, lemme 5.)

obtiendra ainsi un théorème correspondant, dans une conique quelconque, au théorème de Cotes.

L'expression de ce théorème est un peu compliquée. Pour la simplifier, nous supposerons que la droite qui, dans la nouvelle figure, est corrélative du point O de la première figure, soit située à l'infini. Alors on a le théorème suivant :

Si l'on divise l'espace angulaire, autour du foyer d'une conique, en 2m parties égales, en menant 2m rayons, dont le premier coïncide avec le grand axe; et qu'aux points où ces rayons rencontrent la courbe, on lui mène ses tangentes :

Le produit des distances des tangentes de rang impair, au foyer, sera égal à $\frac{b^{2m}}{a^m - c^m}$;

Et le produit des distances des tangentes de rang pair, au foyer, sera égal à $\frac{b^{2m}}{a^m + c^m}$;

a et b étant les deux demi-axes principaux, et c l'excentricité de la conique.

Si la conique est une parabole, on a ce théorème :

Si l'on divise l'espace angulaire, autour du foyer d'une parabole, en 2m parties égales, par 2m rayons, dont le premier coïncide avec l'axe de la parabole, et qu'on mène les tangentes à la courbe, aux m points où les rayons de rang pair la rencontrent; le produit des perpendiculaires abaissées du foyer, sur ces tangentes, sera égal à la puissance m de la distance du foyer à la directrice.

§ XXIV. Autres modes de construction des figures corrélatives : par le déplacement fini, ou infiniment petit, d'un corps solide libre dans l'espace; par la considération d'un système de forces appliquées a un corps solide libre.

143. Quand on a un corps solide, placé d'une manière quelconque par rapport à trois axes coordonnés, que nous supposerons rectangulaires; on sait que si l'on fait éprouver à ce corps un mouvement infiniment petit, les

variations des coordonnées de chacun de ses points seront données par les formules suivantes, dues à Euler :

$$\partial x' = \partial l \; - y'\partial N + z'\partial M,$$
$$\partial y' = \partial m - z'\partial L + x'\partial N,$$
$$\partial z' = \partial n - x'\partial M + y'\partial L ;$$

où les coefficients ∂l, ∂m, ∂n, ∂L, ∂M, ∂N sont constants pour tous les points du corps. (Voir les *Mémoires de l'Académie de Berlin*, année 1750, pp. 185-217, ou la *Mécanique analytique* de Lagrange, t. Ier, p. 169.)

L'équation du plan mené par un point $(x'$, y', $z')$, perpendiculairement à l'élément rectiligne décrit par ce point, pendant le mouvement infiniment petit du corps, est

$$(x - x')\, \partial x' + (y - y')\, \partial y' + (z - z')\, \partial z' = 0,$$

ou

$$x \partial x' + y \partial y' + z \partial z' = x' \partial x' + y' \partial y' + z' \partial z'.$$

Mais le second membre est égal, d'après les formules ci-dessus, à $x'\partial l + y'\partial m + z'\partial n$; l'équation du plan est donc

$$x \partial x' + y \partial y' + z \partial z' = x' \partial l + y' \partial m + z' \partial n.$$

$\partial x'$, $\partial y'$, $\partial z'$ sont des fonctions linéaires des coordonnées x', y', z'; de sorte que l'équation du plan ne contient ces coordonnées qu'au premier degré. On a donc, d'après le théorème I (§ II), cette propriété générale du mouvement d'un corps solide :

Quand un corps solide éprouve un mouvement infiniment petit, les plans normaux aux trajectoires des points du corps, situés dans un même plan, passent tous par un même point;

Les plans normaux aux trajectoires des points situés sur une même droite, passent tous par une même droite;

Les plans normaux aux trajectoires des points situés sur une surface du second degré, sont tous tangents à une autre surface du second degré;

Et, en général, les plans normaux aux trajectoires des points d'une surface du degré m, *enveloppent une seconde surface géométrique, à laquelle on peut mener* m *plans tangents par une même droite.*

144. Ainsi, quand une figure, de forme quelconque, éprouve un déplacement infiniment petit, les plans normaux aux trajectoires de ses points enveloppent une seconde figure qui est *corrélative* de la première.

Voilà donc une manière très-simple de concevoir la description des figures corrélatives.

145. Cette méthode offre des avantages dans la Géométrie spéculative, parce que les figures y ont une dépendance particulière, qui n'a pas lieu dans la théorie des polaires; c'est que chaque *plan* de la nouvelle figure passe par le *point* correspondant de la figure proposée. Cela fait que la seconde partie du principe de corrélation, c'est-à-dire le théorème IV, n'a plus besoin de démonstration : il est une conséquence immédiate de la construction des figures.

146. Mais il y a, entre les deux figures, un rapport de relations métriques beaucoup plus simple, qui repose sur ce théorème :

Il existe, dans le corps, un certain axe qui n'a de mouvement que dans sa propre direction;

Les plans normaux aux trajectoires de deux points quelconques a, b *du corps rencontrent cet axe en deux points* α, ϐ, *qui sont les pieds des perpendiculaires abaissées sur lui, des points* a, b;

De sorte que l'on a toujours

$$\alpha\beta = ab \cdot \cos{(ab, X)};$$

X désignant la direction de l'axe en question.

Ainsi l'on aura, entre les distances des points de la figure proposée, et les segments que les plans correspondants, dans la figure corrélative, intercepteront sur l'axe X, des équations de cette forme. Ces équations serviront à convertir les relations métriques de la figure donnée, en relations appartenant à la nouvelle figure.

Nous nous bornons, pour le moment, à énoncer cette proposition, pour ne pas surcharger cet écrit de détails étrangers à son but principal; nous nous proposons de revenir sur ce sujet, pour établir, par de simples considérations de Géométrie, les propriétés générales du mouvement d'un corps solide; lesquelles propriétés sont nombreuses et intéressantes, et sont susceptibles, quoique purement géométriques, d'apporter quelque lumière dans plusieurs questions de Mécanique.

147. Le déplacement fini quelconque d'un corps solide, dans l'espace, peut donner lieu aussi à la construction de figures corrélatives. Cette construction est fondée sur le théorème suivant :

Si l'on a, dans l'espace, deux figures égales, et placées d'une manière quelconque, l'une par rapport à l'autre ;

Que l'on joigne, par des droites, les points de la première figure aux points correspondants de la seconde ; et que, par le milieu de chacune de ces droites on lui mène un plan normal ;

Tous ces plans envelopperont une figure qui sera corrélative de chacune des deux figures proposées, et corrélative, aussi, d'une troisième figure, formée par les points milieux des droites qui joignent les points homologues dans les deux premières.

Donc, si la première est plane, la troisième sera plane aussi; et les plans menés par ses différents points passeront par un même point (ce point sera situé dans le plan de cette troisième figure).

Si la première figure est une surface du second degré, la troisième figure sera aussi une surface du second degré; et les plans menés par ses points envelopperont une autre surface du second degré.

Nous donnerons dans un autre écrit la démonstration de ces théorèmes, qui peut se faire par de simples considérations de Géométrie, ou par l'Analyse *.

---

* On peut vérifier aisément ces théorèmes, au moyen des formules suivantes, relatives au déplacement fini d'un corps solide dans l'espace, en fonctions des six coefficients indépendants qui suffisent pour exprimer ce déplacement.

Soient x, y, z les coordonnées d'un point du corps, dans sa position primitive, et x', y', z' les

148. Le mode de construction des figures corrélatives, que nous a fourni le déplacement infiniment petit d'un corps solide, peut être présenté d'une autre manière, où n'entre pas l'idée de mouvement. Voici comment :

Soit une vis, placée d'une manière quelconque dans l'espace ; concevons que, par tous les points d'une figure proposée, passent des hélices de la vis :

1° Les plans normaux à ces hélices, menés par les points de la figure, envelopperont une seconde figure, qui sera corrélative de la première ;

2° Le segment compris sur l'axe de la vis, entre deux plans normaux, sera égal à la projection orthogonale de la droite qui joint les deux points correspondants.

De sorte que les relations métriques de la première figure seront faciles à transporter dans la seconde.

149. Il résulte de là que *si l'on coupe la surface d'une vis* (à filets triangulaires ou rectangulaires, indifféremment) *par un plan quelconque, et que,*

coordonnées du même point considéré après le déplacement; ces coordonnées ont des valeurs de la forme

$$x' = l + x\sqrt{1-(L^2+M^2+N^2)} + (Mz-Ny) + \frac{1-\sqrt{1-(L^2+M^2+N^2)}}{L^2+M^2+N^2} \cdot L \cdot (Lx+My+Nz),$$

$$y' = m + y\sqrt{1-(L^2+M^2+N^2)} + (Nx-Lz) + \frac{1-\sqrt{1-(L^2+M^2+N^2)}}{L^2+M^2+N^2} \cdot M \cdot (Lx+My+Nz),$$

$$z' = n + z\sqrt{1-(L^2+M^2+N^2)} + (Ly-Mx) + \frac{1-\sqrt{1-(L^2+M^2+N^2)}}{L^2+M^2+N^2} \cdot N \cdot (Lx+My+Nz);$$

où l, m, n, L, M, N, sont six coefficients indépendants.

Ces formules sont la généralisation de celles d'Euler, qui ne convenaient qu'à un déplacement *infiniment petit* du corps solide.

Elles peuvent servir aussi pour la transformation d'un système de coordonnées rectangulaires en un autre système de coordonnées rectangulaires. Et, sous ce rapport, elles satisfont à une question qui a occupé dans un temps les Géomètres : trouver de telles formules qui ne contiennent que les trois coefficients indépendants nécessaires et suffisants pour exprimer la position des nouveaux axes, et où ces coefficients entrent d'une manière symétrique.

Les formules de Monge, qui ont résolu cette question (*Mémoires de l'Académie de Turin ;* années 1784 et 1785), ont l'inconvénient de contenir six expressions radicales différentes. Les formules précédentes n'en contiennent qu'une.

par les différents points de la courbe d'intersection, on mène les plans
normaux aux hélices qui passent par ces points, tous ces plans passeront
par un même point. Ce point sera situé dans le plan coupant.

Ces considérations, qui conduisent à diverses propriétés nouvelles de la
vis, offrent des méthodes de Géométrie descriptive, pour le dessin des épures
relatives à différentes questions qui se présentent dans les arts.

150. Voici enfin un dernier mode de construction des figures corrélatives, que nous pouvons exposer sans calcul.

Que l'on conçoive un système de forces sollicitant un corps solide libre; on
pourra les remplacer, d'une infinité de manières, par deux forces uniques
F, F'. L'une de ces forces sera tout à fait arbitraire de direction; c'est-à-
dire que l'on pourra prendre une droite quelconque pour représenter la
direction de cette force; la seconde force sera alors déterminée, en direction
et en grandeur.

Si l'on cherche le plan du *moment principal* des forces du système, relatif
à un point quelconque de la force F, ce plan passera par la force F'. Donc
si l'on fait tourner la première autour d'un point fixe, la seconde ne cessera
pas d'être dans un même plan, qui sera le plan du moment principal du
système de forces, relatif au point fixe. Et réciproquement, quelle que soit
la position de l'une des deux forces dans ce plan, l'autre force passera par
le point fixe; d'où il suit que les plans des moments principaux du système de forces, relatifs aux différents points du plan, passeront par le
point fixe.

On conclut de là que :

Si l'on conçoit dans l'espace un système de forces, et que l'on prenne les
plans des moments principaux de ces forces, relatifs à tous les points d'une
figure, ces plans envelopperont une seconde figure, qui sera corrélative *de la*
première. C'est à dire que les plans relatifs à des points situés sur un plan,
passeront par un même point; les plans relatifs à des points situés en ligne
droite, passeront par une même droite; les plans relatifs à des points situés
sur une surface du second degré, envelopperont une autre surface du second
degré, etc.

151. Quant aux relations métriques de la nouvelle figure, on les conclura de celles de la figure proposée, au moyen de la proposition suivante, dont la démonstration est sans difficulté, mais serait ici sans intérêt :

Si l'on prend un certain axe fixe, parallèle à la résultante de toutes les forces (l'axe que M. Poinsot a appelé l'*axe central des moments* [*]), *le segment intercepté sur cet axe, par deux plans quelconques appartenant à l'une des deux figures, sera égal à la projection orthogonale, sur cet axe, de la droite qui joint les deux points correspondants, dans l'autre figure.*

§ XXV. Caractères particuliers de divers modes de construction des figures corrélatives.

152. Nous avons vu que la théorie des polaires réciproques n'offre pas la construction la plus générale des figures corrélatives, parce qu'elle ne permet de disposer que de neuf constantes, au lieu de quinze. Il en est de même des autres modes que nous venons d'exposer dans le paragraphe précédent, dans chacun desquels on ne peut disposer que de six constantes. Dans ces dernières méthodes, les figures corrélatives ont un caractère particulier; c'est que les plans d'une figure passent par les points de l'autre figure auxquels ils correspondent. Mais ces méthodes ont un autre caractère propre, qui leur est commun avec celle des *polaires réciproques*, et qui ne se présente pas d'une manière aussi palpable : c'est une réciprocité parfaite entre deux figures corrélatives; réciprocité qui consiste en ce que si, après avoir construit la figure corrélative A' d'une figure A, on voulait, par le même mode de construction, former la figure corrélative de A', on retrouverait la figure A. Cela a lieu, comme on sait, dans la théorie des polaires, parce que le point fixe, par lequel passent tous les plans polaires des différents points d'un plan, a précisément pour plan polaire ce plan (118). Il en est de même dans la construction des figures corrélatives, par voie de mouvement infini-

---

[*] *Éléments de Statique; 6ᵉ édition, page 358.*

ment petit; c'est-à-dire que si la figure, enveloppe des plans normaux aux trajectoires des points de la figure proposée, éprouvait elle-même le même mouvement, les plans normaux aux trajectoires de ses points envelopperaient la première figure : cela provient de ce que le point par lequel passent les plans normaux aux trajectoires de tous les points d'un plan, a sa trajectoire normale à ce plan.

Il en est de même, aussi, dans le mode de construction fondé sur la considération d'un système de forces; c'est-à-dire que si, après avoir construit la figure enveloppe des plans des moments principaux d'un système de forces, relatifs aux différents points d'une première figure, on construisait la figure enveloppe des plans des moments principaux des points de cette nouvelle figure, par rapport au même système de forces, on retrouverait la première figure. Cela vient de ce que le point par lequel passent les plans des moments principaux des différents points d'un même plan, a précisément son moment principal situé dans ce plan.

153. Il est naturel de chercher s'il n'existerait pas d'autres systèmes de figures corrélatives, où une pareille réciprocité aurait lieu.

Nous allons prendre la question un peu plus haut; et d'abord nous proposer la suivante :

Quand un point directeur parcourt une surface A, *le plan mobile enveloppe une surface* A' (§ II, théorème I);

Si l'on suppose qu'un nouveau point directeur parcoure cette surface A'; *quelle devra être l'équation d'un nouveau plan mobile, entraîné par ce nouveau point directeur, pour qu'il enveloppe la première surface* A?

Soient x', y', z' les coordonnées du point directeur situé sur la surface A, et

$$Xx' + Yy' + Zz' = U,$$

l'équation du plan mobile : ce plan enveloppe la surface A'.

Soit

$$Lx + My + Nz = I,$$

l'équation d'un plan tangent à la surface A, en un point a. Si le point directeur parcourt ce plan, le plan mobile tournera autour d'un point de la surface A', dont les coordonnées sont données par les trois équations

$$X = LU, \quad Y = MU, \quad Z = NU;$$

et ce point est précisément celui où le plan mobile touche la surface A', quand le point directeur est en a (théorème II.)

Soient x'', y'', z'' les coordonnées de ce point. Remplaçons, dans les trois équations précédentes, X, Y, Z, U par X'', Y'', Z'', U'', pour indiquer que les trois variables y ont les valeurs x'', y'', z''; nous aurons les trois équations

$$X'' = LU'', \quad Y'' = MU'', \quad Z'' = NU''.$$

L'équation

$$X''x + Y''y + Z''z = U''$$

représente un plan mobile, entraîné par le mouvement du point (x'', y'', z''). Si nous supposons que ce point soit sur la surface A', les trois équations précédentes auront lieu; par conséquent l'équation générale de son plan mobile se réduira à

$$Lx + My + Nz = 1.$$

C'est précisément l'équation du plan tangent à la surface A.

L'équation

$$X''x + Y''y + Z''z = U''$$

est donc celle qui convient au second plan mobile, pour qu'il enveloppe la surface A, pendant que son point directeur parcourt la surface A'.

Or, on voit que, pour former cette équation, il faut changer, dans l'équation du premier plan mobile, les coordonnées courantes en celles du second point directeur, et celles du premier point directeur en coordonnées courantes. On peut donc énoncer ce théorème général :

Quand l'équation d'un plan mobile contient, au premier degré, les coordonnées x', y', z' *d'un point directeur; si l'on y change les coordonnées cou-*

rantes x, y, z, *en* x', y', z', *et* vice versâ, *on aura une seconde équation
qui représentera un second plan mobile, correspondant au même point directeur ;*

Si le point directeur parcourt une surface A, *le premier plan mobile
enveloppera une surface* A' *;*

Et si le point directeur parcourt la surface A', *le second plan mobile
enveloppera la première surface* A.

Ainsi les deux surfaces jouissent de la propriété réciproque d'être engendrées l'une au moyen de l'autre, mais par deux plans mobiles différents,
c'est-à-dire dont les équations sont différentes.

154. D'après cela, si l'on veut que le plan mobile ait la même équation, ou la même construction géométrique, pour les deux surfaces, comme
cela a lieu dans la théorie des polaires réciproques et dans les autres systèmes qui reposent, soit sur le déplacement d'un corps solide, soit sur la
considération d'un système de forces, il faut que l'équation du plan mobile
soit symétrique par rapport aux coordonnées courantes et à celles du point
directeur ; car alors elle restera la même quand on y changera x, y, z en
x', y', z', et *vice versâ*, et les deux plans mobiles, du théorème précédent,
auront la même équation.

Cela a lieu dans la théorie des polaires : l'équation du plan polaire d'un
point reste la même quand on y met les coordonnées de ce point à la place
des coordonnées courantes, et *vice versâ*. Il en est de même pour le plan
normal à la trajectoire d'un point d'une figure de forme invariable, qui
éprouve un déplacement infiniment petit; ce qu'on voit d'après l'équation de
ce plan normal (143). Il en est de même aussi pour le plan du moment principal d'un système de forces, pris par rapport à un point : l'équation de ce
plan reste la même si l'on y remplace les coordonnées courantes par les coordonnées du point, et *vice versâ*. Car, en supposant les trois axes coordonnés
rectangulaires, et en désignant par A_x, A_y, A_z les sommes des composantes,
suivant ces trois axes, des forces du système, transportées toutes à l'origine,
et par M_x, M_y, M_z les projections, sur les plans yz, zx et xy, du moment prin-

cipal relatif à cette origine, on trouve que le plan du moment principal d'un point quelconque (x', y', z'), a pour équation

$$(z'A_y - y'A_z - M_x) x + (x'A_z - z'A_x - M_y) y$$
$$+ (y'A_x - x'A_y - M_z) z + x'M_x + y'M_y + z'M_z = 0;$$

et une simple vérification fait voir que cette équation reste la même quand on y change les coordonnées courantes x, y, z, en x', y', z' et *vice versâ*.

L'équation du plan mobile, dans ce dernier mode de construction des figures corrélatives, a tout à fait la même forme que celle du plan normal à la trajectoire d'un point d'une figure en mouvement : il y a en effet, dans ces deux questions, des rapports intimes remarquables, dont il serait hors de propos de parler ici, et sur lesquels nous reviendrons ailleurs.

155. Il nous reste à faire voir que, chaque fois que l'équation du plan mobile sera symétrique, comme dans les exemples précédents, elle aura nécessairement la forme de l'équation du plan polaire d'un point par rapport à une surface du second degré, ou celle du plan normal à la trajectoire d'un point d'un corps solide en mouvement.

En effet, l'équation générale du plan mobile est de la forme

$$(ax + by + cz - d) x' + (a'x + b'y + c'z - d') y' + (a''x + b''y + c''z - d'') z'$$
$$- (a'''x + b'''y + c'''z - d''') = 0.$$

Cette équation sera la même, après le changement de x, y, z en x', y', z' et *vice versâ*, si son premier membre est resté identiquement le même, soit avec le même signe, soit avec un signe différent.

Dans le premier cas, en comparant le premier membre à ce qu'il devient par le changement en question, on trouve les six conditions :

$$d = a''', \quad d' = b''', \quad d'' = c''', \quad b = a', \quad c = a'', \quad c' = b'';$$

et, dans le second cas, on trouve les conditions

$$a = 0, \quad b' = 0, \quad c'' = 0, \quad d''' = 0,$$

$$d = - a''', \quad d' = - b''', \quad d'' = - c''', \quad b = - a', \quad c = - a'', \quad c = - b''.$$

Telles sont les deux seules solutions de la question.

Les deux équations du plan mobile, qui y correspondent, sont

$$ax'x + b'y'y + c''z'z + b(y'x + x'y) + c(z'x + x'z) + b''(z'y + y'z)$$
$$- d(x + x') - d'(y + y') - d''(z + z') - d''' = 0$$

et

$$b(y'x - x'y) + c(z'x - x'z) + b''(z'y - y'z) - d(x - x') - d'(y - y') - d''(z - z') = 0.$$

Faisons

$$a = 2A, \quad b' = 2B, \quad c'' = 2C, \quad b = D, \quad c = E, \quad b'' = F, \quad d = -G, \quad d' = -H, \quad d'' = -I :$$

la première équation devient

$$(2Ax' + Dy' + Ez' + G)x + (2By' + Dx' + Fz' + H)y$$
$$+ (2Cz' + Ex' + Fy' + I)z + Gx' + Hy' + Iz' - d''' = 0.$$

C'est l'équation du plan polaire du point (x', y', z'), par rapport à la surface du second degré qui a pour équation

$$Ax^2 + By^2 + Cz^2 + Dxy + Exz + Fyz + Gx + Hy + Iz - \frac{d'''}{2} = 0.$$

Donc, dans le premier cas, le plan mobile pourra toujours être considéré comme le plan polaire du point directeur, par rapport à une surface du second degré.

Nous devons faire observer que cette surface pourrait être imaginaire; alors, en changeant le signe du dernier terme de son équation, on aurait une surface réelle. Ainsi l'on pourrait encore, dans ce cas, diriger le mouvement du plan mobile par la considération d'une surface auxiliaire, du second degré.

Dans le second cas, si l'on fait

$$d = -\, \delta l, \quad d' = -\, \delta m, \quad d'' = -\, \delta n, \quad b = \delta \mathrm{N}. \quad c = \delta \mathrm{M}. \quad b'' = \delta \mathrm{L},$$

l'équation du plan mobile devient

$$(x - x')\, \delta l + (y - y')\, \delta m + (z - z')\, \delta n - (y'x - x'y)\, \delta \mathrm{N} - (x'z - z'x)\, \delta \mathrm{M} - (z'y - y'z)\, \delta \mathrm{L} = 0.$$

C'est l'équation du plan normal à la trajectoire du point (x', y', z'), considéré comme appartenant à une figure de forme invariable, qui a éprouvé un mouvement infiniment petit.

Remarquons que cette équation est satisfaite quand on y fait $x = x'$, $y = y'$, $z = z'$.

156. De cette analyse, il résulte que :

Quand l'équation d'un plan mobile contient, au premier degré, les coordonnées x′, y′, z′ *d'un point, et qu'elle reste la même quand on y change les coordonnées courantes* x, y, z *en* x′, y′, z′ *et vice versâ, elle ne peut avoir que deux formes différentes; et le plan mobile peut être considéré comme le plan polaire du point* (x′, y′, z′), *par rapport à une surface du second degré, déterminée; ou bien comme le plan normal à la trajectoire du point* (x′, y′, z′), *regardé comme appartenant à un corps solide qui éprouve un mouvement infiniment petit.*

Mais on conçoit que ces deux formes de l'équation du plan mobile pourraient avoir d'autres interprétations géométriques; comme nous l'avons fait voir à l'égard de la seconde, qui convient aussi au plan du moment principal d'un système de forces, relatif au point (x', y', z').

§ XXVI. Note sur une propriété générale des surfaces du second degré.

157. La propriété dont il s'agit est exprimée par l'équation

$$(1) \quad \dots \quad \frac{\sin. C, A}{\sin. C, B} : \frac{\sin. D, A}{\sin. D, B} = \frac{ca}{cb} : \frac{da}{db}, \quad (voir\ n^\circ\ 121.)$$

où A, B, C, D sont quatre plans quelconques, passant par une même droite, et a, b, c, d les pôles de ces plans, respectivement, par rapport à une surface du second degré.

Cette propriété est bien simple; néanmoins elle est l'une des plus fécondes de la théorie des surfaces du second degré; nous aurons à en faire ailleurs un grand usage; pour le moment, nous allons en présenter une seule application, concernant la description des figures réciproques.

L'équation (1) est résultée de notre théorie générale des figures corrélatives, et n'a pas besoin d'une démonstration particulière; cependant, à cause des nombreuses conséquences du principe exprimé par cette équation, indépendamment de ses usages dans la théorie des transformations, nous allons en donner une démonstration directe; ce qui est chose très-facile.

Soient α, ε, γ, δ les points où les plans A, B, C, D rencontrent la droite L sur laquelle sont situés les points a, b, c, d; ces plans passent par une même droite; par conséquent on aura, par la propriété du rapport *anharmonique* (Note IX):

$$\frac{\sin. C, A}{\sin. C, B} : \frac{\sin. D, A}{\sin. D, B} = \frac{\gamma \alpha}{\gamma \varepsilon} : \frac{\delta \alpha}{\delta \varepsilon}.$$

Il suffit donc, pour démontrer l'équation (1), de prouver que l'on a

$$\frac{\gamma \alpha}{\gamma \varepsilon} : \frac{\delta \alpha}{\delta \varepsilon} = \frac{ca}{cb} : \frac{da}{db}.$$

Or, le point a étant le pôle du plan A, les points a et α sont conjugués harmoniques par rapport aux deux points où la droite L rencontre la surface.

Pareillement, les points b, ε sont conjugués harmoniques par rapport aux deux mêmes points; il en est de même des points c, γ et des points d, δ; donc trois quelconques de ces quatre systèmes de deux points forment une involution (Note X, art. 12 *bis*, p. 555); et, par suite, les huit points ont entre eux la relation que nous voulions démontrer (même Note, n° 9).

158. Maintenant, pour faire l'application de la formule (1), que nous nous proposons, écrivons ainsi cette formule

$$\frac{ac}{bc} : \frac{\sin. A, C}{\sin. B, C} = \frac{ad}{bd} : \frac{\sin. A, D}{\sin. B, D}.$$

Le second membre est constant, quels que soient le point c et son plan polaire C. Que, dans le plan C, on prenne un point m : son plan polaire M passera par le pôle c du plan C. Le rapport des distances du point m, aux deux plans A, B, sera égal à $\frac{\sin. A, C}{\sin. B, C}$; le rapport des distances du plan M, aux deux points a, b, sera égal à $\frac{ac}{bc}$; et, d'après l'équation ci-dessus, ces deux rapports seront entre eux dans une raison constante.

On a donc cette propriété générale des surfaces du second degré :

Étant pris dans l'espace deux points fixes a, b, *et leurs plans polaires* A, B, *par rapport à une surface du second degré ; si l'on mène un plan transversal quelconque, le rapport de ses distances aux deux points* a, b, *sera au rapport des distances du pôle de ce plan, aux deux plans* A, B, *dans une raison constante, quel que soit le plan transversal.*

159. Si le plan transversal est tangent à la surface, son pôle sera le point de contact; on en conclut que :

Étant pris dans l'espace deux points fixes, et leurs plans polaires par rapport à une surface du second degré ; le rapport des distances d'un point quelconque de la surface, à ces deux plans, sera au rapport des distances du plan tangent à la surface, en ce point, aux deux points fixes, dans une raison constante.

D'après cela, on reconnaît que plusieurs des théorèmes que nous avons démontrés, sur les plans tangents à une surface du second degré, menés par les extrémités de trois axes conjugués, relatifs à un point fixe, donnent immédiatement lieu à d'autres théorèmes différents, concernant les extrémités mêmes de ces trois axes conjugués.

Mais ces théorèmes devant se présenter dans la seconde partie de cet écrit, comme application directe du principe de déformation homographique, nous ne les énoncerons pas ici.

160. Soient C un plan transversal, mené arbitrairement dans l'espace, et c son pôle, par rapport à la surface du second degré. Désignons par $\left(\begin{smallmatrix}a\\c\end{smallmatrix}\right)$ la distance du point a au plan C; ces deux expressions seront égales, mais envisagées sous un point de vue différent.

D'après cette notation, le théorème que nous venons de démontrer s'exprimera ainsi

$$\binom{C}{a} : \binom{C}{b} = \lambda \cdot \binom{c}{A} : \binom{c}{B};$$

λ étant une constante, indépendante de la position du plan transversal C et de son pôle c.

Pour déterminer cette constante, supposons que le plan C se confonde avec le plan B; le point c se confondra avec le point b; et il viendra

$$\binom{B}{a} : \binom{B}{b} = \lambda \cdot \binom{b}{A} : \binom{b}{B}.$$

Or, $\binom{B}{b}$ est égal à $\binom{b}{B}$, comme exprimant la même distance; il reste donc

$$\binom{B}{a} = \lambda \cdot \binom{b}{A};$$

d'où
$$\lambda = \binom{B}{a} : \binom{A}{b}.$$

D'après cette valeur de λ, l'équation ci-dessus devient

(2). . . . . $\binom{A}{b} \cdot \binom{B}{c} \cdot \binom{C}{a} = \binom{A}{c} \cdot \binom{C}{b} \cdot \binom{B}{a}.$

Cette équation est susceptible de plusieurs conséquences.

161. D'abord, elle établit une relation générale entre trois plans quelconques et leurs pôles, pris par rapport à une surface du second degré;
relation qui fait voir que, trois plans étant donnés, on ne peut pas prendre
arbitrairement trois points pour représenter les pôles des trois plans, par
rapport à une surface du second degré. Deux de ces points peuvent être
pris arbitrairement, mais le troisième doit être assujetti à une certaine
condition, exprimée par l'équation (2). L'expression géométrique de cette
condition est que le troisième pôle doit être pris sur un certain plan déterminé.

Car l'équation (2) fait connaître le rapport $\left(\begin{smallmatrix} c \\ A \end{smallmatrix}\right) : \left(\begin{smallmatrix} c \\ B \end{smallmatrix}\right)$, qui lui-même détermine la position du plan mené par la droite d'intersection des deux plans A, B,
et par le pôle c du troisième plan C.

162. Nous conclurons de là, d'abord, ce théorème :

*Quand plusieurs surfaces du second degré sont telles, que deux plans
donnés aient chacun le même pôle par rapport à ces surfaces; les pôles d'un
plan transversal, mené arbitrairement, seront sur un même plan qui passera
par la droite d'intersection des plans donnés.*

163. Si le plan transversal est à l'infini, ses pôles seront les centres des
surfaces; donc

*Quand plusieurs surfaces du second degré sont telles, que deux plans
donnés aient chacun le même pôle par rapport à toutes ces surfaces, ces surfaces ont leur centres situés sur un même plan.*

164. La même équation (2) donne le rapport $\left(\begin{smallmatrix} C \\ a \end{smallmatrix}\right) : \left(\begin{smallmatrix} C \\ b \end{smallmatrix}\right)$; ce rapport détermine sur la droite ab un point par où passe le point C; on conclut de là
que :

*Quand plusieurs surfaces du second degré sont telles, que deux plans
donnés aient chacun le même pôle par rapport à ces surfaces, les plans
polaires d'un point, pris arbitrairement dans l'espace, passeront par un
même point de la droite qui joint ces deux pôles.*

165. Désignons par L le plan mené par le point a et par la droite d'intersection des plans B, C; par M le plan mené par le point b et par la droite
d'intersection des plans C, A; et enfin par N le plan mené par le point c et

par la droite d'intersection des plans A, B. Le rapport des perpendiculaires abaissées, du point a, sur les plans B, C, sera égal au rapport des sinus des angles que le plan L fait avec ces deux plans B, C. Ainsi l'on a

$$\left(\begin{matrix} a \\ B \end{matrix}\right) : \left(\begin{matrix} a \\ C \end{matrix}\right) = \frac{\sin. L, B}{\sin. L, C}.$$

Pareillement

$$\left(\begin{matrix} b \\ C \end{matrix}\right) \cdot \left(\begin{matrix} b \\ A \end{matrix}\right) = \frac{\sin. M, C}{\sin. M, A},$$

et

$$\left(\begin{matrix} c \\ A \end{matrix}\right) \cdot \left(\begin{matrix} c \\ B \end{matrix}\right) = \frac{\sin. N, A}{\sin. N, B}.$$

L'équation (2) devient donc

$$(5). \qquad \qquad \frac{\sin. L, B}{\sin. L, C} \cdot \frac{\sin. M, C}{\sin. M, A} \cdot \frac{\sin. N, A}{\sin. N, B} = 1.$$

Cette équation prouve, par un principe de la théorie des transversales, que les trois plans L, M, N, menés respectivement par les trois arêtes de l'angle trièdre formé par les trois plans A, B, C, passent par une même droite. On a donc ce théorème :

Étant donnés un angle trièdre et une surface du second degré; et étant pris, par rapport à la surface, les pôles des trois faces de cet angle trièdre; les trois plans menés respectivement par les arêtes de l'angle et par les pôles des faces opposées à ces arêtes, passeront tous trois par une même droite.

Ce théorème exprime la construction géométrique du plan sur lequel doit se trouver le pôle d'un troisième plan, par rapport à une surface du second degré, quand les pôles de deux premiers plans sont donnés.

166. Maintenant considérons le triangle abc, et soient l, m, n les trois points où les plans A, B, C, respectivement, rencontrent les trois côtés bc, ca, ab. Le rapport des distances des deux points b, c au plan A, sera égal à $\frac{bl}{cl}$; ainsi l'on a

$$\left(\begin{matrix} b \\ A \end{matrix}\right) : \left(\begin{matrix} c \\ A \end{matrix}\right) = \frac{bl}{cl}.$$

Pareillement,

$$\binom{c}{B} : \binom{a}{B} = \frac{cm}{am},$$

$$\binom{a}{C} : \binom{b}{C} = \frac{an}{bn}.$$

L'équation (2) devient donc

$$(4) \quad \ldots \ldots \ldots \ldots \quad \frac{an}{bn} \cdot \frac{bl}{cl} \cdot \frac{cm}{am} = 1 ;$$

équation qui prouve que les trois points l, m, n, sont en ligne droite. Donc :

Un triangle étant placé d'une manière quelconque par rapport à une surface du second degré, les plans polaires de ses sommets rencontrent, respectivement, les côtés opposés, en trois points qui sont en ligne droite.

Ce théorème pouvait se conclure immédiatement du précédent, par la théorie des polaires réciproques ; mais il nous a paru intéressant de montrer que l'un et l'autre sont exprimés par la seule équation (2).

167. Des deux théorèmes (165) et (166), on déduit sans difficulté cette propriété générale des surfaces du second degré :

Étant donné un tétraèdre, et étant pris les pôles de ses quatre faces, par rapport à une surface du second degré, et les plans polaires de ses quatre sommets ;

1° Les droites qui joindront les sommets du tétraèdre aux pôles des faces opposées à ces sommets, seront quatre génératrices, d'un même mode de génération, d'un hyperboloïde à une nappe ;

2° Les droites d'intersection des plans polaires des sommets du tétraèdre, par les faces opposées à ces sommets respectivement, seront quatre génératrices, d'un même mode de génération, d'un second hyperboloïde à une nappe.

168. Ce théorème est susceptible d'une multitude de conséquences. Nous en avons exposé déjà plusieurs dans les *Annales de Mathématiques*, t. XIX, p. 76. Nous nous bornerons ici à faire observer qu'on en conclut que :

Quand plusieurs surfaces du second degré sont telles, que trois plans donnés aient chacun le même pôle par rapport à ces surfaces :

1° *Les pôles d'un autre plan transversal quelconque, pris par rapport à ces surfaces, sont situés en ligne droite ;*

2° *Les plans polaires d'un point quelconque de l'espace, pris par rapport à ces surfaces, passent par une même droite ;*

3° *Enfin, toutes ces surfaces ont leurs centres situés sur une même droite.*

169. L'équation (2) servira pour la solution de cette question :

Construire une surface du second degré telle, que quatre plans donnés aient pour pôles, par rapport à cette surface, quatre points donnés ; ces points satisfaisant à la condition exprimée par le théorème (167).

On concevra un plan transversal situé à l'infini, et l'on construira son pôle, par trois équations semblables à l'équation (2), dont chacune déterminera un plan sur lequel sera ce pôle. Ce point sera le centre de la surface cherchée.

On déterminera, de même, le pôle de tout autre plan transversal.

Par le centre o de la surface et le pôle a d'un plan, on mènera une droite qui rencontrera ce plan en α; le produit oa. $o\alpha$ sera égal au carré du demi-diamètre compris sur la droite. Si les points a et α sont d'un même côté du point o, ce diamètre sera réel; et, si ces points sont de côtés différents du point o, ce diamètre sera imaginaire.

On déterminera ainsi autant de points qu'on voudra de la surface.

Si l'on veut construire ses trois axes principaux, on cherchera d'abord un système de trois diamètres conjugués, ce qui se fera très-aisément. Pour cela, on mènera, par le centre, un plan transversal quelconque, et l'on cherchera son pôle; on trouvera un point situé à l'infini, sur une droite dont la direction sera l'intersection commune de trois plans, que l'on déterminera par trois équations semblables à l'équation (2). La droite diamétrale, parallèle à cette droite, sera le diamètre conjugué au plan transversal. Par ce diamètre, on mènera un second plan transversal, et l'on cherchera, semblablement, son diamètre conjugué. Ces deux diamètres, et la droite d'intersection des deux

88

plans, formeront un système de trois diamètres conjugués. Ces trois diamètres feront connaître, par la construction que nous avons donnée dans la Note XXV, les trois axes principaux de la surface.

Ainsi le problème est résolu complétement.

Nous nous sommes étendu sur cette solution, parce que nous croyons qu'il serait utile qu'on ne négligeât aucune occasion de construire les surfaces du second degré déterminées par diverses conditions, pour hâter le perfectionnement de leur théorie, et arriver à la connaissance de la relation si désirée qui doit exister entre dix points d'une telle surface. Peut-être parviendra-t-on d'abord, en s'occupant de ce genre de questions, à quelques cas particuliers de cette relation, qui mettront sur la voie de la relation générale elle-même.

~~~~~~

SECONDE PARTIE.

PRINCIPE D'HOMOGRAPHIE.

§ I. Démonstration du principe d'homographie.

170. Les propositions auxquelles nous avons appliqué le *principe de dualité* nous ont souvent conduit à des propositions d'une plus grande généralité, dans leur genre, que ces premières dans le leur. On conçoit donc qu'en appliquant le même principe à ces nouvelles propositions, on en obtiendra d'autres, du genre des premières, mais qui pourront être plus générales qu'elles. Le principe de dualité offre donc le moyen de généraliser une foule de propositions connues. Mais on voit sur-le-champ que ce moyen devant toujours être le même, puisqu'il se réduit à répéter deux fois le mécanisme de la transformation des figures par le principe de dualité; on voit, dis-je, que ce moyen peut être érigé lui-même en *principe général* de l'étendue, immédiatement applicable aux figures proposées.

171. Voici comment nous énoncerons ce principe :

Une figure de forme quelconque étant donnée dans l'espace, on peut toujours concevoir une seconde figure du même genre, et jouissant des mêmes propriétés descriptives que la première, c'est-à-dire qu'à chaque point, à chaque plan, à chaque droite de la première figure, correspondront, dans la seconde, un point, un plan, une droite;

Aux points à l'infini dans la première figure, correspondront, dans la seconde, des points situés tous sur un même plan; de sorte qu'à des faisceaux de droites parallèles, appartenant à la première figure, correspondront, dans la seconde, des faisceaux de droites concourant en des points situés tous sur un même plan;

Les deux figures auront entre elles des relations de grandeur, consistant en ce que :

1° *Le rapport anharmonique de quatre points situés en ligne droite, dans la première figure, sera égal au rapport anharmonique des quatre points homologues, dans la seconde figure;*

2° *Le rapport anharmonique de quatre plans de la première figure, passant par une même droite, sera égal au rapport anharmonique des quatre plans homologues, dans la seconde figure.*

Ainsi a, b, c, d étant quatre points quelconques de la première figure, situés en ligne droite, et a', b', c', d' étant les quatre points homologues dans la seconde figure, on aura toujours l'égalité

$$(1) \quad \cdots \cdots \cdots \quad \frac{ca}{cb} : \frac{da}{db} = \frac{c'a'}{c'b'} : \frac{d'a'}{d'b'} ;$$

et A, B, C, D étant quatre plans quelconques de la première figure, passant par une même droite, et A′, B′, C′, D′ étant les quatre plans homologues dans la seconde figure, on aura l'égalité

$$(2) \quad \cdots \cdots \cdots \quad \frac{\sin. C, A}{\sin. C, B} : \frac{\sin. D, A}{\sin. D, B} = \frac{\sin. C', A'}{\sin. C', B'} : \frac{\sin. D', A'}{\sin. D', B'}.$$

La démonstration de ce principe est bien simple; il suffit de concevoir une figure A′ *corrélative* de la proposée A, c'est-à-dire sa transformée par le principe de dualité; puis de former une autre figure A″ corrélative de A′; il est clair que A″ sera du même genre que A, et que les deux figures auront entre elles toutes les dépendances comprises dans l'énoncé du principe.

172. Si les quatre plans A, B, C, D étaient parallèles entre eux, on remplacerait le premier membre de l'équation (2) par le rapport anharmonique des quatre points où ces plans rencontreraient une transversale quelconque; ainsi soient α, ε, γ, δ ces points, on aurait

$$(3).\quad \cdots \cdots \cdots \quad \frac{\gamma\alpha}{\gamma\varepsilon} : \frac{\delta\alpha}{\delta\varepsilon} = \frac{\sin. C', A'}{\sin. C', B'} : \frac{\sin. D', A'}{\sin. D', B'}.$$

On agirait de même si les quatre plans correspondants A', B', C', D', de la seconde figure, étaient parallèles entre eux.

173. Ces formules se simplifient quand un ou deux des points qui y entrent sont à l'infini.

Si le point d, de la première figure, est situé à l'infini, l'équation (1) deviendra

$$\frac{ca}{cb} = \frac{c'a'}{c'b'} : \frac{d'a'}{d'b'}.$$

Si l'un des quatre points a', b', c', d', de la seconde figure, est aussi situé à l'infini, l'équation deviendra encore plus simple; car le second membre ne contiendra que deux segments, de même que le premier.

174. Les deux équations (1) et (2) sont susceptibles d'interprétations géométriques qui faciliteront, dans beaucoup de questions, les applications du principe d'homographie.

L'équation (1) s'écrit sous la forme

$$\frac{ca}{cb} : \frac{c'a'}{c'b'} = \frac{da}{db} : \frac{d'a'}{d'b'}.$$

Le second membre est indépendant de la position du point c, situé sur la droite ab, et de son homologue c'; nous pouvons donc écrire

$$\frac{ca}{cb} : \frac{c'a'}{c'b'} = \text{const.},$$

quel que soit le point c sur la droite ab.

Menons par le point c un plan quelconque M; considérons-le comme appartenant à la première figure, et menons par le point c' le plan M' qui lui correspondra dans la seconde figure. Soient p, q, les distances du plan M aux deux points a, b; on aura

$$\frac{p}{q} = \frac{ca}{cb}.$$

Soient pareillement p', q', les distances du plan M' aux points a', b'; on aura

$$\frac{p'}{q'} = \frac{c'a'}{c'b'}.$$

On a donc

$$\frac{p}{q} : \frac{p'}{q'} = \text{const.}$$

Le plan M a été mené arbitrairement par le point c; et ce point avait une position quelconque sur la droite ab; de sorte que le plan M a une position tout à fait arbitraire dans l'espace. Cette équation exprime donc que :

Dans deux figures homographiques, le rapport des distances d'un plan quelconque de la première, à deux points fixes de cette figure, est au rapport des distances du plan homologue, dans la seconde figure, aux deux points fixes qui correspondent à ceux de la première figure, dans une raison constante.

175. Maintenant considérons l'équation (2), et écrivons-la sous la forme

$$\frac{\sin. C, A}{\sin. C, B} : \frac{\sin. C', A'}{\sin. C', B'} = \frac{\sin. D, A}{\sin. D, B} : \frac{\sin. D', A'}{\sin. D', B'}.$$

Le second membre est indépendant de la position du plan C, qui est arbitraire, pourvu seulement que ce plan passe par la droite d'intersection des deux plans A, B; on a donc

$$\frac{\sin. C, A}{\sin. C, B} : \frac{\sin. C', A'}{\sin. C', B'} = \text{const.}$$

Prenons, dans le plan C, un point quelconque m appartenant à la première figure; et, dans le plan C', le point correspondant m' de la seconde figure. Le rapport des distances du point m, aux deux plans A, B, sera égal à $\frac{\sin. \, C, A}{\sin. \, C, B}$; le rapport des distances du point m', aux deux plans A', B', sera égal à $\frac{\sin. \, C', A'}{\sin. \, C', B'}$. Ces deux rapports seront entre eux dans une raison constante, d'après l'équation ci-dessus. On en conclut ce principe :

Dans deux figures homographiques, le rapport des distances d'un point quelconque de la première, à deux plans fixes appartenant à cette première figure, est au rapport des distances du point homologue dans la seconde figure, aux deux plans fixes qui correspondent aux deux premiers, dans une raison constante.

Cette raison ne dépend que de la position des plans fixes auxquels on rapporte les points des deux figures.

176. L'un des deux plans fixes de chaque figure peut être pris à l'infini : nous allons voir ce que devient alors le théorème.

Supposons que le plan B soit à l'infini : les quatre plans A, B, C, D étant alors parallèles entre eux, nous nous servirons de l'équation (3), dans laquelle ε est à l'infini. Cette équation devient

$$\frac{\gamma\alpha}{\delta\alpha} = \frac{\sin. \, C', A'}{\sin. \, C', B'} : \frac{\sin. \, D', A'}{\sin. \, D', B'},$$

ou

$$\gamma\alpha : \frac{\sin. \, C', A'}{\sin. \, C', B'} = \delta\alpha : \frac{\sin. \, D', A'}{\sin. \, D', B'},$$

ou enfin

$$\gamma\alpha : \frac{\sin. \, C', A'}{\sin. \, C', B'} = \text{const.,}$$

quel que soit le plan C et le plan C', qui lui correspond dans la seconde figure.

$\gamma\alpha$ est proportionnel à la distance d'un point quelconque du plan C au plan A, puisque le plan C est parallèle au plan A ; $\frac{\sin. \, C', A'}{\sin. \, C', B'}$ est proportionnel à la distance d'un point du plan C', aux deux plans A', B'; on conclut donc de là que :

Dans deux figures homographiques, la distance d'un point quelconque de la première, à un plan fixe de cette première figure, est au rapport des distances du point homologue, dans la seconde figure, aux deux plans qui correspondent, dans cette figure, l'un au plan fixe et l'autre à l'infini de la première, dans une raison constante.

177. Si le plan fixe de la première figure est le plan qui correspond à l'infini de la seconde figure, on voit aisément, en suivant la même marche que tout à l'heure, que le théorème prend cet énoncé :

Dans deux figures homographiques, la distance d'un point quelconque de la première, au plan de cette première figure qui correspond à l'infini de la seconde, est en raison inverse de la distance du point homologue de la seconde figure au plan qui correspond, dans cette seconde figure, à l'infini de la première.

Ces théorèmes, qui sont des expressions différentes des deux équations (1) et (2), ont lieu pour toutes les surfaces homographiques, et seront très-utiles pour transformer immédiatement, et sans autre démonstration, un grand nombre de propositions de Géométrie.

178. Le principe d'*homographie*, ou de description de figures *du même genre*, comprend deux parties, dont l'une est relative aux relations descriptives des figures, et l'autre à leurs relations métriques.

Les relations descriptives consistent en ce que : *à chaque point et à chaque plan de l'une des deux figures, correspondent, dans l'autre, un point et un plan, respectivement.*

Les relations métriques consistent en ce que : *quatre points en ligne droite, dans la seconde figure, ont leur rapport anharmonique égal à celui des quatre points de la première figure auxquels ils correspondent.*

Mais nous devons dire que ces relations métriques sont une conséquence des relations descriptives, et qu'il n'est pas nécessaire de les comprendre dans la définition des figures *homographiques ;* les premières seules suffisant pour définir ces figures d'une manière caractéristique, et avec une précision rigoureuse.

Ainsi nous dirons que :

Deux figures, quelle qu'ait été leur construction, qui satisfont à cette condition que, à chaque point et à chaque plan de l'une correspondent, respectivement, un point et un plan dans l'autre, sont HOMOGRAPHIQUES.

Et ces deux figures jouissent de cette propriété constante, que *quatre points de l'une, pris en ligne droite, ont leur rapport anharmonique égal à celui des quatre points correspondants, dans l'autre.*

Cela résulte de ce que, dans les figures *corrélatives,* les relations métriques sont aussi une conséquence des relations descriptives.

Mais quand nous présenterons directement, et sans le secours du principe de dualité, la théorie des figures homographiques, nous nous renfermerons dans la définition que nous venons de faire reposer sur leurs relations descriptives seules, et nous conclurons, de cette définition même, les relations métriques des figures et toutes leurs propriétés.

On voit, par cette définition, ce que les figures *homographiques* ont de caractéristique parmi une infinité d'autres figures, que l'on peut former l'une par l'autre, de manière qu'aux *points* de la première correspondent des *points* dans la seconde. C'est que, outre cette première condition, les figures *homographiques* satisfont à cette autre que, à des *points* de la première figure, situés *dans un même plan,* correspondent toujours, dans la seconde figure, des *points situés aussi dans un même plan.* C'est cette seconde condition qui caractérise les figures *homographiques.*

179. On fait usage, dans les arts et dans la Géométrie rationnelle, de plusieurs modes de déformation des figures, qui offrent des applications du principe d'homographie.

Par exemple, quand on fait la perspective d'une figure plane, on a une seconde figure plane, qui satisfait évidemment à l'énoncé du principe.

Il en est de même de deux figures quelconques, semblables entre elles.

Quand, des points d'une figure, on abaisse des ordonnées sur un plan, et que, par leurs pieds, on mène des droites parallèles entre elles et proportionnelles aux ordonnées; les extrémités de ces droites forment une seconde figure qui a encore, avec la figure proposée, les dépendances prescrites par l'énoncé du principe.

89

Il en est de même de la figure que l'on forme en augmentant, dans des rapports donnés, les trois coordonnées de chaque point d'une figure proposée.

Enfin, la *Perspective relief,* ou théorie des figures *homologiques,* que M. Poncelet a exposée dans son *Traité des propriétés projectives,* donne lieu encore à des figures qui satisfont à l'énoncé du principe.

180. Nos figures *homographiques* ont une plus grande généralité de construction, quant à leur forme et à leurs positions respectives, que les figures *homologiques,* qui n'en sont qu'un cas particulier; c'est pourquoi nous n'avons pu nous servir du même mot pour les désigner. Nous conserverons, du reste, l'expression *homologique,* chaque fois que nous aurons à parler des figures produites par le mode de déformation de M. Poncelet.

Le principe d'homographie conduit immédiatement, et sans aucune démonstration, à de nombreuses propriétés nouvelles des figures, concernant leurs relations descriptives et leurs relations métriques.

Nous allons faire diverses applications de ce principe; puis nous donnerons la construction géométrique et analytique des figures homographiques les plus générales; et enfin nous exposerons trois méthodes de construction particulières qui, bien qu'elles conduisent à des résultats moins généraux, seront plus ou moins utiles dans certaines questions particulières.

§ II. Applications du principe d'homographie. — Pôles et plans polaires, dans les surfaces du second degré.— Axes conjugués a un point.

181. Soit une surface du second degré Σ ; sa figure homographique sera une seconde surface du second degré, Σ'. A chaque diamètre AB de la première surface, correspondra, dans la seconde, une corde A'B' passant par un point fixe C'. Ce point correspondra au centre C de la première surface; les plans tangents à la surface Σ', aux extrémités A', B' de la corde A'B', auront leur intersection située dans un plan I' qui correspond à l'infini de la première figure. La droite A′B′ percera ce plan I′ en un point D′, qui correspondra au point situé à l'infini sur le diamètre AB; on aura donc

$$\frac{C'A'}{C'B'} : \frac{D'A'}{D'B'} = \frac{CA}{CB} = 1 ; \quad \ldots \quad \ldots \quad \ldots \quad (137)$$

ce qui prouve que les deux points C′, D′ divisent harmoniquement la corde A′B′.

On a donc ce théorème, qui constitue la propriété connue des *pôles* et des *plans polaires :*

Dans toute surface du second degré : si, autour d'un point fixe, on fait tourner une transversale, et qu'on mène les deux plans tangents à la surface, aux points où la transversale la rencontre;

1° *Ces deux plans se couperont sur un plan fixe ;*

2° *Le point où ce plan rencontrera la transversale sera le conjugué harmonique du point fixe, par rapport aux deux points où la transversale percera la surface.*

C'est ce plan qu'on appelle le *plan polaire* du point fixe, appelé lui-même le *pôle* du plan.

182. La relation harmonique, que nous venons d'énoncer, fait voir que *le plan polaire d'un point quelconque d'un plan passe par le pôle de ce plan.*

D'où l'on conclut que : *Quand un point parcourt une droite, son plan polaire tourne autour d'une seconde droite;* et, réciproquement, *les plans polaires des points de cette seconde droite passent par la première.*

Ces deux droites sont dites *polaires* l'une de l'autre. Si l'une d'elles rencontre la surface, les plans de rencontre ont, pour plans polaires, précisément les points tangents à la surface, en ces points; et ces plans tangents passent par l'autre droite.

Il suit de là que *la polaire d'un diamètre de la surface est située à l'infini.*

183. Il est évident, d'après ces propriétés des pôles, plans polaires et droites polaires, que si l'on a deux surfaces du second degré, homographiques, à un point et à son plan polaire par rapport à la première surface, correspondront un point et son plan polaire par rapport à la seconde; à deux droites, polaires réciproques par rapport à la première surface, correspondront deux droites, polaires réciproques par rapport à la seconde.

184. D'après cela, soient trois diamètres conjugués de la première surface Σ; la polaire de chacun d'eux est située à l'infini, dans le plan des deux autres; donc, à ces diamètres correspondront, dans la surface homographique Σ', trois droites passant par le point C', qui seront telles que la polaire de l'une d'elles sera dans le plan des deux autres; et ces polaires seront toutes trois dans le plan polaire du point C'. On peut dire que ces trois droites sont telles, que la polaire de chacune d'elles passe par le point de concours des deux autres.

Nous avons déjà eu à considérer, dans la première partie de cet écrit, le système des trois droites menées par un point fixe, de manière que chacune d'elles ait sa polaire, par rapport à une surface du second degré, comprise dans le plan des deux autres. Nous les avons appelées *axes conjugués, relatifs au point fixe*.

Ainsi, par un point donné, on peut mener une infinité de systèmes de trois *axes conjugués* par rapport à une surface du second degré. Ces systèmes de trois axes conjugués jouissent de nombreuses propriétés, dont plusieurs sont des généralisations des propriétés connues des systèmes de diamètres conjugués des surfaces du second degré. Nous avons déjà démontré un certain nombre de ces propriétés; mais la matière est loin d'être épuisée, et nous aurons à y revenir dans plusieurs de nos applications de la théorie des figures homographiques.

§ III. Lieu géométrique du point de rencontre de trois plans tangents a une surface du second degré, assujétis a certaine condition.

185. On sait que si l'on mène trois plans rectangulaires, tangents à une surface du second degré, Σ, leur point d'intersection a pour lieu géométrique une sphère concentrique à la surface. Ce théorème est dû à Monge.

Pour le généraliser par la déformation homographique, au lieu de dire que les trois plans tangents sont rectangulaires, considérons-les comme étant parallèles à trois plans diamétraux d'une sphère, qui soient conjugués entre eux.

Concevons cette sphère et ses trois plans diamétraux conjugués ; désignons-la par U, et soit W la sphère décrite par le point d'intersection des trois plans tangents à la surface Σ. Faisons la déformation homographique. Nous aurons deux surfaces du second degré, Σ′, U′ ; un plan I′ correspondant à l'infini de la première figure ; trois plans tangents à la surface Σ′, ayant pour traces, sur le plan I′, trois droites telles, que la polaire de chacune d'elles, par rapport à la surface U′, passera par le point de rencontre des deux autres (184). Le point de rencontre de ces trois plans engendrera une surface du second degré, W′, homographique de W, et qui par conséquent aura une courbe d'intersection, commune avec U′, située sur le plan I′ (parce que les deux surfaces U et W étant semblables et semblablement placées, ont une courbe d'intersection à l'infini) ; et ce plan I′ aura même *pôle* dans les deux surfaces Σ′ et W′ (parce que ce pôle correspondra au centre commun des deux surfaces U et W).

Nous pouvons donc énoncer ce théorème général :

Étant données deux surfaces quelconques du second degré ; si, dans un plan fixe, on prend arbitrairement trois droites telles, que la polaire de chacune d'elles, par rapport à la seconde surface, passe par le point de rencontre des deux autres ; et que, par ces trois droites, on mène trois plans tangents à la première surface ; le point de rencontre de ces trois plans aura pour lieu géométrique une surface du second degré, qui coupera la seconde surface sur le plan fixe ; et le pôle de ce plan, dans cette nouvelle surface, sera le même que dans la première des deux surfaces proposées.

Ce théorème général est susceptible de plusieurs corollaires.

186. D'abord, si le plan I′ est à l'infini, on en conclut que :

Étant données deux surfaces du second degré ; si l'on mène trois plans tangents à la première, qui soient parallèles à trois plans diamétraux conjugués de la seconde, le point d'intersection de ces trois plans sera sur une troisième surface du second degré, semblable à la seconde et semblablement placée.

Quand la seconde surface est une sphère, ce théorème est précisément celui de Monge, d'où nous sommes parti.

187. Si le plan I' coupe la seconde surface suivant une conique, les trois droites prises dans ce plan seront telles que le pôle de chacune d'elles, par rapport à cette conique, sera le point de concours des deux autres; on peut donc donner au théorème ce second énoncé, moins général que le premier, seulement parce qu'il ne permet plus de supposer à l'infini le plan fixe :

Si l'on a dans l'espace une surface du second degré et une conique, et que, par trois droites prises dans le plan de cette courbe, de manière que le pôle de chacune d'elles, par rapport à la courbe, soit le point de concours des deux autres, on mène trois plans tangents à la surface; leur point d'intersection aura pour lieu géométrique une surface du second degré, passant par la conique, et telle, que le cône qui lui serait circonscrit suivant cette courbe aurait pour sommet le pôle du plan de cette courbe, pris par rapport à la surface proposée.

La dernière partie de ce théorème prouve que si la conique est une section de la surface proposée, les deux surfaces se toucheront suivant cette courbe.

188. On peut supposer, dans les théorèmes précédents, que l'un des diamètres principaux de la première surface devienne nul, c'est-à-dire que cette surface se réduise à une conique; on aura de nouveaux théorèmes, dont nous n'énoncerons que le suivant :

Si l'on a deux coniques situées d'une manière quelconque dans l'espace, et que, par trois droites prises dans le plan de la seconde, de manière que le pôle de chacune d'elles par rapport à cette seconde courbe, soit le point de concours des deux autres, on mène trois plans tangents à la première conique, leur point d'intersection aura pour lieu géométrique une surface du second degré, qui passera par la seconde conique; et le cône circonscrit à cette surface, suivant cette courbe, aura pour sommet le pôle de la droite d'intersection des plans des deux coniques, pris par rapport à la pre-mière.

Il résulte, de la dernière partie de ce théorème, que, si les plans des deux courbes sont parallèles, le sommet du cône circonscrit à la surface, suivant la seconde courbe, sera le centre de la première ;

Et que, si la première conique a son centre sur le plan de la seconde, cette seconde conique sera une section diamétrale de la surface.

On pourrait supposer que la première conique eût un de ses axes nul, et se réduisît à une ligne droite limitée à deux point fixes. Des trois plans tangents à cette conique, deux passeraient par l'un de ces points, et l'autre par le second point. Et les théorèmes précédents s'appliqueraient encore à ce cas.

On pourrait même supposer que l'un des deux points extrêmes de la droite fixe fût à l'infini.

189. Reprenons le cas général de deux surfaces quelconques. Si le plan I' est tangent à la première, il est clair que tout point de ce plan appartiendra. à la troisième surface, parce qu'on pourra le considérer comme l'intersection de trois plans tangents à la surface, menés par les trois droites prises dans ce plan ; ces trois plans se confondant avec ce plan lui-même. Il résulte de là que, dans ce cas, la troisième surface sera le système de deux plans dont l'un est le plan fixe.

On a donc ce théorème :

Étant données deux surfaces du second degré, et un plan fixe, tangent à la première ; si par trois droites prises dans ce plan, de manière que la polaire de chacune d'elles, par rapport à la seconde surface, passe par le point de concours des deux autres, on mène trois plans tangents à la pre-mière surface, le point d'intersection de ces trois plans sera toujours sur un même plan.

La première surface peut se réduire à une conique, comme dans les théo-rèmes précédents ; et, à la seconde surface, on peut substituer une conique. On aurait ainsi divers autres théorèmes.

190. En appliquant le principe de dualité au théorème de Monge, ou au théorème général (185), on obtient, sur-le-champ, cette autre propriété générale des surfaces du second degré :

Étant données deux surfaces quelconques du second degré; si, par un point fixe, on mène trois axes conjugués par rapport à la seconde (184), le plan déterminé par trois des points de rencontre de ces trois axes avec la première surface, roulera sur une troisième surface du second degré, qui aura pour centre d'homologie avec la seconde surface le point fixe ; et ce point aura le même plan polaire dans cette troisième surface et dans la première des deux proposées.

Nous entendons ici, avec M. Poncelet, par *centre d'homologie* des deux surfaces, le sommet d'un cône (réel ou imaginaire) circonscrit aux deux surfaces.

Nous ne nous arréterons pas à montrer les diverses conséquences de ce théorème général.

§ IV. Propriétés des systèmes de trois axes conjugués d'une surface du second degré, relatifs a un point.

191. Soient trois diamètres conjugués d'une surface du second degré; la somme des carrés des perpendiculaires abaissées de leurs extrémités, sur un plan diamétral fixe, sera constante.

Faisant la déformation homographique, on conclut de là, d'après ce que nous avons dit ci-dessus (184), et par le principe de relations métriques du numéro 176, cette propriété générale des surfaces du second degré :

Si, par un point fixe, on mène trois axes conjugués par rapport à une surface du second degré, et qu'on prenne sur chacun d'eux un des deux points où il perce la surface, on aura ainsi trois points qui seront tels, que la somme des carrés de leurs distances à un plan fixe mené par le point donné, divisés respectivement par les carrés des distances des mêmes points au plan polaire du point donné, sera constante.

Si l'on prend le plan fixe parallèle au plan polaire du point fixe, le théorème sera susceptible d'un autre énoncé, qui exprimera une proposition déjà démontrée d'une autre manière (1ʳᵉ partie, § XI, n° 49).

192. Concevons, menés par le point fixe, trois plans rectangulaires; pour chacun d'eux on aura l'équation qui exprime le théorème ci-dessus. Ajoutant membre à membre ces trois équations, on voit qu'il en résulte une autre propriété des systèmes de trois axes conjugués, relatifs à un point. Cette propriété est le théorème du numéro 52.

193. Si, dans le théorème général (191), on suppose le point fixe situé à l'infini, et si l'on observe que les trois axes conjugués, relatifs au point fixe, percent son plan polaire en trois points dont chacun a pour polaire, par rapport à la section de la surface par ce plan, la droite qui joint les deux autres; on obtient le théorème suivant :

Si, dans un plan diamétral d'une surface du second degré, on prend trois points tels que chacun d'eux ait pour polaire, par rapport à la section de la surface par ce plan, la droite qui joint les deux autres, et que par ces points on mène les trois cordes de la surface, parallèles au diamètre conjugué au plan diamétral; la somme des carrés des distances de ces trois points, à une droite fixe située dans ce plan, divisés respectivement par les carrés des trois cordes, sera constante, quel que soit le système des trois points.

La droite fixe, située dans le plan diamétral, peut être à l'infini; et on en conclut que *la somme des valeurs inverses des carrés des trois cordes est constante.*

194. Si l'on remplace, dans ces théorèmes, les trois cordes par les produits des segments faits par la conique située dans le plan diamétral, sur des parallèles à une même droite, menées par les trois points en question, on aura de nouveaux énoncés, où n'entrera plus la considération de la surface, et qui exprimeront des propriétés des coniques.

§ V. Autres propriétés des systèmes de trois axes conjugués
d'une surface du second degré, relatifs a un point.

195. La somme des carrés des perpendiculaires abaissées, des six extrémités de trois diamètres conjugués d'une surface du second degré, sur un
plan fixe mené arbitrairement dans l'espace, est constante.

On conclut de là, par le principe de relations métriques, du numéro 176,
cette propriété générale des surfaces du second degré :

*Si, par un point fixe, on mène trois axes conjugués par rapport à une
surface du second degré; la somme des carrés des distances des six points
où ils perceront la surface, à un plan fixe mené arbitrairement dans l'espace,
divisés respectivement par les carrés des distances de ces points au plan
polaire du point fixe, sera constante, quel que soit le système des trois axes
conjugués, relatifs au point fixe.*

196. Si, dans la première figure, on prend pour le plan fixe celui qui
correspond à l'infini de la seconde figure, on aura, par le principe du numéro 177, ce théorème, qui n'est autre que le précédent, où le plan fixe est
situé à l'infini :

*Si, par un point fixe, on mène trois axes conjugués par rapport à une
surface du second degré; la somme des valeurs inverses des carrés des
distances des six points où ils perceront la surface, au plan polaire du
point fixe, sera constante, quel que soit le système des trois axes conjugués.*

197. Et appliquant le théorème ci-dessus (195) à trois plans rectangulaires, on aura trois équations qui, ajoutées membre à membre, donneront
lieu au théorème suivant :

*Si, par un point fixe, on mène trois axes conjugués par rapport à une
surface du second degré, ils rencontreront la surface en six points, dont les
carrés des distances à un second point fixe quelconque, divisés respectivement par les carrés des distances de ces points au plan polaire du premier
point fixe, auront une somme constante.*

198. Dans nos applications du principe de dualité, nous sommes parvenu à plusieurs propriétés des *axes conjugués* d'une surface du second degré, *relatifs à un point,* concernant les plans tangents à la surface, aux points où ces axes la rencontrent. Les propriétés de ces mêmes axes, que nous venons de trouver dans les paragraphes précédents, concernent les points mêmes où ces axes percent la surface. Celles-ci peuvent être exprimées toutes sous un seul énoncé très-général, que nous allons présenter comme application du principe d'homographie.

Soient trois diamètres conjugués d'une surface du second degré ; si, d'un point fixe O, on mène des droites aux six points A, a, B, b, C, c, où ils rencontrent la surface, la somme des carrés de ces six droites est constante, quel que soit le système des trois diamètres conjugués.

Ainsi l'on a

$$\overline{OA}^2 + \overline{Oa}^2 + \overline{OB}^2 + \overline{Ob}^2 + \overline{OC}^2 + \overline{Oc}^2 = \text{const.}$$

Concevons une sphère qui ait pour centre le point O ; et soient A′, a′, B′, b′, C′, c′ les points où ses six rayons qui aboutissent aux points A, a, etc., la rencontrent ; on aura

$$\frac{\overline{OA}^2}{\overline{OA'}} + \frac{\overline{Oa}^2}{\overline{Oa'}} + \text{etc.} = \text{const.}$$

Faisons la figure homographique, et désignons par les mêmes lettres les points correspondants, dans cette figure, aux points O, A, a, etc., de la première. Soient L, l, M, m, N, n les points où les six droites OA, Oa, OB, Ob, OC, Oc, dans la nouvelle figure, percent le plan qui correspond à l'infini de la première : on aura, en appliquant à chacun des termes de l'équation ci-dessus la formule du numéro 173, le théorème suivant :

Étant donnés deux surfaces du second degré et un plan fixe; si, par le pôle de ce plan par rapport à la première surface, on mène trois axes conjugués par rapport à cette surface, qui la rencontreront aux six points A, a, B, b, C, c, et que, par le pôle du plan, par rapport à la seconde surface, on mène six rayons, aboutissant à ces points, et rencontrant la seconde surface aux six points A′, a′, B′, b′, C′, c′, et le plan fixe aux points L, l, M, m, N, n, on aura l'équation

$$\left(\frac{\mathrm{OA}}{\mathrm{OA'}} : \frac{\mathrm{LA}}{\mathrm{LA'}}\right)^2 + \left(\frac{\mathrm{O}a}{\mathrm{O}a'} : \frac{la}{la'}\right)^2 + \text{etc.} = \text{const.};$$

quel que soit le système des trois axes conjugués, pris par rapport à la première surface.

199. Ce théorème est l'une des propriétés les plus complètes et les plus générales des systèmes de trois axes conjugués d'une surface du second degré, relatifs à un point. Aussi ses corollaires sont très-nombreux. On les obtiendra en faisant diverses suppositions sur la forme et la position des deux surfaces, et celle du plan fixe. On pourra supposer que la seconde surface soit l'ensemble de deux plans, lesquels pourront être parallèles, ou bien qu'elle soit de révolution et qu'elle ait pour foyer le point O; puis, que le plan fixe soit à l'infini, etc.

Nous n'entrerons pas dans l'examen de tous les théorèmes que l'on obtient ainsi, dont la plupart sont des propriétés de trois axes conjugués d'une surface du second degré, relatifs à un point, que nous avons déjà démontrées, ou des propriétés, connues, des systèmes de trois diamètres conjugués.

Nous n'énoncerons que le suivant, que nous n'avons pas encore eu l'occasion de démontrer.

200. Que l'on suppose que le plan fixe ait un même point O pour pôle dans les deux surfaces, et que la première surface, de révolution, ait ce point pour foyer, et le plan fixe pour plan directeur correspondant; que, dans l'équation exprimant le théorème général, on remplace chaque rapport $\frac{\mathrm{LA}}{\mathrm{LA'}}$

par le rapport des perpendiculaires abaissées, des points A, A', sur ce plan fixe; on aura le théorème suivant :

Si, autour d'un point fixe, pris arbitrairement par rapport à une surface du deuxième degré, on fait tourner trois droites rectangulaires, qui rencontreront la surface en six points; la somme des carrés des distances de ces points au plan polaire du point fixe, divisés respectivement par les carrés des distances de ces mêmes points au point fixe, sera constante.

201. Ce théorème a lieu aussi pour trois seulement des six points où les trois droites rectangulaires rencontrent la surface; parce que les six termes de l'équation sont égaux deux à deux. Car, A, a étant les points où l'une des trois droites menées par le point O rencontre la surface, et L le point où elle perce le plan polaire du point O, on a, entre les quatre points O, L, A, a, la relation harmonique :

$$\frac{OA}{Oa} = \frac{LA}{La}.$$

Mais AP et ap étant les perpendiculaires abaissées sur le plan, on a

$$\frac{LA}{La} = \frac{AP}{ap};$$

donc

$$\frac{OA}{AP} = \frac{Oa}{ap}.$$

Ce qu'il fallait prouver.

§ VII. Propriétés du centre des moyennes harmoniques d'un système de points dans l'espace.

202. Soient a, b, c, ... plusieurs points situés en ligne droite, g leur *centre des moyennes distances*, et O un autre point quelconque de cette droite; on aura

(1) . . . . $oa + ob + oc + \cdots = n \cdot og$;

n étant le nombre des points.

Formons la figure homographique : nous aurons des points a', b', c', ...
situés en ligne droite; un point g', correspondant au point g; un point o' pris
arbitrairement pour correspondre au point o; un point i' correspondant au
point situé à l'infini sur la droite ab; et l'on aura

$$\frac{oa}{og} = \frac{o'a'}{o'g'} : \frac{i'a'}{i'g'},$$

$$\frac{ob}{og} = \frac{o'b'}{o'g'} : \frac{i'b'}{i'g'},$$

$$. \quad . \quad . \quad . \quad . \quad .$$

L'équation (1) donne donc celle-ci :

(2) . . . . $\dfrac{o'a'}{i'a'} + \dfrac{o'b'}{i'b'} + \dfrac{o'c'}{i'c'} + \cdots = n \cdot \dfrac{o'g'}{i'g'}.$

Cette équation a lieu entre les points a', b', c', ... g' et i', quel que soit le
point o', sur la droite qui unit ces points.

Si l'on suppose le point o' à l'infini, on aura

(3) . . . . $\dfrac{1}{i'a'} + \dfrac{1}{i'b'} + \dfrac{1}{i'c'} + \cdots = n \cdot \dfrac{1}{i'g'}.$ *

Ainsi le point g', qui correspond au centre des moyennes distances g des
points a, b, c, ..., est déterminé par la condition que la valeur inverse de sa
distance au point i', soit moyenne entre les valeurs inverses des distances des
points a', b', c', ..., à ce point i'. On dit que ig' est *moyenne harmonique*
entre les distances $i'a'$, $i'b'$, $i'c'$, etc., et que le point g' est le *centre des
moyennes harmoniques* des points a', b', c', ..., par rapport au point i'
(1re partie, § XII).

---

* Nous avons démontré directement, dans la première partie, § XII, l'identité des équations
(2) et (3), en montrant comment on passe de l'une à l'autre.

Nous dirons donc que :

« Quand on a plusieurs points en ligne droite, et leur *centre des moyennes*
» *distances;* si l'on fait la transformation homographique, on aura des points
» en ligne droite, et leur *centre des moyennes harmoniques,* par rapport au
» point qui correspond à l'infini de la droite sur laquelle sont les points de
» la première figure. »

203. Remarquons que l'équation (2) donne, quand le point o' se confond
avec le point g',

$$\frac{g'a'}{i'a'} + \frac{g'b'}{i'b'} + \frac{g'c'}{i'c'} + \cdots = 0;$$

relation très-simple, entre les différents points et leur centre des moyennes
harmoniques.

204. Si le point i' est pris à l'infini, on aura, dans l'équation (2),

$$\frac{i'g'}{i'a'} = 1, \quad \frac{i'g'}{i'a'} = 1, \text{etc.};$$

et elle deviendra

$$o'a' + o'b' + o'c' + \ldots n \cdot o'g'.$$

Le point o' est quelconque : cette équation exprime donc que le point g' est le
centre des moyennes distances des points a', b', c', ...; de sorte que : *le centre*
des moyennes harmoniques d'un système de points en ligne droite, relatif à
un point de cette droite, est précisément leur centre des moyennes distances,
quand ce point est à l'infini.

Ce qui a été remarqué par M. Poncelet [*], et ne l'avait pas été par Mac-
Laurin.

205. Soient des points a, b, c, ..., situés d'une manière quelconque sur
un plan, et g leur centre des moyennes distances. Ce point jouit de la propriété que si, par tous ces points, on mène des droites parallèles entre elles,

[*] *Mémoire sur les centres des moyennes harmoniques.* Voir *Journal* de M. Crelle,
année 1828.

mais sous une direction arbitraire, elles rencontreront une transversale quelconque, en des points dont le dernier sera le centre des moyennes distances de tous les autres. Faisant la figure homographique, et observant que toutes les droites parallèles ont, pour correspondantes, des droites concourant en un même point, et que ce point appartient à une droite qui correspond à la droite située à l'infini sur le plan de la première figure, on aura ce théorème :

Étant donnés, sur un plan, un système de points et une ligne droite; si, par un point pris arbitrairement sur cette droite, on mène des rayons à tous les points donnés, et un dernier rayon au centre des moyennes harmoniques des points où une transversale quelconque rencontre ces rayons, relatif au point où cette transversale rencontre la droite fixe; ce dernier rayon tournera autour d'un point fixe, quand le point pris sur la droite fixe parcourra cette droite.

Ce point fixe a été appelé, par M. Poncelet, le *centre des moyennes harmoniques* du système de points, *relatif à la droite fixe* [*].

206. Ainsi nous pouvons dire que :

« Quand on a sur un plan un système de points, et leur *centre des » moyennes distances*, la déformation homographique donne un système de » points et leur *centre des moyennes harmoniques*, relatif à la droite qui » correspond à l'infini sur le plan de la première figure. »

207. Soit un système de points situés d'une manière quelconque dans l'espace, et leur centre des moyennes distances; si on les projette tous sur un plan, par des droites parallèles entre elles, on aura, en projection, un système de points et leur centre des moyennes distances. Faisant la figure homographique, et observant que les droites projetantes deviendront des droites concourant en un même point d'un plan fixe, correspondant à l'infini de la première figure, on aura, d'après ce qui précède, ce théorème :

Étant donnés un plan et un système de points dans l'espace; si, d'un point pris arbitrairement dans ce plan, on mène des rayons à tous ces points, et

---

[*] *Mémoire sur les centres des moyennes harmoniques.* Voir *Journal* de M. Crelle, année 1828.

un dernier rayon au centre des moyennes harmoniques des points où ces rayons rencontrent un plan transversal quelconque, pris par rapport à la droite d'intersection de ce plan transversal et du plan donné; ce dernier rayon passera par un point fixe, quel que soit le point pris dans le plan donné.

Ce point est nommé le *centre des moyennes harmoniques* du système de points, *par rapport au plan donné.*

208. Nous pouvons donc dire que :

« Quand on a un système de points dans l'espace, et leur *centre des* » *moyennes distances,* le principe d'homographie donne un système de » points, et leur *centre des moyennes harmoniques,* par rapport au plan » qui correspond à l'infini de la première figure. »

209. Si, par des points pris dans l'espace, et par leur centre des moyennes distances, on mène des plans parallèles entre eux, une transversale quelconque les percera en des points dont le dernier sera le centre des moyennes distances de tous les autres. Faisant la figure homographique, on conclut de là, d'après ce qui précède, cette autre proposition :

Étant donnés un plan et un système de points dans l'espace; si, par une droite prise arbitrairement dans ce plan, on mène des plans passant par tous ces points, et qu'on prenne le centre des moyennes harmoniques des points où une transversale quelconque rencontrera ces plans, par rapport au point où cette transversale rencontrera le plan donné; le plan mené par ce centre et par la droite, tournera autour d'un point fixe, quand on fera mouvoir cette droite dans le plan donné.

Ce point fixe est le *centre des moyennes harmoniques* du système de points, *par rapport au plan donné.*

202. Ces divers théorèmes sont dus à M. Poncelet, qui les a démontrés, par une voie directe, dans son *Mémoire sur les centres des moyennes harmoniques.* Ils expriment, en quelque sorte, les propriétés *descriptives* du centre des moyennes harmoniques d'un système de points, puisqu'ils apprennent à déterminer ce point par des intersections de lignes droites et sans calcul.

91

Dans le paragraphe suivant, nous allons présenter quelques autres propriétés du centre des moyennes harmoniques d'un système de points, qui
sont d'un autre genre, et qui nous paraissent être les plus importantes de
cette théorie, parce que les premières s'en déduisent aisément.

§ VIII. AUTRES PROPRIÉTÉS DU CENTRE DES MOYENNES HARMONIQUES D'UN SYSTÈME DE POINTS.

211. Soit un système de points dans l'espace, et leur centre des moyennes
distances : ce point jouit de la propriété que sa distance à un plan transversal
quelconque, multipliée par le nombre des points, est égale à la somme des
distances de tous les points à ce plan.

Faisant la déformation homographique, on aura un système de points et
leur centre des moyennes harmoniques; par rapport au plan qui correspond
à l'infini de la première figure (208). Appliquant à la propriété du centre
des moyennes distances, que nous venons d'énoncer, le principe des relations métriques, du numéro (176), on obtient ce théorème :

*Le centre des moyennes harmoniques d'un système de points, pris par
rapport à un plan donné, jouit de la propriété que la somme des distances
de tous ces points à un plan transversal mené arbitrairement, divisées respectivement par les distances des mêmes points au plan donné, est égale à la
distance du centre des moyennes harmoniques au plan transversal, divisée
par sa distance au plan donné, et multipliée par le nombre des points.*

Ainsi, soient I le plan donné, et π le plan transversal mené arbitrairement.
Représentons par ai, bi, ... gi les perpendiculaires abaissées, des points
a, b, ..., et de leur centre des moyennes harmoniques g, sur le plan I; et par
$a\pi$, $b\pi$, ... $g\pi$ les perpendiculaires abaissées, des mêmes points, sur le plan π.
On aura

$$\frac{a\pi}{ai} + \frac{b\pi}{bi} + \cdots = n \cdot \frac{g\pi}{ig},$$

quel que soit le plan transversal π.

212. Ce théorème peut servir à définir le centre des moyennes harmoniques d'un système de points, par rapport à un point donné. On peut même lui donner un énoncé plus caractéristique; car si l'on suppose que les points soient matériels et aient, respectivement, leurs masses proportionnelles aux valeurs inverses des distances des points au plan donné; on voit que le centre de gravité de ces points sera le centre des moyennes harmoniques des points du système. De sorte qu'on peut dire que :

Le centre des moyennes harmoniques d'un système de points, relatif à un plan donné, est le centre de gravité de ces points, supposés matériels, et ayant leurs masses en raison inverse des distances de ces points au plan donné.

Cette définition du *centre des moyennes harmoniques* d'un système de points, relatif *à un plan,* comprend les propriétés de ce point, que nous avons démontrées dans le paragraphe précédent; c'est-à-dire que, de cette définition, on déduit aisément ces propriétés. De cette manière, la théorie du centre des moyennes harmoniques, bien que plus générale que celle du centre des moyennes distances, devient une simple application de celle-ci.

213. On peut encore supposer que les points du système soient sollicités par des forces parallèles entre elles, et égales aux valeurs inverses des distances de ces points au plan donné; alors on dira que : *le centre des moyennes harmoniques de ces points, par rapport à ce plan, est le centre de ces forces parallèles,* c'est-à-dire le point par où passera leur résultante, quelle que soit leur direction commune.

C'est sous ce point de vue que M. Cauchy a considéré le centre des moyennes harmoniques d'un système de points [*], et qu'il est parvenu, par des considérations de Statique, à en conclure les autres propriétés de ce point. Ce célèbre Analyste a tiré de là aussi un moyen facile d'exprimer, par trois équations, dans le système de coordonnées ordinaire, la position du centre

---

[*] Voir, dans le tome XVI des *Annales de Mathématiques,* le rapport de MM. Legendre, Ampère et Cauchy sur le *Mémoire sur les centres des moyennes harmoniques,* de M. Poncelet.

des moyennes harmoniques, soit d'un système de points, soit d'un corps solide, de forme donnée.

214. Si, dans le théorème général (211), on suppose le plan transversal π à l'infini, les rapports $\frac{a\pi}{g\pi}$, $\frac{b\pi}{g\pi}$, ... seront égaux à l'unité, et l'équation deviendra

$$\frac{1}{ai} + \frac{1}{bi} + \cdots = \frac{n}{gi}.$$

Celle-ci prouve que :

La somme des valeurs inverses des distances de plusieurs points, à un plan, est égale à la valeur inverse de la distance, à ce plan, du centre des moyennes harmoniques de ces points, par rapport au plan, multipliée par le nombre des points.

215. Si l'on suppose, dans le théorème général (211), le plan transversal parallèle au plan fixe, on conclut cette autre propriété du centre des moyennes harmoniques :

Quand on a un système de points et leur centre des moyennes harmoniques par rapport à un plan; si, d'un point quelconque de l'espace, on mène des rayons à tous ces points, et qu'on prenne le rapport de chaque rayon au segment compris entre le point auquel ce rayon est mené et le point où il perce le plan; le rapport relatif au centre des moyennes harmoniques, multiplié par le nombre des points, sera égal à la somme de tous les autres rapports.

§ IX. Propriétés du centre des moyennes harmoniques d'un système de points qui se meuvent dans l'espace.

216. Soient des points A, B, C, ..., auxquels on imprime des mouvements quelconques, mais uniformes et rectilignes : on sait que leur centre des moyennes distances parcourt une droite.

Soient α, β, γ, ... les positions de ces points après un temps θ; et a, b, c, ... leurs positions après un autre temps t. On aura, puisque les mouvements sont uniformes :

$$\frac{A\alpha}{Aa} = \frac{\theta}{t}, \quad \frac{B\epsilon}{Bb} = \frac{\theta}{t}, \text{ etc.}$$

Faisons la figure homographique : nous aurons un système de points A', B', C', ... qui parcourront des droites, de manière qu'au bout du temps θ ils seront en α', ϵ', γ', ..., et qu'au bout du temps t ils seront en a', b', c', ... On aura, en désignant par i, j, k, ... les points où ces droites percent un plan fixe P, correspondant à l'infini de la première figure :

$$\frac{A'\alpha'}{A'a'} : \frac{i\alpha'}{ia'} = \frac{A\alpha}{Aa} = \frac{\theta}{t};$$

$$\frac{B'\epsilon'}{B'b'} : \frac{i\epsilon'}{ib'} = \frac{B\epsilon}{Bb} = \frac{\theta}{t},$$

. . . .

ou

$$\frac{A'\alpha'}{i\alpha'} : \frac{A'a'}{ia'} = \frac{\theta}{t},$$

$$\frac{B'\epsilon'}{ib'} : \frac{B'b'}{ib'} = \frac{\theta}{t},$$

. . . .

Le centre des moyennes harmoniques de ces points, par rapport au plan P, parcourra une droite, correspondant à la droite décrite par le centre des moyennes distances des points A, B, C,....

Les distances des points α' et a', au point i, sont entre elles comme les distances de ces points au plan P : on peut donc les remplacer par ces dernières, dans la première des équations précédentes; il en est de même des distances des points β' et b' au point j; et ainsi des autres. On a donc ce théorème :

Si des points situés dans l'espace prennent des mouvements rectilignes, de manière que les espaces qu'ils parcourent, divisés respectivement par les distances des points, dans leurs nouvelles positions, à un plan fixe, soient

*proportionnels aux temps ; le centre des moyennes harmoniques de ces points,
pris par rapport à ce plan, parcourra une ligne droite.*

217. Supposons, dans les équations ci-dessus, que les points A', B', C'...
soient à l'infini : il viendra

$$\frac{1}{iz'} : \frac{1}{ia'} = \frac{0}{t},$$

$$\frac{1}{i6'} : \frac{1}{ib'} = \frac{0}{t},$$

$$. \ . \ . \ . \ . \ . ;$$

ce qui prouve que :

*Si des points, situés dans l'espace, prennent tous des mouvements rec-
tilignes, de manière que les valeurs inverses de leurs distances à un plan
fixe soient toujours proportionnelles aux temps ; le centre des moyennes
harmoniques de ces points, par rapport au plan, décrira une ligne droite.*

§ X. Propriétés nouvelles des surfaces géométriques.

218. Nous avons démontré, dans nos applications du principe de dualité,
que : *Si, par une droite prise arbitrairement dans un plan fixe, on mène les
plans tangents à une surface géométrique ; leurs points de contact avec la
surface ont pour centre des moyennes harmoniques, par rapport au plan,
un même point de l'espace, quelle que soit cette droite.* Cette proposition
donne lieu, d'après les théorèmes du paragraphe VIII, à cette autre propriété
générale des surfaces géométriques :

*Si par une droite, prise arbitrairement dans un plan fixe, on mène
les plans tangents à une surface géométrique ; la somme des distances
de leurs points de contact avec la surface, à un plan transversal quelconque, divisées respectivement par les distances de ces points au plan
fixe, sera une quantité constante, quelle que soit la droite prise dans le
plan fixe.*

219. Si le plan transversal est à l'infini, le théorème devient le suivant :

Si par une droite, prise arbitrairement dans un plan fixe, on mène les plans tangents à une surface géométrique ; la somme des valeurs inverses des distances de leurs points de contact avec la surface, au plan fixe, sera constante, quelle que soit la droite prise dans ce plan.

220. Si c'est le plan fixe qui est à l'infini, le *centre des moyennes harmoniques* des points de contact devient leur *centre des moyennes distances ;* et le théorème (218) exprime une propriété générale des surfaces géométriques, déjà démontrée. (1ʳᵉ partie, n° 68.)

221. Ces théorèmes ont également lieu pour une courbe géométrique plane, ou à double courbure.

222. Ils s'appliquent aussi aux surfaces coniques. Voici ce qu'ils deviennent dans ce cas.

Que, dans le théorème général (218), on suppose que la droite prise dans le plan fixe, tourne autour d'un point de ce plan : les plans tangents à la surface, menés par cette droite, seront tangents au cône ayant ce point pour sommet et qui est circonscrit à la surface. Si l'on suppose que le plan transversal passe par ce point, le rapport des perpendiculaires abaissées du point de contact d'un des plans tangents à la surface, sur le plan transversal et sur le plan fixe, sera égal au rapport des sinus des angles que l'arête du cône, passant par ce point, fait avec ces deux plans. On a donc cette propriété générale des cônes géométriques :

Étant menés deux plans fixes par le sommet d'un cône géométrique ; si, par une droite prise dans le premier plan et passant par le sommet du cône, on mène à cette surface tous ses plans tangents ; la somme des sinus des angles que les arêtes de contact feront avec le second plan, divisés respectivement par les sinus des angles que ces arêtes font avec le premier plan, sera constante, quelle que soit, dans le premier plan, la droite par laquelle on a mené les plans tangents.

223. Par la considération du cône *supplémentaire,* formé par les perpendiculaires aux plans tangents du premier cône, on conclut, de ce théorème, cette autre propriété des surfaces coniques :

Étant menées deux droites fixes par le sommet d'un cône géométrique ; si, autour de la première, on fait tourner un plan transversal, et que l'on conçoive les plans tangents au cône suivant les arêtes comprises dans ce plan, dans chacune de ses positions ; la somme des sinus des angles que ces plans feront avec la seconde droite, divisés respectivement par les sinus des angles qu'ils feront avec la première, sera constante pour toutes les positions du plan transversal.

224. En appliquant aux surfaces du second degré, et particulièrement aux surfaces coniques, les théorèmes généraux de ce paragraphe, on obtient diverses propriétés nouvelles de ces surfaces.

Si l'on prend une surface de révolution ayant un foyer, et si l'on observe que la distance de chaque point de la surface, au plan directeur, est proportionnelle à la distance de ce point au foyer, le théorème (218) exprimera la propriété générale des surfaces de révolution, démontrée dans nos applications du principe de dualité (§ XXIII, n° 133). Ainsi l'on voit que cette propriété, qui paraissait d'un genre tout particulier aux surfaces du second degré, de révolution, dérive d'une propriété très-générale des surfaces géométriques, comme nous l'avons dit alors.

225. Les deux théorèmes (222 et 223) donneront diverses propriétés des cônes du second degré, lesquelles seront applicables immédiatement aux *coniques sphériques ;* et plusieurs correspondront à des propriétés, connues, des coniques planes.

Et si le cône est supposé de révolution, on aura diverses propositions concernant un petit cercle tracé sur la sphère. Nous énoncerons les quatre suivantes, qui sont assez simples, et qui nous paraissent nouvelles :

Un petit cercle étant tracé sur la sphère :

1° *La somme des sinus des arcs menés par les extrémités d'un diamètre quelconque du petit cercle, perpendiculairement sur un grand cercle fixe, est constante ;*

2° *La somme des sinus des distances d'un point fixe de la sphère, aux arcs de grands cercles tangents aux extrémités d'un diamètre du petit cercle, est constante ;*

3° *Si, par un point quelconque, pris sur un grand cercle fixe, on mène*

*deux arcs tangents au petit cercle; la somme ou la différence des valeurs
inverses des sinus des distances des points de contact, au grand cercle fixe,
est constante;*

Ce sera la *somme*, si le grand cercle fixe ne rencontre pas le petit cercle
proposé; la *différence*, s'il le rencontre.

4° *Si, autour d'un point fixe, on fait tourner un arc transversal qui rencontre le petit cercle en deux points, et qu'on mène les arcs tangents en ces
points; la somme ou la différence des valeurs inverses des sinus des distances
de ces arcs tangents, au point fixe, est constante.*

Ce sera la *somme*, si le point fixe est pris dans l'intérieur du petit cercle;
la *différence*, s'il est pris au dehors.

§ XI. GÉNÉRALISATION DU THÉORÈME DE NEWTON, SUR LE RAPPORT CONSTANT DU
PRODUIT DES ABSCISSES AU PRODUIT DES APPLIQUÉES, DANS UNE COURBE GÉO-
MÉTRIQUE.

226. Le théorème de Newton, appliqué aux surfaces, consiste en ce que :
*Dans toute surface géométrique, de quelque point de l'espace qu'on mène
deux transversales, parallèles à deux axes fixes, le rapport des produits des
segments faits sur ces deux transversales, entre ce point et la surface, sera
constant.*

Ainsi soit M ce point, et soient A, A', A'', ... et B, B', B'', ..., les points où
les deux transversales rencontrent la surface; on aura

$$\frac{MA.MA'.MA''...}{MB.MB'.MB''...} = \text{const.},$$

quel que soit le point M.

C'est cette propriété des surfaces géométriques que nous allons généraliser, en supposant que les deux transversales, au lieu d'être respectivement
parallèles à deux droites fixes, concourent en deux points fixes.

Pour cela, concevons un plan fixe quelconque P, et soient E, F les

92

points où les transversales **MA**, **MB**, le rencontrent. Le rapport $\frac{ME}{MF}$ sera constant, quel que soit le point **M**. On pourra donc écrire ainsi l'équation ci-dessus :

$$(1). \qquad \frac{\dfrac{MA}{ME} \cdot \dfrac{MA'}{ME} \cdot \dfrac{MA''}{ME} \cdots}{\dfrac{MB}{MF} \cdot \dfrac{MB'}{MF} \cdot \dfrac{MB''}{MF} \cdots} = \text{const.}$$

Faisons la transformation homographique. Nous aurons une surface géométrique, un plan fixe, puis deux transversales, issues d'un point quelconque de l'espace, et passant par deux points fixes i, j. Ces transversales rencontreront la surface en des points a, a', a'',... b, b', b'',... et le plan fixe en e et f; et l'on aura

$$\frac{MA}{ME} = \frac{ma}{me} : \frac{ia}{ie},$$

$$\frac{MB}{MF} = \frac{mb}{mf} : \frac{jb}{jf},$$

L'équation (1) devient donc

$$\frac{\dfrac{ma}{ia} \cdot \dfrac{ma'}{ia'} \cdot \dfrac{ma''}{ia''} \cdots : \left(\dfrac{me}{ie}\right)^n}{\dfrac{mb}{jb} \cdot \dfrac{mb'}{jb'} \cdot \dfrac{mb''}{jb''} \cdots : \left(\dfrac{mf}{jf}\right)^n} = \text{const.};$$

n étant le nombre des points où chacune des transversales rencontre la surface. On tire de là

$$(2). \qquad \frac{ma \cdot ma' \cdot ma'' \ldots}{mb \cdot mb' \cdot mb'' \ldots} : \frac{ia \cdot ia' \cdot ia'' \ldots}{jb \cdot jb' \cdot jb'' \ldots} = \left(\frac{me}{ie}\right)^n : \left(\frac{mf}{jf}\right)^n \times \text{const.} = \text{const.}$$

Ce qui exprime cette propriété générale des surfaces géométriques :

Quand on a une surface géométrique et deux points fixes i, j; *de quelque point* m *de l'espace qu'on mène deux transversales, passant respectivement*

*par ces deux points fixes ; le rapport des produits des segments compris
entre le point* m *et la surface, sur ces deux droites, sera au rapport des produits compris sur ces mêmes droites entre les deux points* i, j, *et la surface,
dans une raison constante.*

227. Supposons le point m situé à l'infini sur la droite ij. Soient c,
c', c'', ... les points où cette droite rencontre la surface : les rapports
$\frac{ma}{mb}$, $\frac{ma'}{mb'}$, ... seront égaux à l'unité ; et l'équation deviendra

$$\frac{jc.jc'.jc''...}{ic.ic'.ic''...} = \text{const.}$$

On a donc

$$\frac{ma.ma'.ma''...}{mb.mb'.mb''...} : \frac{ia.ia'.ia''...}{jb.jb'.jb''...} = \frac{jc.jc'.jc''...}{ic.ic'.ic''...},$$

ou

$$\frac{ma.ma'.ma''...}{ia.ia'.ia''...} \times \frac{jb.jb'.jb''...}{mb.mb'.mb''...} \times \frac{ic.ic'.ic''...}{jc.jc'.jc''...} = 1.$$

Cette équation exprime le beau théorème de Carnot sur les surfaces géométriques. (Voir *Géométrie de position*, p. 291.)

On savait que ce théorème donne, comme cas particulier, celui de
Newton, mais on n'avait pas cherché à remonter, de ce cas particulier, au
théorème général de Carnot. Le principe d'homographie, en présentant sous
un nouveau point de vue les relations qui ont lieu entre les deux théorèmes,
sert à passer aussi facilement du cas particulier au théorème général, que
du théorème général au cas particulier.

228. Ce théorème conduit naturellement à une solution graphique du
problème des tangentes et de celui des rayons de courbure des courbes
géométriques. Nous donnerons cette solution, qui est étrangère à notre objet
actuel, dans une Note à la suite de cet écrit.

229. Le théorème de Newton ne pouvait s'appliquer aux courbes tracées
sur la sphère : le théorème général s'applique à ces figures. Pour le faire voir,
il suffit de substituer dans l'équation (2), aux segments ma, ia, ..., les sinus

des arcs correspondants, sur la sphère. Nous n'avons pas besoin d'énoncer le théorème de Géométrie sphérique qui en résulte.

§ XII. Généralisation des propriétés des surfaces géométriques, rapportées a trois axes coordonnés. — Théorèmes très-généraux.

230. Soient trois axes coordonnés Ox, Oy, Oz; que, par un point de l'espace, on mène trois plans, parallèles respectivement aux plans yz, zx, xy : soient a, b, c les points où ils rencontreront les trois axes Ox, Oy, Oz.

Si l'on a, entre les trois segments Oa, Ob, Oc, une relation constante, $F(Oa, Ob, Oc) = 0$, du degré n; le point m sera, dans toutes ses positions, sur une surface de l'ordre n;

Réciproquement, si le point m appartient à une surface de l'ordre n, il y aura, entre les trois segments Oa, Ob, Oc, une relation constante

$$(1) \ldots \ldots \ldots \ldots \quad F(Oa, Ob, Oc) = 0,$$

du degré n.

C'est cette propriété des surfaces géométriques que nous allons généraliser.

Faisons la figure homographique. Nous aurons trois axes $O'x'$, $O'y'$, $O'z'$, et un plan, correspondant à l'infini de la première figure, qui coupera ces trois axes en trois points A', B', C'; de sorte que ces trois points correspondront à ceux qui sont situés, à l'infini, sur les droites Ox, Oy, Oz.

Au point m correspondra un point m'; et aux trois plans menés par le premier, parallèlement aux plans yOz, zOx, xOy, correspondront trois plans menés par le second, et passant respectivement par les droites $B'C'$, $C'A'$, $A'B'$. Soient a', b', c' les points où ces plans rencontrent les trois axes $O'x'$, $O'y'$, $O'z'$, respectivement. Soient enfin trois points d, e, f, pris arbitrairement sur les axes Ox, Oy, Oz, et d', e', f', les points correspondants, sur les axes $O'x'$, $O'y'$, $O'z'$. On aura

$$\frac{Oa}{Od} = \frac{O'a'}{O'd'} : \frac{A'a'}{A'd'},$$

$$\frac{Ob}{Oe} = \frac{O'b'}{O'e'} : \frac{B'b'}{B'e'},$$

$$\frac{Oc}{Of} = \frac{O'c'}{O'f'} : \frac{C'c'}{C'f'};$$

et l'équation (1) deviendra

$$(2). \quad \cdot \quad \cdot \quad F\left[\left(\frac{O'a'}{A'a'} : \frac{O'd'}{A'd'}\right) . Od, \left(\frac{O'b'}{B'b'} : \frac{O'e'}{B'e'}\right) . Oe, \left(\frac{O'c'}{C'c'} : \frac{O'f'}{C'f'}\right) . Of\right] = 0.$$

Les facteurs Od, Oe, Of, sont des constantes, que nous pouvons comprendre dans les coefficients de l'équation, laquelle sera simplement

$$F\left(\frac{O'a'}{A'a'} : \frac{O'd'}{A'd'}, \frac{O'b'}{B'b'} : \frac{O'e'}{B'e'}, \frac{O'c'}{C'c'} : \frac{O'f'}{C'f'}\right) = 0.$$

Remplaçons les lettres accentuées par les mêmes lettres sans accent; l'équation deviendra

$$(5). \quad \cdot \quad \cdot \quad \cdot \quad \cdot \quad \cdot \quad F\left(\frac{Oa}{Aa} : \frac{OD}{AD}, \frac{Ob}{Bb} : \frac{OE}{BE}, \frac{Oc}{Bc} : \frac{OF}{CF}\right) = 0.$$

Cette équation signifie que :

Si l'on a un tétraèdre D, E, F, *pris sur ses trois arêtes au sommet* OA, OB, OC, *et que, par les trois arêtes à la base,* BC, CA, AB, *on mène trois plans, qui rencontrent respectivement ces trois premières arêtes en trois points a, b, c, de manière que les trois rapports*

$$\frac{Oa}{Aa} : \frac{OD}{AD}, \quad \frac{Ob}{Bb} : \frac{OE}{BE}, \quad \frac{Oc}{Cc} : \frac{OF}{CF}$$

aient entre eux une relation constante, du degré n; *le point d'intersection de ces trois plans sera sur une surface de l'ordre* n;

Et réciproquement.

231. Ce théorème, déjà très-général par lui-même, est susceptible d'un grand nombre de corollaires; mais on peut encore le généraliser, et lui donner une expression qui le rende propre à un plus grand nombre encore de conséquences.

Pour cela, observons que les trois rapports qui y entrent sont des rapports anharmoniques de quatre points, situés respectivement sur les trois arêtes au sommet du tétraèdre. A ces trois arêtes, on peut donc substituer trois autres droites, prises arbitrairement dans l'espace. Soient donc A′, D′, a', A″ les points où les plans ABC, DBC, aBC, OBC, qui passent par l'arête BC et par les points A, D, a, O, respectivement, rencontrent une transversale fixe quelconque. On aura

$$\frac{Oa}{Aa} : \frac{DO}{DA} = \frac{A''a'}{A'a'} : \frac{D'A''}{D'A'}.$$

Soient pareillement B′, E′, b', B″ les points où les plans BAC, EAC, bAC, OAC rencontrent une seconde transversale fixe; et C′, F′, c', C″, les points où les plans CAB, FAB, cAB, OAB rencontrent une troisième transversale fixe. On aura les deux égalités de rapports anharmoniques :

$$\frac{Ob}{Bb} : \frac{EO}{EB} = \frac{B''b'}{B'b'} : \frac{E'B''}{E'B'},$$

$$\frac{Oc}{Cc} : \frac{FO}{FC} = \frac{C''c'}{C'c'} : \frac{F'C''}{F'C'}.$$

L'équation (3) devient donc

$$(4) \ldots \ldots \ldots F\left(\frac{A''a'}{A'a'} : \frac{D'A''}{D'A'}, \ \frac{B''b'}{B'b'} : \frac{E'B''}{E'B'}, \ \frac{C''c'}{C'c'} : \frac{F'C''}{F'C'} \right) = 0.$$

Quand cette équation sera du degré n, *par rapport aux trois rapports* qui y entrent, *le point d'intersection des trois plans* a'BC, b'CA, c'AB, *sera sur une surface de l'ordre* n ;

Et réciproquement.

Ce théorème est d'une extrême fécondité, à cause de l'indétermination de position des trois transversales et du triangle ABC.

Nous allons examiner les principaux corollaires qu'on en déduit.

232. D'abord on remarque, sur-le-champ, que les trois rapports

$$\frac{D'A''}{D'A'}, \quad \frac{E'B''}{E'B'}, \quad \frac{F'C''}{F'C'}$$

étant des constantes, nous aurions pu les comprendre dans les coefficients de l'équation : nous ne l'avons pas fait immédiatement, parce que, comme nous le verrons, la présence de ces rapports peut être utile pour donner plus de généralité à l'équation, et la rendre susceptible d'un plus grand nombre de conséquences, en permettant de supposer les points A', B', C', A'', B'', C'' à l'infini.

Maintenant, comprenons les trois rapports

$$\frac{D'A''}{D'A'}, \quad \frac{E'B''}{E'B'}, \quad \frac{F'C''}{F'C'}$$

dans les coefficients de l'équation, ou bien supposons que les points fixes D, E, F soient à l'infini, ce qui nous conduira au même résultat : l'équation se réduit à

$$F\left(\frac{A''a'}{A'a'}, \quad \frac{B''b'}{B'b'}, \quad \frac{C''c'}{C'c'}\right) = 0.$$

Celle-ci qui prouve que :

Étant donnés, dans l'espace, un triangle ABC *et trois droites fixes quelconques, qui rencontrent le plan du triangle en trois points* A', B', C', *et sur lesquelles sont pris trois points fixes* A'', B'', C'';

Si, par les trois côtés BC, CA, AB, *du triangle, on mène trois plans, ren-*

contrant, respectivement, les trois droites en trois points a′, b′, c′, *tels qu'il y ait entre les rapports*

$$\frac{A''a'}{A'a'}, \quad \frac{B''b'}{B'b'}, \quad \frac{C''c'}{C'c'},$$

une relation constante, du degré n; *le point d'intersection des trois plans aura pour lieu géométrique une surface de l'ordre* n.

Et réciproquement.

233. Supposons que, dans l'équation (4), les points A′, B′, C′ soient à l'infini; et comprenons les segments A″D′, B″E′, C″F′, qui sont des constantes, dans les coefficients de l'équation; elle deviendra

$$F(A''a', \ B''b', \ C''c') = 0.$$

Conséquemment :

Étant donné un triangle ABC *et trois droites quelconques, parallèles au plan de ce triangle; et étant pris, sur ces droites, trois points fixes* A′, B′, C′;

Si, par les trois côtés du triangle, on mène trois plans qui rencontrent respectivement les droites en trois points a′, b′, c′, *de manière que les segments* A′a′, B′b′, C′c′ *aient entre eux une relation constante, du degré* n; *le lieu géométrique du point de rencontre des trois plans sera une surface de l'ordre* n.

Et réciproquement.

234. Maintenant, supposons que, dans l'équation (4), les points A″, B″, C″ soient à l'infini; et comprenons les constantes A′D′, B′E′, C′F′ dans les coefficients de l'équation; elle deviendra

$$F\left(\frac{1}{A'a'}, \ \frac{1}{B'b'}, \ \frac{1}{C'c'}\right) = 0.$$

Celle-ci prouve que :

Étant donné un triangle ABC, *et trois droites quelconques, menées par trois points* A′, B′, C′, *pris dans le plan du triangle;*

Si, par les côtés de ce triangle, on mène trois plans qui rencontrent, res-

pectivement, ces trois droites en des points a′, b′, c′, *tels que l'on ait, entre les valeurs inverses des segments* A′a′, B′b′, C′c′, *une relation du degré* n; *le point d'intersection des trois plans aura pour lieu géométrique une surface de l'ordre* n.

Et réciproquement.

235. Supposons que le triangle ABC soit à l'infini; les trois transversales conservant des directions arbitraires dans l'espace, les points A′, B′, C′ seront à l'infini; et l'équation (4), si nous comprenons les constantes A″ D′, B″ E′, C″ F′, dans les coefficients, se réduira à

$$F(A''a', B''b', C''c') = 0.$$

Ce qui prouve que :

Étant données trois transversales dans l'espace, sur lesquelles sont pris trois points fixes A″, B″, C″; *si, par chaque point d'une surface de l'ordre* n, *on mène trois plans, respectivement parallèles à trois plans fixes, et rencontrant respectivement les trois transversales en trois points* a′, b′, c′, *il y aura toujours, entre les trois segments* A″a′, B″b′, C″c′, *une relation du degré* n.

236. Tels sont les quatre théorèmes principaux qui se déduisent de l'équation (4). Mais chacun d'eux est encore susceptible de plusieurs corollaires, à cause de l'indétermination de position des trois droites fixes.

Le dernier donne immédiatement le principe sur lequel repose le système de coordonnées en usage, si l'on suppose que les trois transversales passent par un même point, que ce point soit l'origine des segments comptés sur elles, et que les trois plans menés par chaque point de l'espace soient parallèles, respectivement, aux plans formés par ces droites deux à deux.

237. On peut supposer, dans les quatre théorèmes, que les trois transversales se confondent, de sorte que les trois segments qui servent à déterminer la position d'un point dans l'espace, seront comptés sur une même droite, à partir de trois origines différentes, qui pourront même se réunir en une seule.

Dans cette hypothèse, le théorème (233) prend cet énoncé :

Étant donnés, dans l'espace, un triangle ABC *et une droite parallèle à son plan, sur laquelle est pris un point fixe ;*

Si, par les trois côtés du triangle, on mène trois plans qui fassent sur la droite, à partir du point fixe, trois segments entre lesquels il y ait une relation du degré n, *le point d'intersection des trois plans aura pour lieu géométrique une surface de l'ordre* n.

Et réciproquement.

238. On peut changer l'énoncé de ce théorème, en prenant sur la droite donnée deux points fixes au lieu d'un seul; alors le théorème s'exprime ainsi :

Étant donnés, dans l'espace, un triangle et une droite parallèle à son plan, sur laquelle sont pris deux points fixes O, O'; *si, par les côtés du triangle, on mène trois plans, de manière que les six segments qu'ils feront sur la droite* OO' *aient entre eux une relation constante, du degré* n, *le point d'intersection des trois plans engendrera une surface de l'ordre* n.

En effet, soient a, b, c les points où les trois plans rencontrent la droite OO'; si l'on remplace, dans la relation donnée entre les segments Oa, $O'a$, Ob, $O'b$, Oc, $O'c$, les segments $O'a$, $O'b$, $O'c$ par leurs valeurs $(OO'-Oa)$, $(OO'-Ob)$, $(OO'-Oc)$, on aura une relation entre les trois autres segments Oa, Ob, Oc; et cette relation sera encore du degré n. Donc, par le théorème précédent, le point d'intersection des trois plans sera sur une surface de l'ordre n.

239. On a pareillement, dans la Géométrie plane, le théorème suivant :

Si, autour de deux points fixes A, B, *on fait tourner deux droites, de manière que les quatre segments qu'elles feront sur une droite fixe* OO', *parallèle à* AB, *aient entre eux une relation constante, du degré* n, *le point d'intersection de ces deux droites engendrera une courbe de l'ordre* n.

240. Donc :

Si la relation entre les quatre segments est du premier degré, le point d'intersection des deux droites engendrera une droite ;

Et si la relation entre les quatre segments est du second degré, le point d'intersection des deux droites engendrera une conique.

241. Réciproquement :

Si le sommet d'un angle, dont les deux côtés tournent autour de deux points fixes, comme pôles, parcourt une ligne droite, les segments que ses deux côtés feront sur une droite fixe de longueur donnée, parallèle à celle qui joint les deux points fixes, auront entre eux une relation du premier degré ;

Et si le sommet de l'angle parcourt une conique, les quatre segments auront entre eux une relation constante, du second degré.

242. Ce dernier théorème exprime une propriété générale des coniques, qui est la clef d'un grand nombre de propositions concernant le cercle, démontrées par Stewart dans son ouvrage intitulé : *Propositiones geometricae more veterum demonstratae.* Quelques théorèmes du même Géomètre, donnés comme porismes par R. Simson dans son *Traité des Porismes*, sont aussi des conséquences du théorème précédent.

Si, au lieu de prendre la transversale parallèle à la droite qui joint les deux points fixes, on lui suppose une direction arbitraire, on conclura, du théorème (232), la propriété des coniques que nous avons énoncée dans le paragraphe 34 de notre quatrième Époque, et de laquelle peuvent dériver aussi plusieurs des propositions de Stewart, relatives au cercle.

243. Reprenons le cas général des figures dans l'espace, et supposons que, dans le théorème (234), les trois transversales passent par un même point du plan ABC; nous aurons le théorème suivant :

Étant donnés un triangle et un angle trièdre ayant son sommet situé dans son plan, et dont les trois arêtes correspondent respectivement à ses trois côtés ;

Si, par ces trois côtés, on mène trois plans qui fassent respectivement, sur les trois arêtes correspondantes de l'angle trièdre, à partir de son sommet, trois segments qui soient tels qu'il y ait, entre leurs valeurs inverses, une relation du degré n, *le point d'intersection des trois plans aura pour lieu géométrique une surface de l'ordre* n.

Et réciproquement.

244. Nous avons démontré, dans la première partie de cet écrit (§ XV, n° 77), que dans ce cas, où les segments ont entre leurs valeurs inverses une relation du degré *n*, le plan déterminé par leurs extrémités enveloppe une surface à laquelle on peut mener, par une même droite, *n* plans tangents. Supposant que la surface soit plane, on conclut de là et du théorème précédent, que :

Étant donnés, dans l'espace, un triangle et un angle trièdre ayant son sommet situé dans le plan du triangle; si, par chaque point d'un plan transversal quelconque, on mène trois plans passant par les trois côtés du triangle, ils rencontreront respectivement les trois arêtes de l'angle trièdre en trois points; et le plan déterminé par ces trois points passera par un point fixe.

C'est le théorème que nous avions présenté comme la généralisation d'un porisme d'Euclide, pouvant servir à la construction de figures corrélatives dans l'espace (cinquième Époque, § 32), et dont nous avons déjà donné une démonstration (1re partie, § XX, n° 112).

245. Enfin, supposons, dans le théorème (234), que les trois transversales soient perpendiculaires au plan du triangle ABC : les segments A'a', B'b', C'c' seront proportionnels aux tangentes des inclinaisons des trois plans a'BC, b'CA, c'AB sur le plan ABC; et les valeurs inverses de ces segments seront proportionnelles aux cotangentes de ces inclinaisons; le théorème peut donc prendre cet énoncé :

Si, par les trois côtés d'un triangle, on mène trois plans, de manière que les cotangentes de leurs inclinaisons sur le plan du triangle aient entre elles une relation constante, du degré n, *le point d'intersection de ces trois plans aura pour lieu géométrique une surface de l'ordre* n.

Et réciproquement.

246. Dans l'équation (4), au rapport anharmonique des quatre points A',

D', a', A'', exprimé par

$$\frac{A''a'}{A'a'} : \frac{D'A''}{D'A'},$$

on peut substituer le rapport anharmonique des quatre plans menés par le côté BC du triangle ABC et par les quatre points A', D', a', A'', respectivement. Aux deux autres rapports anharmoniques qui entrent dans l'équation, on substituera pareillement les rapports anharmoniques de quatre plans : ces rapports s'expriment entre les sinus des angles que les plans font entre eux. Maintenant, si l'on considère que les sinus relatifs aux plans qui passent par les points D', E', F' sont constants, et qu'on peut les comprendre dans les coefficients de l'équation, on aura une équation entre les sinus des inclinaisons des trois plans a'BC, b'CA, c'AB, sur le plan ABC et sur les trois plans fixes A''BC, B''CA, C''AB; ceux-ci forment, avec le plan ABC, un tétraèdre fixe ; on a donc ce théorème :

Étant donné un tétraèdre ; si, par les trois arêtes à la base, on mène trois plans, de manière que les rapports des sinus de leurs inclinaisons sur la base, aux sinus de leurs inclinaisons sur les faces respectivement adjacentes aux trois arêtes, aient entre eux une relation du degré n, *le lieu géométrique du point d'intersection des trois plans sera une surface de l'ordre* n.

Et réciproquement.

247. Le rapport des sinus des inclinaisons d'un plan mené par une arête d'un tétraèdre, sur les deux faces adjacentes, est égal au rapport des perpendiculaires abaissées, d'un point de ce plan, sur ces deux faces; le théorème donne donc le suivant :

Étant donné un tétraèdre; si l'on prend, dans l'espace, un point qui soit tel que ses distances à trois faces du tétraèdre, étant divisées par sa distance à la quatrième face, les trois quotients aient entre eux une relation constante, du degré n, *ce point aura pour lieu géométrique une surface de l'ordre* n.

Et réciproquement.

248. Ainsi soient r, r', r'', r''', les distances d'un point de l'espace aux quatre faces du tétraèdre : on aura, entre les trois rapports

$$\frac{r}{r'''}, \quad \frac{r'}{r'''}, \quad \frac{r''}{r'''}$$

une relation du degré n,

$$F\left(\frac{r}{r'''}, \cdot \frac{r'}{r'''}, \frac{r''}{r'''}\right) = 0.$$

Multipliant tous les termes par r'''^n, on aura une équation homogène du degré n, entre les distances r, r', r'', r'''.

Ainsi :

Quand un point est pris de manière que ses distances à quatre plans fixes aient entre elles une relation constante, du degré n, *ce point a pour lieu géométrique une surface de l'ordre* n.

Et réciproquement, étant donnés une surface géométrique de l'ordre n, *et quatre plans fixes, les distances de chaque point de la surface, à ces quatre plans, auront toujours entre elles une certaine relation homogène, du degré* n.

249. Ainsi, par exemple, étant donnés quatre plans dans l'espace; si, de chaque point d'un cinquième plan, on abaisse, sur ces premiers plans, des perpendiculaires r, r', r'', r''', on pourra trouver *trois quantités* α, 6, γ, *telles que l'on aura, entre ces quatre perpendiculaires, la relation constante*

$$r + \alpha r' + 6r'' + \gamma r''' = 0.$$

Les trois quantités α, 6, γ, ne dépendront que de la position du cinquième plan par rapport aux quatre premiers, et varieront avec la position de ce plan.

Pareillement, si, de chaque point d'une surface du second ordre, on abaisse des perpendiculaires r, r', r'', r''' sur quatre plans fixes, *on pourra trouver neuf quantités constantes*, a, b, c, d, e, f, g, h, i, *telles qu'on aura, entre ces perpendiculaires, la relation constante*

$$r^2 + ar'^2 + br''^2 + cr'''^2 + drr' + err'' + frr''' + gr'r'' + hr'r''' + ir''r''' = 0.$$

Ces théorèmes sont des porismes. Ils sont propres à montrer la nature de ce genre de propositions, et font voir comment nous avons pu dire, dans notre Note III sur les Porismes d'Euclide, que la Géométrie de Descartes avait remplacé cette doctrine.

250. Les théorèmes démontrés dans ce paragraphe sont de ceux qui n'offrent pas de difficultés à la Géométrie analytique; mais par cette voie il faut une démonstration particulière pour chacun d'eux, et l'on ne découvre pas les rapports intimes qui ont lieu entre eux. Il est intéressant de voir que tous ces théorèmes, au nombre desquels se trouve le principe même de la Géométrie analytique en usage, sont ou des expressions différentes ou des corollaires les uns des autres, et tous des conséquences d'un même et unique principe exprimé par l'équation.

Tous ces théorèmes s'appliquent d'eux-mêmes à la Géométrie plane, et la plupart ont leurs analogues aussi dans la Géométrie de la sphère, où il suffira de remplacer, par des rapports de sinus d'arcs de grands cercles, les rapports de segments rectilignes.

§ XIII. Généralisation du système de coordonnées en usage.

251. Chacun des théorèmes contenus dans le paragraphe précédent peut servir de principe à un système de coordonnées analogue au système en usage, et dans lequel les trois variables qui détermineront chaque point de l'espace, s'élèveront, dans l'équation d'une surface, au degré même marqué par l'ordre de cette surface, c'est-à-dire par le nombre de points (réels ou imaginaires) où la surface sera rencontrée par une ligne droite quelconque. De tous ces systèmes de coordonnées, il en est un que nous allons examiner, parce qu'il conserve une analogie parfaite avec le système en usage, dont il est une généralisation très-simple.

Concevons que, dans le théorème (232), les trois droites transversales soient les arêtes au sommet d'un tétraèdre OABC, dont la base soit le triangle ABC; et remplaçons les points a', b', c', dans l'équation, par les points a, b, c. On aura ce théorème :

Si, par les trois arêtes à la base ABC *d'un tétraèdre* OABC, *on mène trois plans qui rencontrent respectivement les arêtes opposées aux points* a, b, c, *tels que l'on ait, entre les trois rapports*

$$\frac{Oa}{Aa}, \quad \frac{Ob}{Bb}, \quad \frac{Oc}{Cc},$$

une relation constante, du degré n, *le lieu géométrique du point d'intersection de ces trois plans sera une surface de l'ordre* n.

Et réciproquement.

252. Puisqu'on a, pour tous les points d'une surface, une relation constante

$$F\left(\frac{Oa}{Aa}, \quad \frac{Ob}{Bb}, \quad \frac{Oc}{Cc}\right) = 0,$$

entre les trois rapports

$$\frac{Oa}{Aa}, \quad \frac{Ob}{Bb}, \quad \frac{Oc}{Cc},$$

il est clair qu'on peut, en prenant ces trois rapports pour variables indépendantes, représenter la surface par cette équation; c'est-à-dire que chaque système de valeurs de ces trois rapports, qui satisfera à l'équation, donnera trois points a, b, c, sur les trois axes fixes OA, OB, OC; et les plans menés par ces trois points et par les côtés BC, CA, AB, de la base ABC, se couperont en un point qui appartiendra à la surface.

Appelons ces trois rapports les *coordonnées* de ce point, et désignons-les par x, y, z; l'équation de la surface sera

$$F(x, y, z) = 0.$$

Si cette équation est du premier degré, elle représentera un plan;

et, en général, si elle est du degré n, elle représentera une surface de l'ordre n.

Deux équations du premier degré donneront tous les points d'une droite.

Ainsi une ligne droite sera représentée par les deux équations

$$x = az + \alpha,$$
$$y = bz + 6.$$

En général, les formules que l'on aura à considérer, dans ce système de coordonnées, seront de même forme que les formules du système en usage; seulement les coordonnées courantes, au lieu d'être des lignes, seront des rapports, et leurs coefficients seront respectivement égaux aux coefficients des équations relatives aux mêmes questions, dans le système usité, multipliés par des constantes (230).

253. Les figures construites par ce système de coordonnées pouvant être considérées comme les homographiques des figures construites au moyen d'équations de même forme, dans le système ordinaire, on voit sur-le-champ que tous les points de ces dernières figures, qui se trouvaient à l'infini, ont pour correspondants, dans les premières, des points situés sur la base ABC.

Ainsi, des équations qui représentaient des droites parallèles entre elles, représenteront, dans le nouveau système, des droites concourant en un même point du plan ABC.

Des équations qui représentaient des plans parallèles entre eux, représenteront des plans passant par une même droite, située sur la base ABC.

Ainsi les deux équations

$$x = az + \alpha,$$
$$y = bz + 6,$$

représentent une première droite; et ces deux-ci :

$$x = az + \alpha',$$
$$y = bz + 6',$$

94

représentent une seconde droite qui rencontre la première en un point situé sur la base ABC.

Les deux équations

$$ax + by + cz + d = 0,$$
$$ax + by + cz + d' = 0,$$

où les coefficients des variables sont les mêmes, représentent deux plans qui se coupent sur la base ABC.

Les deux équations

$$Ax^2 + By^2 + Cz^2 + K = 0,$$
$$A(x - \alpha)^2 + B(y - \epsilon)^2 + C(z - \gamma)^2 + K' = 0,$$

représentent deux surfaces du second degré, ayant une courbe d'intersection sur le plan ABC; parce que, dans le système ordinaire, ces deux équations représentent deux surfaces semblables et semblablement placées, et qui, conséquemment, ont une courbe plane d'intersection (réelle ou imaginaire), située à l'infini.

254. Mais ces rapprochements entre les deux systèmes de coordonnées, propres à faire ressortir les propriétés caractéristiques du nouveau système, sont insuffisants pour mettre en état d'en faire usage dans les questions auxquelles ne s'applique pas le principe d'homographie. Car on sent qu'il sera indispensable de connaître les rapports qui ont lieu entre les coefficients de diverses équations et les éléments fixes du système.

Par exemple, on sait, dans le système ordinaire, ce qu'expriment les coefficients a, b, dans les équations

$$x = az + \alpha,$$
$$y = bz + \epsilon,$$

d'une ligne droite : ce sont des tangentes trigonométriques. Il faudra donc aussi savoir ce qu'expriment ces coefficients, et beaucoup d'autres, dans le nouveau système.

Pour cela, il faudra exposer le système directement et avec méthode, comme si celui d'où nous le déduisons n'était pas connu. Alors ce nouveau système de coordonnées pourra conduire à des résultats qui échapperaient à la méthode de transformation homographique.

255. Nous avions déjà exposé succinctement le principe de ce nouveau système de coordonnées, dans la *Correspondance mathématique* de M. Quetelet (t. VI, p. 84, année 1830); et nous en avons fait alors une application pour démontrer une des propriétés des systèmes de trois *axes conjugués* d'une surface du second degré, *relatifs à un point*. Nous n'insisterons pas davantage ici sur cet objet. Nous allons seulement démontrer une certaine relation générale entre les trois coordonnées d'un point et la distance de ce point à l'origine; relation qui sera souvent utile dans les applications du système de coordonnées, et qui, du reste, est un théorème de Géométrie qui mérite par lui-même d'être connu.

Soient les trois axes coordonnés ox, oy, oz; par un point m, menons trois plans parallèles aux trois plans coordonnés; ils rencontreront les trois axes aux points a, b, c; les segments oa, ob, oc, sont les coordonnées du point m: soient menés, par le point o, un axe fixe oK; et, par les points m, a, b, c, des plans parallèles entre eux; ils rencontreront l'axe oK en des points μ, α, 6, γ; et l'on aura, comme on sait,

$$o\mu = o\alpha + o6 + o\gamma,$$

ou

(1). . . . . $$\frac{ox}{o\mu} + \frac{o6}{o\mu} + \frac{o\gamma}{o\mu} = 1.$$

Faisons la figure homographique. Nous aurons trois axes $o'x'$, $o'y'$, $o'z'$, coupés en A, B, C, par le plan qui correspond à l'infini de la première figure. Si, par un point m' et les trois côtés du triangle ABC, on mène trois plans, ils rencontreront les trois axes aux points a', b', c': que, par une droite prise dans le plan ABC, on mène quatre plans passant par les quatre points m', a', b', c', ils rencontreront un axe $o'K'$ en quatre points

μ', α', ϵ', γ'; et l'on aura, en appelant i le point où l'axe $o'K'$ rencontre le plan ABC,·

$$\frac{o'\alpha'}{o'\mu'} : \frac{i\alpha'}{i\mu'} = \frac{o\alpha}{o\mu},$$

$$\frac{o'\epsilon'}{o'\mu'} : \frac{i\epsilon'}{i\mu'} = \frac{o\epsilon}{o\mu},$$

$$\frac{o'\gamma'}{o'\mu'} : \frac{i\gamma'}{i\mu'} = \frac{o\gamma}{o\mu}.$$

On a donc, à cause de l'équation (1),

$$(2). \quad \cdots \cdots \cdots \quad \frac{o'\alpha'}{i\alpha'} + \frac{o'\epsilon'}{i\epsilon'} + \frac{o'\gamma'}{i\gamma'} = \frac{o'\mu'}{i\mu'}.$$

256. Cette équation exprime un théorème de Géométrie, très-général, susceptible de plusieurs corollaires, à cause de l'indétermination de direction de l'axe $o'K'$, et de la position de la droite prise dans le plan ABC.

Si l'axe $o'K'$ est mené parallèlement au plan ABC, l'équation devient

$$o'\alpha' + o'\epsilon' + o'\gamma' = o'\mu'.$$

Si, l'axe $o'K'$ conservant une direction quelconque, on suppose que la droite prise dans le plan ABC soit à l'infini, on aura

$$\frac{o'\alpha'}{i\alpha'} = \frac{o'a'}{Aa'}, \quad \frac{o'\epsilon'}{i\epsilon'} = \frac{o'b'}{Bb'}, \quad \frac{o'\gamma'}{i\gamma'} = \frac{o'c'}{Cc'}.$$

Soit h le point où la droite $o'm'$ rencontre le plan ABC : on aura aussi

$$\frac{o'\mu'}{i'\mu'} = \frac{o'm'}{hm'}.$$

L'équation (2) devient donc

$$\frac{o'a'}{Aa'} + \frac{o'b'}{Bb'} + \frac{o'c'}{Cc'} = \frac{o'm'}{hm'}.$$

Les rapports

$$\frac{o'a'}{Aa'}, \quad \frac{o'b'}{Bb'}, \quad \frac{o'c'}{Cc'},$$

sont les *coordonnées* du point m', dans le nouveau système de coordonnées; nous pouvons donc dire que :

La somme des coordonnées d'un point est égale à la distance de ce point à l'origine, divisée par sa distance au point où la droite qui le joint à l'origine perce le plan de la base *.

257. Nous avons fait dériver le nouveau système de coordonnées du système en usage, par la transformation homographique. Si cette transformation était faite de manière que les trois points A, B, C, fussent à l'infini, alors on aurait un nouveau système, semblable au premier; et l'équation (2) du paragraphe précédent fait voir que l'équation d'une surface étant $F(x, y, z) = 0$ dans le premier système, l'équation de la surface correspondante, dans le second système, serait de la forme $F(\lambda x, \mu y, \nu z) = 0$.

Ajoutons que les trois axes du nouveau système étant indéterminés de position, on peut supposer qu'ils se confondent avec les premiers; de sorte que les équations $F(x, y, z) = 0$, $F(\lambda x, \mu y, \nu z) = 0$, qui se rapportent à un même système d'axes coordonnés, représentent deux surfaces *homographiques*.

C'est un tel mode de déformation des surfaces dont nous avons fait usage dans la *Correspondance polytechnique* (t. III, p. 326, année 1815), pour appliquer immédiatement, aux surfaces du second degré, les propriétés de la sphère.

---

* Nous nous sommes servi de ce théorème, sans le démontrer alors, pour faire une application du nouveau système de coordonnées (*Correspondance mathématique* de M. Quetelet, t. VI, p. 86). Ce théorème est l'un de ceux auxquels se prête la méthode *statique* de J. Ceva. (*Voir* la Note VII de l'*Aperçu historique*, p. 296.)

258. Dans les applications que nous avons faites du principe d'homographie, nous avons eu souvent à considérer des points et des droites situés
à l'infini, qui se transformaient, dans la figure homographique, en des
points et des droites situés dans un même plan. Mais on peut avoir à considérer, à l'infini, des figures plus compliquées; alors le principe d'homographie sera très-utile, parce qu'il offrira le moyen de représenter avec
vérité l'image de ces figures, dans un plan situé à distance finie. Tout ce
qui se passerait à l'infini, dans la question proposée, aura lieu, ou s'exé-
cutera en réalité, sur ce plan. Il suffira donc d'étudier les propriétés de la
figure située dans ce plan, et d'en transporter l'énoncé à la figure située à
l'infini. Par là, on saisira mieux l'ensemble et les rapports de toutes les
parties d'une figure proposée dans l'espace; plusieurs de ses parties qui,
situées à l'infini, échapperaient aux yeux et à l'esprit, deviendront palpables
dans la nouvelle figure. On évitera des constructions que l'on serait obligé
de concevoir idéalement sur des objets entièrement à l'infini; et les raisonnements, devenus plus faciles, seront en même temps plus lumineux et
plus convaincants.

Ainsi, par exemple, quand on a deux surfaces du second degré, si l'on
veut connaître la nature des relations qui ont lieu entre les deux courbes
d'intersection de ces surfaces par un plan situé à l'infini, il suffira de concevoir deux surfaces homographiques, et de les couper par un plan réel qui
représentera l'infini de la première figure; les relations générales des deux
sections, transportées aux deux surfaces primitives, deviendront des propriétés de ces deux surfaces.

Cette marche va nous conduire aisément à trois propriétés des surfaces du
second degré; propriétés dont on n'a connu jusqu'ici que des cas particuliers,
et que nous allons présenter dans une généralité nouvelle, qui en fera mieux
connaître la nature et la raison première.

Mais nous sommes obligé de rappeler, préalablement, les propriétés générales du système de deux coniques situées dans un même plan.

259. Quand on a deux coniques quelconques dans un plan, il y a à
considérer :

1° Trois points A, B, C, qui jouissent de la propriété que *l'un quelconque d'entre eux a même polaire, par rapport à l'une ou à l'autre
courbe :* cette polaire commune est la droite qui joint les deux autres
points.

Ces trois points sont toujours réels, quand les deux coniques se coupent
en quatre points, ou ne se coupent pas du tout; et l'un d'eux seulement est
réel, quand les coniques ne se coupent qu'en deux points.

Quand les deux coniques se coupent en quatre points, ces trois points
A, B, C, sont les points de concours des côtés opposés, et le point de rencontre des deux diagonales du quadrilatère qui a pour sommets les quatre
points d'intersection des deux courbes.

2° Deux droites L, L', toujours réelles, sur lesquelles sont les points
d'intersection (réels ou imaginaires) des deux courbes, et qui jouissent de
la propriété que *si, par un point pris sur l'une d'elles, on mène quatre
tangentes aux deux coniques, les droites qui joindront les points de contact
de la première courbe, aux points de contact de la seconde, passeront, deux
à deux, par deux points fixes.* Nous avons désigné ces deux droites par
le nom d'*axes de symptose* (*Annales de Mathématiques*, avril et juillet
1828), pour les distinguer des autres sécantes communes aux deux coniques, lesquelles, deux à deux, peuvent être aussi, dans certaines circonstances, des axes de symptose, c'est-à-dire, peuvent jouir de la propriété que nous venons d'énoncer; mais qui peuvent bien aussi, selon la
disposition des deux coniques, quand elles sont des hyperboles, ne pas
jouir de cette propriété.

3° Enfin les deux points fixes dont nous venons de parler, qui sont
des points de concours des tangentes (réelles ou imaginaires) communes
aux deux coniques. La propriété caractéristique de ces points consiste en
ce qu'*une transversale menée par l'un d'eux, si elle rencontre l'une des*

coniques, rencontre aussi l'autre; et les tangentes aux points de rencontre se coupent, deux à deux, sur les deux axes de symptose.

Ces deux points, qui, dans le cas de deux coniques semblables et semblablement placées, sont leurs *centres de similitude*, ont été appelés par M. Poncelet, dans le cas général de deux coniques quelconques, leurs *centres d'homologie.* (*Traité des propriétés projectives*, p. 164.)

Quand les deux coniques se coupent en quatre points, elles peuvent avoir trois systèmes de deux centres d'homologie, ou n'en avoir qu'un seul. Quand elles ne se coupent qu'en deux points, ou qu'elles ne se coupent pas du tout, elles n'ont qu'un seul système de deux centres d'homologie. (*Annales de Mathématiques*, t. XIX, p. 30.)

260. Quand les deux coniques sont les courbes d'intersection de deux surfaces du second degré, par un même plan transversal, chaque plan, mené par l'un de leurs deux axes de symptose, coupe les deux surfaces suivant deux coniques, qui ont évidemment aussi cette droite pour axe de symptose.

Si le plan transversal ne coupait qu'une des deux surfaces, l'une des coniques serait imaginaire; mais les deux axes de symptose subsisteraient toujours, parce qu'il existe généralement trois systèmes de deux axes de symptose; ce qui prouve que l'un de ces systèmes est toujours réel, ainsi qu'il arrive dans toutes les questions qui admettent généralement trois solutions.

Il en serait de même si le plan transversal ne rencontrait aucune des deux surfaces, ou bien s'il en touchait une, ou s'il les touchait toutes deux.

Nous dirons que :

Quand on a deux surfaces du second degré et un plan transversal mené arbitrairement,

1° *Il existe toujours dans ce plan deux droites* L, L', *qui sont telles qu'un plan mené, par l'une d'elles, coupe les deux surfaces suivant deux coniques ayant cette droite pour l'un de leurs axes de symptose.*

2° *Si ces deux coniques ont quatre points communs réels, les deux droites* L, L' *seront deux des six cordes communes aux deux courbes;*

les quatre autres cordes communes pourront jouir de la même propriété que ces deux premières, mais ne jouiront pas nécessairement de cette propriété.

3° *Enfin, dans tous les autres cas de la section des deux surfaces par le plan coupant, il n'existera que deux droites* L, L'.

261. Considérons maintenant, dans le plan transversal, les trois points A, B, C, relatifs aux deux coniques (259). L'un d'eux, A, est le point de concours des deux droites L, L'; ainsi il est toujours réel; il a la même polaire dans les deux coniques; cette droite a pour polaires, dans les deux surfaces, les deux droites qui vont du point A aux pôles du plan transversal, par rapport aux deux surfaces respectivement.

Si les deux coniques se coupent en quatre points, ou ne se coupent pas du tout, les deux autres points B, C sont toujours réels. Cela a encore lieu quand une des coniques est imaginaire, c'est-à-dire quand le plan transversal ne rencontre pas l'une des deux surfaces. En effet, ces deux points B, C jouissent de la propriété de diviser harmoniquement le segment compris (sur la droite qui les joint) entre les deux axes de symptose des deux coniques, et le segment compris dans une troisième conique, arbitraire, qui passerait par les quatre points d'intersection (réels ou imaginaires) des deux proposées. Si l'une des deux coniques ou toutes deux sont imaginaires, ces deux segments ne pourront être superposés, parce qu'alors les deux axes de symptose rencontreraient la troisième conique, ce qui est impossible, parce que les points de rencontre appartiendraient aux deux premières, dont nous supposons au moins l'une imaginaire; donc ces deux segments ne sont point superposés; et l'on sait qu'alors les deux points B, C, qui les divisent harmoniquement l'un et l'autre, sont toujours réels. (*Traité des propriétés projectives*, p. 204.) Donc

Étant donnés deux surfaces du second degré et un plan transversal :

1° *Si ce plan rencontre, en quatre points, la courbe d'intersection des deux surfaces, ou ne la rencontre pas du tout, il existera dans ce plan trois points, tels que les droites menées de l'un quelconque d'entre eux aux pôles du plan, pris par rapport aux deux surfaces, auront la même polaire dans les deux surfaces, cette polaire commune sera la droite qui joindra les deux autres points ;*

2° *Si le plan transversal rencontre, en deux points, la courbe d'intersection des deux surfaces, deux des trois points en question seront imaginaires, et le troisième sera toujours réel ; c'est-à-dire qu'il existera dans le plan un point tel, que les deux droites qui le joindront aux pôles du plan, pris par rapport aux deux surfaces, auront la même polaire dans les deux surfaces.* Cette polaire sera située dans le plan transversal.

Ces principes généraux vont nous conduire aisément aux théorèmes que nous avons en vue.

262. ·En effet, considérons les deux surfaces et le plan transversal, et formons la figure homographique, de manière que le plan transversal passe à l'infini ; ses .pôles deviendront les centres des nouvelles surfaces ; les droites menées de ces pôles au point A deviendront deux diamètres de ces surfaces, parallèles entre eux, et leurs plans conjugués seront aussi parallèles entre eux, parce qu'ils passeront par la droite correspondant à la droite BC, laquelle sera à l'infini ; il en sera de même des droites menées, des deux pôles, à chacun des points B, C, si ces points sont réels ; dans ce cas, la courbe d'intersection des deux nouvelles surfaces aura quatre asymptotes ou n'en aura aucune ; et, dans le cas où les points B, C sont imaginaires, cette courbe d'intersection aura deux asymptotes. On conclut donc de là ce théorème, dans lequel nous supposons les deux surfaces concentriques, pour rendre l'énoncé plus facile :

Quand deux surfaces du second degré sont concentriques, et, du reste, dans une position quelconque l'une par rapport à l'autre ; si leur courbe d'intersection a quatre asymptotes, ou n'en a aucune, il existe toujours trois droites diamétrales dont chacune a même plan conjugué dans les deux surfaces ; ces trois droites forment, dans l'une et l'autre surface, un système de diamètres conjugués ;

Et si la courbe d'intersection des deux surfaces a seulement deux asymptotes, deux de ces trois droites diamétrales sont imaginaires, et la troisième est réelle ; de sorte qu'il existe toujours une droite diamé-

trale, et il n'en existe qu'une, qui a même plan conjugué dans les deux surfaces.

263. On conclut donc de là que *si l'une des deux surfaces est un ellipsoïde, le système des trois diamètres conjugués communs existe toujours;* parce que la courbe d'intersection des deux surfaces ne peut avoir aucune asymptote.

Mais *si les deux surfaces sont des hyperboloïdes, elles n'ont plus nécessairement un système de trois diamètres conjugués communs*, ainsi qu'on l'avait supposé d'après l'énoncé, trop absolu, du théorème de Monge. (*Correspondance sur l'École polytechnique*, t. II, p. 319.)

264. Reprenons les deux surfaces quelconques et le plan transversal, et considérons les deux droites L, L'. Tout plan, mené par l'une d'elles, coupe les deux surfaces suivant deux coniques qui ont cette droite pour axe de symptose.

Faisons la figure homographique, de manière que le plan transversal passe à l'infini; les plans menés par l'une des deux droites L, L', deviendront des plans parallèles, et les deux coniques suivant lesquelles chacun de ces plans coupera les deux surfaces, auront un axe de symptose à l'infini, ce qui prouve qu'elles seront semblables et semblablement placées. On a donc ce théorème :

Étant données deux surfaces quelconques du second degré, placées arbitrairement l'une par rapport à l'autre; il existe toujours deux séries de plans parallèles, dont chacun coupe les deux surfaces suivant deux coniques semblables entre elles et semblablement placées.

Si l'une des surfaces est une sphère, on en conclut le théorème suivant, que Monge et Hachette ont démontré analytiquement, et dont M. Poncelet a donné une démonstration, purement géométrique, dans son *Traité des propriétés projectives*, p. 299 :

Dans toute surface du second degré, il existe deux séries de plans parallèles qui la coupent suivant des cercles.

265. Remarquons que les deux droites L, L' se coupent au point A, qui devient, dans la figure homographique, l'extrémité à l'infini d'une droite dia-

métrale, ayant même plan conjugué dans les deux surfaces (que nous supposons concentriques); les plans qui coupent les deux surfaces suivant des
coniques semblables et semblablement placées, sont donc parallèles à cette
droite. Ainsi :

Quand deux surfaces du second degré sont concentriques, les deux
plans diamétraux qui les coupent suivant des coniques semblables et sem-
blablement placées, passent par l'un de leurs trois diamètres conjugués com-
muns.

266. Quand les deux coniques, comprises dans le plan transversal, ne
se coupent pas, les droites L, L′ ne rencontrent pas la surface; quand
les deux coniques se coupent en deux points seulement, l'une de ces
droites passe par ces deux points, et la seconde ne rencontre pas les
coniques; et enfin, quand les deux coniques se coupent en quatre points,
les droites L, L′ passent par ces points, pris deux à deux. On conclut de
là que :

Quand la courbe d'intersection de deux surfaces du second degré, concen-
triques, n'a aucune asymptote, les plans des deux séries de courbes en
question, dans le théorème (264), les coupent suivant des ellipses ;

Quand la courbe d'intersection des deux surfaces a deux asymptotes, les
plans d'une des deux séries les coupent suivant des ellipses, et les plans de
l'autre série suivant des hyperboles : ces derniers plans sont parallèles aux
deux asymptotes ;

Et, quand la courbe d'intersection des deux surfaces a quatre asymptotes,
les plans des deux séries les coupent suivant des hyperboles : les plans d'une
série sont parallèles à deux asymptotes et les plans de l'autre série sont
parallèles aux deux autres asymptotes.

267. Nous avons vu que, quand les deux coniques comprises dans le plan
transversal ont quatre points d'intersection réels, il peut y avoir, outre
les axes de symptose L, L′, deux autres systèmes de deux droites semblables (259); donc

Quand la courbe d'intersection de deux hyperboloïdes a quatre asymp-
totes, il peut exister six séries de plans parallèles qui les coupent suivant

des coniques semblables et semblablement placées ; ces plans sont parallèles aux asymptotes prises deux à deux.

268. Enfin, considérons les deux centres d'homologie des deux coniques suivant lesquelles un plan transversal coupe deux surfaces du second degré. Supposons que le plan transversal ait le même pôle dans les deux surfaces. Autour de ce pôle faisons tourner un plan tangent à la première surface : sa trace sur le plan transversal sera tangente à la courbe d'intersection de cette surface par ce plan transversal ; et, quand cette trace passera par l'un des des deux centres d'homologie, elle sera aussi tangente à la section de la seconde surface par le plan transversal. Donc, par la droite qui joint l'un des deux centres d'homologie au pôle du plan transversal, on peut mener deux plans tangents communs aux deux surfaces. Donc cette droite jouit de la propriété que, si l'on prend un quelconque de ses points pour sommet commun de deux cônes circonscrits aux deux surfaces, par cette droite on pourra mener deux plans tangents aux deux cônes ; et dès lors un plan quelconque coupera les cônes suivant deux coniques ayant, pour l'un de leurs centres d'homologie, le point où ce plan coupera la droite en question. Nous dirons, par cette raison, que cette droite est un *axe central d'homologie* des deux cônes.

Faisons la figure homographique, de manière que le plan transversal passe à l'infini ; nous aurons deux surfaces concentriques, et le théorème suivant :

Étant données deux surfaces du second degré, concentriques, il existe toujours deux droites diamétrales telles, que si l'on prend un point quelconque de l'une d'elles pour sommet commun de deux cônes circonscrits aux deux surfaces, cette droite sera un axe central d'homologie des deux cônes ; c'est-à-dire que tout plan coupera ces deux cônes suivant deux coniques, qui auront un de leurs centres d'homologie au point où ce plan coupera cette droite.

269. Si l'on prend le sommet commun des deux cônes à l'infini, sur l'une des deux droites, ces cônes deviendront deux cylindres, qui auront pour axe commun cette droite. Tout plan les coupera donc suivant deux coniques concentriques, dont le centre sera sur cette droite; mais ce centre sera en même temps leur centre d'homologie; ce qui exige que les deux coniques soient semblables et semblablement placées. Les cylindres seront donc, eux-mêmes, semblables et semblablement placés. Donc :

Quand deux surfaces du second degré sont concentriques, il existe deux droites diamétrales telles, que si l'on circonscrit, aux deux surfaces, deux cylindres qui aient l'une de ces droites pour axe commun, ces deux cylindres seront semblables et semblablement placés.

270. Si l'une des surfaces est une sphère, il en résulte que :

Dans toute surface du second degré qui a un centre, il existe deux droites diamétrales telles, que si l'on circonscrit à la surface un cylindre qui ait ses arêtes parallèles à l'une d'elles, les sections droites de ce cylindre seront des cercles.

271. Quand les deux coniques, comprises dans le plan transversal (259), se coupent en quatre points, elles peuvent avoir six centres d'homologie; on en conclut que :

Quand la courbe d'intersection de deux surfaces du second degré, concentriques, a quatre asymptotes, il peut exister six droites diamétrales telles, que si l'on circonscrit, aux deux surfaces, deux cylindres qui aient l'une de ces droites pour axe commun, ces deux cylindres seront semblables et semblablement placés.

§ XV. Construction géométrique des figures homographiques.
— Divers théorèmes de géométrie.

272. Pour construire une figure *homographique* d'une figure proposée, on pourra prendre arbitrairement, dans l'espace, les cinq points a', b', c', d', e', qui devront correspondre respectivement, dans la nouvelle figure, à cinq points désignés a, b, c, d, e, de la figure proposée.

Ces cinq points suffiront pour déterminer chaque point m' et chaque plan M' de la nouvelle figure, qui correspondront, respectivement, à chaque point m et à chaque plan M de la proposée.

Considérons les deux tétraèdres $abcd$; $a'b'c'd'$. Menons dans le premier les deux plans ebc, mbc, qui rencontreront l'arête ad en ε, α; et, dans le second, les deux plans $e'b'c'$, $m'b'c'$, qui rencontreront l'arête $a'd'$ en ε', α'. Les quatre points a', d', ε', α' seront, dans la seconde figure, les homologues des quatre points a, d, ε, α, de la première figure. On aura donc l'équation

$$\frac{a\alpha}{d\alpha} : \frac{a\varepsilon}{d\varepsilon} = \frac{a'\alpha'}{d'\alpha'} : \frac{a'\varepsilon'}{d'\varepsilon'}.$$

Les trois points a', d', ε', sont connus; cette équation fera donc connaître le point α'. De sorte que le plan mené par l'arête $b'c'$ du tétraèdre $a'b'c'd'$, et par le point cherché m', sera déterminé. Par deux équations semblables on déterminera les plans qui passeront par les arêtes ac, ab, respectivement, et par le point cherché. Ce point sera donc déterminé par l'intersection de ces trois plans.

273. Maintenant, déterminons le plan M' qui, dans la seconde figure, correspond à un plan M de la première.

Soit α le point où ce plan rencontre l'arête ad, et soit α' le point correspondant à α dans la seconde figure : ce sera le point où le plan cherché M' rencontre l'arête $a'd'$. On aura, entre les quatre points a, d, ε, α, et les quatre points a', d', ε', α', la relation

$$\frac{a\alpha}{d\alpha} : \frac{a\varepsilon}{d\varepsilon} = \frac{a'\alpha'}{d'\alpha'} : \frac{a'\varepsilon'}{d'\varepsilon'},$$

qui fera connaître la position du point α'.

On déterminera, par deux équations semblables, les points où le plan cherché rencontre deux autres arêtes du tétraèdre $a'b'c'd'$. Ainsi ce plan sera déterminé.

Si le plan M de la première figure est à l'infini, la solution restera la même; seulement, dans l'équation précédente, qui sert à déterminer la position du point α' du plan cherché, le rapport $\frac{a\alpha}{d\alpha}$ sera égal à l'unité.

Le problème de la construction géométrique des figures homographiques est donc résolu complétement.

274. Ce mode de construction peut être exprimé par trois formules très-simples, qui se prêteront à la discussion des différents cas qui peuvent se présenter, et qui nous conduiront à divers théorèmes de Géométrie, qui nous paraissent nouveaux.

Reprenons l'équation

$$(A). \quad . \quad . \quad . \quad . \quad . \quad . \quad . \quad . \quad \frac{a\alpha}{d\alpha} : \frac{a\varepsilon}{d\varepsilon} = \frac{a'\alpha'}{d'\alpha'} : \frac{a'\varepsilon'}{d'\varepsilon'},$$

dans laquelle ε, α sont les points où les deux plans ebc, mbc rencontrent l'arête ad; et ε', α', les points où les deux plans correspondants, $e'b'c'$, $m'b'c'$, rencontrent l'arête $a'd'$. Écrivons-la sous la forme

$$\frac{\alpha a}{\alpha d} = \frac{\alpha' a'}{\alpha' d'} \cdot \left(\frac{a\varepsilon}{d\varepsilon} : \frac{a'\varepsilon'}{d'\varepsilon'} \right).$$

Le rapport $\frac{a\varepsilon}{d\varepsilon} : \frac{a'\varepsilon'}{d'\varepsilon'}$ est une quantité constante, puisqu'il ne dépend que de la position du point fixe e de la première figure et du point fixe e' qui lui correspond dans la seconde figure. Représentons ce rapport constant par λ; il viendra

$$(a). \quad . \quad . \quad . \quad . \quad . \quad . \quad . \quad . \quad \frac{\alpha a}{\alpha d} = \lambda \frac{\alpha' a'}{\alpha' d'} \cdot$$

Pareillement, ε et ε' étant les points où les deux plans mac, $m'a'c'$ rencontrent, respectivement, les deux arêtes bd, $b'd'$, des deux tétraèdres, on aura

$$(a). \quad . \quad . \quad . \quad . \quad . \quad . \quad . \quad \frac{\varepsilon b}{\varepsilon d} = \mu \frac{\varepsilon' b'}{\varepsilon' d'},$$

μ étant une constante.

Et enfin, λ, λ' étant les points où les deux plans mab, $m'a'b'$, rencontrent, respectivement, les deux arêtes cd, $c'd'$, on aura

(a). . . . . $\dfrac{\gamma c}{\gamma d} = \nu \dfrac{\gamma' c'}{\gamma' d'}$,

ν étant une troisième constante.

275. De ces équations, on conclut ce théorème général sur les figures homographiques :

Étant donnés deux tétraèdres quelconques abcd, a'b'c'd' ; *si, par chaque point d'une figure donnée, on mène trois plans, passant par les trois arêtes* bc, ca, ab *du premier tétraèdre, et rencontrant respectivement les arêtes opposées en* α, ε, γ, *et que, sur les trois arêtes* a'd', b'd', c'd' *du second tétraèdre, on prenne trois points* α', ε', γ', *déterminés par les trois équations*

$$\frac{\alpha a}{\alpha d} = \lambda \frac{\alpha' a'}{\alpha' d'}, \quad \frac{\varepsilon b}{\varepsilon d} = \mu \frac{\varepsilon' b'}{\varepsilon' d'}, \quad \frac{\gamma c}{\gamma d} = \nu \frac{\gamma' c'}{\gamma' d'},$$

λ, μ, ν, *étant trois constantes, prises arbitrairement :*

Le point d'intersection des trois plans α'b'c', ε'c'a', γ'a'b', *appartiendra à une seconde figure qui sera* HOMOGRAPHIQUE *à la première.*

276. Le rapport $\frac{\alpha a}{\alpha d}$ est proportionnel au rapport des perpendiculaires abaissées, d'un point quelconque du plan abc, sur les deux faces abc, dbc du premier tétraèdre ; car s et p étant ces perpendiculaires, on a

$$\frac{\alpha a}{\alpha d} = \frac{s}{p} \cdot \frac{\sin.(da, dbc)}{\sin.(ad, abc)}.$$

Pareillement, le rapport $\frac{\alpha' a'}{\alpha' d'}$ est proportionnel au rapport des perpendiculaires abaissées, d'un point du plan $a'b'c'$, sur les deux faces $a'b'c'$, $d'b'c'$ du second tétraèdre.

D'après cela, soient p, q, r, s les distances d'un point m de la première figure aux quatre faces du premier tétraèdre, et p', q', r', s' les distances du point homologue m', de la seconde figure, aux quatre faces corres-

96

pondantes du second tétraèdre; les trois équations (a) se changeront en celles-ci :

(a'). . . . . $\dfrac{p}{s} = \lambda \dfrac{p'}{s'}, \quad \dfrac{q}{s} = \mu \dfrac{q'}{s'}, \quad \dfrac{r}{s} = \nu \dfrac{r'}{s'}.$

On conclut de là ce théorème général :

Étant donnée une figure dans l'espace, et étant pris deux tétraèdres quelconques, dont les faces se correspondent une à une;

Si, de chaque point de la figure, on abaisse des perpendiculaires sur les quatre faces du premier tétraèdre, et qu'on prenne les rapports de la première aux trois autres;

Puis, qu'on cherche un point tel, qu'étant prises ses distances aux quatre faces du second tétraèdre, les rapports de la première aux trois autres soient respectivement dans des raisons constantes avec les trois premiers rapports; ce point, qui correspondra ainsi, dans toutes ses positions, aux points de la figure proposée, appartiendra à une seconde figure homographique à cette proposée.

277. Maintenant, concevons le plan déterminé par les trois points $\alpha, \varepsilon, \gamma$; le rapport $\dfrac{\alpha a}{\alpha d}$ est égal à celui des perpendiculaires abaissées, des points a, d, sur ce plan. Pareillement, le rapport $\dfrac{\alpha' a'}{\alpha' d'}$ est égal au rapport des perpendiculaires abaissées, des points a', d', sur le plan $\alpha' \varepsilon' \gamma'$. D'après cela, soient P, Q, R, S les perpendiculaires abaissées, des quatre sommets du premier tétraèdre, sur un plan M, et P', Q', R', S', les perpendiculaires abaissées, des sommets du second tétraèdre, sur le plan correspondant M' de la seconde figure; on aura les trois équations

(a'') . . . . $\dfrac{P}{S} = \lambda \dfrac{P'}{S'}, \quad \dfrac{Q}{S} = \mu \dfrac{Q'}{S'}, \quad \dfrac{R}{S} = \nu \dfrac{R'}{S'}.$

D'où l'on conclut ce théorème :

Étant donnée une figure dans l'espace, et étant pris deux tétraèdres quelconques, dont les sommets se correspondent un à un;

Si, pour chaque plan faisant partie de la figure, on forme les rapports de ses distances aux quatre sommets du premier tétraèdre;

Puis, qu'on mène un plan, de manière que les rapports de ses distances aux quatre sommets du second tétraèdre soient respectivement, aux premiers rapports, dans des raisons constantes, ce plan appartiendra, dans toutes ses positions, à une figure homographique à la proposée.

278. Reprenons les trois équations (a) :

$$(a). \quad \ldots \ldots \ldots \ldots \ldots \quad \begin{cases} \dfrac{\alpha a}{\alpha d} = \lambda \dfrac{\alpha' a'}{\alpha' d'}, \\[2mm] \dfrac{\varepsilon b}{\varepsilon d} = \mu \dfrac{\varepsilon' b'}{\varepsilon' d'}, \\[2mm] \dfrac{\gamma c}{\gamma d} = \nu \dfrac{\gamma' c'}{\gamma' d'}. \end{cases}$$

Ces équations comprennent la construction complète des figures homographiques les plus générales. Car elles donnent les positions des trois points α', ε', γ', correspondant respectivement aux trois points α, ε, γ; et ceux-ci déterminent un plan et un point de la figure proposée. Ce plan est celui des trois points; et ce point est l'intersection des trois plans menés respectivement par ces trois points et par les arêtes bc, ca, ab du premier tétraèdre. Les trois autres points α', ε', γ' déterminent, semblablement, un plan et un point de la seconde figure, correspondant respectivement au plan et au point de la première.

Ainsi les trois équations serviront à la construction des points et des plans d'une figure homographique d'une figure proposée.

279. Les quatre points a, b, c, d, qui sont les sommets du premier tétraèdre auquel on rapporte la figure proposée, peuvent être pris arbitrairement dans l'espace, pourvu qu'ils ne soient pas dans un même plan; il en est de même des quatre points a', b', c', d', qui leur correspondent dans la figure homographique qu'on veut construire.

On pourra donner à ces divers points différentes positions qui simplifieront les trois équations ci-dessus, ou qui établiront, entre les figures, des relations de position particulières, propres à la transformation de certaines propriétés de grandeur métrique ou angulaire, de superficie ou de volume.

280. Supposons le sommet d du premier tétraèdre situé à l'infini : les segments αd, εd, γd, seront infinis; les faisant entrer dans les constantes λ, μ, ν, les trois équations prendront la forme

$$(b). \quad \ldots \ldots \ldots \quad \begin{cases} \alpha a = \lambda\, \dfrac{\alpha' a'}{\alpha' d'}, \\[2mm] \varepsilon b = \mu\, \dfrac{\varepsilon' b'}{\varepsilon' d'}, \\[2mm] \gamma c = \nu\, \dfrac{\gamma' c'}{\gamma' d'}. \end{cases}$$

281. Mais il nous faut peut-être démontrer rigoureusement ces équations, c'est-à-dire faire voir que nous pouvions comprendre, dans les coefficients, les segments infinis. Pour cela, reprenons l'équation

$$\frac{\alpha a}{\alpha d} : \frac{\varepsilon a}{\varepsilon d} = \frac{\alpha' a'}{\alpha' d'} : \frac{\varepsilon' a'}{\varepsilon' d'},$$

qui nous a servi (274) à démontrer les trois équations (a).

Le point d étant à l'infini, les deux segments αd, εd, sont infinis, et leur rapport est égal à l'unité; l'équation se réduit donc à

$$\frac{\alpha a}{\varepsilon a} = \frac{\alpha' a'}{\alpha' d'} : \frac{\varepsilon' a'}{\varepsilon' d'},$$

ou

$$\alpha a = \frac{\alpha' a'}{\alpha' d'} \cdot \left(\varepsilon a : \frac{\varepsilon' a'}{\varepsilon' d'} \right).$$

$\left(\varepsilon a : \dfrac{\varepsilon' a'}{\varepsilon' d'} \right)$ est une constante indépendante de la position du point α et de son homologue α'; on a donc

$$\alpha a = \frac{\alpha' a'}{\alpha' d'} \times \text{const.} = \lambda\, \frac{\alpha' a'}{\alpha' d'}.$$

Ainsi il est prouvé que, dans nos formules de construction des figures homographiques, nous pouvons faire entrer, dans les constantes, les segments infinis.

282. D'après cela, supposons que le point d étant à l'infini, auquel cas on a les formules (b), son point homologue d' soit aussi à l'infini : les formules (a) deviendront

$$(c) \dots \dots \dots \dots \begin{cases} \alpha a = \lambda . \alpha' a', \\ \varepsilon b = \mu \; \varepsilon' b', \\ \gamma c = \nu \; \gamma' c'. \end{cases}$$

283. Si, au contraire, les points d, d' étant à distances finies, les deux plans abc, $a'b'c'$ sont l'un et l'autre à l'infini, les formules seront de la forme

$$(d) \dots \dots \dots \dots \begin{cases} \alpha d = \lambda \; \alpha' d', \\ \varepsilon d = \mu \; \varepsilon' d', \\ \gamma d = \nu \; \gamma' d'. \end{cases}$$

Ces formules comprennent le mode de transformation par accroissement, dans des rapports données, des coordonnées des points d'une figure. Mais la transformation qu'elles donnent est plus générale que celle-ci, parce que les coordonnées de la seconde figure peuvent être comptées sur d'autres axes que celles de la figure proposée.

Nous consacrerons deux des paragraphes suivants (§§ **XXIII** et **XXIV**) à ce mode de déformation homographique, qui est susceptible de nombreuses applications.

284. Si l'on suppose le point d à l'infini, et le plan $a'b'c'$ aussi à l'infini, les formules deviendront

$$(e) \dots \dots \dots \dots \begin{cases} \alpha a = \dfrac{\lambda}{\alpha' d'}, \\[2mm] \varepsilon b = \dfrac{\mu}{\varepsilon' b'}, \\[2mm] \gamma c = \dfrac{\nu}{\gamma' c'}. \end{cases}$$

285. Toutes ces formules sont très-simples. Elles expriment divers théorèmes de Géométrie qui seraient nouveaux et qui pourraient offrir quelque
intérêt ; mais comme ils ne sont que des corollaires du théorème général (275), nous nous dispenserons de les énoncer.

286. Les formules (a) peuvent donner lieu encore à d'autres cas particuliers du mode général de construction des figures homographiques, qu'on
obtient en donnant aux sommets a', b', c', d', du second tétraèdre, différentes
positions particulières par rapport au premier tétraèdre. Il est deux de ces
cas dont nous ferons l'objet de deux paragraphes particuliers (§§ XVII et
XXII), à cause de leur importance.

287. Les formules (a') et (a'') sont susceptibles aussi d'une discussion
analogue à celle des formules (a), et de différents cas particuliers, comme
celles-ci. Mais nous n'entrerons pas dans cet examen, qui n'offre aucune
difficulté, surtout si l'on a égard aux théorèmes (176 et 177) qui se rapportent à cette question.

288. Le théorème (275) donne lieu à deux propositions de Géométrie,
que l'on peut considérer comme indépendantes de la théorie des figures homographiques.

La figure construite dans le théorème (275) étant homographique à la
figure proposée, aux points de celle-ci, qui seront sur un même plan, correspondront des points situés aussi sur un même plan ; on peut donc énoncer
ce simple théorème de Géométrie :

Étant donné un tétraèdre SABC *et un plan, mené arbitrairement dans
l'espace ;*

*Si, par chaque point de ce plan, on mène trois plans, passant par les trois
arêtes à la base* ABC *du tétraèdre, et rencontrant les arêtes opposées en* α, б,
γ, *et qu'on forme les rapports des segments que ces points font sur ces arêtes,
lesquels rapports sont*

$$\frac{\alpha S}{\alpha A}, \quad \frac{бS}{бB}, \quad \frac{\gamma S}{\gamma C};$$

Puis, qu'on ait un second tétraèdre quelconque S'A'B'C', *et qu'on prenne, sur ses trois arêtes au sommet, trois points* α', ϵ', γ' *tels, que les trois rapports*

$$\frac{\alpha'S'}{\alpha'A'}, \quad \frac{\epsilon'S'}{\epsilon'B'}, \quad \frac{\gamma'S'}{\gamma'C'}$$

soient, respectivement, aux trois premiers, dans des raisons données et constantes ;

Les plans menés par les trois points α', ϵ', γ', *et par les trois arêtes* B′C′, A′C′, A′B′, *respectivement, se rencontreront en un point qui aura pour lieu géométrique un plan.*

289. Les trois points α, ϵ, γ, dans le théorème (275), déterminent un plan appartenant à la figure proposée, et les points α', ϵ', γ' déterminent le plan correspondant, dans la figure homographique; donc, si le premier plan tourne autour d'un point fixe, le second tournera aussi autour d'un point ; on en conclut donc ce théorème :

Étant donnés un tétraèdre SABC *et un point, situés d'une manière quelconque dans l'espace ;*

Si autour de ce point on fait tourner un plan transversal, qui rencontre les trois arêtes SA, SB, SC, *au sommet du tétraèdre, en trois points* α, ϵ, γ ; *et qu'on forme les rapports des segments que ce plan fait sur ces arêtes, lesquels rapports sont*

$$\frac{\alpha S}{\alpha A}, \quad \frac{\epsilon S}{\epsilon B}, \quad \frac{\gamma S}{\gamma C};$$

Puis, qu'on prenne un second tétraèdre quelconque S′A′B′C′, *et qu'on mène un plan transversal qui rencontre ses arêtes au sommet,* S′A′, S′B′, S′C′, *en trois points* α', ϵ', γ' *tels, que les trois rapports*

$$\frac{\alpha'S'}{\alpha'A'}, \quad \frac{\epsilon'S'}{\epsilon'B'}, \quad \frac{\gamma'S'}{\gamma'C'}$$

soient aux trois premiers dans des raisons constantes, ce plan passera toujours, dans toutes ses positions, par un même point.

290. Ce théorème et le précédent, que nous venons de déduire de la théorie des figures homographiques, en renferment, l'un et l'autre, toute la doctrine. Si l'un ou l'autre de ces deux théorèmes était démontré *a priori* et directement, nous en conclurions notre principe de déformation homographique, comprenant les relations de description et les relations de grandeur des figures.

C'est l'un ou l'autre de ces deux théorèmes dont nous avons voulu parler dans notre *Aperçu historique sur les méthodes en Géométrie* (cinquième Époque, § 28), en disant que toute la doctrine de *transformation des figures en d'autres du même genre*, reposait sur un seul et unique théorème de Géométrie. Nous donnerons dans un autre écrit, qui traitera du *rapport anharmonique* et de ses nombreuses applications, la démonstration directe et géométrique de ce théorème. De sorte que le principe de *déformation homographique* se trouvera démontré directement, et indépendamment du principe de dualité.

§ XVI. Construction analytique des figures homographiques.

291. La propriété des figures homographiques, exprimée par le théorème (276), conduit à l'expression analytique la plus générale de ces figures, dans le système des coordonnées de Descartes.

En effet, prenons trois axes coordonnés quelconques ox, oy, oz, auxquels nous rapporterons les deux figures. Soient

$$Ax + By + Cz - 1 = 0,$$
$$A'x + B'y + C'z - 1 = 0,$$
$$A''x + B''y + C''z - 1 = 0,$$
$$A'''x + B'''y + C'''z - 1 = 0,$$

les équations de quatre plans appartenant à la figure proposée ; et

$$ax + bx + cz - 1 = 0,$$
$$a'x + b'y + c'z - 1 = 0,$$
$$a''x + b''y + c''z - 1 = 0,$$
$$a'''x + b'''y + c'''z - 1 = 0,$$

les équations de quatre plans donnés qui doivent correspondre, dans la nouvelle figure, à ces quatre premiers, respectivement.

Soient X, Y, Z les coordonnées d'un point M de la figure proposée, et x, y, z celles du point m qui lui correspondra dans la figure cherchée. Il faut déterminer ces coordonnées x, y, z, en fonction de X, Y, Z.

Le rapport des perpendiculaires abaissées, du point M, sur le premier et le quatrième plan de la première figure, est égal à

$$\frac{AX + BY + CZ - 1}{A'''X + B'''Y + C'''Z - 1} \times \text{const.} ;$$

la *constante* étant indépendante des coordonnées X, Y, Z, et ne renfermant que les coefficients A, B, C, A''', B''', C''', des équations des deux plans, et les quantités angulaires relatives aux axes coordonnés, que nous supposons obliques pour plus de généralité *.

Le rapport des perpendiculaires abaissées du point m (x, y, z), de la seconde figure, sur le premier et le quatrième plan de cette figure, aura une expression semblable à la précédente.

On aura donc, d'après le théorème (276), les trois équations suivantes, entre les coordonnées de deux points homologues dans les deux figures :

$$(1) \quad \begin{cases} \dfrac{ax + by + cz - 1}{a'''x + b'''y + c'''z - 1} = \lambda \cdot \dfrac{AX + BY + CZ - 1}{A'''X + B'''Y + C'''Z - 1}, \\[2mm] \dfrac{a'x + b'y + c'z - 1}{a'''x + b'''y + c'''z - 1} = \mu \cdot \dfrac{A'X + B'Y + C'Z - 1}{A''B + B'''Y + C'''Z - 1}, \\[2mm] \dfrac{a''x + b''y + c''z - 1}{a'''x + b'''y + c'''z - 1} = \nu \cdot \dfrac{A''X + B''Y + C''Z - 1}{A'''X + B'''Y + C'''Z - 1}. \end{cases}$$

---

* L'expression de la perpendiculaire abaissée, d'un point (x', y', z'), sur le plan qui a pour équation

$$ax + by + cz - 1 = 0,$$

est

$$\frac{(ax'+by'+cz'-1)\sqrt{1 - \cos.^y x.y - \cos.^2 x,z - \cos.^2 y,z + 2\cos.x,y.\cos.x,z.\cos.y.z}}{\sqrt{a^2\sin.^y y,z + b^2\sin.^2 z,x + c^2\sin.^2 x,y - 2ab\sin.y,z.\sin.z,x\cos.(zx,zy) - 2ac\sin.z,y.\sin.x,y\cos.(y.r,yz) - 2bc\sin.z,x.\sin x.y\cos.(rz,xy)}}$$

97

De ces trois équations, on tirera les valeurs des trois inconnues x, y, z, qui déterminent la position du point m correspondant, dans la seconde figure, au point M de la proposée.

Ainsi le problème est résolu.

292. Les trois équations (1) renferment toute la théorie des figures homographiques. En donnant des valeurs convenables aux divers coefficients qui y entrent, on exprimera, par ces formules, les différents modes particuliers de transformation. Mais nous n'entrerons point ici dans la discussion de ces formules, qui ne peut offrir aucune difficulté, surtout si l'on prend pour base la discussion des modes de construction géométrique, donnée dans le paragraphe précédent.

293. La première figure étant donnée, de forme et de position, par rapport aux trois axes coordonnés, les douze coefficients A, B, C, A', B', C', A'', B'', C'', A''', B''', C''' sont des quantités connues, et il n'y a d'arbitraires, dans les formules (1), que les quinze coefficients a, b, c, a', b', c', a'', b'', c'', a''', b''', c''', λ, μ et ν, qui servent à déterminer la forme de la nouvelle figure et sa position, dans l'espace, par rapport à la première.

Ainsi, *pour effectuer la construction la plus générale des figures homographiques, tant par rapport à leur forme qu'à leur position dans l'espace, on a à disposer de quinze coefficients arbitraires.*

Mais, si l'on fait abstraction de la position de la nouvelle figure par rapport à la première, et qu'on ne considère que sa forme, on n'aura à disposer que de neuf coefficients. Car il faut six conditions, et par suite six coefficients indépendants, pour fixer la position d'une figure dans l'espace, comme on le voit par les formules du déplacement d'un corps solide, que nous avons données dans la note de la page 677. Il s'ensuit que, des quinze coefficients a, b, c, etc., six serviront à déterminer la position de la seconde figure dans l'espace, et les neuf autres, à déterminer sa forme. Et en effet, cinq plans donnés, correspondant à cinq plans de la première figure, suffisent pour déterminer la seconde figure, quelles que soient leurs positions dans l'espace. Il suffit donc de chercher combien de données sont nécessaires pour déterminer la forme de la pyramide tronquée formée par ces cinq plans. Or, l'un d'eux coupe les quatre autres suivant un quadrilatère qu'on détermine par cinq conditions, et il reste à déterminer les quatre inclinaisons de ces quatre plans sur le premier; ce qui se fait par quatre données. Il en faut donc, en tout, neuf. Ainsi, une figure étant donnée, *pour construire une figure homographique de la forme la plus générale, en faisant abstraction de sa position dans l'espace, on a à disposer de neuf coefficients arbitraires.*

294. Les valeurs des trois coordonnées x, y, z, d'un point de la seconde figure, en fonction des coordonnées X, Y, Z du point correspondant de la première figure, tirées des trois équations (1), seront de la forme

$$(2). \qquad \begin{cases} x = \delta \cdot \dfrac{\alpha X + \theta Y + \gamma Z - 1}{\alpha''' X + \theta''' Y + \gamma''' Z - 1}, \\[2mm] y = \varepsilon \cdot \dfrac{\alpha' X + \theta' Y + \gamma' Z - 1}{\alpha''' X + \theta''' Y + \gamma''' Z - 1}, \\[2mm] z = \gamma \cdot \dfrac{\alpha'' X + \theta'' Y + \gamma'' Z - 1}{\alpha''' X + \theta''' Y + \gamma''' Z - 1}. \end{cases}$$

Il n'est pas nécessaire de calculer les expressions de x, y, z, pour vérifier qu'elles sont en effet de cette forme; en voici une démonstration *a priori.*

Considérons les trois plans coordonnés yoz, zox, xoy, comme appartenant à la seconde figure, et cherchons les plans correspondants, dans la première figure : soient

$$\alpha x + \theta y + \gamma z - 1 = 0,$$
$$\alpha' x + \theta' y + \gamma' z - 1 = 0,$$
$$\alpha'' x + \theta'' y + \gamma'' z - 1 = 0,$$

leurs équations.

Concevons qu'on ait cherché le plan qui, dans la première figure, correspond à l'infini de la seconde (273); et soit

$$\alpha''' x + \theta''' y + \gamma''' z - 1 = 0,$$

son équation.

La distance du point $m\,(x, y, z)$ de la seconde figure, au plan xoy, sera proportionnelle au rapport des distances du point $M\,(X, Y, Z)$, de la première figure, aux plans qui correspondent, l'un au plan xoy, et l'autre à l'infini ; ce rapport est

$$\frac{\alpha X + 6Y + \gamma Z - 1}{\alpha''' X + 6''' Y + \gamma''' Z - 1} \times \text{const.}$$

La distance du point m au plan yoz est égale à la coordonnée x multipliée par une constante; on a donc une équation de la forme

$$x = \delta \cdot \frac{\alpha X + 6Y + \gamma Z - 1}{\alpha''' X + 6''' Y + \gamma''' Z - 1}.$$

On aura des valeurs semblables pour les valeurs de y et de z. C'est ce que nous voulions démontrer.

Ainsi les formules (2) expriment la construction des figures homographiques les plus générales, quant à leur forme et à leur position.

295. Dans ces formules, les coordonnées des points des deux figures sont comptées sur les mêmes axes coordonnés. Si l'on voulait rapporter celles de la seconde figure à d'autres axes que celles de la première, on pourrait simplifier les formules.

Car regardons les trois axes ox, oy, oz, comme appartenant à la seconde figure, et soient OX, OY, OZ les trois droites correspondant à ces axes dans la première figure; prenons-les pour trois nouveaux axes coordonnés, auxquels se rapporteront les coordonnées des points de la première figure; soit

$$\alpha X + 6Y + \gamma Z - 1 = 0$$

l'équation du plan de cette première figure qui correspond à l'infini de la seconde; on aura, d'après le théorème (176), les trois équations

$$(3). \quad \ldots \ldots \ldots \quad \begin{cases} x = \dfrac{\lambda X}{\alpha X + 6Y + \gamma Z - 1}, \\[2mm] y = \dfrac{\mu Y}{\alpha' X + 6Y + \gamma Z - 1}, \\[2mm] z = \dfrac{\nu Z}{\alpha X + 6Y + \gamma Z - 1}; \end{cases}$$

λ, μ, ν, étant trois constantes.

Si l'on prend les trois axes coordonnés OX, OY, OZ, de manière que le plan ZOY soit parallèle au plan qui, dans la première figure, correspond à l'infini de la seconde, l'équation de ce plan sera simplement

$$X - A = 0.$$

Et les formules seront

$$(4). \quad \ldots \ldots \ldots \ldots \quad \begin{cases} x = \dfrac{\lambda X}{X - A}, \\[2mm] y = \dfrac{\mu Y}{X - A}, \\[2mm] z = \dfrac{\nu Z}{X - A}. \end{cases}$$

Telles sont les formules les plus simples qui expriment, dans toute la généralité possible, la construction des figures homographiques.

296. Pour les figures planes, les formules les plus générales, relatives à un même système d'axes coordonnés, sont

$$(5). \quad \ldots \ldots \quad x = \delta . \frac{\alpha X + \varepsilon Y - 1}{\alpha'' X + \varepsilon'' Y - 1}, \quad y = \varepsilon . \frac{\alpha' X + \varepsilon' Y - 1}{\alpha'' X + \varepsilon'' Y - 1}.$$

Ces formules ont été données, par Waring, pour transformer une courbe en une autre (*Transformare unam curvam in alteram*), dans ses *Miscellanea analytica de æquationibus algebraicis et curvarum proprietatibus*, in-4°, Cantabrigiæ 1762; puis dans son Traité des courbes géométriques, intitulé : *Proprietates algebraicarum curvarum*, in-4°, 1772. L'auteur se borne à dire que la nouvelle courbe sera du même degré que la proposée, sans faire entrevoir quelles seront les propriétés communes aux deux courbes, et quels pourront être les usages et les applications de ce mode de transformation. Il ajoute seulement que la construction d'une courbe semblable à une courbe donnée, et la construction d'une courbe dont les coordonnées de chaque point sont dans des rapports constants avec les coordonnées du point correspondant d'une courbe proposée, sont des cas particuliers de ses formules. Dans la préface du second ouvrage, Waring dit que ce mode de transformation est la généralisation de la méthode de Newton, comprise dans son Lemme 20 du 1ᵉʳ livre des *Principes*. Mais nous ferons voir, dans la suite de ce paragraphe, que cette généralisation ne porte point sur la forme des figures, mais seulement sur leurs positions respectives.

Ainsi, quoique Waring ait donné, pour transformer une courbe en une autre du même degré, les formules mêmes qui expriment la construction de nos figures *homographiques*, nous pouvons dire, néanmoins, que notre théorie de la *transformation homographique* est nouvelle, tant sous le rapport des propriétés des figures que l'on y considère, que sous le rapport de ses usages pour la démonstration et pour la généralisation des propositions de Géométrie.

297. Reprenons les formules (5); les coordonnées x, y, de la nouvelle figure, sont comptées sur les mêmes axes que les coordonnées X, Y de la figure proposée. Si l'on veut se servir de deux systèmes d'axes coordonnés différents, on pourra simplifier les formules, comme dans le cas des figures à trois dimensions, et les réduire à la forme

$$(6) \ldots \ldots \ldots \ldots \quad x = \frac{\lambda X}{X - A}, \quad y = \frac{\mu \cdot Y}{X - A}.$$

Ces formules expriment la construction des figures homographiques les plus générales, de forme et de position. Les deux axes ox, oy étant considérés comme deux droites appartenant à la seconde figure, les axes OX, OY sont les droites correspondantes, dans la première figure; l'une de ces droites, OY, est prise parallèle à la droite qui correspond, dans la première figure, à l'infini de la seconde, et cette droite est celle qui a pour équation

$$X - A = 0.$$

298. On peut encore trouver des formules répondant à toute la généralité de construction des figures homographiques, et néanmoins un peu plus simples que ces dernières.

En effet, qu'on rapporte les points de la première figure à deux axes coordonnés, dont l'un OX soit la droite qui correspond, dans cette figure, à l'infini de la seconde, et dont l'autre OY soit pris arbitrairement ; et qu'on rapporte les points de la seconde figure à deux axes coordonnés dont le premier, *ox*, soit la droite qui correspond à l'infini de la première figure, et l'autre, *oy*, soit la droite correspondant à l'axe OY de la première figure ; on aura, d'après le théorème (176), les équations

$$(7). \quad\quad\quad\quad\quad x = \frac{\lambda}{X}, \quad y = \frac{\mu Y}{X}.$$

Ainsi ces deux équations, quoique très-simples, expriment les figures homographiques les plus générales.

Ce sont précisément les formules données par Newton.

Nous pouvons donc dire que les formules de Newton sont aussi générales que celles de Waring, puisque les unes et les autres répondent à la forme et à la position, les plus générales, des figures homographiques. Mais il y a cette différence entre les unes et les autres, que, dans celles de Waring, les points sont rapportés à un même système d'axes coordonnés, tandis que, dans celles de Newton, il y a deux systèmes d'axes coordonnés différents.

299. Jusqu'ici nous avons supposé, aux deux figures, une généralité absolue de position l'une par rapport à l'autre. Mais une question se présente naturellement : c'est de rechercher quelle position relative il faut donner aux deux figures, pour qu'étant rapportées à un même système d'axes coordonnés, elles soient exprimées par les formules les plus simples.

Les considérations précédentes conduisent à la solution de cette question. En effet, quelles que soient les formules relatives à un même système d'axes coordonnés, ces formules donneront lieu, si l'on change la position relative des deux figures, à des formules de même forme, relatives à deux systèmes d'axes coordonnés. Les formules relatives à un même système d'axes coordonnés ne pourront donc pas être plus simples que les formules les plus simples relatives à deux systèmes d'axes coordonnés. Celles-ci sont les for-

mules (7); il faut donc voir si ces formules conviennent à un même système
d'axes coordonnés, c'est-à-dire si l'on peut placer deux figures homographiques données, de manière qu'il existe, dans leur plan, un système d'axes
coordonnés pour lequel les formules qui lient entre elles les deux figures
soient de la forme

$$x = \frac{\lambda}{X}, \quad y = \frac{\mu Y}{X}.$$

Voici la solution de cette question.

Que l'on cherche la droite I, dans la première figure, qui correspond à
l'infini de la seconde ; et la droite J', de la seconde figure, qui correspond
à l'infini de la première. Que l'on place les deux figures de manière que les
deux droites soient superposées sur une même droite L. Cette position, qui
laisse encore quelque chose d'arbitraire, puisqu'on peut faire glisser l'une des
deux droites sur l'autre, satisfait à la question. On prendra la droite L pour
l'axe des y. Voici comment on déterminera l'axe des x. Il existe toujours,
dans deux figures homographiques quelconques, quelle que soit leur position, une certaine droite qui, considérée comme appartenant à l'une des
deux figures, est elle-même son homologue dans l'autre. (*Voir* ci-après,
§ XXV.) Ainsi, pour la position que nous venons de donner aux deux
figures, il existe une telle droite. C'est cette droite qu'on prendra pour l'axe
des x.

De cette manière, l'axe des y, considéré comme appartenant à la première figure, correspond à l'infini de la seconde ; et, considéré comme
appartenant à la seconde figure, il correspond à l'infini de la première. Et
l'axe des x, considéré comme appartenant à l'une des deux figures, sera son
homologue dans l'autre. Donc, d'après les théorèmes (176 et 177), on aura
les formules

$$x = \frac{\lambda}{X}, \quad y = \frac{\mu Y}{X}.$$

Ce qu'il fallait démontrer.

300. Ainsi nous pouvons dire que, *étant données deux figures dont les
points se correspondent un à un, et sont liés par les équations suivantes entre*

les coordonnées X, Y *de chaque point de la première figure et les coordon-*
nées x, y *du point correspondant de la seconde figure, rapportées aux mêmes*
axes coordonnés :

$$x = \lambda \frac{\alpha X + \mathcal{C} Y - 1}{\alpha'' X + \mathcal{C}'' Y - 1}, \quad y = \mu \frac{\alpha' X + \mathcal{C}' Y - 1}{\alpha'' X + \mathcal{C}'' Y - 1};$$

on peut, en changeant la position relative des deux figures, trouver un sys-
tème d'axes coordonnés tel, que les relations entre les coordonnées de deux
points correspondants soient de la forme

$$x = \frac{\lambda}{X}, \quad y = \frac{\mu Y}{X}.$$

Ce théorème est l'un de ceux dont la démonstration semblerait être particulièrement du domaine de l'Analyse, puisqu'il s'agit d'un changement de système d'axes coordonnés. Mais cette voie serait longue et difficile, parce qu'il
ne suffit pas de changer le système de coordonnées; il faut encore changer la
position relative des deux figures proposées, ce qui exigerait, en Analyse, de
très-longs calculs. Les considérations géométriques, au contraire, procurent
une démonstration extrêmement simple du théorème, et une solution de la
question qui en dépend.

§ XVII. THÉORIE DES FIGURES HOMOLOGIQUES. — LEUR CONSTRUCTION.

301. Soient *a*, *b*, *c*, *d* quatre points d'une figure dans l'espace ; formons
une figure homographique, dans laquelle les quatre points correspondant à
ces points, respectivement, soient ces points eux-mêmes.

Soient un cinquième point *m* de la figure proposée, et *m'* son homologue dans
la figure homographique. Soient α, ε, γ les points où les trois plans *mbc*, *mca*,
mab rencontrent les trois arêtes, *ad*, *bd*, *cd* du tétraèdre *abcd*, et α', ε', γ', les
points où les trois plans *m'bc*, *m'ca*, *m'ab* rencontrent les mêmes arêtes ;
nous avons vu qu'on aura

$$(1) \quad \cdots \quad \frac{a\alpha}{d\alpha} = \lambda \frac{a\alpha'}{d\alpha'}, \quad \frac{b\mathcal{C}}{d\mathcal{C}} = \mu \frac{b\mathcal{C}'}{d\mathcal{C}'}, \quad \frac{c\gamma}{c\gamma} = \nu \frac{c\gamma'}{c\gamma'}. \quad (\text{§ XV, n}^\circ 274.)$$

Le point m' peut être pris arbitrairement dans l'espace. Supposons qu'il soit situé sur la droite dm; et soit δ le point où cette droite rencontre le plan abc. On aura

$$\frac{a\alpha}{d\alpha} : \frac{a\alpha'}{d\alpha'} = \frac{\delta m}{dm} : \frac{\delta m'}{dm'};$$

parce que l'un et l'autre membre de cette équation expriment le rapport anharmonique des quatre plans abc, mbc, $m'bc$, dbc. Comparant cette équation à la première des trois précédentes, on en conclut cette valeur de λ :

$$\lambda = \frac{\delta m}{dm} : \frac{\delta m'}{dm'}.$$

On trouvera que μ et ν ont la même valeur ; de sorte que *les trois coefficients constants, λ, μ, ν, sont égaux entre eux.*

302. Réciproquement, *quand ces trois coefficients sont égaux, chaque point m', de la seconde figure, est situé sur la droite menée, du point correspondant* m, *au sommet* d *du tétraèdre* abcd. Car soit m'' le point où le plan mbc rencontre la droite dm : on aura

$$\frac{a\alpha}{d\alpha} : \frac{a\alpha'}{d\alpha'} = \frac{\delta m}{dm} : \frac{\delta m''}{dm''}.$$

Soit m''' le point où le plan $m'ac$ rencontre la même droite dm; on aura

$$\frac{b\epsilon}{d\epsilon} : \frac{b\epsilon'}{d\epsilon'} = \frac{\delta m}{dm} : \frac{\delta m'''}{dm'''}.$$

Les premiers membres de ces deux équations sont égaux, puisque nous supposons, dans les équations (1), $\lambda = \mu$; les seconds membres sont donc égaux aussi; d'où l'on conclut que les points m'', m''' se confondent; c'est-à-dire que les deux plans $m'bc$, $m'ca$ passent par le même point de la droite dm; ou, encore, que les deux droites cm', dm se rencontrent.

Ainsi, *quand* $\lambda = \mu$, *les deux droites* dm, cm' *se rencontrent toujours, quels que soient les deux points homologues* m, m'.

Pareillement, si l'on a $\lambda = \nu$, les deux droites dm, bm' se rencontreront. Donc si l'on a en même temps $\lambda = \mu = \nu$, les deux droites cm', bm' rencontreront la droite dm; c'est-à-dire que le point m' sera sur la droite dm.

Ainsi, quand, dans les équations (1), on a $\lambda = \mu = \nu$, deux points homologues quelconques, des deux figures, sont toujours en ligne droite avec le point d.

303. Il suit de là que :

Chaque point du plan abc *est lui-même son homologue dans les deux figures;*

Et, par conséquent : *deux plans correspondants des deux figures rencontrent le plan* abc, *suivant la même droite ;*

Et *deux droites homologues quelconques percent ce plan au même point.*

On reconnaît, à ces propriétés descriptives, les figures *homologiques* de M. Poncelet. Le point d est leur *centre d'homologie*, et le plan *abc* leur *plan d'homologie.*

304. Ainsi, les figures *homologiques* rentrent dans la théorie des figures *homographiques*, et ne sont qu'un cas particulier du mode général de construction de celles-ci.

Les relations métriques, qui ont lieu d'une manière générale entre les figures homographiques, s'appliquent donc aux figures homologiques.

De là, nous allons conclure différentes relations métriques entre ces figures, qui n'ont point encore été remarquées, et sur lesquelles repose une partie considérable des applications de la théorie des figures homologiques.

305. En général, les relations métriques des figures sont encore plus importantes et plus utiles à connaître que leurs relations purement descriptives, parce qu'elles sont susceptibles d'un plus grand nombre d'applications, et que d'ailleurs elles suffisent, presque toujours, pour arriver à la connaissance des relations descriptives. Aussi nous regardons comme le côté faible de l'école de Monge, en Géométrie spéculative, de s'appuyer spécialement, et par principe, sur les propriétés descriptives des figures. La méthode des transversales est plus féconde, et procure des résultats plus variés, plus géné-

raux et plus complets. Un examen comparatif de quelque théories géométriques, ou seulement de quelques théorèmes obtenus par les deux méthodes,
justifierait constamment cette observation.

306. Appliquons le principe du numéro 175 aux figures homologiques.
Prenons, pour l'un des deux plans fixes de la première figure, un plan passant
par le centre d'homologie : ce plan sera lui-même son homologue dans la
seconde figure ; et, si l'on observe que le rapport des distances de deux
points homologues, à ce plan, est égal au rapport des distances de ces points
au centre d'homologie, on en conclura que :

*Dans deux figures homologiques, le rapport des distances de deux points
homologues, au centre d'homologie, est au rapport des distances de ces points
à deux plans homologues quelconques, mais fixes, dans une raison constante, quels que soient ces points.*

307. Ce théorème admet deux corollaires, qui sont deux propriétés importantes de la théorie des figures homologiques.

D'abord, nous pouvons prendre, pour représenter les deux plans fixes
homologues des deux figures, leur *plan d'homologie ;* il en résulte que :

*Dans deux figures homologiques, le rapport des distances de deux points
homologues, au centre d'homologie, est au rapport des distances de ces deux
points, au plan d'homologie, dans une raison constante.*

Soient a, a' les deux points homologues, S le centre d'homologie, et α le
point où la droite Saa' rencontre le plan d'homologie. Le rapport des distances
des deux points a, a', à ce plan, sera égal à $\frac{\alpha a}{\alpha a'}$. On aura donc, d'après
l'énoncé du théorème,

$$\frac{Sa}{Sa'} : \frac{\alpha a}{\alpha a'} = \text{const.}$$

C'est la relation que nous avons déjà démontrée dans nos applications du
principe de dualité (§ VII).

308. Ainsi, *étant donnée une figure, et étant pris un point S et un plan
fixe, si de ce point on mène une droite à chaque point a de la figure, qu'on*

la prolonge jusqu'à sa rencontre en α avec le plan fixe, et qu'on prenne sur
cette droite un point a' *tel que l'on ait*

$$\frac{Sa}{Sa'} : \frac{\alpha a}{\alpha a'} = \lambda \,,$$

λ *étant une constante quelconque; le point* a' *appartiendra à une figure homo-*
logique à la proposée.

Le point S et le plan fixe seront le *centre* et le *plan d'homologie* des
deux figures.

La constante λ peut être égale à l'unité. Alors les points *a, a'* sont conjugués harmoniques par rapport aux deux points S, α.

309. Soit I' le plan de la seconde figure, qui correspond à l'infini de la
première : ce plan est parallèle au plan d'homologie, parce que deux plans
homologues doivent se couper sur ce plan d'homologie.

Le plan qui, dans la première figure, correspond à l'infini de la seconde,
sera pareillement parallèle au plan d'homologie.

Le rapport des distances d'un point *a'* de la seconde figure, à un plan fixe
mené par le point S, et au plan I', sera dans une raison constante avec la
distance du point *a* de la première figure au même plan fixe (176).

Or, le rapport des distances des deux points *a, a'*, au plan fixe, est égal
à $\frac{Sa}{Sa'}$. On a donc, en appelant $a'i'$ la perpendiculaire abaissée du point *a'* sur
le plan I',

$$Sa = \lambda . \frac{Sa'}{a'i'},$$

λ étant une constante, pour tous les points des deux figures.

Ainsi : *si d'un point fixe on mène un rayon à chaque point* a *d'une*
figure, et que, sur ce rayon, on prenne un point a' *tel, que le rapport de ses*
distances au point fixe et à un plan fixe, soit au rayon dans une raison
constante; ce point appartiendra à une seconde figure, homologique à la
première.

Le centre d'homologie sera le point fixe; et le plan d'homologie sera
parallèle au plan fixe.

La distance entre ces deux plans sera égale à la valeur inverse de la raison constante donnée.

Car pour un point α du plan d'homologie, on aura $Sa = Sa'$, et $1 = \frac{\lambda}{\alpha i'}$ ou $\alpha i' = \lambda$; et, d'après l'énoncé, la raison constante est $\frac{1}{\lambda}$.

310. Ainsi, si une figure A est donnée, et que, le point S et le plan I' étant pris arbitrairement, on mène, de ce point, des rayons à tous les points a de cette figure; puis, qu'on prenne, sur ces rayons, des points a' déterminés par l'équation

$$Sa = \lambda \frac{Sa'}{a'i'};$$

ces points a' *appartiendront à une seconde figure* A', *homologique à la première.*

Le centre d'homologie sera le point S, et le plan d'homologie sera parallèle au plan I'. Sa distance à ce plan sera égale à la constante λ.

Réciproquement, *si la figure* A' *est donnée, et que le point* S *et le plan* I' *soient pris arbitrairement, l'équation*

$$Sa = \lambda \frac{Sa'}{a'i'}$$

déterminera les points a *d'une seconde figure* A, *qui sera homologique à la proposée.*

Ces théorèmes sont susceptibles de nombreuses applications.

311. I' étant le plan de la figure A', qui correspond à l'infini de la figure A; soit J le plan de la figure A, qui correspond à l'infini de A'; soient aj la distance d'un point a de la figure A au plan J, et $a'i'$ la distance du point correspondant a' au plan I'. On aura, d'après le principe du numéro 177,

$$aj . a'i' = \text{const.}$$

Cette équation donne une manière nouvelle de former la figure homologique d'une figure proposée, au moyen du centre d'homologie et de deux plans, parallèles entre eux.

La construction des figures homologiques serait susceptible d'une plus ample discussion, dans laquelle nous n'entrerons pas ici.

§ XVIII. Applications de la théorie des figures homologiques. — Propriétés générales des surfaces géométriques.

312. Soient deux surfaces géométriques, d'un degré quelconque, homologiques entre elles; et soit S leur centre d'homologie.

Que par une droite, prise arbitrairement dans un plan fixe P, on mène les plans tangents à la première surface; soient a, b, c, ... leurs points de contact. A ces plans tangents correspondront des plans tangents à la seconde surface, en des points a', b', c', ... homologues aux points a, b, c, ...; et ces plans tangents passeront par une même droite, située dans un plan fixe P', correspondant, dans la seconde figure, au plan P de la première.

Soient ap, $a'p'$, les perpendiculaires abaissées, des points a, a', sur les plans P, P', respectivement; on aura

$$\frac{Sa}{Sa'} : \frac{ap}{a'p'} = \text{const.} = \lambda . \ . \ . \ . \ . \ . \ . \ . \ . \ . \ . \ (506)$$

Soit $a'\pi'$ la perpendiculaire abaissée du point a' sur un plan fixe Π', mené arbitrairement dans l'espace. Mettons l'équation sous la forme

$$\frac{Sa}{Sa'} : \frac{ap}{a'\pi'} = \lambda \frac{a'\pi'}{a'p'} .$$

Soient, pareillement, bp, $b'p'$ les perpendiculaires abaissées, des points b, b', sur les plans P, P', respectivement, et $b'\pi'$ la perpendiculaire abaissée du point b' sur le plan Π'; on aura de même

$$\frac{Sb}{Sb'} : \frac{bp}{b'\pi'} = \lambda . \frac{b'\pi'}{b'p'} .$$

Et ainsi pour les autres points.

Or, les points a', b', ... étant les points de contact de la seconde surface avec des plans tangents menés par une même droite, prise dans un plan fixe **P**, on a (218)

$$\frac{a'\pi'}{a'p'} + \frac{b'\pi'}{b'p'} + \cdots = \text{const.}$$

On a donc aussi

$$\frac{Sa}{Sa'} : \frac{ap}{a'\pi'} + \frac{Sb}{Sb'} : \frac{bp}{b'\pi'} + \cdots = \text{const.},$$

ou

(1). . . . . $\dfrac{Sa}{ap} : \dfrac{Sa'}{a'\pi'} + \dfrac{Sb}{bp} : \dfrac{Sb'}{b'\pi'} + \cdots = \text{const.}$

Ce qui exprime ce théorème :

Si l'on a deux surfaces géométriques homologiques, et que, par une droite prise arbitrairement dans un plan fixe, on mène les plans tangents à la première surface ; puis, qu'on fasse le rapport des distances de chaque point de contact, au centre d'homologie et au plan fixe, et qu'on divise ce rapport par celui des distances, du point homologue dans la seconde surface, au même point et à un plan fixe mené arbitrairement dans l'espace ; la somme de tous les quotients ainsi formés sera constante.

Ce théorème donne lieu à deux corollaires qui sont eux-mêmes des propriétés très-générales des surfaces géométriques.

313. Que l'on suppose un second plan Π'' parallèle au plan Π', et qu'on fasse, pour ce second plan, l'équation analogue à l'équation précédente ; puis, qu'on retranche ces deux équations l'une de l'autre : tous les termes du premier membre de l'équation résultante auront un facteur commun, qui sera la distance entre les deux plans Π', Π'' ; faisant passer ce facteur dans le second membre, on aura l'équation :

$$\frac{Sa}{ap} : Sa' + \frac{Sb}{bp} : Sb' + \cdots = \text{const.} ;$$

ce qui exprime ce théorème :

Quand deux surfaces géométriques sont homologiques; si par une droite, prise dans un plan fixe, on mène les plans tangents à la première; qu'on fasse le rapport des distances de chaque point de contact au centre d'homologie et au plan fixe, puis le quotient de ce rapport divisé par la distance du point homologue, dans la seconde surface, au centre d'homologie; la somme de tous ces quotients sera constante, quelle que soit, dans le plan fixe, la droite par laquelle on a mené les plans tangents.

314. Supposons que le plan Π', dans le théorème (312), se confonde avec le plan P, et que celui-ci soit situé à l'infini; les perpendiculaires ap, bp, ... $a'\pi'$, $b'\pi'$, ... seront infinies, et les rapports

$$\frac{ap}{a'\pi'}, \quad \frac{bp}{b'\pi'}, \quad \dots$$

seront égaux à l'unité; de sorte que l'équation (1) deviendra

$$\frac{Sa}{Sa'} + \frac{Sb}{Sb'} + \dots = \text{const.}$$

Celle-ci prouve que :

Quand deux surfaces géométriques sont homologiques; si l'on mène à la première tous ses plans tangents parallèles à un même plan quelconque; la somme des distances des points de contact, au centre d'homologie, divisées respectivement par les distances des points homologues de la seconde surface, au même centre d'homologie, sera constante, quel que soit le plan auquel les plans tangents sont parallèles.

315. Ces trois théorèmes s'appliquent à des courbes géométriques homologiques, planes ou à double courbure. Conséquemment ils s'appliquent à deux sections planes d'un cône quelconque géométrique, parce que ce sont deux courbes homologiques, dont le centre d'homologie est le sommet du cône.

Appliquons donc le théorème (312) à deux sections planes d'un cône, et remarquons que les perpendiculaires, abaissées des différents points d'un plan sur un autre plan fixe, sont proportionnelles aux perpendiculaires abaissées, des mêmes points, sur la droite d'intersection des deux plans; on aura cette propriété générale des surfaces coniques :

Si l'on fait deux sections planes dans un cône géométrique; et que, par un point d'une droite fixe, prise dans le plan de la première section, on mène toutes les tangentes à cette courbe; qu'on fasse le rapport des distances de chaque point de contact, au sommet du cône et à la droite fixe, et qu'on divise ce rapport par celui des distances du point homologue dans la seconde section, au sommet du cône et à une droite fixe menée arbitrairement dans le plan de cette seconde courbe; la somme de tous les quotients ainsi formés sera constante, quel que soit le point de la droite, prise dans le plan de la première section, par lequel on a mené les tangentes à cette courbe.

316. Si l'on suppose que la droite fixe, dans la seconde section, soit à l'infini, le théorème prendra cet énoncé :

Si l'on fait deux sections planes dans un cône géométrique; et que, par chaque point d'une droite fixe, prise dans le plan de la première section, on mène toutes les tangentes à cette courbe; la somme des distances des points de contact, au sommet du cône, divisées respectivement par les distances de ces points à la droite fixe et par les distances, au sommet du cône, des points correspondants, dans la seconde courbe, sera constante.

317. Si la droite fixe, prise dans le plan de la première section, est à l'infini, le théorème devient le suivant :

Si l'on fait deux sections planes dans un cône géométrique, et que l'on mène à la première courbe toutes ses tangentes parallèles à une même droite quelconque; la somme des distances des points de contact, au sommet du cône, divisées respectivement par les distances, au sommet, des points homologues dans la seconde section, sera une quantité constante.

Ces théorèmes s'appliquent d'eux-mêmes à deux courbes planes homologiques, situées dans un même plan, si, au sommet du cône, on substitue, dans leur énoncé, le centre d'homologie des deux courbes planes.

§ XIX. Surfaces du second degré, homologiques. — Propriété fondamentale des systèmes de trois axes conjugués, relatifs a un point.

318. Deux surfaces du second degré, *homologiques,* sont inscrites à un même cône qui a pour sommet le centre d'homologie; ce cône peut être imaginaire, bien que son sommet soit réel.

Mais on ne peut pas dire, d'une manière absolue, que, réciproquement, quand deux surfaces du second degré sont inscrites à un même cône, elles sont toujours homologiques. Par exemple, si l'une des deux surfaces est un hyperboloïde à une nappe et l'autre un hyperboloïde à deux nappes ou un ellipsoïde, il est évident qu'il ne peut y avoir homologie; car l'hyperboloïde à une nappe pouvant être engendré par une ligne droite, sa figure homologique ne peut être aussi qu'une surface sur laquelle on peut tracer des lignes droites, c'est-à-dire un hyperboloïde à une nappe, ou un paraboloïde hyperbolique.

Il est un autre cas où deux surfaces du second degré, inscrites à un même cône, ne sont pas homologiques; c'est celui où l'une des surfaces est un hyperboloïde à deux nappes, placé à l'extérieur du cône, et l'autre un ellipsoïde, ou bien un hyperboloïde à deux nappes, compris dans l'intérieur du cône : dans ce cas, aucune droite menée par le sommet du cône ne peut rencontrer en même temps les deux surfaces; par conséquent, aucun point de l'une de ces surfaces ne peut avoir son homologue dans l'autre.

Mais dans les autres cas, où une droite menée par le sommet du cône pourra rencontrer les deux surfaces en même temps, elles seront homologiques; et l'on pourra prendre pour leur plan d'homologie, indifféremment, l'un ou l'autre des deux plans des courbes d'intersection (réelles ou imaginaires) des deux surfaces. Cela résulte du théorème général démontré dans le paragraphe VIII de nos applications du principe de dualité *.

---

* Généralement, deux surfaces du second degré, inscrites à un cône, se coupent suivant deux courbes planes (réelles ou imaginaires). Ce théorème est connu; mais il me semble qu'on

319. Les différents modes de construction des figures homologiques, que

l'énonce d'une manière trop absolue; car on suppose que, dans le cas même où les deux courbes sont imaginaires, leurs plans sont toujours réels.

Cela n'est pas; car ces plans peuvent être imaginaires, comme il arrive dans toutes les question où les choses que l'on considère sont doubles, ou admettent deux solutions.

Pour en donner un exemple, que l'on conçoive une section elliptique faite dans un hyperboloïde à une nappe, et un cône circonscrit à cette surface, suivant cette section; qu'on fasse dans le cône une seconde section elliptique, qui rencontre la première en deux points, et qu'on inscrive au cône un ellipsoïde qui le touche suivant cette seconde section. Cet ellipsoïde et l'hyperboloïde devront se couper suivant deux courbes planes, réelles ou imaginaires. Dans ce cas, ces deux courbes sont imaginaires; car l'ellipsoïde est renfermé dans l'intérieur du cône, et l'hyperboloïde est tout à fait en dehors. Mais de plus, leurs plans sont aussi imaginaires; car ils doivent passer par les deux points d'intersection des deux courbes de contact du cône et des deux surfaces; et, si ces plans étaient réels, chacun d'eux couperait réellement les deux surfaces; ce qui n'est pas possible puisqu'elles n'ont point de courbe d'intersection réelle.

Ainsi, dans ce cas, il est démontré que les deux plans sont imaginaires : il n'y a de réel que leur droite d'intersection.

L'Analyse conduit aux mêmes conclusions. Car soit $F = 0$ l'équation d'un cône, ou, plus généralement, l'équation d'une surface quelconque du second degré; l'équation d'une seconde surface du second degré, inscrite à la première, sera de la forme

$$F + mP^2 = 0,$$

$P = 0$ étant l'équation du plan de la courbe de contact des deux surfaces.

Pareillement, l'équation d'une troisième surface, inscrite aussi à la première, sera

$$F + m'P'^2 = 0,$$

$P' = 0$ étant l'équation du plan de la courbe de contact.

On tire, de ces deux équations,

$$mP^2 - m'P'^2 = 0;$$

d'où

$$P \pm P' \sqrt{\frac{m'}{m}} = 0.$$

Cette double équation représente les deux plans sur lesquels se coupent les deux surfaces. Mais on voit que ces plans ne seront réels que si les coefficients m et m' sont de même signe; et qu'ils seront imaginaires quand ces deux coefficients seront de signes contraires. Dans ce cas, l'équation donne les deux suivantes

$$P = 0, \quad P' = 0.$$

Ce qui prouve que les deux surfaces n'ont pas d'autre point d'intersection que sur la droite même sur laquelle se coupent les deux courbes de contact. Les deux points d'intersection

nous avons donnés dans le paragraphe **XVII**, appliqués aux surfaces du second degré, conduisent à différentes propriétés nouvelles de ces surfaces, relatives particulièrement à leurs relations métriques. Nous n'entrerons pas dans le détail de ces diverses propriétés; nous allons seulement examiner un mode de construction qui va nous conduire à une propriété nouvelle et fondamentale des systèmes de trois *axes conjugués, relatifs à un point.*

320. Soient une surface du second degré A, un point fixe S, et un plan fixe P mené arbitrairement. Que, du point S, on mène une droite à chaque point a de la surface; qu'on prenne sur cette droite un second point a' tel que l'on ait

$$Sa' = \lambda \frac{Sa}{ap},$$

ap étant la perpendiculaire abaissée du point a sur le plan P, et λ étant une constante; le point a' appartiendra à une seconde surface du second degré, homologique à la proposée. Le centre d'homologie sera le point S; et, dans cette seconde figure, l'infini correspondra au plan P de la première.

Deux plans homologues, dans les deux figures, auront pour pôles, pris par rapport aux deux surfaces respectivement, deux points homologues. Supposons que le plan P ait pour pôle, dans la première surface, le point S, centre d'homologie; ce point étant lui-même son homologue, sera le pôle du plan situé à l'infini par rapport à la nouvelle surface; c'est-à-dire que ce point S est le centre de figure de la nouvelle surface. Ainsi :

Étant donnée une surface du second degré; tout point de l'espace peut être pris pour le centre d'homologie d'une seconde surface homologique à la proposée, et ayant son centre de figure en ce point.

321. Cette seconde surface est indéterminée de grandeur, puisque ses demi-diamètres Sa' ont pour expression

$$Sa' = \lambda \frac{Sa}{ap},$$

peuvent être imaginaires; mais cette droite est toujours réelle, parce qu'elle est l'intersection des plans des deux courbes de contact.

où λ est une constante arbitraire. Mais cette surface est déterminée d'espèce pour une position donnée du point S; c'est-à-dire que, quelle que soit la grandeur de cette surface, elle sera toujours semblable à une certaine surface unique, dont la nature ne dépendra que de la position du point S, par rapport à la surface proposée.

322. Mais si la surface A' est donnée, la surface A sera indéterminée d'espèce et de position; parce que, pour la former, on disposera arbitrairement du plan fixe P. On construira ses points par la formule

$$\frac{Sa}{ap} = \frac{1}{\lambda} \cdot Sa'.$$

323. Si la surface A' est une sphère, on aura $\frac{Sa}{ap} =$ constante. Or, il est évident qu'à cause de la forme symétrique de la sphère, la surface homologique A doit être de révolution, et avoir, pour axe de révolution, la perpendiculaire au plan fixe, menée par le centre de la sphère; l'équation $\frac{Sa}{ap} =$ const. exprime donc une propriété des surfaces de révolution. Propriété connue, du reste.

Ainsi nous pouvons dire que :

Une surface du second degré, de révolution, et une sphère qui a son centre en l'un des foyers de cette surface, sont deux figures homologiques ; leur centre d'homologie est ce foyer.

324. Il suit de là que :

Deux surfaces du second degré, de révolution, qui ont un foyer commun, sont homologiques, et leur centre d'homologie est ce foyer.

Car si l'on conçoit une sphère ayant ce foyer pour centre, elle sera homologique à chacune des deux surfaces; d'où l'on conclut que celles-ci sont homologiques entre elles *.

' En général, *quand deux figures sont homologiques à une troisième, et ont avec elle le même centre d'homologie, elles sont aussi homologiques entre elles, et ont ce même point pour centre d'homologie.*

En effet, soient S le centre d'homologie commun aux trois figures; a un point de la première, et a', a'' ses homologues dans la deuxième et la troisième. Soient P un plan de la première figure,

325. Ces deux théorèmes sont la source d'un grand nombre de propriétés des surfaces du second degré, de révolution, considérées par rapport à leurs foyers. Quelques-unes de ces propriétés, particulièrement celles qui ne concernent que les relations descriptives des surfaces, sont connues ; mais beaucoup d'autres, où entre la considération des relations métriques, seront entièrement nouvelles. Nous exposerons celles-ci dans un paragraphe particulier (§ XXI).

326. Reprenons les deux surfaces homologiques A, A', dont la seconde a son centre de figure au centre d'homologie.

Considérons, dans la surface A', trois diamètres conjugués ; leur propriété caractéristique est que le point situé à l'infini sur chacun d'eux a pour plan polaire, par rapport à la surface, le plan des deux autres. Les trois droites homologues, dans la surface A, jouiront donc de la propriété que le point où chacune d'elles perce le plan fixe (qui est le plan polaire du point S), a pour plan polaire le plan des deux autres. D'où il suit que chacune de ces trois droites a sa polaire comprise dans le plan des deux autres. Ces trois droites sont donc ce que nous avons appelé *axes conjugués, relatifs au point* S. Or ces trois droites sont, en direction, les trois diamètres conjugués de la surface A' ; donc

Chaque système de trois axes conjugués d'une surface du second degré, relatifs à un point fixe, forme, en direction, un système de trois diamètres conjugués d'une seconde surface du second degré, qui a son centre en ce point;

et P', P'' les plans homologues dans les deux autres. Soient enfin ap, $a'p'$, $a''p''$ les perpendiculaires abaissées, des points a, a', a'', sur les plans P, P', P'', respectivement. On aura

$$\frac{Sa}{Sa'} = \lambda \cdot \frac{ap}{a'p'}, \quad \frac{Sa}{Sa''} = \mu \cdot \frac{ap}{a''p''};$$

d'où

$$\frac{Sa'}{Sa''} = \frac{\mu}{\lambda} \cdot \frac{a'p'}{a''p''}.$$

Cette équation prouve que le point a'' appartient à une figure homologique à celle à laquelle appartient le point a' (506). Les plans P', P'' se correspondent dans ces deux figures ; et le point S est leur centre d'homologie.

Ainsi le théorème est démontré.

Cette seconde surface est homologique à la proposée, et le centre d'homologie est le point fixe.

Les demi-diamètres de cette seconde surface se construisent par la formule

$$Sa' = \lambda \frac{Sa}{ap}.$$

Nous donnerons, plus loin, deux autres constructions de ces demi-diamètres, sans l'emploi du plan fixe, qui est le plan polaire du point S, par rapport à la proposée.

327. Du théorème précédent, et surtout de la formule

$$Sa' = \lambda \frac{Sa}{ap},$$

découlent naturellement les propriétés des systèmes de trois *axes conjugués* d'une surface du second degré, *relatifs à un point;* car ces propriétés seront des conséquences de celles des diamètres conjugués d'une surface du second degré.

Ainsi, l'on en conclut d'abord que, *parmi tous les systèmes de trois axes conjugués, relatifs à un point, il en est un où les trois axes sont rectangulaires.*

328. Ces trois axes déterminent, sur la surface, les points pour lesquels le rapport $\frac{Sa}{ap}$ a une valeur *maximum* ou *minimum*.

Si l'on demande les points pour lesquels le rapport $\frac{Sa}{ap}$ a une valeur donnée, ces points seront sur une courbe à double courbure, provenant de l'intersection de la surface par un cône du second degré, ayant son sommet au point fixe. Les axes principaux de ce cône seront précisément les trois *axes conjugués* rectangulaires de la surface, relatifs au point S.

Car il est clair que ce cône passera par la courbe d'intersection de la surface A′ et d'une sphère concentrique; ce qui prouve qu'il sera du second degré, et qu'il aura pour axes principaux les trois diamètres conjugués rectangulaires de la surface A′.

329. Soient trois *axes conjugués* Sa, Sb, Sc, de la surface A, et Sa', Sb', Sc' les trois demi-diamètres conjugués de la surface A', qui leur correspondent; on aura

$$Sa' = \lambda \frac{Sa}{ap}, \quad Sb' = \lambda \frac{Sb}{bp}, \quad Sc' = \lambda \frac{Sc}{cp},$$

ap, bp, cp, étant les perpendiculaires abaissées, des points a, b, c, sur le plan P, qui est le plan polaire du point S, par rapport à la surface A.

La somme des carrés des trois demi-diamètres Sa', Sb', Sc' est constante; on a donc aussi

$$\left(\frac{Sa}{ap}\right)^2 + \left(\frac{Sb}{bp}\right)^2 + \left(\frac{Sc}{cp}\right)^2 = \text{const.},$$

ce qui exprime un théorème déjà démontré (52 et 191).

330. La somme des carrés des projections des trois demi-diamètres Sa', Sb', Sc', sur une droite, est constante; on en conclut le théorème (191).

331. La somme des carrés des aires des triangles formés par les trois demi-diamètres conjugués Sa', Sb', Sc', pris deux à deux, est constante; de sorte que l'on a

$$(Sa'.Sb'.\sin. a'Sb')^2 + (Sa'.Sc'.\sin. a'Sc')^2 + (Sb'.Sc'.\sin. b'Sc')^2 = \text{const.}$$

On a donc

$$\frac{(Sa.Sb.\sin. aSb)_2}{\overline{ap}^2.\overline{bp}^2} + \frac{(Sb.Sc.\sin. bSc)^2}{\overline{bp}^2.\overline{cp}^2} + \frac{(Sc.Sa.\sin. cSa)^2}{\overline{cp}^2.\overline{ap}^2} = \text{const.}$$

Les numérateurs sont les carrés des aires des triangles formés par les trois axes Sa, Sb, Sc, pris deux à deux. Cette équation exprime donc une propriété de ces trois triangles.

332. Enfin, si l'on a deux systèmes de trois demi-diamètres conjugués de la surface A', le tétraèdre formé par trois quelconques de ces six demi-diamètres est égal, en volume, au tétraèdre formé par les trois autres. Exprimant le volume d'un tétraèdre par le produit des trois demi-diamètres qui le

100

forment, multiplié par une fonction des angles que ces droites font entre elles, on en conclut que :

Si l'on a, dans une surface du second degré, deux systèmes de trois axes conjugués, relatifs à un point; le volume du tétraèdre formé par trois quelconques de ces six droites, divisé par le produit des perpendiculaires abaissées, des extrémités de ces trois droites, sur le plan polaire du point fixe, sera égal au volume du tétraèdre formé par les trois autres droites, divisé par le produit des perpendiculaires abaissées, des extrémités de ces trois droites, sur le même plan.

333. Si les trois demi-diamètres Sa', Sb', Sc' sont rectangulaires, on a

$$\frac{1}{\overline{Sa'}^2} + \frac{1}{\overline{Sb'}^2} + \frac{1}{\overline{Sc'}^2} = \text{const.};$$

donc

$$\left(\frac{ap}{Sa}\right)^2 + \left(\frac{bp}{Sb}\right)^2 + \left(\frac{cp}{Sc}\right)^2 = \text{const.};$$

ce qui exprime le théorème (201).

334. La formule

$$(1) \quad \ldots \ldots \ldots \ldots \ldots \ldots \quad Sa' = \lambda \frac{Sa}{ap}$$

peut être transformée, de deux manières, en une autre, qui donnera les demi-diamètres Sa' de la surface homologique A', sans qu'on se serve du plan P.

Soient b le second point où la droite Sa rencontre la surface proposée A'; bp, la perpendiculaire abaissée, de ce point, sur le plan P; et b' le point homologue, sur la surface A'. On aura

$$Sb' = \lambda \frac{Sb}{bp} \cdot$$

Mais $Sb' = Sa'$, puisque ce sont deux demi-diamètres de directions opposées; donc $Sa' = \lambda \frac{Sb}{pb}$. Le plan P étant le plan polaire du point S, par rapport à la surface A, les plans tangents à cette surface, aux points a, b, se coupent sur ce plan; on a donc, d'après la propriété générale des surfaces géométriques (219),

$$\frac{1}{ap} \pm \frac{1}{bp} = \text{const.};$$

le signe $+$ étant pris quand les perpendiculaires ap, bp seront dirigées dans le même sens, et le signe $-$, quand elles le sont en sens contraire. Le premier cas a lieu quand le point S est dans l'intérieur de la surface, et le second, quand ce point est pris au dehors de la surface.

De cette équation, l'on conclut

$$\frac{Sa'}{Sa} \pm \frac{Sa'}{Sb} = \text{const.} = \frac{1}{\mu};$$

d'où

(2) . . . . $$\frac{1}{Sa'} = \mu \left(\frac{1}{Sa} \pm \frac{1}{Sb} \right).$$

Ainsi cette équation servira à déterminer les demi-diamètres de la surface A', de même que l'équation (1).

On prendra le signe $+$ quand le point fixe S sera dans l'intérieur de la surface, et le signe $-$ quand il sera au dehors.

On conclut, de cette équation, ce théorème :

Si, autour d'un point fixe, on fait tourner une droite qui rencontre une surface du second degré en deux points, et qu'on prenne sur cette droite, à partir du point fixe, un segment dont la valeur inverse soit proportionnelle à la somme des valeurs inverses des distances, au point fixe, des deux points de la surface, si ce point est dans l'intérieur de la surface, ou à la différence des valeurs inverses des deux mêmes distances, si le point fixe est au dehors de la surface; l'extrémité de ce segment sera sur une seconde surface du second degré, qui sera homologique à la proposée; le centre d'homologie sera le point fixe; et ce point sera aussi le centre de figure de la nouvelle surface,

335. Les différents théorèmes que nous avons indiqués ci-dessus, au sujet du rapport $\frac{Sa}{ap}$, s'appliquent, comme on voit, à l'expression

$$\left(\frac{1}{Sa} \pm \frac{1}{Sb}\right).$$

Ainsi nous pouvons dire que, si l'on demande de mener la droite Sab, de manière que cette quantité soit un *maximum* ou un *minimum*, trois directions de la droite satisferont à la question ; et *ces trois directions seront à angle droit*. Si le point S est au dehors de la surface, elles seront les trois axes principaux du cône circonscrit à la surface et ayant son sommet au point S.

Si l'on demande que l'expression

$$\left(\frac{1}{Sa} \pm \frac{1}{Sb}\right)$$

ait une valeur donnée, la droite Sab aura pour lieu géométrique un cône du second degré [*]; et ce cône aura, pour ses axes principaux, les trois directions pour lesquelles cette expression a une valeur *maximum* ou *minimum*.

Si la droite Sab prend trois directions rectangulaires, la somme des carrés des valeurs correspondantes de l'expression

$$\left(\frac{1}{Sa} \pm \frac{1}{Sb}\right)$$

sera constante. Etc.

[*] Ce sont ces cônes du second degré dont M. Legendre s'est servi pour régler la marche des intégrales dans son Mémoire sur l'attraction des sphéroïdes sur des points extérieurs, et dont il n'a donné que l'expression analytique. Et les droites qui jouissent d'une propriété de *maximum*, et qui marquent la limite des intégrales, sont précisément les *axes conjugués* rectangulaires de l'ellipsoïde attirant, *relatifs au point attiré*; ce sont aussi les axes principaux communs à tous ces cônes. Les considérations géométriques précédentes procurent une interprétation géométrique de plusieurs autres résultats analytiques obtenus par M. Legendre dans son Mémoire, et font connaître particulièrement la signification d'un beau théorème relatif à l'attraction de différents ellipsoïdes, semblables et concentriques, sur un même point extérieur. (Voir *Mémoires de l'Académie des Sciences de Paris*; année 1788, p. 454.)

336. Maintenant, écrivons l'équation (2) sous la forme

$$\frac{1}{Sa'} = \mu \cdot \left(\frac{Sb \pm Sa}{Sa . Sb} \right).$$

On sait, par une propriété générale des surfaces du second degré, que d étant le demi-diamètre de la surface, parallèle à la sécante Sab, on a $\frac{d^2}{Sa . Sb} =$ const., quelle que soit la direction commune de ce diamètre et de cette sécante. Il vient donc

$$\frac{1}{Sa'} = \mu' \cdot \frac{Sb \pm Sa}{d^2}.$$

Or, si le point S est dans l'intérieur de la surface, $(Sa + Sb)$ est la corde comprise dans la surface, sur la droite Sab; et, si le point S est au dehors de la surface, $(Sb - Sa)$ est cette corde; la désignant par c, on a donc, dans les deux cas,

$$\frac{1}{Sa'} = \mu' \cdot \frac{c}{d^2},$$

ou

$$Sa' = \frac{1}{\mu'} \frac{d^2}{c};$$

ce qui exprime que :

Si, autour d'un point fixe, on fait tourner une droite qui rencontre une surface du second degré en deux points, et qu'on porte sur cette droite, à partir du point fixe, un segment proportionnel au carré du diamètre de la surface qui lui est parallèle, divisé par la corde comprise sur cette droite dans la surface; l'extrémité de ce segment sera sur une surface du second degré, qui sera homologique à la proposée. Le point fixe sera le centre d'homologie des deux surfaces, et le centre de figure de la seconde.

On déduit de là plusieurs théorèmes relatifs à l'expression $\frac{d^2}{c}$, correspondant aux différentes propriétés, connues, des diamètres d'une surface du second degré. Nous n'avons pas besoin d'insister sur cet objet.

§ XX. Propriétés générales, nouvelles, des surfaces du second degré.

337. Les propriétés générales des surfaces géométriques, démontrées dans le paragraphe XVIII, s'appliquent aux surfaces et aux courbes du second degré, et donnent lieu à de nombreux corollaires, où se trouvent plusieurs propriétés nouvelles de ces surfaces et de ces courbes. On y distinguera, particulièrement, certaines propriétés concernant leurs foyers. Nous réunirons celles-ci dans le paragraphe suivant. Nous allons présenter d'abord des propositions d'une plus grande généralité.

Supposons, dans le théorème (312), que les deux surfaces soient du second degré : par une droite prise dans le plan fixe on pourra mener deux plans tangents à la première surface; la corde qui joindra les deux points de contact passera par un point fixe, qui sera le pôle de ce plan, par rapport à cette surface. Nous pouvons donc énoncer ce théorème :

Quand deux surfaces du second degré ont un centre d'homologie; si, autour d'un point fixe, on fait tourner une corde de la première surface, les rapports des distances des extrémités de cette corde au centre d'homologie et au plan polaire du point fixe, divisés respectivement par les rapports des distances des deux points homologues dans la seconde surface, au même centre d'homologie et à un plan fixe mené arbitrairement, auront leur somme ou leur différence constante.

Ce sera la *somme*, si le point fixe est pris dans l'intérieur de la surface, et la *différence*, s'il est pris au dehors.

Ainsi soient a, b les extrémités de la corde de la première surface; a', b' les points homologues de la seconde; ap, bp les perpendiculaires abaissées, des points a, b, sur le plan polaire du point fixe, pris par rapport à la première surface; et $a'\pi$, $b'\pi$ les perpendiculaires abaissées, des points a', b', sur un plan fixe Π mené arbitrairement; on aura

$$\frac{Sa}{ap} : \frac{Sa'}{a'\pi} \pm \frac{Sb}{bp} : \frac{Sb'}{b'\pi} = \text{const.}$$

338. Si le plan fixe mené arbitrairement est à l'infini, on conclut, du théorème (313), celui-ci :

Quand deux surfaces du second degré ont un centre d'homologie ; si, autour d'un point fixe, on fait tourner une corde de la première surface ; la somme ou la différence des rapports des distances des extrémités de la corde au centre d'homologie et au plan polaire du point fixe, divisés respectivement par les distances des points homologues de la seconde surface au centre d'homologie, sera constante.

Ainsi l'on a

$$\frac{Sa}{ap} : Sa' \pm \frac{Sb}{bp} : Sb' = \text{const.}$$

On prendra le signe $+$ quand le point fixe sera dans l'intérieur de la surface, et le signe $-$ quand il sera au dehors.

339. Si ce point fixe est le centre de la première surface, son plan polaire sera à l'infini, et le théorème prendra cet énoncé :

Quand deux surfaces du second degré sont homologiques ; si, du centre d'homologie, on mène deux rayons aux extrémités d'un diamètre de la première surface, la somme ou la différence de ces rayons, divisés respectivement par les rayons menés aux points homologues de la seconde surface, sera constante.

Ce sera la *somme* quand la première surface sera un ellipsoïde, et la *différence* quand elle sera un hyperboloïde.

Si, dans ce théorème, on suppose que le centre d'homologie des deux surfaces soit le centre de figure de la première, on obtient le théorème du numéro (334), que nous avons démontré directement.

340. Dans les trois théorèmes précédents, on peut supposer que la seconde surface se confonde avec la première, de manière que deux points de celle-ci, situés en ligne droite avec le centre d'homologie, seront homologiques ; et le plan d'homologie sera le plan polaire du point pris pour centre d'homologie. Car soient a, a' les points où une droite, menée par le point fixe S, rencontre une surface du second degré, et soit α le point où elle rencontre le plan polaire P du point S; on aura, comme l'on sait,

$$\frac{Sa}{Sa'} = \frac{\alpha a}{\alpha a'}, \quad ou \quad \frac{Sa}{Sa'} : \frac{\alpha a}{\alpha a'} = 1 = const.;$$

ce qui prouve que les points a et a' peuvent être considérés comme appartenant à deux figures homologiques (308).

Si le point S est pris au dehors de la surface, son plan polaire, qui est le plan d'homologie, divisera la surface en deux nappes, qui pourront être considérées comme étant les deux figures homologiques.

341. D'après cela, le théorème (337) donne le suivant :

Si, autour d'un point fixe O, *on fait tourner une corde d'une surface du second degré; que, d'un second point fixe* S, *on mène aux extrémités* a, b *de cette corde, deux droites qui rencontreront la surface en deux autres points* a', b'; *et qu'on appelle* ap, bp *les perpendiculaires abaissées, des points* a, b, *sur le plan polaire du point* O, *et* a'π, b'π *les perpendiculaires abaissées, des points* a', b', *sur un autre plan fixe mené arbitrairement; on aura*

$$\frac{Sa}{ap} : \frac{Sa'}{a'\pi} \mp \frac{Sb}{bp} : \frac{Sb'}{b'\pi} = const.$$

On prendra le signe $+$ quand le point O sera dans l'intérieur de la surface, et le signe $-$ quand il sera au dehors.

342. Si le plan fixe pris arbitrairement est à l'infini, l'équation se réduit à

$$\frac{Sa}{ap} : Sa' \pm \frac{Sb}{bp} : Sb' = const. \quad\quad . . . . (538)$$

343. Si le point O est le centre de la surface, son plan polaire est à l'infini, et l'équation, d'après le théorème (339), se réduit à

$$\frac{Sa}{Sa'} \pm \frac{Sb}{Sb'} = const.$$

Donc :

Si, d'un point fixe, on mène deux rayons aux extrémités d'un diamètre d'une surface du second degré, ils rencontreront la surface en deux autres points; et la somme ou la différence des deux rayons divisés, respectivement, par les segments compris entre le point fixe et ces deux autres points, sera constante.

Ce sera la *somme*, si la surface est un ellipsoïde, et la *différence*, si elle est un hyperboloïde.

344. Si, sur un diamètre quelconque d'une surface du second degré, on prend deux points fixes, situés de part et d'autre et à égale distance du centre; les droites menées de l'un de ces points aux extrémités d'un autre diamètre quelconque, seront égales, réciproquement, aux droites menées de l'autre point aux extrémités du même diamètre. D'après cela, on peut donner au théorème précédent cet autre énoncé :

Si, sur un diamètre quelconque d'une surface du second degré, on prend, de part et d'autre et à égale distance du centre, deux points fixes, et que de ces points on mène des rayons à un point quelconque de la surface, la somme ou la différence de ces deux rayons divisés, respectivement, par le autres segments faits sur eux entre les points fixes et la surface, sera constante.

Ainsi soient F, F′ les deux points fixes pris sur un diamètre quelconque d'une surface du second degré, de part et d'autre et à égale distance du centre; que, de ces points, on mène deux rayons aboutissant à un même point quelconque m de la surface, et rencontrant cette surface en deux autres points n, $n′$; on aura, quel que soit le point m,

$$\frac{Fm}{Fn} \pm \frac{F'm}{F'n'} = \text{const.}$$

Ce sera $+$ si la surface est un ellipsoïde, et $-$ si elle est un hyperboloïde.

345. Dans les trois théorèmes des numéros 337, 338, 339, les deux surfaces peuvent se réduire à des coniques situées sur un même cône; alors on aura diverses propriétés des cônes du second degré.

Ainsi le théorème (337) donne le suivant :

Étant fait deux sections planes dans un cône du second degré ; si, autour d'un point fixe, pris dans le plan de la première section, on fait tourner une corde qui rencontre cette courbe aux points a, b, *et que* ap, bp *soient les perpendiculaires abaissées de ces points sur la polaire du point fixe, prise par rapport à cette première section, et* a′π, b′π *les perpendiculaires abaissées, des points homologues de la seconde section, sur une droite fixe menée arbitrairement dans le plan de cette courbe ; on aura, en appelant* S *le sommet du cône,*

$$\frac{Sa}{ap} : \frac{Sa'}{a'\pi} \pm \frac{Sb}{bp} : \frac{Sb'}{b'\pi} = \text{const.}$$

Ce sera le signe + quand le point fixe pris dans le plan de la première section sera intérieur à cette courbe, et le signe — quand il sera au dehors.

346. Si la droite prise dans le plan de la seconde section est à l'infini, l'équation devient

$$\frac{Sa}{ap} : Sa' \pm \frac{Sb}{bp} : Sb' = \text{const.}$$

347. Si le point fixe, pris dans le plan de la première section, est le centre de cette courbe, la polaire de ce point est à l'infini, et l'équation devient

$$\frac{Sa}{Sa'} \pm \frac{Sb}{Sb'} = \text{const.} ;$$

ce qui exprime que :

Si l'on fait deux sections planes dans un cône du second degré, la somme ou la différence des arêtes menées aux extrémités d'un diamètre quelconque de la première section, divisées respectivement par les segments compris sur ces arêtes, entre le sommet du cône et la seconde section, sera constante.

Ce sera la *somme*, si la première section est une ellipse, et la *différence*, si elle est une hyperbole.

348. Si, dans le théorème (346), on suppose que le cône soit de révolution, et que la seconde section soit un cercle, les arêtes Sa', Sa' seront de longueur constante; on aura donc l'équation

$$\frac{\mathrm{S}a}{ap} \pm \frac{\mathrm{S}b}{bp} = \text{const.};$$

ce qui exprime que :

Une section plane quelconque étant faite dans un cône de révolution ; si, autour d'un point fixe du plan de cette courbe, on fait tourner une droite qui la rencontre en deux points ; la somme ou la différence des distances de ces deux points au sommet du cône, divisées respectivement par leurs distances à la polaire du point fixe, prise par rapport à la courbe, sera constante.

Ce sera la *somme*, quand le point fixe sera pris à l'intérieur de la courbe, et la *différence*, quand il sera pris au dehors.

349. Si le point fixe est le centre de la courbe, l'équation devient

$$\mathrm{S}a \pm \mathrm{S}b = \text{const.}$$

D'où l'on conclut que :

Quand un cône de révolution passe par une section conique, la somme ou la différence des arêtes aboutissant aux extrémités d'un diamètre de cette courbe est constante.

Ce sera la *somme*, si la courbe est une ellipse, et la *différence*, si elle est une hyperbole.

350. Si, dans le théorème (347), on suppose que le cône soit de révolution, et que la première section soit un cercle, son centre sera sur l'axe du cône, et le théorème prendra cet énoncé :

Quand un cône de révolution passe par une conique, la somme des valeurs inverses des arêtes comprises dans un plan quelconque, mené par l'axe du cône, est constante.

§ XXI. Propriétés nouvelles des surfaces du second degré, de révolution,
et des cônes du second degré.

351. Nous avons démontré (324) que : *Quand deux surfaces du second
degré, de révolution, ont un foyer commun, quelle que soit la position respective de ces deux surfaces, elles sont homologiques, et leur centre d'homologie est leur foyer commun.*

Appliquons aux deux surfaces le théorème (337); nous aurons celui-ci :
*Quand deux surfaces du second degré ont un foyer commun F; si, autour
d'un point fixe quelconque O, on fait tourner une corde de la première surface, et que a et b en soient les extrémités; qu'on mène les rayons Fa, Fb, qui
rencontrent la seconde surface aux points a', b', homologues des points a, b;
que ap, bp soient les perpendiculaires abaissées, des points a, b, sur le plan
polaire du point O, pris par rapport à la première surface, et a'π, b'π les
perpendiculaires abaissées, des points a', b', sur un autre plan fixe Π, mené
arbitrairement dans l'espace; on aura*

$$\frac{Sa}{ap} : \frac{Sa'}{a'\pi} \pm \frac{Sb}{bp} : \frac{Sb'}{b'\pi} = \text{const.}$$

Le signe $+$ ayant lieu quand le point fixe est pris à l'intérieur de la
première surface, et le signe $-$ quand il est pris au dehors.

352. Ce théorème donne lieu à plusieurs conséquences.

D'abord on en conclut, comme nous l'avons fait voir (n° 313), un
théorème où n'entre point la considération du plan Π, et qui est exprimé
par l'équation

$$\frac{Sa}{ap} : Sa' \pm \frac{Sb}{bp} : Sb' = \text{const.}$$

353. Maintenant, prenant pour le plan Π, dans le théorème général, le
plan polaire du point fixe O, par rapport à la première surface, et supposant

ce plan polaire à l'infini, le point O sera le centre de cette surface; les rapports

$$\frac{ap}{a'\pi}, \quad \frac{bp}{b'\pi}, \dots$$

seront égaux à l'unité, et l'équation deviendra

$$\frac{Sa}{Sa'} \pm \frac{Sb}{Sb'} = \text{const.}$$

Ce qui prouve que :

Quand deux surfaces du second degré, de révolution, ont un foyer commun ; si, par ce point, on mène deux rayons vecteurs aux extrémités d'un diamètre de la première surface ; la somme ou la différence de ces deux rayons divisés, respectivement, par les rayons de la seconde surface qui ont la même direction qu'eux, est constante.

Ce sera la *somme*, si la première surface est un ellipsoïde, et la *différence*, si elle est un hyperboloïde.

354. Le rayon mené d'un foyer à un point quelconque d'une surface de révolution est égal au rayon mené par le second foyer, parallèlement au premier, mais en sens contraire. D'après cette remarque, on voit aisément que le théorème peut prendre cet énoncé :

Si l'on a deux surfaces du second degré, de révolution, placées d'une manière quelconque dans l'espace ; la somme ou la différence des deux rayons vecteurs menés, des deux foyers de la première, à un point quelconque de cette surface, divisés respectivement par les rayons vecteurs de la seconde surface, menés respectivement de ses deux foyers, parallèlement aux deux premiers, sera constante.

355. Ce théorème est une généralisation assez remarquable de la propriété, connue, des foyers d'une surface du second degré. Car si l'on suppose que la seconde surface soit une sphère, on a précisément cette propriété; c'est-à-dire que :

La somme ou la différence des rayons vecteurs menés, des deux foyers d'une surface du second degré, de révolution, à un point de la surface, est constante.

356. Si l'on suppose, au contraire, que la première surface soit une sphère, on aura ce théorème :

Si, par les deux foyers d'une surface du second degré, de révolution, on mène deux rayons vecteurs sous une même direction quelconque, la somme de leurs valeurs inverses sera constante.

Ce qui revient à dire que :

Toute corde menée par un foyer d'une surface du second degré, de révolution, est divisée en ce point en deux parties, dont la somme des valeurs inverses est constante.

357. Supposons, dans le théorème (352), que la seconde surface soit une sphère; les lignes Sa', Sb', seront des rayons de cette sphère; on peut les faire passer dans le second membre de l'équation, qui devient :

$$\frac{Sa}{ap} \pm \frac{Sb}{bp} = \text{const.}$$

Ce qui prouve que :

Si, d'un foyer d'une surface du second degré, de révolution, on mène deux rayons vecteurs aux extrémités d'une corde de la surface, qui tourne autour d'un point fixe; la somme ou la différence de ces deux rayons, divisés respectivement par les perpendiculaires abaissées, de leurs extrémités, sur le plan polaire du point fixe, pris par rapport à la surface, sera constante.

Ce sera la *somme*, si le point fixe est pris au dedans de la surface, et la *différence*, s'il est pris au dehors.

358. Si, dans le théorème (351), le point fixe est le foyer commun aux deux surfaces, on aura

$$\frac{Sa}{ap} = \frac{Sb}{bp} = \text{const.,}$$

il restera donc

$$\frac{a'\pi}{Sa'} \pm \frac{b'\pi}{Sb'} = \text{const.;}$$

ce qui prouve que :

Si, par un foyer d'une surface du second degré, de révolution, on tire une transversale quelconque, qui rencontre la surface en deux points ; la somme des distances de ces points, à un plan transversal quelconque, divisées respectivement par leurs distances au foyer, sera constante.

359. Si l'on prend, pour le plan transversal, le plan directeur correspondant au second foyer de la surface, on en conclut que :

Si, d'un foyer d'une surface du second degré, on mène deux rayons aux extrémités d'une corde passant par le second foyer; la somme de ces deux rayons, divisés respectivement par les distances de leurs extrémités au second foyer, sera constante.

Dans ce théorème, comme dans le précédent, c'est la *somme* que nous prenons et non la *différence*, parce que, dans les deux cas, le point autour duquel tourne la corde de la surface est dans son intérieur.

360. Quand une corde d'une sphère tourne autour d'un point fixe, les tangentes trigonométriques des demi-angles que les rayons de la sphère, menés aux extrémités de la corde, font avec le rayon mené au point fixe, ont un produit constant[*]. Supposons que la sphère ait son centre au foyer d'une surface du second degré de révolution : ces deux surfaces seront homologiques, et le foyer sera leur centre d'homologie. Les points qui correspondront, dans la surface de révolution, aux extrémités de la corde de la sphère, seront sur les prolongements des rayons menés à ces extrémités; on conclut donc, de la propriété de la sphère, cette propriété des surfaces de révolution :

Si, d'un foyer d'une surface du second degré, de révolution, on mène deux rayons aux extrémités d'une corde tournant autour d'un point fixe; le produit des tangentes trigonométriques des demi-angles que ces deux rayons feront avec la droite qui joint le foyer au point fixe, sera constant, quelle que soit la corde menée par ce point.

---

[*] Ce produit est égal à $\frac{D-R}{D+R}$, R étant le rayon de la sphère, et D la distance du point fixe à son centre.

Ce théorème, considéré dans le cercle, est dû à Lagrange, qui s'en est servi pour résoudre le problème d'inscrire, à un cercle, un triangle dont les trois côtés passent par trois points donnés. (Voir *Mémoires de l'Académie de Berlin*, année 1776, p. 286.)

361. Si le point fixe est pris au dehors de la surface, et que la corde soit menée tangentiellement à la surface, son point de contact sera sur une courbe plane. D'après le théorème, le rayon vecteur mené à chaque point de cette courbe fera un angle constant avec la droite menée, du foyer, au point fixe; d'où l'on conclut ce théorème :

Le cône qui a pour sommet un foyer d'une surface de révolution et pour base une section plane de la surface, est de révolution et a pour axe la droite menée, du foyer, au sommet du cône circonscrit à la surface suivant sa section plane.

362. Si la corde, en tournant autour d'un point fixe, reste toujours dans un même plan, ses extrémités seront sur la section faite par ce plan dans la surface; et le cône qui aura cette section pour base et le foyer de la surface pour sommet, sera de révolution; d'où l'on conclut que :

Si autour d'une droite fixe, menée par le sommet d'un cône de révolution, on fait tourner un plan transversal, il coupera le cône suivant deux arêtes telles, que le produit des tangentes trigonométriques des demi-angles qu'elles feront avec la droite fixe, sera constant.

363. Par la considération du cône *supplémentaire*, formé par les perpendiculaires aux plans tangents du premier, on conclut, de ce théorème, le suivant :

Étant donnés un cône de révolution et un plan fixe mené par son sommet; si, par une droite prise dans ce plan et passant par le sommet du cône, on mène deux plans tangents à cette surface; le produit des tangentes trigonométriques des demi-inclinaisons de ces plans tangents, sur le plan fixe, sera constant.

364. Ce théorème et le précédent donnent lieu à deux propositions de la Géométrie de la sphère, dont voici l'énoncé :

1° *Un petit cercle étant tracé sur une sphère; si, autour d'un point fixe, on fait tourner un arc de grand cercle qui rencontre le petit cercle en deux points; le produit des tangentes trigonométriques des demi-arcs compris entre ces deux points et le point fixe, sera constant.*

2° *Un petit cercle étant tracé sur une sphère; si, par un point pris arbitrairement sur un arc de grand cercle fixe, on mène deux arcs de grands cercles, tangents au petit cercle; le produit des tangentes trigonométriques des demi-angles qu'ils feront avec l'arc de grand cercle fixe, sera constant.*

365. La première de ces deux propositions peut être considérée comme répondant au théorème de Géométrie plane qui exprime la propriété des segments des cordes qui se coupent dans le cercle.

La seconde correspond aussi à un théorème de Géométrie plane, consistant en ce que :

Si, de chaque point d'une ligne droite tracée dans le plan d'un cercle, on mène deux tangentes au cercle; le produit des tangentes trigonométriques des demi-angles qu'elles feront avec la droite fixe, sera constant.

366. Les deux propositions précédentes peuvent être considérées comme exprimant, la première, une propriété de quatre points pris arbitrairement sur la circonférence d'un petit cercle de la sphère; et la seconde, une propriété de quatre arcs de grands cercles tangents à un petit cercle. Sous ce point de vue, ces deux propositions seront très-utiles dans la Géométrie de la sphère. Nous en ferons diverses applications dans un autre moment.

On peut dire encore que la première exprime une propriété du quadrilatère sphérique inscrit à un petit cercle ; et la seconde, une propriété du quadrilatère sphérique circonscrit à un petit cercle.

§ XXII. Méthode pour les relations angulaires. — Transformation de la sphère en un sphéroïde aplati.

367. Considérons deux figures homographiques, à trois dimensions; qu'elles soient coupées respectivement par deux plans homologues quelconques P, P' : les sections seront deux parties homologues des deux figures, de sorte qu'elles seront elles-mêmes deux figures planes homographiques. On pourra placer les deux corps de manière que ces deux figures planes

soient la perspective l'une de l'autre; c'est-à-dire de manière que les droites
joignant les points a de la première aux points homologues a' de la seconde,
concourent en un même point O de l'espace. (Cela sera démontré dans le
paragraphe XXVI.)

Considérons ce point O comme appartenant à la première figure : il lui
correspondra un point O', dans la seconde figure; et, aux droites Oa, correspondront les droites O'a'. De sorte que *les deux figures seront placées de
manière que toutes les droites issues du point O, dans la première, rencontreront toutes leurs homologues, respectivement, en des points situés sur un
même plan P'.*

Et, plus généralement :

*Deux droites homologues quelconques rencontrent, respectivement, les
deux plans P, P', en deux points a, a', qui sont en ligne droite avec le
point O.*

368. Maintenant, prenons pour le plan P', qui est arbitraire, celui dont
le correspondant, dans la première figure, est à l'infini : les points a seront
à l'infini. On peut donc dire que :

*Les deux figures seront placées de manière que, si l'on prend deux droites
homologues quelconques, une parallèle à la première, menée par le point O,
rencontrera la seconde sur le plan fixe P'.*

369. Réciproquement, une figure étant donnée, nous pouvons en construire une seconde, qui ait une telle forme et une telle position, par rapport
à la première, que cette relation ait lieu.

En effet, une figure étant donnée, prenons, dans l'espace, cinq points arbitraires a', b', c', d', O', pour former la figure homographique; et convenons
que ces points correspondront à cinq points de la première figure, que nous
allons déterminer.

Que le point O' corresponde à un point O pris arbitrairement dans la
figure proposée. Que les points a', b', c' correspondent, respectivement, aux
points de cette figure situés à l'infini sur les droites Oa', Ob', Oc'; et que le
point d' corresponde à un point, de la première figure, pris sur la droite
menée du point O au point ∂' où la droite O'd' rencontre le plan $a'b'c'$.

Nous pourrons, avec ces données, construire la figure homographique de la proposée.

Il est clair que, dans cette figure, le plan $a'b'c'$ correspond à l'infini de la proposée.

Le point δ' correspond au point situé à l'infini sur la droite $O\delta'$.

Ainsi les quatre points a', b', c', δ', situés dans un même plan, correspondent à quatre points situés sur les droites Oa', Ob', Oc', $O\delta$. Ce qui prouve que la figure située dans le plan $a'b'c'$ est en perspective avec son homologue dans la première figure. Par conséquent tout autre point ε' du plan $a'b'c'$ a son homologue à l'infini sur la droite $O\varepsilon'$.

Il s'ensuit que :

Toute droite, dans la seconde figure, aura son homologue, dans la première, parallèle à la droite menée du point O au point où cette droite de la seconde figure rencontre le plan a'b'c'.

Et si l'on regarde le point O comme faisant partie de la seconde figure, et qu'on le fasse entrer dans les propriétés de cette seconde figure, on voit qu'*aux angles que différentes droites de la première figure font entre elles, correspondront des angles égaux, faits par les droites menées du point O aux points où les droites homologues, dans la seconde figure, rencontrent le plan* a'b'c'.

Diverses applications de cette méthode particulière vont en faire connaître parfaitement l'usage.

370. Supposons que la figure proposée soit une sphère ayant son centre au point O : la seconde figure sera une surface du second degré. Prenons le point O', qui est arbitraire, sur la perpendiculaire abaissée, du point O, sur le plan P'. Cette surface sera alors de révolution autour de la droite OO', parce que tout sera symétrique de part et d'autre d'un plan mené par cette droite. Ce moyen de déformation donnera donc des propriétés des surfaces du second degré, de révolution, correspondant à des propriétés de la sphère.

Après avoir disposé du point O' et du plan P', nous pouvons encore prendre arbitrairement un point d' pour correspondre à un point d de la sphère, en observant cette seule condition que les droites Od, $O'd'$ se rencontrent sur le plan P'. Ainsi, pour un point O' et un plan P' déterminés, on pourra former une infinité de surfaces de révolution, homographiques à la sphère; et les propriétés de la sphère produiront des propriétés de ces surfaces.

Nous pouvons faire en sorte que l'une de ces surfaces ait son centre au point O, centre de la sphère.

En effet, prenons le point d de la sphère sur la droite OO'; le point correspondant d' de la surface sera aussi sur la droite OO'; et ce point d' peut être pris arbitrairement sur cette droite. Cherchons en quel lieu il doit être placé pour que la surface ait son centre au point O.

Remarquons que le point O' correspond au point O de la première figure, et que le plan P' correspond au plan à l'infini de cette première figure. Ce plan à l'infini est le plan polaire du point O, par rapport à la sphère; le plan P' est donc le plan polaire du point O', par rapport à la surface de révolution. Donc, si le point O est le centre de cette surface, on aura $\overline{Od'} = OO' . Od'$.

On doit donc prendre le point d' de manière que l'on ait cette égalité; et alors la surface aura son centre au point O.

Pour déterminer un point m' de la surface, correspondant à un point donné m de la sphère, on mènera, par le point m, les deux droites mO, md, dont les correspondantes passeront par les points O' et d' respectivement. La première passera par le point où la droite Om perce le plan P', et la seconde passera au point où une parallèle à la droite md, menée par le point O, perce ce plan P'. Ainsi le point m' sera déterminé.

Si la droite Om est parallèle au plan P', la droite $O'm'$ sera parallèle à Om. On trouve aisément, par une comparaison de triangles semblables, que $O'm' = Od'$. Donc, une corde de la surface, menée par le point O', perpendiculairement à l'axe de révolution, est égale au diamètre dirigé suivant cet axe. Cela prouve que ce diamètre est le plus petit de la surface; car s'il était le plus grand, on ne pourrait pas inscrire, à la surface, une corde qui lui fût égale. Ainsi la surface est un ellipsoïde aplati. Et le point O′ jouit de cette propriété qu'il est pris sur l'axe de révolution, de manière qu'une corde menée par ce point, perpendiculairement à cet axe, est égale au diamètre de l'ellipsoïde dirigé suivant ce même axe.

Le plan P′ est le plan polaire du point O′, par rapport à l'ellipsoïde. Si on veut le déterminer directement, sans chercher d'abord le point O′, on trouve cette expression remarquable de sa distance au centre de l'ellipsoïde :

La valeur inverse du carré de la distance de ce plan, au centre de l'ellipsoïde, est égale à la différence des valeurs inverses des carrés des deux demi-axes principaux de l'ellipse génératrice de l'ellipsoïde.

371. Dans ce qui va suivre, nous désignerons toujours le plan en question par P′, et son pôle par O′. Il est bien entendu que ce plan et ce point ne sont pas arbitraires, et qu'ils sont, au contraire, absolument déterminés. Seulement, si on les prend à droite de l'équateur de la surface, il existera pareillement, à gauche, un pareil plan et un pareil point. Nous regrettons de n'avoir pu donner, à ce plan et à ce point, des dénominations particulières. Ces dénominations pourraient tirer leur origine de celle de *foyer* et de *plan directeur ;* car le *plan* et le *point* en question ont une relation directe avec le *foyer* et le *plan directeur* d'un ellipsoïde de révolution allongé. Voici cette relation : si l'on fait la transformation polaire de cet ellipsoïde, par rapport à une sphère concentrique, on obtient un ellipsoïde aplati, dans lequel le *plan* et le *point* en question correspondent, respectivement, au *foyer* et au *plan directeur* de l'ellipsoïde proposé.

372. Concevons une sphère ayant son centre au point O, et l'ellipsoïde de révolution, aplati, formé homographiquement comme nous l'avons dit; prenons le plan P′ et le point O′ de cet ellipsoïde; ce plan correspond à l'infini de la première figure; et ce point correspondra au point O, centre de la sphère.

Nous allons passer en revue différentes propriétés de la sphère, qui s'appliqueront à l'ellipsoïde.

Tout cône qui a pour base une section plane de la sphère et pour sommet le centre de cette surface, est de révolution.

A ce cône correspond, dans l'ellipsoïde, un second cône ayant pour base une section plane de cette surface, et pour sommet le point O′; et ce second cône rencontre le premier sur le plan P′; d'où l'on conclut que :

Tout cône, qui a pour sommet le point O′ et pour base une section plane de l'ellipsoïde, rencontre le plan P′ suivant une conique qui, vue du centre de la surface, paraît être un cercle.

373. Un cône circonscrit à la sphère est de révolution. A ce cône correspond un cône circonscrit à l'ellipsoïde, qui rencontre le plan P′ suivant une conique correspondant à l'infini du premier cône. Si donc par cette conique on fait passer un cône qui ait son sommet au centre de l'ellipsoïde, il sera parallèle au cône circonscrit à la sphère; donc

Tout cône, circonscrit à l'ellipsoïde, rencontre le plan P′ suivant une conique qui, vue du centre, paraît être un cercle.

374. Un plan tangent à la sphère est perpendiculaire au rayon qui aboutit au point de contact; donc

Un plan tangent à l'ellipsoïde, et la corde menée du point O′ au point de contact, rencontrent le plan P′ suivant une droite et en un point qui sont tels, que la droite menée du centre, à ce point, est perpendiculaire au plan mené par le centre et par cette droite.

375. Deux plans tangents à la sphère font des angles égaux avec la corde qui joint les points de contact; donc

Étant menés deux plans tangents à l'ellipsoïde, et la corde qui joint les points de contact; si, par les droites suivant lesquelles ces deux plans rencontrent le plan P′, on mène deux plans passant par le centre de la surface, ils seront également inclinés sur la droite menée du centre au point où la corde qui joint les points de contact rencontre le plan P′.

376. Dans la sphère, deux droites polaires réciproques sont à angle droit; donc

Deux droites, polaires réciproques par rapport à l'ellipsoïde, rencontrent le plan P′ en deux points qui sont tels, que les droites, menées de ces points au centre de l'ellipsoïde, sont à angle droit.

377. Trois diamètres conjugués de la sphère sont rectangulaires; donc
Trois axes conjugués de l'ellipsoïde, relatifs au point O', *rencontrent le*
plan P' *en trois points tels, que les droites menées du centre de l'ellipsoïde, à*
ces trois points, sont rectangulaires.

378. Beaucoup d'autres propriétés de la sphère s'appliqueraient avec la
même facilité à l'ellipsoïde aplati. Il est inutile de nous étendre davantage
sur cet objet.

Comme nous l'avons dit ci-dessus, la théorie des polaires réciproques,
ou plus généralement, le principe de dualité, établit une relation très-
simple entre l'ellipsoïde de révolution, allongé ou aplati, et peut servir à
passer des propriétés de l'un aux propriétés de l'autre; de sorte que nous
aurions pu déduire les théorèmes précédents des propriétés, connues, de
l'ellipsoïde allongé. Mais ce n'était pas là notre but. Nous avons voulu
donner une méthode qui servît à tirer directement, des propriétés de la
sphère, les propriétés de l'ellipsoïde aplati, de même que, par la théorie
des figures homologiques, on peut démontrer celles de l'ellipsoïde allongé.
(*Voir* §§ XIX et XXI.)

§ XXIII. Méthode propre pour toutes sortes de relations de longueurs, d'aires et de volumes.

379. Dans la transformation homographique d'une figure, le plan situé
à l'infini peut être pris pour son homologue dans la nouvelle figure.

Dans ce cas, les formules générales, qui nous ont servi à la construction
des figures homographiques [§ XV, équations (*a*)], se sont simplifiées et sont
devenues

(1). . . . . $\alpha d = \lambda . \alpha' d'$, $\epsilon d = \mu . \epsilon' d'$, $\gamma d = \nu . \gamma' d'$. (Éq. (*d*), n° 283.)

Ces formules expriment que :
Étant pris trois axes coordonnés quelconques Ox, Oy, Oz, *dans la pre-*

mière figure ; et, dans la seconde, trois axes coordonnés $O'x'$, $O'y'$, $O'z'$, *qui soient précisément les droites correspondant aux premiers axes ; si* x, y, z *désignent les coordonnées d'un point quelconque* m *de la première figure, rapportée aux trois premiers axes, et* x', y', z', *les coordonnées du point correspondant de la seconde figure, rapportée aux trois autres axes, on aura*

$$(2) \quad . \quad . \quad . \quad . \quad . \quad . \quad . \quad . \quad . \quad x = \lambda x', \quad y = \mu y', \quad z = \nu z',$$

λ, μ, ν *étant trois constantes.*

Réciproquement, quand, entre les points de deux figures rapportées à deux systèmes d'axes coordonnés quelconques, on a ces relations, ces deux figures sont *homographiques*, et ont cela de particulier, que le plan situé à l'infini, considéré comme appartenant à l'une d'elles, est lui-même son homologue dans l'autre.

380. Des formules (2), nous déduirions aisément toutes les propriétés des deux figures, et notamment celles sur lesquelles vont reposer les applications que nous allons faire de ce mode de transformation ; mais nous préférons, pour ne point nous écarter de la voie purement géométrique que nous avons suivie jusqu'ici, déduire ces propriétés, particulières aux deux figures, de la théorie générale des figures homographiques.

381. Soient donc deux figures homographiques telles, que le plan situé à l'infini dans la première soit lui-même son homologue dans la seconde. Les propriétés caractéristiques des deux figures sont, sous le rapport des relations descriptives, que, *à deux droites parallèles dans l'une, correspondent deux droites parallèles dans l'autre ;* et, conséquemment, *à deux plans parallèles dans l'une, correspondent deux plans parallèles dans l'autre ;* cela est évident ;

Et, sous le rapport des relations métriques, que *deux droites homologues .sont divisées en parties proportionnelles par des points homologues ;* c'est-à-dire que a, b, c, d,.... étant des points de la première figure, situés en ligne droite, et a', b', c', d',..... les points correspondants, de la seconde figure, les segments ab, cd, ... sont proportionnels aux segments $a'b'$, $c'd'$, ... En effet, on a

$$\frac{ba}{bc} : \frac{da}{dc} = \frac{b'a'}{b'c'} : \frac{d'a'}{d'c'}.$$

Supposons le point d à l'infini : le point d' sera aussi à l'infini; et l'équation deviendra

$$\frac{ba}{bc} = \frac{b'a'}{b'c'}.$$

Ainsi les segments ab, bc sont proportionnels aux segments $a'b'$, $b'c'$.

382. Il suit de là que, quand une droite de la première figure est divisée en parties égales, la droite homologue, dans la seconde figure, est aussi divisée en parties égales par les points correspondant aux points de division de la première droite.

383. Les deux sortes de relations, descriptives ou métriques, que nous venons de reconnaître à nos figures homographiques, donnent lieu à trois propriétés principales de ces figures; propriétés sur lesquelles reposent les applications auxquelles ce mode de déformation est propre.

Ces trois propriétés sont les suivantes :

1° *Le rapport de deux segments, pris sur deux droites parallèles quelconques, dans la première figure, est égal au rapport des deux segments correspondants, dans la seconde figure.*

2° *Le rapport des aires de deux polygones plans quelconques, situés dans deux plans parallèles, appartenant à la première figure, est égal au rapport des aires des deux polygones correspondants, dans la seconde figure.*

3° *Les volumes de deux parties correspondantes des deux figures sont dans un rapport constant.*

384. Nous allons démontrer successivement ces trois propositions.

Soient ab, cd deux lignes parallèles dans la première figure, et $a'b'$, $c'd'$ les deux lignes correspondantes, de la seconde figure. Il faut prouver que

$$\frac{ab}{cd} = \frac{a'b'}{c'd'}.$$

Les deux lignes ac, bd se coupent en un point e, et l'on a

$$\frac{ab}{cd} = \frac{ea}{ec}.$$

Pareillement, les lignes $a'c'$, $b'd'$ se coupent en un point e'; et l'on a, parce que les lignes $a'b'$, $c'd'$ sont parallèles,

$$\frac{a'b'}{c'd'} = \frac{e'a'}{e'c'}.$$

Or,

$$\frac{ea}{ec} = \frac{e'a'}{e'c'}; \quad \cdots \cdots \cdots \quad (381)$$

donc les premiers membres des deux équations sont égaux ; c'est-à-dire que

$$\frac{ab}{cd} = \frac{a'b'}{c'd'}. \qquad\qquad \text{C. Q. F. P.}$$

385. Soient deux aires planes T, U, situées dans deux plans parallèles, et appartenant à la première figure ; et soient T', U', les aires correspondantes, dans la seconde figure ; elles seront aussi dans deux plans parallèles entre eux.

Quelles que soient les formes des deux polygones T, U, on peut les décomposer chacun en un certain nombre de petits parallélogrammes, tous égaux entre eux, et ayant leurs côtés parallèles à deux axes fixes. T contiendra m de ces parallélogrammes, et U en contiendra n. Le rapport des aires des deux polygones sera $\frac{m}{n}$. Tous ces petits parallélogrammes auront pour correspondants, dans la seconde figure, d'autres parallélogrammes, et ceux-ci seront aussi égaux entre eux (382) ; de sorte que les deux polygones T', U' seront divisés en autant de parallélogrammes, respectivement, que T, U ; par conséquent le rapport de leurs aires sera aussi $\frac{m}{n}$. Il sera donc égal au rapport des aires des deux premiers polygones.

386. Il nous reste à démontrer la troisième proposition : deux parties correspondantes des deux figures homographiques ont leurs volumes dans un rapport constant.

Soient V, V' les volumes de deux polyèdres correspondants : il faut démontrer que le rapport $\frac{V}{V'}$ est constant, quels que soient les deux polyèdres, c'est-à-dire que, v et v' étant les volumes de deux autres polyèdres correspondants, on aura

$$\frac{v}{v'} = \frac{V}{V'}.$$

En effet, que l'on divise chacun des deux corps V, v en un certain nombre de petits rhomboïdes égaux entre eux, en menant trois séries de plans parallèles, dont les plans de chaque série soient également éloignés entre eux ; supposons que les deux corps contiennent, le premier m rhomboïdes, et le second n ; le rapport de leurs volumes sera $\frac{m}{n}$.

Les deux corps correspondants V', v', dans la seconde figure, seront divisés aussi en m et n rhomboïdes, différents des premiers, mais qui seront aussi égaux entre eux. De sorte que le rapport des volumes de ces deux corps sera $\frac{m}{n}$. Il est donc égal au rapport des volumes des deux premiers corps. C. Q. F. P.

387. Les trois propositions que nous venons de démontrer serviront pour faire la transformation des relations de distances, d'aires et de volumes, d'une figure.

La transformation des relations de volumes se fera immédiatement, puisque les volumes des différentes parties de la nouvelle figure sont proportionnels aux volumes des parties correspondantes de la figure proposée.

388. Pour opérer la transformation des relations de distances et des relations de surfaces, concevons qu'une sphère fasse partie de la figure proposée. Il lui correspondra, dans la nouvelle figure, un ellipsoïde.

Soient une ligne quelconque AB de la figure proposée, et R le rayon qui lui est parallèle. Il y aura, dans la nouvelle figure, une ligne A'B' et un demi-diamètre D′ de l'ellipsoïde, parallèle au rayon R, et l'on aura

$$\frac{AB}{R} = \frac{A'B'}{D'} ; \quad \ldots \ldots \ldots \ldots \ldots \quad (383)$$

d'où

$$AB = \frac{A'B'}{D'} \cdot R.$$

Donc :

Pour faire la transformation d'une relation entre certaines lignes d'une figure proposée, il suffit de remplacer, dans cette relation, ces lignes par les lignes correspondantes de la figure homographique, divisées, respectivement, par les demi-diamètres d'un ellipsoïde quelconque, qui leur seront parallèles, et multipliées par une constante.

Si la relation proposée est homogène, on prendra cette constante égale à l'unité.

389. Pour les relations d'aires, concevons toujours une sphère faisant partie de la figure proposée. Soient S une aire plane, et Σ la surface du carré construit sur deux rayons rectangulaires de la sphère, compris dans un plan diamétral parallèle au plan de l'aire S. Il y aura, dans la seconde figure, une aire plane S′ et la surface Σ′ du parallélogramme construit sur deux demi-diamètres conjugués de l'ellipsoïde correspondant à la sphère, ces demi-diamètres étant compris dans le plan diamétral parallèle au plan de l'aire S′ ; et l'on aura

$$\frac{S}{\Sigma} = \frac{S'}{\Sigma'} ; \quad \ldots \ldots \ldots \ldots \ldots \quad (385)$$

d'où

$$S = \frac{S'}{\Sigma'} \cdot \Sigma.$$

Σ est une constante, quelle que soit la direction du plan de l'aire S. Conséquemment :

Pour faire la transformation d'une relation entre des aires planes d'une figure, il suffit de substituer, dans cette relation, à ces aires, les aires correspondantes de la figure homographique, divisées respectivement par les

surfaces des parallélogrammes construits sur deux demi-diamètres conju-
gués d'un certain ellipsoïde, compris dans les plans parallèles à ceux de
ces aires, et multipliées par une constante.

Si la relation proposée est homogène, on prendra cette constante égale à
l'unité.

390. Enfin, nous pouvons énoncer tout de suite cette troisième règle :

Pour faire la transformation d'une relation entre les volumes de diffé-
rentes parties d'une figure, il suffit de substituer à ces volumes, dans cette
relation, les volumes des parties correspondantes de la seconde figure, mul-
tipliés respectivement par une constante.

Si la relation proposée est homogène, on prendra cette constante égale à
l'unité.

391. On voit que ces principes de transformation introduiront généralement, dans la nouvelle figure, la considération d'un ellipsoïde.

Cela donne lieu aux observations suivantes, dont l'application se présentera dans beaucoup de questions :

1° Cet ellipsoïde auxiliaire est indéterminé de position ; et généralement
il est indéterminé de forme ;

2° S'il se trouve une sphère dans la première figure, on doit prendre
dans la seconde figure, pour l'ellipsoïde auxiliaire, l'ellipsoïde même correspondant à la sphère, ou du moins un ellipsoïde homothétique (semblable et
semblablement placé) ; parce que deux corps homothétiques, dans la première
figure, donnent lieu, dans la nouvelle figure, à deux corps qui sont aussi
homothétiques entre eux ;

3° Dans les théorèmes qui, par leur nature, sont susceptibles de l'application du principe des relations contingentes, on pourra substituer, à l'ellipsoïde auxiliaire, une autre surface du second degré.

392. Nous allons faire diverses applications de ce mode de déformation
homographique.

Prenons d'abord une sphère : le principe de déformation donnera un ellipsoïde à trois axes inégaux ; et les propriétés de la sphère se convertiront
immédiatement en propriétés de l'ellipsoïde. Il est évident qu'au centre de

la sphère correspond le centre de l'ellipsoïde; et qu'à trois diamètres rectangulaires de la sphère correspondent trois diamètres conjugués de l'ellipsoïde.

393. Le cube construit sur trois rayons rectangulaires quelconques a toujours le même volume; donc

Le rhomboïde construit sur trois demi-diamètres conjugués d'un ellipsoïde a toujours le même volume, quel que soit le système de ces trois diamètres.

Soient a, b, c les trois demi-diamètres principaux de l'ellipsoïde : le volume du rhomboïde construit sur trois autres demi-diamètres conjugués sera toujours égal à abc.

394. Le volume de la sphère est égal au cube construit sur le rayon, multiplié par $\frac{4}{3}\pi$; donc

Le volume de l'ellipsoïde est égal au volume du rhomboïde construit sur trois demi-diamètres conjugués, multiplié par $\frac{4}{3}\pi$, c'est-à-dire égal à $\frac{4}{3}\pi abc$.

395. Quand deux sphères sont concentriques, les plans tangents à la plus petite retranchent de la plus grande des segments égaux; donc :

Quand deux ellipsoïdes sont concentriques et homothétiques, les plans tangents au plus petit retranchent, du plus grand, des segments équivalents.

Les secteurs correspondant à ces segments sont aussi équivalents.

Les cônes circonscrits à l'ellipsoïde, suivant les bases des segments, ont donc des volumes égaux.

396. Prenons ce beau théorème d'Archimède : Un segment de sphère est au cône qui a même base et même hauteur, comme le rayon de la sphère, plus la hauteur de l'autre segment, est à la hauteur de cet autre segment. (*De la sphère et du cylindre;* livre II, proposition 3.)

On en conclut immédiatement cet autre théorème, démontré aussi par Archimède, pour l'ellipsoïde de révolution seulement (*Des sphéroïdes et des conoïdes,* proposition 32) :

Un segment d'ellipsoïde quelconque est au cône qui a même base et même sommet, comme la moitié du diamètre qui aboutit à ce sommet, plus

la partie de ce diamètre, non comprise dans le segment, est à cette même partie.

Nous appelons *sommet* du segment l'extrémité du demi-diamètre qui passe par le centre de la base du segment.

397. La surface de la sphère est égale à quatre fois celle d'un grand cercle ; donc

Si l'on considère un ellipsoïde comme un polyèdre d'une infinité de faces infiniment petites, l'intégrale double qui donnera la somme de toutes ces faces, divisées respectivement par les aires des sections faites, dans l'ellipsoïde, par des plans diamétraux parallèles à ces faces, sera égale à 4.

398. Soient une sphère et deux plans fixes menés par son centre. Si, autour de ce point, on fait tourner un troisième plan, de manière que la somme des angles dièdres qu'il fait avec les deux plans fixes, soit constante, ce plan enveloppera un cône du second degré ; et le produit des sinus des angles que chaque arête de ce cône fait, avec les deux plans fixes, sera constant [*].

L'aire du triangle sphérique déterminé, sur la sphère, par les deux plans fixes et par le plan mobile est constante, puisque la somme des trois angles de ce triangle sera toujours la même ; conséquemment le volume de la pyramide sphérique, comprise sous ces trois plans, est aussi constant. Le cône percera la sphère suivant une conique sphérique. Le produit des distances de chaque point de cette courbe, aux deux plans fixes, est constant ; ce qui prouve que cette courbe est sur un cylindre hyperbolique, dont les deux plans fixes sont les plans asymptotes. On conclut de là que :

Étant donnés un ellipsoïde et deux plans fixes menés par son centre ; si, autour de ce point, on fait tourner un troisième plan, de manière que la portion de l'ellipsoïde comprise dans l'angle trièdre formé par ces trois plans ait son volume constant, le plan mobile enveloppera un cône du second degré ; et la courbe d'intersection de la surface de l'ellipsoïde par ce cône

---

[*] J'ai démontré ces deux propositions dans mon *Mémoire sur les propriétés générales des cônes du second degré*, art. 24 et 26.

sera située sur un cylindre hyperbolique, dont les plans asymptotes seront les deux plans fixes.

399. Si, par un point fixe S, on mène une transversale qui rencontre une sphère en deux points a, a', on aura

$$Sa \cdot Sa' = \text{const.}$$

Donc

Si, par un point fixe S, on mène une transversale qui rencontre un ellipsoïde en deux points a, a', *on aura*

$$\frac{Sa \cdot Sa}{D^2} = \text{const.};$$

D *étant le demi-diamètre de l'ellipsoïde, parallèle à la transversale.*

400. Si, par un point fixe, on mène des droites aux extrémités a, b d'un diamètre quelconque de la sphère, on aura

$$\overline{Sa}^2 + \overline{Sb}^2 = \text{const.}$$

Donc

Si, d'un point fixe, on mène des droites aux extrémités d'un diamètre quelconque d'un ellipsoïde, la somme de leurs carrés, divisés respectivement par les carrés des demi-diamètres parallèles à ces droites, est constante.

Ainsi l'on a

$$\frac{\overline{Sa}^2}{D^2} + \frac{\overline{Sb}^2}{D'^2} = \text{const.}$$

Par le théorème précédent :

$$\frac{Sa \cdot Sa'}{D^2} = \text{const.} = \lambda, \qquad \frac{Sb \cdot Sb'}{D'^2} = \lambda.$$

On conclut de là

$$\frac{Sa}{Sa'} + \frac{Sb}{Sb'} = \text{const.}$$

C'est le théorème du numéro 343 (§ XX).

401. La somme des carrés des droites menées, des extrémités d'un diamètre, à un point quelconque de la sphère, est constante et égale au carré de ce diamètre ; donc

La somme des carrés des droites menées, des extrémités d'un diamètre de l'ellipsoïde, à un point quelconque de cette surface, divisés respectivement par les carrés des diamètres parallèles à ces droites, est constante et égale à l'unité.

Ainsi soient A, B les extrémités d'un diamètre de l'ellipsoïde, et *m* un autre point quelconque de cette surface ; soient D, D' les diamètres parallèles aux deux droites *m*A, *m*B ; on aura

$$\frac{\overline{m\mathrm{A}}^2}{\mathrm{D}^2} + \frac{\overline{m\mathrm{B}}^2}{\mathrm{D}'^2} = 1.$$

402. Si, sur un diamètre d'une sphère et sur son prolongement, on prend deux points, conjugués harmoniques par rapport aux extrémités du diamètre, le rapport des distances de ces deux points, à un point quelconque de la sphère, sera constant ; donc

Si, sur un diamètre d'un ellipsoïde, on prend deux points, conjugués harmoniques par rapport aux extrémités de ce diamètre ; les distances de chaque point de l'ellipsoïde à ces deux points, divisées respectivement par les demi-diamètres parallèles aux droites sur lesquelles se mesurent ces distances, ont un rapport constant.

403. Si l'on a un système de points dans l'espace, et leur centre des moyennes distances ; puis que, de ce point, comme centre, on décrive une sphère ; la somme des carrés des distances d'un point quelconque de cette sphère, à tous les points du système, sera constante ; donc

Si l'on a un système de points dans l'espace, et un ellipsoïde qui ait son centre de figure au centre des moyennes distances de tous ces points ; la somme des carrés des droites menées, d'un point quelconque de l'ellipsoïde, à tous les points, divisés respectivement par les carrés des demi-diamètres parallèles à ces droites, sera constante.

104

404. Soient un cercle, et deux axes coordonnés rectangulaires, menés par son centre. Qu'on mène deux rayons quelconques rectangulaires : soient x', y' les coordonnées de l'extrémité du premier, et x'', y'' les coordonnées de l'extrémité du second. On aura, évidemment,

$$x'' = \pm y', \qquad y'' = \mp x'.$$

Faisons la déformation homographique : nous aurons une ellipse, deux axes coordonnés Ox, Oy, dirigés suivant deux diamètres conjugués, puis deux autres diamètres conjugués. On en conclut ce théorème :

L'équation d'une ellipse, rapportée à deux axes conjugués, étant

$$\frac{x^2}{a^2} + \frac{x^2}{b^2} = 1;$$

si l'on représente par x', y', x'', y'' *les coordonnées des extrémités de deux demi-diamètres conjugués quelconques, on aura*

$$x'' = \pm \frac{a}{b} y', \qquad y'' = \mp \frac{b}{a} x'.$$

Ces relations entre les coordonnées des extrémités de deux demi-diamètres conjugués sont très-simples, et peuvent servir à démontrer rapidement les diverses propriétés, connues, de ces diamètres. Elles pourraient être introduites avec avantage dans la théorie analytique des sections coniques, où on les démontrerait directement.

405. Que l'on prenne le théorème de Cotes, et qu'on le transporte à l'ellipse, en observant qu'à des secteurs égaux dans le cercle, correspondront des secteurs équivalents dans l'ellipse ; on aura le théorème suivant :

Si l'on mène dans l'ellipse 2n demi-diamètres, qui divisent sa surface en 2n secteurs équivalents, et qu'on appelle m_0, m_1, m_2, ... *les points de division consécutifs ; que, d'un point O, pris à volonté sur le demi-diamètre* Cm_0, *ou sur son prolongement, on mène des droites à tous les points de division :*

1° *Le produit des droites menées à tous les points de division de rang pair, divisé par le produit des demi-diamètres parallèles à ces droites, sera égal à*

$$\frac{\overline{CO}^{''}}{\overline{Cm_0}^{''}} - 1 \, ;$$

2° *Le produit de toutes les droites menées aux points de division de rang impair, divisé par le produit des demi-diamètres parallèles à ces droites, sera égal à*

$$\frac{\overline{CO}^{''}}{\overline{Cm_0}^{''}} + 1.$$

Nous pourrions dire que les points de division m_0, m_1, ... sont pris de manière que l'intégrale de l'élément de l'arc d'ellipse, divisé par le demi-diamètre parallèle à la direction de cet élément, a la même valeur entre deux points de division consécutifs quelconques.

On pourrait généraliser de même le théorème de Moivre.

§ XXIV. SUITE DU PRÉCÉDENT. — DÉMONSTRATION GÉOMÉTRIQUE DES DIVERSES PROPRIÉTÉS DES DIAMÈTRES CONJUGUÉS D'UNE SURFACE DU SECOND DEGRÉ.

406. Soient trois rayons rectangulaires r, r', r'' d'une sphère, et trois autres rayons rectangulaires ρ, ρ', ρ''; le sinus de l'angle que le rayon ρ'' fait avec le plan des deux rayons r, r', est égal au sinus de l'angle que le rayon r'' fait avec le plan des deux rayons ρ, ρ'; donc le rhomboïde construit sur les trois rayons r, r', ρ'' a le même volume que le rhomboïde construit sur les trois rayons r'', ρ, ρ'. On conclut de là que :

Quand on a deux systèmes de trois diamètres conjugués d'une surface du second degré, le rhomboïde construit sur deux diamètres du premier système et un diamètre du second, est égal au volume du rhomboïde construit sur les trois autres diamètres.

Nous avons déjà démontré (393) que le rhomboïde construit sur trois diamètres conjugués quelconques a toujours le même volume; on peut donc dire que :

Étant donnés deux systèmes quelconques de trois diamètres conjugués, le rhomboïde construit sur trois quelconques d'entre eux a le même volume que le rhomboïde construit sur les trois autres.

407. La somme des carrés des cosinus des angles que les trois rayons r, r', r'' font avec le rayon ρ, est égale à l'unité; donc la somme des carrés des projections orthogonales des trois rayons r, r', r'', sur le rayon ρ, est constante, quel que soit le système des trois rayons rectangulaires r, r', r''; on en conclut que :

Si l'on projette trois diamètres conjugués, d'une surface du second degré, sur un axe fixe, par des plans parallèles au plan conjugué à cet axe; la somme des carrés des projections sera constante, quel que soit le système des trois diamètres conjugués.

408. Si l'on mène une droite perpendiculaire aux plans projetants, la projection orthogonale d'un diamètre, sur cette droite, sera égale à sa projection sur le diamètre fixe, multipliée par le cosinus de l'angle que ce diamètre fait avec la droite; on en conclut que :

La somme des carrés des projections orthogonales de trois diamètres conjugués, sur une droite fixe, est constante, quel que soit le système des trois diamètres conjugués.

409. Si l'on fait les projections sur trois droites rectangulaires, et qu'on fasse la somme de leurs carrés, on aura pour résultat, que :

La somme des carrés de trois diamètres conjugués est constante.

410. Appliquant à ce théorème le principe du numéro 388, on le généralise de cette manière :

Étant donnés deux ellipsoïdes quelconques, la somme des carrés de trois diamètres conjugués du premier, divisés par les carrés des diamètres du second, qui leur sont parallèles respectivement, est constante.

411. Et si la première surface est une sphère, on en conclut que :

La somme des valeurs inverses des carrés de trois diamètres rectangulaires d'un ellipsoïde est constante.

412. La somme des carrés des perpendiculaires abaissées, des extrémités de trois rayons rectangulaires de la sphère, sur un diamètre fixe, est constante; donc

Si, des extrémités de trois demi-diamètres conjugués quelconques d'un ellipsoïde, on abaisse, sur un diamètre fixe, des obliques parallèles au plan conjugué à ce diamètre; la somme des carrés de ces obliques, divisés respectivement par les carrés des demi-diamètres qui leur sont parallèles, sera constante.

413. Soient les trois rayons rectangulaires r, r', r''; la somme des carrés des cosinus des angles que les trois plans qu'ils déterminent deux à deux font avec un plan donné, est égale à l'unité; on en conclut que la somme des carrés des projections orthogonales des parallélogrammes construits sur ces rayons deux à deux, sur le plan donné, est constante; donc

Un rhomboïde étant construit sur trois diamètres conjugués d'un ellipsoïde, si l'on projette ses faces sur un plan fixe, par des droites parallèles au diamètre conjugué à ce plan; la somme des carrés des projections sera constante, quel que soit le système des trois diamètres conjugués.

414. Si l'on mène un plan perpendiculaire aux droites projetantes, on aura les projections orthogonales des faces du rhomboïde sur ce plan; elles seront égales aux projections sur le premier plan, multipliées par le cosinus de l'angle des deux plans; d'où il suit que :

Les faces du rhomboïde construit sur trois diamètres conjugués quelconques, d'un ellipsoïde, étant projetées orthogonalement sur un plan fixe; la somme des carrés de leurs projections est constante, quel que soit le système des trois diamètres conjugués.

415. Faisant les projections sur trois plans rectangulaires, et ajoutant leurs carrés, on en conclut que :

La somme des carrés des faces du rhomboïde construit sur trois diamètres conjugués est constante.

416. Substituant, dans ce théorème, au parallélogramme construit sur deux diamètres conjugués, l'aire de la section faite, dans l'ellipsoïde, par le

plan de ces deux diamètres, et appliquant au théorème le principe de transformation du numéro 389, on a le suivant :

*Étant donnés deux ellipsoïdes concentriques; la somme des carrés des
aires des sections faites, dans le premier, par trois plans conjugués, divisés
respectivement par les carrés des aires des sections faites, par les mêmes
plans, dans le second ellipsoïde, est constante.*

417. Si la première surface est une sphère, il s'ensuit que :

*Dans un ellipsoïde, la somme des valeurs inverses des carrés des sec-
tions faites par trois plans rectangulaires, est constante.*

Pour appliquer ce théorème et le précédent aux hyperboloïdes, on substituera, aux aires des sections diamétrales, les aires des rhombes construits sur
deux diamètres conjugués, compris dans les plans de ces sections.

418. On voit, par les théorèmes précédents, que les propriétés des faces
des rhomboïdes construits sur trois diamètres conjugués, sont analogues aux
propriétés relatives aux longueurs de ces diamètres. Et, en effet, les unes
se peuvent déduire des autres facilement, au moyen du théorème suivant :

*Si, par le centre d'une surface du second degré, on élève, sur chaque plan
diamétral, une perpendiculaire proportionnelle à l'aire du parallélogramme
construit sur deux diamètres conjugués, compris dans ce plan; l'extrémité de
cette perpendiculaire sera sur une seconde surface du second degré.*

Soient Oa, Ob, les deux demi-diamètres conjugués pris dans le plan diamétral, et $O\gamma$ la perpendiculaire élevée sur leur plan, laquelle est égale à
l'aire du parallélogramme construit sur Oa et Ob. Concevons le demi-diamètre Oc qui forme, avec les deux premiers, un système de trois demi-diamètres conjugués; menons le plan tangent à la surface, au point c, et la
perpendiculaire Op sur ce plan. Cette perpendiculaire sera en raison inverse
de l'aire du parallélogramme construit sur Oa et Ob, d'après le théorème (393). Donc $O\gamma$ est en raison inverse de Op. Donc le point γ appartient
à la surface polaire réciproque de la proposée, prise par rapport à une
sphère auxiliaire concentrique. Cette surface polaire est du second degré;
le théorème est donc démontré.

419. Reprenons une sphère, et soient r, r', r'' trois rayons rectangulaires; menons un diamètre fixe ρ. Le plan tangent à l'extrémité du rayon r rencontre le diamètre ρ en un point dont la distance au centre de la sphère a sa valeur inverse égale au cosinus de l'angle que le rayon r fait avec le diamètre ρ : donc les plans tangents aux extrémités des trois rayons r, r', r'' font, sur le diamètre ρ, trois segments dont les valeurs inverses ont la somme de leurs carrés constante. Ainsi

Les plans tangents à une surface du second degré, aux extrémités de trois demi-diamètres conjugués, rencontrent un diamètre fixe en trois points, dont les distances au centre de la surface ont la somme des carrés de leurs valeurs inverses constante.

420. Soient les trois rayons rectangulaires r, r', r'', et un plan fixe P. Projetons sur ce plan, par des droites parallèles au rayon r'', le parallélogramme construit sur les deux premiers rayons r, r' : la projection sera égale à ce parallélogramme, divisé par le cosinus de l'angle que son plan fait avec le plan P; donc la valeur inverse de cette projection sera égale à la valeur inverse du parallélogramme, multipliée par le cosinus. Si l'on projette de même, sur le plan P, les deux autres parallélogrammes construits, l'un sur r et r'', l'autre sur r', r'', on aura trois projections dont la somme des valeurs inverses des carrés sera égale à une constante. On en conclut, dans les surfaces du second degré, une propriété que nous pouvons énoncer ainsi :

Les faces du rhomboïde construit sur trois demi-diamètres conjugués d'une surface du second degré, rencontrent un plan fixe suivant six droites qui sont parallèles deux à deux, et qui, prises quatre à quatre, déterminent trois parallélogrammes; la somme des valeurs inverses des carrés de ces trois parallélogrammes a une valeur constante, quel que soit le système des trois diamètres conjugués.

On peut exprimer ce théorème de cette manière :

Un rhomboïde étant construit sur trois demi-diamètres conjugués quelconques d'une surface du second degré; si l'on projette chacune de ses faces sur un plan fixe, par des droites parallèles au diamètre conjugué au plan de la face projetée; la somme des valeurs inverses des carrés des projec-

tions sera constante, quel que soit le système des trois demi-diamètres conjugués.

421. Si, d'un point de l'espace, on abaisse des perpendiculaires sur trois plans rectangulaires quelconques, menés par un point fixe, la somme des carrés de ces perpendiculaires sera constante, et égale au carré de la distance des deux points; donc

Si, d'un point m de l'espace, on abaisse, sur trois plans diamétraux conjugués quelconques d'un ellipsoïde, trois obliques parallèles respectivement aux trois diamètres conjugués à ces plans ; la somme des carrés de ces obliques, divisés respectivement par les carrés des demi-diamètres qui leur sont parallèles, sera constante, et égale au carré de la droite menée du point m au centre de l'ellipsoïde, divisé par le carré du demi-diamètre compris sur cette droite.

Ainsi soient a, b, c trois demi-diamètres conjugués d'un ellipsoïde; prenons leurs directions pour celles de trois axes coordonnés Ox, Oy, Oz; et soient x, y, z les coordonnées d'un point m de l'espace; soit Od le demi-diamètre de la surface, compris sur la droite Om. On aura l'équation

$$\frac{x^2}{a^2} + \frac{y^2}{b^2} + \frac{z^2}{c^2} = \frac{\overline{Om}^2}{\overline{Od}^2},$$

quel que soit le système des trois demi-diamètres conjugués a, b, c.

Cette équation fait voir que la quantité

$$\frac{x^2}{a^2} + \frac{y^2}{b^2} + \frac{y^2}{c^2}$$

est plus grande ou plus petite que l'unité, suivant que le point m est pris au dehors ou au dedans de l'ellipsoïde; et qu'elle est égale à l'unité, quand le point m est pris sur la surface; c'est-à-dire que l'équation

$$\frac{x^2}{a^2} + \frac{y^2}{b^2} + \frac{z^2}{c^2} = 1$$

appartient à tous les points de la surface.

422. Soient deux droites fixes menées par le centre de la sphère : la somme des produits des cosinus des angles qu'elles font avec trois rayons rectangulaires est égale au cosinus de l'angle qu'elles font entre elles; ainsi cette somme est constante, quel que soit le système des trois rayons rectangulaires. On conclut de là que la somme des produits des projections orthogonales des trois rayons, sur les deux droites, est constante. Et si l'on conçoit deux plans diamétraux, respectivement perpendiculaires aux deux droites fixes, on peut dire que la somme des produits des perpendiculaires abaissées, des extrémités des trois rayons rectangulaires, sur les deux plans, est constante.

À ces trois perpendiculaires correspondront, dans la figure homographique, les obliques abaissées des extrémités de trois demi-diamètres, conjugués à ces plans. Ces obliques seront proportionnelles, respectivement, aux perpendiculaires abaissées des mêmes points sur les deux plans fixes. On a donc ce théorème :

Étant menés deux plans fixes par le centre d'un ellipsoïde; la somme des produits des perpendiculaires abaissées, des extrémités de trois demi-diamètres conjugués, sur ces deux plans, sera constante.

Si les deux plans sont conjugués, cette somme est égale à zéro.

423. Si l'on conçoit deux droites, respectivement perpendiculaires aux deux plans, les perpendiculaires abaissées sur ces plans seront égales aux projections orthogonales des demi-diamètres sur ces droites; on peut donc dire que :

La somme des produits des projections de trois demi-diamètres conjugués, sur deux droites fixes, est constante.

Si les deux droites se confondent, on aura, comme simple corollaire, le théorème (408).

424. Soient deux plans fixes et trois plans rectangulaires quelconques, menés par le centre de la sphère : la somme des produits des cosinus des angles que ces trois plans feront avec les deux plans fixes sera constante et égale au cosinus de l'angle des deux plans. Il s'ensuit que si l'on conçoit trois rayons rectangulaires, la somme des produits des projections, sur les deux plans, des rhombes construits sur ces rayons pris deux à deux, sera constante.

On conclut de là un théorème semblable, à l'égard des projections des parallélogrammes faits sur trois demi-diamètres conjugués pris deux à deux; ces projections étant faites sur deux plans fixes, par des droites parallèles aux diamètres conjugués à ces plans; et si l'on conçoit deux autres plans, respectivement perpendiculaires à ces deux droites, les projections orthogonales, sur ces plans, seront égales aux premières projections, multipliées par les cosinus des angles que les premiers plans font, respectivement, avec les deux nouveaux. On peut donc énoncer ce théorème :

Un rhomboïde étant construit sur trois demi-diamètres conjugués d'un ellipsoïde; si l'on projette orthogonalement chacune de ses faces sur deux plans fixes, et qu'on fasse le produit de ces deux projections; la somme de ces produits est constante, quel que soit le système des trois demi-diamètres conjugués.

Si les deux plans se confondent, on a le théorème (414).

425. Si, par un point fixe, on mène dans la sphère trois cordes rectangulaires, la somme de leurs carrés sera constante (*Géométrie de position,* p. 166); donc

Si, par un point fixe, on mène dans un ellipsoïde trois cordes parallèles à trois diamètres conjugués quelconques; la somme de leurs carrés, divisés respectivement par les carrés de ces diamètres; est constante.

Le point fixe peut être pris sur la surface de l'ellipsoïde.

426. Si, par un point pris dans l'intérieur d'une sphère, on mène trois plans rectangulaires, la somme des aires des trois sections est constante (*Géométrie de position,* p. 167); donc

Si, par un point fixe, pris dans l'intérieur d'un ellipsoïde, on mène trois plans parallèles à trois plans conjugués quelconques; la somme des aires des trois sections, divisées respectivement par les aires des sections diamètrales faites par les plans conjugés, sera constante.

§ XXV. Réflexions sur la théorie des figures homographiques. —
Démonstration de quelques-unes de leurs propriétés générales.

427. Nous n'avons considéré, dans ce Mémoire, la théorie des figures
homographiques que comme méthode de transformation, propre à la démonstration et à la généralisation des propositions de Géométrie. Mais cette
théorie est susceptible de développements d'une autre nature. Deux figures
homographiques, situées d'une manière quelconque dans l'espace, donnent
lieu à un ensemble de propositions assez nombreuses, qui appartiennent à
la théorie propre de ces figures; et ces propositions pourront, soit dans
leur généralité, soit dans divers cas particuliers, être utiles et offrir des
résultats intéressants. Par exemple, deux corps semblables, ou deux
corps égaux, quelles que soient leurs positions dans l'espace, forment
un système de deux figures homographiques : les propriétés générales de
ces figures appartiendront donc aux deux corps. La théorie des figures
homographiques conduira ainsi aux propriétés générales du déplacement
fini quelconque, ou du mouvement infiniment petit, d'un corps solide dans
l'espace.

On voit donc que cette théorie mérite d'être étudiée pour elle-même,
indépendamment de ses usages pour la transformation des figures. Aussi
nous comptons revenir sur cet objet.

Nous nous bornerons, dans ce moment, à faire connaître seulement deux
propriétés générales des figures homographiques, qui trouveront des applications fréquentes dans diverses recherches géométriques. Elles justifieront
la forme des énoncés que nous avons donnés à deux propriétés des coniques,
dans nos Notes XV et XVI; et nous en déduirons une propriété particulière
à deux figures homographiques planes, dont nous avons fait usage précédemment (§ XVI, n° 299).

Ensuite nous appliquerons, dans le paragraphe suivant, la théorie des
figures homographiques à la Perspective, particulièrement à une question
dont nous avons parlé au sujet de la *Perspective* de Stevin (Note XVIII);

question dont ce savant Géomètre hollandais n'a résolu que des cas particuliers, et qui depuis n'a jamais reçu une solution complète.

428. Quand on prend, dans deux figures homographiques, trois droites qui se correspondent; aux points a, b, c, d, ... de la première, correspondent des points a', b', c', d', ... de la seconde; et quatre quelconques des premiers points ont leur rapport anharmonique égal à celui des quatre points qui leur correspondent.

Nous dirons que les deux droites sont divisées *homographiquement* par les points a, b, c, ... et a', b', c', ...

Pareillement, aux plans A, B, C, ... menés par une droite de la première figure, correspondent des plans A', B', C', ... passant par la droite correspondante de la seconde figure. Et le rapport anharmonique de quatre quelconques des plans A, B, C, ... est égal à celui des quatre plans correspondants. Nous dirons que les premiers plans forment un *faisceau*, que les plans correspondants forment un second *faisceau*, et que ces deux faisceaux de plans sont *homographiques*.

Si les figures étaient planes, au lieu de faisceaux de plans, nous considérerions des faisceaux de droites; et nous dirions que deux faisceaux correspondants sont *homographiques*.

Ainsi, en résumé :

Deux droites sont divisées *homographiquement*, quand le rapport anharmonique de quatre points quelconques de la première est égal au rapport anharmonique des quatre points correspondants de la seconde;

Deux faisceaux de droites, compris dans un même plan ou dans deux plans différents, sont *homographiques*, quand le rapport anharmonique de quatre droites quelconques du premier faisceau, est égal au rapport anharmonique des quatre droites correspondantes du second faisceau;

Et deux faisceaux de plans sont *homographiques*, quand le rapport anharmonique de quatre plans quelconques du premier faisceau, est égal au rapport anharmonique des quatre plans correspondants du second faisceau.

429. Les deux propriétés générales du système de deux figures homographiques, que nous allons démontrer, sont les suivantes :

PREMIÈRE PROPOSITION. *Quand deux droites, placées d'une manière quelconque dans l'espace, sont divisées homographiquement, les droites qui joignent deux à deux les points de division correspondants, forment un hyperboloïde à une nappe.*

En effet, quatre points de division a, b, c, d, de la première droite, ont leur rapport anharmonique égal à celui des quatre points correspondants a', b', c', d', de la seconde droite. Il s'ensuit (ainsi que nous l'avons démontré dans notre Note IX, page 306) qu'une droite quelconque, qui s'appuiera sur trois des quatre droites aa', bb', cc', dd', s'appuiera nécessairement sur la quatrième; d'où il suit que ces quatre droites appartiennent à un hyperboloïde à une nappe.

430. SECONDE PROPOSITION. *Quand on a, dans l'espace, deux faisceaux de plans homographiques, les droites suivant lesquelles se coupent deux à deux les plans correspondants, forment un hyperboloïde à une nappe.*

Cette proposition résulte directement de la précédente. Car soient L, L' les axes des faisceaux; A, B, C, D, ... les plans du premier faisceau, et A', B', C', D', ... les plans correspondants du second : les plans A, B, C, D, ... rencontreront la droite L' en des points a, b, c, d, ...; et les plans A', B', C', D', ... rencontreront la droite L en des points a', b', c', d', ... Les quatre points a, b, c, d ont leur rapport anharmonique égal à celui des plans A, B, C, D; les quatre points a', b', c', d' ont leur rapport anharmonique égal à celui des plans A', B', C', D'. Mais, par hypothèse, le rapport anharmonique de ces quatre plans est égal à celui des quatre plans correspondants A, B, C, D. Donc le rapport anharmonique des points a, b, c, d est égal à celui des points a', b', c', d'. Donc les quatre droites aa', bb', cc', dd' appartiennent à un hyperboloïde à une nappe. Or : la droite aa' est l'intersection des plans A, A'; bb' est l'intersection des plans B, B', et ainsi des autres; donc, etc.

431. Les deux propositions précédentes ont leurs analogues dans la Géométrie plane, et celles-ci exigent des démonstrations particulières.

PREMIÈRE PROPOSITION. *Quand deux droites, situées dans un même plan, sont divisées homographiquement, les droites qui joignent deux à deux les points de division correspondants, enveloppent une conique, tangente aux deux droites proposées.*

Cela résulte évidemment de la propriété anharmonique des tangentes d'une conique, que nous avons démontrée dans la Note XVI.

432. SECONDE PROPOSITION. *Quand on a, dans un plan, deux faisceaux homographiques, les droites de l'un rencontrent respectivement les droites correspondantes de l'autre en des points situés sur une conique qui passe par les centres des deux faisceaux.*

Cela résulte de la propriété anharmonique des points d'une conique, démontrée dans notre Note XV.

433. Cette proposition et la précédente conduisent à une propriété remarquable du système de deux figures homographiques, situées dans un même plan, dont voici l'énoncé :

Quelle que soit la position de deux figures homographiques dans un même plan, il existe généralement trois points qui, considérés comme appartenant à la première figure, sont eux-mêmes leurs homologues dans la seconde ; et trois droites qui, considérées comme appartenant à la première figure, sont elles-mêmes leurs homologues dans la seconde ;

Deux des trois points peuvent être imaginaires, le troisième est toujours réel ;

Et deux des trois droites peuvent être imaginaires, et la troisième est toujours réelle [*].

Il est évident que, quand les trois points sont réels, les trois droites sont précisément celles qui joignent deux à deux ces trois points.

Pour démontrer le théorème, concevons, dans les deux figures, deux faisceaux correspondants, dont les centres soient O, O'; les droites de l'un rencontreront respectivement les droites correspondantes de l'autre en des points situés sur une conique. Pour deux autres faisceaux ayant leurs centres en deux points correspondants Ω, Ω', on aura pareillement une

---

[*] C'est cette proposition dont nous avons fait usage dans un paragraphe précédent (n° 299).

seconde conique. Les deux coniques passeront par le point d'intersection des deux droites OΩ, O′Ω′, parce que ces deux droites sont des rayons correspondants, dans les premiers faisceaux, ainsi que dans les deux autres. Soient A, B, C les trois autres points d'intersection des deux coniques; je dis que chacun de ces points, considéré comme appartenant à l'une des deux figures, est lui-même son homologue dans l'autre. En effet, les droites O′A, Ω′A de la seconde figure, correspondent respectivement aux droites OA, ΩA de la première; donc le point d'intersection des deux premières correspond au point d'intersection des deux autres; c'est-à-dire que le point A, considéré comme appartenant à l'une des deux figures, est lui-même son homologue dans l'autre.

Maintenant, les deux coniques ayant toujours un point d'intersection réel, point de concours des deux droites OΩ, O′Ω′, elles auront un second point d'intersection réel; donc l'un des trois points A, B, C est toujours réel.

Quand les points A, B, C sont réels, chacune des trois droites AB, BC, CA, considérée comme appartenant à l'une des deux figures, est évidemment sa correspondante dans l'autre figure; de sorte qu'on peut dire que, dans deux figures homographiques situées dans un même plan, il existe, généralement, trois droites dont chacune est elle-même son homologue dans les deux figures; et de là on peut conclure que, de ces trois droites, l'une est toujours réelle, parce qu'une question qui admet trois solutions en a toujours une réelle; mais on démontrera cela directement, par un raisonnement analogue à celui que nous avons fait pour démontrer la réalité d'un des trois points. Au lieu de prendre des faisceaux correspondants, on prendra des droites divisées homographiquement, et l'on considérera les coniques enveloppées par les droites joignant les points de division correspondants. D'après ce qui précède, cette démonstration est sans difficulté.

Ainsi le théorème est démontré dans toutes ses parties.

434. Quand on sait, *a priori*, que deux des trois points A, B, C sont réels, on en conclut que le troisième est réel aussi, parce qu'alors les deux coniques qui servent à déterminer ces points ont trois points d'intersection réels ; par conséquent, leur quatrième point d'intersection est réel.

Pareillement, quand deux des trois droites en question sont réelles, la troisième est nécessairement réelle.

§ XXVI. Application de la théorie des figures homographiques, a la perspective et a la construction des bas-reliefs.

435. Une figure plane, et sa perspective sur un plan, sont deux figures homographiques ; car elles satisfont à la condition constitutive des figures homographiques, savoir que, *à chaque point et à chaque droite de l'une, correspondent un point et une droite dans l'autre.*

Il suit de là que les relations générales, *descriptives* et *métriques,* de deux figures homographiques, et les propriétés qui en dérivent, s'appliquent à deux figures planes qui sont la perspective l'une de l'autre.

De ces propriétés, on n'a considéré, généralement, que celles qui sont purement descriptives ; et c'est sur elles qu'ont reposé la plupart des applications que l'on a faites de la Perspective en Géométrie spéculative, depuis que Desargues et Pascal, il y a deux cents ans, ont introduit cette méthode dans la théorie des coniques. En fait de relations métriques, on s'est borné généralement aux relations harmoniques ; et quoique Pascal, dans son *Essai pour les coniques,* ait mis au nombre des propositions principales qui lui servaient, dans son Traité complet de ces courbes, la propriété que nous appelons *égalité des rapports anharmoniques de deux groupes de quatre points correspondants,* on n'a pas tiré de cette proposition, si simple et si féconde, tout le secours qu'elle pouvait apporter dans les applications de la Perspective, en Géométrie rationnelle. Aussi ces applications nous paraissent n'avoir pas reçu tout le développement dont elles étaient susceptibles. L'élément le plus important et le plus indispensable en Géométrie, les relations métriques, manquaient à cette théorie.

Ces relations métriques sont les mêmes que celles que nous avons démontrées pour les figures homographiques les plus générales. Elles dérivent, comme celles-là, de l'égalité des rapports anharmoniques de deux groupes de quatre points correspondants. Nous allons les reproduire ici, en adaptant leur énoncé aux figures particulières que l'on considère dans la Perspective.

436. 1° *Quand deux figures planes sont la perspective l'une de l'autre, le rapport des distances d'une droite quelconque de la première, à deux points fixes de cette figure, est au rapport des distances de la droite correspondante, dans la seconde, aux deux points correspondant à ces deux points fixes, dans une raison constante.*

437. 2° *Quand deux figures planes sont la perspective l'une de l'autre, le rapport des distances d'un point quelconque de la première, à deux droites fixes de cette figure, est au rapport des distances du point homologue de la seconde, aux deux droites correspondantes, dans une raison constante.*

438. Dans ce second principe, une droite de chacune des deux figures peut être située à l'infini ; ce qui donne lieu aux deux corollaires suivants, qui seront utiles dans beaucoup de questions :

PREMIER COROLLAIRE. *Quand deux figures planes sont la perspective l'une de l'autre, la distance d'un point quelconque de la première, à une droite fixe prise dans le plan de cette figure, est dans une raison constante avec le rapport des distances du point homologue de la seconde figure, à deux droites fixes : la première correspond à la droite prise dans le plan de la première figure, et la seconde est l'intersection du plan de la seconde figure avec le plan mené par l'œil, parallèlement à celui de la première figure.*

439. SECOND COROLLAIRE. *Quand deux figures planes sont la perspective l'une de l'autre, si l'on mène, dans le plan de la première, la droite correspondante à l'infini de la seconde (c'est-à-dire la droite qui est l'intersection du plan de la première figure avec le plan mené par l'œil, parallèlement à celui de la seconde), et, dans le plan de la seconde figure, la droite qui correspond à l'infini de la première ; les distances de deux points homologues*

106

quelconques des deux figures, à ces deux droites, respectivement, auront leur produit constant.

440. Ces théorèmes, qu'on n'avait pas encore donnés, je crois, permettront d'appliquer les principes de la Perspective, dans beaucoup de questions où l'on n'a point encore songé à en faire usage. Par exemple, on généralisera les propriétés des diamètres conjugués, et celles des foyers des sections coniques, comme nous l'avons fait, à l'égard des surfaces du second degré, par la théorie des figures homographiques. Mais il est inutile d'entrer dans plus de développements à ce sujet.

Passons à d'autres rapprochements entre la théorie de la Perspective et celle des figures homographiques.

441. Puisqu'une figure plane, et sa perspective sur un plan, sont deux figures homographiques, on doit se demander si, réciproquement, deux figures planes homographiques quelconques peuvent toujours être considérées comme la perspective l'une de l'autre ; ou, en d'autres termes, si deux figures planes homographiques quelconques peuvent toujours être placées sur une même surface conique.

Si cela est, on conçoit que le problème de la perspective d'une figure plane sera réduit à une question de simple Géométrie plane, sans considération aucune de Géométrie à trois dimensions; savoir, de construire la figure homographique d'une figure donnée, qui satisfasse à certaines conditions de forme et de position.

Il est donc important de résoudre la question que nous venons de poser.

442. Pour parvenir à sa solution, remarquons qu'une figure homographique d'une figure proposée sera parfaitement déterminée, si l'on connaît quatre points qui doivent correspondre, un à un, à quatre points de la figure proposée; de sorte que la question se réduit à celle-ci :

Étant donnés deux quadrilatères plans, dont les sommets de l'un correspondent, un à un, aux sommets de l'autre, on demande de les placer dans l'espace, de manière qu'ils soient la perspective l'un de l'autre.

Il est clair que, dans cette question, les quatre côtés du premier quadrilatère rencontreront, respectivement, les quatre côtés correspondants du

second, en quatre points qui seront sur une même droite, intersection
des plans des deux figures. Et l'on sait que si, autour de cette droite,
on fait tourner le plan d'une des deux figures, pour l'appliquer sur l'autre,
les deux figures se trouveront, sur ce plan, dans les mêmes conditions
que dans l'espace, c'est-à-dire que les droites joignant les sommets du
premier quadrilatère, respectivement aux sommets correspondants du
second, concourront encore en un même point. (C'est l'un des théorèmes de
Desargues. *Voir* Deuxième Époque, § 28.)

443. D'après cela, le problème se ramène à cette question de Géométrie
plane :

*Étant donnés dans un plan deux quadrilatères quelconques, dont les som-
mets de l'un correspondent un à un aux sommets de l'autre, on demande de
les placer, dans leur plan, de manière :*

1° *Que les droites joignant les sommets de l'un aux sommets correspon-
pondants de l'autre, concourent en un même point;*

Et 2° *que les côtés correspondants se rencontrent, un à un, en quatre points
situés en ligne droite.*

Solution. On regardera les quatre sommets *a*, *b*, *c*, *d* du premier quadrilatère, comme appartenant à une première figure quelconque, et les
quatre sommets *a'*, *b'*, *c'*, *d'* du second, comme appartenant à une seconde
figure, qui doit être *homographique* à la première. Nous savons construire
cette seconde figure; c'est-à-dire que nous savons trouver tous ses points
correspondant à des points donnés de la première; et, réciproquement, nous
savons déterminer à quels points de la première figure correspondent des
points, désignés, de la seconde. La construction des points des deux figures
sert à déterminer leurs droites correspondantes (§ XV, n° 272).

On cherchera la droite I qui, dans la première figure, correspond à l'infini
de la seconde; et la droite J' qui, dans la seconde figure, correspond à l'infini de la première.

On placera les deux figures de manière que les droites I, J' soient
parallèles entre elles. Le côté *ab* de la première figure rencontre la droite I
en un point *e* qui correspond au point *e'* situé à l'infini, dans la seconde

figure, sur la droite $a'b'$. A une droite quelconque eg, menée par ce point e, correspondra, dans la seconde figure, une droite $e'g'$ parallèle à la droite $a'b'$. Menons eg parallèle, elle-même, à la droite $a'b'$; et supposons qu'on ait déterminé la droite $e'g'$ qui lui correspond.

Pareillement, par le point f, où le côté cd rencontre la droite I, menons une parallèle fh à la droite $c'd'$; et soit $f'h'$ la droite correspondante dans la seconde figure (le point f' étant à l'infini).

Les droites eg, fh se rencontreront en un point S, et les droites $e'g'$, $f'h'$ se rencontreront en un second point S'.

On placera les deux figures de manière que les angles eSf, $e'S'f'$, qui sont égaux, soient superposés l'un sur l'autre; et le problème sera résolu.

Démonstration. Remarquons d'abord que les deux droites I, J', dans cette position des figures, seront encore parallèles entre elles; ce qui est évident.

Maintenant, les droites Se, Sf de la première figure, ont pour correspondantes, dans la seconde, les droites $S'e'$, $S'f'$; les points S et S' se correspondent donc. Par conséquent, quand l'angle $e'S'f'$ est superposé sur l'angle eSf, le point S est lui-même son correspondant dans la seconde figure; et les droites Se, Sf sont elles-mêmes aussi leurs correspondantes dans la seconde figure. Il existe donc une troisième droite qui est elle-même sa correspondante dans les deux figures (paragraphe précédent, n° 434).

Le point situé à l'infini, sur la droite I, considéré comme appartenant à la première figure, est à l'intersection de la droite I et de la droite située à l'infini; son homologue est donc, dans la seconde figure, à l'intersection de la droite située à l'infini et de la droite J'; c'est-à-dire que ce point est lui-même son homologue dans les deux figures. Par conséquent la droite Si, menée par le point S, parallèlement aux droites I, J', est elle-même son homologue dans les deux figures, de même que les deux droites Se, Sf. Il suit de là qu'une quatrième droite quelconque Sk sera aussi son homologue dans les deux figures, parce que les quatre droites Se, Sf, Si, Sk;

considérées comme appartenant à la première figure, ont leur rapport anharmonique égal à celui des quatre droites correspondantes dans la seconde figure. Les trois premières de celles-ci sont S*e*, S*f* et S*i* elles-mêmes; la quatrième est donc aussi la quatrième du premier groupe.

Il suit de là que deux points homologues quelconques *a*, *a'*, des deux figures, sont en ligne droite avec le point S; ce qui est l'une des deux conditions du problème.

Il reste à prouver que deux droites homologues quelconques se rencontrent sur une droite fixe.

Soit E le point de rencontre de deux droites homologues *ab*, *a'b'* ; si l'on considère ce point comme appartenant à la première figure, son homologue sera sur la droite SE et sur la droite *a'b'*; ce sera donc le point E lui-même. Soient ε et φ' les points où la droite SE rencontre les deux droites I et J'. Considérons, sur la droite SE, les quatre points de la première figure qui sont S, ε, E et l'infini; et les quatre points homologues de la seconde figure, lesquels sont S, l'infini, E et φ'. Égalant le rapport anharmonique des quatre premiers points à celui des quatre autres, on a

d'où

$$\frac{ES}{E\varepsilon} = \frac{ES}{\varphi'S};$$

$$E\varepsilon = \varphi'S.$$

Cette équation fait voir que le point E est sur une droite parallèle aux deux droites I, J', et distante de la première, I, d'une quantité égale à la distance du point S à la seconde, J'. C'est sur cette droite que se couperont, deux à deux, toutes les droites correspondantes des deux figures. Ainsi la seconde condition de la question sera remplie. Ce qu'il fallait prouver.

444. Maintenant si l'on veut placer les deux figures dans l'espace, de manière qu'elles soient la perspective l'une de l'autre, il suffira de faire tourner l'une d'elles, la seconde par exemple, autour de la droite sur laquelle se coupent les droites correspondantes. Pour chaque position de

cette figure il y aura perspective : le lieu de l'œil variera de position; et
l'on démontre aisément, par des comparaisons de triangles semblables,
que, dans toutes ses positions, l'œil se trouve toujours sur une circonférence de cercle, dont le centre est sur la droite I, et dont le plan est
perpendiculaire à cette droite. Quand le plan de la seconde figure aura
fait une demi-révolution, il se retrouvera abattu sur le plan de la première figure. Cette position des deux figures, comprises encore dans un
même plan, présentera une seconde solution de la question que nous
avons résolue : *Placer deux quadrilatères dans un même plan, de manière*, etc.

Nous aurions pu obtenir directement cette seconde solution, comme la
première; mais pour cela il aurait fallu retourner le plan du second quadrilatère et l'appliquer de nouveau sur celui du premier.

445. Puisque deux quadrilatères, dont les sommets se correspondent un
à un, peuvent être mis en perspective, on en conclut que *deux figures planes
homographiques quelconques peuvent être placées de manière à être la perspective l'une de l'autre.*

446. *Il suit de là que deux figures qui sont des perspectives différentes
d'une même figure plane, peuvent être placées de manière à être la perspective l'une de l'autre.*

Ou, en d'autres termes :

*Quand deux cônes passent par une même courbe plane, de quelque ma-
nière qu'on les coupe respectivement par deux plans, les deux courbes d'intersection pourront être placées sur un troisième cône.*

Donc, si l'on fait la perspective B d'une figure plane A, puis la perspective C de la figure B, puis la perspective D de la figure C, et ainsi de
suite, toutes ces perspectives étant faites sur des plans quelconques et pour
des positions différentes de l'œil, *la dernière figure pourra être produite
directement par une perspective de la première.*

447. Le problème que nous avons résolu au sujet de deux quadrilatères
plans donne lieu naturellement à cette autre question :

Étant donnés deux pentagones gauches quelconques, dont les sommets de l'un correspondent, un à un, aux sommets de l'autre, peut-on les placer dans l'espace de manière que leurs sommets correspondants soient sur des droites concourant en un même point, et que leurs côtés correspondants se coupent en des points situés sur un même plan ?

Le premier pentagone étant regardé comme appartenant à une figure quelconque, le second déterminera une figure homographique ; la question revient donc à celle-ci :

Deux figures homographiques quelconques, à trois dimensions, peuvent-elles être placées de manière à être homologiques ?

La réponse à cette question est négative, ainsi que nous allons le démontrer.

Que l'on cherche, dans la première figure, le plan I qui correspond à l'infini de la seconde ; et, dans celle-ci, le plan J' qui correspond à l'infini de la première.

Que, par un point m de la première figure, on mène une droite ma parallèle au plan I ; et qu'on cherche la droite homologue $m'a'$ de la seconde figure : elle sera parallèle au plan J' ; car le point a', où elle rencontrera ce plan, correspondra au point a, situé à l'infini, sur la droite ma de la première figure ; mais ce point a, situé à l'infini, est sur le plan I, puisque ma est parallèle à ce plan ; donc son correspondant a', dans la seconde figure, est à l'infini. Donc la droite $m'a'$ est parallèle au plan J'. Ainsi toutes les droites ma, mb, mc, ..., menées par le point m, parallèlement au plan I, ont leurs homologues $m'a'$, $m'b'$, $m'c'$, ..., parallèles au plan J'. Si les deux figures étaient placées homologiquement, les deux plans I, J' seraient parallèles entre eux, et les droites ma, mb, mc, ..., seraient parallèles, respectivement, aux droites $m'a'$, $m'b'$, $m'c'$, ... Or, on peut bien placer les deux figures de manière que les plans I, J' soient parallèles entre eux, et que deux droites correspondantes ma, $m'a'$ soient parallèles entre elles ; alors deux autres droites correspondantes mb, mb'' seront aussi parallèles entre elles ; mais aucune des autres droites mc, md, ... de la première figure, ne sera, en général, parallèle à sa correspondante.

En effet, prenons deux figures homographiques quelconques; plaçons-les de manière qu'une droite quelconque ab de la première coïncide avec son homologue $a'b'$ dans la seconde, et que, de plus, les deux points corres-pondants a, a' coïncident; il existera sur ces droites un second point b qui coïncidera avec son homologue b'; et il n'en existera pas un troi-sième, sans quoi les deux droites seraient divisées en parties égales [*]; ce qui est un cas particulier de la division homographique de deux droites.

Supposons donc les deux points a, b, de la première droite, superposés sur les deux points a', b' de la seconde. Soient m, m' deux points homolo-gues quelconques des deux figures; menons du premier, aux points a, b, c, ... de la première droite, les rayons ma, mb, mc, ...; et, du second, aux points correspondants de la seconde droite, les rayons $m'a'$, $m'b'$, $m'c'$, ... Menons par la droite ab $(a'b')$ un plan transversal quelconque; regardons-le comme appartenant à la première figure, et soit Q' son homo-logue dans la seconde; puis, regardons-le comme appartenant à la seconde figure, et soit P son homologue dans la première.

Maintenant, faisons la transformation homographique du système des deux figures, de manière que le plan transversal passe à l'infini, c'est-à-dire que son homologue, dans les nouvelles figures, soit à l'infini : les deux plans P, Q',

---

[*] Soit i le point de la droite ab qui correspond à l'infini de la droite $a'b'$, et soit j' le point de celle-ci qui correspond à l'infini de la première. Considérons, sur ab, les quatre points a, b, i, et l'infini, et sur $a'b'$ les quatre points correspondants, a', (ou a, puisque ces deux points sont superposés), b', l'infini, et j'. Égalant les rapports anharmoniques de ces deux groupes de quatre points, on aura

$$\frac{ba}{bi} = \frac{b'a}{j'a}.$$

Cette équation fait voir que si les points b et b' coïncident, on a $bi = j'a$; condition qui détermine la position commune des points b, b',

Les deux points a', b', coïncidant avec leurs homologues a, b, deux autres points homo-logues c, c', ne peuvent pas coïncider, à moins qu'il n'en soit de même de tous les autres points d, d', etc. Car si les quatre points a, b, c, d correspondent, respectivement, aux quatre points a, b, c, d', on trouve, en égalant les rapports anharmoniques, que les points d, d' coïn-cident.

deviendront parallèles entre eux; ce seront les deux plans que nous avons désignés ci-dessus par I et J'. Les droites ma, mb deviendront parallèles, respectivement, aux droites $m'a'$, $m'b'$; mais les autres droites, mc, md, ... ne deviendront pas parallèles à leurs correspondantes. Les deux figures ne seront donc pas homologiques.

448. Ainsi nous pouvons dire que :

Deux figures homographiques, à trois dimensions, ne peuvent pas, en général, être placées de manière à être homologiques.

Il suit de là que les figures homographiques sont d'une forme plus générale que les formes homologiques.

449. Toutes les propriétés des figures homographiques s'appliquent aux figures homologiques; conséquemment elles doivent s'observer dans la construction des *bas-reliefs*. Ainsi les diverses relations métriques qui existent entre deux figures homographiques, ont lieu aussi entre une figure à trois dimensions et sa *perspective-relief*, de même qu'entre une figure plane et sa perspective sur un plan. Et si, au lieu de supposer qu'un relief est fait pour une position unique de l'œil, de même qu'une perspective plane, on le considère plus généralement comme une *représentation d'un objet, dans laquelle des points correspondent à des points et des surfaces planes correspondent à des surfaces planes;* alors la théorie des reliefs ne serait autre que la théorie générale des figures homographiques; il y aurait simplement à prescrire certaines règles générales à observer dans la disposition des données de la question pour produire, selon la destination du relief, la plus parfaite illusion pour telle et telle place du spectateur. Mais ces règles d'ordonnance ne pourraient point être absolues, et dépendraient, dans chaque question, de l'expérience et du sentiment de l'artiste; après quoi il resterait à construire géométriquement le relief, considéré comme figure homographique de l'objet qu'on veut représenter.

§ XXVII. Note (§ XI, n° 228). — Construction graphique des tangentes
et des cercles osculateurs des courbes géométriques.

450. Que l'on applique le théorème du paragraphe XI à une courbe plane
géométrique; et que l'on prenne le point m infiniment voisin du point de
la courbe où l'on veut mener la tangente; que les trois transversales mi,
mj, ij soient menées arbitrairement; et que les points a, b soient ceux
où les deux premières rencontrent l'arc de la courbe duquel le point m est
infiniment voisin; cet arc sera pris pour la tangente, et le rapport $\frac{ma}{mb}$ sera
égal au rapport des sinus des angles que les deux droites mj, mi font
avec cette tangente. Après avoir remplacé le premier rapport par le
second, on pourra supposer que le point m soit sur la courbe même; alors
en substituant, dans l'équation du numéro 227, au rapport $\frac{ma}{mb}$ le rapport
des sinus des angles ε, α que les deux droites mj, mi font avec la tangente
à la courbe au point m, on aura l'équation

$$\frac{\sin.\varepsilon}{\sin.\alpha} = \frac{mb'.mb''....}{ma'.ma''....} \times \frac{im.ia'.ia''....}{jm.jb'.jb''....} \times \frac{jc.jc'.jc''....}{ic.ic'.ic''....}.$$

Tous les facteurs du second membre sont des segments faits sur les trois
transversales arbitraires mi, mj, ij, de sorte que le second membre est
connu. Conséquemment la direction de la tangente est déterminée.

Ainsi ce problème des tangentes, qui a eu une si grande célébrité il y a
deux cents ans, qui était « le plus beau et le plus utile » que Descartes ait
désiré savoir, se trouve résolu géométriquement, d'une manière tout à fait
générale et très-simple, pour les courbes mêmes auxquelles s'appliquaient les
deux solutions analytiques de ce philosophe.

Si l'on applique l'Analyse à cette solution, on obtiendra la formule employée en Géométrie analytique.

451. L'équation (2) conduit, avec la même facilité, à la solution d'un problème d'un ordre plus élevé que celui des tangentes, du problème des *cercles
osculateurs* aux différents points d'une courbe géométrique.

En effet, soient pris, sur une courbe géométrique, trois points consécutifs b, a, b', infiniment voisins. Par le point a soit menée, arbitrairement, une droite rencontrant bb' en m, et la courbe aux points a', a'', ... Soient b'', b''', ... les points où la corde bb' rencontre la courbe; et menons une transversale quelconque qui rencontrera ma en i, mb en j, et la courbe en c, c', c'', ... On aura l'équation

$$\frac{ma.ma'.ma''...}{ia.ia'.ia''...} \times \frac{jb.jb'.jb''...}{mb.mb'.mb''...} \times \frac{ic.ic'.ic''...}{jc.jc'.jc''.,.} = 1 \ . \ . \ . \ . \ . \ . \ (227)$$

Concevons le cercle qui passe par les trois points b, a, b'; et soit ε le point où la droite ma le rencontre; on aura

$$ma.m\varepsilon = mb.mb';$$

d'où

$$m\varepsilon = \frac{mb.mb'}{ma};$$

et, d'après l'équation ci-dessus,

$$m\varepsilon = \frac{ma'.ma''....}{mb''....} \times \frac{jb.jb'.jb''...}{ia.ia'.ia''...} \times \frac{ic.ic'.ic''...}{jc.jc'.jc''..}\cdot$$

Pour chaque transversale menée par le point a, on aura une équation semblable. Ainsi l'on déterminera autant de points qu'on voudra du cercle passant par les trois points b, a, b'. Et si l'on suppose que ces trois points se confondent, on aura le cercle osculateur à la courbe. Alors la droite bb' devient la tangente à la courbe, au point m; et ce point m se confond avec le point de réunion des trois points b, a, b'. La formule devient donc

$$m\varepsilon = \frac{ma'.ma''....}{mb''....} \times \frac{\overline{jm}^2.jb''....}{im.ia'.ia''....} \times \frac{ic.ic'.ic''...}{jc.jc'.jc''....}\cdot$$

La tangente au point m étant connue, il suffira de déterminer un seul point ε, pour que le cercle osculateur soit connu. Si l'on veut calculer son diamètre, on mènera la transversale *mi* perpendiculaire à la tangente; alors l'expression de *me* sera la longueur du diamètre du cercle.

On convertira aisément cette solution graphique en la formule analytique connue.

452. Il est important d'observer que, pour ce genre de solution graphique des deux problèmes que nous venons de résoudre, la courbe doit être tracée complétement, de manière que les transversales menées la rencontrent en autant de points réels que la courbe en comporte; c'est-à-dire, en autant de points réels qu'il serait indiqué par le degré de l'équation de la courbe, exprimée dans le système de cordonnées en usage.

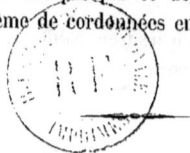

ERRATA.

Page 348, ligne 16, *au lieu de* : Sirigatt, *lisez* : Sirigati.

— 445, — 8, — depuis Simon Jabob, *lisez* : depuis Simon Jacob.

— 495, — 2, en remontant, *au lieu de* : ume grande importance, *lisez* : une grande importance.

TABLE DES MATIÈRES

CONTENUES

DANS LE MÉMOIRE DE GÉOMÉTRIE.

PREMIÈRE PARTIE.

SECONDE PARTIE.

—

36   8   2

Bruxelles, F. HAYEZ, impr. de l'Acad. roy. de Belgique.

www.ingramcontent.com/pod-product-compliance
Lightning Source LLC
Chambersburg PA
CBHW052006230326
41598CB00078B/2114